W0254893

HANDBUCH DER ANALYTISCHEN CHEMIE

HERAUSGEGEBEN

VON

R. FRESENIUS UND G. JANDER
WIESBADEN GREIFSWALD

DRITTER TEIL

QUANTITATIVE BESTIMMUNGS- UND TRENNUNGSMETHODEN

BAND IIa

ELEMENTE DER ZWEITEN HAUPTGRUPPE

SPRINGER-VERLAG BERLIN HEIDELBERG GMBH
1940

ELEMENTE DER
ZWEITEN HAUPTGRUPPE

BERYLLIUM · MAGNESIUM · CALCIUM
STRONTIUM · BARIUM · RADIUM UND ISOTOPE

BEARBEITET

VON

F. BUSCH · O. ERBACHER · K. LANG · A. SCHLEICHER
G. SIEBEL · F. STRASSMANN · M. STRASSMANN-HECKTER
K. E. STUMPF · C. TANNE · B. WANDROWSKY

MIT 13 ABBILDUNGEN

SPRINGER-VERLAG BERLIN HEIDELBERG GMBH
1940

ISBN 978-3-642-89153-3 ISBN 978-3-642-91009-8 (eBook)
DOI 10.1007/978-3-642-91009-8

URSPRÜNGLICH ERSCHIENEN BEI JULIUS SPRINGER IN BERLIN 1940
SOFTCOVER REPRINT OF THE HARDCOVER 1ST EDITION 1940

Inhaltsverzeichnis.

Seite

Beryllium. Von Dr. K. E. Stumpf, Greifswald. (Mit 2 Abbildungen) . . . 1

Magnesium. Von Dr. Franz Busch, Merkers, Dr. G. Siebel, Bitterfeld, Dr. Carl Tanne, Hamburg-Altona und Dr. Benno Wandrowsky, Berlin. (Mit 3 Abbildungen) 122

Calcium. Von Professor Dr. A. Schleicher, Aachen. (Mit 6 Abbildungen) 208

Anhang: Die Bestimmung des Calciums in biologischem Material. Von Oberstabsarzt Dozent Dr. Dr. K. Lang, Berlin 329

Strontium. Von Professor Dr. A. Schleicher, Aachen 346

Barium. Von Dr. F. Strassmann und Dr. M. Strassmann-Heckter, Berlin-Dahlem 365

Radium und Isotope. Von Dozent Dr. Otto Erbacher, Berlin-Dahlem. (Mit 2 Abbildungen) 403

Verzeichnis der Zeitschriften und ihrer Abkürzungen.

Abkürzung	Zeitschrift
A.	LIEBIGS Annalen der Chemie; bis **172** (1874): Annalen der Chemie und Pharmacie.
Acc. Sci. med. Ferrara	Accademia delle scienze mediche di Ferrara.
A. Ch.	Annales de Chimie; vor 1914: Annales de Chimie et de Physique.
Acta Comment. Univ. Tartu	Acta et Commentationes Universitatis Tartuensis (Dorpatensis).
Acta med. Scand.	Acta Medica Scandinavica.
Agricultura	Agricultura
Am. Chem. J.	American Chemical Journal; seit 1917 vereinigt mit Am. Soc.
Am. Fertilizer	The American Fertilizer.
Am. J. Physiol.	American Journal of Physiology.
Am. J. Sci.	American Journal of Science.
Am. Soc.	Journal of the American Chemical Society.
Analyst	The Analyst.
An. Argentina	Anales de la asociacion quimica Argentina.
An. Españ.	Anales de la sociedad española de física y química.
An. Farm. Bioquim.	Anales de farmacia y bioquimica (Buenos Aires).
Angew. Ch.	Angewandte Chemie, vor 1932: Zeitschrift für angewandte Chemie.
Ann. Acad. Sci. Fenn.	Annales academiae scientiarum fennicae.
Ann. agronom.	Annales agronomiques.
Ann. Chim. anal.	Annales de Chimie analytique et de Chimie appliquée.
Ann. Chim. applic.	Annali di chimica applicata.
Ann. Falsific.	Annales des Falsifications et des Fraudes.
Ann. Phys.	Annalen der Physik (GRÜNEISEN und PLANCK).
Ann. Sci. agronom. Franç.	Annales de la Science agronomique française et étrangère; nach 1930: Annales agronomiques.
Ann. Soc. Sci. Bruxelles	Annales de la société scientifique de Bruxelles, Série A: Sciences mathématiques; Série B: Sciences physiques et naturelles.
Anz. Krakau. Akad.	Anzeiger der Akademie der Wissenschaften, Krakau.
Apoth. Z.	Apotheker-Zeitung.
Ar.	Archiv der Pharmazie.
Arch. Eisenhüttenw.	Archiv für das Eisenhüttenwesen.
Arch. exp. Pathol.	Archiv für experimentelle Pathologie und Pharmakologie (NAUNYN-SCHMIEDEBERG).
Arch. Néerland. Physiol.	Archives Néerlandaises de Physiologie de l'Homme et des Animaux.
Arch. Phys. biol.	Archives de Physique biologique et de Chimie-Physique des Corps organisés.
Arch. Physiol.	Archiv für die gesamte Physiologie des Menschen und der Tiere (PFLÜGER).
Arch. Sci. biol.	Archivio di scienze biologiche (Italy).
Arch. Sci. phys. nat. Genève	Archives des Sciences physiques et naturelles, Genève.
Atti Accad. Lincei	Atti della Reale Accademia nazionale dei Lincei.
Atti Accad. Sci. Torino	Atti della Reale Accademia delle Scienze di Torino.
Atti Congr. naz. Chim. pura applic.	Atti del congresso nazionale di chimica pura ed applicata.
Austr. J. exp. Biol. med. Sci.	Australian Journal of Experimental Biology and Medical Science.
B.	Berichte der Deutschen Chemischen Gesellschaft.
Ber. Dtsch. pharm. Ges.	Berichte der Deutschen Pharmazeutischen Gesellschaft.
Ber. oberhess. Ges. Naturk.	Bericht der oberhessischen Gesellschaft für Natur- und Heilkunde.
Ber. Wien. Akad.	Sitzungsberichte der Akademie der Wissenschaften, Wien.

Abkürzung	Zeitschrift
Betriebslab.	Betriebslaboratorium; russ.: Sawodskaja Laboratorija.
Biochem. J.	Biochemical Journal.
Biol. Bl.	Biological Bulletin of the Marine Biological Laboratory; seit 1930: Biological Bulletin.
Bio. Z.	Biochemische Zeitschrift.
Bl.	Bulletin de la Société chimique de France; vor 1907: Bulletin de la Société chimique de Paris.
Bl. Acad. Roum.	Bulletin de la section scientifique de l'Académie Roumaine.
Bl. Acad. Russie	Bulletin de l'Académie des Sciences de Russie; seit 1925: Bl. Acad. URSS.
Bl. Acad. Sci. Pétersb.	Bulletin de l'Académie impériale des Sciences, Pétersbourg; seit 1917: Bl. Acad. Russie.
Bl. Acad. URSS.	Bulletin de l'Académie des Sciences de l'U[nion des] R[épubliques] S[oviétiques] S[ocialistes].
Bl. agric. chem. Soc. Japan	Bulletin of the Agricultural Chemical Society of Japan.
Bl. Am. phys. Soc.	Bulletin of the American Physical Society.
Bl. Biol. pharm.	Bulletin des Biologistes pharmaciens.
Bl. Bur. Mines Washington	Bulletin, Bureau of Mines, Washington.
Bl. Inst. physic. chem. Res. (Abstr.) Tôkyô	Bulletin of the Institute of Physical and Chemical Research, Abstracts, Tôkyô.
Bl. Sci. pharmacol.	Bulletin des Sciences pharmacologiques.
Bl. Soc. chim. Belg.	Bulletin de la Société chimique de Belgique.
Bl. Soc. Chim. biol.	Bulletin de la Société de Chimie biologique.
Bl. Soc. chim. Paris	vgl. Bl.
Bl. Soc. Min.	Bulletin de la Société française de Minéralogie.
Bl. Soc. Mulhouse	Bulletin de la Société industrielle de Mulhouse.
Bl. Soc. Pharm. Bordeaux	Bulletin des Travaux de la Société de Pharmacie de Bordeaux
Bl. Soc. România	Buletinul societatii de chimie din România.
Bodenkunde Pflanzenernähr.	Bodenkunde und Pflanzenernährung; 1. Folge (Band **1** bis **45**) heißt: Zeitschrift für Pflanzenernährung, Düngung und Bodenkunde.
Boll. chim. farm.	Bolletino chimico-farmaceutico.
Brit. chem. Abstr.	British Chemical Abstracts.
Bur. Stand. J. Res.	Bureau of Standards Journal of Research.
C.	Chemisches Zentralblatt.
Canadian J. Res.	Canadian Journal of Research.
Časopis českoslov. Lékárn.	Časopis československého, Lékárnictva.
Cereal Chem.	Cereal Chemistry.
Chem. Abstr.	Chemical Abstracts.
Chem. Age	Chemical Age.
Chem. eng. min. Rev.	Chemical Engineering and Mining Review.
Chem. Ind.	Chemistry and Industry.
Chemist-Analyst	The Chemist-Analyst.
Chem. J. Ser. A	Chemisches Journal Serie A, Journal für allgemeine Chemie; russ.: Chimitscheski Shurnal Sser. A, Shurnal obschtschei Chimii.
Chem. J. Ser. B	Chemisches Journal Serie B, Journal für angewandte Chemie; russ.: Chimitscheski Shurnal Sser. B, Shurnal prikladnoi Chimii.
Chem. Listy	Chemické Listy pro vedu a prumysl.
Chem. N.	Chemical News.
Chem. Obzor	Chemický Obzor.
Chem. social. Agric.	Chemisation of socialistic Agriculture; russ.: Chimisazia ssozialistitscheskogo Semledelija.
Chem. Weekbl.	Chemisch Weekblad.
Ch. Fabr.	Die chemische Fabrik.
Chim. Ind.	Chimie & Industrie.
Chim. Ind. 17. Congr. Paris	Chimie & Industrie, 17. Congrès, Paris.
Ch. Ind.	Die chemische Industrie.
Ch. Z.	Chemiker-Zeitung.
Ch. Z. Chem. techn. Übersicht	Chemiker-Zeitung, Chemisch-technische Übersicht.

Abkürzung	Zeitschrift
Ch. Z. Repert.	Chemiker-Zeitung, Repertorium.
Coll. Trav. chim. Tchécosl.	Collection des Travaux chimiques de Tchécoslovaquie.
C. r.	Comptes rendus de l'Académie des Sciences.
C. r. Acad. URSS.	Comptes rendus (Doklady) de l'académie des sciences de l'U[union des] R[épubliques] S[oviétiques] S[ocialistes].
C. r. Carlsberg	Comptes rendus des Travaux du Laboratoire de Carlsberg.
C. r. Soc. Biol.	Comptes rendus de la Société de Biologie.
Dansk Tidsskr. Farm.	Dansk Tidsskrift for Farmaci.
Dingl. J.	DINGLERS Polytechnisches Journal.
Dtsch. med. Wchschr.	Deutsche medizinische Wochenschrift.
Dtsch. tierärztl. Wschr.	Deutsche tierärztliche Wochenschrift.
Fenno-Chem.	Fenno-Chemica.
Finska Kemistsamfundets Medd.	Finska Kemistsamfundets Meddelanden; fortgesetzt unter der Bezeichnung: Fenno-Chemica.
Fr.	Zeitschrift für analytische Chemie (FRESENIUS).
G.	Gazzetta chimica italiana.
Gas- und Wasserfach	Das Gas- und Wasserfach; vor 1922: Journal für Gasbeleuchtung sowie für Wasserversorgung.
Giorn. Chim. ind. ed applic.	Giornale di Chimica industriale ed applicata.
Glückauf	Glückauf, berg- und hüttenmännische Zeitschrift.
H.	Zeitschrift für physiologische Chemie (HOPPE-SEYLER).
Helv.	Helvetica chimica acta.
Ind. Chemist	The Industrial Chemist and Chemical Manufacturer.
Ind. chimica	L'Industria chimica, mineraria e metallurgica.
Ind. eng. Chem.	Industrial and Engineering Chemistry.
Ind. eng. Chem. Anal. Edit.	Industrial and Engineering Chemistry, Analytical Edition.
Internat. Sugar J.	International Sugar Journal.
J. agric. Sci.	Journal of Agricultural Science.
J. Am. ceram. Soc.	Journal of the American Ceramic Society.
J. Am. Leather Chem.	Journal of the American Leather Chemists' Association.
J. Am. med. Assoc.	Journal of the American Medical Association.
J. Am. Soc. Agron.	Journal of the American Society of Agronomy.
J. Am. Water Works Assoc.	Journal of the American Water Works Association.
J. Assoc. offic. agric. Chem.	Journal of the Association of Official Agricultural Chemists.
J. Biochem.	Journal of Biochemistry (Japan).
J. biol. Chem.	Journal of Biological Chemistry.
Jbr.	Jahresberichte über die Fortschritte der Chemie (LIEBIG u. KOPP), 1847—1910.
Jb. Radioakt.	Jahrbuch der Radioaktivität und Elektronik.
J. Chem. Education	Journal of Chemical Education.
J. chem. Ind.	Journal der chemischen Industrie; russ.: Shurnal Chimitscheskoi Promyschlennosti.
J. chem. Soc. Japan	Journal of the Chemical Society of Japan.
J. Chim. phys.	Journal de Chimie physique; seit 1931: . . . et Revue générale des Colloides.
J. chos. med. Assoc.	Journal of the Chosen Medical Association (Japan).
Jernkont. Ann.	Jernkontorets Annaler.
J. ind. eng. Chem.	Journal of Industrial and Engineering Chemistry; seit 1923: Ind. eng. Chem.
J. Indian chem. Soc.	Journal of the Indian Chemical Society.
J. Indian Inst. Sci.	Journal of the Indian Institute of Science.
J. Inst. Brew.	Journal of the Institute of Brewing.
J. Inst. Petrol. Tech.	Journal of the Institution of Petroleum Technologists.
J. Labor. clin. Med.	Journal of Laboratory and Clinical Medicine.
J. Landwirtsch.	Journal für Landwirtschaft.
J. opt. Soc. Am.	Journal of the Optical Society of America.
J. Pharm. Belg.	Journal de Pharmacie de Belgique.
J. Pharm. Chim.	Journal de Pharmacie et de Chimie.
J. pharm. Soc. Japan	Journal of the Pharmaceutical Society of Japan.

Abkürzung	Zeitschrift
J. physic. Chem.	Journal of Physical Chemistry.
J. Physiol.	Journal of Physiology.
J. pr.	Journal für praktische Chemie.
J. Pr. Austr. chem. Inst.	Journal and Proceedings of the Australian Chemical Institute.
J. Res. Nat. Bureau of Standards	Journal of Research of the National Bureau of Standards, früher: Bur. Stand. J. Res.
J. Russ. phys.-chem. Ges.	Journal der russischen physikalisch-chemischen Gesellschaft.
J. S. African chem. Inst.	Journal of the South African Chemical Institute.
J. Sci. Soil Manure	Journal of the Science of Soil and Manure (Japan).
J. Soc. chem. Ind.	Journal of the Society of Chemical Industry (Chemistry and Industry).
J. Soc. chem. Ind. Japan (Suppl.)	Journal of the Society of Chemical Industry, Japan. Supplement.
J. Zucker-Ind.	Journal der Zuckerindustrie; russ.: Shurnal Sakharnoi Promyschlennosti.
Keem. Teated	Keemia Teated (Tartu).
Kem. Maanedsbl. nord. Handelsbl. kem. Ind.	Kemisk Maanedsblad og Nordisk Handelsblad for Kemisk Industri.
Klin. Wchschr.	Klinische Wochenschrift.
Kolloid-Z.	Kolloid-Zeitschrift.
Lantbruks-Akad. Handl. Tidskr.	Kungl. Lantbruks-Akademiens Handlingar och Tidskrift.
Lantbruks-Högskol. Ann.	Lantbruks-Högskolans Annaler.
L. V. St.	Landwirtschaftliche Versuchsstationen.
M.	Monatshefte für Chemie.
Magyar Chem. Folyóirat	Magyar Chemiai Folyóirat (Ungarische chemische Zeitschrift).
Malayan agric. J.	Malayan Agricultural Journal.
Medd. Centralanst. Försöksväs. jordbruks., landwirtsch.-chem. Abt.	Meddelanden frän Centralanstalten Försöksväsendet pa Jordbruksområdet, landbrukskemi.
Medd. Nobelinst.	Meddelanden från K. Vetenskapsakademiens Nobelinstitut.
Med. Doswiadczalna i Spoleczna	Medycyna Doswiadczalna i Spoleczna.
Mem. Sci. Kyoto Univ.	Memoirs of the College of Science, Kyoto Imperial University.
Met. Erz	Metall und Erz.
Mikrochim. A.	Mikrochimica acta.
Milchw. Forsch.	Milchwirtschaftliche Forschungen.
Mitt. berg- u. hüttenmänn. Abt. kgl. ung. Palatin-Joseph-Universität Sopron	Mitteilungen der berg- und hüttenmännischen Abteilung der königlich ungarischen Palatin-Joseph-Universität, Sopron.
Mitt. Kali-Forsch.-Anst.	Mitteilungen der Kali-Forschungsanstalt.
Nachr. Götting. Ges.	Nachrichten der Kgl. Gesellschaft der Wissenschaften, Göttingen; seit 1923 fällt „Kgl." fort.
Nature	Nature (London).
Naturwiss.	Naturwissenschaften.
Natuurwetensch. Tijdschr.	Natuurwetenschappelijk Tijdschrift.
Nederl. Tijdschr. Geneesk.	Nederlandsch Tijdschrift voor Geneeskunde.
Neues Jahrb. Mineral. Geol.	Neues Jahrbuch für Mineralogie, Geologie und Paläontologie.
New Zealand J. Sci. Tech.	New Zealand Journal of Science and Technology.
Öst. Ch. Z.	Österreichische Chemiker-Zeitung.
Onderstepoort J. Vet. Sci.	Onderstepoort Journal of Veterinary Science and Animal Industry.
P. C. H.	Pharmazeutische Zentralhalle.
Ph. Ch.	Zeitschrift für physikalische Chemie.
Pharm. Weekbl.	Pharmaceutisch Weekblad.
Pharm. Z.	Pharmazeutische Zeitung.
Phil. Mag.	Philosophical Magazine and Journal of Science.
Phil. Trans.	Philosophical Transactions of the Royal Society of London.
Phys. Rev.	Physical Review.
Phys. Z.	Physikalische Zeitschrift.
Plant Physiol.	Plant Physiology.

Abkürzung	Zeitschrift
Pogg. Ann.	Annalen der Physik und Chemie, herausgegeben von POGGENDORFF (1824—1877); dann Wied. Ann. (1877—1899); seit 1900: Ann. Phys.
Pr. Am. Acad.	Proceedings of the American Academy of Arts and Sciences, Boston.
Pr. chem. Soc.	Proceedings of the Chemical Society (London).
Pr. internat. Soc. Soil Sci.	Proceedings of the International Society of Soil Science.
Pr. Leningrad Dept. Inst. Fert.	Proceedings of the Leningrad Departmental Institute of Fertilizers.
Pr. Roy. Soc. Edinburgh	Proceedings of the Royal Society of Edinburgh.
Pr. Roy. Soc. London Ser. A	Proceedings of the Royal Society (London). Serie A: Mathematical and Physical Sciences.
Pr. Soc. Cambridge	Proceedings of the Cambridge Philosophical Society.
Problems Nutrit.	Problems of Nutrition; russ.: Woprossy Pitanija.
Pr. Oklahoma Acad. Sci.	Proceedings of the Oklahoma Academy of Science.
Pr. Roy. Soc. New South Wales	Proceedings of the Royal Society of New South Wales.
Pr. Soc. exp. Biol. Med.	Proceedings of the Society for Experimental Biology and Medicine.
Pr. Utah Acad. Sci.	Proceedings of the Utah Academy of Sciences.
Przemysl Chem.	Przemysl Chemiczny.
Publ. Health Rep.	Public Health Reports.
R.	Recueil des Travaux chimiques des Pays-Bas.
Radium	Le Radium, seit 1920: Journal de Physique et Le Radium.
Rep. Connecticut agric. Exp. Stat.	Report of the Connecticut Agricultural Experiment Station.
Repert. anal. Chem.	Repertorium der analytischen Chemie (1881—1887).
Répert. Chim. appl.	Répertoire de Chimie pure et appliquée (von 1864 ab: Bulletin de la Société chimique de France).
Rev. Centro Estud. Farm. Bioquim.	Revista del centro estudiantes de farmacia y bioquímica.
Rev. Met.	Revue de Métallurgie.
Roczniki Chem.	Roczniki Chemji.
Rev. univ. des Min.	Revue universelle des Mines.
Schweiz. Apoth. Z.	Schweizerische Apotheker-Zeitung.
Schweiz. med. Wchschr.	Schweizerische medizinische Wochenschrift.
Schw. J.	SCHWEIGGERS Journal für Chemie und Physik (Nürnberg, Berlin 1811—1833, 68 Bde.).
Science	Science (New York).
Sci. Pap. Inst. Tôkyô	Scientific Papers of the Institute of Physical and Chemical Research Tôkyô.
Sci. quart. nat. Univ. Peking	Science Quarterly of the National University of Peking.
Skand. Arch. Physiol.	Skandinavisches Archiv für Physiologie.
Soc.	Journal of the Chemical Society of London.
Soc. chem. Ind. Victoria (Proc.)	Society of Chemical Industry of Victoria, Proceedings.
Soil Sci.	Soil Science.
Sprechsaal	Sprechsaal für Keramik-Glas-Email.
Stahl Eisen	Stahl und Eisen.
Svensk Tekn. Tidskr.	Svensk Teknisk Tidskrift.
Techn. Mitt. Krupp	Technische Mitteilungen KRUPP.
Tôhoku J. exp. Med.	Tôhoku Journal of Experimental Medicine.
Trans. Am. electrochem. Soc.	Transactions of the American Electrochemical Society.
Trans. Butlerov Inst. chem. Technol. Kazan	Transactions of the BUTLEROV Institute. (seit 1935: KIROV Institute) for Chemical Technology of Kazan.
Trans. Dublin Soc.	Scientific Transactions of the Royal Dublin Society.
Trans. Faraday Soc.	Transactions of the FARADAY Society.
Trans. Roy. Soc. Edinburgh	Transactions of the Royal Society of Edinburgh.

Abkürzung	Zeitschrift
Trans. sci. Inst. Fert.	Transactions of the Scientific Institute of Fertilizers and Insectofungicides (USSR.).
Trans. Sci. Soc. China	Transactions of the Science Society of China.
Trav. Lab. biogéochim. Acad. Sci. URSS.	Travaux du laboratoire biogéochimique de l'académie des sciences de l'U[nion des] R[épubliques] S[oviétiques] S[ocialistes].
Uchen. Zapiski Kazan. Gosud. Univ.	Uchenye Zapiski Kazanskogo Gosudarstvennogo Universiteta (USSR.).
Ukrain. chem. J.	Ukrainian Chemical Journal (Journal chimique de l'Ukraine).
Union pharm.	Union pharmaceutique.
Union S. Africa Dept. Agric.	Union of South Africa, Department of Agriculture.
Univ. Illinois Bull.	University of Illinois, Bulletin.
U. S. Dept. Agric. Bull.	United States Department of Agriculture, Bulletins.
Verh. phys. Ges.	Verhandlungen der Deutschen physikalischen Gesellschaft.
Wchschr. Brauerei	Wochenschrift für Brauerei.
Wied. Ann.	Annalen der Physik und Chemie, herausgegeben von WIEDEMANN; s. Pogg. Ann.
Wien. klin. Wchschr.	Wiener klinische Wochenschrift.
Wien. med. Wchschr.	Wiener medizinische Wochenschrift.
Wiss. Nachr. Zucker-Ind.	Wissenschaftliche Nachrichten der Zuckerindustrie (ukrain.).
Wiss. Veröffentl. Siemens-Konzern	Wissenschaftliche Veröffentlichungen aus dem SIEMENS-Konzern (seit 1935: -Werken).
Z. anorg. Ch.	Zeitschrift für anorganische und allgemeine Chemie.
Zbl. Min. Geol. Paläont. Abt. A	Zentralblatt für Mineralogie, Geologie und Paläontologie, Abt. A: Mineralogie und Petrographie.
Z. Chem. Ind. Kolloide	Zeitschrift für Chemie und Industrie der Kolloide; seit 1913: Kolloid-Zeitschrift.
Z. El. Ch.	Zeitschrift für Elektrochemie.
Zentr. wiss. Forsch.-Inst. Leder-Ind.	Zentrales wissenschaftliches Forschungsinstitut für die Lederindustrie; russ.: Zentralny nautschno-issledowatelski Institut koshewennoi Promyschlennosti, Sbornik Rabot.
Z. ges. Brauw.	Zeitschrift für das gesamte Brauwesen.
Z. Hygiene	Zeitschrift für Hygiene und Infektionskrankheiten.
Z. klin. Med.	Zeitschrift für klinische Medizin.
Z. Kryst.	Zeitschrift für Krystallographie und Mineralogie.
Z. landw. Vers.-Wes. Österr.	Zeitschrift für das landwirtschaftliche Versuchswesen in Deutsch-Österreich; 1925—1933 genannt: Fortschritte der Landwirtschaft.
Z. Lebensm.	Zeitschrift für Untersuchung der Lebensmittel; bis 1925: Zeitschrift für Untersuchung der Nahrungs- und Genußmittel sowie der Gebrauchsgegenstände.
Z. öffentl. Ch.	Zeitschrift für öffentliche Chemie.
Z. Pflanzenernähr. Düng. Bodenkunde	Vgl. Bodenkunde Pflanzenernähr.
Z. Phys.	Zeitschrift für Physik.
Z. pr. Geol.	Zeitschrift für praktische Geologie.
Zprávy česk. keram. společnosti	Zprávy československé keramické společnosti.

Abkürzungen oft benutzter Sammelwerke.

Abkürzung	Sammelwerk
Berl-Lunge	BERL-LUNGE: Chemisch-technische Untersuchungsmethoden, 8. Aufl. Berlin 1931—1934. Bis zur 7. Aufl. „LUNGE-BERL" genannt.
GM.	GMELINS Handbuch der anorganischen Chemie, 8. Aufl. Berlin.
Handb. Pflanzenanal.	Handbuch der Pflanzenanalyse (KLEIN).
Lunge-Berl	Vgl. BERL-LUNGE.

Beryllium.

Be, Atomgewicht 9,02, Ordnungszahl 4.

Von K. E. STUMPF, Greifswald.

Mit 2 Abbildungen.

Inhaltsübersicht.

Seite
Bestimmungsmöglichkeiten 11
Eignung der wichtigsten Verfahren 12
Auflösung des Untersuchungsmaterials 13
Bestimmungsmethoden 14
§ 1. Gravimetrische Bestimmung als Berylliumoxyd 14
Allgemeines 14
Eigenschaften des Berylliumoxyds 14
Überführung von Berylliumsalzen oder -hydroxyd in Berylliumoxyd 15
Reinigung des Berylliumoxyds von Kieselsäure 16
Prüfung des Berylliumoxyds auf Reinheit 16
Eigenschaften des Berylliumhydroxyds 16
Frisch gefälltes, amorphes Hydroxyd 17
Gealtertes, krystallines Hydroxyd (α- und β-Hydroxyd) 18
Bestimmungsverfahren 19
A. Fällung mit Ammoniak 19
Vorbemerkung 19
1. Verfahren von BLEYER und BOSHART 19
Arbeitsvorschrift 19
Bemerkungen 19
I. Genauigkeit 19
II. Waschflüssigkeit 19
III. Nachteile der Arbeitsweise von BLEYER und BOSHART . . 20
IV. Arbeitsweise bei Anwesenheit störender Stoffe 20
V. Fällung mit Ammoniumsulfid statt Ammoniak 20
2. Gebräuchlichstes Fällungsverfahren 20
Arbeitsvorschrift 20
Bemerkungen 21
I. Genauigkeit 21
II. Arbeitsweise in Gegenwart anderer Stoffe 21
3. Verfahren von MOSER und SINGER (mit Tanninzusatz) 23
Vorbemerkung 23
Arbeitsvorschrift 23
Bemerkungen 24
I. Genauigkeit 24
II. Herstellung und Reinheitsprüfung der Tanninlösung . . 24
III. Anwendungsbereich 24
IV. Arbeitsweise in tartrathaltigen Lösungen nach SCHOELLER und WEBB 24
Arbeitsvorschrift 24
Genauigkeit und Anwendungsbereich 25
4. Verfahren von KOTA mit seleniger Säure 25
Vorbemerkung 25
Arbeitsvorschrift 25
Bemerkungen 25
I. Genauigkeit 25
II. Anwendungsbereich 25

Seite
B. Fällung durch Hydrolyse mit Ammoniumnitrit nach MOSER und SINGER 26
Vorbemerkung 26
Arbeitsvorschrift 26
Bemerkungen 26
I. Genauigkeit 26
II. Entfernung der salpetrigen Säure 26
III. Arbeitsweise bei Anwesenheit anderer Metalle 27
C. Fällung mit Guanidincarbonat nach JÍLEK und KOTA 27
Vorbemerkung 27
Arbeitsvorschrift 27
Bemerkungen 28
I. Genauigkeit 28
II. Fällungsbedingungen und Beschaffenheit des Niederschlages . . 28
III. Waschflüssigkeit 28
IV. Arbeitsweise in Gegenwart von Ammoniumsalzen 29
V. Arbeitsweise in Gegenwart anderer Metalle 29
D. Fällung durch Hydrolyse mit Jodid-Jodat-Gemisch nach GLASSMANN . . 30
Vorbemerkung 30
Arbeitsvorschrift 30
Bemerkungen 30
I. Genauigkeit 30
II. Anwendungsbereich 30
E. Fällung aus alkalischer Lösung sowie Alkali- und Ammoniumcarbonatlösungen 31
Vorbemerkung 31
1. Abscheidung aus alkalischer Lösung 31
a) Arbeitsweise von HABER und VAN OORDT zur Fällung reiner Berylliumsalzlösungen 31
Arbeitsvorschrift 31
Bemerkungen 31
b) Arbeitsweise nach GMELIN 31
Arbeitsvorschrift von BRITTON 31
Bemerkungen 31
I. Genauigkeit 31
II. Bestimmung in Gegenwart von Aluminium 32
2. Abscheidung aus Alkalicarbonatlösungen 32
Arbeitsvorschrift nach TRAVERS und PERRON 32
Bemerkungen 32
3. Abscheidung aus Ammoniumcarbonatlösungen 32
F. Weitere vorgeschlagene Fällungsmethoden 33
Fällung mit Hexamethylentetramin nach AKIYAMA 33
Literatur 33

§ 2. Gravimetrische Bestimmung als Berylliumsulfat 33
Allgemeines 33
Bestimmungsverfahren 34
A. Bestimmung nach Fällung als Hydroxyd und Überführung in reine Berylliumsulfatlösung 34
Arbeitsvorschrift von ČUPR 34
Bemerkungen 34
I. Genauigkeit 34
II. Mikrobestimmung nach BENEDETTI-PICHLER 34
Arbeitsvorschrift 34
a) Mikrofällung als Hydroxyd und Überführung in Berylliumsulfatlösung 34
b) Bestimmung in reiner Berylliumsulfatlösung 35
Bemerkungen 35
a) Genauigkeit 35
b) Bestimmung in Gegenwart anderer Elemente 35
B. Überführung von Berylliumoxyd in -sulfat 36
Arbeitsvorschrift nach KOLTHOFF und SANDELL 36
Genauigkeit 36
Literatur 36

Seite

§ 3. Gravimetrische Bestimmung als Berylliumpyrophosphat 36
Allgemeines 36
Eigenschaften des Ammoniumberylliumphosphates 37
Überführung in Berylliumpyrophosphat 37
Bestimmungsverfahren 37
A. Fällung aus zunächst schwach saurer Lösung 37
Vorbemerkung 37
1. Arbeitsvorschrift von Čupr 37
2. Arbeitsweise von Moser und Singer 38
Bemerkungen 38
I. Genauigkeit 38
II. Waschflüssigkeit 39
III. Einfluß fremder Stoffe 39
a) Organische Säuren 39
b) Alkalien 39
c) Andere Elemente 39
IV. Arbeitsweise nach Gadeau in tartrathaltiger Lösung 40
B. Fällung aus ammoniakalischer Lösung nach Ruff und Stephan . . . 40
Arbeitsvorschrift 40
Genauigkeit 40
Literatur 40

§ 4. Maßanalytische Bestimmung 41
Allgemeines 41
A. Acidimetrische Bestimmung 41
1. Titration nach Bleyer und Moormann 41
Arbeitsvorschrift 41
a) In neutraler Lösung 41
b) In saurer bzw. alkalischer Lösung 41
Bemerkungen 42
I. Genauigkeit 42
II. Bestimmung in Gegenwart anderer Elemente 42
III. Abänderungen der Arbeitsvorschrift 42
IV. Arbeitsweise in besonderen Fällen 42
a) Titration von Berylliumsulfatlösungen nach Britton 42
b) Titration komplexer Berylliumfluoridlösungen 43
Arbeitsvorschrift nach Zwenigorodskaja und Gaigerowa 43
Genauigkeit 43
Bestimmung des Berylliums in Gegenwart von Silicofluoriden nach Tschernichow und Guldina . . 43
Bemerkungen 43
2. Titration nach elekrometrischen Verfahren 44
a) Potentiometrische Titration nach Prytz 44
Vorbemerkung 44
Arbeitsweise nach Prytz 44
Bemerkungen 44
I. Genauigkeit 44
II. Titration von Berylliumsulfat 44
III. Störungen durch Aluminium 44
b) Konduktometrische Titration nach Stumpf 44
Vorbemerkung 44
Arbeitsvorschrift 45
Genauigkeit 45
B. Jodometrische Bestimmung 45
Arbeitsvorschrift nach Bleyer und Moormann 45
Bemerkungen 46
I. Genauigkeit 46
II. Weitere Arbeitsmethoden 46

Seite

a) Arbeitsvorschrift von IWANOW 46
b) Kombiniertes Verfahren von EVANS 46
Arbeitsvorschrift 46
Genauigkeit 47
III. Bestimmung in komplexen Fluoriden 47
Literatur 47

§ 5. Colorimetrische Bestimmung 47
Allgemeines 47
Bestimmungsverfahren 48
A. Bestimmung mit Chinalizarin nach FISCHER 48
Vorbemerkungen 48
I. Eigenschaften des Reagenses 48
II. Eigenschaften der Beryllium-Chinalizarin-Verbindung . . . 48
III. Bestimmungsmöglichkeiten 48
1. Direkte colorimetrische Bestimmung 49
Arbeitsvorschrift 49
Bemerkungen 49
I. Genauigkeit 49
II. Änderung der Farbe des Berylliumlackes 50
III. Störungen durch fremde Stoffe 50
2. Bestimmung durch colorimetrische Titration 50
Arbeitsvorschrift 50
Bemerkungen 51
I. Genauigkeit 51
II. Herstellung der Maßlösungen 51
III. Direkte Titration mit Chinalizarin 51
IV. Störungen durch fremde Stoffe 51
V. Arbeitsweise in Gegenwart anderer Stoffe 52
a) Aluminium 52
b) Eisen 52
c) Kupfer, Nickel, Zink 53
d) Mangan 53
e) Fluoride 53
B. Bestimmung mit Curcumin nach KOLTHOFF 53
Vorbemerkung 53
I. Reagens 53
II. Eigenschaften der Beryllium-Curcumin-Verbindung 54
III. Prinzip der quantitativen Bestimmung 54
Arbeitsvorschrift 54
Bemerkungen 54
a) Genauigkeit 54
b) Einfluß anderer Elemente 54
Literatur 54

§ 6. Polarographische Bestimmung 54
Literatur 55

§ 7. Spektralanalytische Bestimmung 55
A. Analysenlinien 55
B. Koinzidenzen und Störlinien 56
C. Untere Grenze der spektroskopischen Bestimmung 57
1. Die Empfindlichkeit beeinflussende Faktoren 57
2. Grenze und Genauigkeit der zur quantitativen Bestimmung des Berylliums bisher angewendeten Verfahren 57
D. Methoden zur spektralanalytischen Bestimmung des Berylliums 58
1. Bestimmung mittels Anregung im Lichtbogen 58
I. Bestimmung kleinster Berylliummengen in Gesteinen nach GOLDSCHMIDT und Mitarbeitern 58
Arbeitsweise 58
Bemerkungen 59
a) Genauigkeit 59
b) Chemische Anreicherung des Berylliums vor der spektroskopischen Untersuchung 59
c) Andere Arbeitsweisen 59

Seite

II. Bestimmung kleinster Berylliummengen in Lösungen nach Kemula und Rygielski . . . 59
Genauigkeit . . . 60
III. Bestimmung des Berylliumgehaltes in Kupferlegierungen nach Beerwald und Seith . . . 60
2. Bestimmung mittels Anregung durch Funkenentladung . . . 60
I. Bestimmung in Magnesiumlegierungen mit nur sehr geringem Berylliumgehalt nach Beerwald . . . 60
Versuchsanordnung und Arbeitsweise . . . 60
Bemerkungen . . . 60
II. Bestimmung in Lösungen nach Broode und Steed . . . 60
Versuchsanordnung . . . 60
Arbeitsweise . . . 61
Bemerkungen . . . 61
a) Genauigkeit . . . 61
b) Einfluß anderer Metalle . . . 61
III. Bestimmung in Lösungen mittels der Flammen-Funkenmethode nach Lundegårdh und Philipson . . . 61
Versuchsanordnung . . . 61
Arbeitsweise . . . 61
Bemerkungen . . . 61
a) Genauigkeit . . . 61
b) Störende Einflüsse . . . 61
Literatur . . . 62
Trennungsmethoden . . . 62

§ 8. Trennung von Aluminium . . . 62
Allgemeines . . . 62
A. Bestimmung von Beryllium neben Aluminium . . . 63
1. Fällung des Berylliums mit Guanidincarbonat . . . 63
2. Bestimmung des Berylliums durch colorimetrische Titration mit Chinalizarin . . . 63
Trennungsverfahren . . . 63
B. Zuverlässige Trennungsverfahren . . . 63
1. Trennung mit o-Oxychinolin (Oxin) . . . 63
Vorbemerkung . . . 63
Arbeitsvorschrift nach Kolthoff und Sandell . . . 63
Bemerkungen . . . 63
I. Genauigkeit . . . 63
II. Bereitung der Reagenslösung . . . 64
III. Einfluß anderer Stoffe . . . 64
IV. Andere Arbeitsweisen und Abänderungsvorschläge . . . 64
a) Arbeitsweise von Niessner . . . 64
b) Oxinfällung unter Zusatz von Oxalsäure . . . 64
c) Arbeitsweise von Knowles . . . 65
d) Arbeitsweise von Dittler und Kirnbauer . . . 65
V. Mikrotrennung von Thurnwald und Benedetti-Pichler 65
Arbeitsvorschrift . . . 65
Genauigkeit . . . 65
2. Trennung mit Tannin . . . 66
Vorbemerkung . . . 66
Arbeitsvorschrift von Moser und Niessner . . . 66
Bemerkungen . . . 66
I. Genauigkeit . . . 66
II. Einfluß anderer Stoffe . . . 67
III. Andere Arbeitsweisen und Abänderungsvorschläge . . . 67
a) Arbeitsweise von Moser und Singer . . . 67
b) Arbeitsweise von Ostroumow . . . 67
3. Trennung der Oxyde durch Schmelzen mit Soda . . . 67
Vorbemerkung . . . 67
Arbeitsvorschrift von Wunder und Wenger . . . 67
Bemerkungen . . . 68
I. Genauigkeit . . . 68
II. Gegenwart anderer Stoffe . . . 68

Seite
III. Andere Arbeitsweisen und Abänderungsvorschläge 68
a) Arbeitsweise von BRITTON 68
b) Arbeitsweise von TRAVERS und PERRON 68
c) Trennung durch Schmelze mit Soda und Pottasche nach TRAVERS und PERRON 68
C. Methoden zur teilweisen Abtrennung eines großen Aluminiumüberschusses 69
1. Trennung der Chloride mit Äther-Salzsäure nach HAVENS 69
Vorbemerkung 69
Arbeitsvorschrift (teilweise Abtrennung) nach FISCHER 69
Bemerkungen 69
I. Genauigkeit 69
II. Gegenwart anderer Metalle 69
III. Weitere Arbeitsweisen und Abänderungsvorschläge 70
a) Ursprüngliche Arbeitsweise von HAVENS 70
b) Abänderungsvorschläge 70
2. Trennung der komplexen Fluoride 70
3. Trennung der Sulfate 71
D. Abtrennung sehr geringer Mengen Aluminium 71
Geeignete Trennungsverfahren 71
Trennung mit alizarinsulfonsaurem Natrium nach PRAETORIUS 71
Vorbemerkung 71
Arbeitsvorschrift von PRAETORIUS bzw. RAMSER 71
Bemerkungen 72
I. Genauigkeit 72
II. Herstellung der Reagenslösung 72
III. Gegenwart von Eisen 72
E. Weniger zuverlässige Trennungsmethoden 73
1. Trennung mit Alkalihydroxyd 73
Vorbemerkung 73
Arbeitsweise nach BRITTON 73
Andere Arbeitsweisen und Abänderungsvorschläge 73
Trennung in Gegenwart von Eisen 74
2. Trennung mit Natriumbicarbonat 74
Vorbemerkung 74
Arbeitsvorschrift nach PARSONS und BARNES 74
Bemerkungen 74
I. Genauigkeit 74
II. Ähnliche Arbeitsweisen und Abänderungsvorschläge . . . 74
III. Gegenwart anderer Stoffe 75
3. Trennung mit Ammoniumcarbonat 75
Vorbemerkung 75
Arbeitsmethoden 75
Zuverlässigkeit der Trennung 75
F. Weitere vorgeschlagene Trennungsmethoden 75
Allgemeines 75
1. Trennung in Gegenwart von Phosphorsäure mit Bariumhydroxyd nach PENFIELD und HARPER 75
2. Trennung mit Alkylaminen nach RENZ 76
3. Trennung mit Calciumferrocyanid nach GASPAR Y ARNAL . . . 76
4. Trennung der Chloride mit Aceton-Acetylchlorid nach MINING . 76
5. Trennung der Acetate mit Chloroform nach HABER und VAN OORDT 76
6. Trennung der Acetate bzw. Formiate durch Destillation nach KLING und GELIN 76
G. Unbrauchbare Trennungsmethoden 77
1. Trennung durch fraktionierte Hydrolyse 77
a) Trennung mit Bariumcarbonat nach SCHEERER 77
b) Trennung mit Natriumcarbonat nach HART 77
c) Trennung mit schwefliger Säure nach BERTHIER 77
d) Trennung mit Natriumthiosulfat nach JOY sowie GLASSMANN . 77
e) Trennung als basische Sulfate nach DEBRAY 77
f) Trennung als basische Acetate nach PENFIELD und HARPER . 78
g) Trennung mit Hexamethylentetramin nach AKIYAMA 78
h) Trennung mit Ammoniumchlorid nach BERZELIUS 78

Seite
2. Weitere unbrauchbare Trennungsmethoden 78
a) Trennung der Oxalate nach WYBOUROFF 78
b) Trennung der Oxyde durch Kaliumhydroxydschmelze nach WEEREN 78
c) Trennung durch Destillation der Chloride 78
Literatur 78

§ 9. Trennung von Eisen 79
Allgemeines 79
A. Bestimmung von Beryllium neben Eisen 80
1. Fällung mit Guanidincarbonat 80
2. Bestimmung durch colorimetrische Titration mit Chinalizarin . . . 80
3. Bestimmung nach Überführung des Eisens in lösliche Komplexverbindungen 80
a) Nach Überführung in komplexes Eisen II-cyanid nach WAINER 80
Arbeitsvorschrift 80
Bemerkungen 81
b) Nach Überführung in komplexes Dipyridileisen nach FERRARI 81
Vorbemerkung 81
Arbeitsvorschrift 81
Bemerkungen 81
4. Bestimmung in Gegenwart geringer Eisenverunreinigungen 81
Trennungsverfahren 81
B. Zuverlässige Trennungsverfahren 81
1. Trennung mit o-Oxychinolin (Oxin) 81
Arbeitsvorschrift 81
Bemerkungen 81
I. Genauigkeit 81
II. Andere Arbeitsweisen und Abänderungsvorschläge 81
a) Arbeitsweise von NIESSNER 81
b) Oxinfällung unter Zusatz von Weinsäure oder Oxalsäure 82
III. Mikrotrennung 82
2. Trennung mit Tannin 82
Vorbemerkung 82
Arbeitsvorschrift von MOSER und SINGER 82
Bemerkungen 83
3. Trennung mit Ammoniumsulfid aus tartrathaltiger Lösung 83
Vorbemerkung 83
Arbeitsvorschrift nach FRESENIUS und FROMMES 83
Bemerkungen 83
I. Genauigkeit 83
II. Gegenwart anderer Metalle 83
4. Trennung mit α-Nitroso-β-naphthol 83
Vorbemerkung 83
Arbeitsvorschrift von SCHLEIER 84
Bemerkungen 84
I. Genauigkeit 84
II. Arbeitsweise von ATKINSON und SMITH 84
III. Gegenwart anderer Stoffe 84
5. Trennung mit Cupferron 84
Vorbemerkung 84
Arbeitsvorschrift von TETTAMANZI 84
Bemerkungen 85
I. Genauigkeit 85
II. Gegenwart anderer Metalle 85
C. Methoden zur teilweisen Abtrennung eines großen Eisenüberschusses . . 85
1. Trennung der Chloride mit Äther (Ausätherungsverfahren von ROTHE) 85
Vorbemerkung 85
Arbeitsvorschrift nach WEIHRICH 85
Bemerkungen 86
I. Gegenwart anderer Stoffe 86
II. Ausäthern von Eisen aus Rhodanidlösungen 86

Seite

2. Trennung durch elektrolytische Abscheidung des Eisens 86
Vorbemerkung 86
Arbeitsvorschrift von MONJAKOWA und JANOWSKI 87
Bemerkungen 87
I. Genauigkeit 87
II. Gegenwart anderer Metalle 87
III. Arbeitsweise nach MYERS 87
IV. Arbeitsweise von CLASSEN 87
3. Trennung der Oxyde durch Reduktion mit Wasserstoff nach FISCHER 88
D. Abtrennung geringer Mengen Eisen 88
Geeignete Trennungs- und Bestimmungsverfahren 88
1. Trennung mit Alkalihydroxyd 88
Vorbemerkung 88
Arbeitsvorschrift von WUNDER und WENGER 88
Bemerkungen 88
I. Genauigkeit 88
II. Gegenwart anderer Metalle 89
III. Arbeitsweise von ECKSTEIN 89
2. Trennung mit Natriumacetat nach SPINDECK 89
Vorbemerkung 89
Arbeitsvorschrift 89
Bemerkungen 89
I. Genauigkeit 89
II. Gegenwart anderer Metalle 90
E. Weitere vorgeschlagene Trennungsmethoden 90
Allgemeines 90
1. Trennung der Oxyde im Chlorwasserstoffstrom (Destillation von Eisen III-chlorid) 90
Vorbemerkung 90
Arbeitsvorschrift von HAVENS und WAY 90
Bemerkungen 90
I. Genauigkeit 90
II. Gegenwart anderer Metalle 90
2. Trennung mit Kalium-Eisen II-cyanid und Kupfernitrat nach LEBEAU 90
3. Trennung der Acetate mit Chloroform nach HABER und VAN OORDT 90
4. Trennung der Acetate bzw. Formiate durch Destillation nach KLING und GELIN 91
5. Trennung mit bernsteinsaurem Ammonium nach BERZELIUS 91
F. Weniger zuverlässige und unbrauchbare Trennungsmethoden 91
1. Trennung mit Natriumbicarbonat 91
2. Trennung mit Ammoniumcarbonat 91
3. Weitere unbrauchbare Trennungsverfahren 91
Literatur 91

§ 10. Trennung von anderen Metallen und störenden Säuren 92
Allgemeines 92
Trennungsverfahren 93
A. Zuverlässige Verfahren zur Abtrennung verschiedener Metalle bzw. Metallgruppen 93
1. Trennung durch Fällung als Sulfide 93
I. Aus stark saurer Lösung 93
II. Aus schwach saurer Lösung 93
a) Nickel und Zink 94
b) Gallium 94
III. Aus ammoniakalischer tartrathaltiger Lösung 94
2. Trennung mit o-Oxychinolin (Oxin) 94
I. Aus essigsaurer Lösung 94
a) Kupfer, Titan, Zirkon, Nickel, Kobalt, Zink, Vanadin . 94
b) Kupfer 94
Arbeitsvorschrift nach BERG 94
Genauigkeit 94
II. Aus alkalischer Lösung 95

Seite

3. Trennung mit Tannin . . . 95
  I. Fällung nach der Vorschrift von MOSER und SINGER . . . 95
  II. Trennung von Vanadin nach MOSER und SINGER . . . 95
    Arbeitsvorschrift . . . 95
    Genauigkeit . . . 95
  III. Trennung von Wolfram nach MOSER und SINGER . . . 95
    Arbeitsvorschrift . . . 95
    Genauigkeit . . . 96
  IV. Trennung von Zinn nach MOSER und LIST . . . 96
    Arbeitsvorschrift . . . 96
    Bemerkungen . . . 96
  V. Trennung von Titan und Zirkon nach MOSER und SINGER . 96
    Arbeitsvorschrift . . . 96
    Bemerkungen . . . 96
  VI. Trennung von Gallium nach MOSER und BRUKL . . . 96
    Arbeitsvorschrift . . . 96
    Bemerkungen . . . 97
  VII. Trennung von Niob, Tantal, Titan nach SCHOELLER und WEBB 97
    Arbeitsvorschrift nach SCHOELLER und POWELL . . . 97
    Bemerkungen . . . 97
4. Trennung mit Cupferron . . . 97
5. Trennung mit seleniger Säure . . . 98
  I. Trennung von Wismut, Titan und Zirkon . . . 98
    Arbeitsvorschrift nach BERG und TEITELBAUM . . . 98
    Bemerkungen . . . 99
  II. Trennung von Thorium . . . 99
    Arbeitsvorschrift von KOTA . . . 99
6. Trennung mit Kaliumhydroxyd . . . 99
7. Trennung durch Schmelzen der Oxyde mit Soda . . . 99
8. Trennung durch Elektrolyse . . . 100

B. Verfahren zur Trennung von Metallen der Schwefelwasserstoffgruppe . . 100
1. Trennung von Arsen . . . 100
2. Trennung von Antimon . . . 100
3. Trennung von Zinn . . . 100
4. Trennung von Blei . . . 101
  I. Eignung der Trennungsverfahren . . . 101
  II. Abtrennung eines großen Bleiüberschusses nach EVANS . . 101
  III. Bestimmung kleinster Bleimengen neben Beryllium nach FISCHER und LEOPOLDI . . . 101
  IV. Trennung mit konzentrierter Salpetersäure nach WILLARD und GOODSPEED . . . 101
5. Trennung von Wismut . . . 101
6. Trennung von Kupfer . . . 101
7. Trennung von Cadmium . . . 102
8. Trennung von Vanadin . . . 102
9. Trennung von Molybdän . . . 102
10. Trennung von Wolfram . . . 102
11. Trennung von Thallium . . . 102

C. Verfahren zur Trennung von den Metallen der Schwefelammoniumgruppe 103
1. Trennung von Nickel . . . 103
2. Trennung von Kobalt . . . 103
3. Trennung von Mangan . . . 103
  I. Eignung der Verfahren . . . 103
  II. Trennung durch Fällung von Mangan IV-oxydhydrat . . . 103
    a) Durch Oxydation mit Ammoniumpersulfat . . . 103
    b) Durch Oxydation mit Kaliumchlorat . . . 104
  III. Bestimmung von Spuren Mangan in Berylliumoxyd . . . 104
4. Trennung von Chrom . . . 104
  I. Eignung der Trennungsverfahren . . . 104
    a) Trennung von 3 wertigem Chrom . . . 104
    b) Trennung von Chromat . . . 104
  II. Bestimmung von Spuren Chrom in Berylliumoxyd . . . 105

Seite

5. Trennung von Zink 105
6. Trennung von Titan. 105
   I. Eignung der Trennungsverfahren 105
      a) Zuverlässige Methoden 105
      b) Weitere vorgeschlagene Methoden 105
      c) Unbrauchbare Methoden 105
   II. Trennung durch hydrolytische Fällung des Titans mit Chlorid-Bromat 105
      Arbeitsvorschrift von MOSER, NEUMAYER und WINTER . . 105
      Bemerkungen 106
7. Trennung von Uran 106
   I. Eignung der Trennungsverfahren 106
   II. Abtrennung eines Berylliumüberschusses nach BRINTON und ELLESTAD 106
8. Trennung von Gallium 106

D. Verfahren zur Trennung von den Elementen der seltenen Erden, von Zirkon, Thorium, Niob und Tantal 107
1. Trennung von den Elementen der seltenen Erden 107
   I. Eignung der Trennungsverfahren 107
   II. Trennung mit Oxalsäure 107
      a) Fällung aus oxalsaurer Lösung nach SMITH und JAMES 107
      b) Andere Arbeitsweisen 107
   III. Trennung von Cer durch Destillation der Chloride 107
      Arbeitsvorschrift von BOURION 107
      Bemerkungen 108
2. Trennung von Zirkon 108
   I. Eignung der Trennungsverfahren 108
   II. Trennung mit Phosphorsäure nach RUFF und STEPHAN . . 108
      Arbeitsvorschrift 108
      Genauigkeit 108
3. Trennung von Thorium 108
4. Trennung von Niob und Tantal 109

E. Verfahren zur Trennung von den Alkali- und Erdalkalimetallen 109
1. Trennung von Alkalimetallen 109
2. Trennung von Magnesium 109
   I. Eignung der Trennungsverfahren 109
   II. Abtrennung kleiner Magnesiummengen nach GADEAU 109
3. Trennung von Calcium 110
   I. Zuverlässige Verfahren 110
   II. Weitere vorgeschlagene Verfahren 110
4. Trennung von Strontium 110
   I. Eignung der Verfahren 110
   II. Trennung der Nitrate aus konzentrierter Salpetersäure nach WILLARD und GOODSPEED 110
      Arbeitsvorschrift 110
      Bemerkungen 110
5. Trennung von Barium 110
   I. Eignung der Verfahren 110
   II. Trennung durch Fällung des Bariums als Sulfat 111

F. Verfahren zur Trennung von störenden Säuren 111
Vorbemerkung 111
1. Trennung von Kieselsäure 111
2. Trennung von Phosphorsäure. 111
   I. Eignung der Verfahren 111
   II. Mikrotrennung nach THURNWALD und BENEDETTI-PICHLER 111
      Arbeitsvorschrift 111
      Bemerkungen 112
3. Trennung von Flußsäure 112

Literatur. 112

Seite
§ 11. Bestimmung in Mineralien und Legierungen 113
Allgemeines 113
A. Bestimmung in Mineralien 113
1. Aufschluß des Untersuchungsmaterials 113
I. Eignung der Verfahren 113
II. Aufschluß mit Natriumfluorosilicat nach FISCHER 114
Arbeitsvorschrift 114
Bemerkungen 114
III. Mikroaufschluß nach THURNWALD und BENEDETTI-PICHLER 114
Arbeitsvorschrift zum Aufschluß von Kolbeckit 114
2. Abtrennung und Bestimmung von Beryllium 115
I. Bestimmung bei vergleichbarem Gehalt an Beryllium und Aluminium neben nur geringen Eisenmengen 115
a) Colorimetrische Titration mit Chinalizarin 115
b) Trennung mit Oxin 115
c) Mikrotrennung 115
d) Äther-Salzsäure-Trennung und Sodaschmelze 116
II. Bestimmung bei geringem Berylliumgehalt gegenüber einem Überschuß von Aluminium 116
a) Colorimetrische Titration mit Chinalizarin 116
b) Gravimetrische Bestimmung 116
III. Maßanalytische Bestimmung nach Aufschluß mit Natriumfluorosilicat sowie in fluoridhaltigen technischen Produkten . . 116
B. Bestimmung in Legierungen 117
1. Auflösung des Untersuchungsmaterials 117
I. Legierungen mit Eisen 117
II. Legierungen mit anderen Metallen 117
2. Abtrennung und Bestimmung von Beryllium in Legierungen mit Eisen 117
I. Legierungen mit hohem Berylliumgehalt 117
II. Legierungen mit geringem Berylliumgehalt 117
a) Legierungen, die gegenüber Beryllium nur geringfügige Mengen anderer Metalle enthalten 118
b) Legierungen, die neben Beryllium noch andere Metalle enthalten 118
Bemerkungen 119
3. Abtrennung und Bestimmung von Beryllium in Legierungen mit Aluminium 120
I. Legierungen mit hohem Berylliumgehalt 120
II. Legierungen mit geringem Berylliumgehalt 120
Bestimmung nach CHURCHILL, BRIDGES und LEE 120
Bemerkungen 120
4. Abtrennung und Bestimmung von Beryllium in Legierungen mit anderen Metallen 120
I. Bestimmung in Kupfer-, Nickel- und Zinklegierungen . . . 120
a) Schnellbestimmung durch colorimetrische Titration mit Chinalizarin nach FISCHER 120
b) Gravimetrische Bestimmung durch Fällung mit Ammoniak 120
II. Bestimmung in Berylliumbronzen 121
Literatur 121

Bestimmungsmöglichkeiten.

Beryllium gehört nach seiner Stellung im periodischen System zu den typischen Elementen. In seinem chemischen Verhalten steht es daher den Elementen der 3. Gruppe und vor allem dem Aluminium viel näher als den Erdalkalien. Es wird im Verlauf des systematischen Analysenganges mit dem Aluminium zusammen durch Ammoniak als Hydroxyd ausgefällt. Sehr erschwerend für die Entwicklung der analytischen Chemie des Berylliums war es, daß Beryllium fast immer zusammen mit Aluminium, dem es in seinem chemischen Verhalten sehr ähnelt, vorkommt und es wenigstens früher an empfindlichen Nachweisreaktionen für

Beryllium fehlte. So wurde eine große Zahl von Bestimmungs- und Trennungsmethoden des Berylliums von Aluminium als brauchbar vorgeschlagen, die aber späterer Nachprüfung nicht standhielten. Bei dem Mangel schwerlöslicher Berylliumverbindungen sind eigentlich nur zwei Abscheidungsformen von praktischer Bedeutung: das Berylliumhydroxyd, das nach ganz ähnlichen Methoden wie Aluminiumhydroxyd gefällt wird, und das der entsprechenden Magnesiumverbindung analoge Ammoniumberylliumphosphat, das aber praktisch kaum in formelreiner Zusammensetzung zu erhalten ist. Die Hydrolyse der Berylliumsalze in wäßriger Lösung, die der der Aluminiumsalze ähnlich ist, bildet die Grundlage einer Reihe maßanalytischer, acidimetrischer und jodometrischer Methoden, deren Vorbild ebenfalls ähnliche Bestimmungsverfahren des Aluminiums sind. Zur Ermittlung sehr kleiner Berylliumgehalte in Mineralien und Legierungen eignet sich neben der spektralanalytischen Bestimmung vor allem die colorimetrische Titration mittels Chinalizarins.

Bietet so die verhältnismäßig wenig vielseitige Bestimmung des Berylliums selbst kaum größere Schwierigkeiten, so ist die quantitative Trennung des Berylliums vor allem von den meist mit Beryllium vorkommenden Metallen Aluminium und Eisen nicht immer einfach. Zahlreiche analytische Arbeiten sind der Trennung des Berylliums von diesen Metallen gewidmet. Die Abtrennung des Aluminiums und Eisens durch Fällung mit Tannin oder Oxin — letztere auch als Mikrotrennung — ist von allen ausgearbeiteten Methoden am zuverlässigsten und vielseitigsten anwendbar. Bei großem Überschuß von Aluminium oder Eisen werden diese Trennungsverfahren vorteilhaft mit solchen Methoden verbunden, die zunächst eine Abtrennung des Überschusses von Aluminium bzw. Eisen gestatten. Hierzu sind in erster Linie herangezogen worden die Schwerlöslichkeit von Natriumaluminiumfluorid sowie von Aluminiumchlorid in einem Äther-Salzsäure-Gemisch, die Löslichkeit von Eisenchlorid in einem mit Chlorwasserstoff gesättigten Äther-Salzsäure-Gemisch oder die elektrolytische Abscheidung des Eisens an einer Quecksilberkathode. Neben viel Aluminium lassen sich kleine Berylliummengen ohne vorhergehende Trennung durch colorimetrische Titration mit Chinalizarin bestimmen. Die Trennung des Berylliums von anderen Metallen macht im allgemeinen keine Schwierigkeiten.

Eignung der wichtigsten Verfahren.

Das wichtigste Verfahren zur Bestimmung des Berylliums ist die Fällung als Hydroxyd, das geglüht und als Oxyd gewogen wird. Sowohl die Methoden der Fällung mit Ammoniak als auch besonders diejenige der Hydrolyse mit Ammoniumnitrit führen bei Einhaltung der gegebenen Arbeitsvorschriften zu genauen Ergebnissen. Bei der Bestimmung von weniger als 20 mg Berylliumoxyd fallen allerdings die Fehler infolge der Verluste beim Filtrieren und Auswaschen sowie die Wägefehler schon erheblich ins Gewicht. Durch Fällung mit Ammoniak und Tannin lassen sich die bei der Verarbeitung entstehenden Verluste noch verringern und so noch wenige Milligramme Berylliumoxyd befriedigend genau bestimmen.

Durch Überführung des Oxyds in Sulfat, dessen Molekulargewicht mehr als 4mal so groß ist wie das des Oxyds, läßt sich auch der relative Wägefehler vermindern. Die Überführung des gefällten Hydroxyds in Sulfat kommt in erster Linie für die Mikrobestimmung in Betracht, einmal wegen des hohen Molekulargewichtes und zum anderen wegen der niedrigen, zur Darstellung wasserfreien, gewichtskonstanten Sulfates erforderlichen Temperatur (etwa 350 bis 400°).

Die Fällung als Ammoniumberylliumphosphat und Wägung als Pyrophosphat, die wegen des hohen Molekulargewichtes zunächst sehr geeignet erscheint, ist, von der Bestimmung bei Anwesenheit von Phosphorsäure abgesehen, weniger zu empfehlen. Die Erlangung stöchiometrisch zusammengesetzter Niederschläge scheint, wenn überhaupt, dann nur unter bestimmten, engumgrenzten Versuchsbedingungen möglich zu sein. Mit empirisch gefundenen Umrechnungsfaktoren wird man aber nur arbeiten, wenn andere Bestimmungsmethoden nicht anwendbar sind oder größte Genauigkeit nicht erforderlich ist.

Die maßanalytischen Verfahren sind nicht sehr genau, gestatten aber infolge des niedrigen Äquivalentgewichtes des Berylliums auch die Bestimmung kleinerer Berylliummengen bis herunter zu wenigen Milligrammen Berylliumoxyd. Sie sind vor allem zur Schnellbestimmung auch in Berylliumfluoridlösungen geeignet.

Kleinste Berylliumgehalte werden am sichersten durch colorimetrische Titration mit Chinalizarin ermittelt. Nach diesem Verfahren ist noch etwa 0,1 mg auf ±3 bis 5% genau auch in Gegenwart von Aluminium bestimmbar, was nach keiner anderen Methode möglich ist. Die Empfindlichkeit der colorimetrischen Titration ist bei wesentlich größerer Genauigkeit annähernd ebensogroß wie die der quantitativen Spektralanalyse, die vor allem zur Bestimmung des Berylliumgehaltes berylliumarmer Gesteine angewendet worden ist.

In der folgenden Übersichtstabelle sind die wichtigsten Bestimmungsmethoden, ihr Anwendungsbereich und die erreichbare Genauigkeit zusammengestellt. Eine Übersicht über die wichtigsten Trennungsmethoden ist dem Abschnitt über die Bestimmung in Gegenwart anderer Elemente vorangestellt.

Tabelle 1. Wichtigste Bestimmungsmethoden.

Methode	Gravimetrische Bestimmung			Anwendungsbereich in Milligrammen BeO	Mittlerer Fehler	Bemerkungen
	Fällungsmittel	Abscheidungsform	Wägungsform			
§ 1, A, 1 u. 2	NH_3	$Be(OH)_2$	BeO	> 20	meist negativ	
§ 1, A, 3	NH_3 + Tannin	$Be(OH)_2$ + Tannin	BeO	10—100	< + 0,2 mg	
§ 1, B	NH_4NO_2	$Be(OH)_2$	BeO	> 20	< ± 0,3 mg	Genauestes Verfahren
§ 2	—	$Be(OH)_2$	$BeSO_4$	60—250	— 0,1%	
				∼ 0,5	± 0,3%	Mikromethode
§ 3	$(NH_4)_2HPO_4$	$(NH_4)BePO_4$	$Be_2P_2O_7$	> 10	∼ ± 1%	in Gegenwart von H_3PO_4
	Maßanalytische Bestimmung					
	Titration mit	Art der Bestimmung				
§ 4, A, 1	NaOH	acidimetrisch gegen Indicatoren		15—100	± 1%	Schnellbestimmung auch in Gegenwart von Fluoriden
§ 4, A, 2 b	NaOH	konduktometrisch		1—15	< ± 3%	
§ 4, B	$Na_2S_2O_3$	jodometrisch mit Jodid-Jodat		25—100	— 1,4%	
§ 4, B	NaOH und $Na_2S_2O_3$	acidimetrisch und jodometrisch		1—10	± 0,1 mg	
	Colorimetrische Bestimmung					
§ 5, A, 2	Colorimetrische Titration mit Chinalizarin			> 0,1	± 3%	Kleinste Be-Mengen, Schnellbestimmung auch in Gegenwart von Al und F
§ 7	Spektralanalytische Bestimmung nach chemischer Anreicherung			Be-Gehalt: > 0,0003%	vgl. Tab. 5	Untersuchung Be-armer Gesteine und Legierungen

Auflösung des Untersuchungsmaterials.

Alle Berylliumsalze anorganischer Säuren lösen sich leicht in Wasser, nur wasserfreies Berylliumsulfat löst sich unter Bildung von Tetrahydrat sehr langsam auf. Berylliumhydroxyd ist in verdünnten Säuren leicht löslich. Berylliumsalze organischer Säuren sowie komplexe Berylliumfluoride führt man am besten durch

Abrauchen mit konzentrierter Schwefelsäure in Sulfat über, da die Fällung als Berylliumhydroxyd infolge der Bildung komplexer Ionen sonst unter Umständen nicht vollständig ist. Basisches Berylliumacetat $Be_4O(CH_3COO)_6$ wird am besten mit heißer, verdünnter Essigsäure in Lösung gebracht oder durch Kochen mit konzentrierter Salpetersäure zersetzt. Metallisches Beryllium löst sich in verdünnter oder konzentrierter kalter Salzsäure leicht auf. In kalter Salpetersäure und Schwefelsäure löst es sich schwerer, gegen kalte konzentrierte Salpetersäure verhält sich Beryllium sogar passiv. In der Hitze wird es hingegen von allen Säuren leicht gelöst. Alkalihydroyd ist zur Auflösung von Beryllium wenig geeignet, da es sich weit schwieriger als Aluminium in Alkalilaugen löst. Die zur Auflösung von Berylliumlegierungen anzuwendenden Lösungsmittel richten sich nach dem Legierungspartner; ein Gemisch von Salzsäure mit etwas konzentriertem Wasserstoffsuperoxyd ist in den meisten Fällen am geeignesten. Stark geglühtes Berylliumoxyd ist in Salzsäure und Salpetersäure so gut wie unlöslich, in kochender, konzentrierter Schwefelsäure sowie in Flußsäure gut löslich. Stark geglühtes bzw. krystallisiertes Berylliumoxyd wird daher am besten durch teilweises Abrauchen mit Schwefel- und Flußsäure oder Schmelzen mit Kaliumbisulfat aufgeschlossen. Säurelösliche Berylliummineralien, z. B. berylliumhaltige Phosphate wie Kolbeckit, werden in konzentrierter Salpetersäure oder in Königswasser gelöst, säureunlösliche Mineralien in üblicher Weise mit Soda aufgeschlossen. Wenn nur der Berylliumgehalt bestimmt werden soll, führt man das Beryllium am einfachsten durch Sintern des Minerals mit einer ausreichenden Menge Natriumsilicofluorid in wasserlösliches, leicht auszulaugendes, komplexes Berylliumfluorid über. Gesteine mit sehr geringem Berylliumgehalt, z. B. Pegmatite, raucht man am besten mit einem Gemisch von Flußsäure und Schwefelsäure ab und löst dann den kieselsäurefreien Rückstand in Salzsäure. Da Kieselsäure leicht Beryllium adsorbiert, ist die bei Mineralaufschlüssen ausfallende Kieselsäure stets mit Flußsäure und Schwefelsäure abzurauchen. Einen etwaigen Rückstand schließt man dann mit Kaliumbisulfat auf, prüft in der Lösung des Aufschlusses auf Beryllium und bestimmt es gegebenenfalls quantitativ. Die wichtigsten Methoden für den Aufschluß von Mineralien und die Auflösung von Legierungen sind bei den speziellen Bestimmungsmethoden (§ 11) eingehender beschrieben.

Bestimmungsmethoden.

§ 1. Gravimetrische Bestimmung als Berylliumoxyd.

BeO, Molekulargewicht 25,02.

Allgemeines.

Beim Glühen von Berylliumhydroxyd und von Berylliumsalzen — auch von Berylliumchlorid in nicht absolut trockener Atmosphäre — entsteht Berylliumoxyd, das nach dem Glühen bis zur Gewichtskonstanz zur Wägung gebracht wird. Der Gehalt reiner Berylliumsalzlösungen kann daher einfach durch Eindampfen und Glühen des Trockenrückstandes bestimmt werden. Meistens wird aber die gravimetrische Bestimmung des Berylliums als Oxyd mit der vorhergehenden Ausfällung als Hydroxyd verbunden und stellt in dieser Kombination die wichtigste und allgemeinster Anwendung fähige Bestimmungsform des Berylliums dar.

Eigenschaften des Berylliumoxyds. Berylliumoxyd entsteht beim Glühen des Hydroxyds als weißes, lockeres Pulver. Es krystallisiert dihexagonal-pyramidal. Das Krystallgitter gehört im Gegensatz zu dem der übrigen Erdalkalioxyde dem Wurtzit-Typ an. Berylliumoxyd bildet bis zum Schmelzpunkt, der über 2400° liegt, keine anderen Modifikationen, die Dichte schwankt je nach der thermischen Vorbehandlung nur wenig um den Wert 3.

Berylliumoxyd ist das am schwersten lösliche Erdalkalioxyd. Die Löslichkeit in Wasser beträgt bei Zimmertemperatur 0,2 mg Berylliumoxyd (bei 440° geglüht) im Liter, also $8 \cdot 10^{-6}$ Mol/l (Remy und Kuhlmann).

Das chemische Verhalten des Berylliumoxyds ist abhängig von seiner thermischen Vorbehandlung. Auf 440° erhitztes Oxyd ist auch in verdünnten Säuren vollständig löslich und ist merklich hygroskopisch. Je höher und je länger jedoch Berylliumoxyd geglüht wird, desto langsamer und unvollständiger löst es sich in Säuren und desto weniger hygroskopisch ist es. Über 1100° geglühtes, krystallisiertes Oxyd ist nicht mehr hygroskopisch. Es ist in kalter, verdünnter Salzsäure völlig unlöslich [Fischer (a)] und wird auch von siedender Salz- oder Salpetersäure nur sehr langsam angegriffen. Nur noch Flußsäure und besonders siedende konzentrierte Schwefelsäure lösen das krystallisierte Oxyd leicht auf. Auch von Kaliumhydroxydlösungen und -schmelzen wird das Oxyd nach vorhergehendem starken Glühen nicht angegriffen, beim Schmelzen mit Soda bleibt es im Gegensatz zu Aluminiumoxyd unverändert (Wunder und Wenger). In der Kaliumhydrogensulfatschmelze löst es sich hingegen unter Bildung wasserfreien Berylliumsulfats leicht auf.

Überführung von Berylliumsalzen oder -hydroxyd in Berylliumoxyd. Salze. Beim Glühen von Berylliumcarbonat, -sulfat, -nitrat zersetzen sich diese unter Abspaltung von Kohlendioxyd, Schwefeltrioxyd bzw. Stickoxyden zu Berylliumoxyd. Man erhitzt hierzu das Berylliumsalz in einem Tiegel zunächst vorsichtig, um eine zu stürmische Zersetzung zu vermeiden, die besonders beim Carbonat und Nitrat leicht zu mechanischen Verlusten führt. Anschließend wird stark geglüht, am besten im elektrischen Ofen auf 1100 bis 1200°. Man erhält so ein Berylliumoxyd, das nicht mehr hygroskopisch ist und nach dem Glühen bis zur Gewichtskonstanz ohne Vorsichtsmaßregeln zur Wägung gebracht werden kann. Wird das Oxyd nur bei niedrigeren Temperaturen — etwa über einer Gas- oder Gebläseflamme — geglüht, so ist es noch mehr oder weniger stark hygroskopisch und muß daher im verschlossenen Wägegläschen gewogen werden. Bei der Darstellung von Berylliumoxyd aus Sulfat ist das Glühen bei mindestens 1100° unbedingt notwendig, da die letzten Spuren Schwefeltrioxyd nur sehr schwer und bei niedrigeren Temperaturen niemals vollständig abgegeben werden (Fischer und Leopoldi). Beim Erhitzen von Berylliumchloridtetrahydrat entsteht ebenfalls infolge hydrolytischer Spaltung und Abgabe von Chlorwasserstoff quantitativ Berylliumoxyd, sogar auch beim Erhitzen im Chlorstrom (Mieleitner und Steinmetz). In entsprechender Weise wird auch beim Eindampfen von Berylliumchloridlösungen und Glühen des Trockenrückstandes quantitativ Berylliumoxyd erhalten, eine Verflüchtigung von wasserfreiem Berylliumchlorid findet nicht statt [Fresenius und Frommes (b)]. Aus den Salzen organischer Säuren läßt sich Berylliumoxyd nicht immer durch einfaches Glühen gewinnen, da diese Salze, z. B. das basische Berylliumacetat $Be_4O(CH_3COO)_6$, teilweise verdampfen, bevor Zersetzung eintritt. Zur Überführung in Oxyd ist daher vorhergehendes Abrauchen mit Schwefelsäure oder Salpetersäure notwendig.

Hydroxyd. Für die Darstellung des Berylliumoxyds aus dem Hydroxyd gilt das gleiche wie bei der Darstellung aus Salzen. Um nicht mehr hygroskopisches Berylliumoxyd zu erhalten, muß bei mindestens 1100° geglüht werden. Aus sulfathaltigen Lösungen gefälltes Hydroxyd enthält trotz sorgfältigen Auswaschens stets basische Sulfate, die die letzten Spuren Schwefeltrioxyd ebenfalls nur sehr schwer abgeben. Beim Glühen im elektrischen Ofen auf 1100 bis 1200° erhält man nach kurzer Zeit ein Berylliumoxyd, das von Schwefeltrioxyd absolut frei ist (Fischer und Leopoldi; Moser und Singer). Beim Glühen von mit Ammoniumchloridlösung ausgewaschenem Berylliumhydroxyd treten entgegen älteren Literaturangaben keine Verluste durch Verflüchtigung von Berylliumchlorid ein, auch dann nicht, wenn man ein Gemisch von Berylliumoxyd und Ammoniumchlorid erhitzt, bis alles Ammoniumchlorid wegsublimiert ist, und anschließend bei 1100° glüht [Fresenius und Frommes (b)]. Das Auswaschen des Berylliumhydroxyds vor dem

Erhitzen bis zur völligen Chlorfreiheit, das in zahlreichen älteren Arbeitsvorschriften angegeben wird, ist daher überflüssig.

Das gefällte Berylliumhydroxyd kann in einen Porzellanfiltertiegel abfiltriert, ausgewaschen und dann bis zur Gewichtskonstanz — am besten im elektrischen Ofen bei etwa 1200° — geglüht und anschließend gewogen werden. Dies Verfahren ist dem Abfiltrieren auf einem Filter und Veraschen und Glühen des Niederschlages mit dem Filter in einem Porzellantiegel vorzuziehen, weil eine vollständige Verbrennung des Filters in Gegenwart von Berylliumoxyd oft auch trotz starken Glühens nur unvollständig gelingt [FISCHER (b)]. Noch vorteilhafter ist aber wohl das Sammeln des Niederschlages auf einem Papierfilter und das Veraschen und Glühen im Platintiegel, wenn notwendig in Verbindung mit einmaligem Abrauchen mit konzentrierter Salpetersäure zur Zerstörung der letzten Reste organischer Substanz. Das so erhaltene Berylliumoxyd kann direkt im Platintiegel dann auf etwaige Verunreinigungen durch Kieselsäure usw. (s. weiter unten) geprüft werden.

Reinigung des Berylliumoxyds von Kieselsäure. Spuren von Kieselsäure können aus dem Gefäßmaterial wie auch als Verunreinigung von Reagenzien, z. B. von Ammoniak, leicht in die zu untersuchende Lösung gelangen. Bei Mineralanalysen wird trotz sorgfältiger Abtrennung der Kieselsäure ebenfalls meist noch etwas Kieselsäure in Lösung geblieben sein. Sie wird dann mit dem Berylliumhydroxyd ausgefällt. Besonders bei kleinen Berylliummengen kann ein hierdurch verursachter Fehler so erheblich sein, daß die Entfernung der Kieselsäure notwendig wird. Zu diesem Zweck raucht man das im Platintiegel geglühte Berylliumoxyd mit einem Gemisch von Schwefelsäure und Flußsäure ab und zersetzt den Sulfatrückstand bei vorsichtig bis auf 1200° gesteigerter Temperatur im elektrischen Ofen. Das bis zur Gewichtskonstanz geglühte Oxyd ist nunmehr frei von Kieselsäure (FISCHER und LEOPOLDI).

SCHOELLER und WEBB (b) schlagen zur Reinigung des aus der Fällung des Hydroxyds durch Glühen erhaltenen Berylliumoxyds das Verfahren der Sodaschmelze nach WUNDER und WENGER (S. 67) vor. Der nach dem Ausziehen der Sodaschmelze mit Wasser erhaltene Rückstand soll aus reinstem Berylliumoxyd bestehen, während Beimengungen von Kieselsäure und auch von Alkalisalzen, Aluminiumoxyd, Schwefeltrioxyd und Phosphorsäure in den wäßrigen Auszug übergehen.

Prüfung des Berylliumoxyds auf Reinheit. Neben der leicht zu entfernenden Kieselsäure wird das zur Wägung gebrachte Oxyd auch andere Verunreinigungen enthalten, die aus den im Laufe des Trennungs- und Abscheidungsganges verwendeten Reagenzien hinzugekommen oder infolge ungenügender Trennung von anderen Bestandteilen der zu untersuchenden Substanz beim Beryllium verblieben sind. Letzteres ist besonders dann zu erwarten, wenn der Trennungsgang nicht auf alle, auch spurenweise vorhandenen Beimengungen, die die zu untersuchende Substanz neben Beryllium enthält, Rücksicht nimmt. Dies ist z. B. vielfach bei der Untersuchung von Berylliumlegierungen der Fall. Besonders beim Vorliegen nur geringer Berylliummengen müssen diese Verunreinigungen dann quantitativ bestimmt und von der Auswage an Berylliumoxyd in Abzug gebracht werden. Einzelheiten über ihre Bestimmung sind bei den entsprechenden Trennungsverfahren bzw. speziellen Bestimmungsmethoden beschrieben.

Eigenschaften des Berylliumhydroxyds. Beim Versetzen einer Berylliumsalzlösung mit Ammoniak in der Kälte fällt gelatinöses, amorphes Berylliumhydroxyd aus, ähnlich dem sich unter gleichen Bedingungen bildenden Aluminumhydroxyd. Dieses mit wechselndem Wassergehalt ausfallende Hydroxyd stellt die instabilste, energiereichste Form einer Reihe bisher nicht näher definierbarer, amorpher Zwischenstufen zu einem metastabilen, krystallinen α-Hydroxyd dar, das sich unter Alkalihydroxyd spontan in das stabile, krystalline β-Hydroxyd umwandelt (FRICKE und Mitarbeiter). Die Alterung des Berylliumhydroxyds, die Umwandlung der amorphen Formen in das metastabile und stabile krystalline Berylliumhydroxyd, verläuft langsamer als die Alterung des Aluminiumhydroxyds. Die Endglieder der Umwandlungsreihe sind aber beim Berylliumhydroxyd in ihrem chemischen Verhalten viel mehr voneinander verschieden als etwa die verschiedenen Formen des Aluminiumhydroxyds.

Frisch gefälltes, amorphes Berylliumhydroxyd. Bei einer Wasserstoff-Ionen-Konzentration kleiner als $p_H = 5{,}69$ hydrolysieren Berylliumsalze vollständig unter Bildung von Berylliumhydroxyd (BRITTON). Beim Fällen aus Berylliumsalzlösungen mit Ammoniak in der Kälte entsteht voluminöses, amorphes Berylliumhydroxyd, $Be(OH)_2 \cdot H_2O$. Seine Löslichkeit steigt mit wachsender Hydroxyl-Ionen-Konzentration, so daß ein Überschuß von Ammoniak zu vermeiden ist. Die Löslichkeit beträgt nach MOSER und SINGER in reinem Wasser bzw. Ammoniumchloridlösung 2 bis 2,5 mg, also 0,8 bis $1 \cdot 10^{-4}$ Mol Berylliumoxyd im Liter. In wäßrigem 1%igen Ammoniak lösen sich bereits 4,5 mg, also $1{,}8 \cdot 10^{-4}$ Mol Berylliumoxyd im Liter. Frisch gefälltes Hydroxyd löst sich mit Leichtigkeit in verdünnten Säuren, ebenso in Alkalihydroxydlösungen unter — zumindest teilweiser — Bildung von Alkaliberyllat. Die Löslichkeit des frischgefällten Berylliumhydroxyds in kalter Alkalilauge ist von deren Konzentration abhängig, wie die nebenstehende Tabelle 2 nach HABER und VAN OORDT (a) zeigt.

Tabelle 2. Löslichkeit frisch gefällten Berylliumhydroxyds in Natronlauge bei Zimmertemperatur.

Konzentration der Natronlauge in Mol/l	g BeO/l	Atomverhältnis Na : Be
3,77	39,54	2,4
1,99	16,32	2,9
1,46	12,25	3,0
0,73	4,97	3,7
0,54	2,92	4,6
0,39	1,54	6,3

Beim Kochen verdünnter Beryllatlösungen scheidet sich das in Alkalihydroxyd wesentlich schwerer lösliche krystallisierte Berylliumhydroxyd aus (vgl. S. 31 und 73).

Beim Kochen mit konzentrierter Ammoniumchloridlösung wird Berylliumhydroxyd durch die infolge Hydrolyse des Ammoniumchlorids entstehende Salzsäure vollständig aufgelöst, während Ammoniak verdampft (vgl. auch die Trennung von Aluminium mit Ammoniumchlorid, S. 78). Die Fällung des Berylliums aus ammoniumchloridhaltiger Lösung mit einem geringen Ammoniaküberschuß in der Siedehitze ist daher, besonders bei längerem Kochen, unvollständig, wenn die Lösung nicht durch Ersatz des verdampfenden Ammoniaks stets schwach ammoniakalisch gehalten wird. Dies läßt sich nur durch Prüfung der Lösung selbst, nicht aber durch den Ammoniakgeruch der Lösung feststellen, da bei der Hydrolyse des Ammoniumchlorids und der Wiederauflösung des Berylliumhydroxyds Ammoniak frei wird, der Ammoniakgeruch also auch bei teilweiser Wiederauflösung des Berylliumhydroxyds und entsprechender neutraler bzw. schwach saurer Reaktion vorhanden ist.

In siedender konzentrierter Natriumbicarbonatlösung ist frisch gefälltes Berylliumhydroxyd — im Gegensatz zu Aluminium- und Eisenhydroxyd — leicht löslich, wahrscheinlich als komplex gebundenes Carbonat. PARSONS und BARNES gründeten auf diese Eigenschaft eine allerdings nicht sehr zuverlässige Trennungsmethode des Berylliums von Aluminium und Eisen (S. 74). Auch die Löslichkeit des Berylliumhydroxyds in kalten konzentrierten Alkalicarbonatlösungen und besonders in Ammoniumcarbonatlösung, wobei sich lösliche basische Carbonate bzw. komplexe Carbonate bilden, wurde zur Trennung des Berylliums von Aluminium und Eisen herangezogen (S. 75 und 77).

Infolge seiner amorphen, gelatinösen Beschaffenheit neigt das frisch gefällte Berylliumhydroxyd zur Bildung kolloider Lösungen. Zur Vermeidung hierdurch entstehender Berylliumverluste muß die Fällung stets in Anwesenheit einer zur Ausflockung des Hydroxyds ausreichenden Menge Fremdelektrolyt vorgenommen werden. Da das amorphe Berylliumhydroxyd andere in der Lösung anwesende

Stoffe in beträchtlichem Grade adsorbiert, eignen sich als Fremdelektrolyt nur Ammoniumsalze, die sich beim Glühen zu Oxyd vollständig verflüchtigen.

Gealtertes, krystallisiertes Berylliumhydroxyd (α- und β-Hydroxyd). Alle instabilen Formen des Berylliumhydroxyds wandeln sich mit der Zeit in das stabile, krystalline β-Hydroxyd $Be(OH)_2$ um. Der Übergang vollzieht sich am schnellsten beim Kochen unter alkalischer Lösung. Sowohl das β-Hydroxyd als auch das instabile, aber bereits krystalline α-Hydroxyd zeichnen sich gegenüber dem frisch gefällten, amorphen Hydroxyd durch wesentlich geringere chemische Angreifbarkeit aus. Die Löslichkeit der krystallisierten Hydroxyde in Wasser ist noch geringer als die des amorphen Hydroxyds. Mineralsäuren lösen die krystallisierten Hydroxyde nur langsam auf [HABER und VAN OORDT (a)]. In Alkalilaugen beträgt die Löslichkeit der krystallisierten Hydroxyde ebenfalls nur einen Bruchteil derjenigen des frisch gefällten Hydroxyds, wie die in Abb. 1 wiedergegebenen Messungen der Löslichkeit der einzelnen Berylliumhydroxyde in Kaliumhydroxydlösungen verschiedener Konzentration bei Zimmertemperatur zeigen. Kurve *I* entspricht der Löslichkeit des frisch gefällten, amorphen Hydroxyds, die Kurven *II* und *III* stellen die des α- bzw. β-Hydroxyds dar. Die Abnahme der Löslichkeit in Natronlauge ist noch größer, wie ein Vergleich der Tabellen 3 [nach HABER und VAN OORDT (a)] und 2 zeigt.

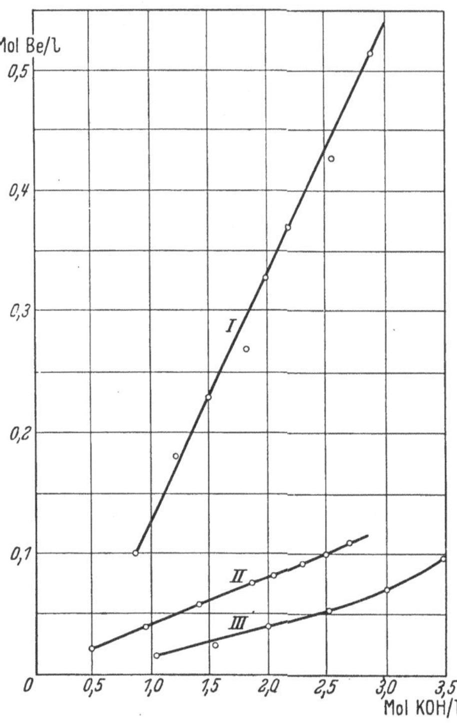

Abb. 1. Löslichkeit der Berylliumhydroxyde in KOH-Lösung bei Zimmertemperatur.

Tabelle 3. Löslichkeit gealterten Berylliumhydroxyds (β-Hydroxyds) in Natronlauge.

Konzentration der Natronlauge in Mol/l	g BeO/l	
	bei 20,23°	bei 100°
2,00	0,570	1,020
1,00	0,170	0,290
0,50	0,060	0,080
0,39	—	0,053
0,106	—	0,008

Auf dieser starken Löslichkeitsabnahme beruht die Trennung des Berylliums von Aluminium mittels Natronlauge, da die Löslichkeit des Aluminiumhydroxyds in Natronlauge beim Altern nur unwesentlich abnimmt (S. 73).

In Alkalicarbonat- und -bicarbonatlösungen sowie in Ammoniumcarbonatlösungen sind α- und β-Hydroxyd praktisch unlöslich. Hierdurch dürfte wenigstens teilweise die Unsicherheit der Trennungsmethoden bedingt sein, die auf der Löslichkeit des frisch gefällten Berylliumhydroxyds in diesen Lösungsmitteln gegenüber Aluminium- und Eisenhydroxyd beruhen (vgl. S. 74 und 77). Bei teilweiser Umwandlung des Hydroxyds vor oder während des Lösungsvorganges in krystallisiertes Hydroxyd wird die Auflösung stets unvollständig sein.

α- und β-Hydroxyd besitzen im Gegensatz zum amorphen Hydroxyd fast gar kein Adsorptionsvermögen gegenüber anderen Lösungspartnern. Da sich bei der Fällung des Berylliums aus neutralen Lösungen durch Kochen mit Ammoniumnitrit α-Hydroxyd in dichter Form ausscheidet, ist diese Methode von MOSER und

Singer der Fällung mit Ammoniak besonders bei Anwesenheit von Alkalimetallen und anderen nicht durch Ammoniak fällbaren Metallen vorzuziehen, da diese von dem ausfallenden α-Hydroxyd nicht adsorbiert werden. Auch das beim Kochen alkalischer Berylliumlösungen sich ausscheidende α- bzw. β-Hydroxyd läßt sich durch genügendes Auswaschen vollständig von anhaftendem Alkali befreien (Gmelin; Schaffgotsch).

Bestimmungsverfahren.

A. Fällung mit Ammoniak.

Vorbemerkung. Bei der quantitativen Fällung des Berylliums als Hydroxyd mittels Ammoniaks aus den Lösungen seiner Salze sind die mit steigendem Überschuß des Fällungsmittels wachsende Löslichkeit des Berylliumhydroxyds, seine Neigung, kolloidal in Lösung zu gehen, sowie die Adsorption von Fremdstoffen durch den voluminösen Niederschlag besonders zu beachten. Es darf also nur mit möglichst geringem Ammoniaküberschuß gefällt werden. Zur Verhinderung der Bildung kolloiden, leicht durch das Filter gehenden Hydroxyds fällt man in Gegenwart eines Überschusses von Ammoniumsalzen, um gleichzeitig die Adsorption schwer flüchtiger Ionen, etwa von Alkalimetall-Ionen, zurückzudrängen.

1. Verfahren von Bleyer und Boshart.

Arbeitsvorschrift. Die Lösung des Berylliumsalzes wird in einer Porzellan- oder Platinschale mit etwa 1 bis 5 g Ammoniumchlorid versetzt und mit einem möglichst geringen Überschuß von Ammoniak in der Kälte gefällt. Nach dem Absitzen des voluminösen Niederschlages dekantiert man mehrmals mit heißem, einige Tropfen Ammoniak und etwas Ammoniumnitrat enthaltendem Wasser und saugt den Niederschlag auf einem gehärteten Filter ab. An den Wandungen des Fällungsgefäßes haftende, geringe Mengen des Niederschlages werden mit etwas Filtrierpapier abgewischt und dieses zur Hauptniederschlagsmenge gegeben. Man wäscht den Niederschlag mit heißem, schwach ammoniakalischem, ammoniumnitrathaltigem Wasser gründlich aus, saugt ihn gut trocken und verascht ihn naß im Platintiegel. Nach dem Glühen des bedeckten Tiegels bis zur Gewichtskonstanz — am besten im elektrischen Ofen bei 1100 bis 1200° (vgl. S. 15) — wird als Berylliumoxyd gewogen. Zur Erzielung brauchbarer Resultate sind die Versuchsbedingungen genau zu erfüllen.

Bemerkungen. **I. Genauigkeit.** Bleyer und Boshart fanden bei Einhaltung obiger Arbeitsvorschrift im Durchschnitt 0,4% Berylliumoxyd zu wenig. Es fehlen allerdings Angaben über die Menge des gefällten Berylliumhydroxyds und die Konzentration der verwendeten Berylliumsalzlösungen. Jitaka, Aoki und Yamanobe erhielten ähnliche befriedigende Ergebnisse. Auch Moser und Singer fanden stets zu wenig Berylliumoxyd, im Durchschnitt —0,4 mg. Sie führen dies zurück auf die mit steigender Hydroxyl-Ionen-Konzentration wachsende Löslichkeit des Berylliumhydroxyds (vgl. S. 17), wodurch die Fällung stets unvollkommen bleibt. Sie ziehen daher die Fällung mit Ammoniumnitrit in der Siedehitze (S. 26) derjenigen mit Ammoniak vor.

II. Waschflüssigkeit. Beim Auswaschen des Berylliumhydroxydniederschlages mit Wasser geht das Hydroxyd nach Auswaschen der Ammoniumsalze leicht kolloidal in Lösung (Parsons und Barnes). Dies wird durch Zusatz von Ammoniumsalzen zum Waschwasser verhindert. Statt schwach ammoniakalischer, ammoniumnitrathaltiger Lösung, wie sie Bleyer und Boshart sowie Ostroumow — letzterer als 3%ige Lösung — verwenden, schlagen Parsons und Barnes einen Zusatz von Ammoniumacetat zum Waschwasser vor. Da aber das Ammoniumacetat des Handels meist aus saurem Acetat besteht, empfiehlt es sich, die Waschflüssigkeit mit Ammoniak ganz schwach alkalisch zu machen (Prüfung mit Methylorange!), da sonst Verluste durch Auflösung von Berylliumhydroxyd in dem schwach essigsauren Waschwasser eintreten könnten (FROMMES).

III. Nachteile der Arbeitsweise von BLEYER und BOSHART. Das in der Kälte gefällte Berylliumhydroxyd ist sehr voluminös und läßt sich äußerst schlecht filtrieren und auswaschen. Wird die Fällung in der Siedehitze vorgenommen oder die Lösung nach der Fällung zum Sieden erhitzt, so läßt sich zwar der Berylliumhydroxydniederschlag leichter verarbeiten, BLEYER und BOSHART erhielten dann aber stets viel zu wenig Berylliumhydroxyd. Dies ist dadurch zu erklären, daß einmal Berylliumhydroxyd teilweise kolloidal in Lösung ging und weiterhin an den Gefäßwänden — besonders beim Arbeiten in Gefäßen aus gewöhnlichem oder Jenaer Glas — mehr oder weniger beträchtliche Mengen des Berylliumhydroxyds hafteten, die sich auf mechanischem Wege nicht mehr vollständig entfernen ließen. BLEYER und BOSHART nahmen daher zur Erzielung einer quantitativen Ausbeute die schlechte Filtrierbarkeit und Auswaschbarkeit des schleimigen Hydroxydniederschlages in Kauf.

IV. Arbeitsweise bei Anwesenheit störender Stoffe. Die Arbeitsvorschrift von BLEYER und BOSHART ist infolge des starken Adsorptionsvermögens des frisch gefällten, amorphen Berylliumhydroxyds nur anwendbar, wenn die Lösung außer Berylliumsalzen flüchtiger Säuren nur Ammoniumsalze ebenfalls flüchtiger Säuren enthält. Bei Anwesenheit von Alkalimetallen ist je nach deren Konzentration ein- oder mehrmalige Wiederholung der Fällung nach Auflösen des ausgewaschenen Hydroxydniederschlages in verdünnter Salzsäure notwendig. Schwefelsaure Lösungen müssen zur Fällung des Berylliums stark verdünnt werden, da sonst die Fällung infolge der Bildung löslicher basischer Sulfate unvollständig sein kann [FISCHER (a)]. Für die Arbeitsweise in Gegenwart weiterer Stoffe bzw. für Störungen durch diese gilt das gleiche wie für die unter 2. folgende Arbeitsvorschrift (S. 21).

V. Fällung mit Ammoniumsulfid statt Ammoniak. In Analogie zu der von verschiedenen Autoren vorgeschlagenen Fällung des Aluminiums mit Ammoniumsulfid anstatt Ammoniak haben BLEYER und BOSHART entsprechende Versuche zur Fällung des Berylliums mit Ammoniumsulfid ausgeführt.

Die Lösung des Berylliumsalzes wird in einer Platin- oder Porzellanschale unter Zugabe von 1 g Ammoniumchlorid mit einem geringen Überschuß von Ammoniumsulfid versetzt und der entstehende Niederschlag, der erst nach mehrstündigem Stehenlassen vollständig wird, nach der von BLEYER und BOSHART zur Fällung mit Ammoniak gegebenen Vorschrift abfiltriert, gewaschen, verascht und bis zur Gewichtskonstanz geglüht. Die Fällung ist praktisch quantitativ, bietet aber keinerlei Vorteile gegenüber der Fällung mit Ammoniak.

2. Gebräuchlichstes Fällungsverfahren.

Um einen Berylliumhydroxydniederschlag zu erhalten, der sich besser filtrieren und auswaschen läßt als das in der Kälte gefällte, schleimige und voluminöse Hydroxyd, nimmt man die Fällung am besten bei Siedehitze vor, wobei man einen wasserärmeren, dichteren und leichter zu verarbeitenden Niederschlag erhält. Es ist dann aber dafür Sorge zu tragen, daß kein Berylliumhydroxyd infolge kolloider Auflösung oder Haftenbleibens an den Gefäßwänden verloren geht.

Arbeitsvorschrift. Die zu bestimmende, mit Ammoniak annähernd neutralisierte Lösung des Berylliumsalzes versetzt man mit soviel Ammoniumchlorid oder -nitrat, daß die Lösung etwa 1 bis höchstens 5% Ammoniumsalze enthält, erhitzt zum Sieden und fügt einen möglichst geringen Überschuß von Ammoniak hinzu. Um die Bildung kolloiden Hydroxyds zu vermeiden, gibt man bei der Fällung des Berylliumhydroxyds am besten Filtrierpapierfasern hinzu (OSTROUMOW). Nach Zugabe einiger Tropfen Methylorangelösung hält man gegebenenfalls durch weiteren tropfenweisen Zusatz von Ammoniak die Lösung dauernd schwach alkalisch, da bei neutraler oder schwach saurer Reaktion Berylliumhydroxyd teilweise wieder in Lösung gehen würde. Nach dem Absitzen des Niederschlages filtriert man die noch heiße Lösung durch ein gehärtetes Filter und wäscht, wie unter

1. angegeben, aus. Das Filtrat, das noch geringe Mengen gelösten Berylliums enthalten kann, wird stark eingeengt und bei einem großen Überschuß von Ammoniumsalzen zur Trockne eingedampft und abgeraucht. Das eingeengte Filtrat bzw. die Lösung seines Rückstandes bringt man nun in das ursprüngliche Fällungsgefäß, in dem man das an den Wandungen haftende Berylliumhydroxyd vorher mit wenig verdünnter Salzsäure wieder gelöst hat (PARSONS und BARNES). Die in dieser Lösung noch vorhandenen Spuren von Beryllium werden nun nach der Vorschrift von BLEYER und BOSHART in der Kälte gefällt. Das Filtrieren und Auswaschen der so erhaltenen, sehr geringen Berylliumhydroxydmenge bietet keinerlei Schwierigkeiten mehr (FROMMES). Die zweite Fällung wird mit der Hauptniederschlagsmenge zusammen wie unter 1. beschrieben im Platintiegel verascht, geglüht und als Berylliumoxyd gewogen.

Bemerkungen. **I. Genauigkeit.** Die in der beschriebenen Weise vorgenommene Abscheidung des Berylliums ist vollständig. Von KLING und GELIN sowie FROMMES und anderen entsprechend ausgeführte Bestimmungen erzielten stets befriedigende Ergebnisse.

II. Arbeitsweise in Gegenwart anderer Stoffe. Metalle. Die Fällung des Berylliums mit Ammoniak nach Vorschrift 1 oder 2 ist auch in Gegenwart von Metallen, die nicht durch Ammoniak gefällt bzw. deren Hydroxyde in geringem Ammoniaküberschuß wieder gelöst werden, ausführbar. Da diese Metalle, vor allem auch die Alkalimetalle von dem ausfallenden, amorphen Berylliumhydroxyd adsorbiert werden und sich nicht mehr durch Auswaschen vollständig entfernen lassen, muß zu ihrer Trennung von Beryllium die Fällung mit Ammoniak — wenn nötig mehrmals — wiederholt werden. In dieser Weise läßt sich Beryllium neben den *Alkalimetallen*, bei Anwesenheit von Ammoniumsalzen neben *Magnesium*, *Nickel*, *Zink* und *Kupfer* bestimmen und von diesen Metallen trennen.

In Gegenwart von *Erdalkalimetallen* muß die Lösung ebenso wie das zur Fällung verwendete Ammoniak absolut frei von Kohlensäure sein. Da diese nur schwer vollständig fernzuhalten ist, wird die Lösung zur Fällung des Berylliums am besten mit Ammoniak gegen Methylorange neutralisiert. Da hierbei der p_H-Wert 7 nicht überschritten wird, fallen Erdalkalicarbonate noch nicht aus, so daß auf diesem Wege eine quantitative Trennung möglich ist (vgl. auch Mikrofällung und -trennung von Calcium und Magnesium nach THURNWALD und BENEDETTI-PICHLER, S. 34).

Die Trennung von *Mangano-Ionen* ist auch nach mehrmaliger Fällung mit Ammoniak infolge teilweiser Bildung unlöslichen Mangan IV-oxydhydrates unvollständig. Die Oxydation zu 4wertigem Mangan kann durch Zugabe einiger Tropfen schwefliger Säure verhindert werden (ECKSTEIN). Auch neben *Permanganat- und Chromat-Ionen* kann Berylliumhydroxyd gefällt werden. Zur Berylliumbestimmung oxydiert man daher Mangan und Chrom in schwefelsaurer Lösung durch Zugabe von wenigen Grammen Ammoniumpersulfat und etwas Silbernitrat (einige Kubikzentimeter verdünnter Lösung) und etwa 15 Min. langes Kochen zu Permanganat bzw. Chromat und fällt dann das Beryllium mit Ammoniak. Die Trennung ist erst nach Wiederholung der Oxydation und Fällung vollständig, bei Mangan auch dann nur annähernd (WUNDER und WENGER; FISCHER und LEOPOLDI). Höhere Oxyde des Mangans muß man vor der Oxydation mit Persulfat erst mit wenig Wasserstoffperoxyd reduzieren und den Überschuß des letzteren durch 10 Min. langes Kochen zerstören [FRESENIUS und FROMMES (b)]. Noch bei Beryllium verbliebene Spuren von Mangan werden in dem erhaltenen Berylliumoxyd bestimmt und von der Auswage als Mn_3O_4 abgezogen (S. 104).

Zur Fällung neben *Uran* muß dieses durch einen Zusatz von Hydroxylaminchlorhydrat in Lösung gehalten werden (JANNASCH). Infolge der Adsorption des Urans durch Berylliumhydroxyd führt diese Methode nur bei kleinen Berylliummengen zu einer quantitativen Trennung (S. 106).

Zur Bestimmung neben geringen Mengen *Gallium* versetzt Ato die neutrale Lösung der Chloride in 50 cm^3 Wasser mit 5 cm^3 2 n Natriumacetatlösung und fällt mit 5 cm^3 10%iger Ammoniaklösung, wobei Gallium in Lösung bleibt. Die Fällung des Berylliums dürfte aber infolge des großen Überschusses an Ammoniak nur annähernd quantitativ sein.

Molybdän bleibt bei der Abscheidung des Berylliums mit Ammoniak ebenfalls in Lösung und läßt sich nach wiederholter Fällung vollständig von Beryllium trennen.

Bei Anwesenheit von *Vanadin* wird dieses vor der Fällung mit Ammoniak durch Zusatz von Wasserstoffperoxyd zu Pervanadinsäure oxydiert, deren Verbindungen bei Anwesenheit von Ammoniumhydroxyd sehr leicht löslich sind. Die Trennung ist dann schon nach einmaliger Fällung des Berylliums vollständig [Fresenius und Frommes (a)].

Auch neben *Eisen* kann Beryllium als Hydroxyd gefällt werden, wenn ersteres in lösliche Eisen II-komplexverbindungen übergeführt wird (S. 80).

Kieselsäure wird, wie bereits erwähnt (S. 16), bei der Fällung des Berylliumhydroxyds mitgerissen und kann aus dem geglühten Berylliumoxyd am einfachsten durch Abrauchen mit Schwefel- und Flußsäure entfernt werden.

Bei Anwesenheit von *Phosphorsäure* wird diese beim Versetzen der Lösung des Berylliumsalzes mit Ammoniak als Ammoniumberylliumphosphat mitgefällt. Sind neben Beryllium keine in schwach saurer bis schwach ammoniakalischer Lösung durch Phosphorsäure fällbaren Metalle, wie etwa Magnesium in der Lösung, so wird die Phosphorsäure am besten mit dem Beryllium ausgefällt. Sind nur geringe Mengen Phosphorsäure anwesend, so bestimmt man den Gehalt des ausgewogenen Berylliumoxyds an dieser nach Fresenius und Frommes (a) in folgender Weise: Das phosphorsäurehaltige Oxyd wird, um einen Verlust an Phosphorsäure zu verhüten, unter Vermeidung lokaler Überhitzung mit Schwefelsäure und Flußsäure bis zum Auftreten von Schwefelsäuredämpfen erhitzt und 1 bis 2 Min. vorsichtig abgeraucht. Man stellt hierzu den Platintiegel am besten auf eine Eisenplatte. Nach dem Erkalten versetzt man mit einigen Kubikzentimetern Wasser und raucht nochmals kurze Zeit ab. Nun erhitzt man mit Wasser bis zur vollständigen Lösung und bestimmt in dieser die Phosphorsäure nach dem Molybdänverfahren. Den sich hieraus für P_2O_5 ergebenden Wert zieht man von der Auswage des Berylliumoxyds ab. Bei Anwesenheit größerer Mengen Phosphorsäure trennt man diese nach Frommes am besten nach gemeinsamer Fällung mit Ammoniak mittels Sodaschmelze nach Penfield und Harper ab (S. 111). Nach Schoeller und Webb (vgl. S. 16) ist das Verfahren der Sodaschmelze geeignet, um das „Roh"berylliumoxyd auch von Beimengungen von Kieselsäure, Schwefeltrioxyd, Aluminiumoxyd und Alkalisalzen vollständig zu befreien. Das durch Fällung mit Ammoniak und Glühen des Niederschlages erhaltene „Roh"berylliumoxyd wird mit 2,5 g Natriumcarbonat 1 Std. geschmolzen und die Schmelze mit 100 cm^3 heißem Wasser ausgezogen. Der verbleibende Rückstand besteht dann aus reinstem Berylliumoxyd. Es wird auf einem engporigen, mit Filterpapierbrei bedeckten Filter gesammelt, mit heißem Wasser gewaschen und nach starkem Glühen gewogen (vgl. S. 67).

Bei der Fällung von Beryllium in Gegenwart von *Borsäure* wird diese von dem ausfallenden Berylliumhydroxyd aufgenommen und bildet nach Bleyer und Paczuski eine feste Lösung in Berylliumhydroxyd. Akiyama und Mine fällen Beryllium in Gegenwart von Borsäure mit Ammoniak unter Erwärmen auf dem Wasserbad. Die so bei der Bestimmung von je 100 mg Berylliumoxyd in Gegenwart der 8fachen Menge Borax erhaltenen Resultate stimmen bis auf $\pm 0{,}2\%$ mit dem berechneten Wert überein. Ob allerdings unter den angegebenen Fällungsbedingungen Borsäure nicht von Berylliumhydroxyd adsorbiert oder erst beim Trocknen und Glühen des Niederschlages verflüchtigt wird, ist aus den nur dürftigen

Versuchsangaben nicht zu ersehen. Die Entfernung der Borsäure durch Abrauchen mit Schwefel- und Flußsäure ist diesem Verfahren vorzuziehen.

Flußsäure. In Gegenwart von Fluoriden ist die Fällung des Berylliums mit Ammoniak infolge der Bildung komplexer Fluoride des Berylliums unvollständig. Flußsäure muß daher vor der Fällung des Berylliumhydroxyds entfernt werden, am besten durch Abrauchen mit Schwefelsäure [FISCHER (a)].

Organische Verbindungen. Ähnlich wie bei Eisen und Aluminium wird auch die Fällung des Berylliums als Hydroxyd durch organische Verbindungen, die Carboxylgruppen enthalten, wie Zucker, Glycerin, Weinsäure, Citronensäure, Salicylsäure, Sulfosalicylsäure usw. ganz oder teilweise verhindert. Von diesem Verhalten des Berylliums, besonders in tartrathaltiger Lösung, wird bei zahlreichen Trennungen von anderen Metallen Gebrauch gemacht. Vor der Fällung des Berylliums müssen derartige Verbindungen in bekannter Weise zerstört werden. Sulfosalicylsäure kann nach MOSER und LIST durch Zugabe von Brom in schwerlösliches Bromphenol, das abfiltriert wird, übergeführt und so entfernt werden (vgl. S. 94). In Gegenwart von Weinsäure kann Beryllium mit Tannin aus ammoniakalischer Lösung (S. 24) oder mit Guanidincarbonat gefällt werden (S. 27). Entgegen den Angaben von SIDGWICK und LEWIS stört Oxalsäure die Fällung des Berylliums mit Ammoniak nicht (FISCHER u. a.). Auch in Gegenwart von Acetaten ist die Fällung des Berylliumhydroxyds vollständig. Organische Fällungsmittel wie Dimethylglyoxim, Cupferron, p-Chloranilin und vor allem Oxychinolin und Tannin stören die Fällung des Berylliums mit Ammoniak ebenfalls nicht, was für die Bestimmung des Berylliums nach Abtrennung anderer Metalle mit Hilfe dieser Reagenzien wichtig ist. Mit Tannin bildet auch Berylliumhydroxyd in schwach ammoniakalischer Lösung eine praktisch unlösliche Adsorptionsverbindung (vgl. die folgende Fällungsvorschrift von MOSER und SINGER).

3. Verfahren von MOSER und SINGER. Fällung mit Tanninzusatz.

Vorbemerkung. Im Gegensatz zu den Hydroxyden von Aluminium, Eisen und zahlreichen anderen Metallen, die in schwach saurer Lösung durch Tannin (Gallusgerbsäure) als schwerlösliche Adsorptionsverbindungen gefällt werden, wird Berylliumhydroxyd erst aus neutraler Lösung durch Tannin ausgeflockt. In Gegenwart von Acetat-Ionen bleibt Beryllium auch bei neutraler Reaktion noch in Lösung und wird erst auf Zusatz überschüssigen Ammoniaks quantitativ als Adsorptionsverbindung mit Tannin ausgefällt. Da die Berylliumhydroxyd-Tannin-Verbindung in ammoniakalischer Lösung besonders bei einem Überschuß an Tannin völlig unlöslich ist, eignet sich die Methode von MOSER und SINGER neben der Bestimmung des Berylliums nach Abtrennung anderer Metalle mittels Tannins aus schwach essigsaurer Lösung besonders für die Bestimmung sehr kleiner Berylliummengen. Während Beryllium aus tartrathaltiger Lösung durch Ammoniak gar nicht oder nur unvollständig gefällt wird, ist die Fällung bei Anwesenheit von Tannin auch aus tartrathaltiger Lösung quantitativ [SCHOELLER und WEBB (b)].

Arbeitsvorschrift. Die schwach saure Berylliumlösung, die höchstens noch Alkalisalze enthalten darf, wird mit Wasser auf 300 bis 400 cm^3 verdünnt, mit 20 bis 30 g Ammoniumnitrat versetzt und zum Sieden erhitzt. Nun fügt man eine in bezug auf das in der Lösung enthaltene Berylliumoxyd mindestens 10-fache Gewichtsmenge Tannin als 3- bis 10%ige Tanninlösung hinzu und versetzt die siedende Lösung tropfenweise mit Ammoniak, bis bei weiterem Zusatz keine Abscheidung mehr erfolgt. Der sehr voluminöse Niederschlag wird abfiltriert und mit heißem Wasser gründlich ausgewaschen. Er wird bei 110 bis 130° getrocknet, mit dem Filter in einem Quarz- oder Platintiegel zur Zerstörung der organischen Substanz mit Salpetersäure abgeraucht, bis zur Gewichtskonstanz geglüht und als Berylliumoxyd gewogen.

Soll Beryllium im Filtrat eines nach der Tannin-Acetat-Methode aus essigsaurer Lösung gefällten Metalles bestimmt werden, so wird, da ein Überschuß an Tannin bereits vorhanden ist, die zum Sieden erhitzte Lösung zur Fällung des Berylliums nur mit Ammoniak versetzt. Im übrigen wird, wie oben beschrieben, verfahren.

***Bemerkungen.* I. Genauigkeit.** Die Ergebnisse der Bestimmung des Berylliums nach der Methode von MOSER und SINGER sind sehr befriedigend, sowohl beim Vorliegen reiner Berylliumlösungen als auch nach Abtrennung anderer Metalle nach der Tannin-Acetat-Methode (S. 66, 82 und 95). Bei Bestimmungen von 10 bis 100 mg Berylliumoxyd betrugen die Abweichungen gegenüber dem berechneten Wert maximal $+0{,}2$ mg.

II. Herstellung und Reinheitsprüfung der Tanninlösung. Zur Fällung des Berylliums nach obiger Vorschrift genügt eine wäßrige Lösung von reinstem Tannin der angegebenen Konzentration. Man kann ebensogut eine Tanninlösung, wie sie für die Trennung des Aluminiums, Eisens und anderer Metalle von Beryllium benötigt wird (S. 66), verwenden. Zu ihrer Herstellung löst man 3 g reinstes Tannin in 100 cm³ einer kaltgesättigten wäßrigen Lösung von Ammoniumacetat. Da die Lösung nicht lange unverändert haltbar ist, setzt man sie am besten vor dem Gebrauch frisch an. Die Lösung darf höchstens schwach gelbliche Farbe besitzen und muß vor allem klar durchsichtig sein.

Vor der Verwendung ist das Tannin auf Verunreinigungen, vor allem auf Zink, Zucker und Dextrin in folgender Weise zu prüfen. *Anorganische Verunreinigungen:* 4 g Tannin dürfen nach Verbrennung in einem Quarztiegel nicht mehr als 5 mg Rückstand hinterlassen. Die filtrierte Lösung des Rückstandes in 2 cm³ Essigsäure darf nach Verdünnen mit 8 cm³ Wasser beim Versetzen mit Schwefelwasserstoffwasser höchstens eine schwache Opalescenz geben. *Organische Verunreinigungen (Zucker, Dextrin):* Die Mischung aus 10 cm³ einer wäßrigen Tanninlösung (1:5) und 10 cm³ Alkohol (etwa 85 Gew.-%) muß innerhalb 1 Std. klar bleiben und darf sich auch auf Zusatz von 5 cm³ Äther nicht trüben. *Wassergehalt:* Der Gewichtsverlust des Präparates darf nach dem Trocknen bei 100° bis zur Gewichtskonstanz höchstens 12% betragen. Eine etwa notwendige Gehaltsbestimmung kann nach der von v. SCHROEDER verbesserten LÖWENTHALschen Vorschrift[1] ausgeführt werden.

III. Anwendungsbereich. Die Fällung des Berylliums mit Tannin und Ammoniak eignet sich vor allem zur Berylliumbestimmung nach vorhergehender Abtrennung anderer Metalle mit Tannin aus schwach essigsaurer Lösung, da sich dann die sonst übliche Oxydation des überschüssigen Tannins mit rauchender Salpetersäure erübrigt. Zur Bestimmung größerer Berylliummengen ist die Fällung mit Tannin infolge der dann ausfallenden großen Niederschlagsmengen, die sich nur schwer auswaschen lassen, ungeeignet. Bei Anwesenheit von Alkalisalzen muß die Fällung nach Auflösen des Niederschlages in wenig Salz- oder Salpetersäure in der beschriebenen Weise wiederholt werden, da sich das vom Niederschlag adsorbierte Alkali durch Auswaschen nicht restlos entfernen läßt. Andere Metalle, auch Erdalkalimetalle, dürfen bei der Fällung des Berylliums nicht anwesend sein, da sie ganz oder teilweise mit Tannin aus ammoniakalischer Lösung gefällt werden.

IV. Arbeitsweise in tartrathaltigen Lösungen nach SCHOELLER und WEBB. Die Fällung des Berylliums aus ammoniakalischer, tartrathaltiger Lösung mittels Tannins bietet gegenüber der Fällung nach MOSER und SINGER keinerlei Vorteile. Sie ist von Bedeutung bei vorangehenden Trennungen aus tartrathaltiger Lösung, z. B. nach Abtrennung von Eisen mit Ammoniumsulfid aus weinsaurer Lösung (S. 83). Bei der anschließenden Fällung des Berylliums mit Tannin erübrigt sich dann die sonst notwendige Zerstörung der Weinsäure.

Arbeitsvorschrift. Die Lösung des Berylliumsalzes in etwa 100 cm³ 4%iger Weinsäure wird mit 30 cm³ konzentrierter Salzsäure und 5 g Ammoniumacetat

[1] LUNGE-BERL: 7. Aufl., Bd. 4, S. 402. Berlin 1924.

versetzt. Die Lösung wird ammoniakalisch gemacht, auf 250 cm³ verdünnt, zum Sieden erhitzt, nochmals mit 2 cm³ Ammoniak versetzt und mit einer frisch bereiteten Lösung von je 0,3 g Tannin auf je 0,01 g Berylliumoxyd, mindestens aber mit 0,5 g Tannin gefällt. Der entstehende Niederschlag ist sehr voluminös und neigt dazu, als Kolloid in Lösung zu bleiben. Um ihn besser filtrieren zu können und ein Durchlaufen durch das Filter zu vermeiden, muß sich die Lösung vor dem Filtrieren abgekühlt haben. Der abfiltrierte Niederschlag, der viel überschüssiges Tannin mitgerissen hat, wird mit einer schwach ammoniakalischen, 2%igen Ammoniumchloridlösung, die etwas Tannin enthält, ausgewaschen und im Platintiegel verascht und geglüht. Das erhaltene Oxyd wird nach S. 22 von etwa adsorbierter Kieselsäure befreit.

Genauigkeit und Anwendungsbereich. Von SCHOELLER und WEBB (b) nach obiger Vorschrift ausgeführte Kontrollbestimmungen ergaben bei Anwendung von etwa je 10 mg Berylliumoxyd stets zu hohe Werte. Der Fehler lag meist unter +5%. Die Bestimmung größerer Mengen Beryllium läßt sich nach der beschriebenen Methode nur schlecht ausführen, da die Niederschläge sehr voluminös, schlecht filtrierbar und schwer auswaschbar sind. Die Methode ist nur dann anzuwenden, wenn aus anderen Gründen in tartrathaltigen Lösungen gearbeitet werden muß oder solche bereits vorliegen. SCHOELLER und Mitarbeiter wenden sie an bei der Analyse und Tannintrennung von Tantal- und Niobmineralien (S. 109). Mit Tannin werden Tantal, Niob und Titan aus schwach oxalsaurer, mit Ammoniumchlorid halb gesättigter Lösung gefällt (S. 97), Zirkon, Hafnium, Thorium und Aluminium im Filtrat nach Zusatz von Tartrat und Alkaliacetat bei neutraler Reaktion abgeschieden, während Beryllium, Mangan und die seltenen Erden erst nach Zusatz von Ammoniak ausfallen. Bei der Bestimmung des Berylliums nach obiger Vorschrift dürfen daher außer den Alkalien wie bei der Fällung aus weinsäurefreier Lösung keine anderen Metalle anwesend sein.

4. Verfahren von KOTA mit seleniger Säure.

Vorbemerkung. Während Beryllium aus saurer bzw. schwach essigsaurer Lösung durch selenige Säure nicht abgeschieden wird, fällt aus siedender, schwach ammoniakalischer Lösung ein flockiger, sich rasch absetzender Niederschlag aus, der nicht zur Bildung kolloider Lösung neigt und dessen Verarbeitung daher nach KOTA leichter ist als die der entsprechenden Fällung von Berylliumhydroxyd mit Ammoniak allein. Die Zusammensetzung des entstehenden Niederschlages, der wahrscheinlich basische Selenite oder selenige Säure in fester Lösung enthält, wurde nicht untersucht.

Arbeitsvorschrift. Die schwach saure Lösung des Berylliumsalzes, die nicht mehr als 0,1 g Berylliumoxyd auf 100 cm³ Lösung enthalten soll, wird mit 5 cm³ einer 10%igen Lösung von seleniger Säure versetzt und bis zum beginnenden Sieden erhitzt. Nach Zugabe einiger Tropfen Phenolphthaleinlösung läßt man rasch etwa 5%ige Ammoniaklösung bis zur schwachen Rotfärbung des Indicators zufließen. Der entstehende, flockige Niederschlag setzt sich rasch ab und kann sofort abfiltriert werden. Liegen nur sehr kleine Berylliummengen vor, so läßt man die Lösung besser einige Zeit an einem warmen Ort stehen und filtriert dann. Der Niederschlag wird mit heißem Wasser gründlich ausgewaschen, im Platintiegel bei 150° getrocknet, nach dem Veraschen des Filters bis zur Gewichtskonstanz geglüht und als Berylliumoxyd gewogen.

Bemerkungen. **I. Genauigkeit.** Die von KOTA sowie von ROEBLING und TROMNAU nach dieser Methode erhaltenen Resultate sind befriedigend und stimmen mit auf anderem Wege erhaltenen Ergebnissen gut überein. Das Verfahren ist nach KOTA besonders auch zur Bestimmung kleiner Berylliummengen geeignet.

II. Anwendungsbereich. KOTA verwendet die Methode zur Trennung des Berylliums von Wismut, Titan, Zirkon und Thorium, die aus saurer bzw. schwach essigsaurer Lösung durch selenige Säure gefällt werden. Im Filtrat wird dann Beryllium in der oben angegebenen Weise bestimmt. Ammoniumsalze stören die Fällung des Berylliums mit Ammoniak und seleniger Säure auch bei Anwesenheit in großem Überschuß — bis 10 g/100 cm³ Lösung — nicht. Alkalisalze sind — wenigstens in geringer Konzentration — ebenfalls ohne Einfluß auf das Ergebnis der Bestimmung.

B. Fällung durch Hydrolyse mit Ammoniumnitrit nach Moser und Singer.

Vorbemerkung. Die von Schirm angegebene Fällung des Aluminiums als Hydroxyd aus neutralen Lösungen durch Kochen mit Ammoniumnitrit wurde von Moser und Singer auf die Fällung des Berylliums übertragen. Die bei der Fällung mit Ammoniak bestehende Gefahr der teilweisen Lösung des Berylliumhydroxyds im Überschuß des Fällungsmittels, besonders bei höherer Temperatur, besteht bei der Fällung mit Ammoniumnitrit nicht, da die Reaktion der Lösung stets neutral bleibt. Die Fällung kann daher bei Siedetemperatur vorgenommen werden, wodurch eine ausreichende Hydrolysegeschwindigkeit erreicht wird und das Beryllium als krystallines α-Hydroxyd, also in dichter und leicht filtrierbarer Form ausfällt.

Arbeitsvorschrift. Die Berylliumsalzlösung wird schwach angesäuert, für je 0,1 g Berylliumoxyd auf 100 cm³ verdünnt und vorsichtig mit Natriumcarbonat neutralisiert, bis eine schwache Trübung entsteht, die durch Zugabe einiger Tropfen verdünnter Säure wieder gelöst wird. Die schwach saure Lösung wird nun unter Durchleiten von Luft auf 70° erhitzt und für je 0,1 g Berylliumoxyd unter Rühren mit 50 cm³ 6%iger Ammoniumnitritlösung und 20 cm³ Methylalkohol versetzt. Nach einigen Minuten beginnt sich die Lösung zu trüben; nach etwa $^1/_2$stündigem schwachen Kochen ist die Abscheidung von Berylliumhydroxyd in dichter, gut filtrierbarer Form beendet. Man fügt abermals 10 cm³ Methylalkohol zu und filtriert nach 10 Min., wenn das Beryllium als Sulfat vorlag. Bei der Hydrolyse von Berylliumnitrat oder -chlorid ist es hingegen nach Moser und List vorteilhafter, nach beendeter Hydrolyse noch mehrere Stunden auf dem Wasserbad zu erwärmen, um auch die letzten Spuren Beryllium quantitativ auszufällen. Das Lufteinleitungsrohr wird beim Filtrieren als Glasstab benutzt. Der Niederschlag wird mit heißem Wasser vollständig ausgewaschen und nach dem Trocknen und starken Glühen als Berylliumoxyd gewogen.

Bemerkungen. **I. Genauigkeit.** Nach den mit reinen Berylliumsalzlösungen ausgeführten Beleganalysen von Moser und Singer betragen die Abweichungen bei der Bestimmung von 20 bis 100 mg Berylliumoxyd nach obiger Arbeitsvorschrift bis zu —0,3 mg. Im Filtrat des Niederschlages war kein Beryllium mehr nachweisbar. Auch in Gegenwart der weiter unten aufgeführten Metalle ist nach den Analysen von Moser und List selbst bei einem mehrfachen Überschuß gegenüber dem in Lösung befindlichen Berylliumoxyd die Genauigkeit der Berylliumbestimmung die gleiche. Der Fehler der Einzelbestimmungen war bei Vorliegen von 10 bis 200 mg Berylliumoxyd stets kleiner als $\pm 0,3$ mg. Enthält die Lösung mehr als 5% Ammoniumsalze, so besteht die Gefahr, daß nicht alles Beryllium ausgefällt wird. In diesem Falle muß man dann die Ammoniumsalze vorher vertreiben bzw. die Lösung entsprechend verdünnen. Die Methode ist das genaueste und zuverlässigste Verfahren zur gravimetrischen Bestimmung nicht zu kleiner Berylliummengen und daher auch für Schiedsanalysen besser geeignet als die Fällung mit Ammoniak [Fischer (b)].

II. Entfernung der salpetrigen Säure. Zur vollständigen Fällung des Berylliums ist die sofortige Entfernung oder Zerstörung der durch Hydrolyse freiwerdenden salpetrigen Säure unbedingt notwendig. Die sonst durch deren Zerfall entstehenden

Stickoxyde bilden, ehe sie quantitativ aus der Lösung durch Kochen und Einleiten von Luft entfernt werden können, mit dem gelösten Sauerstoff teilweise Salpetersäure, die wiederum Berylliumhydroxyd auflöst. Am besten läßt sich die salpetrige Säure durch Zusatz von Methylalkohol, durch den sie sehr rasch zu dem bereits bei —12° siedenden Salpetrigsäuremethylester verestert wird, unschädlich machen und vertreiben. Ohne Methylalkoholzusatz ergaben sich, unabhängig von der Ammonium-Ionen-Konzentration, stets zu niedrige Berylliumoxydwerte, während im Filtrat noch Beryllium nachgewiesen werden konnte.

III. Arbeitsweise bei Anwesenheit anderer Metalle. Die Fällung des Berylliums als Hydroxyd durch Hydrolyse mit Ammoniumnitrit läßt sich in Gegenwart aller Metalle ausführen, die hierbei nicht hydrolysiert werden, sondern in Lösung bleiben. Ohne Abänderung der Arbeitsvorschrift ist daher die Ausfällung des Berylliumhydroxyds in Gegenwart der *Alkalimetalle*, von *Magnesium, Calcium, Strontium,* 2 wertigem *Mangan, Zink, Kobalt, Nickel, Cadmium, Thallium* sowie *Molybdän* möglich. Da, wie bereits erwähnt, Beryllium bei der beschriebenen Arbeitsweise als α-Hydroxyd ausfällt, werden nach Moser und List keine Fremdmetalle adsorbiert und mitgerissen, so daß die Trennung auf diesem Wege bei einmaliger Fällung bereits vollständig ist.

Die Trennung von *Barium* ist auf diesem Wege nach Moser und List nicht möglich, weil auch reinstes Ammoniumnitrit etwas Sulfat enthält, wodurch Bariumsulfat mit dem Berylliumhydroxyd mitgefällt werden würde. Bei *Calcium* und *Strontium* besteht diese Gefahr infolge der größeren Löslichkeit ihrer Sulfate nicht.

In Gegenwart von *Molybdän* muß nach Moser und Singer die Lösung vor dem Filtrieren des nach obiger Arbeitsvorschrift ausgefällten Berylliumhydroxydniederschlages mit einigen Tropfen Ammoniak schwach alkalisch gemacht werden, um etwa in geringer Menge ausgefallenes Molybdäntrioxyd wieder in Lösung zu bringen. Aus demselben Grunde wird der Berylliumhydroxydniederschlag mit sehr verdünntem, ammoniumnitrathaltigem, wäßrigem Ammoniak ausgewaschen.

Bei Anwesenheit von *Thallium* kann zur Neutralisation der ursprünglich sauren Lösung statt Ammoniak Natriumcarbonat verwendet werden. Da Thalliumchromat in ammoniumchloridhaltigen Lösungen merklich löslich ist, müßten sonst die Ammoniumsalze vor der Bestimmung des Thalliums als Chromat durch Eindampfen und Abrauchen des Filtrats vom Berylliumniederschlag entfernt werden.

C. Fällung mit Guanidincarbonat nach Jílek und Kota.

Vorbemerkung. Guanidincarbonat $(CH_6N_3)_2CO_3$ (Fp 197°) fällt als Carbonat einer starken, einsäurigen Base ähnlich wie Alkalicarbonate aus Berylliumsalzlösungen einen Niederschlag, der nach Jílek und Kota (a) wahrscheinlich kein Doppelcarbonat, sondern ein guanidincarbonathaltiges, je nach den Fällungsbedingungen mehr oder weniger stark hydrolysiertes basisches Carbonat darstellt. Die Fällung wird durch Zusatz von Acetat oder Tartrat nicht verhindert; der entstehende Niederschlag ist im Überschuß des Fällungsmittels unlöslich.

Die Fällung des Berylliums mit Guanidincarbonat aus reinen Berylliumsalzlösungen bietet den unter A und B wiedergegebenen Fällungsmethoden gegenüber keinerlei Vorteile. Hingegen ist die Möglichkeit der Trennung von anderen Metallen, die durch Guanidincarbonat aus tartrathaltiger Lösung nicht ausgefällt werden, von Bedeutung. Im folgenden ist daher nur die Arbeitsvorschrift aus tartrathaltiger Lösung, wie sie in Gegenwart dieser Metalle (vgl. S. 29) anzuwenden ist, angegeben.

Arbeitsvorschrift. Die mäßig salz- oder salpetersaure Berylliumsalzlösung soll nicht mehr als 0,1 g Berylliumoxyd und keine Ammoniumsalze enthalten. Ihr Volumen soll etwa 50 cm³ betragen. Diese Lösung wird mit 50 cm³ einer Ammoniumtartratlösung versetzt, die man durch Neutralisieren einer wäßrigen Lösung von

42,5 g Weinsäure mit Ammoniak und Verdünnen mit Wasser auf ein Volumen von 2 l hergestellt hat. Nach dem Zusatz der Ammoniumtartratlösung gibt man Kaliumhydroxyd hinzu, bis die Lösung gegen Methylrot nur noch schwach sauer reagiert, und versetzt mit 2,5 cm³ 40%iger, annähernd neutraler Formaldehydlösung. Unter ständigem Umrühren läßt man nun in der Kälte allmählich 150 cm³ einer 4%igen, filtrierten Guanidincarbonatlösung zulaufen. Nach wenigen Sekunden bildet sich bereits ein fein krystalliner, seidenglänzender Niederschlag, den man nach 12- bis 14 stündigem Stehenlassen auf ein gehärtetes Filter abfiltriert und mit insgesamt 120 bis 175 cm³ kalter Waschflüssigkeit (s. unten, Bem. III) auswäscht. Der ausgewaschene Niederschlag wird bis zur Gewichtskonstanz geglüht und als Berylliumoxyd gewogen.

Bemerkungen. **I. Genauigkeit.** Von Jílek und Kota (a) entsprechend ausgeführte Analysen in reinen Berylliumsalzlösungen, wie auch in Gegenwart von bis zu 2 g Ammoniumsalzen (s. unten, Bem. IV), führten bei Vorlage von 10 bis 110 mg Berylliumoxyd zu Werten, deren Differenz gegenüber den berechneten höchstens $\pm$0,2 mg betrug. Die Berylliumbestimmung in Gegenwart der auf S. 29 aufgeführten Metalle in Mengen bis höchstens 100 mg führte auch bei der Bestimmung von 10 mg Berylliumoxyd — also bei bis zu 10 fachem Überschuß an Fremdmetall — zu ähnlich befriedigenden Werten. Die Abweichungen vom berechneten Wert lagen stets unter $\pm$0,4 mg. Allerdings lassen sich auch bei genauer Einhaltung der Arbeitsvorschrift im Filtrat des Berylliumniederschlages meist noch Spuren von Beryllium mittels Chinalizarins (vgl. S. 47) nachweisen. Wegen der Empfindlichkeit dieses Nachweises, der noch die Erkennung von 0,5 γ Beryllium/cm³ gestattet, halten Jílek und Kota (a) die Fällung des Berylliums mit Guanidincarbonat unter den obigen Bedingungen nach den ausgeführten Beleganalysen trotzdem für praktisch quantitativ. Auch Roebling und Tromnau erhielten bei der Bestimmung des Berylliums in Mineralien nach der Methode von Jílek und Kota Ergebnisse, die mit auf anderem Wege erhaltenen Resultaten gut übereinstimmten.

II. Fällungsbedingungen und Beschaffenheit des Niederschlages. Wie schon erwähnt, wechselt die nicht näher untersuchte Zusammensetzung des Niederschlages mit den Fällungsbedingungen. Wird die Fällung mit einem kleinen Überschuß von Guanidincarbonat vorgenommen, so bildet sich, besonders beim Arbeiten in der Hitze, ein flockiger und voluminöser, dem Hydroxyd ähnlicher Niederschlag, der sich nur schwer auswaschen läßt und teilweise leicht kolloidal durch das Filter läuft. Die auf diese Weise erhaltenen Resultate sind daher schwankend. Wird hingegen Beryllium, obiger Arbeitsvorschrift entsprechend, mit einem großen Überschuß von Guanidincarbonat — 1 g auf maximal 0,1 g Berylliumoxyd in 100 cm³ Lösung — gefällt, so bildet sich ein feinkrystalliner, seidenglänzender Niederschlag, der nach längerem Stehenlassen leicht filtrierbar und auswaschbar ist.

Verwendet man statt der Ammoniumtartratlösung Alkalitartrate, z. B. Seignettesalz, so schließt der Niederschlag leicht Alkalisalze ein, die sich durch Auswaschen nur schwer entfernen lassen.

Die oben wiedergegebene Arbeitsvorschrift von Jílek und Kota (a) entspricht also den günstigsten Fällungsbedingungen in bezug auf die Bildung eines möglichst reinen und leicht zu verarbeitenden Niederschlages.

III. Waschflüssigkeit. Wird der Niederschlag mit einer kein Guanidincarbonat enthaltenden Waschflüssigkeit, etwa 1%iger Ammoniumnitratlösung, ausgewaschen, so verändert er nach der Entfernung des überschüssigen Guanidincarbonates sein Aussehen, er wird flockig und läuft womöglich als trübe kolloidale Lösung durch das Filter. Beim Auswaschen mit einer heißen Ammoniumnitratlösung ergaben sich nach Jílek und Kota (a) infolge der Löslichkeit des Niederschlages in dieser Waschflüssigkeit erheblich zu niedrige Berylliumwerte. Diese Veränderung und die etwaige Wiederauflösung des Niederschlages wird vermieden, wenn die Zusammensetzung der Waschflüssigkeit annähernd mit derjenigen der Lösung, in der die

Fällung vorgenommen wird, übereinstimmt. Den nach obiger Vorschrift gefällten Niederschlag wäscht man daher nach JÍLEK und KOTA (a) am besten mit einer Lösung aus, die aus 50 cm³ der oben verwendeten Ammoniumtartratlösung (42,3 g Weinsäure in Lösung mit Ammoniak neutralisiert und auf 2 l verdünnt), 150 cm³ 4%iger Guanidincarbonatlösung und 2,5 cm³ 40%iger Formaldehydlösung bereitet wird.

IV. Arbeitsweise in Gegenwart von Ammoniumsalzen. In Gegenwart von Ammoniumsalzen, auch schon infolge der Zugabe des vorgeschriebenen Ammoniumtartrats, bildet sich durch Umsetzung mit dem Fällungsmittel Ammoniumcarbonat, in dem der ausfallende Berylliumniederschlag teilweise löslich ist. Der Vermeidung des störenden Einflusses des sich bildenden Ammoniumcarbonats dient der vorgeschriebene Zusatz von Formaldehyd. Durch die Bildung von Hexamethylentetramin wird so die Ammonium-Ionen-Konzentration so weit verringert, daß die vollständige Ausfällung des Berylliums nicht mehr ungünstig beeinflußt wird.

Enthält die zu untersuchende, schwach saure Berylliumlösung größere Mengen von Ammoniumsalzen, so fügt man das Doppelte der vorgeschriebenen Menge Formaldehydlösung hinzu. Nach Zugabe von Phenolphthalein versetzt man nun tropfenweise solange mit etwa 3 n Natronlauge, bis die gerade eingetretene Rotfärbung auch bei weiterem tropfenweisen Zusatz der Formaldehydlösung nicht mehr verschwindet. Hierauf macht man die Lösung mit verdünnter Salzsäure gegen Methylrot gerade schwach sauer und fällt dann, wie oben beschrieben, mit Guanidincarbonatlösung. Die Genauigkeit der Berylliumbestimmung nach dieser Arbeitsweise ist so auch bei Anwesenheit von Ammoniumsalzen die gleiche wie in ammoniumsalzfreien Lösungen (vgl. S. 28, Bem. I).

V. Arbeitsweise in Gegenwart anderer Metalle. Setzt man die Weinsäure in Form von Alkalitartraten, etwa Seignettesalz, zu, so schließt der Berylliumniederschlag leicht *Alkalisalze* ein. Bei Zugabe der Weinsäure als Ammoniumtartrat sollen aber nach JÍLEK und KOTA (a) anwesende Alkalisalze, selbst in Mengen von einigen Grammen, die Fällung des Berylliums nicht mehr stören.

Auch in Gegenwart von *Aluminium,* 3 wertigem *Eisen, Chrom* als Chromat, *Uran, Thorium, Zirkon, Thallium, Kupfer, Arsen, Antimon* und *Molybdän* kann die Fällung des Berylliums nach JÍLEK und KOTA (a, b) nach der beschriebenen Methode ausgeführt und Beryllium so von diesen Metallen in Gegenwart von Weinsäure, mit der letztere lösliche, komplexe Tartrate bilden, getrennt werden. Die zu bestimmende Lösung soll in 50 cm³ neben 10 bis 100 mg Berylliumoxyd nicht mehr als 100 mg der angegebenen Metalle enthalten. Die Abtrennung des Berylliums ist nach JÍLEK und KOTA dann auch bei einmaliger Fällung bereits quantitativ. Die Genauigkeit der Berylliumbestimmung neben diesen Metallen, die teilweise in 25 fachem Überschuß zugegeben wurden, ist dann annähernd die gleiche wie in reinen Berylliumsalzlösungen (vgl. S. 28, Bem. I).

Bei Anwesenheit von *Vanadin* und *Wolfram* kann die Bestimmung des Berylliums ebenfalls nach der Methode von JÍLEK und KOTA vorgenommen werden, jedoch darf die ursprünglich saure Lösung keine freie Vanadin- oder Wolframsäure enthalten, da diese von dem Berylliumniederschlag adsorbiert und mitgerissen wird. JÍLEK und KOTA (b) verfahren daher folgendermaßen: Man macht die saure, Beryllium und Vanadin bzw. Wolfram enthaltende und mit 50 cm³ Ammoniumtartratlösung der in der Arbeitsvorschrift angegebenen Konzentration versetzte Lösung zunächst mit verdünnter Lauge alkalisch, bis die gelbe Farbe der freien Vanadinsäure verschwunden ist. Das überschüssige Alkali stumpft man mit verdünnter Säure gegen Methylrot ab und fällt dann mit Guanidincarbonat wie oben angegeben. Nach den Beleganalysen von JÍLEK und KOTA (b) ist die Genauigkeit der in dieser Weise ausgeführten Berylliumbestimmungen die gleiche wie bei reinen Berylliumlösungen.

D. Fällung durch Hydrolyse mit Jodid-Jodat-Gemisch nach GLASSMANN.

Vorbemerkung. Ähnlich wie Aluminum-, Eisen III- und Chrom III-salze sind auch Berylliumsalze in neutraler Lösung teilweise hydrolysiert. Die hierdurch entstehenden Wasserstoff-Ionen reagieren in bekannter Weise mit einem Gemisch von Jodid und Jodat unter Bildung von Wasser und Abscheidung von Jod nach der Gleichung

$$JO_3' + 5\,J' + 6\,H^{\cdot} = 3\,J_2 + 3\,H_2O.$$

Entsprechend dem Verbrauch an Wasserstoff-Ionen verschiebt sich das Hydrolysegleichgewicht

$$Be^{\cdot\cdot} + 2\,H_2O \rightleftharpoons Be(OH)_2 + 2\,H^{\cdot}$$

unter Abscheidung von Berylliumhydroxyd und der äquivalenten Menge Jod nach rechts. In der Kälte verläuft diese Reaktion nur langsam, in der Wärme schnell, besonders wenn das ausgeschiedene Jod mit Thiosulfat reduziert oder aus der Lösung vertrieben wird. Bei Wasserbadtemperatur ist die Hydrolyse der Berylliumsalze nach etwa $^1/_2$ Std. vollständig (BLEYER und BOSHART). Die Bestimmung des Berylliums ist möglich auf indirektem Wege durch maßanalytische Bestimmung des ausgeschiedenen Jods (BLEYER und MOORMANN, S. 45) oder auf gravimetrischem Wege durch Bestimmung des ausgeschiedenen Berylliumhydroxyds als Berylliumoxyd (GLASSMANN) analog den entsprechenden Bestimmungsmethoden für Aluminium, Eisen und Chrom.

***Arbeitsvorschrift nach* GLASSMANN.** Die neutrale oder schwach saure, gegebenenfalls mit Natronlauge abgestumpfte Lösung des Berylliumsalzes wird mit einer Mischung gleicher Teile von 25%iger Kaliumjodid- und gesättigter (etwa 7%iger) Kaliumjodatlösung versetzt. Man läßt die Lösung etwa 5 Min. stehen und reduziert das ausgeschiedene Jod genau mit 20%iger Natriumthiosulfatlösung. Man versetzt nochmals mit einigen Kubikzentimetern der Jodid-Jodat-Mischung. Tritt keine sofortige weitere Jodabscheidung ein, so war die zugegebene Menge ausreichend. Anderenfalls entfernt man das ausgeschiedene Jod nach 5 Min. wieder mit Thiosulfat und prüft durch nochmalige Zugabe der Jodid-Jodat-Mischung. Um die Ausfällung des Berylliumhydroxyds vollständig zu machen, erwärmt man die Lösung nach Zugabe einiger Tropfen 20%iger Thiosulfatlösung $^1/_2$ Std. lang auf dem Wasserbad. Der Niederschlag, der in rein weißer, flockiger Form ausfällt und sich schnell absetzt, wird abfiltriert, mit siedendem Wasser bis zum Verschwinden der Jodidreaktion ausgewaschen und nach dem Trocknen und Glühen bis zur Gewichtskonstanz als Oxyd gewogen.

***Bemerkungen.* I. Genauigkeit.** Nach dieser Methode bestimmte GLASSMANN 60 bis 500 mg Berylliumoxyd mit einem maximalen Fehler von $\pm 0{,}6$ mg, im Durchschnitt von $+0{,}2$ mg. Auch JITAKA, AOKI und YAMANOBE erhielten befriedigende Resultate. Sie halten sogar in bezug auf Einfachheit der Arbeitsweise und Genauigkeit der Bestimmung die Methode von GLASSMANN anderen Fällungsmethoden gegenüber für überlegen. Hingegen erhielten BLEYER und BOSHART stets etwas zu niedrige Werte für Berylliumoxyd, im Durchschnitt etwa $-0{,}42$%, wobei allerdings Angaben über die angewendeten Mengen Beryllium fehlen. Auch MOSER und SINGER fanden selbst nach mehrstündigem Kochen unter Zusatz von Thiosulfat stets noch geringe Mengen Beryllium im Filtrat des Berylliumhydroxydniederschlages, obwohl vorher keine Jodausscheidung mehr stattgefunden hatte. Sie halten daher die Methode der Hydrolyse mit einem Halogenid-Halogenat-Gemisch zur quantitativen Abscheidung zumindest kleinerer Mengen Beryllium für nicht brauchbar.

II. Anwendungsbereich. Nach der Methode von GLASSMANN fällt Berylliumhydroxyd als dichter, flockiger Niederschlag, der sich rasch vollständig absetzt und sich gut filtrieren und auswaschen läßt. Es besteht wahrscheinlich wenigstens teilweise aus krystallisiertem α-Hydroxyd. Alkalimetalle werden daher nicht in merklichen Mengen adsorbiert, so daß die Fällung auch in Gegenwart von Alkalimetallen vorgenommen werden kann. Auch die Anwesenheit von Calcium- oder Magnesiumsalzen sowie von Borsäure stört die Abscheidung reinen Berylliumhydroxyds nicht (BLEYER und BOSHART). Metalle, die wie Aluminium, 3 wertiges Eisen und 3 wertiges Chrom unter gleichen Bedingungen ebenfalls ausgefällt werden, dürfen, ebenso wie mit dem Beryllium Komplexverbindungen bildende Stoffe (z. B. Flußsäure) bei der Bestimmung des Berylliums nach GLASSMANN nicht anwesend sein.

E. Fällung aus alkalischer Lösung sowie aus Alkali- und Ammoniumcarbonatlösungen.

Vorbemerkung. Frisch gefälltes Berylliumhydroxyd löst sich leicht in konzentrierten Lösungen von Alkalihydroxyd als Beryllat sowie in Lösungen von Natriumbicarbonat, Natrium-, Kalium- und besonders Ammoniumcarbonat als komplexes bzw. Doppelcarbonat (vgl. S. 17). Man erhält diese Lösungen insbesondere bei der Trennung des Berylliums von Aluminium und Eisen nach meist älteren Trennungsverfahren, die auf der Unlöslichkeit der Hydroxyde von Aluminium und Eisen in derartigen Lösungsmitteln bzw. auf der Ausfällbarkeit des Berylliums im Gegensatz zum Aluminium aus Alkalihydroxyd- und Alkalicarbonatlösungen durch Erhitzen beruhen (S. 73, 77, 88 und 91). Die Ausfällung des Berylliums aus derartigen Lösungen kann einmal erfolgen durch Ansäuern und anschließende Fällung von Berylliumhydroxyd nach einem der in diesem Paragraphen unter A bis D beschriebenen Verfahren. Zweitens kann durch einfaches Erhitzen der verdünnten Lösungen Beryllium aus ihnen abgeschieden werden, da bei genügend langem Sieden eine vollständige Umwandlung des zunächst ausfallenden, amorphen und instabilen Hydroxyds über die krystalline, metastabile α- in die stabile β-Form erfolgt. β-Hydroxyd ist in den angeführten Lösungsmitteln schwer löslich bzw. praktisch unlöslich. Bei der Trennung des Berylliums von Aluminium aus alkalischer Lösung sowie von Phosphorsäure aus Natriumkaliumcarbonatlösung muß der zweite Weg eingeschlagen werden, da nach anderen Verfahren Aluminium bzw. Phosphorsäure wieder zusammen mit Beryllium ausfallen würde. Die direkte Fällung von Berylliumhydroxyd aus Alkalihydroxyd- bzw. Alkalicarbonatlösung ist daher in erster Linie nur in Verbindung mit derartigen, im übrigen meist unsicheren Trennungsverfahren von Bedeutung.

1. Abscheidung aus alkalischer Lösung.

a) Arbeitsweise von* HABER *und* VAN OORDT *zur Fällung reiner Berylliumsalzlösungen. Arbeitsvorschrift. Die Berylliumsalzlösung wird mit nur soviel Natronlauge versetzt, daß die Lösung schwach alkalisch reagiert, das ausgefallene Hydroxyd aber nicht wieder aufgelöst wird. Nun erhitzt man zum Sieden, wobei sich der voluminöse Hydroxydniederschlag allmählich in körniges, krystallines β-Hydroxyd umwandelt. Da dieses in Alkalicarbonatlösung völlig unlöslich ist, wird zur Vervollständigung der Fällung Kohlensäure in die heiße Lösung eingeleitet. Der Niederschlag wird abfiltriert, mit heißem Wasser gründlich ausgewaschen und nach dem Glühen bis zur Gewichtskonstanz als Oxyd gewogen.

Bemerkungen. Da β-Hydroxyd keine Fremdstoffe adsorbiert, läßt sich so durch Auswaschen ein praktisch alkalifreies Berylliumoxyd auch aus alkalischer Lösung erhalten. HABER und VAN OORDT (b) haben in dieser Weise nur Beryllium zusammen mit Eisen und dem größten Teil des Aluminiums bei der Analyse von Mineralien ausgefällt. Angaben über auf diesem Wege ausgeführte Berylliumbestimmungen fehlen.

***b) Arbeitsweise nach* GMELIN. *Arbeitsvorschrift von* BRITTON.** Die auf ein möglichst kleines Volumen eingeengte, neutrale oder schwach saure Berylliumlösung wird tropfenweise mit soviel möglichst konzentrierter, etwa 6 n Natronlauge versetzt, bis der zunächst gebildete Niederschlag gerade wieder klar in Lösung gegangen ist. Man verdünnt nun mit Wasser auf ein Volumen von 500 bis 600 cm^3 und kocht die Lösung 40 Min. unter Ersatz des verdampfenden Wassers. Das abgeschiedene Berylliumhydroxyd wird aus der noch heißen Lösung abfiltriert und solange mit Wasser ausgewaschen, bis Phenolphthalein, das man auf den Niederschlag tropft, farblos bleibt. Nach dem Glühen bis zur Gewichtskonstanz wird als Oxyd gewogen.

***Bemerkungen.* I. Genauigkeit.** BRITTON erhielt nach dem beschriebenen Verfahren annähernd quantitative Ergebnisse. Auch bei der Bestimmung von 14 bis 200 mg Berylliumoxyd in Gegenwart von 60 bis 420 mg Aluminiumoxyd (vgl. unten, Bem. II) bei bis zu 20fachem Überschuß des letzteren betrug der Fehler gegenüber der angewendeten Menge Berylliumoxyd höchstens ± 0,5 mg. Nach anderen Autoren ist aber die Trennung des Berylliums von Aluminium auf diesem Wege unsicher (S. 73). Die Methode wurde bereits von GMELIN sowie SCHAFFGOTSCH benutzt. Nach den Untersuchungen von HABER und VAN OORDT (a) sowie von BLEYER und KAUFMANN ist die Löslichkeit des krystallinen β-Hydroxyds auch in verdünntem

Alkali noch immer so beträchtlich, daß eine quantitative Abscheidung des Berylliums aus alkalischer Lösung nicht möglich ist. Selbst bei Auflösung von Berylliumhydroxyd in der gerade ausreichenden Menge 10 n (40% iger) Natronlauge (1 Be auf 2 Na) und Verdünnung der Lösung auf das 100fache würden nach der in Tabelle 3 (S. 18) angegebenen Löslichkeit des β-Hydroxyds in Natronlauge nach Abscheidung des Hydroxyds aus der siedenden Lösung noch immer 0,64% Berylliumhydroxyd in Lösung bleiben, wie sich leicht berechnen läßt. Derart günstige Abscheidungsverhältnisse lassen sich aber in der Praxis nicht erreichen, da immer mit einem, wenn auch geringen Überschuß an Lauge gearbeitet werden muß und der Verdünnung der Lösung durch die Größe des anfallenden Flüssigkeitsvolumens Grenzen gesetzt sind. Da die Löslichkeit des β-Hydroxyds in Kalilauge nach Bleyer und Kaufmann größer ist als in Natronlauge, würde aus Kaliumhydroxydlösungen die Abscheidung des Berylliums noch unvollständiger sein. Nach Cottin soll dagegen die Fällung mit Kalilauge die besten Resultate ergeben.

Die Abscheidung des Berylliums aus alkalischen Lösungen ist daher am ehesten annähernd vollständig, wenn das frisch gefällte Berylliumhydroxyd in möglichst konzentrierter Natronlauge unter tunlichster Vermeidung eines Alkaliüberschusses gelöst und die Lösung vor Ausfällung des Berylliumhydroxyds in der Siedehitze möglichst stark verdünnt wird.

II. Bestimmung in Gegenwart von Aluminium. Schon Gmelin sowie Schaffgotsch verwendeten die Abscheidung des Berylliums aus siedender alkalischer Lösung zur Abtrennung von Aluminium, das bei nicht zu starker Verdünnung in Lösung bleibt. Bei Einhaltung obiger Arbeitsvorschrift soll sich nach Britton eine vollständige Trennung erzielen lassen. Man darf aber die Lösung nicht zur leichteren und vollständigeren Abscheidung des Berylliums noch weiter als auf 500 bis 600 cm³ verdünnen und auch das Kochen nicht länger als 40 Min. fortsetzen, da sonst leicht auch Aluminium teilweise mit ausgefällt wird. Die zu analysierende Lösung soll nicht mehr als 0,3 g Beryllium- und 0,4 g Aluminiumoxyd enthalten. Zur Trennung sehr kleiner Berylliummengen von einem Aluminiumüberschuß ist die Methode nach Britton ungeeignet (vgl. auch S. 73).

2. Abscheidung aus Alkalicarbonatlösungen.

Eine analytische Bedeutung kommt der direkten Abscheidung des Berylliums aus Alkalicarbonatlösungen, abgesehen von der Bestimmung des Berylliums in Phosphaten nach der von Travers und Perron vorgeschlagenen Methode, nicht zu.

***Arbeitsvorschrift nach* Travers *und* Perron.** Durch Schmelzen des zu untersuchenden Berylliumphosphats, mit 5 g eines Gemisches von Soda und Pottasche und Auflösen der erkalteten Schmelze in Wasser erhalten Travers und Perron eine Lösung von Natrium- und Kaliumcarbonat, die Beryllium als leicht lösliches Kaliumberylliumcarbonat enthält. Zur vollständigen Dissoziation des Doppelsalzes und Abscheidung von basischem Berylliumcarbonat bzw. -hydroxyd wird die Lösung mindestens $^1/_4$ Std. zum Sieden erhitzt. Der sehr feine Niederschlag, der zur Bildung einer kolloiden Lösung neigt, wird auf ein gehärtetes Filter abfiltriert und mit siedender, 15- bis 25% iger Ammoniumnitratlösung ausgewaschen. Die hohe Elektrolytkonzentration soll die Peptisation des Berylliumhydroxyds unterbinden. Der so ausgewaschene, alkalicarbonatfreie Niederschlag wird in bekannter Weise in Oxyd übergeführt und gewogen. Um mechanische Verluste durch zu heftige Zersetzung des basischen Carbonats beim Glühen zu vermeiden, gibt man zu dem Niederschlag vor dem Glühen einige Tropfen Salzsäure.

Bemerkungen. Travers und Perron erhielten nach dieser Methode fast theoretische Werte für Berylliumoxyd. Ist aber nur sehr wenig Beryllium anwesend oder der Überschuß von Kaliumcarbonat sehr groß, so soll sich nach Haber und van Oordt (a) Beryllium überhaupt nicht abscheiden und die Lösung auch beim Kochen klar bleiben! Die Methode von Travers und Perron ist also zumindest unsicher. Es erscheint auch nach den Angaben über die Peptisierbarkeit des erhaltenen Niederschlages zweifelhaft, ob bei nur $^1/_4$stündigem Sieden bereits die Umwandlung in ein Hydroxyd, das in Alkalicarbonatlösungen praktisch unlöslich ist, stattgefunden hat. Es liegt daher die Annahme nahe, daß die von Travers und Perron erhaltenen guten Ergebnisse auf eine Kompensation verschiedener Fehler zurückzuführen sind.

3. Abscheidung aus Ammoniumcarbonatlösungen.

In Ammoniumcarbonatlösung gelöstes Berylliumhydroxyd scheidet sich beim Kochen ebenfalls wieder aus. Auch α- und β-Hydroxyd sind zwar nach Haber und van Oordt (a) in konzentrierter Ammoniumcarbonatlösung nicht völlig unlöslich, da aber beim Sieden sich Kohlensäure und Ammoniak verflüchtigen, sollte trotzdem die quantitative Abscheidung des Berylliumhydroxyds möglich sein. Analytisch von Interesse ist die Abscheidung des Berylliums aus Ammoniumcarbonatlösungen nur im Zusammenhang mit der Trennung des Berylliums von Aluminium und Eisen, deren Hydroxyde in Ammoniumcarbonatlösung unlöslich sind (S. 75 und 91). Die durch Behandeln des Gemisches der Hydroxyde dieser Metalle mit Ammoniumcarbonatlösung erhaltene Lösung von Beryllium dampft Rose bei Abwesenheit anderer nichtflüchtiger Bestandteile einfach ein, raucht die Ammoniumsalze ab und wägt den Glührückstand als Berylliumoxyd. Andere Autoren scheiden Beryllium durch Aufkochen der Lösung ab oder fällen nach dem Ansäuern nach einem der üblichen Verfahren. Die Trennung mit Ammoniumcarbonat ist aber sehr unsicher.

F. Weitere vorgeschlagene Fällungsmethoden.

Fällung mit Hexamethylentetramin.

Berylliumsulfat gibt nach VIVARIO und WAGENAAR mit Hexamethylentetramin in neutraler Lösung einen flockigen Niederschlag. Die Fällung von Berylliumhydroxyd mit Hexamethylentetramin aus Berylliumsalzlösungen ist aber nach RÂY auch beim Kochen der Lösungen nur unvollständig. Dagegen soll nach AKIYAMA Beryllium durch Hexamethylentetramin in der Kälte nicht, bei Siedetemperatur aber annähernd vollständig als Hydroxyd ausgefällt werden. Da Aluminium nach AKIYAMA bereits in der Kälte quantitativ durch Hexamethylentetramin gefällt wird, sollen sich Beryllium und Aluminium durch Fällung mit Hexamethylentetramin quantitativ trennen lassen (vgl. S. 78). Kontrollbestimmungen AKIYAMAs mit Mengen bis zu 1 g Berylliumoxyd führten nach der von ihm gegebenen Arbeitsvorschrift zu annähernd theoretischen Resultaten. Die nur unvollständigen Angaben AKIYAMAs sind aber sehr unwahrscheinlich. Die nach seiner Vorschrift zuzugebenden Mengen Hexamethylentetramin (15 cm^3 einer 1 mol. Hexamethylentetraminlösung) reichen nicht einmal aus, um die in den Kontrollbestimmungen angegebenen Mengen Beryllium (bis zu 1 g) als Hydroxyd quantitativ zu fällen.

Literatur.

AKIYAMA, T.: J. pharm. Soc. Japan **57**, 19 (1937). — AKIYAMA, T. u. Y. MINE: J. pharm. Soc. Japan **57**, 17, 177 (1937). — ATO, S.: Sci. Pap. Inst. phys. Chem. Res. **29**, 71 (1936); durch C. **108 I**, 1488 (1937).

BLEYER, B. u. K. BOSHART: Fr. **51**, 748 (1912). — BLEYER, B. u. S. W. KAUFMANN: Z. anorg. Ch. **82**, 71 (1913). — BLEYER, B. u. L. PACZUSKI: Kolloid-Z. **14**, 295 (1914). — BRITTON, H. T. S.: Analyst **46**, 359 (1921).

COTTIN, G.: Ing. Chimiste [Brüxelles] **23** (27), **39** (1939); durch C. **110 II**, 480 (1939).

ECKSTEIN, H.: Fr. **87**, 268 (1932).

FISCHER, H.: (a) Wiss. Veröffentl. Siemens-Konzern 8, Heft 1, 9 (1929); (b) BERL-LUNGE, Bd. 2, S. 1096. Berlin 1932. — FISCHER, H. u. G. LEOPOLDI: Wiss. Veröffentl. Siemens-Konzern **10**, Heft 2, 1 (1931). — FRESENIUS, L. u. M. FROMMES: (a) Fr. **87**, 273 (1932); (b) **93**, 275 (1933). — FRICKE, R.: Z. anorg. Ch. **166**, 244 (1927). — FRICKE, R. u. H. HUMME: Z. anorg. Ch. **178**, 400 (1929). — FROMMES, M.: Fr. **93**, 287, 295 (1933).

GLASSMANN, B.: B. **39**, 3368 (1906). — GMELIN, C. G.: Pogg. Ann. **50**, 176 (1840).

HABER, F. u. G. VAN OORDT: (a) Z. anorg. Ch. **38**, 377 (1904); (b) **40**, 465 (1904).

JANNASCH, P.: Leitfaden der Gewichtsanalyse, 2. Aufl., S. 162. Leipzig 1904. — JÍLEK, A. u. J. KOTA: (a) Fr. **87**, 422 (1932); (b) **89**, 345 (1932). – JITAKA, J., Y. AOKI u. T. YAMANOBE: Bl. Inst. physic. chem. Res. [Abstr.] Tokyo **14**, 48 (1935); durch C. **108 I**, 3188 (1937).

KLING, A. u. E. GELIN: Bl. [4] **15**, 205 (1914). — KOTA, J.: Chem. Listy **27**, 79, 100, 128, 150, 194 (1933); durch C. **104 II**, 254 (1933).

MIELEITNER, K. u. H. STEINMETZ: Z. anorg. Ch. **80**, 73 (1913). — MOSER, L. u. F. LIST: M. **51**, 181 (1929). — MOSER, L. u. J. SINGER: M. **48**, 673 (1927).

OSTROUMOW, E. A.: Seltene Metalle [russ.] **2**, Nr 5, 25 (1933); durch C. **105 I**, 2796 (1934).

PARSONS, CH. L. u. S. K. BARNES: Fr. **46**, 292 (1907).

RÂY, P.: Fr. **86**, 13 (1931). — REMY, H. u. A. KUHLMANN: Fr. **65**, 161 (1924/25). — ROEBLING, W. u. H. W. TROMNAU: Zbl. Min. Geol. Paläont. Abt. A. 1935, 134. — ROSE, H. u. R. FINKENER: Handbuch der analytischen Chemie, Bd. 2, 6. Aufl., S. 51. Braunschweig 1871.

SCHAFFGOTSCH, F.: Pogg. Ann. **50**, 183 (1840). — SCHIRM, E.: Ch. Z. **33**, 871 (1909). — SCHOELLER, W. R. u. H. W. WEBB: (a) Analyst **59**, 667 (1934); (b) **61**, 235 (1936). — SIDGWICK, N. V. u. N. B. LEWIS: Soc. **1926**, 1291.

TRAVERS u. PERRON: A. Ch. [10] **2**, 43 (1924).

VIVARIO, R. u. M. WAGENAAR: Pharm. Weekbl. **54**, 157 (1917).

WUNDER, M. u. P. WENGER: Fr. **51**, 470 (1912).

§ 2. Gravimetrische Bestimmung als Berylliumsulfat.

$BeSO_4$, Molekulargewicht 105,08.

Allgemeines.

Die gravimetrische Bestimmung des Berylliums als Sulfat ist wegen des hohen Molekulargewichtes dieses Salzes und der sich hieraus ergebenden günstigen Umrechnungsfaktoren (für Be: 0,0859, für BeO: 0,2382) besonders zur Bestimmung kleiner Berylliummengen und für Mikrobestimmungen geeignet.

Die direkte Abscheidung des Berylliums aus dessen Lösungen als Sulfat kommt nur für reine Berylliumsulfatlösungen, die man einfach eindampft, in Frage, da das in wäßriger Lösung vorliegende Tetrahydrat des Berylliumsulfates in Wasser leicht löslich ist. Nach BRITTON enthalten 100 g bei 25° gesättigter, wäßriger Berylliumsulfatlösung 29,94 g $BeSO_4$. In 66%iger Schwefelsäure beträgt die Löslichkeit bei 25° noch 0,86 g $BeSO_4$/100 g Lösung. Analytisch wichtig ist vor allem die Überführung von Berylliumhydroxyd bzw. -oxyd durch Abrauchen mit Schwefelsäure in Sulfat, das dann zur Wägung gebracht wird.

Das beim Eindampfen wäßriger Berylliumsulfatlösungen entstehende Tetrahydrat $BeSO_4 \cdot 4\,H_2O$ verliert beim Erhitzen Wasser und geht bei 120° in das Dihydrat über, das bei steigender Temperatur allmählich weiter Wasser abgibt, so daß zwischen 350 und 400° das wasserfreie Sulfat vorliegt (KRAUSS und GERLACH). Dieses ist entgegen den Angaben von PARSONS bei 400° beständig. So fand ČUPR beim Entwässern und Erhitzen des Tetrahydrates auf 400° nach 1 bzw. 2 Std. 100,17 bzw. 100,05%, nach 31stündigem Erhitzen 99,74% des theoretischen Wertes für Berylliumsulfat. KRAUSS und GERLACH beobachteten eine Zersetzung des Sulfates unter Abspaltung von Schwefeltrioxyd erst bei Temperaturen über 580°.

Wasserfreies Berylliumsulfat ist hygroskopisch und muß daher im geschlossenen Wägegläschen zur Wägung gebracht werden.

Bestimmungsverfahren.

A. Bestimmung nach Fällung als Hydroxyd und Überführung in reine Berylliumsulfatlösung.

***Arbeitsvorschrift von* ČUPR.** Die neutrale oder durch Lösen des nach einer der in § 1 angeführten Methoden gefällten Berylliumhydroxydes in Schwefelsäure erhaltene schwefelsaure Berylliumsulfatlösung wird in einem Platintiegel eingedampft und die überschüssige Schwefelsäure gegebenenfalls vorsichtig unter Vermeidung lokaler Überhitzung abgeraucht. Der Trockenrückstand, der beim Eindampfen wäßriger Lösungen aus dem Tetrahydrat $BeSO_4 \cdot 4\,H_2O$ besteht, wird in einem Aluminiumblock, der direkt mit der Flamme eines Brenners geheizt wird, bei 400° bis zur Gewichtskonstanz erhitzt. Es genügt meist 1- bis 2 stündiges Erhitzen. Das hygroskopische, wasserfreie Berylliumsulfat wird im geschlossenen Wägegläschen zur Wägung gebracht.

***Bemerkungen.* I. Genauigkeit.** Nach dieser Vorschrift erhält man sehr genaue Resultate. Kontrollbestimmungen von ČUPR mit 60 bis 250 mg als Sulfat vorgelegtem Berylliumoxyd führten zu Abweichungen von höchstens —0,3%, im Mittel von —0,1% vom theoretischen Wert. Die zu bestimmende Berylliumsulfatlösung muß natürlich absolut rein sein und darf keine anderen Substanzen enthalten.

II. Mikrobestimmung nach BENEDETTI-PICHLER. Die Wägung des Berylliums als Sulfat ist nicht nur wegen des günstigen Umrechnungsfaktors für Mikrobestimmungen geeignet, sondern vor allem, weil das bei der Bestimmung als Oxyd oder Pyrophosphat (S. 37) notwendige Glühen der zu wägenden Substanz fortfällt. Es können daher die Mikrobestimmung des Berylliums sowie die weiter unten beschriebenen Mikrotrennungen mittels der von BENEDETTI-PICHLER beschriebenen Mikromethoden und Geräte, insbesondere der Filterstäbchen, ausgeführt werden.

Arbeitsvorschrift. a) Mikrofällung als Hydroxyd und Überführung in Berylliumsulfatlösung. 1,5 cm³ der zu untersuchenden Lösung, die neben Beryllium nur noch Ammonium-, Alkali-, Magnesium- und Calciumsalze enthalten darf, werden in einem 5 cm³-Mikrobecher (Fiolaxglas) mit 3 Tropfen konzentrierter Salzsäure und 1 Tropfen alkoholischer Methylrotlösung versetzt und auf dem Wasserbad erhitzt. Mittels eines Capillarrohres, das 1,5 cm über der Oberfläche der Lösung endet, wird gegen diese ein durch Hindurchleiten durch eine 10%ige Ammoniaklösung mit Ammoniak beladener Luftstrom geblasen. Dieser wird so gegen eine Stelle der Lösung nahe der Wandung des Gefäßes gerichtet, daß eine leichte Vertiefung der Oberfläche an der Auftreffstelle entsteht und die Lösung durch die sich bildende Wirbelbewegung umgerührt wird. Sobald die Lösung bis zum Umschlag des Indicators nach Gelb neutralisiert ist, wird der Ammoniak-Luftstrom abgestellt. Man erhitzt die Lösung mit dem Niederschlag noch einige Minuten und filtriert die heiße Lösung durch Absaugen durch ein Porzellanfilterstäbchen. Man wäscht 2 mal mit je 0,5 cm³ heißer, 1%iger Ammoniaklösung und löst dann den Niederschlag vom Filterstäbchen mit 0,5 cm³ Schwefelsäure (1:3), die man in den Mikrobecher gibt, durch Umrühren mit dem Filterstab und leichtes Erwärmen. Nach einigen Minuten saugt man die Lösung durch das Filterstäbchen in einen gewogenen Mikrobecher ab (vgl. unten, b) und führt die letzten Spuren von Beryllium durch 2 maliges Nachspülen mit heißem, doppelt destilliertem Wasser quantitativ in den Mikrobecher über. Die Gesamtmenge der so erhaltenen Lösung soll nicht mehr als 1,2 cm³ betragen.

b) Bestimmung in reiner Berylliumsulfatlösung. 0,5 bis 1,5 cm³ der vorliegenden oder nach der unter a) gegebenen Vorschrift erhaltenen, reinen, schwefelsauren Berylliumsulfatlösung werden in einem unter den bekannten mikroanalytischen Vorsichtsmaßregeln vorbereiteten und in einem geschlossenen Wägegläschen gewogenen Mikrobecher (Pyrexglas, 9 mm innerer Durchmesser, 35 mm Höhe, Inhalt ungefähr 1,8 cm³) im PREGLschen Heizblock bei allmählich bis zu 130° gesteigerter Temperatur eingedampft. Zur Beschleunigung der Trocknung leitet man währenddessen einen schwachen, filtrierten Luftstrom mittels einer Capillare, die dicht über dem Mikrobecher endet, durch den Heizblock. Nach etwa $^1/_2$ Std. wird der Luftstrom abgestellt und langsam bis auf 180° und dann rasch auf 280 bis 300° erhitzt, um die überschüssige Schwefelsäure abzurauchen. Ist der erhaltene Rückstand infolge etwa vom Berylliumhydroxyd adsorbierten Methylrots gelblich gefärbt, so gibt man beim Abrauchen mit Schwefelsäure noch einen Tropfen konzentrierte Salpetersäure hinzu. Man erhält dann rein weißes Berylliumsulfat. Nach dem Abkühlen wird der Trockenrückstand zur Zerstörung etwa gebildeter basischer Sulfate nach jedesmaligem Zusatz von einem Tropfen konzentrierter Schwefelsäure noch 2 mal in gleicher Weise abgeraucht und schließlich 15 Min. auf 320° erhitzt. Nach dem Abkühlen wird wieder in geschlossenem Wägegläschen als Berylliumsulfat gewogen.

Bemerkungen. a) Genauigkeit. Nach den Untersuchungen von BENEDETTI-PICHLER und SCHNEIDER sowie THURNWALD und BENEDETTI-PICHLER ist das so erhaltene Berylliumsulfat formelrein und enthält keine basischen Sulfate. Bestimmungen von je 0,4 bis 0,6 mg als reine Sulfatlösung vorgelegtem Berylliumoxyd ergaben Resultate, die nach BENEDETTI-PICHLER und SCHNEIDER gut mit entsprechenden Makrobestimmungen nach der Ammoniumnitritmethode (S. 26) übereinstimmten. Wurden gleiche Berylliummengen zunächst nach der Vorschrift unter a) gefällt und in Sulfatlösung übergeführt, so ergaben sich Werte für Berylliumsulfat, die um 0,03 bis 0,04 mg zu hoch lagen. Auch entsprechend angestellte Blindversuche führten zu demselben Wert. THURNWALD und BENEDETTI-PICHLER ziehen diesen Blindwert, der unter gleichen Versuchsbedingungen weitgehend konstant ist und durch Verunreinigungen aus den Reagenzien oder aus den Gefäßmaterialien verursacht wird, von dem ausgewogenen Berylliumsulfat ab. Die Abweichungen der so für Berylliumsulfat erhaltenen Werte gegenüber der angewendeten Menge waren nunmehr kleiner als $\pm 0{,}004$ mg, entsprechend $\pm 0{,}3\%$. Unter veränderten Versuchsbedingungen (Apparatur, Reagenzien) muß der Blindwert naturgemäß stets neu bestimmt werden.

b) Bestimmung in Gegenwart anderer Elemente. Nach THURNWALD und BENEDETTI-PICHLER läßt sich Beryllium in der beschriebenen Weise ohne Abänderung des Verfahrens auch in Gegenwart von Magnesium und Calcium als Hydroxyd fällen und als Sulfat mit der oben angegebenen Genauigkeit bestimmen.

Die Trennung ist nach einmaliger Fällung als Hydroxyd quantitativ. Bei Anwesenheit von Aluminium und Eisen sowie Phosphorsäure müssen diese vor der Fällung des Berylliums erst abgetrennt werden. THURNWALD und BENEDETTI-PICHLER haben entsprechende Mikrotrennungsverfahren (von Aluminium: S. 65; von Eisen: S. 82; von Phosphorsäure: S. 111) und eine Methode zur Mikrobestimmung der Berylliums in Mineralien (S. 114 und 115, Ic) ausgearbeitet.

B. Überführung von Berylliumoxyd in -sulfat.

Zur Bestimmung geringer Mengen Beryllium führen KOLTHOFF und SANDELL das nach einer der in § 1 angegebenen Methoden erhaltene Berylliumoxyd in Sulfat über, da hierdurch der relative Wägefehler infolge der mehr als 4mal so großen auszuwägenden Menge kleiner wird.

***Arbeitsvorschrift nach* KOLTHOFF *und* SANDELL.** Das geglühte Oxyd wird im Platintiegel mit einigen Tropfen halbkonzentrierter Schwefelsäure versetzt und die Mischung bei 250° eingedampft, bis das Wasser und der größte Teil der überschüssigen Schwefelsäure sich verflüchtigt haben. Der Rückstand wird dann vorsichtig bei 350 bis 400° bis zur Gewichtskonstanz erhitzt und als Berylliumsulfat im geschlossenen Wägegläschen gewogen.

Genauigkeit. KOLTHOFF und SANDELL erhielten so bei der Überführung bekannter Mengen Berylliumoxyd in -sulfat sehr befriedigende Ergebnisse.

Literatur.

BENEDETTI-PICHLER, A.: (a) Fr. **64**, 409 (1924); (b) Mikrochemie, PREGL-Festschr. S. 6. 1929. — BENEDETTI-PICHLER, A. u. F. SCHNEIDER: Mikrochemie, EMICH-Festschr. S. 1. 1930. — BRITTON, H. T. S.: Soc. **119**, 1967 (1921).

ČUPR, V.: Fr. **76**, 188 (1929).

KOLTHOFF, I. M. u. E. B. SANDELL: Am. Soc. **50**, 1903 (1928). — KRAUSS, F. u. H. GERLACH: Z. anorg. Ch. **140**, 61 (1924).

THURNWALD, H. u. A. BENEDETTI-PICHLER: Mikrochemie **11**, 200 (1932).

§ 3. Gravimetrische Bestimmung als Berylliumpyrophosphat.

$Be_2P_2O_7$, Molekulargewicht 192,08.

Allgemeines.

Ähnlich dem Magnesium wird auch Beryllium aus neutraler Lösung durch Phosphate in Gegenwart von Ammoniumsalzen als schwer lösliches Ammoniumberylliumphosphat ausgefällt, das beim Glühen in rein weißes Pyrophosphat $Be_2P_2O_7$ übergeht. Wegen des infolge seines geringen Berylliumgehaltes günstigen Umrechnungsfaktors (für Be: 0,0939, für BeO: 0,2605) ist es zur gravimetrischen Bestimmung kleinerer Berylliummengen geeignet. Seine Verwendbarkeit wird allerdings sehr eingeschränkt durch die Schwierigkeit, formelreines Ammoniumberylliumphosphat bei der Ausfällung zu erhalten. Abgesehen von einer von ČUPR angegebenen Arbeitsvorschrift wurde meist ein Pyrophosphat erhalten, dessen Berylliumgehalt einige Prozente geringer war als der theoretischen Zusammensetzung entspricht. Die sich hieraus ergebenden, zu hohen Resultate machen die Einführung eines empirischen Faktors zur Berechnung des Berylliums aus dem gewogenen Berylliumpyrophosphat notwendig. Für genauere Analysen ist daher die Bestimmung des Berylliums als Pyrophosphat zu unsicher. Die Methode ist in erster Linie zur Bestimmung des Berylliums in Gegenwart von Phosphorsäure geeignet, da dann die Abtrennung der Phosphorsäure vor der Bestimmung des Berylliums überflüssig ist (vgl. S. 111). Weiter ist sie zur Berylliumbestimmung nach der Trennung von Metallen, die mit Phosphorsäure aus saurer Lösung quantitativ gefällt werden können (z. B. von Zirkon, S. 108) sowie zur Fällung des Berylliums in Gegenwart von Weinsäure (S. 40), die die quantitative Abscheidung als Berylliumhydroxyd verhindert, verwendet worden.

Eigenschaften des Ammoniumberylliumphosphates. Bei Zimmertemperatur beträgt die Löslichkeit des Ammoniumberylliumphosphates nach ČUPR:

bei $p_H = 7$: 10,2 bis 12,2 mg,
bei $p_H = 4,5$: 18,0 mg,
bei $p_H = 3,5$: 630 mg NH_4BePO_4 im Liter.

Die Löslichkeit nimmt also mit steigender Acidität der Lösung rasch zu, so daß eine quantitative Fällung nur aus annähernd neutraler bzw. ammoniakalischer Lösung möglich ist. Aus ammoniakalischer Lösung fällt ein schleimiger, amorpher Niederschlag, der beträchtliche Mengen Phosphat und andere, in der Lösung enthaltene Fremdstoffe adsorbiert. Diese Beimengungen lassen sich durch Auswaschen nicht vollständig entfernen, wodurch sich wesentlich zu hohe Werte für das ausgewogene Pyrophosphat ergeben (RÖSSLER; BLEYER und MÜLLER; AUSTIN; TRAVERS und PERRON). Es ist daher notwendig, den amorphen Niederschlag nicht formelreiner Zusammensetzung in krystallines Ammoniumberylliumphosphat umzuwandeln. Nach RUFF und STEPHAN wird hierzu der zunächst aus ammoniakalischer Lösung erhaltene gelatinöse Niederschlag längere Zeit auf dem Wasserbad erhitzt. MOSER und SINGER sowie ČUPR gehen dagegen in der Weise vor, daß sie in Anlehnung an die Methode von SCHMITZ zur Bestimmung des Magnesiums als Pyrophosphat direkt feinkrystallines Ammoniumberylliumphosphat aus heißer, schwach saurer Lösung fällen und die Lösung erst vor dem Abfiltrieren zur vollständigen Ausfällung des Berylliums ammoniakalisch machen. Sulfosalicylsäure soll entsprechend den bei der analogen Fällung des Magnesiums gemachten Erfahrungen (MOSER und BRUKL) nach MOSER und SINGER auch die Bildung des krystallinen Ammoniumberylliumphosphates günstig beeinflussen.

Überführung in Berylliumpyrophosphat. Die Bestimmung des Berylliums durch Wägung des bei 105° getrockneten Ammoniumberylliumphosphats liefert nach ČUPR viel zu hohe Werte, da der Niederschlag wahrscheinlich beträchtliche Mengen Ammoniumsalze enthält. Als Wägungsform kommt daher nur das Pyrophosphat in Betracht. Zur Überführung in Pyrophosphat wird der Niederschlag auf einem Porzellanfiltertiegel gesammelt und bis zur Gewichtskonstanz — am besten im elektrischen Ofen — geglüht. Man erhält das Pyrophosphat meist als weiße, harte Masse, nach dem Verfahren von ČUPR dagegen als rein weißes, sandiges Pulver.

Bestimmungsverfahren.

A. Fällung aus zunächst schwach saurer Lösung.

Vorbemerkung. Die im folgenden beschriebenen Verfahren unterscheiden sich voneinander in erster Linie durch die Anwendung eines mehr oder weniger großen Überschusses von Ammoniumsalzen, die die Bildung krystallinen Ammoniumberylliumphosphates beschleunigen sollen, durch die Zugabe von Ammoniumacetat zur Abstumpfung der Acidität der Lösung und durch die Anwendung eines großen oder kleinen Überschusses des Fällungsmittels. Ein Vergleich der von MOSER und SINGER sowie ČUPR ausgearbeiteten Methoden läßt die letztere als zuverlässiger erscheinen. Eine Nachprüfung von anderer Seite liegt jedoch nicht vor.

1. Arbeitsvorschrift von ČUPR. Die zu untersuchende Lösung soll nicht mehr als 130 mg Berylliumoxyd, entsprechend etwa 500 mg Berylliumpyrophosphat, enthalten, da sich größere Mengen des anfallenden Phosphatniederschlages nur schlecht gründlich auswaschen lassen. Man versetzt die Lösung, falls sie keine Ammoniumsalze enthält, in einer Porzellanschale mit 5 bis 10 g Ammoniumchlorid oder -nitrat, verdünnt auf 250 bis 300 cm^3 und macht mit Ammoniak gegen Methylrot gerade alkalisch ($p_H = 6,3$). Hierbei fällt Beryllium als Hydroxyd aus. Man gibt nun 1 bis 1,3 g Ammoniumphosphat zu und säuert schwach gegen Methylrot an ($p_H = 4,2$). Dann erhitzt man solange auf dem Wasserbad, bis das ursprünglich ausgefallene Berylliumhydroxyd vollständig in einen feinen, krystallinen, sich rasch absetzenden

Niederschlag von Ammoniumberylliumphosphat [$(NH_4)BePO_4 \cdot x\,H_2O$] übergegangen ist. Die Umwandlung ist nach etwa 1 bis 2 Std. beendet. Die Lösung wird nun mit 150 cm³ heißem Wasser verdünnt und mit einigen Tropfen Ammoniak gegen Methylrot gerade ammoniakalisch gemacht. Man läßt noch einige Zeit auf dem Wasserbad stehen, dekantiert den Niederschlag nach dem Erkalten der Lösung ab und filtriert ihn auf einem Porzellanfiltertiegel (GOOCH-Tiegel) ab. Der Niederschlag wird mit heißer, 1 %iger Ammoniumnitratlösung, der einige Tropfen Ammoniak zugesetzt sind, bis zum Verschwinden der Phosphatreaktion ausgewaschen. Die Waschlösung muß auch in der Hitze gegen Methylrot basisch reagieren. Nach dem Trocknen und Glühen des Niederschlages im elektrischen Ofen bis zur Gewichtskonstanz wägt man als Berylliumpyrophosphat.

Enthält die zu analysierende Lösung von vornherein Phosphorsäure, so kann bei nicht zu großem Überschuß derselben in gleicher Weise verfahren werden. Das auf Zusatz von Ammoniak zunächst ausfallende, gelatinöse Phosphat wandelt sich nach dem Ansäuern in krystallines Phosphat um. Bei Anwesenheit größerer Mengen Phosphorsäure empfiehlt ČUPR eine Wiederholung der Fällung.

2. Arbeitsweise von MOSER und SINGER. Die schwach saure Berylliumsulfat- oder -nitratlösung wird in einem ERLENMEYER-Kolben mit 5 g sekundärem Ammoniumphosphat, 20 g Ammoniumnitrat und 30 cm³ einer kalt gesättigten Ammoniumacetatlösung versetzt. Man erhitzt zum Sieden und gibt aus einer Pipette tropfenweise soviel Salpetersäure (1:2) hinzu, bis der ausgefallene Niederschlag gerade wieder in Lösung gegangen ist. Zur Vermeidung von Siedeverzug wird ein mit Gummiwischer versehener Glasstab im Kolben belassen. Aus einer Bürette läßt man nun eine etwa 2,5%ige, wäßrige Ammoniaklösung in die siedende Lösung tropfen (5 bis 6 Tropfen/Min.), wobei die langsame Bildung feinkrystallinen Ammoniumberylliumphosphates erfolgt. Erst wenn durch das zutropfende Ammoniak keine weitere Fällung mehr erfolgt, fügt man rascher soviel Ammoniak hinzu, daß die Lösung deutlich danach riecht. Nach dem Erkalten verdünnt man mit etwas Wasser und setzt Ammoniak bis zur deutlichen Rotfärbung von Phenolphthalein hinzu. Nach dem Absitzen des Niederschlages, den man bei sehr geringen Berylliummengen am besten über Nacht stehen läßt, filtriert man durch einen Porzellanfiltertiegel und verfährt weiter wie unter 1. angegeben. MOSER und SINGER waschen den Niederschlag mit 5%iger, heißer Ammoniumnitratlösung aus (vgl. hierzu unten, Bem. II, S. 39).

***Bemerkungen.* I. Genauigkeit.** Nach Vorschrift 1 erhielt ČUPR bei Anwendung von 13 bis 135 mg Berylliumoxyd Resultate, die bis auf $\pm 0{,}4$ mg BeO mit dem theoretischen Wert übereinstimmten. Nach Verfahren 2 fand ČUPR stets um etwa 3% zu hohe Werte im Gegensatz zu den Angaben von MOSER und SINGER, nach deren Kontrollbestimmungen der Fehler bei Vorliegen von 20 bis 110 mg Berylliumoxyd nicht größer als $\pm 0{,}2$ mg sein soll. Nach ČUPR führt das Verfahren von MOSER und SINGER dann zu richtigen Ergebnissen, wenn man der Berechnung der angewendeten Menge Berylliumoxyd aus der Auswage von Berylliumpyrophosphat statt des theoretischen Faktors 0,2605 den empirischen Faktor $0{,}255 \pm 0{,}003$ zugrunde legt. Mit Hilfe des gleichen Faktors erhielten auch RUFF und STEPHAN nach der weiter unten angegebenen Arbeitsvorschrift brauchbare Ergebnisse. ČUPR führt die nach der Vorschrift von MOSER und SINGER erhaltenen zu hohen Ergebnisse auf die Anwendung eines zu großen Überschusses von Ammoniumphosphat zurück. Es besteht hierdurch nämlich die Gefahr der Adsorption von Phosphaten durch das gebildete Ammoniumberylliumphosphat bzw. der Bildung komplizierter, mehr Phosphorsäure enthaltender Verbindungen. Dementsprechend werden die Fehler um so geringer, je größer die Verdünnung der Lösung, in der die Fällung vorgenommen wird, ist, je niedriger also die Konzentration an überschüssigem Ammoniumphosphat wird. Wird die Lösung nach erfolgter Bildung des krystallinen Phosphates zur Vervollständigung der Abscheidung zu stark ammoniakalisch gemacht, so kann hierdurch die Oberfläche des krystallinen Niederschlages verändert und dadurch die Adsorption von Fremdsalzen begünstigt werden. In der Arbeitsweise 1 werden daher ein zu großer Ammoniumphosphatüberschuß und alkalische Endreaktion der zu fällenden Lösung vermieden. Die annähernd theoretischen Resultate von MOSER und SINGER nach Vorschrift 2 führt ČUPR auf die Kompensation des durch die Adsorption von Phosphaten bedingten Fehlers durch teilweise Wiederauflösung des Ammoniumberylliumphosphates beim Auswaschen des Niederschlages zurück (vgl. unten, Bem. II).

II. Waschflüssigkeit. MOSER und SINGER verwenden zum Auswaschen des Niederschlages heiße, 5%ige Ammoniumnitratlösung, die infolge Hydrolyse in der Wärme deutlich sauer reagiert ($p_H \sim 4$ bei 85°). Da die Löslichkeit des Ammoniumberylliumphosphates mit steigender Wasserstoff-Ionen-Konzentration stark zunimmt (vgl. S. 37), können so beim Auswaschen beträchtliche Mengen des Niederschlages wieder aufgelöst werden. ČUPR verwendet daher als Waschflüssigkeit heiße, 1%ige Ammoniumnitratlösung, die mit einigen Tropfen Ammoniak versetzt ist, so daß sie auch in der Hitze gegen Methylrot alkalisch reagiert. Von RUFF und STEPHAN wird warme 1%ige, wäßrige Ammoniaklösung, von GADEAU verdünnte Ammoniumacetatlösung als Waschflüssigkeit vorgeschlagen.

III. Einfluß fremder Stoffe. a) Organische Säuren. Die Fällung des Berylliums als Ammoniumberylliumphosphat ist im Gegensatz zur Fällung als Hydroxyd auch in Gegenwart organischer Säuren in nicht zu großer Konzentration quantitativ und daher in solchen Fällen mit Vorteil anzuwenden. So ist nach RÖSSLER die Abscheidung des Berylliums auch in Gegenwart geringer Mengen Citronensäure, durch die die Mitausfällung kleiner, in Lösung befindlicher Mengen Aluminium verhindert werden kann, quantitativ. Auch in Gegenwart von Sulfosalicylsäure $C_6H_3(OH) \cdot (SO_3H)COOH$ läßt sich Beryllium quantitativ ausfällen, solange die Menge der ersteren das 10fache des Berylliumoxydgehaltes der Lösung nicht überschreitet. Nach MOSER und SINGER soll Sulfosalicylsäure in ähnlicher Weise, wie dies nach MOSER und BRUKL bei der Fällung von Ammoniummagnesiumphosphat der Fall ist, die Bildung krystallinen Phosphates günstig beeinflussen. Weinsäure soll nach MOSER und SINGER die quantitative Fällung des Berylliums verhindern, nach GADEAU ist die Fällung jedoch aus schwach essigsaurer, ammoniumacetathaltiger Lösung auch in Gegenwart eines großen Überschusses von Weinsäure vollständig (vgl. unten, Bem. IV).

b) Alkalien. Bei Vorhandensein von Alkalisalzen werden diese von dem ausfallenden Ammoniumberylliumphosphatniederschlag adsorbiert oder bilden teilweise hochmolekulare Gemenge von Ammoniumalkaliberylliumphosphaten wechselnder Zusammensetzung (BLEYER und MÜLLER). Für Beryllium ergeben sich daher bei der Fällung aus alkalisalzhaltiger Lösung zu hohe Werte (ČUPR). Bei Anwesenheit von Alkalisalzen ist nach ČUPR eine doppelte Fällung oder vorangehende Trennung des Berylliums von den Alkalimetallen durch Fällung als Hydroxyd nach S. 20 notwendig.

c) Andere Elemente. Durch Phosphorsäure in schwach ammoniakalischer bis schwach saurer Lösung fällbare Metalle dürfen bei der Bestimmung des Berylliums als Ammoniumberylliumphosphat nicht anwesend sein. Die Mitfällung kleiner Mengen Aluminium soll nach RÖSSLER durch Zugabe von Citronensäure verhindert werden können. Bei Anwesenheit größerer Mengen Aluminium wird aber durch den dann notwendigen Überschuß von Citronensäure auch die Fällung des Berylliums verhindert. Bei gleichzeitiger Anwesenheit von Chrom und Weinsäure wird Beryllium ebenfalls nur unvollständig abgeschieden (GADEAU). Man muß daher Chrom vor der Bestimmung des Berylliums abtrennen (vgl. S. 104). Bei der Fällung mit Ammoniumphosphat aus schwach essigsaurer, Ammoniumacetat und Ammoniumtartrat enthaltender Lösung (s. unten, Bem. IV) bleibt Magnesium in Lösung und soll so von Beryllium getrennt werden können (GADEAU).

IV. Arbeitsweise nach GADEAU in tartrathaltiger Lösung. Da Weinsäure auch in großem Überschuß die Fällung des Berylliums als Ammoniumberylliumphosphat nicht verhindert (s. oben, Bem. III), wendet GADEAU die Bestimmung des Berylliums als Pyrophosphat nach vorangegangener Abtrennung von aus tartrathaltiger, ammoniakalischer Lösung mit Ammoniumsulfid fällbaren Metallen wie Eisen, Kobalt, Nickel, Blei usw. (S. 83 und 94) sowie zur Bestimmung des Berylliums in Mineralien an, da sich Aluminium aus weinsaurer Lösung mit Oxin fällen läßt und Magnesium bei der Abscheidung des Berylliums in Lösung bleibt. GADEAU versetzt die nur wenig Beryllium (6 bis 25 mg BeO) enthaltende und auf etwa 250 cm³ verdünnte Lösung mit 5 g Weinsäure, macht ammoniakalisch, erhitzt zum Sieden, fällt mit sekundärem Natriumammoniumphosphat (zur Vermeidung der Adsorption von Alkalisalzen ist Ammoniumphosphat vorzuziehen) und säuert mit Essigsäure schwach an. Zur Trennung von Magnesium wird Beryllium gleich aus essigsaurer Lösung gefällt. Man läßt den zunächst gelatinösen Niederschlag über Nacht stehen, filtriert dann das krystallin gewordene Ammoniumberylliumphosphat ab und verfährt weiter nach Vorschrift A, 1. GADEAU bestimmte so 2,5 bis 10 mg Beryllium mit einem Fehler von höchstens $\pm 0,4$ mg, auch nach Abtrennung eines großen Eisenüberschusses bis zu 500 mg (vgl. S. 83) sowie in Gegenwart von Magnesium, das in dem ammoniakalisch gemachten Filtrat als Oxinat gefällt und bestimmt wird. Nach MOSER und SINGER ist aber die Fällung des Berylliums als Phosphat in Gegenwart von Weinsäure überhaupt unvollständig. Die Methode von GADEAU bedarf also zumindest der Nachprüfung.

B. Fällung aus ammoniakalischer Lösung nach RUFF und STEPHAN.

Arbeitsvorschrift. Die etwa 2% Schwefelsäure enthaltende Lösung von Berylliumsulfat wird auf je 50 cm³ mit 10 cm³ einer 10%igen Ammoniumphosphatlösung und unter Umrühren tropfenweise mit soviel Ammoniak versetzt, daß die Lösung eben danach riecht oder besser, daß zugesetztes Methylrot gerade deutlich gelb gefärbt wird. Man läßt den zunächst gelatinösen Niederschlag so lange auf dem Wasserbad stehen, bis er feinkrystallin geworden ist und sich am Boden des Gefäßes abgesetzt hat. Man filtriert in einen Filtertiegel ab und verfährt weiter nach Vorschrift A, 1.

Genauigkeit. Das so erhaltene Berylliumpyrophosphat enthält mehr Phosphorpentoxyd als der Formel entspricht, wahrscheinlich infolge der Anwendung eines erheblichen Ammoniumphosphatüberschusses. Da es RUFF und STEPHAN nicht gelang, diesen Mehrgehalt an Phosphorsäure zu beseitigen, begnügen sie sich mit der Anwendung des empirisch ermittelten Faktors $0,255 \pm 0,002$ statt des theoretischen 0,2605 zur Berechnung der vorliegenden Menge Berylliumoxyd aus dem gewogenen Pyrophosphat. Entsprechend ausgeführte Kontrollbestimmungen mit 35 bis 70 mg Berylliumoxyd ergaben befriedigende Resultate, der Fehler der Bestimmung war kleiner als $\pm 0,5$ mg Berylliumoxyd. Die Methode wurde von RUFF und STEPHAN zur quantitativen Analyse von Gemischen aus Beryllium- und Zirkonoxyd angewendet (S. 108).

Literatur.

AUSTIN, M.: Z. anorg. Ch. **22**, 207 (1900).
BLEYER, B. u. B. MÜLLER: Z. anorg. Ch. **79**, 269 (1913).
ČUPR, V.: Fr. **76**, 173 (1929).
GADEAU, R.: Rev. Mét. **32**, 398 (1935).
MOSER, L. u. A. BRUKL: B. **58**, 383 (1925). — MOSER, L. u. J. SINGER: M. **48**, 679 (1927).
RÖSSLER, C.: Fr. **17**, 148 (1878). — RUFF, O. u. E. STEPHAN: Z. anorg. Ch. **185**, 217 (1930).
SCHMITZ, B.: (a) Fr. **45**, 513 (1906); (b) **65**, 46 (1924/25).
TRAVERS u. PERRON: A. Ch. [10] **2**, 43 (1924).

§ 4. Maßanalytische Bestimmung.

Allgemeines.

Die maßanalytische Bestimmung des Berylliums beruht, von der auf S. 50 beschriebenen colorimetrischen Titration nach FISCHER abgesehen, ausschließlich auf der Titration der durch die Hydrolyse der Berylliumsalze entstehenden freien Säure. Die Hydrolyse ist bei einem p_H-Wert von etwa 6 bereits vollständig [BRITTON (b)]. Durch Neutralisation der freiwerdenden Säure wird das Hydrolysengleichgewicht schon in schwach saurer Lösung quantitativ bis zur vollständigen Hydrolyse des Berylliumsalzes verschoben. Die maßanalytische Bestimmung der dem vorliegenden Beryllium äquivalenten Säuremenge kann auf acidimetrischem und jodometrischem Wege erfolgen.

Bei der Titration neutraler oder saurer Lösungen mit Alkalihydroxyd bzw. alkalisch gemachter Berylliumsalzlösungen mit Säure sind Indicatoren zu verwenden, deren Umschlag bei einer Wasserstoff-Ionen-Konzentration erfolgt, bei der Berylliumsalze einmal praktisch noch gar nicht und schließlich bereits vollständig hydrolysiert sind, also z. B. Methylorange ($p_H = 3{,}1$ bis 4,4) einerseits und Phenolphthalein ($p_H = 8{,}2$ bis 10,0) oder Thymolphthalein ($p_H = 9{,}3$ bis 10,5) andererseits. Aus der Differenz ergibt sich die dem vorliegenden Beryllium äquivalente Säuremenge. Die acidimetrische Titration kann auch mit Hilfe elektrometrischer Verfahren an Stelle der Verwendung von Indicatoren ausgeführt werden.

Auf jodometrischem Wege läßt sich Beryllium bestimmen durch Titration des von der dem Beryllium äquivalenten Säuremenge aus einer Jodid-Jodat-Lösung ausgeschiedenen Jods mit Thiosulfat oder arseniger Säure. Dieses Verfahren, das der gravimetrischen Bestimmung des Berylliums als Oxyd nach Fällung des Hydroxyds durch Hydrolyse mit einem Jodid-Jodat-Gemisch (S. 30) entspricht, ist nicht zu empfehlen, da sich meist zu niedrige Werte ergeben (vgl. S. 30, Bem. I und 46). Zur indirekten maßanalytischen Bestimmung des Berylliums ermittelt EVANS nur den Überschuß eines zu Berylliumhydroxyd zugegebenen, abgemessenen Säureüberschusses auf jodometrischem Wege (S. 46).

Allgemein kommt der maßanalytischen Bestimmung des Berylliums dessen niedriges Äquivalentgewicht sehr zustatten. Bei der acidimetrischen Bestimmung entspricht 1 cm^3 0,1 n Natronlauge 0,451 mg Beryllium. Die maßanalytische Bestimmung des Berylliums ist aber nach keinem der angeführten Verfahren sehr genau, meist werden etwas zu niedrige Resultate erhalten. Sie kommt daher in erster Linie zur Analyse kleinerer, gravimetrisch schlecht zu bestimmender Berylliummengen (1 bis 10 mg) und für schnell auszuführende Betriebskontrollen in Betracht.

A. Acidimetrische Bestimmung.

1. Titration nach BLEYER und MOORMANN.

Arbeitsvorschrift. a) In neutraler Lösung. Die neutrale Berylliumchlorid- oder -nitratlösung wird auf etwa 100 cm^3 verdünnt, auf 30 bis 40° erwärmt und mit 0,1 n Alkalilauge bis zur bleibenden Rotfärbung von Phenolphthalein titriert. Da die Hydrolyse gegen Ende der Titration nur sehr langsam verläuft, ist darauf zu achten, daß die Rotfärbung längere Zeit bestehen bleibt, anderenfalls ist der Endpunkt der Titration noch nicht erreicht (vgl. hierzu unten, Bem. III).

b) In saurer bzw. alkalischer Lösung. Die saure Lösung, die auf 100 cm^3 nicht mehr als 0,1 g Berylliumoxyd enthalten soll, wird tropfenweise mit kohlensäurefreier, konzentrierter Natronlauge versetzt, bis das zunächst ausfallende Berylliumhydroxyd als Beryllat wieder in Lösung gegangen ist. BLEYER und MOORMANN bringen nun die alkalische Lösung in einen Meßkolben, füllen auf 250 cm^3 auf und titrieren je 100 cm^3 der Lösung mit 0,5 n Salzsäure einmal mit Phenolphthalein, zum anderen mit Methylorange als Indicator. Gegen Ende der Titration mit Methylorange muß man infolge der nur langsam verlaufenden Wiederauflösung des Hydroxyds in der Säure längere Zeit nach jedesmaliger Zugabe von Salzsäure warten. Die Titration ist erst dann beendet, wenn der eingetretene Farbumschlag nicht nach einiger Zeit wieder zurückgeht. In verdünnten Lösungen ist der Umschlag der Indicatoren scharf. Die Differenz der beiden Titrationen entspricht der dem vorliegenden Beryllium äquivalenten Menge Säure.

Liegt eine alkalische Beryllatlösung vor, so wird ohne weitere Zugabe von Natronlauge entsprechend verfahren.

Bemerkungen. **I. Genauigkeit.** Die beschriebenen Verfahren liefern meist etwas zu niedrige Werte. So fanden BLEYER und MOORMANN bei der Bestimmung von 18 bis 120 mg Beryllium stets 0,7 bis 1,5%, im Mittel 1,1% Beryllium zu wenig. MANTEL erhielt nach obiger Vorschrift überhaupt keine brauchbaren Resultate.

II. Bestimmung in Gegenwart anderer Elemente. Alkali- und Erdalkalisalze stören die maßanalytische Bestimmung des Berylliums nicht, in Gegenwart anderer Metalle ist die acidimetrische Bestimmung nicht anwendbar. Ammoniumsalze dürfen ebenfalls nicht anwesend sein, da sie die Erkennung des Umschlagspunktes von Phenolphthalein zumindest erschweren.

III. Abänderungen der Arbeitsvorschrift. Zu 1a). Um die gegen Ende der Titration neutraler Berylliumsalzlösungen mit Salzsäure nur langsam verlaufende Hydrolyse zu beschleunigen und den Endpunkt der Titration mit Sicherheit zu erreichen, erhitzen ZWENIGORODSKAJA und GAIGEROWA die Lösung am Schluß der Titration zum Sieden und titrieren die siedende Lösung bis zur bleibenden Rosafärbung von Phenolphthalein. Die Lösung wird dann abgekühlt und, falls hierbei die Rotfärbung intensiver wird, der Laugenüberschuß mit Säure zurücktitriert.

Zu 1b). TSCHERNICHOW und GULDINA titrieren auch saure Lösungen direkt mit Natronlauge, einmal mit Methylorange, das andere Mal mit Phenolphthalein als Indicator, wie oben angegeben. Die Differenz der Bestimmungen ergibt die dem vorliegenden Beryllium äquivalente Menge Salzsäure.

Die Schwierigkeiten, die bei der direkten Titration mit Natronlauge gegen Phenolphthalein durch die nur langsam vollständig werdende Hydrolyse und bei der Titration alkalischer Lösungen mit Salzsäure gegen Methylorange durch die ebenfalls nur langsam erfolgende Wiederauflösung des Hydroxyds entstehen, dürften sich durch folgende Arbeitsweise vermeiden lassen: In einem aliquoten Teil der zu untersuchenden, sauren Lösung wird der Säureüberschuß mit Natronlauge gegen Methylorange titriert. Ein zweiter Teil der Lösung wird mit einem abgemessenen Überschuß von kohlensäurefreier Natronlauge versetzt, zur Zerstörung etwa gebildeter basischer Berylliumsalze aufgekocht und der Überschuß an Natronlauge mit Salzsäure bis zur Entfärbung von Phenolphthalein zurücktitriert (vgl. auch S. 46, Bem. IIb). Die dem vorliegenden Beryllium äquivalente Menge Natronlauge ergibt sich als Differenz aus der hinzugegebenen abgemessenen Natronlauge und der zur Neutralisation des Natronlaugeüberschusses verbrauchten Salzsäure sowie der zur Neutralisation des Säureüberschusses der ursprünglichen Lösung verbrauchten Natronlauge.

IV. Arbeitsweise in besonderen Fällen. a) Titration von Berylliumsulfatlösungen nach BRITTON. Die Hydrolyse von Berylliumsulfat verläuft ebenso wie diejenige von Aluminiumsulfat nicht so glatt wie bei Chloriden oder Nitraten, wahrscheinlich infolge der Bildung löslicher, weniger basischer und schließlich schwer löslicher, stärker basischer Sulfate. Nach TRAVERS und PERRON reagiert das zunächst gebildete, lösliche basische Sulfat $BeO \cdot BeSO_4$ sogar noch neutral bis schwach sauer. BRITTON (a) erhielt daher bei der Titration neutraler Berylliumsulfatlösungen nach Vorschrift A, 1 nur dann richtige Resultate, wenn die Lösung nicht mehr als 2 bis 3 mg Beryllium auf 100 cm^3 Lösung enthielt. Bei größeren Berylliummengen muß das Berylliumsulfat daher erst durch Umsetzung mit Bariumchlorid in Chlorid übergeführt werden. Die Lösung des Chlorids wird dann nach der Vorschrift von BLEYER und MOORMANN nach Erhitzen zum Sieden titriert. Die Genauigkeit der Bestimmung ist dann die gleiche wie bei der Titration von Berylliumchlorid- oder -nitratlösungen. BRITTON (a) bestimmte so den Berylliumgehalt von Kaliumberylliumsulfatlösungen.

b) Titration komplexer Berylliumfluoridlösungen. Infolge der Bildung des recht beständigen Tetrafluoroberyllatkomplexes $[BeF_4]''$ ist die Hydrolyse von Berylliumsalzlösungen in Gegenwart von Fluoriden unvollständig. Diese müssen daher durch Zugabe eines Überschusses von Calciumchlorid als Calciumfluorid vor der Bestimmung des Berylliums ausgefällt und die komplexen Berylliumfluoride so zerstört werden.

***Arbeitsvorschrift nach* ZWENIGORODSKAJA *und* GAIGEROWA.** Die neutrale, Natriumfluoroberyllat enthaltende Lösung wird für je 0,1 g Berylliumoxyd auf 100 cm³ verdünnt und mit einigen Tropfen Phenolphthalein sowie 20 bis 30 cm³ einer 20%igen, gegen Phenolphthalein neutralisierten Calciumchloridlösung versetzt. Die Lösung wird nun mit dem ausgefallenen Niederschlag nach Vorschrift A, 1, a, S. 41 und Bem. III, S. 42, titriert.

In saurer Lösung wird die überschüssige Säure durch Titration mit Natronlauge gegen Methylorange bestimmt. Die dem Berylliumgehalt der Lösung äquivalente Menge Natronlauge ergibt sich aus der Differenz der Titrationen mit Phenolphthalein bzw. Methylorange als Indicator (TSCHERNICHOW und GULDINA). Zur Bestimmung des Berylliums in Produkten, die Oxyfluorid $BeO \cdot 5\,BeF_2$ enthalten, muß dieses in überschüssiger Säure gelöst werden, da sich Berylliumoxyd bzw. -hydroxyd nicht mit Natronlauge titrieren läßt.

Genauigkeit. Nach den Beleganalysen der Verfasser mit 40 mg Berylliumoxyd (als Sulfat) und wechselnden Mengen Natriumfluorid ergaben sich im Durchschnitt um 0,6% zu hohe Resultate, die Fehler der Einzelbestimmungen schwankten zwischen +3,5 und —1,5%. Mit wachsendem Überschuß an Fluorid wird der Fehler größer, wahrscheinlich infolge Adsorption von Natronlauge durch den Calciumfluoridniederschlag.

Bestimmung des Berylliums in Gegenwart von Silicofluoriden nach TSCHERNICHOW und GULDINA. Fluorosilicate setzen sich ebenfalls mit Calciumchlorid unter Abscheidung von Calciumfluorid um. Das hierbei entstehende Siliciumtetrachlorid hydrolysiert aber sofort, so daß freie Salzsäure entsteht. Wenn die auf Beryllium zu untersuchende Lösung nur wenig Fluorosilicate enthält, kann die Bestimmung des Berylliums nach Umsetzung mit Calciumchlorid ebenso wie in saurer Lösung ausgeführt werden. War die Lösung ursprünglich neutral, so entspricht die überschüssige Säure nach Zusatz von Calciumchlorid dem in Lösung befindlichen Fluorosilicat, so daß in neutraler Lösung Fluorosilicat und Fluoroberyllat nebeneinander bestimmt werden können. Methylorange ist zur Titration von Silicofluoriden nach TSCHERNICHOW und GULDINA ebenso geeignet wie die sonst hierzu vorgeschlagenen Indicatoren Phenolrot ($p_H = 6{,}9$ bis $8{,}4$), Bromkresolpurpur ($p_H = 5{,}1$ bis $6{,}6$) und Phenolphthalein, die zur Bestimmung des Silicofluorids neben Beryllium nicht anwendbar sind. Bei Anwesenheit eines größeren Überschusses von Fluorosilicaten wird durch die ausgefallene bzw. kolloidal in Lösung gebliebene Kieselsäure teilweise ebenfalls Natronlauge verbraucht, so daß sich zu hohe Werte für Beryllium ergeben. Man fällt daher aus der zu analysierenden Lösung Fluorokieselsäure zunächst als Kaliumfluorosilicat aus. Hierzu bringt man die Lösung (100 bis 200 cm³) in einen 250 cm³-Meßkolben, versetzt mit 20 bis 25 g Kaliumchlorid, füllt bis zur Marke auf und filtriert nach etwa 20 Min. von dem ausgefallenen Kaliumsilicofluorid durch ein trockenes Filter ab. Aliquote Teile der Lösung werden nun nach Versetzen mit Calciumchloridlösung wie oben gegen Phenolphthalein und Methylorange als Indicatoren mit Natronlauge titriert.

Bemerkungen. Von TSCHERNICHOW und GULDINA in Lösungen von Natriumfluorosilicat (bis 320 mg SiO_2/100 cm³) und Natriumfluoroberyllat (100 bis 450 mg

BeO/100 cm³) entsprechend ausgeführte Berylliumbestimmungen ergaben bis auf mindestens ±5% genaue Resultate, die im Durchschnitt etwa 1,4% zu hoch waren.

Die Methode wurde von den Verfassern zur Schnellbestimmung des Berylliumgehaltes in den wäßrigen Auszügen der durch Sintern mit Natriumfluorosilicat aufgeschlossenen Berylliumerze sowie in Elektrolytschmelzen aus Berylliumoxyfluorid und Alkali- bzw. Erdalkalifluoriden ausgearbeitet und angewendet (S. 116). Für derartige Betriebskontrollen ist die Genauigkeit des Verfahrens, wie vergleichende gravimetrische Bestimmungen ergaben, völlig ausreichend.

2. Titration nach elektrometrischen Verfahren.

a) Potentiometrische Titration nach PRYTZ. ***Vorbemerkung.*** Unter Verwendung einer Wasserstoffelektrode läßt sich Beryllium auch potentiometrisch mit Natronlauge titrieren [HILDEBRAND; BRITTON (b); PRYTZ]. Der Verlauf der Potentialtitrationskurve zeigt bei Zugabe von einem Äquivalent Natronlauge zu einem Mol Berylliumsalz in neutraler Lösung bereits einen schwachen Potentialsprung. Dieser kommt der Bildung löslicher basischer Salze der Zusammensetzung $BeO \cdot BeX_2$ zu. Erst bei weiterer Zugabe von Natronlauge findet Ausflockung von Berylliumhydroxyd statt. Das Ende der Titration wird durch einen starken Potentialsprung von etwa 0,3 Volt (von $p_H = 6$ bis etwa $p_H = 12$) angezeigt.

Arbeitsweise nach PRYTZ. In die neutrale Berylliumchlorid- oder -nitratlösung wird eine platinierte Platinelektrode, die von Wasserstoff (1 Atmosphäre) umspült wird, gebracht. Als Vergleichselektrode dient eine Kalomelelektrode. Bei der Titration mit Natronlauge stellen sich die Potentiale in der Lösung glatt ein, bis etwa die Hälfte der zur Abscheidung des Berylliumhydroxyds notwendigen Menge Lauge zugegeben worden ist. Von diesem Punkt an erfolgt bei jedem Zusatz von Natronlauge zunächst ein starker Potentialanstieg, der oft nur sehr langsam wieder zurückgeht, so daß man einige Zeit bis zur konstanten Einstellung des Potentials warten muß. Nach Erreichung des Endpunktes der Titration, gekennzeichnet durch den Wendepunkt des Potentialsprunges, stellen sich die Potentiale wieder rasch ein. Ihre Einstellung ist vollkommen reproduzierbar, sie wird durch Rühren mit einer Platinspirale beschleunigt.

Bemerkungen. **I. Genauigkeit.** Bei Titrationen, die mit je etwa 100 mg Berylliumoxyd in neutralen, 0,005 bis 0,1 molaren Lösungen ausgeführt wurden, fiel stets der Wendepunkt des Potentialsprunges mit dem berechneten Endpunkt der Titration zusammen, die erhaltenen Resultate entsprachen also der Theorie.

II. Titration von Berylliumsulfat. Bei der Titration von Berylliumsulfatlösungen erfolgt der Potentialsprung stets zu früh. Es fällt also kein reines Hydroxyd, sondern unlösliches, höher basisches Sulfat aus, so daß 7 bis 14% Beryllium zu wenig gefunden werden. Der Fehler steigt mit wachsender Verdünnung und zunehmender Gesamtmenge an vorliegendem Berylliumsulfat. BRITTON (b, c) erhielt bei der potentiometrischen Titration von Berylliumsulfatlösungen mit Natronlauge sowie Natriumsilicatlösungen ähnliche Resultate. TSCHERNICHOW und GULDINA schlagen daher vor, Berylliumsulfatlösungen zur Verringerung der Konzentration der Sulfat-Ionen vor der Titration mit einem Überschuß von Calciumchlorid zu versetzen (vgl. S. 42, Bem. IVa).

III. Störungen durch Aluminium. Obgleich Aluminium bereits aus stärker saurer Lösung als Hydroxyd gefällt wird als Beryllium, läßt sich die potentiometrische Titration des Berylliums nicht in Anwesenheit von Aluminium ausführen. Der Unterschied der Wasserstoff-Ionen-Konzentrationen, bei denen Aluminium bzw. Beryllium gefällt wird, ist zu gering, um die beiden Metalle nebeneinander titrieren zu können (HILDEBRAND).

b) Konduktometrische Titration nach STUMPF. ***Vorbemerkung.*** Bei der konduktometrischen Titration saurer Berylliumsalzlösungen mit Alkalihydroxyd fällt die Leitfähigkeit während der Neutralisation der überschüssigen Säure, während der Umsetzung zwischen Alkalihydroxyd und Berylliumsalz dagegen bleibt sie annähernd konstant, um schließlich bei Zugabe überschüssigen Alkalihydroxyds wieder anzusteigen. Die graphische Darstellung des Leitfähigkeitsverlaufes in Abhängigkeit von der zugegebenen Menge Natronlauge ergibt also drei Kurvenäste verschiedener Neigung, aus deren Schnittpunkten miteinander sich der dem Beryl liumgehalt der Lösung äquivalente Verbrauch an Natronlauge ergibt. Kleine Berylliummengen (1 bis 15 mg BeO) lassen sich nach unveröffentlichten Versuchen in dieser Weise glatt bestimmen. Bei der konduktometrischen Titration konzentrierterer Berylliumsalzlösungen ergibt sich hingegen nach Versuchen von HEUKESHOVEN und WINKEL mit 0,2 mol. Berylliumperchloratlösungen infolge der Bildung basischer Salze ein völlig abweichender Verlauf der Leitfähigkeit, der eine analytische Auswertung der Titration unmöglich macht.

Arbeitsvorschrift. Ein aliquoter Teil der zu untersuchenden salz- oder salpetersauren Lösung, entsprechend 1 bis 15 mg Berylliumoxyd, wird in einem Leitfähigkeitsgefäß mit platinierten Platinelektroden mit destilliertem, kohlensäurefreiem Wasser auf etwa 100 cm³ verdünnt und nach dem Verfahren der visuellen Leitfähigkeitstitration (JANDER und PFUNDT) unter dauerndem, mechanischem Rühren mit kohlensäurefreier 0,1 bis 0,5 n Natronlauge titriert. In dem Gebiet zwischen der Bildung basischen Salzes und der vollständigen Abscheidung des Berylliumhydroxyds erfolgt die Einstellung der Leitfähigkeit nur sehr langsam, so daß man nach der jeweiligen Zugabe von Natronlauge genügend lange bis zur Ablesung der Galvanometerausschläge warten muß. Die zur Einstellung eines konstanten Leitfähigkeitswertes notwendige Zeit läßt sich durch Erhitzen der Lösung in einem Leitfähigkeitsgefäß mit Heizvorrichtung nach JANDER, PFUNDT und SCHORSTEIN verkürzen.

Genauigkeit. Nach der gegebenen Vorschrift lassen sich 1 bis 15 mg Berylliumoxyd in salz- oder salpetersaurer Lösung mit einer Genauigkeit von mindestens $\pm 3\%$ bestimmen. Bei kleineren Berylliummengen wird der Fehler größer; die gefundenen Werte liegen zu hoch infolge des Einflusses der nur schwer zu entfernenden letzten Spuren von Kohlensäure. Mit steigendem Berylliumgehalt der Lösung wird der Fehler immer stärker negativ, bei der Titration von 65 mg Berylliumoxyd betrug er im Durchschnitt —5%. Hier macht sich bereits die auch von HEUKESHOVEN und WINKEL beobachtete Bildung basischer Salze störend bemerkbar. Die Titration schwefelsaurer Lösungen führt bei 1 bis 15 mg Berylliumoxyd ebenfalls zu brauchbaren Resultaten. Die erhaltenen Leitfähigkeitskurven zeigen aber größere Übergangsgebiete als bei der Titration salz- oder salpetersaurer Lösungen, so daß der Fehler der Bestimmungen etwas größer wird.

B. Jodometrische Bestimmung.

***Arbeitsvorschrift nach* BLEYER *und* MOORMANN.** Etwa 25 cm³ der zu untersuchenden, neutralen, bis 0,2 n Berylliumsalzlösung werden in einen Destillationskolben mit Vorlage, wie er ähnlich von WEINLAND zur Braunsteinbestimmung empfohlen wird, gegeben. Man versetzt mit 10 bis 20 cm³ einer 3%igen Kaliumjodatlösung und 1 g Kaliumjodid und fügt zur Vermeidung späteren Siedeverzuges einige durchbohrte Glasperlen hinzu. Durch einen Ansatz am Kolben leitet man nun reinen Wasserstoff durch die im Kolben befindliche, zum Sieden erhitzte Flüssigkeit, bis diese fast farblos geworden ist. Nach 20 bis 30 Min. ist die Reaktion sowohl in Berylliumchlorid- und -nitrat- als auch in -sulfatlösungen praktisch beendet. Das freigemachte Jod wird mit dem Wasserstoffstrom in die mit einer wäßrigen Lösung von 3 g Kaliumjodid beschickte Vorlage, die mit Wasser oder Eis gekühlt wird, geleitet. Nach Beendigung der Reaktion wird das freigemachte Jod in der Vorlage und im Destillationskolben mit 0,1 n Thiosulfatlösung wie üblich titriert. 1 cm³ 0,1 n Thiosulfatlösung entspricht 0,451 mg Berylliumoxyd.

Bemerkungen. **I. Genauigkeit.** Nach dieser Vorschrift, die sich an diejenige von MOODY zur analogen Bestimmung des Aluminiums anlehnt, erhält man zu niedrige Resultate. So fanden BLEYER und MOORMANN bei der Bestimmung von 25 bis 110 mg als Chlorid, Nitrat oder Sulfat vorliegenden Berylliumoxyds im Durchschnitt 1,4% zu wenig. Ein Einfluß der verschiedenen Anionen auf das Analysenergebnis wurde nicht beobachtet. Nach NOWOSSELOWA, BODALEWA und GERSTEIN ist dagegen zur vollständigen Hydrolyse von Berylliumsulfatlösungen die Umsetzung zu Berylliumchlorid mit überschüssigem Bariumchlorid notwendig (vgl. S. 42). Wird das ausgeschiedene Jod nicht durch Wasserstoff aus dem Destillationskolben entfernt und in die Vorlage gebracht, so ergeben sich noch niedrigere Resultate. BLEYER und MOORMANN führen diese Verluste zurück auf das im Luftraum des Reaktionsgefäßes verdampfte Jod, das bei der anschließenden Titration nicht erfaßt wird. Wahrscheinlich ist aber die Umsetzung zwischen Berylliumsalzen und einem Jodid-Jodat-Gemisch überhaupt nicht vollständig (vgl. S. 30, Bem. I).

II. Weitere Arbeitsmethoden. a) Arbeitsvorschrift von IWANOW. Die neutrale, etwa 20 mg Berylliumoxyd enthaltende Lösung wird in einem ERLENMEYER-Kolben auf 100 cm³ verdünnt und mit Kaliumjodid und -jodat nach der Vorschrift von BLEYER und MOORMANN sowie mit 40 cm³ 0,1 n Thiosulfatlösung versetzt. Man schüttelt kräftig durch und erhitzt die Lösung 5 Min. zum Sieden. Nach dem Erkalten wird das überschüssige Thiosulfat mit 0,1 n Jodlösung zurücktitriert. Ob auf diese Weise genauere Resultate erhalten werden, ist nicht angegeben.

b) Kombiniertes Verfahren von EVANS. EVANS versetzt zur Bestimmung des Berylliums in neutraler oder saurer Lösung diese zunächst mit überschüssigem Alkalihydroxyd, neutralisiert dann gegen Thymolphthalein, löst das vollständig als Hydroxyd ausgefallene Beryllium in einem abgemessenen Säureüberschuß und bestimmt die überschüssige Säure jodometrisch. Das Verfahren beruht auf dem Unterschied der Reaktionsgeschwindigkeit zwischen einem Gemisch von Jodid und Jodat einerseits mit freier Säure und andererseits mit Berylliumsalzen. Letztere reagieren in der Kälte im Gegensatz zu freier Säure nur sehr langsam unter Abscheidung von Berylliumhydroxyd und freiem Jod.

Arbeitsvorschrift. Die gegebenenfalls durch vorhergehende Fällung mit Ammoniak und Auflösen des abfiltrierten Hydroxyds in Salzsäure erhaltene, salzsaure Berylliumchloridlösung wird nach Zugabe von 1 cm³ 0,04%iger Thymolphthaleinlösung mit Natronlauge alkalisch gemacht und tropfenweise bis zur Entfärbung des Indicators mit Salzsäure (1:1) versetzt. Man gibt noch weitere drei Tropfen Salzsäure hinzu und kocht 10 Min. Dann macht man durch tropfenweise Zugabe von Natronlauge bis zur kräftigen Blaufärbung des Indicators wieder alkalisch, erhitzt weitere 10 Min. zum Sieden und neutralisiert die siedende Lösung möglichst genau mit 0,1 n Salzsäure. Der Endpunkt der Neutralisation ist nicht leicht zu erkennen, da die Farbe des Indicators allmählich immer schwächer wird, ehe sie ganz verschwindet. Zur genauen Ermittlung des Endpunktes der Titration läßt man den Niederschlag absitzen, um eine etwa noch bestehende, schwache Blaufärbung besser erkennen zu können. Nach beendeter Neutralisation gibt man zu der Lösung einen abgemessenen Überschuß von 0,1 n Salzsäure, verdünnt auf etwa 200 m³ und erhitzt 1 Min. zum Sieden. Die erkaltete Lösung versetzt man mit je 20 cm³ gesättigter Kaliumjodat- und 4%iger Kaliumjodidlösung, schüttelt kräftig 2 bis 3 Sek. (nicht länger!) und gibt rasch unter weiterem Schütteln 4 g Natriumbicarbonat hinzu. Das ausgeschiedene Jod wird dann in bekannter Weise mit 0,1 n arseniger Säure titriert. Die benutzte Arsentrioxydlösung darf nicht sauer reagieren. Die Titration, angefangen von der Zugabe des Jodid-Jodat-Gemisches, muß so rasch wie möglich durchgeführt werden, um die sonst eintretende Abscheidung von Jod durch Berylliumsalze zu verhindern. Die Differenz aus dem zugegebenen, abgemessenen Säureüberschuß (in Kubikzentimetern 0,1 n Lösung) und dem Verbrauch an arseniger Säure ergibt, mit dem Faktor 0,451 multipliziert, die vorliegende Menge Beryllium in Milligrammen.

Genauigkeit. Nach dieser Methode lassen sich 1 bis 10 mg Beryllium mit einem maximalen Fehler von 0,1 mg bestimmen (EVANS). Es erscheint aber zweifelhaft, ob sich tatsächlich die quantitative Umsetzung der überschüssigen Säure mit Jodat und Jodid erreichen läßt, ohne daß auch bereits die Reaktion des Berylliumsalzes mit dem Jodid-Jodat-Gemisch einsetzt. Das Verfahren wurde bisher noch nicht von anderer Seite nachgeprüft. EVANS wendete die Methode zur Bestimmung sehr kleiner Mengen Beryllium (2 bis 10 mg) nach Abtrennung eines großen Überschusses von Blei (bis zu 10 g) mit gutem Erfolg an (vgl. S. 101).

III. Bestimmung in komplexen Fluoriden. Komplexe Berylliumfluoride müssen zur jodometrischen Bestimmung des Berylliums ebenso wie bei der acidimetrischen Analyse zunächst in normal hydrolysierende Berylliumsalze übergeführt werden (vgl. S. 43). NOWOSSELOWA und WOROBJEWA versetzen hierzu 20 cm³ der neutralen, Fluoroberyllat enthaltenden Lösung mit einem Gehalt von 25 bis 50 mg Berylliumoxyd mit 20 cm³ 20%iger Calciumchloridlösung, 2 g Kaliumjodid sowie 20 cm³ 0,4%iger Kaliumjodatlösung. Nach etwa 2stündigem Erhitzen auf dem Wasserbad wird das ausgeschiedene Jod mit Natriumthiosulfatlösung titriert.

Literatur.

BLEYER, B. u. A. MOORMANN: Fr. **51**, 360 (1912). — BRITTON, H. T. S.: (a) Soc. **119**, 1463 (1921); (b) **127**, 2120 (1925); (c) **130**, 426 (1927).

EVANS, B. S.: Analyst **60**, 291 (1935).

HEUKESHOVEN, W. u. A. WINKEL: Z. anorg. Ch. **213**, 10 (1933). — HILDEBRAND, J. H.: Am. Soc. **35**, 847, 1538 (1913).

IWANOW, W.: J. Russ. phys.-chem. Ges. **46**, 419 (1914).

JANDER, G. u. O. PFUNDT: W. BÖTTGER, Physikalische Methoden der analytischen Chemie, Teil 2. Die Leitfähigkeitstitration, S. 1. Leipzig 1936. — JANDER, G., O. PFUNDT u. H. SCHORSTEIN: Angew. Ch. **43**, 507 (1930).

MANTEL: Diss. Breslau 1921. — MOODY, S. E.: (a) Z. anorg. Ch. **46**, 423 (1905); (b) **52**, 286 (1906).

NOWOSSELOWA, A. W., N. W. BODALEWA u. M. M. GERSTEIN: Chem. J. Ser. A **8** (70), 732 (1938); durch C. **111 I**, 1808 (1940). — NOWÓSSELOWA, A. W. u. O. J. WOROBJEWA: Chem. J. Ser. B **10**, 360 (1937).

PRYTZ, M.: Z. anorg. Ch. **180**, 355 (1929).

TRAVERS u. PERRON: A. Ch. [10] **1**, 320 (1924). — TSCHERNICHOW, J. A. u. E. J. GULDINA: Fr. **101**, 406 (1935).

WEINLAND, R.: Anleitung für das Praktikum in der Maßanalyse, 2. Aufl., S. 72. Tübingen 1906.

ZWENIGORODSKAJA, V. M. u. A. A. GAIGEROWA: Fr. **97**, 327 (1934).

§ 5. Colorimetrische Bestimmung.

Allgemeines.

Auf der Suche nach spezifischen Nachweisreaktionen für Beryllium wurden zwei Farbstoffe gefunden, die bereits mit Spuren von Beryllium charakteristisch gefärbte Lacke bzw. Adsorptionsverbindungen bilden, die sich auch zur quantitativen, colorimetrischen Bestimmung kleinster Mengen Beryllium eignen. Es sind dies Chinalizarin (1, 2, 5, 8-Tetraoxyanthrachinon), dessen äußerst empfindliche Reaktion mit Beryllium FISCHER entdeckte, und Curcumin, das KOLTHOFF (a) zum Nachweis und zur Bestimmung kleinster Berylliummengen vorschlug.

Wird eine alkalische Lösung von Beryllium mit einer ebenfalls alkalischen Lösung von Chinalizarin versetzt, so schlägt die violette Farbe der reinen Chinalizarinlösung nach Kornblumenblau um. Noch 0,5 γ Be/cm³ lassen sich so nachweisen. Die quantitative Bestimmung des Berylliums mit Chinalizarin kann auf direktem, colorimetrischem Wege oder durch „colorimetrische Titration" einer Berylliumlösung mit Chinalizarin erfolgen, wobei das letztere Verfahren den Vorzug verdient. Außer Beryllium geben nur Magnesium und Barium mit Chinalizarin ebenfalls blau gefärbte Lacke. Der Magnesiumlack unterscheidet sich durch andere Löslichkeitsverhältnisse und leichtere chemische Angreifbarkeit, der Bariumlack durch wesentlich geringere Intensität der Färbung von der entsprechenden Berylliumverbindung. Die Bestimmung mit Chinalizarin ist die sicherste Methode zur quantitativen Ermittlung kleinster Mengen von Beryllium, auch in Mineralien, Legierungen usw. Sie ist annähernd so empfindlich wie die spektralanalytische Bestimmung, liefert aber im allgemeinen viel genauere Resultate.

Curcumin wird nach KOLTHOFF (a) in ammoniakalischer Lösung von Berylliumhydroxyd unter Bildung einer charakteristisch orangerot gefärbten Adsorptionsverbindung gebunden. Die Nachweisempfindlichkeit beträgt beim Vergleich mit der Färbung eines entsprechenden Blindversuches 0,05 γ Be/cm^3. Nach KOLTHOFF (a) eignet sich der Curcuminnachweis auch zur quantitativen colorimetrischen Bestimmung des Berylliums für Konzentrationen zwischen 0,05 und 1 mg Be/l. Dieses Verfahren ist aber nicht wie die Bestimmung mit Chinalizarin zu einer zuverlässigen, analytischen Methode ausgearbeitet worden und hat infolgedessen bisher keine praktische Bedeutung erlangt.

Bestimmungsverfahren.

A. Bestimmung mit Chinalizarin nach FISCHER.

***Vorbemerkungen.* I. Eigenschaften des Reagens.** 1,2,5,8-Tetraoxyanthrachinon, Chinalizarin, Alizarinbordeaux (KAHLBAUM), in festem Zustande von bordeauxroter Farbe, ist in Wasser unlöslich. In Alkohol, Benzol und anderen organischen Lösungsmitteln löst es sich schwer mit roter, in wäßrigem Ammoniak und Alkalihydroxyd etwas leichter mit violetter Farbe auf. In alkalischer, weniger in ammoniakalischer Lösung tritt schon im Verlauf mehrerer Tage oder bereits Stunden Zersetzung ein. Die für analytische Zwecke benötigten alkalischen und ammoniakalischen Lösungen sind daher stets vor ihrer Verwendung frisch herzustellen.

II. Eigenschaften der Beryllium-Chinalizarin-Verbindung. Der blaue Beryllium-Chinalizarin-Lack enthält nach FISCHER (a) auf zwei Atome Beryllium ein Molekül Chinalizarin. Die stöchiometrische Zusammensetzung ist unabhängig von der Konzentration und dem Verhältnis von Beryllium zu Chinalizarin in der Lösung. In Alkalihydroxyd ist die Verbindung löslich, in wäßrigem Ammoniak praktisch unlöslich. Die alkalische Lösung ist unbeständig; es tritt mit der Zeit — wenn auch langsamer als in reinen Chinalizarinlösungen — Zersetzung ein, die durch Erhitzen wesentlich beschleunigt wird. Oxydationsmittel wie Bromwasser zerstören den in Alkalihydroxyd gelösten blauen Lack augenblicklich. Beim Ansäuern der Lösung tritt ein Farbumschlag nach Gelbrot ein, nach längerem Stehen scheidet sich freies Chinalizarin in roten Flocken ab. Neutrale, ammoniumchloridhaltige Berylliumsalzlösungen färben sich auf Zusatz wäßriger Chinalizarinlösung zunächst ebenfalls blau, nach wenigen Minuten scheidet sich aber der Farblack in dunkelblauen Flocken ab, die auch in heißer, schwach ammoniakalischer Ammoniumnitratlösung im Gegensatz zur Ammoniumverbindung des Chinalizarins praktisch unlöslich sind. In reinem, wäßrigem Ammoniak neigt der Farblack, besonders in der Wärme, zur Hydrosolbildung, in Alkalien löst er sich leicht auf. Der Niederschlag der Beryllium-Chinalizarin-Verbindung aus ammoniakalischer Lösung ist im Gegensatz zu seiner alkalischen Lösung sehr beständig. Er ist in der Kälte unbegrenzt haltbar und wird auch von Bromwasser in Gegenwart von Ammoniak und Ammoniumchlorid selbst in der Wärme kaum angegriffen. Er unterscheidet sich hierin von dem aus alkalischer Lösung ausflockenden, analogen Magnesiumlack, der von Bromwasser sofort zerstört wird.

III. Bestimmungsmöglichkeiten. Zur direkten colorimetrischen Bestimmung des Berylliums mit Chinalizarin muß der Farblack von überschüssigem Chinalizarin, dessen rotviolette Färbung in alkalischer Lösung die Messung der Intensität der mit Beryllium entstehenden Blaufärbung unmöglich macht, getrennt werden. FISCHER (a) fällt den Farblack aus wäßrig-ammoniakalischer Lösung, trennt ihn durch Zentrifugieren, Filtrieren und Auswaschen von überschüssigem Chinalizarin und löst den so gereinigten Lack in verdünnter Natronlauge. Die quantitative Bestimmung des Berylliums erfolgt durch Vergleich der Farbintensität dieser Lösung mit einer ebenso hergestellten Lösung bekannten Berylliumgehaltes mittels eines genauen Eintauchcolorimeters, da ohne optische Hilfsmittel die geringen Farbunterschiede nur schwer zu erkennen sind.

Schneller und einfacher durchführbar, aber ebenso genau und vor allem auch in Gegenwart anderer Metalle anwendbar ist die Methode der colorimetrischen Titration mit Chinalizarin. Die zu untersuchende, alkalisch gemachte Berylliumlösung wird mit einem abgemessenen Überschuß von Chinalizarin versetzt und mit einer Berylliumlösung bekannten Gehaltes zurücktitriert, bis die Farbe der Lösung gerade rein blau geworden ist. Die blaue Farbe ändert sich dann bei weiterer Zugabe der eingestellten Berylliumlösung nicht mehr, so daß sich der Endpunkt der Titration durch Vergleich der Farbnuancen der zu analysierenden Lösung mit einer überschüssiges Beryllium enthaltenden Chinalizarinlösung in einem Colorimeter gut bestimmen läßt. Die Methode der colorimetrischen Titration ist besonders zur schnellen Bestimmung kleiner Berylliummengen geeignet. Ein wesentlicher Vorteil der Methode ist ihre Anwendbarkeit auch in Gegenwart eines großen Überschusses von Aluminium sowie von Kupfer, Nickel, Zink, Mangan, kleinen Mengen Eisen und in Lösungen von Fluoriden (vgl. S. 52). Das Verfahren kann daher als zuverlässige Schnellmethode zur Bestimmung des Berylliums in Mineralien und Erzaufschlüssen, in Elektrolytschmelzen und zahlreichen Legierungen herangezogen werden (vgl. § 11). Die erreichbare Genauigkeit ist außer für Schiedsanalysen für die meisten Zwecke, vor allem für Betriebsanalysen, völlig ausreichend.

1. Direkte colorimetrische Bestimmung.

Arbeitsvorschrift. Die zu untersuchende Lösung wird mit Ammoniak neutralisiert und auf je 10 cm^3 mit 1 g Ammoniumnitrat versetzt, um die sonst beim Reagenszusatz erfolgende Bildung einer kolloiden Lösung des Farblackes zu verhindern. Man gibt nun die ammoniakalische Reagenslösung im Überschuß hinzu. Diese wird durch Auflösen von Chinalizarin in wäßrigem 2n Ammoniak zu einer 0,05- bzw. 0,1%igen Lösung vor der Verwendung frisch hergestellt. Innerhalb weniger Minuten scheidet sich der Farblack in dunkelblauen Flocken ab, die sich im Verlauf 1 Std. vollständig am Boden des Gefäßes absetzen. Durch etwa 15 Min. langes Zentrifugieren (1000 Umdrehungen/Min.) wird der Niederschlag dichter und leichter filtrierbar. Die überstehende violette Lösung wird vorsichtig vom Niederschlag abdekantiert und durch einen möglichst feinporigen Filtertiegel z. B. durch einen an die Saugpumpe angeschlossenen Ultrafiltertiegel nach BECHHOLD und KÖNIG filtriert. Der Niederschlag wird mit kleinen Anteilen einer warmen Lösung von 30 g Ammoniumnitrat und 5 cm^3 konzentriertem Ammoniak in 1 l Wasser durch Aufwirbeln, Absitzenlassen und Dekantieren so lange ausgewaschen, bis die überstehende Lösung sich kaum noch violett färbt. Nun wird der Niederschlag anteilweise in den Filtertiegel gespült und weiter mit der heißen Waschlösung ausgewaschen, bis diese farblos abläuft. Zum Schluß wäscht man mit etwas kaltem Wasser nach. Der nun von überschüssigem Chinalizarin freie Berylliumlack wird mit 5 cm^3 0,1 n Schwefelsäure gut durchfeuchtet, worauf er sich mit Natronlauge leicht vom Tiegel ablösen läßt. Man verwendet hierzu 25 cm^3 0,5 n Natronlauge (ausreichend für 1 mg Be) und füllt die entstandene Lösung in der Weise auf ein zum Colorimetrieren geeignetes Volumen auf, daß sie 0,25 n an Natriumhydroxyd ist (vgl. unten, Bem. II). Infolge der besonders bei sehr kleinen Farblackmengen geringen Haltbarkeit der alkalischen Lösung muß die colorimetrische Bestimmung des Berylliums möglichst bald ausgeführt werden. Hierzu bereitet man sich in der beschriebenen Weise eine alkalische Beryllium-Chinalizarin-Lösung bekannten Berylliumgehaltes und stellt in einem genauen Eintauchcolorimeter auf gleiche Farbintensität der beiden Lösungen ein. Zur Feststellung der gesuchten Schichtdicken nimmt FISCHER (a) das Mittel aus je 8 Ablesungen. Zur Kontrolle kann die Messung bei anderen Verdünnungsgraden der Lösungen wiederholt werden, wobei man stets mit 0,25 n Natronlauge verdünnt. Die gesuchte Menge Beryllium ergibt sich als Quotient aus dem Produkt des Berylliumgehaltes mit der Schichtdicke der Vergleichslösung und der für die Lösung unbekannten Berylliumgehaltes abgelesenen Schichtdicke.

Bemerkungen. **I. Genauigkeit.** Die Genauigkeit der colorimetrischen Bestimmung von 0,04 bis 1,2 mg Beryllium beträgt nach FISCHER (a) bei Einhaltung der beschriebenen Versuchsbedingungen mindestens $\pm$ 6%. Bei der Bestimmung noch kleinerer Mengen Beryllium bis herunter zu 0,02 mg wird der Fehler zwar beträchtlich größer, er liegt aber noch innerhalb einer Fehlergrenze von $\pm$ 25%.

II. Änderung der Farbe des Berylliumlackes. Die Farbe der Lösung der Beryllium-Chinalizarin-Verbindung in Natronlauge ist merklich von dem Gehalt der Lösung an Natronlauge abhängig. Die Konzentration der Natronlauge muß daher in der zu untersuchenden Lösung und in der Vergleichslösung stets die gleiche sein. Da mit steigender Konzentration der Natronlauge die Zersetzungsgeschwindigkeit des Farblackes zunimmt, führt FISCHER die colorimetrische Bestimmung grundsätzlich in 0,25 n Natriumhydroxydlösungen aus. Die Zersetzungsgeschwindigkeit des Farblackes ist dann noch so gering, daß die colorimetrische Messung nicht störend beeinflußt wird.

III. Störungen durch fremde Stoffe. Die Methode, die in erster Linie zur Bestimmung des Berylliumgehaltes sehr verdünnter, reiner Berylliumsalzlösungen geeignet ist, kann man auch noch in Gegenwart sehr kleiner *Aluminium*mengen (Bruchteile eines Milligramms) anwenden. Der Niederschlag des Berylliumlackes muß dann allerdings besonders gründlich ausgewaschen werden. Das von mitgefälltem Aluminiumhydroxyd adsorbierte Chinalizarin läßt sich aber auch bei sorgfältigstem Auswaschen mit heißer Waschflüssigkeit nicht mehr restlos entfernen. Der hierdurch verursachte Fehler ist bei geringen Aluminiumgehalten noch so gering, daß er vernachlässigt werden kann. Größere Aluminiummengen machen aber selbst eine nur angenäherte Berylliumbestimmung nach obiger Methode illusorisch. Durch Zugabe von Tartraten läßt sich zwar die Ausfällung des Aluminiums als Hydroxyd verhindern, aber auch die Abscheidung des Berylliumlackes ist dann nicht mehr vollständig. Die unter 2. beschriebene colorimetrische Titration gestattet hingegen die Bestimmung des Berylliums auch bei einem großen Aluminiumüberschuß.

Bei Anwesenheit von *Phosphaten* ist die colorimetrische Bestimmung ebenfalls nicht anwendbar, da sich in Ammoniak unlösliches Ammoniumberylliumphosphat abscheidet.

2. Bestimmung durch colorimetrische Titration.

Arbeitsvorschrift. Die zu analysierende Lösung wird zunächst neutralisiert. Die hierzu nötige Menge Natronlauge wird vorher durch Titration eines aliquoten Teiles der Lösung mit Natronlauge gegen Phenolphthalein festgestellt. Dann wird mit soviel Natronlauge versetzt, daß die Lösung in bezug auf freies Alkali 0,25 n ist. In einem aliquoten Teil dieser Lösung wird zunächst durch eine Vortitration der Gehalt an Beryllium annähernd ermittelt. Man versetzt die Lösung hierzu mit einer eingestellten Chinalizarinlösung (vgl. unten, Bem. II), bis die Farbe der Lösung deutlich rotviolett wird, Chinalizarin also im Überschuß hinzugegeben worden ist. Nun fügt man eine Berylliumlösung bekannten Gehaltes in größeren Einzelmengen zu und prüft nach jeder Zugabe an einer der Lösung entnommenen Probe im Colorimeter, ob Farbgleichheit mit einer Beryllium im Überschuß enthaltenden, also rein blauen Vergleichslösung eingetreten ist. Nach dem Farbvergleich wird die der Lösung entnommene Probe wieder zu dieser zurückgegeben und, falls noch keine Farbübereinstimmung erreicht ist, weitertitriert. Ist in dieser Weise der Berylliumgehalt der Lösung ungefähr ermittelt, so wird die eigentliche Titration, wie folgt, ausgeführt: Man gibt 10 cm³ der 0,05%igen Chinalizarinlösung in einen ERLENMEYER-Kolben und fügt soviel der zu untersuchenden Berylliumlösung hinzu, daß nach dem Ergebnis der Vortitration Chinalizarin noch in genügendem Überschuß vorhanden ist. Man verdünnt die Lösung mit 0,25 n Natronlauge auf 180 bis 200 cm³, um die Farbänderung der Lösung beim Titrieren recht deutlich zu erkennen. Als Vergleichslösung dient eine mit überschüssigem Beryllium versetzte, also rein blaue Chinalizarinlösung. Sie muß genau soviel Chinalizarin wie die zu titrierende Lösung enthalten und auf dasselbe Volumen mit 0,25 n Natronlauge verdünnt werden, so daß sie nach beendeter Titration im Farbton und auch in der Farbintensität mit der titrierten Lösung übereinstimmt. Der Endpunkt der Titration ist so am besten zu erkennen. So lange noch ein deutlicher Unterschied im Farbton der beiden Lösungen besteht, titriert man mit größeren Anteilen der eingestellten Berylliumlösung. Nähert man sich dem Endpunkt, so wird nach Zugabe von je 0,1 bis 0,2 cm³ der Berylliumlösung der Farbvergleich im Colorimeter, wie oben angegeben, vorgenommen. Der Endpunkt der Titration ist erreicht, wenn der Farbton der zu untersuchenden Lösung gerade keinen Stich ins Rötliche mehr zeigt und mit dem der Vergleichslösung übereinstimmt. Um sicher zu sein, daß man nicht schon etwas übertitriert hat, setzt man 0,2 bis 0,4 cm³ der Chinalizarinlösung zu. Der Farbton der titrierten Lösung muß jetzt gegenüber der Vergleichslösung wieder deutlich rotstichig erscheinen. Der Berylliumgehalt der untersuchten Lösung ergibt sich aus der Differenz des Berylliumwertes der angewendeten Menge der Chinalizarinlösung und der zum Zurücktitrieren des Chinalizarinüberschusses verbrauchten Menge eingestellter Berylliumlösung.

Bemerkungen. **I. Genauigkeit.** Genauigkeit und Empfindlichkeit der colorimetrischen Titration sind nach FISCHER (a) etwa die gleichen wie bei der direkten colorimetrischen Bestimmung (vgl. S. 49, Bem. I). In reinen Berylliumsalzlösungen konnte FISCHER (a, c) noch 0,14 bis 0,7 mg Beryllium mit einer Genauigkeit von mindestens $\pm 3\%$ bestimmen. Im Gegensatz zur direkten colorimetrischen Bestimmung läßt sich Beryllium auch in Gegenwart eines großen Aluminiumüberschusses nach einer etwas abgeänderten Arbeitsvorschrift (S. 52) colorimetrisch titrieren. Neben der 1400fachen Menge Aluminium, entsprechend einer Aluminiumlegierung mit 0,07% Beryllium, lassen sich nach FISCHER (c) noch 0,04 mg Beryllium auf $\pm 5\%$ genau bestimmen. Neben Eisen, Nickel, Zink und Kupfer ist die Bestimmung des Berylliums nach den weiter unten beschriebenen, abgeänderten Arbeitsbedingungen (S. 52 und 53) nicht mehr mit derselben Empfindlichkeit wie neben Aluminium durchführbar. Allgemein ist für die Genauigkeit der Methode die subjektiv verschieden scharfe Erkennbarkeit des Endpunktes der Titration maßgebend. Der hierdurch bedingte subjektive Fehler ist aber in der Regel nicht größer als $\pm 2\%$.

JITAKA, AOKI und YAMANOBE erhielten ähnlich befriedigende Ergebnisse.

II. Herstellung der Maßlösungen. Zur Einstellung der als Maßlösung dienenden Berylliumlösung geht man von einer Lösung von reinstem Berylliumnitrat aus. Der Gehalt dieser Lösung wird gravimetrisch als Berylliumoxyd ermittelt. Diese Ausgangslösung bekannten Gehaltes wird soweit mit entsprechend starker Natronlauge verdünnt, daß man eine 0,004 mol Berylliumlösung (0,1 g BeO/l) in 0,25 n Natronlauge erhält. Für die Bestimmung sehr kleiner Berylliummengen kann man sich auch eine 0,001 mol Berylliumlösung herstellen. Diese Lösungen sind bei gutem Verschluß hinreichend lange haltbar.

Die Chinalizarin-Maßlösung wird durch Auflösen von Chinalizarin in 0,25 n Natronlauge zu einer 0,1- oder 0,05%igen, zur Bestimmung ganz geringer Berylliummengen zu einer 0,025%igen Lösung hergestellt. Die frisch bereitete Lösung ist infolge ihrer geringen Haltbarkeit nur einen Tag lang zu benutzen. Theoretisch entspricht 1 cm^3 0,1%iger Reagenslösung 0,1844 mg BeO oder 0,0664 mg Be. Der Titer der Reagenslösung wird durch Titration mit der eingestellten Berylliumlösung nach obiger Vorschrift nachgeprüft. Bei genauem Arbeiten weicht der gefundene Berylliumwert der Reagenslösung nicht wesentlich von dem auf Grund der Einwage berechneten ab.

III. Direkte Titration mit Chinalizarin. Auch die direkte Titration einer Berylliumlösung unbekannten Gehaltes mit eingestellter Chinalizarinlösung ist möglich. Die Titration ist dann beendet, wenn die Lösung nicht mehr rein blau gefärbt ist, sondern durch überschüssiges Chinalizarin einen rotvioletten Ton angenommen hat. Da diese Mischfarbe, durch die der Endpunkt der Titration angezeigt wird, sich bei weiterer Zugabe von Chinalizarin infolge Verstärkung der rotvioletten Farbkomponente ändert, ist der Endpunkt nicht so scharf wie bei der Rücktitration eines Chinalizarinüberschusses zu erkennen. Weiter ist es schwierig, eine Vergleichslösung herzustellen, deren Chinalizaringehalt genau demjenigen der zu titrierenden Lösung im Endpunkt der Titration entspricht. Die Farbintensität der zu vergleichenden Lösungen wird also stets etwas verschieden sein, wodurch der Farbtonvergleich erschwert wird. Die gegebene Arbeitsvorschrift ist also der direkten Titration mit Chinalizarin vorzuziehen.

IV. Störungen durch fremde Stoffe. Die colorimetrische Titration des Berylliums läßt sich nicht durchführen in Gegenwart von *Magnesium, Calcium, Barium, Zirkon, Thorium* und den *Elementen der seltenen Erden,* da diese Metalle in ähnlicher Weise wie Beryllium mit Chinalizarin reagieren (FISCHER; NASARENKO; KOMAROWSKY und POLUEKTOFF; GORDON-PEARSON). Vor der Bestimmung des Berylliums müssen diese Metalle daher abgetrennt werden. *Phosphorsäure* stört infolge der Bildung schwerlöslicher Phosphate bzw. der Verhinderung der Trennung des Berylliums von den genannten Metallen und muß daher entfernt werden (Nasarenko). Liegen *schwefelsaure Lösungen* vor, so fällt Fischer (d) Beryllium erst mit Ammoniak aus, löst den gut ausgewaschenen Niederschlag in verdünnter Salzsäure wieder auf und führt die colorimetrische Bestimmung mit dieser Lösung durch. Um bei sehr geringen Berylliumgehalten Verluste durch die Fällung der minimalen Hydroxydmengen mit Ammoniak zu vermeiden, setzt Nasarenko vor der Fällung Aluminiumsalze (etwa entsprechend 0,1 g Al) zu, um so die Menge des zu verarbeitenden Niederschlages zu vergrößern. Bei der colorimetrischen Titration des Berylliums stört Aluminium nicht.

Geringe Mengen *Eisen* sowie *Nickel, Zink, Mangan* und *Kupfer* stören die Titration des Berylliums nach obiger Vorschrift ebenfalls, reagieren aber nicht mit Chinalizarin. Nach Überführung dieser Metalle in farblose, in alkalischer Lösung beständige Komplexverbindungen läßt sich daher Beryllium auch in ihrer Gegenwart bestimmen (s. unten, Bem. V). Größere Mengen Eisen müssen vor der colorimetrischen Bestimmung des Berylliums abgetrennt werden.

V. Arbeitsweise in Gegenwart anderer Stoffe. a) Aluminium. Übersteigt der Gehalt der Lösung an Aluminium denjenigen an Beryllium nicht um ein Vielfaches, so wird die Genauigkeit der Berylliumbestimmung nach obiger Vorschrift nicht beeinflußt. Bei großen Aluminiummengen muß jedoch der Verbrauch an Natronlauge zur Aluminatbildung berücksichtigt werden. Man gibt daher zunächst soviel Natronlauge hinzu, daß das ausgefallene Aluminiumhydroxyd gerade in Lösung gegangen ist. Nun erst verdünnt man weiter mit soviel Natronlauge, daß die Lösung an überschüssigem, nicht zur Aluminatbildung verbrauchtem Natriumhydroxyd 0,25 normal wird. Die Titration des Berylliums wird dann wieder in der beschriebenen Weise ausgeführt.

Enthält die Lösung mehr als das 100fache des Berylliumgehaltes an Aluminium, so macht sich eine geringe Änderung des Farbtons des sonst rein blauen Beryllium-Chinalizarin-Lackes nach Rotviolett bemerkbar, auch wenn Chinalizarin nicht im Überschuß vorhanden ist. Der Endpunkt der Titration läßt sich dann nicht mehr mit genügender Schärfe erkennen. Fischer (a, c) verwendet in diesem Falle an Stelle der ursprünglichen Vergleichslösung die mit der Beryllium-Maßlösung übertitrierte, aluminiumhaltige Lösung der ersten annähernden Bestimmung. Beim Vergleich mit dieser Lösung, deren Farbton genau demjenigen der zu analysierenden Lösung im Endpunkt der Titration entspricht, ist dieser wieder deutlich erkennbar. Es läßt sich so noch der Berylliumgehalt von Aluminiumlegierungen mit weniger als 0,1% Beryllium mit einer Genauigkeit von $\pm 5\%$ des vorliegenden Berylliumgehaltes bestimmen.

b) Eisen. Enthält die Lösung gegenüber Beryllium nur wenig Eisen, so läßt sich die colorimetrische Titration des Berylliums ohne wesentliche Herabsetzung der Genauigkeit wie in eisenfreien Lösungen ausführen. Ist aber ebensoviel oder mehr Eisen als Beryllium anwesend, so wird durch den voluminösen Niederschlag des Eisenhydroxyds in Natronlauge Beryllium in so beträchtlichem Maße adsorbiert, daß eine auch nur annähernd genaue Bestimmung nicht mehr möglich ist. Die Ausfällung des Eisenhydroxyds läßt sich durch Zugabe von Seignettesalz, dessen Menge ein Mehrfaches des Eisengehaltes der Lösung betragen muß, verhindern und so die Bestimmung des Berylliums auch in Gegenwart von Eisen ermöglichen. Die Genauigkeit der Berylliumbestimmung ist dann die gleiche wie in eisenfreien Lösungen [Fischer (b)]. Da das entstehende, komplexe Eisentartrat aber schwach gelblich gefärbt ist, kann man dieses Verfahren nur in Gegenwart von Eisen bis etwa zur 3fachen Menge des Berylliumgehaltes der Lösung anwenden. Bei größeren Eisengehalten würde durch die Eigenfärbung des komplex gelösten Eisens die colorimetrische Bestimmung des Endpunktes der Titration bereits empfindlich gestört und schließlich unmöglich gemacht werden. Die Abtrennung des Eisens vor der Bestimmung des Berylliums ist dann nicht mehr zu umgehen. Es genügt aber die

Anwendung solcher Trennungsmethoden, die nur die Abtrennung der Hauptmenge des Eisens ermöglichen, z. B. des Ausätherungsverfahrens nach ROTHE (S. 85). Die noch beim Beryllium verbleibenden Spuren von Eisen stören die colorimetrische Titration des Berylliums nicht oder können durch Zusatz von Seignettesalz getarnt werden.

Bei gleichzeitiger Anwesenheit von Eisen und Aluminium ist die Tarnung des Eisens mit Kaliumnatriumtartrat nicht anwendbar, da sich beim Versetzen mit Chinalizarin die Lösung dann rotviolett färbt, die blaue Farbe des Berylliumlackes also stets überdeckt wird. Auch bei gleichzeitiger Anwesenheit von Chrom und Nickel neben Eisen führt die colorimetrische Titration des Berylliums nicht mehr zu brauchbaren Werten. Die Bestimmung des Berylliumgehaltes chromnickelhaltiger Berylliumstähle läßt sich daher nicht auf colorimetrischem Wege durchführen (vgl. S. 118, a).

c) Kupfer, Nickel, Zink. Zur Bestimmung des Berylliums in Gegenwart von Kupfer und Nickel müssen diese Metalle erst durch Zugabe von Alkalicyanid in die entsprechenden alkalibeständigen Cyanokomplexverbindungen übergeführt werden. Die entstehenden Tetracyanocupri-Ionen sind farblos, die entsprechenden Nickelkomplex-Ionen schwach gelblich gefärbt.

Man versetzt die neutrale, Kupfer und Nickel neben Beryllium enthaltende Lösung mit 10%iger Kaliumcyanidlösung, bis ein sich zunächst bildender Niederschlag wieder vollständig in Lösung gegangen ist. Dann versetzt man unter Umrühren mit 50 cm^3 einer 1 n Natriumhydroxydlösung und füllt mit Wasser auf genau 200 cm^3 auf. In aliquoten Teilen dieser in bezug auf Natronlauge 0,25 n Lösung wird die colorimetrische Titration des Berylliums in der beschriebenen Weise durchgeführt. Auch bei Anwesenheit eines großen Überschusses von Zink, das an sich die Bestimmung des Berylliums mit Chinalizarin nicht stört, empfiehlt FISCHER (b, c) die Überführung in die entsprechende Cyanokomplexverbindung. Diese ist leichter in Alkali löslich als Zinkhydroxyd, so daß eine, die colorimetrische Titration des Berylliums störende Abscheidung von Zinkhydroxyd aus der 0,25 n Alkalihydroxydlösung vermieden wird. Die Genauigkeit der Berylliumbestimmung wird durch die Anwesenheit der komplexen Cyanide nicht merklich beeinträchtigt.

d) Mangan. Nach JENSEN läßt sich die Abscheidung des Mangans aus alkalischer Lösung durch Zusatz von Natriumcitrat und Hydroxylaminchlorhydrat verhindern und so die colorimetrische Bestimmung kleiner Mengen Beryllium (etwa 0,2 mg) neben viel Mangan (100 mg) durchführen. Angaben über Ausführung und Genauigkeit dieser Bestimmung fehlen.

e) Fluoride. Auch in Lösungen von Fluoriden bzw. komplexen Fluoriden läßt sich Beryllium mit ausreichender Genauigkeit durch colorimetrische Titration bestimmen, während bei anderen Bestimmungsverfahren infolge der Beständigkeit des Tetrafluoroberyllatkomplexes erst die Flußsäure vertrieben werden muß. Die Bestimmung des Berylliums durch Titration mit Chinalizarin ist daher zur Schnellbestimmung in fluoridhaltigen Lösungen, wie sie bei technisch wichtigen Aufschlußverfahren von Berylliummineralien oder bei der Untersuchung von Elektrolytschmelzen zur Gewinnung metallischen Berylliums anfallen, besonders geeignet.

B. Bestimmung mit Curcumin nach KOLTHOFF.

***Vorbemerkungen.* I. Reagens.** KOLTHOFF (a) verwendet eine 0,1 % ige alkoholische Lösung von Curcumin. Welches Curcumin KOLTHOFF meint, ist nicht angegeben. Nach FROMMES werden außer dem natürlichen Farbstoff aus den Rhizomen von Curcumaarten, Diferuloylmethan, $C_{21}H_{20}O_6$, der sich leicht in Alkohol und Äther löst, als „Curcumin" noch folgende Farbstoffe bezeichnet: Brillantgelb, in Wasser leicht löslich; Curcumin S, Azoxyazodistilbentetrasulfosäure, in Alkohol unlöslich; Sulfanilsäureazodiphenylaminsulfosäure, in Alkohol löslich. Der zuletzt genannte Farbstoff wird auch von KOLTHOFF an anderer Stelle (b) als Indicator „Curcumin" genannt. Mit zwei nicht näher bezeichneten „Curcumin"-Präparaten und mit Brillantgelb konnte RIENÄCKER die Angaben KOLTHOFFS über die Reaktion von Beryllium mit

Curcumin nicht bestätigen, da er offenbar nicht den von KOLTHOFF (a) mit Curcumin bezeichneten Farbstoff verwendet hatte.

II. Eigenschaften der Beryllium-Curcumin-Verbindung. In Gegenwart von Curcumin mit Ammoniak gefälltes Berylliumhydroxyd adsorbiert den Farbstoff unter Bildung einer orangeroten Adsorptionsverbindung, während Curcumin in ammoniakalischer Lösung gelbbraun gefärbt ist. Aus Lösungen mit einem Berylliumgehalt von 50 mg/l fällt die Adsorptionsverbindung sofort als roter flockiger Niederschlag aus, aus verdünnteren Lösungen (1 mg Be/l) setzt sich der Niederschlag erst nach längerem Stehen ab. Die Ausflockung des Niederschlages wird durch Fremdelektrolytzusatz, z. B. Ammoniumchlorid, beschleunigt. In stärker alkalischer Lösung läßt sich Beryllium nicht mit Curcumin nachweisen, da nur ausfallendes Berylliumhydroxyd, nicht aber Beryllat-Ionen Curcumin adsorbieren.

III. Prinzip der quantitativen Bestimmung. Die quantitative Bestimmung erfolgt durch Vergleich des Farbtons der zu untersuchenden, mit Curcumin und Ammoniak versetzten Lösung mit einer Reihe gleichartig hergestellter Lösungen bekannten Berylliumgehaltes. Da keine echten Lösungen vorliegen, sondern Sole der entstandenen Adsorptionsverbindung, die sich im Zustand der Ausflockung befinden, hängt die Reproduzierbarkeit der Farbe der Lösungen wesentlich von Faktoren wie Zeit, Fremdelektrolytgehalt usw. ab. Die Zuverlässigkeit des Verfahrens kann daher nicht sehr groß sein, so daß die quantitative Bestimmung kleiner Berylliummengen mit Curcumin neben der gut ausgearbeiteten, sicheren Chinalizarinmethode praktisch ohne Bedeutung ist.

Arbeitsvorschrift. 10 cm³ der zu untersuchenden, neutralen Lösung, deren Berylliumgehalt nicht größer als 1 mg Be/l sein darf, werden mit 1 Tropfen 0,1 %iger, alkoholischer Curcuminlösung, 0,5 bis höchstens 1 cm³ 4 n Ammoniumchloridlösung und 6 bis 8 Tropfen 4 n Ammoniak versetzt. Die Farbe der Lösung wird mit derjenigen einer Reihe in gleicher Weise hergestellter Vergleichslösungen bekannten Berylliumgehaltes verglichen und so die vorliegende Menge Beryllium ermittelt. Die Methode ergibt nur dann brauchbare Resultate, wenn die Lösungen zu gleicher Zeit mit dem Reagens und Ammoniak versetzt werden und der Farbvergleich zu einem bestimmten, stets gleichen Zeitpunkt nach der Herstellung der Lösungen vorgenommen wird.

Bemerkungen. **a) Genauigkeit.** Nach KOLTHOFF (a) läßt sich so der Berylliumgehalt von Lösungen mit 0,05 bis 1 mg Beryllium im Liter ermitteln. Die Genauigkeit dieser Bestimmungsmethode ist nicht angegeben, sie kann aber nur größenordnungsmäßig sein. HILLS versuchte die Methode zur Analyse berylliumhaltiger Mineralien anzuwenden, erhielt aber nur bei der Untersuchung künstlicher Gemische, nicht aber bei natürlichen Mineralien brauchbare Ergebnisse.

b) Einfluß anderer Elemente. Alkali-, Calcium- und Bariumsalze stören die Bestimmung des Berylliums nicht. Magnesium, Aluminium und Eisen setzen die Empfindlichkeit des Berylliumnachweises wesentlich herab und müssen zur quantitativen Bestimmung des Berylliums daher vollständig abgetrennt werden.

Literatur.

FISCHER, H.: (a) Wiss. Veröffentl. Siemens-Konzern **5**, Heft 2, 99 (1926); (b) **8**, Heft 1, 9 (1929); (c) Fr. **73**, 54 (1928); (d) „Ausgewählte Methoden", Mitteilungen des *Chemiker-Fachausschusses der Gesellschaft Deutscher Metallhütten- und Bergleute*, 2. Aufl., S. 47. Berlin 1931. — FROMMES, M.: Fr. **93**, 286 (1933).

GORDON-PEARSON, J.: Chem. eng. min. Rev. **28**, 108 (1936).

HILLS, F. G.: Ind. eng. Chem. Anal. Edit. **4**, 31 (1932).

JENSEN, K. A.: Fr. **86**, 422 (1931). — JITAKA, J., Y. AOKI u. T. YAMANOBE: Sci. Pap. Inst. Tôkyô **27**, Nr. 580/83; Bl. Inst. physic. chem. Res. [Abstr.] Tôkyô **14**, 48 (1935); durch C. **108 I**, 3188 (1937).

KOLTHOFF, I. M.: (a) Am. Soc. **50**, 393 (1928); (b) Die Maßanalyse, Bd. 2, S. 61. Berlin 1928. — KOMAROWSKY, A. S. u. N. S. POLUEKTOFF: Mikrochemie **14**, 315 (1934).

NASARENKO, W. A.: Betriebslab. **4**, 296 (1935).

RIENÄCKER, G.: Fr. **88**, 29 (1932).

§ 6. Polarographische Bestimmung.

Untersuchungen über die quantitative Bestimmung von Beryllium auf polarographischem Wege liegen bisher nicht vor. Nach SEMERANO ergibt die Elektrolyse wäßriger Lösungen von Berylliumsalzen an der Quecksilbertropfkathode überhaupt keine analytisch auswertbaren Stromspannungskurven infolge des störenden Einflusses der durch Hydrolyse entstehenden Wasserstoff-Ionen, die schon vor Erreichung des Abscheidungspotentials des Berylliums an der Kathode entladen werden. Mit dem Polarographen nach HEYROVSKY konnten KEMULA und MICHALSKI trotzdem in sehr verdünnten Berylliumlösungen beim Arbeiten mit möglichst geringer Galvanometerempfindlichkeit das Abscheidungspotential des Beryllium-Ions bestimmen. Sie fanden — 1,70 Volt, bezogen auf die Normalkalomelelektrode bei Umrechnung auf eine Empfindlichkeit von 10^{-8} Ampere/mm und Ermittlung durch den Berührungspunkt der 45°-Tangente.

Da die störende Abscheidungswelle der Wasserstoff-Ionen in Gegenwart von überschüssigem Fremdelektrolyt (z. B. Lithiumchlorid) zum mindesten beim Arbeiten mit kleiner Empfindlichkeit nicht mehr stört, sollte die polarographische Bestimmung kleiner Berylliummengen in Lösungen reiner Berylliumsalze durchaus möglich sein. Neben Aluminium ist sie aber nicht durchführbar, da das Abscheidungspotential des Aluminiums (— 1,6 Volt nach HEYROVSKY) so nahe demjenigen des Berylliums liegt, daß eine getrennte Auswertung der Polarogramme nicht mehr möglich ist. Auch der Versuch, Beryllium und Aluminium in Komplexverbindungen mit genügend verschiedenen Abscheidungspotentialen überzuführen (KEMULA und MICHALSKI), führte zu keinem analytisch brauchbaren Ergebnis. Als Komplexbildner wurden z. B. Kaliumhydroxyd, Kaliumacetat, Kaliumoxalat, Natriumtartrat und Natriumsalicylat zugegeben, ohne daß eine genügende Differenz der Abscheidungspotentiale erreicht werden konnte.

Eine praktische Bedeutung dürfte der polarographischen Bestimmung des Berylliums wohl kaum zukommen. Zur Bestimmung geringer Verunreinigungen von Berylliumsalzen oder metallischem Beryllium durch Metalle mit genügend positiverem Abscheidungspotential wird die polarographische Methode dagegen sicher von Nutzen sein.

Literatur.

HEYROVSKY, J.: W. BÖTTGER, Physikalische Methoden der analytischen Chemie, 2. Teil: Polarographie, S. 260. Leipzig 1936.

KEMULA, W. u. M. MICHALSKI: Coll. Trav. chim. Tchécosl. **5**, 436 (1933); durch C. **105 I**, 1786 (1934) u. Fr. **106**, 53 (1936).

SEMERANO, G.: Il polarografo, sua teoria e applicazioni, 2. Aufl. Padova 1933.

§ 7. Spektralanalytische Bestimmung.

A. Analysenlinien.

Zum Nachweis und zur Bestimmung kleiner Berylliumgehalte auf spektralanalytischem Wege haben sich die in der folgenden Tabelle 4 zusammengestellten Analysenlinien („letzte Linien") des Berylliums als geeignet erwiesen bzw. sind vorgeschlagen worden.

Tabelle 4. Analysenlinien des Berylliums.

Atom- oder Ionenspektrum	Wellenlänge in Ångström[1]	Intensität der Linien						
		Bogenspektrum			Funkenspektrum		Hochfrequenzanregung	nach KAYSER und RITSCHL
		LÖWE	EDER und VALENTA	GOLDSCHMIDT	LÖWE	EDER und VALENTA	SCHLEICHER und BRECHT-BERGEN	
I	4572,67	8	5		1	3		15
I	3321,35	10	6		3	5		30
I	3321,09	10	6		3	5		20
II	3131,06	10	10	mittel	10 R[2]	15		30 R
II	3130,42	10	10	mittelstark	10 R	20 R		50 R
I	2650,78 bis 2650,47	9	10		7	8 R	letzte Linie	16
I	2494,74[3]		3	mittel				20
I	2494,59	8	3	mittel	6	7 R	letzte Linie	12
I	2494,55							8
I	2348,61[4]	10 R	3	sehr stark	3	6	letzte Linie	50 R

Die Intensität und damit die Empfindlichkeit der angeführten Linien ist naturgemäß, wie auch aus obiger Tabelle hervorgeht, je nach den Anregungsbedingungen verschieden.

[1] Internationale Ångströmeinheiten in Luft (KAYSER-RITSCHL).

[2] Die mit R bezeichneten Linien werden leicht durch ihre Umkehrbarkeit geschwächt.

[3] GOLDSCHMIDT und PETERS geben statt $\lambda = 2494{,}74$ und 2494,59 — wohl infolge Druckfehlers — $\lambda = 2594{,}8$ und 2594,4 an.

[4] LUNDEGÅRDH und PHILIPSON geben statt $\lambda = 2348{,}6$ — wohl infolge Druckfehlers — $\lambda = 2438{,}6$ an.

Bei Untersuchungen im elektrischen Lichtbogen ist die dem Be I-Spektrum angehörende Linie 2348,6 am empfindlichsten. Sie gestattet noch den direkten Nachweis eines Berylliumgehaltes von 0,001% Berylliumoxyd in Gesteinen (S. 59, Bem. a). Die nächst empfindlichen Linien sind 3130,4 und 3131,1 (FESEFELDT). Im hochgespannten, schnell schwingenden Bogen ist dagegen die Linie mit der Wellenlänge 3131,1 am empfindlichsten. KEMULA und RYGIELSKI konnten noch $0{,}9 \cdot 10^{-5}$ Grammatome Beryllium im Liter in reinen Berylliumsalzlösungen mit Hilfe dieser Linie nachweisen.

Im Funkenspektrum dagegen wird die Linie 2348,6 von der Linie 3130,4, die dem Be II-Spektrum angehört, an Empfindlichkeit übertroffen (GERLACH und RIEDL), während im Spektrum des Hochfrequenzfunkens die Linien 2348,6, 2494,4 und 2650,9 zum Nachweis und zur Bestimmung des Berylliums am geeignetsten sind (SCHLEICHER und BRECHT-BERGEN).

B. Koinzidenzen und Störlinien.

Die Bestimmung des Berylliums mit Hilfe der empfindlichsten Linien 3130,4 und 2348,6 kann durch die Anwesenheit anderer Elemente mit störenden Linien oder Banden beeinträchtigt oder unmöglich gemacht werden.

Bei der Untersuchung mit Hilfe der Linie 3130,4 ist bei ungenügender Dispersion des Spektrographen oder bei ungenauer Ausmessung der Linien eine Störung durch folgende Linien möglich:

	λ	
Cr II	3132,1	Intensität 10
Hg I	3131,8	(KAYSER und RITSCHL) 8 R
Ir I	3133,3	6
Mo I	3132,6	10 R
Nb II	3130,8	15 R
V II	3130,3	10 R

Weiter können mit der Linie 3130,4 zusammenfallende, schwache, aber relativ scharfe Banden von Silber und Chrom mit dieser verwechselt werden. Linien von Rhodium und Titan können auch im Quarzspektrographen hoher Dispersion nicht von der Berylliumlinie getrennt werden, sondern verbreitern diese. Auch eine Linie von Osmium sowie sehr schwache Linien von Mangan und Wolfram können die Berylliumbestimmung mittels der Linie 3130,4 stören (GERLACH und RIEDL). Bei der Spektralanalyse unter Verwendung des Hochfrequenzfunkens fällt $\lambda = 3130{,}4$ in den Bereich der Untergrundschwärzung durch Banden der Hochfrequenzanregung, so daß die Empfindlichkeit des Nachweises wesentlich herabgesetzt und die quantitative Auswertung unmöglich gemacht wird (SCHLEICHER und BRECHT-BERGEN).

Bei der Verwendung der Linie 2348,6 können folgende Linien zu Störungen oder Verwechslungen Anlaß geben:

Fe II 2348,3, Intensität 35
und Fe II 2348,1, „ 50,

die regelmäßig starken Untergrund durch Banden aufweisen, weiter

As I 2349,8, Intensität 500 R
und Ni 2348,7,

die auch im Quarzspektrographen mit 24 cm-Platte nicht von der Berylliumlinie getrennt werden können, sondern diese verbreitern. Weiter stören Linien von Platin und Wismut und eine sehr schwache Osmiumlinie. Bei geringer Dispersion (Quarzspektrograph mit 13 cm-Platte, bei $\lambda = 2350$: Dispersion 9 Å/mm) stört im Funkenspektrum eine Aluminiumlinie ($\lambda = 2348$), die die Berylliumlinie verbreitert (GERLACH und RIEDL).

Die Verwendung der Linie 3131 ist in Gegenwart von Eisen, Nickel, Kobalt, Chrom, Mangan, Titan, Zirkon, Wolfram, Vanadin und Molybdän nicht möglich (KEMULA und RYGIELSKI).

Bei der Hochfrequenzanregung (SCHLEICHER und BRECHT-BERGEN) kann die Linie 2494,6 durch die Eisen II-Linie 2493,3 (Intensität 10) gestört werden. Die Linie 3130,4 fällt im Hochfrequenzfunken in den Bereich der Banden der Hochfrequenzanregung.

Bei der spektralanalytischen Bestimmung des Berylliums in Lösungen mit Hilfe der Flammen-Funkenmethode (s. weiter unten) ist nur $\lambda = 2348,6$ brauchbar, da die anderen Analysenlinien des Berylliums durch das Bandenspektrum des Acetylens überdeckt werden (LUNDEGÅRDH und PHILIPSON).

C. Untere Grenze der spektroskopischen Bestimmung.

1. Die Empfindlichkeit beeinflussende Faktoren.

Die Empfindlichkeit des Nachweises und der Bestimmung von Beryllium auf spektroskopischem Wege läßt sich nicht ohne weiteres angeben. Außer von den die Emission anregenden Bedingungen sowie von der Dispersion und der Optik des verwendeten Spektrographen hängt sie wesentlich von dem zu untersuchenden Material selbst ab.

Abgesehen von Elementen mit störenden Linien setzen auch andere Elemente bzw. Verbindungen die Intensität der Emission des Berylliums mehr oder weniger stark herab. So ergab sich bei der Untersuchung von Quarz bzw. natürlichem Olivin als Trägersubstanz in Mischung mit 0,001% Berylliumoxyd, daß im Bogenspektrum $\lambda = 2348,6$ bei Olivin als Grundsubstanz schwächer war als in Mischung mit Quarz (GOLDSCHMIDT und PETERS). Die Anwesenheit eines Alkaliüberschusses setzt die Intensität der Berylliumlinien wesentlich herab, gleichzeitiger Zusatz von Kieselsäure vermag den Einfluß des Alkalis wieder aufzuheben (FESEFELDT). Der „dämpfende“ Einfluß verschiedener Elemente auf die Emission der Berylliumlinien steigt in folgender Reihenfolge: Si, Al, Mg, Ca, Ba, Na, K. Diese Reihenfolge stimmt mit dem Ionisationspotential dieser Elemente gut überein (KEMULA und RYGIELSKI). Bei der Untersuchung von berylliumhaltigen Lösungen nach der Flammen-Funkenmethode verhindert die Anwesenheit von Phosphorsäure die Bestimmung des Berylliums (LUNDEGÅRDH und PHILIPSON).

2. Grenzen und Genauigkeit der zur quantitativen Bestimmung des Berylliums bisher angewendeten Verfahren.

Für die Untersuchung von Lösungen und festen Stoffen liegt die Nachweisempfindlichkeit des Berylliums bei einem Gehalt von etwa 0,8 bzw. $0,4 \cdot 10^{-4}$%; in reinen Berylliumsalzlösungen sollen bei Anregung im hochgespannten, schnell schwingenden elektrischen Bogen sogar noch $0,9 \cdot 10^{-5}$ Grammatome Be/l nachweisbar sein (KEMULA und RYGIELSKI; FESEFELDT). GOLDSCHMIDT und PETERS halten allerdings diese Werte für wesentlich zu niedrig. Möglicherweise ist die hohe Empfindlichkeit durch einen geringen Berylliumgehalt der verwendeten Kohleelektroden vorgetäuscht (vgl. S. 58). Die untere Grenze und die Genauigkeit der bisher zur quantitativen spektroskopischen Bestimmung von Beryllium herangezogenen Methoden sind in Tabelle 5 (S. 58) zusammengestellt.

Wie die Tabelle 5 zeigt, sind der Nachweis und die Bestimmung des Berylliums auf spektroskopischem Wege weniger empfindlich als die Spektralanalyse vieler anderer Metalle. Die colorimetrische Titration des Berylliums mit Chinalizarin (S. 50) steht in bezug auf die Empfindlichkeit der spektroskopischen Bestimmung kaum nach, läßt sich aber im allgemeinen mit größerer Genauigkeit durchführen als die letztere.

Tabelle 5. Grenzen und Genauigkeit der Berylliumbestimmung nach verschiedenen Methoden.

Methode	Untersuchungsobjekt	Verwendete Linien	Grenzen der Bestimmbarkeit in Prozent Beryllium bei	
			Schätzung auf Zehnerpotenzen	Fehlergrenze innerhalb ± 5 %
Bogenentladung zwischen Kohleelektroden (GOLDSCHMIDT und PETERS)	feste Substanz	2348,6 u. andere	0,001—1 %	
Nach chem. Anreicherung	desgl.	desgl.	von 0,0003 % an	
Bogenentladung (SILBERMINZ und RUSANOV)	desgl.	2650,5—2650,8 u. 3130,4	unter 0,01—0,1 %	
Hochgespannter Wechselstrombogen (KEMULA und RYGIELSKI)	Lösung	3130,4 u. 3131,1 (unaufgelöst) 2348,6 2494,6—2494,8	von 0,0001 % an von 0,001 % an von 0,01 % an	
Hochgespannter Gleichstrombogen (KEMULA und RYGIELSKI)	feste Substanz	3130,4 u. 3131,1 (unaufgel.) 2348,6	von 0,01 % an von 0,01 % an	
Funkenentladung nach FEUSSNER (BEERWALD)	Mg-Legierung	3131,1	von 0,001 % an	0,001—0,01 %
Kondensierte Funkenentladung (BRODE und STEED)	reine Be-Lösung	2650,8—2650,9 3130,4 u. 3131,1 (unaufgel.)	0,0005—1 % 0,0001—0,1 %	0,001—0,01 %
Flammen-Funkenentladung (LUNDEGÅRDH und PHILIPSON)	reine Be-Lösung	2348,6	0,0002—0,01 %	(0,0002—0,005 %)

D. Methoden zur spektralanalytischen Bestimmung des Berylliums.

1. Bestimmung mittels Anregung im Lichtbogen.

I. Bestimmung kleinster Berylliummengen in Gesteinen (Arbeitsweise nach GOLDSCHMIDT und Mitarbeitern). GOLDSCHMIDT und PETERS bestimmen kleinste Mengen Beryllium in Gesteinen durch Vergleich der Intensität der Linie 2348,6 im elektrischen Lichtbogen unter Benutzung der Linienverstärkung im Gebiete des Kathodenfalls (MANNKOPFF und PETERS) mit entsprechend hergestellten Vergleichsaufnahmen. Die Verstärkung der Linien im Kathodenfall ist allerdings beim Beryllium nicht so ausgesprochen wie beispielsweise beim Cadmium.

Arbeitsweise. Als Elektroden dienen reine Spektralkohlen, die durch Ausglühen bei 2800° im Stickstoffstrom unter Zusatz von etwas Wasserstoff von einem ganz geringen Berylliumgehalt befreit worden sind. Diese Reinigung, mittels deren sich der Berylliumgehalt der Spektralkohle leicht entfernen läßt, ist unbedingt notwendig, da sonst leicht ein zu hoher Berylliumgehalt der untersuchten Substanz bzw. eine zu große Empfindlichkeit des Berylliumnachweises vorgetäuscht werden kann. In die Kathode wird zur Aufnahme der zu untersuchenden, feingepulverten Substanz ein Krater von 7 mm Tiefe und 0,7 mm Durchmesser eingebohrt. Bei 220 Volt (Gleichstrom) soll die Stromstärke 12 bis 14 Ampere betragen.

Tabelle 6.

Wellenlänge in Ångström	Berylliumoxydgehalt in %				
	1	0,1	0,01	0,001	0,0001
2348,6	st st	st	m	s	—
2350,8	ss	—	—	—	—
2494,5	m	s	—	—	—
2494,7	m	s	—	—	—
3130,4	m	m	s	—	—
3131,1	m	s	ss	—	—

st st sehr stark, st stark, m mittel, s schwach, ss sehr schwach.

Der Gehalt an Berylliumoxyd wird durch Vergleich der Intensität der Berylliumlinie 2348,62 der Analysenaufnahme mit unter gleichen Bedingungen erhaltenen Eichaufnahmen ermittelt. Auch das Verschwinden der einzelnen Linien des Berylliums bei verschiedener Konzentration kann zur quantitativen Bestimmung herangezogen werden. Es ergibt sich bei stets gleicher Belichtungszeit unter gleichen Anregungs- und Aufnahmebedingungen nach GOLDSCHMIDT und PETERS vorstehendes Schema der Abhängigkeit der Intensität der Analysenlinien vom Berylliumoxydgehalt (Tabelle 6).

Die Intensität der Linien ist weitgehend unabhängig von der Zusammensetzung des Grundmaterials (Aluminiumoxyd, Quarz, synthetisches Magnesiumsilicat). Nur in Mischungen von natürlichem Olivin mit 0,001% Berylliumoxyd erschien $\lambda = 2348{,}6$ gegenüber den anderen Trägersubstanzen geschwächt.

Bemerkungen. a) Genauigkeit. Der Vergleich der Intensität der Linie 2348,6 bzw. auch der übrigen Linien mit entsprechenden Eichaufnahmen läßt eine Abschätzung des Berylliumgehaltes auf volle Zehnerpotenzen oder auf deren Zwischenstufen zu. GOLDSCHMIDT und PETERS bestimmten in dieser Weise eine große Zahl berylliumhaltiger Gesteine mit Gehalten von unter 0,001 bis 0,1% Berylliumoxyd.

Bei der direkten Untersuchung der fein gepulverten Gesteinsprobe besteht die Gefahr, daß, abgesehen von der Unsicherheit der richtigen Probenahme, infolge des wechselnden Gehaltes der untersuchten Gesteine an Alkalimetallen, Calcium oder Magnesium die Intensität der Berylliumlinien mehr oder weniger geschwächt, die quantitative Auswertung der Resultate also sehr ungenau wird. Es ist daher zweckmäßig, das Gestein aufzuschließen und das aus der Lösung durch Fällung mit Ammoniak und Glühen des Niederschlages erhaltene Oxydgemisch spektroskopisch zu untersuchen (Ausführung s. weiter unten). Hierdurch werden einmal Fehler infolge zufälliger Abweichungen der entnommenen kleinen Probe (ungefähr 20 mg) von der durchschnittlichen Zusammensetzung vermieden. Das Oxydgemisch ist weiter physikalisch und chemisch viel homogener als das gepulverte Gestein und daher zur spektrographischen Untersuchung geeigneter. Es enthält keine Alkali- und Erdalkalimetalle, die vor allem die Intensität der Berylliumlinien beeinflussen. Der Vergleich der Aufnahmen mit solchen von künstlichen Gemischen mit abgestuften Berylliummengen ist daher wesentlich zuverlässiger durchführbar. Schließlich ist das Oxydgemisch gegenüber dem Ausgangsgestein in bezug auf Beryllium angereichert, so daß der Nachweis empfindlicher wird. Es lassen sich dann noch Berylliumoxydgehalte in Gesteinen zwischen 0,0003 und 0,003% größenordnungsmäßig abschätzen (GOLDSCHMIDT, HAUPTMANN und PETERS).

b) Chemische Anreicherung des Berylliums vor der spektroskopischen Untersuchung. Das zu untersuchende Silicatgestein wird zunächst mit Flußsäure und Schwefelsäure bis zur vollständigen Entfernung der Kieselsäure abgeraucht (S. 113) und die erhaltene Lösung in Gegenwart von viel Ammoniumnitrat mit Ammoniak versetzt. Das abfiltrierte Hydroxydgemisch wird nochmals mit Ammoniak umgefällt, geglüht und wie oben spektrographisch untersucht (GOLDSCHMIDT, HAUPTMANN und PETERS. Vgl. auch FRESENIUS und FROMMES).

c) Andere Arbeitsweisen. KEMULA und RYGIELSKI bestimmen den Berylliumgehalt in Gesteinen und entsprechenden künstlichen Mischungen ebenfalls durch Beobachtung des Bogenspektrums unter Verwendung von hochgespanntem Gleichstrom zwischen Kohleelektroden. Die Stromstärke beträgt 10 bis 20 Ampere, sie sinkt von einem Anfangswert von 20 Ampere im Laufe von etwa 40 bis 55 Sek. auf 12 bis 14 Ampere, die Stromstärke des reinen Kohlebogens (FESEFELDT). Die Elektrodenenden sollen eine möglichst kleine Oberfläche haben. Die untere, positive Kohle besteht aus einem, am Ende möglichst dünn abgedrehten Kohlerohr, in das ein zylindrischer Kohlestab nur so weit eingeführt ist, daß oben ein genügender zylindrischer Hohlraum zur Aufnahme der Substanz (je 20 mg) bleibt (vgl. auch FESEFELDT). Der Nachweis und die Bestimmung des Berylliums neben Elementen mit störenden Linien wird erreicht durch Photographieren der nacheinander verlaufenden Stadien der fraktionierten Destillation der zu analysierenden Substanz. So können noch 0,01% Beryllium im Gemisch mit Alkalien, Magnesium, Barium, Aluminium und Silicium sowie auch Granit auf Grund der Intensität der Linien 3131,1 bis 3130,4 (nicht aufgelöst) sowie 2348,6 größenordnungsmäßig richtig abgeschätzt werden. Infolge des schwächenden Einflusses besonders der Alkalien auf die Intensität der Berylliumlinien ist die Methode von GOLDSCHMIDT und Mitarbeitern nach vorangegangener Anreicherung und Trennung des Berylliums von Alkalien, Erdalkalien und Kieselsäure empfindlicher und genauer.

RATZBAUM bestimmt Beryllium in zinnführenden Erzen, die auch Wolfram und Wismut sowie weniger als 0,01% bis höchstens 0,1% Beryllium enthalten, mittels Anregung im Gleichstrombogen (110—120 Volt, 8—10 Ampere). Bei höheren Berylliumgehalten wird die zu untersuchende Probe mit berylliumfreiem Pegmatit verdünnt. Der Berylliumgehalt wird aus dem Vergleich der Intensität der Berylliumlinien der untersuchten Probe mit einer aus Aufnahmen von Gemischen von Pegmatit und verschiedenen Mengen Berylliumcarbonat gewonnenen Eichkurve geschätzt.

SILBERMINZ und RUSANOV bestimmen, ebenfalls unter Verwendung der Anregung im Lichtbogen, den Berylliumgehalt fossiler Kohlen quantitativ. Hierzu wird die Intensität der Berylliumlinien 2650,5 (6 nicht aufgelöste Linien) bzw. 3130,4 mit derjenigen der Platinlinien 2659,4 bzw. 3064,7 verglichen. Aus der Größe der Intensitätsunterschiede ergibt sich der Berylliumgehalt durch Vergleich mit entsprechend hergestellten Eichaufnahmen an Platingemischen mit wechselndem, bekanntem Berylliumgehalt. Der Berylliumgehalt der untersuchten Kohlen lag zwischen 0,1 und weniger als 0,01%.

II. Bestimmung kleinster Berylliummengen in Lösungen (KEMULA und RYGIELSKI). Zur Untersuchung von Lösungen verwenden KEMULA und RYGIELSKI als Erregung den hochgespannten Wechselstrombogen. Mittels der Linie 3131,1 läßt sich Beryllium so in Gegenwart der Alkali- und Erdalkalimetalle, des Magnesiums, Bors und Aluminiums bis herunter zu Konzentrationen von 0,0001% bestimmen. In Gegenwart von Eisen, Kobalt, Nickel, Chrom, Mangan, Titan, Zirkon, Wolfram, Vanadin und Molybdän ist $\lambda = 3131{,}1$ durch Koinzidenzen und benachbarte Linien soweit überdeckt, daß zur quantitativen Bestimmung die weniger empfindlichen Linien 2348,6 und 2494,55 bis 2494,74 (nicht aufgelöst) herangezogen werden müssen. Die untere Grenze der Bestimmbarkeit liegt dann bei 0,001 bzw. 0,01% Beryllium.

Bei der Berylliumbestimmung in Gesteinen werden Proben von je etwa 0,1 g mit Flußsäure abgeraucht, mit Salzsäure in Chloride überführt und diese in 10 cm³ Wasser gelöst. Diese Lösung wird der Spektralanalyse unterworfen. Ein Gehalt der Lösung von 0,0001% Beryllium entspricht dann einem Berylliumgehalt des Gesteins von 0,01%.

Genauigkeit. Durch Vergleich der Intensität der Linien 3131,1 bzw. 2348,6 bzw. 2494,6 mit Aufnahmen von Proben mit bekanntem Berylliumgehalt läßt sich der Gehalt des zu untersuchenden Gesteins an Beryllium auf Zehnerpotenzen und auf Zwischenwerte abschätzen, wie durch Beleganalysen bestätigt wird (KEMULA und RYGIELSKI).

III. Bestimmung des Berylliumgehaltes in Kupferlegierungen (BEERWALD und SEITH). Nach den Untersuchungen von BEERWALD und SEITH läßt sich in Kupfer-Beryllium-Legierungen mit 0,2 bis 3% Beryllium letzteres spektrographisch mit Hilfe des Abreißbogens nach PFEILSTICKER (SEITH und RUTHARDT) bestimmen. Die quantitative Auswertung der Spektrogramme erfolgt durch Vergleich der Intensität der Linien des Berylliums 3131,1 bzw. 2348,6 und mit der Silberlinie 2437,7 bei der Verwendung einer Silbergegenelektrode. Das Intensitätsverhältnis dieser Linienpaare ist weitgehend unabhängig von der Entladungszeit. Mittels entsprechender Eichkurven läßt sich der Berylliumgehalt so auf etwa $\pm 5\%$ des theoretischen Wertes genau bestimmen. Der Berylliumgehalt der untersuchten Legierungen ist aber noch so hoch, daß auch gravimetrische und colorimetrische Methoden zur Bestimmung des Berylliums ohne Schwierigkeiten herangezogen werden können (S. 120).

2. Bestimmung mittels Anregung durch Funkenentladung.

I. Bestimmung in Magnesiumlegierungen mit nur sehr geringem Berylliumgehalt (BEERWALD). BEERWALD bestimmt den Berylliumgehalt (einige tausendstel Prozent) von Legierungen aus etwa 92% Magnesium und 8% Aluminium nach der Methode von SCHEIBE und RIVAS. Zur photometrischen Auswertung werden die Linien Be 3131,06 und Al 3050,07 Å herangezogen. Zur größenordnungsmäßigen Schätzung genügt der visuelle Vergleich der Intensität des Berylliumdubletts 3131,06 und 3130,42 Å der zu untersuchenden Probe mit derjenigen von Testproben bekannten Berylliumgehaltes.

Versuchsanordnung und Arbeitsweise. Zur Anregung dient der Funkenerzeuger nach FEUSSNER bei voller Selbstinduktion und Kapazität. Die Elektroden aus spektralreiner Kohle (Spektralkohle von RUHSTRAT, 5 mm Durchmesser, 8 mm Länge) werden, nachdem sie 2 Min. vorgefunkt worden sind, mit je 0,01 cm³ der salzsauren Lösung der Legierung (1 g Legierung in 40 cm³) versetzt und nach dem Eintrocknen der Lösung auf der Kohle bei 100° getrocknet. Nach einer Vorfunkzeit von 2 Min. werden die Aufnahmen bei konstanter Belichtungszeit von je 30 Sek. ausgeführt. Die Intensität des Berylliumdubletts und auch der Aluminiumlinie ändert sich während einer Abfunkzeit von 6 Min. praktisch nicht.

Bemerkungen. Die Genauigkeit der Bestimmung nach der Methode von SCHEIBE und RIVAS genügt vollauf den praktischen Anforderungen. Sie führt sicherer zum Ziel als der Vergleich des Intensitätsverhältnisses einer Beryllium- und Aluminiumlinie der untersuchten Probe mit Testlegierungen, da dieses Verhältnis bei Magnesiumlegierungen mit höherem Aluminiumgehalt beim Abfunken inkonstant ist und grobe Fehler verursachen kann. Die gewählte Versuchsanordnung zeichnet sich besonders durch das Fehlen der beim direkten Anfunken von Magnesiumlegierungen auftretenden störenden Schleierschwärzung der Spektren aus.

II. Bestimmung in Lösungen (BRODE und STEED). BRODE und STEED bestimmen den Berylliumgehalt von Lösungen durch Vergleich der Intensitäten einer Berylliumlinie und einer geeigneten Linie eines in bekannter Konzentration zugesetzten anderen Metalles im Funkenspektrum (Methode der homologen Linienpaare, GERLACH und SCHWEITZER). Als Intensitätsmaß dient die durch einen vor den Spalt des Spektrographen geschalteten logarithmischen Sektor beeinflußte Länge der Spektrallinien im Spektrogramm. Die Länge der Linien ist eine Funktion ihrer Intensität, die Differenz der Länge ist dem Logarithmus des Intensitätsverhältnisses der Linien direkt proportional (SCHEIBE).

Versuchsanordnung. Der kondensierte Funke wird durch einen Sekundärstrom von 20000 Volt (Primärstrom 110 Volt, 1 Ampere) erzeugt. Der Funkenstrecke parallel liegt ein Kondensator von 0,005 Mikrofarad. Die Elektroden werden durch einen in eine Spitze auslaufenden Kupferstab und die zu untersuchende Lösung gebildet. Diese strömt langsam durch einen 2 cm langen Zylinder aus Quarz oder Pyrexglas von 2 mm lichter Weite, dessen oberes Ende auf 3 mm Länge zum Ablaufen der Lösung geschlitzt ist. Die Lage der sich stets erneuernden Oberfläche der Lösung bleibt so unverändert. Der Strom wird durch einen in der Mitte des Zylinders befindlichen Kupferdraht der Lösung zugeführt. Der Funke wird mittels einer Quarzlinse nicht wie üblich auf den Spalt, sondern auf das Prisma des Quarzspektrographen abgebildet.

Arbeitsweise. Unter konstant gehaltenen Versuchsbedingungen werden zunächst Spektrogramme von Lösungen verschiedener, bekannter Berylliumkonzentration und gleicher Konzentration des Vergleichsmetalles, Wismut oder Mangan, aufgenommen. In Lösungen mit 0,0001 bis 0,1% Beryllium wird der Berylliumgehalt durch Vergleich der Berylliumlinien 3131,03 und 3130,42 (nicht aufgelöst) mit der Wismutlinie 3067,73, bei einem Gehalt von 0,0005 bis 1% Beryllium durch Vergleich der Berylliumlinien 2650,47 bis 2650,78 (6 nicht aufgelöste Linien) mit der Manganlinie 2939,31 bestimmt. Die Länge des gewählten homologen Linienpaares wird auf den Spektrogrammen der Lösungen verschiedenen, bekannten Berylliumgehaltes mit dem Komparator möglichst genau ausgemessen und die Differenz der Länge der Linien als Funktion der Berylliumkonzentration graphisch aufgetragen. Aus der so erhaltenen Eichkurve kann der Gehalt der in gleicher Weise untersuchten Lösungen unbekannten Berylliumgehaltes auf Grund der Längendifferenz der homologen Linien direkt abgelesen werden. Ist die Größenordnung des Berylliumgehaltes der zu bestimmenden Lösung ungewiß, so werden mehrere Spektrogramme der Lösung bei verschiedenen Verdünnungsgraden aufgenommen, so daß sich unter den untersuchten Lösungen mit Sicherheit eine befindet, deren Berylliumgehalt innerhalb der oben angegebenen Konzentrationsgrenzen liegt.

Bemerkungen. a) Genauigkeit. Bei der Aufstellung von Eichkurven mit Hilfe reiner Berylliumsalzlösungen ergaben sich nach obigem Verfahren Fehler, die bei einer Berylliumkonzentration zwischen 0,001 und 0,1% nicht über $\pm 5\%$ betrugen. Bestimmungen von Lösungen unbekannten Berylliumgehaltes wurden von BRODE und SPEED nicht ausgeführt.

b) Einfluß anderer Metalle. Die Intensität der Berylliumlinien wird bei den beschriebenen Verfahren von anderen, in der zu untersuchenden Lösung enthaltenen Metallen beeinflußt (TWYMAN und HITCHEN). Es ist daher zweckmäßig, sich zunächst durch entsprechende Eichaufnahmen von Lösungen, die neben Beryllium noch die in Frage kommenden störenden Metalle in entsprechender Konzentration enthalten, von der Größenordnung der hervorgerufenen Fehler zu überzeugen. Nach BRODE und STEED soll dagegen der Einfluß anderer Metalle und der Wasserstoff-Ionen-Konzentration auf die Intensität der Berylliumlinien durch das aus der Stromzuleitung meist in geringer Menge in Lösung gehende Kupfer vermindert werden. Die auftretenden Kupferlinien stören die Bestimmung des Berylliums nicht.

III. Bestimmung in Lösungen mittels der Flammen-Funkenmethode (LUNDEGÅRDH und PHILIPSON). LUNDEGÅRDH und PHILIPSON bestimmen den Berylliumgehalt in Lösungen mittels der von ihnen entwickelten Flammen-Funkenmethode. Als Intensitätsmaß dient die Transparenz, d. h. der Quotient aus der photometrisch ermittelten Untergrundschwärzung in der Umgebung der untersuchten Linie und der Schwärzung (Dichte) dieser Linie selbst.

Versuchsanordnung. Die zu untersuchende Lösung wird mit Luft zerstäubt und die mit der zerstäubten Lösung beladene Luft seitlich in einen mit Acetylen betriebenen Brenner nach LUNDEGÅRDH eingeleitet. In dem Kegel der Flamme findet nun zwischen zwei Metallelektroden, am besten 5 mm starken Kupferelektroden, die von außen bis an den Flammenkegel heranreichen, eine kondensierte Funkenentladung statt. Diese wird erzeugt durch einen Sekundärstrom von 15000 Volt (Selbstinduktion 0,2 bis $0{,}8 \cdot 10^{-3}$ Henry, Kapazität parallel der Funkenstrecke $0{,}19 \cdot 10^{-2}$ Mikrofarad, Primärstrom 220 Volt, 3,5 bis 4 Ampere). Eine zu starke Erhitzung der Elektroden darf nicht stattfinden, da sich hierdurch die Entladungsbedingungen verändern und die quantitative Auswertung der Spektrogramme unsicher wird. Eine zu starke Erhitzung wird durch Unterbrechung des Primärstromes mittels eines rotierenden Schalters in Intervallen von etwa je 0,25 Sek. vermieden.

Arbeitsweise. Unter stets gleichen Versuchsbedingungen macht man zunächst Aufnahmen von Lösungen bekannten Berylliumgehaltes und stellt eine Eichkurve her, in der die Transparenz (s. oben) der Linie $\lambda = 2348{,}6$ als Funktion des Berylliumgehaltes aufgetragen ist. Unter Einhaltung derselben Versuchsbedingungen kann dann die Transparenz von Lösungen unbekannter Berylliumkonzentration bestimmt und mit Hilfe der Eichkurve der Berylliumgehalt ermittelt werden.

Bemerkungen. a) Genauigkeit. Die so bei der Untersuchung 0,0002 bis 0,01 mol, reiner Berylliumsalzlösungen für $\lambda = 2348{,}6$ erhaltenen Transparenzwerte lassen erkennen, daß eine quantitative Bestimmung bei einer Konzentration der Ausgangslösung zwischen 0,0002 und 0,005 Mol/l, also 5 bis 125 mg BeO/l gut möglich ist. Bei höheren Konzentrationen ist die Änderung der Transparenz mit der Konzentration zu gering, um den Berylliumgehalt genauer als nur größenordnungsmäßig bestimmen zu können. Kleinere Berylliummengen lassen sich nach dieser Methode ebenfalls nicht mehr mit genügender Genauigkeit bestimmen, da infolge der dann notwendigen langen Belichtungszeit die Untergrundschwärzung zu stark ist, um genaue Messungen zu ermöglichen. Beleganalysen von Lösungen unbekannten Berylliumgehaltes wurden bisher nicht ausgeführt.

b) Störende Einflüsse. Es kommt für die beschriebene Methode nur die Linie 2348,6 in Betracht, da die anderen empfindlichen Analysenlinien des Berylliums von dem Bandenspektrum des Acetylens überdeckt werden und daher unbrauchbar sind. In Anwesenheit von Phosphorsäure ist die Empfindlichkeit der Linie 2348,6 soweit herabgesetzt, daß die Methode ganz versagt. Alkalien verringern die Empfindlichkeit nur wenig.

Literatur.

BEERWALD, A.: Z. El. Ch. **45**, 833 (1939). — BEERWALD, A. und W. SEITH: El. Z. Ch. **44**, 814 (1938). — BRODE, W. R. u. G. STEED: Ind. eng. Chem. Anal. Edit. **6**, 157 (1934).
EDER, I. M. u. E. VALENTA: Atlas typischer Spektren. Wien 1928.
FESEFELDT, H.: Ph. Ch. A **140**, 254 (1929). — FRESENIUS, L. u. M. FROMMES: Fr. **87**, 273 (1932).
GERLACH, W. u. E. SCHWEITZER: Die chemische Emissions-Spektralanalyse. Leipzig 1930. — GERLACH, W. u. E. RIEDL: Die chemische Emissions-Spektralanalyse, 3. Teil. Leipzig 1936. — GOLDSCHMIDT, V. M. u. CL. PETERS: Nachr. Götting. Ges. **1932**, 360. — GOLDSCHMIDT, V. M., H. HAUPTMANN u. CL. PETERS: Naturwiss. **21**, 362 (1933).
KAYSER, H. u. R. RITSCHL: Tabelle der Hauptlinien der Linienspektren, 2. Aufl. Berlin 1939.
KEMULA, N. u. J. RYGIELSKI: Przemysl Chem. **17**, 89 (1933); durch C. **104 II**, 2564 (1933).
LÖWE, F.: Atlas der letzten Linien der wichtigsten Elemente. Dresden-Leipzig 1928. — LUNDEGÅRDH, H. u. T. PHILIPSON: Lantbruks-Högskol. Ann. **5**, 249 (1938).
MANNKOPFF, R. u. CL. PETERS: Z. Phys. **70**, 444 (1931).
RATZBAUM, JE. A.: Lagerstättenforschung (russ.) **7**, Nr. 21, 31 (1937); durch C. **110 II**, 1934 (1939).
SCHEIBE, G.: Spektroskopische Analyse. Leipzig 1933. — SCHEIBE, G. u. A. RIVAS: Angew. Ch. **49**, 443 (1936). — SCHLEICHER, A. u. N. BRECHT-BERGEN: (a) Fr. **101**, 321 (1935); (b) **103**, 198 (1935). — SEITH, W. u. K. RUTHARDT: Chemische Spektralanalyse, S. 26. Berlin 1938. — SILBERMINZ, W. A. u. A. K. RUSANOV: C. r. Acad. Sci. U. R. S. S. [N. S.] **1936**, Bd. II, 27; durch C. **107 II**, 2323 (1936).
TWYMAN, F. u. C. ST. HITCHEN: Pr. Roy. Soc. London Ser. A **133**, 72 (1931).

Trennungsmethoden.

§ 8. Trennung von Aluminium.

Allgemeines.

Die Trennung des Berylliums von Aluminium ist analytisch und präparativ sehr wichtig, da Beryllium stets mit Aluminium zusammen vorkommt, in berylliumärmeren Gesteinen Aluminium sich in großem Überschuß befindet. Infolge des sehr ähnlichen chemischen Verhaltens machte die quantitative Trennung große Schwierigkeiten, besonders solange es an spezifischen Nachweisreaktionen fehlte, die Vollständigkeit einer ausgeführten Trennung also nicht nachgeprüft werden konnte. Erst mit Hilfe neuerer Methoden, wie dem Nachweis kleinerer Berylliummengen mit Chinalizarin auch neben Aluminium, konnte die Unbrauchbarkeit zahlreicher älterer Trennungsmethoden eindeutig nachgewiesen werden.

Zuverlässig lassen sich Beryllium und Aluminium trennen durch Fällung des Aluminiums aus schwach saurer, acetathaltiger Lösung mit Oxin oder Tannin sowie durch Schmelzen des Oxydgemisches mit Soda und Auslaugen der Schmelze mit Wasser, wobei nur Aluminium in Lösung geht. Zur teilweisen Trennung, insbesondere zur Abtrennung eines großen Überschusses von Aluminium sind weiter Verfahren von Bedeutung, die auf der Schwerlöslichkeit von Aluminiumchlorid, Aluminiumalaun oder Kryolith gegenüber den entsprechenden, leichter löslichen Berylliumsalzen beruhen. Verfahren, wie die Trennung der Acetate auf Grund ihrer verschiedenen Löslichkeit in organischen Lösungsmitteln oder ihre Trennung durch Destillation, sind nur präparativ von Wert, analytisch aber zu umständlich oder nicht absolut quantitativ. Die meisten übrigen vorgeschlagenen Trennungsmethoden beruhen auf der leichteren Hydrolysierbarkeit der Aluminiumsalze gegenüber denen des Berylliums. Während Aluminium aus Lösungen seiner Salze bereits bei $p_H \sim 4{,}14$ als Hydroxyd oder basisches Salz ausfällt, erfolgt die Abscheidung des Berylliumhydroxyds erst bei $p_H \sim 5{,}69$ [BRITTON (c)]. Infolge der geringen Differenz läßt sich aber nur schwer die Wasserstoff-Ionen-Konzentration so einstellen, daß Aluminium vollständig und Beryllium überhaupt nicht gefällt wird, abgesehen von der Schwierigkeit, die gegenseitige Adsorption der Hydroxyde während der Fällung völlig zu unterbinden. Entsprechendes gilt für die Fällung aus alkalischer Lösung, aus der bei wachsender Wasserstoff-Ionen-Konzentration zuerst Beryllium und schließlich auch Aluminium ausfällt. Diese Trennungsverfahren sind daher zumeist unbrauchbar.

A. Bestimmung von Beryllium neben Aluminium.

1. Fällung des Berylliums mit Guanidincarbonat.

Nach JÍLEK und KOTA bleibt bei der Fällung des Berylliums mit Guanidincarbonat aus tartrathaltiger Lösung (S. 27 und 29, Bem. V) Aluminium in Lösung. Aluminium wird im Filtrat des Berylliums mit Oxin gefällt; die sonst notwendige Zerstörung der Weinsäure vor der Bestimmung des Aluminiums ist dann überflüssig (ROEBLING und TROMNAU).

2. Bestimmung des Berylliums durch colorimetrische Titration mit Chinalizarin.

Auch diese Methode läßt sich nach FISCHER (a) selbst in Gegenwart eines großen Aluminiumüberschusses anwenden (vgl. S. 52). Zur Bestimmung sehr kleiner Berylliumgehalte in Mineralien und Legierungen mit Aluminium ist die Bestimmung mit Chinalizarin allen anderen Verfahren vorzuziehen.

Trennungsverfahren.

B. Zuverlässige Trennungsverfahren.

1. Trennung mit o-Oxychinolin (Oxin).

Vorbemerkung. Im Gegensatz zu zahlreichen anderen Metallen wird Beryllium aus neutraler oder essigsaurer, acetathaltiger Lösung durch Oxin (C_9H_6NOH, MG. 145,06, Fp. 75°) nicht ausgefällt. Beryllium läßt sich daher von allen Metallen, die wie Aluminium, Eisen, Kupfer, Titan, Zirkon usw. in essigsaurer Lösung unlösliche Komplexverbindungen mit Oxin bilden, trennen. Beryllium bildet erst in ammoniakalischer tartrathaltiger Lösung eine schwerlösliche Oxin-Komplexverbindung [BERG (c)]. Wegen ihrer Unbeständigkeit und wechselnden Zusammensetzung ist diese analytisch ohne Interesse, nach ZINBERG soll es sich nur um Adsorption von Oxin durch das ausfallende Berylliumhydroxyd handeln.

***Arbeitsvorschrift nach* KOLTHOFF *und* SANDELL.** Die schwach saure Lösung soll auf 100 cm³ nicht mehr als je 100 mg Aluminium- und Berylliumoxyd enthalten. Sie wird auf 50 bis 60° erwärmt und mit einem Überschuß der essigsauren Oxinlösung (s. unten, Bem. II) versetzt. Man gibt nun langsam 2 n Ammoniumacetatlösung hinzu, zunächst bis zur Bildung eines bleibenden, intensiv gelben Niederschlages, dann zur vollständigen Fällung des Aluminiums noch 20 bis 25 cm³ im Überschuß. Nach dem Absitzen des Niederschlages muß die überstehende Lösung durch überschüssiges Oxin hellgelb gefärbt sein. Man filtriert nun durch einen feinporigen Filtertiegel, wäscht den Niederschlag mit kaltem [nach FISCHER (c) wenig heißem] Wasser gründlich aus, trocknet bei 120 bis 130° und wägt als $Al(C_9H_6ON)_3$ (Faktor für Al_2O_3: 0,1110, für Al: 0,0587). Die Überführung des Oxinats in Oxyd (KNOWLES) ist für die Bestimmung größerer, die Titration des Oxinats mit Bromid und Bromat [BERG (a, d)] für die kleinerer Aluminiummengen geeigneter.

Im Filtrat des Aluminiumniederschlages wird Beryllium mit Ammoniak nach S. 20 gefällt. Der Niederschlag ist durch adsorbiertes Oxin gelb bis braun gefärbt. Ist das geglühte Berylliumoxyd nicht rein weiß, so raucht man zur Zerstörung der letzten Reste organischer Substanz mit Salpetersäure ab (NIESSNER). ROEBLING und TROMNAU fällen das auf 100 bis 150 cm³ eingeengte Filtrat des Aluminiums mit seleniger Säure nach KOTA (S. 25). Bei der Bestimmung kleiner von Aluminium getrennter Berylliummengen führen KOLTHOFF und SANDELL das Oxyd zur Wägung in Sulfat über (S. 36).

***Bemerkungen.* I. Genauigkeit.** Nach den Beleganalysen von KOLTHOFF und SANDELL ergaben sich sowohl für Aluminium (8 bis 160 mg Al_2O_3) als auch für Beryllium (20 bis 200 mg BeO) sehr befriedigende Resultate. Die Abweichungen vom theoretischen Wert betrugen auch bei Vorliegen eines mehrfachen Aluminiumüberschusses höchstens $\pm$ 0,5%. Im Durchschnitt liegen allerdings die für Berylliumoxyd gefundenen Werte um etwa 0,4 mg zu hoch, wahrscheinlich infolge der geringen Löslichkeit des Aluminiumoxinats in wäßriger Lösung, besonders in Gegenwart von Berylliumsalzen. Zur Herabsetzung der Löslichkeit ist daher die Anwendung eines genügenden Oxinüberschusses, bei wenig Aluminium bis zu 50%, notwendig. Ist der Aluminiumüberschuß sehr groß, so daß wesentlich mehr als 100 mg Aluminiumoxyd als Oxinat gefällt werden müssen, um noch bestimmbare Berylliummengen im Filtrat zu erhalten, so wird der Arbeitsgang durch die voluminöse Beschaffenheit des Oxinatniederschlages sehr erschwert. Die Trennung ist dann infolge Adsorption von Beryllium durch den Aluminiumniederschlag unvollständig (Fischer und Leopoldi; Hills). In diesem Falle muß die Hauptmenge des Aluminiums vorher abgetrennt werden, am besten nach der Äther-Salzsäure-Methode von Havens (S. 69).

II. Bereitung der Reagenslösung. Kolthoff und Sandell lösen 5 g fein gepulvertes o-Oxychinolin in 100 cm³ 2 n Essigsäure. 1 cm³ dieser Lösung reicht zur Fällung von etwa 3 mg Aluminium. Berg (b, d) sowie Churchill, Bridges und Lee lösen zunächst Oxin in wenig Eisessig und verdünnen dann mit Wasser zu 2,5- bis 3%igen Lösungen. Die filtrierte Lösung ist im Gegensatz zu der sonst üblichen alkoholischen Oxinlösung (vgl. unten, Bem. IVa) mehrere Wochen lang haltbar. Sie ist auch für die entsprechenden Trennungen von Eisen und anderen Metallen brauchbar.

III. Einfluß anderer Stoffe. In Gegenwart von Flußsäure wird Aluminium infolge der Bildung komplexer Fluoride nicht quantitativ durch Oxin gefällt. Auch Oxalsäure (s. unten, Bem. IVb) sowie andere organische Säuren [Berg (b)] können die vollständige Fällung des Aluminiums verhindern. Weinsäure stört auch in großem Überschuß die Fällung des Aluminiums mit Oxin nicht. Gadeau (a) fällt Beryllium im Filtrat in Gegenwart von Tartraten nach Ansäuern mit Essigsäure als Ammoniumberylliumphosphat (vgl. S. 40). Phosphorsäure darf nicht anwesend sein, da Ammoniumberylliumphosphat bereits in schwach saurer Lösung ausfällt.

Eisen, Titan, Zirkon, Kupfer sowie auch Nickel und Kobalt werden unter gleichen Bedingungen wie Aluminium als schwerlösliche Oxinate gefällt und lassen sich daher in derselben Weise von Beryllium trennen (S. 81 und 94).

IV. Andere Arbeitsweisen und Abänderungsvorschläge. a) Arbeitsweise von Niessner. Gleichzeitig mit Kolthoff und Sandell arbeitete Niessner ein Verfahren zur Trennung von Beryllium und Aluminium mit Oxin aus. Zur Fällung wird ein Gemisch aus gleichen Teilen einer 20%igen alkoholischen Oxinlösung und einer gesättigten wäßrigen Ammoniumacetatlösung verwendet, welches der neutralisierten, auf etwa 70° erhitzten Lösung unter Umrühren zugesetzt wird. Trotz der befriedigenden Resultate, die Niessner so erhielt, halten Fischer und Leopoldi dieses Verfahren für unsicher, da Aluminiumoxinat in der heißen, wäßrig-alkoholischen Lösung merklich löslich ist und so beim Beryllium verbleibt. Erst nach Verkochen des Alkohols fällt Aluminium quantitativ mit dem überschüssigen Oxin und auch bereits geringen Mengen Berylliumhydroxyd quantitativ aus. Die Verwendung einer alkoholischen Oxinlösung ist daher zur Trennung von Aluminium und Beryllium unzweckmäßig.

b) Oxinfällung unter Zusatz von Oxalsäure. Um einen dichteren, besser filtrierbaren und auswaschbaren Oxinatniederschlag zu erhalten, empfiehlt Niessner, nach Neutralisation der überschüssigen Säure und vor Zugabe der Oxinlösung etwas Weinsäure hinzuzufügen. Da der Tartratzusatz die vollständige Fällung des Berylliums als Hydroxyd im Filtrat des Aluminiums verhindern kann, wird verschiedentlich [z. B. Fischer (d)] ein Zusatz von 0,2 g Oxalsäure vor der Oxinfällung empfohlen. Nach Zwenigorodskaja und Smirnowa werden aber bei Zusatz von Oxalsäure viel zu niedrige Werte für Aluminium und dementsprechend zu hohe Werte für Beryllium erhalten. Der Fehler betrug infolge nicht quantitativer Ausfällung des Aluminiums bis zu 25%. Fresenius und Frommes (a) tragen dieser Fehlerquelle dadurch Rechnung, daß sie das nach der Trennung in Gegenwart von Oxalsäure erhaltene Berylliumoxyd auf etwa vorhandenes Aluminium prüfen. In Abwesenheit von Oxalsäure ergaben sich nach Zwenigorodskaja und Smirnowa richtige Werte für Aluminium und Beryllium, so daß der schädliche Oxalsäurezusatz am besten weggelassen wird. Auf die Trennung des Berylliums von Eisen mit Oxin hat Oxalsäure keinen nachteiligen Einfluß.

c) Arbeitsweise von KNOWLES. Um zur Fällung des Aluminiums mit Sicherheit innerhalb eines p_H-Bereiches zu bleiben, bei dem die Fällung des Aluminiums quantitativ ist (nach GOTÔ $p_H = 4,2$ bis 9,8), schlägt KNOWLES folgende Arbeitsweise vor: Die etwa durch Auflösen eines Gemisches von Aluminium- und Berylliumhydroxyd in Salzsäure erhaltene Lösung (auf je 200 cm^3 höchstens 10 cm^3 konzentrierte Salzsäure und 0,1 g Aluminium) wird mit 15 cm^3 einer 40%igen Ammoniumacetatlösung und 10 Tropfen einer 0,04%igen Lösung von Bromkresolpurpur versetzt. Dann gibt man verdünntes wäßriges Ammoniak bis zum deutlichen Umschlag des Indicators auf Purpur ($p_H = 5,2$ bis 6,8) hinzu. Unter Umrühren läßt man nun aus einer Bürette eine essigsaure Oxinlösung in geringem Überschuß zufließen, erhitzt dann etwa 1 Min. zum Sieden, filtriert nach dem Abkühlen auf 60° und verfährt weiter nach der Vorschrift von KOLTHOFF und SANDELL. Das so erhaltene Berylliumoxyd enthielt höchstens 0,1 mg Aluminiumoxyd, bei gleichzeitiger Anwesenheit von Eisen, Titan und Zirkon höchstens noch Spuren von Eisen.

d) Arbeitsweise von DITTLER und KIRNBAUER. Die zur quantitativen Fällung des Aluminiums notwendige Wasserstoff-Ionen-Konzentration soll sich am sichersten auf folgendem Wege erreichen lassen: Die auf 50 bis 60° erwärmte salzsaure Lösung der Hydroxyde von Beryllium und Aluminium wird vorsichtig mit Ammoniak bis zur Bildung eines bleibenden Niederschlages versetzt und dieser dann mit Essigsäure gerade wieder aufgelöst. Nun wird nach der Vorschrift von KOLTHOFF und SANDELL weitergearbeitet. Der Vorschlag von DITTLER, bei der Berylliumbestimmung in Mineralien den aus dem salzsauren Filtrat der Kieselsäure gefällten Niederschlag der Hydroxyde gleich in Essigsäure zu lösen, ist nicht durchführbar, da sich das gefällte Aluminiumhydroxyd unter Umständen nicht vollständig in Essigsäure löst (ROEBLING und TROMNAU).

V. Mikrotrennung von THURNWALD und BENEDETTI-PICHLER. ***Arbeitsvorschrift.*** 1,5 cm^3 der Aluminium und Beryllium als Sulfate enthaltenden Lösung werden in einen zusammen mit dem Filterstäbchen gewogenen Mikrobecher gegeben und mit einem Tropfen konzentrierter Salzsäure und 0,3 cm^3 der Oxinlösung (s. oben, Bem. II) versetzt. Auf dem siedenden Wasserbad gibt man nun zu der Lösung tropfenweise 2 n Ammoniumacetatlösung bis zur ersten bleibenden Trübung zu. Nach 1 Min., innerhalb welcher die anfängliche Trübung im allgemeinen bereits in einen krystallinen Niederschlag übergeht, setzt man tropfenweise noch weitere 0,5 cm^3 Ammoniumacetatlösung zu und läßt nach 10 Min. auf dem siedenden Wasserbad stehen. Der gelbe Niederschlag wird dann noch heiß mit dem Filterstäbchen abfiltriert und 4mal mit je 0,25 bis 0,5 cm^3 heißem Wasser gewaschen, 5 Min. bei 140° getrocknet und als Aluminiumoxinat $Al(C_9H_6ON)_3$ gewogen.

Das mit dem Waschwasser vereinigte Filtrat wird in einem Mikrobecher (Pyrexglas, 5 cm^3) auf dem Wasserbad zur Trockne eingedampft, der Rückstand mit einigen Tropfen konzentrierter Schwefelsäure versetzt und bis zur Auflösung erhitzt. Dann gibt man etwa das doppelte Volumen der Lösung an konzentrierter Salpetersäure hinzu und raucht bis zum Auftreten von Schwefelsäuredämpfen ab. Man wiederholt das Abrauchen mit Salpeter- und Schwefelsäure so oft, bis der Rückstand farblos geworden ist. Die überschüssige Schwefelsäure wird hierauf durch Erhitzen auf 300° vertrieben, der Rückstand mit 1,5 cm^3 Wasser aufgenommen und Beryllium nach S. 34, Bem. II als Sulfat bestimmt.

Genauigkeit. Die Methode führt zu befriedigenden Resultaten, die für Aluminium (0,2 bis 0,5 mg) bis zu 0,7%, für Beryllium (0,4 mg) nach Abzug einer Blindwertkorrektur (S. 35, Bem. a) bis zu 0,5% zu hoch liegen. Auch kleine Aluminiummengen neben bis zu 35fachem Überschuß an Beryllium lassen sich mit gleicher Genauigkeit auf diesem Wege bestimmen (BENEDETTI-PICHLER und SCHNEIDER).

2. Trennung mit Tannin.

Vorbemerkung. Berylliumsalze hydrolysieren in schwach saurer Ammoniumacetatlösung auch beim Sieden nicht. Sie bilden daher in nicht zu konzentrierten Lösungen auch keine unlöslichen Adsorptionsverbindungen mit Tannin im Gegensatz zu Aluminium und anderen Metallen, die aus essigsaurer, mit Ammoniumacetat gepufferter Lösung durch Tannin quantitativ gefällt und so von Beryllium getrennt werden können. Die Fällung des Aluminums ist schon in der Kälte vollständig, beim Erwärmen ballt sich der zunächst sehr voluminöse Niederschlag rasch zusammen und ist dann leichter filtrierbar. Die Zusammensetzung der Tanninniederschläge, die durch Adsorption des negativ geladenen Tanninsols durch das zunächst kolloid in Lösung bleibende, positiv geladene Hydroxydsol entstehen, wechselt mit den Konzentrationsverhältnissen. Zur gravimetrischen Bestimmung müssen die Tannin-Hydroxyd-Niederschläge daher durch Glühen in Oxyd übergeführt werden, ein Nachteil gegenüber der Fällung mit Oxin.

Außer Aluminium lassen sich auch Eisen, Chrom, Gallium, Thorium und Vanadin aus schwach essigsaurer Ammoniumacetatlösung, Titan und Zirkon aus stark essigsaurer und Wolfram aus mineralsaurer Lösung mit Tannin fällen und so von Beryllium trennen. Niob, Tantal und Titan können auch durch Fällung mit Tannin aus oxalsaurer Lösung von Beryllium getrennt werden (S. 97).

***Arbeitsvorschrift von* Moser *und* Niessner.** Die schwach schwefelsaure Lösung von Aluminium- und Berylliumsulfat wird mit heißem Wasser auf etwa 500 cm^3, bei einem Gehalt von mehr als 0,1 g Aluminiumoxyd auf 600 bis 800 cm^3 verdünnt. Unter Rühren wird nun die auf 80° erwärmte Ammoniumacetat-Tannin-Lösung in einem Guß hinzugegeben (Herstellung der Reagenslösung S. 24), wobei sich sofort die Adsorptionsverbindung von Tannin an Aluminumhydroxyd ausscheidet. Man erhitzt 2 Min. zum Sieden, läßt abkühlen und prüft nach dem Absitzen des Niederschlages durch weitere Zugabe des Fällungsmittels, ob die Fällung vollständig ist. Dann wird der Niederschlag abfiltriert und mit 5%iger, warmer Ammoniumacetatlösung ausgewaschen. Bei kleinen Aluminiummengen (unter 0,06 g Al_2O_3) wird der Niederschlag im Platintiegel verascht und geglüht, zur Zerstörung der organischen Substanz mehrmals mit Salpetersäure abgeraucht und schließlich als Oxyd gewogen. Bei größeren Aluminiummengen wird der Niederschlag besser in Salpetersäure (1:3) gelöst, unter tropfenweisem Zusatz konzentrierter Salpetersäure gekocht, bis die Lösung farblos geworden ist. In dieser Lösung wird Aluminium wie üblich mit Ammoniak gefällt.

Im Filtrat des Aluminiumniederschlages wird Beryllium nach der Vorschrift von Moser und Singer (S. 23) mit Ammoniak gefällt und als Oxyd bestimmt.

Singleton gibt praktisch die gleiche Trennungsvorschrift an.

***Bemerkungen.* I. Genauigkeit.** Moser und Niessner erzielten bei der Trennung reinster Aluminium- und Berylliumsulfatlösungen (10 bis 250 mg Al_2O_3 und 15 bis 325 mg BeO) befriedigende Ergebnisse, auch wenn Aluminium in mehrfachem Überschuß anwesend war. Die Fehler betrugen maximal $\pm$ 0,4 mg BeO bzw. Al_2O_3. Mitchell und Ward erhielten nach der Vorschrift von Moser und Niessner keine einwandfreie Trennung der beiden Metalle und führen dies auf die Unklarheit der Vorschrift in bezug auf die zur quantitativen Trennung erforderliche Wasserstoff-Ionen-Konzentration zurück (vgl. unten, Bem. III). Nach Nichols und Schempf, die die Vorschrift von Moser und Niessner nachprüften, ist die Fällung des Aluminiums mit Tannin bei p_H 4,6$\pm$0,1 nach 1 Stunde quantitativ, wobei der Tanninüberschuß das 12- bis 15fache des Aluminiumoxydgehaltes betragen muß. Beim Kochen der Lösung beginnt aber die Ausfällung des Berylliums ebenfalls schon bei p_H 4,9. Infolge der voluminösen Beschaffenheit des Tanninniederschlages, der leicht Beryllium mitreißen kann, ist die Methode zur Abtrennung größerer Aluminiummengen von wenig Beryllium ungeeignet (Schoeller und Webb; Churchill, Bridges und Lee). Einen Überschuß von Aluminium trennt man nach der Äther-Salzsäure-Methode von HAVENS (S. 69) ab und fällt dann den beim Beryllium verbliebenen Rest von Aluminium ohne Schwierigkeiten mit Tannin nach obiger Vorschrift bzw. nach der Vorschrift von MOSER und SINGER (s. unten, Bem. III).

II. Einfluß anderer Stoffe. In Anwesenheit von Stoffen, die mit Aluminium beständige Komplexverbindungen bilden, ist die Fällung und Abtrennung des Aluminiums unvollständig. Fluoride und Oxalate (SCHOELLER und WEBB) müssen daher vorher entfernt werden. Da Ammoniumberylliumphosphat bei schwach saurer Reaktion bereits nahezu vollständig gefällt wird, darf Phosphorsäure bei der Tannintrennung nicht anwesend sein. Nach MOSER und NIESSNER müssen zur Trennung schwefelsaure Lösungen der Sulfate vorliegen, da nur basisches Berylliumsulfat bei neutraler Reaktion löslich ist und daher auch in neutraler Lösung nicht durch Tannin ausgefällt wird. Bei genauer Einhaltung einer stets im schwach sauren Gebiet liegenden Wasserstoff-Ionen-Konzentration ist aber auch eine einwandfreie Trennung in Lösungen der Chloride oder Nitrate möglich (vgl. unten, Bem. III). Bei gleichzeitiger Anwesenheit von 3wertigem Eisen, Chrom, Gallium, Thorium, Vanadin, Titan und Zirkon werden diese Metalle zusammen mit Aluminium ausgefällt. Nach Auflösen des Niederschlages ist aber die Trennung dann zu wiederholen, um mitgerissenes Beryllium wieder in Lösung zu bringen. Wolfram wird aus essigsaurer, acetathaltiger Lösung mit Tannin nicht vollständig gefällt (S. 95).

III. Andere Arbeitsweisen und Abänderungsvorschläge. a) Arbeitsweise von MOSER und SINGER. Die von MOSER und SINGER zur Trennung des 3wertigen Eisens vom Beryllium gegebene Vorschrift (S. 82) ist in gleicher Weise zur Abtrennung des Aluminiums geeignet. Sie enthält genauere Angaben über die Einstellung der zur quantitativen Trennung notwendigen Wasserstoff-Ionen-Konzentration und ist daher auch zur Trennung in Lösungen der Chloride oder Nitrate anwendbar. Sie dürfte der obigen Methode zumindest gleichwertig sein.

b) Arbeitsweise von OSTROUMOW. Nach OSTROUMOW sowie TSCHERNICHOW soll die Adsorption von Beryllium durch den ausfallenden Aluminium- bzw. Eisenhydroxyd-Tannin-Niederschlag praktisch völlig verhindert werden, wenn man die zu untersuchende Lösung in die Lösung von Tannin in Ammoniumacetatlösung hineingießt. OSTROUMOW gibt folgende Trennungsvorschrift: Die neben Beryllium Aluminium und Eisen am besten als Chloride enthaltende Lösung wird neutralisiert, mit einem Tropfen Salzsäure (D 1,19) angesäuert und in die mit 3 bis 4 Tropfen Salzsäure versetzte Tannin-Ammoniumacetat-Lösung, die vorher mit heißem Wasser auf 200 bis 300 cm^3 verdünnt wurde, eingegossen. Beiden Lösungen wurden vor dem Zusammengießen je 3 g Natriumchlorid zugesetzt. Man erhitzt kurze Zeit zum Sieden, läßt noch etwa $^1/_2$ Std. auf dem Wasserbad stehen, filtriert und arbeitet weiter nach der Vorschrift von MOSER und NIESSNER. Die Methode führt nach OSTROUMOW zu befriedigenden Ergebnissen, die mit auf anderem Wege erhaltenen Resultaten gut übereinstimmen.

3. Trennung der Oxyde durch Schmelzen mit Soda.

Vorbemerkung. Beim Schmelzen eines Gemisches von Beryllium- und Aluminiumoxyd mit Natriumcarbonat geht nach WUNDER und WENGER nur Aluminium in wasserlösliches Aluminat über. Durch Auslaugen des Schmelzrückstandes mit Wasser lassen sich daher Beryllium und Aluminium quantitativ trennen. Die Methode ist zur Reinigung des Berylliumoxyds von Verunreinigungen durch Aluminiumoxyd oder Kieselsäure bei der gravimetrischen Bestimmung als Oxyd sehr gut geeignet.

***Arbeitsvorschrift von* WUNDER *und* WENGER.** Das etwa durch Fällen einer Beryllium- und Aluminiumsalzlösung mit Ammoniak und Glühen des Niederschlages erhaltene Oxydgemisch (etwa 0,1 bis 0,3 g) wird mit ungefähr 5 g Natriumcarbonat 2 bis 3 Std. im zunächst bedeckten, später offenen Platintiegel geschmolzen. Die Schmelze wird nach dem Erkalten in einer Platinschale in Wasser gelöst und die Lösung nach Zugabe von etwa 1 g Natriumcarbonat noch einige

Minuten aufgekocht. Der unlösliche, aus Berylliumhydroxyd bzw. -carbonat bestehende Rückstand wird auf ein gehärtetes Filter abfiltriert. Um mit Sicherheit alles Aluminium herauszulösen, wird nach dem Veraschen und Glühen des Berylliumoxyds das Schmelzen mit Natriumcarbonat noch einmal wiederholt. Der nach der Auflösung in Wasser und Natriumcarbonatlösung wie oben erhaltene Rückstand besteht nun aus reinem Berylliumoyd. Er wird abfiltriert, durch gründliches Auswaschen mit Wasser von anhaftendem Alkali befreit, verascht und nach dem Glühen bis zur Gewichtskonstanz als Berylliumoxyd gewogen. In den vereinigten Filtraten wird Aluminium in bekannter Weise als Aluminiumoxyd gravimetrisch bestimmt.

Bemerkungen. **I. Genauigkeit.** Bei der Trennung von 50 bis 150 mg Berylliumoxyd von etwa gleichen Mengen Aluminiumoxyd ergaben sich nach WUNDER und WENGER gute Resultate. Der Fehler der Bestimmung als Beryllium- bzw. Aluminiumoxyd ist kleiner als $\pm$ 0,6 mg. Die Schmelze muß aber nach NASARENKO mit heißem Wasser ausgezogen oder der wäßrige Extrakt aufgekocht werden, da beim Extrahieren mit kaltem Wasser auch Beryllium teilweise (bis zu 2 mg BeO) mit dem Aluminat in Lösung gehen soll (vgl. hingegen unten, Bem. IIIa). Sind nicht mehr als 150 mg Albuminiumoxyd anwesend, so genügt nach BRITTON (b) eine einmalige Schmelze zur quantitativen Trennung (s. unten, Bem. IIIa). Nach SCHOELLER und WEBB ist die Methode besonders zur Reinigung des Berylliumoxyds von mitgefälltem Aluminiumoxyd und von Kieselsäure geeignet (S. 16). Bei der Bestimmung so abgetrennter kleiner Aluminiummengen ergaben sich allerdings leicht etwas zu hohe Werte (STOCK, PRAETORIUS und PRIESS).

II. Gegenwart anderer Stoffe. Die Oxyde von Chrom, Vanadin und Wolfram sowie Phosphorsäure und Kieselsäure gehen beim Auslaugen der Sodaschmelze durch Wasser mit Aluminium in Lösung und lassen sich so quantitativ von Beryllium trennen, während Eisen- und Zirkonoxyd quantitativ, die Oxyde von Cer, Lanthan, Neodym, Erbium, Thorium und Uran größtenteils mit Berylliumoxyd im Rückstand bleiben, Uran als fast unlösliches Natriumuranylcarbonat. Nach Aufschluß des Rückstandes mit Kaliumpyrosulfat müssen diese Metalle in anderer Weise von Beryllium getrennt werden (DIXON; WUNDER und SCHAPIRO; WENGER und WÄHRMANN). Die Methode ist sehr geeignet zur Abtrennung und Bestimmung des Berylliums bei der Untersuchung von Mineralien (HILLS, vgl. S. 116, d).

III. Andere Arbeitsweisen und Abänderungsvorschläge. a) Arbeitsweise von BRITTON. Zur Erzielung einer quantitativen Trennung sind nach BRITTON (b) folgende Bedingungen einzuhalten. Das zu trennende Oxydgemisch soll nicht mehr als 150 mg Aluminiumoxyd enthalten. Es wird mit 5 g Soda 2 bis 3 Std. bei einer zum Schmelzfluß gerade ausreichenden Temperatur geschmolzen und die Schmelze mit etwa 500 cm³ kaltem Wasser ausgelaugt. Bei dieser Verdünnung sind 150 mg Aluminiumoxyd leicht als Aluminat löslich und fallen noch nicht als Hydroxyd aus, während die Löslichkeit des Berylliumhydroxyds bereits so gering ist, daß sie vernachlässigt werden kann. Man braucht die Lösung also nicht mehr zu erhitzen, sondern kann sie gleich entsprechend der Vorschrift von WUNDER und WENGER weiter verarbeiten. Eine Wiederholung der Sodaschmelze ist nicht mehr notwendig, die Trennung ist nach einmaliger Schmelze vollständig. Die so erzielte Genauigkeit entspricht den Angaben von WUNDER und WENGER (s. oben, Bem. I).

b) Arbeitsweise von TRAVERS und PERRON. Nach TRAVERS und PERRON ist 2- bis 3stündiges Schmelzen überflüssig. Es soll bereits eine Erhitzung von wenigen Minuten auf die Schmelztemperatur ausreichend sein.

c) Trennung durch Schmelze mit Soda und Pottasche nach TRAVERS und PERRON. TRAVERS und PERRON schlagen die zur Abtrennung der Phosphorsäure von Beryllium angewendete Methode der Schmelze mit einem Soda-Pottasche-Gemisch (S. 99) auch zur Abtrennung des Aluminiums vor. Beim Behandeln der erkalteten Schmelze mit Wasser soll hierbei zunächst auch Beryllium als Kaliumberylliumcarbonat in Lösung gehen, dann aber durch Kochen der Lösung als basisches Carbonat bzw. Hydroxyd wieder abgeschieden werden.

Nach WASSILJEW bleibt Beryllium beim Auslaugen der Schmelze (2 Teile Soda, 1 Teil Pottasche) hingegen von vornherein fast quantitativ im Rückstand. Andererseits wird beim Kochen der Lösung auch Aluminiumhydroxyd abgeschieden, so daß eine quantitative Trennung sich auf dem von TRAVERS und PERRON vorgeschlagenen Weg auch nach mehrmaliger Wiederholung der Schmelze nicht erzielen läßt [GADEAU (b)].

C. Methoden zur teilweisen Abtrennung eines großen Aluminiumüberschusses.

1. Trennung der Chloride mit Äther-Salzsäure nach HAVENS.

Vorbemerkung. Im Gegensatz zu Berylliumchlorid, $BeCl_2 \cdot 4\,H_2O$, ist Aluminiumchlorid, $AlCl_3 \cdot 6\,H_2O$, in mit Chlorwasserstoff gesättigter wäßriger Lösung und besonders in einer Mischung dieser Lösung mit Äther schwer löslich. Die Löslichkeit beträgt in mit Chlorwasserstoff gesättigter Salzsäure

bei 0°: 0,091 g $AlCl_3 \cdot 6\,H_2O$/100 g Lösung (MALQUORI),
bei 15°: 0,109 g $AlCl_3 \cdot 6\,H_2O$/100 g Lösung (GOOCH und HAVENS),

in einer Mischung aus gleichen Teilen gesättigter Salzsäure und Äther

bei 15°: 0,004 g $AlCl_3 \cdot 6\,H_2O$/100 g Lösung (GOOCH und HAVENS).

Durch Behandeln der Chloride mit an Chlorwasserstoff gesättigter Salzsäure (POLLOK) oder besser mit einer Mischung aus Salzsäure und Äther [HAVENS (a)] läßt sich daher eine weitgehende Abtrennung der Hauptmenge des Aluminiums von Beryllium erreichen. Zur quantitativen Abscheidung des Aluminiumchlorides muß mit möglichst kleinen Lösungsmittelmengen gearbeitet werden. Hierbei besteht aber die Gefahr der Mitfällung von Berylliumchlorid, so daß es sicherer und einfacher ist, nach dem Vorschlage von FISCHER und LEOPOLDI nur den Hauptteil des Aluminiums auf diesem Wege abzuscheiden und die geringen restlichen Aluminiummengen durch Fällung mit Oxin oder Tannin von Beryllium zu trennen.

Arbeitsvorschrift (teilweise Abtrennung) nach **FISCHER (c).** Die Lösung der Chloride von Beryllium und Aluminium wird auf 50 cm³ eingeengt und mit einem Gemisch aus gleichen Teilen Äther und konzentrierter Salzsäure versetzt. Unter Kühlung mit Wasser wird die Lösung mit Chlorwasserstoff gesättigt und nach Hinzugabe von 50 cm³ Äther weiter Chlorwasserstoff bis zur völligen Sättigung eingeleitet. Der ausgefallene, krystalline Niederschlag von $AlCl_3 \cdot 6\,H_2O$ wird durch einen Glas- oder Porzellanfiltertiegel abfiltriert und mit einer mit Chlorwasserstoff in der Kälte gesättigten Mischung aus gleichen Teilen konzentrierter Salzsäure und Äther ausgewaschen. In dem mit dem Waschwasser vereinigten Filtrat wird nach dem Vertreiben des Äthers und der überschüssigen Salzsäure das restliche Aluminium durch Fällung mit Oxin vom Beryllium getrennt (S. 63).

Wird zur vollständigen Abscheidung des Aluminiums mit kleineren Lösungsmittelmengen gearbeitet, so ist die Trennung nach Auflösung des abgeschiedenen Aluminiumchlorids zu wiederholen, um mitgerissenes Beryllium wieder in Lösung zu bringen (FISCHER und LEOPOLDI).

Bemerkungen. **I. Genauigkeit.** Bei der direkten Fällung des Berylliums im Filtrat des nach obiger Vorschrift abgetrennten Aluminiumchlorides ergaben sich infolge des noch in Lösung befindlichen Aluminiums um einige Milligramme zu hohe, für Aluminium entsprechend zu niedrige Werte. Bei der Trennung nicht zu kleiner Berylliummengen (etwa 100 mg BeO) von Aluminium würde der Fehler wenige Prozente ausmachen. Für genaue Berylliumanalysen ist aber die Abtrennung des noch mit Beryllium gelösten Aluminiums nicht zu umgehen oder die Trennung mit möglichst kleinen Lösungsmittelmengen auszuführen (s. unten, Bem. III).

II. Gegenwart anderer Metalle. Die Chloride von 3wertigem Eisen, von Zink, Kupfer, Quecksilber und Wismut bleiben bei der Ausfällung des Aluminiumchlorides mit Äther-Salzsäure zusammen mit Beryllium in Lösung [HAVENS (b)]. Bei größeren Eisenmengen scheidet sich eine grüne, ölige Schicht von Äther und Eisenchlorid ab, die durch weiteren Zusatz von Äther wieder in Lösung gebracht werden kann. Alkalichloride fallen zusammen mit Aluminiumchlorid aus.

III. Weitere Arbeitsweisen und Abänderungsvorschläge. a) Ursprüngliche Arbeitsweise von HAVENS. Die schon 1897 von HAVENS (a) ausgearbeitete Trennungsvorschrift unterscheidet sich von der oben wiedergegebenen nur dadurch, daß die Trennung in möglichst konzentrierten Lösungen vorgenommen wird. HAVENS engt die ursprüngliche, salzsaure Lösung der Chloride für je 0,1 g Aluminiumoxyd auf ein Volumen von höchstens 6 bis 15 cm^3 ein, sättigt in einer wassergekühlten Platinschale mit Chlorwasserstoff, gibt dann die gleiche Menge Äther hinzu und leitet weiter Chlorwasserstoff bis zur vollständigen Sättigung ein. Weiter wird, wie oben beschrieben, verfahren. In dieser Weise ausgeführte Trennungen (20 bis 100 mg BeO und etwa 100 mg Al_2O_3) ergeben recht gute Werte. Der Fehler ist allerdings noch immer für Aluminium negativ, für Beryllium positiv, im Mittel beträgt die Differenz 0,4 mg Oxyd. Auch AARS sowie BRITTON (b) erhielten bei der Trennung vergleichbarer Mengen Aluminium und Beryllium ähnliche brauchbare Resultate. Die Methode wurde daher auch zur Analyse von Beryllmineralien (MACHATSCHKI) und Aluminium-Beryllium-Legierungen (KROLL) herangezogen (vgl. S. 116 und 120). Die Methode von HAVENS führt aber nur dann zu einer annähernd quantitativen Trennung und zu befriedigenden Resultaten, wenn sich Aluminium nicht in großem Überschuß neben kleinen Berylliummengen befindet, wie dies in berylliumärmeren Mineralien und den meisten Legierungen der Fall ist. Das in Lösung bleibende Aluminium macht dann die Berylliumbestimmung ohne vorhergehende Oxintrennung unmöglich (FISCHER und LEOPOLDI).

b) Weitere Abänderungsvorschläge. CHURCHILL, BRIDGES und LEE engen die zu trennende, salzsaure Lösung soweit ein, daß Aluminiumchlorid auszukrystallisieren beginnt, arbeiten also in möglichst noch kleinerem Volumen. Die Trennung wird nach Auflösen des abgeschiedenen Aluminiumchlorids in Salzsäure wiederholt und auch in den vereinigten Filtraten der beiden Trennungen in Lösung gegangenes Aluminium nochmals nach HAVENS abgetrennt. Trotzdem konnte in dem nach der letzten Trennung erhaltenen Filtrat noch immer Aluminium nachgewiesen werden. Die erhaltenen Resultate waren nicht wesentlich genauer als die Ergebnisse von HAVENS.

Nach NOYES, BRAY und SPEAR sollen sich große Mengen Aluminium von wenig Beryllium vollständiger trennen lassen, wenn die mit Chlorwasserstoff gesättigte Mischung von Äther und Salzsäure entsprechend mehr Äther enthält. Hierdurch kann die Löslichkeit des Aluminiumchlorids noch weiter herabgesetzt werden.

2. Trennung der komplexen Fluoride.

Im Gegensatz zu den leicht löslichen Alkalifluoroberyllaten sind die entsprechenden Aluminiumverbindungen schwerer löslich. 100 cm^3 bei 20° gesättigter Lösung enthalten nach CARTER 0,061 g Na_3AlF_6 gegen 2 g K_2BeF_4. GIBBS schlägt daher zur Abtrennung des Aluminiums von Beryllium die Fällung mit Natriumfluorid als Natriumfluoroaluminat vor. Auch Eisen, Magnesium und Calcium können bei genügendem Überschuß des Fällungsmittels als Fluoride zusammen mit Aluminium abgeschieden werden (TANANAJEW und TALIPOW). Bei der noch beträchtlichen Löslichkeit des Natriumfluoroaluminats kommt dieser teilweisen Trennung praktische Bedeutung nur beim Aufschluß von Berylliummineralien mit Natriumsilicofluorid zu (S. 114). Infolge der Schwerlöslichkeit der komplexen Fluoride des Aluminiums und Eisens wird ein Überschuß dieser Metalle bereits beim Auslaugen des Sinterungsproduktes mit Wasser von Beryllium abgetrennt [FISCHER (b)].

POLLOK setzt zur Trennung der komplexen Fluoride die Löslichkeit des Kaliumfluoroaluminats durch einen Überschuß von Flußsäure und Kaliumfluorid soweit herab, daß die Trennung quantitativ sein soll. Hierzu wird die zu untersuchende, verdünnte Lösung in einem Platingefäß mit Flußsäure und konzentrierter saurer Kaliumfluoridlösung in großem Überschuß versetzt. Bei ungenügender Verdünnung wird neben Kaliumfluoroaluminat auch Kaliumfluoroberyllat mit ausgefällt. Selbst wenn die Trennung auf diese Weise vollständig sein sollte, dürfte die Methode infolge der allein möglichen Verwendung von Gefäßen und Geräten aus Platin analytisch bedeutungslos sein.

3. Trennung der Sulfate.

Auch der Unterschied der Löslichkeiten von Berylliumsulfat (bei 25°: 8,2 g/100 g Lösung) und Kaliumaluminiumsulfat (bei 15°: 4,8, bei 25°: 6,6 g/100 g Lösung) ist verschiedentlich zur teilweisen Trennung der beiden Metalle herangezogen worden (BERTHIER; HART; JOY). Die von JOY 1863 ausgearbeitete Methode zur annähernd quantitativen Trennung der Sulfate auf Grund der in überschüssigem Kaliumsulfat besonders geringen Löslichkeit des Kaliumalauns ist heute bedeutungslos.

D. Abtrennung sehr geringer Mengen Aluminium.

Geeignete Trennungsverfahren.

Zur Abtrennung kleinster Mengen Aluminium von einem großen Berylliumüberschuß kommen in Betracht die Trennung mit Oxin (S. 63), Tannin (S. 66) oder durch Schmelzen mit Soda (S. 67). Weiter läßt sich nach RÖSSLER Beryllium in Gegenwart kleiner Aluminiummengen, die durch Citronensäure in Lösung gehalten werden, als Ammoniumberylliumphosphat (S. 39, Bem. IIIc) oder nach JÍLEK und KOTA mit Guanidincarbonat aus tartrathaltiger Lösung ausfällen (S. 29). Soll auch Aluminium bestimmt werden, so ist die Oxintrennung vorzuziehen, da sich wenige Milligramme Aluminium besser als Oxinat (gravimetrisch oder maßanalytisch) als durch Wägung als Oxyd bestimmen lassen. Zur Bestimmung von Bruchteilen eines Milligramms Aluminium neben viel Beryllium wird auch die Trennung und Bestimmung als Oxinat zu ungenau; hier ist die Trennung und colorimetrische Bestimmung des Aluminiums mit alizarinsulfonsaurem Natrium nach PRAETORIUS anzuwenden.

Trennung mit alizarinsulfonsaurem Natrium nach PRAETORIUS.

Vorbemerkung. Nach ATACK bildet Aluminium wie auch Eisen mit alizarinsulfonsaurem Natrium einen in Essigsäure in Gegenwart von viel Ammoniumsalz unlöslichen roten Farblack. Die Zusammensetzung des Aluminiumlackes ist nach ATACK $[C_{14}H_5O_2(OH)_2SO_3]_3Al$. RAMSER fand einen etwas höheren Gehalt an Alizarinsulfonsäure, die offenbar von dem sehr voluminösen Farblack adsorbiert wird. Die vollständige Ausfällung des Aluminiums mit alizarinsulfonsaurem Natrium erfolgt nur in Gegenwart von viel Fremdelektrolyt — geeignet ist Ammoniumnitrat —, in reinem Wasser geht der Farblack kolloidal in Lösung. Die entsprechende, dunkelrote Berylliumverbindung ist unter gleichen Bedingungen leicht löslich. PRAETORIUS hat den Nachweis von ATACK zur quantitativen colorimetrischen Bestimmung kleinster Aluminiummengen neben viel Beryllium ausgebildet. Man bestimmt zunächst die Summe der Oxyde, löst diese dann durch Abrauchen mit Schwefelsäure und fällt aus der Lösung den Aluminiumlack mit Alizarinsulfonsäure. Nach Abtrennung von der durch die entsprechende lösliche Berylliumverbindung dunkelviolett gefärbten Lösung wird der Lack in Natronlauge gelöst und die vorliegende Menge Aluminium durch Vergleich mit entsprechenden Lösungen bekannten Aluminiumgehaltes colorimetrisch bestimmt.

***Arbeitsvorschrift von* PRAETORIUS *bzw.* RAMSER.** Das gewogene Oxydgemisch, das nicht mehr als 50 mg Beryllium und 2 mg Aluminium enthalten soll, wird im Platintiegel 1- bis 2mal vorsichtig mit wenigen Tropfen konzentrierter Schwefelsäure bis fast zur Trockne abgeraucht, in wenig Wasser gelöst, ammoniakalisch gemacht und unter Erwärmen tropfenweise mit Eisessig bis zur Wiederauflösung der ausgefallenen Hydroxyde versetzt. Das Volumen dieser Lösung soll möglichst nicht mehr als 10 cm³ betragen. Man bringt die Lösung in ein Zentrifugenglas von etwa 35 cm³ Inhalt und setzt 10 cm³ der Reagenslösung (s. unten, Bem. II) zu. Nach 2tägigem Stehen wird der ausgefallene, voluminöse Aluminiumlack in einer schnellaufenden Zentrifuge abzentrifugiert und durch abwechselndes Digerieren mit 5%iger, aluminiumfreier Ammoniumnitratlösung und Zentrifugieren so lange ausgewaschen, bis die Waschflüssigkeit nur noch schwach rötlich gefärbt oder farblos geworden ist. Um Verluste durch unvollständiges Abzentrifugieren zu vermeiden, wird die Waschlösung durch ein Glaswollefilter filtriert. Der Niederschlag im Zentrifugenglas und im Filter wird dann in 0,1 n Natronlauge gelöst und der Aluminiumgehalt der Lösung durch Vergleich der Farbintensität mit derjenigen einer entsprechenden Lösung bekannten Aluminiumgehaltes in einem Eintauchcolorimeter ermittelt. Man verdünnt hierzu die zu bestimmende Lösung am besten soweit mit 0,1 n Natronlauge, daß beide Lösungen ungefähr gleich intensiv gefärbt sind. Es ist stets die gleiche Natriumhydroxydkonzentration (mindestens 0,1 n) einzuhalten, da sich der Farbton der Lösung mit der Konzentration an Natronlauge ändert. Da die Färbung der alkalischen Lösungen mit der Zeit zurückgeht, ist die Vergleichslösung stets frisch herzustellen und die colorimetrische Bestimmung immer zum gleichen Zeitpunkt auszuführen. In dem mit den Waschlösungen vereinigten Filtrat des Aluminiums kann, nach Zerstörung des überschüssigen Farbstoffes mit Chlor, Beryllium auch direkt nach einer der bekannten Methoden bestimmt werden.

Enthält die Lösung mehr als 50 mg Beryllium auf 100 cm³ Lösung, so treten unter Umständen Störungen auf, durch die sich zu hohe Aluminiumwerte ergeben. Mehr als 2 mg Aluminium lassen sich infolge der voluminösen Beschaffenheit des Farblackniederschlages nur schlecht von anhaftendem, überschüssigem Farbstoff befreien. Bei sehr kleinen Aluminiummengen macht sich dagegen schon die geringe Löslichkeit des Farblackes in der Waschflüssigkeit störend bemerkbar. Man verwendet dann besser eine 40%ige Ammoniumnitratlösung und wäscht nur wenige Male mit kleinen Anteilen dieser Lösung aus, um die teilweise Auflösung des geringen Niederschlages zu verhindern.

***Bemerkungen.* I. Genauigkeit.** Nach PRAETORIUS sowie RAMSER werden in der angegebenen Weise befriedigende Ergebnisse erhalten. Neben 30 bis 40 mg Beryllium lassen sich etwa 0,1 bis 0,5 mg Aluminium mit einem Fehler bis zu +5%, 0,003 mg Aluminium noch größenordnungsmäßig richtig bestimmen. Der Fehler ist, wahrscheinlich infolge Adsorption von überschüssigem alizarinsulfonsauren Natrium durch den Aluminiumlack, meist positiv, bei sehr kleinen Aluminiummengen infolge der an sich geringen Löslichkeit des Aluminiumlackes hingegen negativ. Auch bei nur indirekter Bestimmung des Berylliums als Differenz aus der Wägung des Oxydgemisches und der colorimetrischen Analyse des Aluminiums werden bei kleinen Aluminiumgehalten hinreichend genaue Werte erhalten. Enthält die Lösung höchstens 4% des Berylliumgehaltes an Aluminium (2 mg Al auf 50 mg Be), so entspricht die Fehlergrenze der Aluminiumbestimmung von ± 5% einer solchen der indirekten Ermittlung des Berylliums von höchstens ±0,2%.

II. Herstellung der Reagenslösung. Nach STOCK, PRAETORIUS und PRIES werden 100 g Ammoniumnitrat sowie 4 g alizarinsulfonsaures Natrium getrennt in möglichst wenig Wasser gelöst, die nicht filtrierten Lösungen zusammengegeben und auf etwa 350 cm³ verdünnt. Man setzt 50 cm³ Eisessig und unter kräftigem Umschwenken allmählich 50 cm³ 2 n Ammoniaklösung hinzu. Hierbei ist örtliche ammoniakalische Reaktion zu vermeiden, da die dann ausfallenden gelatinösen Niederschläge sich nur schwer wieder in Essigsäure lösen. Die Lösung wird nun auf 500 cm³ verdünnt und nach 24stündigem Stehen filtriert. Beim Stehen der filtrierten Lösung scheidet sich, besonders in der Kälte, leicht etwas alizarinsulfonsaures Ammonium ab. Vor dem Gebrauch filtriert man daher nochmals durch ein Faltenfilter. 10 cm³ der Lösung genügen zur Fällung von 2 mg Aluminium.

III. Gegenwart von Eisen. Bei Anwesenheit von Eisen fällt dieses als unlöslicher Alizarinsulfonsäurelack zusammen mit Aluminium aus. Die colorimetrische Bestimmung ergibt dann nur die Summe von Aluminium und Eisen; letzteres muß noch gesondert bestimmt werden, um Aluminium und Beryllium indirekt ermitteln zu können. Da der Eisenlack aber stark zur Bildung kolloidaler Lösungen neigt, ist die Abtrennung mit alizarinsulfonsaurem Natrium besonders bei Anwesenheit größerer Mengen Eisen schlecht anwendbar. Der Vorschlag von ATACK, Eisen durch Zugabe von Citraten in Lösung zu halten, wurde auf seine Brauchbarkeit für die quantitative Trennung und Analyse bisher nicht nachgeprüft.

E. Weniger zuverlässige Trennungsmethoden.

Die im folgenden beschriebenen, älteren Methoden galten früher als die sichersten Verfahren zur Trennung von Aluminium und Beryllium. Da sich aber stets auch negative Ergebnisse bei ihrer Anwendung einstellten, wurden immer wieder neue abgeänderte Vorschriften ausgearbeitet, deren Zuverlässigkeit durch entsprechende Beleganalysen nachgewiesen wurde. Die Nachprüfung erfolgte aber meist nur durch Vergleich der Auswagen an Beryllium- und Aluminiumoxyd mit den angewendeten Mengen, nicht aber durch den Nachweis der tatsächlich erfolgten quantitativen Trennung. Die erhaltenen brauchbaren Resultate können daher in vielen Fällen durch Kompensation verschiedener Fehler entstanden sein. Da ein derartiger Fehlerausgleich naturgemäß von den jeweiligen Konzentrationsverhältnissen abhängig ist, können diese Methoden nicht zur Trennung von Beryllium und Aluminium empfohlen werden.

1. Trennung mit Alkalihydroxyd.

Vorbemerkung. Beryllium läßt sich nach GMELIN sowie SCHAFFGOTSCH, wie schon erwähnt, durch Erhitzen seiner verdünnten alkalischen Lösung als krystallines Hydroxyd ausfällen und so von Aluminium, das unter gleichen Bedingungen in Lösung bleibt, trennen. Die Löslichkeit gealterten Aluminiumhydroxyds in Alkalilauge ist gegenüber derjenigen frisch gefällten Hydroxyds nur um etwa 30% geringer [HABER und VAN OORDT (a)].

Arbeitsweise nach BRITTON (a). Nach der Arbeitsvorschrift von BRITTON (S. 31) erhält man recht befriedigende Resultate. Die auf diesem Wege vorgenommene Trennung ist aber niemals vollständig quantitativ infolge der wenn auch geringen Löslichkeit krystallinen Berylliumhydroxyds in verdünnter alkalischer Lösung (S. 18). Die Löslichkeit nimmt zwar mit zunehmender Verdünnung der Lösung immer weiter ab, bei zu starker Verdünnung würde sich aber, besonders bei zu langem Sieden, auch Aluminiumhydroxyd mit abscheiden. Bei zu kurzem Kochen adsorbiert das ausfallende Berylliumhydroxyd noch merkliche Mengen nicht durch Auswaschen zu entfernenden Alkalis (PENFIELD und HARPER). Weiter wird auch Aluminiumhydroxyd in wechselndem Maße adsorbiert und mitgerissen. Die zahlreichen Versuche zur quantitativen Trennung von Beryllium und Aluminium mittels Alkalihydroxyds blieben daher mehr oder weniger erfolglos. SCHEERER, WEEREN, HOFMEISTER, JOY, AARS sowie PARSONS und BARNES erhielten überhaupt keine brauchbaren Resultate, PENFIELD und HARPER, WUNDER und CHÉLADZSÉ sowie BRITTON (S. 32, Bem. II) gelang dagegen wenigstens eine annähernd quantitative Trennung. Weiter liegen die für Beryllium erhaltenen Werte etwas zu niedrig, die für Aluminium entsprechend zu hoch. Die Trennung ist dann am vollständigsten, wenn das Gemisch der gefällten Hydroxyde in der zur Wiederauflösung gerade ausreichenden Menge konzentriertester Natronlauge gelöst und die Lösung dann zur Abscheidung des Berylliums soweit verdünnt wird, daß beim Kochen Aluminium gerade noch nicht ausfällt.

Andere Arbeitsweisen und Abänderungsvorschläge. DEWAR und GARDINER erhielten nach der Vorschrift von BRITTON (a) nur dann brauchbare Ergebnisse, wenn Beryllium und Aluminium in vergleichbaren Mengen vorlagen. Enthielt die Lösung Aluminium im Überschuß, so wurden auch bei Verkürzung der Kochdauer erhebliche Mengen Aluminium zusammen mit Beryllium ausgefällt. DEWAR und GARDINER schlagen daher vor, der Lösung zunächst soviel Beryllium in bekannter Menge zuzusetzen, daß mehr oder ebensoviel Beryllium wie Aluminium in ihr enthalten ist. Die dann vorgenommene Alkalihydroxydtrennung führt zu recht genauen Ergebnissen.

Nach ZIMMERMANN ist in Übereinstimmung mit den Untersuchungen von COTTIN nur die Trennung mit Kaliumhydroxyd annähernd quantitativ. Dies erscheint aber sehr unwahrscheinlich, da die Löslichkeit des Berylliumhydroxyds in Kalilauge größer ist als in Natronlauge (S. 18).

HABER und VAN OORDT (a) schlagen zur möglichst quantitativen Trennung der beiden Metalle mit Alkalihydroxyd vor, das Gemisch der Hydroxyde zunächst durch Trocknen, Kochen unter Wasser oder einer ausreichenden Menge Alkalilauge zu altern. Berylliumhydroxyd wird so in krystallines, nur schwer in Alkalien lösliches Hydroxyd umgewandelt, während gealtertes Aluminiumhydroxyd in Natronlauge noch immer leicht löslich ist (Löslichkeit: etwa 8 g Al_2O_3 in 1 l 0,5 n Natronlauge). Nunmehr wird das Gemisch mit einer zur Auflösung des Aluminiumhydroxyds ausreichenden Menge 0,5 n Natronlauge behandelt, wobei nur praktisch belanglose Mengen Berylliumhydroxyd in Lösung gehen könnten. Versuche über die Brauchbarkeit dieses Vorschlages liegen nicht vor.

Trennung in Gegenwart von Eisen. Bei gleichzeitiger Anwesenheit von Eisen läßt sich dieses von Aluminium und Beryllium auf Grund der Unlöslichkeit des Eisenhydroxyds in überschüssiger Natronlauge trennen (S. 88). Nach GMELIN trennt man besser zunächst Aluminium von Eisen und Beryllium und anschließend diese beiden Metalle mit Alkalihydroxyd voneinander.

2. Trennung mit Natriumbicarbonat.

Vorbemerkung. Aluminium- und auch Eisenhydroxyd sind nach PARSONS und BARNES in siedender, 10%iger Natriumbicarbonatlösung unlöslich im Gegensatz zu dem wahrscheinlich als komplexes Carbonat leicht löslichen Berylliumhydroxyd. In kalter und in siedender, bei 15° gesättigter Natriumbicarbonatlösung lösen sich aber noch immer mindestens 0,4 mg Aluminiumoxyd auf 100 cm³ Lösung [BRITTON (a)], nach JANDER und WEBER in Wasser sogar 0,7 bis 1 mg auf 100 cm³. Während die Löslichkeit des Berylliumhydroxyds mit wachsender Verdünnung der Bicarbonatlösung stark abnimmt, ist die Löslichkeit des Aluminiums weitgehend unabhängig von der Konzentration der Lösung. Bei der Trennung bleibt daher stets noch etwas Aluminium in Lösung. Hingegen wird von dem ausfallenden Aluminiumhydroxyd Berylliumhydroxyd mitgerissen, so daß die Trennung wiederholt werden muß, wodurch der Anteil in Lösung gehenden Aluminiums vergrößert wird. Die Trennung läßt sich daher nur schwer annähernd vollständig durchführen, für die Trennung kleiner Berylliummengen von viel Aluminium ist sie absolut unbrauchbar (vgl. unten, Bem. I).

***Arbeitsvorschrift nach* PARSONS *und* BARNES.** Die salzsaure, Beryllium, Aluminium und Eisen enthaltende Lösung wird mit Ammoniak gegen Methylorange neutralisiert, auf je 100 cm³ Lösung in der Kälte mit 10 g Natriumbicarbonat versetzt und nach Bedecken des Becherglases mit einem Uhrglas möglichst rasch zum Sieden erhitzt. Besser ist es, die zu untersuchende, neutralisierte Lösung heiß zu einer fast siedenden Natriumbicarbonatlösung zu geben, die so konzentriert ist, daß die entstehende Lösung 10% Natriumbicarbonat enthält. Man erhitzt $^1/_2$ Min. zum Sieden und kühlt durch Einsetzen in kaltes Wasser möglichst rasch ab. Bei zu langem Kochen wird die Lösung infolge Abgabe von Kohlensäure schwach alkalisch, so daß dann auch Aluminiumhydroxyd in beträchtlichen Mengen in Lösung geht. Der p_H-Wert der angewendeten Natriumbicarbonatlösung darf aus dem gleichen Grunde nicht größer als 8,5 sein (FIALKOW und BERENBLUM). Man filtriert die ausgefallenen basischen Carbonate des Aluminiums und Eisens, wäscht sie mit heißer Natriumbicarbonatlösung und anschließend 2 oder 3mal mit heißem Wasser aus, löst sie wieder in verdünnter Salzsäure und wiederholt die Trennung in dem zur ersten Fällung verwendeten Gefäß in gleicher Weise, um mitgerissenes Beryllium wieder in Lösung zu bringen. Die vereinigten Filtrate werden vorsichtig mit Salzsäure angesäuert, Kohlensäure wird durch Kochen vertrieben und Beryllium als Oxyd bestimmt. Der Niederschlag von Aluminium- und Eisenhydroxyd muß zur Bestimmung durch Umfällung mit Ammoniak von adsorbierten Natriumsalzen befreit werden.

***Bemerkungen.* I. Genauigkeit.** Nach der beschriebenen Methode ergaben sich infolge der Mitfällung von Beryllium mit Aluminium auch bei Wiederholung der Trennung meist zu hohe Werte für Aluminium, entsprechend zu niedrige für Beryllium [PARSONS und BARNES; MOSER und NIESSNER; BRITTON (a); HILLEBRAND und LUNDELL]. Bei Fällung mit Natriumbicarbonat in der Kälte betrugen nach PARSONS und BARNES die Fehler in der angegebenen Richtung bis zu 6%. Wurde die heiße Lösung zur siedenden Natriumbicarbonatlösung gegeben, so war auch bei einem Überschuß von Aluminium und Eisen der Fehler der Berylliumbestimmung höchstens —2,5%. BRITTON (a) erhielt noch genauere Ergebnisse, er fand im Durchschnitt 0,4 mg Berylliumoxyd zu wenig. Bei mehrmaliger Wiederholung der Trennung wird schließlich soviel Aluminium wieder aufgelöst werden und in das berylliumhaltige Filtrat gelangen, daß der durch Adsorption von Beryllium an Aluminiumhydroxyd entstehende Fehler ausgeglichen und überkompensiert wird. FISCHER und LEOPOLDI fanden daher bei der Anwendung der Bicarbonattrennung zur Analyse von Beryllmineralien mit 4 bis 10% Berylliumoxyd bis zu 65% zu hohe Werte für Beryllium. Bei der Untersuchung berylliumarmer Mineralien (Koeflacher Pegmatit mit 0,009% BeO) ergaben sich mit Hilfe der Bicarbonatmethode je nach der Menge der Einwage (2 bis 0,5 g) „Berylliumoxyd"-Gehalte von 0,9 bis 3,4%! Das angebliche Berylliumoxyd bestand fast ausschließlich aus Kieselsäure, Aluminum und Eisenoxyd. Auch FRESENIUS und FROMMES (a) sowie CISSARZ, SCHNEIDERHÖHN und ZINTL kamen zu ähnlichen Ergebnissen. Die an sich nicht zuverlässige Bicarbonatmethode ist für die Trennung eines Überschusses von Aluminium und Eisen von kleinen Berylliummengen absolut unbrauchbar.

II. Ähnliche Arbeitsweisen und Abänderungsvorschläge. Durch Abänderung der ursprünglichen Arbeitsvorschrift von PARSONS und BARNES wurde versucht, befriedigende Ergebnisse zu erhalten. FISCHER und LEOPOLDI kochen die mit Natriumbicarbonat versetzte Lösung nicht auf, sondern erwärmen sie nur schwach, um die Wiederauflösung beträchtlicher Mengen von Aluminiumhydroxyd neben Berylliumhydroxyd zu verhindern. Zur vollständigen Trennung wiederholen sie die Fällung mit Bicarbonat 2- bis 3mal, ENGELHARD hält sogar 5- bis 6malige Wiederholung der Fällung für notwendig. Bei dieser umständlichen Arbeitsweise dürften aber erhebliche Aluminummengen mit Beryllium in das Filtrat gelangen. Nach FIALKOW und BERENBLUM lassen sich die Resultate dadurch verbessern, daß die Niederschläge des carbonathaltigen Aluminium- und Eisenhydroxyds mit heißer Ammoniumnitrat- statt mit Natriumbicarbonatlösung ausgewaschen werden. Eine wesentliche Verbesserung der Trennung konnte jedoch nicht erzielt werden. HILLS schlägt daher vor, das noch in Lösung verbliebene Aluminium und etwa vorhandenes Eisen nach der Oxinmethode (S. 63) abzutrennen oder in anderer Weise die Verunreinigungen des erhaltenen Berylliumoxyds zu bestimmen und von diesem in Abzug zu bringen. Dieses Verfahren kann aber nur dann zu richtigen Ergebnissen führen, wenn durch mehrmalige Wiederholung der Trennung das abgeschiedene Aluminiumhydroxyd kein adsorbiertes Beryllium mehr enthält. Das Verfahren wird hierdurch sehr umständlich, seine Anwendung bietet keinerlei Vorteile.

III. Gegenwart anderer Stoffe. In Anwesenheit von Phosphorsäure läßt sich die Natriumbicarbonatfällung nicht ausführen, da Beryllium mit Aluminium als Phosphat gefällt würde. Titan wird mit Natriumbicarbonat nur unvollständig abgetrennt, der Rest bleibt zusammen mit Beryllium im Filtrat (DIXON). 3wertiges Eisen wird, wie schon erwähnt, mit Aluminium annähernd vollständig ausgefällt.

3. Trennung mit Ammoniumcarbonat.

Vorbemerkung. Während Berylliumhydroxyd mit konzentrierter Ammoniumcarbonatlösung leicht lösliche Ammoniumberylliumcarbonate bildet, ist Aluminiumhydroxyd in Ammoniumcarbonatlösungen unlöslich. Dieses unterschiedliche Verhalten der beiden Metalle benutzte bereits VAUQUELIN 1797 zu ihrer Trennung.

Arbeitsmethoden. Man versetzt nach ROSE die nur Beryllium und Aluminium enthaltende salzsaure Lösung mit einem Überschuß von Ammoniumcarbonat, läßt unter zeitweisem Umschütteln einen oder mehrere Tage in verschlossener Flasche stehen und filtriert dann von dem ausgefallenen carbonathaltigen Aluminiumhydroxyd ab. Im Filtrat wird Beryllium nach S. 32 abgeschieden und bestimmt.

Ebenso kann man das frisch gefällte Hydroxydgemisch mit konzentrierter Ammoniumcarbonatlösung behandeln. HOFMEISTER nimmt in dieser Weise eine fraktionierte Trennung vor, indem er Filtrat und Rückstand des mit Ammoniumcarbonatlösung behandelten Hydroxydgemisches wiederholt dem gleichen Verfahren unterwirft und so die quantitative Trennung der beiden Metalle zu erreichen sucht.

CLASSEN elektrolysiert die mit einem Überschuß von Ammoniumoxalat versetzte Lösung von Beryllium und Ammoniumsalzen solange, bis alles Oxalat zersetzt ist. Durch das hierbei entstehende Ammoniumcarbonat wird Aluminium ausgefällt, während Beryllium in Lösung bleibt. Der abfiltrierte Aluminiumhydroxydniederschlag wird wieder gelöst und die Elektrolyse in gleicher Weise wiederholt, um mitgerissenes Beryllium in Lösung zu bringen.

Zuverlässigkeit der Trennung. Wenn sich auch mit Hilfe der Ammoniumcarbonattrennung präparativ reinstes Berylliumoxyd darstellen läßt [KRÜSS und MORATH (a, b); POLLOK; LEBEAU], so ist die Methode doch zur quantitativen Trennung von Aluminium ungeeignet; die nach den oben im Prinzip wiedergegebenen Arbeitsmethoden erhaltenen Resultate sind stets schwankend (RIVOT; WEEREN; JOY; PENFIELD und HARPER; HART; GLASSMANN; WUNDER und CHÉLADZSÉ; MACHATSCHKI). Nach BRITTON (a) reißt einerseits das ausfallende Aluminiumhydroxyd stets Beryllium mit, und zwar bis zu 60% der anwesenden Menge. Andrerseits fällt in Gegenwart von Beryllium ein beträchtlicher Teil des Aluminiums nicht aus, so daß eine vollständige Trennung sich gar nicht auf diesem Wege erreichen läßt. Die Vornahme der Trennung mit erwärmter Ammoniumcarbonatlösung (JOY; LEBEAU) ist nach BRITTON (a) ebenfalls zwecklos, da die Löslichkeit des Berylliumhydroxyds durch Erwärmen herabgesetzt, diejenige des Aluminiums aber erhöht wird.

F. Weitere vorgeschlagene Trennungsmethoden.

Allgemeines. Die Unzulänglichkeit der meisten älteren Trennungsmethoden führte zu zahlreichen Trennungsvorschlägen, die sich teilweise bewährter Methoden zur präparativen Darstellung reiner Berylliumverbindungen bedienen. Die im folgenden erwähnten Verfahren sind aber zu umständlich oder zu ungenau oder noch nicht auf ihre Zuverlässigkeit nachgeprüft, so daß sie den unter B bis D eingehend beschriebenen Verfahren gegenüber praktisch ohne Bedeutung sind.

1. Trennung in Gegenwart von Phosphorsäure mit Bariumhydroxyd nach PENFIELD und HARPER.

Versetzt man die siedende phosphorsäurehaltige Lösung der Chloride von Beryllium und Aluminium mit Bariumhydroxyd, so fallen Bariumphosphat und Berylliumhydroxyd aus, während Aluminium in Lösung bleibt. Man filtriert den Niederschlag, wäscht ihn, löst ihn in Salzsäure, fällt Barium mit Schwefelsäure aus und trennt im Filtrat Beryllium und Phosphorsäure nach Fällung mit Ammoniak und Glühen des Niederschlages durch Schmelzen mit Soda (S. 67). Angaben über die Brauchbarkeit dieses Vorschlages machen PENFIELD und HARPER nicht.

2. Trennung mit Alkylaminen nach RENZ.

Aluminiumhydroxyd ist in Methyl-, Äthyl-, Dimethyl- und Diäthylamin leicht löslich, während Berylliumhydroxyd in diesen Basen praktisch unlöslich ist. Zur Trennung der beiden Metalle engt RENZ ihre salpetersaure Lösung weitgehend ein, verdünnt mit Wasser und gibt einen großen Überschuß von Äthylamin hinzu. Das ausgefallene Berylliumhydroxyd wird abfiltriert, gewaschen, geglüht und als Oxyd gewogen. Die in dieser Weise bei der Trennung von etwa 0,5 g Berylliumoxyd von ähnlichen Mengen Aluminiumoxyd erhaltenen Resultate sind recht genau, die Abweichungen sind kleiner als —1 mg BeO. Auch AARS erhielt im Gegensatz zu ENGELHARD befriedigende Resultate.

3. Trennung mit Calciumferrocyanid nach GASPAR Y ARNAL.

Nach GASPAR Y ARNAL läßt sich Aluminium aus wäßrig-alkoholischer Lösung quantitativ durch eine Lösung von Calciumferrocyanid (20 g $Ca_2[Fe(CN)_6] \cdot 12\,H_2O$ in 670 cm^3 Wasser und 400 cm^3 Alkohol) ausfällen. Das zunächst ebenfalls ausfallende Beryllium geht beim Verdünnen der Lösung mit Wasser wieder in Lösung und kann dann durch Filtration von Aluminium getrennt werden. Angaben über in dieser Weise erzielte Trennungsergebnisse liegen nicht vor.

4. Trennung der Chloride mit Aceton-Acetylchlorid nach MINING.

MINING übertrug seine Methode der Trennung von Aluminium und Eisen mit Aceton-Acetylchlorid auch auf die Trennung von Aluminium und Beryllium. Berylliumchlorid ist ebenso wie Eisenchlorid in einer Mischung von Aceton und Acetylchlorid (4 : 1) im Gegensatz zu Aluminiumchlorid, $AlCl_3 \cdot 6\,H_2O$, löslich. Man gibt zu der eingeengten Lösung der Chloride unter Kühlung tropfenweise das Gemisch von Aceton und Acetylchlorid. Infolge der Hydrolyse des Acetylchlorids wird die Lösung so mit Salzsäure gesättigt und Aluminiumchlorid annähernd vollständig ausgefällt, da dessen Löslichkeit durch den Acetonzusatz noch weitgehend verringert wird. Das Verfahren ist daher der Äther-Salzsäure-Trennung nach HAVENS (S. 69) analog, hat aber diesem gegenüber den Nachteil, daß die Löslichkeit des Berylliumchlorids in dem Aceton-Acetylchlorid-Gemisch nur gering ist, so daß Beryllium leicht mit Aluminium ausgefällt wird (MOSER und NIESSNER). Dies ist besonders der Fall, wenn mehr Aceton-Acetylchlorid hinzugegeben wird als zur Fällung des Aluminiums notwendig ist. Die Genauigkeit der Methode hängt daher wesentlich von dem Erkennen der vollständigen Fällung des Aluminiumchlorids ab, dessen krystalliner Niederschlag sich von dem des Berylliumchlorids deutlich dem Aussehen nach unterscheiden lassen soll. Bei Wiederholung der Trennung erhielt MINING zwar befriedigende Resultate, die Methode dürfte aber gegenüber derjenigen von HAVENS mit anschließender Oxinfällung keinerlei Vorteile bieten.

5. Trennung der Acetate mit Chloroform nach HABER und VAN OORDT.

Das bei der Behandlung von Berylliumhydroxyd mit konzentrierter Essigsäure sich bildende basische Berylliumacetat, $Be_4O(CH_3COO)_6$, ist in Aceton, Eisessig, Chloroform und anderen organischen Lösungsmitteln leicht löslich, während die unter gleichen Bedingungen entstehenden Acetate von Aluminium und Eisen in diesen Lösungsmitteln unlöslich sind. HABER und VAN OORDT (b) führen daher das gemeinsam gefällte Gemisch der Hydroxyde durch mehrmaliges Abrauchen mit Essigsäure in die Acetate bzw. in basisches Acetat über. Man behandelt diese mit Chloroform und wäscht die Chloroformlösung 2mal mit kaltem Wasser aus. Beryllium geht hierbei in Chloroform in Lösung, während Aluminium und Eisen im Rückstand bleiben bzw. in die wäßrige Schicht übergehen. Nach Abtrennung der Chloroformschicht wird diese eingedampft und der Rückstand von basischem Berylliumacetat, das von Wasser nicht benetzt und von Mineralsäuren nur sehr schlecht gelöst wird, durch Erhitzen mit verdünnter Essigsäure in Lösung gebracht und Beryllium in bekannter Weise bestimmt. Trotz Wiederholung der Trennung bleiben aber noch immer erhebliche Mengen Beryllium im Rückstand — bei kleinen Berylliummengen bis zu 60% (KLING und GELIN) — die Methode ist also nicht quantitativ und nur für präparative Zwecke brauchbar [HABER und VAN OORDT (b); FISCHER (a); MOSER und NIESSNER]. Auch die Trennung der Acetate mit Eisessig statt Chloroform führt nicht zu einer quantitativen Trennung (PARSONS und BARNES).

6. Trennung der Acetate bzw. Formiate durch Destillation nach KLING und GELIN.

Nach KLING und GELIN kann das basische Berylliumacetat, das sich bei Atmosphärendruck ohne Zersetzung destillieren läßt (Kp. 330°), durch Destillation von Aluminium- und Eisenacetat getrennt werden. In einer eigens zu diesem Zweck konstruierten Apparatur nehmen

KLING und GELIN die Destillation in Essigsäuredampf bei 19 mm Druck und 160° und zuletzt 250° vor, da sich Aluminium- und Eisenacetat unter diesen Bedingungen nicht verflüchtigen. Das Verfahren muß mit dem Destillationsrückstand nach erneuter Behandlung mit Eisessig wiederholt werden, weil die letzten Reste basischen Berylliumacetats vielleicht infolge teilweiser Zersetzung sich nur sehr schwer aus dem Gemisch der Acetate verflüchtigen lassen. Da die Genauigkeit der Trennung und anschließenden Bestimmung schon bei großen Berylliummengen (0,5 g BeO) gering ist (Fehlergrenze ± 3%), ist diese Trennungsmethode in Anbetracht der beschränkten Anwendungsmöglichkeit und des notwendigen großen zeitlichen und apparativen Aufwandes analytisch ohne Bedeutung.

Das gleiche gilt für die von ADAMI vorgeschlagene Trennung der Formiate durch Destillation. Beim Behandeln der Hydroxyde von Beryllium, Aluminium und Eisen mit konzentrierter Ameisensäure gehen diese in die entsprechenden Formiate über. Beim Erhitzen auf 180 bis 200° im Vakuum zersetzt sich nur das Berylliumformiat unter Bildung des basischen Formiates $Be_4O(CHO_2)_6$, das dann unzersetzt sublimiert (TANATAR). Die vollständige Abtrennung des Berylliums ist auch hier schwierig, besonders bei Anwesenheit von Titanoxyd und Kieselsäure bleibt ein erheblicher Teil des Berylliums im Sublimationsrückstand.

G. Unbrauchbare Trennungsmethoden.

1. Trennung durch fraktionierte Hydrolyse.

Zahlreiche vorgeschlagene, besonders ältere Verfahren, benutzen die leichtere Hydrolysierbarkeit der Aluminiumsalze sowie die Schwerlöslichkeit der basischen Aluminiumsalze im Gegensatz zu denen basischer Berylliumsalze zur Trennung dieser beiden Metalle. Wie schon erwähnt (S. 62), ist aber die Wasserstoff-Ionen-Konzentration, bei der Aluminiumsalze praktisch vollständig hydrolysiert sind ($p_H \sim 4{,}14$), nur wenig höher als die, bei der auch das stärker basische Beryllium als Hydroxyd abgeschieden wird ($p_H \sim 5{,}69$). Es gelingt daher nicht, Aluminium vollständig als Hydroxyd abzuscheiden, ohne daß auch Beryllium teilweise bereits mit ausgefüllt wird. Nach COTTIN soll Beryllium sogar schon bei p_H 3—4 quantitativ als Hydroxyd vor Aluminium abgeschieden werden können! Die folgenden vorgeschlagenen Verfahren führen daher nicht zu einer quantitativen Trennung und sind aus diesem Grunde unbrauchbar.

a) Trennung mit Bariumcarbonat nach SCHEERER. Beim Kochen einer Lösung von Beryllium-, Aluminium- und Eisensalzen mit überschüssigem Bariumcarbonat sollen nur Aluminium- und Eisenhydroxyd abgeschieden werden. Beryllium wird aber ebenfalls schon in der Kälte teilweise ausgefällt (WEEREN; JOY).

b) Trennung mit Natriumcarbonat nach HART. Beim Versetzen Beryllium und Aluminium enthaltender Lösungen mit Natriumcarbonat fällt entgegen den Angaben von HART Aluminiumhydroxyd überhaupt nicht quantitativ aus, während Berylliumhydroxyd in mit wachsender Verdünnung der Natriumcarbonatlösung zunehmendem Maße größtenteils abgeschieden wird. Es wird so keine Trennung auf diesem Wege erreicht [BRITTON (a)].

c) Trennung mit schwefliger Säure nach BERTHIER. Man löst die mit Ammoniak gefällten Hydroxyde in überschüssiger schwefliger Säure oder versetzt die Lösung der Sulfate mit Ammoniumsulfit und kocht dann solange, bis kein Schwefeldioxyd mehr entweicht. Nach BERTHIER scheidet sich Aluminium hierbei quantitativ als basisches Sulfit ab, während Beryllium in Lösung bleibt. Mit dem Aluminium wird aber selbst vor dessen quantitativer Abscheidung ein großer Teil des Berylliums mit ausgefällt [BÖTTINGER, WEEREN; HOFMEISTER; JOY; BRITTON (a); MOSER und NIESSNER].

d) Trennung mit Natriumthiosulfat nach JOY sowie GLASSMANN. Beim Kochen neutraler Beryllium- und Aluminiumsalzlösungen mit Natriumthiosulfat entsteht durch Hydrolyse freie Thioschwefelsäure, die in Schwefel und schweflige Säure zerfällt. Das Verfahren ist also eine Modifikation des Trennungsverfahrens mit schwefliger Säure nach BERTHIER und ist ebenso wie dieses unbrauchbar [JOY; BRITTON (b)], zumal die Fällung des Aluminiums allein mit Thiosulfat schon keine befriedigenden Resultate ergibt (GIBBS). Die von ZIMMERMANN sowie GLASSMANN erhaltenen guten Ergebnisse dürften auf Fehlerkompensation beruhen.

e) Trennung als basische Sulfate nach DEBRAY. Beim Kochen der neutralen Lösung der Sulfate von Beryllium und Aluminium mit granuliertem Zink wird dieses durch die infolge Hydrolyse entstehende freie Säure gelöst, während Aluminium als basisches Sulfat ausfällt, das basische Berylliumsulfat aber in Lösung bleibt. SCHEFFER läßt die mit Zink versetzte Lösung zur Abscheidung des Aluminiums mehrere Tage stehen. Schon die Fällung des Aluminiums ist auf diesem Wege unvollständig, eine quantitative Trennung ist daher nicht möglich (DEBRAY; MOSER und NIESSNER).

f) Trennung als basische Acetate nach PENFIELD und HARPER. Bei der Fällung des Aluminiums als basisches Acetat, die als solche schon nur annähernd quantitativ ist, wird Beryllium ebenfalls teilweise mitgefällt (PENFIELD und HARPER).

g) Trennung mit Hexamethylentetramin nach AKIYAMA. Aluminium soll nach AKIYAMA von Hexamethylentetramin bereits in der Kälte vollständig, Beryllium erst beim Erwärmen gefällt werden. Zur quantitativen Fällung des Aluminiums ist aber nach RÂY ebenfalls Erhitzen zum Sieden notwendig, wobei sich auch Beryllium zum größten Teil abscheiden würde (vgl. S. 33).

h) Trennung mit Ammoniumchlorid nach BERZELIUS. Beim Kochen der frisch gefällten Hydroxyde von Beryllium, Aluminium und auch Eisen mit Ammoniumchloridlösung löst die durch Hydrolyse entstehende Salzsäure Berylliumhydroxyd auf, während Ammoniak entweicht. Zur Auflösung des Aluminium- und Eisenhydroxyds soll dagegen die Wasserstoff-Ionen-Konzentration nicht ausreichen. Nach BERZELIUS ist die Auflösung des Berylliums beendet, wenn die Lösung nicht mehr nach Ammoniak riecht. Ammoniakgeruch tritt aber noch auf, wenn die Lösung bereits sauer reagiert, so daß dieses Kriterium nicht eindeutig ist. Da sich reines Berylliumhydroxyd viel schneller in heißer Ammoniumchloridlösung löst als in Gegenwart von Aluminiumhydroxyd, läßt sich die zur vollständigen Auflösung notwendige Zeit nicht einwandfrei bestimmen. Bei zu kurzem Kochen bleibt noch ungelöstes Berylliumhydroxyd im Rückstand [BRITTON (b)], bei zu langem Erhitzen gehen aber bereits Aluminium und Eisen in beträchtlicher Menge in Lösung, ehe die Auflösung des Berylliums vollständig ist (WEEREN; HOFMEISTER; JOY; PENFIELD und HARPER; HART). Die Methode ist daher nicht einmal für präparative Zwecke brauchbar [ZIMMERMANN; KRÜSS und MORAHT (a)].

2. Weitere unbrauchbare Trennungsmethoden.

a) Trennung der Oxalate nach WYROUBOFF. Die Methode beruht auf der Schwerlöslichkeit des Kaliumberylliumoxalats in Wasser. Die entsprechenden komplexen Oxalate von Aluminium, Eisen und Chrom sind dagegen leicht löslich. Die Löslichkeit des Kaliumberylliumoxalats ist aber noch immer so groß (bei 15° 1,4 g auf 100 cm^3 Lösung), daß die Methode nur für präparative Zwecke anwendbar ist.

b) Trennung der Oxyde durch Kaliumhydroxydschmelze nach WEEREN. WEEREN schlägt vor, das Gemisch der Oxyde von Beryllium und Aluminium mit Kaliumhydroxyd zu schmelzen. Beim Auslaugen der Schmelze mit Wasser soll nur Aluminium in Lösung gehen. Nach JOY wird Beryllium aber ebenfalls gelöst.

c) Trennung durch Destillation der Chloride. Da die Berylliumhalogenide wesentlich höhere Schmelz- und Siedepunkte als die Aluminiumhalogenide besitzen, lassen sich die Halogenide durch fraktionierte Destillation trennen. RAMSER verwendet dieses Verfahren zur Darstellung reinsten Berylliumchlorids. Eine für analytische Zwecke brauchbare Trennung von Beryllium und Aluminium durch fraktionierte Destillation der Chloride oder Jodide gelang MOSER und NIESSNER nicht.

Literatur.

AARS, L. A.: Diss. Freiburg 1905; durch Fr. **46**, 445 (1907). — ADAMI, P.: Ann. Chim. applic. **23**, 428 (1933); durch Fr. **99**, 439 (1934). — AKIYAMA, T.: J. pharm. Soc. Japan **57**, 19 (1937). — ATACK, F. W.: J. Soc. chem. Ind. **34**, 936 (1915); durch C. **87 I**, 176 (1916).

BENEDETTI-PICHLER, A.: (a) Mikrochemie. PREGL-Festschr. S. 6. 1929; (b) Fr. **87**, 44 (1932). — BENEDETTI-PICHLER, A. u. F. SCHNEIDER: Mikrochemie, EMICH-Festschr., S. 1. 1930. — BERG, R.: (a) Fr. **71**, 369 (1927); (b) **76**, 191 (1929); (c) J. pr. [N. F.] **115**, 178 (1927); (d) „Die Chemische Analyse", Bd. 34: Die analytische Verwendung von o-Oxychinolin („Oxin") und seine Derivate, S. 7, 28. Stuttgart 1938. — BERTHIER, R.: A. Ch. [3] **7**, 74 (1843); A. **46**, 182 (1843). — BERZELIUS, J. J.: Schw. J. **16**, 265 (1816). — BÖTTINGER, H.: A. **51**, 397 (1844). — BRITTON, H. T. S.: (a) Analyst **46**, 359, 437 (1921); (b) **47**, 50 (1922); (c) Soc. **127**, 2120 (1925).

CARTER, R. H.: Ind. eng. Chem. **22**, 889 (1930). — CHURCHILL, H. V., R. W. BRIDGES u. M. F. LEE: Ind. eng. Chem. Anal. Edit. **2**, 405 (1930). — CISSARZ, A., H. SCHNEIDERHÖHN u. E. ZINTL: Met. Erz **27**, 365 (1930). — CLASSEN, A.: B. **14**, 2771 (1881) und CLASSEN, A. u. H. DANNEEL: Quantitative Analyse durch Elektrolyse, 7. Aufl., S. 312. Berlin 1927. — COTTIN, G.: Ing. Chimiste [Bruxelles] **23** (27), **39** (1939); durch C. **110 II**, 480 (1939).

DEBRAY: A. Ch. [3] **44**, 1 (1855). — DEWAR, J. u. P. A. GARDINER: Analyst **61**, 536 (1936). — DITTLER, E.: Gesteinsanalytisches Praktikum, S. 27. Berlin u. Leipzig 1933. — DITTLER, E. u. F. KIRNBAUER: Z. pr. Geol. **39**, 49 (1931). — DIXON, B. E.: Analyst **54**, 268 (1929).

ENGELHARD: Diss. München 1914.

FIALKOW, J. A. u. L. S. BERENBLUM: (a) Bl. sci. Univ. État Kiew Sér. Chim. ukrain. **1936**, Nr. 2, 51; (b) Betriebslab. **6**, 151 (1937); durch C. **109 II**, 1282 (1938). — FISCHER, H.: (a) Wiss. Veröffentl. Siemens-Konzern **5**, Heft 2, 99 (1926); (b) **8**, Heft 1, 9 (1929); (c) BERL-LUNGE, Bd. 2, S. 1096. Berlin 1932; (d) „Ausgewählte Methoden", Mitteilungen des *Chemiker-Fachausschusses der Gesellschaft Deutscher Metallhütten- und Bergleute,* 2. Aufl., S. 47.

Berlin 1931. — FISCHER, H. u. G. LEOPOLDI: Wiss. Veröffentl. Siemens-Konzern **10**, Heft 2, 1 (1931). — FRESENIUS, L. u. M. FROMMES: (a) Fr. **87**, 273 (1932); (b) Fr. **93**, 275 (1933).

GADEAU, R.: (a) Rev. Mét. **32**, 398 (1935); (b) Chim. Ind. 17. Kongr. Paris II, 702 (1937). — GASPAR Y ARNAL, T.: An. Españ. **32**, 868 (1934). — GIBBS, W.: Am. J. Sci. [2] **87**, 356 (1865). — GLASSMANN, B.: B. **39**, 3366 (1906). — GMELIN, C. G.: Pogg. Ann. **50**, 176 (1840). — GOOCH, F. A. u. F. S. HAVENS: Am. J. Sci. [4] **2**, 416 (1896) und Z. anorg. Ch. **13**, 435 (1897). — GOTÔ, H.: J. chem. Soc. Japan **54**, 725 (1933).

HABER, F. u. G. VAN OORDT: Z. anorg. Ch. (a) **38**, 377 (1904); (b) **40**, 465 (1904). — HART, E.: Am. Soc. **17**, 604 (1895). — HAVENS, F. S.: (a) Am. J. Sci. [4] **4**, 111 (1897) und Z. anorg. Ch. **16**, 15 (1898); (b) Am. J. Sci. [4] **6**, 45 (1898) und Z. anorg. Ch. **18**, 147 (1898). — HILLEBRAND, W. F. u. G. E. F. LUNDELL: Applied Inorganic Analysis, S. 405. New York 1929. — HILLS, F. G.: Ind. eng. Chem. Anal. Edit. **4**, 31 (1932); durch Fr. **93**, 292 (1933). — HOFMEISTER, V.: J. pr. **76**, 1 (1859).

JANDER, G. u. B. WEBER: Z. anorg. Ch. **131**, 266 (1923). — JÍLEK, A. u. J. KOTA: Fr. **87**, 422 (1932). — JOY, C. A.: Am. J. Sci. [2] **36**, 83 (1863) und J. pr. **92**, 235 (1864).

KLING, A. u. E. GELIN: Bl. [4] **15**, 205 (1914). — KNOWLES, H. B.: Bur. Stand. J. Res. **15**, 87 (1935). — KOLTHOFF, J. M.: Chem. Weekbl. **24**, 606 (1927). — KOLTHOFF, J. M. u. E. B. SANDELL: Am. Soc. **50**, 1900 (1928). — KROLL, W.: Metall Erz **23**, 590 (1926). — KRÜSS, G. u. H. MORATH: (a) A. **260**, 161 (1890); (b) **262**, 38 (1891).

LEBEAU, P.: C. r. **121**, 641 (1895).

MACHATSCHKI, F.: Z. Kryst. **63**, 457 (1926). — MALQUORI, G.: (a) Atti Linc. [6] **5**, 576 (1927); (b) **7**, 742 (1928). — MINING, H. D.: Am. J. Sci. [4] **40**, 482 (1915) und Fr. **56**, 58 (1917). — MITCHELL, A. D. u. A. M. WARD: Modern Methods in quantitative chemical Analysis, S. 43. London 1932. — MOSER, L. u. M. NIESSNER: M. **48**, 113 (1927). — MOSER, L. u. J. SINGER: M. **48**, 681 (1927).

NASARENKO, W. A.: Betriebslab. **4**, 296 (1935). — NICHOLS, M. L. u. M. SCHEMPF: Ind. eng. Chem. Anal. Edit. **11**, 278 (1939); durch C. **110 II**, 2949 (1939). — NIESSNER, M.: Fr. **76**, 135 (1929). — NOYES, A. A., W. C. BRAY u. E. B. SPEAR: Am. Soc. **30**, 481 (1908).

OSTROUMOW, E. A.: Seltene Metalle (russ.) **2**, Nr. 5, 25 (1933).

PARSONS, CH. L. u. S. K. BARNES: Am. Soc. **28**, 1589 (1906) und Fr. **46**, 292 (1907). — PENFIELD, S. L. u. D. N. HARPER: Am. J. Sci. [3] **32**, 107 (1886). — POLLOK, J. H.: Trans. Dublin Soc. [2] **8**, 139 (1904) und Soc. **85**, 603, 1630 (1904). — PRAETORIUS, P.: Festschrift zum 60. Geburtstag v. H. GOLDSCHMIDT, S. 55. Dresden-Leipzig 1921.

RAMSER, H.: Diss. Berlin 1927. — RÂY, P.: Fr. **86**, 13 (1931). — RENZ, C.: B. **36**, 2751 (1903). — RIVOT: A. Ch. [3] **30**, 188 (1850). — ROEBLING, W. u. H. W. TROMNAU: Zbl. Min. Geol. Paläont. Abt. A **1935**, 134. — ROSE, H. u. R. FINKENER: Handbuch der analytischen Chemie, Bd. 2, 6. Aufl., S. 59ff. Braunschweig 1871. — RÖSSLER, C.: Fr. **17**, 148 (1878).

SCHAFFGOTSCH, F.: Pogg. Ann. **50**, 183 (1840). — SCHEERER, TH.: Pogg. Ann. **51**, 465 (1840) und J. pr. **22**, 457 (1841). — SCHEFFER, G.: A. **109**, 144 (1859). — SCHOELLER, W. R. u. H. G. WEBB: Analyst **61**, 235 (1936). — SINGLETON, W.: Chem. Age, monthly metallurg. Sect. **19**, 25 (1928). — STOCK, A., P. PRAETORIUS u. O. PRIESS: B. **58**, 1577 (1925).

TANANAJEW, J. W. u. SCH. TALIPOW: Bull. Acad. Sci. URSS. Ser. chim. (russ.) **1938**, Nr. 2, 547; durch C. **110 II**, 1341 (1939). — TANATAR, S.: B. **43**, 1230 (1910). — THURNWALD, H. u. A. A. BENEDETTI-PICHLER: Mikrochemie **11**, 200 (1932). — TRAVERS u. PERRON: A. Ch. [10] **2**, 43 (1924). — TSCHERNICHOW, J. A.: Arb. VI. allruss. MENDELEJEW-Kongr. theoret. angew. Chem. 1932 (russ.) **2**, Nr. 2, 338 (1935); durch C. **107 II**, 3573 (1936) und Fr. **109**, 349 (1937).

VAUQUELIN, L. N.: A. Ch. **26**, 155, 170 (1798).

WASSILJEW, A. A.: Chem. J. Ser. B. **9**, 943 (1936). — WEEREN, J.: J. pr. **62**, 301 (1854) und Pogg. Ann. **92**, 91 (1854). — WENGER, P. u. J. WÄHRMANN: Ann. Chim. anal. [2] **1**, 337 (1919); durch Fr. **68**, 58 (1926). — WUNDER, M. u. N. CHÉLADZSÉ: Ann. Chim. anal. **16**, 205 (1911). — WUNDER, M. u. A. SCHAPIRO: Ann. Chim. anal. **17**, 323 (1912). — WUNDER, M. u. P. WENGER: Fr. **51**, 470 (1912). — WYROUBOFF, G.: Bl. [3] **27**, 733 (1902) und Fr. **46**, 447 (1907).

ZIMMERMANN, A.: Fr. **27**, 62 (1888). — ZINBERG, S. L.: Betriebslab. **6**, 499 (1937); durch C. **110 I**, 1414 (1939). — ZWENIGORODSKAJA, V. M. u. T. N. SMIRNOWA: Fr. **97**, 323 (1934).

§ 9. Trennung von Eisen.

Allgemeines.

Die Trennung des Berylliums von Eisen, das in meist kleineren Mengen fast in allen Berylliummineralien vorkommt, bietet wegen der größeren Unterschiede im chemischen Verhalten der beiden Metalle nicht die Schwierigkeiten wie die Trennung des Berylliums von Aluminium. Vor allem geben zahlreiche spezifische Nachweis- und Bestimmungsreaktionen für Eisen stets die Möglichkeit, die

Vollständigkeit einer ausgeführten Trennung nachzuprüfen und entsprechende Korrekturen anzubringen.

Eisen kann, wie schon erwähnt, nach der Oxin- oder Tanninmethode ebenso wie Aluminium abgetrennt werden. Weiter läßt sich Eisen durch Fällung mit Ammoniumsulfid aus tartrathaltiger Lösung oder durch Abscheidung als Komplexverbindung mit Nitrosonaphthol oder Cupferron vollständig von Beryllium trennen. Welche dieser Methoden im Einzelfalle anzuwenden ist, richtet sich hauptsächlich nach etwa noch neben Eisen und Beryllium in der zu untersuchenden Probe vorhandenen Metallen. Nur die Trennungen mit Oxin oder Tannin ermöglichen die in vielen Fällen erwünschte, gleichzeitige Abtrennung des Eisens und Aluminiums. Bei Anwesenheit eines großen Überschusses von Eisen muß der Trennung nach einem der angeführten Verfahren erst die Entfernung der Hauptmenge des Eisens vorausgehen, da die sonst anfallenden großen Niederschlagsmengen erhebliche Mengen Beryllium mitreißen würden. Hierzu sind besonders geeignet das Ausätherungsverfahren von ROTHE oder die elektrolytische Abscheidung des Eisens. Zur Abtrennung geringer Eisenmengen sind auch die Fällung des Eisens als basisches Acetat oder die von der Trennung des Eisens von Aluminium her bekannte Alkalihydroxydmethode geeignet. Geringe Eisenverunreinigungen trennt man zur Bestimmung des Berylliums nicht ab, sondern bringt nach Bestimmung des Eisengehaltes etwa auf colorimetrischem Wege einen entsprechenden Wert für Eisenoxyd von dem gewogenen Gemisch der Oxyde in Abzug. Neben etwa gleichen oder kleineren Eisenmengen lassen sich kleine Mengen Beryllium auch colorimetrisch mit Chinalizarin bestimmen.

Neben diesen Verfahren sind die übrigen, weiter unten ebenfalls aufgeführten nur von untergeordneter Bedeutung.

A. Bestimmung von Beryllium neben Eisen.

1. Fällung des Berylliums mit Guanidincarbonat.

Nach JÍLEK und KOTA wird 3wertiges Eisen ebenso wie Aluminium in tartrathaltiger Lösung von Guanidincarbonat im Gegensatz zu Beryllium nicht gefällt und kann so von diesem getrennt werden (Arbeitsvorschrift S. 27).

2. Bestimmung des Berylliums durch colorimetrische Titration mit Chinalizarin.

Nach FISCHER (a) ist diese Bestimmungsmethode neben geringen Eisenmengen ebenso wie in eisenfreien Lösungen ausführbar. Enthält die Lösung etwa ebensoviel Eisen wie Beryllium, so muß ersteres durch Seignettesalz in Lösung gehalten werden (S. 52, Bem. V b). Der Eisengehalt darf aber das 3fache der vorliegenden Menge Beryllium nicht übersteigen, da sonst die Eigenfarbe des komplexen Eisentratrats die colorimetrische Endpunktsbestimmung der Titration stört.

3. Bestimmung des Berylliums nach Überführung des Eisens in lösliche Komplexverbindungen.

a) Nach Überführung in komplexes Eisen II-cyanid nach WAINER. ***Arbeitsvorschrift.*** Zur Überführung des Eisens in EisenII-cyanid wird in der schwach sauren Lösung der Sulfate zunächst 3wertiges Eisen durch Einleiten von Schwefeldioxyd unter Erwärmen zu 2wertigem reduziert und der Überschuß an Schwefeldioxyd durch Kochen vertrieben. Man versetzt nun die Lösung mit soviel 50% iger Natronlauge, daß der größte Teil des Eisens gefällt wird, und anschließend rasch mit einem Überschuß von gepulvertem Kaliumcyanid. Nach dem Abkühlen gibt man 8 bis 10 g Ammoniumsulfat zu, verdünnt mit Wasser auf etwa 500 cm^3, neutralisiert mit Schwefelsäure bis zur Entfärbung von Phenolphthalein und gibt noch 1 cm^3 Schwefelsäure (1 : 2) im Überschuß hinzu. Vor dem Ansäuern muß die Lösung abgekühlt sein, da sich sonst die freiwerdende EisenII-cyanwasserstoffsäure in der Wärme teilweise wieder zersetzen würde. Beryllium wird nun mit Ammoniak als Hydroxyd gefällt (S. 20) und der Niederschlag von mitgerissenem EisenII-cyanid und von Alkalisalzen durch Umfällung befreit. In Gegenwart eines großen Eisenüberschusses muß diese Umfällung einschließlich der Überführung des Eisens in komplexes EisenII-cyanid nochmals wiederholt werden.

Bemerkungen. WAINER erhielt nach diesem Verfahren bei der Bestimmung von 5 bis 250 mg Berylliumoxyd neben 1 g EisenIII-oxyd befriedigende Resultate. Die Methode ist auch zur Abtrennung des Berylliums von der Hauptmenge des Eisens bei großem Eisenüberschuß geeignet. Statt der umständlichen, mehrmaligen Umfällung des Berylliumhydroxyds wird dann nach Ansäuern der Lösung und Zerstörung der Blausäure das in Lösung gebliebene Eisen durch Fällung mit Oxin (s. unten, B, 1) von Beryllium getrennt.

b) Nach Überführung in komplexes Dipyridileisen nach FERRARI. *Vorbemerkung.* EisenII-salze bilden mit α,α'-Dipyridil, $C_{10}H_8N_2$, (Fp. 69,5°, Kp. 272,5°) dunkelrote, komplexe Ionen der Formel $[Fe(C_{10}H_8N_2)_3]^{\cdot\cdot}$, die in verdünnten Säuren und Alkalien bei einem Überschuß von Dipyridil sehr beständig sind. Nach Überführung des Eisens in diesen Komplex läßt sich Beryllium nach FERRARI neben kleinen Eisenmengen mit Ammoniak ausfällen. Bei größeren Eisengehalten soll die Hauptmenge des Eisens als Perchlorat der Komplexverbindung des Eisens mit Dipyridil vor der Fällung des Berylliums abgeschieden werden.

Arbeitsvorschrift. Enthält die zu untersuchende, neutrale Lösung (20 bis 70 cm³) neben Beryllium nur wenig Eisen (bis zu 1,2 mg), so versetzt man mit 20 cm³ 0,05%iger, wäßriger Dipyridillösung, 5 g Ammoniumchlorid und zur Reduktion des 3wertigen Eisens mit 10 cm³ einer 6%igen Lösung von schwefliger Säure. Man erhitzt auf dem Wasserbad, bis die Lösung eine intensiv rote Farbe angenommen hat, verdünnt auf etwa 100 cm³ und fällt Beryllium mit einem geringen Überschuß von Ammoniak nach S. 20.

In Gegenwart einer größeren Menge Eisen gibt man statt 0,05%iger Dipyridillösung direkt 0,1 g Dipyridil hinzu und versetzt die Lösung nach beendeter Bildung der komplexen Eisenverbindung mit 5 g in möglichst wenig siedendem Wasser gelöstem Ammoniumperchlorat. Nachdem sich die Lösung abgekühlt hat, verdünnt man mit gesättigter Ammoniumperchloratlösung und filtriert den pulvrig-krystallinen, roten Niederschlag von EisenII-dipyridilperchlorat ab. Zur Bestimmung des Berylliums verfährt man dann weiter wie oben.

Bemerkungen. Die Methode liefert befriedigende Ergebnisse, der Fehler beträgt bei der Bestimmung von 40 mg Berylliumoxyd bis zu —0,4 mg. Kleine Eisenmengen werden bei Anwendung dieses Verfahrens am besten colorimetrisch auf Grund der roten Farbe des Eisendipyridilkomplexes bestimmt.

4. Bestimmung in Gegenwart geringer Eisenverunreinigungen.

Bei Anwesenheit geringer Eisenmengen fällt man am einfachsten Beryllium und Eisen gemeinsam aus, bestimmt die Summe der Oxyde, schließt das Oxydgemisch mit Kaliumbisulfat wieder auf und bestimmt in der Lösung der Schmelze Eisen in bekannter Weise maßanalytisch bzw. colorimetrisch mit Kaliumrhodanid. Von der Summe der Oxyde wird dann die sich aus der Bestimmung des Eisens ergebende Menge EisenIII-oxyd in Abzug gebracht [FISCHER (b), MACHATSCHKI; DIXON]. Bei sehr kleinen Eisenmengen ist dieses Verfahren mindestens ebenso genau wie die Bestimmung des Berylliums nach vorangegangener Abtrennung des Eisens.

Trennungsverfahren.

B. Zuverlässige Trennungsverfahren.

1. Trennung mit o-Oxychinolin (Oxin).

Arbeitsvorschrift. 3wertiges Eisen läßt sich ebenso wie Aluminium durch Fällung mit Oxin aus essigsaurer, acetathaltiger Lösung nach der Vorschrift von KOLTHOFF und SANDELL von Beryllium trennen (S. 63). Der abfiltrierte und ausgewaschene, dunkelbraune bis schwarze Niederschlag von Eisenoxychinolat wird bei 110° bis zur Gewichtskonstanz getrocknet und als $Fe(C_9H_6ON)_3$ gewogen (Faktor für Fe_2O_3: 0,1636; für Fe: 0,1144).

Bemerkungen. **I. Genauigkeit.** Die Genauigkeit der Trennung und Bestimmung ist die gleiche wie bei der Trennung von Aluminium. Ein großer Eisenüberschuß wird am besten vor der Fällung mit Oxin nach dem Ausätherungsverfahren von ROTHE (S. 85) abgetrennt.

II. Andere Arbeitsweisen und Abänderungsvorschläge. a) Arbeitsweise von NIESSNER. NIESSNER fällt Eisen in gleicher Weise wie Aluminium mit alkoholischer Oxinlösung (S. 64). Nach FISCHER (b) ist aber auch Eisenoxinat in wäßrig-alkoholischer Lösung etwas löslich, so daß die Verwendung einer essigsauren Oxinlösung nach KOLTHOFF und SANDELL vorzuziehen ist.

b) Oxinfällung unter Zusatz von Weinsäure oder Oxalsäure. Eisenoxinat läßt sich schlechter filtrieren und auswaschen als Aluminiumoxinat und läuft leicht durch das Filter. Bei Zusatz von Weinsäure (NIESSNER) oder Oxalsäure [FISCHER (b)] wird ein dichterer, besser zu verarbeitender Niederschlag erhalten. Der Einfluß dieser organischen Säuren auf den Dispersionsgrad des Niederschlages soll darauf beruhen, daß infolge Komplexsalzbildung die Fällungsgeschwindigkeit mit Oxin und damit die Zahl der Fällungskeime verringert wird, so daß ein grobkörnigerer Niederschlag anfällt. Ein Zusatz von Weinsäure ist aber im Hinblick auf die Ausfällung des Berylliums mit Ammoniak im Filtrat des Eisenoxinats nach FISCHER (b) sowie ZINBERG nicht zu empfehlen. FISCHER gibt daher vor der Fällung mit Oxin 0,2 bis 0,5 g Oxalsäure zu. Hierdurch wird die spätere quantitative Abscheidung des Berylliums nicht beeinflußt. Bei gleichzeitiger Anwesenheit von Aluminium ist aber auch der Oxalsäurezusatz fortzulassen, da Oxalsäure die vollständige Fällung des Aluminiums als Oxinat verhindert (vgl. S. 64).

III. Mikrotrennung. Nach BENEDETTI-PICHLER und SCHNEIDER läßt sich Eisen nicht nach der Mikrovorschrift von THURNWALD und BENEDETTI-PICHLER zur Fällung des Aluminiums mit Oxin (S. 65) von Beryllium trennen, da der amorphe, äußerst feine Niederschlag von Eisenoxinat sich nicht quantitativ abfiltrieren läßt. Nur in Gegenwart eines etwa 10fachen Aluminiumüberschusses wird auch Eisen in leicht filtrierbarer Form zusammen mit Aluminium quantitativ ausgefällt.

2. Trennung mit Tannin.

Vorbemerkung. Eisen läßt sich in gleicher Weise wie Aluminium durch Fällung mit Tannin aus schwach essigsaurer Lösung in Gegenwart von Beryllium fällen. Statt der Arbeitsvorschrift von MOSER und NIESSNER (S. 66) kann die folgende, von MOSER und SINGER, die auch zur Trennung in Lösungen der Chloride oder Nitrate sowie zur Fällung von Aluminium geeignet ist (vgl. S. 67, Bem. III), angewendet werden.

***Arbeitsvorschrift von* MOSER *und* SINGER.** Die annähernd neutrale, Beryllium und 3wertiges Eisen (bis zu je 0,1 g Oxyd) enthaltende Lösung wird mit 30 bis 40 g Ammoniumacetat und 20 bis 25 g Ammoniumnitrat versetzt und auf 400 bis 500 cm^3 verdünnt. Auf je 100 cm^3 Lösung gibt man 1,5 cm^3 80%iger Essigsäure zu, versetzt mit einigen Tropfen Wasserstoffperoxydlösung, um Reduktion des 3wertigen Eisens durch das Fällungsmittel zu vermeiden, erhitzt zum Sieden und gibt unter Umrühren 10%ige Tanninlösung zu, bis die Fällung beendet ist. Infolge des großen Elektrolytüberschusses setzt sich der blauviolette Niederschlag rasch in verhältnismäßig gut filtrierbarer Form ab. Man prüft durch weitere Zugabe von Gerbsäure zu der überstehenden Lösung, ob die Fällung vollständig war, und filtriert ab. Der Niederschlag wird in wenigen Kubikzentimetern heißer, verdünnter Schwefelsäure gelöst, die Lösung neutralisiert, wobei ein Teil des Niederschlages wieder ausfällt, und die Fällung nach Zugabe von Ammoniumacetat, -nitrat usw. in der angegebenen Weise wiederholt. Der nun entstehende Niederschlag der EisenIII-Gerbsäure-Verbindung ist praktisch frei von Beryllium. Er wird nach dem Absitzen abfiltriert und mit ammoniumnitrathaltigem, heißem Wasser gewaschen, bis die ablaufende Waschflüssigkeit keine Sulfat-Ionen mehr enthält. Zur Prüfung auf diese muß mit Salzsäure angesäuert werden, da in neutraler Lösung Barium durch Tannin gefällt wird. Der ausgewaschene Niederschlag wird getrocknet, verascht, mit Salpetersäure zur Zerstörung der organischen Substanz abgeraucht, bis zur Gewichtskonstanz geglüht und als EisenIII-oxyd gewogen.

In den vereinigten Filtraten, die infolge oxydierter Gerbsäure gelbbraun gefärbt sind, aber keinen violetten Farbton haben dürfen, wird Beryllium nach MOSER und SINGER mit Ammoniak gefällt (S. 23).

Bemerkungen. MOSER und SINGER erhielten bei der Trennung in Lösungen reiner Beryllium- und Eisensalze (20 bis 110 mg BeO in Gegenwart von Fe_2O_3 bis zur doppelten Menge) für Berylliumoxyd Werte, die höchstens um $\pm 0{,}2$ mg von den berechneten abwichen. Nach einmaliger Wiederholung der Tanninfällung ist die Trennung also quantitativ. Nach OSTROUMOW wird bei der Fällung aus ursprünglich schwefelsaurer Lösung leicht Beryllium teilweise von dem Tanninniederschlag adsorbiert und mitgerissen, so daß die Trennung in ursprünglich salzsaurer Lösung vorzuziehen ist (vgl. S. 67, Bem. III b).

3. Trennung mit Ammoniumsulfid aus tartrathaltiger Lösung.

Vorbemerkung. Bei der bekannten Trennung des Aluminiums von Eisen, Nickel, Kobalt und Mangan durch Fällung dieser Metalle mit Ammoniumsulfid in Gegenwart von Tartraten aus ammoniakalischer Lösung bleibt neben Aluminium, Chrom, Molybdän und Vanadin auch Beryllium in Lösung. CONNELL (nach SCHEERER) sowie später JANNASCH und LOCKE haben dieses Verfahren zur Eisen-Berylliumtrennung bei der Analyse von Mineralien bereits angewendet.

***Arbeitsvorschrift nach* FRESENIUS *und* FROMMES.** Die salzsaure, Beryllium und Eisen enthaltende Lösung wird mit 15 bis 20 cm³ 20%iger Weinsäurelösung versetzt und durch Einleiten von Schwefelwasserstoff reduziert. Zu der ammoniakalisch gemachten Lösung wird dann etwas Ammoniumsulfid gegeben und unter zeitweisem Umschütteln auf 50° erwärmt. Der ausgefallene Niederschlag wird nach dem Absitzen abfiltriert und mit verdünnter Ammoniumsulfidlösung ausgewaschen. Bei gegenüber Beryllium geringen Eisengehalten genügt zur quantitativen Trennung einmalige Fällung, bei größeren Eisen- und auch Nickel- oder Mangangehalten muß die Fällung wiederholt werden.

In den vereinigten Filtraten wird Beryllium am besten mit Ammoniak und Tannin gefällt (S. 24, Bem. IV), da die Zerstörung der Weinsäure zur quantitativen Fällung des Berylliums dann nicht erforderlich ist. Aus dem gleichen Grunde fällt GADEAU (a) Beryllium im Filtrat des Eisensulfids nach Ansäuern und Vertreiben des Schwefelwasserstoffs als Ammoniumberylliumphosphat (S. 40).

***Bemerkungen.* I. Genauigkeit.** Die nach obiger Methode erhaltenen Resultate sind gut. Nach GADEAU (a) soll sich sogar ein großer Eisenüberschuß quantitativ von kleinen Berylliummengen (0,5 g Fe von 2,5 bis 10 mg Be) trennen lassen. Dieses, von anderer Seite nicht bestätigte Ergebnis erscheint nach den Untersuchungen von FRESENIUS und FROMMES aber unwahrscheinlich.

II. Gegenwart anderer Metalle. Blei, Kupfer, Nickel und Kobalt werden nach dem beschriebenen Verfahren zusammen mit Eisen quantitativ als Sulfide gefällt. Mangan wird hingegen, besonders aus sehr verdünnter Lösung, nicht immer vollständig abgeschieden. Aluminium bleibt zusammen mit Beryllium in Lösung und kann im Anschluß an die Ammoniumsulfidfällung mit Oxin gefällt werden (S. 63). FRESENIUS und FROMMES wenden das Verfahren zur Berylliumbestimmung in aluminiumfreien Stählen an, GADEAU (b) benutzt es bei der Analyse von Mineralien.

4. Trennung mit α-Nitroso-β-naphthol.

Vorbemerkung. Nach ILINSKI und v. KNORRE fällt α-Nitroso-β-naphthol, $C_{10}H_6(NO)OH$ (MG. 173,06, Fp. 110°), 3wertiges Eisen aus saurer Lösung quantitativ als Komplexverbindung der Zusammensetzung $Fe(C_{10}H_6ONO)_3$ aus. Die Verbindung ist in kalter, 50%iger Essigsäure und auch noch in Gegenwart freier Salzsäure (5 cm³ Salzsäure von der Dichte 1,12 auf 100 cm³ Lösung) absolut unlöslich. Die Zusammensetzung des Niederschlages entspricht infolge der Adsorption überschüssigen Nitrosonaphthols nicht der angegebenen Formel, so daß zur gravimetrischen Bestimmung des Eisens der Niederschalg durch Glühen in Oxyd übergeführt werden muß. Auch EisenII-salze geben eine ähnliche, schwerlösliche

Komplexverbindung, die aber wegen ihrer voluminösen Beschaffenheit schlecht zu verarbeiten ist. Zur vollständigen Trennung von Metallen, die von Nitrosonaphthol aus saurer Lösung nicht gefällt werden, oxydiert man daher EisenII-salze vor der Fällung besser zu 3wertigem Eisen. Die unten wiedergegebene Vorschrift von SCHLEIER zur Trennung des Eisens von Beryllium lehnt sich eng an die Eisen-Aluminium-Trennung nach ILINSKI und v. KNORRE an.

***Arbeitsvorschrift von* SCHLEIER.** Die auf ein kleines Volumen eingeengte Lösung der Sulfate oder Chloride von Beryllium und Eisen wird mit Ammoniak versetzt, bis ein Niederschlag entsteht. Dieser wird durch Zugabe von Salzsäure gerade wieder gelöst und die Lösung in der Kälte mit dem gleichen Volumen 50%iger Essigsäure verdünnt. Nun gibt man unter Umrühren eine Lösung von Nitrosonaphthol hinzu, bis auf weitere Zugabe kein Niederschlag mehr ausfällt. Nach 4- bis 5stündigem Stehen wird der Niederschlag abfiltriert und erst mit kalter, 50%iger Essigsäure, dann mit Wasser ausgewaschen, bis das Waschwasser keinen glühbeständigen Rückstand mehr hinterläßt. Der Niederschlag wird verascht, unter Luftzutritt zuerst vorsichtig, dann stark geglüht und als Fe_2O_3 gewogen. Aus dem Filtrat wird der Überschuß der Essigsäure durch Erhitzen entfernt und Beryllium mit Ammoniak gefällt. Die zu trennende Lösung soll nicht mehr als 0,25 g Eisenoxyd enthalten, da sonst die Trennung nach einmaliger Fällung infolge der Adsorption von Beryllium nicht quantitativ ist (BURGASS).

***Bemerkungen.* I. Genauigkeit.** Die Trennung nach obiger Vorschrift führt zu richtigen Werten für beide Metalle (NIESSNER). Auch ATKINSON und SMITH fanden bei Einhaltung der weiter unten wiedergegebenen Vorschrift annähernd der Theorie entsprechende Resultate. Bei großem Eisenüberschuß ergeben sich aber infolge Adsorption von Beryllium durch den voluminösen Eisen-Nitrosonaphthol-Niederschlag leicht merklich zu niedrige Werte für Beryllium [FISCHER (a)].

II. Arbeitsweise von ATKINSON und SMITH. ATKINSON und SMITH fällen aus verdünnter Lösung, wodurch die Gefahr der Adsorption von Beryllium durch den Eisenniederschlag verringert wird. Die etwa je 0,1 g Eisen- und Berylliumoxyd enthaltende Lösung der Chloride oder Sulfate wird auf ungefähr 200 cm^3 mit Wasser verdünnt und in der Kälte mit 125 cm^3 einer Lösung von Nitrosonaphthol in 50%iger Essigsäure versetzt. Nach 12stündigem Stehen wird der Niederschlag abfiltriert und nach obiger Vorschrift weiterverarbeitet.

III. Gegenwart anderer Stoffe. Ebenso wie Eisen werden auch *Kobalt* und *Kupfer* durch Nitrosonaphthol quantitativ gefällt. *Silber, Wismut, Zirkon, Zinn* und 4wertiges *Cer* wirken störend, da sie nur teilweise gefällt werden. *Quecksilber, Blei, Cadmium, Arsen, Antimon, Chrom, Mangan, Zink, Aluminium,* 3wertiges *Cer-*, *seltene Erden* sowie *Molybdän-* und *Wolframsäure* werden dagegen nicht gefällt, sondern bleiben zusammen mit Beryllium in Lösung (BURGASS; NIESSNER). *Phosphorsäure* stört die quantitative Bestimmung des Eisens, da sie teilweise mit diesem ausgefällt wird (ILINSKI und v. KNORRE).

5. Trennung mit Cupferron.

Vorbemerkung. Cupferron, das Ammoniumsalz des Nitrosophenylhydroxylamins, $C_6H_5 \cdot NO \cdot NO \cdot NH_4$ (MG. 155,2, Fp. 163—164°), bildet mit Eisen und Kupfer in saurer Lösung unlösliche Komplexverbindungen. Es wurde zuerst von BAUDISCH zur Bestimmung dieser Metalle und zu ihrer Trennung von anderen Metallen vorgeschlagen. In Anlehnung an die Vorschrift von BILTZ und HÖDTKE zur Fällung des Eisens in Gegenwart von Aluminium, Nickel und Chrom verfährt TETTAMANZI zur Trennung des Eisens und auch Kupfers von Beryllium folgendermaßen.

***Arbeitsvorschrift von* TETTAMANZI.** Zur Fällung des Eisens, die aus salzsaurer, schwefelsaurer oder essigsaurer Lösung erfolgen kann, verdünnt man die neutrale, Eisen und Beryllium enthaltende Lösung auf etwa 100 cm^3 und versetzt mit 10 cm³ konzentrierter Salzsäure. Man läßt nun bei Zimmertemperatur die frisch hergestellte, filtrierte, wäßrige 6%ige Cupferronlösung langsam am Rande des Becherglases unter Umrühren einfließen. Die Fällung ist beendet, wenn statt der rotbraunen, flockigen Eisenkomplexverbindung nur noch ein weißer, krystalliner Niederschlag von überschüssigem Cupferron entsteht. Zur Fällung von je 0,1 g Eisen sind theoretisch 0,833 g Cupferron erforderlich, die Fällung ist aber erst bei Anwendung eines etwa 20%igen Überschusses von Cupferron vollständig. Der Niederschlag, der sich rasch absetzt und leicht zusammenbackt, wird gegebenenfalls mit einem Glasstab zerdrückt und nach 15 bis 20 Min. auf einem in einem Platinkonus befindlichen Filter unter zunächst schwachem, zum Schluß stärkerem Saugen abfiltriert. Man wäscht zuerst mit 0,2 n Salzsäure, dann mit Wasser, anschließend mit Ammoniak (1 Teil konzentriertes Ammoniak auf 1 Teil Wasser) zur Entfernung des überschüssigen Fällungsmittels und nochmals mit Wasser aus. Nach dem Trocknen, Veraschen und Glühen im Platintiegel wird als EisenIII-oxyd gewogen.

In dem mit den Waschlösungen vereinigten Filtrat wird Beryllium in bekannter Weise (§ 1 A) bestimmt.

Bemerkungen. **I. Genauigkeit.** Die so bei der Trennung von Eisen und Beryllium erhaltenen Resultate sind durchaus befriedigend. Nach TETTAMANZI betrug der Fehler bei der Bestimmung von Beryllium (25 bis 150 mg BeO) und Eisen (80 bis 320 mg Fe_2O_3) in Lösungen, die Eisenoxyd in bis zu 13fachem Überschuß enthielten, höchstens $\pm 0{,}8$ mg Oxyd.

II. Gegenwart anderer Metalle. Bei Anwesenheit von *Kupfer, Titan, Uran, Zirkon, Thorium, Vanadin, Niob, Tantal* und *Zinn* werden diese Metalle in nicht zu stark saurer Lösung zusammen mit Eisen ausgefällt, während *Aluminium, Nickel, Chrom, Zink* und *Cadmium* mit Beryllium in Lösung bleiben. In Gegenwart von *Kupfer* muß der Cupferronniederschlag statt mit Ammoniak mit Natriumcarbonatlösung ausgewaschen werden, da die Kupferkomplexverbindung mit Cupferron in Ammoniak löslich ist (BILTZ und HÖDTKE).

C. Methoden zur teilweisen Abtrennung eines großen Eisenüberschusses.

1. Trennung der Chloride mit Äther (Ausätherungsverfahren von ROTHE).

Vorbemerkung. Das in Eisenhüttenlaboratorien vielfach angewendete Verfahren von ROTHE beruht auf der Löslichkeit des EisenIII-chlorids in Äther. Vanadin, Nickel, Kobalt, Mangan, Chrom, Aluminium, Kupfer, Titan und auch Beryllium lassen sich aus salzsaurer Lösung nicht mit Äther extrahieren und können daher auf diese Weise von Eisen getrennt werden. FISCHER und LEOPOLDI wendeten das Verfahren zur Bestimmung des Berylliums in Berylliumsonderstählen (S. 117) an, wobei die nach der Äthertrennung noch beim Beryllium verbleibenden geringen Eisenmengen durch Fällung mit Oxin abgetrennt werden. Zur Ausätherung des Eisens verfährt man am besten nach der von WEIHRICH wiedergegebenen Vorschrift.

Arbeitsvorschrift nach WEIHRICH. Man verwendet zweckmäßig zur Äthertrennung den in Abb. 2 (S. 86) wiedergegebenen Schüttelapparat nach ROTHE. Folgende *Lösungen* werden gebraucht:

(1) *Äther-Salzsäure (D 1,19).* Man sättigt konzentrierte Salzsäure (D 1,19) mit Äther, bis ein kleiner Teil des Äthers auf der Flüssigkeit schwimmt. In 100 cm³ konzentrierter Salzsäure lösen sich etwa 150 cm³ Äther auf.

(2) *Äther-Salzsäure (D 1,10).* 20%ige Salzsäure (D 1,10) wird mit Äther bis zur Sättigung geschüttelt. 100 cm³ Salzsäure nehmen etwa 30 cm³ Äther auf.

Die z. B. aus 5 g Spänen eines Berylliumstahles erhaltene Lösung der Chloride wird zur Trockne eingedampft, mit 70 cm³ Salzsäure (1:1) wieder aufgenommen und bis zur Sirupdicke in einer Porzellanschale eingeengt. Die Lösung wird in die

Kugel *I* des Schütteltrichters von Rothe eingefüllt, wobei man die letzten Reste aus der Porzellanschale mit etwa 15 cm³ Salzsäure (1:1) nachspült. Nun gibt man zu der Lösung, die nicht über 20° warm sein soll, 30 cm³ Äther-Salzsäure (D 1,19), also 6 cm³ auf je 1 g Eisen, und 80 bis 100 cm³ Äther und schüttelt bei geschlossenen Hähnen zunächst vorsichtig, dann kräftiger durch. Bei etwa eintretender Erwärmung kühlt man unter der Wasserleitung ab. Nachdem sich die Mischung in zwei Schichten getrennt hat, die obere, eisenhaltige Ätherschicht und die untere, Beryllium enthaltende, wäßrige Salzsäureschicht, läßt man die salzsaure Lösung in die Kugel *II* ab. Man wäscht die Ätherlösung in Kugel *I* 3mal durch kräftiges Schütteln mit je 10 cm³ Äther-Salzsäure (D 1,10) aus und gibt die wäßrigen Schichten zu der Berylliumlösung in Kugel *II*. Diese wird dann zur Entfernung noch nicht ausgeätherten Eisens mit 80 bis 100 cm³ Äther durchgeschüttelt und nach Trennung der Schichten in eine Porzellanschale abgelassen. Hierauf wäscht man die Ätherschicht in Kugel *II* 2mal mit Äther-Salzsäure (D 1,10) aus und gibt die wäßrigen Schichten zu der abgelassenen, alles Beryllium und nur noch Spuren Eisen enthaltenden salzsauren Lösung, die zur Vertreibung des Äthers eingedampft wird. Vor der Bestimmung des Berylliums trennt man die noch vorhandenen Eisenspuren mit Oxin ab (S. 81) oder verfährt nach dem indirekten, S. 81 beschriebenen Verfahren. Enthält die Lösung nur sehr wenig Beryllium, so bestimmt man dieses am besten durch colorimetrische Titration mit Chinalizarin (S. 80).

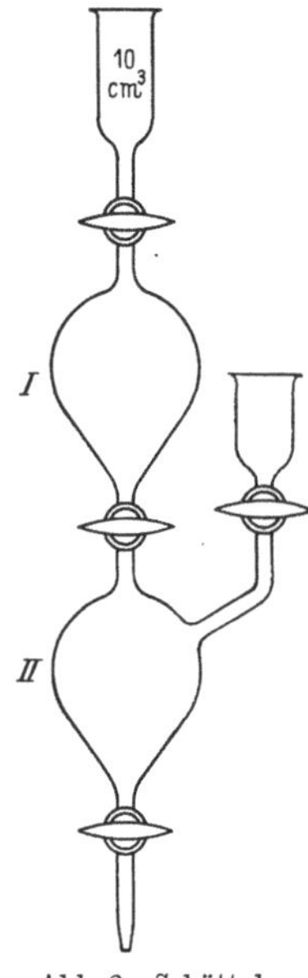

Abb. 2. Schüttelapparat nach Rothe.

Bemerkungen. **I. Gegenwart anderer Stoffe.** Die auszuäthernde Lösung darf keine suspendierten Stoffe wie Kohlenstoff, Kieselsäure oder Filterpapierfasern enthalten, da hierdurch die scharfe Trennung der ätherischen von der wäßrigen Schicht erschwert wird. Die oben genannten Metalle bleiben bei der Äthertrennung zusammen mit Beryllium in der salzsauren, wäßrigen Schicht. Sie müssen nach dem Ausäthern vor der Bestimmung des Berylliums von diesem getrennt oder, falls sie nur in Spuren vorliegen, in dem ohne vorhergehende Trennung erhaltenen Berylliumoxyd bestimmt und von der Auswage in Abzug gebracht werden. *Molybdän* geht ebenso wie *Phosphorsäure* beim Ausäthern des Eisens zum größten Teil mit diesem in die ätherische Schicht über (Deiss und Leysaht).

II. Ausäthern von Eisen aus Rhodanidlösungen. Nach Stöcker läßt sich Eisen nach Überführung in Rhodanid auch aus Berylliumacetat- oder -sulfatlösungen, die nur mit Eisen verunreinigt sind, vollständig ausäthern. Man versetzt die Lösung einfach mit einem Überschuß von Ammoniumrhodanid und behandelt mit Äther. EisenIII-rhodanid löst sich hierbei mit tiefvioletter Farbe in der Ätherschicht, während die wäßrige, zuerst durch EisenIII-rhodanid rot gefärbte Lösung vollständig entfärbt wird. Diese von Stöcker für präparative Zwecke angewendete Trennungsmethode ist bisher nicht auf ihre analytische Brauchbarkeit untersucht worden.

2. Trennung durch elektrolytische Abscheidung des Eisens.

Vorbemerkung. Die elektrolytische Abscheidung des Eisens ist mehrfach zur Trennung von elektropositiveren Metallen wie Aluminium und Beryllium herangezogen worden. Sie führt aber entweder zu nicht allzu genauen Resultaten (Methode von Classen, s. unten) oder erfordert lange Elektrolysezeiten schon beim Vorliegen vergleichbarer Beryllium- und Eisenmengen (Methode von Myers, s. unten). Monjakowa und Janowski scheiden daher bei der Analyse von Berylliumstählen nur den großen Eisenüberschuß auf elektrolytischem Wege an einer Quecksilberkathode ab.

***Arbeitsvorschrift von* Monjakowa *und* Janowski.** Die etwa 5% Schwefelsäure enthaltende Lösung der Sulfate von Eisen und Beryllium wird in das Elektrolysiergefäß von 6 cm lichter Weite und etwa 10 cm Höhe gegeben. Das Gefäß läuft nach unten in einen Dreiweghahn mit doppelter Bohrung aus und ist durch diesen mit einem mit Quecksilber gefüllten Niveaugefäß verbunden. Bei geöffnetem Hahn wird durch Heben des Niveaugefäßes soviel Quecksilber als Kathode in das Elektrolysiergefäß gebracht, daß mindestens der verjüngte Teil des Gefäßes vollständig mit Quecksilber gefüllt ist. Der positive Pol der Stromquelle ist mit dem Quecksilber im Niveaugefäß verbunden, als Anode dient eine in die Lösung tauchende Platinspirale. Nach beendeter Elektrolyse kann so in einfacher Weise ohne Unterbrechung des Stromes das Quecksilber von der Lösung durch Senken des Niveaugefäßes und Schließen des Hahnes getrennt werden. Die Wiederauflösung des abgeschiedenen Eisens in der sauren Lösung nach beendeter Elektrolyse ist so ausgeschlossen. Durch Umstellen des Hahnes kann die elektrolysierte Lösung durch die zweite Bohrung desselben abgelassen werden. Man elektrolysiert bei einer Stromstärke von 3 bis 4 Ampere, entsprechend einer Stromdichte von etwa 0,15 Ampere/cm² und einer Spannung von etwa 6 Volt. Die Abscheidung des Eisens ist nach 30 bis 40 Min. fast quantitativ. War mehr als 1 g Eisen in der Lösung, so muß die Elektrolyse noch einige Zeit fortgesetzt werden. Die nun farblose Lösung, die in der Regel weniger als 1 mg Eisen enthält, wird abgelassen, das restliche Eisen mit Oxin abgetrennt (S. 81) und im Filtrat Beryllium mit Ammoniak gefällt (§ 1 A).

***Bemerkungen.* I. Genauigkeit.** Neben 0,5 g Eisen bzw. Eisen, Chrom und Nickel bestimmten Monjakowa und Janowski noch 8,2 mg Beryllium mit einer Genauigkeit von $\pm 0{,}4$ mg. Der Berylliumgehalt eines Stahles mit 1,6% Beryllium läßt sich demnach also auf $\pm 0{,}1$% genau bestimmen.

II. Gegenwart anderer Metalle. Bei Anwesenheit von Zink, Chrom und edleren Metallen werden diese zusammen mit Eisen an der Quecksilberkathode abgeschieden. Aluminium bleibt neben Beryllium in Lösung und wird mit den noch vorhandenen Spuren Eisen mit Oxin abgetrennt (S. 118, a).

III. Arbeitsweise nach Myers. Myers trennt in ähnlicher Weise Eisen und auch Chrom quantitativ von vergleichbaren Mengen Beryllium. Als Elektrolysiergefäß dient ein Becherglas nach Smith (8,5 cm Höhe, 3,5 cm ⌀) mit einem in den Boden eingeschmolzenen Platindraht, der als Stromzuführung zur Kathode (etwa 70 g Quecksilber) dient. Als Anode wird ein Platinblech oder eine Platinspirale in die Lösung eingetaucht. Die neutrale Lösung der Sulfate von Beryllium (3 bis 60 mg) und Eisen oder Chrom (20 bis 200 mg) wird mit 2 Tropfen konzentrierter Schwefelsäure versetzt und mit einer Anfangsspannung von 6,5 bis 8 Volt entsprechend 0,4 bis 0,6 Ampere elektrolysiert. Infolge der mit fortschreitender Elektrolyse zunehmenden Konzentration an freier Säure steigt die Stromstärke gegen Ende der Elektrolyse auf 0,8 bis 1,2 Ampere. Je nach der abzuscheidenden Eisenmenge ist die Elektrolyse nach 4 bis 14 Std. beendet. Man dekantiert ohne Unterbrechung des Stromes ab, wäscht mit Wasser aus und bestimmt Beryllium in der mit dem Waschwasser vereinigten Lösung in bekannter Weise. Der Fehler der Berylliumbestimmung beträgt nach Myers dann höchstens ± 1%.

IV. Arbeitsweise von Classen. Classen trennt Eisen von Mangan, Chrom, Aluminium und Beryllium durch elektrolytische Abscheidung aus Ammoniumoxalat im Überschuß enthaltender neutraler Lösung. Als Kathode dient die als Elektrolysiergefäß benutzte Platinschale. Classen versetzt die Eisen und Beryllium als Sulfate enthaltende Lösung mit 8 g Ammoniumoxalat und elektrolysiert bei einer Stromdichte von 0,5 bis 1 Ampere/100 cm² Kathodenoberfläche und einer Spannung von 2,7 bis 3,8 Volt. Durch diesen Strom wird etwa 0,1 g Eisen in 5 bis 6 Std. abgeschieden. Man prüft von Zeit zu Zeit eine Probe der Lösung mit Kaliumrhodanid auf Vollständigkeit der Eisenabscheidung. Die so für Eisen erhaltenen Werte sind aber recht schwankend; Beryllium wurde nicht bestimmt. Bei gleichzeitiger Anwesenheit von Aluminium muß dieses durch weitere Zugabe von Oxalat bis zur beendeten

Abscheidung des Eisens in Lösung gehalten werden. Nach Umfüllung in eine andere Platinschale wird dann Aluminium durch Fortsetzung der Elektrolyse bis zur vollständigen Zersetzung des Oxalats zu Carbonat als Hydroxyd gefällt und von dem in Lösung bleibenden Beryllium getrennt, das dann im Filtrat bestimmt wird (S. 32 und 75). Die Methode ist nicht sehr genau und daher nicht zu empfehlen.

3. Trennung der Oxyde durch Reduktion mit Wasserstoff nach Fischer.

Nach diesem von Fischer (a) vorgeschlagenen und angewendeten Verfahren werden in Lösungen, die neben einem großen Eisenüberschuß nur wenig Beryllium enthalten, diese Metalle gemeinsam als Hydroxyde gefällt und zu Oxyd geglüht. Beim Behandeln des Oxydgemisches im Rose-Tiegel mit Wasserstoff bei Rotglut wird Eisenoxyd zu Metall reduziert, das dann mit Salzsäure, in der ausreichend geglühtes Berylliumoxyd unlöslich ist, aus dem Reaktionsprodukt herausgelöst wird. Der infolge unvollständiger Reduktion noch Spuren von Eisenoxyd enthaltende Rückstand wird durch Abrauchen mit Flußsäure auf dem Wasserbad in leicht lösliches Berylliumfluorid übergeführt, das mit warmem Wasser aufgenommen wird. In dieser Lösung wird Beryllium durch colorimetrische Titration mit Chinalizarin bestimmt (S. 52), wobei die noch vorhandenen Spuren Eisen nicht stören. Fischer (a) konnte so noch 0,9 bis 17,5 mg Beryllium in Gegenwart von 0,5 g Eisen mit einer Genauigkeit von mindestens $\pm 5\%$ bestimmen. Fischer (b) hat dieses an sich brauchbare Verfahren zugunsten der Ätherabtrennung nach Rothe (S. 85) wieder aufgegeben.

D. Abtrennung geringer Mengen Eisen.

Geeignete Trennungs- bzw. Bestimmungsverfahren.

Zur Abtrennung kleiner Mengen Eisen von einem großen Berylliumüberschuß sind, wie schon erwähnt, die Trennungen mit Oxin oder Tannin geeignet (S. 81 und 82). Die Abscheidung und Bestimmung des Eisens als Oxinat hat gegenüber den Fällungen mit Tannin und auch mit Nitrosonaphthol oder Cupferron, nach denen Eisen nur als Oxyd bestimmt werden kann, den Vorteil einer zur Bestimmung kleiner Mengen Eisen günstigeren Wägungsform. Auch nach den weiter unten beschriebenen Trennungsverfahren durch Fällung des Eisens mit Alkalihydroxyd oder als basisches Acetat lassen sich kleine Eisenmengen von einem Berylliumüberschuß hinreichend genau trennen. Enthält die zu untersuchende Berylliumlösung nur Spuren Eisen, so bestimmt man am besten Beryllium indirekt aus der Summe der gemeinsam als Hydroxyde gefällten Oxyde und dem für Eisenoxyd auf colorimetrischem oder maßanalytischem Wege gefundenen Wert (S. 81).

1. Trennung mit Alkalihydroxyd.

Vorbemerkung. Beim Versetzen von Beryllium und Eisen enthaltenden Lösungen mit überschüssigem Alkalihydroxyd geht Beryllium als Beryllat in Lösung, während Eisen als Hydroxyd ausfällt. Diese der Aluminium-Eisen-Trennung mit Alkalihydroxyd analoge Methode liefert aber nur bei kleinen Eisengehalten der Lösung zuverlässige Ergebnisse, da der voluminöse Eisenhydroxydniederschlag beträchtliche Mengen Beryllium adsorbiert.

***Arbeitsvorschrift von* Wunder *und* Wenger.** Die schwefelsaure Lösung der Sulfate von Beryllium und Eisen, die man etwa durch Auflösen der Schmelze der Oxyde mit 5 g Kaliumpyrosulfat in Wasser erhalten hat, gießt man unter Umrühren in 150 cm^3 einer 6- bis 7%igen Natronlauge ein, kocht einmal auf und filtriert den Niederschlag von Eisenhydroxyd ab. Der Niederschlag wird 2- bis 3mal mit 6- bis 7%iger Natronlauge und anschließend mit siedendem Wasser ausgewaschen und zur Bestimmung des Eisens nach Auflösung in heißer, verdünnter Salzsäure zur Entfernung adsorbierten Alkalis nochmals mit Ammoniak gefällt. Das mit der Waschflüssigkeit vereinigte Filtrat wird angesäuert und Beryllium nach 2maliger Fällung mit Ammoniak als Oxyd bestimmt.

***Bemerkungen.* I. Genauigkeit.** Nach dieser Methode erhielten Wunder und Wenger bei der Bestimmung von etwa 50 mg Berylliumoxyd in Gegenwart nicht angegebener Eisenmengen bis auf $\pm 1{,}2\%$ genaue Resultate. Scheerer fand dagegen schon früher bei einer ähnlichen Trennung bis zu 70% zu niedrige Werte für Beryllium. Auch NIESSNER erhielt ähnliche unbrauchbare Resultate. Zur Trennung des Berylliums von größeren Eisenmengen ist das Verfahren also absolut ungeeignet [vgl. FISCHER (a)]. Entfernt man aber die Hauptmenge des Eisens durch Ausäthern (S. 85), so lassen sich die noch in Lösung bleibenden, geringen Mengen Eisen sehr gut durch Fällung mit Alkalihydroxyd von Beryllium trennen (FRESENIUS und FROMMES).

II. Gegenwart anderer Metalle. Bei gleichzeitiger Anwesenheit von Aluminium, das als Aluminat mit Beryllium in Lösung gehen würde, sowie Chrom fällen WENGER und WÄHRMANN die Hydroxyde gemeinsam mit Ammoniak, trennen Aluminium und Chrom mittels Sodaschmelze (S. 68, Bem. II) ab und verfahren, nach Aufschluß des Rückstandes von Beryllium- und Eisenoxyd mit Kaliumpyrosulfat, weiter nach obiger Vorschrift. Die so erhaltenen Resultate sind befriedigend.

III. Arbeitsweise von ECKSTEIN. Nach ECKSTEIN werden die Fehlerquellen der Methode von WUNDER und WENGER weitgehend vermieden, wenn man die Trennung mit konzentrierter Kalilauge ausführt. Man löst die gemeinsam gefällten Hydroxyde in möglichst wenig Salzsäure und läßt diese Lösung bei Zimmertemperatur langsam unter kräftigem Umschütteln in eine Platinschale mit 200 cm³ 20%iger, kohlensäurefreier Kalilauge einlaufen, schüttelt noch einige Minuten und läßt dann absitzen. Nach 1stündigem Stehen filtriert man von dem Eisenhydroxydniederschlag ab und wäscht diesen mit kaltem, einige Tropfen Ammoniak enthaltendem Wasser aus. Im Filtrat des Eisenhydroxyds sind aber besonders dann, wenn keine Lösungen reiner Beryllium- und Eisensalze, sondern Lösungen entsprechender Legierungen vorliegen, noch Spuren von Eisen enthalten, die offenbar in der starken Kalilauge kolloidal in Lösung gegangen sind. Diese werden zusammen mit Beryllium gefällt, gesondert bestimmt und als EisenIII-oxyd von der gewogenen Summe der Oxyde in Abzug gebracht. Nach FRESENIUS und FROMMES sind die so erhaltenen Resultate aber nur dann zuverlässig, wenn der Hauptteil des Eisens vorher durch Ausäthern abgetrennt worden ist. Wenn man das Hydroxydgemisch in Salzsäure löst, die Lösung zu heißer Kalilauge gibt und diese einmal aufkocht, geht bei nur geringen Eisenmengen kein Eisenhydroxyd kolloidal in Lösung. In Verbindung mit der Äthertrennung (S. 85) ist die Alkalihydroxydtrennung daher auch zur Analyse von Berylliumstählen geeignet (S. 119).

2. Trennung mit Natriumacetat nach SPINDECK.

Vorbemerkung. Zur Trennung des Berylliums von Eisen schlägt SPINDECK das in Eisenhüttenlaboratorien vielfach angewendete Acetatverfahren vor. Eisen und auch Chrom werden aus schwach saurer, mit Natriumacetat versetzter Lösung beim Erhitzen als unlösliche basische Acetate vollständig gefällt, während Beryllium in Lösung bleibt.

Arbeitsvorschrift. Die salzsaure Lösung von Beryllium und 3wertigem Eisen wird mit Wasser auf 200 bis 300 cm³ verdünnt, zum Sieden erhitzt und vorsichtig mit Natriumacetat versetzt, bis sich ein Niederschlag von basischem Eisenacetat ausscheidet. Man erhitzt noch einige Zeit und läßt die Lösung bis zum Absitzen des Niederschlages stehen. Man filtriert ab und wäscht den Niederschlag mit heißem, Natriumacetat enthaltendem Wasser aus. Das mit der Waschflüssigkeit vereinigte Filtrat wird auf 40 bis 50 cm³ eingeengt, von etwa noch ausgefallenen restlichen Spuren Eisen abfiltriert, nach dem Ansäuern kurz aufgekocht und zur Fällung des Berylliums nach S. 20 mit Ammoniak versetzt.

Bemerkungen. **I. Genauigkeit.** Das von SPINDECK zur Bestimmung des Berylliums in aluminiumfreien Stählen vorgeschlagene Verfahren liefert infolge der sehr voluminösen Niederschläge von basischem Eisenacetat, die leicht Beryllium adsorbieren, bei einem großen Überschuß von Eisen keine einwandfreien Ergebnisse (COOKE; FISCHER und LEOPOLDI). Erst nach vorangegangener Abtrennung der

Hauptmenge des Eisens durch Ausäthern (S. 85) erhält man befriedigende Resultate. In Verbindung mit dem Ätherverfahren läßt sich nach FRESENIUS und FROMMES die Acetatmethode auch zur Analyse von Berylliumsonderstählen heranziehen (S. 119).

II. Gegenwart anderer Metalle. Bei Anwesenheit von Aluminium wird dieses durch Fällung als basisches Acetat nur unvollständig von Beryllium getrennt. Molybdän und Vanadin werden nur in Gegenwart einer entsprechenden Menge Eisen mit diesem größtenteils mitgefällt. Die noch im Filtrat gelösten Spuren dieser Metalle bleiben aber bei der Fällung des Berylliums mit Ammoniak in Lösung und werden so von diesem getrennt.

E. Weitere vorgeschlagene Trennungsmethoden.

Allgemeines. Die nachstehend aufgeführten, meist älteren Trennungsverfahren sind gegenüber den bisher beschriebenen Methoden praktisch bedeutungslos. Sie sind im Verhältnis zu der erreichbaren Genauigkeit zu umständlich bzw. noch nicht von anderer Seite auf ihre Zuverlässigkeit nachgeprüft.

1. Trennung der Oxyde im Chlorwasserstoffstrom (Destillation von EisenIII-chlorid).

Vorbemerkung. COOKE trennt Beryllium und Eisen durch Glühen des Oxydgemisches im Wasserstoffstrom und Verflüchtigung des hierbei durch Reduktion entstandenen metallischen Eisens im Chlorwasserstoffstrom als EisenIII-chlorid. Nach HAVENS und WAY ist die Reduktion des Eisenoxyds unnötig. Beim Erhitzen des Oxydgemisches in einem trockenen, chlorhaltigen Chlorwasserstoffstrom wird Eisenoxyd ebenfalls in Chlorid übergeführt, während Berylliumoxyd bei den von HAVENS und WAY angewendeten Temperaturen von 200 bis 500° nicht angegriffen wird und unverändert zurückbleibt.

***Arbeitsvorschrift von* HAVENS *und* WAY.** Man fällt Beryllium und Eisen gemeinsam mit Ammoniak, glüht das sorgfältig ausgewaschene Hydroxydgemisch in einem Porzellanschiffchen zu Oxyd bis zur Gewichtskonstanz, wägt dieses und bringt es in ein in einem Verbrennungsofen liegendes, geräumiges Glasrohr. Das Ende des Rohres wird mit einem mit Wasser gefüllten Absorptionsgefäß verbunden. Man leitet nun ein Gemisch von trockenem Chlorwasserstoff und Chlor (hergestellt durch Eintropfen konzentrierter Schwefelsäure in ein Gemisch aus konzentrierter Salzsäure, Kochsalz und wenig Braunstein) durch das Rohr und erhitzt auf etwa 200 bis 300°. Bei dieser Temperatur verflüchtigt sich in 1 Std. etwa 0,1 g Eisen als EisenIII-chlorid. Die zur vollständigen Entfernung des Eisens notwendige Erhitzungsdauer ist weitgehend von der physikalischen Beschaffenheit des Oxydgemisches abhängig. Bei höheren Temperaturen verlaufen die Umsetzung und Destillation des Eisens zwar schneller, durch zu heftige Reaktion können aber mechanische Verluste eintreten. Erst gegen Ende der Destillation erhitzt man einige Minuten bis auf 500°, um auch die letzten Spuren von Eisen zu entfernen. Nach beendeter Destillation wird das im Schiffchen zurückgebliebene, rein weiße Berylliumoxyd zurückgewogen. Die ursprünglich anwesende Menge Eisen ergibt sich aus der Differenz der Wägungen vor und nach der Destillation.

***Bemerkungen.* I. Genauigkeit.** Nach HAVENS und WAY ergibt diese Methode sehr genaue Resultate. Bei der Bestimmung des Berylliums in eisenhaltigen Lösungen (45 bis 130 mg BeO neben 100 bis 200 mg Fe_2O_3) nach obiger Vorschrift betrug der Fehler höchstens +0,2 mg BeO.

II. Gegenwart anderer Metalle. Aluminium, Chrom, Zirkon sowie die Elemente der seltenen Erden (COOKE) werden mit Beryllium und Eisen als Hydroxyde gefällt und bleiben, da sie als Oxyde unter den angegebenen Versuchsbedingungen von trockenem Chlor und Chlorwasserstoff nicht angegriffen werden, zusammen mit Berylliumoxyd im Destillationsrückstand.

2. Trennung mit Kalium-EisenII-cyanid und Kupfernitrat nach LEBEAU.

LEBEAU fällt in mit Eisen verunreinigten Berylliumsalzlösungen Eisen nach Ansäuern mit Salpetersäure mit Kalium-EisenII-cyanid. Im Filtrat des Niederschlages wird das überschüssige EisenII-cyanid mit Kupfernitrat als Kupfer-EisenII-cyanid gefällt; es wird abfiltriert und das überschüssige Kupfer mit Schwefelwasserstoff als Sulfid von dem in Lösung bleibenden Beryllium getrennt. In dem aus dem Filtrat gefällten Berylliumniederschlag konnte auch auf spektroskopischem Wege kein Eisen mehr nachgewiesen werden. LEBEAU hat dieses Verfahren allerdings nur zu präparativen Zwecken angewendet.

3. Trennung der Acetate mit Chloroform nach HABER und VAN OORDT.

Bei der Trennung der Acetate von Beryllium und Eisen auf Grund der Löslichkeit des basischen Berylliumacetats in Chloroform (vgl. S. 76) werden auch geringe Mengen Eisenacetat in Chloroform gelöst. Dies ist besonders dann der Fall, wenn das mit Chloroform behandelte Gemisch der Acetate noch etwas freie Essigsäure enthält (STÖCKER; KLING und GELIN). Das in Chloroform gelöste Eisenacetat läßt sich durch Ausschütteln mit Wasser wieder vollständig entfernen (HABER und VAN OORDT).

4. Trennung der Acetate bzw. Formiate durch Destillation nach KLING und GELIN.

Vgl. die entsprechende Trennung von Aluminium S. 76.

5. Trennung mit bernsteinsaurem Ammonium nach BERZELIUS.

Nur noch historisch von Interesse ist die Trennung von Beryllium und Eisen mit bernsteinsaurem Ammonium, die BERZELIUS zur Analyse berylliumhaltiger Mineralien (z. B. Gadolinit) anwendete. Die von Kieselsäure abfiltrierte, Eisen und Beryllium enthaltende Lösung wird mit Ammoniak neutralisiert und Eisen mit bernsteinsaurem Ammonium gefällt, wobei Beryllium in Lösung bleibt und im Filtrat des Eisenniederschlages bestimmt wird. BERZELIUS macht über die Vollständigkeit dieser Trennung keine Angaben.

F. Weniger zuverlässige und unbrauchbare Trennungsmethoden.

1. Trennung mit Natriumbicarbonat.

Die Trennung des Eisens vom Beryllium durch Fällung mit Natriumbicarbonat entspricht der analogen Aluminium-Beryllium-Trennung (S. 74). Da die Fällung des Eisens nicht vollständig ist, versetzt HILLS die Filtrate der Natriumbicarbonatniederschläge mit 5 bis 10 cm^3 farbloser Ammoniumsulfidlösung. Die Mischung wird gut durchgeschüttelt, in der Kälte bis zum Absitzen des Eisensulfidniederschlages stehengelassen und von diesem abfiltriert. Das Filtrat ist nunmehr eisenfrei. Die Trennung ist aber trotzdem nur nach mehrmaliger Wiederholung der Behandlung mit Bicarbonat vollständig, da die ausfallenden, carbonathaltigen Eisen- und Aluminiumhydroxyde beträchtliche Mengen Beryllium mitreißen.

2. Trennung mit Ammoniumcarbonat.

EisenIII-hydroxyd ist ebenso wie Aluminiumhydroxyd in konzentrierter Ammoniumcarbonatlösung im Gegensatz zu Berylliumhydroxyd unlöslich und läßt sich daher in gleicher Weise von Beryllium trennen (S. 75). Berylliumhydroxyd läßt sich aber nur schwer vollständig aus dem Rückstand von Eisen- und Aluminiumhydroxyd herauslösen, die Trennung ist daher erst nach mehrmaliger Behandlung des Hydroxydgemisches mit überschüssiger Ammoniumcarbonatlösung annähernd quantitativ. Andererseits geht aber auch Eisenhydroxyd in Lösung, bei einem großen Überschuß von Ammoniumcarbonat unter Umständen sogar vollständig. Durch mehrstündiges Einleiten eines kräftigen Luftstromes in die Ammoniumcarbonatlösung lassen sich das teilweise kolloidal gelöste EisenIII-hydroxyd und ebenso auch das EisenII-hydroxyd, das hierbei oxydiert wird, wieder quantitativ niederschlagen. Diese Methode ist allerdings nur für präparative Zwecke brauchbar (KRÜSS und MOHRAT). Die Auflösung des Eisenhydroxyds in Ammoniumcarbonat läßt sich besser durch Zusatz von etwas Ammoniumsulfid verhindern (SCHEERER; JANNASCH und LOCKE; CLASSEN). Das Verfahren bleibt aber trotzdem umständlich und unsicher.

3. Weitere unbrauchbare Trennungsverfahren.

Aluminium und Eisen sollen im Gegensatz zu Beryllium aus neutralen Lösungen durch Behandeln mit Bariumcarbonat oder Natriumcarbonat als unlösliche basische Salze gefällt werden. Wie schon bei der Trennung von Aluminium erwähnt, sind diese Verfahren ebenso wie die Trennung der Oxalate auf Grund der nicht genügend großen Schwerlöslichkeit des Berylliumoxalats unvollständig und daher unbrauchbar (S. 77 und 78).

Auch die von TANANAJEW und TALIPOW vorgeschlagene Fällung des Eisens als Natriumfluoroferrit, Na_3FeF_6, dürfte infolge der beträchtlichen Löslichkeit des letzteren und der durch den notwendigen großen Überschuß an Natriumfluorid erschwerten anschließenden Bestimmung des Berylliums zur Trennung der beiden Metalle ungeeignet sein.

Literatur.

ATKINSON, E. A. u. E. F. SMITH: Am. Soc. **17**, 688 (1895).

BAUDISCH, O.: Ch. Z. **33**, 1298 (1909). — BENEDETTI-PICHLER, A. u. F. SCHNEIDER: Mikrochemie, EMICH-Festschr. S. 1. 1930. — BERZELIUS, J.: Schw. J. **21**, 261 (1817). — BILTZ, H. u. O. HÖDTKE: Z. anorg. Ch. **66**, 426 (1910). — BURGASS, R.: Angew. Ch. **9**, 596 (1896).

CLASSEN, A.: B. **14**, 2771 (1881) und CLASSEN, A. u. H. DANNEEL: Quantitative Analyse durch Elektrolyse, 7. Aufl., S. 311. Berlin 1927. — COOKE, J. P.: Am. J. Sci. [2] **42**, 78 (1866).

DEISS, E. u. H. LEYSAHT: Ch. Z. **35**, 869 (1911). — DIXON, B. E.: Analyst **54**, 268 (1929).

ECKSTEIN, H.: Fr. 87, 268 (1932).
FERRARI, C.: Ann. Chim. applic. 27, 479 (1937). — FISCHER, H.: (a) Wiss. Veröffentl. Siemens-Konzern 8, Heft 1, 9 (1929); (b) BERL-LUNGE, Bd. 2, S. 1096. Berlin 1932. — FISCHER, H. u. G. LEOPOLDI: Wiss. Veröffentl. Siemens-Konzern 10, Heft 2, 1 (1931). — FRESENIUS. L. u. M. FROMMES: Fr. 87, 273 (1932).
GADEAU, R.: (a) Rev. Mét. 32, 398 (1935); (b) Chim. Ind. 17. Congr. Paris II, 702 (1937).
HABER, F. u. G. VAN OORDT: Z. anorg. Ch. 40, 465 (1904). — HAVENS, F. S. u. F. A. WAY: Am. J. Sci. [4] 8, 217 (1899) und Z. anorg. Ch. 21, 389 (1899). — HILLS, F. G.: Ind. eng. Chem. Anal. Edit. 4, 31 (1932).
ILINSKI, M. u. G. v. KNORRE: B. 18, 2728 (1885).
JANNASCH, P. u. J. LOCKE: Z. anorg. Ch. 7, 92 (1894). — JÍLEK, A. u. J. KOTA: Fr. 89, 345 (1932).
KLING, A. u. E. GELIN: Bl. [4] 15, 205 (1914). — KOLTHOFF, I. M. u. E. B. SANDELL: Am. Soc. 50, 1900 (1928). — KRÜSS, G. u. H. MORAHT: A. 262, 38 (1891).
LEBEAU, P.: C. r. 121, 641 (1895).
MACHATSCHKI, F.: Z. Kryst. 63, 457 (1926). — MONJAKOWA, L. N. u. S. JANOWSKI: Betriebslab. 4, 294 (1935). — MOSER, L. u. J. SINGER: M. 48, 673 (1927). — MYERS, R. E.: Am. Soc. 26, 1124 (1904).
NIESSNER, M.: Fr. 76, 135 (1929).
OSTROUMOW, E. A.: Seltene Metalle [russ.] 2, Nr. 5, 25 (1933); durch C. 105 I, 2796 (1934). —
ROTHE, J.: Stahl Eisen 1910, 640.
SCHEERER, TH.: Pogg. Ann. 51, 472 (1840); 56, 479 (1842). — SCHLEIER, M.: Ch. Z. 16, 420 (1892). — SMITH, E. F.: Am. Soc. 25, 887 (1903). — SPINDECK, F.: Ch. Z. 54, 221 (1930). — STÖCKER, J.: Diss. Münster 1925.
TANANAJEW, J. W. u. SCH. TALIPOW: Bull. Acad. Sci. URSS., Ser. chim. (russ.) 1938, Nr. 2, 547; durch C. 110 II, 1341 (1939). — TETTAMANZI, A.: Ind. chimica 9, 752 (1934).
WAINER, E.: J. chem. Education 11, 526 (1934). — WEIHRICH, R.: „Die chemische Analyse", Bd. 31: Die chemische Analyse in der Stahlindustrie, S. 78. Stuttgart 1939. — WENGER, P. u. J. WÄHRMANN: Ann. Chim. anal. [2] 1, 337 (1919). — WUNDER, M. u. P. WENGER: Fr. 51, 470 (1912).
ZINBERG, S. L.: Betriebslab. 6, 499 (1937); durch C. 110 I, 1414 (1939).

§ 10. Trennung von anderen Metallen und störenden Säuren.

Allgemeines.

Zur quantitativen Trennung des Berylliums von den übrigen Metallen schlagen MOSER und LIST folgenden allgemeinen Trennungsgang vor. Zunächst werden die aus saurer Lösung mit Schwefelwasserstoff fällbaren Metalle abgeschieden. Im Filtrat wird nach Vertreiben des Schwefelwasserstoffs Eisen mit Bromwasser oxydiert und überschüssiges Brom durch Kochen entfernt. Dann fällt man Barium als Sulfat und im Filtrat des Bariumsulfats Beryllium, Aluminium, Eisen, Chrom, Titan, Zirkon, Vanadin und Wolfram durch Hydrolyse mit Ammoniumnitrit bei Siedehitze. Der Niederschlag wird in Salpetersäure gelöst und der Trennung mit Tannin unterworfen. Im Filtrat des Tanninniederschlages soll sich dann nur noch Beryllium befinden, das mit Ammoniak gefällt wird.

Dieser Trennungsgang berücksichtigt nur die wichtigsten Metalle und läßt auch die bei ihrer Trennung etwa auftretenden Schwierigkeiten außer acht. Man wird daher je nach den in der zu untersuchenden Probe vorliegenden Metallen und deren Konzentrationsverhältnissen eines der in folgender Übersichtstabelle (Tab. 7, S. 93) zusammengestellten, allgemeiner verwendbaren oder der bei den einzelnen Metallen beschriebenen, besonderen Trennungsverfahren wählen. Die zur Analyse des Berylliums in Mineralien und Legierungen geeigneten Methoden werden in § 11 (S. 113) besprochen.

Allgemein sind zur Trennung von Beryllium alle Fällungen anderer Metalle aus saurer Lösung geeignet. Zur Abtrennung anderer Metalle aus schwach saurer bis annähernd neutraler Lösung muß Beryllium durch Komplexsalzbildung mit organischen Säuren in Lösung gehalten werden. Weiter kann auch die Löslichkeit des Berylliums in konzentrierterer Alkalilauge zur Trennung von anderen Metallen, die in alkalischer Lösung unlösliche Verbindungen bilden, herangezogen werden. Von diesen möglichen Trennungsverfahren sind im allgemeinen nur diejenigen im folgenden erwähnt, die tatsächlich zur Trennung von Beryllium herangezogen bzw. vorgeschlagen worden sind.

Trennungsverfahren.

A. Zuverlässige Verfahren zur Abtrennung verschiedener Metalle bzw. Metallgruppen.

1. Trennung durch Fällung als Sulfide.

I. Aus stark saurer Lösung. Die Metalle der Schwefelwasserstoffgruppe können durch Fällung mit Schwefelwasserstoff von Beryllium getrennt werden.

Arsen und *Antimon* werden aus stark saurer Lösung gefällt, Antimon am besten aus siedender Lösung, um braunes, krystallines Antimontrisulfid (VORTMANN und METZL) zu erhalten, das kein Beryllium adsorbiert (MOSER und LIST).

Cadmium wird aus schwefelsaurer Lösung gefällt, die Trennung ist nach einmaliger Fällung quantitativ (MOSER und LIST).

Zinn läßt sich durch Fällung als Sulfid nur schlecht von Beryllium trennen, da das zunächst in kolloider Form anfallende Zinnsulfid stets beträchtliche Mengen Beryllium adsorbiert (MOSER und LIST).

II. Aus schwach saurer Lösung. Nickel, Zink und auch Gallium lassen sich aus schwach saurer Lösung als Sulfide fällen und von Beryllium trennen.

Tabelle 7. Übersicht über die wichtigeren, allgemeiner anwendbaren Trennungsverfahren.

Trennungsverfahren	Trennung von													
	Pb	Cu	V	Mo	Fe	Al	Ni	Co	Mn	Cr	Zn	Ti	Zr	Th	anderen Metallen
Trennung durch Fällung von Beryllium														
mit Ammoniak (S. 21)		+	+[1]	+	+[2]		+		(+)[3]	+[4]	+				Alkalien, Mg, Ca, Sr, Ba, (Ga), (U)
durch Hydrolyse mit NH_4NO_2 (S. 27)				+			+	+	+		+				Cd, Tl, Mg, Ca, Sr
mit Guanidincarbonat aus tartrathaltiger Lösung (S. 29)		+	+	+	+	+				+[4]					As, Sb, W, Tl, U, Zr, Th
Trennung durch Fällung neben Beryllium														
mit H_2S aus saurer Lösung (S. 93)	+	+		+											Hg, Cd, Bi, As, Sb
aus schwach saurer Lösung (S. 93)							+				+				Ga in Gegenwart von As
aus ammoniakalischer, tartrathaltiger Lösung (S. 94)	+	+			+		+	+	+						
mit o-Oxychinolin (S. 94)		+	(+)		+	+	+	+			+	+	+		
mit Tannin (S. 95)			+	(+)	+	+				+		+	+	+	Sn, W, Ga, Nb, Ta
mit Cupferron (S. 97)		+	+		+							+	+	(+)	(Sn), U, Ga, Nb, Ta
mit seleniger Säure (S. 98)												+	+	+	Bi
mit Kaliumhydroxyd (S. 99)					+				+			(+)		+	Seltene Erden
durch Sodaschmelze (S. 99)			+			+				+					Alkalien, W, SiO_2, H_3PO_4
durch Elektrolyse (S. 100)	+	+		+	+		+	+		+	+				

[1] Nur als Pervanadinsäure. [2] Nur als EisenII-komplexverbindung. [3] Als ManganII- und Permanganat-Ionen. [4] Nur als Chromat-Ionen.
Die eingeklammerten Metalle werden nur unvollständig bzw. in speziellen Fällen vollständig abgetrennt.

a) Nickel und Zink werden aus essigsaurer, ammoniumacetathaltiger Lösung mit Schwefelwasserstoff gefällt. FRESENIUS und FROMMES verwenden diese Methode auch zur Abtrennung des Nickels bei der Analyse von Berylliumstählen. Nach MOSER und LIST fällt man besser aus schwach sulfosalicylsaurer, Ammoniumacetat enthaltender Lösung. Sulfosalicylsäure verhindert die Hydrolyse der Nickel- und Zinksalze durch Komplexsalzbildung, so daß die Fällung langsamer unter Bildung eines grobflockigen, berylliumfreien Sulfidniederschlages erfolgt. Zur Bestimmung des Berylliums im Filtrat nach S. 23 muß die überschüssige Sulfosalicylsäure durch Zugabe von Brom, dessen Überschuß verkocht wird, in schwerlösliches Bromphenol übergeführt werden, von dem abfiltriert wird. MOSER und LIST erhielten so bei der Trennung und Bestimmung der beiden Metalle sehr gute Resultate, der Fehler betrug höchstens ± 0,2 mg Berylliumoxyd (60 bis 120 mg BeO neben ähnlichen Mengen ZnO).

Zink kann auch aus schwach schwefelsaurer Lösung in Gegenwart eines Alkalisulfatüberschusses, der aber die Bestimmung des Berylliums im Filtrat erschwert, als Sulfid gefällt werden (MOSER und LIST).

b) Geringe Mengen Gallium trennt LECOQ DE BOISBAUDRAN durch Fällung aus essigsaurer, ammoniumacetathaltiger Lösung nach Zusatz von arseniger Säure mit Schwefelwasserstoff ab. Das ausfallende ArsenIII-sulfid adsorbiert die geringen, durch Hydrolyse entstehenden Mengen basischen Galliumacetats bzw. etwa gebildeten Galliumsulfids quantitativ.

III. Aus ammoniakalischer, tartrathaltiger Lösung. Blei, Kupfer, Nickel, Kobalt und Mangan können in gleicher Weise wie Eisen durch Fällung mit Ammoniumsulfid aus ammoniakalischer, tartrathaltiger Lösung gefällt und von Beryllium getrennt werden (S. 83). Die quantitative Abtrennung des Mangans auf diesem Wege ist aber nicht absolut zuverlässig [SCHOELLER und WEBB (c)].

2. Trennung mit o-Oxychinolin (Oxin).

I. Aus essigsaurer Lösung. a) *Kupfer, Titan, Zirkon* (KNOWLES), *Kobalt, Nickel* (FISCHER und LEOPOLDI) und *Zink* (BENEDETTI-PICHLER und SPIKES) werden ebenso wie Aluminium und Eisen aus essigsaurer, ammoniumacetathaltiger Lösung mit Oxin quantitativ gefällt. Man verfährt nach der Arbeitsvorschrift von KOLTHOFF und SANDELL (S. 63) oder KNOWLES (S. 65).

Vanadin wird nur unvollständig gefällt, das im Filtrat erhaltene Berylliumoxyd muß auf Vanadin geprüft und dessen Menge als Oxyd von der Auswage an Berylliumoxyd in Abzug gebracht werden (S. 102).

Die quantitative Fällung des *Titans* soll nach DIXON bei der Oxydation gleichzeitig anwesenden Eisens mit Wasserstoffperoxyd infolge der Bildung nicht mit Oxin reagierender Pertitansäure verhindert werden können. Dementsprechende Beobachtungen liegen aber nicht vor. Durch Oxydation mit Salpetersäure oder Brom wird diese mögliche Fehlerquelle vermieden.

b) *Kupfer* kann auch aus stärker essigsaurer Lösung nach dem Verfahren von BERG durch Fällung mit Oxin von Beryllium getrennt werden (NIESSNER).

***Arbeitsvorschrift nach* BERG.** Die neutrale Lösung von Kupfer und Beryllium wird mit soviel Natriumacetat und Essigsäure versetzt, daß sie 3 bis 5% Acetat und höchstens 10% freie Essigsäure enthält. Nach Erwärmen auf 50 bis 60° fällt man Kupfer mit 2- bis 3%iger, alkoholischer Oxinlösung in geringem Überschuß. Man erhitzt auf 80 bis 90°, filtriert den zeisiggrünen Niederschlag nach dem Absitzen heiß in einen Filtertiegel ab, wäscht mit heißem Wasser aus, trocknet bei 110° und wägt als $Cu(C_9H_6ON)_2$ (Faktor für Cu: 0,1808). Im Filtrat wird Beryllium mit Ammoniak gefällt (S. 20).

Genauigkeit. NIESSNER erhielt so bei der Analyse von Kupferlegierungen mit 2,4 bis 9,3% Beryllium für dieses gute, im Durchschnitt um 0,04% zu niedrige Resultate.

II. Aus alkalischer Lösung. *Zink* kann auch durch Fällung mit Oxin aus alkalischer Lösung von Beryllium getrennt werden [GADEAU (b)]. Das Verfahren ist in erster Linie zur Bestimmung kleiner Mengen Zink in Beryllium und dessen Legierungen geeignet.

3. Trennung mit Tannin.

I. Fällung nach der Vorschrift von MOSER und SINGER (S. 82). *Chrom* und *Thorium* werden in gleicher Weise wie Eisen und Aluminium durch Fällung mit Tannin als grüne bzw. weiße Adsorptionsverbindung von Beryllium getrennt. Die Trennung ist nach einmaliger Wiederholung der Fällung quantitativ.

Auch *Vanadin*, *Titan*, *Gallium* und *Zirkon* werden — zumindest in Gegenwart anderer, mit Tannin fällbarer Metalle — vollständig gefällt, *Molybdän* und *Wolfram* dagegen nur unvollständig. Bei der Oxydation anwesenden Eisens mit Wasserstoffperoxyd könnte *Titan* ebenso wie bei der Fällung mit Oxin teilweise in Lösung gehalten werden (DIXON, vgl. S. 94, 2, I, a).

Molybdän, das in Gegenwart anderer fällbarer Metalle, wie Eisen, wahrscheinlich als Eisenmolybdat mitabgeschieden wird, kann nur bei Anwendung eines möglichst geringen Tanninüberschusses fast vollständig gefällt und von Beryllium getrennt werden [FRESENIUS und FROMMES (b)].

Zur vollständigen Fällung des *Wolframs* versetzt man nach dem Absitzen des Tanninniederschlages die überstehende, klare Lösung mit 15%iger Antipyrinlösung und läßt noch einige Zeit auf dem Wasserbad stehen. Durch diesen Zusatz werden die überschüssige Gerbsäure sowie noch in Lösung gebliebene Wolframsäure vollständig ausgefällt (MOSER und LIST).

Zur einzelnen Abtrennung der Metalle Vanadin, Wolfram, Titan, Zirkon, Gallium sowie Zinn, Niob und Tantal aus binären Gemischen mit Beryllium wendet man besser die folgenden spezifischen Trennungsvorschriften an.

II. Trennung von Vanadin nach MOSER und SINGER. Vanadin wird aus etwas stärker saurer Lösung als Eisen gefällt.

Arbeitsvorschrift. Man versetzt die neutrale Lösung mit 20 g Ammoniumacetat und 30 g -nitrat, verdünnt auf 400 bis 500 cm³ und säuert auf je 100 cm³ der Lösung mit 2,5 cm³ 80%iger Essigsäure an. Die zum Sieden erhitzte Lösung wird für je 0,1 g VanadinV-oxyd mit 10 cm³ 10%iger Tanninlösung versetzt, noch einige Minuten gekocht und heiß von dem voluminösen Niederschlag, der mit 10%iger Ammoniumacetatlösung ausgewaschen wird, abfiltriert. Der Niederschlag wird getrocknet, mit Salpetersäure abgeraucht, zum Schmelzen erhitzt und als V_2O_5 gewogen.

Genauigkeit. In dem durch analytisch nicht mehr nachweisbare Spuren der tiefblauen Vanadin-Gerbsäure-Verbindung stets etwas grünstichigen Filtrat ergab die Bestimmung des Berylliums nach S. 23 auch nach Abtrennung eines erheblichen Vanadinüberschusses höchstens um 0,3 mg zu hohe Werte für Berylliumoxyd. Die Trennung ist nach einmaliger Fällung quantitativ (MOSER und SINGER).

III. Trennung von Wolfram nach MOSER und SINGER. In Abwesenheit anderer Metalle wird Wolfram besser durch Fällung mit Tannin aus mineralsaurer Lösung von Beryllium getrennt.

Arbeitsvorschrift. Die annähernd neutrale Lösung von Berylliumsalzen und Alkaliwolframat wird auf 300 bis 500 cm³ verdünnt, mit 30 bis 50 g Ammoniumnitrat, 10 cm³ Schwefelsäure (1 : 3) und 10%iger Tanninlösung versetzt. In bezug auf Wolframoxyd muß mindestens die 10fache Gewichtsmenge Tannin hinzugegeben werden. Die Lösung wird zum Sieden erhitzt, nach 5 Min. langem Kochen nochmals mit 10 g Ammoniumnitrat versetzt und weitere 5 Min. gekocht, worauf der zunächst entstandene, teilweise kolloide Niederschlag sich in dunkelbraunen, gut filtrierbaren Flocken abscheidet. Man filtriert ab, wäscht den Niederschlag gründlich mit ammoniumnitrathaltiger Schwefelsäure (1 : 10) aus und läßt das Filtrat einige Stunden auf dem Wasserbad stehen. Ein sich noch bildender

Niederschlag wird abfiltriert und in gleicher Weise ausgewaschen. Die vereinigten Niederschläge werden nach Abrauchen mit Salpetersäure geglüht und als WO_3 gewogen. Im Filtrat wird Beryllium nach S. 23 bestimmt.

Genauigkeit. Auch bei einem 10fachen Überschuß von Wolframsäure sind die nach einmaliger Fällung erhaltenen Werte befriedigend, sie liegen bei der Bestimmung von 10 bis 110 mg Berylliumoxyd um etwa 0,1 bis 0,4 mg zu hoch, wahrscheinlich infolge geringer Löslichkeit der Wolframsäure-Tannin-Adsorptionsverbindung (Moser und Singer).

IV. Trennung von Zinn nach Moser und List.

Arbeitsvorschrift. Die stark salzsaure Lösung von Beryllium- und ZinnIV-chlorid wird zum Sieden erhitzt, falls eine Trübung auftritt, mit weiterer Salzsäure und dann mit 5 cm^3. 10%iger Tanninlösung (ausreichend für 0,1 bis 0,2 g SnO_2) sowie je 10 bis 20 g Ammoniumacetat und -nitrat versetzt. Die während des Kochens beginnende Trübung geht nach etwa 1stündigem Stehen auf dem Wasserbad in vollständige Ausfällung der Adsorptionsverbindung löslicher Zinnsäure an Tannin über. Man filtriert heiß und wäscht den Niederschlag mit heißem, Ammoniumacetat und einige Tropfen Tanninlösung enthaltendem Wasser aus. Enthielt die Lösung mehr als 0,2 g ZinnIV-oxyd, so ist die Fällung nach Auflösen des Niederschlages in heißer konzentrierter Salzsäure zu wiederholen. Bei kleineren Zinngehalten ist die Trennung nach einmaliger Fällung quantitativ. Der Niederschlag wird durch Glühen in SnO_2 übergeführt und gewogen. Im Filtrat wird Beryllium nach S. 23 bestimmt.

Bemerkungen. Nach Moser und List ergibt diese Methode auch bei Abtrennung eines mehrfachen Zinnüberschusses sehr befriedigende Resultate. Der Vorteil des Verfahrens liegt in der Löslichkeit der entstehenden Zinnsäure-Tannin-Verbindung in konzentrierter Salzsäure, so daß eine Wiederholung der Trennung ohne umständlichen Aufschluß der Zinnverbindung möglich ist.

V. Trennung von Titan und Zirkon nach Moser und Singer. Titan und Zirkon werden bereits aus stark essigsaurer Lösung durch Tannin quantitativ gefällt.

Arbeitsvorschrift. Die mit Ammoniak neutralisierte Lösung von TitanIV- und Berylliumsulfat wird mit 10 g Ammoniumacetat, 20 g -nitrat und 20 bis 25 cm^3 80%iger Essigsäure versetzt. Zu der zum Sieden erhitzten Lösung wird nun unter Umrühren 10%ige Tanninlösung hinzugegeben, bis in bezug auf Titanoxyd ein 10facher Gewichtsüberschuß von Gerbsäure vorhanden ist. Nach kurzem Sieden ist die Fällung der feuerroten Titan- bzw. weißen Zirkon-Adsorptionsverbindung mit Tannin beendet. Die Fällungsgeschwindigkeit ist von dem bereits vor der Fällung mit Tannin erreichten Hydrolysegrad der Titan- bzw. Zirkonsalze abhängig. Nach dem Absitzen wird der Niederschlag abfiltriert, mit ammoniumnitrathaltiger, 10%iger Essigsäure sorgfältig ausgewaschen, getrocknet und nach dem Glühen sowie Abrauchen mit Salpetersäure als TiO_2 bzw. ZrO_2 gewogen. Im Filtrat des Tanninniederschlages wird Beryllium nach S. 23 bestimmt.

Bemerkungen. Die Trennung ist auch bei 12fachem Überschuß von Titan bzw. Zirkon nach einmaliger Fällung absolut quantitativ (Moser und Singer). Das Verfahren ist der Fällung des Titans mit Niob und Tantal aus oxalsaurer Lösung mit Tannin (s. unten, VII) unbedingt vorzuziehen.

VI. Trennung von Gallium nach Moser und Brukl.

Arbeitsvorschrift. Gallium wird wie Eisen (S. 82) in der Siedehitze aus 1 bis 2% Essigsäure enthaltender Ammoniumacetatlösung mit Tannin gefällt. Die Lösung braucht aber nur 2% Ammoniumnitrat zu enthalten. Man muß einen in bezug auf Galliumoxyd 10fachen Überschuß an Tannin, mindestens aber 0,5 g hinzugeben, da sonst das Absitzen des Niederschlages zu lange dauert. Der abfiltrierte Niederschlag wird mit heißer, einige Tropfen Essigsäure enthaltender Ammoniumnitratlösung ausgewaschen und die Fällung nach Auflösen des Niederschlages in Salzsäure wiederholt. Der nun berylliumfreie, gründlich ausgewaschene

Niederschlag wird durch Glühen im Porzellan- oder Quarz- (nicht Platin-) tiegel in Ga_2O_3 übergeführt und gewogen. In den vereinigten Filtraten wird Beryllium nach S. 23 bestimmt.

Bemerkungen. In dieser Weise von Moser und Brukl (b) ausgeführte Trennungen (16 bis 100 mg Ga_2O_3, 50 bis 600 mg BeO) ergaben sehr genaue Resultate (maximaler Fehler $\pm$ 0,4 mg BeO, $+$ 0,2 mg Ga_2O_3).

VII. Trennung von Niob, Tantal und Titan nach Schoeller und Webb. Aus ganz schwach saurer, Ammoniumoxalat enthaltender, mit Ammoniumchlorid halbgesättigter Lösung werden Niob, Tantal und Titan mit Tannin gefällt, während Beryllium sowie Aluminium, Eisen, Chrom, Gallium, Zirkon (Hafnium) und Thorium als komplexe Oxalate in Lösung bleiben und erst aus der ammoniakalisch gemachten Lösung abgeschieden werden [Schoeller und Webb (d)].

***Arbeitsvorschrift nach* Schoeller *und* Powell.** Das zu trennende Oxydgemisch von Niob, Tantal (Titan) und Beryllium wird mit Kaliumpyrosulfat geschmolzen und die erkaltete Schmelze in der heißen, konzentrierten Lösung der dem angewendeten Kaliumpyrosulfat gleichen Gewichtsmenge Ammoniumoxalat gelöst. Man neutralisiert die Lösung mit Ammoniak bis zur beginnenden Trübung, die man mit 1 oder 2 Tropfen Salzsäure wieder rückgängig macht. Hierauf verdünnt man mit dem gleichen Volumen calciumfreier, gesättigter Ammoniumchloridlösung, erhitzt zum Sieden und versetzt allmählich mit heißer, wäßriger Tanninlösung (12fache Gewichtsmenge der zu fällenden Oxyde an Tannin). Der rote Niob- und Titan- bzw. gelbe Tantalniederschlag wird abfiltriert, mit Ammoniumchloridlösung ausgewaschen und nach dem Glühen als Nb_2O_5, Ta_2O_5 bzw. TiO_2 gewogen.

Zur Fällung des Berylliums wird das Filtrat zum Sieden erhitzt, weiter mit Tanninlösung versetzt, bis ein in bezug auf Berylliumoxyd mindestens 30facher Tanninüberschuß vorhanden ist und unter Umrühren ammoniakalisch gemacht. Nach dem Abkühlen wird der Niederschlag abfiltriert, mit schwach ammoniakalischer Ammoniumchloridlösung wieder in das zur Fällung benutzte Becherglas zurückgespült, mit Filtrierpapierbrei kräftig umgerührt, wieder abfiltriert, ausgewaschen und nach dem Veraschen zu Berylliumoxyd geglüht. Zur Reinigung von mitgerissener Kieselsäure und von Alkali wird das Oxyd einer Sodaschmelze unterworfen (S. 16).

Bemerkungen. Die Trennung ist nach einmaliger Fällung bereits quantitativ, auch bei einem großen Überschuß von Niob, Tantal oder Titan (1400 mg Nb_2O_5, Ta_2O_5 bzw. TiO_2 neben 50 mg BeO). Die für Beryllium erhaltenen Werte sind aber nicht sehr genau (Fehler bei 50 mg BeO bis zu $\pm$ 5%). Aus zu saurer Lösung ist die Fällung unvollständig. Die in Lösung gebliebenen, geringen Mengen Niob und Tantal werden dann zusammen mit Beryllium gefällt, das zur Wiederholung der Trennung durch Abrauchen mit Schwefelsäure wieder in Lösung gebracht werden muß.

Bei Anwesenheit von Aluminium, Eisen, Chrom und Zirkon ist zur vollständigen Trennung von Niob und Tantal die Tanninfällung zu wiederholen.

4. Trennung mit Cupferron.

In ähnlicher Weise wie Eisen können in Anlehnung an die Vorschrift von Biltz und Hödtke auch *Kupfer*, *Vanadin*, *Titan*, *Uran*, *Gallium*, *Zirkon*, *Niob* und *Tantal* durch Fällung mit Cupferron quantitativ von Beryllium getrennt werden. *Zinn* wird zumindest bei der Fällung des Eisens zusammen mit diesem quantitativ abgeschieden, *Thorium* wahrscheinlich nur aus schwächer saurer Lösung (Tettamanzi, S. 85, Bem. II).

Vanadin und *Kupfer* (Tettamanzi) werden in gleicher Weise wie Eisen aus salzsaurer oder gleich stark schwefelsaurer Lösung gefällt, *Gallium* [Moser und Brukl (c)], *Titan* und *Zirkon* (Lundell und Knowles) aus auf 400 cm^3 verdünnter, an Schwefelsäure höchstens 10%iger Lösung. Auch NIOB und TANTAL dürften sich nach den Untersuchungen von PIED durch Fällung mit Cupferron aus 10% Schwefelsäure enthaltender Lösung wesentlich einfacher und sicherer von Beryllium trennen lassen als nach dem Tanninverfahren von SCHOELLER und WEBB (S. 97). HOLLADAY und CUNNINGHAM trennen *Uran* von Aluminium, Chrom, Zink und Phosphorsäure durch Fällung mit Cupferron aus höchstens 8% Schwefelsäure enthaltender Lösung.

Bei der Fällung der genannten Metalle mit Cupferron wird sonst in gleicher Weise wie bei derjenigen von Eisen verfahren (S. 84). Beim Filtrieren laufen die Niederschläge besonders der gelben Cupferron-Titan- sowie der -Gallium-Verbindung häufig kolloidal durch das Filter. Man setzt dem Filtrat dann weitere 1 bis 2 cm^3 Reagenslösung sowie etwas Filterpapierbrei zu und filtriert durch das gleiche Filter. Die erhaltenen Niederschläge werden am besten mit Salz- oder Schwefelsäure, die nicht konzentrierter als die Lösung sein darf, aus der die Fällung vorgenommen wurde, ausgewaschen. Der Waschlösung kann etwas Cupferron (etwa 0,15%) zugesetzt werden (HOLLADAY und CUNNINGHAM). Die ausgewaschenen Niederschläge werden unter Luftzutritt, derjenige von Uran in Sauerstoffatmosphäre am besten im elektrischen Ofen geglüht und als Oxyde gewogen. Der Niederschlag von Gallium muß chlorfrei sein, da sich sonst beim Glühen im Porzellantiegel Gallium als Chlorid verflüchtigen könnte [MOSER und BRUKL (c)].

In dem mit der Waschlösung vereinigten Filtrat wird Beryllium mit Ammoniak gefällt (S. 20). Die von DIXON für notwendig gehaltene Zerstörung des überschüssigen Cupferrons im Filtrat vor der Fällung des Berylliums ist unnötig (LUNDELL und KNOWLES).

Die Trennungen sind bei nicht zu großem Überschuß der abzutrennenden Metalle nach einmaliger Fällung mit Cupferron quantitativ. Phosphorsäure und auch Weinsäure stören die quantitative Trennung zumindest von Titan und Beryllium nicht, so daß die Fällung mit Cupferron auch nach vorangegangener Abscheidung von Eisen aus tartrathaltiger Lösung mit Ammoniumsulfid anwendbar ist (LUNDELL und KNOWLES).

5. Trennung mit seleniger Säure.

Die Fällung von Wismut, Titan und Zirkon aus saurer Lösung mit seleniger Säure (BERG und TEITELBAUM) ist nach KOTA zur Trennung dieser Metalle von Beryllium geeignet. Ebenso kann Thorium durch Fällung mit seleniger Säure aus schwach essigsaurer Ammoniumacetatlösung von Beryllium, das erst aus neutraler oder ammoniakalischer Lösung von seleniger Säure gefällt wird (S. 25), getrennt werden.

I. Trennung von Wismut, Titan und Zirkon.

***Arbeitsvorschrift nach* BERG *und* TEITELBAUM.** Die Lösung (etwa 100 cm^3) von Beryllium sowie Wismut, Titan bzw. Zirkon wird angesäuert, erwärmt und unter Umrühren tropfenweise mit 5%iger seleniger Säure versetzt, bis das deutliche Zusammenballen des Niederschlages einen Überschuß des Fällungsmittels anzeigt. Zur Fällung des Titans, das wahrscheinlich als $H_2[TiO_2(SeO_3)]$ abgeschieden wird, darf die Lösung höchstens 0,2 n salzsauer sein, Wismut wird als $Bi_2(SeO_3)_3$ aus 0,25 bis 0,3 n salpetersaurer, Zirkon noch aus 0,38 n salpetersaurer oder 0,6 n salzsaurer Lösung quantitativ gefällt. Noch 3 γ Bi bzw. 5 γ Ti/cm^3 geben so einen deutlichen, gut filtrierbaren Niederschlag. Bei Anwesenheit von Wismut wird unter Umrühren zum Sieden erhitzt, bis der Niederschlag nach etwa 2 bis 3 Min. krystallin geworden ist. Nach dem Absitzen wird der Niederschlag auf einem mit Filtrierpapierbrei behandelten Filter abfiltriert, mit kaltem Wasser gründlich ausgewaschen und nach dem Trocknen, Veraschen und Glühen als Bi_2O_3, TiO_2 bzw. ZrO_2 gewogen. Im Filtrat dieser Metalle wird Beryllium nach S. 25 bestimmt.

Bemerkungen. Die Trennung ist nach einmaliger Fällung quantitativ (Berg und Teitelbaum; Kota). Auch Silber, Quecksilber, Thorium und 3wertiges Eisen werden als schwerlösliche Selenite je nach der Acidität der Lösung mehr oder weniger vollständig mit ausgefällt. Uran und Chrom werden in beträchtlichem Maße adsorbiert und stören so die Bildung krystalliner, dichter Selenitniederschläge. Cadmium, Kupfer, Nickel, Kobalt, Mangan, Zink und Aluminium werden wie Beryllium aus saurer Lösung von seleniger Säure nicht gefällt. Schwefelsäure sowie Sulfate verzögern oder verhindern sogar die vollständige Fällung (Ti, Zr) bzw. die Bildung krystallinen Selenits (Bi) und dürfen daher höchstens in kleinen Mengen anwesend sein (Simpson und Schumb, Kota). In Gegenwart von Phosphorsäure fällt neben Zirkonselenit auch Zirkonphosphat aus.

II. Trennung von Thorium.

***Arbeitsvorschrift von* Kota.** Die saure Lösung von Thorium und Beryllium wird mit Ammoniumacetat abgestumpft, mit Ammoniak annähernd neutralisiert und Thorium mit überschüssiger 10%iger seleniger Säure gefällt. Um mitgerissenes Beryllium wieder in Lösung zu bringen, muß der abfiltrierte Niederschlag durch Abrauchen mit Schwefelsäure gelöst und die Fällung wiederholt werden. Der nun berylliumfreie Niederschlag wird, wie unter I. angegeben, abfiltriert, gewaschen und nach dem Glühen als ThO_2 gewogen. In den vereinigten Filtraten wird Beryllium durch rasche Zugabe von 3 n Ammoniak bis zur Rotfärbung von Phenolphthalein nach S. 25 gefällt und als Oxyd gewogen. Die Trennung ist nach einmaliger Wiederholung der Fällung quantitativ.

6. Trennung mit Kaliumhydroxyd.

Metalle, deren Hydroxyde in überschüssiger Alkalilauge unlöslich sind (z. B. Mn, Ni, Zr, Th, Y, Ce), lassen sich in ähnlicher Weise wie Eisen durch Fällung mit konzentrierter Alkalihydroxydlösung von Beryllium trennen (S. 88). Wie bei der Trennung von Eisen ist aber infolge der voluminösen Beschaffenheit der Hydroxydniederschläge, die Beryllium in beträchtlichem Maße adsorbieren können, die Methode nur zur Abtrennung geringer Mengen dieser Metalle von Beryllium geeignet.

Die Abtrennung von *Mangan* mit Kaliumhydroxyd, die bereits Berzelius anwendete, schlagen Fresenius und Frommes (a) zur Bestimmung des Berylliums in manganhaltigen Sonderstählen vor (S. 119).

Titan läßt sich mit Alkalihydroxyd nur in Gegenwart eines genügenden Überschusses von 3wertigem Eisen quantitativ von Beryllium trennen (Hills).

Geringe Mengen *Yttrium* trennt Connell (nach Scheerer) ebenfalls durch Fällung mit überschüssigem Kaliumhydroxyd von Beryllium.

Zur Trennung von *Thorium* bringt Bourion die salzsaure, Thorium und Beryllium enthaltende Lösung auf ein Volumen von 125 cm^3 und läßt sie in das gleiche Volumen siedender 17%iger Natronlauge eintropfen. Die erkaltete, auf 550 cm^3 verdünnte Lösung wird filtriert und der Niederschlag von Thoriumhydroxyd mit 8%iger Natronlauge ausgewaschen. Beryllium wird im angesäuerten Filtrat mit Ammoniak gefällt. Sowohl Beryllium- als auch Thoriumhydroxyd müssen von mitgerissenem Alkali durch Umfällung mit Ammoniak befreit werden. Bei kleinen Mengen Thorium ist die Trennung nach einmaliger Fällung quantitativ, befindet sich Thorium in größerem Überschuß (570 mg ThO_2 neben 15 bis 210 mg BeO), so ergeben sich zu niedrige Werte für Beryllium (bis zu 15%, Bourion).

7. Trennung durch Schmelzen der Oxyde mit Soda.

In gleicher Weise wie Aluminium werden auch *Wolfram* (Wunder und Schapiro), *Vanadin* und *Chrom* [Wunder und Wenger (a)] sowie *Kieselsäure, Phosphorsäure* (Penfield und Harper) und *Flußsäure* (Wassiljew) durch Schmelzen der

Oxyde, Phosphate oder Fluoride mit Soda von Beryllium getrennt (S. 68, Bem. II). Auch zunächst von Berylliumhydroxyd adsorbierte Alkalimetalle lassen sich durch Auswaschen des Schmelzrückstandes mit Wasser entfernen.

Man verfährt nach der von WUNDER und WENGER zur Trennung von Aluminium gegebenen Vorschrift (S. 67). Ist Aluminium abwesend, so kann die Lösung der Schmelze in Wasser nach Zugabe von 1 g Natriumcarbonat zur quantitativen Lösung von *Wolfram*säure etwas länger (20 Min.) gekocht werden. Im Filtrat des Berylliumhydroxyds fällen WUNDER und SCHAPIRO Wolfram nach schwachem Ansäuern mit Salpetersäure mit Quecksilbernitrat und wägen nach dem Glühen als WO_3. Bei entsprechend ausgeführten Trennungen (55 bis 130 mg BeO, 200 bis 500 mg WO_3) ergaben sich für Beryllium- und Wolframoxyd bis zu 1 mg zu niedrige Werte. Zur vollständigen Abtrennung von *Phosphorsäure* ist nach FROMMES mehrmalige Wiederholung der Sodaschmelze notwendig.

Das von TRAVERS und PERRON zur Trennung von Phosphorsäure angewendete Verfahren der Schmelze mit Natriumkaliumcarbonat (S. 32) ist zumindest bei Anwesenheit von Aluminium nicht zu empfehlen (S. 68).

8. Trennung durch Elektrolyse.

Alle aus saurer Lösung elektrolytisch abscheidbaren Metalle lassen sich so von Beryllium trennen.

Kupfer wird aus salpetersaurer Lösung elektrolytisch abgeschieden, während Beryllium in der von Kupfer befreiten Lösung in bekannter Weise bestimmt wird. Die Methode ist auch zur Analyse von Kupfer-Beryllium-Legierungen mit geringem Berylliumgehalt geeignet (FISCHER).

Blei kann aus 15- bis 20%iger salpetersaurer Lösung als BleiIV-oxyd an der Anode abgeschieden und so von Beryllium getrennt werden (CLASSEN).

Bei der elektrolytischen Abscheidung des Eisens nach S. 87 werden auch *Molybdän, Nickel, Kobalt, Chrom* und *Zink* annähernd vollständig, bei genügend langer Elektrolysendauer quantitativ an der Quecksilberkathode abgeschieden und von Beryllium getrennt. Das Verfahren ist besonders zur Bestimmung des Berylliums in entsprechend legierten Stählen geeignet (S. 117, 2, II).

B. Verfahren zur Trennung von Metallen der Schwefelwasserstoffgruppe.

1. Trennung von Arsen.

Neben der Fällung des Berylliums mit Guanidincarbonat (S. 27) und der Fällung von Arsen als Sulfid (S. 93) kann auch die bekannte Destillation des Arsens aus salzsaurer Lösung in Gegenwart von Hydrazinsulfat und Kaliumbromid im Luftstrom zur Trennung von Arsen herangezogen werden. Die Fällung des Berylliums im Destillationsrückstand — am besten nach S. 23 — muß wegen des großen Überschusses an Kaliumsalzen wiederholt werden. MOSER und LIST erhielten so bei der Bestimmung als Oxyd (55 bis 110 mg) nach Trennung von Arsen (50 bis 125 mg As_2O_3) höchstens um 0,3 mg zu hohe Werte.

2. Trennung von Antimon.

Beryllium kann neben Antimon mit Guanidincarbonat (S. 27) gefällt, Antimon durch Fällung als Sulfid (S. 93) von Beryllium getrennt werden.

3. Trennung von Zinn.

Ebenso wie bei der Fällung des Zinns als Sulfid (S. 93) wird auch bei der Hydrolyse von ZinnIV-salzen in schwach salpetersaurer Lösung durch Kochen mit Ammoniumnitrat in Anwesenheit von Beryllium keine von diesem freie Zinnsäure erhalten (MOSER und LIST). Da die ausfallende Zinnsäure in Säuren unlöslich ist, müßte sie zur Wiederholung der Fällung erst aufgeschlossen werden. MOSER und LIST ziehen daher die Fällung des Zinns aus saurer Lösung mit Tannin zur Trennung von Beryllium vor (S. 96). Bei der Fällung von Eisen mit Cupferron wird Zinn ebenfalls quantitativ mit ausgefällt (S. 85, Bem. II).

4. Trennung von Blei.

I. Eignung der Trennungsverfahren. Blei kann durch elektrolytische Abscheidung (S. 100) sowie durch Fällung als Sulfid (S. 93 und 94) von Beryllium getrennt werden. Zur Abtrennung eines großen Bleiüberschusses eignet sich die Fällung als Sulfat aus schwefelsaurer Lösung; sehr kleine Bleimengen, z. B. Verunreinigungen metallischen Berylliums, können colorimetrisch mit Dithizon bestimmt werden. Auch auf Grund der Schwerlöslichkeit von Bleinitrat in 84%iger Salpetersäure können die beiden Metalle getrennt werden.

II. Abtrennung eines großen Bleiüberschusses nach EVANS. Zur Bestimmung von 20 bis 100 mg Beryllium neben bis zu 10 g Blei versetzt man die heiße, salpetersaure Lösung der Metalle mit 20 cm^3 Schwefelsäure (1 : 3) und filtriert nach dem Abkühlen das ausgefallene Bleisulfat, das mit 2%iger Schwefelsäure ausgewaschen wird, ab. In dem mit der Waschlösung vereinigten Filtrat werden die noch in Lösung gebliebenen Spuren Blei als Sulfid abgeschieden. EVANS fällt Bleisulfid aus natriumbicarbonatalkalischer Lösung ($p_H = 6{,}4$) bei Wasserbadtemperatur. Im Filtrat des Bleisulfids wird nach Vertreiben des Schwefelwasserstoffs Beryllium mit Ammoniak gefällt und nach EVANS maßanalytisch bestimmt (S. 46). Es sollen sich in dieser Weise noch 2 bis 4 mg Beryllium nach Trennung von 10 g Blei mit einer Genauigkeit von $\pm 4\%$ bestimmen lassen (EVANS).

III. Bestimmung kleinster Bleimengen neben Beryllium nach FISCHER und LEOPOLDI. Bleiverunreinigungen in Beryllium und dessen Verbindungen lassen sich nach dem von FISCHER und LEOPOLDI ausgearbeiteten Dithizonverfahren colorimetrisch bestimmen. Um die störende Abscheidung von Berylliumhydroxyd aus der neutralisierten, mit Kaliumcyanid versetzten Lösung zu verhindern, gibt man eine genügende Menge Seignettesalzlösung hinzu und verfährt im übrigen bei der Extraktion des Bleies mit einer Lösung von Dithizon in Tetrachlorkohlenstoff und der colorimetrischen Vergleichsmessung wie bei der Bleibestimmung in reinen Bleisalzlösungen. 20 bis 100 γ Blei lassen sich so neben 0,2 g Beryllium entsprechend einem Bleigehalt des Berylliums von 0,01 bis 0,05% auf $\pm 2\%$ des theoretischen Wertes genau bestimmen. ZinnII-, ThalliumI- und Wismutsalze stören die Bestimmung des Bleies und müssen vorher entfernt werden (FISCHER und LEOPOLDI).

IV. Trennung mit konzentrierter Salpetersäure nach WILLARD und GOODSPEED. Das zur Strontium-Beryllium-Trennung angewendete Verfahren wird auch zur Trennung von Blei und Beryllium vorgeschlagen, da Blei- ebenso wie Strontiumnitrat im Gegensatz zu Berylliumnitrat in 84%iger Salpetersäure unlöslich ist. Man verfährt wie bei der Trennung von Strontium (S. 110), gibt aber entsprechend mehr 100%ige Salpetersäure hinzu, da Blei erst aus 84%iger Salpetersäure quantitativ abgeschieden wird.

5. Trennung von Wismut.

Wismut kann durch Fällung als Sulfid oder als Selenit von Beryllium getrennt werden (S. 93 und 98).

6. Trennung von Kupfer.

Neben Kupfer kann Beryllium durch Fällung mit Ammoniak (S. 21 und 120) sowie Guanidincarbonat (S. 29) oder durch colorimetrische Titration mit Chinalizarin (S. 53) bestimmt werden. Letzteres Verfahren eignet sich besonders zur Schnellbestimmung des Berylliums in Kupferlegierungen. Am einfachsten und — auch bei großem Kupferüberschuß — sichersten läßt sich Kupfer durch elektrolytische Abscheidung von Beryllium trennen (S. 100). Die weiteren, ebenfalls zuverlässigen, quantitativen Trennungsverfahren durch Fällung des Kupfers mit Schwefelwasserstoff, Oxin oder Cupferron (S. 93, 94 und 97) sind ebenfalls zur

Berylliumbestimmung in Legierungen besonders bei Anwesenheit anderer, in gleicher Weise fällbarer Metalle geeignet (vgl. S. 120).

7. Trennung von Cadmium.

Die Bestimmung des Berylliums neben Cadmium durch hydrolytische Fällung mit Ammoniumnitrit (S. 27) führt zu ebenso zuverlässigen Resultaten wie die Bestimmung nach Abtrennung des Cadmiums als Sulfid (S. 93).

8. Trennung von Vanadin.

Neben Vanadin läßt sich Beryllium durch Fällung mit Ammoniak nach Zusatz von Wasserstoffperoxyd oder mit Guanidincarbonat bestimmen (S. 22 und 29). Zur quantitativen Trennung ist weiter die Fällung des Vanadins mit Tannin oder Cupferron geeignet (S. 95 und 97). Durch Oxin wird Vanadin aus schwach essigsaurer Lösung nur unvollständig gefällt (S. 94).

Bei der Analyse vanadinhaltiger Berylliumstähle ist das nach Abtrennung anderer Metalle erhaltene Berylliumoxyd meist durch Vanadin verunreinigt, wenn bei der Trennung nicht besonders auf Vanadin Rücksicht genommen wurde. Mittels Sodaschmelze (S. 99) kann das erhaltene Berylliumoxyd von Verunreinigungen von Vanadin befreit werden. Sehr kleine Vanadinmengen werden am besten nach Lösung des vanadinhaltigen Oxyds durch Abrauchen mit Schwefelsäure colorimetrisch mit Wasserstoffperoxyd bestimmt und als V_2O_5 von der Auswage an Berylliumoxyd abgezogen [FRESENIUS und FROMMES (a)].

9. Trennung von Molybdän.

Molybdän wird am einfachsten durch wiederholte Fällung des Berylliums mit Ammoniak oder Ammoniumnitrit von diesem getrennt (S. 22 und 27). Auch die Fällung des Berylliums mit Guanidincarbonat (S. 29) sowie die Abscheidung von Molybdän als Sulfid aus saurer Lösung (als Mikrotrennung: S. 111) sind zur Trennung der beiden Metalle geeignet.

Bei der Analyse molybdänhaltiger Berylliumstähle braucht auf Molybdän bei einem Gehalt unter 2% nicht besonders Rücksicht genommen zu werden, da bei den wiederholten Fällungen mit Ammoniak, beim Ausäthern des Eisenüberschusses (S. 86) sowie bei der Fällung mit Tannin (S. 95) Molybdän schließlich quantitativ von Beryllium getrennt wird. Auch bei der elektrolytischen Abscheidung von Eisen und anderen Metallen an der Quecksilberkathode wird Molybdän je nach den Versuchsbedingungen (S. 87) weitgehend oder vollständig von Beryllium getrennt.

10. Trennung von Wolfram.

Bei der Auflösung wolframhaltiger Berylliumstähle in Gemischen aus konzentrierter Salz- und Salpetersäure bleibt neben Kieselsäure Wolfram als von Beryllium freies Oxyd quantitativ im Rückstand (S. 117). In Lösungen kann Wolfram in entsprechender Weise oder durch Fällung mit Tannin (S. 95) von Beryllium getrennt werden. Die Oxyde werden am besten mittels Sodaschmelze voneinander getrennt (S. 99).

11. Trennung von Thallium.

Neben Thallium kann Beryllium durch Hydrolyse mit Ammoniumnitrit (S. 27) oder mit Guanidincarbonat (S. 29) gefällt werden. Diese Verfahren sind der Trennung durch Fällung des Thalliums als Chromat [MOSER und BRUKL (a)] vorzuziehen, da die Bestimmung des Berylliums im Filtrat des Thalliumchromats durch den großen Überschuß an Alkalichromat erschwert wird (MOSER und SINGER).

C. Verfahren zur Trennung von den Metallen der Schwefelammoniumgruppe.

1. Trennung von Nickel.

Neben Nickel kann Beryllium durch Fällung mit Ammoniak oder Ammoniumnitrit (S. 21 und 27) bestimmt werden, auch bei Anwesenheit eines Nickelüberschusses, z. B. in Legierungen (S. 120). Zur Schnellbestimmung ist die colorimetrische Titration mit Chinalizarin geeignet (S. 53).

Nach Zusatz von Weinsäure oder besser Sulfosalicylsäure läßt sich Nickel auch aus schwach saurer Lösung als Sulfid (S. 94) oder aus schwach ammoniakalischer Lösung mit Dimethylglyoxim (Moser und List) ausfällen und von Beryllium trennen. Da aber der große Überschuß organischer Säuren im Filtrat vor der Bestimmung des Berylliums zerstört werden muß, bieten diese zwar genaue Resultate ergebenden Methoden keine Vorteile gegenüber den anderen Trennungsverfahren.

Bei der Analyse nickelhaltiger Berylliumstähle (S. 118) sind die Trennungen durch Elektrolyse (S. 100), durch Fällung mit Ammoniumsulfid aus tartrathaltiger Lösung (S. 94) oder mit Oxin (S. 94) anderen Verfahren vorzuziehen, da hierbei Nickel ebenfalls quantitativ von Beryllium getrennt wird, während eine Trennung durch Fällung mit Tannin nicht möglich ist.

2. Trennung von Kobalt.

Beryllium und Kobalt lassen sich durch hydrolytische Fällung des Berylliums neben Kobalt mit Ammoniumnitrit (S. 27) oder durch Fällung von Kobalt mit Ammoniumsulfid aus tartrathaltiger Lösung (S. 94), mit Oxin (S. 94) oder mit Nitrosonaphthol (S. 84) trennen. Bei der elektrolytischen Abscheidung des Eisens zur Analyse von Berylliumstählen wird Kobalt ebenfalls niedergeschlagen und kann so vollständig von Beryllium getrennt werden (S. 100).

3. Trennung von Mangan.

I. Eignung der Verfahren. In Lösungen, die neben Beryllium nur ManganII- und Ammoniumsalze enthalten, läßt sich Beryllium durch wiederholte Fällung mit Ammoniak nach Zusatz einiger Tropfen schwefliger Säure oder durch hydrolytische Fällung mit Ammoniumnitrit (S. 21 und 27) quantitativ von Mangan trennen. Bei der Analyse legierter Stähle ist die Trennung mit Ammoniak auch nach Oxydation des Mangans zu Permanganat meist nicht mehr vollständig, man erhält kein vollständig manganfreies Berylliumoxyd [Fresenius und Frommes (a)]. Es sind daher solche Trennungsmethoden anzuwenden, die — zumindest in Gegenwart anderer, in gleicher Weise fällbarer Metalle — eine Abtrennung des Mangans ermöglichen, wie die Fällung als Sulfid aus tartrathaltiger Lösung oder die Abscheidung aus konzentrierter Alkalihydroxydlösung (S. 94 und 99), dagegen nicht die Trennung mit Oxin (Hills). Bei Berylliumstählen mit hohem Mangangehalt wird Mangan besser aus saurer Lösung durch Oxydation als ManganIV-oxydhydrat von Beryllium getrennt [Fresenius und Frommes (b)]. Bei nur geringem Gehalt an Mangan trennt man dieses nicht gesondert ab, sondern bestimmt die bei Beryllium verbliebenen Spuren Mangan und korrigiert dementsprechend den für Berylliumoxyd erhaltenen Wert.

Neben Mangan läßt sich Beryllium auch durch colorimetrische Titration mit Chinalizarin bestimmen (S. 53).

II. Trennung durch Fällung von ManganIV-oxydhydrat. a) Durch Oxydation mit Ammoniumpersulfat. Nach der Vorschrift von v. Knorre wird Mangan aus schwach saurer Lösung durch Oxydation mit Ammoniumpersulfat als $MnO(OH)_2$ abgeschieden. Im Filtrat des mit schwach schwefelsaurer, verdünnter Ammoniumsulfatlösung ausgewaschenen Niederschlages, den man zur Bestimmung des Mangans durch Glühen und Abrauchen mit Ammoniumchlorid und -sulfat in Mangansulfat überführt (Moser und Maxymowicz), wird Beryllium nach S. 23 bestimmt. Die Trennung ist nach einmaliger Fällung bereits quantitativ, die so erhaltenen Resultate sind sehr genau (Moser und List). Nach Fresenius und Frommes (b) ist aber — zumindest bei der Trennung größerer Substanzmengen — die Fällung zu wiederholen, da infolge der sauren Eigenschaften des ManganIV-oxyds Beryllium von dem Niederschlag adsorbiert wird, auch bei Fällung aus stärker verdünnter Lösung (Jensen).

b) Durch Oxydation mit Kaliumchlorat. Die Fällung durch Oxydation mit Kaliumchlorat in salpetersaurer Lösung soll nach Moser und List unvollständig und nur zur Abtrennung eines Überschusses von Mangan geeignet sein. Fresenius und Frommes (b) oxydieren dagegen bei Anwesenheit eines Manganüberschusses diesen zu Permanganat, lösen den mit Ammoniak gefällten, noch geringe Mengen Mangan enthaltenden Niederschlag von Berylliumhydroxyd in 50 cm^3 Salpetersäure (D 1,2) unter Zugabe von Wasserstoffperoxyd, zersetzen den Überschuß desselben durch 10 Min. langes Kochen und dampfen die Lösung nach Zugabe von 5 g Kaliumchlorat auf etwa $^1/_3$ des ursprünglichen Volumens ein, bis dichte weiße Nebel entweichen. Nach dem Abkühlen wird durch ein Asbestfilter oder nach Verdünnen mit Wasser durch ein Papierfilter filtriert, der Niederschlag mit kaltem, dann heißem Wasser ausgewaschen und Beryllium in dem nun manganfreien Filtrat bestimmt. Der Nachteil dieser Methode ist der große Überschuß von Kaliumsalzen im Filtrat, der die gravimetrische Bestimmung des Berylliums erschwert.

III. Bestimmung von Spuren Mangan in Berylliumoxyd. Ist bei geringen Gehalten an Mangan dieses nicht nach II. quantitativ von Beryllium getrennt worden, so wird das geglühte und gewogene „Roh"berylliumoxyd durch Abrauchen mit Flußsäure und Schwefelsäure aufgeschlossen, wobei nicht alle Schwefelsäure verjagt werden darf; in der mit Wasser verdünnten Lösung wird das Mangan nach Oxydation zu Permanganat colorimetrisch oder nach der Persulfat-Arsenit-Methode nach Zusatz von Chlorid maßanalytisch bestimmt; es wird als Mn_3O_4 von der Auswage an Berylliumoxyd in Abzug gebracht [Fresenius und Frommes (b); Hills].

4. Trennung von Chrom.

I. Eignung der Trennungsverfahren. a) Trennung von 3wertigem Chrom. Chrom wird durch Fällung mit Tannin (S. 82) — wenn nur geringe Mengen Chrom vorliegen —, durch Fällung als basisches Acetat (S. 89) oder durch elektrolytische Abscheidung an der Quecksilberkathode (S. 100) in gleicher Weise wie Eisen von Beryllium getrennt. Neben diesen zur Analyse von chromhaltigen Berylliumstählen (S. 119) geeigneten Verfahren kann die Trennung auch durch Sodaschmelze der gemeinsam gefällten Oxyde erfolgen. Beim Auslaugen der Schmelze mit Wasser geht nur Chrom als Chromat in Lösung (S. 99). Da Phosphorsäure, die bei anderen Trennungsverfahren stört, sich hierbei ebenfalls löst, ist die Trennung mittels Sodaschmelze insbesondere bei der Analyse phosphathaltiger Substanzen anzuwenden.

b) Trennung von Chromat. Beryllium kann von Chrom nach Überführung in Chromat durch wiederholte Fällung mit Ammoniak getrennt werden. Bei der Analyse Chrom und Mangan enthaltender Berylliumstähle werden diese Metalle nach Oxydation in saurer Lösung mit Ammoniumpersulfat unter Zusatz von Silbernitrat so gemeinsam von Beryllium getrennt (S. 21). Auch durch Fällung mit Guanidincarbonat (S. 29) läßt sich Beryllium neben Chromat bestimmen.

Bei der Fällung des Chromats mit Bleinitrat aus schwach salpetersaurer Lösung muß zur Bestimmung des Berylliums im Filtrat des Bleichromats erst das überschüssige Blei durch Fällung als Sulfid entfernt werden. Dieses Verfahren, das von Gadeau (a, b) zur Abtrennung des Chroms vor der — im übrigen unsicheren — Fällung von Ammoniumberylliumphosphat aus tartrathaltiger Lösung vorgeschlagen wird (S. 39), ist umständlich und nicht zu empfehlen.

II. Bestimmung von Spuren Chrom in Berylliumoxyd. Geringe Chromverunreinigungen trennt man am einfachsten nicht ab, sondern bestimmt sie in dem gewogenen Berylliumoxyd nach dessen Auflösung durch Abrauchen mit Schwefel- und Flußsäure durch Oxydation zu Chromat auf jodometrischem Wege und bringt einen entsprechenden Wert für Cr_2O_3 von der Auswage von Berylliumoxyd in Abzug.

5. Trennung von Zink.

Am einfachsten läßt sich Beryllium durch wiederholte Fällung mit Ammoniak oder durch Hydrolyse mit Ammoniumnitrit von Zink trennen (S. 21 und 27). Bei der Fällung mit Oxin aus schwach essigsaurer Ammoniumacetatlösung wird Zink ebenfalls gefällt; sehr kleine Mengen Zink werden durch Fällung mit Oxin aus alkalischer Lösung von Beryllium getrennt (S. 94 und 95). Weiter kann Zink als Sulfid aus schwach schwefel-, essig- oder sulfosalicylsaurer Lösung (S. 94) sowie durch elektrolytische Abscheidung (S. 100) von Beryllium getrennt werden. Kleine Mengen Beryllium werden neben einem Überschuß von Zink am schnellsten durch colorimetrische Titration mit Chinalizarin bestimmt (S. 53).

Die Bestimmung des Zinks durch Fällung mit Chinaldinsäure aus schwach essigsaurer Lösung ist neben Beryllium nicht möglich, da dieses als basisches Chinaldinat teilweise mitgefällt werden würde. Die Trennung muß aus neutraler oder möglichst schwach ammoniakalischer Lösung in Gegenwart von Alkalitartrat vorgenommen werden, bei einem Überschuß von Ammoniak würde die Ausfällung des Zinks unvollständig sein. RÂY und MAJUNDAR erhielten so bei der Bestimmung von Zink neben Beryllium, Aluminium, 3wertigem Eisen, Uran und Titan sehr genaue Resultate. Die Bestimmung des Berylliums im Filtrat wird aber durch den großen Überschuß von Alkalitartrat erschwert, so daß die Methode ebenso wie die entsprechende Mikrotrennung und -bestimmung des Zinks von RÂY und BOSE zur Bestimmung des Berylliums nach Abtrennung von Zink weniger geeignet erscheint.

6. Trennung von Titan.

I. Eignung der Trennungsverfahren. a) Zuverlässige Methoden. Titan läßt sich von Beryllium durch Fällung mit Oxin, Tannin, Cupferron oder seleniger Säure (S. 94 bis 98) trennen. Auch die Trennung durch hydrolytische Fällung des Titans mit einem Chlorid-Bromat-Gemisch (s. unten, II) ist quantitativ. Welche dieser Methoden im Einzelfalle anzuwenden ist, richtet sich nach der Anwesenheit anderer, neben Titan noch von Beryllium zu trennender Metalle (vgl. S. 93, Tabelle 7). Bei der Analyse titanhaltiger Stähle kann auch die Trennung mit Alkalihydroxyd angewendet werden (S. 99).

b) Weitere vorgeschlagene Methoden. DIXON trennt Titan von Beryllium durch hydrolytische Fällung aus siedender, schwach saurer Lösung ($p_H = 4{,}4$) durch Zugabe von p-Chloranilin (1 bis 1,5 g auf 200 cm^3 Lösung). Durch diese schwache Base wird die Wasserstoff-Ionen-Konzentration der Lösung nur soweit verringert, daß nach 3 Min. langem Kochen Titan vollständig, Beryllium aber noch nicht ausgefällt wird. Die Trennung ist nach einmaliger Fällung nur dann quantitativ, wenn die Lösung auf 200 cm^3 nicht mehr als 50 mg Titan- und Berylliumoxyd enthält. Bei größeren Substanzmengen muß die Fällung wiederholt werden, wozu das gefällte Titanoxyd erst wieder durch vorsichtiges Abrauchen mit Schwefelsäure aufgeschlossen werden muß. Da aber bei der Fällung aus schwefelsaurer Lösung Beryllium von Titan mitgerissen wird, ist die Methode, die bei der Trennung kleiner Substanzmengen zwar befriedigende Resultate ergibt (DIXON), nicht absolut zuverlässig [SCHOELLER und WEBB (d)].

SIMPSON und CHANDLEE schlagen zur Trennung des Titans von Beryllium und anderen Metallen die Fällung mit p-Oxyphenylarsinsäure vor. Zusammen mit Titan wird nur Zirkon gefällt, Zinn- und CerIII-salze stören die Trennung.

c) Unbrauchbare Methoden. Zur Trennung unbrauchbar sind die Natriumbicarbonatmethode (S. 74) sowie die hydrolytische Abscheidung des Titans aus siedender, schwefelwasserstoffhaltiger, schwach essigsaurer Lösung oder schwach mineralsaurer Lösung nach dem Verfahren von DIXON bei Verwendung von Basen, die stärker sind als p-Chloranilin, z. B. Phenylhydrazin und Anilin. Die Fällung des Titans nach diesen Verfahren ist entweder unvollständig oder es wird auch Beryllium in beträchtlichem Maße mitgerissen (DIXON; ALLEN).

II. Trennung durch hydrolytische Fällung des Titans mit Chlorid-Bromat.

***Arbeitsvorschrift von* MOSER, NEUMAYER *und* WINTER.** Entsprechend dem von MOSER und IRÁNYI zur Trennung des Titans von Aluminium und Eisen ausgearbeiteten Verfahren wird die mit Natronlauge gegen Methylorange neutralisierte Lösung der Chloride mit 20 cm³ Salzsäure (1:10), die man aus einer Pipette langsam einlaufen läßt, versetzt und bis zur wiedererfolgten Klärung stehen gelassen. Nach Zugabe von 1 g Kaliumsulfat und 1,5 g Kaliumbromat verdünnt man auf 200 cm³ und erhitzt im bedeckten Becherglas etwa 20 Min. lang zum Sieden. Titanoxydhydrat scheidet sich hierbei in dichter, leicht filtrierbarer Form aus. Der Niederschlag wird heiß abfiltriert und mit heißem Wasser ausgewaschen. Bei einem erheblichen Überschuß von Beryllium muß die Fällung nach Aufschluß des Titanoxydhydrates durch Abrauchen mit Schwefelsäure wiederholt werden. Nach dem Glühen wird der Niederschlag als TiO_2 gewogen, Beryllium wird in den mit dem Waschwasser vereinigten Filtraten durch Fällung mit Ammoniak bestimmt; diese Fällung muß infolge des großen Kaliumsalzüberschusses wiederholt werden (S. 21).

Bemerkungen. Bei der Analyse von Lösungen reiner Titan- und Berylliumsalze (40 bis 80 mg TiO_2, 13 bis 50 mg BeO) erhielten Moser, Neumayer und Winter befriedigende Resultate (± 0,4 mg BeO, ± 0,2 mg TiO_2). Etwa vorhandenes Mangan wird teilweise mit Titan ausgefüllt, Nickel, Kobalt, Eisen, Chrom, Aluminium und Zink bleiben mit Beryllium in Lösung. Der Nachteil des Verfahrens ist der die Bestimmung des Berylliums erschwerende große Überschuß von Kaliumsalzen.

7. Trennung von Uran.

I. Eignung der Trennungsverfahren. Durch wiederholte Fällung mit Ammoniak können zumindest kleinere Mengen Beryllium von Uran getrennt werden, wenn dieses durch Reduktionsmittel wie Hydroxylaminchlorhydrat in Lösung gehalten wird (S. 21). Größere Mengen Berylliumhydroxyd adsorbieren aber soviel Uran, daß Brinton und Ellestad dann die Abtrennung der Hauptmenge des Berylliums aus Ammoniumcarbonatlösung für notwendig halten (s. unten, II). Durch Fällung mit Guanidincarbonat kann Beryllium ebenfalls von Uran getrennt werden (S. 29). Am zuverlässigsten dürfte Uran durch Fällung mit Cupferron aus schwefelsaurer Lösung von Beryllium getrennt werden (S. 97). Dieses Verfahren ist den weiteren, zur Trennung vorgeschlagenen Methoden — durch Fällung des Urans als Uranperoxyd [Wunder und Wenger (b)], als UranyleisenII-cyanid [Schoeller und Webb (d)] oder durch Fällung des Berylliums aus siedender Natriumcarbonatlösung (Schoeller und Powell) — unbedingt vorzuziehen, da diese Methoden entweder überhaupt nicht oder nur auf langwierigem Wege zu einer quantitativen Trennung der beiden Metalle führen (Brinton und Ellestad).

II. Abtrennung eines Berylliumüberschusses mit Ammoniumcarbonat nach Brinton und Ellestad. Man versetzt die salzsaure Lösung von Uran und überschüssigem Beryllium mit je 5 g Ammoniumchlorid (bei Abwesenheit von Ammoniumsalzen) und Hydroxylaminchlorhydrat und anschließend mit konzentrierter Ammoniumcarbonatlösung, bis der zunächst ausfallende Niederschlag wieder vollständig in Lösung gegangen ist. Man erhitzt nun zum Sieden bis zum Auftreten eines dicken, weißen Niederschlages von basischem Berylliumcarbonat bzw. -hydroxyd, läßt noch 1 Min. kochen, filtriert sofort und wäscht den Niederschlag mit kaltem Wasser sorgfältig aus. Das so erhaltene Berylliumhydroxyd ist frei von Uran, die Fällung ist aber nicht vollständig. Sie wird zwar durch längeres Kochen quantitativ, aber auch Uran würde dann teilweise mitgerissen werden. Die im Filtrat verbliebenen, geringen Mengen Beryllium werden nach Ansäuern, Vertreiben der Kohlensäure und weiterer Zugabe von Hydroxylaminchlorhydrat mit Ammoniak gefällt.

8. Trennung von Gallium.

Bei der Untersuchung galliumhaltiger Berylliummineralien ist eine besondere Gallium-Beryllium-Trennung meist nicht notwendig, da Gallium bei den Verfahren zur Abtrennung von Aluminium und Eisen mit diesen abgeschieden wird. Zur Trennung von Gallium und Beryllium sind am geeignetsten die Fällungen mit Tannin und Cupferron (S. 96 und 97). Gegenüber diesen zuverlässigen, schnell ausführbaren Methoden ist die von Lecoq de Boisbaudran angewendete Trennung durch Fällung des Galliums mit Kalium-EisenII-cyanid umständlich und auch nicht immer vollständig, so daß ihre Anwendung nicht zu empfehlen ist.

Ein Überschuß von Gallium läßt sich durch wiederholte Extraktion der Lösung der gefällten Hydroxyde in 25 cm³ 20%iger Salzsäure mit je 25 cm³ Äther in ähnlicher Weise wie Eisen (S. 85) ausäthern (ATO). Dieses schon von SWIFT und anderen zur Trennung des Galliums von anderen Metallen herangezogene Verfahren führt jedoch nicht zu einer so weitgehenden Trennung wie von Eisen, da die Löslichkeit des Galliumchlorids in Äther nicht genügend groß ist [MOSER und BRUKL (c)].

D. Verfahren zur Trennung von den Elementen der seltenen Erden, von Zirkon, Thorium, Niob und Tantal.

1. Trennung von den Elementen der seltenen Erden.

I. Eignung der Trennungsverfahren. Verschiedene Mineralien, z. B. Gadolinit, enthalten neben Beryllium Metalle der seltenen Erden. Diese werden von Beryllium am einfachsten durch Fällung als Oxalate aus saurer bis fast neutraler Lösung getrennt (s. unten, II). Zur Abtrennung von kleineren Mengen der Elemente der seltenen Erden, z. B. des Yttriums, kann auch die Trennung mit Kaliumhydroxyd (S. 99) herangezogen werden.

Die annähernd quantitative Fällung der Alkalidoppelsulfate der *Ceriterden* aus gesättigter Natriumsulfatlösung (GIBBS, CROOKES) ist zur Bestimmung des Berylliums nach Abtrennung der Ceriterden infolge des großen Überschusses an Alkalisulfat weniger geeignet.

BOURION trennt Beryllium und Thorium von *Cer* mittels Destillation der Chloride durch Erhitzen des Oxydgemisches im chlorhaltigen Chlorschwefelstrom auf 800° (s. unten, III). Dieses Verfahren ist aber wesentlich umständlicher als die Trennung mit Oxalsäure.

Das von BERZELIUS zur Analyse von Gadolinit angewendete Verfahren der Trennung der geglühten Oxyde von Beryllium, Mangan, *Yttrium* und *Cer* durch Behandeln mit kalter, verdünnter Salpetersäure, wobei nur Yttrium und Cer in Lösung gehen, ist unsicher, da CerIV-oxyd durch starkes Glühen in verdünnten Säuren ebenfalls unlöslich wird und dann auch die Auflösung anderer seltener Erden verhindern kann.

II. Trennung mit Oxalsäure. a) Fällung aus oxalsaurer Lösung nach SMITH und JAMES. Bereits in saurer Lösung (bis 0,1 n salzsauer) sind die Oxalate der Elemente der seltenen Erden im Überschuß von Oxalsäure praktisch unlöslich. Man fällt am besten die neutrale, stark verdünnte Lösung der Chloride bei Siedetemperatur mit einem geringen Überschuß von Oxalsäure. Der Niederschlag wird abfiltriert, mit kaltem Wasser gewaschen und nach dem Glühen als Oxyd gewogen. Bei der so ausgeführten Trennung von 150 mg Neodymoxyd von 90 bis 270 mg Berylliumoxyd erhielten SMITH und JAMES annähernd theoretische Werte für Neodymoxyd. Auch die anderen seltenen Erden lassen sich in gleicher Weise von Beryllium trennen. Im Filtrat wird Beryllium ohne vorhergehende Zerstörung der überschüssigen Oxalsäure nach S. 23 bestimmt.

b) Andere Arbeitsweisen. Nach SCHEERER ist die Fällung der Oxalate von Yttrium sowie auch von Cer und Lanthan nur aus fast neutraler Lösung vollständig. Die Elemente der seltenen Erden werden daher aus annähernd neutralisierter, mit Ammoniumacetat abgestumpfter Lösung mit Ammoniumoxalat gefällt. Das von KRÜSS und MORAHT beschriebene Verfahren der gemeinsamen Fällung der Elemente der seltenen Erden sowie des Berylliums aus ammoniakalischer Lösung als Oxalate, von denen Berylliumoxalat durch allmähliche Zugabe von Salzsäure wieder in Lösung gebracht wird, ist nur präparativ verwendbar.

III. Trennung von Cer durch Destillation der Chloride. Die Oxyde von Beryllium, Thorium und Cer werden beim Behandeln mit einem Gemisch von Chlor und Chlorschwefeldampf bei Temperaturen über 400° in die entsprechenden Chloride übergeführt, von denen nur Beryllium- und ThoriumIV-chlorid bei 700 bis 800° verdampfen, während CerIII-chlorid zurückbleibt.

***Arbeitsvorschrift von* BOURION.** Das durch Fällung der Hydroxyde und Glühen des Niederschlages erhaltene, fein gepulverte Oxydgemisch wird in einem Quarzschiffchen in ein etwa 70 cm langes Quarzrohr von 1,5 cm lichter Weite, dessen erster Teil (etwa 25 cm) in einem elektrischen Ofen auf 400 bis 800° erhitzt werden kann, gebracht. Das nach unten abgebogene Ende des Rohres reicht in ein mit Wasser beschicktes Absorptionsgefäß, darf aber nicht in die Flüssigkeit eintauchen. An dieses Gefäß schließen sich zwei mit Wasser gefüllte Dreikugelrohre an. Durch das Rohr wird nun ein mit Schwefelsäure und über PhosphorV-oxyd getrockneter, schwacher Chlorstrom (etwa 1 Gasblase/Sek.), der zur Sättigung mit Chlorschwefel einen mit diesem gefüllten, auf 40 bis 50° erwärmten Kolben passiert hat, hindurchgeleitet und der Teil des Rohres, in dem sich das Schiffchen mit der Substanz befindet, zunächst 30 Min. lang auf etwa 400° gebracht. Dann erhitzt man etwa ebenso lange auf 550 bis 600° und schließlich 4 Std. bis auf 750°. Die Destillation wird dann abgebrochen, der Chlorstrom abgestellt und das im Schiffchen zurückgebliebene CerIII-chlorid gravimetrisch durch Wägung des vollen und des entleerten Schiffchens, dessen Gewicht bei der Destillation etwas abnimmt (etwa 1 mg), bestimmt. Die im kalten Teil des Rohres kondensierten Chloride von Beryllium und Thorium spült man mit kaltem Wasser in die Absorptionsvorlage, erhitzt die so erhaltene Lösung zum Sieden, filtriert sie von abgeschiedenem Schwefel ab und unterwirft sie der Thorium-Beryllium-Trennung (s. unten, 3).

Bemerkungen. Nach den Beleganalysen von BOURION ist die so ausgeführte Trennung (6 bis 110 mg CeO_2, 200 bis 500 mg ThO_2 und 12 bis 150 mg BeO) quantitativ. Es ergaben sich für Cer-oxyd höchstens um 0,8 mg zu niedrige Werte. Die Bildungs- und Destillationsgeschwindigkeit der Chloride steigt mit wachsendem Chlorgehalt des Chlorierungsgemisches. Bei zu hohem Chlorgehalt werden aber auch Quarzrohr und -schiffchen in erhöhtem Maße angegriffen, so daß das Destillat von Beryllium- und Thoriumchlorid merklich mit Kieselsäure verunreinigt ist. BOURION schlägt das Verfahren zur Analyse der drei Metalle in Mineralien und in den in der Gasglühlichtindustrie verwendeten Substanzgemischen vor.

2. Trennung von Zirkon.

I. Eignung der Trennungsverfahren. Außer der Fällung des Berylliums in Gegenwart von Zirkon mit Guanidincarbonat (S. 29) sind zur Trennung der beiden Metalle die Fällungen des Zirkons mit Oxin, Tannin oder Cupferron geeignet (S. 94 bis 97). Die Abscheidung des Zirkons mit seleniger Säure (S. 98) führt nur in annähernd sulfatfreien Lösungen zu befriedigenden Trennungsergebnissen.

Bei Anwesenheit von Phosphorsäure, die sich bei Fällungen des Zirkons auch aus stärker saurer Lösung stets teilweise mit abscheidet, wird Zirkon am besten als Phosphat aus saurer Lösung gefällt und so von Beryllium getrennt (s. unten, II).

Versuche, Zirkon hydrolytisch aus saurer Lösung mit schwachen Basen (Phenylhydrazin, Anilin) zu fällen, führten ebenso wie bei der entsprechenden Fällung von Titan (S. 105) zu keiner einwandfreien Trennung von Beryllium (ALLEN).

II. Trennung mit Phosphorsäure nach RUFF und STEPHAN.

Arbeitsvorschrift. Das Gemisch der Oxyde von Beryllium und Zirkon wird durch Abrauchen mit Schwefel- und Flußsäure (FROMMES) aufgeschlossen, der Rückstand in 50 bis 100 cm³ Wasser gelöst und die Lösung, die etwa 2% Schwefelsäure und nicht mehr als 0,1 g Zirkonoxyd enthalten soll, zur Fällung des Zirkons auf je 50 cm³ mit 10 cm³ einer 10%igen Lösung von sekundärem Ammoniumphosphat versetzt. Die Löslichkeit des Zirkonphosphats in Wasser beträgt etwa 3 bis 4 mg/l. Man läßt bis zum Absitzen des zunächst gelatinösen Niederschlages auf dem Wasserbad stehen, filtriert durch einen Filtertiegel, wäscht den Niederschlag mehrmals mit 2%iger Schwefelsäure aus und wägt nach dem Glühen als Pyrophosphat, ZrP_2O_7. Im Filtrat des Zirkons wird Beryllium nach S. 40 als Ammoniumberylliumphosphat gefällt.

Genauigkeit. Nach RUFF und STEPHAN erhält man nach obiger Methode für beide Metalle um etwa 1% zu hohe Werte, bei der Trennung und Bestimmung von 40 bis 50 mg Beryllium- und 50 bis 60 mg Zirkonoxyd betrug der Fehler je + 0,4 mg (Umrechnung von $Be_2P_2O_7$ auf BeO mit Hilfe des empirischen Faktors 0,255, vgl. S. 40).

3. Trennung von Thorium.

Thorium und Beryllium können durch Fällung des Berylliums mit Guanidincarbonat (S. 29) sowie durch wiederholte Fällung von Thorium mit Tannin oder seleniger Säure (S. 95 und 99) quantitativ getrennt werden. Bei der Abtrennung anderer Metalle durch Fällung mit Cupferron aus saurer Lösung (S. 97) wird Thorium nicht quantitativ mitgefällt, die vollständige Trennung von Beryllium dürfte aber aus schwächer saurer Lösung möglich sein. Weiter können kleinere Mengen Thorium mit überschüssigem Alkalihydroxyd gefällt und von dem in Lösung gehenden Beryllium getrennt werden. Die Trennung ist bei kleinen Thoriummengen bereits nach einmaliger Fällung quantitativ (S. 99).

Die hydrolytische Abscheidung von Thorium aus saurer Lösung mit schwachen Basen ist ebenso wie bei Zirkon und Titan (S. 105) nicht zur Trennung von Beryllium geeignet (ALLEN).

4. Trennung von Niob und Tantal.

Die Fällung von Niob und Tantal mit Cupferron (S. 97) dürfte zur Trennung dieser Metalle von Beryllium der Fällung mit Tannin aus schwach oxalsaurer Lösung (S. 97) in bezug auf Einfachheit der Ausführung und Zuverlässigkeit überlegen sein.

Die von SCHOELLER und WEBB (d) auch zur Trennung von Beryllium vorgeschlagene Fällung von Niob-, Tantal- und Wolframsäure durch Versetzen der siedenden, weinsauren Lösung mit überschüssiger Mineralsäure ist unvollständig, besonders in Anwesenheit eines großen Überschusses von Schwefel- und Weinsäure sowie bei Gegenwart von Oxalsäure oder Uransalzen. Sie ist daher nicht zu empfehlen.

E. Verfahren zur Trennung von den Alkali- und Erdalkalimetallen.

1. Trennung von Alkalimetallen.

Alle beschriebenen Verfahren zur Bestimmung des Berylliums sind auch in Gegenwart von Alkalimetallen bzw. zur Trennung von diesen anwendbar. Bei gravimetrischen Bestimmungen des Berylliums ist zu beachten, daß je nach der physikalischen Beschaffenheit der bei der Fällung des Berylliums erhaltenen Niederschläge Alkalimetalle in mehr oder weniger beträchtlichen Mengen adsorbiert und mitgerissen werden. Durch ein- oder gegebenenfalls mehrmalige Wiederholung der Fällung des Berylliums wird dieses aber quantitativ von Alkalimetallen getrennt.

2. Trennung von Magnesium.

I. Eignung der Trennungsverfahren. Beryllium wird in Gegenwart von Ammoniumsalzen durch Fällung mit Ammoniak oder durch Hydrolyse mit Ammoniumnitrit von Magnesium getrennt (S. 21 und 27). Im Filtrat des Berylliumhydroxyds wird Magnesium in bekannter Weise mit Ammoniumphosphat gefällt und als Pyrophosphat, $Mg_2P_2O_7$, gravimetrisch bestimmt.

Die *Mikrotrennung* wird in entsprechender Weise durchgeführt, Beryllium nach S. 34 gefällt und Magnesium im Filtrat nach der Mikromethode von THURNWALD und BENEDETTI-PICHLER (b) bzw. BENEDETTI-PICHLER und SCHNEIDER als Ammoniummagnesiumphosphat bestimmt. In dieser Weise ausgeführte Trennungen (0,25 bis 0,82 mg MgO und 0,37 mg BeO) ergaben für Magnesium bis zu 0,15%, für Beryllium bis zu 0,4% zu hohe Werte [THURNWALD und BENEDETTI-PICHLER (b)].

Neben diesen genauen und zuverlässigen Verfahren kann Beryllium — vor allem in Gegenwart von Phosphorsäure — auch durch Fällung als Phosphat aus essigsaurer, tartrathaltiger Lösung, aus der Magnesium nicht gefällt wird, von diesem getrennt werden. Nach MOSER und SINGER ist diese Trennungsmethode jedoch unzuverlässig (vgl. S. 39 und 40). TANANAJEW und TALIPOW schlagen zur Trennung die Fällung des Magnesiums mit überschüssigem Natriumfluorid als Magnesiumfluorid vor, wobei Beryllium als Natriumfluoroberyllat in Lösung bleibt.

Zur Bestimmung kleiner Mengen Magnesium neben einem großen Berylliumüberschuß (z. B. des Magnesiumgehalts metallischen Berylliums) kann auch die Fällung des Magnesiums als Carbonat aus alkalischer Lösung herangezogen werden (s. unten, II).

Geringste Berylliumgehalte (wenige Tausendstel Prozent) in Magnesiumlegierungen bestimmt BEERWALD auf spektralanalytischem Wege (S. 60).

II. Abtrennung kleiner Magnesiummengen nach GADEAU (b). Zur Bestimmung des Magnesiumgehaltes von metallischem Beryllium löst man eine gewogene Probe des Metalls in einer Silberschale in mit etwas Natriumcarbonat versetzter Natronlauge. Während Beryllium in Lösung geht, werden Magnesium und auch etwa anwesendes Eisen als Carbonat bzw. Hydroxyd quantitativ gefällt. Nach Erhitzen der Lösung wird der Niederschlag abfiltriert, ausgewaschen, in Salzsäure gelöst, nach Oxydation des Eisens dieses als EisenIII-hydroxyd mit Ammoniak gefällt und Magnesium im Filtrat als Ammoniummagnesiumphosphat abgeschieden. Angaben über in dieser Weise ausgeführte Analysen fehlen.

3. Trennung von Calcium.

I. Zuverlässige Verfahren. Die übliche Fällung des Berylliums mit Ammoniak führt nur in absolut kohlensäurefreien Lösungen zu einer quantitativen Trennung von Calcium, Strontium und Barium (S. 21). Die *Mikrotrennung* von Calcium nach Thurnwald und Benedetti-Pichler (b) (S. 35, Bem. b) ist dagegen nach einmaliger Fällung des Berylliums quantitativ, da die Wasserstoff-Ionen-Konzentration stets größer als $p_H = 7$ ist, Erdalkalicarbonate also nicht ausfallen können. Aus dem gleichen Grunde führt auch die hydrolytische Fällung des Berylliums mit Ammoniumnitrit (S. 26) zu einer quantitativen Trennung von Calcium und auch Strontium. Im Filtrat des Berylliums wird Calcium als Oxalat gefällt und als Oxyd bestimmt.

II. Weitere vorgeschlagene Verfahren. Calcium kann auch als Oxalat aus essigsaurer, Ammoniumchlorid enthaltender Lösung in Gegenwart von Beryllium gefällt und so von diesem getrennt werden. Bei Anwesenheit von Phosphorsäure ist diese Trennung nicht möglich, da auch Ammoniumberylliumphosphat aus essigsaurer Lösung ausfallen würde. Penfield und Harper fällen daher in Gegenwart von Phosphorsäure (z. B. bei der Analyse von Herderit, der Be, Ca, HF und H_3PO_4 enthält) die Hauptmenge des Calciums als Sulfat aus schwefelsaurer Lösung, im Filtrat nach Abstumpfen mit Natriumacetat Ammoniumberylliumphosphat, in dessen Filtrat das restliche Calcium als Oxalat und bestimmen in der von diesem abfiltrierten Lösung noch vorhandenes Beryllium bzw. noch zurückgebliebene Phosphorsäure. Dieses komplizierte Verfahren dürfte infolge der zahlreichen möglichen Fehlerquellen aber nicht zu genauen, zuverlässigen Resultaten führen. Phosphorsäure wird besser vor Ausführung der Beryllium-Calcium-Trennung abgeschieden (S. 111). Tananajew und Talipow schlagen vor, Calcium durch Fällung mit einem Überschuß von Natriumfluorid als Calciumfluorid zusammen mit Magnesium, Aluminium und Eisen von Beryllium zu trennen (vgl. S. 70 und 91).

4. Trennung von Strontium.

I. Eignung der Verfahren. Die Trennung des Berylliums von Strontium läßt sich ebenso wie die von Calcium durch Fällung mit Ammoniak oder durch Hydrolyse mit Ammoniumnitrit ausführen (s. oben, 3, I). Im Filtrat des Berylliums wird Strontium als Oxalat oder als Sulfat aus saurer, wäßrig-alkoholischer Lösung gefällt. Weiter kann Strontium durch Fällung als Nitrat aus mindestens 80%iger Salpetersäure von dem in dieser löslichen Berylliumnitrat getrennt werden. Dieses von Willard und Goodspeed vorgeschlagene Verfahren bietet aber den zuerst genannten, zuverlässigen Trennungsmethoden gegenüber keinerlei Vorteile.

II. Trennung der Nitrate aus konzentrierter Salpetersäure nach Willard und Goodspeed.

Arbeitsvorschrift. Die auf ein kleines Volumen eingeengte Lösung der Nitrate von Beryllium und Strontium wird mit soviel 100% iger Salpetersäure versetzt, daß eine mindestens 80% Salpetersäure enthaltende Lösung entsteht, in der Strontiumnitrat praktisch unlöslich ist. Das ausgefallene Strontiumnitrat wird abfiltriert und mit 80% iger Salpetersäure ausgewaschen. Im Filtrat kann nach dem Vertreiben der überschüssigen Salpetersäure durch Eindampfen Beryllium in bekannter Weise bestimmt werden.

Bemerkungen. Nach Willard und Goodspeed ist die Trennung nach einmaliger Fällung praktisch quantitativ; die erhaltenen Resultate sind annähernd theoretisch. Auch Barium und Blei sollen sich in gleicher Weise quantitativ von Beryllium trennen lassen.

5. Trennung von Barium.

I. Eignung der Verfahren. Die Trennung des Berylliums von Barium durch Fällung mit Ammoniak ist unter den gleichen Voraussetzungen wie bei Calcium und Strontium möglich (s. oben, 3, I). Die Trennung durch hydrolytische Fällung mit Ammoniumnitrit ist aber infolge eines geringen Sulfatgehaltes auch des reinsten Ammoniumnitrits nicht sicher. Man fällt daher Barium am besten aus saurer Lösung als Sulfat und trennt es so von Beryllium (s. unten, II). Auch bei der gravimetrischen Bestimmung des Berylliums in Gemischen mit Bariumfluorid, wie sie zur Schmelzelektrolyse von Beryllium verwendet werden, wird Barium als Sulfat beim Abrauchen der Fluoridprobe mit Schwefelsäure zur Entfernung der Flußsäure abgeschieden und nach Aufnahme des Rückstandes mit Wasser, von der das Beryllium enthaltenden Lösung abfiltriert (Fischer). Durch Fällung als Nitrat aus 76%iger Salpetersäure soll sich Barium ebenso wie Strontium und Blei von Beryllium trennen lassen (S. 110, 4, II). Die Fällung des Bariums als Chromat aus schwach essigsaurer Lösung ist zur Trennung von Beryllium nicht zu empfehlen, da bei der zur quantitativen Fällung notwendigen, geringen Wasserstoff-Ionen-Konzentration leicht Berylliumhydroxyd mitgefällt werden kann (MOSER und LIST).

II. Trennung durch Fällung des Bariums als Sulfat. Um in Gegenwart von Barium von diesem freies Berylliumsulfat zu erhalten, fällen MOSER und LIST Barium aus salzsaurer Lösung nach dem Prinzip der extremen Verdünnung (HAHN). MOSER und LIST erhielten so nach Trennung der beiden Metalle (11 bis 110 mg BeO, 8 bis 160 mg BaO) für Berylliumoxyd bis auf $\pm$ 0,3 mg mit dem berechneten Wert übereinstimmende Resultate.

F. Verfahren zur Trennung von störenden Säuren.

Vorbemerkung. Kieselsäure, Phosphorsäure, Borsäure, Flußsäure sowie organische Säuren stören bei zahlreichen Trennungs- und Bestimmungsmethoden des Berylliums. Sie werden daher am besten vor der Trennung von anderen Metallen bzw. vor der Bestimmung des Berylliums entfernt. (Zur Entfernung von Borsäure und organischen Verbindungen vgl. S. 22 und 23.)

1. Trennung von Kieselsäure.

Kieselsäure wird bei der Lösung bzw. beim Aufschluß berylliumhaltiger Mineralien und Legierungen in bekannter Weise abgeschieden (S. 113 und 117). Noch in Lösung bleibende oder aus dem Gefäßmaterial bzw. den angewendeten Reagenzien stammende Kieselsäure wird größtenteils bei der Fällung des Berylliums als Hydroxyd mitgerissen. Durch Abrauchen des geglühten Oxyds mit Schwefel- und Flußsäure wird die Kieselsäure aus diesem quantitativ entfernt (S. 16). Auch durch Schmelzen des erhaltenen Berylliumoxyds bzw. -phosphats mit Soda und Auslaugen der Schmelze mit Wasser lassen sich kleine Mengen Kieselsäure vollständig von Beryllium trennen (S. 99).

2. Trennung von Phosphorsäure.

I. Eignung der Verfahren. Da Ammoniumberylliumphosphat auch in schwach saurer Lösung schwer löslich ist, würde bei Trennungen aus schwach saurer Lösung (Oxin-, Tanninverfahren usw.) Beryllium bei Anwesenheit von Phosphorsäure zumindest teilweise mitgefällt werden. Phosphorsäure muß also vor derartigen Trennungen am besten durch Fällung als Ammoniummolybdänphosphat aus salpetersaurer Lösung in bekannter Weise entfernt werden. Im Filtrat des Phosphatniederschlages wird das überschüssige Molybdän als Sulfid gefällt. Dieses Verfahren ist auch zur Mikrotrennung von Phosphorsäure angewendet worden (s. unten, II).

Weiter kann Beryllium bei Anwesenheit von Phosphorsäure als Ammoniumberylliumphosphat gefällt und als Berylliumpyrophosphat bestimmt werden (§ 3), oder man entfernt die mit Beryllium gefällte Phosphorsäure zusammen mit Aluminium, Chrom und kleinen Mengen Kieselsäure durch Schmelzen des phosphathaltigen Oxyds mit Soda und Auslaugen der Schmelze mit Wasser (S. 99).

FRESENIUS und FROMMES (a) bestimmen geringe Mengen mit Berylliumhydroxyd mitgefällter Phosphorsäure, nach Lösung des Oxyds durch vorsichtiges Abrauchen mit Schwefel- und Flußsäure, nach dem Molybdänverfahren und bringen sie als P_2O_5 von der Auswage an Berylliumoxyd in Abzug (S. 22). Ein sehr geringer Phosphorsäuregehalt (z. B. bei den meisten Berylliumstählen) kann überhaupt vernachlässigt werden.

II. Mikrotrennung nach THURNWALD und BENEDETTI-PICHLER.

Arbeitsvorschrift. Die Beryllium (sowie Aluminium, Magnesium, Calcium) und Phosphorsäure enthaltende, von Chloriden und organischen Säuren freie Lösung wird in einem Mikrobecher auf dem Wasserbad zur Trockne eingedampft, der Rückstand in 0,3 cm³ 1%iger Salpetersäure gelöst und auf dem Wasserbad mit der entsprechenden Menge Ammoniummolybdatlösung versetzt. Nach $^1/_2$ stündigem Stehen in der Wärme wird der krystalline Niederschlag auf einem Glasfilterstäbchen mit Asbestfiltermasse abgesaugt und tropfenweise mit insgesamt 1 bis 2 cm³ salpetersaurer Ammoniumnitratlösung (1 cm³ konz. Salpetersäure und 3 g NH_4NO_3 auf 100 cm³ Lösung) ausgewaschen. Das mit der Waschlösung vereinigte Filtrat wird zur Vertreibung überschüssiger Salpetersäure zur Sirupkonsistenz eingedampft, der Rückstand in 1 bis 2 cm³ konzentrierter Schwefelsäure unter Erwärmen gelöst, die Lösung vorsichtig mit dem gleichen Volumen Wasser verdünnt und in ein weites, durch einen Gummistopfen mit Einleitungsrohr verschließbares Reagensglas gebracht. Durch Einleiten von Schwefelwasserstoff unter Druck wird Molybdän auf dem Wasserbad als Sulfid gefällt und abfiltriert. Im Filtrat wird die Fällung so oft wiederholt, bis sich kein Molybdänsulfid mehr abscheidet. Das Filtrat der mit heißem Wasser ausgewaschenen Sulfidniederschläge wird in einem Mikrobecher zur Trockne eingedampft, der Rückstand in 1 cm³ Wasser gelöst, mit 1 cm³ konzentrierter Salzsäure angesäuert und Beryllium, gegebenenfalls nach Abtrennung von Aluminium mit Oxin (S. 65) nach S. 34 bestimmt.

Zur Bestimmung der Phosphorsäure wird der abfiltrierte Niederschlag von Ammoniummolybdänphosphat nach der Mikrovorschrift von THURNWALD und BENEDETTI-PICHLER (a, c) mit Ammoniak vom Filterstäbchen gelöst, mit Magnesiumchlorid gefällt und als Ammoniummagnesiumphosphat zur Wägung gebracht.

Bemerkungen. Die so nach Abtrennung von Phosphorsäure für Beryllium erhaltenen Werte sind ebenso genau wie bei der Fällung aus reinen Berylliumsalzlösungen (THURNWALD und BENEDETTI-PICHLER, S. 34). Das Verfahren wurde in Verbindung mit den beschriebenen Mikrotrennungen von Aluminium, Magnesium und Calcium zur Mikroanalyse von Mineralien angewendet (S. 114 und 115).

3. Trennung von Flußsäure.

Flußsäure stört infolge der Bildung der beständigen komplexen Ionen $[BeF_4]''$ die Bestimmung des Berylliums. Sie wird am einfachsten durch Abrauchen mit Schwefelsäure entfernt. Zur maßanalytischen Bestimmung des Berylliums genügt die Fällung der Flußsäure mit einem Überschuß von Calciumchlorid (S. 43 und 47). In Gegenwart von Flußsäure läßt sich Beryllium durch colorimetrische Titration mit Chinalizarin bestimmen (S. 53).

Zur Bestimmung von Flußsäure neben Beryllium schlägt WASSILJEW die Trennung durch Schmelzen der zu analysierenden Substanz mit Soda oder Soda und Pottasche vor. Beim Auslaugen der Schmelze mit Wasser geht Flußsäure quantitativ als Alkalifluorid in Lösung und wird als Bleichlorofluorid, PbFCl, bestimmt. Bei der Analyse unlöslicher Berylliumfluoridverbindungen muß der Schmelze noch feinst gemahlener Quarzsand zugegeben werden, da man sonst um einige Prozente zu niedrige Werte für Fluor erhält.

Literatur.

ALLEN, E. T.: Am. Soc. **25**, 421 (1903). — ATO, S.: Sci. Pap. Inst. Tôkyô **29**, 71 (1936); durch C. **108 I**, 1488 (1937).

BEERWALD, A.: Z. El. Ch. **45**, 833 (1939). — BENEDETTI-PICHLER, A. A. u. F. SCHNEIDER: Mikrochemie, EMICH-Festschr., S. 1. 1930. — BENEDETTI-PICHLER, A. A. u. W. F. SPIKES: Mikrochemie, MOLISCH-Festschr., S. 36. 1936. — BERG, R.: Fr. **70**, 341 (1927) und „Die Chemische Analyse“, Bd. 34: Das o-Oxychinolin, S. 29. Stuttgart 1935. — BERG, R. u. M. TEITELBAUM: Z. anorg. Ch. **189**, 101 (1930). — BERZELIUS, J.: Schw. J. **21**, 261 (1817). — BILTZ, H. u. O. HÖDTKE: Z. anorg. Ch. **66**, 426 (1910). — BOURION, F.: A. Ch. [8] **21**, 49 (1910). — BRINTON, P. H. M.-P. u. R. B. ELLESTAD: Am. Soc. **45**, 395 (1923).

CLASSEN, A. u. H. DANNEEL: Quantitative Analyse durch Elektrolyse, 7. Aufl., S. 228. Berlin 1927. — CROOKES: s. A. CLASSEN: Ausgewählte Methoden der analytischen Chemie, Bd. 1, S. 716. Braunschweig 1901.

DIXON, B. E.: Analyst **54**, 268 (1929).

EVANS, B. S.: Analyst **60**, 291 (1935).

FISCHER, H.: „Ausgewählte Methoden“ des Chemiker-Fachausschusses der Gesellschaft Deutscher Metallhütten- und Bergleute, 2. Aufl., S. 47. Berlin 1931. — FISCHER, H. u. G. LEOPOLDI: Wiss. Veröffentl. Siemens-Konzern **12**, Heft 1, 44 (1933). — FRESENIUS, L. u. M. FROMMES: (a) Fr. **87**, 273 (1932); (b) **93**, 275 (1933). — FROMMES, M.: Fr. **93**, 290 (1933).

GADEAU, R.: (a) Rev. Mét. **32**, 398 (1935); (b) Chim. Ind. 17. Congr. Paris II, 702 (1937). — GIBBS, W.: Am. J. Sci. [2] **37**, 354 (1864).

HAHN, F. L.: Z. anorg. Ch. **126**, 257 (1923). — HILLS, F. G.: Ind. eng. Chem. Anal. Edit. **4**, 31 (1932). — HOLLADAY, J. A. u. TH. R. CUNNINGHAM: Trans Am. Electrochem. Soc. **43**, 329 (1923); durch C. **105 II**, 1247 (1924).

JENSEN, K. A.: Fr. **86**, 422 (1931).

KNORRE, G. v.: Angew. Ch. **14**, 1149 (1901). — KNOWLES, H. B.: Bur. Stand. J. Res. **15**, 87 (1935). — KOTA, J.: Chem. Listy **27**, 79, 100, 128, 150, 194 (1933); durch C. **104 II**, 254 (1933). — KRÜSS, G. u. H. MORAHT: A. **262**, 38 (1891).

LECOQ DE BOISBAUDRAN: C. r. **94**, 1227, 1439 (1882). — LUNDELL, G. E. F u. H. B. KNOWLES: Am. Soc. **42**, 1439 (1920).

MOSER, L. u. A. BRUKL: (a) M. **47**, 709 (1926); (b) **50**, 181 (1928); (c) **51**, 325 (1929). — MOSER, L. u. J. IRÁNYI: M. **43**, 662 (1922). — MOSER, L. u. F. LIST: M. **51**, 181 (1929). — MOSER, L. u. W. MAXYMOWICZ: B. **60**, 646 (1927). — MOSER, L., K. NEUMAYER u. K. WINTER: M. **55**, 85 (1930). — MOSER, L. u. J. SINGER: M. **48**, 673 (1927).

NIESSNER, M.: Fr. **76**, 135 (1929).

PENFIELD, S. L. u. D. N. HARPER: Am. J. Sci. [3] **32**, 107 (1886). — PIED, H.: C. r. **179**, 897 (1924).

RÂY, P. u. M. K. BOSE: Mikrochemie **18**, 89 (1935). — RÂY, P. u. A. K. MAJUNDAR: Fr. **100**, 324 (1935). — RUFF, O. u. L. STEPHAN: Z. anorg. Ch. **185**, 219 (1930).

SCHEERER, TH.: Pogg. Ann. **56**, 479 (1842). — SCHOELLER, W. R. u. A. R. POWELL: Analyst **57**, 550 (1932). — SCHOELLER, W. R. u. H. W. WEBB: (a) Analyst **54**, 707 (1929); (b) **58**, 144 (1933); (c) **59**, 667 (1934); (d) **61**, 235 (1936). — SIMPSON, C. T. u. G. C. CHANDLEE: Ind. eng. Chem. Anal. Edit. **10**, 642 (1938). — SIMPSON, ST. G. u. W. C. SCHUMB: Am. Soc. **53**, 921 (1931). — SMITH, T. O. u. C. JAMES: Am. Soc. **35**, 563 (1913). — SWIFT, E. H.: Am. Soc. **46**, 2375 (1924).

TANANAJEW, J. W. u. SCH. TALIPOW: Bull. Acad. Sci. URSS Ser. chim. (russ.) **1938**, Nr. 2, 547; durch C. **110 II**, 1341 (1939). — TETTAMANZI, A.: Ind. chimica **9**, 752 (1934). — THURNWALD, H. u. A. A. BENEDETTI-PICHLER: (a) Mikrochemie **9**, 329 (1931); (b) **11**, 200 (1932); (c) Fr. **86**, 41 (1931). — TRAVERS, M. u. PERRON: A. Ch. [10] **2**, 43 (1924).

VORTMANN, G. u. A. METZL: Fr. **44**, 525 (1905).

WASSILJEW, A. A.: Chem. J. Ser. B **9**, 943 (1936). — WILLARD, H. H. u. E. W. GOODSPEED: Ind. eng. Chem. Anal. Edit. 8, 414 (1936). — WUNDER, M. u. A. SCHAPIRO: Ann. Chim. anal. **17**, 323 (1912). — WUNDER, M. u. P. WENGER: (a) Fr. **51**, 470 (1912); (b) **53**, 371 (1914).

§ 11. Bestimmung in Mineralien und Legierungen.

Allgemeines.

Die zur quantitativen Bestimmung des Berylliums in Mineralien, Erzaufschlüssen und Legierungen anzuwendenden Methoden richten sich in erster Linie nach der Höhe des Berylliumgehaltes. Enthält die Analysensubstanz mehr als etwa 0,5 bis 1% Beryllium, so wird die Bestimmung nach Abtrennung anderer Metalle auf maßanalytischem oder gravimetrischem Wege vorgenommen. Zur Schnellbestimmung sowie zur Bestimmung sehr kleiner Berylliumgehalte ist die colorimetrische Titration mit Chinalizarin vorzuziehen, die bei annähernd gleicher Empfindlichkeit wesentlich genauere Resultate als spektralanalytische Untersuchungsmethoden liefert.

A. Bestimmung in Mineralien.

1. Aufschluß des Untersuchungsmaterials.

I. Eignung der Verfahren. *Säurelösliche Mineralien* werden in Salpetersäure oder Königswasser gelöst, *säureunlösliche* (z. B. Beryll) in bekannter Weise mit Soda aufgeschlossen. *Berylliumarme Silicate* (z. B. Turmalin) schließt man zur Entfernung des großen Kieselsäureüberschusses zunächst durch Abrauchen mit Schwefel- und Flußsäure auf und unterwirft gegebenenfalls einen nach mehrmaligem Abrauchen in siedender Salzsäure nichtlöslichen Rückstand der Sodaschmelze.

Der von STOLBA vorgeschlagene Aufschluß durch Kochen mit Natronlauge ist wegen der unvollständigen Abscheidung der Kieselsäure nicht zu empfehlen.

Die in bekannter Weise aus der erhaltenen Lösung durch Eindampfen mit Salzsäure oder besser Schwefelsäure bis zum Auftreten von Schwefelsäuredämpfen abgeschiedene Kieselsäure ist, besonders bei größeren Kieselsäuremengen, nicht frei von Beryllium. Man raucht sie daher mit Schwefel- und Flußsäure bis zum Verdampfen des größten Teiles der Schwefelsäure ab, verdünnt die Lösung mit Wasser, filtriert gegebenenfalls und vereinigt sie mit dem Hauptfiltrat der Kieselsäure (FISCHER und LEOPOLDI).

Soll nur Beryllium bestimmt werden, so ist das zur technischen Gewinnung von Berylliumverbindungen aus Beryllium enthaltenden Silicaten angewendete Sinterungsverfahren mit Natriumfluorosilicat vorzuziehen (s. unten, II).

II. Aufschluß mit Natriumfluorosilicat nach FISCHER.

Arbeitsvorschrift. 1 g des staubfein gepulverten Minerals wird mit der gleichen Menge Natriumfluorosilicat gut vermischt und das Gemisch in einem ungebrauchten, glasierten Porzellan- oder in einem Eisentiegel 3 Std. auf 680 bis 710° erhitzt. Man entfernt den Aufschlußrückstand mit einem Spatel aus dem Tiegel, spült mit Wasser die letzten, an den Wandungen haftenden Teilchen heraus, zerkleinert die ganze Masse möglichst zu Pulver und laugt mit kaltem Wasser aus. Die zum Aufschluß benutzten Porzellantiegel sind nicht wieder zu verwenden, da das Sinterungsgut sich nur schlecht von den nach einmaliger Benutzung bereits aufgerauhten Wandungen ablösen läßt.

Bemerkungen. Der Aufschluß mit Natriumfluorosilicat, bei dem Beryllium, Aluminium und teilweise auch Eisen in die entsprechenden komplexen Fluoride übergeführt werden, bewirkt gleichzeitig eine weitgehende Trennung von Aluminium und Eisen, da das schwerlösliche komplexe Aluminiumfluorid sowie Eisenoxyd im Gegensatz zu Natriumfluoroberyllat beim Auslaugen des Sinterungsproduktes mit Wasser fast vollständig im Rückstand bleiben. Es gehen auf 250 Teile Berylliumoxyd etwa nur je 1 Teil Aluminium- und Eisenoxyd bei diesem Verfahren in Lösung, so daß in der abfiltrierten Lösung von Natriumfluoroberyllat Beryllium ohne weitere Trennungen auf maßanalytischem Wege (S. 116) oder durch colorimetrische Titration mit Chinalizarin (S. 53) bestimmt werden kann.

III. Mikroaufschluß nach THURNWALD und BENEDETTI-PICHLER. *Arbeitsvorschrift zum Aufschluß von Kolbeckit.* 2 bis 5 mg der fein gepulverten Substanz werden im Mikroplatintiegel (1 cm³ Inhalt) mit der 4fachen Menge aus reinstem Bicarbonat hergestellter Soda überschichtet und im bedeckten Tiegel, der schräg gestellt und zur völligen Durchmischung öfters gedreht wird, $^1/_2$ Std. lang geschmolzen. Nach dem Abkühlen spült man an den Deckel gespritzte Teile der Schmelze mit 0,5 cm³ Wasser in den Tiegel und läßt diesen unter einer Glasglocke neben einer offenen Schale mit konzentrierter Salpetersäure über Nacht stehen. Dann versetzt man tropfenweise mit 30%iger Salpetersäure bis zum Aufhören der Kohlensäureentwicklung, dampft die Lösung ein, trocknet $^1/_2$ Std. lang bei 110°, versetzt wieder mit 0,25 cm³ 30%iger Salpetersäure, verdünnt nach 5 Min. mit heißem Wasser, dampft wieder zur Trockne ein und wiederholt das Abdampfen mit Salpetersäure nochmals in gleicher Weise. Nach Lösung in verdünnter Salpetersäure filtriert man auf dem Wasserbad die Kieselsäure auf ein Filterstäbchen ab, das man sich durch Einführen eines, aus aschefreiem Filtrierpapier gedrehten Filterröllchens in ein Glasfilterstäbchen herstellt (SCHWARZ v. BERGKAMPF). Man wäscht mit 1 bis 2 cm³ heißem Wasser aus, trocknet das Filterstäbchen bei 120° und verascht und glüht das nun leicht herausnehmbare Filterröllchen bis zur Gewichtskonstanz. Die gewogene Kieselsäure wird mit Salpeter- und Flußsäure abgeraucht und ein etwaiger Rückstand geglüht und gewogen. Kieselsäure wird aus der Differenz der beiden Wägungen bestimmt. Der in Salpetersäure gelöste Rückstand wird zusammen mit dem Filtrat und dem Waschwasser der Kieselsäure zur Trockne eingedampft und wieder in 0,3 cm³ 1%iger Salpetersäure gelöst.

2. Abtrennung und Bestimmung von Beryllium.

In der nach dem Aufschluß mit Natriumfluorosilicat (s. S. 114, II) erhaltenen Lösung von Natriumfluoroberyllat kann Beryllium durch colorimetrische Titration mit Chinalizarin (S. 53) oder maßanalytisch (s. S. 116, III) ohne vorangegangene Trennungen bestimmt werden, wenn außer Aluminium und Eisen keine weiteren Metalle anwesend sind. Zur gravimetrischen Bestimmung muß die Lösung erst eingedampft und mit Schwefel- und Flußsäure abgeraucht werden. Die Bestimmung des Berylliums wird dann in gleicher Weise wie in den nach anderen Aufschlußverfahren erhaltenen Lösungen ausgeführt.

In der kieselsäurefreien, am besten salzsauren, erwärmten Lösung werden zunächst etwa anwesende *Metalle der Schwefelwasserstoffgruppe* sowie aus dem Aufschlußtiegel stammendes Platin mit Schwefelwasserstoff gefällt. In dem durch Kochen von Schwefelwasserstoff befreiten Filtrat der Sulfide wird bei Anwesenheit von *Phosphorsäure* diese mit Ammoniummolybdat abgeschieden. Das überschüssige Molybdän braucht nicht als Sulfid entfernt zu werden (NASARENKO), da bei der anschließenden, wiederholten Fällung der Hydroxyde von Beryllium, Aluminium, Eisen (nach Oxydation mit Wasserstoffperoxyd) und weiterer, etwa anwesender Metalle (Cr, Ti, U usw.) mit Ammoniak Molybdän in Lösung bleibt und so von Beryllium getrennt wird (S. 22). Die Fällung mit Ammoniak ist auch bei Abwesenheit von Molybdän zur möglichst vollständigen Trennung von Alkali- und Erdalkalimetallen mehrmals zu wiederholen (ROEBLING und TROMNAU). In dem sorgfältig ausgewaschenen Niederschlag der Hydroxyde wird je nach dessen qualitativer und quantitativer Zusammensetzung Beryllium nach den in § 8 bis § 10 beschriebenen Methoden von anderen Metallen getrennt und bestimmt. In der Regel braucht man hierbei nur auf Aluminium und Eisen Rücksicht zu nehmen. Bei Anwesenheit anderer, gegenüber Beryllium in geringen Mengen vorhandener Metalle werden diese, soweit sie zusammen mit Beryllium gefällt werden, nach Lösung des gewogenen „Roh"berylliumoxyds durch Abrauchen mit Schwefel- und Flußsäure bestimmt und als Oxyde von diesem in Abzug gebracht [FRESENIUS und FROMMES (a); HILLS]. Zur Bestimmung neben Aluminium und Eisen bzw. zur Trennung von diesen Metallen eignen sich vor allem die im folgenden aufgeführten Methoden.

I. Bestimmung bei vergleichbarem Gehalt an Beryllium und Aluminium neben nur geringen Eisenmengen (Analyse von Beryll.). a) Die colorimetrische Titration mit Chinalizarin kann nach Auflösung der Hydroxyde in Salzsäure angewendet werden (S. 52). Für schiedsanalytische Bestimmungen reicht die Genauigkeit dieser Schnellmethode nicht aus [FISCHER (d)].

b) Die Trennung mit Oxin (S. 63) ist zur möglichst genauen gravimetrischen Bestimmung des Berylliums anzuwenden. Das im Filtrat von Aluminium und Eisen mit Ammoniak gefällte Berylliumhydroxyd enthält meist etwas Kieselsäure (bis 3 mg) und muß daher mit Schwefel- und Flußsäure abgeraucht werden. Bei der Analyse künstlicher Gemische mit 12,10% Berylliumoxyd erhielten FISCHER und LEOPOLDI im Mittel 12,06%, die Abweichungen der einzelnen Bestimmungen vom theoretischen Wert waren nicht größer als $\pm$ 0,2%.

c) Zur Mikrotrennung ist das Oxinverfahren ebenfalls geeignet. In der nach S. 114, Bem. III erhaltenen salpetersauren Lösung wird zunächst Phosphorsäure mit Ammoniummolybdat gefällt und in dem von überschüssigem Molybdän befreiten Filtrat (S. 111) Aluminium mit Oxin gefällt (S. 65). Im Filtrat des Aluminiums wird Beryllium nach S. 34 als Sulfat bestimmt. Im Filtrat des Berylliums kann man Calcium als Oxalat und anschließend Magnesium als Ammoniummagnesiumphosphat fällen.

THURNWALD und BENEDETTI-PICHLER bestimmten in der angegebenen Weise in künstlichen Gemischen (2 mg SiO_2, 1 bis 1,6 mg P_2O_5, 0,17 bis 0,37 mg Al_2O_3, 0,37 bis 0,74 mg BeO sowie 0,39 bis 0,77 mg MgO) Beryllium mit einer Genauigkeit von mindestens ± 0,7 % des theoretischen Wertes. Auch für die übrigen Elemente war der Fehler kleiner als ± 1 %. Das Verfahren wurde zur Analyse eines Kolbeckits mit 8,74% Berylliumoxyd benutzt.

d) Bei Anwendung der Äther-Salzsäure-Methode [S. 70, Bem. III, FISCHER (d), MACHATSCHKI] oder der Sodaschmelze (S. 67, HILLS, Verfahren der *Beryllium Developing Corporation of Cleveland*, Ohio) werden nur Aluminium bzw. Aluminium, Chrom, Vanadin, Wolfram, Kieselsäure und Phosphorsäure von Beryllium getrennt. In der nach Vertreiben des Äthers bzw. nach Abrauchen des Rückstandes der Sodaschmelze mit Schwefelsäure erhaltenen, aluminiumfreien Lösung fällt man Beryllium und Eisen gemeinsam als Hydroxyde und bestimmt die Summe der Oxyde. Nach Auflösung des Oxydgemisches durch Abrauchen mit Schwefelsäure oder Schmelzen mit Kaliumpyrosulfat bzw. in einer zweiten Probe wird Eisen maßanalytisch bestimmt und Beryllium aus den beiden Bestimmungen ermittelt. Diese Methoden sind als indirekte Verfahren nur zur Bestimmung des Berylliums für technische Zwecke in Gegenwart kleiner Eisenmengen brauchbar (HILLS).

II. Bestimmung bei geringem Berylliumgehalt gegenüber einem Überschuß von Aluminium. a) Die colorimetrische Titration mit Chinalizarin ist besonders zur Bestimmung des Berylliumgehaltes berylliumarmer Gesteine (z. B. Pegmatit, Turmalin) geeignet. Die Bestimmung wird nach S. 52 ausgeführt.

b) Zur gravimetrischen Bestimmung muß man von Einwagen bis zu 10 g ausgehen. Die gemeinsam gefällten Hydroxyde löst man in Salzsäure, trennt die Hauptmenge des Aluminiums mit Äther-Salzsäure nach S. 69 ab, fällt das noch in Lösung verbliebene Aluminium sowie Eisen mit Oxin (S. 63) und bestimmt im Filtrat dieser Metalle Beryllium nach S. 20 als Oxyd.

In künstlichen Gemischen aus Kieselsäure, Aluminium-, Eisen- und Berylliumoxyd, entsprechend natürlichen Gesteinen mit 0,12 bzw. 1,21% Berylliumoxyd erhielten FISCHER und LEOPOLDI 0,10 ± 0,02 bzw. 1,19 ± 0,04% Berylliumoxyd, also sehr befriedigende Ergebnisse. DITTLER und KIRNBAUER verfahren bei der Analyse berylliumarmer Gesteine in gleicher Weise.

III. Maßanalytische Bestimmung nach Aufschluß mit Natriumfluorosilicat sowie in fluoridhaltigen technischen Produkten. Die Lösung des Sinterungsprodukts in Wasser (S. 114) wird in einen Meßkolben gebracht, bis zur Marke aufgefüllt und durch ein trockenes Filter in ein trockenes Gefäß filtriert; in aliquoten Teilen der Lösung wird Beryllium maßanalytisch nach S. 43 bestimmt. In entsprechender Weise verfährt man auch bei der Bestimmung des Berylliums in beim technischen Aufschluß mit Natriumfluorosilicat erhaltenen Sinterungsprodukten, in Elektrolytschmelzen mit Alkali- oder Erdalkalifluoriden sowie in Berylliumoxyfluorid enthaltenden Produkten. Letztere müssen in wenig Salzsäure (1 : 1) gelöst werden, da sich basische Berylliumsalze nicht maßanalytisch bestimmen lassen.

Die Bestimmung des Berylliums allein aus der Titration mit Natronlauge gegen Phenolphthalein setzt neutrale Lösungen, die praktisch keine Fluorosilicate enthalten, voraus. Diese Bedingung soll beim Auslaugen der durch Sintern mit Natriumfluorosilicat erhaltenen Produkte bei einem Gehalt von 4 bis 5% Beryllium soweit erfüllt sein, daß etwaige Fehler innerhalb der bei Produktionskontrollanalysen zulässigen Fehlergrenzen liegen (ZWENIGORODSKAJA und GAIGEROWA). Da beim Auslaugen der Sinterungsprodukte mit Wasser nur Spuren Aluminium und Eisen in Lösung gehen (vgl. S. 114, II), ist der durch diese bedingte Fehler nur gering und infolge des gegenüber Aluminium und Eisen niedrigen Molekulargewichtes des Berylliums viel kleiner als bei der gravimetrischen Bestimmung als Oxyd.

In sauren oder Fluorosilicate enthaltenden Lösungen wird Beryllium aus der Differenz der Titrationen mit Natronlauge gegen Methylorange und gegen Phenolphthalein bestimmt. Die Genauigkeit der so vorgenommenen maßanalytischen Bestimmung des Berylliums in fluoridhaltigen Produkten (6,6 bis 48% BeO) beträgt etwa $\pm$ 5% des theoretischen Wertes, im Durchschnitt werden etwa 0,03% zu niedrige Resultate gefunden (TSCHERNICHOW und GULDINA). Die maßanalytische Bestimmung ist besonders für Zwecke der Betriebskontrolle geeignet.

B. Bestimmung in Legierungen.

1. Auflösung des Untersuchungsmaterials.

I. Legierungen mit Eisen werden in Salzsäure, gegebenenfalls unter Zusatz konzentrierter Salpetersäure, *hochlegierte Stähle* in Gemischen aus konzentrierter Salzsäure und konzentrierter Salpetersäure gelöst und nach Verdünnung mit Wasser von einem ungelöst bleibenden Rückstand (R 1) abfiltriert. Im Filtrat scheidet man durch mehrmaliges Eindampfen mit Salzsäure Kieselsäure ab und filtriert nach Aufnahme des Trockenrückstandes in verdünnter Salzsäure ab (R 2). Bei hochlegierten Stählen oder hohem Siliciumgehalt besteht der Rückstand nicht aus reiner Kieselsäure und kann auch — besonders bei hohen Berylliumgehalten, wie in Ferroberyllium — Beryllium in merklichen Mengen enthalten.

Rückstand R 1 enthält neben Kieselsäure bei der Auflösung *Wolfram* enthaltender Stähle dieses quantitativ als Wolframsäure. Beim Behandeln mit 1 n Natronlauge geht Wolframsäure vollständig in Lösung. Der noch verbleibende abfiltrierte Rückstand (bei Abwesenheit von Wolfram der Rückstand R 1) wird ebenso wie der Rückstand R 2 mit Schwefel- und Flußsäure abgeraucht. Ein nach dem Abrauchen verbleibender Rückstand wird mit Soda und Salpeter oder mit Natriumperoxyd geschmolzen und die salzsaure, filtrierte Lösung der Schmelze mit der kieselsäurefreien, am besten bereits durch Ausäthern vom größten Teil des Eisens befreiten Hauptlösung vereinigt [FRESENIUS und FROMMES (a); FISCHER und LEOPOLDI].

Soll Eisen durch elektrolytische Abscheidung von Beryllium getrennt werden, so kann zur Vermeidung der Überführung der salzsauren in schwefelsaure Lösung die Probe gleich in Schwefelsäure (1 : 1) unter Zusatz von 30%igem Wasserstoffperoxyd gelöst werden. Durch Eindampfen bis zum Auftreten dichter Schwefelsäuredämpfe wird Kieselsäure abgeschieden und nach Verdünnen der Lösung abfiltriert (MONJAKOWA und JANOWSKI).

II. Legierungen mit anderen Metallen werden in Salzsäure, gegebenenfalls unter Zusatz von 30%igem Wasserstoffperoxyd gelöst. Die Lösung wird durch wiederholtes Eindampfen mit Salzsäure oder Abrauchen mit Schwefelsäure in bekannter Weise von Kieselsäure befreit.

2. Abtrennung und Bestimmung von Beryllium in Legierungen mit Eisen.

I. Legierungen mit hohem Berylliumgehalt (Ferroberyllium). Zur Bestimmung des Berylliums in hochprozentigen Legierungen (Ferroberyllium) wird Eisen zusammen mit etwa anwesenden geringen Mengen Aluminium durch Fällung mit Oxin von Beryllium getrennt [FISCHER (c)]. Man geht von 0,5 g Einwage aus und führt die Trennung nach S. 63 in einem aliquoten Teil der erhaltenen Lösung aus. Ist die Legierung frei von Aluminium, so setzt man vor der Fällung des Eisens 0,2 bis 0,5 g Oxalsäure zu (vgl. S. 82).

In *aluminiumfreiem Ferroberyllium* kann Beryllium weniger genau indirekt bestimmt werden. Man fällt Eisen und Beryllium gemeinsam mit Ammoniak, wägt die Summe der Oxyde, bestimmt Eisen in einer zweiten Probe maßanalytisch und Beryllium aus der Differenz der beiden Bestimmungen. ECKSTEIN erhielt so für beide Metalle im Durchschnitt um 0,3 bis 0,4% zu hohe Werte.

II. Legierungen mit geringem Berylliumgehalt. Die technisch wichtigen, mit Beryllium legierten Stähle enthalten meist nur wenige Prozente Beryllium, so daß eine Abtrennung des großen Überschusses von Eisen vor der Anwendung weiterer Trennungsoperationen notwendig ist. Hierzu sind das Ausätherungsverfahren

(S. 85) sowie die elektrolytische Abscheidung des Eisens an einer Quecksilberkathode geeignet (S. 86). Beim Ausäthern des Eisens werden auch Molybdän und Phosphorsäure zum größten Teil von Beryllium getrennt. Die elektrolytische Abscheidung ist besonders zur Berylliumbestimmung in Spezialstählen geeignet, die als weitere Legierungsbestandteile Kupfer, Molybdän, Nickel, Kobalt oder Chrom enthalten, da diese Metalle zusammen mit Eisen abgeschieden und von Beryllium getrennt werden. Nach der Elektrolyse kann daher die Bestimmung des Berylliums wie in von diesen Metallen freien Legierungen erfolgen. Aluminium, Titan und Vanadin werden dagegen wie Beryllium nicht elektrolytisch abgeschieden (PETERS).

In der nach einem dieser Verfahren von Eisen annähernd befreiten Lösung wird die Abtrennung von anderen Legierungsbestandteilen und die Bestimmung des Berylliums zweckmäßig auf folgendem Wege vorgenommen:

a) Legierungen, die gegenüber Beryllium nur geringfügige Mengen anderer Metalle enthalten. Beryllium kann neben den geringen Spuren Eisen, die noch in der Lösung sind, durch *colorimetrische Titration mit Chinalizarin* bestimmt werden (S. 52). Die Lösung darf aber neben Beryllium und wenig Eisen nur noch Aluminium enthalten. Zur Bestimmung des Berylliums in Chrom-Nickel-Stählen ist die Methode nicht geeignet [FISCHER (c)], falls diese Metalle nicht vorher elektrolytisch abgeschieden worden sind. Die Genauigkeit der Bestimmung reicht für schiedsanalytische Zwecke nicht aus.

In *aluminiumfreien* Stählen kann Beryllium direkt durch wiederholte Fällung mit Ammoniak abgeschieden und nach S. 81, 4 als Oxyd bestimmt werden.

Bei auch *Aluminium enthaltenden* Stählen wird dieses durch Fällung mit Oxin (S. 63) abgeschieden, wobei auch die noch vorhandenen Spuren Eisen sowie Kupfer, Nickel, Kobalt, Titan quantitativ und Vanadin größtenteils mitgefällt werden.

Enthält die Legierung geringe Mengen anderer Metalle, die weder durch Fällung mit Ammoniak noch durch Trennung mit Oxin von Beryllium vollständig getrennt werden, so ist das mit Ammoniak direkt oder im Filtrat des Oxinniederschlages gefällte Berylliumoxyd auf Verunreinigungen durch diese Metalle, vor allem durch Mangan, nach Auflösung durch teilweises Abrauchen mit Schwefel- und Flußsäure zu prüfen. Die Verunreinigungen werden gegebenenfalls bestimmt und als Oxyde von der Auswage an „Roh"berylliumoxyd in Abzug gebracht [FISCHER (c)]. Dieses Verfahren führt nur dann zu brauchbaren Ergebnissen, wenn die Legierung andere Metalle nur in gegenüber Beryllium geringfügiger Menge enthält oder diese durch Elektrolyse bzw. durch Fällung mit Oxin abgeschieden worden sind.

b) Legierungen, die neben Beryllium noch andere Metalle enthalten. Bei sehr hohem Gehalt an *Mangan* kann dieses zunächst nach Oxydation mit Chlorat oder Persulfat als ManganIV-oxydhydrat abgeschieden werden (S. 103). Ebenso wird bei hohem Gehalt an *Molybdän* (über 2%) dieses als Sulfid aus saurer Lösung gefällt [FRESENIUS und FROMMES (a)].

Nach der so erfolgten Abtrennung der Hauptmenge des Mangans bzw. des Molybdäns bei sehr hohem Gehalt werden durch wiederholte Fällung mit Ammoniak die nicht mit Ammoniak fällbaren Metalle (Cu, Mo, V, Ni, Mn) weitgehend von Beryllium getrennt (S. 21). Bei hohen Mangangehalten und zur Abtrennung des Chroms in Chromstählen führt man die salzsaure Lösung erst durch Abrauchen mit Schwefelsäure in schwefelsaure Lösung über, verdünnt mit Wasser und fällt nach Oxydation mit Ammoniumpersulfat unter Zusatz von Silbernitrat (S. 21) mit Ammoniak. Auch bei Wiederholung der Oxydation mit Ammoniumpersulfat und Fällung mit Ammoniak bleiben noch geringe Spuren Mangan beim Beryllium. Der mit heißer, schwach ammoniakalischer, verdünnter Ammoniumnitratlösung ausgewaschene Niederschlag wird in verdünnter Salzsäure gelöst.

Die Lösung kann neben Beryllium und Spuren von Eisen von anderen Legierungsbestandteilen vor allem noch Aluminium, Chrom (falls dieses nicht mit Persulfat zu Chromat oxydiert wurde), Titan, teilweise Kobalt und Phosphorsäure sowie Spuren von Vanadin und Mangan enthalten. Die Wahl eines der im folgenden vorgeschlagenen Trennungsverfahren richtet sich danach, ob und in welcher Konzentration diese noch nicht oder bisher nur unvollständig abgetrennten Metalle in der zu untersuchenden Legierung vorhanden sind.

Durch Fällung mit Oxin (S. 63 und 94) werden Eisen, Aluminium, Kupfer, Nickel, Kobalt und Titan vollständig, Vanadin größtenteils von Beryllium getrennt. Nach Abtrennung von Chrom durch Oxydation zu Chromat (s. oben) eignet sich das Oxinverfahren auch zur Bestimmung des Berylliums in berylliumhaltigen Chrom-Nickel-Stählen (FISCHER und LEOPOLDI).

Nach der Tanninmethode (S. 82; 95) werden Eisen, Aluminium, Chrom, Titan und Vanadin nach einmaliger Wiederholung der Fällung vollständig von Beryllium getrennt. Trotz vorangegangener mehrmaliger Fällung mit Ammoniak etwa nicht quantitativ abgetrenntes Mangan und Nickel bleiben dagegen in Lösung und werden bei der Fällung des Berylliums nach S. 23 zusammen mit diesem gefällt. Das erhaltene Berylliumoxyd ist daher auf Verunreinigungen durch diese Metalle zu prüfen. Bei großen Mangan- oder Nickelgehalten ist die Tanninmethode nicht zu empfehlen.

Die Ammoniumsulfidmethode (S. 83; 94) eignet sich zur Berylliumbestimmung in mit Kupfer, Nickel, Kobalt und Mangan legierten, aluminiumfreien Berylliumstählen.

Die Trennung mit Kaliumhydroxyd nach ECKSTEIN (S. 89 und 99) ist besonders zur Untersuchung von Berylliumstählen mit hohem Mangangehalt geeignet. Auch Kupfer, Nickel, Kobalt und Titan werden mit Eisen und Mangan gefällt und von Beryllium abgetrennt. Bei größeren Gehalten an Mangan oder auch Nickel ist die Fällung mit Kaliumhydroxyd zu wiederholen [FRESENIUS und FROMMES (a)].

Die Trennung mit Kaliumhydroxyd ohne vorhergehende Ausätherung der Hauptmenge des Eisens (ECKSTEIN) ist nicht zu empfehlen, da der voluminöse Niederschlag der großen Mengen Eisenhydroxyd leicht Beryllium adsorbiert und so bei geringen Berylliumgehalten beträchtliche Fehler entstehen können [FRESENIUS und FROMMES (a)].

Mit Natriumacetat (S. 89) werden Eisen und Chrom quantitativ als basische Acetate gefällt, auch Phosphorsäure wird vollständig mit diesen Metallen abgeschieden. Dagegen wird Aluminium nur teilweise mitgefällt. Die Methode ist hauptsächlich zur Untersuchung von Chromstählen mit nicht zu geringem Berylliumgehalt geeignet (ECKSTEIN). Bei aluminiumhaltigen Chrom-Nickel-Stählen werden Aluminium und Nickel anschließend mit Oxin gefällt [FRESENIUS und FROMMES (b)].

Ohne vorheriges Ausäthern der Hauptmenge des Eisens ist die Acetattrennung (SPINDECK) nicht zu empfehlen (S. 90, Bem. II).

Das im Filtrat der so abgetrennten Legierungsbestandteile nach S. 20 oder 23 gefällte Beryllium kann je nach dem angewendeten Trennungsverfahren noch Spuren von Verunreinigungen, vor allem Mangan, Vanadin, Kiesel- und Phosphorsäure enthalten. Bei sehr geringen Berylliumgehalten fallen diese Verunreinigungen, die meist nur einige Hundertstelprozent der Ausgangssubstanz betragen, bereits ins Gewicht und müssen dann nach Lösen des gewogenen „Roh"berylliumoxyds durch vorsichtiges Abrauchen mit Schwefel- und Flußsäure bestimmt und als Oxyde von der Auswage in Abzug gebracht werden (Mn: S. 104; V: S. 102; SiO_2: S. 16; P_2O_5: S. 111).

Bemerkungen. In der angegebenen Weise werden nach den beschriebenen Analysenverfahren befriedigende Werte für Beryllium erhalten. So fanden FISCHER und LEOPOLDI bei der Analyse von Gemischen, deren Zusammensetzung Chrom-

Nickel-Stählen mit 0,475 bzw. 1,43% Beryllium entsprach, nach der Oxintrennung bei 1 g Einwage für Beryllium Werte, deren Abweichung nicht größer als ± 2,5%, im Mittel aus je 4 Bestimmungen ± 1% des theoretischen Wertes war. Ebenso genaue Resultate erhielten FRESENIUS und FROMMES (a) bei vergleichenden Analysen eines Wolfram, Molybdän, Vanadin, Kupfer, Nickel, Mangan und Chrom enthaltenden Stahles mit 0,96% Beryllium nach allen angeführten Trennungsmethoden.

3. Abtrennung und Bestimmung von Beryllium in Legierungen mit Aluminium.

I. Legierungen mit hohem Berylliumgehalt. Zur Bestimmung des Berylliums in hochprozentigen Legierungen mit Aluminium kann die *Trennung mit Oxin* [S. 63, FISCHER (c)] oder auch mit *Äther-Salzsäure* (S. 70, Bem. III, KROLL) herangezogen werden. Die nach der letzteren Trennungsmethode bei Beryllium verbleibenden Spuren Aluminium fallen bei genügend großen Berylliumgehalten nicht ins Gewicht und werden nicht abgetrennt (KROLL). Bei kleinen *Eisengehalten* wird Eisen mit Beryllium ausgefällt, das dann indirekt nach S. 81 bestimmt wird.

Die von PACHE zur Analyse von Beryllium-Aluminium-Legierungen vorgeschlagene Trennung mit Alkalihydroxyd, bei der neben Aluminium auch Zink von Beryllium getrennt wird, ist unzuverlässig (vgl. S. 71).

II. Legierungen mit geringem Berylliumgehalt. Neben den sinngemäß anwendbaren Methoden zur Bestimmung des Berylliums in berylliumarmen Mineralien (S. 116) schlagen CHURCHILL, BRIDGES und LEE folgendes Verfahren vor:

Bestimmung nach CHURCHILL, BRIDGES und LEE. Je nach der Höhe des Berylliumgehaltes geht man von Einwagen von 0,5 bis 5 g aus. Man trennt nach Auflösung der Probe in Salzsäure zunächst anwesende Schwermetalle als Sulfide ab und engt das zur Vertreibung von Schwefelwasserstoff zum Sieden erhitzte Filtrat bis zur beginnenden Abscheidung von Krystallen ein. Dann wird die Hauptmenge des Aluminiums mit Äther-Salzsäure nach S. 70, III, b abgetrennt. Bei größeren Einwagen muß die Trennung wiederholt werden. Die annähernd aluminiumfreie Lösung wird mit 5 cm^3 Schwefelsäure (1 : 3) bis zum Auftreten von Schwefelsäuredämpfen eingedampft, mit Wasser verdünnt und von abgeschiedener Kieselsäure abfiltriert. Durch wiederholte Fällung aus siedender, mit Ammoniak gegen Rosolsäure (2 Tropfen einer Lösung von 0,08 g fester Rosolsäure in 100 cm^3 50%igem Alkohol) neutralisierter Lösung (p_H = 6,9 bis 8) werden Beryllium und Aluminium von Magnesium getrennt. Der in Salzsäure gelöste Niederschlag der Hydroxyde wird der Oxintrennung (S. 63) unterworfen und Beryllium in dem auf 60° erwärmten Filtrat des Oxinniederschlages mit Ammoniak gefällt. Zur Entfernung von Kieselsäure-Verunreinigungen wird das im Platintiegel geglühte Oxyd mit Schwefel- und Flußsäure abgeraucht, geglüht und gewogen.

Bemerkungen. Bei der Analyse von Lösungen reinsten Aluminiums (0,5 bis 5 g), denen wechselnde Mengen Berylliumchlorid, entsprechend Aluminiumlegierungen mit 0,024 bis 10,4% Beryllium, zugesetzt wurden, betrug der Fehler nicht mehr als ± 0,2 mg Beryllium (CHURCHILL, BRIDGES und LEE).

4. Abtrennung und Bestimmung von Beryllium in Legierungen mit anderen Metallen.

I. Bestimmung in Kupfer-, Nickel- und Zinklegierungen. a) Die Schnellbestimmung durch colorimetrische Titration mit Chinalizarin nach FISCHER (a, b, d) ist zur schnellen Ermittlung des Berylliumgehaltes von Legierungen mit Kupfer, Nickel oder Zink besonders geeignet. Man nimmt die zur Trockne eingedampfte, salzsaure Lösung der Legierung (bei etwa 2% Berylliumgehalt: Einwage 0,5 g) mit Wasser auf und verfährt nach S. 53. Die Genauigkeit der so durchgeführten Bestimmungen beträgt etwa ± 5%.

b) Gravimetrisch kann Beryllium durch *wiederholte Fällung mit Ammoniak* aus der salzsauren Lösung der Legierungen mit Kupfer, Nickel und Zink bestimmt werden, wenn man soviel Ammoniak zugibt, daß diese Metalle als Tetrammin-Komplexverbindungen in Lösung gehen können. Die Trennung soll bei der Analyse binärer Kupferlegierungen bereits nach einmaliger Wiederholung der Fällung quantitativ sein (GADEAU), bei binären Nickellegierungen wird die Fällung so oft wiederholt, daß das nach Zugabe von Ammoniumnitrat in der Kälte gefällte Berylliumhydroxyd (S. 19) frei von zunächst mitgerissenem Nickel ist [FISCHER (c)].

Die Trennung mit Oxin (S. 94) schlägt NIESSNER zur Bestimmung des Berylliums in binären Legierungen mit Kupfer vor.

Die elektrolytische Abscheidung des Kupfers ist die einfachste und zuverlässigste Trennungsmethode besonders in Legierungen mit geringem Berylliumgehalt, z. B. in mit Beryllium desoxydiertem Kupfer [FISCHER (c)]. Kupfer wird aus der Lösung der Legierung (bei sehr geringem Berylliumgehalt: Einwage bis 10 g) in Salpetersäure (1 : 3) elektrolytisch abgeschieden und in der kupferfreien Lösung Beryllium als Oxyd (§ 1) oder bei sehr kleinen Berylliumgehalten (unter 0,1%) durch colorimetrische Titration mit Chinalizarin (S. 50) bestimmt.

II. Bestimmung in Berylliumbronzen. Zur Bestimmung von Beryllium, Aluminium und Phosphorsäure in Bronzen scheiden GERKE und LJUBOMIRSKAJA die Schwermetalle elektrolytisch an einer Quecksilberkathode ab (vgl. S. 100). In der so von diesen Metallen befreiten Lösung können Phosphorsäure und Aluminium wie bei der Untersuchung von Mineralien (S. 115) von Beryllium getrennt werden.

Zur *Bestimmung in Legierungen mit anderen Metallen* verfährt man nach den zur Trennung von diesen angegebenen Methoden (§ 10).

Literatur.

CHURCHILL, H. V., R. W. BRIDGES u. M. F. LEE: Ind. eng. Chem. Anal. Edit. **2**, 405 (1930).

DITTLER, E. u. F. KIRNBAUER: Z. pr. Geol. **39**, 49 (1931).

ECKSTEIN, H.: Fr. **87**, 268 (1932).

FISCHER, H.: (a) Fr. **73**, 54 (1928); (b) Wiss. Veröffentl. Siemens-Konzern 8, Heft 1, 9 (1929); (c) „Ausgewählte Methoden" des *Chemiker-Fachausschusses der Gesellschaft Deutscher Metallhütten- und Bergleute*, 2. Aufl., S. 47. Berlin 1931; (d) BERL-LUNGE, Bd. 2, S. 1096. Berlin 1932. — FISCHER, H. u. G. LEOPOLDI: Wiss. Veröffentl. Siemens-Konzern **10**, Heft 2, 1 (1931). — FRESENIUS, L. u. M. FROMMES: (a) Fr. **87**, 273 (1932); (b) **93**, 275 (1933).

GADEAU, R.: Chim. Ind. 17. Congr. Paris II, 702 (1937). — GERKE, F. K. u. N. W. LJUBOMIRSKAJA: Betriebslab. **6**, 746 (1937); durch C. **109 II**, 1093 (1938).

HILLS, F. G.: Ind. eng. Chem. Anal. Edit. **4**, 31 (1932).

KROLL, W.: Met. Erz **23**, 590 (1926).

MACHATSCHKI, F.: Z. Kryst. **63**, 457 (1926). — MONJAKOWA, L. N. u. S. JANOWSKI: Betriebslab. **4**, 294 (1935).

NASARENKO, W. A.: Betriebslab. **4**, 296 (1935). — NIESSNER, M.: Fr. **76**, 135 (1929).

PACHE, E.: Ch. Z. **61**, 880 (1937). — PETERS, Fr. P.: Chemist-Analyst **24**, Nr. 4, 4 (1935).

ROEBLING, W. u. H. W. TROMNAU: Zbl. Min., Geol. Paläont. Abt. A **1935**, 134.

SCHWARZ V. BERGKAMPF, E.: Mikrochemie, EMICH-Festschr., S. 268. 1930. — SPINDECK, F.: Ch. Z. **54**, 221 (1930). — STOLBA, FR.: Chem. histy **13**, 117 (1889); durch C. **60 I**, 297 (1889).

THURNWALD, H. u. A. BENEDETTI-PICHLER: Mikrochemie **11**, 200 (1932). — TSCHERNICHOW, J. A. u. E. J. GULDINA: Fr. **101**, 406 (1935).

ZWENIGORODSKAJA, V. M. u. A. A. GAIGEROWA: Fr. **97**, 327 (1934).

Magnesium.

Mg, Atomgewicht 24,32, Ordnungszahl 12.

Von **F. Busch**, Merkers, **G. Siebel**, Bitterfeld, **C. Tanne**, Hamburg und **B. Wandrowsky**, Berlin.

Mit 3 Abbildungen.

Inhaltsübersicht.

Seite

Bestimmungsmöglichkeiten (Tanne) . . . 126
Eignung der wichtigsten Verfahren (Wandrowsky) . . . 128
Vorbereitung des Untersuchungsmaterials (Wandrowsky) . . . 129
Bestimmungs- und Fällungsmethoden . . . 131

§ 1. Bestimmung als Magnesiumsulfat (Tanne) . . . 131
Allgemeines . . . 131
Eigenschaften des Magnesiumsulfats . . . 131
Ausführung der Bestimmung . . . 131
Arbeitsweise in besonderen Fällen . . . 132
Literatur . . . 133

§ 2. Bestimmung des Magnesiums unter Abscheidung als Hydroxyd, Carbonat oder Oxalat (Tanne) . . . 133
Eigenschaften des Magnesiumoxyds . . . 133
Prüfung der Auswage auf Reinheit . . . 133
A. Gravimetrische Verfahren . . . 133
1. Fällung als Magnesiumhydroxyd . . . 133
I. Mit Alkalilauge . . . 134
II. Mit organischen Basen . . . 134
III. Mit Quecksilberoxyd . . . 134
2. Fällung als Magnesiumoxalat . . . 134
Arbeitsvorschrift . . . 134
Bemerkungen . . . 135
I. Genauigkeit . . . 135
II. Störung durch fremde Stoffe . . . 135
III. Sonstige Vorschriften . . . 135
3. Fällung als Magnesiumammoniumcarbonat . . . 135
Arbeitsvorschrift I . . . 135
Arbeitsvorschrift II (Schnellmethode von Schaffgotsch) . . . 135
Bereitung des Fällungsreagenses . . . 136
Störende Stoffe . . . 136
Genauigkeit . . . 136
Literatur . . . 136
B. Maßanalytische Verfahren . . . 136
1. Acidimetrische Titration . . . 136
a) Direkte Titration . . . 136
b) Nach Lescoeur . . . 137
2. Alkalimetrische Titration . . . 137
a) Nach Precht . . . 137
b) Nach Willstätter . . . 138
c) Mit Bariumhydroxyd nach Kolthoff . . . 138
d) Mit Calciumhydroxyd . . . 138
Bemerkungen . . . 138
I. Genauigkeit . . . 138
II. Besondere Vorschriften und Wahl der Indicatoren . . . 139

Seite
3. Oxydimetrische Bestimmung des Magnesiumoxalats 139
4. Elektrometrische Methoden 139
C. Nephelometrische Bestimmung 140
Literatur 140

§ 3. Bestimmung durch Abscheidung als Magnesiumammoniumphosphat (TANNE) 141
Allgemeines: Eigenschaften des Magnesiumammoniumphosphats 141
A. Arbeitsvorschriften für die Fällung des Magnesiumammoniumphosphats . 143
1. Aus kalten Lösungen 143
a) Alte Methode von R. FRESENIUS 143
b) Methode von NEUBAUER 143
c) Methode von RAFFA 144
d) Methode von LINDT 144
2. Aus heißen Lösungen 144
a) Methode von SCHMITZ 145
b) Methode von GIBBS 145
c) Methode von NJEGOVAN und MARJANOVIĆ 145
d) Methode von HAHN-VIEWEG-MEYER 146
e) Besondere Vorschriften nach WINKLER und BROCKMANN . . . 146
B. Mengenbestimmung des gefällten Niederschlages 147
1. Gewichtsanalytische Bestimmung 147
a) Wägungsform $MgNH_4PO_4 \cdot 6\,H_2O$ 147
Arbeitsvorschriften 147
b) Wägungsform $Mg_2P_2O_7$ 147
Arbeitsvorschriften 148
Bemerkungen 148
I. Glühbedingungen 148
II. Verschiedene Fehlerquellen 148
c) Indirekte Wägungsformen 149
2. Maßanalytische Bestimmung 149
a) Titration mittels Säure 149
Arbeitsvorschriften 149
b) Titration mittels Uranylacetat 150
Arbeitsvorschriften 150
1. Nach SPRINGER 150
2. Nach CANALS 150
3. Nach REPITON 151
c) Jodometrische Bestimmung nach CHRISTENSEN 151
3. Colorimetrische Bestimmung 151
Allgemeines 151
Arbeitsvorschriften 152
I. Gelbfärbung bei Zusatz von Molybdänsäure 152
a) Verfahren von SCHREINER-FERRIS 152
b) Verfahren von POUGET und CHOUCHAK 153
Bereitung und Empfindlichkeit der Reagenslösung . . 153
Bemerkungen 153
II. Blaufärbung bei Reduktion des Molybdänsäurezusatzes . . . 153
a) Reduktion durch Zinnchlorür nach TISCHER 154
b) Reduktion mittels Hydrochinon 156
α) Methode von BELL-DOISY 156
β) Methode von URBANEK 157
III. Verminderung der Farbintensität einer Eisen(III)-rhodanidlösung 157
IV. Mit NESSLERS Reagens 158
4. Eudiometrische Bestimmung 158
5. Refraktometrische Bestimmung 159
6. Nephelometrische Bestimmung 160
7. Funkenspektroskopische Bestimmung 160
Literatur 160

Seite

§ 4. Bestimmung durch Abscheidung als Magnesiumammoniumarsenat (TANNE) . . . 162
Allgemeines . . . 162
A. Abscheidungsverfahren . . . 162
1. Aus kalten Lösungen . . . 162
a) Methode von DAUBNER . . . 162
b) Methode von DICK und RUDNER . . . 163
c) Schnellmethode von WINKLER . . . 163
2. Aus heißen Lösungen . . . 163
a) Methode von RUPP . . . 163
b) Methode von VALENTIN . . . 164
Bemerkungen . . . 164
B. Mengenbestimmung des gefällten Niederschlages . . . 164
1. Gewichtsanalytische Bestimmung . . . 164
a) Wägungsform $MgNH_4AsO_4 \cdot 6\,H_2O$ . . . 164
α) Methode von DICK und RUDNER . . . 164
β) Halbmikroverfahren . . . 164
γ) Methode von WINKLER . . . 164
b) Wägungsform $Mg_2As_2O_7$ . . . 164
α) Methode von DE KONINCK . . . 165
β) Methode von McNABB . . . 165
γ) Methode von REICHEL . . . 165
δ) Methode von VIRGILI . . . 165
2. Maßanalytische Bestimmung . . . 165
a) Titration mittels Säure . . . 165
b) Titration mit Uranylacetat . . . 165
c) Jodometrische Bestimmung . . . 165
α) Methode von DAUBNER . . . 165
β) Methode von VONDRAK . . . 165
γ) Methode von GOOCH und BROWNING . . . 166
δ) Methode von KLINGENFUSS . . . 166
ε) Methode von ROSENTHALER . . . 167
Literatur . . . 167

§ 5. Bestimmung durch Abscheidung als Magnesium-ortho-Oxychinolat (WANDROWSKY) . . . 167
Allgemeines . . . 167
1. Gravimetrische Verfahren . . . 169
a) Verfahren von BERG bzw. HAHN und VIEWEG . . . 169
Arbeitsvorschrift . . . 169
Bemerkungen . . . 170
I. Einfluß fremder Stoffe . . . 170
II. Genauigkeit . . . 170
III. Abänderungen . . . 171
b) Verbessertes Verfahren von HAHN . . . 171
Literatur . . . 172
2. Maßanalytische Verfahren . . . 172
a) Bromometrische Bestimmung . . . 172
Allgemeines . . . 172
Vorbemerkung . . . 172
I. Bromometrische Bestimmung mittels Indicatoren . . . 173
II. Bromometrische Bestimmung mit physikalischer Endpunktsbestimmung . . . 173
III. Bromometrische Bestimmung mit Rücktitration . . . 174
b) Andere Titrationsverfahren . . . 176
1. Filtrationsmethode . . . 176
2. Resttitrationsmethode . . . 178
3. Acidimetrische Methode . . . 179
4. Oxydimetrische Methode . . . 181
Literatur . . . 182

Seite

3. Mikroanalytische Verfahren 182
Vorbemerkung 182
a) Fällung und Resttitration nach FR. L. HAHN 182
b) Fällung nach GLOMAUD 183
c) Fällung nach BERG und OSTROWSKI 183
d) Fällung und acidimetrische Bestimmung nach DELAVILLE und OLIVE 183
e) Fällung und gewichtsanalytische Bestimmung nach STREBINGER und REIF 183
f) Fällung und oxydimetrische Bestimmung nach HOUGH und FICKLEN 184
Literatur 184

4. Colorimetrische Verfahren 184
a) Verwendung der Farbtiefe der überschüssigen Oxinlösung 184
b) Verwendung der Blaufärbung mit Wolframsäure-Molybdänsäure-phosphat 185
c) Verwendung der Anfärbung durch diazotierte Sulfanilsäure 186
Literatur 187

§ 6. Sonstige Verfahren zur Magnesiumbestimmung (BUSCH) 188
A. Direkte Bestimmungen 188
1. Als Magnesiumfluorid nach NICOLARDOT und DANDURAND 188
2. Als Magnesiumammoniumeisencyanid nach BULLI und FERNANDES . . 188
3. Als Magnesiumorthogermanat nach J. H. MÜLLER 188
4. Als Magnesiumpikrolonat nach BOLLIGER 189
B. Indirekte Bestimmungen 189
1. Durch Sulfatbestimmung (MÖLLER und SCHLEGEL) 189
2. Durch Chloridbestimmung 189
3. Durch Wasserstoffbestimmung 189
Literatur 189
C. Spektralanalytische Verfahren 190
1. Bestimmung mittels Flammenspektrum 190
2. Bestimmung mittels Bogen- oder Funkenspektrum 190
3. Bestimmung mittels Röntgenspektrum 190
Literatur 191

§ 7. Verschiedene physikochemische Verfahren (BUSCH) 191
1. Elektrolytische Bestimmung 191
2. Colorimetrische Bestimmungen 191
a) Mit Titangelb 191
b) Mit 1,2,5,8-Tetraoxyanthrachinon 192
c) Mit Curcumin 193
d) Mit Alkalihypojodit 193
Literatur 193

Trennungsmethoden (BUSCH, WANDROWSKY) 193
Vorbemerkung 193

§ 8. Trennung des Magnesiums von den Alkalimetallen 194
1. Methode von SCHAFFGOTSCH 194
2. Baryt-Methode 194
3. Sulfat-Methoden 194
4. Arsenat-Methode 194

§ 9. Trennung des Magnesiums von den anderen Erdalkalimetallen . . . 195
1. Trennung mittels Oxalsäure 195
2. Direkte Bestimmungsmethoden 195
3. Trennung und Schnellbestimmung in Dolomit und Kalkstein 195
4. Maßanalytische Bestimmung von Mg neben Ca 195
a) Bestimmung von Mg in Kalkstein 195
b) Titration von Ammoniummagnesiumphosphat neben Calciumoxalat . 195
5. Colorimetrische Bestimmung neben Calcium 196
Literatur 196

Seite

§ 10. Sondertrennungen von anderen Metallen und Säuren 196
a) Von Aluminium 196
b) Von Eisen 197
c) Von Beryllium 197
d) Von Phosphorsäure 197
Literatur 197

§ 11. Trennungen mit Oxychinolin (WANDROWSKY) 197
a) Von Lithium 197
b) Von Natrium, Kalium, Rubidium, Caesium und Ammonium 197
c) Von Calcium, Strontium, Baryum 197
d) Von Zink 200
e) Von Kupfer, Zink und Cadmium 200
f) Von Aluminium 200
g) Von Aluminium und Beryllium 201
h) Von Eisen 201
i) Von Eisen, Mangan, Kupfer, Zink und Aluminium 201
k) Von Aluminium, Beryllium, Calcium, Chrom, Cobalt, Eisen, Gold, Mangan, Molybdän, Nickel, Quecksilber, Uran, Wismut und Wolfram 201
l) Von Phosphorsäure und Calcium 201
m) Von Phosphorsäure und Aluminium 202
Literatur 202

§ 12. Chemische Analyse von Magnesium und seinen Legierungen (SIEBEL) 203
A. Reinmagnesium 203
1. Bestimmung von Silicium 203
2. Bestimmung von Kupfer 203
3. Bestimmung von Aluminium und Eisen 203
4. Bestimmung von Mangan 203
B. Magnesiumlegierungen 203
1. Bestimmung von Silicium, Blei und Zinn (gravimetrisch) 203
2. Bestimmung von Kupfer (colorimetrisch und elektrolytisch) 203
3. Bestimmung von Cadmium (gravimetrisch) 203
4. Bestimmung von Mangan (titrimetrisch) 203
5. Bestimmung von Aluminium (gravimetrisch) 203
6. Bestimmung von Zink (gravimetrisch und titrimetrisch) 204
7. Bestimmung von Silber (gravimetrisch) 204
8. Bestimmung von Cer (gravimetrisch) 204
9. Bestimmung von Zirkon (gravimetrisch) 204
10. Bestimmung von Calcium (gravimetrisch) 204
11. Bestimmung von Eisen (colorimetrisch) 204
Literatur 205

§ 13. Natur-, Roh- und Fertigprodukte des Magnesiums und die für deren analytische Bewertung wichtigen Nebenbestandteile (WANDROWSKY) 205
A. Rohstoffe 205
B. Rohprodukte 206
C. Fertigprodukte 206

Bestimmungsmöglichkeiten.

I. An **gewichtsanalytischen** Methoden sind:

A. In *erster Linie* zu nennen, die Abscheidungen als:

1. Magnesiumammoniumphosphat (S. 141—160).
2. Magnesiumorthooxychinolat (S. 167—187).
3. Magnesiumsulfat (S. 131—132).
4. Magnesiumammoniumarsenat (S. 162—167).
5. Magnesiumammoniumcarbonat (S. 135—136).
6. Magnesiumhydroxyd (S. 133—134).

B. *Von geringerer Bedeutung* sind die Fällungen als:

7. Magnesiumoxalat (S. 134—135).
8. Magnesiumoxyd (S. 134).

C. Ferner wurden vorgeschlagen:

a) Die direkte Bestimmung als:

9. Magnesiumfluorid (S. 188).
10. Magnesiumgermanat (S. 188).

b) Die indirekte Bestimmung:

11. Durch Bestimmung des Sulfat-Ions (S. 189).
12. Durch Bestimmung des Chlor-Ions (S. 189).

II. **Maßanalytische** Methoden:

A. Alkalimetrische und acidimetrische Verfahren:

1. Ausfällung von Magnesiumhydroxyd (mittels Kali- oder Natronlauge, auch Kalkwasser), Titration des Laugenüberschusses (PRECHT, LESCOEUR, WILLSTÄTTER, S. 137—138).
2. Titration mittels Säure von in Wasser aufgeschlämmtem Magnesiumcarbonathydroxyd oder -oxyd (S. 136).
3. Titration von Magnesiumsulfat mittels Bariumhydroxyds (S. 138).
4. Titration von Magnesiumammoniumphosphat mittels Säure (S. 149).
5. Titration von Magnesiumammoniumarsenat mittels Säure (S. 165).
6. Titration der bei der Fällung von Magnesiumoxinat frei werdenden Säuremenge (HAHN und HARTLEB, S. 179—181).

B. Oxydimetrische Verfahren:

1. Titration von Magnesiumoxalat mit Permanganat (S. 139).
2. Titration von Magnesiumoxinat mit Permanganat (S. 181).

C. Jodometrische Verfahren:

1. Nach Reduktion der im Magnesiumammoniumarsenat gebundenen Arsensäure zu arseniger Säure, Messung der Jodmenge, die zur Oxydation der arsenigen Säure zu Arsensäure notwendig ist (DAUBNER, VONDRAK, GOOCH und BROWNING, S. 165—166).
2. Titration der durch die salzsaure Auflösung des Magnesiumammoniumarsenatniederschlages aus Kaliumjodidlösung ausgeschiedenen Jodmenge mittels Thiosulfats (KLINGENFUSS, ROSENTHALER, S. 166—167).
3. Auflösung des Magnesiumammoniumphosphatniederschlages in Schwefelsäure, Titration der beim Zusatz von Kaliumjodid freigemachten Jodmenge (CHRISTENSEN, S. 151).

D. Bromometrische Verfahren:

1. Bestimmung der Brommenge, die durch die als Phenol reagierende salzsaure Auflösung des Magnesiumoxychinolats verbraucht wird (S. 172 bis 176).
2. Fällung des Magnesiums mittels überschüssiger Oxinlösung, bromometrische Resttitration (HAHN, S. 178—179).

E. Sonstige Verfahren:

1. Titrimetrische Bestimmung der Menge eines Magnesiumammoniumphosphat oder Arsenatniederschlages mittels Uranylacetats (SPRINGER, CANALS, S. 150, 165).
2. Titrimetrische Bestimmung des Chlorgehaltes von reinen Magnesiumchloridlösungen (S. 189).
3. Filtrationsmethode (Titration mittels Oxinacetats) (BUCHERER und MEIER, S. 176—177).
4. Fällung des Magnesiums als Magnesiumammoniumeisencyanid und Titration des Überschusses von Kaliumferrocyanid mittels Zinksulfats (BULLI und FERNANDES, S. 188).
5. Fällung des Magnesiums mittels Lithiumpikrolonats und Titration des Überschusses mittels Methylenblau (BOLLIGER, S. 189).

III. An **colorimetrischen** Methoden kommen in Betracht:

A. Als Mengenbestimmung eines Magnesiumammoniumphosphatniederschlages:

1. Die Gelbfärbung bei Zusatz von Molybdänsäure (SCHREINER-FERRIS, POUGET und CHOUCHAK, S. 152—153).
2. Die Blaufärbung bei Reduktion des Molybdänsäurezusatzes (TISCHER, BELL-DOISY, URBANEK, S. 154—157).
3. Die Entfärbung von Eisenrhodanidlösung beim Zusatz der salzsauren Auflösung des Magnesiumammoniumphosphatniederschlages (S. 157 bis 158).

B. Als Mengenbestimmung einer Fällung mittels Orthooxychinolins:

1. Die Bestimmung der Farbtiefe der überschüssigen Oxinlösung (S. 184).
2. Die Blaufärbung durch Wolframmolybdänsäurephosphat bzw. Molybdänsäurephosphat (S. 185—186).
3. Die Färbung der diazotierten Sulfanilsäure (ALTEN, WEILAND, KURMIES, LOOFMANN, S. 186—187).

C. Sonstige colorimetrische Bestimmungen:

1. Mittels Titangelbs (S. 191).
2. Mittels Tetraoxyantrachinons (S. 192).
3. Mittels Curcumin-Lackbildung (S. 193).
4. Mittels Braunfärbung durch Alkalihypojodit (S. 193).

IV. An **anderen** Bestimmungsmethoden wurden vorgeschlagen:

A. Die eudiometrische (gasometrische) Bestimmung:

1. Durch Messung der bei der Umsetzung des Metalls mit Säure entwickelten Wasserstoffmenge (KRAY, S. 189).
2. Durch mehrfache Umsetzung des Magnesiumammoniumphosphatniederschlages (RIEGLER, S. 158—159).

B. Die refraktometrische Bestimmung (S. 159).

C. Die nephelometrische Bestimmung (S. 160 und 188).

D. Die spektralanalytische Bestimmung:

1. Messung im Flammenspektrum (S. 190).
2. Messung im Funken- oder Bogenspektrum (S. 160 und 190).
3. Messung im Röntgenspektrum (S. 190).

V. An **mikroanalytischen** Methoden sind erwähnenswert:

A. Die mit Oxin (Orthooxychinolin) arbeitenden Verfahren (S. 182—184).

B. Die mit Magnesiumammoniumphosphat oder -arsenat arbeitenden Verfahren (S. 151—160 und 164).

Eignung der wichtigsten Verfahren.

Für *Makrobestimmungen* ist in der Mehrzahl der Fälle die bewährte Methode der Fällung als *Ammoniummagnesiumphosphat* (S. 141) in der Wägungsform als *Magnesiumpyrophosphat* (S. 147) anwendbar. Etwa auf gleicher Stufe steht das *Arsenatverfahren* (S. 162), doch dürfte ein zwingender Grund zu dessen Anwendung selten vorliegen, wohingegen es umgekehrt zur Arsenbestimmung natürlich stets in die engere Wahl gezogen werden wird. Mit der Phosphatmethode kann sich die *Oxinat*methode (S. 167) messen, deren besonderer Vorzug die Schnelligkeit der Durchführung neben der Genauigkeit und die Eignung auch für *Halbmikro-* und sogar für *Mikrobestimmungen* ist (S. 182). Sind außer Magnesium und Ammonium keine weiteren Kationen zugegen, ist die Bestimmung über das *Sulfat* (S. 131) bequem und einfach. Für *Mikrobestimmungen* eignen sich ferner trotz einer gewissen Umständlichkeit besonders die *colorimetrischen Verfahren*, die z. B. das äquivalent ausgeschiedene Oxin (S. 185) oder die Phosphorsäure des Ammoniummagnesiumphosphats (S. 151) als Färbungsgrundlage benutzen.

Als *Schnellmethode* hat sich die titrimetrische Bestimmung nach PRECHT (S. 137) für technische Zwecke seit langem bewährt.

Vorbereitung des Untersuchungsmaterials.

Die überwiegende Zahl der Magnesiumverbindungen ist in Wasser leicht löslich. Schwerlöslich sind das Hydroxyd, die Carbonate, das Oxalat, das Tri- und das Diphosphat und einige Doppelphosphate wie das Ammoniummagnesiumphosphat sowie die diesen entsprechenden Arsenate, dann die Borate, die Silicate usw.

Bis auf die Silicate lassen sich fast alle schwerlöslichen Magnesiumverbindungen in verdünnten, zum Teil auch in schwachen Säuren auflösen. Eine auffallende Ausnahme machen einige Magnesiumdoppelborate. Das In-Lösung-bringen der zu analysierenden Substanzen macht daher meist keine erheblichen Schwierigkeiten. Für die Auflösung natürlicher Rohstoffe, in denen der Magnesiumgehalt bestimmt werden soll, werden nachfolgend kurz einige allgemeingültige Hinweise gegeben.

Wässer aller Art, wie Trinkwässer, Mineralwässer, Meereswässer, Abwässer usw., die so verdünnt sind oder so wenig Magnesium enthalten, daß eine größere Menge (meist 1000 cm^3) in Arbeit genommen werden muß, säuert man vor dem Filtrieren und Eindampfen mit einer passenden Mineralsäure (Salz- oder Salpetersäure) schwach an, um eine Abscheidung von basischen Magnesiumcarbonaten zu vermeiden. In manchen Fällen wird man das zeitraubende Einengen durch Anwendung der heute gut durchgebildeten Halbmikro- oder Mikromethoden vermeiden können, wenn man nur 50 bis 100 cm^3 in Arbeit nimmt (s. auch S. 181).

Salzgesteine. Obwohl das Magnesiumsulfat an sich leicht löslich ist, haben einige Magnesiumsulfate bzw. Doppelsulfate wie Kieserit ($MgSO_4 \cdot H_2O$), Langbeinit ($K_2SO_4 \cdot 2\,MgSO_4$), eine äußerst geringe Lösungsgeschwindigkeit. Es ist daher üblich, SO_4-haltige Salzgesteine durch Kochen in verdünnter Salzsäure in Lösung zu bringen, wodurch auch Polyhalit ($K_2SO_4 \cdot MgSO_4 \cdot 2\,CaSO_4 \cdot 2\,H_2O$), Boracit ($MgCl_2 \cdot 2\,Mg_3B_5O_{18}$) und andere ähnliche Verbindungen in Lösung gehen. Hierbei lösen sich die stets anwesenden Calciumsulfate auch teilweise oder ganz mit auf. Nach den Vorschriften der Kaliindustrie wird bei Kalirohsalzen so verfahren, daß man 8,498 g Salz mit 350 cm^3 Wasser und 30 cm^3 konzentrierter Salzsäure $^1/_2$ Stunde lang kocht, löst und auf 500 cm^3 auffüllt. Schneller kommt man zum Ziel, wenn man die fein zerriebene Probe etwa 2 Min. mit 10%iger Natronlauge kocht und dann die Hydroxyde mit Salzsäure auflöst[1].

Nach Feststellungen von C. TANNE[2] wird beim Lösen z. B. von Siedesalzen nicht alles Magnesium erfaßt. H. SEVERIN[3] hat gezeigt, daß auch in diesem Fall Lösen in Säure notwendig ist, um alles Magnesium in Lösung zu bringen.

Schwerlösliche Verbindungen des Magnesiums wie Oxyd, Hydroxyd, Carbonate, Phosphate, Arsenate, Borate löst man vorzugsweise in verdünnten Mineralsäuren. Im Falle, daß die zu analysierende Substanz so beschaffen ist, daß das Magnesium direkt als Sulfat bestimmt werden kann, wird man die Auflösung in Schwefelsäure anwenden. Sind in dem Analysenmaterial Anionen vorhanden, die in alkalischer Lösung mit dem Magnesium schwerlösliche Verbindungen zu geben vermögen, so muß das Magnesium so gefällt werden, daß der Niederschlag noch weniger löslich ist als jene Magnesiumverbindungen. Diese Bedingung dürfte von dem Magnesiumammoniumphosphat und dem Oxinat erfüllt sein.

Substanzen wie Magnesiumnitrid, -phosphid, -arsenid, -borid, -carbid, -silicid werden am besten mit verdünnter Salzsäure behandelt, wobei ein Teil der entstehenden Wasserstoffverbindungen flüchtig geht, ein Teil aber komplizierte Umsetzungen erleidet und zurückbleibt. Der Stickstoff des Nitrids bleibt ganz als Ammoniumsalz gelöst. Magnesiumfluorid wird durch Abrauchen mit konzentrierter Schwefelsäure als Sulfat gelöst.

[1] D'ANS: Angew. Ch. **47**, 586 (1934). [2] TANNE, C.: Ch. Z. **62**, 572 (1938).
[3] SEVERIN, H.: Ch. Z. **63**, 93 (1939).

Carbonatgesteine wie Magnesit, Dolomit, dolomitische Kalksteine löst man in Salzsäure. Ist Kieselsäure nur als Quarz vorhanden, so kann man diesen sofort abfiltrieren. Sind aber auch durch Säure aufschließbare Silicate zugegen, so muß die Aufschlußlösung mehrmals mit Salzsäure auf dem Wasserbade zur Trockne eingedampft werden (s. bei Silicaten).

Silicate, die durch Säuren zersetzbar sind, wie die natürlichen Silicate, z. B. Talkum (Speckstein), Meerschaum, Serpentin, Olivin, Biotit u. a., sowie technische Produkte, wie Portlandzement, Schlackenzement, werden aufs Feinste gepulvert in einer Porzellanschale mehrmals mit 10- bis 15%iger Salzsäure auf dem Wasserbade zur Trockne eingedampft, bis der im allgemeinen pulverige Trockenrückstand keine sandigen Körnchen mehr erkennen läßt[1]. Bleiben solche dennoch zurück, so sind entweder Quarz oder säureunlösliche Silicate zugegen, die gesondert durch Schmelzen mit Alkalicarbonat aufgeschlossen werden müssen. Der Trockenrückstand wird dann einige Stunden auf 110 bis 120° erhitzt, ein höheres Erhitzen kann gerade bei Anwesenheit von Magnesium zur Rückbildung von Silicaten führen. Dann wird nochmals mit Salzsäure eingedampft, mit Wasser und etwas Salzsäure aufgenommen, die Kieselsäure abfiltriert, ausgewaschen, getrocknet, geglüht und gewogen. Von der Reinheit der Kieselsäure überzeugt man sich durch Abrauchen mit Flußsäure. Das Filtrat dient für die Magnesiumbestimmung.

Silicate, die von Säuren nicht zersetzt werden, zu denen Augit, Asbest, Oligoklas und die Gläser gehören, werden mit der 6- bis 8fachen Menge eines gleichteiligen Gemisches von Kalium- und Natriumcarbonat im Platintiegel aufgeschlossen[1]. Nach dem Lösen des Tiegelinhaltes mit Salzsäure wird die Kieselsäure wie oben beschrieben unlöslich gemacht.

Legierungen können meist in Salzsäure gelöst werden, kupferhaltige löst man in Salpetersäure und verdrängt diese durch wiederholtes Abrauchen der eingedampften Lösung mit konzentrierter Salzsäure. Ist Blei zugegen, so wird mit Schwefelsäure eingedampft, um dann das Blei als Sulfat abzuscheiden. Aluminium-Leichtmetall-Legierungen kann man (s. S. 196) mit Natronlauge aufschließen (s. auch § 12, S. 203).

Organische Verbindungen können, wenn andere mitausfallende Metalle nicht zugegen sind, in manchen Fällen direkt in wäßriger oder salzsaurer Lösung zur Magnesiumfällung benutzt werden. Will man aber ganz sicher gehen, so verglüht man die Substanz vorsichtig und nimmt den Glührückstand mit Säure auf. In seltenen Fällen flüchtiger Magnesiumverbindungen wie dem Oxinat wird man naß veraschen (s. unten) oder beim Verglühen die Substanz mit wasserfreier Oxalsäure überschichten.

Pflanzliche und tierische Bestandteile, Futter und Lebensmittel u. dgl. Die trockene Veraschung wird möglichst in einer Platinschale in einem elektrischen Ofen vorgenommen. Die Asche wird mit Salzsäure gelöst und nach der Arbeitsweise für säurelösliche Silicate weiterbehandelt.

Von den sog. *nassen Veraschungen* ist die bekannteste die KJELDAHL-Methode. Bei dieser erfolgt die Beseitigung der organischen Substanz durch die wasserentziehende und oxydierende Wirkung der konzentrierten Schwefelsäure, wobei die Oxydation durch Zusatz von Sauerstoffüberträgern wie Kupfer, Quecksilber, Selen unterstützt wird. Auch andere Mischungen, z. B. Schwefelsäure mit Wasserstoffperoxyd, Salpetersäure mit Überchlorsäure, haben sich bewährt. Nach erfolgter Zerstörung der organischen Substanz, erkennbar am Klar- und Farbloswerden der vorübergehend braun oder gelb gewordenen Lösung, wird die Säure abgeraucht, der Rückstand mit Wasser aufgenommen und wie ein aufgeschlossenes Silicat weiterbehandelt. Bei Anwendung des KJELDAHL-Verfahrens ist zu beachten, daß Metall-Ionen eingebracht worden sind, die wieder abgeschieden werden müssen. Auch

[1] TREADWELL, F. P.: Quant. Analyse, 11. Aufl., S. 414f. (1937).

liegt die Gefahr der Einschleppung von Magnesium mit den Reagenzien vor. Die nasse Veraschung mit metallfreien Oxydationslösungen eignet sich für Mikro- und Halbmikrobestimmungen, wenn man für reine Reagenzien sorgt und Leerversuche mit gleichen Mengen und gleichen Glasgefäßen (Mikro-KJELDAHL-Kolben) ansetzt.

Blut, Serum, Harn werden oft gar nicht erst trocken oder naß verascht, sondern unmittelbar nach Halbmikro- und Mikromethoden untersucht. Vielfach zwingen die geringen zur Verfügung stehenden Mengen zu einem solchen sparsamen, wenn auch weniger genauen Verfahren. Der störende Eiweißgehalt wird durch Ausfällung in ganz schwach saurer Lösung mit Phosphorwolframsäure, Natriumwolframat, Trichloressigsäure, Aceton und anderen Mitteln beseitigt. Es ist zu prüfen, ob die im Überschuß anzuwendenden Ausfällungsreagenzien bei der späteren Magnesiumbestimmung stören. Sofern bei den einzelnen Bestimmungsmethoden nichts Näheres angegeben ist, prüft man durch Leerversuche, ob zusätzliche Fällung, Färbung, Verbrauch an Meßflüssigkeit usw. eintritt, bevor man für ein Mittel sich entscheidet. Nach Ausscheidung des Eisens und Calciums als Hydroxyd und Oxalat ist das Filtrat zur Magnesium-Bestimmung vorbereitet. Einzelheiten sind in der medizinischen Spezialliteratur zu finden. — Da das koagulierte Eiweiß stets Salze mitreißt, ist für genaue Bestimmungen die trockene oder nasse Veraschung einer nicht zu geringen Menge immer empfehlenswert.

Bestimmungs- und Fällungsmethoden des Magnesiums.

§ 1. Bestimmung als Magnesiumsulfat.

$MgSO_4$, Molekulargewicht 120,38.

$$F = \frac{Mg}{MgSO_4} = \frac{24,32}{120,38} = 0,20203; \qquad \frac{MgO}{MgSO_4} = \frac{40,32}{120,38} = 0,33494.$$

Allgemeines. Die Methode der Wägung der Magnesiumsalze als *Magnesiumsulfat durch Eindampfen mit Schwefelsäure zur Trockne* und *vorsichtiges Glühen* ist dann anwendbar, wenn keine durch Schwefelsäure nicht zersetzbaren und nicht flüchtiggehenden Stoffe zugegen sind, also wenn Salze des Magnesiums (gegebenenfalls auch des Ammoniums) mit flüchtigen Säuren vorliegen. Zu einer Bestimmung ist diese verhältnismäßig einfach und genau durchführbare Methode auch anwendbar, wenn ein oder zwei weitere Stoffe vorliegen, die ebenfalls genau wägbare Sulfate geben, worauf durch einfache Methoden in der Lösung des Sulfatgemisches eine oder zwei der Bestandteile quantitativ bestimmt werden, während der zweite oder dritte durch Berechnung indirekt ermittelt wird (s. S. **144**).

Eigenschaften des wasserfreien Magnesiumsulfats. Es wird als weiße, sehr hygroskopische, krystalline Masse erhalten. Es ist doppelbrechend (IDE), wahrscheinlich rhombisch (GRAHMANN). Der Schmelzpunkt wird verschieden angegeben, und zwar zwischen 1120 bis 1170° C (GRAHMANN, JÄNECKE, NACKEN, GINSBERG), schon beim Schmelzpunkt tritt Zersetzung in MgO, SO_2 und O_2 ein, die bei Gegenwart von reduzierenden Gasen schon bei 700° merkbar ist (REIDENBACH). Die Dichte, röntgenographisch bestimmt, ist 2,92 (HAMMEL). Wasserfreies Magnesiumsulfat zieht begierig Feuchtigkeit an unter Bildung des 7-Hydrats (BLÜCHER), und zwar so stark, daß es Äther zu trocknen vermag (SIEBENROCK). Es löst sich trotzdem nach JACQUELAIN in Wasser nur sehr langsam auf und erhärtet nach Angaben von ROHLAND daher mit wenig Wasser angerührt wie Gips. Seine Löslichkeit in Wasser ist nicht bestimmbar, da sich zu rasch die stabileren Hydrate bilden; *die Löslichkeit in absolutem Alkohol bei 18° C beträgt 1,18 g $MgSO_4$ in 100 g Alkohol.*

Ausführung der Bestimmung. Die eingeengte Lösung wird in einer gewogenen Platinschale mit einigen Tropfen konzentrierter Schwefelsäure angesäuert und dann zunächst auf dem Wasserbad, später auf einer Asbestplatte oder vorsichtig über freier Flamme zur Trockne eingedampft, die freie Schwefelsäure abgeraucht und der Rückstand nunmehr vorsichtig bis zur Gewichtskonstanz erhitzt. Das Glühen muß zur restlosen Entfernung der freien Schwefelsäure über 650° (REIDENBACH) erfolgen, die Temperatur soll aber andererseits 750° nicht wesentlich übersteigen, um Zersetzung zu vermeiden. Das Glühen muß unbedingt in oxydierender Atmosphäre vor sich gehen, um jegliche Reduktion und MgO-Bildung zu vermeiden (REICHEL).

Man läßt das geglühte Magnesiumsulfat im Exsiccator über konzentrierter Schwefelsäure erkalten und nimmt die Wägung am besten im bedeckten Zustande möglichst schnell vor. Zur Kontrolle kann man das ausgewogene Sulfat nochmals mit wenig Schwefelsäure befeuchten und das Abrauchen und Glühen wiederholen. Das ausgewogene Magnesiumsulfat wird zur Prüfung auf Reinheit in wenig Wasser gelöst. Die Lösung muß klar und neutral sein, eine Trübung und alkalische Reaktion deuten auf Anwesenheit von MgO hin, saure Reaktion auf Reste an freier Schwefelsäure. Eine bräunliche Färbung oder kleinste Kohleteilchen, die von organischen Substanzen herrühren, beseitigt man durch ein nochmaliges Abrauchen mit Schwefelsäure, der man einige Tropfen konzentrierte Salpetersäure zusetzt.

Diese an sich sehr einfache Methode liefert *recht genaue Ergebnisse*, wenn man alle notwendigen Vorsichtsmaßregeln beachtet.

Arbeitsweise in besonderen Fällen. Tritt beim Ansäuern und Eindampfen mit Schwefelsäure eine Gasentwicklung auf (z. B. bei Carbonaten), so müssen Verluste durch Verspritzen verhütet werden. Falls zu wenig Schwefelsäure zugegeben wurde, so macht sich das dadurch bemerkbar, daß am Schluß des Eindampfens beim Abrauchen keine Schwefeltrioxyd-Nebel entweichen. In diesem Falle läßt man abkühlen, befeuchtet erneut mit etwas konzentrierter Schwefelsäure, raucht ab und glüht.

Sind organische Säuren oder Stoffe in größeren Mengen zugegen, die bei der Zersetzung mit Schwefelsäure nicht flüchtig sind und einen bräunlichen, kohligen Rückstand ergeben, so ist es oft ratsam, die Behandlung mit Schwefelsäure und Salpetersäure in einem ERLENMEYER-Kolben vorzunehmen, in dem man ohne Verluste einige Zeit kochen kann, und erst nach erreichter Farblosigkeit in der Platinschale einzudampfen (s. S. 130).

Möglichkeit konduktometrischer Bestimmung. Durch konduktometrische Messung des *Sulfatgehaltes* im Magnesiumsulfat läßt sich nach HARNED ebenfalls die Magnesiummenge bestimmen. Er konstruierte sich hierzu ein kompliziertes Leitfähigkeitsgefäß und führte die Titration mittels Bariumhydroxydlösung in kohlensäurefreier Atmosphäre aus. Natronlauge ist weniger geeignet, weil dann der Knickpunkt der Leitfähigkeitskurve weniger deutlich ist. Die Ergebnisse stimmten mit den gravimetrisch ermittelten gut überein. Die Messung ist auch neben Calciumsulfat durchführbar, sie ist daher zur Bestimmung des Magnesiums im Dolomit geeignet. (Wegen Einzelheiten vergleiche die Originalarbeit sowie eine Arbeit von KOLTHOFF.)

Ausführung. Das Titriergefäß besteht aus einer rundkolbenähnlichen Flasche mit seitlichem Ansatz, durch den die Barytlauge zugegeben werden kann. Durch ein Natronkalkröhrchen wird die Kohlensäure der Luft ferngehalten. Durch ein Rohr im Korken des Titriergefäßes, durch den auch die Zuführung zu den Platinelektroden laufen, kann evakuiert werden. Die abgewogene Substanzprobe wird in 50 cm^3 Wasser im Titriergefäß aufgelöst. Die gelöste Kohlensäure wird durch Kochen unter vermindertem Druck vertrieben und wieder abkühlen gelassen. Die Barytlauge (carbonatfrei) ist gegen n/10 HCl eingestellt. Beim Auftragen der Brückendrahtabschnitte gegen die Anzahl Kubikzentimeter zugegebener Barytlauge werden gute Knickpunkte erhalten. Ist in der Lösung freie Schwefelsäure zugegen, so wird sie mit Barytlauge neutralisiert, bis eben die Rosafärbung von Phenolphthalein auftritt.

Literatur.

Blücher, H. v.: Pogg. Ann. **50** 541 (1840).
Ginsberg, A. S.: Z. anorg. Ch. **61**, 127 (1909). — Gmelin: Magnesium Teil A, 355—356, Teil B, 210—216. — Grahmann, W.: Z. anorg. Ch. **81**, 265, 270 (1913).
Hammel, F.: C. r. **202**, 2147 (1936). — Harned, H. S.: J. Am. Soc. **39**, 257 (1917).
Ide, K. H.: Kali **29**, 83 (1935).
Jacquelain, V. A.: A. Ch. **32**, 204 (1851). — Jänecke, E.: Z. phys. Ch. **22**, 498 (1925).
Kolthoff, J. M.: Z. anorg. Ch. **112**, 173 (1920).
Nacken, R.: Nachr. Götting. Ges. **1907**, 603.
Reichel, F. G.: J. pr. **12**, 67 (1875). — Reidenbach, R.: Diss. München T. H. **1910**, 101—105. — Rohland, P.: Kolloid-Z. **13**, 62 (1913).
Siebenrock, E. v.: M. **30**, 764 (1909).

§ 2. Bestimmung des Magnesiums unter Abscheidung als Hydroxyd, Carbonat oder Oxalat.

MgO, Molekulargewicht 40,32.

Wägung als Oxyd, $F = \frac{Mg}{MgO} = \frac{24{,}32}{40{,}32} = 0{,}60317.$

Eigenschaften des Magnesiumoxydes. Es bildet meistens kleine weiße Krystalle des kubischen Systems, doch kommen auch oft pseudomorphe Formen nach dem Ausgangsstoff vor; so bleibt z. B. beim Glühen von Magnesiumcarbonat meist dessen Krystallform erhalten (Gmelins Handbuch). Die Dichte beträgt aus röntgenographischen Daten berechnet 3,545, nach Untersuchungen mit Elektronenstrahlen 3,62 (Gmelins Handbuch). Der Schmelzpunkt liegt sehr hoch, die Angaben schwanken um 2800° C (Gmelins Handbuch). Eine Spaltung tritt bei diesen Temperaturen noch nicht ein, doch wird es bei sehr hohen Temperaturen leicht reduziert und geht als Metall flüchtig. An der Luft zieht es Feuchtigkeit und Kohlendioxyd an, bis es ganz in basisches Carbonat übergegangen ist (Gmelins Handbuch). Die Geschwindigkeit, mit der dies geschieht, hängt unter gleichen Verhältnissen stark von dem Glühzustand des Oxydes ab. Daher ist Erkaltenlassen im Exsiccator und schnelles Auswägen erforderlich.

Reine Magnesiumverbindungen wie das Hydroxyd, die Carbonate, das Oxalat und andere organische Verbindungen usw. kann man durch einfaches Glühen in das Oxyd überführen und so deren Mg-Gehalt bestimmen.

Wasserhaltiges Magnesiumchlorid soll man nach Pfeiffer ohne weitere Zusätze zu chlorfreiem MgO verglühen können, doch fehlt es auch hier nicht an gegenteiligen Angaben (Emde, Senst, Moldenhauer). Auch in der älteren Literatur (Krause, Berzelius, Rose) findet man bereits kritische Besprechungen dieses Verfahrens. Rose hat ferner nachgewiesen, daß auch durch mehrfaches Glühen von Magnesiumchlorid in Gegenwart von Ammoniumcarbonat kein chlorfreies Magnesiumoxyd zu erzielen ist.

Prüfung der Auswage auf Reinheit. Man löst das ausgewogene MgO in einer bekannten Menge von Salzsäure, nötigenfalls unter gelindem Erwärmen und titriert den Überschuß an Säure zurück. Man kann aus der Berechnung allein nicht entscheiden, ob Verunreinigungen zugegen sind, die keine Basen sind oder Basen die ein höheres Äquivalentgewicht als MgO haben.

A. Gravimetrische Verfahren.

1. Fällung als Magnesiumhydroxyd.

Quantitative Fällung ist nur zu erreichen, wenn die Analysenlösung *frei von Ammoniumsalzen* ist. Man kann Ammoniumverbindungen aber vor Zugabe der Natronlauge mittels Formaldehyd in Hexamethylentetramin überführen (s. S. 195, 3). Alkalimetalle sind nicht störend. Natürlich dürfen andere durch Alkalien fällbare Stoffe nicht zugegen sein.

I. Fällung mittels Alkalilauge. Für diese *Schnellbestimmungsmethode*, die erst in neuester Zeit von TANANAJEW und FROLOW ausgearbeitet worden ist, hat man eine möglichst konzentrierte, notfalls entsprechend eingedampfte Lösung anzuwenden. Die Fällung geschieht mittels konzentrierter Natronlauge. Sofort nach Zugabe der Lauge wird mit heißem Wasser verdünnt und dann nach Umrühren 2 Std. stehen gelassen. Nach dem Abfiltrieren und Auswaschen mit heißem Wasser wird der Niederschlag mit dem Filter verbrannt und das dabei entstandene MgO nach kurzem Glühen und nach Erkalten im Exsiccator zur Wägung gebracht. Die ganze Bestimmung läßt sich in etwa 3 Std. durchführen.

II. Fällung mittels organischer Basen. *Mit Ammoniak* läßt sich bekanntlich Magnesiumhydroxyd *quantitativ nicht* ausfällen. *Einige organische Basen* wie Dimethylamin, Guanidin und Piperidin, weniger Diäthylamin und Dipropylamin, eignen sich aber hierzu. Die neutrale, kalte Analysenlösung wird mit der wäßrigen Lösung einer der obengenannten Basen im Überschuß versetzt und nach gutem Durchrühren etwa 2 Std. stehen gelassen. Danach wird mehrfach dekantierend mit destilliertem Wasser gewaschen, dem ein Zusatz des Fällungsmittels gemacht wurde, schließlich wird abfiltriert. Auf dem Filter wird der Niederschlag mit warmem destillierten Wasser ausgewaschen. Der noch nasse Niederschlag samt Filter wird im Tiegel zu MgO verglüht, und dieses ausgewogen (s. oben).

Während bei der Fällung mit Natronlauge recht genaue Ergebnisse erzielbar sind, fallen diese bei der Fällung mit organischen Basen meist etwas zu niedrig aus. Dimethylamin im Überschuß angewendet gibt die besten Werte, *Guanidin im Mittel 0,51%, Piperidin 0,91% zu wenig.* BRITTON betont die Wichtigkeit der Kontrolle des p_H-Wertes bei der Magnesiumhydroxydfällung.

Da sich die wäßrigen Lösungen der organischen Basen leicht *unter Abspaltung von Ammoniak und Kohlensäure* zersetzen, dürfen nur jeweils frisch bereitete Lösungen Verwendung finden, wie bei HEMMING und bei HERZ und DRUCKER beschrieben.

III. Fällung mittels Quecksilberoxydes. Diese Methode ist nur anwendbar, wenn das Magnesium als Chlorid vorliegt und sonst keine anderen Stoffe in der Analysensubstanz zugegen sind.

Die Lösung wird mit gelbem Quecksilberoxyd im Überschuß versetzt und nach gutem Durchmischen zur Trockne eingedampft, mit destilliertem Wasser aufgenommen und nach erneuter Zugabe von Quecksilberoxyd wieder zur Trockne eingedampft. Diese Behandlung ist noch einige Male zu wiederholen, um eine vollständige Überführung des Chlorides in Hydroxyd zu erreichen. Schließlich wird der trockene Rückstand geglüht (Abzug!), wobei das gebildete $HgCl_2$ und das überschüssige Quecksilberoxyd flüchtig gehen. Das zurückbleibende Magnesiumoxyd wird gewogen.

Vorbereitung des Fällungsmittels. Da das anzuwendende gelbe Quecksilberoxyd beim Glühen vollständig flüchtig gehen soll, kann manchmal die Selbstherstellung erforderlich werden. Man fällt eine Quecksilberchloridlösung mit reinster Natronlauge, wäscht ausgiebig mit heißem destilliertem Wasser aus und bewahrt den Niederschlag als nassen Schlamm auf. Man vergewissert sich durch Verglühen einer Probe, daß sie keinen wägbaren Rückstand hinterläßt.

Genauigkeit. Auch durch mehrfaches Glühen und Befeuchten mit konzentrierter Salpetersäure ist es schwer, das Oxyd ganz chlorfrei zu erhalten. Die Ergebnisse genügen daher meist nur *technisch-analytischen Ansprüchen* (KALLAUNER, HOFFMANN, LUNDELL, VERWEY, CANALS). Dementgegen wollen CONGDON und VANDERHOOK nur um 0,01% zu niedrig liegende Ergebnisse erhalten haben.

2. Fällung als Magnesiumoxalat.

Arbeitsvorschrift. Nach diesem von CLASSEN ausgearbeiteten Verfahren versetzt man die etwa 25 cm³ betragende wäßrige Lösung mit etwa 4 bis 5 g *festem Ammonoxalat* und löst dieses unter Erhitzen der Lösung bis zum Sieden. Danach fügt man mindestens 25 cm³ 80%ige Essigsäure zu und setzt das Kochen unter stetigem Umrühren noch einige Minuten fort. Ist die Magnesiummenge nicht zu gering, so bildet sich auf Zusatz der Essigsäure sofort ein schwerer krystalliner Niederschlag von Magnesiumoxalat, der sich, nach Entfernung der Flamme schnell zu Boden setzt. Bei geringem Magnesiumgehalt entsteht dieser Niederschlag erst bei einigem Stehen. In allen Fällen läßt man das mit einem Uhrglas bedeckte Gefäß etwa 6 Std. lang bei einer Temperatur von etwa 50° C stehen, filtriert ab und wäscht den Niederschlag mit einer Mischung aus gleichen Raumteilen konzentrierter Essigsäure, Alkohol und Wasser aus, worauf das Magnesiumoxalat durch Glühen im Platintiegel in Magnesiumoxyd übergeführt wird. Um Verluste zu vermeiden, wickelt man den Niederschlag in das noch feuchte Filter ein und erhitzt den mit dem Deckel verschlossenen Tiegel zunächst ganz schwach, so lange noch Dämpfe zwischen Tiegel und Deckel entweichen, läßt dann Luft hinzutreten und setzt das Erhitzen bei derselben Temperatur fort, bis die Kohle verbrannt und der Rückstand weiß ist. Durch nachheriges stärkeres Erhitzen des bedeckten Tiegels bis zur Rotglut geht das Magnesiumoxalat leicht in Oxyd über, dessen Gewicht nach dem Erkalten im Exsiccator bestimmt wird.

(Fällungsvorschriften finden sich auch bei ELVING und CALEY.) (Wegen volumetrischer Bestimmung der Magnesiumoxalatmenge s. S. 139.)

***Bemerkungen.* I. Genauigkeit.** CONGDON und VANDERHOOK haben bei kritischen Studien über Analysenmethoden festgestellt, daß die Ergebnisse dieser Methode im Mittel um 0,11% zu hoch liegen.

II. Störung durch fremde Stoffe. Der Niederschlag von Magnesiumoxalat ist in Gegenwart von Ammoniumchlorid etwas löslich, wie HASLAM festgestellt hat. Störend wirkt ferner von den Alkalien das Kalium durch Bildung von schwerlöslichem $KH_3(C_2O_4)_2$, das aber nach dem Glühen des Rückstandes, wobei es zerstört wird, ausgewaschen werden kann. Nach erneutem Glühen des Rückstandes werden nach MURMANN richtige Magnesiumwerte erhalten. — Die Phosphatmethode (S. 141) dadurch zu kontrollieren, daß man den dort erhaltenen und ausgewogenen Niederschlag von Magnesiumammoniumphosphat in Essigsäure auflöst und mittels Ammoniumoxalat das Magnesium als Oxalat ausfällt, ist zwecklos, da nach MURMANN die Werte infolge Mitreißens von Phosphat zu hoch ausfallen.

III. Sonstige Vorschriften. Die rasche Bildung des Magnesiumoxalatniederschlages wird, wie ASTRUC und CAMO gezeigt haben, begünstigt durch die Anwesenheit von überschüssiger Essigsäure bei der Fällung und ferner durch die Anwendung konzentrierter Analysenlösungen. Über die Löslichkeit des Niederschlages bei verschiedenen Temperaturen finden sich Angaben bei O. RØER und bei ASTRUC und CAMO.

3. Fällung als Magnesiumammoniumcarbonat, $MgCO_3 \cdot (NH_4)_2CO_3 + 4\,H_2O$.

Arbeitsvorschrift I. Die neutrale, sehr konzentrierte Magnesiumlösung wird mit einem Überschusse einer gleichfalls konzentrierten Lösung von neutralem Ammoniumcarbonat in alkoholischem Ammoniakwasser, der sog. SCHAFFGOTTSCHschen Lösung, versetzt und mindestens 12 Std. stehen gelassen. Der krystalline Niederschlag von Magnesiumammoniumcarbonat wird auf einem Filter gesammelt, mit der Fällungsflüssigkeit ausgewaschen und nach dem Trocknen und Glühen als Magnesiumoxyd gewogen.

Arbeitsvorschrift II (Schnellmethode von SCHAFFGOTSCH). GOOCH und EDDY haben die von SCHAFFGOTSCH ausgearbeitete Methode nach eingehenden Untersuchungen etwas verfeinert, woraus sich folgende Vorschrift ergibt: Die Analysenlösung wird auf ein Volumen von etwa 50 cm³ gebracht, mit dem gleichen Volumen *absolutem Alkohol* versetzt und durch Zusatz von 50 cm³ *ammoniakalischer, gesättigter Lösung von Ammoncarbonat,* die 50% Alkohol enthält, gefällt. Das Gemisch bleibt 20 Min. stehen, wobei man 5 Min. lang rührt. Dann wird durch einen Platin-GOOCH-NEUBAUER-Tiegel filtriert, mit dem Fällungsmittel ausgewaschen und nach dem Trocknen der Rückstand durch Glühen in Magnesiumoxyd übergeführt.

Bereitung des Fällungsreagenses. Die zur Fällung dienende Ammoncarbonatlösung, die sog. SCHAFFGOTSCHsche Lösung, bereitet man durch Sättigen eines Gemisches von 180 cm³ konzentriertem Ammoniak, 800 cm³ Wasser und 900 cm³ absolutem Alkohol mit Ammoncarbonat. Die Lösung wird mit dem gepulverten Ammoncarbonat geschüttelt und nach einigen Stunden vom ungelösten Salz abfiltriert.

Störende Stoffe. Die Analysenlösung darf außer Magnesium nur die Alkalien enthalten, von letzteren darf aber *Lithium nicht* in größeren Mengen zugegen sein, da es leicht mit in den Niederschlag geht. Wie DINWIDDIE zeigte, sind durch doppelte Fällung richtige Ergebnisse erhältlich. Es lassen sich so etwa 0,3 g MgO von 0,2 bis 0,3 g Li_2O trennen.

Genauigkeit. Beim Arbeiten nach der Schnellmethode ist die Genauigkeit eine bessere als bei Anwendung der Arbeitsvorschrift I, bei der sehr kleine Mengen von Magnesium von nur einigen Milligrammen meist überhaupt nicht und sehr große Mengen oft nicht vollständig gefällt werden. In letzterem Falle kann man das Filtrat eindampfen, die Ammonsalze durch Glühen verjagen, eine nochmalige Fällung vornehmen und durch dasselbe Filter abfiltrieren. Für die Anwendung, auch unter den zuletzt beschriebenen Bedingungen, spricht die Einfachheit, wenn Magnesium von den Alkalien zu trennen ist (DE KONINCK-MEINEKE).

Literatur.

ASTRUC, A.: J. Pharm. Chim. (7) **16**, 110 (1917). — ASTRUC, A. u. J. CAMO: J. Pharm. Chim. (7) **17**, 383 (1918).

BERZELIUS, J. J.: Iber. Berz. **21**, 142 (1842). — BRITTON, H. T. S.: Ind. Chemist chem. Manufacturer **3**, 257 (1927); J. chem. Soc. **1927**, 615; anonym auch in Metallbörse **17**, 1436 (1927).

CANALS, E.: Bl. Soc. chim. (4) **25**, 91 (1919). — CLASSEN: Fr. **18**, 373 (1879). — CONGDON, L. A. u. G. VANDERHOOK: Chem. N. **130**, 260 (1925).

DINWIDDIE, J. G.: Am. J. Sci. (Sill) **39**, 662 (1915).

ELVING, P. J. u. E. R. CALEY: Ind. eng. Chem. Anal. Ed. **9**, 558 (1937); **10**, 267 (1938). — EMDE, H. u. R. SENST: Z. anorg. Ch. **22**, 2038, 2236 (1909).

GMELIN: Magnesium, Teil A, 355; Teil B, 12—68. — GOOCH, F. A. u. E. A. EDDY: Z. anorg. Ch. **58**, 427 (1908).

HASLAM, J.: Analyst **60**, 671 (1935). — HEMMING, G.: Z. anorg. Ch. **130**, 334 (1923). — HERZ, W.: Z. anorg. Ch. **27**, 310 (1901). — HERZ, W. u. K. DRUCKER: Z. anorg. Ch. **26**, 347 (1901). — HOFFMANN, J. I. u. G. E. F. LUNDELL: Bur. Stand. J. Res. **5**, 287 (1930).

KALLAUNER, O.: Ch. Z. **35**, 1165 (1911). — KONINCK-MEINECKE, DE: Lehrbuch der quantitativen chemischen Analyse, S. 351. 1904. — KRAUSE, G.: Dingl. J. **215**, 458 (1875).

MOLDENHAUER, W.: Z. anorg. Ch. **51**, 382 (1906). — MURMANN, E.: Öst. Ch. Z. **13**, 227 (1910).

PFEIFFER, O.: Z. anorg. Ch. **22**, 435 (1909).

RØER, O.: Tidsskr. Kjemi Bergwesen **9**, 27 (1929). — ROSE, H.: Pogg. Ann. **107**, 299 (1859); **31**, 130 (1834).

SCHAFFGOTSCH: Ann. Phys. **104**, 482 (1858).

TANANAJEW, N. A. u. J. D. FROLOW: Zurnal prikladuoj Chim. (russ.) **7**, 609 (1934); C. **1936 I**, 2782. — TANANAJEW, N. A. u. W. M. TARAJAN: Sawodskaja Laboratorija **3**, 112 (1934).

VERWEY, A.: Ch. Z. **37**, 813 (1913).

B. Maßanalytische Methoden.

Äquivalentgewichte: $^1/_2$ Mg = 12,16; $^1/_2$ MgO = 20,16.

1. Acidimetrische Titration.

a) Direkte Titration. Liegt das Magnesium als Oxyd, Hydroxyd oder als eines der Carbonate vor und sind keine anderen mittitrierbaren Basen zugegen, so kann man das Magnesium direkt mit Säure titrieren. Zweckmäßig ist es, einen Überschuß an Säure anzuwenden und mit Alkali gegen Phenolphthalein zurücktitrieren.

b) Nach LESCOEUR. Liegt das Magnesium in einer beliebigen Salzform vor — andere durch Alkali fällbaren Stoffe dürfen nicht zugegen sein —, so wird die Lösung, die auch sauer sein darf, mit Natron- oder Kalilauge im Überschuß versetzt und zum Sieden erhitzt. Das ausgefällte Magnesiumhydroxyd wird abfiltriert und gut mit heißem Wasser ausgewaschen. Der Niederschlag wird in einer gemessenen Menge Säure gelöst und der Säureüberschuß mit Alkali gegen Phenolphthalein zurücktitriert.

Einwage	E g
Angewandte Säure	S cm³ 1 n
Verbrauchte Lauge	t cm³ 1 n
Gesuchte Prozente Mg bzw. MgO . .	x_1 bzw. x_2

$$x_1 = (S - t) \cdot {}^1/_2\,\mathrm{Mg} = \frac{100}{1000} \cdot \frac{1}{E}\,; \qquad x_2 = (S - t) \cdot {}^1/_2\,\mathrm{MgO} \cdot \frac{100}{1000} \cdot \frac{1}{E}\,.$$

Bei kleineren Niederschlagsmengen verwendet man schwächere Säure und Lauge und setzt deren Titer in Rechnung.

2. Alkalimetrische Titration.

Das Magnesium kann in seinen *neutralen* Salzlösungen mittels einer Alkali- oder Erdalkalihydroxydlösung bekannten Gehaltes titriert werden. Andere durch Alkalien fällbare Stoffe dürfen natürlich nicht zugegen sein.

Die Löslichkeit des Magnesiumhydroxydes ist abhängig von der Temperatur und von sonstigen in der Lösung vorhandenen Stoffen. Bemerkenswert ist, daß es, wie GJALDBAEK gezeigt hat, zwei Modifikationen des Magnesiumhydroxydes gibt, eine labile, leichter lösliche, die in die schwerer lösliche stabile Modifikation übergeht. Die *Löslichkeit der labilen Modifikation* in Wasser beträgt nach GJALDBAEK *7,0 · 10⁻⁴ Mol/l.* Bei genauen Bestimmungen ist diese Löslichkeit bei der Berechnung der Ergebnisse zu berücksichtigen, wie dies weiter unten noch angegeben wird. *Magnesiumhydroxyd ist in Säuren leicht löslich* (SCHULTEN, BRUNNER), ebenso *in konzentrierter Ammoniumchloridlösung* beim Erhitzen (MOMTIGNIE). Sehr konzentrierte Kalilauge löst bei höheren Temperaturen merkliche Mengen, die aber beim Abkühlen wieder ausfallen (SCHULTEN). Ferner löst sich Magnesiumhydroxyd in merklichen Mengen in Chromisalzlösungen (KNOCHE), in erheblichen Mengen in Lösungen von Ferrichlorid (PAPPADA) und ähnlicher Stoffe, da diesen gegenüber das $Mg(OH)_2$ die stärkere Base ist. Diese Löslichkeiten sind aber für die Titrationsverfahren ohne praktische Bedeutung.

a) Nach PRECHT. Die zu analysierende völlig neutrale Magnesiumsalzlösung wird zweckmäßig in einem Meßkolben, um den *Einfluß der Luftkohlensäure* möglichst auszuschalten, mit 1 n-Natron- oder Kalilauge im Überschuß versetzt. Entsteht beim weiteren Zufließen der Lauge keine Fällung mehr, dann wird die Lösung zum Sieden erhitzt, nach dem Abkühlen mit destilliertem Wasser zur Marke aufaufgefüllt und gut durchgeschüttelt. Ein gemessener Teil der klaren Flüssigkeit (oder des Filtrates) wird mit 1 n-Säure gegen Methylorange oder Methylrot zurücktitriert.

Ist die Magnesiumsalzlösung sauer, so muß sie vorher genau mit Lauge neutralisiert werden (gegen *Methylorange* oder *Methylrot*). Sind Kalksalze zugegen, so kann das Calcium mit neutralem Kaliumoxalat ausgefällt werden, eine Methode nach der auch andere Metalle, die schwerlösliche Oxalate geben, entfernt werden können. Alle mit Alkali fällbaren Stoffe stören, worauf schon einleitend hingewiesen wurde. Obwohl KOLTHOFF angibt, daß die Anwesenheit von Calcium nicht stört, ist bei Vorhandensein der Erdalkalimetalle Vorsicht geboten, weil sie, sei es durch Absorption von CO_2 aus der Luft, sei es durch den Carbonatgehalt der Lauge, leicht als Carbonate gefällt werden, was eine Erhöhung des Mg-Gehaltes vortäuscht. *Die Berechnung* des Mg- bzw. MgO-Gehaltes ergibt sich aus dem folgenden Ansatz:

Einwage . . . . E g
Zugesetzte Alkalilauge . . . . . . L cm^3 1 n
Inhalt des Kolbens . . . . K cm^3
Volumen der titrierten Lösung . . . a cm^3
Verbrauchte Schwefelsäure . . . . y cm^3 1 n
Gesuchte Prozente Mg bzw. MgO . . x_1 bzw. x_2

$$x_1 = \left(L - y \cdot \frac{K}{a}\right) \cdot {}^1/_2\mathrm{Mg} \cdot \frac{100}{1000} \cdot \frac{1}{E}\,; \qquad x_2 = \left(L - y \cdot \frac{K}{a}\right) \cdot {}^1/_2\mathrm{MgO} \cdot \frac{100}{1000} \cdot \frac{1}{E}\,.$$

b) Nach Willstätter. Die neutrale Analysenlösung wird mit soviel Alkohol versetzt, daß der Alkoholgehalt der Mischung mindestens 70% beträgt. In solchen Alkohol-Wasser-Gemischen ist Magnesiumhydroxyd so wenig löslich, daß Thymolphthalein darauf nicht mehr anspricht. Auf diese Weise wird es möglich, auch in Gegenwart des $Mg(OH)_2$, also ohne die oft langwierige Filtration, einen Alkaliüberschuß zurückzutitrieren. Der oben angegebenen Analysenlösung setzt man einen bekannten Überschuß an 1 n-Alkalilauge zu, versetzt mit etwas Thymolphthalein und titriert nun mit 1 n-Säure auf Farblos zurück. Bei hochdispersen Niederschlägen wird an der Eintropfstelle der Säure ein kleiner Teil des Magnesiumhydroxydniederschlages gelöst, so daß Fehler auftreten würden. Nach Rauch vermeidet man diese dadurch, daß man die Lösung nach dem Alkalizusatz zum Sieden erhitzt, den verdampften Alkohol ergänzt und nach Abkühlung in Gegenwart eines kombinierten Indicators (hergestellt aus 0,5 g Thymolphthalein, 0,1 g Alizaringelb R in 100 cm^3 Alkohol) mit Säure zurücktitriert. Wie Rauch weiter ermittelt hat, kann auch carbonathaltige Lauge, bis 2% Carbonatgehalt, angewandt werden, ohne daß der Fehler mehr als 0,5% beträgt, allerdings ist für diese Fälle die Abwesenheit von Calcium Bedingung. — Selbstverständlich muß die Lauge mit Thymolphthalein eingestellt worden sein.

Dieses Titrationsverfahren dürfte auch so durchführbar sein, daß man die Fällung nach der Methode von Precht vornimmt, nach dem Erkalten die erforderliche Alkoholmenge zusetzt und nun die ganze in Arbeit genommene Menge nach Willstätter zurücktitriert.

Die Berechnung erfolgt nach dem bei der Methode nach Precht angegebenen Ansatz, nur fällt der Bruch K/a weg, wenn die Titration mit der ganzen Einwage durchgeführt worden ist.

c) Mittels Bariumhydroxyds. Diese Titrationsmethode eignet sich besonders dann, wenn das Magnesium als Sulfat vorliegt. Es fallen zusammen Magnesiumhydroxyd und Bariumsulfat aus. Der Endpunkt der Titration ist nach Kolthoff viel schärfer als bei Titrationen mit Natron- oder Kalilauge.

Die neutrale Analysenlösung wird mit *Phenolphthalein* versetzt und mit *Bariumhydroxydlösung* titriert (s. S. 140).

Nach Wellings kann man die Titration mit einer *alkoholischen Fluoresceinlösung als Adsorptionsindicator* mit einem Farbwechsel von gelb nach dunkelorange durchführen.

d) Mittels Calciumhydroxyds. Man verfährt, wie bei der Prechtschen Methode beschrieben, mit einem Überschuß an gemessener Calciumhydroxydlösung. Berechnung ebenso wie dort, nur ist auf den Titer der Lösungen zu achten.

Diese Methode ist auch bei Gegenwart von Calciumsalzen anwendbar (s. S. 137).

***Bemerkungen.* I. Die Genauigkeit** dieser Titrationsmethoden ist bei Innehaltung der Vorschriften recht gut, doch ist für hohe Genauigkeitsansprüche die Löslichkeit des Magnesiumhydroxydes in Rechnung zu setzen. Ein reichlicher Alkaliüberschuß drückt die Löslichkeit erheblich herab und ist deshalb zu empfehlen. Als Beispiel sei angegeben, daß nach Precht sich ein Teil Magnesia in Gegenwart von Kalilauge in 62000 Teilen Wasser löst. In 50 cm^3 der zum Zurücktitrieren verwendeten Lösung waren demnach 0,8 mg MgO gelöst. Weitere Angaben über die Löslichkeit finden sich bei KOLTHOFF.

VÜRTHEIM hat nachgewiesen, daß die Methode auch bei Gegenwart von Kaliumsalzen hinreichend genau ist. Genauigkeitsbestimmungen haben auch GALIMBERTI und ZOCCHEDDU durchgeführt und gefunden, daß bei Anwendung von Methylorange als Indicator, Zugabe von Natronlauge bis zum Farbumschlag und Rücktitration des Filtrats mit Salzsäure der *Analysenfehler zwischen — 0,01%* und *+ 0,02% liegt.*

Bei der Titration mit Bariumhydroxyd liegt der *Fehler meist unter 0,15%*; nur bei längerem Stehen der mit $Ba(OH)_2$ versetzten Lösung treten nach RHODES Fehler durch Adsorption von Barium-Ionen am Magnesiumhydroxyd auf. Ebenfalls durch Adsorption treten Fehler bei der Titration mit Calciumhydroxyd auf, wie COCHENHAUSEN festgestellt hat. Außerdem treten die bekannten Fehler durch CO_2-Aufnahme auf.

II. Besondere Vorschriften und Wahl der Indicatoren. Das Magnesiumhydroxyd fällt häufig in einer gelatinösen Form aus, die sich schlecht und nur äußerst langsam filtrieren läßt. Für solche Fälle haben MAEDA und SYOZI vorgeschlagen, nach der Zugabe des Alkaliüberschusses den Niederschlag durch *Zentrifugieren* von der Lösung zu trennen. Die Methode ermöglicht natürlich auch ein gutes Auswaschen und bringt einen erheblichen Zeitgewinn. Voraussetzung ist eine solche Zentrifuge, die das verlustlose Auffangen der abgeschleuderten Flüssigkeit gestattet, andernfalls muß man den Rückstand in Salzsäure auflösen und den Säureüberschuß zurücktitrieren. Ein schnelles Absetzen des gelatinösen Niederschlages erreicht man nach CLARENS und LACROIX durch Zugabe kleiner Mengen von frisch gefälltem, ausgewaschenem *Aluminiumoxydhydrat* zu der siedenden, mit Alkali versetzten Analysenlösung. Der Alkaliüberschuß ist dann im Filtrat in Gegenwart von *Methylrot* zurückzutitrieren.

Beim Arbeiten mit verschiedenen Indicatoren ist der Kohlensäuregehalt der Laugen zu beachten und dafür zu sorgen, daß während der Analyse die alkalische Lösung aus der Luft nicht noch zusätzlich Kohlensäure aufnimmt. Erinnert sei daran, daß die Laugen mit demselben Indicator und in derselben Weise, wie bei dem Titrationsverfahren vorgegangen wird, einzustellen sind.

Außer den bisher erwähnten und in den obigen Vorschriften enthaltenen gebräuchlichen Indicatoren kann man in bestimmten Sonderfällen auch noch andere Indicatoren wählen. So beschreibt KOLTHOFF z. B. die Verwendung von *Nitramin.* Für die Bestimmung des Magnesiums im Kalkstein verwenden PIERCE und GEIGER nacheinander die Indicatoren *Bromthymolblau*, *Dimethylaminoazobenzol* und *Trinitrobenzol* (s. S. 195).

3. Oxydimetrische Bestimmung des Magnesiumoxalats.

Das Magnesiumoxalat kann wie das Calciumoxalat oder wie die Oxalsäure mit *Permanganat* titriert werden. Das Verfahren zur Fällung des Magnesiumoxalats ist bei den gravimetrischen Verfahren S. 134 bereits beschrieben worden. Die Genauigkeit der Methode hängt nur ab von der quantitativen Abscheidung bei der Fällung und vom verlustlosen Auswaschen des Niederschlages bis eben zur restlosen Beseitigung anhaftender Oxalat-Ionen. Da es bessere und bequemere Methoden zur Magnesiumbestimmung gibt, so dürfte diese nur selten in Frage kommen.

Eine Methode zur oxydimetrischen Bestimmung von Calciumoxalat neben Ammoniummagnesiumphosphat s. S. 195.

4. Elektrometrische Methode.

Die *konduktometrischen* Titrationen erlauben auch die Durchführung der Bestimmungen in gefärbten Lösungen. Nach jedem Zusatz gemessener Mengen der

Maßflüssigkeit wird das Leitvermögen (bei konstantem Vergleichswiderstand) ermittelt. Man trägt die gefundene Leitfähigkeit oder einfacher die Ablesungen am Meßdraht auf Millimeterpapier als Funktion der zugesetzten Kubikzentimeter auf. Zweckmäßig ist es, durch einen Vorversuch die erforderliche Menge Maßflüssigkeit ungefähr zu bestimmen und mit den Leitfähigkeitsmessungen erst einige Kubikzentimeter vor dem Endpunkt zu beginnen. Aus den auf den beiden Kurvenästen gefundenen Punkten ermittelt man graphisch den Schnittpunkt und damit den Endpunkt der Titration.

So kann man beispielsweise die oben beschriebene Titration von Magnesiumsulfat mit *Bariumhydroxydlösung* auch nach dieser Methode durchführen. In diesem Falle verschwindet praktisch (wegen der geringen Löslichkeit von Magnesiumhydroxyd und Bariumsulfat) der größte Teil der vorhandenen Ionen und die gezeichnete Kurve (s. Abb. 1) zeigt eine scharfe Spitze, deren Projektion auf die X-Achse die zur Beendigung der Titration erforderlichen Kubikzentimeter angibt.

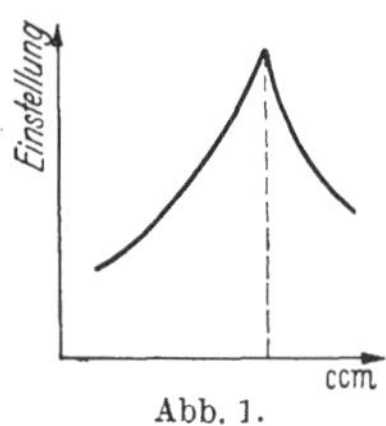

Abb. 1.

Die Magnesiumhydroxydfällung durch Zugabe von Alkalilaugen läßt sich auch potentiometrisch verfolgen und es sind schon eine Reihe von Methoden angegeben worden, die darauf beruhen, der Analysenlösung bei Gegenüberschaltung einer *Wasserstoffelektrode* solange Alkalilauge bekannter Konzentration zuzugeben, bis der Potentialsprung die Vollendung der $Mg(OH)_2$-Bildung anzeigt. Da der Fehler in den meisten Fällen jedoch zwischen 1 bis 5% liegt oder komplizierte Apparaturen, wie paraffinierte Titriergefäße und Ausschluß von Kohlensäure notwendig sind, sei hier nur auf die umfangreiche Literaturzusammenstellung in Gmelins Handbuch der anorganischen Chemie verwiesen.

C. Nephelometrische Methode.

Kleinere Magnesiumhydroxydmengen können nephelometrisch bestimmt werden. Durch Zusätze wäßriger Lösungen von *Gummi arabicum* oder *Dextrin* lassen sich nämlich die Magnesiumhydroxydsuspensionen derart stabilisieren, daß eine nephelometrische Gehaltsbestimmung durchführbar wird. Wie Boutaric und Perreau ausprobiert haben, sind Stärke oder Gelatine als Stabilisatoren nicht brauchbar, weil sie die Ausflockung des Magnesiumhydroxydes beschleunigen. Auch hier sei wegen Einzelheiten der Methode auf die Originalliteratur verwiesen. (Zusammenstellung s. Gmelins Handbuch.)

Literatur.

Boutaric, H. u. G. Perreau: Cr. **186**, 693 (1928). — Brunner, E.: Z. phys. Ch. **47**, 77 (1904).

Clarens, J. u. J. Lacroix: Bl. **51**, 667 (1932). — Cochenhausen, v.: Z. angew. Ch. **19**, 1991 (1906).

Galimberti, L. u. E. Zoccheddu: Ann. Chim. anal. **18**, 287 (1928). — Gjaldbaek, J. K.: Z. anorg. Ch. **144**, 272f. (1925). — Gmelin: Handbuch der anorganischen Chemie, Mg, Teil B, Lfg. 1, S. 54—67; Mg, Teil A, Lfg. 2, S. 361—362.

Knoche, H.: Kolloid-Z. **68**, 39 (1934). — Kolthoff, I. M.: (a) Pharm. Weekbl. **54**, 1116 (1917); (b) Z. anorg. Ch. **112**, 173 (1920); (c) R. **41**, 792 (1922); (d) Maßanalyse **2**, 165 (1928). — Koppel, I.: Chem.-Kal. **1937 II**, 376.

Lescoeur, H.: Bl. **17**, 38 (1897).

Maeda, T. u. R. Syozi: Sci. Pap. Inst. Tokyo **13**, 185 (1930). — Montignie, E.: Bl. **3**, 1389 (1936).

Pappada, N.: Z. Chem. Ind. Kolloide **10**, 181 (1912). — Pierce, J. S. u. M. B. Geiger: Ind. eng. Chem. Anal. Edit. **2**, 193 (1930). — Precht, H.: Fr. **18**, 438 (1879).

Rauch, A.: Fr. **84**, 340 (1931). — Rhodes, Wynfield J. E.: J. Soc. chem. Ind. Trans. **46**, 159 (1937).

Schulten, A. de: C. r. **101**, 72 (1885).

Vürtheim, A.: Chem. Weekbl. **19**, 461 (1922).

Wellings, A. W.: Trans. Faraday Soc. **28**, 561 (1932). — Willstätter, R. u. E. Waldschmidt-Leitz: B. **56**, 488 (1923).

§ 3. Bestimmung durch Abscheidung als Magnesiumammoniumphosphat.

$MgNH_4PO_4 \cdot 6\ H_2O$, Molekulargewicht 245,433.

Allgemeines.

Verfahren und Anwendbarkeit. Bei dieser bekanntesten und gebräuchlichsten Abscheidungsmethode zur Bestimmung des Magnesiums treten bei der Fällung und weiteren Verarbeitung des Niederschlages Schwierigkeiten und Fehlerquellen auf, wie dies die Fülle der in der Literatur darüber erschienenen und sich teilweise widersprechenden Verbesserungs- und Abänderungsvorschläge beweist, die hier bei den einzelnen Abschnitten besprochen werden sollen.

Grundsätzlich beruht das Verfahren darauf, in Gegenwart von Ammoniumchlorid und Ammoniak das Magnesium mittels Natrium- oder Ammoniumphosphatlösung als Magnesiumammoniumphosphat ($MgNH_4PO_4 \cdot 6\ H_2O$) auszufällen. Die Bestimmung der Niederschlagsmenge kann danach auf verschiedene Weise erfolgen: Durch Wägung als solches, durch Wägung des beim Glühen daraus entstehenden Magnesiumpyrophosphats, ferner maßanalytisch, colorimetrisch, eudiometrisch, refraktometrisch, nephelometrisch, funkenspektroskopisch und schließlich durch indirekte Bestimmung.

Die Auswahl der Mengenbestimmungsmethode des erhaltenen Niederschlages entscheiden Zweckmäßigkeitsgründe, wie verlangte Genauigkeit oder Schnelligkeit, Vorhandensein von Apparaten und Chemikalien u. a. Die am häufigsten angewendete Methode ist die Überführung in das Pyrophosphat, die wohl auch die älteste Methode ist.

Eigenschaften des Magnesiumammoniumphosphats. Löslichkeit. Der weiße, *krystalline Niederschlag von $MgNH_4PO_4 \cdot 6\ H_2O$* ist in Wasser schwer löslich, noch schwerer löslich in 3%igem Ammoniakwasser, aber für sehr genaue wissenschaftliche Bestimmungen hat man auch diese Löslichkeit mit in Rechnung zu stellen. So hat beispielsweise SCOTT aus 1000 cm^3 einer mit Magnesiumammoniumphosphat gesättigten 3%igen Ammoniaklösung nach Eindampfen und Glühen 48 mg $Mg_2P_2O_7$ erhalten. Genaue Bestimmungen der Löslichkeit des Niederschlages $MgNH_4PO_4 \cdot 6\ H_2O$ in verschiedenen Lösungen haben TANANAJEW und SSAWTSCHENKO durchgeführt und folgende Werte erhalten, die in Tabelle 1 zusammengestellt sind.

Tabelle 1. Löslichkeit von $MgNH_4PO_4 \cdot 6\ H_2O$ in verschiedenen Flüssigkeiten bei 25° C.

Lösungsmittel	Löslichkeit g/l
Wasser	0,0987
n/100-Ammonchloridlösung	0,1185
n/50-Ammonchloridlösung	0,1119
n/10-Ammonchloridlösung	0,1613
1 n-Ammonchloridlösung	0,3452
1 n-Ammonchloridlösung + 5 n-Ammoniakwasser	0,0248
n/100-Ammoniakwasser	0,0107
n/10-Ammoniakwasser	0,0086
1 n-Ammoniakwasser	0,0074
5 n-Ammoniakwasser	0,0090

Daraus ergibt sich, daß das häufig übliche Auswaschen mit Ammonchlorid enthaltendem Wasser falsch ist, sondern daß man zweckmäßiger verdünntes Ammoniakwasser anwendet. Gemäß den neueren Forschungen und Vorschlägen einiger Forscher (WASSILJEW und WASSILJEWA sowie MALJAROFF und MATSKIEWITSCH) verwendet man vorteilhaft als Waschflüssigkeit Wasser, das mit Magnesiumammoniumphosphat gesättigt ist. Die an sich selbstverständliche Abhängigkeit der Löslichkeit des Niederschlages von seiner Krystallgröße hebt JUNIAUX hervor. Besonders groß ist nach den schon erwähnten Untersuchungen von MALJAROFF und MATSKIEWITSCH die Löslichkeit des Magnesiumammoniumphosphats in Ammoniumoxalatlösungen, so daß vor Ausführung der Fällung etwa in der Lösung vorhandene Oxalate zu zerstören sind. Ältere Zahlenangaben über die Löslichkeit von $MgNH_4PO_4 \cdot 6\ H_2O$ in verschiedenen

Flüssigkeiten finden sich in den Arbeiten von JÖRGENSEN, FRESENIUS, EBERMAYER, KISSEL, STÜNKEL, WETZKE, WAGNER und FALES, die hier nur der Vollständigkeit wegen erwähnt seien; daraus entnommen sind noch folgende Messungen: 1 Teil $MgNH_4PO_4 \cdot 6\,H_2O$ löst sich in 13497 Teilen Wasser und in 60883 Teilen wäßrigem 3%igem Ammoniak.

Diese Löslichkeit wäre unter Berücksichtigung der Waschwassermengen bei der Berechnung sehr genauer Analysen zu beachten. Ein Teil dieses Löslichkeitsfehlers wird aber durch fest adsorbierte Stoffe ausgeglichen (s. unten). Jedenfalls verbietet die Löslichkeit des Ammoniummagnesiumphosphates das Arbeiten bei zu großen Verdünnungen (s. S. 168).

Krystallisationszeit. Um eine quantitative und vor allem leicht filtrierbare Fällung von Magnesiumammoniumphosphat zu erhalten, muß man dem Niederschlag im allgemeinen eine Krystallisationszeit von 12 bis 24 Std. gewähren. Diese unangenehme Wartezeit und Verlängerung der Analysendauer abzukürzen, ist der Zweck zahlreicher Untersuchungen gewesen, die unter anderem von BAHNEY, WDOWISZEWSKI und von THANHEISER und DICKENS durchgeführt wurden. Dabei hat sich gezeigt, daß das lange Stehenlassen sich vermeiden läßt, wenn man die Lösung nach Zugabe aller Fällungsreagenzien einige Zeit kräftig schüttelt; nach EPPERSON soll die Schüttelzeit 15 bis 60 Min. betragen. Bei THANHEISER und DICKENS wurde die saure ammoniumsalzhaltige Lösung von Magnesiumsalzen mit einem Überschuß von *Natriumphosphat* versetzt und nach Zusatz einiger Tropfen Phenolphthalein zum Sieden erhitzt. Zur heißen Lösung wurde bis zur bleibenden Rotfärbung tropfenweise und dann noch $^1/_5$ ihres Volumens 10%iges Ammoniak zugegeben. Dann wurde mittels einer mechanischen Schüttelvorrichtung geschüttelt, wobei festgestellt werden konnte, daß die Fällung bereits bei 10 Min. langem Schütteln quantitativ ist und die Niederschläge stets in einer gut filtrierbaren Form erhalten werden.

In der Arbeit von DUNNING-PRATT-LOWMANN werden lediglich alte Erkenntnisse aufgefrischt. Auch in der älteren Literatur finden sich Vorschläge zur Verkürzung der Krystallisationszeit von BRIANT, STOCK, MOHR und STOLBA, wovon letzterer das längere und kräftige Reiben und Umrühren mit einem Glasstab empfiehlt, das noch heute üblich ist.

Einfluß der Konzentration der Fällungsmittel und Beeinflussung der Fällung durch Salzbeimengungen. Ein Überschuß der Fällungsmittel wie auch von Ammonsalzen und Ammoniak bewirkt, wie in einer ausführlichen Arbeit von GOOCH und AUSTIN dargelegt ist, daß die Resultate meist zu hoch ausfallen. Zweimalige Fällung oder Abänderung der Methode nach den Vorschriften der obengenannten Forscher, wie auch die Methode von GIBBS stellt diesen Fehler ab, wie dies bei der Besprechung der Vorschriften weiter unten ausführlicher behandelt werden wird. — Wenn in der Hitze gefällt wird, ist ein Überschuß an Ammonsalzen keineswegs schädlich, sondern begünstigt, wie JÄRVINEN gezeigt hat, die Abscheidung des Niederschlages in grobkrystalliner, leicht filtrierbarer Form.

Es gibt noch weitere Literaturangaben über diese Konzentrationseinflüsse der Fällungsmittel, hierzu sei aber, da sie sich teilweise widersprechen, nur auf die Literaturzusammenstellung in GMELINs Handbuch verwiesen.

Einfluß organischer Säuren. Einige organische Stoffe, insbesondere *Weinsäure und Citronensäure* und deren Verbindungen, verhindern oder verzögern zumindest die Ausfällung des Magnesiumammoniumphosphats, wobei häufig die Ausbildung besonders schöner, großer und reiner Krystalle begünstigt wird. HAHN und SCHEIDERER haben gefunden, daß das Verfahren, Magnesium aus aluminiumhaltigen Lösungen nach der Phosphatmethode durch Zusatz von Weinsäure zu bestimmen, bei kleinen Mengen versagt. G. JANDER, WENDEHORST und WEBER jedoch konnten später nachweisen, daß sich nach dieser Methode auch recht kleine Mengen von Magnesium (bis herab zu 0,3 mg) neben etwa 200 mg Aluminiumoxyd exakt bestimmen lassen, wenn man nach der vorgenommenen Fällung nur genügend lange stehen läßt — je nach der Menge des Magnesiums 3 bis 8 Tage —. In der Abscheidung des Magnesiums bei gleichzeitiger Anwesenheit von Aluminium und Weinsäure tritt also nur eine nicht unerhebliche Verzögerung keinesfalls aber ein vollständiges Ausbleiben ein. Nach TERESCHTSCHENKO und NEKRITSCH ist die Fällung des Magnesiums als $MgNH_4PO_4 \cdot 6\,H_2O$ in Gegenwart von Citronensäure jedoch niemals quantitativ. Versuche von QUARTAROLI haben ergeben, daß mit steigendem Gehalt an Ferri- und Aluminiumverbindungen die Fällbarkeit des Magnesiumammoniumphosphats bei Gegenwart von *Ammoniumcitrat* rasch sinkt. Über den störenden Einfluß der *Oxalsäure*, die besonders in größeren Mengen die Fällung verhindert, bzw. die Resultate zu klein werden läßt, wurde bereits oben unter „Löslichkeit" gesprochen (s. auch GOOCH und AUSTIN). Wenn auch nach TSCHUIKO die gleichzeitige Anwesenheit von viel Ammoniumchlorid ausgleichend wirken und zu richtigen Ergebnissen führen kann, so ist es doch stets ratsamer, vor der Fällung des Magnesiums den Rest des bei der Calciumbestimmung zugesetzten Ammoniumoxalats durch Oxydation zu zerstören. Dies gelingt nach Untersuchungen von STEOPOE am besten bei folgender Arbeitsweise: Nach dem Abfiltrieren und Auswaschen des Calciumoxalats wird das etwa 300 bis 400 cm^3 betragende Filtrat mit konzentrierter Salpetersäure neutralisiert, danach noch weitere 2 bis 3 cm^3 HNO_3 zugesetzt und nach Zusatz von 15 cm^3 Perhydrol ganz langsam, im Verlauf von mindestens 3 Std. auf 200 cm^3 Volumen eingedampft. Je länger dieses Eindampfen dauert, um so besser! Auch Kolloide haben auf die Krystallform und Korngröße einen Einfluß, wie CAVAZZANI gezeigt hat. Neben diesen wichtigsten Arbeiten über verschiedene chemische und äußere Einflüsse auf die Ausfällung des Magnesiumammoniumphosphatniederschlages sei wieder auf die Literaturzusammenstellung in GMELINs Handbuch verwiesen.

A. Arbeitsvorschriften für die Fällung des Magnesiumammoniumphosphats.

1. Aus kalten Lösungen.

a) Die alte, in den meisten Lehrbüchern, z. B. von FRESENIUS angegebene **Vorschrift,** die für die meisten Fälle genügend genaue Ergebnisse liefert, lautet:

„Man versetzt die Magnesiumsalzlösung in einem Becherglas mit Ammoniumchloridlösung und fügt Ammoniak in geringem Überschuß zu. Sollte hierbei ein Niederschlag entstehen, so gibt man soviel Ammonchlorid zu, daß er wieder verschwindet. Dann gibt man zur klaren Flüssigkeit überschüssige Natriumphosphatlösung, rührt in der Weise um, daß man mit dem Glasstab die Wandung des Gefäßes nicht berührt und läßt wohl bedeckt 12 Std. ohne Erwärmen stehen."

Die Resultate fallen, wie NEUBAUER festgestellt hat, verschieden aus, und zwar zu niedrig, wenn die Fällung in stark ammoniakalischer, wenig Ammoniumsalze enthaltender Lösung vorgenommen und die Phosphatlösung langsam zufließen gelassen wird, weil der Niederschlag dann stets durch dreibasisches Magnesiumphosphat verunreinigt ist; zu hoch dagegen, wenn die Fällung in neutraler Lösung bei Gegenwart von viel Ammoniumsalzen, überschüssiger Phosphatlösung und nachherigem Zusatz von Ammoniak ausgeführt wird. In diesem Falle enthält der Niederschlag Monomagnesiumdiammoniumphosphat, das nachher, im Falle der Bestimmung nach der Pyrophosphatmethode, nur durch anhaltendes Glühen vor dem Gebläse in $Mg_2P_2O_7$ übergeführt werden kann; beim mäßigen Glühen hingegen entsteht Magnesiummetaphosphat.

b) Methode von NEUBAUER. Die schwach saure Magnesiumsalzlösung wird mit überschüssigem Natriumphosphat versetzt, dann unter Umrühren $^1/_3$ des Flüssigkeitsvolumens an 10%igem Ammoniak zugegeben und 4 bis 5 Std. stehen gelassen. Danach wird filtriert; der Niederschlag wird mehrmals mit $2^1/_2$%igem Ammoniak ausgewaschen und schließlich in möglichst wenig verdünnter Salzsäure gelöst.

Zu dieser Lösung gibt man einige Tropfen Natriumphosphat und fällt nun durch Versetzen der Lösung mit $^1/_3$ ihres Volumens an 10%igem Ammoniak das Magnesiumammoniumphosphats zum zweiten Male aus.

Die Fällung aus kalten Lösungen ist keineswegs an die Verwendung von Natriumphosphat und Ammoniumchlorid gebunden. Liegt das Magnesium in schwefelsaurer Lösung vor, so empfiehlt es sich nach BRANDIS, in Gegenwart von Ammoniumsulfat die Fällung mittels Natriumphosphatlösung vorzunehmen. Als Fällungsmittel werden ferner benutzt *Diammoniumphosphat, Phosphorsalz, Dinatriumammoniumphosphat* und auch freie Phosphorsäure. Bei Fällungen mittels Phosphorsalz sollen zwar leichter Niederschläge von der theoretischen Zusammensetzung erhalten werden (BUBE, MOHR); die Niederschläge, die man mit Dinatriumphosphat erhält, sind jedoch durch schnelleres Absetzen und bessere Filtrierbarkeit ausgezeichnet (BLUM). Das kommt daher, daß bei der Fällung mittels Natriumphosphat der Niederschlag viel langsamer entsteht, dabei aber größere Krystalle gebildet werden. Die Fällung mittels Phosphorsalz eignet sich aber besonders für die Bestimmung sehr geringer Magnesiummengen. Nach Untersuchungen von GOOCH und AUSTIN lassen sich mit Phosphorsalz, Ammoniumchlorid und wäßrigem Ammoniak noch 0,1 mg Mg in 500 cm³ Lösung feststellen.

c) Methode von RAFFA. Eine quantitative Abscheidung von einheitlich zusammengesetztem Magnesiumammoniumphosphat entsprechend der Formel: $MgNH_4PO_4 \cdot 6\,H_2O$ hat RAFFA ausgearbeitet unter Verwendung von Dinatriumammoniumphosphat, zu dessen Herstellung man eine Dinatriumphosphatlösung mit genau der Menge Ammoniak zu versetzen hat, die zur Bildung des Doppelsalzes notwendig ist. Zur Bereitung der vorgeschriebenen $^1/_2$ n-Fällungslösung hat man also gleiche Volumina 1 n- ($^1/_3$ molar-) Dinatriumphosphatlösung und 1 n-Ammoniak miteinander zu mischen.

20 bis 25 cm³ der nach obiger Vorschrift hergestellten $^1/_2$ n-Dinatriumammoniumphosphatlösung bringt man in ein 100 cm³-Becherglas und läßt rasch 10 cm³ der zu prüfenden Magnesiumlösung zufließen. Dann rührt man gut um, ohne die Wände mit dem Glasstab zu berühren, läßt den Niederschlag sich vollständig absetzen und kann dann sogleich filtrieren. Für gewichtsanalytische Mengenbestimmung des Niederschlages ist mehrmals gut mit 2,5%igem Ammoniakwasser auszuwaschen. Das letzte Waschwasser darf z. B. bei Verwendung einer chlorhaltigen Analysenlösung keine Chlorreaktion mehr geben.

Die Analysenlösung muß etwa 0,3 bis 0,5% Mg enthalten, da bei stärkerer Konzentration ein zu voluminöser Niederschlag entstehen könnte, der schlecht filtriert und bei geringerer Konzentration die Kryställchen leicht zu sehr an den Wänden des Becherglases haften.

d) Methode von LINDT. LINDT hat mit *freier Orthophosphorsäure* als Fällungsmittel recht gute Ergebnisse erzielt. In die kalte, *gut ammoniakalische Analysenlösung* werden je nach der vorhandenen Magnesiummenge 1 bis 5 cm³ Phosphorsäure (gegebenenfalls auch mehr) von 1,30 Dichte unter raschem Umrühren auf einmal zugesetzt und noch einige Zeit weiter gerührt. Die Fällung wird bei größeren Magnesiummengen innerhalb $^1/_2$ Std., bei kleineren Mengen in längstens 5 Std. vollständig. Der Niederschlag setzt sich in feinkörniger Form ab, haftet nicht an den Wänden und ist leicht zu filtrieren und gut auszuwaschen.

Weitere ältere Literatur über Fällung aus kalten Lösungen siehe in GMELINS Handbuch A 27, S. 351; RÜDISÜLE, Bd. 6, S. 604—610, TREADWELL, 11. Aufl., Bd. 2, S. 57—61.

2. Aus heißen Lösungen.

Nach Ansicht einiger Forscher erhält man genauere Resultate bei der Fällung des Magnesiumammoniumphosphats aus heißen Lösungen, wobei auch eine Verkürzung der Arbeitszeit möglich ist. Von diesen Methoden ist als genaueste die verbesserte Methode von SCHMITZ anzusehen.

a) Methode von Schmitz. Die schwach saure Analysenlösung wird mit Natrium-, Kalium- oder Ammoniumphosphatlösung, mit Ammonacetat und einigen Tropfen Phenolphthalein versetzt. Nachdem die Flüssigkeit bis zum Blasenwerfen erhitzt ist, läßt man aus einer Glashahnbürette $2^1/_2$%iges Ammoniak unter Umrühren mit einem Glasstabe zufließen, bis eine schwach-milchige, opalisierende Trübung entsteht. Beim Umrühren soll das Berühren der Wände des Glases mit dem Glasstabe vermieden werden. Sobald eine opalisierende Trübung bemerkbar wird, stellt man den Ammoniakzufluß ab und rührt so lange, bis die milchige Trübung verschwunden ist und der Niederschlag krystallinische Form angenommen hat, was nach $^1/_2$ bis 1 Min. erreicht ist. Darauf fährt man unter Umrühren mit dem Zusatz von Ammoniak fort, jedoch langsam, in zählbarer Tropfenfolge. Sobald eine schwache Rotfärbung erkennbar ist, unterbricht man den Ammoniakzufluß nochmals, spült den Glasstab mit verdünnter Salzsäure ab und läßt weiter Ammoniak bis zur eben wahrnehmbaren Rotfärbung zufließen. Wird der an dem Glasstab zuerst haftende Niederschlag in Salzsäure gelöst, so läßt sich der nachher angesetzte mit dem Gummiwischer leicht abstreifen, was andernfalls nie quantitativ auf mechanischem Wege möglich ist.

Darauf läßt man die Flüssigkeit vollständig erkalten, fügt $^1/_5$ ihres Volumens konzentriertes Ammoniak hinzu, rührt kräftig um und kann nach einigen Minuten filtrieren. Der Niederschlag wird dann mit $2^1/_2$%igem Ammoniak gut ausgewaschen und darauf 2mal mit starkem Alkohol nachgewaschen. Majdel hat den Einfluß des Ammonchlorids auf die Resultate der Bestimmung des Magnesiums nach der Methode von Schmitz untersucht und festgestellt, daß ein zu großer Gehalt an NH_4Cl weniger schadet als ein zu geringer. Die besten Resultate werden erhalten, wenn die Ammonchloridmenge etwa 20mal so groß wie die zu erwartende Magnesiummenge ist.

Die ältere Methode von Schmitz siehe Treadwell, 11. Aufl. Bd. 2, S. 59 oder Fr. **45**, 513 (1906).

b) Methode von Gibbs. In ähnlicher Weise, jedoch mit Phosphorsalz als Fällungsmittel arbeitet dieses Verfahren. Die neutrale, mäßig konzentrierte Ammonchlorid enthaltende Magnesiumsalzlösung wird in der Siedehitze mit n/1-Natriumammoniumphosphatlösung versetzt, bis keine weitere Fällung mehr entsteht. Darauf gibt man unter Umrühren noch $^1/_3$ des vorhandenen Flüssigkeitsvolumens an 10%igem Ammoniak zu und läßt 2 bis 3 Std. stehen. Die überstehende klare Flüssigkeit wird dann durch ein Filter gegossen und der Niederschlag 3mal durch Dekantieren mit $2^1/_2$%igem Ammoniak ausgewaschen, dann aufs Filter gebracht und mit demselben Waschmittel vollständig ausgewaschen.

c) Methode von Njegovan und Marjanovic. Liegt das Magnesium in verdünnter Lösung vor, so ist die Methode von Njegovan und Marjanovic besonders zu empfehlen. Sie wurde nach eingehenden Versuchen aufgestellt, um die Bedingungen für eine formelreine Abscheidung des Magnesiumammoniumphosphats zu ermitteln. Die Lösung, welche höchstens 0,2 bis 0,3g MgO als Magnesiumsalz enthalten soll, wird in einem Pyrexbecher von 300 bis 400 cm^3 Fassungsvermögen zur Trockne eingedampft, nach dem Erkalten mit etwa 5 cm^3 konzentrierter Schwefelsäure versetzt, die eventuell noch vorhandene Salzsäure durch Erwärmen auf dem Wasserbade bzw. die Oxalsäure auf dem Drahtnetz entfernt. Nach dem Erkalten werden je nach Bedarf 15 bis 25 cm^3 (1 cm^3 fällt 0,0187 g MgO) kaltgesättigte Na_2HPO_4-Lösung und einige Tropfen Phenolphthalein zugesetzt, dann wird ein Gemisch von gleichen Volumteilen konzentriertem Ammoniak und 96%igem Alkohol bis zur Rötung unter fortwährendem Schütteln vorsichtig in einem Gusse zugefügt, mit 150 bis 200 cm^3 Wasser verdünnt und 1 Std. bedeckt auf dem Wasserbade gehalten. Nach dem Erkalten wird durch einen Berliner Porzellanfrittetiegel, durch welchen zuvor 3mal reines Wasser durchgesaugt wurde, filtriert und mit *2,5%igem Ammoniak* gut ausgewaschen.

d) Methode von HAHN-VIEWEG-MEYER. Die Methode liefert auch in Gegenwart von viel Alkali genaue Ergebnisse, man erhält einen grobkrystallinen, gut filtrierbaren und leicht auswaschbaren Niederschlag von $MgNH_4PO_4 \cdot 6\,H_2O$.

In einem Becherglas von 600 bis 800 cm³ Inhalt werden 100 cm³ 2 n-Ammonchlorid und 100 cm³ 3 n-Ammoniak zum Sieden erhitzt und weiterhin gerade eben im Sieden gehalten. Aus 2 nur als Tropfvorrichtung dienenden Büretten läßt man die Magnesiumsalzlösung und die ihr möglichst gleichstarke Natriumammoniumphosphatlösung langsam, in etwa 30 Min., eintropfen. Es sollen in gleichen Zeiten ungefähr äquivalente Mengen der reagierenden Stoffe eintropfen; dazu ist es gut, wenn man die Stärke der Analysenlösung ungefähr kennt. Die anderthalbfache Menge an Phosphatlösung ist jedoch noch zulässig. Um zu vermeiden, daß sich in der Wärme, wenn auch nur geringe Mengen von dem Hahnfett lösen und in die Lösung gelangen, ist es zweckmäßig, ein etwa 20 bis 25 cm langes Rohrstück zwischen Hahn und Becherglas einzufügen.

Der erste sichtbare Niederschlag erscheint meist nach etwa 5 Min., wenn die Lösungen nicht zu stark verdünnt sind. Nach Zulauf der beiden Lösungen wird die Magnesiumbürette noch 3mal mit insgesamt etwa 50 cm³ destilliertem Wasser nachgespült, aus der Phosphatbürette läßt man in 5 bis 10 Min. dieselbe Menge Lösung wie zuvor zutropfen. Darauf werden noch 100 cm³ 3 n-Ammoniak in einem Gusse zugegeben und die Fällung sich selbst überlassen. Beim Abkühlen scheidet sich das Magnesiumammoniumphosphat in großen Krystallen ab, die, meist strahlig angeordnet, öfters eine Länge von 5 mm erreichen. Nach dem Stehenlassen, zweckmäßig über Nacht, kann abfiltriert werden; als Waschflüssigkeit geben die Verfasser 2 n-Ammoniak an. Nach diesem Verfahren sind niemals amorphe Fällungen aufgetreten.

Auch für die Fällung in der Hitze finden sich in der Literatur noch zahlreiche weitere Angaben, die aber keine besonderen Vorteile bieten. Es sei auf die Literaturzusammenstellung in GMELINS Handbuch A 27, S. 351 verwiesen.

e) Besondere Vorschriften. Auf die Wägungsform als $MgNH_4PO_4 \cdot 6\,H_2O$ baut auch ein empfehlenswertes Halbmikroschnellverfahren nach WINKLER auf. Die das Magnesium enthaltende Lösung wird in abgemessener Menge (etwa 2 bis 10 cm³) in ein kleines ERLENMEYER-Kölbchen gebracht, auf etwa 20 cm³ verdünnt, mit 0,5 g Ammonchlorid versetzt und eben bis zum Aufkochen erhitzt. Danach werden 1 cm³ 20%iges Ammoniak und endlich 2 cm³ 10%ige Dinatriumphosphatlösung (Na_2HPO_4) zugegeben und durch Umschwenken gemischt. Nach etwa 5 Min., nachdem der anfänglich flockige Niederschlag krystallin geworden ist, wird das Kölbchen etwa 5 Min. in kaltes Wasser gestellt, wobei es vollständig abkühlen soll. Nun wird es mit einem Stopfen verschlossen und während weiterer 5 Min. öfters kräftig durchgeschüttelt. Der grobkrystalline Niederschlag wird auf einem Glas- oder Porzellanfiltertiegel gesammelt, das Kölbchen mit 1%igem Ammoniak ausgespült, der auch zum Waschen dient. Schließlich wird mit *96%igem Alkohol* (etwa 6 bis 10 cm³) nachgewaschen und mit *Äther* der Alkoholrest entfernt. Unter Verwendung von Chlorcalciumturm und Wasserstrahlpumpe wird etwa 10 Min. trocken gesaugt und danach kann sogleich gewogen werden.

Genauigkeit. Bei wissenschaftlicher Einhaltung der Vorschriften, insbesondere auch derjenigen für die Fällung des Niederschlages und für das Filtrieren und Auswaschen, steht das Verfahren an Genauigkeit hinter dem bekannteren der Bestimmung als Pyrophosphat keineswegs zurück. Es hat den Vorzug der Zeitersparnis, da das meist wiederholte Glühen bis zur Gewichtskonstanz vermieden wird.

Für die am meisten angewendete Wägungsform als Magnesiumpyrophosphat wurden von verschiedenen Forschern (CONGDON und VANDERHOOK, BUBE, GIBBS) die durchschnittlichen Abweichungen der Analysenwerte vom theoretischen Werte ermittelt, die sich nach den verschiedenen Fällungsverfahren ergeben. Für Fällung durch:

Unmittelbares Zugießen von	NaH_2PO_4,	Filtration nach 12 Std.	−0,21%
,, ,, ,,	$NH_4H_2PO_4$,	,, ,, 12 ,,	−0,08%
,, ,, ,,	$NaNH_4HPO_4$,	,, ,, 12 ,,	−0,22%
Allmähliches Zugießen unter Rühren von	NaH_2PO_4,	,, ,, 1 ,,	−0,08%
,, ,, ,, ,, ,,	$NH_4H_2PO_4$,	,, ,, 1 ,,	+0,23%

Brockmann umgeht die Fehlerquellen, von denen er besonders das Aufsteigen des Magnesiumammoniumphosphats an den Glaswänden des Fällungsgefäßes und des Trichters hervorhebt, durch Auflösen des ausgewaschenen Niederschlages auf dem Filter sowie der noch im Fällungsgefäß befindlichen Reste in Salpetersäure, Eindampfen der Lösung zur Trockne in einem gewogenen Tiegel und Glühen und Wägen des Rückstandes. Diese Arbeitsweise führt rasch zum Ziel.

Die Vermeidung von Fehlern wurde teilweise auch oben bei der Behandlung der Fällungsbedingungen besprochen. Für ein eingehenderes Studium der Fehlerquellen sei auf die Literaturzusammenstellung in Gmelins Handbuch verwiesen.

B. Mengenbestimmung des gefällten Niederschlages.

1. Gewichtsanalytisch.

a) Wägungsform $MgNH_4PO_4 \cdot 6\,H_2O$. Der nach einem der oben beschriebenen Verfahren ausgefällte Niederschlag kann unter Einhaltung bestimmter Vorsichtsmaßregeln direkt als $MgNH_4PO_4 \cdot 6\,H_2O$ gewogen werden. Schon bei de Koninck findet sich eine Vorschrift, wobei der Niederschlag auf dem vorher tarierten Filter gewogen wird. Nach neueren Untersuchungen lassen sich zwei Vorschriften angeben, die sich im wesentlichen nur durch die Art der Trocknung unterscheiden. Diese muß allerdings besonders vorsichtig geschehen, um die der Formel entsprechende Zusammensetzung des Niederschlages zu erhalten. Nach den Versuchen von Bube ist eine Umwandlung des Salzes erst bei etwa 57° zu erwarten.

Arbeitsvorschriften. Jones erhielt gute Ergebnisse durch Trocknen des gut ausgewaschenen Niederschlages auf einem Glas-, Porzellan- oder Wattefilter im Luftbad bei 40° C zur Gewichtskonstanz.

Schneller und wegen der Vermeidung des Erhitzens wohl noch sicherer gelangt man nach Dick sowie Wassiljew und Sinkowskaja zum Ziel, wenn man den ausgewaschenen Niederschlag erst mit *Alkohol* und dann mit *Äther* nachwäscht. Man filtriert natürlich zweckmäßig durch einen tarierten Gooch- oder Porzellanfrittetiegel. Um den Äther zu entfernen, wird einige Zeit Luft durchgesaugt und dann der Tiegel kurze Zeit in einen Vakuumexsiccator gebracht.

Mehlig gibt an, zu genauen Resultaten zu kommen, wenn er den Phosphatniederschlag durch einen Gooch-Tiegel abfiltriert, mit 1,5 molarem Ammoniak, danach mehrmals mit Alkohol, schließlich mit Äther wäscht und ihn dann im Exsiccator über Calciumchlorid trocknet:

$$F = \frac{Mg}{MgNH_4PO_4 \cdot 6\,H_2O} = \frac{24{,}32}{245{,}433} = 0{,}09909,$$

$$F_1 = \frac{MgO}{MgNH_4PO_4 \cdot 6\,H_2O} = \frac{40{,}32}{245{,}433} = 0{,}16428.$$

b) Wägungsform $Mg_2P_2O_7$. Weit bekannter, jedoch keineswegs immer genauer als die unter a) behandelte Mengenbestimmung als $MgNH_4PO_4 \cdot 6\,H_2O$ ist die Wägung als Pyrophosphat $Mg_2P_2O_7$. Der beim Erhitzen stufenweise verlaufende Vorgang

$$2\,(MgNH_4PO_4 \cdot 6\,H_2O) \rightarrow 2\,NH_3 + 13\,H_2O + Mg_2P_2O_7$$

ist erst neuerdings von Sagortschew durch Anwendung der Hahnschen Emaniermethode aus den Emaniervermögen-(EmV)-Temperaturkurven aufgeklärt worden.

Die Emanationsabgabe bzw. das Emaniervermögen (EmV) eines Krystalles hängt im wesentlichen von seiner (äußeren und inneren) Oberfläche ab. Dementsprechend sind alle Veränderungen dieser Oberfläche mit einer Veränderung des EmV zu registrieren. Das thermische

Verhalten der Substanz läßt sich also nach den EmV-Temperaturkurven beurteilen. Als emanationsbildendes Radioelement wurde hier Thorium X verwendet, als Indicator der Vorgänge diente somit die daraus gebildete Th-Emanation. Beim Ausfällen von Magnesiumammoniumphosphat war also Th X zugegen, das ins Molekül adsorptiv eingebaut wurde. Beim Erhitzen des normal abfiltrierten und getrockneten Niederschlages wurde die Abgabe der Emanation messend verfolgt, woraus sich unter Auswertung der Kurven ergibt, daß eine stufenweise Zersetzung mit steigender Temperatur in der folgenden Weise stattfindet:

Gleich mit Beginn der Erhitzung fängt das Entweichen des Krystallwassers an. Über 200° C entweicht NH_3 und bei 300° C ist die Zusammensetzung $MgHPO_4$ erreicht. Über 400° C beginnt dann allmählich der Übergang in $Mg_2P_2O_7$, der gegen 650° C beendet ist. Beim weiteren Erhitzen, bis 1000° C, erleidet das Phosphat keine weitere Veränderungen mehr.

Arbeitsvorschriften. 1. Die einfachste Arbeitsweise ist die mit einem Platin-Gooch-Tiegel mit Neubauerschem Platinfilter. Der Niederschlag wird gleich feucht im elektrischen Ofen getrocknet und durch Steigerung der Temperatur auf helle Rotglut in $Mg_2P_2O_7$ übergeführt, wobei er rein weiß werden soll. Dann läßt man im Exsiccator erkalten und wägt.

2. Wird durch ein Papierfilter filtriert, so wird vom getrockneten Niederschlag soviel als möglich in einen gewogenen Platintiegel gebracht, das Filter in der Platinspirale eingeäschert, die Asche zur Hauptmasse in den Tiegel gegeben, zuerst über kleiner Flamme erhitzt, bis kein Ammoniak mehr entweicht, dann die Hitze gesteigert und schließlich über dem Teklubrenner oder vor dem Gebläse geglüht, im Exsiccator erkalten gelassen und gewogen. An Stelle des Platintiegels kann auch ein Porzellantiegel angewandt werden.

Für die gleiche Arbeitsweise wurde von Jodidi und Kellog die Verwendung von Papierbreifiltern eingeführt, die deswegen sehr empfohlen werden kann, weil sie bei gleicher Genauigkeit eine bedeutende Zeitersparnis bringt. Eine solche Filtration dauert z. B. nur 3 bis 6 Min. gegenüber 30 Min. mit einem gewöhnlichen Filter.

Bemerkungen. I. Glühbedingungen. Wie bereits angegeben, soll der Niederschlag auf helle Rotglut erhitzt werden, also auf etwa 850 bis 900° C. Diese Temperatur ist zur Überführung des Ammoniumphosphats in das Pyrophosphat ausreichend (Njegovan und Marjanovic), wie auch durch die von Sagortschew angewandte Emaniermethode bewiesen worden ist. Von der Anwendung wesentlich höherer Temperaturen (bis 1300°), wie sie teilweise empfohlen werden (Hoffmann und Lundell), ist abzuraten, da hierbei die Platintiegel schon merklich an Gewicht verlieren (Moser) und auch infolge Bildung von Platin-Phosphor-Verbindungen oftmals angegriffen werden (Heraeus). Das Glühen kann vor dem Gebläse oder mittels eines guten Teklubrenners geschehen; sehr vorteilhaft ist die Ausführung in einem elektrischen Chromnickelofen.

Jenaer Glasfiltertiegel zu benutzen ist nicht ratsam, da diese beim Glühen im elektrischen Ofen auch bei den höchst zulässigen Glühtemperaturen schwer gewichtskonstant zu erhalten sind (Moser). Dagegen haben sich Porzellanfrittentiegel gut bewährt.

Die Angaben Miholics, durch Erhitzen auf 480° C ein vollständiges Ausglühen zu erreichen, sind experimentell nicht zu bestätigen.

II. Verschiedene Fehlerquellen. Das zu wägende $Mg_2P_2O_7$ soll rein weiß aussehen, andernfalls ist es nachzubehandeln. Die meist graue Verfärbung ist auf organische Beimengungen zurückzuführen, die z. B. von einem Pyridingehalt des zur Fällung benutzten Ammoniaks, von Filterpapierrückständen oder von Spuren Gummi der Gummiwischer herrühren können (Kiehl und Hardt, Karaoglanow und Dimitroff, Pereira). Sie ist bei getrennter Verbrennung von Filter und Niederschlag meist zu vermeiden (Epperson). Nachträglich beseitigen kann man diese Verfärbung durch Befeuchten mit Ammonnitratlösung oder Salzsäure und erneutes Glühen (McNabb, Donau) oder Überleiten eines Sauerstoffstromes während der Veraschung (CERNATESCO und VASCANTAU). Befeuchten mit Salpetersäure und nochmaliges Glühen ergibt Gewichtsverluste (KARAOGLANOW und DIMITROFF, LUNDELL und HOFFMANN, CAMPBELL). Enthielt der Niederschlag infolge unrichtiger Fällungsbedingungen Monomagnesiumammoniumphosphat ($Mg(NH_4)_4(PO_4)_2$) (s. S. 143), so entstehen Fehlergebnisse dadurch, daß diese Verbindung beim normalen Glühen in Magnesiummetaphosphat übergeht. Dadurch fallen die Resultate zu hoch aus. Wenn nur wenig Metaphosphat im Niederschlag enthalten ist, kann man durch anhaltendes Glühen vor dem Gebläse fast richtige Werte erhalten, weil das Metaphosphat unter Abspaltung von Phosphorpentoxyd, das sich bei der hohen Hitze allmählich verflüchtigt, in Pyrophosphat übergeht:

$$2\,Mg\,(PO_3)_2 \rightarrow Mg_2P_2O_7 + P_2O_5 .$$

Faktoren für die Berechnung:

$$F_1 = \frac{2\,Mg}{Mg_2P_2O_7} = \frac{48{,}64}{220{,}60} = 0{,}21833 ,$$

$$F_2 = \frac{2\,MgO}{Mg_2P_2O_7} = \frac{80{,}64}{220{,}60} = 0{,}36227.$$

c) Indirekte Wägungsformen. Auf gravimetrischem Wege läßt sich die Menge des Magnesiumammoniumphosphatniederschlages auch noch nach Umfällung durch sog. „indirekte Methoden“ bestimmen.

Nach DENIS kann man kleine Magnesiummengen, wie z. B. im Blut, in der üblichen Weise als Doppelphosphat fällen, den Niederschlag abzentrifugieren und waschen, dann in Salzsäure lösen und darin die Phosphorsäure mittels des *Strychninmolybdatreagens* nach BLOOR bestimmen.

Nach ROGOZINSKI lassen sich sehr geringe Magnesiummengen recht gut in der Weise bestimmen, daß man Magnesium als $MgNH_4PO_4 \cdot 6\,H_2O$ fällt und den Niederschlag nach dem Auswaschen in Säure löst. In dieser Lösung fällt man dann mit *Ammonmolybdat* die Phosphorsäure und bringt den gelben Niederschlag zur Wägung. In der Annahme, daß der gelbe Niederschlag die Zusammensetzung $(NH_4)_3PO_4 \cdot 14\,MoO_3$ hat, entsprechen 89 mg des Niederschlages 1 mg Magnesium. Demzufolge erhält man auch bei sehr kleinen Magnesiummengen noch gut wägbare Niederschläge und daher sehr brauchbare Resultate.

2. Maßanalytische Bestimmung.

a) Titration mittels Säure. Das frisch gefällte und in Wasser suspendierte Magnesiumammoniumphosphat zeigt vielen Indicatoren gegenüber alkalische Reaktion, es ist daher eine Titration mittels Säure möglich, der Indicator schlägt um, wenn die Umsetzung:

$$MgNH_4PO_4 + 2\,HCl = NH_4H_2PO_4 + MgCl_2$$

vollendet ist.

Demnach entspricht 1 cm³ n-Säure:

$$^1/_2 \cdot \frac{24{,}32}{1000}\,g\,Mg \quad \text{oder} \quad ^1/_2 \cdot \frac{40{,}32}{1000}\,g\,MgO .$$

Arbeitsvorschriften. 1. Der Niederschlag wird auf dem Filter mit Ammoniak ($2^1/_2$%ig) ausgewaschen, danach mit (neutralisiertem) Alkohol (96%ig) völlig ammoniakfrei gemacht und dann mit dem Filter in Wasser suspendiert, was am vollständigsten durch kräftiges Schütteln in einem mit Gummistopfen verschlossenen ERLENMEYER-Kolben geschieht. Titriert wird mit eingestellter Salzsäure (je nach der Menge des Niederschlages verwendet man $^1/_1$, $^1/_2$ oder $^1/_{10}$ n-HCl) bis zum Farbumschlag. Als Indicatoren kommen außer Methylorange oder Methylrot noch *Rosolsäure, Carmin-, Rotholz- oder Cochenilletinktur* in Frage (HIBBARD, GOOCH und AUSTIN, NEUBAUER). Statt mit Alkohol zu waschen, können die

Ammoniakreste auch durch Trocknen des Niederschlages auf dem Filter im Luftbad bei 50 bis 60° entfernt werden (HANDY).

2. Schneller kommt man zum Ziel (HUNDESHAGEN, HIBBARD), wenn man den Niederschlag durch einen GOOCH-Tiegel abfiltriert, als Waschflüssigkeiten erst eine gesättigte Lösung von $MgNH_4 \cdot 6\,H_2O$, dann *2%igen Alkohol* verwendet, darauf den Niederschlag in einem Überschuß von $^1/_2$ oder 1 n-HCl löst und mit Natronlauge zurücktitriert. Indicator: *Methylrot.*

Bemerkungen. Es ist zu beachten, daß der Farbumschlag nicht sehr scharf erfolgt (HEDEBRAND); bei Verwendung von *Methylorange* als Indicator kann der Umschlag bei Zugabe von einem Tropfen *Indigocarminlösung* (1:250) besser wahrgenommen werden. Es entstehen Mischfarben, die auch bei Lampenlicht besser unterschieden werden können, und zwar ist die Lösung bei Alkalität grün, im Neutralpunkt grau und geht bei weiterem Säurezusatz in violett über.

Nach MOERK wird diese Indicatorflüssigkeit durch Auflösungen von *1 g Methylorange* und *2,5 g Indigocarmin* in 1 l Wasser hergestellt, davon ist auf je 10 cm³ Flüssigkeit 1 Tropfen anzuwenden.

Nach CONGDON und VANDERHOOK betragen die durchschnittlichen Abweichungen vom theoretischen Wert bei dieser Titrationsmethode — 0,21%.

Für die hier besprochenen Titrationsmethoden ist es sehr wichtig, daß durch genaue Einhaltung der Fällungsvorschriften der Niederschlag tatsächlich die der Formel $MgNH_4PO_4 \cdot 6\,H_2O$ entsprechende Zusammensetzung hat. Wie oben besprochen, hat NEUBAUER festgestellt, daß unter abweichenden Fällungsbedingungen der Niederschlag neben dem gewünschten $MgNH_4PO_4$ auch die Verbindung $Mg(NH_4)_4(PO_4)_2$ enthalten kann, in welcher die gleiche Magnesiummenge mit der doppelten Zahl Phosphorsäurereste verbunden ist. Da bei der Titration mittels Säure nicht das Mg, sondern die Zahl der Phosphorsäurereste bestimmt wird, ergeben sich dadurch Fehlresultate.

b) Titration mittels Uranylacetat. Mit *Uranylacetatlösung* verläuft die Titration nach der Gleichung:

$$MgNH_4PO_4 + UO_2(C_2H_3O_2)_2 = UO_2NH_4PO_4 + Mg(C_2H_3O_2)_2,$$

wobei unlösliches Uranylphosphat entsteht. Ein Überschuß an Uranylacetat wird durch Tüpfeln auf Ferrocyankalium durch Braunfärbung erkannt.

Arbeitsvorschriften. 1. Nach SPRINGER. Der am besten nach der Fällungsmethode von SCHMITZ (S. 145) erzeugte Niederschlag von $MgNH_4PO_4 \cdot 6\,H_2O$ wird nach dem vorschriftsmäßigen Auswaschen samt Filter in einem Becherglas mit 10 bis 20 cm³ Ammonacetatlösung [hergestellt durch Auflösen von 100 g Ammonacetat und 100 cm³ Essigsäure ($d = 1{,}04$) in Wasser und Verdünnen auf 1 l] und 50 cm³ Wasser versetzt und zum Sieden erhitzt. Hierauf wird sogleich mit Uranylacetatlösung (35 g auf 1 l Wasser) titriert, bis 1 Tropfen auf pulverisiertes Ferrocyankalium gebracht, Braunfärbung ergibt.

Die Titerstellung der Uranylacetatlösung erfolgt in der Weise, daß man eine Lösung von bekanntem Magnesiumgehalt in gleicher Weise wie die Probe behandelt, d. h. ebenfalls mit Phosphatlösung nach SCHMITZ fällt und den erhaltenen Niederschlag nach dieser Vorschrift titriert.

Wie bei allen Tüpfelverfahren ist es zur Erzielung guter Werte notwendig, beim Titrieren der Probe und der Vergleichslösung gleiche Bedingungen, besonders gleiches Volumen streng einzuhalten.

2. Nach CANALS. Der $MgNH_4PO_4 \cdot 6\,H_2O$-Niederschlag wird in Salzsäure gelöst, mit ammonacetathaltiger Essigsäure versetzt, mäßig erhitzt und nach Zusatz von *Cochenilletinktur* als Indicator mit Uranylacetatlösung bis zur Erreichung einer graugrünen Färbung titriert. Eine Parallelbestimmung mit einer Lösung von bekanntem Mg-Gehalt ist empfehlenswert.

3. REPITON titriert den Überschuß einer zur Fällung angewendeten Ammonphosphatlösung mit Uranlösung zurück; da das Verfahren etwas umständlich ist, sei nur auf die Literatur verwiesen.

c) Jodometrische Bestimmung. Nach Auflösen des $MgNH_4PO_4 \cdot 6\,H_2O$ in Schwefelsäure kann nach Zugabe von Kaliumjodid und *Kaliumbromatlösung* das freigemachte Jod titriert werden. Die Umsetzungsgleichungen sind die folgenden:

$$3 \cdot [2\,MgNH_4PO_4 + (3+x)\,H_2SO_4 = 2\,MgSO_4 + (NH_4)_2SO_4 + 2\,H_3PO_4 + x\,H_2SO_4]$$
$$3 \cdot 2\,H_3PO_4 + KBrO_3 + 6\,KJ = 6\,J + 3 \cdot 2\,KH_2PO_4 + KBr + 3\,H_2O$$
$$3x\,H_2SO_4 + x\,KBrO_3 + 6x\,KJ = 6x\,J + 3x\,K_2SO_4 + x\,KBr + 3x\,H_2O.$$

Auf je 1 *Mol* Phosphorsäure bzw. Magnesium wird nur 1 Äquivalent *J* frei, die überschüssige Schwefelsäure gibt dagegen je *Äquivalent* 1 Jod. Man braucht also zur Umsetzung des Ammoniummagnesiumphosphats 3mal so viel Säureäquivalente als Jod in Freiheit gesetzt wird. Zieht man also von den angewandten Kubikzentimetern Säure (s) die für die Titration des in Freiheit gesetzten Jod verbrauchten Kubikzentimeter Thiosulfat (j) ab, so ist die Differenz lediglich bedingt durch den Unterschied in der diesbezüglichen Wirksamkeit der Schwefelsäure und der von ihr in Freiheit gesetzten Phosphorsäure, und zwar beträgt die Differenz je Mol PO_4 oder Mg 2 Äquivalente. Zur Berechnung des Mg-Gehaltes ist also einzusetzen:

$$g\,Mg = \frac{Mg}{2} \cdot (s \cdot T_s - j \cdot T_j) \cdot \frac{1}{1000},$$

wenn T_s bzw. T_j die Titer der angewandten Säure- bzw. Jodlösung sind.

Arbeitsvorschrift (CHRISTENSEN). Der Phosphatniederschlag wird nach dem Auswaschen noch mit Alkohol nachgewaschen und dann mit kaltem Wasser in einen ERLENMEYER-Kolben gespült (der sandige Niederschlag löst sich leicht vom Filter). Dann gibt man aus einer Bürette soviel 0,1 n-H_2SO_4 zu, bis der Niederschlag nach dem Umschwenken vollständig gelöst ist, fügt 3 g Jodkalium und 10 cm^3 5%ige Kaliumbromatlösung hinzu und erwärmt das Gemisch etwa $^1/_2$ Std. bei 40 bis 50° C (Jodverluste verhüten!). Nach Abkühlung wird das ausgeschiedene Jod mit 0,1 n-Natriumthiosulfatlösung titriert.

Bemerkung. Man braucht keine größere Menge in Arbeit zu nehmen, als sie etwa 0,05 g MgO (0,1 g P_2O_5) entspricht, denn für diese Menge ist die Differenz = 28,2 cm^3 0,1 n, eine Menge, die für die genaue Messung hinreicht.

Erwähnt seien eine ähnlich arbeitende Methode von BRANDIS und eine weitere von ARTMANN und BRANDIS, wobei der $MgNH_4PO_4$-Niederschlag erst mit Molybdänlösung umgefällt wird.

3. Colorimetrische Bestimmung.

Allgemeines. Die colorimetrischen Methoden geben die Möglichkeit, kleinste Mengen von Magnesium bis hinab zu 1 γ (0,001 mg) in 1 cm^3 Lösung zu bestimmen, und sind daher von größter Bedeutung. Bei derartigen Mikro- oder Halbmikroverfahren ist die Innehaltung aller Einzelheiten der gut ausgearbeiteten Methoden zum richtigen Gelingen erforderlich. Daher sind in diesem Abschnitt auch die Fällungsvorschriften, soweit sie von den oben ausführlich behandelten abweichen, als Sondervorschriften bei den einzelnen Mikroverfahren mitbeschrieben worden.

Das Abfiltrieren des Magnesiumammoniumphosphats erfolgt für die colorimetrischen Mikromethoden in der Regel in mit Asbest beschickten gewöhnlichen GOOCH-Tiegeln, die immer wieder verwendet werden können, da der Niederschlag im Verlaufe der Bestimmung jedesmal wieder quantitativ aus dem Tiegel herausgewaschen wird. Doch muß man sich davon überzeugen, daß nicht der frische Asbest selbst kleine Mengen Phosphorsäure an die durchfließende Lösung abgibt (HAMMET und ADAMS). Aus diesem Grunde wird von einer Reihe von Forschern das einfache Papierfilter bevorzugt, während nach anderen Verfahren mit Abzentrifugieren des Niederschlages gearbeitet wird.

Die hier zu besprechenden colorimetrischen Verfahren der Mengenbestimmung des Magnesiumammoniumphosphat-Niederschlages sind von zahlreichen Autoren (vgl. Sammelreferate von STREBINGER und STARY) beschrieben und abgeändert worden. Von diesen sollen hier natürlich nur die genauesten beschrieben werden. Sie beruhen ausnahmslos auf der Colorimetrie des im Magnesiumniederschlag enthaltenen Phosphorsäurerestes. Dazu sind 3 verschiedene Wege gangbar, und zwar Messung:

1. der *Gelbfärbung*, die sich beim Zusatz von Molybdänsäure zu dem in Säure gelösten Magnesiumammoniumphosphatniederschlag zeigt, die auf der Bildung der *Phosphormolybdänsäure* beruht;

2. der *Blaufärbung*, die entsteht, wenn die im Phosphormolybdänsäurekomplex enthaltene Molybdänsäure reduziert wird, wobei verschiedene Reduktionsmittel angewandt werden können;

3. der *Rotfärbung* von *Eisenrhodanid*, die durch den Zusatz von Phosphatlösungen ausgebleicht wird.

Welche von den verschiedenen Bestimmungsmöglichkeiten in Einzelfällen anzuwenden ist, wird von der geforderten Genauigkeit und von anderen Arbeitsumständen abhängen. Die Wahl muß nach dem Einzelfall getroffen werden. Die Fälle, in denen einzelne Methoden versagen, sind besonders hervorgehoben.

Arbeitsvorschriften. **I. Gelbfärbung bei Zusatz von Molybdänsäure.** a) Verfahren von SCHREINER-FERRIS. 50 cm^3 der zu untersuchenden Lösung werden in einer Schale mit 1 Tropfen verdünntem Ammoniak und 2 bis 3 Tropfen Ammonoxalatlösung (Zusammensetzung der Reagenzien s. unten!), auf dem Wasserbade zur Trockne verdampft, um eine Störung durch Calcium zu vermeiden, dann nach dem Abkühlen 1 cm^3 *Phosphatreagens* zugesetzt, mit einem Glasstabe der Rückstand gut durchgerührt und etwa 2 Std. stehen gelassen. Der Niederschlag wird dann in der Schale 5mal mit 5 cm^3 ammoniakalischem Waschwasser gewaschen und die Flüssigkeit durch ein kleines Filter filtriert. Dann werden Filter und Trichter ausgewaschen, bis das Filtrat etwa 50 cm^3 beträgt und Schale und Filter mit 5 cm^3 destilliertem Wasser ausgespült. Darauf wird der Rückstand in der Schale unter gutem Umrühren in 5 cm^3 Salpetersäure gelöst und die Lösung so durch das Filter in ein anderes Gefäß filtriert, daß alle Teile des Filters benetzt werden. Die Schale wird dann 5mal mit je 5 cm^3 heißem Wasser und das Filter weiter ausgewaschen, bis das Filtrat 45 cm^3 beträgt. Das abgekühlte Filtrat wird mit 4 cm^3 *Ammoniummolybdatlösung* versetzt und nach 20 Min. die Färbung in einem geeigneten Colorimeter mit der colorimetrischen Eichphosphatlösung verglichen. Ist die Färbung für einen direkten Vergleich mit der Eichlösung zu stark, so wird ein aliquoter Teil für die Ablesung benutzt. Bei Anwesenheit größerer Mengen Magnesium ist besonders darauf zu achten, daß genügend Molybdat zugegen ist. 5 cm^3 HNO_3 und 4 cm^3 Molybdatlösung genügen etwa für nur 0,0003 g Mg. Ist daher aus der Menge des Niederschlages oder der Tiefe der Gelbfärbung zu schließen, daß mehr Mg zugegen ist, so muß ein zweites Mal Molybdatlösung zugesetzt und die Lösung so verdünnt werden, daß sie 5 cm^3 HNO_3 und 4 cm^3 Molybdatlösung in je 50 cm^3 enthält. — Bei sehr kleinen Mengen Magnesium ist es zweckmäßig, die Eichlösung auf die Hälfte zu verdünnen.

Erforderliche Reagenzien:

Ammoniummolybdatlösung: 50 g reines Salz im Liter.

Salpetersäure: $D = 1{,}07$.

Eichphosphatlösung: 0,5045 g frisch krystallisiertes $Na_2HPO_4 \cdot 12\,H_2O + 100$ cm^3 HN_3O ($D = 1{,}07$) + Aq. dest. ad 1000 cm^3 (1 $cm^3 = 0{,}00001$ g $P_2O_5 = 0{,}00000342$ g Mg).

Ammoniak: 3%ig.

Ammoniakalisches Waschwasser: 1 Teil konzentriertes Ammoniak ($D = 0,9$) und 9 Teile Wasser.

Ammoniumoxalatlösung: gesättigt.

Phosphatreagens: 17,4 g $K_2HPO_4 + 100$ g NH_4Cl gelöst in etwa 900 cm³ H_2O, nach Zugabe von 50 cm³ konz. Ammoniak ($D = 0,9$) mit Wasser auf 1 l verdünnt (1 cm³ fällt 0,0024 g Mg).

Das Filterpapier muß frei von SiO_2 sein (Schleicher & Schüll Nr. 589 oder 590).

b) Verfahren von Pouget und Chouchak. Bei dieser ebenfalls sehr empfindlichen Mikromethode dürfen höchstens 0,05 mg P_2O_5 zur Anwendung kommen. Von der zu bestimmenden salpetersauren Lösung (Auflösung des $MgNH_4PO_4 \cdot 6\,H_2O$ in verdünnter Salpetersäure), die also gegebenenfalls in einem Meßkolben entsprechend zu verdünnen ist, wird eine der obigen Einschränkung gemäße Menge auf dem Wasserbade zur Trockne eingedampft und der erkaltete Rückstand 20 Min. mit 10 cm³ 35%iger Salpetersäure behandelt. Falls erforderlich, wird durch ein zuvor mit Salpetersäure und Wasser gewaschenes Filter filtriert und gut nachgewaschen. Diese Auflösung wird in ein 50 cm³ fassendes Kölbchen gebracht, mit 2 cm³ Reagens (Zusammensetzung s. unten!) versetzt, auf 50 cm³ aufgefüllt und gut durchgeschüttelt. Zu gleicher Zeit bereitet man eine Vergleichsflüssigkeit aus 3 cm³ einer Phosphorsäurelösung (die 10 mg P_2O_5 im Liter enthält), 10 cm³ 35%iger HNO_3 und 2 cm³ Reagens und füllt mit Wasser ebenfalls auf 50 cm³ auf. Nach frühestens 20 Min. werden gleiche Mengen der beiden Flüssigkeiten im Colorimeter verglichen. Es entsteht eine aus *Alkaloidphosphormolybdat* bestehende opalisierende Trübung, die im Colorimeter braungelb erscheint.

Bereitung und Empfindlichkeit der Reagenslösung. Das Fällungsreagens ist stets frisch zu bereiten und nötigenfalls zu filtrieren. Es ist ein Gemisch aus 10 cm³ einer 15%igen *Natriummolybdatlösung*, 2,5 cm³ HNO_3 und 1 cm³ einer kalt gesättigten *Strychninsulfatlösung*. Da die Zusammensetzung des käuflichen Natriummolybdates schwanken kann und es nicht gleichgültig ist, ob man bei der Herstellung des Reagens neutrales oder saures Salz verwendet, bereitet man besser die folgenden Lösungen und mischt sie vor dem Gebrauch im Verhältnis 10 : 1. Lösung A: 95 g Molybdänsäure und 30 g wasserfreie Soda werden in 500 bis 600 cm³ heißem Wasser gelöst, nach dem Erkalten mit 200 cm³ HNO_3, $D = 1,33$, vermischt und auf 1000 cm³ verdünnt. Lösung B: 2 g neutrales Strychninsulfat werden in 90 cm³ heißem Wasser gelöst und nach Erkalten auf 100 cm³ verdünnt.

Zum Gebrauch werden 1 cm³ von B und 10 cm³ von A vermischt und filtriert.

2 cm³ des Reagens rufen in der salpetersauren Phosphatlösung eine opalisierende Trübung von gelbbrauner Farbe hervor, deren Intensität mit der Zeit zunimmt. Eine Lösung von 0,005 mg Phosphorsäure als $MgNH_4PO_4$ in 100 cm³ gibt nach 20 Min. noch eine deutliche Reaktion, so daß die Empfindlichkeit 1: 20000000 beträgt. Bei einem HNO_3-Gehalt von 1,5 bis 4,2% in der Flüssigkeit ist die Intensität der Färbung proportional der vorhandenen Phosphorsäuremenge, wenn diese 0,002 bis 0,1 mg/100 cm³ beträgt.

Bemerkungen. Bei diesen beiden Methoden ist es wegen ihrer Eigenart nicht erforderlich, daß die Analysenlösung völlig rein ist. Das erste Verfahren ist auch bei Gegenwart von Alkali- und Erdalkalisalzen anwendbar, beim zweiten stört die Gegenwart von Kieselsäure und von Oxyden des Ca und Fe nicht, wenn deren Menge nicht sehr groß gegenüber der Phosphorsäuremenge ist. So schadet der 20000fache Überschuß an CaO noch nicht, aber die 1200fache Menge von Fe hebt die Proportionalität auf. Salze schwacher Säuren z. B. Acetate, Carbonate, Nitrite stören (Kleinmann).

II. Blaufärbung bei Reduktion des Molybdänsäurezusatzes. Blaue Lösungen niederer Oxyde des Molybdäns, die mit großer Genauigkeit colorimetriert werden können, entstehen bei der Reduktion der Molybdänsäure des Phosphormolybdänsäurekomplexes mittels *Zinnchlorür*, *Hydrochinon* oder anderer reduzierender

Mittel. Die Färbung entsteht nur mit der aus dem Niederschlag von Magnesiumammoniumphosphat und der hinzugefügten Molybdänsäure gebildeten Phosphormolybdänsäure, nicht mit etwaigen Überschüssen der Reagenslösungen.

Arbeitsvorschriften. **a) Reduktion durch Zinnchlorür nach Tischer.** Auch bei dieser Mikromethode ist die Art der Fällung von Bedeutung. 1 cm³ der neutralen oder schwach sauren Magnesiumsalzlösung, der 1 bis 5000 γ Mg (=0,001 bis 5,0 mg) enthalten kann, wird mittels Präzisionspipette in ein mit Chromschwefelsäure gründlich gereinigtes Proberöhrchen eingebracht, dazu 3 Tropfen einer 2 n-Ammoniumchloridlösung und 1 cm³ 2 n-Natriumammoniumphosphatlösung in der Kälte zugegeben. Nach Zusatz von 1 Tropfen Phenolphthaleinlösung wird mit 10%igem Ammoniak tropfenweise neutralisiert und vom Eintritt der Rosafärbung an werden etwa 10 bis 15 weitere Tropfen hinzugefügt. Um den Niederschlag krystallin und gut filtrierbar zu erhalten, ist es zweckmäßig, Mg-Fällungen unter 50 γ Mg/cm³ über Nacht, bei besonders starken Verdünnungen von etwa 5 γ Mg/cm³ etwa 24 Std. stehen zu lassen. Hingegen kann man bei Mg-Konzentrationen von über 50 γ Mg/cm³ nach Fällung mit $NaNH_4HPO_4$ schon nach 1 Std. filtrieren. Man sammelt den entstandenen Niederschlag auf einem Mikroporzellanfiltertiegel aus Berliner Porzellan (Größe A2 bis B2) oder auf einem Jenaer Glasfrittefilter (63 a G4 bis 10 G4) und wäscht sowohl das Fällungsröhrchen als auch den Niederschlag wiederholt mit 3%igem Ammoniak aus. Um den im Fällungsröhrchen allenfalls zurückgebliebenen Rest des Niederschlages nicht zu verlieren, füllt man in das Röhrchen einige Kubikzentimeter mit 2 bis 3 Tropfen 1 n-HCl schwach angesäuertes Wasser, erwärmt und stellt die Flüssigkeit zwecks späterer Vereinigung mit der Hauptmenge beiseite. Den Niederschlag im Filtertiegel wäscht man mit 96%igem Alkohol nach. Sollte der letzte Waschalkohol, den man zweckmäßig in einem an das Tulpenansatzrohr befestigten Proberöhrchen auffängt, nach 2- bis 3facher Verdünnung mit Wasser auf Zusatz von *Sulfatmolybdänreagens* (Zusammensetzung der Reagenzien s. unten) und *Zinnchlorür* noch eine Blaufärbung ergeben, wird die Waschung bis zur Phosphorsäurefreiheit fortgesetzt. Sodann wird der Filtertiegel äußerlich mit destilliertem Wasser abgespült und in ein möglichst kleines Becherglas gebracht. Die im Fällungsgläschen beiseite gestellte Flüssigkeit wird nun in das Becherglas übergespült und das Fällungsröhrchen quantitativ ausgewaschen. Zur vollständigen Lösung des Niederschlages erwärmt man auf dem Wasserbad unter eventuellem Zusatz von weiteren 2 Tropfen 1 n-HCl. Die Lösung wird hierauf durch einen Trichter in einen Präzisionsmeßkolben entsprechender Größe quantitativ übergespült. Um das im Filter noch zurückgebliebene $MgNH_4PO_4 \cdot 6\,H_2O$ zu gewinnen, wiederholt man die Auslaugung mit schwach angesäuertem Wasser in der Wärme. Nach Vereinigung mit der Hauptmenge füllt man den Kolben bis zur Marke auf. Ein aliquoter Teil dieser Lösung wird für den colorimetrischen Vergleich verwendet. Verglichen wird mit soviel Kubikzentimeter der Standardlösungen A und B (deren Zusammensetzung unten gegeben wird), als einem PO_4-Gehalt von 1 bis 25 γ Mg entsprechen und sich im Gehalt der Analysenlösung möglichst anpassen. Der colorimetrische Vergleich selbst wird folgendermaßen durchgeführt:

In je ein 100 cm³-Kölbchen der gleichen Form und Glassorte läßt man mittels einer Pipette einen aliquoten Teil der zu untersuchenden $MgNH_4PO_4$-Lösungen und in zwei ebensolche Kölbchen, von denen man eines an den Anfang, das andere an das Ende der zu untersuchenden Reihe stellt, soviel Kubikzentimeter der Phosphatvergleichslösung A und B ein, daß sie möglichst der zu erwartenden Mg-Menge nahekommen, verdünnt mit Wasser auf 85 cm³, läßt aus einer Meßpipette je 1 cm³ der *schwefelsauren Ammoniummolybdatlösung* zufließen, schwenkt um, versetzt *in rascher Aufeinanderfolge* jedes Kölbchen mit 3 Tropfen *$SnCl_2$-Lösung* und *schwenkt* jedes einzelne Kölbchen *sofort nach Zugabe des Reduktionsmittels um*; dann füllt man bis zur Marke auf und schüttelt durch. Hierbei ist auf die Gleichzeitigkeit der Reduktion der Lösungen und ein sofortiges Umschwenken besonderes Gewicht zu legen; ein auch nur 5 Min. betragender Zeitunterschied in der Reduktion des Phosphor-Molybdänkomplexes ergibt bei gleichem Phosphorsäuregehalt schon Ungleichheiten in der Farbstärke.

Mit dem Colorimetrieren selbst wartet man etwa 10 Min., um sicher zu sein, daß die in den ersten Minuten sich vertiefende Blaufärbung ihr Maximum erreicht hat. Darauf werden zunächst die beiden Standardlösungen colorimetrisch verglichen, die völlige Übereinstimmung zeigen sollen, und dann die Kölbchenserie durchcolorimetriert. Wenn man keinen Anhaltspunkt für den ungefähren Mg-Gehalt der Lösungen hat, so kann man sich durch einen Tastversuch orientieren bzw. die erste Serie als solchen betrachten, denn die Farbtiefen der zu vergleichenden Lösungen sollen einander möglichst angeglichen sein. Die blauen Lösungen müssen sorgfältig vor direktem Sonnenlicht geschützt werden, weil sie lichtempfindlich sind. Das Colorimetrieren erfolgt zweckmäßigerweise im verdunkelten Zimmer.

Erforderliche Reagenzien:

1. Schwefelsaure Ammoniummolybdatlösung: 100 cm^3 einer 10%igen Ammoniummolybdatlösung werden mit 300 cm^3 einer 50volumprozentigen arsenfreien Schwefelsäure vermischt. Diese Lösung ist in einer dunklen Flasche aufzubewahren.

2. Eine frisch bereitete Stannochloridlösung, die 1% zweiwertiges Zinn enthält; 0,25 g Zinnpulver werden nach Zusatz von 3 Tropfen einer 4%igen Kupfersulfatlösung in 5 cm^3 arsenfreier Salzsäure in der Wärme gelöst, auf 25 cm^3 aufgefüllt und eventuell filtriert. Dieses Reduktionsmittel ist täglich frisch zu bereiten.

3. Zwei Standardlösungen (A und B): Lösung A wird hergestellt durch Auflösen von 0,2239 g reinstem KH_2PO_4 (ohne Krystallwasser) zu 1 l und Verdünnung von 25 cm^3 dieser Lösung auf 1000 cm^3. 1 cm^3 dieser Lösung entspricht $3{,}908 \cdot 10^{-6}$ g PO_4 oder 1 γ Mg. Lösung B ist eine Verdünnung von A auf das 10fache Volumen, für sehr geringe Mg-Mengen.

Bemerkungen. Diese Mikromethode ist eine der genauesten für die Bestimmung sehr kleiner Mg-Mengen und gestattet, 1 bis 5000 γ Mg in 1 cm^3 Analysenflüssigkeit mit einem Höchstfehler von $\pm$ 2% der ermittelten Menge zu erfassen. Die Innehaltung der Einzelheiten der Vorschrift ist dabei natürlich Voraussetzung. Wichtig ist auch die Einhaltung der aus der Arbeitsvorschrift ersichtlichen Reihenfolge der Zusätze von NH_4Cl, NH_4NaHPO_4 und NH_4OH besonders bei der Bestimmung größerer Mengen von Mg von 1 bis 5 mg in 1 cm^3, da sich bei einer anderen Reihenfolge hier dieselben Störungen ergeben, wie sie bei der Fällung in der Kälte für die gravimetrische Makrobestimmung von NEUBAUER ermittelt worden sind.

Der in der Vorschrift erwähnte Waschalkohol muß vor der Prüfung auf Phosphorsäure (wie oben angegeben) mit der 2- bis 3fachen Menge Wasser verdünnt werden, weil auch hochprozentiger Äthylalkohol allein beim Zusatz der Reagenzien eine Blaufärbung ergibt. Ebenso störend wirkt freies Ammoniak. Enthält die Waschflüssigkeit Ammoniak in einer Menge, die von der freien Schwefelsäure des Sulfatmolybdänreagens nicht vollständig neutralisiert wird, so tritt gleichfalls Blaufärbung ein. Noch eine Reihe anderer, insbesondere organischer Stoffe, wirken sich durch Reduktion und damit fälschliche Blaufärbung störend aus. Hierzu gehören außer allen höheren Alkoholen und einigen organischen Säuren, wie Ameisensäure, Essigsäure, Propionsäure, Milchsäure noch Aceton und Aldehyde, wie Formaldehyd, Acetaldehyd, Glycerinaldehyd, Benzaldehyd. Durch Verhinderung des Entstehens der Blaufärbung stören Citronensäure und Weinsäure. Durch derartige organische Substanzen verunreinigte Lösungen werden vor der Weiterverarbeitung eingedampft und geglüht (PARKER und FUDGE). Den störenden Einfluß etwa anwesender Fluoride soll man nach DENIGÈS durch Borsäurezusatz beseitigen können. Die Größe des für die Auffüllung der $MgNH_4PO_4$-Lösung zu verwendenden Meßkolbens richtet sich nach der vorhandenen Niederschlagsmenge. Für die Lösungen ganz geringer Magnesiumniederschläge bis zu etwa 5 γ Mg benutzt man zweckmäßig ein 25 cm³-Meßkölbchen, das nicht ganz aufgefüllt wird, um im selben Gefäß die Reduktion der Phosphormolybdänsäure vornehmen zu können. Für diese äußerst geringen Mengen verwendet man zur Lösung des Niederschlages 0,1 n-HCl und zur Reduktion des Phosphor-Molybdänkomplexes ein Viertel der verdünnten Reagenzien, weil bei diesen geringen Mengen ein Überschuß an Säure schon stören würde. Bei Mengen von 5 bis 25 γ Mg nimmt man, wie oben beschrieben, die Reduktion der Lösung in einem nicht ganz aufgefüllten 100 cm³-Kölbchen vor, bei größeren Mg-Mengen verwendet man zur Auffüllung 250 cm³-, 500 bis 1000 cm³-Kolben. Das soeben behandelte Verfahren ist von TISCHER selbst noch dahin erweitert worden, daß es auch benutzt werden kann zur

Mikrobestimmung des Magnesiums bei Gegenwart von Calcium. Um Magnesium ohne Abtrennung des gleichzeitig vorhandenen Calciums bestimmen zu können, wird letzteres mit Ammoniumnitrat (Citronensäure mit NH_3 neutralisiert) komplex gebunden. Die Möglichkeit, Magnesium unter diesen Bedingungen vollständig auszufällen, beruht darauf, daß der Magnesiumkomplex nicht fest genug ist um die Fällung durch Phosphat-Ionen zu verhindern. Die eintretende Komplexbindung mit dem Magnesium erfordert, daß der Citronensäurezusatz nicht nur mit Zunahme des Ca-Gehaltes, sondern auch mit der des Mg-Gehaltes erhöht werden muß. Mit der Erhöhung des Ammoniumcitratzusatzes aber wächst die zur vollständigen Ausfällung des Magnesiums erforderliche Zeit, die aber durch Vermehrung der Konzentration des Fällungsmittels verkürzt werden kann. Auf Grund des eingehenden Studiums dieser Beziehungen empfiehlt TISCHER, den Ammoniumcitratzusatz jenem anzugleichen, der ausreichend ist, um das in der Probe enthaltene Calcium in der Siedehitze bei Gegenwart überschüssigen Fällungsmittels sicher in Lösung zu halten. Hierzu wird eine Vorprobe gemacht. Der Magnesiumgehalt der zu untersuchenden Probe soll sich zweckmäßigerweise um 100 γ in 1 cm³ bewegen, was durch Verdünnung bzw. Zusatz bekannter Mg-Mengen zu erreichen ist. (Im übrigen muß hier auf die Originalarbeit verwiesen werden.)

b) Reduktion mittels Hydrochinons. Es gibt eine Reihe organischer Substanzen, die nicht Molybdänsäure, wohl aber Phosphormolybdänsäure reduzieren. Hiervon hat sich das *Hydrochinon* als besonders geeignet erwiesen. Die bei der Reduktion auftretende Blaufärbung wird durch Alkali noch verstärkt; ein grünlicher Farbton kann durch die Gegenwart von Chinon entstehen und wird durch einen Zusatz von Sulfit vermieden. Es wird mit einer Vergleichslösung von *Monokaliumphosphat* *(KH_2PO_4)* gearbeitet.

α) Methode von BELL-DOISY. Der Niederschlag von $MgNH_4PO_4 \cdot 6\,H_2O$ wird in möglichst wenig verdünnter Salzsäure gelöst und der entsprechenden Menge der Vergleichslösung (KH_2PO_4) die gleiche Salzsäuremenge zugegeben. Dann werden die Analysenlösung und die Vergleichslösung auf gleiche Volumina aufgefüllt und Molybdänsäure, Hydrochinonlösung und nach 5 Min. noch *alkalische Sulfitlösung* in jeweils gleichen Mengen zugefügt. Danach wird der colorimetrische Vergleich vorgenommen. Es entsteht nach den Angaben von BELL-DOISY noch mit 0,005 mg P in 100 cm³ Lösung eine deutliche Blaufärbung.

Die Reagenslösungen werden wie folgt hergestellt:

Molybdänsäurelösung: 50 g reines, *phosphatfreies Ammoniummolybdat* werden in 1 l *1-normaler Schwefelsäure* ohne Erhitzen gelöst.

Hydrochinonlösung: 20 g *Hydrochinon* werden in 1 l destilliertem Wasser unter Zusatz von 1 cm³ konzentrierter Schwefelsäure gelöst.

Alkalische Sulfitlösung: 75 g *Natriumsulfit* (Na_2SO_3) werden in 500 cm³ destilliertem Wasser gelöst und diese Lösung mit 2 l 20%iger Lösung von *Natriumcarbonat* vermischt. Die Mischung ist vor Gebrauch zu filtrieren.

Obwohl die Reduktion nicht quantitativ verläuft, folgt nach Untersuchungen aller Autoren die Farbintensität in einem weiten Konzentrationsbereich der umgesetzten Phosphatmenge. HAMMET und ADAMS, die die Fehlerquellen und -größen genau untersuchten, haben festgestellt, daß der *maximale Fehler* $\pm 3\%$ beträgt, und zwar meistens durch Waschverluste am Niederschlag von $MgNH_4PO_4 \cdot 6\,H_2O$ oder bei positiven Fehlern durch Herauslösen von Phosphorsäure aus dem Filtermaterial bedingt ist. Zur Erhöhung der Genauigkeit empfehlen sie, den Magnesiumammoniumphosphat-Niederschlag zu zentrifugieren und ferner nur frische Carbonat-Sulfitlösung zu verwenden. Alkalische Sulfitlösung die älter als 14 Tage ist, ist stets zu verwerfen; bei Anwendung frischbereiteter Lösung ist das Maximum der Reduktionsfärbung bereits nach 5 Min. erreicht (BRIGGS). Bei Reihenuntersuchungen vereinfachte GADIENT das Verfahren dadurch, daß er auf einander abgestimmte Lösungen von Molybdänsäure, Hydrochinon und Carbonatsulfit zur Anwendung brachte. Dabei diente als Standardlösung eine solche Lösung von KH_2PO_4, von der 1 cm³ gerade 0,1 mg Mg entsprach. Bei den beschriebenen Beleganalysen beträgt der Fehler bei 0,06 mg Mg in 1 cm³ nur $\pm 1\%$. Um eine schnellere Durchführbarkeit der Analyse zu erzielen und möglichst ohne Standardlösung auszukommen, ist auch versucht worden, das Stufenphotometer zu verwenden; URBACH weist aber auf den Nachteil einer *Fehlerbreite von* $\pm 6{,}2\%$ *hin*, so daß die Methode für Mengen unter 0,01 mg Mg infolge Häufung der Fehler ungeeignet ist.

Endlich sei noch darauf hingewiesen, daß die Blaufärbung der reduzierten Lösungen sehr empfindlich gegen Sonnenlicht ist.

β) Methode von URBANEK. Da, wie oben bereits erwähnt, bei der Reduktion mittels Hydrochinon die Intensität der Färbung nicht ganz streng proportional zum Gehalt an komplexgebundener Phosphorsäure verläuft, hat URBANEK auf Grund eingehender Untersuchungen Korrekturfaktoren errechnet, die eine wesentliche Verbesserung der Genauigkeit der Bestimmung ermöglichen. Dazu ist die Innehaltung gewisser Fällungsbedingungen und eine bestimmte Wartezeit zwischen Reduktion und colorimetrischem Vergleich allerdings Vorbedingung.

10 cm³ der das Magnesium enthaltenden Lösung (die MgO-Menge soll darin etwa 0,5 bis 5 mg betragen) werden in 25 cm³ fassenden Zentrifugierröhrchen mit 2 cm³ Phosphatlösung [enthaltend 200 g krystallisiertes Dinatriumphosphat ($Na_2HPO_4 \cdot 12\,H_2O$) und 10 g Ammonchlorid im Liter] und 4 cm³ 10%igem Ammoniak versetzt und der entstandene Niederschlag über Nacht stehen gelassen. Hierauf wird zentrifugiert, mit 2,5%igem Ammoniak 4mal gewaschen, in 5 cm³ 1 n-Salzsäure gelöst und in einem 100 cm³-Meßkolben bis zur Marke aufgefüllt. 10 cm³ dieser Lösung dienen zur colorimetrischen Bestimmung des Phosphorsäuregehaltes nach der oben beschriebenen Methode von BELL-DOISY, doch ist mit dem Farbvergleich nach der Reduktion 2 Std. zu warten; während dieser Zeit sind die Flüssigkeiten im Dunkeln aufzubewahren. Der *Fehler* ist bei genauer Beachtung der Vorschrift *kleiner als 1%*.

Bemerkungen. Die beiden Methoden haben sich zur Bestimmung kleiner Mengen von Magnesium in Blut, Serum, Urin, Gewebsextrakten, Ascherückständen u. dgl. gut bewährt. In mit Oxalsäure oder Citronensäure versetzten Plasmen stören aber diese Stoffe die Entwicklung der Färbung (DENIS und MEYSENBURG).

In besonderen Fällen sind auch noch andere, teilweise stärker wirkende Reduktionsmittel angewendet worden, die hier nur erwähnt seien unter Hinweis auf die Originalliteratur; so Adurol (URBANEK), Rodinal (TSCHOPP) und zur Bestimmung in Organen und Zellflüssigkeiten Eikonogen (TSCHOPP; FISKE und SUBBAROW). Letzteres ist eine Aminonaphtholsulfonsäure in einer Lösung von Bisulfit und Sulfit.

III. Verminderung der Farbintensität einer Eisen(III)-rhodanidlösung. Die Erscheinung, daß Phosphate die Intensität der Rotfärbung von *Eisenrhodanidlösung* herabsetzen, läßt sich ebenfalls zur colorimetrischen Bestimmung der Magnesiumammoniumphosphatmenge verwenden, wenn man mit einer Standardlösung vergleicht.

Arbeitsvorschrift. Nachdem etwa vorhandenes Calcium vorher als Oxalat abgetrennt ist, wird das Magnesium als Doppelphosphat gefällt, abfiltriert und gewaschen; der Niederschlag wird dann in 0,2 n-Salzsäure gelöst und je nach Menge in einen entsprechenden Meßkolben gebracht. Zur Bestimmung versetzt man diese salzsaure Lösung und die Standardphosphatlösung mit gleichen Mengen einer 30 Min. vorher frisch bereiteten *Eisenrhodanidlösung* [hergestellt aus Ammoniumrhodanid (NH_4CNS) und Eisen(III)-chlorid ($FeCl_3$)] und vergleicht sofort im Colorimeter.

Bemerkungen. Nach MARIOTT und HOWLAND weichen im Intervall von 0,02 bis 0,04 mg Mg die Resultate um 5% vom theoretischen Werte ab.

IV. Mittels NESSLERs Reagens. Es soll noch erwähnt werden, daß man nach Vorschriften von CANALS auch durch Colorimetrierung des NH_4 im $MgNH_4PO_4 \cdot 6\,H_2O$ mit NESSLER*schem Reagens* gegen Standardlösungen von Ammoniumchlorid die Mengenbestimmung des Magnesiumammoniumphosphat-Niederschlages vornehmen kann.

Das folgende Verfahren (von COSTEANU) eignet sich besonders für Magnesiummengen unter 1 mg. Man fällt wie üblich nach einer der oben beschriebenen Fällungsvorschriften als $MgNH_4PO_4 \cdot 6\,H_2O$, jedoch unter Verwendung entsprechend geringer Reagensmengen, löst den Niederschlag auf dem Filter mit einigen Tropfen 1%iger Salzsäure und verdünnt auf 10 cm³. Damit tränkt man ein Stück Filterpapier, läßt trocknen und gibt darauf einen Tropfen NESSLER*sches Reagens*, das nicht zuviel Natronlauge enthalten soll, und vergleicht die Farbintensität des entstandenen gelben Fleckes mit einer Serie in gleicher Weise mit Ammoniumchloridlösungen bekannter Konzentration (z. B. 1,0; 0,5; 0,1; 0,05 usw. mg NH_3) hergestellter Flecke. Da in $MgNH_4PO_4$ *4* Teile Mg rund *3* Teilen NH_3 entsprechen, multipliziert man die für den Probefleck gefundene Zahl mit $^4/_3$.

4. Eudiometrisch (gasometrisch).

Dieser etwas umständlicheren Mengenbestimmung des Magnesiumammoniumphosphat-Niederschlages, die von RIEGLER ausgearbeitet worden ist, liegen folgende Umsetzungen zugrunde. Der Niederschlag von $MgNH_4PO_4 \cdot 6\,H_2O$ wird in Salpetersäure gelöst. In dieser Lösung wird zunächst mit *Ammonmolybdat* gefällt und der Phosphor-Molybdänsäurekomplex nach dem Abfiltrieren in Ammoniak gelöst. Dieser Lösung setzt man eine überschüssige Menge einer Bariumchloridlösung bekannten Gehaltes zu. Dabei entsteht ein voluminöser Niederschlag einer Barium-Phosphormolybdänsäureverbindung. Das überschüssige Bariumchlorid wird mit Jodsäure zu Bariumjodat umgesetzt. Das Bariumjodat endlich, mit Hyadrazinsulfat zusammengebracht, entwickelt Stickstoff nach:

$$Ba(JO_3)_2 + 3\,N_2H_4 \cdot H_2SO_4 = BaSO_4 + 2\,H_2SO_4 + 2\,HJ + 6\,H_2O + 3\,N_2,$$

dessen Menge gemessen wird. Aus der auf Normalbedingungen reduzierten Anzahl Kubikzentimeter und dem Verbrauch an Bariumchloridlösung wird unter Anbringung einer Korrektur schließlich die Mg-Menge berechnet.

Die Bariumchloridlösung wird hergestellt durch Auflösen von *81,7284 g* $BaCl_2 \cdot 2\,H_2O$ *in einem 1 l-Meßkolben.* Es entspricht dann 1 cm³ dieser Lösung genau 1 mg MgO.

1 cm³ Stickstoff, umgerechnet auf 0° C und 760 mm entspricht genau 0,0445 mg MgO.

Die anzubringende Korrektur beträgt 0,23 mg. Demnach lautet die Berechnungsformel:

$$MgO = B - (V_0 \cdot 0{,}0445 + 0{,}23)\ \text{mg},$$

worin B die Anzahl der angewandten Kubikzentimeter Bariumchloridlösung, V_0 das auf 0° C und 760 mm Druck reduzierte Stickstoffvolumen bedeutet.

Die Arbeitsweise geht am besten aus einem praktischen Beispiel hervor: Aus 50 cm³ einer Lösung, die Magnesiumsulfat enthielt, wurde das Magnesium als Doppelphosphat gefällt. Dieser Niederschlag wurde nach dem Auswaschen mit etwa 40 bis 50 cm³ Wasser in einen 200 cm³-ERLENMEYER-Kolben gespült und durch Zugabe von 5 cm³ konzentrierter Salpetersäure gelöst. Die Lösung wurde zum Sieden erhitzt und nach Abstellen der Flamme mit 50 cm³ Molybdänlösung gefällt. (Dieses Reagens wird dargestellt durch Auflösen von Ammonmolybdat in verdünntem Ammoniak und Eingießen dieser Lösung in Salpetersäure.) Nach zweistündigem Stehen wurde der entstandene Niederschlag abfiltriert, mit 50 cm³ 20%iger Ammonnitratlösung gewaschen und dann durch 5 cm³ 10%iges Ammoniak in Lösung gebracht. Zu dieser Lösung wurden 20 cm³ der eingestellten Bariumchloridlösung gegeben und der entstandene Niederschlag nach 15 Min. abfiltriert und mit Wasser ausgewaschen. Filtrat und Waschwasser, zusammen etwa 100 cm³, wurden in einem Kölbchen aufgefangen, das zuvor mit 10 cm³ 5%iger Jodsäure beschickt war. Nach kräftigem Schütteln wurde filtriert und mit etwa 50 cm³ Wasser nachgewaschen. Der Niederschlag, in das Filter eingerollt, wurde im Reaktionsgefäß eines Azotometers, Bauart KNOP-WAGNER, mit 40 cm³ 2%iger Hydrazinsulfatlösung zur Umsetzung gebracht. Das Volumen des aufgefangenen Stickstoffs betrug bei 23° C und 758 mm Luftdruck 82,4 cm³. Dieses Volumen auf 0° C und 760 mm umgerechnet ergibt $0{,}8912 \cdot 82{,}4 = 73{,}4$ cm³ $= V_0$; daraus berechnet sich die MgO-Menge nach der angegebenen Formel:

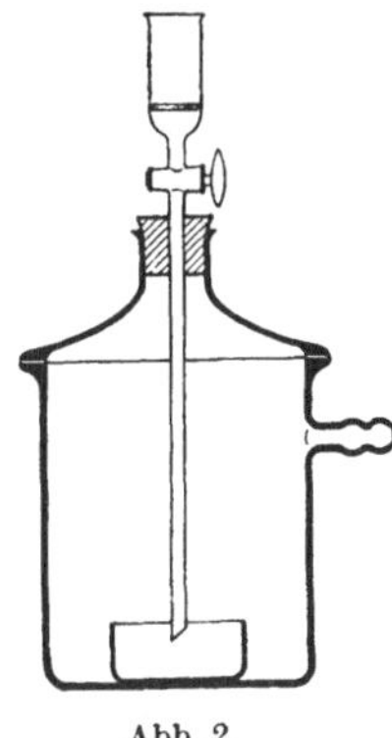

Abb. 2.

$$\text{MgO} = 20 - (73{,}4 \cdot 0{,}0445 + 0{,}23) = 16{,}5 \text{ mg}.$$

5. Refraktometrisch.

Das Filtrieren, Auswaschen und Auflösen des Magnesiumammoniumphosphats kann mit Papierfilter geschehen, doch bedient man sich zweckmäßiger der im folgenden beschriebenen Einrichtung (Abb. 2), bei der man mit kleinen Flüssigkeitsmengen bequem arbeiten kann.

Abb. 3.

Die Einrichtung besteht im wesentlichen aus einem Glasfrittefilter mit Hahn, das in Verbindung mit einem WITTschen Topf benutzt wird. Der $MgNH_4PO_4$-Niederschlag wird mittels des Glasfilters von der Fällungsflüssigkeit getrennt, vorschriftsgemäß mit 2%igem Ammoniak gewaschen und beilaufender Saugpumpe noch 3mal mit je 1 cm³ destilliertem Wasser übergossen, um das Ammoniak möglichst zu entfernen. Filtrat und Waschwasser werden in einem im WITTschen Topf stehenden Becherglas aufgefangen, das nun entfernt und durch eine Platinschale ersetzt wird. Der auf dem Glasfilter befindliche Niederschlag wird nun in Lösung gebracht; dazu wird der an dem Filteraufsatz befindliche Hahn geschlossen und der Niederschlag mit 10 cm³ 4%iger Schwefelsäure übergossen. Nach einiger Wartezeit wird der Hahn wieder geöffnet und unter vorsichtigem Saugen mit der Pumpe die Lösung in die Platinschale gelassen, desgleichen das Waschwasser, womit man das Glasfilter ausspült. Es genügt meist ein 3maliges Auswaschen mit 3 bis 5 cm³ destilliertem Wasser (Probe auf Schwefelsäure mit Bariumchlorid!). Die Flüssigkeitsmenge in der Schale, die also etwa 25 cm^3 beträgt, wird auf dem Wasserbade auf etwa 5 cm^3 eingeengt und dann in ein 10 cm^3-Kölbchen gespült. Danach wird mit dem ZEISSschen Eintauchrefraktometer die Mg-Bestimmung vorgenommen. Die genaue Arbeitsvorschrift für die Messung mit dem ZEISSschen Gerät enthält die jedem Instrument beigegebene Gebrauchsanweisung. Genaue Zahlen zur Auswertung der Messung finden sich in WAGNERS Tabellen zum Eintauchrefraktometer 1928, S. 70.

WAGNER und SCHULTZE, die 1907 erstmalig über die refraktometrische Bestimmung des Magnesiums berichteten, bedienten sich zur Filtration und Vorbereitung der zu messenden Flüssigkeit einer Apparatur, die in der Originalarbeit abgebildet und ebenfalls recht zweckmäßig ist, jedoch mit einem Papierfilter arbeitet (s. Abb. 3).

Bemerkungen. Die Vorteile dieser Methode liegen in der Vermeidung der Wägung, im Wegfall des Trocknens oder Glühens und in der eleganten Art der Filtration und Auflösung mittels der beschriebenen Einrichtung. Bei Anwendung von etwa 0,15 g MgO sind noch Konzentrationsunterschiede von 0,3 bis 0,6 mg MgO feststellbar. Ein von obiger Vorschrift abweichendes vorheriges Trocknen des $MgNH_4PO_4 \cdot 6\,H_2O$-Niederschlages durch stärkeres Erhitzen vor dem Auflösen in Schwefelsäure ergibt Fehlresultate (WAGNER und SCHULTZE).

6. Nephelometrisch.

Kleinere Mengen Magnesium können auch nephelometrisch als Magnesiumammoniumphosphat bestimmt werden. Sofern nicht durch den normalen Analysengang bereits alle störenden Kationen entfernt worden sind, geschieht dies in einem einzigen Arbeitsgang durch Fällung mit einem Gemisch gesättigter Lösungen von *rotem Blutlaugensalz* ($K_3Fe(CN)_6$), *Ammonoxalat* und *konzentriertem Ammoniak* (30%ig). Nach dem Abfiltrieren des Niederschlages wird das Filtrat, oder beim normalen Analysengang das ammoniakalische Filtrat von der Calciumabtrennung unter kräftigem Umrühren in eine Phosphatlösung eingetropft. Der Niederschlag wird mit 0,5%iger Stärkelösung oder nach TANANAJEW und SSAWTSCHENKO mit Gelatinelösung stabilisiert. Bei Abwesenheit von Ammonchlorid ist nach WASSILJEWA der Zusatz eines Stabilisators nicht erforderlich. Eine Bestimmung dauert nur etwa 15 bis 20 Min., wobei dieselbe Genauigkeit wie bei gravimetrischen Methoden zu erzielen ist.

Nach DENIS wird der Magnesiumammoniumphosphatniederschlag auf dem Wasserbad von überschüssigem Ammoniak befreit und in 0,1 n-Salzsäure gelöst, auf ein bekanntes Volumen aufgefüllt und die Phosphorsäure mit Hilfe des von BLOOR angegebenen *Strychnin-Molybdän-Reagens* gefällt. Die Intensität der dabei auftretenden Trübung wird nephelometrisch mit einer analog hergestellten Standardlösung verglichen.

7. Funkenspektroskopisch.

Auch im Funkenspektrum kann man die Menge des $MgNH_4PO_4 \cdot 6\,H_2O$-Niederschlages bestimmen, indem man den Niederschlag samt Filter in spektroskopisch reine *Gelatine* einbettet und als Gegenelektrode zu einem Kohlestab schaltet (SCHLEICHER und BRECHT-BERGEN); Näheres S. 190.

Literatur.

ARTMANN, P. u. R. BRANDIS: Fr. **49**, 15—24 (1910).

BAHNEY, L. W.: J. ind. eng. Chem. **3**, 594 (1911). — BELL, R. D. u. E. A. DOISY: J. biol. Chem. **44**, 55 (1920). — BLOOR: J. biol. Chem. **41**, 363 (1920). — BLUM, L.: Fr. **28**, 452 (1889). — BRANDIS, R.: Fr. **49**, 155 (1910). — BRIANT, L.: Chem. N. **53**, 99 (1886). — BRIGGS, A. P.: J. biol. Chem. **52**, 413 (1922). — BROOCKMANN, K.: Fr. **21**, 551 (1882). — BUBE, K.: Fr. **49**, 551 (1910); **49**, 588 (1910).

Canals, A.: Bl. (4) **25**, 656 (1919). — Campbell, D.: Phil. Mag. (4) **24**, 380 (1862); Fr. **2** 70 (1863). — Cavazzani, E.: Zbl. Bioch. Biophys. **14**, 899 (1912). — Christensen, A.: Fr. **36**, 91 (1897). — Cernatesco, R. u. E. Vascantan: Ann. scient. Univ. Jassy **14**, 306 (1926/27). — Congdon, L. A. u. G. Vanderhook: Chem. N. **130**, 260 (1925). — Costeanu, R. N.: Bul. Fac. Stinnte Cernanti **11**, 132 (1938).

Deniges, G.: Mikrochemie **12**, 65 (1932). — Denis: J. biol. Chem. **41**, 363 (1920). — Denis, W. u. L. Meysenburg: J. biol. Chem. **52**, 1—3 (1922). — Dick, J.: Fr. **77**, 352 (1929); **82**, 401 (1930); **83**, 105 (1931). — Donau, J.: M. **32**, 1123 (1911). — Dunning, J., P. Pratt, O. E. Lowmann: J. Chem. Education **11**, 625 (1934).

Ebermeyer, E.: J. pr. **60**, 41 (1853). — Epperson, A. W.: Am. Soc. **50**, 321 (1928).

Fales, H. A.: Inorganic Quantitative Analysis, New York **1925**, S. 221. — Fiske, C. H. u. Y. Subbarow: J. biol. Chem. **66**, 380 (1925). — Fresenius, R.: Quant. Analyse 6. Aufl., Bd. 1, S. 239; Lieb. Ann. **55**, 110 (1845); Fr. **6**, 406 (1867).

Gadient, S.: Helv. **6**, 729 (1923). — Gibbs, W.: Chem. N. **28**, 51 (1873); Fr. **12**, 306 (1873); Am. J. Sci. **5**, 114 (1872). — Gmelin: A. **27**, 351—352 (1938). — Gooch, F. A. u. M. Austin: Am. J. Sci. (4) **7**, 187 (1899); Z. anorg. Ch. **20**, 135 (1899).

Hahn, F. L., K. Vieweg u. H. Meyer: B. **60**, 972 (1927). — Hahn, F. L. u. G. Scheiderer: B. **57**, 1855 (1924). — Hammet, F. S. u. E. T. Adams: J. biol. Chem. **52**, 212 (1922); **54**, 565 (1922). — Handy, J. O.: Am. Soc. **22**, 31 (1900). — Hedebrand, A.: Fr. **37**, 218 (1898). — Heraeus, W. C.: Angew. Ch. **15**, 918 (1902); **20**, 1894 (1907). — Hibbard, P. L.: Ind. eng. Chem. **11**, 754 (1919). — Hoffmann, J. I. u. G. E. F. Lundell: Bur. Stand. J. Res. **5**, 279 (1930). — Hundeshagen, F.: Z. öffentl. Ch. **17**, 284 (1911).

Jander, G., E. Wendehorst u. B. Weber: Z. anorg. Ch. **142**, 333 (1925). — Jodidi, S. L. u. E. H. Kellog: J. Franklin Inst. **182**, 63 (1916). — Jörgensen, G.: Danske Selsk. Skr. (7) **2**, 164 (1905). — Jones, W.: J. biol. Chem. **25**, 90 (1916). — Juniaux, A.: Bl. (4) **41**, 908 (1927).

Karaoglanow, Z. u. P. Dimitroff: Fr. **57**, 364—368 (1918). — Kiehl, S. J. u. H. B. Hardt: Am. Soc. **55**, 3558—3560 (1933). — Kissel, E.: Fr. **8**, 173 (1869). — Kleinmann, H.: Bio. Z. **99**, 161 (1919). — Koninck, L. L. de: Monit. scient. (4) **3**, 19 (1899).

Lindt, V.: Met. Erz **10**, 420 (1913). — Lundell, G. E. F. u. J. I. Hoffmann: Ind. eng. Chem. **15**, 46 (1923).

Majdel, J.: Fr. **82**, 425 (1930). — Maljaroff, K. L. u. W. B. Matskiewitsch: Fr. **98**, 33 (1934). — Mariott, W. Mck. u. J. Howland: J. biol. Chem. **32**, 237 (1917). — McNabb, W. M.: Am. Soc. **49**, 895 (1927). — Mehlig, J. P.: J. Chem. Education **12**, 288 (1935). — Miholic, S. S.: J. chem. Soc. **1930**, 200; Bl. Soc. chem. Yougoslavie **2**, 97 (1931). — Moerk in J. M. Kolthoff: Maßanalyse **2**, 62—63. — Mohr, F.: Fr. **12**, 37 (1873). — Moser, L.: Ch. Z. **48**, 693 (1924).

Neubauer, H.: Z. angew. Chem. **9**, 439 (1896); Z. anorg. Ch. **22**, 162 (1899). — Njegovan, V. u. V. Marjanovic: Fr. **82**, 154 (1930); **89**, 118 (1932).

Parker, F. W. u. J. F. Fudge: Soil Sci. **24** II, 110 (1927). — Pereira, J. G.: An. Espan. **12**, 111 (1914). — Pouget, J. u. D. Chouchak: Bl. (4) **5**, 105 (1909).

Quartaroli, A.: Staz. sperim. agrar. ital. **46**, 322 (1913).

Raffa, E.: G. **38** II, 588 (1908). — Riegler, E.: Fr. **41**, 685 (1902). — Rogozinski, F.: Bull. intern. acad. polon. sci. Classe sci math. nat. 1937, A, 477.

Sagortschew, B.: Ph. Ch. A. **182**, 31 (1938). — Schleicher, A. u. N. Brecht-Bergen: Fr. **101**, 333 (1935). — Schmitz, B.: Fr. **65**, 49 (1924/25). — Schreiner, O. u. W. S. Ferris: Am. Soc. **26**, 963 (1904). — Scott, W. W.: Standard Methods of Chemical Analysis, S. 294. London **1926**. — Springer, J. W.: Angew. Ch. **32**, 192 (1919). — Stary, Z.: Mikrochemie **9**, 468 (1931). — Steopoe, A.: Ciment si Beton **4**, 257 (1936). — Stock, W. F. K.: Chem. N. **53**, 142 (1886). — Stolba, F.: Fr. **16**, 102 (1877). — Strebinger, R.: Mikrochemie **7**, 123 (1929). — Stünkel, C., Th. Wetzke u. F. Wagner: Fr. **21**, 358 (1882).

Tananajew, N. A. u. P. S. Ssawtschenko: Zurnal prikladnaj Chim **6**, 974 (1933); Ukrain chem. J. **7**, Wiss. Teil 203—225 (1932). — Tereschtschenko, A. u. M. Nekritsch: J. chem. de l'Ukraine **2**, 163—172 (1926). — Thanheiser, G. u. P. Dickens: Arch. Eisenhüttenw. **2**, 578—581 (1928/29). — Tischer, J.: Mikrochemie **12**, 65 (1932). — Tschopp, E.: Bio. Z. **203**, 276 (1928); Helv. **10**, 843 (1927). — Tschuiko, W. T.: Chem. J. Ser. B. **10**, 364 (1937).

Ubaldini, J. u. U. Pelagatti: Chim. e l'Ind. **19**, 131 (1937). — Urbach, C.: Mikrochemie **13**, 212 (1933); Bio. Z. **241**, 223 (1931). — Urbanek, L.: Mezögazdasagi Kutatasok (ungar.) **6**, 135 (1933).

Wagner, B. u. F. Schultze: Fr. **46**, 505 (1907). — Wassiljewa, E. W.: Ukrainskij chem. Zurnal **9**, 6 (1934); Zavodskaja Labor. **2**, 10 (1933). — Wassiljew, A. M. u. L. A. Wassiljewa: Trudy Razanskogo chim.-technol. Inst. Kirova **3**, 67 (1934). — Wassiljew, A. A. u. A. K. Sinkowskaja: Fr. **89**, 262 (1932). — Winkler, L. W.: Fr. **96**, 241 (1934).

§ 4. Bestimmung durch Abscheidung als Magnesiumammoniumarsenat.

$MgNH_4AsO_4 \cdot 6\,H_2O$-Molekulargewicht 289,36.

Allgemeines.

Verfahren und Anwendbarkeit. Die Verfahren, die sich der Abscheidung des Magnesiumammoniumarsenats bedienen, gelten vorzugsweise der Bestimmung der *Arsensäure, weniger der des Magnesiums.* Da aber die Ausführungsmethoden weitgehendst den eben eingehend beschriebenen Bestimmungsverfahren über das Magnesiumammoniumphosphat entsprechen, sollen sie auch hier möglichst kurz abgehandelt werden. Die Anwendbarkeit unterliegt keiner Beschränkung, doch ist zu berücksichtigen, daß das Magnesiumammoniumarsenat beim Glühen leicht zu *Arsenit* und teilweise sogar zu *Arsen* reduziert wird, wobei durch Verflüchtigung Verluste eintreten können. Vorteile hat aber die Arsenatmethode gegenüber der Phosphatfällung dann, wenn der Überschuß des Fällungsmittels aus dem Filtrat entfernt werden soll, um die Alkalien darin bestimmen zu können (s. S. 194). Von Bedeutung ist auch, daß die Ausfällung des Magnesiums als Ammoniumarsenat weniger Zeit in Anspruch nimmt, als die der analogen Phosphorverbindung. Die direkte Wägung läßt an Genauigkeit nichts zu wünschen übrig und ist deshalb auch als *Halbmikromethode* ausgearbeitet worden.

Eigenschaften des Magnesiumammoniumarsenats. Die Krystallform gleicht der des Magnesiumammoniumphosphats.

Die Löslichkeit des weißen, stets krystallinen Niederschlages ist in reinem Wasser merklich, erheblich bei Gegenwart größerer Mengen von Ammonsalzen und am geringsten in etwa $2^1/_2$%igem Ammoniak. In der Literatur finden sich verschiedene Angaben über die Größe dieser Werte, so sollen sich beispielsweise nach Angaben von PULLER 1 Teil $MgNH_4AsO_4 \cdot 6\,H_2O$ in 2788 Teilen Wasser (ohne Temperaturangabe!) lösen, nach RAFFA bei 20° C die gleiche Menge in 2632 Teilen und nach VIRGILI in 2938 Teilen (bei 17° C); nach letzterer Zahl, die hier übernommen werden soll, lösen also *100 cm³ destilliertes Wasser* bei *17° C 0,034 g des Arsenatniederschlages* auf. Von demselben Forscher stammt auch die Angabe, daß dagegen 100 cm³ $2^1/_2$%iges Ammoniak bei der gleichen Temperatur nur 0,005 g zu lösen vermögen, wonach sich also 1 Teil des Niederschlages in 19762 Teilen $2^1/_2$%igem Ammoniak lösen. Auf Grund dieser Löslichkeitszahlen wurden Berichtigungszahlen eingeführt. So ist nach VIRGILI die Auswage an $MgNH_4 \cdot AsO_4 \cdot 6\,H_2O$ jeweils für 30 cm³ des Filtrats um 1 mg zu erhöhen; DUCRU erhöht um den gleichen Betrag für je 50 cm³ Lösung (s. a. das S. 141 Gesagte).

Um auch *kleinste Mengen* mitzuerfassen, lassen BROWNING und DRUSHEL die mit einem Überschuß von 40 bis 80% der Fällungsreagenzien versetzte Analysenlösung einfrieren. Nach dem Auftauen ist der Niederschlag quantitativ abgeschieden. Demselben Zweck dient ein *Alkoholzusatz* von 15 bis 20%, wobei das Einfrieren wegfallen kann. Über die Krystallisationszeit wird bei den jeweiligen Fällungsvorschriften Näheres gesagt.

A. Abscheidungsverfahren.

1. Aus kalten Lösungen.

a) Methode von DAUBNER. Man gibt die salzsaure Lösung, welche außer den Alkalien keine weiteren Metalle enthalten darf, in eine mit Salzsäure schwach angesäuerte Lösung von sekundärem Natriumarsenat. Auf 1 mg Magnesium nimmt man zweckmäßig 5 cm³ Fällungsvolumen; in bezug auf Arsenpentoxyd soll die Lösung 0,3%ig sein. Ein Zusatz von Ammoniumchlorid bis zu 5% ist zu empfehlen.

Nach vorsichtigem, tropfenweisem Zusatz von Ammoniak unter ständigem Umrühren der Lösung mit einem Glasstab tritt allmählich die Bildung von Magnesiumammoniumarsenat ein, welches sich in Krystallen absetzt. Zur vollständigen Fällung läßt man nach Zusatz von 10%iger Ammoniaklösung bis zu $^1/_{10}$ des Fällungsvolumens die Lösung 4 bis 5 Std. lang stehen. Wenn man in dieser Weise verfährt, erhält man den Niederschlag völlig rein. Gibt man umgekehrt das Fällungsreagens in die ammoniakalische Magnesiumsalzlösung, so besteht die Möglichkeit einer teilweisen Bildung von tertiärem Magnesiumarsenat $Mg_3(AsO_4)_2$, wobei die Werte zu niedrig ausfallen. Überschreitet der Prozentgehalt von Arsenpentoxyd den Wert 0,3% wesentlich, so erfolgt teilweise Bildung von $Mg(NH_4)_4(AsO_4)_2$, wodurch sich etwas zu hohe Werte ergeben.

Man filtriert den Niederschlag durch ein gewöhnliches Papierfilter und wäscht mit 90%igem Äthylalkohol (Brennspiritus) bis zur völligen Entfernung des Fällungsreagens.

b) Methode von Dick und Rudner. Man fällt die Magnesiumsalzlösung in Anwesenheit von Ammonchlorid (3 bis 5 g) mit einem Überschuß an Natrium- oder Ammoniumarsenat (1 g) und fügt tropfenweise konzentrierte Salzsäure hinzu, bis sich der Niederschlag vollkommen auflöst. Jetzt fügt man einen Tropfen Phenolphthaleinlösung hinzu, versetzt in der Kälte tropfenweise, unter beständigem Umrühren, mit 2,5%igem Ammoniak bis zur bleibenden Rötung und fügt nachher noch $^1/_3$ des Gesamtvolumens an konzentriertem Ammoniak hinzu.

Die Lösung soll nach dem Hinzufügen von konzentriertem Ammoniak für 0,1 g Magnesium etwa 60 bis 70 cm³ betragen. Diese Bedingung kann bei obiger Arbeitsweise leicht erfüllt werden, da dem Verdünnen der Lösung beim Fällen mit 2,5%igem Ammoniak dadurch vorgebeugt wird, daß vorher nur ein geringer Überschuß von Salzsäure zugefügt wird.

Nach 1- bis $1^1/_2$stündigem Stehen in der Kälte (in kaltem Wasser) kann bereits filtriert werden. Fügt man zu der Lösung Alkohol hinzu, so kann nach Versuchen von Murmann bereits nach $^3/_4$- bis 1stündigem Stehen und Abkühlen filtriert werden. Die Menge des Alkohols richtet sich nach dem Gesamtvolumen der Flüssigkeit und soll etwa den zehnten Teil desselben ausmachen. Der Niederschlag wird durch einen Porzellanfiltertiegel (Nr. A_2 bis B_2) abgetrennt, den man vorher mit Alkohol und Äther gewaschen und 5 Min. im Vakuum getrocknet hatte. Das Auswaschen geschieht zunächst mit 2,5%igem Ammoniak bis zum Verschwinden der Chlorreaktion, dann noch 5- bis 6mal mit 95%igem Alkohol.

c) Schnellmethode von Winkler. Zur Analysenlösung, die keinen großen Überschuß von Ammonchlorid enthalten soll, wird $^1/_3$ des Volumens an konzentriertem Ammoniak und 50 cm³ Natriumarsenatlösung (1 cm³ für 0,005 g Mg!) zugegeben, die Lösung 20 Min. in einem Schüttelapparat oder von Hand alle 5 Min. gut durchgeschüttelt. Die Abscheidung ist bereits nach $^1/_2$ Std. vollständig; nach kurzem Absitzenlassen kann filtriert und wie üblich ausgewaschen werden.

2. Aus heißen Lösungen.

Die Ausfällung des Magnesiumammoniumarsenat-Niederschlages *in der Hitze* wird vornehmlich in den Fällen angewendet, in denen die Mengenbestimmung des Niederschlages auf maßanalytischem Wege erfolgt.

a) Methode von Rupp. In eine siedend heiße Lösung von 0,5 g Ammonchlorid, 10 cm³ konzentriertem Ammoniak und 10 cm³ Arsenatlösung in 50 cm³ Wasser gießt man die das Magnesiumsalz enthaltende Analysenlösung ein und läßt die Mischung, die man auf 100 cm³ gebracht hat, bei häufigem Umschütteln einige Zeit stehen.

Die Arsenatlösung wird hergestellt durch Versetzen einer heißen 3- bis 4%igen Arsensäurelösung mit Soda, bis sich keine Kohlensäure mehr entwickelt.

b) Methode von Valentin. In einem 100 cm^3 fassenden Kolben werden 50 cm^3 1%ige Arsenatlösung mit je 10 cm^3 10%igem Ammoniak und 5%iger Ammonchloridlösung gekocht und hierzu die Analysenlösung, die nicht mehr als 0,04 g Magnesium enthalten soll, tropfenweise unter beständigem Umschwenken des Kolbens zugesetzt. Nach etwa 2 Std. ist die Fällung vollständig.

c) Bemerkungen zu den Ausfällungsvorschriften. Congdon und Vanderhook haben den Einfluß der Fällungsbedingungen auf die *Genauigkeit* untersucht und festgestellt, daß der *Fehler im Mittel — 0,05%* beträgt, wenn *Mononatriumarsenatlösung* zur Fällung benutzt wird, dies in einem Gusse zugesetzt und nach $^1/_2$ Std. filtriert wird. Dagegen beträgt der *Fehler —0,11%* wenn *Trinatriumarsenat* (Na_3AsO_4) zur Fällung benutzt, dies allmählich unter Rühren zugesetzt und wieder nach $^1/_2$ Std. filtriert wird.

B. Mengenbestimmung des gefällten Niederschlages.

1. Gewichtsanalytische Bestimmung.

a) Wägungsform $MgNH_4AsO_4 \cdot 6\,H_2O$. *Die direkte Wägung des $MgNH_4AsO_4 \cdot 6\,H_2O$-Niederschlages führt zu sehr genauen Resultaten,* so daß eines dieser Verfahren sogar als *Mikromethode* ausgebaut ist. Es sind vor allem zwei Verfahren zu empfehlen:

α) Methode von Dick und Rudner. Der mit Alkohol ausgewaschene Niederschlag wird noch mit Äther gut nachgewaschen und dieser durch kräftiges Absaugen im Verlaufe von etwa 10 Min. verflüchtigt. Dies kann auch in einem Vakuumexsiccator geschehen und dauert dann nur etwa 5 Min. Dann werden die Außenwände des Filtertiegels mit einem guten Leinentuch abgetrocknet und der Tiegel gewogen.

$$F = \frac{\mathrm{Mg}}{\mathrm{NH_4MgAsO_4 \cdot 6\,H_2O}} = \frac{24{,}32}{289{,}368} = 0{,}084046.$$

β) Halbmikroverfahren. Sollen sehr kleine Mengen Magnesium bestimmt werden, dann verfährt man nach Dick und Rudner zunächst genau wie oben beschrieben, nur sind die entsprechenden Geräte zu verwenden, z. B. ein Mikroporzellanfiltertiegel von nur etwa 2 g Gesamtgewicht. Das Gesamtvolumen soll nicht mehr als 5 cm^3 betragen. Bei der Fällung werden 15 bis 20 Tropfen Alkohol zugesetzt, so daß man nach $1^1/_2$ bis 3 Std. filtrieren kann. Bei stark verdünnten Lösungen muß vorher auf dieses Volumen eingedampft werden, andernfalls muß die Fällung erheblich länger stehen bleiben. Dieses Verfahren hat sich besonders bei der Analyse von Pflanzenaschen bewährt.

γ) Methode von Winkler. Die Ausfällung erfolgt nach dem oben angegebenen Verfahren von Winkler, wobei vorschriftsmäßig geschüttelt wird. Dann wird durch ein Wattebauschfilter abfiltriert, mit 1%igem wäßrigem Ammoniak, danach mit Alkohol gewaschen und unter Durchsaugen von Luft getrocknet, so daß ebenfalls nach kurzer Zeit gewogen werden kann. — Da die Ergebnisse erfahrungsgemäß gegenüber dem theoretischen Wert meist etwas zu hoch ausfallen, hat Winkler einen Berichtigungswert von —0,1 mg für Niederschläge von 10 bis 50 mg angegeben. Diesen Berichtigungswert hat man also je nach der Höhe der Auswage zu berücksichtigen.

b) Wägungsform $Mg_2As_2O_7$. Beim Veraschen und Glühen des Magnesiumammoniumarsenats treten, wie eingangs hervorgehoben (s. S. 162), leicht Verluste auf, weil das Arsenat durch reduzierende Gase (Leuchtgas) oder durch reduzierende Stoffe wie beispielsweise Kohleteilchen des Filters oder organische Beimengungen zu Arsenit oder gar bis zum flüchtiggehenden Arsen reduziert wird. Zur Erzielung richtiger Ergebnisse ist daher die genaue Einhaltung der Glühvorschriften dringend anzuraten.

$$F = \frac{2\,\mathrm{Mg}}{\mathrm{Mg_2As_2O_7}} = \frac{2 \cdot 24{,}32}{310{,}46} = 0{,}15667\,.$$

α) Methode von DE KONINCK. Filter samt Niederschlag wird getrocknet und dann soviel wie möglich vom Niederschlag in den zum Glühen vorbereiteten Platintiegel gebracht. Der Rest mit dem Filter wird in konzentrierter Salpetersäure gelöst und eingedampft. Der Rückstand wird dem Niederschlag im Platintiegel zugegeben und zur Vermeidung etwaiger Reduktion noch etwas Ammonnitrat zugesetzt. Danach wird zur Überführung in das Pyroarsenat geglüht.

Beim Erhitzen auf 800 bis 900° C treten erhebliche Glühverluste auf; die *günstigste Glühtemperatur* liegt *zwischen 500 und 600° C*. Das Glühen erfolgt am zweckmäßigsten im elektrischen Ofen.

β) Methode von McNABB. Man benutzt Filtertiegel, die zum Glühen auf einem Porzellandreieck in einen größeren Tiegel gesetzt werden, der auf schwache Rotglut erhitzt wird.

γ) Bei der Methode von REICHEL werden Filter und Niederschlag mit einer Lösung von Ammonnitrat getränkt, vorsichtig getrocknet und dann geglüht, während bei der

δ) Methode von VIRGILI der ganze Niederschlag samt Filter in konzentrierter Salpetersäure aufgelöst, die Lösung eingedampft und der Rückstand geglüht wird.

2. Maßanalytische Bestimmung.

Wie beim Magnesiumammoniumphosphat sind auch hier verschiedene Wege gangbar.

a) Die **Titration mittels Säure** ist nach der gleichen Vorschrift auszuführen, die bei den Phosphatmethoden beschrieben wurde (S. 149).

b) Auch die **Titration mit Uranylacetat** erfolgt in genau derselben Weise wie bei Magnesiumammoniumphosphat (S. 150); zur Erzielung genauer Werte sind die Berichtigungszahlen von RAFFA zu berücksichtigen.

c) **Jodometrische Bestimmung.** Für die jodometrische Mengenbestimmung gibt es zwei Möglichkeiten.

1. Nach der *Reduktion* der gebundenen *Arsensäure zu arseniger Säure wird die Jodmenge gemessen, die zu ihrer Rückoxydation zu Arsensäure notwendig ist.*

2. *Die salzsaure Lösung des* $MgNH_4AsO_4 \cdot 6\,H_2O$*-Niederschlages scheidet Jod aus, das mittels Thiosulfatlösung titriert wird:*

$$As_2O_5 + 4\,KJ + 4\,HCl = As_2O_3 + 4\,J + 4\,KCl + 2\,H_2O.$$

1 cm^3 0,1 n-Jodlösung entspricht 0,001216 g Mg bzw. 0,002016 g MgO.

α) Methode von DAUBNER. Der Niederschlag von $MgNH_4AsO_4 \cdot 6\,H_2O$ wird auf dem Filter in heißer n-Salzsäure gelöst. Die Lösung läßt man in einen ERLENMEYER-Kolben von ungefähr 300 cm^3 Inhalt einlaufen. Dann gibt man eine konzentrierte Lösung von Schwefeldioxyd im Überschuß hinzu und läßt 1 Std. lang einwirken. Alsdann erhitzt man unter gleichzeitigem Durchleiten von Kohlendioxyd zum Sieden bis zum völligen Entweichen des Schwefeldioxyds (Prüfung mit schwach rot gefärbter Kaliumpermanganatlösung), kühlt ab und gibt nach Zusatz von 2 Tropfen Methylorange Natriumbicarbonat im Überschuß hinzu (nach der Neutralisation noch etwa 1 g). Nach Beigabe von etwas Stärkelösung läßt man Jodlösung von bekanntem Titer bis zum Auftreten einer bleibenden schwachblauen Färbung zufließen.

β) Methode von VONDRAK. Zu einer neutralen Lösung des Magnesiumsalzes (1 cm^3 enthalte etwa 2 mg MgO) gibt man einen mäßigen Überschuß von Alkaliarsenat, auf 100 mg MgO 7 bis 8 cm^3 etwa n-Lösung (10,4 g KH_2AsO_4 in 100 cm^3), säuert an (auf 100 mg MgO 10 cm^3 etwa 4 n-H_2SO_4), erhitzt zum Sieden und läßt 10%iges Ammoniak eintropfen bis zur Phenolphthaleinalkalität. Man gibt dann $^1/_3$ des Volumens konzentriertes Ammoniak zu, läßt 15 bis 20 Std. stehen, saugt unter Nachwaschen auf einem Asbestfilter ab und spült das Fällungsgefäß mit der Waschflüssigkeit nach. Nun löst man den im Fällungsgefäß verbliebenen

Niederschlag mit 4 n-H_2SO_4 (auf 100 mg MgO 25 bis 30 cm³, auf 50 mg 15 cm³); die abgemessene Schwefelsäure gibt man dann auf das Asbestfilter, bringt auch dieses zu der Flüssigkeit in den Filtratkolben und spült Trichter und Fällungsgefäß gut nach. Nun reduziert man mit 3 n-Natriumsulfitlösung (auf 100 mg MgO 20 cm³) in der Kälte und läßt über Nacht stehen, oder man erhitzt die Flüssigkeit zunächst im siedenden Wasserbade, gibt nach Temperaturausgleich die Sulfitlösung zu, verschließt den Kolben mit einem Trichter oder einer Glaskugel und beläßt 15 bis 20 Min. im Bade. In beiden Fällen gibt man nun eine Messerspitze Talk zu, entfernt SO_2 durch Kochen, kühlt nach Zusatz von Natriumacetatlösung (auf 100 mg MgO 50 cm³ etwa 2 n-Lösung) auf 37 bis 50° C und titriert mit Jodlösung (Indicator : Stärke). Langsamer und unscharfer Verlauf der Reaktion gegen Ende der Titration deutet auf zu starke Abkühlung oder auf eine zu kleine Gabe von Acetat.

γ) Methode von Gooch und Browning. Der Niederschlag wird in heißem Wasser mit überschüssigem Jodkalium und 10 cm³ Schwefelsäure (1:1) versetzt und bis zum Aufhören der Entwicklung von Joddämpfen gekocht, die zurückbleibenden geringen Jodmengen werden mit Schwefeldioxyd zerstört.

Die gebildete arsenige Säure wird wie üblich mit $^1/_{10}$ n-Jodlösung titriert.

Es hat sich gezeigt, daß zur Erzielung genauer Werte die Lösung vollständig neutral sein muß; zur Pufferung der Lösung werden nach Washburn Salze schwacher Säuren zugesetzt, z. B. Dinatriumphosphat oder Natriumbicarbonat. Die mit $^1/_{10}$ n-Natronlauge neutralisierte Lösung (Phenolphthalein) wird nach und nach mit der Phosphatlösung versetzt. Nach Vervollständigung der Titration soll das Volumen der Phosphatlösung die Hälfte der verbrauchten Jodlösung betragen. Das Gesamtvolumen betrage 250 cm³. Bei größeren Volumen ist mehr Phosphatlösung zuzusetzen. Die H-Ionen-Konzentration soll 10^{-7} betragen, was erreicht wird, wenn bei 250 cm³ Endlösung auf je 100 cm³ $^1/_{10}$ n-Jodkaliumlösung 11 g $Na_2HPO_4 \cdot 12\,H_2O$ vorhanden sind.

δ) Methode von Klingenfuss. Bei dieser Methode, die eine Verbesserung der Methode von Valentin, die hier nicht beschrieben werden soll, darstellt, wird die Arsenatlösung nach folgender Vorschrift hergestellt: 4,9480 g frisch sublimiertes, längere Zeit im Exsiccator über Calciumchlorid getrocknetes *Arsenik* werden in einer geräumigen Kasserole unter schwachem Erwärmen in verdünnter Natronlauge gelöst, mit 10 cm³ 10%igem Wasserstoffperoxyd versetzt und unter Umrühren einige Minuten auf dem Wasserbad erwärmt, bis die Sauerstoffentwicklung zu Ende ist. Darauf werden aufs neue etwa 3 cm³ H_2O_2 zugegeben und die Flüssigkeit weitere 30 Min. auf dem lebhaft siedenden Wasserbade zur völligen Zerstörung des überschüssigen Wasserstoffperoxyds erhitzt. Nun läßt man erkalten, neutralisiert das Ganze mit verdünnter Salzsäure — die Lösung darf auch schwach sauer sein — und führt die Lösung vollständig in einen 1000 cm³ Meßkolben über, der bis zur Marke aufgefüllt wird.

Zur Magnesiumbestimmung werden 50 cm³ dieser 0,1 n-Arsenatlösung, 10 cm³ 10%iges Ammoniak und 2 g Ammonchlorid zum Sieden erhitzt, die Analysenlösung tropfenweise zugegeben und das Ganze im Sieden erhalten, bis der Niederschlag sich zusammengeballt hat. Nach 3stündigem Stehen wird abfiltriert, das Filtrat in einem Meßkolben auf 200 cm³ gebracht und in einem aliquoten Teil der Überschuß des Arsenates bestimmt. Es werden z. B. 50 cm³ des Filtrats in einer kleinen Glasstöpselflasche unter Abkühlung mit 40 cm³ konzentrierter Salzsäure versetzt, etwa 1 g Jodkalium zugegeben, das Ganze 30 Min. im Dunkeln stehen gelassen und dann das ausgeschiedene Jod mit 0,1 n-Thiosulfatlösung titriert.

Gemäß der Umsetzung

$$AsO_4''' + 2\,J' \rightarrow AsO_3''' + J_2$$

ergibt sich der Mg-Gehalt nach:

$$\%\ Mg = cm^3\ Thios. \cdot T \cdot \frac{Mg}{2} \cdot \frac{100}{1000} \cdot \frac{1}{E} \cdot$$

T Titer der Thiosulfatlösung, E Einwage.

ε) Methode von ROSENTHALER. Die zur Fällung erforderliche *Monokaliumarsenatlösung* stellt man her durch Auflösen von 9 g des Salzes in 1 l destilliertem Wasser. Der Titer dieser Lösung wird jodometrisch mit Hilfe von Jodkalium und Thiosulfatlösung bestimmt, welche ihrerseits gegen Jod eingestellt ist. Die zuzusetzende Menge dieser Lösung wird vor jeder Bestimmung durch einen Vorversuch bestimmt. Die Ausführung der Bestimmung geht nun so vor sich, daß man die Magnesiumsalzlösung in einem Meßkölbchen zuerst mit einer abgemessenen Menge der Monokaliumarsenatlösung im Überschuß (die a cm³ Thiosulfatlösung verbrauchen) (gemäß Vorversuch!) versetzt, worauf man mit 10%igem Ammoniak bis zur Marke auffüllt. Nach mindestens 3stündigem Stehen, währenddessen man anfangs häufig schüttelt, um die vollständige Abscheidung des Niederschlages zu sichern, filtriert man durch einen bedeckten Trichter ab und dampft vom Filtrat einen bestimmten, möglichst großen Teil etwa 80 bis 90 von 100 cm³ (also c/100), in einer Schale auf dem Dampfbad zur Trockne ein. Den Rückstand nimmt man mit möglichst wenig Wasser auf, bringt die Lösung in eine gut schließende Glasstöpselflasche, spült die Schale mehrmals mit einem erkalteten Gemisch aus gleichen Teilen konzentrierter Schwefelsäure und Wasser oder mit rauchender Salzsäure nach und gibt hierauf konzentrierte Jodkaliumlösung zu. Gewöhnlich entsteht dann ein Niederschlag (andernfalls gibt man noch Säure hinzu), den man in einer gerade genügenden Menge Wasser löst. Nach $^1/_2$stündigem Stehen wird mit Thiosulfat (und Petroläther oder Benzol als Hilfsmittel zur Feststellung des Endes der Titration) zurücktitriert (l/cm³).

Zur Berechnung hat man anzusetzen:

$$\% \mathrm{Mg} = (a - b) \cdot T \cdot \frac{100}{\mathrm{c}} \cdot \frac{\mathrm{Mg}}{2} \cdot \frac{100}{1000} \cdot \frac{1}{E} .$$

Weitere jodometrische Methoden stammen von AMIANTOW, BRUCKMILLER und TERESCHTSCHENKO (s. auch Literatursammlung in GMELINS Handbuch).

Literatur.

AMIANTOW, A. J.: Chem. J. Ser. B, **7**, 632 (1934).
BROWNING, P. E. u. W. A. DRUSHEL: Am. J. Sci. (4) **23**, 293 (1907). — BRUCKMILLER, F. W.: Am. Soc. **39**, 610 (1917).
CONGDON, L. A. u. G. VANDERHOOK: Chem. N. **130**, 260 (1925).
DAUBNER, W.: Angew. Ch. **48**, 551 (1935). — DICK, J. u. A. RUDNER: Fr. **96**, 246 (1934). — DUCRU: Fr. **42**, 326 (1903).
GMELIN: Magnesium A **27**, 358—359 (1937). — GOOCH u. BROWNING: Am. J. Sci. Sillim. (3) **3**, 40, 66.
KLINGENFUSS, M.: Anorg. Ch. **138**, 195 (1924). — KONINCK, L. L. DE: Monit. scient. (4) **3**, 19 (1889).
MCNABB, W. M.: Am. Soc. **49**, 1451 (1927). — MURMANN, E.: Öst. Ch. Z. (2) **13**, 227 (1910).
PULLER: Fr. **10**, 41 (1871).
RAFFA, E.: **38 II**, 565 (1908); G. **39 I**, 154 (1909). — REICHEL, F.: Fr. **20**, 89 (1881). — ROSENTHALER: Fr. **45**, 596 (1906); **46**, 714 (1907). — RÜDISÜLE, A.: Bestimmung und Trennung der chemischen Elemente, Bd. VI, S. 625. 1923. — RUPP: Arch. Pharm. **241**, 608 (1903).
TERESCHTSCHENKO, A. u. M. NEKRITSCH: Ukrainskij chem. Zurnal **2**, 168 (1926).
VALENTIN: Fr. **54**, 78 (1915). — VIRGILI, F.: Fr. **44**, 495 (1905). — VONDRAK, J.: Listy Cucrovarnicke **45**, 52 (1927); Z. Zuckerind. Cechoslov Republ. **52**, 118 (1927/28).
WASHBURN, E. W.: Am. Soc. **30**, 31 (1908). — WINKLER, L. W.: Fr. **96**, 243 (1934).

§ 5. Bestimmung durch Abscheidung als Magnesium-ortho-Oxychinolat (Magnesiumoxinat).

$Mg(C_9H_6ON)_2 \cdot 4\ H_2O$, Molekulargewicht 384,678.

Allgemeines.

Verfahren und Anwendungsbereich. Die im folgenden beschriebenen Methoden beruhen auf der *Schwerlöslichkeit der Verbindung* $Mg(C_9H_6ON)_2 \cdot 4\,H_2O$ *in alkalischer Lösung*. Sie ist unter gleichen Umständen bedeutend schwerer löslich als das Magnesiumammoniumphosphat (Tabelle 1, S. 141). Es sind deshalb noch Magnesiummengen erfaßbar, die mit der Phosphatmethode nicht mehr bestimmt werden können.

Das verhältnismäßig große Gewicht des Oxychinolinrestes $(C_9H_6ON)_2$ bedingt für das Magnesium einen *Umrechnungsfaktor*, der nur rund ein Drittel des Faktors 0,2185 bei der Wägungsform $Mg_2P_2O_7$ ist. Dieser Umstand ist bei der gewichtsanalytischen Bestimmung ein weiterer Vorteil. Das o-Oxychinolin wurde 1926 ziemlich gleichzeitig von FR. L. HAHN (a) und R. BERG (a, b, c) in die quantitative Analyse eingeführt. Auch J. M. KOLTHOFF (a) hat sich als einer der ersten der Möglichkeiten bedient, die dieser ausgezeichnete Stoff dem Analytiker bietet. Das o-Oxychinolin bildet mit einer großen Reihe von Metallen schwerlösliche Salze, nicht aber mit den Alkalimetallen und mit dem Ammonium. Die Trennung des Magnesiums von diesen Kationen macht also grundsätzlich keine Schwierigkeiten, und da die Trennung vom Calcium auch bei Anwesenheit etwas größerer Mengen und Konzentrationen nicht sehr umständlich ist, wird sich die Methode vornehmlich in der Wasser-, Salz-, Mineral- und Pflanzenaschenanalyse noch mehr wie bisher einführen. Indessen sind mit ihm auch für zahlreiche andere Zwecke (Leichtmetall, Blut, Serum, Harn u. a.) vorteilhafte Sonderverfahren ausgearbeitet worden (S. 186).

Das o-Oxychinolin, auch 8-Oxychinolin, 1,8-Oxychinolin oder nach dem Vorschlage von FR. L. HAHN (a) kurz „Oxin" genannt, hat die Bruttoformel C_9H_7ON und das Molekülgewicht 145,155. Es ist, wie die Strukturformel

```
      CH  CH
     //  \ /  \\
   HC    C    CH
    |    ||    |
   HC    C    CH
     \\  / \  //
      C    N
      OH
```

zu erkennen gibt, ein *amphoterer* Körper, der unter Ersatz des H-Atoms der Hydroxylgruppe durch ein Äquivalent eines Metalles die entsprechenden Salze, wahrscheinlich als sog. innere Komplexsalze, bildet, die meist in Wasser unlöslich sind. Andererseits entstehen durch Anlagerung von Säuren an das N-Atom des zweiten Ringes Salze nach Art des Anilin-Chlorhydrats oder der Ammoniumsalze, die meist in Wasser löslich sind. Mit einigen Säuren werden aber ebenfalls schwerlösliche Verbindungen eingegangen (s. S. 170). — Das freie Oxin selbst ist nur wenig in reinem Wasser löslich: bei 18° 520 mg im Liter (0,052%), steigend auf etwa das 7fache in heißem Wasser. Es ist mit Wasserdämpfen flüchtig. Es krystallisiert in nicht ganz reinweißen, oft ziemlich großen Nadeln vom Schmelzpunkt 75°. Von den üblichen organischen Lösungsmitteln wird es leicht gelöst, ebenfalls von wäßrigen Säurelösungen (mit Ausnahmen!) und von den wäßrigen Lösungen der Alkalihydroxyde und des Ammoniaks. Es kann heute in genügender Reinheit bezogen werden. Herstellerin ist die „Vanille-Fabrik", Hamburg-Billbrook, die es als Ausgangsstoff für verschiedene bekannte Desinfektionsmittel benötigt (Chinosol, Loretin, Yatren u. a.).

Eigenschaften des Magnesiumoxinats. Das Salz fällt in alkalischer Lösung als ein grünlichgelbes krystallinisches Pulver von der Zusammensetzung $Mg(C_9H_6ON)_2 \cdot 4\,H_2O$ aus (Molgewicht 384,678), das beim Trocknen bei 100 bis 105° in die Form $Mg(C_9H_6ON)_2 \cdot 2\,H_2O$ (Molgewicht 348,646) und bei 130 bis 140° in das wasserfreie Salz $Mg(C_9H_6ON)_2$ (Molgewicht 312,614) übergeht. Die *Fällungsempfindlichkeit beträgt 1:312000 in ammoniakalischer,* ammonchloridhaltiger Lösung, *1:270000 in natronalkalischer,* tartrathaltiger Lösung, d. h. nur 0,32 bzw. 0,37 mg Magnesium bleiben in 100 cm³ des Filtrats gelöst. Der Niederschlag entsteht sicher und mit möglichster Vollkommenheit im Bereich $p_H = 9{,}5$ *bis*

12,7, dagegen bildet er sich schon nicht mehr im sauren Bereich unter $p_H = 7,0$, so z. B. nicht im Gebiet einer natriumacetathaltigen essigsauren Lösung (etwa $p_H = 2,5 - 4,0$). Dadurch wird es möglich, das Magnesium von denjenigen Metallen zu trennen, die auch in essigsaurer Lösung noch quantitativ als Oxinate ausfallen. Von den etwa 27 Metallen, die mit Oxin schwerlösliche Niederschläge geben, fallen nur Magnesium, Calcium, Gallium und Beryllium nicht in saurer Lösung aus. Da andererseits Magnesium [mit Kupfer, Zink und Cadmium zusammen, sog. „Oxychinolingruppe" (BERG, c, 345, e, 8)] in natronalkalischer, tartrathaltiger Lösung ausfällbar ist und dadurch von den meisten anderen Metallen sich trennen läßt, hat man zwei Möglichkeiten, das Magnesium aus einem Gemisch herauszuholen, von denen man je nach den Umständen die eine oder die andere oder auch beide nacheinander benutzen wird (Trennungen, S. 200). Es ist weiter von Bedeutung, daß das Magnesiumoxinat praktisch unlöslich in ammoniakalischem 96%igem Alkohol ist, während andere Oxinate, z. B. die des Kupfers, Mangans, Zinks, Aluminiums und Eisens darin löslich sind (Trennungen, S. 201).

$$F_1 = \frac{\mathrm{Mg}}{\mathrm{Mg(C_9H_6ON)_2 \cdot 2\,H_2O}} = \frac{24,32}{348,646} = 0,06976;$$

$$F_2 = \frac{\mathrm{Mg}}{\mathrm{Mg(C_9H_6ON)_2}} = \frac{24,32}{312,614} = 0,07780.$$

1. Gravimetrische Verfahren.

a) Verfahren von R. BERG (d, 26), (e, 29), bzw. FR. L. HAHN (a, b) und K. VIEWEG.

Einwage. 70 mg Magnesium geben etwa 1 g Auswage. Man bemißt die Einwage so, daß ihr Magnesiuminhalt zwischen 5 und 100 mg zu liegen kommt. Mittlere Mengen (10 bis 50 mg) sind vorzuziehen.

Fällungsvolumen. 50 bis 100 cm³.

Lösungen. Oxinlösung: 2 g Oxin werden in 100 cm³ Alkohol (etwa 95%) gelöst. Für je 10 mg Mg braucht man etwa 8 cm³. — 2n-Ammonchlorid. Ammoniak, konzentriert und 2 n-.

Arbeitsvorschrift. Die neutrale oder schwachsaure Lösung wird mit soviel festem Ammonchlorid (oder 2 n-Ammonchloridlösung) versetzt, daß nach Zugabe von einigen Kubikzentimetern konzentriertem Ammoniak kein Hydroxyd ausfällt. Die etwa 50 bis 100 cm³ betragende Lösung wird auf 60 bis 70° erwärmt und unter allmählichem Steigern der Temperatur in kleinen Anteilen mit der 2%igen alkoholischen Oxinlösung versetzt, bis ein geringer Überschuß an Fällungsreagens vorhanden ist. Dieser Überschuß ist an der gelben bis orangegelben Farbe des sich bildenden, aber gelöstbleibenden Ammoniumoxinats zu erkennen. Man läßt absitzen, prüft noch einmal die Farbe der überstehenden *Lösung* und filtriert durch Glasfiltertiegel (Schott, Jena, 1 G 3), Porzellanfiltertiegel oder Papierfilter.

Trübt sich das Filtrat, so kann

1. ein zu großer Überschuß des Fällungsmittels vorhanden gewesen sein, der beim Abkühlen sich ausscheidet. Man prüft, indem man einen Teil des Filtrats wieder zum Sieden erhitzt. Die Trübung muß verschwinden. — Oder es kann

2. eine nachträgliche Ausscheidung eingetreten sein. Diese löst sich beim Erhitzen nicht. Man gießt das Filtrat noch einmal durch das Filter und wäscht anschließend.

Waschen. Man wäscht mit heißem, schwach ammoniakalischem (0,1 bis 0,5% NH_3) Wasser aus.

Trocknen. a) Getrocknet wird, je nach Menge des Niederschlages, 2 bis 4 Std. bei 100 bis 105° (Gewichtskonstanz). Letztere Temperatur darf keinesfalls überschritten werden. Die Wägungsform ist $Mg(C_9H_6ON)_2 \cdot 2\,H_2O$.

b) Oder man trocknet 4 bis 8 Std. bei 130°. Kürzere Zeit braucht man, wenn man bei 140° trocknet. Es tritt aber bereits eine geringe Zersetzung des Oxinrestes ein, die das Ergebnis beeinflussen kann. Die Wägungsform ist $Mg(C_9N_6ON)_2$.

Das erstere Trocknungsverfahren ist in den meisten Fällen vorzuziehen.

Glühen. Statt den getrockneten Niederschlag unmittelbar zu wägen, kann man ihn zu MgO verglühen und in dieser Form zur Wägung bringen. Man muß zu diesem Zweck den Niederschlag vorher auf einem aschefreien Papierfilter oder in einem Porzellanfilter gesammelt haben. Man überschichtet mit 2 bis 3 g asche- und wasserfreier Oxalsäure, steigert allmählich die Temperatur und verglüht vorsichtig.

Zu diesem Verfahren wird man beispielsweise greifen, wenn beim Trocknen versehentlich die Temperatur zu weit und zu lange überschritten worden ist, etwa über 135°; überhaupt dann, wenn bestimmte Temperaturgrenzen mangels an Einrichtungen nicht sicher innegehalten werden können. Sonst bietet es im allgemeinen eher Nachteile als Vorteile. Da das Magnesiumoxinat stets formelgerecht ausfällt, ist das Verglühen, das in anderen Fällen (Beryllium) erforderlich ist, beim Magnesium selten in Erwägung zu ziehen.

Bemerkungen. I. Einfluß fremder Stoffe. Die Kationen der Alkalien einschließlich des Ammoniums sowie die Anionen der meist vorkommenden anorganischen und organischen Säuren stören die Fällung nicht [Hahn und Vieweg (b)]. Phosphorsäure kann in Ausnahmefällen das Ergebnis beeinflussen, besonders wenn Calcium oder Aluminium zugegen ist oder wenn sie in großem Überschusse vorliegt. Es sind dann besondere Maßnahmen und Abänderungen des Verfahrens vorzunehmen (Trennungen, S. 201). Die Kationen der Erdalkalien können stören, wenn sie in größerer Menge vorhanden sind, jedoch ist durch einmalige Umfällung des Niederschlages leicht Abhilfe zu schaffen (Trennungen, S. 197). Die Kationen der Schwermetalle stören stets, so daß sie in allen Fällen durch besondere Maßnahmen und Abänderungen der Methode zu berücksichtigen sind. Von den Anionen, die mit dem Oxin schwerlösliche Salze bilden und deshalb bei der Magnesiumbestimmung nicht zugegen sein dürfen, sind diejenigen der Cyan-, Rhodan- und Halogensauerstoffsäuren und besonders der komplexen Heteropolysäuren des Molybdäns zu nennen (Berg, e, 2, 91, 99). Oxydierende Anionen, wie $NO_3^{\cdot}$, $CrO_4^{\cdot\cdot}$, $MnO_4^{\cdot\cdot}$, wirken auf das Oxin ein; die durch Reduktion entstandenen Cr- und Mn-Kationen gelangen als Oxinate in den Magnesiumniederschlag. Diese Reduktionen müssen in allen Fällen *vor* der Abtrennung der Metalle vorgenommen werden, worauf hier nur hingewiesen werden kann.

Vorsichtsmaßnahmen. Die alkoholische Oxinlösung ist vor grellem Tageslicht geschützt in einer braunen Flasche aufzubewahren. Sie ist nicht sehr beständig und sollte nach 6 bis 8 Tagen nicht mehr benutzt werden. Man stellt die Lösung deshalb nur in kleinen Mengen her. Man kann auch mit $2^1/_2$ bis 5% Holzgeist vergällten Alkohol nehmen. — Essigsaure und salzsaure Oxinlösungen sind nach Hahn (c) unbegrenzt haltbar. Die Anwendung solcher Lösungen bringt aber für die Magnesiumbestimmung die Unbequemlichkeit mit sich, daß man die Alkalität der Analysenlösung dauernd prüfen und aufrechterhalten muß. Die Mühe der öfteren Herstellung der alkoholischen Lösung ist jedenfalls geringer. Es gibt indessen Fälle, wo die Anwendung der essigsauren Lösung angebracht erscheint [Hahn (c)]. Man sollte eine solche Lösung (S. 177) für alle Fälle immer zur Hand haben. — (S. auch vorh. Absatz.)

II. Genauigkeit. Bittersalzgehalte zwischen 1,32 und 28,70% in Gemischen mit den Nitraten und Chloriden des Kaliums und Natriums wurden (Hahn) mit Abweichungen von höchstens 0,07, in den meisten Fällen mit 0,00 bis 0,01 Abweichung vom Sollwert wiedergefunden.

Bemerkung. Durch umfangreiche Untersuchungen konnten Hahn und Vieweg (b) zeigen, daß Ammoniumchlorid, Kaliumchlorid, -sulfat und -nitrat sowie

Natriumchlorid, -sulfat und -nitrat selbst in zum Teil 300facher molekularer Menge die Bestimmung des Magnesiums nicht stören. Unwesentliche Mehrbeträge sind nur bei Kalium- und Natriumsulfat in großem Überschuß, und zwar bei Kaliumsulfat etwas deutlicher, zu erkennen.

III. Abänderungen der Arbeitsvorschrift sind von verschiedenen Seiten vorgenommen worden (Mitchell und Ward, Hahn und Vieweg, Hough und Ficklen, Cattelain u. a.). Die Abänderungen sind bestimmt von der erstrebten Schnelligkeit und Genauigkeit, der Menge und Art des zur Analyse bestimmten Materials und von anderen Gesichtspunkten, ohne grundsätzlich Neues einzuführen. Doch sind für besondere Fälle Vervollkommnungen ausgearbeitet worden [Hahn (c)] (s. unten, sowie Titrationsmethoden, Restmethode, S. 178), die bei der gewöhnlichen gewichtsanalytischen Bestimmung jedoch ohne Nachteil unberücksichtigt gelassen werden können.

Besonders erwähnt sei hier nur die Arbeitsweise von Fredholm. Er fällt aus 100 cm³ Lösung, die höchstens 25 mg Mg enthalten und mit 2 bis 3 g Ammonchlorid versetzt sind, tropfenweise mit geringem Überschuß einer *1%igen alkalischen Oxinlösung*, die durch Auflösen von 1 g Oxin in 100 cm³ 0,1 n-Natronlauge hergestellt wird. Es wird 3 bis 4 Min. gekocht, abgekühlt, filtriert, gewaschen. Durch die alkalische Fällungslösung wird die bei der Bildung des Magnesiumoxinats freiwerdende Mineralsäure neutralisiert, der Überschuß an Alkalihydroxyd wird ebenso automatisch durch das anwesende Ammonchlorid abgepuffert. Die Analysenlösung soll zu Beginn neutral oder nur schwach sauer sein.

b) Verbessertes Verfahren von Hahn. Vorbemerkung. Nach der ersten Methode von Hahn blieben die Fällungen bisweilen aus, obwohl sie nach Stoffmenge und Löslichkeit der Oxinate eintreten mußten. — Ein etwas zu hoher Überschuß an Fällungsmittel gerät leicht in den Niederschlag. Die Löslichkeit des Oxins in Wasser beträgt nur 0,45 g je Liter (Hahn). In verdünntem Alkohol löst sich nun zwar das Oxin in größeren Beträgen, jedoch sind auch die Oxinate darin merklich löslich. Dagegen ist in 10%igem Aceton das Oxin mit 2,0 g je Liter löslich, während die Löslichkeit der Oxinate unter denselben Bedingungen unbedenklich ist. — Endlich treten gelegentlich die Fällungen statt in der grobkörnigen, leicht filtrierbaren Form in so feiner Form auf, daß die Filtration Schwierigkeiten macht. — Diesen Übelständen hilft Hahn (c) durch eine besondere Arbeitsvorschrift ab, die besonders auch für die Zwecke der *Maßanalyse* (Resttitration, S. 178) durchgebildet worden. ist.

Lösung. 38 g Oxin werden in 125 bis 150 cm³ etwa 2 n-Salzsäure gelöst; die Lösung wird auf 1 l mit Wasser aufgefüllt. Sie ist haltbar. 1 cm³ der Lösung fällt etwa 3 mg Magnesium.

Arbeitsvorschrift. 20 cm³ Analysenlösung mit 5 bis 100 mg Magnesium werden mit 2 bis 3 g Ammonchlorid, 2 bis 3 cm³ konzentriertem Ammoniak und 20 cm³ Aceton versetzt. Man erwärmt, bis die Mischung dicht am Sieden ist und läßt die Oxinlösung in kleinen Anteilen, am besten aus einer Bürette, einfließen. Nach Zusatz der ersten Menge wartet man, bis der Niederschlag erscheint. Er tritt allmählich auf, ist bemerkenswert grobkrystallin und setzt sich deshalb schnell ab, so daß man die Farbe der überstehenden Lösung leicht beurteilen kann. Man fährt mit der Zugabe der Oxinlösung fort, bis die überstehende Lösung in der Durchsicht ebenso gelb wie der Niederschlag oder noch eine Spur dunkler gelb ist. Nach Bedarf erwärmt man die Lösung wieder bis kurz vor dem Sieden, wobei Stoßen zu vermeiden und die Verwendung eines Wasserbades empfehlenswert ist. Auch gibt man von Zeit zu Zeit noch Aceton nach, um die Konzentration auf etwa 50% Aceton zu halten.

Vorsichtsmaßregel. Ist viel Magnesium vorhanden und dementsprechend viel von der salzsauren Oxinlösung erforderlich, muß durch weitere Ammoniakzugabe dafür gesorgt werden, daß die Lösung alkalisch bleibt.

Literatur.

Berg, R.: (a) Pharm. Ztg. **71**, 1542 (1926); s. auch **74**, 1339 (1929). (b) J. pr. **115**, 178 (1927). (c) Fr. **70**, 341 (1927). (d) Fr. **71**, 23, 171, 321, 369 (1927). (e) Die analytische Verwendung von o-Oxychinolin („Oxin") und seiner Derivate, 2. Aufl. von Band XXXIV in: Die Chemische Analyse. Stuttgart: Ferdinand Enke 1938. (f) Fr. **72**, 177 (1927). (g) Fr. **76**, 191 (1929). (h) Mikrochemie, Emich-Festschrift 1930, 18—22.

Cattelain, E.: J. Pharm. Chim. **11**, 484—496 (1930), nach C. **1930 II**, 1407.

Fredholm, H.: Svensk Kem. Tidskr. **44**, 79—85 (1932); nach C. **1932 I**, 3470.

Gmelins Handbuch, 8. Aufl., Magnesium, Teil A, 356 (1937).

Hahn, Fr. L.: (a) Ch. Z. **50**, 754 (1926); s. auch Pharm. Ztg. **74**, 1546 (1929). (b) Fr. **71**, 122 (1927). (c) Fr. **86**, 153—157 (1931). — Hough, W. A. u. J. B. Ficklen: Am. Soc. **52**, 4752 (1930).

Kolthoff, J. M.: (a) Pharm. Ztg. **72**, 1137 (1927). (b) Chem. Weekbl. **24**, 606—610 (1927).

Mitchell, A. D. u. A. M. Ward: Modern Methods in Qualitative Chemical Analysis. London-New York-Toronto 1932. S. 103.

Vieweg, K. W.: s. Hahn (a).

Ward, A. M.: s. Mitchell.

2. Maßanalytische Verfahren.

a) Bromometrische Bestimmung. Allgemeines. *Das Oxin reagiert wie die Phenole leicht mit freiem Brom. Es bildet dabei 5,7-Dibrom-Oxychinolin (5,7-Dibromoxin)* nach folgender Gleichung:

$$C_9H_7ON + 2\,Br_2 = C_9H_5ONBr_2 + 2\,HBr.$$

Die Bildung eines *Tribromprodukts* ist nach Castiglioni möglich, doch bleibt bei Verwendung eines geeigneten Indicators, der einen Überschuß an freiem Brom erkennen läßt, lange bevor die zur Tribromidbildung erforderliche Bromkonzentration vorhanden ist, diese aus und die Reaktion bleibt beim Dibromid stehen. Der notwendige geringe Bromüberschuß wird entweder durch die *Umwandlung eines Indicatorfarbstoffs* angezeigt (Verfahren 1), oder es wird auf physikalischem Wege der *Potentialsprung* beobachtet, der mit dem Auftreten des freien Broms verbunden ist (Verfahren 2). Die weiteste Verbreitung hat jedoch eine dritte Methode gefunden, die mit einem *kleinen Überschuß an Brom* arbeitet und diesen Überschuß anschließend in freies Jod umsetzt und mit Thiosulfat rücktitriert. Man bezeichnet sie trotzdem als *(indirekte) bromometrische oder bromatometrische Methode* (Verfahren 3). Die Verfahren 1 und 3 wurden von R. Berg (a; d, 26) eingeführt.

Das erforderliche freie Brom wird ausnahmslos durch die Umsetzung von Bromat mit Bromid in saurer Lösung nach folgender Gleichung erzeugt:

$$KBrO_3 + 5\,KBr + 6\,HCl = 3\,Br_2 + 3\,H_2O + 6\,KCl$$

oder

$$BrO_3^- + 5\,Br^- + 6\,H^{\cdot} = 3\,Br_2 + 3\,H_2O.$$

Wie oben gezeigt, sind 4 Br zur Bildung des Dibromids nötig. Das Magnesiumoxinat in salzsaurer Lösung ist der Bromierung in gleicher Weise wie das freie Oxin zugänglich. Im Oxinat war je Mol Oxin 1 *Äquivalent* (Val) Magnesium gebunden gewesen, so daß von je 1 Atom Brom nur ein Viertel Val Magnesium angezeigt wird. Eine n-$KBrO_3$-Lösung ($= {}^1/_6$ Mol) entspricht also mit jedem Kubikzentimeter einer Menge von 3,04 mg Mg, 1 cm^3 der meistgebrauchten 0,1 n-Lösung also 0,304 mg Mg. Es ergibt sich demnach ein recht günstiger Umrechnungsfaktor für Mg, ein Umstand, der nicht wenig zur Verbreitung dieser Bestimmungsart beigetragen hat.

Vorbemerkung. 40 cm^3 0,1 n-Bromatlösung entsprechen 12,16 mg Magnesium. Ist demnach mehr als 12 mg Magnesium zu erwarten, titriert man entweder mit 0,2 n-Lösung oder man füllt im Maßkolben mit 2 n- oder 10%iger Salzsäure auf und pipettiert einen entsprechenden Anteil mit weniger als 15 mg ($= 49{,}3$ cm^3 0,1 n-Lösung!).

Genauigkeit. Die *Genauigkeit kann auf unter $\pm 0{,}03$ mg* gesteigert werden, d. i. auf weniger als 3‰ bei 12 mg Magnesium. Sie hängt von der richtigen Durchführung der Fällung und bei der Titration natürlich von der Übung in der Erkennung des Titrationsendpunktes ab. Die Erkennung ist am einfachsten bei der an und für sich keineswegs einfachsten Methode, der indirekten, jodometrischen Methode (Verfahren 3), wodurch diese trotz ihrer Fehlermöglichkeiten den Vorrang erhalten hat.

I. Bromometrische Bestimmung mittels Indicatoren (Verfahren 1). *Indicatoren.* Die angewandten Indicatoren werden entweder selbst bromiert oder werden durch die oxydative Wirkung des freien Broms zerstört. Beide Reaktionen dürfen aber erst dann schnell verlaufen, wenn nach erfolgter quantitativer Bromierung des Oxins die Bromkonzentration sprunghaft ansteigt. — Als bewährte Indicatoren gelten nach R. LANG *Methylorange, Methylrot und Indigocarmin.* Nach KOLTHOFF (c) ist Methylrot dem Indigocarmin vorzuziehen, was bestätigt werden kann. Von SMITH und BLISS sind auch halogenunechte *Monoazo- und Triphenylmethanfarbstoffe* geprüft worden. SCHULEK und LANG verwenden *α-Naphthoflavon* in 0,5%iger Lösung in 96%igem Alkohol, das aus schwachgrünlicher, opalisierender Färbung nach Rostbraun umschlägt und ausflockt.

Lösungen. 0,2%ige alkoholische Methylrotlösung. — 2 n- oder 10%ige Salzsäure. — 0,1 n-Bromatbromidlösung: 2,7835 g reinstes, sorgfältig getrocknetes Kaliumbromat und 5 g Kaliumbromid werden mit destilliertem Wasser zu 1000 cm³ aufgefüllt. Das Bromid muß bromatfrei sein (Prüfung, nach Ansäuern, mit Jodkalium und Stärke).

Arbeitsvorschrift. Das nach den Fällungsvorschriften (a, S. 169 oder b, S. 171) erhaltene und sorgfältig gewaschene Magnesiumoxinat wird vom Filter mit 10 bis 15 cm³ warmer Salzsäure gelöst und in einen Becher übergeführt (s. Trennung c, Umfällung, S. 198). Es werden 1 bis 2 Tropfen einer 1%igen wäßrigen Indigocarmin- oder, besser, der 0,2%igen Methylrotlösung zugegeben. Nunmehr kann mit der Bromatbromidlösung bis zum Farbübergang von Blaugrün oder Rot nach Reingelb titriert werden.

Berechnung, wenn 0,1 n-Bromatlösung benutzt wird:

$$a \cdot 0{,}000304 \frac{100}{E} = \frac{a \cdot 0{,}0304}{E} = \%\ \text{Magnesium}.$$

a Verbrauchte cm³ 0,1 n-Bromatbromidlösung,
E Einwage oder Anteil der Einwage in g.

II. Bromometrische Bestimmung mit physikalischer Endpunktsbestimmung (Verfahren 2). *Vorbemerkung.* Eine *potentiometrische Titration* kann nach ATANASIU und VELCULESCU unter Ausnutzung des Potentialsprungs durchgeführt werden, der auftritt, sobald freies Brom in der Lösung erscheint. Das ist der Fall, wenn die Bildung des Dibromoxins beendet ist. Dessen Bildungsgeschwindigkeit ist groß genug, um eine Methode zur potentiometrischen Messung darauf aufzubauen, immerhin muß nach Zugabe von Bromatbromidlösung jedesmal etwas gewartet werden, wodurch die Gesamtdauer der Titration 10 bis 12 Min. erreicht. Die Geschwindigkeit der Bromierung wächst nun zwar mit der Temperatur, doch leidet gleichzeitig die Genauigkeit. Das *Optimum der Temperatur* liegt *bei 50°.* — Die *Apparatur* besteht aus dem Titrationselement mit der salzsauren Oxinlösung, einem Platindraht als Indicator- und einem Nickeldraht als Bezugselektrode. Zur Potentialmessung ziehen ATANASIU und VELCULESCU ein Millivoltmeter dem Capillarelektrometer vor.

Anwendungsbereich. 2 bis 80 mg Magnesium.

Genauigkeit. 0,1 mg, d. i. 1% bei 12,16 mg Magnesium (s. Bemerkung).

Lösungen. 10- bis 12%ige Salzsäure. — 0,1 m-Bromatbromidlösung: 16,701 g ($= {}^1/_{10}$ Mol) reinstes, getrocknetes Kaliumbromat und mindestens 6 g bromatfreies Kaliumbromid werden zu 1000 cm³ mit destilliertem Wasser aufgefüllt.

Arbeitsvorschrift. Das (a, S. 169 oder b, S. 171) gut gewaschene Oxinat wird vom Filter mit warmer 10- bis 12%iger Salzsäure gelöst, die Lösung in den Titrationsbecher gebracht und auf 50 bis 55° eingestellt. Man setzt die Bromatbromidlösung zunächst in einzelnen Kubikzentimetern zu, rührt gut um und liest nach 30 bis 60 Sek. die Spannung am Millivoltmeter ab. Sobald sie deutlicher steigt, setzt man die Lösung nur in Anteilen von 0,2 cm³, endlich nur noch von 0,1 cm³ zu und liest nach der Wartezeit ab. Der Potentialsprung ist sehr deutlich ausgeprägt und macht meist über 140 mV aus (Beispiel: s. Bemerkungen).

Vorsichtsmaßnahmen. Es empfiehlt sich nicht, mit der Anwärmung über 55° hinauszugehen. Der Knickpunkt wird undeutlicher, mehr und mehr scheinen Nebenreaktionen stattzufinden, und über 70° scheint die Bromierung zu anderen Produkten zu führen.

Bemerkungen. Die Methode hat vor der direkten bromometrischen Bestimmung (Verfahren 1, S. 173) den Vorteil voraus, daß die schwierige Erkennung des Farbumschlags durch die Beobachtung des deutlichen Potentialsprungs am Meßinstrument abgelöst wird. Als Beispiel ein Auszug aus der Veröffentlichung von ATANASIU und VELCULESCU:

Bromatlösung cm³	0	1	3	5	6,2	6,4	6,5	**6,6**	6,8	7,2	8,0	
Spannung in mV	756	801	801	801	801	801	801	**972**	975	948	927	I
	783	783	783	801	810	810	819	**990**	1010	999	981	II

(Reihe I: in Gegenwart von 10% Essigsäure, Reihe II: 5% Ammonsulfat.) Die Messungen sind durchgeführt worden mit 10 cm³ einer 0,1 m-Oxinlösung. Diese Menge entspricht 12,16 mg Magnesium, für deren bromometrische Bestimmung 40 cm³ 0,1 n- oder 6,67 cm³ der von ATANASIU und VELCULESCU bevorzugten 0,1 m-Bromatbromidlösung erforderlich sind. Der Sprung erfolgt jedoch bereits bei 6,60 cm³, also um mindestens 0,07 cm³ zu früh, das Ergebnis einer Analyse würde um etwa 1% zu niedrig ausfallen. Da ohne Zweifel ein Gleichgewichtszustand zwischen dem gebildeten Dibromid und der bromhaltigen Analysenlösung eintritt, wird ein scheinbarer Bromüberschuß sich bereits anmelden, bevor der letzte Rest Oxin ordnungsgemäß bromiert ist. Es genügt, dies zu wissen, um bei Benutzung der Methode eine kleine Korrektur zu ermitteln, die immer angebracht werden muß.

Von der indirekten bromometrischen Methode mit jodometrischer Rücktitration unterscheidet sich die vorliegende Methode durch ihre Einfachheit, sie setzt allerdings das Vorhandensein der bereits erwähnten Hilfsmittel voraus. BERG (e 23) hält beide Verfahren für nahezu gleichwertig, betont aber, daß in Gegenwart von Eisen und Kupfer, die mit Jod-Ionen reagieren, die jodometrische Messung nicht angängig ist und mit Vorteil durch das potentiometrische Verfahren ersetzt wird. Für Trennungen Mg-Fe und Mg-Cu sei deshalb darauf aufmerksam gemacht.

III. Bromometrische Bestimmung mit Rücktitration (Verfahren 3).

Allgemeines: s. Allgemeines, Vorbemerkung und Genauigkeit auf S. 172.

Lösungen. 2 n- oder 10%ige Salzsäure, rein. — 0,1 n-Bromatbromidlösung: Man löst 2,7837 g reinstes, sorgfältig getrocknetes Kaliumbromat und 5 g Kaliumbromid zu 1000 cm³ mit destilliertem Wasser. Das Bromid muß bromatfrei sein, es darf jedenfalls beim Ansäuern nicht auf Jodkaliumstärkelösung einwirken. Man kann die Bromatlösung auch ohne Bromidzusatz herstellen und das nötige Bromid jedesmal in *fester Form* oder als konzentrierte Lösung (20- bis 30%ig) zufügen. — 0,1 n-Natriumthiosulfatlösung: 25 g $Na_2S_2O_3 \cdot 5\,H_2O$ werden mit ausgekochtem und wieder abgekühltem destilliertem Wasser auf 1 l aufgefüllt. Von der Bromatlösung werden 20 bis 25 cm³ mit 10%iger Salzsäure (etwa 25 cm³), 3 g Kaliumjodid und etwas Stärkelösung versetzt und nach 2 Min. mit der Thiosulfatlösung titriert. Die Einstellung muß hin und wieder neu vorgenommen werden. Doch sind geringe Veränderungen für die Analyse in keinem Fall von erheblicher Bedeutung, da die Rücktitration jeweils nur wenige Kubikzentimeter beträgt. — 20%ige Kaliumjodidlösung. — Stärkelösung: 0,5 g wasserlösliche Stärke, mit wenig kaltem Wasser angeteigt, werden allmählich in 100 cm³ siedendes Wasser eingegossen und noch 1 bis 2 Min. gekocht. Man läßt klar abstehen und filtriert nötigenfalls. Einige Körnchen Quecksilberjodid verhindern die Schimmelbildung.

Arbeitsvorschrift. Das nach einer der Fällungsvorschriften (a, S. 169 oder c, S. 171) erhaltene und sorgfältig gewaschene Magnesiumoxinat wird im Filtertiegel mit 10 bis 15 cm³ 2 n-Salzsäure gelöst und durch Absaugen in ein Becherglas übergeführt. Sehr einfach gestaltet sich das Verfahren des Filtrierens und Auflösens, wenn man nach KOLTHOFFs Anregung durch einen Wattebausch filtriert, der in einen gewöhnlichen Trichter eingelegt wird. Man fügt 1 bis 2 Tropfen 0,2%ige alkoholische Methylrotlösung hinzu und läßt aus der Bürette die Bromatbromidlösung zufließen, bis die Lösung reingelb erscheint. Jetzt werden noch 1 bis 2 cm³ Bromatlösung und danach 10 cm³ Kaliumjodidlösung zugegeben. Es bildet sich meistens sofort ein schokoladebrauner Niederschlag, vermutlich ein Jodadditionsprodukt, der aber beim nachfolgenden Titrieren mit Thiosulfat sehr bald wieder in Lösung geht. Man gibt zunächst solange Thiosulfat zu, bis die Lösung klar, aber noch bräunlich ist. Erst dann werden 1 bis 2 cm³ Stärkelösung zugefügt, worauf bis zum Verschwinden der Blaufärbung titriert wird. — 1 cm³ 0,1 n-Bromatlösung entspricht 0,304 mg Magnesium.

Berechnung:

$$0{,}304\,(a - b \cdot T) = \text{mg Magnesium},$$

wobei bedeuten:

a Anzahl cm³ 0,1 n-Bromatlösung,
b Anzahl cm³ 0,1 n-Thiosulfatlösung,
T Titer der Thiosulfatlösung.

Vorsichtsmaßnahmen. Das Bromat soll langsam und unter leichtem Schwenken des Titrierbechers zugelassen werden, bis die Färbung von Rötlichgelb in Reingelb übergegangen ist. — Wenn viel Oxin vorhanden ist, scheidet sich oft gegen Ende der Titration ein krystalliner gelbfarbiger Niederschlag aus (Dibromoxin ?). In der Regel ist dann die Salzsäurekonzentration nicht hoch genug gewesen. Die Titration gibt keinen richtigen Wert und ist auch durch nachträgliche Salzsäurezugabe nicht mehr zu retten. Man gibt zu dem Parallelversuch von vornherein mehr oder stärkere Säure (10 bis 15%). Ist der Verbrauch an Bromatlösung, die ja verdünnend wirkt, besonders groß, gibt man von Zeit zu Zeit 5 bis 10 cm³ Säure nach.

ATANASIU und VELCULESCU stellten fest, daß die Bromierung in schwacher Säure zu langsam verläuft; jedoch ist eine Säurekonzentration von 10 bis 12% völlig ausreichend, höhere Gehalte bringen keine Beschleunigung der Bromierung. Letztere scheint in Salzsäure schneller zu verlaufen als in Schwefelsäure.

Die Rücktitration soll nicht zu spät nach dem *Bromat*zusatz, innerhalb 10 Min. etwa (KOLTHOFF, 456), in jedem Falle jedoch unmittelbar nach dem *Jodid*zusatz, unter lebhaftem Umschwenken, vorgenommen werden. — Da die zur Erkennung des Bromüberschusses angewandten Indicatoren selbst etwas Brom verbrauchen, ist bei sehr genauen Bestimmungen mit der Zugabe an Indicatoren sparsam zu verfahren. Ein Tropfen genügt zunächst. Nach der Entfärbung gibt man einen zweiten Tropfen zu. Verschwindet die Färbung schnell, ist bereits Überschuß vorhanden. Andernfalls wird weitertitriert bis zur reinen Gelbfärbung, wobei man nicht allzu vorsichtig zu verfahren braucht, da ohnehin noch ein kleiner sicherer Überschuß Bromatlösung gegeben wird.

10 Tropfen 1%ige Indigocarminlösung verbrauchen nach BERG [BERG (a)] 0,5 cm³ 0,02 n-Bromatlösung. Bei Methylrot ist nach KOLTHOFF der Bromatverbrauch unbedeutend.

Besondere Maßnahmen. SCHULEK und CLAUDER sind der Meinung, daß zu hoch ausfallende Werte zum Teil auf Bromverluste durch Verdunsten während des Titrierens zurückzuführen sind und schlagen deshalb mit eingeschliffenem Stöpsel verschließbare, mit kelchartiger Erweiterung versehene Flaschen vor. Die Bromatlösung wird auf einmal zugegeben, mit 5- bis 100%igem Überschuß für 120 bis 20 mg Oxin (etwa 10 bis 2 mg Mg), und die Bromierung bei geschlossenem Gefäß vollzogen. Auch das Kaliumjodid wird so zugegeben, daß keine bromhaltige Luft entweichen kann, indem die Jodidlösung in den Kelch gegossen und mit einem, durch Abkühlung erzeugten geringen Unterdruck eingesaugt wird, sobald man den Glasstöpsel lüftet. Die Analysenlösung war in dem Spezialkolben zunächst schwach alkalisch gemacht, mit Bromid und mit 10- bis 20%igem Bromatüberschuß versetzt worden. Nach schneller Zugabe der nötigen Menge konzentrierter Salzsäure wurde sofort verschlossen. Ein größerer Bromatüberschuß beeinträchtigt das Ergebnis nicht, was von Bedeutung ist, da ein Hilfsindicator bei diesem Verfahren natürlich nicht angewandt werden kann. Das Verfahren ist in allen Einzelheiten zweckmäßig durchgebildet (SCHULEK und CLAUDER). Nach BERG (e, 19) ist im allgemeinen die Verwendung komplizierterer Bromierungsgefäße nicht erforderlich. Ihre Benutzung kann sich auf Sonderfälle beschränken. — Ein einfacherer geschlossener Titrierkolben besteht aus einer Saugflasche, durch deren Stopfen ein gewöhnlicher langstieliger Trichter bis fast auf den Boden reicht. In den Saugstutzen bringt man etwas Watte mit Jodkaliumlösung. Die Bromatlösung läßt man durch das Trichterrohr einfließen, bis zur Entfärbung des Indicators, anschließend die Kaliumjodidlösung (GREENBERG u. a.).

Bemerkung. Das bromometrische Verfahren mit jodometrischer Rücktitration hat trotz einer gewissen Umständlichkeit bisher die weiteste Anwendung gefunden. Die bequeme und trotz mancher Fehlermöglichkeiten doch genügend sichere Endpunkterkennung dazu mag am meisten beigetragen haben. Nicht anwendbar ist die Methode bei Gegenwart von Eisen und Kupfer, da diese Metalle selbst mit Jod-Ionen reagieren. Bei ordnungsgemäßer Durchführung der Magnesiumoxinatfällung können sie jedoch kaum jemals als störende Beimengungen auftreten.

b) Andere Titrationsverfahren. 1. Filtrationsmethode. *Allgemeines.* Das Wesen dieser Filtrationsmethoden besteht darin, daß man *bei Annäherung an den Äquivalenzpunkt, dessen ungefähre Lage zunächst durch einen Vorversuch ermittelt wird, von Zeit zu Zeit eine Probe des Titrats abfiltriert und an dem klaren Filtrat durch weitere Zugabe von Maßlösung feststellt, ob noch neuer Niederschlag sich bildet.* Ein ähnliches Verfahren wurde bereits bei der ältesten überhaupt bekannten Titrationsmethode angewandt, der 1828 von GAY LUSSAC beschriebenen Sulfatbestimmung mittels Bariumchloridlösung von bekanntem Gehalt.

H. TH. BUCHERER (b) und F. W. MEIER geben den allgemeinen Arbeitsgang wie folgt an: „Nach dem Verdünnen und Herstellen der Fällungsbedingungen läßt man soviel von der eingestellten Reagenslösung zufließen, bis nicht mehr mit Sicherheit erkannt werden kann, ob eine weitere Zugabe von Reagens einen Niederschlag erzeugt. Nun filtriert man eine kleine Probe von 1 bis 2 cm³ durch ein Filterchen (Schleicher & Schüll Nr. 597) und prüft im Filtrat, das man in zwei Teile teilt, mit je einem Tropfen der Substanzlösung und der Maßflüssigkeit darauf, ob im Filtrat noch überschüssige Substanz oder schon überschüssiges Reagens vorhanden ist. Ergibt diese Probe, daß die Fällung noch unvollständig ist, so setzt man vorsichtig, je nach der Stärke der in der Probe entstandenen Trübung, noch Fällungsmittel hinzu und wiederholt die Filtrationsprobe. Man wird auf diese Weise sehr leicht feststellen können, wieviel Reagens mindestens zur vollkommenen Fällung erforderlich ist. Man wiederholt die Titration mit einer neuen Probe der zu untersuchenden Flüssigkeit und geht diesmal bis dicht an den bei der vorläufigen Bestimmung gefundenen, infolge der häufigeren Probeentnahme etwas zu niedrigen Wert heran. Hierauf führt man durch Entnahme weniger Filtrationsproben die Analyse zu Ende. Prüft man die Reagenzröhrchen mit den Proben gegen einen mattschwarzen Hintergrund und läßt zugleich aus einer verhüllten Lichtquelle

(Tageslichtlampe) Licht austreten, so ist bei einiger Übung die kleinste Trübung erkennbar." — Die Methode hat Ähnlichkeit mit den bekannteren Tüpfelmethoden.

Lösungen. 0,1 n-Magnesiumchloridlösung als *Urtiterlösung.* Man löst etwa 11 g reinstes krystallisiertes Magnesiumchlorid ($MgCl_2 \cdot 6\,H_2O$) zu 1 l, titriert den Chlorgehalt mit 0,1 n-Silbernitrat, verdünnt zu genau 0,1 n-Lösung und prüft durch nochmalige Chlortitration den Gehalt. — *Oxinacetatlösung.* Man verreibt etwa 3 g Oxin mit etwa 3 cm³ Eisessig, verdünnt mit 100 cm³ heißem Wasser und versetzt mit verdünntem Ammoniak tropfenweise bis zur beginnenden Trübung, läßt erkalten und filtriert vom Ungelösten ab. Diese Lösung ist nach BUCHERER unbegrenzt haltbar, während die alkoholischen Lösungen sich nach wenigen Tagen zersetzen. Will man höhere Genauigkeiten erreichen, nimmt man 2 g Oxin und 2 cm³, auch 1 g Oxin und 1 cm³ Eisessig.

Einstellung. 20 bis 50 cm³ 0,1 n-Magnesiumchloridlösung werden auf 100 cm³ verdünnt, mit 20 cm³ 2 n-Ammonchloridlösung und 10 cm³ konzentriertem Ammoniak versetzt, auf 70 bis 80° erwärmt und, unter allmählichem Steigern der Temperatur bis zur Siedehitze, mit der Oxinlösung gefällt (s. Arbeitsvorschrift). Nach Einstellen des Erhitzens wird der Äquivalenzpunkt nach der Filtrationsmethode bestimmt (s. Allgemeines). Vorgelegte Kubikzentimeter 0,1 n-Magnesiumchloridlösung durch Anzahl der verbrauchten Kubikzentimeter Oxinacetatlösung geteilt, ergibt den Faktor der Oxinlösung.

Arbeitsvorschrift. 100 cm³ der Analysenlösung werden mit 20 cm³ 2 n-Ammonchlorid, 10 cm³ konzentriertem Ammoniak versetzt, auf 70 bis 80° gebracht und langsam zum Sieden erhitzt, während die Oxinlösung unter lebhaftem Schütteln tropfenweise zugelassen wird. Das Magnesiumoxinat entsteht sofort. Man läßt zweckmäßig einen kleinen Überschuß einlaufen, der sich durch die gelbe Farbe des entstehenden löslichen Ammonoxinats zu erkennen gibt. Man titriert mit der 0,1 n-Magnesiumchloridlösung zurück nach den Regeln der Filtrationsmethode, wobei das Verschwinden der gelben Farbe des Filtrats die Erkennung des Endpunktes erleichtert. Die verbrauchten Kubikzentimeter 0,1 n-Magnesiumlösung werden von den anfangs gegebenen Kubikzentimetern Oxinlösung abgezogen, nachdem mittels des bei der Einstellung (s. oben) gefundenen Faktors, deren Wert in 0,1 n-Magnesiumlösung umgerechnet worden ist.

Berechnung: 1 cm³ 0,1 n-Magnesiumlösung = 1,216 mg Magnesium.

$$(a \cdot F - b) \cdot \frac{0{,}001216 \cdot 100}{E} = \%\ \text{Mg}.$$

a cm³ Oxinlösung,
b cm³ 0,1 n-Magnesiumlösung,
F Faktor der Oxinlösung gemäß der Einstellung,
E Einwage oder ein Teilbetrag der Einwage in g.

Vorsichtsmaßnahmen. Da freies Oxin mit Wasserdämpfen flüchtig ist, treten bei längerem Sieden Verluste ein. Das sich sofort bildende Oxinat dagegen ist nicht dissoziiert, so daß freies Oxin beim einfachen Arbeitsgang nicht auftritt. Bei der empfohlenen Rücktitration sind jedoch kleine Mengen freies Oxin eine Zeitlang vorhanden. Versuche mit 1,75 cm³ überschüssiger Oxinlösung, die mit 1,00 cm³ 0,1 n-$MgCl_2$-Lösung äquivalent waren, ergaben bei 10 Min. Erhitzungsdauer bei 97° Verluste von 0,05 bis 0,1 cm³ 0,1 n-$MgCl_2$-Lösung. Wurde gekocht, und zwar 15 Min. bei einer Temperatur, die etwas über 100° lag, so wurde eine 0,3 bis 0,4 cm³ 0,1 n-$MgCl_2$-Lösung entsprechende Menge des Oxins verdampft. Die wahrscheinlichen *Fehler* sind also auch unter diesen übertriebenen Bedingungen *nicht sehr erheblich.* Zur Erzeugung der Gelbfärbung genügen bereits 0,5 bis 0,8 cm³ einer Oxinlösung vom Faktor 0,6 (bezogen auf 0,1 n-$MgCl_2$-Lösung). Das Erhitzen wird auch sofort eingestellt, sobald der Überschuß da ist, so daß BUCHERER und MEIER mit einem *Fehler von höchstens 0,005 bis 0,01 cm³ 0,1 n-$MgCl_2$*-Lösung rechnen. Es genügt, diese Einflüsse zu kennen, um große Fehler sicher zu vermeiden.

2. Resttitrationsmethode. *Allgemeines. Die Ausfällung des Magnesiums wird mittels einer Oxinlösung vorgenommen, die gegen eine Bromat- oder Bromatbromidlösung eingestellt ist. Man fällt mit einem Überschuß der Oxinlösung, der anschließend zurücktitriert wird.*

Anwendungsbereich. 5 bis 100 mg Magnesium.

Genauigkeit. Im Durchschnitt $\pm 0,3$ mg, bei Verwendung von n-Oxin- und n-Bromatlösung (0,1 cm³ = 0,3 mg Magnesium).

Lösungen. 1. 38 g Oxin werden nach den Angaben auf S. 171 gelöst.

2. Bromatbromidlösung. 28 g Kaliumbromat und 50 g Kaliumbromid werden zum Liter gelöst. Die Lösung wird gegen n-Thiosulfat eingestellt. Man kann auch 27,837 g reinstes, bei 180° getrocknetes Kaliumbromat zu 1000 cm³ lösen und die Thiosulfatlösung darauf einstellen. Das Bromat muß in diesem Falle insbesondere auch frei von Bromid sein, was *nach* dem Trocknen an einer angesäuerten Probe mit Jodkalium und Stärke oder nach KOLTHOFF (c, 354) zu prüfen ist. Ebenso muß das zugesetzte oder gesondert angewandte Bromid natürlich bromatfrei sein.

3. 20%ige Kaliumjodidlösung (jodatfrei).

4. n- oder 0,1 n-Thiosulfatlösung (S. 174).

5. Stärkelösung (S. 174).

Einstellung. Die n- oder 0,1 n-Thiosulfatlösung wird nach S. 174 auf die genau normale Bromatlösung eingestellt. Im ersten Falle nimmt man reichlicher Kaliumjodid, im letzteren Falle nur 2,00 bis 4,00 cm³ der n-Bromatlösung. Die salzsaure Oxinlösung wird ebenfalls gegen die n-Bromat(bromid)-lösung, nach den Vorschriften der bromometrischen Maßanalyse (S. 175) eingestellt. Es entspricht 1 cm³ der Oxin- etwa 1 cm³ der n-Bromatlösung.

Arbeitsvorschrift nach HAHN (c). 20 cm³ Analysenlösung mit 5 bis 100 mg Magnesium werden in einen Meßkolben von 250 cm³ pipettiert. Man gibt 2 bis 3 g Ammonchlorid, 2 bis 3 cm³ konzentrierten Ammoniak und 20 cm³ Aceton hinzu. Nun erwärmt man auf dem Wasserbade, bis die Mischung dicht am Sieden ist und läßt dann aus der Bürette Oxinlösung in kleinen Anteilen zufließen. Nach Zusatz der ersten Menge wartet man, bis der Niederschlag erscheint. Er tritt allmählich auf, ist bemerkenswert grob und setzt sich schnell ab, so daß man die Farbe der überstehenden Lösung deutlich erkennen kann. Man setzt solange Oxinlösung zu, bis die *Lösung* einen dunkelgelben bis orangegelben Ton angenommen hat, wobei man zwischendurch auf dem Wasserbade nachwärmt, wenn viel Magnesium vorhanden ist, also viel Oxin zugesetzt werden muß. Es empfiehlt sich weiter, durch erneute Zugabe den Acetongehalt auf etwa 50% zu halten. Der Überschuß an Oxinlösung soll 2 bis 3 cm³ betragen. Zum Schluß gibt man nochmals 10 cm³ Aceton zu, schwenkt um, läßt einige Stunden stehen, um die Fällung zu vervollkommnen und Zimmertemperatur zu erreichen, und füllt dann mit Wasser zur Marke auf. Man filtriert durch ein kleines trockenes Faltenfilter, verwirft das erste Filtrat von etwa 50 cm³ und fängt die nächsten 100 cm³ in einen 100 cm³-Meßkolben auf. Man vermeidet so das unangenehme Aufsaugen der Acetonlösung. Der Inhalt des Kolbens wird in eine Porzellanschale übergespült, mit Phenolphthalein, dann mit Essigsäure bis zur Entfärbung versetzt und nach Zusatz von 5 cm³ 5%iger Zinksulfatlösung $^1/_2$ Std. auf dem Wasserbade eingedunstet. Darauf überführt man die Flüssigkeit in einen ERLENMEYER-Kolben, spült mit insgesamt 30 cm³ konzentrierter Salzsäure nach und titriert, wie üblich (S. 175), mit Bromatlösung in schwachem Überschuß und mit Thiosulfat zurück. Da man die überschüssig zugegebene Oxinlösung von der vorangegangenen Magnesiumausfällung her kennt und weiß, daß der 0,4fache Anteil davon jetzt im ERLENMEYER-Kolben sich befindet, kann die erforderliche Menge Bromatlösung auch ohne Hilfsindicator leicht zugemessen werden.

Bemerkungen. Das Zinksulfat fällt das Oxin zunächst aus, so daß beim Wegdunsten des Acetons keine Verluste entstehen können. — Liegen verhältnismäßig kleine Mengen vor, z. B. 5 bis 10 mg in 10 cm^3, kann man nach HAHN auch auf ein kleineres Volumen auffüllen, 100 cm^3, und alle angegebenen Zusätze entsprechend verringern. — Die Resttitration ist erst möglich geworden durch den Kunstgriff von HAHN (S. 171), Fällung und Krystallisation des Magnesiumoxinats in acetonhaltiger Lösung vorzunehmen. Während man aus rein wäßriger Lösung erst nach längerem Erwärmen oder Sieden gut filtrierbare Niederschläge erhält und dabei Verluste durch Verdunstung des im Überschusse zugesetzten Oxins erleidet — Verluste, die bei der üblichen Oxinatfällung zur gravimetrischen oder direkten bromometrischen Messung gänzlich ohne Einfluß sind —, erhält man bei Acetonzusatz schon in ganz *gelinder Wärme* grobe, rasch absitzende, *leicht zu filtrierende Niederschläge*. Weiter hält der Acetonzusatz das mäßig überschüssige Oxin sicher in Lösung, so daß ein Mitgehen im Niederschlag, wie häufig bei wäßrigen Lösungen, nicht zu befürchten ist. Dies ist deswegen wichtig, weil der Niederschlag nicht, wie bei den genannten Methoden, mit ammoniakalischer heißer Waschflüssigkeit nachbehandelt werden kann. — Die Methode, die mancherlei zeitraubende Handlungen erfordert, scheint für größere Mengen (80 bis 120 mg) dennoch Vorteile zu bringen, besonders wenn man mit 0,1 n-Thiosulfat zurücktitriert und den Verbrauch an den beiden anderen Maßlösungen mit besonderer Sorgfalt kontrolliert und abliest. Die Methode kann zugunsten der Genauigkeit ausgebaut werden, wenn verdünntere Lösungen genommen werden (HAHN).

Berechnung. Da die angegebene Oxinlösung mit der n-Bromatlösung äquivalent ist, entspricht ihre Fällungswirkung dem titrimetrischen Werte der Bromatlösung. Dieser ist 3,040 mg oder 0,00304 g Magnesium je Kubikzentimeter bei n-Bromatlösung (vgl. S. 172). Daraus ergibt sich bei Befolgung obiger Arbeitsanweisung der folgende Ansatz:

$$0{,}00304\,[a \cdot F_1 - (b - c \cdot F_2)] \cdot \frac{100}{E} = \%\ \mathrm{Mg},$$

wobei bedeuten:

a Anzahl cm^3 n-Oxinlösung,
F_1 deren Faktor gegen die n-Bromatlösung,
b Anzahl cm^3 n-Bromatlösung,
c Anzahl cm^3 n-Thiosulfatlösung,
F_2 deren Faktor gegen die n-Bromatlösung,
E Einwage, oder Anteil der Einwage, der zu der zur Titration angewandten Acetonlösung zugehörig ist.

3. Acidimetrische Methode. *Allgemeines.* Bei der Ausfällung des Magnesiumoxinats aus neutraler Magnesiumsalzlösung mit neutraler Oxinlösung tritt ein äquivalenter Betrag freier Säure auf, der *maßanalytisch* bestimmt werden kann. Das Umsatzschema

$$\mathrm{Mg^{\cdot\cdot} + 2\,ROH = Mg(OR)_2 + 2\,H^{\cdot}}$$

veranschaulicht dies, wobei ROH das in der Phenolform geschriebene Oxin ist.

Da die Magnesiumoxinatfällung im Bereich $p_H = 7$ bis $p_H = 9{,}5$ noch unvollkommen, dagegen zwischen $p_H = 9{,}5$ und $p_H = 12{,}7$ vollkommen ist, sollte der Umschlagspunkt des verwendeten Indicators in letzterem Bereich liegen, damit man den theoretisch richtigen Wert bekommt. Andererseits wird man zuviel Alkali verbrauchen und damit zu hohe Magnesiumbeträge finden, wenn man Indicatoren nimmt, die bei sehr hohen p_H-Werten umschlagen. Ein Ausgleich ergibt sich durch die Wahl eines Indicators, dessen Umschlagspunkt an $p_H = 9$ herankommt (s. Indicatoren).

Anwendungsbereich. 5 bis 50 mg Magnesium bei Anwendung von 0,1 n-Lauge, 50 bis 500 mg bei n-Lauge, bei stärkerer Lauge auch über 500 mg.

Genauigkeit. $\pm 0{,}1$ mg, bei 0,1 n-Lauge. 24 bis 25 mg Magnesium in 100 bis 150 cm^3 Volumen konnten mit dieser Genauigkeit bestimmt werden.

Lösungen. 1. Oxinlösung: 5%ige alkoholische Lösung. Die Lösungen des reinen Oxins, auch in Wasser (BERG, e, 1), sind genügend neutral und bedürfen keiner

Nachbehandlung. 2. Natronlauge: 0,1- oder 1,0 n-Natriumhydroxydlösung. 3. Säure: 0,1 n- oder 1,0 n-Salzsäure.

Indicatoren. Als geeignete Indicatoren werden von BERG (e, 24) *Methylorange, Phenolrot, α-Naphthol- und Phenolphthalein* genannt. Nach HAHN (d, 227) und HARTLEB kommen vor allem *Phenolrot* ($p_H = 6,8$ bis 8,4) und *α-Naphtholphthalein* ($p_H = 7,3$ bis 8,7) in Frage, weil diese auf der alkalischen Seite eine stark vom gelben Oxinniederschlag abweichende Farbe auftreten lassen, nämlich Blaurot bzw. Blau. Die Umschlagsschärfe beträgt 1 Tropfen 0,1 n-Lauge. Auch Phenolphthalein ist eben noch geeignet, wenn man viel Indicator nimmt und auf ganz schwach rosa titriert.

Sind *Nitrate* oder andere *oxydierende Stoffe* in der Lösung vorhanden, wird das sonst besonders geeignete Phenolrot zu einem dunkleren Farbstoff oxydiert, wodurch die Erkennung des Umschlages beeinträchtigt wird. Man nimmt dann α-Naphtholphthalein (orange nach graugrün), das man auch der schon Phenolrot enthaltenden Lösung noch zusetzen kann. Die Farbänderung verläuft dann von Orange nach Blauviolett (HAHN, d, 228). Der Umschlag kann außerordentlich scharf und deutlich gemacht werden, wenn man nach HAHN und HARTLEB (d, 228) vor Beginn der Titration die Lösung mit etwas Tetrachlorkohlenstoff kräftig durchschüttelt. Oxin und Oxinat werden gelöst und größtenteils der Lösung entzogen, so daß eine klare, helle Lösung entsteht, in der man jede Farbänderung sofort erkennt.

Arbeitsvorschrift nach HAHN und HARTLEB (d, 230). Die gegen Phenolrot (s. Indicatoren) neutralisierte Lösung von 100 bis 150 cm³ Volumen wird mit 5%iger alkoholischer Oxinlösung (Haltbarkeit s. S. 170) versetzt und heiß mit Natronlauge bis zur Rötung titriert. Man setzt weiter Oxinlösung zu, um zu prüfen, ob der erste Zusatz genügt hat. War dies nicht der Fall, entsteht durch neue Oxinatbildung ebenfalls neue Säure, die die Rötung aufhebt. In diesem Falle wiederholt man Lauge- und Oxinzusatz, bis bleibende Rötung eintritt. Man titriert sodann sofort mit Säure auf Reingelb zurück und läßt noch überschüssige 2 bis 3 cm³ Säure zulaufen. Man erwärmt 10 bis 15 Min., *kühlt ab* und titriert endgültig mit Lauge auf Rot. — 1 cm³ 0,1 n-Lauge entspricht 1,216 mg Magnesium.

Berechnung:

$$0{,}001216\,(a - b)\,\frac{100}{E} = \%\ \text{Mg}.$$

Es bedeuten:

a cm³ 0,1 n-Natronlauge,
b cm³ 0,1 n-Salzsäure,
E Einwage oder der in der vorgelegten Analysenlösung vorhandene Anteil der Einwage in g.

Bemerkung. Der Niederschlag schließt zunächst Lauge mit ein (HAHN und HARTLEB, d, 230). Man muß deshalb, nach der Neutralisation der überstehenden Lösung, 2 bis 3 cm³ Säure zugeben und durch Erwärmen und Zeitlassen das absorbierte Hydroxyd herausdiffundieren lassen. Die restliche Neuausfällung beim Fertigtitrieren ist gering und schließt meßbare Mengen nicht ein. Ferner wird der in der alkalischen Lösung bereits vollständig entstandene Niederschlag beim Kochen in der schwach sauren Lösung gröber krystallin und büßt dadurch die Adsorptionsfähigkeit für den Indicator (HAHN, d, 226) weitgehend ein, so daß die restliche Nachfällung oder Titration mit Lauge ohne Störung vorgenommen werden kann.

Vorsichtsmaßnahmen. In der *Hitze* und bei Gegenwart von *reichlich Oxin* ist der Umschlag oft unscharf, weil die Lösungen dann stärker gefärbt und zudem etwas abgepuffert sind. Man nimmt mäßigen Oxinüberschuß und titriert in der Kälte fertig, wie die Vorschrift angibt. — Die Maßflüssigkeiten, insbesondere die Lauge, müssen frei von fällbaren Metallen sein (Aluminium, Magnesium, Zink usw.).

Ein Leerversuch unter den Arbeitsbedingungen gibt darüber am einfachsten Auskunft. Man nimmt reichlich Lauge, um einen etwaigen Einfluß einwandfrei und deutlich zu erkennen. Allenfalls vorhandene geringe Mengen können als Korrektur in Abzug gebracht werden. — Über Adsorption der Indicatoren und der Lauge s. Bemerkung.

Weitere acidimetrische Methode. CASTIGLIONI bromiert den Oxinrest nach Auflösung des Oxinats in Salzsäure mittels *Bromwasser* zu einem Tribromid (S. 172), wobei das dritte Bromatom an Stelle des Wasserstoffs der Hydroxylgruppe treten soll. Bei der Bromierung treten danach 3 Äquivalente Bromwasserstoffsäure auf, die *acidimetrisch* gemessen und zum Rückschluß auf die vorhandene Oxin- und Magnesiummenge ausgewertet werden können. Da schon die Bromierung in stark salzsaurem Medium vorgenommen werden muß, sind zwei Bestimmungen auszuführen, deren Unterschied verhältnismäßig klein und um so mehr mit den unvermeidlichen Meßfehlern belastet sein wird. — Das zu verwendende Bromwasser muß neutral sein und in solchem Überschuß zugegeben werden, daß die Bildung des Tribromids sichergestellt ist. Der Indikator darf weder gegen freies Brom noch gegen oxydierende Anionen empfindlich sein. Praktische Bedeutung wird der Methode kaum zukommen (BERG, e, 25).

4. Oxydimetrische Methode. *Vorbemerkung.* Nach HOUGH und FICKLEN kann der Oxingehalt des Magnesiumoxinats durch *Titration mit Kaliumpermanganatlösung* bestimmt werden. Der Reaktionsverlauf ist nicht angegeben und auch wohl bisher nicht näher bekannt. Jedenfalls scheint aber eine vollständige Oxydation nicht vorzuliegen. Die Beziehungen zwischen dem Permanganatverbrauch einerseits und dem Oxin- bzw. Magnesiumgehalt des Niederschlages scheinen empirisch aufgefunden zu sein.

Anwendungsbereich. 0,1 bis 2,5 mg Magnesium.

Genauigkeit. Etwa 0,04 mg.

Lösungen. 1. Permanganatlösung: 4,17 g Kaliumpermanganat, reinst, getrocknet, zu 1000 cm³ aufgefüllt. 2. Schwefelsäure: n- oder 10%ig.

Arbeitsvorschrift. Aus 50 bis 150 cm³ der ammoniakalischen Lösung wird bei 70° mit einer sehr verdünnten Oxinlösung (0,5 g in 100 cm³ Alkohol gelöst, auf 1 l mit Wasser verdünnt) das Magnesiumoxinat gefällt. Der Niederschlag wird mit schwacher Ammoniaklösung gewaschen und in heißer n-Schwefelsäure gelöst, indem man den Niederschlag mitsamt dem Papierfilter hineintaucht oder ihn mit der heißen Säure vom Wattebauschtrichter (S. 175) oder vom Filtertiegel (S. 198) löst. Man titriert in der Wärme, bis die Rosafärbung 2 Min. bestehen bleibt. Beim Annähern an den Endpunkt gibt man die Maßlösung in kleineren Portionen von 0,5 bis 0,2 cm³ zu und beobachtet die Zeit mit der Uhr. — 1 cm³ der Permanganatlösung entspricht 0,1 mg Magnesium.

Bemerkungen. Es steht nichts im Wege, die allgemein übliche 0,1 n-Permanganatlösung zu den Messungen zu benutzen. Da diese Lösung schwächer ist (3,16 g/l), entspricht 1 cm³ nur 0,075 mg statt 0,100 mg Magnesium. Man kann sich durch Titration einer Lösung, die 25,00 mg reines Oxin in 10%iger Schwefelsäure enthält und rund 27 bis 30 cm³ 0,1 n-Permanganatlösung verbraucht, den Umrechnungsfaktor für Magnesium selbst ermitteln. 11,94 mg reines Oxin entspricht 1,00 mg Magnesium. — Die Methode hat innerhalb ihres Anwendungsbereichs den Vorteil der großen Einfachheit. Ein Nachteil ist die schleppende Feststellung des Endpunktes, der aber durch Zeitersparnis an anderen Stellen aufgewogen wird. Den Anwendungsbereich nach oben zu überschreiten, empfiehlt sich nicht, da die bei der Oxydation entstehenden, bräunlich gefärbten Reaktionsprodukte immer langsamer zerstört werden und sowohl die Erkennung des Endpunktes als auch die Zeitdauer der Erreichung beeinflussen. — RASSKIN und DROSD benutzen das Verfahren bei der Magnesiumbestimmung in Hochofenschlacken und Silicaten. Das Calcium wird vor der Oxinfällung als Oxalat gefällt und abfiltriert. Das Magnesiumoxinat wird in reichlich Schwefelsäure (200 bis 250 cm³ 10%iger Säure) bei 0,5 g Einwage gelöst. Titriert wird in der Siedehitze.

Literatur.

ATANASIU, J. A. u. A. J. VELCULESCU: Fr. 97, 102—106 (1934); s. auch SMITH u. MAY.

BERG, R.: (a) Pharm. Ztg. 71, 1542 (1926). (b) Die analytische Verwendung von o-Oxychinolin usw. (s. Literatur S. 172). — BERG, R. u. H. KÜSTENMACHER: Fr. 89, 112—120 (1932). — BUCHERER, H. TH. u. F. W. MEIER: Fr. 82, 1—44 (1930); 83, 351 (1931); 85, 331 (1931).

CASTIGLIONI, A.: Ann. Chim. applic. 25, 236—240 (1935); nach C. 1935 II, 2710 u. BERG (e) S. 18, 24.

GREENBERG, D. M. u. M. W. MACKAY: J. biol. Chem. 96, 419—429 (1934); nach C. 1934 I, 3502. — GREENBERG, D. M., C. ANDERSON u. E. V. TUFTS): J. biol. Chem. 111, 561—565 (1935); nach C. 1936 I, 3188.

HAHN, FR. L.: (c) Fr. 86, 153—157 (1931). (d) Fr. 71, 227 (1927). — HAHN, FR. L. u. E. HARTLEB: s. HAHN (d). — HOUGH, W. A. u. J. B. FICKLEN: Am. Soc. 52, 4752 (1930).

KOLTHOFF, J. M.: (c) „Die Maßanalyse" II. S. 456. Berlin: Julius Springer 1931.,

LANG, R. in „Neuere Maßanalytische Methoden" von BRENNECKE, FAJANS, FURMANN, LANG und STAMM: Sammlung „Die Chemische Analyse", Bd. XXXIII, S. 84. Stuttgart: Ferdinand Enke 1937.

SCHULEK, E.: Fr. 102, 111 (1935). — SCHULEK, E. u. O. CLAUDER: Fr. 108, 385—396 (1937). — SMITH, G. F. u. R. L. MAY: J. Am. ceram. Soc. 22, 31—33 (1939); nach C. 1939 I, 3774. — SMITH, G. F. u. H. H. BLISS: Am. Soc. 53, 2091 (1931).

VELLUZ, L.: J. Pharm. Chim. [8] 19 (126), 346—348 (1934); nach C. 1934 II, 1965. — VUCETICH, D. W.: Rev. Fac. Cienc. quim. 9, 81—91 (1934); nach C. 1935 I, 3188.

3. Mikroanalytische Verfahren.

Vorbemerkung. Man wird im allgemeinen bei sehr *geringen Magnesiummengen*, bei denen die gravimetrische Bestimmung nicht mehr die gewünschte Genauigkeit verspricht, also bei Mengen unter 5 mg, noch mit Erfolg zu einer der *maßanalytischen Methoden* (S. 172) greifen können, die zum Teil (Oxydimetrische Methode, S. 181) schon ohne weiteres als Halbmikro- oder Mikromethoden anzusehen sind, zum Teil durch geringe Änderungen oder besondere apparative Hilfsmittel dazu gemacht werden können. Die Titrierflüssigkeiten sind entweder entsprechend zu verdünnen, oder man arbeitet mit feineren Büretten von 5,00 cm³ Inhalt. Es sind dann auch die Fällungen in entsprechend kleineren Volumen und mit verminderten Reagensmengen vorzunehmen, wobei allerdings die Konzentrationen gewahrt bleiben und die Arbeitsbedingungen im allgemeinen unverändert gelassen werden müssen.

Um möglichst quantitative Abscheidung zu erreichen, wird man mit dem Filtrieren immer bis nach dem Erkalten warten.

Für besonders kleine Mengen, etwa unter 0,1 mg oder 100 γ, sind oft besondere Maßnahmen zu treffen, sofern diese Mengen nicht besser nach einem *colorimetrischen* Verfahren zu bestimmen sind (S. 184).

Mikroanalytische Bestimmungen sind naturgemäß häufig mit der Aufgabe belastet, die gesuchte Substanz, in diesem Falle das Magnesium, von einer meist weit größeren Menge von Begleitsubstanzen zu trennen. Die verschiedenen Verfahren unterscheiden sich deshalb in der Regel nur in den Bedingungen, die für die Trennung von den mit Magnesium häufig vorkommenden Stoffen festgesetzt worden sind.

Allgemeiner Anwendungsbereich. Etwa 0,1—10,0 mg.

a) Fällung und Resttitration nach FR. L. HAHN. Anwendungsbereich. Etwa 5 bis 10 mg.

Genauigkeit. 0,1 bis 0,3 mg.

Lösungen. S. 178.

Arbeitsvorschrift. Die Analysenlösung, 10 cm³ mit etwa 5 bis 10 mg Magnesium, gibt man in einen 100 cm³-Meßkolben. Man fügt 1 g Ammonchlorid, 1 cm³ konzentrierten Ammoniak und 10 cm³ Aceton hinzu. Die Ausfällung wird nach S. 178 (Resttitration nach HAHN) vorgenommen. Man filtriert durch ein glattanliegendes Filter, verwirft die ersten 25 cm³ und läßt die nächsten 50 cm³ in einen Meßkolben bis zur Marke einlaufen. Ansäuern, Eindampfen mit 3 cm³

Zinklösung, Überspülen mit 15 cm^3 konzentrierter Salzsäure und bromometrische Messung des Oxinüberschusses nach HAHN (S. 178).

Vorsichtsmaßnahmen. Die Arbeitsvorschriften S. 178 sind zu beachten.

Berechnung. Wie S. 179, aber den Abänderungen angepaßt.

b) Fällung nach GLOMAUD. Anwendungsbereich: 0,1 bis 0,2 mg in 10 cm^3.

Arbeitsvorschrift. 10 cm^3 der Analysenlösung werden in einem 60 cm^3 fassenden Kolben mit 1 bis 2 g Ammonchlorid und mit geringem Überschuß 2%iger alkoholischer Oxinlösung, danach mit 1 cm^3 Ammoniak versetzt und hierauf 5 Min. auf dem Wasserbade erwärmt. Der Niederschlag wird durch einen Jenaer Mikrotiegel 12 G4 abgesaugt, 3mal mit 5 cm^3 10%igem Ammoniak gewaschen und in 10 bis 15 cm^3 10%iger Salzsäure gelöst. Die Lösung wird mit 5 bis 10 cm^3 etwa 40%iger Kaliumbromidlösung und mit einem Überschuß Bromatlösung versetzt und kurze Zeit geschüttelt. Nach Zusatz von Jodkalium wird mit 0,1 n-Thiosulfat zurücktitriert.

Vorsichtsmaßnahmen. Die Arbeitsvorschriften usw. des bromometrischen Verfahrens (S. 174) sind zu beachten.

c) Fällung nach BERG und OSTROWSKI (BERG, e, 34). Arbeitsvorschrift. Wie bei Trennung *l* (S. 201), erster Abschnitt. Die Weiterverarbeitung des Oxinats geschieht bei kleineren Mengen maßanalytisch.

Trennung von Phosphorsäure und Calcium: s. Trennung *l* (S. 201). Die Lösung kann Phosphorsäure bis zur 5fachen Menge des Magnesiums enthalten.

d) Fällung und acidimetrische Bestimmung nach DELAVILLE und OLIVE.

Anwendungsbereich. 0,05 bis 1,0 mg in 10 cm^3.

Genauigkeit. 0,02 mg (geschätzt).

Arbeitsvorschrift. Die saure Lösung wird gegen Neutralrot neutralisiert. Es werden dann nacheinander zugegeben: 1 cm^3 n-Natronlauge, 1 cm^3 gesättigte Kaliumnatriumtartrat(Seignettesalz-)lösung, 0,3 bis 0,4 cm^3 5%ige alkoholische Oxinlösung. Nachdem das Glas 4 bis 5 Min. im siedenden Wasserbade gestanden hat, wird der Niederschlag durch *Zentrifugieren* am Boden gesammelt, die Flüssigkeit abgegossen und durch destilliertes Wasser ersetzt. Das Zentrifugieren und Aufwirbeln des Niederschlages mit destilliertem Wasser wird wiederholt, bis das Wasser nicht mehr alkalisch wird. Dann werden 2,00 bis 4,00 cm^3 0,025 n-Salzsäure genau abgemessen hineingegeben und das Glas bis zur völligen Auflösung des Niederschlages in das Wasserbad gestellt. Titriert wird in der Kälte mit 0,01 n-Natronlauge gegen Neutralrot.

Berechnung (1 cm^3 0,01 n-Salzsäure entspricht 0,1216 mg Magnesium):

$$0{,}1216\ (2{,}5\,a - b) = \text{mg Magnesium},$$

wobei bedeuten:

a Anzahl cm^3 0,025 n-Salzsäure,
b Anzahl cm^3 0,010 n-Natronlauge.

e) Fällung und gewichtsanalytische Bestimmung nach STREBINGER und REIF.

Vorbemerkung. Für mikroanalytische Zwecke eignet sich nach STREBINGER die Bestimmung über das Oxinat ganz besonders gut, einmal wegen des großen Molekülkomplexes, wodurch kleine Zufälligkeiten, die bei der Mikroanalyse von besonderem Einfluß sind und sich doch nicht ganz vermeiden lassen (Staub), in der Bedeutung herabgesetzt werden, zum anderen wegen der einfachen Trocknung, die zudem bei Verwendung der PREGLschen Filterröhrchen im Warmluftstrom schon in 20 Min. sicher zur Gewichtskonstanz führt.

Anwendungsbereich. 0,1 bis 0,5 mg Magnesium.

Genauigkeit. 0,008 mg.

Arbeitsvorschrift. *Fällen.* Die Analysenlösung, die etwa 1 mg Magnesium je Kubikzentimeter enthält, wird aus einer PREGLschen Mikrobürette oder mit einer genauen Meßpipette in ein Fällungsröhrchen abgemessen, mit wenig festem

Ammonchlorid (Messerspitze) und 3 Tropfen Ammoniak versetzt, im Wasserbade auf 70° erwärmt und hierauf mit einer 1 %igen alkoholischen Oxinlösung im Überschuß versehen. Nach 20 Min. Absetzenlassen des Niederschlages muß die überstehende Flüssigkeit noch gelb sein.

Waschen. Das Oxinat wird nach 20 Min. in ein PREGLsches Filterröhrchen übergesaugt und abwechselnd mit heißem ammoniakalischem Wasser und Alkohol gewaschen, wobei der Niederschlag auf die Asbestschicht des Röhrchens gebracht wird. Schließlich wird mit Alkohol nachgewaschen und stark trockengesaugt.

Trocknen. Das Röhrchen wird im PREGLschen Trockenblock 10 Min. in der weiten und 10 Min. in der engen Bohrung bei 105° getrocknet und nach dem Abkühlen gewogen.

Berechnung. Der Niederschlag, in Milligramm gewogen, ergibt mit dem Faktor 0,0698 multipliziert die Magnesiummengen in Milligrammen.

f) Fällung und oxydimetrische Bestimmung nach HOUGH und FICKLEN. Anwendungsbereich: 0,5 bis 2,5 mg Magnesium.

Arbeitsvorschrift: s. Oxydimetrische Methode, S. 181.

Literatur.

BERG, R. u. W. OSTROWSKI: (e) Die analytische Verwendung usw. s. Literatur S. 172. — BERG, R.: (h) Mikrochemie, EMICH-Festschrift S. 18—22. 1930.

DELAVILLE, M. u. M. OLIVE: Ann. Chim. anal. [3] **20**, 286—287 (1938); nach C. **1939 I**, 1010.

GLOMAUD, G.: (a) J. Pharm. Chim. [8], **19** (126), 14—29 (1934); nach C. **1934 I**, 1844. (b) Le liquide duodénale. Détermination des éléments minéraux. Microdosage de magnésium par l'oxyquinoléine. Paris: Véga 1933.

HAHN, FR. L.: (c) Fr. **86**, 153—157 (1931). — HOUGH, W. A. u. J. B. FICKLEN: Am. Soc. **52**, 4754 (1930).

LAVOLLAY, J.: Applications de la 8-Hydroxyquinoléine à l'Analyse Biologique et Agricole (Magnésium, Fer, Cuivre). — Ch. Z. **62**, 518 (1938).

PREGL, F.: Die quantitative org. Mikroanalyse, 2. Aufl. Berlin: Julius Springer 1923.

STREBINGER, R. u. W. REIF: Mikrochemie. PREGL-Festschrift S. 319—322. 1929.

4. Colorimetrische Verfahren.

a) Verwendung der Farbtiefe der überschüssigen Oxinlösung. Vorbemerkung. Fällt man mit überschüssiger Oxinlösung von genau bekanntem Gehalt und in genau abgemessener Menge, kann man den Überschuß auch durch Vergleich der gelben Farbe des gelösten Ammoniumoxinats mit der Farbe einer in gleicher Weise hergestellten Lösung bekannten Oxingehalts feststellen. Zweckmäßig bedient man sich eines der bekannten Colorimeter und wählt eine Vergleichslösung, die in ihrer Farbstärke nicht sehr verschieden ist von der zu messenden Lösung (Restlösung). Die Methode ist von HOUGH und FICKLEN angegeben worden.

Anwendungsbereich. 0,5 bis 5,0 mg.

Genauigkeit. 0,1 mg (höchste Abweichung 0,3 mg).

Lösung. 0,500 g Oxin in 100 cm³ Alkohol gelöst, mit Wasser zu 1000 cm³.

Arbeitsvorschrift. Die Lösung, die nicht mehr als 50 cm³ betragen soll, wird mit 20 cm³ Ammoniakreagens (5 n) alkalisch gemacht und mit genau 60 cm³ der Oxinlösung gefällt. Nach dem Abfiltrieren wird mit schwachem Ammoniak gewaschen. Das Filtrat samt Waschwasser wird auf 150 cm³ aufgefüllt. Davon werden 100 cm³ im Colorimeter mit der Standardlösung verglichen. — 1 cm³ der Oxinlösung ist äquivalent mit 0,0419 mg Magnesium.

Berechnung:

$$0{,}0419\left(60-\frac{3\cdot a}{2}\right)=\text{mg Magnesium},$$

wobei a die in 100 cm³ vorhandenen, gegen eine Standardlösung mit 10 bis 60 cm³ Oxinlösung festgestellten Kubikzentimeter Oxinlösung bedeuten.

Bemerkungen. Bei Wasseranalysen stört nur Calcium. — Die Bestimmungen sind schnell auszuführen und mögen in Fällen, wo es auf *äußerste Genauigkeit weniger ankommt* als auf *Schnelligkeit*, mit Vorteil angewendet werden.

b) Verwendung der Blaufärbung mit Wolframsäure-Molybdänsäurephosphat oder Molybdänsäurephosphat. Vorbemerkung. Das Oxin reagiert dank seiner Hydroxylgruppe, in ähnlicher Weise wie das Phenol, in alkalischer Lösung mit Phosphor-Wolfram-Molybdänsäure (Folin und Denis-Tisdall) und scheidet daraus die intensiv *blaufarbigen* niederen Oxyde des Wolframs und Molybdäns *kolloidal* aus. Die Stärke der Färbung ist proportional der vorhandenen Oxin- bzw. Oxinrestmenge. Daraus ergibt sich die Anwendbarkeit auch für die colorimetrische Magnesiumbestimmung.

Anwendungsbereich: 0,005 bis 0,050 mg (5 bis 50 γ) Magnesium.

Genauigkeit: $\pm$ 5%, d. i. 2 γ bei 50 γ Mg.

Apparate: Colorimeter oder Photometer; Zentrifuge mit hoher Umdrehungszahl (2000 Umdr./Min.).

Lösungen. 1. Folin-Denis-Lösung: 4 g Phosphormolybdänsäure und 20 g Natriumwolframat werden mit 10 cm³ 85%iger Phosphorsäure ($s = 1{,}70$) und 150 cm³ Wasser 2 Std. am Rückflußkühler zum Sieden erhitzt, abgekühlt, auf 200 cm³ verdünnt und nötigenfalls filtriert.

2. Oxinlösung: 2%ige alkoholische Lösung (Haltbarkeit: S. 170).

3. Natriumcarbonatlösung: kaltgesättigt, etwa 25%ig.

4. Ammoniaklösung: 25%ig.

5. Ammoniumacetatlösung: 5%ige Lösung, mit Ammoniak gegen Phenolphthalein neutralisiert.

6. Salzsäure: 6 n.

Vorsichtsmaßnahmen. Alle Reagenzien müssen von besonderer Reinheit sein („für analytische Zwecke, mit Garantieschein"), da die meisten Metalle mit Oxin schwerlösliche Niederschläge bilden und infolgedessen auch sonst ganz belanglose Spuren durch Summierung des von ihnen verbrauchten Oxins einen Zusatzbetrag ergeben, der bei einer Mikrobestimmung einen erheblichen prozentualen Fehler erzeugen kann. Durch Leerversuche unter Analysenbedingungen (s. Arbeitsvorschriften) überzeugt man sich von der Reinheit der Gesamtreagenzien. Sind geringe, aber meßbare Mengen vorhanden, setzt man das Ergebnis von den Analysenergebnissen ab, nachdem man es in „Magnesium" umgerechnet hat. — Oxydierende und reduzierende Substanzen dürfen nicht zugegen sein. — An das zur Herstellung der Lösungen und Verdünnungen benutzte Wasser sind besondere Anforderungen zu stellen. Man destilliert es zweckmäßig noch einmal aus *gutem Glas* oder noch *besser aus Quarzgeräten.* Aus gleichem Grunde arbeitet man auch bei der Analyse möglichst in Quarzgefäßen, sofern nicht gute Erfahrungen mit besonderen Glassorten gemacht worden sind.

Arbeitsvorschrift. Die Analysenlösung von wenigen Kubikzentimetern wird in einem Zentrifugierröhrchen aus Quarz, von 15 cm³ Inhalt, mit 0,3 bis 0,5 g Ammonchlorid versetzt, auf 5 cm³ mit Wasser aufgefüllt und auf 90° erwärmt. Es werden 0,2 cm³ frischbereiteter Oxinlösung und 0,4 cm³ Ammoniak hinzugegeben. Der Fällungsvorgang muß besonders eingeleitet werden, indem man mit Hilfe eines an einen Glasstab angeschmolzenen Splitters von Schottschem Hartglas (mit 12% PbO und 6% ZnO) durch leichtes Ansetzen der Spitze an die Gefäßwandung 2 Min. mit mäßigem Druck reibt (Eichholtz und Berg; Berg, e, 85). Die angeimpfte Flüssigkeit bleibt noch 10 Min. im kochenden Wasserbade stehen, wird darauf 4 Min. bei 2000 Umdr./Min. zentrifugiert, wodurch der Niederschlag sich am Boden und an den Wandungen festsetzt. — *Waschen.* Die überstehende Lösung wird vorsichtig abgehebert und der Niederschlag 3mal mit je 2 cm³ warmer Ammoniumacetatlösung gewaschen (s. Lösungen). Nach jedesmaligem Waschen, wobei der Niederschlag aufgerührt werden kann, wird erneut zentrifugiert. —

Lösen und Auffüllen. Zum Schluß wird das Oxinat in 0,5 cm³ n-Salzsäure gelöst und mit wenig Wasser in ein Meßkölbchen von 25 cm³ Inhalt hinübergespült. *Anfärben.* Es werden 5 cm³ Natriumcarbonat- und 1 cm³ FOLIN-DENIS-Lösung zugegeben, bevor mit Wasser zur Marke aufgefüllt wird. Man erwärmt ½ Std. auf 80° im Wasserbade und läßt danach noch ½ Std. stehen. — *Messen.* Verglichen wird mit einer unter denselben Bedingungen und gleichzeitig angesetzten Magnesiumlösung von bekanntem Gehalt. Man setzt, wenn man den zu erwartenden Magnesiumwert nicht ungefähr kennt, mehrere Standardlösungen an, um zum colorimetrischen Vergleich die Lösung mit annähernd gleicher oder nicht sehr verschiedener Farbtiefe auswählen zu können. Die Standardlösungen werden durch Verdünnen einer gravimetrisch kontrollierten Magnesiumchlorid- oder Sulfatlösung hergestellt.

Berechnung. Die Berechnung ergibt sich aus dem Vergleich mit der Standardlösung unter Berücksichtigung der besonderen Anweisungen für das Colorimeter oder Photometer (ZEISSsches oder LEITZsches Stufenphotometer u. a.).

Bemerkungen. Es können noch *5 bis 10 γ Magnesium* neben einer 10- bis 40fachen Calciummenge bestimmt werden. Es müssen in diesem Falle jedoch 0,5 statt 0,2 cm³ Oxinlösung gegeben werden. Das Calcium bleibt unter den obigen Arbeitsbedingungen in Lösung. — Das Verfahren ist von YOSHIMATSU zuerst empfohlen, von BERG (mit WÖLKER und SKOPP; BERG, e, 84; g, 18) vervollkommnet worden.

Anwendungen. Die Methode hat sich zur Magnesiumbestimmung im Blut und Serum (EICHHOLTZ und BERG, a, 352) und in tierischen Geweben (EICHHOLTZ und BERG, b, 170) bewährt. Die besonderen Vorbereitungs- und Ausführungsmaßnahmen sind in Fr. 87, 47 (1932), sowie auch in „Oxin" (BERG, e, 86) ausführlich referiert.

c) Verwendung der Anfärbung durch diazotierte Sulfanilsäure. Vorbemerkung. Das Oxin läßt sich mit Diazokomponenten zu *Azofarbstoffen* kuppeln. — Als besonders geeignete Komponente hat sich die Sulfanilsäure ($SO_3H—C_6H_4—NH_2$) erwiesen, die nach der Diazotierung zu $SO_3H—C_6H_4—N_2Cl$ mit dem Oxin in Parastellung zur Hydroxylgruppe kuppelt. Das Kupplungsprodukt ist ein in alkalischer Lösung kräftig gelbroter *5-Arylazofarbstoff*, der an lichtgeschützter Stelle etwa 4 Std. haltbar ist. Der aus einer Oxinmenge, die mit 3 bis 700 γ Magnesium äquivalent ist, gebildete Farbstoff zeigt *lineare Beziehung zwischen Farbtiefe und Konzentration* (ALTEN, WEILAND und LOOFMANN).

Anwendungsbereich. 0,01 bis 0,50 mg (10 bis 500 γ) Magnesium.

Genauigkeit. ±6%.

Lösungen. 1. Oxinlösung: 4 g reinstes Oxin werden mit 8 cm³ Eisessig verrührt, in 200 cm³ siedendes Wasser gebracht und unter Rühren und Sieden gelöst.

2. Natriumacetatlösung: gesättigte Lösung.

3. Natriumtartratlösung: gesättigte Lösung.

4. n-Salzsäure.

5. 2 n-Natronlauge.

6. Sulfanilsäurelösung: 8,6 g Sulfanilsäure werden in 1 l 30%iger Essigsäure unter Erwärmen gelöst.

7. Natriumnitritlösung: 2,85 g Natriumnitrit auf 1 l Wasser.

Arbeitsvorschrift nach ALTEN, WEILAND und KURMIES. — *Fällen.* Zu 1 cm³ der Lösung, die ganz schwach essigsauer sein soll, gibt man in einem starkwandigen Reagensrohr noch 2 bis 4 cm³ Wasser, einen Überschuß an Oxinlösung (0,2 bis 0,3 cm³) und macht mit 1 cm³ Natronlauge alkalisch. Die Fällung bleibt bei Zimmertemperatur über Nacht stehen; die überstehende Lösung muß noch gelb sein. Die Fällung wird dann 30 Min. auf dem Wasserbade erwärmt und der Niederschlag mit einem Porzellanfilterstäbchen (B 2 der Porzellanmanufaktur Berlin) angesaugt. Das Fällungsröhrchen wird mit 3mal je 1,5 bis 2 cm³ heißem, ammoniakhaltigem Wasser gespült, das Spülwasser durch das Filterstäbchen gesaugt. Endlich wird der Niederschlag mit 1 bis 2 cm^3 heißer n-Salzsäure im gleichen Röhrchen vom Filter gelöst, die salzsaure Lösung in ein 50 cm^3-Meßkölbchen hinübergesaugt und durch Nachwaschen mit reinem Wasser vollends hinüberbefördert. — *Anfärben.* Man gibt sodann 1 cm^3 Sulfanilsäure und 1 cm^3 Nitritlösung zu, läßt 5 bis 10 Min. stehen und macht mit 10 cm^3 Natronlauge alkalisch, bevor man zur Marke auffüllt. — *Auswertung.* Zu gleicher Zeit führt man mit 1 cm^3 einer Magnesiumstandardlösung von bekanntem, in der Größenordnung ähnlichem Gehalt denselben Arbeitsgang durch. Die Färbungen werden im Colorimeter oder Photometer verglichen und quantitativ ausgewertet. Für das Arbeiten mit dem Stufenphotometer hat sich das Grünfilter mit dem Schwerpunkt der Absorption bei 531 mμ als geeignet erwiesen.

Vorsichtsmaßnahmen. Es empfiehlt sich, wenigstens 3 Parallelbestimmungen anzusetzen und das Mittel der Ablesungen auszuwerten. — Sind größere Magnesiummengen zu erwarten, füllt man das salzsaure Filtrat erst auf, gibt einen aliquoten Teil mit 25 bis 50 γ Magnesium in ein 50 cm^3-Kölbchen und färbt nunmehr erst an. — Bei Reihenanalysen setzt man, wenn wechselnde Gehalte zu erwarten sind, auch Standardlösungen mit stufenweiser Steigerung gleichzeitig mit an, z. B. mit 10, 50 und 100 γ Magnesium. — Für die Reinheit der Reagenzien gelten die auf S. 185 gemachten Hinweise. — Die viel einfachere Anwendung einer verdünnten Oxinlösung als Standardlösung ist nicht zulässig. Es hat sich als notwendig erwiesen, eine Magnesium-Standardlösung mit durch den Arbeitsgang zu nehmen.

Abtrennung von Calcium, Aluminium, Eisen, Mangan, Kupfer, Zink, Titan und anderen Metallen, sowie von Phosphorsäure:

Vorbereitung. Ist die Magnesiumbestimmung in Auszügen von Böden, in Pflanzenaschen oder -säften, in physiologischen Flüssigkeiten oder Geweben u. dgl. vorzunehmen, so sind die organischen Bestandteile zuvor nach den einschlägigen Vorschriften naß oder trocken zu veraschen. Die zur Analyse vorbereitete Lösung soll 10 bis 500, noch besser 25 bis 50 γ Magnesium je Kubikzentimeter enthalten. Trinkwässer, Mineralwässer usw. sind nötigenfalls unter Zusatz von wenig Essigsäure einzuengen.

Arbeitsvorschrift. Zu 1 cm^3 der ganz schwach essigsauren Lösung gibt man in einem starkwandigen Reagensrohr 0,5 cm^3 Natriumacetatlösung und fällt die Schwermetalle und das Aluminium mit der Oxinlösung im Überschuß. Die Fällung muß 3 Std. bei Zimmertemperatur stehen. Zur Fällung des Calciums gibt man einige Tropfen gesättigter Ammoniumoxalatlösung hinzu und erwärmt auf dem Wasserbade. Der aus Oxinaten und Oxalat bestehende Niederschlag wird mittels eines Porzellanfilterröhrchens von dem Filtrate getrennt, indem dieses in ein zweites starkwandiges Reagensrohr hinübergesaugt wird. Als Vorrichtung dazu hat sich ein doppeltdurchbohrter Gummistopfen mit zwei Halbcapillarrohren bewährt, deren eines rechtwinklig gebogen ist, während das andere doppeltrechtwinklig und einerseits mit dem Filterröhrchen verbunden ist, andererseits mit dem Schenkel etwa bis in die Mitte des Reagensrohres hineinragt. Das Fällungsrohr wird 2mal mit je 0,5 cm^3 kaltem Wasser gewaschen, das Wasser wird anschließend durch den Niederschlag gesaugt. Zum Filtrat gibt man 1 cm^3 Natriumtartratlösung, um etwa nicht ausgefallenes Aluminium bei der anschließenden Magnesiumfällung in Lösung zu halten. Das Filtrat wird, jedoch ohne nochmaligen Wasserzusatz, mit weiteren 0,2 bis 0,3 cm^3 Oxinlösung versetzt und nach der oben gegebenen Arbeitsvorschrift zur Magnesiumbestimmung weiterbehandelt.

Literatur.

ALTEN, F., H. WEILAND u. B. KURMIES: Angew. Ch. **46**, 697 (1933). — ALTEN, F., H. WEILAND u. H. LOOFMANN: Angew. Ch. **46**, 668 (1933).

BERG, R.: (a) Pharm. Ztg. **71**, 1542 (1926). (e) Die analytische Verwendung usw., s. Literatur S. 172. — BERG, R., W. WÖLKER u. E. SKOPP: Mikrochemie, EMICH-Festschrift S. 18 bis 22. 1930; s. auch BERG (e) 84—86.
EICHHOLTZ u. R. BERG: Bio. Z. **225**, 352 (1907); s. auch BERG (e) 85.
FOLIN, O. u. W. DENIS: J. biol. Chem. **12**, 239 (1912); **22**, 305 (1915).
HOUGH, W. A. u. J. B. FICKLEN: Am. Soc. **52**, 4754 (1930).
TISDALL, F. F.: J. biol. Ch. **44**, 409—427 (1922).
YOSHIMATSU, S.: The Tohoku. J. of Exp. Med. **14**, 29 (1929); nach BERG (h), Literatur S. 172 u. C. **1931 I**, 1953.

§ 6. Sonstige Verfahren zur Magnesiumbestimmung.

Die folgenden, für die Magnesiumbestimmung vorgeschlagenen Verfahren seien nur kurz erwähnt, da sie bisher keine allgemeine Bedeutung erlangt haben.

A. Direkte Bestimmungsmethoden.

1. Als Magnesiumfluorid. Nach NICOLARDOT und DANDURAND kann man, wenn eine Trennung von den Alkalien nicht durchzuführen ist, das Magnesium schnell bestimmen, indem man zu der neutralen Magnesiumchloridlösung Ammoniumfluorid in geringem Überschuß zusetzt. Das ausfallende Magnesiumfluoridfluorhydrat wird auf dem Wasserbade getrocknet und dann vorsichtig auf Rotglut erhitzt, wobei Magnesiumfluorid (MgF_2) entsteht. Die Fällung soll quantitativ sein.

2. Als Magnesiumammoniumeisencyanid. Nach BULLI und FERNANDES kann man Magnesiumverbindungen in alkoholischen, mit Ammoniumchlorid versetzten Lösungen durch Fällen mit überschüssigem Kaliumferrocyanid und Zurücktitrieren mit Zinksulfat bestimmen. Der Endpunkt ist am Ausbleiben der Rotfärbung beim Tüpfeln gegen Uranyllösung erkennbar.

Diese Reaktion haben FEIGL und PAVELKA zu einer *mikrochemischen Bestimmungsmethode* ausgearbeitet.

Die magnesiumhaltige Versuchslösung wird zweckmäßig soweit verdünnt, bis sie höchstens $^1/_{100}$ n geworden ist. Hierauf pipettiert man 5 cm^3 in einen 10 cm^3-Meßkolben, füllt bis zur Marke mit Alkohol auf, schüttelt um und füllt wieder auf, bis keine Kontraktion mehr auftritt. Die wäßrig-alkoholische Lösung wird in eine trockene Eprouvette gebracht, in Wasser von 40 bis 50° auf diese Temperatur gebracht und hierauf ein geringer Überschuß von festem Ammoniumeisencyanid $(NH_4)_4Fe(CN)_2$ hinzugefügt. Man schüttelt dann um, läßt abkühlen und nephelometriert die Suspension sofort im Näpfchen des AUTENRIETH-Colorimeters, nachdem man vorher auf dieselbe Weise eine geeignete Keilfüllung mittels einer Lösung von bekanntem Titer hergestellt hat. (Die Keilfüllungen sind frisch zu bereiten, da das Reagens sich nach längerem Stehen unter Gelbfärbung zersetzt.) Es gelang noch in Lösungen, die weniger als $^1/_{2000}$ n sind, quantitative Bestimmungen durchzuführen. Die genauesten Werte erreicht man, wenn der Vergleichspunkt nahe dem dicken Ende des Colorimeterkeils gewählt wird, also die zu untersuchende Lösung etwas verdünnter ist als die Vergleichslösung.

Fällungen geben auch Calcium, Barium und Strontium aber nur in konzentrierter Lösung. Die Methode eignet sich zur *Bestimmung der Härte des Wassers.*

DIAZ DE RADA führt die Fällung mit Lithiumeisencyanid aus.

GASPAR Y ARNAL untersuchte die Fällbarkeit des Magnesiums mit Caesium- und Thalliumeisencyanid und fand, daß diese Verbindungen hierzu besonders gut geeignet sind.

3. Als Magnesiumorthogermanat. Nach J. H. MÜLLER ist das Magnesiumorthogermanat in Wasser schwer löslich. Man kann es zur Bestimmung des Germaniums in ammoniakalischer Lösung benutzen. Zur Bestimmung des Magnesiums ist es bisher nicht verwertet worden, es ist aber anzunehmen, daß bei der geringen Löslichkeit des Magnesiumgermanats in Wasser (0,16 mg/cm^3) dieses in besonderen Fällen sich auch zur Magnesiumbestimmung eignet.

4. Als Pikrolonat. BOLLIGER fällt das Magnesium aus siedender neutraler oder schwach saurer Lösung mit 0,05 n Lithiumpikrolonatlösung und titriert den Überschuß mit 0,01 n-*Methylenblaulösung* zurück.

B. Indirekte Bestimmungsmethoden.

Man kann das Magnesium in besonders gelagerten Fällen auch durch *Bestimmung des Anions* analytisch bestimmen.

1. Liegt eine Magnesiumsulfatlösung vor, die keine anderen Sulfate enthält, so kann man sämtliche zur Sulfatbestimmung anwendbare Verfahren benutzen.

Von EMICH wurde mittels der $BaSO_4$-Fällung die folgende Bestimmungsmethode für sehr kleine Mengen von Magnesium vorgeschlagen:

Man versetzt die magnesiumsulfathaltige Lösung mit Bariumhydroxyd, dabei fällt ein Niederschlag von Bariumsulfat und Magnesiumhydroxyd aus. Dieser Niederschlag wird gut ausgewaschen, getrocknet und mit Schwefelsäure abgeraucht. Dann wird er in Wasser suspendiert und erneut mit Bariumhydroxyd gefällt. Dieser Prozeß wird wiederholt bis eine gut wägbare Menge Bariumsulfat erhalten wird. Man muß CO_2-Absorption vermeiden, da das gefällte $BaCO_3$ die Werte erhöht.

Das Verfahren wurde von MÖLLER und SCHLEGEL nachgeprüft, dabei wurde festgestellt, daß bei Anwendung aller erdenklichen Vorsichtsmaßnahmen, die sehr viel Zeit beanspruchen, Fehler von + 2,3 bis + 8,2% bei 5- bis 10maliger Umfällung erhalten wurden. Die Methode erscheint immerhin geeignet zur Bestimmung von Magnesium in biologischen Flüssigkeiten.

2. In reinen Magnesiumchloridlösungen läßt sich der Magnesiumgehalt auch durch Bestimmung des Chlorgehalts auf einem der üblichen Wege feststellen. Dieses Verfahren kommt besonders dann zur Anwendung, wenn durch Extraktion mit Alkohol $MgCl_2$ in Salzgemischen bestimmt werden soll, die noch andere, in Alkohol unlösliche Magnesiumverbindungen enthalten (Kalisalze, Steinholz). Das Verfahren ist nur dann anwendbar, wenn außer Magnesiumchlorid keine anderen in Alkohol löslichen Chloride vorhanden sind.

Zur Chlorbestimmung läßt sich neben den bekannten Methoden auch die Bestimmung mittels des Flüssigkeitsinterferometers von LÖWE durchführen. BERL und RANIS haben diese für Magnesiumsalze geprüft. Mit Hilfe dieser Methode gelingt es auch, Magnesiumchlorid neben dem Sulfat zu bestimmen, indem man zunächst das Gesamtmagnesium mit Natronlauge und dann das Chlor mittels Silbernitrat titriert. Mit Bariumhydroxyd ist die Titration nicht gelungen.

3. Mittels der bekannten Methode der Bestimmung eines Metalls durch Wasserstoffentwicklung mit Säuren läßt sich das metallische Magnesium bestimmen, wenn andere Metalle nicht anwesend sind. KRAY gibt einen Apparat an, der die Innehaltung aller bei dieser Bestimmungsmethode erforderlichen Vorsichtsmaßnahmen erleichtert.

Ein Eintauch-Glasfrittenfilter, das mit einem Eudiometer verbunden ist, wird in ein Becherglas mit Wasser getaucht. Das Metall, dessen Gehalt zu bestimmen ist, liegt im Innern des Eintauchfilters auf der Fritte. Das Eudiometer wird ganz mit Wasser gefüllt und die Verbindung mit dem ebenso gefüllten Filter hergestellt. Dann gibt man zum äußeren Wasser im Becherglas verdünnte Säure und durch Heben und Senken des Eudiometerausgleichgefäßes läßt sich sowohl die erforderliche Säure einführen, als auch im Bedarfsfalle das gebildete Salz entfernen. Nach Beendigung der Reaktion wird das Wasserstoffgas in das Eudiometer überführt.

Literatur.

BERL, E. u. L. RANIS: B. **61**, 97 (1928). — BOLLIGER, A. J.: Pr. Roy. Soc. New South Wales **69**, 68 (1935). — BULLI, M. u. L. FERNANDES: Ann. Chim. applic. **13**, 44 (1923).

DENIGÈS, G.: C. r. **175**, 1207 (1922). — DIAZ DE RADA, F.: An. Espan. **27**, 392 (1929).

EMICH, F.: Mikrochemie **13**, 283 (1933).

FEIGL, F. u. F. PAVELKA: Mikrochemie **2**, 86 (1924).
GASPAR Y ARNAL, T.: An Espan. **30**, 398 (1932); nach C. **2**, 1207 (1932).
KREMANN, R. u. R. MÜLLER: Z. Metallkunde **12**, 308 (1920). — KRAY, R. H.: Ind. eng. Chem. Anal. Edit. **6**, 250 (1934).
MÖLLER, M. u. G. SCHLEGEL: Mikrochemie **18**, 159 (1935). — MÜLLER, J. H.: Am. Soc. **44**, 2493 (1922).
NICOLARDOT, P. u. F. DANDURAND: Rév. de Metallurgie **16**, 193 (1919).

C. Spektralanalytische Verfahren.

1. Bestimmung des Magnesiums mittels Flammenspektrum. In einer mit *Acetylen-Luftgemisch* betriebenen Flamme kann man das Magnesium spektralphotographisch bestimmen. Die magnesiumhaltige Lösung wird entweder direkt oder nachdem andere Elemente zwecks deren Bestimmung entfernt worden sind, durch *Zerstäuben mittels Preßluft* in die Flamme gebracht. Die zum Messen günstigste Linie ist *$\lambda = 2852{,}1$ Å.E.* Der Einfluß der Anionen Cl′, SO_4'' und NO_3' ist beim Mg gleich. Da organische Beimengungen die Flamme im allgemeinen verändern, ist es ratsam, solche nach einer der bekannten Methoden, z. B. Glühen, zu entfernen.

Die Bestimmbarkeitsgrenze des Magnesiums als Chlorid liegt bei Lösungen von $^1/_{1000}$ Molarität. Die kleinste, noch bestimmbare Magnesiummenge ist 0,09 mg Magnesium in 3 cm³. Von dieser Menge muß mindestens $^1/_{90}$ in die Flamme gelangen. Bei ungleichmäßigem Arbeiten des Zerstäubers ist das Arbeiten mit einer Leitsubstanz erforderlich.

Der Nachteil des Verfahrens liegt in der langen Belichtungszeit, als erreichbare *Genauigkeit wird allgemein ± 6,5%, bei Serienbestimmungen ± 2 bis 3%* angegeben.

2. Bestimmung mittels Bogen- oder Funkenspektrum. Der Vorteil dieser Methode ist der, daß man nicht nur die Lösung, sondern *auch feste Substanzen* zur Analyse verwenden kann. Die für Magnesiumbestimmung benutzbaren Linien liegen bei folgenden Wellenlängen: 1. 2776,7; 2778,3; 2779,9; 2781,4; 2783,0; 2. 2795,5; 2798,2; 2802,7; 3. 2852,1; 4. 2928,7; 2936,5; 5. 3093,1; 3096,9; 6. 3829,36; 3832,17; 3832,31; 7. 5172,68; 5183,6.

Die sehr empfindliche Liniengruppe 2 ist zur Photometrierung weniger geeignet, weil die Kohlen fast immer Spuren Magnesium enthalten. Werden keine Kohleelektroden verwendet, so ist diese Gruppe benutzbar. LUNDEGÅRDH empfiehlt für die Magnesiumbestimmung das Flammenspektrum, da dort nur die Linie Nr. 3 hervortritt.

Angaben über die Bestimmbarkeitsgrenze des Magnesiums im *Funkenspektrum* finden sich bei SCHLEICHER und BERGEN, die bei einer Grenzkonzentration von 1 : 2000 noch 0,5 γ Magnesium bestimmen konnten. VON EULER, HELLSTRÖM und RUNEJELM stellen fest, daß die funkenspektroskopische Methode bei Magnesiummengen von etwa 0,01 mg Magnesium/cm³ ungenau wird, der *Fehler* soll *etwa 36%* betragen, verglichen mit anderen bei dieser Konzentration gut brauchbaren Methoden. TRICHÉ, der mit Vergleichslösungen arbeitet, die er der zu bestimmenden Lösung zusetzt, gibt für diese Methode die *Genauigkeit zu 20% bei kleinen* und zu *10% bei größeren Magnesiumkonzentrationen* an.

Bei Anwendung des *Bogenspektrums* erreicht man beim Vergleichen mit der Zinklinie 3058,8 Å bei kleinen Magnesiumkonzentrationen (unter 0,01%) der Linie 2852,13, bei größeren der Linie 3832,17 Å eine *Genauigkeit von etwa 2%* (WOLFE, DUFFENDACK, WILLY und OWENS). MANKOPF und PETERS haben bei geringen Substanzmengen trotz aller Bemühungen Intensitätsschwankungen von 1 : 10 nicht vermeiden können.

3. Bestimmung mittels Röntgenspektrum. Nach G. VON HEVESY und I. BÖHM eignet sich für die quantitative röntgenographische Bestimmung des Magnesiums die K_1-Linie des Magnesiums (9535 XE); als Vergleichslinie eignet sich am besten die L_1-Linie des Arsen (9394 XE).

Literatur.

BRECKPOT, R.: Natuurwetensch. Tijdschr. **16**, 141 (1934).
DUFFENDACK, O. S., F. H. WILLY u. I. S. OWENS: Ind. eng. Chem. Anal. Edit. **7**, 413 (1935).
EULER, H. v., H. HELLSTRÖM u. D. RUNEHJELM: H. **187**, 131 (1930).
HEVESY, v. G. u. I. BÖHM: Z. anorg. Ch. **79**, 79 (1927).
LUNDEGÅRDH, H.: Die quantitative Spektralanalyse der Elemente. Jena 1929.
MANKOPF, R. u. C. PETERS: Z. Phys. **70**, 444 (1931).
SCHLEICHER, A. u. N. BRECHT-BERGEN: Fr. **101**, 333 (1935). — SCHLEICHER, A. u. L. LAURS: Fr. **108**, 244 (1937).
TRICHÉ, H.: Bl. **5**, 1, 495 (1934).
WOLFE, R. A.: Pr. An. Soc. Testing. Mat. **35 II**, 89 (1935).

§ 7. Verschiedene physiko-chemische Verfahren.

1. Elektrolytische Bestimmung. Die Versuche Magnesium elektrolytisch zu bestimmen haben bisher noch zu keiner brauchbaren Methode geführt.

2. Colorimetrische Bestimmungen. a) Mit Titangelb. KOLTHOFF hat zur quantitativen Magnesiumbestimmung die Anwendung von Titangelb vorgeschlagen. URBACH und BARIL haben das Verfahren genauer geprüft und eine *mikrochemische* Magnesiumbestimmung danach durchgeführt. Dieser Farbstoff Titangelb oder auch Acidingelb S. G. oder Titangelb A (von Grübler & Co. in Leipzig) färbt sich nach ziegelrot um, wenn man zu einer magnesiumhaltigen Lösung Netronlauge und ein wenig von dem Farbstoff gibt.

Nach KOLTHOFF kann man Magnesium in Trinkwasser auf folgende Weise bestimmen: Man versetzt 10 cm³ Wasser mit 0,2 cm³ 0,1%iger Indicatorlösung und 0,25 bis 0,50 cm³ 4n-Natronlauge. Die Farbe der so erhaltenen Flüssigkeit vergleicht man mit Standardlösungen, die etwa 100 mg Calcium/l enthalten. Das im Trinkwasser immer anwesende Calcium übt eine farbvertiefende Wirkung aus, die aber im Bereich von 20 bis 200 mg/l konstant ist. Aluminium, Zinn, Zink, Kobalt und Nickel stören die Reaktion und müssen vorher entfernt werden. BEČKA wendet die Methode in etwas modifizierter Weise an, indem er nämlich mittels Objektträger die Schichtdicke der zu untersuchenden Lösung bis zur mit den Standardlösungen vergleichbaren Farbintensität verändert. Die Vergleichslösungen sind nur zwei Tage haltbar.

Die Anwendung des Stufenphotometers beseitigt die Schwierigkeiten. Zu diesem Verfahren sind folgende Reagenzien erforderlich:

1. Titangelblösung, von der 4 cm³ mit 0,06 mg Magnesium die Extinktion 0,415 ergeben.

Herstellung: Etwas mehr als 1 g Titangelb wird in 200 cm³ kaltem Wasser aufgelöst und auf 1000 cm³ aufgefüllt. 20 cm³ dieser Lösung werden auf 100 cm³ verdünnt.

2. 2n-Natriumhydroxydlösung.

3. Agarlösung.

Herstellung: 0,5 g Agar werden in 200 cm³ Wasser etwa 2 Std. im Wasserbad erhitzt, durch ein Leintuch filtriert und 2 Tage lang bei 40 bis 50° in Hülsen Nr. 579 von Schleicher & Schüll in 0,1%ige Schwefelsäure dialysiert, wobei das Bad nach 24 Std. gewechselt wird. Dann wird filtriert, das Filtrat ist die haltbare Agarlösung, die vor Gebrauch noch auf 40° vorgewärmt werden soll.

4. Calciumchloridlösung.

Herstellung: 5 g Calciumcarbonat werden in möglichst wenig Salzsäure gelöst, neutralisiert und auf 1000 cm³ aufgefüllt.

Ausführung der Messung.

In einer Vorprobe wird der ungefähre Gehalt an Magnesium dadurch bestimmt, daß man verschieden große Mengen der zu untersuchenden Lösung nach weiter unten geschilderter Behandlung durchmißt, ohne große Genauigkeit anzustreben.

Tabelle 1.
Filter S 50. Schichtdicke 20 mm. D Trommelablesewert. A mg Mg.

D	A	D	A	D	A	D	A	D	A
7,2	0,161	9,8	0,118	12,4	0,085	15,0	0,058	17,6	0,035
7,4	0,157	10,0	0,115	12,6	0,082	15,2	0,056	17,8	0,034
7,6	0,153	10,2	0,112	12,8	0,080	15,4	0,054	18,0	0,032
7,8	0,150	10,4	0,109	13,0	0,078	15,6	0,052	18,2	0,031
8,0	0,146	10,6	0,107	13,2	0,076	15,8	0,050	18,4	0,029
8,2	0,143	10,8	0,104	13,4	0,074	16,0	0,049	18,6	0,028
8,4	0,139	11,0	0,101	13,6	0,072	16,2	0,047	18,8	0,026
8,6	0,136	11,2	0,099	13,8	0,070	16,4	0,046	19,0	0,025
8,8	0,133	11,4	0,096	14,0	0,068	16,6	0,044	19,2	0,024
9,0	0,130	11,6	0,094	14,2	0,066	16,8	0,042	19,4	0,022
9,2	0,127	11,8	0,092	14,4	0,064	17,0	0,040	19,6	0,020
9,4	0,124	12,0	0,089	14,6	0,062	17,2	0,039	19,8	0,019
9,6	0,121	12,2	0,087	14,8	0,060	17,4	0,037	20,0	0,018

Tabelle 2. Mg-Bestimmung in Anwesenheit von Ca.
Filter S 50. Schichtdicke 20 mm. Gemessen gegen H_2O. D Ablesung. A mg Mg.

D	A	D	A	D	A	D	A	D	A
5,8	0,157	8,2	0,109	10,6	0,074	13,0	0,046	15,4	0,023
6,0	0,152	8,4	0,106	10,8	0,072	13,2	0,044	15,6	0,021
6,2	0,148	8,6	0,103	11,0	0,069	13,4	0,042	15,8	0,019
6,4	0,143	8,8	0,100	11,2	0,067	13,6	0,040	16,0	0,018
6,6	0,139	9,0	0,097	11,4	0,064	13,8	0,038	16,2	0,016
6,8	0,135	9,2	0,093	11,6	0,062	14,0	0,036	16,4	0,014
7,0	0,131	9,4	0,091	11,8	0,059	14,2	0,034	16,6	0,013
7,2	0,127	9,6	0,088	12,0	0,057	14,4	0,032	16,8	0,011
7,4	0,123	9,8	0,085	12,2	0,055	14,6	0,030	17,0	0,009
7,6	0,120	10,0	0,082	12,4	0,053	14,8	0,028		
7,8	0,116	10,2	0,079	12,6	0,050	15,0	0,026		
8,0	0,113	10,4	0,077	12,8	0,048	15,2	0,025		

Es soll damit nur festgestellt werden, welche Menge der zu untersuchenden Probe erforderlich ist, um im günstigsten Meßbereich zu liegen, bei zu hohen Konzentrationen zeigt die Lösung nämlich gleichbleibende Durchlässigkeitswerte.

Die so ermittelte Probe wird in einen gut verschließbaren Kolben gebracht, mit Wasser auf 14 cm³ ergänzt. Dann werden 4 cm³ der vorgeschriebenen Titangelblösung, 2 cm³ auf 40° erwärmter Agarlösung und 10 cm³ 2 n-Natronlauge zugegeben und durchmischt. Die Messung im Stufenphotometer erfolgt bei einer Schichtdicke von 20 mm unter Vorschaltung des Filters S 50 gegen optisch reines Wasser. (Im Original auch Tabelle für 10 mm Schichtdicke.)

Ist Calcium in der zu untersuchenden Probe nachgewiesen, so wird mit Wasser nur auf 13 cm³ verdünnt und 1 cm³ der Calciumchloridlösung zugegeben. Die Ergebnisse sind aus Tabelle 1 bzw. bei Anwesenheit von Calcium aus Tabelle 2 abzulesen.

b) Mit 1,2,5,8-Tetraoxyantrachinon. Nach F. L. Hahn kann man zur Bestimmung von Gehalten von etwa 0,5 bis 10 γ Magnesium/cm³ folgendes Verfahren anwenden: Auf 1,5 cm³ Analysenlösung werden 0,5 cm³ 2 n-Natronlauge und 0,2 cm³-Farblösung folgender Zusammensetzung gegeben: 0,1 g 1,2,5,8-Tetraoxyantrachinon werden mit 0,5 g krystallisiertem Natriumacetat innig verrieben und von diesem Gemisch 0,1 g in 20 cm³ 96%igem Alkohol gelöst. Die Lösung ist lange haltbar. Die Abschätzungen der Farbintensität sind leicht durchzuführen, wenn der Gehalt der Stufen um 1 γ verschieden ist. Man erreicht dann *Genauigkeiten bis zu 10 bis 20%* des vorhandenen Magnesiums. Wenn größere Genauigkeit verlangt wird, muß mit Hilfe mehrerer Messungen ein Mittelwert festgestellt werden. Man kann so das vorhandene Magnesium auf *2 bis 4% genau* bestimmen.

Dieses Verfahren ist auch geeignet, zur Bestimmung von Magnesium in Aluminium. Die Bestimmung wird beeinflußt, wenn mehr als das 2,5fache an Aluminium vorhanden ist. Beim Einleiten von gasförmiger Salzsäure in Aluminiumlösungen fällt soviel Aluminium aus, daß bei einem Magnesiumgehalt von 0,5% in der zu untersuchenden Legierung eine Lösung mit einem Gehalt von 2 Al zu 1 Mg verbleibt. Beim Ausfällen mit Äther-Salzsäure kann man noch Legierungen mit 0,05% Magnesium zur Gehaltsbestimmung vorbereiten. Das ausgefällte $AlCl_3 \cdot 6\,H_2O$ ist frei von Magnesium.

Eine weitere Anwendung dieses von rotviolett nach blau erfolgenden Farbumschlages zur Bestimmung von Magnesium in Legierungen, die außer Aluminium auch Kupfer und Zink enthalten, geben SCHÜRMANN und SCHOB an. Sie fällen Kupfer und Zink mittels *Schwefelwasserstoff*, im Filtrat davon das Aluminium durch Salzsäure und im Filtrat von diesem Niederschlag bestimmen sie das Magnesium *colorimetrisch* nach HAHN.

c) Mittels Curcumins. Nach KOLTHOFF geben Lösungen, die 10 mg/l Magnesium enthalten, mit einer Lösung von 0,1% Curcumin in Alkohol eine orange Färbung, mit 5 mg/l Magnesium eine gelborange und mit 1 mg/l eine braunorange Färbung. Die Methode kann mit Hilfe von Standardlösungen zur colorimetrischen Bestimmung des Magnesiumgehaltes von Lösungen benutzt werden. Das Magnesium gibt die Farbreaktionen *nur in stark alkalischen Lösungen*, das Beryllium dagegen nur in ammoniakalischen, Ammoniumchlorid enthaltenen Lösungen. In solchen Lösungen gibt das Magnesium keine Reaktion.

d) Mittels Alkalihypojodits. Die sehr intensive rotbraune bis schwarze Färbung bei der Reaktion des Magnesiums mit Natrium- oder Kaliumhypojodit gestattet die colorimetrische Bestimmung sehr kleiner Magnesiummengen (BABKO, DENIGÈS).

Wie bei allen colorimetrischen Verfahren wird mit Hilfe einer Standardlösung eine Skala von Färbungen hergestellt, in deren Bereich die zu messende Lösung liegt. Zur Erzielung einer beständigen Färbung muß im Reagens das Verhältnis NaOH : J = 1,4 bis 1,6 gewahrt bleiben. Die Bestimmung muß bei Zimmertemperatur ausgeführt werden, es stören Kieselsäure und Ammoniumverbindungen, ferner Aluminium, Eisen und Mangan, die jedoch entfernt werden können. Bei entsprechend genauem Arbeiten kann man nach dieser Methode *in einem Tropfen Meerwasser den Gehalt an Magnesium quantitativ* bestimmen.

Literatur.

BABKO, A. K.: Zavodskaja Labor. (russ.) **4**, 518 (1935); nach C. **1**, 3372 (1936). — BEČKA, J.: Bio. Z. **233**, 119 (1931). — BLANCHETIÈRE, A. u. M. I. ARNOUX: Ph. Ch. **817**, 100 (1933).

DENIGÈS, G.: C. r. **175**, 1207 (1922).

HAHN, F. L.: Mikrochemie **1929**; PREGL-Festschrift, 127. — HAHN, F. L., H. WOLF u. G. JÄGER: B. **57**, 1394 (1924).

KOLTHOFF, I. M.: Am. Soc. **50**, 395 (1928); Chem. Weekbl. **24**, 254 (1927); Z. anorg. Ch. **121**, 173 (1920); Bio. Z. **185**, 344 (1927).

URBACH, C. u. R. BARIL: Mikrochemie **14**, 343 (1933/34).

SCHÜRMANN u. SCHOB: Ch. Z. **49**, 625 (1926).

§ 8—11. Trennungsmethoden.

Vorbemerkung.

Beim normalen und vollständigen Trennungsgang der quantitativen Analyse bleibt zum Schluß das Magnesium mit den Alkalimetallen zusammen zurück. Die Anwesenheit der Alkalimetalle ist für die Bestimmung des Magnesiums nicht störend, mit einer Ausnahme, nämlich zu der Bestimmung als Ammonium-Magnesium-Eisencyanid (s. S. 188). Hier sind daher nur die Verfahren zu beschreiben, nach denen es möglich ist neben dem Magnesium auch die Alkalimetalle zu bestimmen. Der vollständige Trennungsgang bis zum Magnesium ist hier nicht zu schildern, dagegen sollen die Trennungsverfahren noch angegeben werden, nach denen es gelingt, *zu einer Magnesiumbestimmung allein die übrigen Elemente schnell zu entfernen.* Am wichtigsten ist hierbei die Trennung von den Erdalkalimetallen, insbesondere vom Calcium. Diese soll auch am eingehendsten berücksichtigt werden. Zum Schluß sollen noch einige spezielle Trennungsverfahren von praktischer Bedeutung Erwähnung finden.

§ 8. Trennung des Magnesiums von den Alkalimetallen.

1. Methode von Schaffgotsch,

insbesondere in der von Gooch und Eddy verbesserten Ausführung. Die Methoden sind unter MgO, 3 (S. 135) beschrieben.

Im Filtrat können die Alkalimetalle nach Entfernung der Ammoniumsalze bestimmt werden.

2. Barytmethode.

Zur Bestimmung der Alkalimetalle wird das Magnesium in der ammonsalzfreien Lösung mittels *Barytwasser* als Magnesiumhydroxyd gefällt. Im Filtrat kann man das überschüssige Barium entweder mit Ammoncarbonat als *Carbonat* in der Hitze fällen oder, im Falle nur ein Alkalimetall zugegen ist, auch mit *Schwefelsäure* ausfällen, denn durch Eindampfen des Filtrates kann das Alkali direkt als Sulfat zur Wägung gebracht werden.

Liegen im Salzgemisch Sulfate vor, so fällt mit dem $Mg(OH)_2$ auch $BaSO_4$ aus, bei unvorsichtigem Arbeiten kann auch $BaCO_3$ beigemischt sein. Es ist daher empfehlenswert, das Mg in einer besonderen Teilprobe direkt zu bestimmen. Ist man dennoch genötigt das Mg aus dem Hydroxydniederschlag zu bestimmen, so muß das $Mg(OH)_2$ erst aus diesem mit Säure herausgelöst und vorhandenes Barium als Sulfat beseitigt werden.

3. Sulfatmethoden (s. S. 131).

Man dampft die Magnesium- und Alkalimetalle enthaltende Lösung ein, verjagt die Ammonsalze durch sehr vorsichtiges trockenes Erhitzen, löst in wenig Wasser, bestimmt das *Kalium als Perchlorat* und benutzt das alkoholische Filtrat zur Bestimmung von Magnesium und Natrium. Man führt beide in *Sulfate* über, wägt diese und bestimmt nach Auflösung der Sulfate das Magnesium oder man bestimmt dieses in einer zweiten Teilprobe. Ist Kalium zu bestimmen, so muß von Anionen das SO_4 abwesend sein, in allen Fällen dürfen aber keine Anionen zugegen sein, die mit Schwefelsäure nicht flüchtig gehen.

Zu erinnern ist noch daran, daß die alkoholische, Überchlorsäure enthaltende Lösung erst dann zur Trockne eingedampft werden darf (Gefahr heftigster Explosionen!), wenn vorher durch längeres Kochen mit genügend Wasser aller Alkohol entfernt worden ist. Es ist nützlich, die zur Überführung in die Sulfate erforderliche Schwefelsäure schon vor dem Eindampfen zur Trockne zuzusetzen.

Ist nur ein Alkalimetall neben Magnesium zugegen, so verfährt man bequemer so, daß man erst Magnesium und das Alkali als Sulfate zur Wägung bringt und darnach das Magnesium bestimmt.

4. Arsenatmethode.

Man fällt das Magnesium als Ammoniummagnesiumarsenat aus (s. S. 162), entfernt aus dem Filtrat die überschüssige Arsensäure mit Schwefelwasserstoff und benutzt die Lösung zur Bestimmung der Alkalimetalle.

§ 9. Trennung des Magnesiums von den anderen Erdalkalimetallen.

1. Trennung mittels Oxalsäure.

Die Erdalkalimetalle werden in ammoniakalischer Lösung als *Oxalate* gefällt. Ist auch Barium zugegen, das ein merklich lösliches Oxalat gibt, so muß im angesäuerten Filtrat die kleine gelöst gebliebene Menge an Barium als Sulfat gefällt werden. Seine Fällung als Sulfat in der ammoniakalischen Lösung ist nicht empfehlenswert.

Bei Anwesenheit von viel Magnesium fällt immer etwas Magnesiumoxalat mit den Erdalkalioxalaten aus. Der Niederschlag der Oxalate wird daher nur schwach ausgewaschen und möglichst nicht aufs Filter gebracht. Man behandelt dann das Filter mit verdünnter heißer Salzsäure und läßt die Lösung in das Glas, das den Oxalatniederschlag enthält, einfließen. Das Filter wird mit Wasser ausgewaschen und zum Schluß mit wenig Ammoniakwasser alkalisch gemacht; es dient dann zum Abfiltrieren der zweiten Oxalatfällung.

Die Trennungs- und Bestimmungsmethode gibt nicht recht befriedigende Ergebnisse, wenn nur wenig Calcium neben sehr viel Magnesium zugegen ist. Das Calcium ist dann nicht quantitativ faßbar. Desgleichen muß man mit Magnesiumverlusten rechnen, wenn neben wenig Magnesium sehr viel Erdalkalimetall zugegen ist.

2. Direkte Bestimmungsmethoden.

a) Als Magnesiumoxychinolat s. S. 197.
b) Colorimetrische Methoden s. S. 191.
c) Spektralanalytische Bestimmung s. S. 190.
d) Mikroanalytische Bestimmung s. S. 156, 182.

3. Trennung und Schnellbestimmung von Magnesium in Dolomit oder Kalkstein.

Etwa 1 g Substanz wird in Salzsäure unter Erwärmen gelöst, die Sesquioxyde werden mit Ammoniak gefällt — bei viel Magnesium muß Ammoniumchlorid zugesetzt werden —, dann wird mit heißem Wasser verdünnt und ohne zu filtrieren in derselben heißen Lösung Calcium als Oxalat gefällt und der gesamte Niederschlag sofort filtriert. Zur Beseitigung der auf die Magnesiumfällung störend wirkenden Ammonsalze gibt man zur heißen Lösung 20 cm³ Formalin und erhitzt 20 Min. Dann wird mit 3 n-Lauge unter Phenolphthaleinzusatz neutralisiert (Rotfärbung) und je nach Mg-Gehalt noch 5 bis 10 cm³ Lauge zugefügt (nicht mehr!). Nach 25 Min. langem Erwärmen filtriert man, nachdem sich der Niederschlag vorher abgesetzt hat und wäscht diesen 3- bis 4mal mit heißem Wasser bis zum Verschwinden der alkalischen Reaktion. Nach dem Trocknen wird das Filter verascht und der Rückstand noch etwa 20 Min. geglüht. Nach Abkühlung im Exsiccator wägt man das entstandene Magnesiumoxyd. Eine bisweilen auftretende Dunkelfärbung (Spur Fe_2O_3) beeinträchtigt das Ergebnis nicht wesentlich. Die Mg-Bestimmung im Kalkstein mit niedrigem Magnesiumgehalt dauert $3^1/_2$ Std., im Dolomit mit hohem Magnesiumgehalt wegen des langsamen Filtrierens $4^1/_2$ Std., wobei in jedem Fall noch 2 bis 3 Parallelbestimmungen gemacht werden können.

4. Maßanalytische Bestimmung von Mg neben Ca.

a) Bestimmung von Magnesium in Kalksteinen u. dgl. Pierce und Geiger lösen in Salzsäure, neutralisieren gegen Bromthymolblau und danach gegen Dimethylaminoazobenzol und fällen das $Mg(OH)_2$ mit Alkalilauge (carbonatfrei) unter Anwendung von Trinitrobenzol als Indicator. Ein aliquoter Teil des klaren Filtrates wird zurücktitriert.

b) Titration von Ammoniummagnesiumphosphat neben Calciumoxalat. Zur Bestimmung von Magnesium und Calcium nebeneinander kann das folgende Verfahren von E. v. MIGRAY angewandt werden. Das Verfahren beruht auf der Unlöslichkeit des Calciumoxalates in Essigsäure und auf der Fällbarkeit des Ammoniummagnesiumphosphates in Oxalsäure enthaltenden Lösungen.

Die zu prüfende, schwach saure Lösung — die außer Calcium und Magnesium nur Alkali- und Ammoniumsalze enthält — wird aufgekocht, mit einer etwa 1 n-Ammoniumoxalatlösung im Überschuß versetzt und mit Ammoniak schwach alkalisch gemacht. Die Lösung wird noch einige Minuten gekocht, wodurch der Niederschlag krystallin wird. (Beim Wegnehmen des Becherglases von der Flamme setzt sich der Niederschlag rasch ab.) Die Lösung wird mit 2 n-Essigsäure angesäuert und gekocht, mit einer etwa 1 n-Dinatriumhydrophosphatlösung versetzt, mit Ammoniak schwach alkalisch gemacht und wieder etwa 5 Min. gekocht. Die Lösung wird abgekühlt und der Niederschlag filtriert. Der Niederschlag wird mit wenig Wasser neutral gewaschen (20 cm^3 in 4 bis 5 Portionen). Der ausgewaschene Niederschlag wird in eine Porzellanschale gewaschen, der Filtertiegel gut nachgespült, die Flüssigkeit auf 80 bis 90° erwärmt, mit Methylrotlösung (2 Tropfen) versetzt und mit 0,1 n-Salzsäurelösung bis schwachrosa titriert. Die Flüssigkeit muß am Ende der Titration noch heiß sein. Der in der Flüssigkeit schwebende Calciumoxalatniederschlag wird mit Schwefelsäure (1:4) in Lösung gebracht und die freiwerdende Oxalsäure mit 0,1 n-Kaliumpermanganatlösung titriert.

Dieses Verfahren eignet sich besonders bei der *Härtebestimmung von Wasser.* Bei genauen Analysen müssen Aluminium und Eisen vorher mit Ammoniak ausgefällt werden, auch muß der Phosphat-Oxalat-Niederschlag vor dem Filtrieren einige Stunden stehen. Zur Härtebestimmung dampft man 1000 bis 2000 cm^3 Wasser auf 50 cm^3 ein und verfährt dann wie oben beschrieben.

Gefundene g Mg bzw. MgO: m_1 bzw. m_2, Ca bzw. CaO: c_1 bzw. c_2, verbrauchte cm^3 n-Säure $= a$; verbrauchte cm^3 0,1 n-$KMnO_4 = b$; Titer der Lösungen $= T_s$ bzw. T_{Mn};

$$m_1 = a \cdot T_s \cdot {}^1/_2\,\mathrm{Mg} \cdot \frac{1}{1000}; \qquad c_1 = b \cdot T_{Mn} \cdot {}^1/_2\,\mathrm{Ca} \cdot \frac{1}{1000};$$

$$m_2 = \mathrm{a} \cdot T_s \cdot {}^1/_2\,\mathrm{MgO} \cdot \frac{1}{1000}; \qquad c_2 = b \cdot T_{Mn} \cdot {}^1/_2\,\mathrm{CaO} \cdot \frac{1}{1000}.$$

5. Colometrische Bestimmung neben Calcium (s. S. 191).

Literatur.

DINWIDDIE, I. G.: Am. J. Sci. [4] **39**, 662 (1915); nach C. **2**, 558 (1915).
GOOCH, F. A. u. E. A. EDDY: Z. anorg. Ch. **58**, 427 (1908).
HASLAM, J.: Analyst **60**, 671 (1935).
MAYR, C. u. A. GEBAUER: Fr. **113**, 204 (1938). — MIGRAY, E. v.: Ch. Z. **56**, 924 (1932).
PIERCE, J. S. u. M. B. GEIGER: Ind. eng. Chem. Anal. Edit. **2**, 193—194 (1930); C. **1930 II**, 427.
SCHAFFGOTSCH, F. G.: Pogg. Ann. **104**, 482 (1857).
TREADWELL, F. P.: Lehrbuch 1927, S. 60, 68.

§ 10. Sondertrennungen von anderen Metallen.

a) Von Aluminium. Dieses kann als Chlorid durch konzentrierte Salzsäure (Einleiten von HCl) gefällt werden. Die Trennung ist wichtig für die Analyse von *Leichtmetallegierungen.*

Eine andere Aufarbeitungsmethode für Magnesium-Aluminium-*Legierungen* beschreiben UBALDINI und PELAGATTI. Die zu untersuchende Legierung wird zunächst in der Kälte, hierauf auf dem Wasserbad mit 25%iger Natronlauge behandelt, wobei das Aluminium in Lösung geht. Der gewaschene Rückstand wird dann mit Salpetersäure (1:1) auf dem Wasserbad in Lösung gebracht. Man filtriert, wäscht gut aus, neutralisiert das Filtrat mit Ammoniak und fällt das Magnesium nach Zugabe von Ammoncitrat mit konzentriertem Ammoniak und 10%iger Natriumphosphatlösung. Enthält die Legierung Mangan, so ist dies vorher zu entfernen.

b) Von Eisen. Man führt das Eisen in den Ferro-Ammonium-Thioglykolat-Komplex ($FeS(CH_2COONH_4)_2$) über. In der alkalischen Lösung kann das Magnesium als Phosphat oder nach der Methode von SCHAFFGOTSCH gefällt werden.

c) Von Beryllium. Sie kann durch die Curcumin-Lackbildung durchgeführt werden (s. S. 193).

d) Von sämtlichen Metallen. Die Abtrennung kann erfolgen durch Fällung mit einem Gemisch gesättigter Lösungen von Ferricyankalium und Ammoniumoxalat mit konzentriertem Ammoniak (30%ig). Das Filtrat entspricht einem solchen der Abtrennung von Calciumoxalat in ammoniakalischer Lösung und kann diesem entsprechend zur Bestimmung des Magnesiums verwendet werden. Eine Kaliumbestimmung in diesem ist nicht mehr möglich.

Trennung von Phosphorsäure. Diese Trennung muß immer durchgeführt werden, wenn die Lösung zur Fällung anderer Metalle vor der Magnesiumfällung alkalisch gemacht werden muß. Empfohlen wird die Ausfällung der Phosphorsäure mittels einer Eisen(III)-chloridlösung.

Literatur.

SCHAFFGOTSCH, F. G.: Pogg. Ann. **104**, 482 (1857).
UBALDINI, I. u. U. PELAGATTI: Chim. e l'Ind. **19**, 131—133 (1937); C. **1937 I**, 4832.

§ 11. Trennungen mit Oxychinolin.

a) Von Lithium. Die Trennung gelingt nach den Vorschriften von BERG und von HAHN (S. 169) durch *einmalige* Fällung (BERG, e, 7, 30) und ist somit den Methoden (S. 135) von SCHAFFGOTSCH, GOOCH und EDDY (TREADWELL, Quantitative Analyse) erheblich überlegen.

b) Von Natrium, Kalium, Rubidium, Caesium und Ammonium. Die Trennung erfolgt ohne Schwierigkeiten (S. 168, 170).

c) Von Calcium, Strontium und Barium.

Allgemeines. Die *gravimetrische* Trennung wird dadurch ermöglicht, daß Magnesiumoxinat in heißer ammoniakalischer Lösung schwerlöslich ist, während die Oxinate der anderen Erdalkalien bei bestimmter Ammoniakkonzentration und besonders bei Gegenwart von Ammoniumsalzen in Lösung bleiben. Von Bedeutung ist dabei die Konzentration der Analysenlösung an den Erdalkali-Ionen (BERG, e, 31). In 100 cm^3 Lösung können bis etwa 60 mg Barium noch neben 0,5 bis 10 mg Magnesium, aber nicht mehr neben 30 mg Magnesium vorhanden sein, ohne zu stören. Ebenso können 60 mg Strontium neben 0,5 und wahrscheinlich auch noch neben 5 mg Magnesium zugegen sein. Offenbar werden von größeren Mengen Magnesiumoxinat auch Erdalkalioxinate mitgerissen. Calcium darf nicht in Mengen, die 40 mg übersteigen, neben 0,5 mg Magnesium vorliegen, während kleinere Mengen von 0,5 bis 5 mg Calcium bei gleichen Magnesiumbeträgen in Lösung bleiben. Es ist jedoch bei Gegenwart von Calcium in nicht genau bekannter Menge immer ratsam, den ersten Magnesiumoxinatniederschlag umzufällen, um ihn frei von Calcium zu bekommen.

Arbeitsvorschrift. Aus 100 cm^3 Gesamtvolumen, worin Magnesium, Barium oder Strontium bis zu den eben genannten Grenzwerten zugegen sein dürfen, wird nach Zusatz von 5 bis 10 g Ammoniumacetat und einigen Kubikzentimetern konzentrierten Ammoniaks das Magnesium bei Siedehitze gefällt. Man läßt weiter sieden und gibt solange konzentrierten Ammoniak hinzu, bis beim Tüpfeln auf Phenolphthaleinpapier schwache Rotfärbung auftritt. Der Niederschlag kann sofort abfiltriert werden.

Man wäscht mit heißem, Ammoniak und Ammoniumacetat enthaltendem Wasser bis zum Farbloswerden des Filtrats, sodann mit kaltem Wasser nach.

Das Trocknen und Wägen erfolgt nach den allgemeinen Vorschriften (S. 169).

Umfällung. Sind größere Mengen Barium und Strontium (70 bis 1000 mg) oder Calcium (5 bis 1000 mg) vorhanden, nimmt man eine Umfällung vor. Man braucht dann den ersten Niederschlag nur kurz mit Wasser zu waschen. Der auf einem Glasfilter- oder Porzellanfiltertiegel gesammelte Niederschlag wird in möglichst wenig Salzsäure heiß gelöst. Es genügen 10 bis 15 cm³ 10%iger Salzsäure zum Lösen des Niederschlages und Ausspülen des Tiegels, wenn man zunächst etwa 5 bis 7 cm³ der heißen Säure in den Tiegel gibt, zur Beschleunigung des Lösens vorsichtig mit einem Glasstabe rührt, dann erst absaugt und nun die Reste im Tiegel mit kleinen Portionen der Säure vollends löst und herunterwäscht. Endlich wäscht man mit kaltem Wasser nach. Zu dem Filtrat, das zweckmäßig bereits in einen Becher hineinfiltriert wurde, was durch Absaugen in einem Gefäß mit aufgeschliffenem, mit Tubus versehenem Deckel geschehen kann, gibt man 1 bis 2 g Ammoniumacetat oder 10 cm³ 20%ige Lösung sowie einige Tropfen 2%ige Oxinlösung. Man bringt zum Sieden und fällt nunmehr, da genügend Oxin bereits in der Lösung sich befindet, mit konzentriertem Ammoniak unter Tüpfeln auf Phenolphthaleinpapier in der oben beschriebenen Weise.

Bemerkung. Selbstverständlich müssen die störenden Metall-Ionen, z. B. Eisen — das vorher zu oxydieren ist —, in bekannter Weise ausgefällt sein.

Calcium fällt nach Kolthoff (b) quantitativ mit aus, wenn die Lösung nicht zu verdünnt und wenn sie frei von Ammoniumsalzen ist. Schon wenn die Lösung noch 20 mg/100 cm³ enthielt, wurden 0,5 bis 0,8% zu wenig gefunden und bei 4 mg/100 cm³ wurden brauchbare Werte nicht mehr erhalten, Niederschlagsbildung fand aber noch statt. Auch scheint die Calciumoxinatabscheidung dann langsamer vor sich zu gehen, da zu wenig gefunden wurde, wenn man sofort filtrierte. Um das Calcium quantitativ in Lösung zu halten, muß man stark verdünnen — soweit nicht dadurch die Magnesiumkonzentration für die gravimetrische Methode ebenfalls zu gering wird —, für reichlich Ammonsalze sorgen und noch heiß unmittelbar nach der Magnesiumfällung filtrieren.

Calcium kommt in der Natur sehr häufig neben Magnesium vor (Wasser, Salzmineralien, Gesteine, Pflanzensäfte und -aschen, Blut und tierische Gewebe), so daß die Aufgabe der Trennung oder der gesonderten Bestimmung recht oft an den Analytiker herantritt. Das Calcium kann als Oxalat gefällt werden und unmittelbar darauf in derselben Lösung das Magnesium als Oxinat. In den gemeinsam abfiltrierten und gewaschenen Niederschlag muß das Oxinat dann allerdings nach einem maßanalytischen Verfahren bestimmt werden. (Maßanalytische Verfahren, bromometrische Methode, S. 174.)

Von Calcium, mit gleichzeitiger Bestimmung des Calciums (Bucherer und Meier): Aus 100 cm³ Gesamtvolumen wird das Calcium, unter Zusatz der 1,5- bis 2,0fach äquivalenten Menge Natriumacetat *vor* jeder neuen Zugabe von 0,1 n-Oxalsäure, bei 70 bis 80° unter ständigem Schütteln der Lösung tropfenweise gefällt. Der Äquivalenzpunkt wird nach der Filtrationsmethode (s. S. 176, Allg.) bestimmt. In einer neuen, gleichen Analysenprobe, der noch keine Filtrationsproben entnommen wurden, wird nun das Calcium mit den festgestellten Mengen Natriumacetat und Oxalsäure in gleicher Weise gefällt, wobei ein kleiner Überschuß nicht schädlich ist. Dann werden 20 cm³ 2 n-Ammonchloridlösung und 10 cm³ konzentrierter Ammoniak zugegeben, die Temperatur wird zur Siedehitze gesteigert und die Oxinlösung unter lebhaftem Umschütteln tropfenweise zugelassen. Der Äquivalenzpunkt Oxin-Magnesium wird, wie oben, direkt oder mit Rücktitration bestimmt.

Bemerkung. Als Vorteile des Verfahrens werden angegeben: 1. Einschlüsse des Magnesiums in das Calciumoxalat werden durch das rasche und vollständige Fällen des Calciums vermieden. 2. Die Methode ist brauchbar bei beliebigen Mengenverhältnissen Calcium:Magnesium. 3. An die Fällung des Calciums schließt sich unmittelbar ohne Filtration die Magnesiumbestimmung an, wodurch viel Zeit gewonnen wird.

Acidimetrisch kann von Ba und Ca nach HAHN und HARTLEB (S. 179) getrennt werden:

Von Barium. Wenn die Titration mit α-Naphtholphthalein und Tetrachlorkohlenstoff vorgenommen wird (s. S. 180, Indicatoren), können selbst kleine Mengen (10 mg) Magnesium noch neben 200 bis 1000 mg Barium bis auf *0,1 bis 0,5 mg Genauigkeit* bestimmt werden. Das Barium wird im Filtrat der Titration mit Schwefelsäure gefällt oder nach einer anderen Methode (s. Barium) bestimmt. Stört dabei das Oxin, kann man es durch Sieden entfernen, nachdem man das Filtrat mit Natronlauge schwach alkalisch gemacht hat ($p_H = 8 - 8{,}5$).

Von Calcium. Calcium in Mengen von 50 bis 150 mg stören die Bestimmung von 10 mg Magnesium ebenfalls noch nicht sehr erheblich. Es werden jedoch 0,1 bis 0,2 mg (bei 50 bis 100 mg Ca) und 0,4 mg (bei 150 mg Ca) zuviel gefunden. Bei Gegenwart von mehr als 100 mg Calcium muß deshalb das Calcium vor der Magnesiumtitration ausgeschieden werden.

Arbeitsvorschrift. Man versetzt die Analysenlösung von 100 cm^3 Volumen mit freier Oxalsäure, läßt auf dem Wasserbade unter kräftigem Rühren solange Natronlauge zutropfen, bis Phenolphthalein (HAHN und HARTLEB, d, 229) gerötet wird, nimmt die Rötung mit Säure weg und titriert ohne Ablesung mit 0,1 n-Lauge auf Rot. Das ausgefallene Calciumoxalat bleibt in der Lösung. Jetzt gibt man Oxinlösung zu, titriert auf dem Wasserbade mit 0,1 n-Lauge auf Rot, mit 0,1 n-Säure auf Farblos, erwärmt noch einige Zeit, kühlt ab, schüttelt kräftig mit Tetrachlorkohlenstoff durch und titriert mit Lauge fertig. Im Unterschied zur allgemeinen Vorschrift (S. 180) gibt man also überschüssige Säure vor dem letzten Erhitzen nicht zu, da diese das Calciumoxalat wieder lösen würde. Nach der Oxinzugabe werden selbstverständlich die Lauge- und Säuremengen genauestens gemessen. Bei dieser Arbeitsweise wurden bei 10 mg Magnesium und 150 mg Calcium höchstens 0,3 mg zuviel gefunden.

Vorsichtsmaßnahme. Da mehr Lauge verbraucht wird — außer der eigentlichen Titration ist auch die zugesetzte freie Oxalsäure als Verbraucher zu berücksichtigen —, ist auf besondere Reinheit der Natronlauge zu achten (s. S. 180, Vorsichtsm.).

Bemerkung. Das Calcium kann nach Beendigung der Magnesiumtitration nicht mehr abgetrennt oder aus dem abfiltrierten Gesamtniederschlage heraus mit Permanganat titriert werden. Es wird zweckmäßig aus einer besonderen Analysenprobe als Oxalat gefällt oder nach anderen Methoden (s. Calcium) bestimmt.

Mikroanalytisch kann von Calcium nach der Methode von STREBINGER und REIF (S. 183) getrennt werden:

Von Calcium. Man gibt zu der eingemessenen Flüssigkeit zunächst 2 bis 3 Tropfen Eisessig und erwärmt auf dem Wasserbade auf 70°. Hierauf wird mit einer mit Wasser zur Hälfte verdünnten kaltgesättigten Ammonoxalatlösung tropfenweise versetzt, noch 5 Min. im Wasserbade und dann 1 Std. in der Kälte absitzen gelassen. Nach dem Absaugen im PREGLschen Filterröhrchen wird abwechselnd mit kaltem Wasser und mit Alkohol gewaschen, bei 105° getrocknet und das Calcium *als* $CaC_2O_4 \cdot H_2O$ *gewogen.* Das in einem Saugfläschen (PREGL) gesammelte Filtrat wird mit wenig festem Ammonchlorid versetzt, tropfenweise mit konzentriertem Ammoniak bis zum deutlichen Überschuß versehen und nun zur Fällung des Magnesiums nach der Arbeitsvorschrift (S. 183, e) weiterbehandelt.

Bemerkungen. Zur Fällung des Calciums darf die Lösung nicht zu schwach essigsauer sein. — Bei sehr wenig Calcium (0,04 mg) neben viel Magnesium (5 mg) kann es vorkommen, daß das Calcium selbst bei tagelangem Stehen mit Ammonoxalatlösung nicht ausfällt.

d) Von Zink [s. HAHN und VIEWEG, b]. Wird nach Trennung e) durchgeführt.

e) Von Kupfer, Zink und Cadmium. Mit diesen Metallen zusammen bildet das Magnesium die sog. „Oxychinolin"- oder „Oxin"-Gruppe, die in tartrathaltiger natronalkalischer Lösung [s. Trennung k)] mit Oxin fällbar ist und dadurch von den in Lösung bleibenden übrigen Metallen abgetrennt werden kann. Die anschließende Isolierung des Magnesiums von den Gruppengenossen gründet sich auf die Tatsache, daß das Magnesiumoxinat schon in ganz schwach saurer Lösung nicht mehr ausfällt.

Arbeitsvorschrift. Vorbereitung. Der nach der Arbeitsvorschrift zur Trennung k) ausgefällte und auf einem Porzellanfiltertiegel abgesaugte, gewaschene und unter Oxalsäurezusatz (s. Glühen, S. 170) verglühte Niederschlag wird in 10 bis 20 cm³ warmer 10%iger Salzsäure in dem Tiegel gelöst, mit 3 g Ammonacetat und 3 bis 5 Tropfen Bromthymolblau (0,1%ig) versetzt und mit 1 n-Natronlauge bis zur eben beginnenden Blaufärbung sorgfältig neutralisiert. Man setzt 4 cm³ 10%ige Essigsäure hinzu und bringt das Volumen auf rund 100 cm³, so daß die Essigsäurekonzentration auf etwa 0,4% kommt, jedenfalls 0,5% nicht überschreitet (s. jedoch Bemerkung).

Trennung. Die Lösung wird auf 60° erwärmt und mit 2%iger alkoholischer Oxinlösung tropfenweise gefällt, bis zum geringen Überschuß, der durch die gelbe Farbe der klaren Lösung angezeigt wird. Dann wird kurz auf 90 bis 100° erhitzt, nach dem Absetzen des Niederschlages filtriert und zuerst mit warmem, dann mit kaltem Wasser gewaschen. Der Niederschlag besteht aus den Oxinaten des Kupfers, Zinks und Cadmiums, soweit diese Metalle in der Ausgangslösung vorhanden waren, und kann zu deren Bestimmung weiterverarbeitet werden. Cadmium ist allerdings nicht mehr vollständig vorhanden, da es beim Verglühen trotz der Bedeckung mit Oxalsäure leicht flüchtig geht.

Fällen des Magnesiums. Das Filtrat einschließlich der Waschwässer wird mit Ammoniak alkalisch gemacht und auf 60 bis 70° gebracht. Es wird tropfenweise Oxinlösung zugegeben, um die eintretende Ausfällung des Magnesiumoxinats vollständig zu machen. Ein Überschuß an Reagens gibt mit dem Himmelblau des Bromthymols als Mischfarbe ein bleibendes deutliches Grün und ist daran zu erkennen.

Bemerkung. Ist Cadmium nicht zugegen, braucht die Essigsäurekonzentration nicht ängstlich innegehalten zu werden. Sie darf bis 4%, wenn Zink *und* Kupfer, und sogar bis 12% betragen, wenn neben Magnesium nur noch Kupfer vorhanden ist.

f) Von Aluminium. Nach BERG (d, 378; e, 50) ist es zweckmäßig, kleinere Mengen Aluminium von größeren Mengen Magnesium in essigsaurer Lösung zu scheiden, im anderen Falle dagegen ist es besser, zuerst das Magnesium in natronalkalischer tartrathaltiger Lösung auszufällen [s. S. 168, Eigenschaften des Mg-Oxinats; Trennung k), S. 201].

Arbeitsvorschriften. *Viel Magnesium neben wenig Aluminium.* Die saure Lösung, die höchstens 15 mg Aluminium neben 100 mg Magnesium je 100 cm³ enthält, wird mit verdünnter Natronlauge bis zum Auftreten der Trübung durch die Hydroxyde neutralisiert, die mit 1 cm³ Eisessig oder 1 bis 3 cm³ 4 n-Essigsäure wieder gelöst werden. Man erwärmt auf 60°, gibt einen Überschuß 3- bis 4%iger Oxinacetatlösung (S. 177) zu, erhitzt zum Sieden und versetzt mit 2 n-Natrium- oder mit neutraler 2 n-Ammonacetatlösung, um die Essigsäure abzupuffern. Der krystallin gewordene Niederschlag wird noch heiß abfiltriert und erst mit heißem, dann mit kaltem Wasser bis zur Farblosigkeit des Filtrats gewaschen. Essigsäurehaltiges Wasser ist nicht empfehlenswert (BERG, e, 47), da es Aluminiumoxinat etwas löst, das dann mit dem Magnesiumoxinat ausfällt. Das Filtrat enthält das Magnesium, das mit Ammoniak wie üblich (S. 198) gefällt wird. — KNOWLES stellt die essigsaure, ammoniumacetathaltige Lösung mit Ammoniak auf $p_H = 6{,}8$ (Bromkresolpurpur) ein.

Wenig Magnesium neben viel Aluminium. Die Abscheidung des Magnesiums erfolgt nach Trennung k), S. 201.

g) Von Aluminium und Beryllium. Aluminium wird nach Trennung f) aus essigsaurer Lösung gefällt, in dem Filtrat das Beryllium als Phosphat, in dem Filtrat dieser Fällung endlich das Magnesium als Oxinat (KNOWLES). (Vgl. S. 115, I, c.)

h) Von Eisen. LAVOLLAY läßt das Eisen in der Lösung und fällt es zusammen mit dem Magnesium als Oxinat aus. Der Niederschlag wird mit alkalischem Alkohol, in welchem das Eisenoxinat mit tiefdunkler Farbe löslich ist, behandelt. Die Lösung soll sich ausgezeichnet zum *colorimetrischen* oder *photometrischen Vergleich mit Eisenoxinat-Standardlösungen* eignen. Das unlösliche Magnesiumoxinat wird in Salzsäure gelöst und *bromometrisch* bestimmt, wenn seine Menge zur gewichtsmäßigen Auswertung zu gering ist.

Nach BERG (f, 193; e, 76) scheidet man Eisen als Oxinat in 25%iger Essigsäure in der Siedehitze ab und filtriert durch einen Jenaer Glasfiltertiegel 1 G4. Wenn in der Kälte und in nur 15- bis 20%iger Essigsäure gefällt wird, fällt das Eisenoxinat feinkrystallin aus und kann dann nur durch Papierfilter oder Asbest-GOOCH-Tiegel filtriert werden. Aus dem entsprechend verdünnten und nach neuem Oxinzusatz ammoniakalisch gemachten Filtrat kann darauf das Magnesium gefällt werden. Störungen durch Calcium treten nur bei größeren Mengen ein [Trennung c)].

i) Von Eisen, Mangan, Kupfer, Zink und Aluminium. Wenn diese Metalle nur in Spuren oder in kleinen Mengen vorhanden sind, z. B. in Aschen von pflanzlichen und tierischen Geweben, gelingt die Trennung vom Magnesium leicht nach einem grundsätzlich anderen Verfahren. Man macht Gebrauch von der *Leichtlöslichkeit der entsprechenden Oxinate in ammoniakalischem Alkohol.* 8 cm³ Ammoniak von der Dichte 0,921 werden zu 1 l 96%igen Alkohols gegeben. Magnesiumoxinat ist darin praktisch unlöslich. Calcium, das in dem genannten Falle wohl immer vorhanden ist, wird zugleich als Oxalat gefällt, welches in der alkoholischen Lösung ebenfalls unlöslich ist. Das Magnesiumoxinat muß deshalb zum Schluß titriert werden [s. Trennung k)]. Phosphorsäure stört nicht, wenn ihre Menge das 15fache der des Magnesiums nicht übersteigt. Andernfalls hilft man sich durch Zugabe einer entsprechenden genau bekannten Menge Magnesiumchlorid, die vom Ergebnis abgezogen wird. Die Methode ist von JAVILLIER und LAVOLLAY als *Mikromethode für 0,5 bis 4 mg Magnesium* ausgearbeitet worden und bei BERG (e, 36 bis 38) genau beschrieben.

k) Von Aluminium, Beryllium, Calcium, Chrom, Cobalt, Eisen, Gold, Mangan, Molybdän, Nickel, Quecksilber, Uran, Wismut, Wolfram und anderen Metallen, mit Ausnahme von Kupfer, Zink und Cadmium [s. Trennung e)].

Arbeitsvorschrift. Man fällt das Magnesium in tartrathaltiger natronalkalischer Lösung (BERG, d, 36; e, 29). Die magnesiumhaltige Lösung wird so vorbereitet, daß in je 100 cm³ etwa 3 g Natriumtartrat und 15 bis 20 cm³ 2 n-Natronlauge enthalten sind. Die Analysenlösung wird sodann in der Kälte mit 2%iger alkoholischer Oxinlösung versetzt, auf etwa 60° erwärmt, um den Niederschlag krystallinisch zu machen, und nach dem Erkalten filtriert. — Waschen. Zum Waschen dient zunächst kaltes, schwach alkalisches Wasser mit 1% Natriumtartrat, bis das Filtrat farblos ist. Dann wird mit reinem kaltem Wasser nachgewaschen.

Weitere Behandlung. Es wird empfohlen, den Niederschlag zu glühen (S. 170) oder maßanalytisch zu bestimmen (S. 172f.).

l) Von Phosphorsäure und Calcium. Nach BERG (e, 34) und OSTROWSKI werden zu etwa 50 cm³ der Magnesiumlösung, die 0,5 bis 2,5 mg Magnesium und bis zu 12 mg Phosphorsäure enthält, 1 bis 3 g Ammonchlorid und Ammoniak zugegeben. Man fügt einen Überschuß alkoholischer Oxinlösung hinzu, erwärmt und hält 5 bis 10 Min. im Sieden. Das zunächst gebildete Magnesiumammoniumphosphat setzt sich in das schwererlösliche Oxinat um. Nach Abkühlen auf 80°, oder bei kleinen Mengen bis auf Zimmertemperatur, wird filtriert und gewaschen.

Calcium muß vorher aus der schwach essigsauren Lösung als Oxalat abgeschieden werden (s. Calcium). Soll das Calcium nicht bestimmt werden, so kann es in der Lösung verbleiben [Trennung c), S. 198, Bem.]. Außer den obengenannten Mengen an Magnesium und Phosphorsäure dürfen bis zu 50 mg Calcium in der schwach essigsauren Lösung vorhanden sein. Man gibt 2 bis 3 cm^3 n-Ammoniumoxalat und ebensoviel n-Ammoniumacetatlösung, dann in der Kälte alkoholische Oxinlösung im Überschuß zu und läßt 3 bis 5 Min. stehen. Darauf fügt man tropfenweise verdünnten Ammoniak hinzu, bis die Lösung schwach alkalisch ist, und erwärmt bis zum beginnenden Sieden (BERG, e, 35). Da unter den gegebenen Bedingungen für das Calcium das Oxalat, für das Magnesium das Oxinat die schwerstlöslichen Verbindungen sind, erfolgt von selbst eine reinliche Trennung. Man verfährt weiter, wie bei der Magnesiumoxinatfällung üblich, filtriert und wäscht (S. 169). In dem Gesamtniederschlage muß dann das Magnesium maßanalytisch bestimmt werden. Eine vorhergehende oder anschließende Calciumbestimmung mittels Permanganat ist nicht durchführbar, weil das Oxin ebenfalls darauf anspricht (maßanalytische Methoden, S. 181).

m) Von Phosphorsäure und Aluminium. Nach dem Verfahren der Trennung k) kann man wenig Magnesium von größeren Mengen Aluminium und Phosphorsäure trennen, beide gehen in das Filtrat (ISHIMARU; BERG, e, 35).

Anwendungen der Trennungen. Sole von Salzseen (KOMAR und KIRILLOWA), Silicate (RASSKIN und DROSD, ROBITSCHEK, MIEHR und KOCH, KNOWLES), Portlandzement (REDMOND und BRIGHT, REDMOND), Hochofenschlacken (RASSKIN und DROSD), Kalkstein, Dolomit, Magnesit (ECKSTEIN), Glas (CHIRNSIDE), Bodenauszüge (ECKSTEIN, HARDON und WIRJODIHARDJO), Pflanzenaschen (JAVILLIER und LAVOLLAY). Siehe auch: Maßanalytische (S. 181), mikrochemische (S. 182), colorimetrische Methoden (S. 184).

Literatur.

BERG, R.: (d), (e), (f) s. Literatur S. 172. — BERG, R. u. W. OSTROWSKI: s. BERG (e) 34. — BUCHERER, H. TH. u. F. W. MEIER: Fr. **28**, 14 (1930).

CHIRNSIDE: J. Soc. Glass Technol. **19**, 279—295 (1935); nach C. **1935 I**, 2704.

ECKSTEIN, H.: Ch. Z. **55**, 227 (1931).

FAINBERG, S. J. u. L. B. FLIGELMAN: Betriebslab. **5**, 942—945 (1936); nach C. **1936 I**, 1740.

GADEAU, R.: Rev. Métallurgie **32**, 398—400 (1935); nach C. **1936 I**, 2151. — GOOCH, F. A. u. E. A. EDDY: Z. anorg. Ch. **58**, 427 (1908). — GRAY-DINWIDDIE, J.: Am. J. Sci. Sil. **39**, 662 (1915); nach C. **1915 II**, 558.

HAHN, FR. L. u. W. VIEWEG: (b) Fr. **71**, 122 (1927). — HAHN, Fr. L. u. E. HARTLEB: (d) Fr. **71**, 227 (1927). — HARDON, H. J. u. W. WIRJODIHARDJO: Chem. Weekbl. **31**, 662 (1934); nach C. **1935 I**, 1112.

ISHIMARU, S.: Sci. Rep. Tohoku Imp. Univ. **24**, 493 (1935); nach Fr. **109**, 445 (1937).

JAVILLIER, M. u. J. LAVOLLAY: Ann. falsific. **27**, 326 (1934); nach Fr. **104**, 441 (1936).

KNOWLES, H. W.: Bur. Stand. J. Res. **15**, 87—96 (1935); nach C. **1936 I**, 4334. — KOLTHOFF, J. M.: (b) Chem. Weekbl. **24**, 606—610 (1927). — KOMAR, N. W. u. R. E. KIRILLOWA: Chem. J. Ser. B. **6**, 358—361 (1933); nach C. **1934 I**, 1527.

LAVOLLAY, J.: Quatorz. Congr. Chim. Ind. Paris 1934, Commun. **2** (1935); nach C. **1936 I**, 2853 (s. auch JAVILLIER). — LEHRMAN, L., M. MANES u. J. KRAMER: Am. Soc. **59**, 941 bis 942 (1937); nach C. **1938 I**, 3805. — LOBUNETZ, L.: Bull. sci. Univ. Etat Kiev **1**, 167—174 (1937); nach C. **1937 I**, 4412.

MIEHR, W. u. P. KOCH: Tonind.-Ztg. **52**, 2057—2058, 2076—2077 (1928); C. **1929 I**, 1041.

NEHRING, K.: Z. Pflanzenernähr. Düng. Bodenkunde **21**, 300—305 (1931).

RASSKIN, L. D. u. J. F. DROSD: Betriebslab. **5**, 807—808 (1936); nach C. **1937 II**, 2536. — REDMOND, J. C.: Bur. Stand. J. Res. **10**, 823—826 (1933); nach C. **1933 II**, 2728 u. BERG (e), S. 39. — REDMOND, J. C. u. H. A. BRIGHT: Bur. Stand. J. Res. **6**, 113—120 (1931); nach C. **1931 II**, 894. — ROBITSCHEK, J.: J. Am. Ceram. Soc. **11**, 587—594 (1928); nach C. **1928 II**, 2050; ferner Tonind.-Ztg. **53**, 548—549 (1929) u. C. **1928 I**, 1074; C. **1929 II**, 87.

SCHAFFGOTSCH, F. G.: s. Literatur S. 136. — SHEAD, A. C. u. B. J. HEINRICH: Ind. eng. Chem. Anal. Ed. **2**, 388 (1930); nach C. **1930 II**, 3819; u. R. K. VALLA: **4**, 246 (1932); nach C. **1932 II**, 254. — STREBINGER, R. u. W. REIF: s. Literatur S. 184.

TREADWELL, F. P.: Lehrbuch Quantitative Analyse, 11. Aufl., S. 46. 1923.

YOSHIMATSU, S.: J. of Exp. Med. **14**, 29 (1929); s. Literatur S. 188 u. BERG (e) S. 84.

§ 12. Chemische Analyse von Magnesium und seinen Legierungen.

A. Reinmagnesium.

Das aus der Schmelzflußelektrolyse gewonnene und unter Anwendung von einem Abdeck- und Raffinationssalz umgeschmolzene Reinmagnesium enthält an metallischen Beimengungen: Mangan, Silicium, Eisen, Aluminium, Kupfer, während bei genauer Beachtung der Schmelz- und Gießvorschriften Oxyde, Nitride und Chloride praktisch nicht vorhanden sind.

Der Reinheitsgrad beträgt ungefähr 99,8 bis 99,9 und ergibt sich indirekt nach Abzug der einzelnen Beimengungen.

1. Silicium (gravimetrisch). Wegen der Flüchtigkeit der *Siliciumwasserstoffe* werden 5 bis 10 g Späne vorsichtig in konzentrierter Salpetersäure gelöst; die Kieselsäure wird in der bekannten Weise abgeschieden und als *SiO_2 zur Wägung* gebracht. Verbleibt beim Lösen in Salpetersäure ein unlöslicher Rückstand, der aus Siliciumverbindungen besteht, so muß dieser in einem Soda-Salpetergemisch erst aufgeschlossen und zu dem salpetersauren Filtrat hinzugegeben werden.

2. Kupfer (gravimetrisch). Aus dem schwefelsauren Filtrat der Siliciumbestimmung wird Kupfersulfid mit *Schwefelwasserstoff* gefällt und als *Kupferoxyd* bestimmt.

3. Aluminium und Eisen (gravimetrisch und colorimetrisch). Aus dem Filtrat der Kupferbestimmung werden die Hydroxyde des Eisens und Aluminiums bei Anwesenheit von Wasserstoffsuperoxyd und Ammoniumchlorid mit Ammoniak gefällt, nochmals umgefällt und $Al_2O_3 + Fe_2O_3$ bestimmt. Aus diesen Oxyden wird *Eisen colorimetrisch mit Kaliumrhodanid* bestimmt, als Oxyd von der Summe $Al_2O_3 + Fe_2O_3$ in Abzug gebracht und *Aluminium indirekt* berechnet.

4. Mangan (colorimetrisch). Aus der schwefelsauren Lösung von 1 g Spänen wird das *Mangan colorimetrisch* nach M. Marshall und H. E. Walters bestimmt.

B. Magnesiumlegierungen.

Die technischen Magnesiumlegierungen enthalten im allgemeinen folgende Legierungszusätze: Al, Zn, Sn, Mn, Cu, Si, Pb, Ca, Ce, Zr, Ag, Cd, Fe, die nach folgenden chemisch-technischen Analysenmethoden bestimmt werden können.

1. Silicium, Blei und Zinn (gravimetrisch). Silicium wird wie unter A 1 angegeben als SiO_2 bestimmt. Ist Blei zugegen, so muß in dem Kieselsäureniederschlag Bleisulfat mit Ammoniumacetat vorher entfernt werden. In dem Filtrat wird Blei als Bleisulfat ermittelt. Bei Anwesenheit von Zinn fällt die Zinnsäure mit der Kieselsäure aus und wird wie üblich bestimmt.

2. Kupfer (colorimetrisch und elektrolytisch). Bei einem Kupfergehalt von 0,1 bis 1% wird Kupfer colorimetrisch durch Vergleich mit Kupferlösungen von bekanntem Gehalt in Vergleichsröhrchen bestimmt.

Bei Kupfergehalten von mehr als 1% wird Kupfer *elektrolytisch* aus schwefelsaurer Lösung bei 70 bis 80° C und bei einer Spannung von 2 V niedergeschlagen. Geringe Gehalte an Blei scheiden sich quantitativ als PbO_2 an der Anode ab und können auf diese Weise ermittelt werden.

3. Cadmium (gravimetrisch). Cadmium wird aus schwefelsaurer Lösung mit Schwefelwasserstoff gefällt und Cadmiumsulfid bei Anwesenheit von Kupfersulfid mit heißer Schwefelsäure aus dem Sulfidniederschlag herausgelöst. Cadmium kann nun als *Cadmiumsulfat oder elektrolytisch* bestimmt werden.

4. Mangan (titrimetrisch). Liegt der Mangangehalt über 1%, so wird Mangan nach der Methode von Volhard-Wolff *titrimetrisch* bestimmt und bei Gehalten unter 1% *colorimetrisch* nach A 4.

5. Aluminium (gravimetrisch). Aluminium wird nach der Methode von Wöhler und Chancel aus essigsaurer Lösung mit 10% Natriumphosphatlösung gefällt und als *$AlPO_4$* zur Wägung gebracht.

Ferner kann Aluminium nach Entfernung von Zink mit Schwefelwasserstoff nach der *Oxinmethode* bestimmt werden, wobei das Oxinat entweder bei 130° getrocknet, oder zu Al_2O_3 geglüht oder mit einer 0,1 n-*Bromat-Bromidlösung titriert* wird.

6. Zink (gravimetrisch und titrimetrisch). Die genaueste Bestimmung des Zinks erfolgt durch Fällung mit *Schwefelwasserstoff* aus essigsaurer Lösung. Das Zinksulfid wird in *Zinkoxyd* übergeführt und gewogen.

Als betriebsmäßige Schnellmethode zur Bestimmung von Zink hat sich die etwas abgeänderte Methode von GALETTI bewährt. Zink wird in schwefelsaurer Lösung mit *Kaliumferrocyanid* unter Anwendung von Ammoniummolybdat als Indicator *titriert.*

Die Lösung von 2 g Spänen erfolgt nicht in Salzsäure wie von GALETTI angegeben wird, sondern besser in Schwefelsäure, da sich hierbei Kupfer ausscheidet, das ebensowenig wie Mangan den Gang der Analyse stört. In salzsaurer Lösung kann das zum Teil gelöste Kupfer den Umschlagspunkt bei der Tüpfelprobe stören. Wenn der Zinkgehalt ungefähr bekannt ist, gibt man unter Umrühren in der Kälte so viel Kaliumferrocyanid hinzu, daß fast alles Zink ausgefällt ist. Nach 10 Min. wird die Lösung auf einer weißen Porzellanplatte mit Ammoniummolybdat getüpfelt und nacheinander mit 0,5 cm^3 Kaliumferrocyanidlösung solange versetzt, bis nach jedesmaliger Wartezeit von etwa 10 Min. der Farbumschlag des Indicators nach Rotbraun das Ende der Titration anzeigt.

7. Silber (gravimetrisch). Man löst 1 g Metallspäne in verdünnter Salpetersäure, filtriert den unlöslichen Rückstand ab und fällt mit verdünnter Salzsäure das *Silberchlorid* in der bekannten Weise.

8. Cer (gravimetrisch). 0,5 bis 2 g Metallspäne werden in verdünnter Salzsäure unter Zugabe von 1 bis 5 cm^3 Wasserstoffsuperoxyd gelöst und Cer und Aluminium mit Ammoniak gefällt. Der Niederschlag wird in verdünnter Salzsäure wieder gelöst und Cer mit gesättigter Oxalsäurelösung als *Oxalat* gefällt.

9. Zirkon (gravimetrisch). Man löst 0,1 bis 1 g Metallspäne in Salzsäure (1:1). 100 cm^3 Lösung werden mit 10 cm^3 Salzsäure (D 1,19) und etwas Wasserstoffsuperoxyd versetzt. Die Lösung wird mit Wasser auf etwa 500 cm^3 verdünnt und die Fällung mit einer 2,5%igen *Phenylarsinsäurelösung* vorgenommen. Man erhitzt zum Sieden (1 Min.) und prüft nach Absitzen des Niederschlages auf vollständige Fällung. Der Niederschlag wird heiß filtriert, mit verdünnter Salzsäure ausgewaschen, unter dem Abzug etwa 2 Std. an der Luft und dann 1 Std. im Wasserstoffstrom (ROSE-Tiegel und Quarzrohr) geglüht, um die letzten Reste von Arsen zu verflüchtigen. Der Rückstand wird als *Zirkonoxyd* gewogen.

10. Calcium. Nach einer Methode von C. STOLLBERG wird Calcium in der Weise bestimmt, daß 3 bis 5 g Metallspäne in verdünnter Schwefelsäure gelöst werden; die Lösung wird zur Feuchttrockne eingedampft. Man löst den Rückstand in so viel Wasser (80 bis 100 cm^3), daß auch nach dem Erkalten sich keine Krystalle ausscheiden und gibt das 4fache Volumen eines Gemisches aus 90 Teilen Methyl- und 10 Teilen Äthylalkohol hinzu. Der Niederschlag, bestehend aus Kieselsäure, Blei- und Calciumsulfat, wird nach längerem Stehen abfiltriert, mit einem Gemisch von 95 Teilen Methyl- und 5 Teilen Äthylalkohol gewaschen und dann im Becherglas mit heißem Wasser unter Zugabe einiger Kubikzentimeter verdünnter Salzsäure behandelt. Die Lösung wird mit heißem Wasser auf 300 cm^3 verdünnt und mit kohlensäurefreiem Ammoniak (1:10) schwach alkalisch gemacht; Aluminium und Eisen werden ausgefällt und abfiltriert. Nach 10- bis 15maligem Auswaschen mit heißem Wasser wird im Filtrat Calcium mit 10%iger Ammoniumoxalatlösung gefällt und in der üblichen Weise als CaO zur Wägung gebracht.

11. Eisen wird colorimetrisch wie unter A. 3 bestimmt.

Literatur.

BERG, R.: Die chemische Analyse, S. 45. 1935.
GALETTI: BERL-LUNGE, Originalzitat 2, 1707 u. 1715 (1932).
HIEGE, C.: BERL-LUNGE, Chemische technische Untersuchungsmethoden, 8. Aufl., Bd. 2, S. 1443. 1932.
KLINGER, P.: Techn. Mitt. Krupp **1935**, 1—4.
MARSHALL, M. u. H. E. WALTERS: Chem. N. **83**, 76 (1904); **84**, 239 (1904).
RICE, A. C., H. C. FOGG u. C. JAMES: J. Am.chem. Soc. **48**, 895—902 (1926).
SIEBEL, G.: Chemische technische Untersuchungsmethoden, Ergänzungswerk zur 8. Aufl. Bd. 2, S. 755. 1939. — STOLBERG, C.: Z. angew. Chem. **1**, 741, 769f. (1904).
TREADWELL: Analyt. Chem. 11. Aufl., **2**, 108 (1937).
VOLHARD-WOLFF: BERL-LUNGE **2**, 1312 u. 1382 (1932).
WÖHLER u. CHANCEL: BERL-LUNGE **2**, 1312 (1932).

§ 13. Natur-, Roh- und Fertigprodukte des Magnesiums und die für deren analytische Bewertung wichtigen Nebenbestandteile.

A. Rohstoffe.

1. Magnesit ($MgCO_3$). Rohstoff für die Herstellung von kaustisch gebranntem Magnesit (MgO), Sintermagnesit (MgO) und Magnesiumsalzen.

Verunreinigungen: Ca, Al, Fe, Mn, SiO_2. Die Bestimmung der Verunreinigungen ist wichtiger als die des Magnesiums selbst. Kieselsäure kann als Quarz und als gebundene Kieselsäure vorliegen. Zweckmäßige Untersuchungsmethode s. BERL-LUNGE, 8. Aufl., Bd. III, 324 bis 326.

2. Dolomit ($MgCO_3 \cdot CaCO_3$). Rohstoff für die Herstellung von kaustisch gebranntem Dolomit (MgO, CaO) und von halbgebranntem Dolomit (MgO, $CaCO_3$). Meist ist der $MgCO_3$-Gehalt geringer, als die Formel angibt. Dolomit wird im Naturzustande auch als basischer Dünger und Bodenverbesserer angewandt. Verunreinigungen und Untersuchungsmethode: wie bei Magnesit (BERL-LUNGE, III, 638—640).

3. Spinelle ($MgAl_4O_2$). Aluminium kann durch Fe, Cr usw. ersetzt sein, das Magnesium ebenfalls teilweise durch Zn, Fe und andere zweiwertige Metalle.

Die Bewertung erfolgt vorwiegend nach den für Edelsteine in Frage kommenden Eigenschaften.

4. Magnesiumsilicate. Speckstein oder Talkum ($H_2Mg_3(SiO_4)_3$), Meerschaum ($H_4Mg_2Si_3O_{10}$). Außer den mineralischen Hauptbestandteilen ist Ca, Fe, Al und organische Substanz vorhanden. Die Bewertung der Silicate erfolgt hauptsächlich nach ihrer Eignung für die Verarbeitung zu feuerfesten Massen, Bleicherden, Basenaustauschern.

5. Rohsalze. Carnallitgestein ($KCl \cdot MgCl_2 \cdot 6\,H_2O$; NaCl, KCl, $MgSO_4 \cdot H_2O$). Verunreinigungen: FeO, Fe_2O_3, Br, Rb; Tachhydrit: $CaCl_2 \cdot 2\,MgCl_2 \cdot 12\,H_2O$; Boracit: $Mg_2B_{16}O_{30} \cdot MgCl_2$; Ton.

Zur Bestimmung des Carnallitanteils kann die Löslichkeit des $MgCl_2$ in absolutem Alkohol benutzt werden. $CaCl_2$ geht mit in Lösung und kann in dieser neben Mg leicht bestimmt werden. Es empfiehlt sich, für je 10 g Einwage 100 cm^3 Alkohol zu nehmen. Geschüttelt wird 10 Min. und dann filtriert. Es werden 10 oder 20 cm^3 der Lösung mit Wasser verdünnt und entweder mit Silberlösung titriert (Schnellmethode, etwas zu hohe Ergebnisse wegen einer geringen Löslichkeit der Alkalihalogenide) oder mit Natriumphosphatlösung usw. gefällt (genaue Bestimmung).

Hartsalz (NaCl, KCl, Kieserit: $MgSO_4 \cdot H_2O$).

Verunreinigungen: Anhydrit ($CaSO_4$), Ton, Eisenoxyd, Bromide. Bei der Verarbeitung auf Kalisalze (Bewertung deshalb nach dem Kaligehalt) bleibt der Kieserit mit dem Steinsalz und einigen der Verunreinigungen als Löserückstand übrig. Das Steinsalz wird mit kaltem Wasser weggelöst und so der Kieserit in hochprozentiger Form gewonnen. Untersuchungsmethoden s. BERL-LUNGE, II, 845; Ergb. II, 309.

In den Kalisalzlagern kommen, seltener, einige Magnesium-Doppelsulfate vor, die in der Einleitung (S. 129) genannt sind. Das Brom ist isomorpher Bestandteil der Chloride.

6. Meerwasser, Salzsolen, Quellen. Im Meerwasser ist dem Magnesium teils Cl, teils SO_4 als Anion zugeordnet. Der Gehalt an Mg beträgt etwa 0,125 bis 0,130%. Der Gehalt in Süßwasser, Quellen und Solen ist sehr verschieden. Die hauptsächlichsten sonstigen Bestandteile der natürlichen Wässer sind Na, K, Ca, Fe, Cl, SO_4, CO_3, Br, J, BO_3, Luft und freie Kohlensäure.

B. Rohprodukte.

1a) Kaustisch gebrannter Magnesit (MgO). Wird gewonnen durch Brennen von Magnesit bei etwa 800°. Hierzu eignen sich besonders gut die sehr reinen Magnesite. Störend ist besonders SiO_2 in größeren Mengen in Form von Silicaten. Hauptverwendung zur Herstellung von Steinholz. Für diese Verwendung ist maßgebend die Geschwindigkeit des Abbindens mit Chlormagnesiumlösung und die Raumbeständigkeit der erzielten Fertigprodukte. Beim Lagern zieht der Magnesit leicht Feuchtigkeit und CO_2 an und wird dadurch minderwertig. Vorschriften zur Bewertung des H_2O und CO_2 und der übrigen Nebenbestandteile sowie Grenzwerte: BERL-LUNGE, III, 324—327; Ergb. II, 440. Weitere Verwendungsarten: für Leichtbauplatten (mit Magnesiumsulfat), für die Herstellung von wasserfreiem Chlormagnesium (durch chlorierende Thermoreduktion mit Kohle), als Isoliermaterial.

1b) Sintermagnesia (MgO). Zu deren Herstellung eignen sich besonders Magnesite mit einem bestimmten Gehalt an Verunreinigungen, insbesondere CaO und Fe_2O_3. Brenntemperatur 1400° und darüber. Die Bewertung erfolgt hauptsächlich nach der Standfestigkeit der für die Stahlindustrie hergestellten Magnesitsteine. Sehr reiner Magnesit kann durch Zusatz von Sintermitteln (CaO, Fe_2O_3) ebenfalls für den genannten Zweck geeignet gemacht werden.

1c) Gebrannter Dolomit (MgO, CaO). Verwendung zur Herstellung von Dolomitsteinen für die Stahlindustrie (THOMAS-Verfahren). Es sind ferner viele Verfahren beschrieben, aus ganz- oder halbgebranntem Dolomit Magnesiasalze oder $Mg(OH)_2$ rein zu gewinnen.

2. Blockkieserit. Wird aus dem Rückstandskieserit durch Abbindenlassen mit Wasser gewonnen und dient zur Herstellung von Magnesiumsalzen, in erster Linie von Bittersalz. Garantierter Gehalt an $MgSO_4$: 65%.

3. Magnesiumhaltige Kali- und Mischdünger. Die Höhe des Magnesiumgehalts, der für das Pflanzenwachstum von Wichtigkeit ist, wird in diesen Düngemitteln noch nicht garantiert. Bei der Mg-Bestimmung ist auf einen allenfalls vorhandenen P_2O_5-Gehalt Rücksicht zu nehmen.

C. Fertigprodukte.

1a) Chlormagnesiumlauge. Der Normalgehalt an $MgCl_2$ ist durch die Bedingung einer Mindestdichte $D_{20} = 1{,}250$ festgelegt. An Verunreinigungen dürfen höchstens vorhanden sein: NaCl u. KCl zus. 3,0%, $MgSO_4$ 3,5%, Ca, Fe, Unlösliches in Spuren. Die Lauge dient in erster Linie zur Herstellung von Massen, deren Erhärtung auf der Bildung von Magnesiumoxychlorid (Sorelzement) beruht (s. folg. Abschnitt 2).

1b) Chlormagnesium, fest:

	Geschmolzen %	Flocken %	Krystallisiert %
$MgCl_2 \cdot 6\,H_2O$, mindestens . .	97,0	98,0	93,0
KCl, höchstens	1,8	1,0	1,5
MgCl, höchstens	1,8	1,0	1,2
$NaSO_4$, höchstens	0,3	0,2	0,3
Ca, Fe, Unlösl., höchstens . .	Spuren	Spuren	Spuren

2. **Steinholz, Leichtbauplatten usw.** Durch Abbinden von Chlormagnesium- (Steinholz) bzw. Magnesiumsulfatlösung (Leichtbauplatten) mit kaustisch gebranntem Magnesit und Füllstoffen (Sägemehl, Hobelspäne, Pigmente, Korkmehl, Sand, Karborund usw.) im Molverhältnis Magnesiumsalz:MgO = 1:6 bis 8 entstehen die bekannten festen Massen für Fußböden, Platten, Mühlsteine, Schleifsteine und andere Zwecke. Zur Bestimmung des Füllmaterials wird in verdünnten Säuren gelöst. Hat man das Verhältnis MgO:Mg-Salz zu bestimmen, löst man zweckmäßig mit Salpetersäure und bestimmt das Verhältnis von Gesamtmagnesium zu Cl bzw. SO_4. Die Qualität der Fußböden, Platten und anderen Erzeugnisse hängt sehr von der Beschaffenheit des Magnesits, seinem Brenngrade und Lagerungsalter ab, sowie von der Sorgfalt bei der Herstellung.

3. **Magnesiumsulfat, wasserfrei** und **Bittersalz ($MgSO_4 \cdot 7\,H_2O$).** Die wichtigsten Verunreinigungen, nach denen die Produkte bewertet werden, sind Cl, Fe und Wasserunlösliches. Für medizinische Zwecke siehe DAB 6, S. 419.

4. **Magnesiumcarbonat, basisch** (Magnesia carbonica levis, Magnesia alba und levissima) ($3\,MgCO_3 \cdot MgO \cdot 4\,H_2O$, meist etwas abweichende Zusammensetzung). Es wird als Füllmittel für Kautschuk und plastische Massen benutzt. Geprüft wird auf wasserlösliche Bestandteile. Für die Kautschukverwendung ist Freisein von Cu und Mn Bedingung. Maßgeblich ist außerdem die Kornfeinheit. Minder reine und minder feine Sorten werden als Isoliermaterial verwendet, ferner für Putzpulver. Sorten, die zu medizinischen Zwecken und zu Zahnpulvern Verwendung finden, unterliegen den Bestimmungen des DAB 6.

5. **Magnesiumoxyd (Magnesia usta).** Verwendung für medizinische Zwecke. Reinheitsvorschriften des DAB 6.

6. **Magnesiumperoxydhydrat** (z. B. Magnesium-Perhydrol „Merck"). Verwendung für medizinische Zwecke. Reinheitsvorschriften des DAB 6.

7. **Keramische Massen** aus MgO, **Spinelle** und andere Produkte. Die chemische Analyse kann nur wenig zur Beurteilung der Eigenschaften beitragen. Zur Analyse sind die Scherben sehr fein zu pulvern und in starker Säure aufzuschließen.

8. **Gläser und Emails.** Für Aufschluß (S. 130) und Analyse sind die einschlägigen Sondervorschriften zu beachten. Magnesium ist meist nur in untergeordneter Menge vorhanden, beeinflußt aber Eigenschaften der Gläser und Emails stark.

9. **Magnesiummetall und Leichtlegierungen** (s. S. 203). Blitzlichtpulver: Neben Mg ist auf Al, SiO_2, $KClO_3$, $Ce(NO_3)_4$ zu achten.

Calcium.

Ca, Atomgewicht 40,08, Ordnungszahl 20.

Von A. Schleicher, Aachen.

Mit einem Anhang „Die Bestimmung des Calciums in biologischem Material“

von K. Lang, Berlin.

Mit 6 Abbildungen.

Inhaltsübersicht.

Seite

Bestimmungsmöglichkeiten 216
Eignung der wichtigsten Verfahren 216
Literatur 218
Bestimmungsmethoden 218
§ 1. Abscheidung und Bestimmung als Calciumoxalat 218
Allgemeines 218
Abscheidungsverfahren 219
A. Fällung bei Abwesenheit von anderen Stoffen 219
a) Verfahren von H. Biltz und W. Biltz 219
b) Verfahren von R. Fresenius 220
c) Verfahren von Brunck 220
d) Verfahren von Cox und Dodds 220
e) Verfahren von Stiller 220
f) Verfahren von Hahn 221
g) Verfahren von Paguireff 222
h) Verfahren von Gross 222
i) Verfahren Szebellédy 222
k) Verfahren von Singleton 222
l) Verfahren von Häusler 222
m) Verfahren von G. Jander 224
n) Verfahren von Winkler 225
o) Verfahren von Grossfeld 226
B. Fällung bei Anwesenheit von anderen Metallen und von Säuren 226
1. Bei Gegenwart von Magnesium 226
Vorbemerkung 226
a) Makroanalytische Fällung 227
α) Viel Calcium neben wenig Magnesium 228
β) Wenig Calcium neben viel Magnesium 228
γ) Calciumbestimmung in Magnesiumsalzen 229
b) Mikroanalytische Fällung 230
2. Bei Gegenwart von Alkalisalzen derselben Säure 231
3. Bei Gegenwart von Alkalisalzen verschiedener Säuren 231
4. Bei Gegenwart von Salzen anderer Erdalkalimetalle 231
5. Bei Gegenwart von Aluminium, Eisen, Chrom, Mangan und Phosphorsäure 232
Arbeitsvorschrift von Grossfeld 232
Arbeitsvorschrift 1 für die direkte Kalkbestimmung in salzsauren Bodenauszügen 233
Arbeitsvorschrift 2 für die indirekte Kalkbestimmung in salzsauren Bodenauszügen 233
Arbeitsvorschrift von Kamiński (Calciumbestimmung in Phosphoriten) 234

Seite

Arbeitsvorschrift von TRAPP (Calciumbestimmung in Calciumphosphaten) . . . 234
Arbeitsvorschrift von MELLET und JUNKER (Calciumbestimmung in mineralischen, Phosphorsäure, Magnesium, Eisen und Aluminium enthaltenden Stoffen) . . . 234
Arbeitsvorschrift von CHAPMAN (Bestimmung des Gesamtkalkes im Boden) . . . 235
6. Bei Gegenwart von Citronensäure . . . 235
Arbeitsvorschrift von PASSON . . . 235
Bemerkungen . . . 236
Arbeitsvorschrift . . . 236
Bemerkungen . . . 236
Arbeitsvorschrift von ERDHEIM . . . 236
7. Bei Gegenwart von Phosphorsäure, Arsensäure und Borsäure . . . 237
Arbeitsvorschrift . . . 237
Bemerkungen . . . 237
Bestimmungsverfahren . . . 237
A. Gravimetrische Bestimmung . . . 237
1. Wägung als Calciumoxalat . . . 237
Arbeitsvorschrift . . . 238
Überführung in das wasserfreie Salz . . . 238
Arbeitsvorschrift . . . 238
2. Wägung als Calciumcarbonat . . . 238
Arbeitsvorschrift . . . 239
3. Wägung als Calciumoxyd . . . 239
Arbeitsvorschrift von TREADWELL . . . 239
Arbeitsvorschrift von WINKLER . . . 239
4. Wägung als Calciumsulfat . . . 240
a) Zersetzung mit Schwefelsäure . . . 240
b) Abrauchen mit Ammoniumsalzen . . . 240
5. Wägung als Calciumfluorid . . . 241
Genauigkeit der einzelnen gravimetrischen Methoden . . . 241
B. Maßanalytische Bestimmung . . . 241
1. Titration nach der Filtrationsmethode von BUCHERER und MEYER . 241
a) Bestimmung bei Anwesenheit von Calcium allein . . . 241
b) Bestimmung bei Gegenwart anderer Metalle . . . 243
2. Konduktometrische Titration . . . 244
a) Bestimmung bei Anwesenheit von Calcium allein . . . 244
b) Einfluß von Fremdstoffen . . . 244
3. Direkte oxydimetrische Titration des abgeschiedenen Calciumoxalats 244
a) Titration mit Kaliumpermanganat . . . 244
b) Titration mit Bromat . . . 247
c) Titration mit Cer IV-sulfat . . . 248
4. Rücktitration des zur Fällung von Calciumoxalat nicht verbrauchten Überschusses an Oxalat-Ion . . . 248
Arbeitsvorschrift von RUPP und BERGDOLT . . . 248
Arbeitsvorschrift von GROSSFELD . . . 249
Bemerkungen . . . 249
Arbeitsvorschrift von GROSSFELD für die Calciumbestimmung in Trink- und Gebrauchswasser . . . 249
Arbeitsvorschrift von GROSSFELD für die Calciumbestimmung in Gebäck . . . 249
Arbeitsvorschrift von VÜRTHEIM und VAN BERS . . . 250
Arbeitsvorschrift von GROSSFELD für die Calciumbestimmung in Düngemitteln, Nahrungsmitteln usw. . . . 250
5. Elektrometrische Titration . . . 251
C. Colorimetrische Bestimmung . . . 252
D. Nephelometrische Bestimmung . . . 252
E. Gasvolumetrische Bestimmung . . . 252
F. Radiometrische Bestimmung . . . 252
Literatur . . . 253

Seite
§ 2. Abscheidung und Bestimmung als Calciumsulfat 255
Allgemeines 255
Bestimmungsverfahren 255
Arbeitsvorschrift 255
Arbeitsvorschriften in besonderen Fällen 255
A. Bestimmung bei Gegenwart von Magnesium (Fall des Dolomits) 255
Arbeitsvorschrift 255
B. Bestimmung in Magnesiumsalzen und in Magnesiumoxyd 256
Arbeitsvorschrift von EVERS 256
Arbeitsvorschrift von ROGOZINSKI (Mikrobestimmung) 256
Arbeitsvorschrift von SINGLETON 256
Arbeitsvorschrift 1 von CALEY und ELVING 257
Arbeitsvorschrift 2 von CALEY und ELVING 257
C. Bestimmung in Magnesiumlegierungen 257
Arbeitsvorschrift für die Calciumbestimmung in calciumhaltigem, sonst aber reinem Magnesium 257
Arbeitsvorschrift für die Calciumbestimmung in komplizierten Magnesiumlegierungen 257
D. Bestimmung bei Gegenwart von Eisen und Phosphorsäure 258
Literatur 258

§ 3. Abscheidung als Calciumcarbonat und Bestimmung als Carbonat, Oxyd oder Hydroxyd 258
A. Gravimetrische Bestimmung 258
Allgemeines 258
Bestimmungsverfahren 259
Arbeitsvorschrift 259
Arbeitsvorschrift von BRUNCK 259
B. Maßanalytische Bestimmung 259
1. Unmittelbare Verfahren 259
Bestimmung kleiner Mengen Calciumoxyd 259
Bestimmung von Calciumhydroxyd 259
Bestimmung von Calciumcarbonat 260
Bestimmung von Calciumoxyd neben Calciumcarbonat 260
α) Bestimmung des Gesamtcalciums 260
β) Bestimmung des freien Calciumoxyds 260
Arbeitsvorschrift von BÜRSTENBINDER 260
Arbeitsvorschrift des BUREAU OF STANDARDS 260
Arbeitsvorschrift von BERL 261
Arbeitsvorschrift von ZAWADSKI und ŁUKASZEWICZ . . . 261
Saccharatmethode von TANANAJEW 261
Quecksilberchloridmethode von TANANAJEW 261
Schnellmethode von MICHAILOW zur Calciumbestimmung im Magnesit 262
Bestimmung von Erdalkalibicarbonat (Härte eines Wassers). . . 262
Bestimmung der Gesamthärte 262
Bestimmung der Nichtcarbonathärte 263
Bestimmung der Gesamthärte nach WARTHA-PFEIFFER 263
Bestimmung der Härte des Wassers nach v. MIGRAY 263
Bestimmung von Calciumoxyd und seinen Umsetzungsprodukten mit Kieselsäure in Calciumsilicaten nach W. JANDER und HOFFMANN 263
Bestimmung von freiem Calciumoxyd neben Calciumsilicat . . 264
Bestimmung von $3\,CaO \cdot SiO_2$, $2\,CaO \cdot SiO_2$ und $CaO \cdot SiO_2$ nebeneinander 264
Bestimmung aller Calciumsilicate neben freiem Calciumoxyd und freiem Siliciumdioxyd 266
2. Mittelbare Verfahren 266
Arbeitsvorschrift von WILLSTÄTTER und WALDSCHMIDT-LEITZ . . 267
Bemerkungen 267
Arbeitsvorschrift von PIERCE, SETZER und PETER 267
Bemerkungen 267
Arbeitsvorschrift von BERRAZ und CHRISTEN 267
C. Gasvolumetrische Bestimmung 268
D. Refraktometrische Bestimmung 268
Arbeitsvorschrift 268
Literatur 269

Seite
§ 4. Abscheidung und Bestimmung als Calciummolybdat 269
Allgemeines 269
Bestimmungsverfahren 270
Arbeitsvorschrift 270
Schnellverfahren von GUREWITSCH und LOCHONOWA zur Calciumbestimmung neben Magnesium 270
Arbeitsvorschrift 270
Literatur 271
§ 5. Abscheidung und Bestimmung als Calciumphosphat 271
A. Gravimetrische Bestimmung 271
B. Maßanalytische Bestimmung 271
C. Colorimetrische Bestimmung 271
Methode von RØE und KAHN 271
Stufenphotometrische Methode von URBACH 271
Arbeitsvorschrift 271
Indirekte Methode von EMMERT 275
Literatur 275
§ 6. Abscheidung und Bestimmung als Calciumwolframat 276
A. Gravimetrische Bestimmung 276
Arbeitsvorschrift von SAINT-SERNIN 276
B. Colorimetrische Bestimmung 276
1. Methode von ASTRUC, MOUSSERON und BOUISSOU 276
Arbeitsvorschrift 276
Bemerkungen 277
2. Methode von BEUTELSPACHER 277
Arbeitsvorschrift 277
Bemerkungen 278
I. Genauigkeit und Anwendungsbereich 278
II. Fehlermöglichkeiten und Apparatur 278
Literatur 279
§ 7. Bestimmung unter Abscheidung als Calciumjodat 279
Gasvolumetrische Bestimmung 279
Allgemeines 279
Bestimmungsverfahren 279
Arbeitsvorschrift von RIEGLER 279
Bemerkungen 280
Literatur 280
§ 8. Abscheidung als Calciumammoniumarsenat und Bestimmung als Calciumpyroarsenat 280
A. Gravimetrische Bestimmung 280
Arbeitsvorschrift 280
B. Maßanalytische Bestimmung 281
Arbeitsvorschrift 281
Literatur 281
§ 9. Bestimmung unter Abscheidung als Calciumsulfit 281
Literatur 281
§ 10. Bestimmung unter Abscheidung als Calciumfluorid 281
Maßanalytische Bestimmung 281
Arbeitsvorschrift von KNOBLOCH 281
Literatur 282
§ 11. Bestimmung unter Abscheidung als Calcium-Ammonium-EisenII-cyanid 282
Nephelometrische Bestimmung 282
Arbeitsvorschrift 282
Bemerkungen 282
Literatur 282
§ 12. Bestimmung unter Abscheidung als Calciumkaliumnickelhexanitrit 282
Literatur 282

Seite

§ 13. Abscheidung und Bestimmung als Calcium-o-oxychinolat 282
Allgemeines 282
Bestimmungsverfahren 283
Arbeitsvorschrift 283
Literatur 284

§ 14. Abscheidung und Bestimmung als Calciumpikrolonat 284
Allgemeines 284
Bestimmungsverfahren 285
A. Gravimetrische Bestimmung 285
Arbeitsvorschrift von Dworzak und Reich-Rohrwig 285
Bemerkungen 286
B. Maßanalytische Bestimmung 286
Mikrovolumetrische Methode von Bolliger 286
C. Colorimetrische Bestimmung 287
Methode von Alten, Weiland und Knippenberg 287
Arbeitsvorschrift 287
Literatur 288

§ 15. Bestimmung unter Abscheidung als Calciumtartrat 288
Allgemeines 288
Bestimmungsverfahren 288
Arbeitsvorschrift 288
Literatur 288

§ 16. Bestimmung unter Abscheidung als Calciumsaccharat 288
Allgemeines 288
Bestimmungsverfahren 289
Arbeitsvorschrift 289
Literatur 289

§ 17. Bestimmung unter Abscheidung als Calciumseife (Calciumstearat, -palmitat, -oleat, -sulforicinat) 289
A. Gravimetrische Bestimmung 289
B. Nephelometrische Bestimmung 289
Methode von Milosslawski und Wawilowa 289
Methode von Rona und Kleinmann 290
C. Colorimetrische Bestimmung 290
Literatur 290

§ 18. Bestimmung unter Abscheidung als metallisches Calcium 291
A. Elektroanalytische Bestimmung 291
Allgemeines 291
Bestimmungsverfahren 291
Arbeitsvorschrift 291
Bemerkungen 291
I. Genauigkeit 291
II. Anwendung des elektroanalytischen Verfahrens zu Trennungen 291
Literatur 292
B. Polarographische Bestimmung 292
Literatur 293

§ 19. Spektralanalytische Bestimmung des Calciums 293
Vorbemerkung 293
A. Bestimmung in der Flamme 293
Bestimmung des Calciums nach Lundegårdh in Böden, Nährlösungen, Meer- und Leitungswässern sowie in natürlichen und künstlichen Mineralwässern, ferner in Weizensamen und ähnlichen Materialien 294
Mineralanalyse biologischer Lösungen von Jansen und Heyes . . . 294
Bestimmung von Alkali- und Erdalkalimetallen in Aluminium sowie in Blei nach Russanow und Bodunkow 295
B. Bestimmung im Bogen 296
Methode von Hukuda 296
Calciumbestimmung in Pflanzenaschen nach Way und Arthur . . . 297

Seite

C. Bestimmung im Funken 297
a) Bestimmung von Calcium in Blei 297
b) Bestimmung von Calcium in Leichtmetall-Legierungen 298
Literatur 299

Trennungsmethoden 299

Allgemeines 299

§ 20. Trennung des Calciums von Strontium 300
1. Trennung auf Grund des Löslichkeitsunterschieds der Sulfate in Ammoniumsulfat 300
2. Trennung durch Fällung mit einem Gemisch von Ammoniumsulfat und Ammoniumoxalat 300
Arbeitsvorschrift a) 300
Bemerkungen 300
Arbeitsvorschrift b) 300
Bemerkungen 300
3. Trennung auf Grund des Löslichkeitsunterschieds der Nitrate in absolutem Alkohol bzw. in einer Mischung (1 : 1) mit wasserfreiem Äther . . . 300
Arbeitsvorschrift 300
4. Trennung auf Grund des Löslichkeitsunterschieds der Nitrate in Amylalkohol 301
Arbeitsvorschrift 301
Bemerkungen 301
5. Trennung auf Grund des Löslichkeitsunterschieds der Nitrate in Isobutylalkohol 301
Arbeitsvorschrift 301
Bemerkungen 302
6. Trennung auf Grund des Löslichkeitsunterschieds der Nitrate in Salpetersäure 302
7. Trennung auf Grund des Löslichkeitsunterschieds der Oxalate in Äther-Alkohol 302
8. Trennung durch Kochen der Oxalate mit gesättigter Kaliumsulfatlösung. . 302
9. Trennung bei Gegenwart von Phosphorsäure und von geringen Mengen Eisen 302
Arbeitsvorschrift 302
10. Bestimmung von Calcium und Strontium auf indirektem Weg 303
Literatur 303

§ 21. Trennung des Calciums von Barium 303
1. Trennung durch Fällung mit einem Gemisch von Ammoniumsulfat und Ammoniumoxalat 303
Arbeitsvorschrift 303
Bemerkungen 303
I. Genauigkeit 303
II. Abänderungen des Verfahrens 303
2. Trennung auf Grund des Löslichkeitsunterschieds der Chloride bzw. Nitrate in absolutem Alkohol 304
3. Trennung auf Grund des Löslichkeitsunterschieds der Nitrate in Amylalkohol 304
Arbeitsvorschrift 304
Bemerkungen 304
4. Trennung auf Grund des Löslichkeitsunterschieds der Nitrate in Isobutylalkohol 304
5. Trennung auf Grund des Löslichkeitsunterschieds der Sulfate in Ammoniumsulfat 304
6. Trennung auf Grund des Löslichkeitsunterschieds der Nitrate in Salpetersäure 304
7. Trennung auf Grund des Löslichkeitsunterschieds der Chloride in einem Gemisch von Salzsäure und Äther 304
8. Trennung durch Fällung des Bariums mit Schwefelsäure 305
Arbeitsvorschrift 305
Bemerkungen 305
Arbeitsvorschrift von SKRABAL und ARTMANN 305
9. Trennung durch Fällung mit Kaliumsulfat und Kaliumcarbonat 305
Arbeitsvorschrift 305
Arbeitsvorschrift von FLEISCHER 305
10. Trennung durch Behandlung der Sulfate mit Natriumthiosulfat 306
Arbeitsvorschrift 306
Bemerkungen 306

Seite
11. Trennung durch Fällung des Bariums mit Ammoniumchromat 306
12. Trennung durch Fällung des Bariums mit Kieselfluorwasserstoffsäure . . 306
13. Mikrochemische Trennungsmethode 307
14. Bestimmung von Calcium und Barium auf indirektem Weg 307
Literatur 308

§ 22. Trennung des Calciums von Strontium und Barium 308

§ 23. Trennung von Calcium, Strontium und Barium 308
1. Trennung auf Grund des Löslichkeitsunterschieds der Nitrate in Äther-Alkohol und der Chromate in Wasser 308
Arbeitsvorschrift 308
2. Trennung auf Grund des Löslichkeitsunterschieds der Nitrate in konzentrierter Salpetersäure 308
Arbeitsvorschrift 308
3. Trennung durch Fällung des Bariums als Chromat und Behandlung der Nitrate von Calcium und Strontium mit Äther-Alkohol 309
Arbeitsvorschrift 309
4. Trennung durch Fällung des Bariums als Chromat, des Strontiums als Sulfat und des Calciums als Oxalat 309
Arbeitsvorschrift 309
5. Trennung durch Fällung von Barium und Strontium als Chromaten und von Calcium als Oxalat 309
Arbeitsvorschrift von KOLTHOFF 309
Arbeitsvorschrift von VAN DER HORN VAN DEN BOS (a) 310
Arbeitsvorschrift von VAN DER HORN VAN DEN BOS (b) 310
6. Konduktometrische Trennungsmethode 311
Arbeitsvorschrift 311
Bemerkungen 311
7. Bestimmung von Calcium, Strontium und Barium auf indirektem Weg . . 311
a) Methode von FLEISCHER 311
b) Methode von ROBIN 311
c) Methode von KNOBLOCH 312
d) Methode von WOLF 313
Literatur 313

§ 24. Trennung des Calciums von Magnesium 313
1. Trennung durch Fällung des Calciums mit Schwefelsäure in alkoholischer Lösung 313
Arbeitsvorschrift von CHIŻYŃSKI 313
Arbeitsvorschrift von HUNDESHAGEN (Analyse des Magnesits). . . . 313
Arbeitsvorschrift von STOLBERG 314
Bemerkungen 314
Arbeitsvorschrift von MURMANN (a) 314
Arbeitsvorschriften von ACKERMANN (Bestimmung des Calciumgehalts von Magnesiumchlorid, -sulfat, -oxyd und -carbonat) 315
2. Trennung durch Oxalatfällung 315
Arbeitsvorschrift von HAGER (bei Anwesenheit von Glycerin) 315
Arbeitsvorschrift von CLASSEN (Mineralanalyse) 316
Arbeitsvorschrift von R. FRESENIUS (bei Entfernung des Ammoniums). 316
Arbeitsvorschrift von MEINEKE (bei Gegenwart von Phosphorsäure) . . 316
Arbeitsvorschrift von RICHARDS, MCCAFFREY und BISBEE 316
Arbeitsvorschrift von BLASDALE 317
Arbeitsvorschrift von A.W.B. 317
Arbeitsvorschrift von HEFELMANN 317
Arbeitsvorschrift von HALLA 318
Arbeitsvorschrift von MURMANN (b) 318
Vermeidung des Auskrystallisierens von Magnesiumoxalat 319
3. Trennung unter Fällung mit o-Oxychinolin 319
4. Trennung durch Fällung des Calciums mit Natriumwolframat 319
5. Trennung durch Fällung des Calciums mit Zuckerlösung 319
6. Trennung durch Fällung des Calciums als Sulfit 319
Arbeitsvorschrift 319
7. Trennung durch Fällung des Calciums als Jodat 319
8. Trennung der Sulfate mit Gipslösung 319

Seite

9. Trennungsmethode von OEFFINGER . . . 319
Arbeitsvorschrift . . . 320
10. Bestimmung von Calcium und Magnesium auf indirektem Weg . . . 320
Methode von CHRISTOMANOS . . . 320
a) Analyse des Magnesits . . . 320
b) Mineralwasseranalyse . . . 321
Methode von FORTE . . . 322
11. Bestimmung von Calcium und Magnesium nebeneinander . . . 322
a) Bestimmung unter Fällung von Calcium als Oxalat und Magnesium als Arsenat in derselben Lösung . . . 322
b) Bestimmung unter Fällung von Calcium als Oxalat und Magnesium als Phosphat in derselben Lösung . . . 322
c) Bestimmung unter Fällung von Calcium als Oxalat und Magnesium als Hydroxyd in derselben Lösung . . . 322
d) Gleichzeitige Bestimmung von Calcium und Magnesium nach KORSHENIOWSKI . . . 323
e) Schnellmethode zur Bestimmung von Calcium und Magnesium . . . 323
f) Methode von SOMIYA und HIRANO . . . 324
Literatur . . . 324

§ 25. Trennung des Calciums von den Alkalimetallen . . . 324
1. Trennung durch Fällung des Calciums als Oxalat . . . 324
2. Trennung durch elektrolytische Abscheidung des Calciums als Amalgam . 325
Literatur . . . 325

§ 26. Trennung des Calciums von den Elementen der Schwefelwasserstoff- und der Schwefelammoniumgruppe . . . 325
A. Besondere Trennungen des Calciums von Elementen der Schwefelwasserstoffgruppe . . . 325
1. Trennung von 1wertigem Quecksilber . . . 325
2. Trennung von Blei . . . 325
Arbeitsvorschrift von SCHREIBER (Calciumbestimmung in gerösteten Blenden) . . . 325
Arbeitsvorschrift von SHAW, WHITTEMORE und WESTBY (Calciumbestimmung in Blei-Calcium-Legierungen mit geringem Calciumgehalt) . . . 325
Arbeitsvorschrift von CLARKE und WOOTEN . . . 326
3. Trennung von Arsen . . . 326
B. Besondere Trennungen des Calciums von Elementen der Schwefelammoniumgruppe . . . 326
1. Trennung von Aluminium . . . 326
a) Fällung des Aluminiums durch Ammoniak . . . 326
b) Fällung des Aluminiums durch Ammoniumphosphat . . . 326
2. Trennung von Eisen . . . 326
a) Fällung des Eisens durch Ammoniak . . . 326
b) Fällung des Eisens durch Ammoniumsulfid . . . 326
3. Trennung von Aluminium und Eisen . . . 326
Arbeitsvorschrift von STEINHÄUSER (Calciumbestimmung in Aluminiummetall) . . . 327
4. Trennung von Titan . . . 327
Arbeitsvorschrift von MOSER, NEUMAYER und WINTER . . . 327
5. Trennung von als Chromat vorhandenem Chrom . . . 328
a) Fällung des Chromats durch QuecksilberII-nitrat . . . 328
b) Fällung des Chromats durch Bleisalze . . . 328
c) Erhitzen der Substanz mit Ammoniumchlorid und Behandlung des Produkts mit Wasser . . . 328
d) Schmelzen der Substanz mit Alkalicarbonat . . . 328
e) Fällung des Calciums durch Sodalösung . . . 328
6. Trennung von Mangan . . . 328
a) Fällung durch Brom bzw. Wasserstoffsuperoxyd und Ammoniak . . . 328
b) Fällung durch Natriumcarbonat und titrimetrische Bestimmung des Mangans . . . 328
c) Fällung des Mangans durch Persulfate in saurer Lösung . 329
Literatur . . . 329

Bestimmungsmöglichkeiten.

Für die Bestimmung des Calciums kommen folgende **Verfahren** in Betracht:

I. die gravimetrischen und sedimetrischen Verfahren,

II. die titrimetrischen Verfahren,

III. die colorimetrischen, nephelometrischen und radiometrischen Verfahren,

IV. die gasvolumetrischen Verfahren und

V. die polarographischen und spektrographischen Verfahren.

Anstatt nach Verfahren kann man auch nach **Bestimmungsformen** unterscheiden. Da aber bei dem gewichtsanalytischen Verfahren die Bestimmungsform, hier *Wägungsform,* nicht sofort aus der chemischen Umsetzung hervorgeht, sondern erst nach besonderen Operationen zu erhalten ist, spielt neben der Wägungsform auch die *Abscheidungsform* eine Rolle.

Abscheidungsformen des Calciums[1] sind:

1. Calciumoxalat
2. Calciumcarbonat
3. Calciumoxyd
4. Calciumhydroxyd
5. Calciumsulfat
6. Calciumfluorid
7. Calciummolybdat
8. Calciumwolframat
9. Calciumarsenat
10. Calciumnitrat
11. Calciumamalgam
12. Calciumtartrat
13. Calciumjodat
14. Calciumpikrolonat
15. Calcium-o-oxychinolat
16. Calciumphosphat
17. Calciumacetat
18. Calciumoleat, -stearat und -palmitat
19. Calciumsulforizinat
20. Calcium-Ammonium-EisenII-cyanid
21. Calciummolybdatphosphat
22. Calciumsulfit
23. Calciumnickelhexanitrit
24. Calciumsaccharat
25. Hydratisiertes Calcium-Ion
26. Angeregtes und ionisiertes Calciumatom.

Von diesen kommen in Betracht für

I. die **gewichtsanalytischen** und **sedimetrischen Verfahren:**

1. Calciumoxalat
2. Calciumcarbonat
3. Calciumoxyd
4. Calciumsulfat
5. Calciumfluorid
6. Calciummolybdat
7. Calciumwolframat
8. Calciumarsenat
9. Calciumnitrat
10. Calciumpikrolonat.

II. die **titrimetrischen Verfahren:**

1. Calciumoxalat
2. Calciumhydroxyd
3. Calciumcarbonat
4. Calciumtartrat
5. Calcium-o-oxychinolat.

III. die **colorimetrischen, nephelometrischen** und **radiometrischen Verfahren:**

1. Calciumoxalat
2. Calciumphosphat
3. Calcium-EisenII-cyanid
4. Calciumsulforizinat.

IV. die **gasvolumetrischen Verfahren:**

1. Calciumcarbonat
2. Calciumjodat.

V. die **polarographischen** und **spektrographischen Verfahren:**

1. Das hydratisierte Calcium-Ion
2. Das angeregte und ionisierte gasförmige Calciumatom.

Eignung der wichtigsten Verfahren.

Genauigkeit. Die Abscheidung des Calciums aus der Lösung seiner Salze als *Oxalat* wird allseitig als die beste bezeichnet und dementsprechend behandelt.

[1] Die einzelnen Formen stehen hier in der Reihenfolge ihrer Wichtigkeit; an erster Stelle steht also jeweils die wichtigste Form, während die gelegentlich einmal vorgeschlagenen Formen am Ende stehen. (S. im übrigen den Abschnitt über die Eignung der Verfahren.)

Bezüglich der *Wägungsform* besteht jedoch noch keine Übereinstimmung. Die Wägung als Oxalat wird von L. W. WINKLER als die beste bezeichnet, desgleichen von CONGDON und Mitarbeitern. Letztere bezeichnen auch die Wägung als *Oxyd* als gut, während BRUNCK sowie CL. WINKLER sie an zweite Stelle ordnen und experimentell zumeist Übergewichte erhalten. EWE sowie CONGDON finden Untergewichte. Die Überführung in *Carbonat* und Wägung als solches dürfte der Wägung als Oxyd gleichwertig sein; EWE findet freilich starke Untergewichte. CONGDON und Mitarbeiter bezeichnen die Wägung als *Sulfat* oder *Wolframat* als zuverlässig. Andere, neuere Fällungsverfahren sind in vergleichende Untersuchungen noch nicht einbezogen worden.

Von den *titrimetrischen* Verfahren ist sowohl das *permanganometrische* als auch das *acidimetrische* geprüft worden; beide werden nicht besonders gut beurteilt.

Soweit Zahlen mitgeteilt werden, möge folgende Aufstellung sie wiedergeben. EWE verwendet als Prüfungsstoff einen Calcit, dessen Verunreinigungen an SiO_2, Al_2O_3 und Fe_2O_3 0,0407% betragen. Die Ergebnisse gibt er in Prozenten $CaCO_3$ an. Im folgenden steht links vom Trennungsstrich die Abscheidungs- und rechts die Bestimmungsform:

1. $CaC_2O_4/CaCO_3$: 99,57
2. $CaCO_3/CaCO_3$: 100,07
3. $CO_2/KHCO_3$: 100,03
4. CaC_2O_4/CaO: 99,86
5. $CaSO_4/CaSO_4$: 99,68
6. $CaC_2O_4/CaSO_4$: 100,39
7. CaC_2O_4/oxydimetrisch: 99,68
8. CaC_2O_4 aus saurer Lösung: 99,87
9. CO_2 gravimetrisch: 99,80
10. Zersetzung mit Salzsäure und Rücktitration: 99,75.

CONGDON und Mitarbeiter verwendeten eine Calciumacetatlösung, die nur Spuren von Schwermetallen und Sulfat-Ion aufwies neben 0,0011% Chlor-Ion.

Sie fanden an Stelle der für ein Salz der Formel $Ca(CH_3COO)_2 \cdot 1\ H_2O$ theoretisch zu erwartenden 22,74% Ca nach den folgenden Methoden folgende Gehalte und mithin folgende Differenzen.

Tabelle 1.

Methode	Im Durchschnitt von Versuchen	% Ca	% Differenz
COSSA: Oxalat/Oxyd	6	22,55	—0,19
GOY-SOUCHAY-LENSSEN: Oxalat/Oxalat	4	23,31	+0,57
COSSA: Oxalat/Oxyd/Sulfat	4	22,18	—0,56
FRESENIUS: Sulfat durch Abrauchen	4	23,40	+0,66
FRESENIUS: Sulfatfällung	2	22,86	+0,12
FRESENIUS: Carbonat	2	22,82	+0,08
SAINT SERNIN: Wolframatmethode	4	22,67	—0,07
FRESENIUS: Fluorid	2	21,35	—1,39
PETERS: Oxalat/Permanganat	3	23,03	+0,28
FRESENIUS: Neutralisation	7	23,39	+0,65

Auffallend ist hier das gute Ergebnis der Wolframatmethode, doch zeigt sich bei Durchsicht der Einzelwerte ein Schwanken derselben um nahezu 2%. Hier wären eine weit größere Zahl von Einzelbestimmungen und eine schärfere, rechnerische Erfassung des Fehlers wohl am Platze.

Die Forschungsarbeit, welche hier einzusetzen hat, darf aber an der *spektrographischen* Prüfung der zu verwendenden Salze nicht vorübergehen. HÖNIGSCHMID und KEMPTER haben bei der Suche nach Calciumisotopen ihre mehrfach durch Umkrystallisation gereinigten Präparate dieser Prüfung unterziehen lassen. RUTHARD konnte an ihnen zeigen, daß sich ein Bariumgehalt nachweisen und messen ließ, der innerhalb der Fehlergrenzen der chemischen Bestimmung liegt, sich dieser also entzieht.

Anwendbarkeit. Da der Oxalatniederschlag zu seiner vollständigen Abscheidung immerhin einige Stunden benötigt, kann man die Arbeitsweisen, die sich seiner bedienen, nicht als schnelle bezeichnen, wenn man auch bemüht ist, die Auswage in der einen oder anderen Form durch eine Titration zu umgehen. Die direkte Titration nach der Filtrationsmethode (§ 1, S. 241 f.) kürzt die aufzuwendende Zeit zwar schon wesentlich ab, wird aber durch die Gegenwart anderer Elemente gestört, setzt also deren vorherige Abscheidung voraus.

Die Verfahren der radiometrischen und nephelometrischen Messung knüpfen an das ausgeschiedene Oxalat an, sind also an dessen Zeitverbrauch gebunden.

Das **Oxalatverfahren** ist sowohl **als Makro-** als auch als **Mikromethode** bestens entwickelt.

Seine Anwendbarkeit ist im Hinblick darauf, daß viele andere in größeren oder kleineren Mengen vorhandene Elemente nicht stören, recht groß, wie die in § 1, S. 226 bis S. 237 geschilderten, erfolgreichen Untersuchungen zeigen. Die Störungen durch die dem Calcium verwandten Elemente Barium und Strontium bedürfen einer besonderen Behandlung.

An zweiter Stelle, jedoch bezüglich ihrer Genauigkeit wie auch ihrer Anwendbarkeit in weitem Abstand, folgt auf das Oxalatverfahren die *Abscheidung mit nachfolgender Bestimmung als Sulfat.* Auch hier waren die Bemühungen um ein titrimetrisches Verfahren bisher erfolglos. Die geringere Löslichkeit der Sulfate von Strontium und Barium macht eine direkte Fällung neben diesen unmöglich.

Die *Abscheidung als Carbonat* hat vor allen Dingen ihren Wert in der Möglichkeit der Fällung der ganzen Gruppe zu Trennungszwecken. Zu Trennungen und Bestimmungen innerhalb der Erdalkaligruppe selbst sind die Unterschiede der Zersetzungstemperaturen der Carbonate herangezogen worden. Im übrigen beruht die Bedeutung des Bestimmungsverfahrens vor allen Dingen in dem häufigen Auftreten der Carbonate und Bicarbonate sowie des Oxyds und Hydroxyds und in der Möglichkeit der titrimetrischen Erfassung.

Literatur.

Brunck, O.: Fr. **45**, 77 (1906).
Congdon, L. A., W. P. Eddy jun. u. E. Smith Milligan: Chem. N. **128**, 244 (1924).
Ewe, G. E.: Chem. N. **121**, 53 (1920).
Hönigschmid, O. u. K. Kempter: Z. anorg. Ch. **195**, 1 (1931).
Ruthardt, K.: Z. anorg. Ch. **195**, 15 (1931).
Winkler, Cl.: Vgl. Brunck a. a. O. — Winkler, L. W.: Angew. Ch. **31 I**, 187, 203 (1918).

Bestimmungsmethoden.

§ 1. Abscheidung und Bestimmung als Calciumoxalat.

$CaC_2O_4 \cdot 1\,H_2O$, Molekulargewicht 146,12.

Allgemeines.

Das Verfahren beruht auf der Fällung des Calciumoxalats und der anschließenden Bestimmung auf gravimetrischem, titrimetrischem, radiometrischem, nephelometrischem oder gasvolumetrischem Wege.

Eigenschaften des Calciumoxalats. Farblose, nicht hygroskopische, luftbeständige Krystalle. Calciumoxalat fällt aus verdünnten Lösungen bei Zimmertemperatur mit 1 bis 3 Mol Wasser in monoklinen Krystallen aus. Dichte 2,20. Nach Richards, McCaffrey und Bisbee beträgt die Löslichkeit in *Wasser*:

bei 95° 0,00140 g/100 cm³
bei 50° 0,000955 g/100 cm³
bei 25° 0,00068 g/100 cm³.

In ammoniumoxalathaltigem Wasser ist das Calciumoxalat so gut wie unlöslich, auch in verdünnter Essigsäure ist die Löslichkeit entsprechend der größeren Stärke der Oxalsäure gegenüber der Essigsäure sehr gering. Bei Gegenwart von viel Alkalisalzen, namentlich Natriumsalzen, enthält das Calciumoxalat erhebliche Mengen Alkalioxalat. In solchen Fällen ist es zu empfehlen, gemäß dem Vorschlag von R. FRESENIUS den gewaschenen und geglühten Niederschlag in Salzsäure zu lösen und die Fällung zu wiederholen oder von vornherein in entsprechender Verdünnung zu arbeiten. Bei Gegenwart von Erdalkalichloriden löst sich das Calciumoxalat selbst in der Hitze nicht, dagegen leicht und in erheblichen Mengen in den heißen Lösungen der Salze, die zur Gruppe des Magnesiums gehören; wahrscheinlich bilden sich komplexe Oxalate. Aus diesen Lösungen wird es durch einen Überschuß von Ammoniumoxalat wieder niedergeschlagen.

Die Aufhebung der Übersättigung der wäßrigen Lösung geht sehr langsam vor sich. Sie kann durch Zugabe von wenig verdünntem Ammoniak beschleunigt werden (FISCHER).

Über die Löslichkeit von Calciumoxalat in verschiedenen Salzlösungen bei 18 bis 20° geben MALJAROFF und GLUSCHAKOFF folgende Zahlenwerte in mg/l:

Tabelle 2.

Salzlösung	10%	5%	2,5%	1,25%	0,625%	0,312%
NH_4Cl	43,67	37,34	29,14	21,64	16,20	9,20
$(NH_4)_2SO_4$	15,31	12,95	11,20	9,41	7,68	5,88
NH_4NO_3	22,13	15,80	11,46	9,71	7,71	5,88
NaCl	36,39	30,48	24,11	18,95	—	—
$MgCl_2$	464,89	281,17	173,15	104,89	55,6	32,18
$MgSO_4$	525,61	350,12	185,50	—	68,22	37,5

Nach TANANAJEW und POTSCHINOK ist die Löslichkeit von Calciumoxalat in Gegenwart von überschüssigem Ammoniumoxalat bei 98° doppelt so groß wie bei 25°. Es empfiehlt sich also, kalt zu filtrieren.

Nach KARAOGLANOV und SAGORTSCHEV ist der aus Calciumchloridlösungen erhältliche Niederschlag von Calciumoxalat, unabhängig von den Fällungsbedingungen, chlorfrei.

Abscheidungsverfahren.

A. Fällung bei Abwesenheit anderer Stoffe.

An der Lösung der Frage nach zweckmäßigen Abscheidungs- und Filtrationsbedingungen für das Calciumoxalat haben sich fast alle namhaften Analytiker bis in die neueste Zeit beteiligt, so z. B. R. FRESENIUS, BRUNCK, TREADWELL, CLASSEN, WINKLER, RICHARDS und Mitarbeiter sowie FISCHER. Daher sind die Vorschläge für diese Abscheidung und Filtration so mannigfaltig, daß man wohl behaupten kann, es gäbe keinen der für Fällung und Filtration maßgebenden Faktoren, der nicht in Form einer Modifikation des Verfahrens geändert worden sei.

Wenn daher im folgenden die Fällungsvorschrift von H. BILTZ und W. BILTZ an erster Stelle genannt wird, so deshalb, weil sie die jüngste ist.

a) Verfahren von H. BILTZ und W. BILTZ. Die wäßrige Lösung, enthaltend 0,2 bis 0,3 g Ca, wird in einem Jenaer 200 cm³-Becherglas mit etwa 5 cm³ konzentrierter Salzsäure versetzt, auf etwa 100 cm³ verdünnt, durch Zugabe von Ammoniak schwach alkalisch gemacht, aufgekocht, vom Feuer genommen und sofort mit einer zum Sieden erhitzten, frisch bereiteten Lösung von Ammoniumoxalat tropfenweise unter Umrühren gefällt. Die beim Einfallen der ersten Tropfen gebildeten Niederschlagsteilchen lösen gewöhnlich durch Aufhebung der Überhitzung aufs neue ein Aufsieden der Mischung aus. Die Beendigung des Aufsiedens ist abzuwarten; dann wird weiter gefällt. Wenn sich die Flüssigkeit einigermaßen geklärt hat, überzeugt man sich durch Zugabe einiger Tropfen Ammoniumoxalatlösung von der Vollständigkeit der Fällung, gibt noch 1 g Ammoniumoxalat in klarer, konzentrierter wäßriger Lösung hinzu und überläßt den Niederschlag 12 Std. sich selbst. Die klare Lösung wird durch ein Filter[1] gegossen und der Niederschlag durch Dekantieren mit 0,1 % Ammoniumoxalat enthaltendem Wasser ausgewaschen und schließlich auf das Filter gebracht[2].

In dieser Form stellt das Verfahren der Brüder BILTZ eine Kombination der Arbeitsweisen von R. FRESENIUS und von BRUNCK (c) dar.

b) Verfahren von R. Fresenius. R. FRESENIUS setzt zur heißen Lösung Ammoniumoxalat in genügendem Überschuß und alsdann etwas Ammoniak zu, so daß die Flüssigkeit nach letzterem riecht, bedeckt das Glas und stellt es mindestens 12 Std. an einen warmen Ort, bis sich der Niederschlag vollständig abgesetzt hat. Die klare Lösung wird durch ein Filter abgegossen, der Niederschlag mit heißem Wasser gewaschen und damit auch auf das Filter gebracht.

c) Verfahren von Brunck. BRUNCK (c) gibt auf 200 cm³ Flüssigkeit noch 1 g des Fällungsmittels zu und läßt etwa 4 Std. stehen. Nimmt man nach der Vorschrift von BRUNCK die Fällung in der Weise vor, daß man die berechnete Menge Oxalsäure zur sauren oder neutralen Lösung zufügt und dann durch tropfenweise Zugabe von Ammoniak schwach ammoniakalisch macht, so nimmt der Niederschlag ein gröberes Korn an und läßt sich leichter filtrieren und auswaschen. Die Filtration erfolgt, wenn man das gefällte Oxalat als solches wägen will (GOY; BRUNCK) zweckmäßig durch einen Glas- oder Porzellanfiltertiegel (1 G 4 bzw. A 2). Da man nur wenig Waschwasser benötigt, kann das Auswaschen mit heißem Wasser erfolgen. Auch WINKLER verweist auf diese Möglichkeit, da man zum Überführen des Niederschlags und zu seinem Auswaschen auf dem Filter kaum 50 cm³ benötigt und diese höchstens 0,3 mg Niederschlag lösen.

WASSILJEW und WASSILJEWA haben vorgeschlagen, mit gesättigter Calciumoxalatlösung zu waschen; sie erhalten ebenso genaue Resultate wie beim Waschen mit Ammoniumoxalat, während sie beim Waschen mit Wasser einen Verlust von 1% beobachten (s. dagegen das Verfahren von WINKLER, S. 225).

d) Verfahren von Cox und Dodds. Zur Fällung aus verdünnt salzsaurer Lösung, z. B. zur Kalkbestimmung in Knochenaschen, verwenden COX und DODDS ein zusammengesetztes Reagens: Man löst 200 g krystallisierte Oxalsäure und 500 g Ammoniumchlorid in 3500 cm³ Wasser. Zur Lösung gibt man 1000 cm³ Eisessig und 1 cm³ einer 0,04%igen Methylrotlösung. Ein etwa auftretender Niederschlag wird abfiltriert. Zu der Calciumlösung bringt man eine abgemessene Menge des Reagenses, erhitzt zum Sieden und fügt Ammoniak hinzu, bis die Reaktion gegen den Indicator schwach alkalisch ist.

Für andere Materialien können andere Verhältnisse der angewendeten Reagenzien notwendig werden.

e) Verfahren von Stiller. STILLER schlägt für die Oxalatfällung bei anschließender oxydimetrischer Titration folgenden Weg vor: Man versetzt die schwach saure Lösung mit einem Überschuß an festem Ammoniumoxalat, erhitzt zum Sieden und macht mit Ammoniak schwach alkalisch, so weit, daß bei Zugabe von Phenolphthalein gerade Rötung auftritt. Man erhält einen grobpulverigen Niederschlag, der sich rasch absetzt, schnell filtriert und leicht ausgewaschen werden kann. Durch die Zugabe von festem Ammoniumoxalat wird eine weitere Verdünnung vermieden, es braucht bei weitem nicht so stark gerührt zu werden.

---

[1] Man verwende Filter mittlerer Dichte, z. B. der Marke Weißband von C. SCHLEICHER & SCHÜLL, *Düren.*

[2] Nicht abwischbare und an der Glaswandung haftende Teile des Niederschlags löse man in wenigen Tropfen sehr verdünnter Salzsäure und fälle aufs neue mit Ammoniak.

Vor allem aber wird die Bildung von Calciumcarbonat vermieden[1], die eintreten kann, wenn das Ammoniak kohlensäurehaltig ist; das entstandene Calciumcarbonat bildet nämlich auf der Flüssigkeitsoberfläche leicht ein Häutchen, das an den Gefäßwandungen hochsteigt, eine entsprechende Menge Oxalsäure nicht bindet und auch bei der Filtration störend wirkt.

f) Verfahren von Hahn. Die von Hahn vorgeschlagene Fällung in extremer Verdünnung läßt sich auch auf die Oxalatfällung des Calciums anwenden, besonders, wenn an sie die oxydimetrische Bestimmung angeschlossen wird. Wahrscheinlich bildet sich hier genau neutrales Oxalat, und es wird die Gefahr des Durchlaufens durch das Filter vermieden.

In eingehenden Versuchen hat Hahn gezeigt, daß folgendes erreicht wird:

1. Fällt man das Calcium mit einem nicht zu starken Überschuß von Ammoniumoxalat, am besten in schwach saurer Lösung (merkliche Mengen Mineralsäure sind nach beendeter Fällung zu neutralisieren, freie Essigsäure bei Gegenwart von Ammoniumacetat schadet nicht), so enthält der Niederschlag auf 1 Atom Calcium 1 Mol Oxalsäure, d. h. durch Verwendung gemessener Oxalatmengen und Zurückmessen des in einem Bruchteil der Lösung vorhandenen Oxalatüberschusses kann das Calcium mit recht befriedigender Genauigkeit bestimmt werden. Bei gewöhnlichen Fällungsbedingungen ist es erforderlich, den Niederschlag über Nacht stehen zu lassen. Fällt man dagegen bei „extremer Verdünnung", so kann man unmittelbar nach beendeter Fällung abkühlen lassen, filtrieren und titrieren.

2. Beim Auswaschen mit reinem Wasser wird der Niederschlag unabhängig von den Fällungsbedingungen merklich verändert. Wäscht man ihn in der üblichen Weise auf einem Papierfilter aus, so werden zwar auch durch Titration des ausgewaschenen Niederschlags einigermaßen befriedigende Resultate erhalten, aber dies beruht offensichtlich darauf, daß die Veränderung unter diesen Umständen nur sehr langsam erfolgt und vielleicht auch durch andere Fehler ausgeglichen wird. Saugt man nämlich den Niederschlag auf einer Glasfilternutsche beim Auswaschen scharf ab, so wird er, selbst wenn man die zum Auswaschen benötigte Wassermenge so weit wie möglich einschränkt, stark verändert. Man findet regelmäßig beträchtlich zu wenig Oxalsäure im Niederschlag.

Es ist also nur die Bestimmung des unverbrauchten Oxalatüberschusses, die ohne Auswaschen des Niederschlags durchgeführt werden kann, als Verfahren zur Calciumbestimmung zuverlässig. Führt man hierzu die Fällung des Calciums bei extremer Verdünnung aus, so kann die Wartezeit zwischen Fällung und Titration ganz erheblich verkürzt werden.

Über das Bestimmungsverfahren s. S. 248; für die Fällung läßt sich etwa folgende Arbeitsvorschrift aus den angeführten Versuchen angeben:

In ein Becherglas mit 10 cm³ 2 n Ammoniumacetatlösung läßt man bei Gegenwart von 10 cm³ Eisessig je 10 cm³ der Acetatmenge aus einer Bürette etwa 0,1 n Calciumchloridlösung und aus einer zweiten etwa 0,1 n Ammoniumoxalatlösung so zutropfen, daß in der Zeiteinheit äquivalente Mengen zusammenkommen. Der Niederschlag entsteht langsam und setzt sich sofort in sichtbar großen Krystallen zu Boden. Die Lösung bleibt immer klar. Ein Überschuß über die schätzungsweise notwendige Menge an Oxalat wird ebenfalls tropfenweise, jedoch erheblich schneller zugegeben. Man vermeidet es jedoch, einen zu starken Überschuß anzuwenden. Ein weiteres Kochen der Lösung nach Beendigung der Fällung ist unnötig, vielmehr kann man die Filtration und Titration sofort nach dem Abkühlen vornehmen. Man kann aber auch noch beliebig lange stehen lassen.

[1] Peil hat diese Vorteile auch für die gravimetrische Bestimmung feststellen können und hat sie für den Analysengang im Portlandzement ausgenutzt. Er setzt das Oxalat langsam und vorsichtig zur heißen Lösung.

Bemerkungen. *Genauigkeit.* Bei den Versuchen wurden etwa 30 cm³ 0,1 n Calciumchloridlösung angewendet; die Fehler waren vorwiegend negativ und überschritten nur selten 1% Ca.

g) Verfahren von Paguireff. Den Übelstand, daß das in gewöhnlicher Weise abgeschiedene Calciumoxalat sich langsam absetzt und leicht durch das Filter geht, vermeidet Paguireff, indem er die neutrale Lösung in der Kälte mit überschüssiger Oxalsäure versetzt, dann unter beständigem Umrühren tropfenweise Ammoniak bis zur schwach alkalischen Reaktion hinzugibt und das überschüssige Ammoniak durch Erhitzen verjagt. Der so erhaltene Niederschlag ist grobkörnig und leicht filtrierbar.

h) Verfahren von Gross. Gross zieht folgende Fällungsweise in essigsaurer Lösung vor: Er gibt zunächst einen Teil der zu fällenden Lösung zur Ammoniumoxalatlösung und rührt um, worauf sich fast sofort ein flockiger, krystalliner Niederschlag abscheidet. Dann gibt er den Rest der zu fällenden Lösung hinzu, erhitzt zum Kochen, digeriert 2 Std., stellt beiseite und filtriert kalt.

i) Verfahren von Szebellédy. Dieser ersetzt das Ammoniumoxalat auf Grund praktischer Versuche durch das leichter lösliche Kaliumoxalat. Er verwendet auf etwa 0,16 g Calcium in etwa 50 cm³ Untersuchungslösung 10 cm³ 10%ige Kaliumoxalatlösung.

k) Verfahren von Singleton. Mikrochemische Untersuchungen haben gezeigt, daß sich bessere Calciumoxalatkrystalle abscheiden, wenn der Niederschlag aus essigsaurer Lösung anstatt aus ammoniakalischer gefällt wird. Man verfährt am besten wie folgt: Zu 100 cm³ einer wäßrigen Lösung, die 0,15 bis 0,20 g Ca enthält, werden 10 cm³ konzentrierte Essigsäure und 7 bis 10 cm³ kalt gesättigte Ammoniumoxalatlösung langsam tropfenweise zugegeben. Hierauf macht man die Lösung mit einem kleinen Überschuß von Ammoniak alkalisch; dann fällt das Calciumoxalat aus.

l) Verfahren von Häusler. Die Calciumabscheidung als Oxalat und die Trennung des Niederschlags von der Flüssigkeit mit Hilfe eines mit Asbest beschickten „Filterstäbchens" nach einem Vorschlag von Emich hat Häusler für Makro- wie für Mikrobestimmungen durchgeführt. Das Filterstäbchen beruht auf dem Prinzip des Tauchfilters und besteht aus einem 5 bis 6 cm langen Stiel, der im unteren Teil verengt ist. An die Verengung schließt sich ein birnförmig erweiterter Raum an, der teilweise mit Asbest gefüllt ist. Die Herstellung eines solchen Glasfilterstäbchens kann durch Ausziehen und Zusammenfallenlassen eines Röhrchens aus schwer schmelzbarem Glas vor dem Gebläse erfolgen. Auch Quarzglasstäbchen lassen sich verwenden; sie werden dadurch hergestellt, daß ein kurzes Stückchen eines weiteren Röhrchens vor dem Knallglasgebläse ausgezogen und mit einem engeren Röhrchen zusammengeschmolzen wird. Auch Porzellan kommt als Material für die Stäbchen in Betracht. Man kann dazu Röhrchen, wie sie zum Bekleiden von Tiegeldreiecken dienen, verwenden, wenn sie dickwandig sind und ein kleines Lumen besitzen. Durch Ausbohren und Abschleifen bringt man sie in die gewünschte Form. Die Reinigung des Asbestes und die Herstellung des Filterbodens entspricht der Herrichtung des bekannten Asbestfiltertiegels. Als unterste Lage dient hier aber eine Platinspirale, deren eines Ende in die Verengung hineinragt.

Neben dem Filterstäbchen kommt für die *Mikrobestimmung* das Glasbecherchen, ein Becherglas von etwa 4,5 cm Höhe und 1,5 cm Durchmesser aus Jenaer Geräteglas, in Betracht.

Zum Filtrieren und zum Auswaschen durch Dekantation dient ein Apparat (Abb. 1) aus einem U-förmig gebogenen Glasrohr von der Weite des Filterröhrchens, an das das Filterröhrchen mittels eines dickwandigen Gummischlauches angeschlossen werden kann. Die Röhre soll ein Lumen von etwa 1 mm haben. Das andere Ende des U-Rohres führt durch einen Kautschukstopfen in ein Reagensglas größeren Durchmessers mit einem kurzen Stück Ansatzrohr, das an die Saugleitung einer

Wasserstrahlpumpe angeschlossen werden kann. Der Stopfen muß daher dicht schließen. Das Reagensglas wird in einem Stativ befestigt und kann zusammen mit dem Filterröhrchen gehoben, gesenkt und gedreht werden.

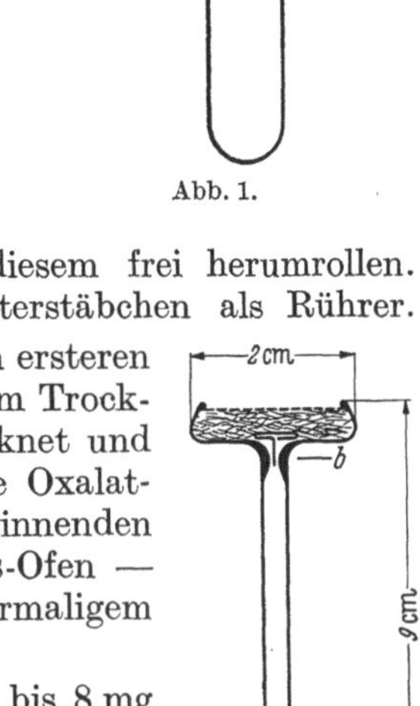

Abb. 1.

Bei vorsichtigem, nicht zu tiefem Senken bzw. Heranheben des Fällungsbecherchens bis an den Niederschlag kann man auch Calciumoxalat, und zwar bereits nach 10 bis 15 Min. langem Stehen, klar und schnell filtrieren, wenn der Asbest vorsichtig, d. h. nicht zu fest, aber auch nicht zu lose gestopft ist.

Man prüft, ob das Auswaschen beendet ist, indem man von dem Prüfungsreagens in das Auffanggefäß gibt.

Arbeitsvorschrift. Die **Mikrobestimmung** des Calciums geschieht in der Weise, daß man z. B. Calciumcarbonat im Becherchen mit einigen Tropfen Wasser überschichtet und bei bedecktem Becher vorsichtig in verdünnter Salzsäure löst. Die Fällung der ammoniakalisch gemachten Flüssigkeit mit Ammoniumoxalat wird bei Siedehitze in bekannter Weise vorgenommen. Das Rühren während der Fällung besorgt man mit einem Platindraht, an dessen Ende ein kleines Platinkügelchen angeschmolzen ist. Oder aber man bringt eine kleine Platinkugel in das Fällungsgefäß und läßt sie in diesem frei herumrollen. Während des Filtrierens und Waschens dient das Filterstäbchen als Rührer.

Die *Bestimmung* erfolgt gemäß S. 237 oder S. 238. Im ersteren Falle wird der Oxalatniederschlag auf dem zuvor nach dem Trocknen bei 100° gewogenen Filterstäbchen bei 100° getrocknet und hierauf gewogen. Im zweiten Falle wird der getrocknete Oxalatniederschlag durch vorsichtiges Erhitzen bis zur beginnenden Rotglut — am besten im elektrisch geheizten HERAEUS-Ofen — in das Carbonat übergeführt und als solches nach mehrmaligem Behandeln mit Ammoniumcarbonat gewogen.

Bemerkungen. *Genauigkeit.* Bei Einwagen von 2 bis 8 mg Calciumcarbonat und Auswagen von 3 bis 11 mg Oxalat bzw. 7 bis 8 mg Carbonat betrug die Differenz zwischen den gefundenen und den theoretischen Werten —0,11 bis +0,09%.

Die Wägungen erfolgten auf der KUHLMANN-Waage.

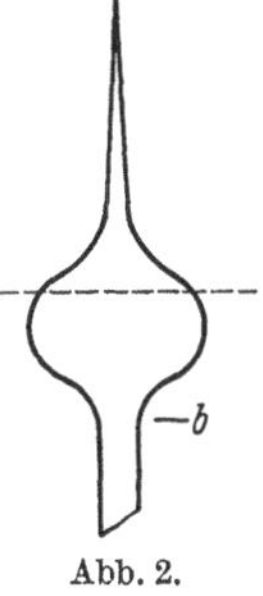

Abb. 2.

Bei der **Makrobestimmung** kommen Geräte von etwas größeren Ausmaßen zur Verwendung, so Bechergläser von 100 bis 200 cm³ Inhalt, auch ERLENMEYER-Kolben haben sich bewährt. Über die Form und die Dimensionen des hier zu verwendenden Filtrierstäbchens gibt Abb. 2 Aufschluß. Der untere Teil der Abbildung zeigt, wie man sich ein solches Filterstäbchen selbst herstellen kann. Bei *b* ist die Verengung. In sie wird, wie übrigens auch beim Mikrostäbchen, eine kleine Platinspirale gelegt. Den Abschluß des Asbestbelages nach oben bildet eine dünne Platinfolie von 0,008 mm Dicke, die mittels einer Nähnadel mehrfach durchbohrt ist. Erst nach Auflegen der Platinfolie wird der abgesprengte obere Rand so umgeschmolzen, daß er wulstartig über den Rand der Folie reicht. Auch hier wieder eignet sich schwer schmelzbares Jenaer Geräteglas am besten.

Die verarbeiteten Substanzmengen betragen 0,1 bis 0,2 g; gewogen wird auf gewöhnlichen Analysenwaagen.

Arbeitsvorschrift. Die Fällung sowie die Filtration und das Auswaschen erfolgen wie bei der Mikrobestimmung, nur daß hier das Mitwägen des Filterstäbchens wegfällt, da die Bestimmung oxydimetrisch erfolgt. Man löst das gewaschene Oxalat in Schwefelsäure (etwa ausfallendes Sulfat hindert die Bestimmung nicht), verdünnt mit heißem Wasser und titriert mit 0,1 n Kaliumpermanganatlösung. Das Stäbchen benutzt man dabei als Rührer. Es wirkt in diesem Fall nicht störend, erzielt vielmehr den gleichen Vorteil, wie der bekannte Kunstgriff, beim Titrieren statt eines Glasstabes ein Glasröhrchen als Rührer zu verwenden. Es sammelt sich nämlich im oberen Teil des Stäbchens untitrierte Flüssigkeit, deren Konzentration während des Titrierens nahezu konstant bleibt, da ein Ausgleich mit der an Oxalsäure immer ärmer werdenden Flüssigkeit nur ganz langsam erfolgt. Nach dem Übertitrieren bläst man die Flüssigkeit aus dem Stäbchen in das Becherglas, bewirkt dadurch wieder ein Farbloswerden der bereits schwach violetten Lösung und oxydiert die Oxalsäure von neuem mit einigen Tropfen Permanganatlösung. Da dieser Vorgang des Übertitrierens und Ausblasens des Stäbchens einige Male wiederholt werden muß, hat man leicht die Möglichkeit, den Endpunkt der Bestimmung richtig zu treffen.

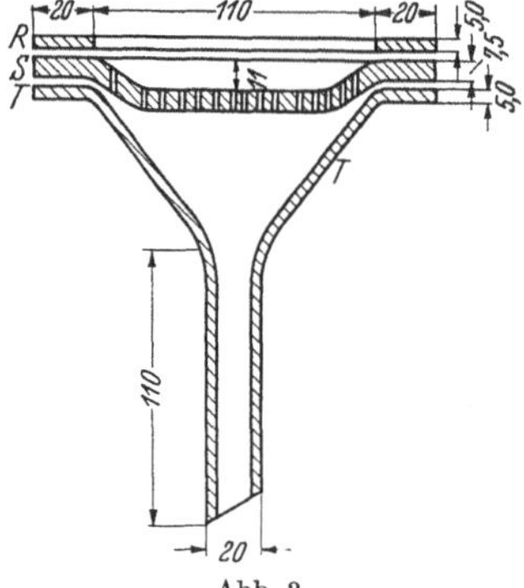

Abb. 3.

Bemerkungen. *Genauigkeit.* Bei Einwagen von 0,1 bis 0,2 g $CaCO_3$ wurden statt 40,06% nur 39,91 bis 39,98% Ca gefunden.

Am Beispiel einer Zementanalyse wird die Calciumbestimmung durch Auswägen als Oxalat ausgeführt; sie ergab gegenüber den Werten der üblichen Methode eine Differenz von —0,37 und von —0,51% CaO.

m) Verfahren von G. Jander. Jander benutzt das von Zsigmondy und Bachmann erfundene, feinporige Membranfilter zur Filtration des auf die übliche Weise (nach Richards) erhaltenen Niederschlags. Diese Filter bestehen aus Membranen, die durch Eintrocknen von nicht ganz einfach zusammengesetzten Lösungen gewisser Kolloide unter Einhaltung bestimmter Bedingungen erhalten werden. Sie sind als „Membranfilter für analytische Zwecke" im Handel erhältlich (Membranfilter-Gesellschaft, *Göttingen*) und weisen eine pergamentpapierartige Beschaffenheit bei einer gewissen Dehnbarkeit auf oder haben das Aussehen von Glanzpapier oder weißem Glacéhandschuhleder. Sie sind widerstandsfähiger als die als Ultrafilter in Vorschlag gebrachten Gallertfilter und deshalb leichter zu handhaben und allgemeiner zu benutzen. Sie sind so fest, daß sie sich abspritzen und abbürsten lassen, so daß man die von ihnen zurückgehaltenen Niederschläge quantitativ entfernen und die Filter sogar mehrfach wieder verwenden kann. Zu ihrer Benutzung muß man sich des von Zsigmondy[1] angegebenen Ultrafiltrationsapparates bedienen. Der von Jander benutzte „Filtrierapparat für analytische Zwecke" (s. Abb. 3) setzt sich aus drei Teilen zusammen, dem eigentlichen Trichter *T*, der schwach gewölbten Siebplatte *S* und dem Aufsatzring *R*. Die Abbildung gibt die Größenverhältnisse. Der Ring *R* — seine Höhe beträgt nur 5 mm — drückt das Membranfilter gleichmäßig auf den Rand von *S*. Sämtliche Teile sind aus Porzellan. Das Zusammenhalten der drei Teile erfolgt mit Hilfe einer Ringschlußvorrichtung, die drei Metallschrauben mit Flügelmuttern in gleichmäßigem Abstand auf dem Rand des oberen Ringes angebracht enthält.

Da die Membranfilter — sie sind nicht aschefrei und verbrennen explosionsartig heftig — für die *Bestimmung* des Oxalats als solches nicht in Frage kommen, empfiehlt Jander als Bestimmungsverfahren die oxydimetrische Titration (s. S. 244ff.).

[1] Zsigmondy, R.: Angew. Ch. **26 I**, 447 (1913).

Arbeitsvorschrift. Das Calcium wird in bekannter Weise gefällt, abfiltriert und nun nicht, wie bei der gravimetrischen Bestimmung mit ammoniumoxalathaltigem, sondern zuletzt mit reinem Wasser hinreichend ausgewaschen. Man verwendet dazu möglichst wenig Wasser. Dann löst man die Membran aus dem Filtriertrichterapparat heraus, gibt sie hohl gewölbt so in das Titriergefäß oder besser in das Fällungsgefäß, daß sie einerseits vom inneren Gefäßrand, andererseits nach unten durch einen in dasselbe gestellten Glasstab gestützt und gehalten wird. Alsdann spritzt man durch einen feinen Strahl der Spritzflasche den Niederschlag in das Gefäß und kann nun titrieren. Man umgeht also bei dieser Arbeitsweise das sonst nicht glatte Herauslösen des Niederschlags aus den Filterporen und den störenden Einfluß etwa abgelöster Filterfasern.

Bemerkungen. *Genauigkeit.* Die erhaltenen Werte sind um 0,1 bis 0,2% niedriger als die auf gravimetrischem Wege erhaltenen, doch liegt dies nicht an der verwendeten Membran, sondern hat seinen Grund in der Bestimmungsmethode selbst.

n) Verfahren von Winkler. Zur Vornahme von Filtrationen, und zwar auch von Calciumoxalatniederschlägen, hat L. W. Winkler [(a) und (b)] den „Kelchtrichter" beschrieben, dessen poröser Teil aus einem Bausch von Verbandwatte besteht. Es ist ein kelchförmiger Glastrichter, der so groß ist, daß er in ein einfaches Wägegläschen paßt. Der Deckel des letzteren wird mit einer dünnen Kerbe versehen, so daß beim Wägen Druckausgleich erfolgen kann. In diesen Trichter gibt man 0,3 g der Watte und seiht etwas heißes Wasser durch. Der Trichter wird in einem Trockenschrank bei 130° getrocknet, und zwar während 3 Std. Er kommt dann direkt in das Wägegläschen, das sofort verschlossen wird. Nach $^1/_4$ Std. bringt man es auf die Waage und richtet es so ein, daß die Wägung *genau* $^1/_2$ Std. nach dem Herausnehmen aus dem Trockenschrank beendet ist.

Zum Seihen des Niederschlags wird zunächst der kurze Stiel des Trichters durch ein geeignetes Stück Glasrohr um etwa 10 bis 15 cm verlängert. Alsdann wird etwas Wasser in den Trichter gegeben. Dieses wird aufgefangen und nochmals filtriert. Den Wattebausch drückt man mit einem verdickten Glasstab so weit nieder, daß das Wasser in der Ablaufröhre sicher stehen bleibt. Man drückt zweckmäßig um so stärker nieder, je saurer die zu seihende Lösung ist; überhaupt ist möglichst mit neutralen oder schwach sauren Lösungen zu arbeiten. Trübe durchgehende Flüssigkeiten werden erneut in den Kelchtrichter gegeben. Seihen und Waschen dauern etwa $^1/_4$ Std.; eine Spritzflasche wird nicht benutzt. Nach dem Auswaschen wird 2 Std. lang im Trockenschrank getrocknet und dann nach $^1/_2$ Std. gewogen.

Für die Bestimmung des Calciums im besonderen wird, wie folgt, verfahren:

Arbeitsvorschrift. Die 100 cm³ betragende, höchstens 0,1 g Calcium enthaltende, neutrale, nötigenfalls mit Ammoniak oder mit Salzsäure genau neutralisierte Lösung (Anzeiger: Methylorange) wird mit 3,0 g Ammoniumchlorid und 10 cm³ 1 n Essigsäure versetzt; hat sich bei dem Neutralisieren schon Ammoniumchlorid gebildet, so wird man davon entsprechend weniger nehmen. Man erhitzt die Flüssigkeit bis zum Aufkochen und träufelt dann 20 cm³ 2,5%ige Ammoniumoxalatlösung [2,5 g $(NH_4)_2C_2O_4 \cdot 1\,H_2O$ in Wasser zu 100 cm³ gelöst] hinzu; man erhält die Flüssigkeit noch weiterhin etwa 5 Min. lang mit ganz kleiner Flamme in ruhigem Sieden. Weicht man von den hier angegebenen Mengen an Ammoniumchlorid und Essigsäure ab, so erhält man nicht den notwendigen, grobkörnigen Niederschlag, sondern einen feinpulvrigen, der die Flüssigkeit beim Kochen zum Stoßen bringt und den Wattebausch verstopft. Bei genauen Bestimmungen muß man über Nacht stehen lassen. Den auf den Wattebausch gebrachten Niederschlag wäscht man mit 50 cm³ *kaltem* Wasser aus, und zwar geschieht dies in folgender Weise: Man gießt zunächst die überstehende klare Flüssigkeit durch die Watte und beseitigt das klare Filtrat; dann bedeckt man den Niederschlag mit wenigen Kubikzentimetern Wasser, rührt ihn mit einer sehr kleinen Federfahne auf und gießt die schlammige Flüssigkeit rasch in den Trichter, so daß der Niederschlag die Seihfläche überall bedeckt. Tritt jetzt die Flüssigkeit trüb durch, so wird sie nochmals aufgegossen. Die Verwendung einer gesättigten Lösung von Calciumoxalat zum Auswaschen lohnt sich hier nicht (s. WASSILJEW und WASSILJEWA, S. 220), da 50 cm^3 Wasser kaum 0,3 mg Oxalat lösen. Man arbeitet gegebenenfalls an der Wasserstrahlpumpe, so daß man mit dem Seihen und Auswaschen in etwa $^1/_4$ Std. fertig ist.

Das Trocknen erfolgt bei 100°. Zum Trocknen benötigt man für einige Zentigramme Niederschlag 2 bis 3 Std., für einige Dezigramme 3 bis 4 Std.

Bemerkungen. Aus einer mit einem wasserklaren, isländischen Doppelspat durchgeführten Versuchsreihe ergaben sich Differenzen, die als „Verbesserungswerte" bei der praktischen Anwendung des Verfahrens in Rechnung zu setzen sind. Es gehören zu den Niederschlagsgewichten (Ng) die folgenden Verbesserungswerte (Vw):

Ng (g):	0,01	0,02	0,05	0,10	0,15	0,20	0,25	0,30	0,35	0,40
Vw (mg):	+0,5	+0,3	−0,1	−0,6	−1,0	−1,3	−1,5	−1,8	−2,0	−2,1.

Sind in 100 cm^3 Lösung nur 0,10 bis 0,02 g Calcium enthalten, so kann man, wenn man auf die höchst erreichbare Genauigkeit verzichtet, das Seihen schon nach 2 Std. vornehmen, wozu man nach der Fällung die Flüssigkeit durch Einstellen in kaltes Wasser vollständig abkühlt.

Sind bei der Fällung größere Mengen *Ammoniumchlorid* als oben angegeben vorhanden, so erhält man Übergewichte. *Kaliumchlorid, -nitrat und -chlorat* sind, falls anwesend, fast ohne Einfluß, während *Natriumsalze* nicht zu kleine Niederschlagsmengen bedeutend vermehren. Sind *Sulfate* anwesend, so bilden sich beträchtliche Mengen Calciumsulfat ($CaSO_4 \cdot 0,5\,H_2O$). Da aber dessen Molekulargewicht dem des Oxalats fast gleich ist, wird kein merkbarer Fehler herbeigeführt. *Chromsäure* geht nicht mit in den Niederschlag ein.

o) Verfahren von GROSSFELD. Zur Lösung des Problems der Filtration von Calciumoxalat hat auch GROSSFELD (a) Versuche angestellt, und zwar verwendet er *Kieselgur* zum Dichten des Filters. Es wird solche zu Asbestfiltern, z. B. in GOOCH-Tiegeln, zugesetzt oder direkt in Filtrierpapier verarbeitet. Ein solches Filter gestattet, einen Calciumoxalatniederschlag nach dem Trocknen unmittelbar — als Monohydrat — zu wägen.

Die notwendige Kieselgur bereitet man sich durch Glühen von Infusorienerde und nachträgliches Behandeln mit Salzsäure, so daß sie rein weiß erscheint.

B. Fällung bei Anwesenheit von anderen Metallen und von Säuren.

1. Bei Gegenwart von Magnesium[1].

Vorbemerkung. Bestimmend für die Reinfällung des Calciums als Oxalat neben Magnesium sind folgende Eigenschaften beider Oxalate:

1. Die Löslichkeit. Die Löslichkeit des Calciums beträgt 6 mg/l bei Zimmertemperatur, die des Magnesiums 300 mg/l.

2. Das Vermögen zur Bildung übersättigter Lösungen. Dieses ist beim Magnesiumsalz besonders hoch, indem 4- bzw. 10fach übersättigte Lösungen wochenlang bzw. bis zu 40 Std. lang klar bleiben. Die Aufhebung der Übersättigung erfolgt für beide Salze durch Erhitzen zum Sieden, beim Calcium auch durch Zugabe eines Überschusses an Ammoniumoxalat und Ammoniumchlorid (FISCHER). Die Aufhebung ist beim Calcium erst bei längerer Berührungsdauer des Niederschlags mit der Lösung vollständig (s. auch LEMARCHAND). Verdünntes Ammoniak beschleunigt die Ausscheidung.

---

[1] S. hierzu auch § 24, vor allem S. 315ff. (Mineralanalyse).

Somit fällt beim Zusatz von Ammoniumoxalat zur Lösung beider Salze (Chloride) zunächst das Calciumsalz aus. Je mehr sich seine Fällung ihrem Ende nähert, um so größer wird die Wahrscheinlichkeit der gleichzeitigen Fällung beider Salze, zumal das gebildete Calciumsalz als Krystallkeim wirken kann. Dieses Niederschlagen von Magnesiumoxalat auf Calciumoxalat erfolgt nach RICHARDS, MCCAFFREY und BISBEE während seiner Bildung wesentlich langsamer als nach derselben. Man darf daher mit der Filtration nicht zu lange warten. HERRMANN hat bei gleichzeitiger Ausfällung von Calcium- und Magnesiumoxalat in wechselnden Konzentrationen durch röntgenographische Untersuchungen festgestellt, daß kein Anhalt für die Existenz einer Doppelverbindung besteht. Es erscheint somit die Annahme gerechtfertigt, daß die Mitfällung des Magnesiumoxalats auf eine Art Oberflächenadsorption zurückzuführen ist. Betrachtet man ferner diese Erscheinung als „Okklusion“, so beruht sie nach RICHARDS und Mitarbeitern auf der „Verteilung“ eines nicht dissoziierten Körpers zwischen der flüssigen und der sich bildenden festen Phase. Es müssen somit die Fällungsbedingungen so gewählt werden, daß die Menge des nicht dissoziierten Magnesiumoxalats möglichst klein ist. Nach den genannten Verfassern soll die Magnesiumkonzentration nicht größer sein als 0,02 n. Zur vollständigen Abscheidung des Calciums beläßt man den Niederschlag 4 Std. lang in seiner Lösung.

Da nun die Menge des mitgerissenen Magnesiums abhängig ist von der Konzentration der Lösung an Magnesium, also von seiner Absolutmenge im Fällungsvolumen bei Beendigung der Fällung, wird man im allgemeinen, besonders dann, wenn man über die Konzentrationsverhältnisse beider Metalle noch im unklaren ist, eine doppelte Fällung vornehmen, um dadurch für die zweite Fällung eine möglichst kleine Magnesiumkonzentration herbeizuführen. Für diesen Fall und somit auch für den Fall, daß das Verhältnis Calcium : Magnesium schon von Anfang an sehr groß ist, genügt dann eine 1malige Fällung. Eine überschlägige Rechnung mag dies veranschaulichen:

Aus der molaren Löslichkeit errechnen sich die Löslichkeitsprodukte der beiden Oxalate zu: $L_{CaC_2O_4 \cdot 1\,H_2O} = 10^{-8,77}$ und $L_{MgC_2O_4 \cdot 2\,H_2O} = 10^{-5,40}$, bei beiden für 18° C. Setzt man nun voraus, daß die ursprüngliche Konzentration an Calcium-Ionen 10^{-2} und daß das Verhältnis $Ca^{\cdot\cdot} : Mg^{\cdot\cdot} = 1$ ist, so ergibt sich aus dem Massenwirkungsgesetz beim Auftreten der ersten festen Anteile Magnesiumsalz neben Calciumsalz folgendes Verhältnis der Konzentrationen beider Ionen:

$$\frac{Mg^{\cdot\cdot}}{Ca^{\cdot\cdot}} = \frac{10^{-5,40}}{10^{-8,77}} = 10^{3,37}.$$

Die beim ersten Auftreten des Magnesiumsalzes vorliegende Konzentration an Calcium-Ionen beträgt somit $10^{-5,37}$ und ihre absolute Menge in 200 cm^3 Fällungsvolumen 0,03 mg.

Bei der sehr stabilen 4fachen Übersättigung an Magnesiumsalz ist das errechenbare Löslichkeitsprodukt $10^{-4,18}$, das Verhältnis der Ionenkonzentrationen $10^{4,59}$ und die Konzentration bei beginnender Magnesiumfällung $10^{-6,59}$. In 200 cm^3 Fällungsvolumen verbleiben alsdann 0,002 mg $Ca^{\cdot\cdot}$.

Dies lehrt, daß durch die Übersättigung die bleibende Calciummenge den zehnten Teil der Menge beträgt, die ohne Übersättigung verbleibt, und daß sowohl die absolute Menge an Calcium als auch das Verhältnis Magnesium : Calcium noch größer sein kann, ohne daß eine wägbare Menge Calcium in Lösung bleibt.

a) Makroanalytische Fällung. Sind also die Verhältnisse der Metallmengen bekannt, so kann man zur Gewinnung eines reinen Calciumniederschlags sich den Fällungsbedingungen anpassen, wie sie FISCHER erarbeitet hat. Bei einem Volumen von 200 cm^3 darf die Lösung nicht mehr als 0,150 g Mg und 0,085 g Ca enthalten. Zur Fällung sind nur 0,3324 g $(NH_4)_2C_2O_4 \cdot 1\,H_2O$ zu verwenden, da diese Menge zur Fällung des Calciums genügt und eine an Magnesiumoxalat nicht mehr als 4fach übersättigte Lösung gewährleistet. Das Fällungsmittel wird bei 70 bis 80° langsam zugegeben. Die angeführten Zahlen sind besonders zu berücksichtigen, wenn es sich um sehr kleine Calciummengen bei Gegenwart größerer Mengen von Magnesium handelt. Ist man genötigt, größere Mengen als 0,085 g Calcium abzutrennen, z. B. 0,170 g, so muß man das Volumen der zu fällenden Lösung verdoppeln, auch ist dann die Löslichkeit des Calciumoxalats zu berücksichtigen. Das Sieden muß man unter allen Umständen vermeiden und darf, um die Krystallisation des Calciumoxalats zu beschleunigen, höchstens bis auf 90° erwärmen. So kann man in schwach ammoniakalischer Lösung bei Gegenwart von etwas Ammoniumchlorid die kleinsten Calciummengen von 0,150 g Magnesium in 200 cm³ trennen. Auf diese Weise wird auch die Löslichkeit des Calciumoxalats in Magnesiumchlorid verhindert. Die Angaben von Luff werden also nicht bestätigt.

α) Viel Calcium neben wenig Magnesium. *Fall des Kalksteins.* Die schwach ammoniakalische Lösung, die etwa 3 g Ammoniumchlorid in 200 cm³ enthält, wird auf 80° erwärmt und mit einer ebenso warmen Lösung von Ammoniumoxalat (etwa 5 g) anfänglich tropfenweise, später schneller, versetzt. Öfteres Umrühren, auch nach beendeter Fällung, ist nützlich. Bei Kalksteinen verwendet man eine Einwage von 0,5 bis 0,6 g und fällt die ammoniakalischen Filtrate der Aluminium- und Eisenabscheidung (etwa 150 cm³) mit einer Lösung von 4 g Ammoniumoxalat in 100 cm³ Wasser. Nach 4 bis 5 Std., oder auch am nächsten Tag, wird filtriert.

Nach Røer sind zur Erzielung einer vollständigen Fällung des Calciums und Magnesiums nach der Oxalatmethode folgende Bedingungen einzuhalten: *1. Calciumoxydmengen bis zu 0,3 g.* Die schwach ammoniakalische, Ammoniumchlorid enthaltende Lösung (Volumen 200 cm³, bei Gegenwart von mehr als 0,25 g MgO entsprechend mehr) wird zum Sieden erhitzt und tropfenweise mit 0,5 n Ammoniumoxalatlösung versetzt, solange sich ein Niederschlag bildet. Darauf kühlt man auf etwa 70° ab und gibt weitere 4 cm³ Oxalatlösung auf je 100 cm³ Fällungsvolumen zu. — *2. Calciumoxydmengen bis etwa 0,7 g.* Die Lösung (Volumen 200 bis 250 cm³) wird mit Salzsäure neutralisiert, mit etwa 2 cm³ konzentrierter Salzsäure versetzt, zum Sieden erhitzt und mit einer gerade ausreichenden Menge einer 1 n Lösung von Oxalsäure in etwa 1 n Salzsäure versetzt. Man fällt langsam mit stark verdünntem Ammoniak, bis ein reichlicher Niederschlag vorhanden ist; darauf gibt man konzentriertes Ammoniak bis zur alkalischen Reaktion (Methylorange) zu. Jetzt fällt man wie oben bei 70° mit Ammoniumoxalat.

β) Wenig Calcium neben viel Magnesium. *Fall des Dolomits und Magnesits.* Die Einwage wird so gewählt, daß nicht mehr als 0,3 g Mg vorliegen. Man fällt die etwa 200 bis 250 cm³ betragende, ungefähr 80° warme, ammoniakalische Lösung unter dauerndem Rühren sehr langsam durch Einfließenlassen einer ebenfalls etwa 80° warmen Lösung von 5 g Ammoniumchlorid und 5 g Ammoniumoxalat in 150 bis 200 cm³ Wasser. Am nächsten Tag gießt man die über dem Niederschlag stehende Lösung durch ein Filter, wäscht den Niederschlag im Fällungsgefäß und das Filter einige Male mit schwach ammoniumoxalathaltigem Wasser, verascht das Filter und löst den geringen Rückstand samt dem Niederschlag im Fällungsgefäß mit etwa 4 cm³ konzentrierter Salzsäure. Die Lösung wird auf etwa 100 cm³ verdünnt, bei 80° langsam mit Ammoniak und mit einer 80° warmen Lösung von 4 g Ammoniumoxalat in 150 cm³ Wasser zu Ende gefällt. Nach 4 bis 5 Std. wird filtriert und, wie oben beschrieben, weiter vorgegangen. Wenn, wie bei Magnesit, die Menge der ersten Fällung zu gering ist, können Volumen und Reagensmenge bei der zweiten Fällung verkleinert werden; wesentlich ist, daß bei der ersten Fällung mit dem Filtrieren genügend lange gewartet wird, so daß alles Calcium sich sicher als Oxalat abgeschieden hat (H. Biltz und W. Biltz).

Nach Liesse löst man die Probe in 25 Teilen Salzsäure, fügt 100 Teile Wasser hinzu, neutralisiert, und zwar mit Ammoniak, gegen Phenolphthalein als Indicator, filtriert den aus Kieselsäure, Tonerde und Eisenoxyd bestehenden Niederschlag ab und verdünnt das Filtrat für jedes Gramm der Probe auf 1500 cm³. Dann gibt man 4 g oder mehr festes Ammoniumoxalat hinzu, säuert mit Essigsäure an, läßt unter gelegentlichem Umrühren 2 Std. stehen, filtriert das Calciumoxalat ab und behandelt es in üblicher Weise. Der Niederschlag ist frei von Magnesiumoxalat.

Nach RODT und KINDSCHER [(a), (b)] ist entgegen einer Behauptung von BACH die Trennung durch Oxalatfällung ungenau; sie empfehlen das Sulfatverfahren (s. S. 255ff.). Vgl. auch SCHEERER.

Aus einem Beispiel einer Magnesitanalyse (DEDE) sei für die Calciumfällung folgendes mitgeteilt: Da die Trennung des Calciums vom Magnesium leicht Fehlerquellen in sich birgt, muß auf die Einhaltung der Konzentrationen besonders geachtet werden. Bei einer Einwage von 0,1 g Magnesit wird das Filtrat von der Eisen- und Aluminiumfällung mit Salzsäure angesäuert, auf mindestens 400 cm³ verdünnt und mit Oxalsäure in geringem Überschuß versetzt. Jetzt erhitzt man zum Sieden, fügt Ammoniak bis zum mäßigen Vorwalten und sofort 50 cm³ siedender Ammoniumoxalatlösung (1 : 24) hinzu. Dieser große Überschuß an Ammoniumoxalat ist unbedingt nötig, da sonst erhebliche Mengen des Magnesiums mit in den Calciumoxalatniederschlag übergehen. Man bedeckt das Fällungsgefäß mit einem Uhrglas und läßt es an einem warmen Ort 4 Std. stehen. Ein längeres Stehenlassen ist nicht ratsam, da dadurch der Übergang des Magnesiums in den Niederschlag begünstigt wird, vielleicht infolge Bildung eines Doppelsalzes. Der Niederschlag wird abfiltriert, mit einer siedend heißen 1%igen Lösung von Ammoniumoxalat ausgewaschen, naß verbrannt und zu Calciumoxyd verglüht.

Nach HEILINGÖTTER geht man bei der Magnesitanalyse von 1 g Substanz aus. Die erste Kalkfällung erfolgt aus 250 cm³ Volumen mit 20 g Ammoniumoxalat bei Siedehitze. Nach $^1/_2$ Std. wird filtriert und nach Wiederauflösen des Niederschlags in gleicher Weise, aber jeweils mit der halben Menge an Fällungsmittel, erneut gefällt. Bei größeren Einwagen muß man die Umfällung 2- bis 3mal wiederholen, um konstante Kalkauswagen zu erhalten. Die Werte sind im Vergleich zu den auf anderem Wege erhaltenen durchschnittlich etwas niedriger; statt 1,46% CaO eines Magnesits wurden nur 1,30, 1,40 und 1,38% gefunden.

RODT und KINDSCHER (b) beobachten bis zu 100% Verlust; sie empfehlen, das Filtrat vor der Magnesiafällung einzudampfen.

γ) Calciumbestimmung in Magnesiumsalzen ($MgCl_2$). Bei der Untersuchung von Magnesiumsalzen, wie sie im *Wasser aus dem Toten Meer* vorhanden sind, handelt es sich darum, möglichst große Mengen von Magnesium in Lösung zu halten, um vorhandene kleine Mengen von Calcium anzureichern. Es gelingt dies nach BOBTELSKY, MALKOWA-JANOWSKAJA und JACOBY durch Verwendung eines großen Überschusses von Ammoniumoxalat in siedender Lösung, wodurch Magnesiumoxalat in Lösung gehalten und damit zugleich das Calciumoxalat angereichert wird. Die Löslichkeit von Magnesiumoxalat in Ammoniumoxalatlösungen bei 100° wurde durch besondere Versuche ermittelt. 25 g $(NH_4)_2C_2O_4 \cdot 1\,H_2O$ in 100 g Lösung stellte die ungefähre, praktisch brauchbare Grenze dar. Diese Menge reicht aus, um 0,7 g Magnesium in 100 cm³ in Lösung zu halten, was einem Gehalt von etwa 2,8 g wasserfreiem Magnesiumchlorid entspricht. Das in der Kälte gefällte Calciumoxalat ist sofort nach dem Erhitzen zum Sieden filtrierbar; ausgeschiedenes Magnesiumsalz löst sich beim Erwärmen glatt wieder auf. Auf diese Weise läßt sich aus einem Gemisch von über 99 Gew.-% Magnesiumchlorid und weniger als 1 Gew.-% Calciumchlorid durch Calciumanreicherung unter Berücksichtigung der Löslichkeit von Magnesiumoxalat das Calcium mit einer Genauigkeit von mindestens bis zu 0,05% rasch und genau bestimmen.

Nach NOLL läßt sich das Oxalatverfahren für die Calciumbestimmung neben viel Magnesium für die Wasseruntersuchung anwenden, wenn die Bestimmung in 200 cm³ Wasser durchgeführt wird und der Gehalt an Magnesium 125 mg nicht übersteigt; Wässer mit höherem Magnesiumgehalt müssen entsprechend verdünnt werden.

b) Mikroanalytische Fällung. Die mikroanalytische Fällung des Calciums neben Magnesium bzw. die Trennung beider hat BENEDETTI-PICHLER durchgeführt. Bei seinen Versuchen verwendet er das bereits von HÄUSLER für die Calciumbestimmung benutzte *Filterstäbchen* (s. S. 222) und stützt sich auf die Untersuchungen von RICHARDS, McCAFFREY und BISBEE über die Möglichkeiten der Trennung beider Metalle.

Die Filterstäbchen werden aus chemisch widerstandsfähigem Glas hergestellt und haben eine Stiellänge von 70 mm und einen Außendurchmesser von etwa 2 mm. Der Kopf ist etwa 8 mm lang und hat einen größten Durchmesser von etwa 6 mm. Stäbchen aus Jenaer Verbrennungsröhren erleiden weder Gewichtsverlust noch Deformation bei längerem Erhitzen im elektrischen Ofen (Ofenwand kirschrot). Das Glühen erfolgt in einem Tiegel; das Stäbchen aus möglichst dickwandigem Glas wird so kurz gehalten, daß es nicht aus dem Tiegel herausragt. Die Anfertigung der Röhrchen entspricht den früheren Angaben (s. S. 222f.). Als Unterlage für den Asbest dient ein Platinknäuel, ein Kügelchen aus zusammengeknüllter Platinfolie. Als Absaugevorrichtung wird die in Abb. 4 dargestellte Apparatur benutzt. Ein Glaszylinder von 40 bis 50 mm Weite und 100 bis 110 mm Höhe ist mit dem Gummistopfen *K* verschlossen. In ihn ragt das an die Wasserstrahlpumpe angeschlossene Ansatzrohr *A*. *T* ist der Auffangtiegel oder ein größerer Mikrobecher von etwa 25 cm³ Fassungsvermögen für das Filtrat. Am freien Schenkel des Hebers *H* wird das Filterstäbchen angeschlossen, *R* ist ein einfaches Glasrohr zur Führung von *H*, das ebenfalls mit einem Gummistopfen verschlossen und abgedichtet ist. Der in Abb. 5 wiedergegebene Zerstäuber dient zum Auswaschen.

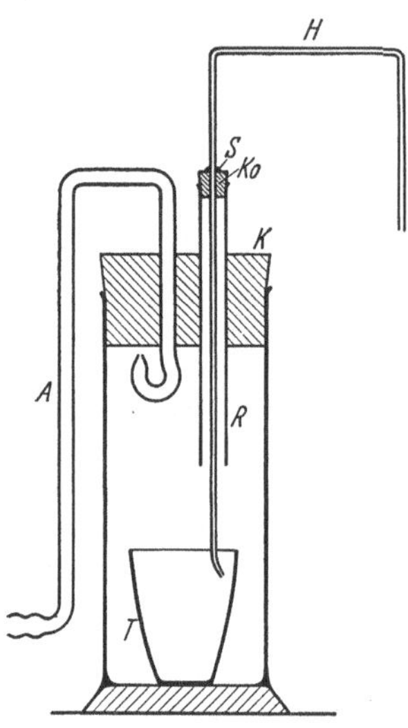

Abb. 4.

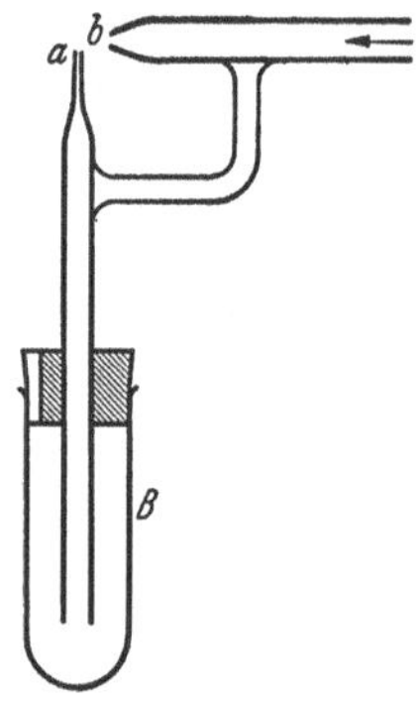

Abb. 5.

Für die Versuche kommen in Anwendung etwa 4 bis 12 mg $CaCO_3 + MgCO_3$, und zwar in zwischen 6:1 und 1:9 wechselnden Verhältnissen. Die Proben werden mit 1 cm³ destilliertem Wasser versetzt und in 0,25 cm³ konzentrierter Salzsäure gelöst. Das freiwerdende Kohlendioxyd wird vorsichtig ausgekocht und die Lösung bis zum beginnenden Sieden erhitzt. Darauf gibt man 0,5 cm³ 3%ige Oxalsäurelösung und tropfenweise 10%iges Ammoniak zu, bis beim Umschwenken eben eine schwache Trübung bestehen bleibt. Nun kommt 1 Tröpfchen kalt gesättigte, alkoholische Methylrotlösung hinzu; zu der klaren, roten Lösung wird dann so viel destilliertes Wasser zugesetzt, daß der Becher halb gefüllt ist. Hierauf wird nahe zum Kochen erhitzt und aus einer kleinen Spritzflasche 1%iges Ammoniak tropfenweise zugegeben.

Ist genügend Calcium vorhanden, so beginnt die Abscheidung von Calciumoxalat schon bei saurer Reaktion der Flüssigkeit, ist aber nur wenig vorhanden, so erfolgt die Fällung erst nach dem Farbumschlag in Gelb, ja es kann bis zum Erscheinen eines Niederschlags längere Zeit vergehen; er bleibt ganz aus, wenn auf 1 Teil Ca 100 Teile Mg vorhanden sind.

Die Fällung bleibt 1 Std. unter einer Glasglocke stehen, und zwar nicht länger, da sonst größere Mengen Magnesiumoxalat zur Abscheidung kommen. Benötigt die Fällung bis zu ihrem Erscheinen bereits mehrere Stunden, so weist auch der Niederschlag beträchtliche Mengen Magnesium auf. Zur Filtration wird der Niederschlag gleich anfangs trocken gesaugt; das Waschen erfolgt mit dem Zerstäuber durch kaltes Wasser, das 5mal in Anteilen von je 0,5 cm³ aufgespritzt wird. Das Calciumoxalat wird 10 Min. bei 105 bis 110° getrocknet.

Bemerkungen. *Genauigkeit und Brauchbarkeit des Verfahrens.* Die Übereinstimmung der Resultate mit den erwarteten Ergebnissen ist nicht gerade sehr gut, doch kann von einer Trennung durch 1malige Fällung kaum mehr verlangt werden. Jedenfalls ist das Verfahren praktisch verwertbar, wenn es sich nicht um Calciumoxydgehalte unter 3% bei Anwesenheit von sehr viel Magnesiumoxyd handelt. Für derartige Fälle wird man aus den bereits angeführten Gründen nach einem anderen Trennungsverfahren suchen müssen.

In Übereinstimmung mit dem Makroverfahren zeigen die Versuche, daß mit steigendem Magnesiumgehalt immer größere positive Fehler auftreten. Sinkt der Calciumoxydgehalt jedoch unter 10%, so wird der Fehler negativ. Offenbar tritt dann die Löslichkeit des Calciumoxalats in der magnesiumhaltigen Lösung gegenüber dem durch das Mitfallen von Magnesiumoxalat verursachten Fehler in den Vordergrund.

Weitere Versuche zur genauen Anpassung der Mikroarbeitsweise an die der Makrovorschrift nach RICHARDS und Mitarbeitern führten zu keiner Verbesserung der Werte. Auch eine Wiederholung der Fällung erwies sich nicht als dienlich.

Es ergibt sich also, daß das Verfahren von RICHARDS und Mitarbeitern als das geeignetste erscheint. S. im übrigen auch § 24, S. 313 bis 324.

2. Bei Gegenwart von Alkalisalzen derselben Säure.

Die Abscheidung des Calciums als Oxalat neben anderen Metallsalzen erfolgt am besten aus essigsaurer Lösung. Das Auswaschen erfolgt dann mit Wasser, das 1% Ammoniumoxalat und 1% freie Essigsäure enthält. Größere Mengen Alkalisalze erhöhen die Resultate und machen eine doppelte Fällung nötig.

3. Bei Gegenwart von Alkalisalzen verschiedener Säuren.

Borax, Kaliumnatriumtartrat und *Kaliumcitrat* vermögen die Fällung kleiner Mengen von Calcium mit Ammoniumoxalat zu verzögern, bzw. zu verhindern.

Gibt man nach EVERS zu 2 mg Calcium in 50 cm³ Wasser 1 cm³ verdünntes Ammoniak und 1 cm³ 2,5%ige Ammoniumoxalatlösung, so entsteht fast sofort eine Trübung. Enthält die zu untersuchende Lösung gleichzeitig 1 g Kochsalz oder Borax, so tritt erst nach 3 Std. eine geringe Trübung ein; bei Gegenwart von 1 g Kaliumnatriumtartrat oder Kaliumcitrat bleibt die Trübung ganz aus. Liegen 5 mg Calcium unter obigen Bedingungen vor, so erfolgt die Fällung ohne Zusatz eines Salzes sofort, bei Gegenwart von 1 g Kochsalz beinahe sofort. Bei Anwesenheit von Borax und Tartrat entsteht nach 30 Min. eine geringe Trübung, bei Vorhandensein von Citrat überhaupt keine. S. im übrigen auch S. 235f.

4. Bei Gegenwart von Salzen anderer Erdalkalimetalle.

Da *Barium* aus schwach essigsaurer Lösung in der Hitze mit einem reichlichen Überschuß an Kaliumoxalatlösung als Oxalat fällt und *Strontium* mit hinreichender Genauigkeit aus alkoholischer Lösung als Oxalat abgeschieden, in Gegenwart von Barium und Calcium aber nicht als Oxalat ausgewogen werden kann [L. W. WINKLER (a)], empfiehlt es sich, Barium und Strontium vor der Fällung des Calciums als Oxalat zu entfernen.

Im übrigen s. die Trennungsmethoden des Calciums (§ 20 bis § 23 einschließlich).

5. Bei Gegenwart von Aluminium, Eisen, Chrom, Mangan und Phosphorsäure.

Bei Gegenwart von *Aluminium* neutralisiert man die Lösung mit Ammoniak, löst den entstandenen Niederschlag in ganz wenig Salzsäure und fügt 8 bis 10% freie Salzsäure hinzu. Durch den nun erfolgenden Zusatz von Ammoniumoxalat wird zunächst die geringe Menge freie Salzsäure zerstört und durch weiteren Zusatz das Calcium vollständig ausgefällt; der erhaltene Niederschlag ist frei von Aluminium. *3wertiges Eisen* wird nicht in irgendwie erheblicher Weise mitgefällt. Nach PELLET muß zur vollständigen Verhinderung der Eisenfällung 15- bis 20mal so viel Ammoniumoxalat vorhanden sein, wie zur Fällung des Calciums nötig ist. Die Flüssigkeit muß hellgrün gefärbt sein. Auch *Phosphorsäure* wird nicht mit abgeschieden. *Mangan*, auch wenn es nur in geringer Menge vorhanden ist, wird teilweise mit dem Calciumoxalat niedergeschlagen. Seine Entfernung aus dem Niederschlag erfolgt am besten durch Einleiten von Schwefelwasserstoff in die heiße, ammoniakalische Lösung (s. auch § 26, S. 328f.). Man kann aber auch das Mangan zunächst unberücksichtigt lassen, es im gewogenen Niederschlag bestimmen und in Abzug bringen. *Chromoxyd* zeigt zwar keine Neigung, mit in das Oxalat überzugehen, hindert aber dessen vollständige Abscheidung; nur bei einem sehr großen Überschuß von Ammoniumoxalat und mehrtägigem Stehen der Fällung erhält man bessere Resultate. *Chromsäure* beeinflußt die Fällung nicht, wird aber in heißer Lösung durch die Oxalsäure reduziert, weshalb die Fällung in der Kälte vorgenommen werden muß. S. auch § 26, S. 326ff.

Ziemlich gute Resultate erhält man *bei Gegenwart von Phosphorsäure* nach JÄRVINEN bei folgender Arbeitsweise: Man gibt zu der von Ammoniumsalzen möglichst freien, sauren Calciumphosphatlösung so viel Ammoniak, daß das Calciumphosphat eben auszufallen beginnt, und löst den Niederschlag wieder in einigen Tropfen Salzsäure. Die siedend heiße Lösung läßt man langsam in eine Mischung von Ammoniumoxalat und Oxalsäure fließen, wobei sich das Calciumoxalat langsam in groben Krystallen abscheidet. Die Fällung wird beendet, indem man vorsichtig tropfenweise höchstens 1% Ammoniak bis zur alkalischen Reaktion hinzugibt. Nach 3stündigem Stehen wird der Niederschlag abfiltriert, naß verascht, vor dem Gebläse geglüht, 10 bis 15 Min. lang im Exsiccator abgekühlt und dann rasch gewogen. Durch wiederholte Fällung des Calciumoxalats kann man die Okklusion der Phosphorsäure verringern, braucht aber zum Lösen des Calciumoxalats große Säuremengen, durch die bei der Neutralisation zuviel Ammoniumsalze in die Lösung gelangen, die lösend auf das Calciumoxalat wirken und so zu niedrige Resultate verursachen.

Versuche von MUCK haben ergeben, daß das Calciumoxalat, *bei Gegenwart minimaler Mengen Tonerde* gefällt, eine flockige Beschaffenheit zeigt und in diesem Fall oft in weniger als 1 Min. sich vollständig absetzt, niemals an der Gefäßwand haften bleibt und sich ohne alle Vorsichtsmaßregeln unmittelbar nach der Fällung klar filtrieren und auswaschen läßt, vorausgesetzt, daß man ein nicht zu poröses Papier verwendet.

Zur Bestimmung von Calcium in Gegenwart von Eisen, Aluminium und Phosphorsäure bzw. in Calciumphosphaten schlägt GROSSFELD (a) folgende ***Arbeitsvorschrift*** vor. Je nach Calciumgehalt wird 1 g des calciumhaltigen Phosphats oder weniger im Becherglas in Salzsäure gelöst; dann wird, wenn nötig, filtriert; das Filtrat wird mit etwas Methylorange versetzt und die Hauptmenge der Säure mit Ammoniak abgestumpft, wobei die Lösung aber noch deutlich sauer und klar bleiben muß. Dann wird mit 30 bis 40 cm^3 Ammoniumoxalatlösung versetzt und so lange gesättigte Natriumacetatlösung zugegeben, bis die Farbe in Gelb umschlägt. Der entstehende Niederschlag, der, frei von Phosphorsäure, alles Calcium als Oxalat enthält, wird sodann auf ein feinporiges Papierfilter gebracht, mit heißem Wasser ausgewaschen und schließlich wieder in etwas Salzsäure gelöst. Die Lösung wird mit Ammoniumoxalat versetzt, zum Sieden erhitzt und siedend heiß mit Natriumacetat gefällt; der Niederschlag wird in einen mit Kieselgur gedichteten gewogenen GOOCH-Tiegel gebracht und nach dem Auswaschen und Trocknen bei 120° als Calciumoxalat gewogen.

Für die Bestimmung von Kalk in Böden hat GROSSFELD (g) zwei Verfahren ausgearbeitet. Sie bestehen darin, daß man die störenden Bestandteile, wie Kieselsäure, Eisen- und Aluminiumoxyd, Manganverbindungen, Phosphor- und Schwefelsäure, zunächst nicht entfernt, sondern die Calciumbestimmung unmittelbar vornimmt.

Arbeitsvorschrift 1 für die direkte Kalkbestimmung in salzsauren Bodenauszügen. 150 g *lufttrockener Boden* werden mit 300 cm³ Salzsäure (D 1,15) 1 Std. lang gekocht und nach der vereinbarten Einheitsvorschrift[1] weiter behandelt. 50 cm³ der auf diese Weise erhaltenen salzsauren Bodenlösung werden mit Ammoniak abgestumpft, müssen aber noch klar bleiben. Unter Umrühren werden 50 cm³ 4%ige Ammoniumoxalatlösung und 50 cm³ 25%ige Natrium- oder Ammoniumacetatlösung zugesetzt.

Nach mehrstündigem Stehen filtriert man durch ein angefeuchtetes, mit etwas reiner Kieselgur gefülltes Filter aus Kieselgurfiltrierpapier, wäscht erst 2mal mit kaltem, dann mit heißem Wasser bis zum Verschwinden der Chlorreaktion aus und löst den Niederschlag in siedender, reiner 10%iger Salpetersäure, zu der man zur Oxydation etwa vorhandener niederer Oxyde des Stickstoffs etwas verdünnte Permanganatlösung gegeben hat. Die Salpetersäure muß nach Zusatz der Permanganatlösung eine bis zu einige Minuten bleibende, eben wahrnehmbare Rosafärbung aufweisen. Nach gründlichem Nachwaschen des Filters mit heißem Wasser titriert man das Filtrat mit 0,1 n Permanganatlösung, von der 1 cm³ 2,804 mg CaO in 50 cm³ Bodenlösung entspricht.

Arbeitsvorschrift 2 für die indirekte Kalkbestimmung in salzsauren Bodenauszügen. Der durch Eindampfen in einer Platinschale erhaltene Trockenrückstand von 50 cm³ des salzsauren Bodenauszuges wird nach vorsichtigem Erhitzen bis zur Rotglut mit 20 cm³ verdünnter Phosphorsäure aufgenommen (250 g konzentrierte Phosphorsäure auf 1 l) und mindestens 15 Min. auf siedendem Wasserbad erwärmt. Die Lösung bringt man unter Nachspülen mit höchstens 40 cm³ Wasser in ein 100 cm³-Meßkölbchen und fügt zunächst 20 cm³ 2%ige Ammoniumoxalatlösung und dann unter Umschütteln 20 cm³ 10%ige Natronlauge zu.

Nachdem man sich von der gegen Lackmus oder Kongorot neutralen Reaktion des Gemisches überzeugt hat, füllt man bis zur Marke auf und filtriert den feinen Oxalatniederschlag auf ein Kieselgurpapierfilter ab, auf das man eine Messerspitze reine Kieselgur gegeben hat.

50 cm³ des Filtrats titriert man nach Zusatz von 10 cm³ verdünnter Schwefelsäure (1:3) mit 0,1 n Permanganatlösung in der Wärme. Den Wirkungswert der Oxalatlösung hat man vorher durch einen Blindversuch (ohne die Bodenlösung) festgestellt. Die bei der Analyse verbrauchten Kubikzentimeter Permanganatlösung zieht man von den beim Blindversuch verbrauchten ab und erhält durch Multiplikation der Differenz mit 5,61 die vorhandenen Milligramme CaO in den angewendeten 50 cm³ Bodenlösung.

Vorschrift 1 gibt die genaueren Ergebnisse, Verfahren 2 führt rascher zum Ziel (s. auch § 1, S. 248).

Die Durchführbarkeit der 2. Vorschrift beruht auf der ebenfalls von GROSSFELD (b) beobachteten und für die Kalkbestimmung verwendeten Tatsache, daß primäre Phosphate Calciumoxalat nicht lösen und gegenüber der Essigsäure leicht frei von organischen, Permanganat reduzierenden Stoffen zu erhalten sind.

[1] Vgl. J. KÖNIG: Die Untersuchung landwirtschaftlich wichtiger Stoffe, 5. Aufl., Bd. 1, S. 52. Berlin 1923.

Die Fällung des Calciums als Oxalat neben Phosphorsäure beruht also darauf, daß das Löslichkeitsprodukt des tertiären Phosphats, das durch Zusatz von Ammoniak zum sekundären Phosphat entsteht, größer ist als das des Oxalats. Man kann also in einer ammoniakalischen Lösung des sekundären Phosphats das Calcium als Oxalat fällen. Ein zu großer Ammoniakgehalt verhindert die Vollständigkeit der Fällung, weshalb man nach DOBBINS und MEBANE die Lösung zunächst nur schwach alkalisch macht und dann noch 5 cm³ konzentriertes Ammoniak hinzufügt. Dann versetzt man bei Zimmertemperatur mit einem Überschuß von Ammoniumoxalat und läßt mindestens 1 Std. stehen. Der Niederschlag wird abfiltriert, mit Wasser, das wenig Ammoniak enthält, ausgewaschen und in ein Becherglas gespült. Darauf wird er in verdünnter Schwefelsäure gelöst und die Lösung mit 0,1 n Permanganatlösung titriert.

Zur Calciumbestimmung in Phosphoriten schlägt KAMIŃSKI folgenden Weg vor: ***Arbeitsvorschrift.*** Man kocht 5 g gemahlenen Phosphorit (Sieb 100 E) im 500 cm³-Kolben mit 12 bis 15 cm³ 25%iger Salzsäure, kühlt ab und füllt bis zur Marke auf. 25 cm³ Filtrat werden mit 10 cm³ 10%iger Eisenchloridlösung und 10 cm³ 20%iger Natriumacetatlösung vermischt. Die klare Lösung wird in der Kälte mit 120 cm³ 4%iger Ammoniumoxalatlösung versetzt und 5 bis 10 Min. schwach gekocht. Nach dem Abkühlen wird durch ein 10 cm-Filter filtriert und 7mal mit lauwarmem Wasser nachgewaschen. Der Filterinhalt wird in einen Kolben gespült und mit heißer verdünnter Schwefelsäure und Wasser nachgespült. Die Lösung wird in der Hitze mit 0,1 n Permanganatlösung titriert. Die verbrauchte Anzahl Kubikzentimeter 0,1 n $KMnO_4$-Lösung, multipliziert mit 1,12, gibt die Prozente CaO an. Die Methode eignet sich zur Calciumbestimmung in verschiedenen Aschen (Fischmehl, Rohphosphat usw.). Zwecks Lösung der Asche empfiehlt sich ein Zusatz von einigen Kubikzentimetern Salpetersäure (D 1,2). In Gegenwart von Phosphorsäure soll die zugegebene Menge EisenIII-chlorid 1 g für 0,25 g $Ca_3(PO_4)_2$ und nicht weniger als 0,7 g betragen. Ein geringer Magnesiumgehalt ist ohne Einfluß auf die Bestimmung. Bei größeren Mengen [etwa 0,1 g MgO auf 0,25 g $Ca_3(PO_4)_2$] ist die Kochdauer zu verlängern und das Reaktionsgut durch Zusatz des doppelten Volumens siedenden Wassers zu verdünnen.

Zur Calciumbestimmung in Calciumphosphaten verfährt TRAPP folgendermaßen: ***Arbeitsvorschrift.*** Er digeriert 0,1 bis 0,5 g Phosphat mit 30 cm³ 30%iger Essigsäure auf dem Wasserbad, versetzt zur vollständigen Lösung mit 1 cm³ Salzsäure (D 1,19), verdünnt auf 400 cm³ und fällt heiß mit 4 g Ammoniumoxalat. Nach Verglühen des Niederschlags wird der Rückstand mit Ammoniumcarbonat in Calciumcarbonat übergeführt.

WILEY und YEDINAK stellen fest, daß der *Molybdänsäurerest*, so wie er bei Phosphorsäurefällungen in saurer Lösung vorliegt, nicht fähig ist, das Oxalat-Ion zu oxydieren. Somit kann man nach Fällung der Phosphorsäure in schwach essigsaurer Lösung das Calcium als Oxalat abscheiden, nach dem Aufkochen mehrere Stunden später den Niederschlag abfiltrieren und in Schwefelsäure lösen. Die Lösung titriert man dann mit Permanganat. Die Anwesenheit von viel Magnesium verlangt doppelte Fällung.

Zur volumetrischen Bestimmung von Calcium in mineralischen Stoffen, die *Phosphorsäure*, *Magnesium*, *Eisen* und *Aluminium* enthalten, gehen MELLET und JUNKER wie folgt vor: ***Arbeitsvorschrift.*** Man löst eine 0,1 bis 0,2 g Calcium entsprechende Substanzmenge in Salzsäure, verdünnt auf 100 bis 200 cm³, erhitzt bis zum beginnenden Kochen, setzt Ammoniak zu, bis die Lösung stark danach riecht, und übersättigt dann mit 25%iger Essigsäure, bis die Lösung stark nach Essigsäure riecht; es bleibt ein geringer gelatinöser Kieselsäureniederschlag zurück, der ohne Einfluß ist. Man erhitzt nochmals bis fast zum Sieden und setzt so viel kochende 5%ige Lösung von Ammoniumoxalat zu, daß die gesamten Metall-Ionen in Oxalate übergeführt werden. Die Fällung des Calciums ist nicht vollständig, wenn nicht so viel Reagens hinzugesetzt wird, daß nicht nur Magnesiumoxalat entsteht, sondern auch Eisen und Aluminium in Oxalate übergeführt werden. Calciumoxalat setzt sich bald ab; die Flüssigkeit klärt sich schnell. Nach einigen Stunden filtriert man durch ein quantitatives Filter von 7 cm Durchmesser, ohne zu versuchen, den gesamten Niederschlag auf das Filter zu bringen; dann nimmt man, ohne zu waschen, das Filter vorsichtig vom Trichter, bringt es in das Fällungsgefäß, gibt 50 cm³ Wasser und Salzsäure hinzu, um das Calciumoxalat in der Wärme zu lösen. Man behandelt diese zweite Lösung genau wie das erste Mal, setzt aber nur einen geringen Überschuß siedender Ammoniumoxalatlösung hinzu (20 cm³ genügen). Nach einigen Stunden filtriert man durch ein quantitatives Filter von 9 cm Durchmesser, wäscht den Niederschlag samt Filter mit Wasser, zuerst 3mal durch Dekantieren, dann auf dem Filter 9- bis 10mal, bis das Wasser, nach Ansäuern mit Salpetersäure mit Silbernitrat, nur noch Opalescenz gibt, nimmt das Filter vom Trichter in das Fällungsbecherglas, setzt 100 cm³ Wasser und 5 cm³ Schwefelsäure zu, erhitzt bis zur Lösung des Calciumoxalats und titriert die Oxalsäure mit 0,2 n Permanganatlösung. Die Filterreste von der ersten Fällung stören nicht. Wenn die Permanganatlösung genau 0,2 n ist, gibt die Zahl der verbrauchten Kubikzentimeter direkt die Zahl der Zentigramme $CaCO_3$ an. Wenn die zu untersuchende Substanz nur sehr wenig Magnesium und Spuren von Eisen und Aluminium enthält, genügt auch eine 1malige Fällung des Oxalats.

Canals bemerkt zu dieser von Blasdale, von Murmann, von Quartaroli sowie von Astruc und Mousseron bereits bearbeiteten Frage, daß sich Eisen- und Aluminiumoxalat nicht in Essigsäure lösen, vielmehr durch den Überschuß von Ammoniumoxalat gelöst werden. Bei dem weißen gelatinösen Niederschlag handelt es sich somit nicht um die Phosphate des Eisens und Aluminiums, sondern nur um Kieselsäure.

Unter Einhaltung einer bestimmten, colorimetrisch festgelegten Acidität der Lösung arbeitet Chapman bei der Oxalatfällung in Gegenwart von *Eisen, Aluminium, Titan, Mangan, Magnesium* und *Phosphaten* mit besonderer Berücksichtigung der Bestimmung des Gesamtkalkes im Boden. ***Arbeitsvorschrift.*** Er gibt zu der Lösung, die etwa 1% Calcium und die eben genannten Elemente und Verbindungen enthält, überschüssiges Ammoniumchlorid, eine Lösung von 1 g Oxalsäure, 10 cm³ 1,76 n Essigsäure und 10 Tropfen 0,04%ige Bromkresolgrünlösung; alsdann füllt er auf 150 bis 200 cm³ auf, erhitzt zum beginnenden Sieden und gibt verdünntes Ammoniak zu bis zum Farbumschlag von Gelb über Gelbgrün zu Reingrün. Alsdann wird 5 bis 10 Min. gekocht, auf dem Wasserbad absitzen gelassen und nach mindestens 3 Std. abfiltriert. Die Calciumbestimmung erfolgt durch Titration mittels Permanganatlösung.

Das Verfahren wird von Rosanow und Filippowa als Schnellmethode zur Bestimmung von Calcium in Phosphoriten und Kalksteinen empfohlen.

6. Bei Gegenwart von Citronensäure.

***Arbeitsvorschrift von* Passon.** Um *Calcium* bei Anwesenheit von *Phosphorsäure* zu bestimmen, behandelt man nach Passon die Substanz mit verdünntem Königswasser und neutralisiert einen aliquoten Teil der Lösung sorgfältig mit Ammoniak (1:5), bis sich der entstandene Niederschlag beim Umschwenken nicht wieder löst. Hierauf gibt man 25 cm³ verdünnte Wagnersche Lösung (20 g krystallisierte *Citronensäure* und 0,1 g *Salicylsäure* auf 1 l) hinzu, wobei sich der Niederschlag in wenigen Minuten wieder lösen muß; andernfalls ist der Versuch zu verwerfen und zu wiederholen. Dann fügt man noch weitere 12 bis 13 cm³ Wagnersche Lösung hinzu, verdünnt auf 200 cm³ und kocht. Nun trägt man festes Ammoniumoxalat ein, anfangs nur einige Körnchen, später größere Mengen, bis kein weiterer Niederschlag mehr entsteht, und läßt die Fällung über Nacht stehen. Der Niederschlag wird als Oxyd gewogen. Mangan muß zuvor entfernt werden (s. S. 328f.).

Bemerkungen. Die *Bestimmung des Calciums neben Tonerde, Eisenoxyd, Magnesia* und *Phosphorsäure* beruht darauf, daß Tonerde, Eisenoxyd, Kalk und die Phosphate dieser Basen in einer ammoniakalischen Ammoniumcitratlösung löslich sind und der Kalk aus dieser Lösung mit Ammoniumoxalat vollständig abgeschieden werden kann, wenn ein Überschuß von Ammoniumcitrat nach Möglichkeit vermieden wird. Das erhaltene Calciumoxalat kann geglüht und direkt gewogen werden. Enthält die Lösung jedoch geringe Mengen löslicher Kieselsäure, so scheidet sich ein Teil derselben mit ab und reißt zugleich etwas Eisenoxyd und Tonerde mit nieder, so daß in solchen Fällen eine Reinigung des Calciumoxalats nötig wird.

Die Gegenwart von Magnesium beeinträchtigt die Bestimmung des Calciums nicht. Um die Abscheidung des Ammoniummagnesiumphosphats zu verhindern, genügt es, die Fällung des Calciums bei 70 bis 80° vorzunehmen. Nach der Abscheidung des Calciums kann man im Filtrat das Magnesium oder auch die Phosphorsäure bestimmen. Dieses Verfahren ist der Fällung des Calciums aus essigsaurer Lösung vorzuziehen (GUYARD).

Arbeitsvorschrift. Die von Kieselsäure, überschüssiger freier Säure und größeren Mengen Ammoniumsalzen befreite Lösung mit 0,02 bis 0,3 g CaO wird mit Salzsäure bis zum Umschlag von Methylorange angesäuert und mit Ammoniumcitratlösung versetzt. Nach 12 Std. dekantiert man ab, fügt 100 cm^3 Wasser und 5 cm^3 Citratlösung hinzu, säuert mit Salzsäure an (Methylorange), läßt aufkochen, gibt Ammoniumoxalat hinzu, neutralisiert mit Ammoniak, und filtriert durch das zum Dekantieren benutzte Filter.

Bemerkungen. Nach den Fällungsversuchen von JAKÓB ist eine quantitative Fällung *in Gegenwart von Ammoniumcitrat* nur bei einem großen Überschuß von Oxalat zu erzielen, da das 3wertige Citrat-Ion komplexbildend ist und die Löslichkeit des Calciumoxalats erhöht. Die Fällung erfolgt in zwei aufeinanderfolgenden Phasen, wobei sich das bekannte Monohydrat sowie das neu gefundene 2,5-Hydrat (β-Form) bilden. Letzteres erscheint unter dem Mikroskop in Gestalt von Doppelpyramiden mit quadratischer Grundfläche. Bei 105° verliert es das Krystallwasser noch nicht ganz. Beim Kochen mit Wasser geht es rasch in das Monohydrat über.

Da das β-Oxalat mit Magnesiumoxalat keine isomorphen Gemische bildet, erhält man selbst in Gegenwart großer Mengen von Magnesium oder Phosphorsäure, aber kleiner Mengen von 3wertigen Metallen und bei nicht zu kleinen Calciummengen gute Resultate.

Nach TERESCHTSCHENKO und NEKRITSCH ist die Magnesiumfällung in Gegenwart von Citronensäure nicht quantitativ, in Gegenwart von Calcium wird zuviel gefunden. Seine Mitfällung wird durch Verdünnen der Lösung verringert.

Das Lösungsvermögen von *Citronensäure* für eine Reihe von *Oxalaten* und *Phosphaten* wird von ERDHEIM zur direkten Calciumbestimmung neben einer ganzen Reihe von Metallen und Phosphorsäure verwendet. Die Gegenwart von Ag, Hg, Pb, Cu, Bi, Cd, Sb, As, Sn (SnIV), Co, Ni, Fe, Al, Mn und Zn stört nicht. CrIII und FeII dürfen nicht zugegen sein.

***Arbeitsvorschrift von* ERDHEIM.** Die Lösung, die Calcium und andere Metalle als Chloride, Nitrate oder Acetate enthält, wird mit einigen Tropfen Methylorange und bei nur schwach saurer Reaktion mit einigen Tropfen Salzsäure versetzt. Dann gibt man 25 cm^3 Ammoniumcitratlösung (100 g Citronensäure in 650 cm^3 Wasser und 350 cm^3 25%igem Ammoniak) und 5 bis 10 Tropfen 25%iges Ammoniak zu und verdünnt nötigenfalls auf 200 bis 250 cm^3. Man erhitzt zum Sieden, fügt etwa 1 g Ammoniumoxalat zu und kocht kurz auf. Nach 3 bis 4 Std.

langem Stehen wird durch ein Weißbandfilter filtriert und mit heißer verdünnter Ammoniaklösung gewaschen. Das Filter und die Niederschläge werden in einen ERLENMEYER-Kolben von 1 l Fassungsvermögen mit etwa 50 cm³ Wasser gebracht. Nach Zusatz von etwa 25 bis 30 cm³ Schwefelsäure (1:1) und heißem Wasser bis zu etwa 400 cm³ und nach dem vollständigen Lösen des Calciumoxalats wird mit 0,1 n Permanganatlösung titriert. S. im übrigen S. 231ff.

Für das Verhalten von *Calciumoxalat bei Gegenwart anderer Metallsalze* ist folgende Beobachtung von REYNOSO von Interesse. Calciumoxalat setzt sich in Lösungen von KupferII-salzen allmählich unter Bildung von Kupferoxalat und eines löslichen Calciumsalzes um. Beim Kochen von Calciumoxalat mit löslichen Silber-, Blei-, Cadmium-, Zink-, Nickel-, Kobalt-, Strontium- und Bariumsalzen bildet sich ein lösliches Calciumsalz und ein Niederschlag der Oxalate der genannten Metalle.

7. Bei Gegenwart von Phosphorsäure, Arsensäure und Borsäure.

Nach Versuchen von L. W. WINKLER (d) zeigte es sich, daß sich das Calcium als Oxalat auch in Gegenwart von *Phosphorsäure*, *Arsensäure* und *Borsäure* genau bestimmen läßt, wenn die Lösung viel Ammoniumchlorid und freie Essigsäure enthält. Hierbei ist Borsäure nahezu ohne Einfluß, während Phosphorsäure und Arsensäure nur dann das Gewicht vermehren, wenn sie in reichlichen Mengen zugegen sind.

Arbeitsvorschrift. Die etwa 50 cm³ betragende, mit Salzsäure bereitete Untersuchungslösung, die nicht mehr als 0,1 g Calcium enthält, wird tropfenweise so lange mit Ammoniak versetzt, bis sie eben merkbar alkalisch geworden ist (Gelbfärbung mit Methylorange). In der klaren, auf 100 cm³ verdünnten Flüssigkeit wird so viel Ammoniumchlorid gelöst, daß dessen Gewicht im ganzen etwa 3 g beträgt. Man säuert mit 10 cm³ 1 n Essigsäure an und verfährt auch im übrigen ganz so wie bei der Untersuchung reiner Calciumsalzlösungen.

Als Verbesserungswerte werden die für reine Calciumsalzlösungen gültigen Zahlen benutzt (s. S. 226).

In Gegenwart reichlicher Mengen Phosphorsäure oder Arsensäure kommt eine 2malige Fällung zur Anwendung. Der bei der ersten Fällung erhaltene Niederschlag wird am anderen Tag auf einem Papierfilter gesammelt und mit ammoniumoxalathaltigem Wasser ausgewaschen. Das Filter wird naß verbrannt und der Glührückstand in Salzsäure gelöst; die Bestimmung wird dann in der eben beschriebenen Weise beendet.

Bemerkungen. Es erwies sich als zweckmäßig, den Rand des „Kelchtrichters", der den ausgewaschenen Niederschlag enthält, mit 1 bis 2 cm³ reinem Methyl- oder Äthylalkohol abzuspülen, um die Seitenwände völlig rein zu bekommen. Auch aus dem Becherglas lassen sich die letzten Spuren des Niederschlags mit Benutzung von wenig Alkohol sehr leicht vollständig entfernen.

Arbeitsvorschriften zur Erzielung eines gut filtrierbaren und von Phosphaten völlig freien Oxalatniederschlags bei der Calciumbestimmung in *Calciumglycerophosphat*, *Calciumlactophosphat* und in den *primären* und *sekundären Calciumphosphaten* finden sich bei LETURC.

Bestimmungsverfahren.

A. Gravimetrische Bestimmung.

1. Wägung als Calciumoxalat.

Diese Bestimmungsform hat zuerst GOY vorgeschlagen. Er sammelt den Niederschlag in einem mit Asbest beschickten GOOCH-Tiegel, trocknet dann 4 bis 5 Std. lang bei 105° und wägt hierauf als $CaC_2O_4 \cdot 1\,H_2O$. Da es schwer ist, der Asbestschicht die richtige Dicke zu geben, und da die Trockendauer recht lang ist, hat sich dieser Vorschlag nicht durchsetzen können. Eine von BRUNCK (b) empfohlene Filterschicht von fest eingebranntem Platinschwamm im GOOCH-Tiegel ist heute von den bekannten Glassintertiegeln von SCHOTT & GENOSSEN sowie den Porzellanfiltertiegeln der BERLINER PORZELLANMANUFAKTUR verdrängt worden. Diese letzteren Tiegel (1 G 4 bzw. A 2) brauchen nicht wie die Asbesttiegel vorher bis zur Gewichtskonstanz getrocknet zu werden, vielmehr genügt ein kurzes Erhitzen auf höhere Temperatur.

Der abgesaugte und mit heißem Wasser ausgewaschene Niederschlag läßt sich nur schwer vollständig trocknen. Wie GOY angibt, muß man tatsächlich 4 bis 5 Std. erhitzen, bis Gewichtskonstanz eingetreten ist und das Gewicht des Niederschlags der Formel entspricht. Auch durch Steigerung der Temperatur auf 130° läßt sich der Trockenprozeß nur unwesentlich beschleunigen. Die Ursache ist darin zu suchen, daß der fein verteilte Niederschlag beim Absaugen sehr fest zusammengepreßt wird und die einzelnen Teilchen beim raschen Erhitzen auf die Trockentemperatur zusammenbacken. Gefälltes pulveriges Calciumoxalat, das man an der Luft getrocknet hat, erreicht beim Erhitzen auf 105° in weniger als 1 Std. Gewichtskonstanz. Das gleiche ist der Fall, wenn man den abgesaugten Niederschlag zuerst bei 60 bis 70° langsam vortrocknet und dann erst die Temperatur auf 105° steigert.

Anstatt vorzutrocknen, kann man auch den mit Wasser ausgewaschenen Niederschlag mit Alkohol und Äther behandeln. Dann erreicht man auch beim Trocknen bei 105° nach kurzer Zeit Gewichtskonstanz. Wäscht man den Niederschlag mit absolutem Alkohol und absolutem Äther je 3mal aus, saugt dann noch einige Minuten Luft durch den Tiegel und läßt ihn im Vakuumexsiccator stehen, ohne ihn zu erhitzen, so fällt das Gewicht des Niederschlags immer etwas zu hoch aus [BRUNCK (b)]. Vgl. hinsichtlich des Auswaschens, des Filtrierens und Trocknens des Calciumoxalatniederschlags auch DICK, ferner MOSER und ZOMBORY sowie HASLAM.

Arbeitsvorschrift. Man filtriert durch einen Glasfrittentiegel 1 G 4 oder durch einen Porzellanfiltertiegel A 2, der vor der Verwendung kurz bei entsprechender Temperatur getrocknet worden ist. Der Niederschlag wird dann entweder einige Stunden bei 60 bis 70° vorgetrocknet oder je 3mal mit absolutem Alkohol und absolutem Äther nachgewaschen. Darauf trocknet man ihn 1 Std. bei 105 bis 110° [BRUNCK (b)].

Überführung in das wasserfreie Salz. Das wasserhaltige Salz verliert bei 205° sein Wasser und kann, wenn vorgetrocknet, bei 210° in 1 bis 2 Std. vollständig entwässert werden. Nicht vorgetrocknetes Salz kommt selbst im STOCKschen Aluminiumheizblock bei 300° erst nach 3 bis 4 Std. zur Gewichtskonstanz. Die Zersetzung des Oxalats beginnt bei etwa 330°.

Nach den Untersuchungen von MOLES und VILLAMIL erleidet das Oxalat bis 300° keine Zersetzung und ist bei dieser Temperatur im trockenen Luftstrom leicht wasserfrei, in wenig hygroskopischem Zustande zu gewinnen.

Arbeitsvorschrift. Man läßt den gefällten Niederschlag schnell abkühlen, filtriert ihn in einen GOOCH-Tiegel und erhitzt ohne auszuwaschen 1 Std. in *völlig trockenem* Luftstrom auf 300°. Der mittlere Fehler bei dieser Art der Bestimmung beträgt weniger als $1^0/_{00}$. Diese Genauigkeit soll nur von dem weit umständlicheren Verfahren der Umwandlung in das Sulfat erreicht werden.

2. Wägung als Calciumcarbonat.

Verhalten beim Glühen. Das schneeweiße Pulver des Oxalats nimmt auch im Zustand höchster Reinheit beim Glühen vorübergehend eine graue Farbe an, die bei fortdauerndem Erhitzen jedoch verschwindet. Sie tritt namentlich dann auf, wenn wasserhaltiges Calciumoxalat rasch dunkler Rotglut ausgesetzt wird. Es handelt sich um eine Kohleabscheidung (R. FRESENIUS).

Calciumoxalat zerfällt beim Glühen in Calciumcarbonat, Calciumoxyd, Kohlenoxyd und Kohlendioxyd je nach der angewendeten Temperatur. Beim Glühen bei 450 bis 500° wird das Calciumoxalat im Laufe von 1 bis 2 Std. in Carbonat übergeführt (WILLARD und BOLDYREFF).

Beim Glühen eines Gemisches von Calciumcarbonat und Calciumoxyd erreicht das entwickelte Kohlendioxyd bei etwa 900° Atmosphärendruck; bei starker Rotglut, also bei 800°, wird in einer Kohlendioxydatmosphäre Calciumcarbonat unzersetzt bleiben, bzw. ein Gemisch von Oxyd und Carbonat allmählich in reines Carbonat übergehen. Dagegen wird in einer dauernd kohlendioxydfrei gehaltenen Atmosphäre bei eben dieser Temperatur Calciumcarbonat zu Calciumoxyd abgebaut (H. BILTZ und W. BILTZ; s. auch FOOTE und BRADLEY sowie DE GROOT).

Arbeitsvorschrift. Man trocknet den auf dem Filter ausgewaschenen Niederschlag im Trockenschrank bei etwa 100°, verascht das Filter für sich in einem ROSE-Tiegel, verwandelt die beim Veraschen des Filters entstandenen kleinen Anteile von Oxyd durch Abdampfen mit 1 bis 2 Tropfen konzentrierter Ammoniumcarbonatlösung wieder in Carbonat, bringt die Hauptmenge des Niederschlags dazu und erhitzt zum Zersetzen des Oxalats zunächst bei aufgelegtem Deckel behutsam, um eine allzu lebhafte Entwicklung von Kohlenoxyd und ein hierdurch bedingtes Zerstäuben des Niederschlags zu vermeiden. Wenn sich die Masse beruhigt hat, steigert man die Temperatur kurze Zeit etwas und erhitzt schließlich 20 bis 30 Min. in einem Strom von Kohlendioxyd, das mit Wasser und konzentrierter Schwefelsäure gewaschen ist, auf schwache Rotglut; Auswage $CaCO_3$ (H. BILTZ und W. BILTZ) (s. auch § 2, S. 258ff., Bestimmung als Carbonat).

Auf den Kohlendioxydstrom kann man verzichten, wenn man hinreichende Erfahrungen besitzt, um die dann einzuhaltende Temperatur von 450 bis 500° von Hand einzustellen, oder wenn, ein elektrischer Ofen und ein Temperaturmeßgerät zur Verfügung stehen (WILLARD und BOLDYREFF).

L. W. WINKLER (c) hat für die Bestimmung des Calciums als Carbonat Verbesserungswerte aufgestellt, die bei Einhaltung der von ihm festgelegten Arbeitsvorschrift benutzt werden können.

3. Wägung als Calciumoxyd.

***Arbeitsvorschrift von* TREADWELL.** Man bringt den getrockneten Niederschlag samt Filter in einen geräumigen Platintiegel und verascht ihn. Alsdann wird im bedeckten Tiegel kräftig über einem TECLU- oder MÉKER-Brenner und schließlich 20 Min. vor dem Gebläse geglüht. Man stellt hierauf den Tiegel noch recht warm neben ein offenes Wägegläschen in einen Exsiccator, den FRANKE und DWORZAK mit gebranntem Kalk oder Phosphorpentoxyd beschicken, oder dessen seitlich angebrachtes U-Rohr in der äußeren Hälfte mit Natronkalk und in der inneren mit Calciumchlorid versehen ist. Hierin beläßt man den Tiegel 1 Std. und stellt ihn dann in das Wägegläschen, bedeckt rasch, läßt $^1/_2$ Std. neben der Waage an der Luft stehen und wägt. Nun glüht man den Tiegel wieder 10 Min. vor dem Gebläse, läßt in genau derselben Weise, wie eben geschildert, erkalten und wägt. Sollte das Gewicht nicht konstant sein, so muß das Glühen wiederholt werden. Verfährt man genau nach Vorschrift, so wird das Gewicht, wenn nicht mehr als 1 g Calciumoxyd gewogen werden soll, meistens nach dem zweiten Glühen konstant sein.

L. W. WINKLER hat die Arbeitsvorschrift von TREADWELL in folgender Weise modifiziert. Ausgehend von einer Oxalatfällung, die er, wie S. 225f. angegeben, aus Ammoniumchlorid und Essigsäure enthaltender Lösung erhält, aber auf ein Papierfilter bringt, stellt er die anzuwendenden „Verbesserungswerte" fest.

***Arbeitsvorschrift von* WINKLER (b).** Der mit 50 cm³ ammoniumoxalathaltigem, warmem Wasser ausgewaschene Niederschlag wird in feuchtem Zustand samt dem Filter in einen Platintiegel gebracht und verascht. Der Rückstand wird 1/2 Std. mit einem TECLU-Brenner und zuletzt 1/2 Std. mit der Gebläselampe möglichst heftig geglüht. Der leere Tiegel gelangt, ebenso wie der Tiegel mit dem Niederschlag, in noch warmem Zustand in das Wägegläschen und wird nach 1/2 Std. gewogen. Es wird ausdrücklich davor gewarnt, den Platintiegel stundenlang im Exsiccator zu belassen. Die zu den jeweiligen Niederschlagsgewichten (Ng) gehörenden Verbesserungswerte (Vw) sind die folgenden:

Ng (g):	0,150	0,050	0,020	0,010	0,003
Vw (mg):	—0,6	—0,6	—0,4	—0,2	± 0,0.

Die Übergewichte sind auf unzersetztes Carbonat zurückzuführen. Sie werden dann ausgeglichen, wenn bei nur 2stündigem Stehenlassen der Fällung die in der Lösung verbleibende Menge an Calcium größer wird. Dies gilt namentlich bei nicht zu kleinen Niederschlagsmengen. Man kommt also in diesem Fall ohne Verbesserungswerte aus und braucht auch nur mit dem TECLU-Brenner 1/2 Std. lang zu glühen.

Beim Glühen über dem BUNSEN-Brenner findet nach IEVINŠ durch Aufnahme von SO_3 aus den Flammengasen leicht eine Gewichtsvermehrung statt. Es gilt das auch für das Glühen vor der Gebläselampe. (Die Gewichtszunahme kann bis zu 1% betragen.) Man verwendet daher eine Asbestschutzscheibe oder glüht im elektrischen Ofen.

BASSETT macht hinsichtlich einer Gewichtszunahme beim Belassen im Exsiccator die gleichen Beobachtungen wie L. W. WINKLER (s. oben). Er führt diese Gewichtsvergrößerung auf eine Wasseraufnahme zurück, die nicht erst bei der Wägung des bedeckten Tiegels während 1 Min., sondern schon beim Belassen zum Abkühlen in einem mit Phosphorpentoxyd beschickten Exsiccator auftritt. Bei CaO-Mengen bis zu 0,1 g betragen die Übergewichte 0,5 bis 0,7 mg. Auch BASSETT betont die Möglichkeit eines Ausgleichs der Gewichtsunterschiede. S. ferner S. 241.

Im allgemeinen gilt: *Größere Mengen Oxalat führt man zweckmäßig in das Carbonat, kleinere in das Oxyd über.*

4. Wägung als Calciumsulfat.

Zur Überführung von Calciumoxalat oder Calciumcarbonat in Sulfat zersetzt man entweder die Niederschläge mit Schwefelsäure oder man raucht sie mit Ammoniumsulfat-Ammoniumchlorid ab.

a) Zersetzung mit Schwefelsäure. Man glüht die Niederschläge zunächst soweit, daß beim Zusatz der Säure kein Aufbrausen mehr auftritt. Nach dem Abdampfen auf dem Wasserbad oder im Luftbad und Abrauchen der überschüssigen Säure wird bis zur schwachen Rotglut erhitzt.

Arbeitsvorschrift. Das Calciumoxyd wird zunächst mit 1 bis 2 cm^3 Wasser in das Hydroxyd verwandelt, und zwar setzt man das Wasser auf einmal und nicht tropfenweise hinzu, um ein Verspritzen infolge Erwärmung zu verhindern. Hierauf fügt man verdünnte Schwefelsäure in möglichst geringem Überschuß hinzu. Die Flüssigkeit wird auf dem Sand- oder Wasserbad bzw. im Luftbad eingedampft; die überschüssige Säure wird vorsichtig mit ganz kleiner Flamme abgeraucht. Der Rückstand wird kurze Zeit bis zur schwachen Rotglut erhitzt.

b) Abrauchen mit Ammoniumsalzen. Da Oxalsäure und Kohlensäure zu den Anionen gehören, die mit Calcium durch Halogenwasserstoff oder Schwefelsäure in der Wärme zersetzbare Salze bilden, lassen sich Calciumoxalat und -carbonat durch Abrauchen mit Gemischen von Ammoniumchlorid und -sulfat quantitativ in Calciumsulfat ($CaSO_4$) überführen. Die Umwandlung erfolgt rascher als mit Schwefelsäure und ohne Gefahr des Verspritzens (MOSER und MAXYMOWICZ).

Arbeitsvorschrift. Der von der Filterkohle befreite Niederschlag (0,1 bis 0,4 g) wird mit 1 bis 2 g eines Gemisches von 3 Gewichtsteilen NH_4Cl und 1 Gewichtsteil

$(NH_4)_2SO_4$ im Porzellan- oder Quarztiegel mit einem abgerundeten Glasstab innig vermengt und im Tiegel-Luftbad mit kleiner Flamme so abgeraucht, daß langsame, aber deutlich erkennbare Verflüchtigung der Ammoniumsalze erfolgt. Anstatt das Abrauchen der Ammoniumsalze unter dem Abzug vorzunehmen, kann man auch einen größeren Trichter unmittelbar über dem Tiegel befestigen. Alsdann bringt man auf schwache Rotglut und wägt. Man wiederholt das Verfahren mit 1 g des Ammoniumsalzgemisches, wobei zumeist sogleich Gewichtskonstanz erreicht wird (Moser und List).

5. Wägung als Calciumfluorid.

Da nach Ruff und Plato Calciumfluorid bei 1330° ohne merkliche Zersetzung schmilzt, nach Hempel jedoch bei Rotglut an Gewicht verliert, ist bei der Bestimmung des Calciums als Fluorid ein längeres Erhitzen mit stärkerer Flamme zur Erreichung der Gewichtskonstanz nicht günstig. Treadwell und Koch beobachteten beim Erhitzen über einem Teclu-Brenner Gewichtsverluste, nicht jedoch bei Anwendung der mittleren Flamme eines Bunsen-Brenners. (Dabei befand sich die Substanz in einem Platintiegel.) Auch Brunck (a) konnte im letzteren Fall keine Gewichtsabnahme feststellen.

Da fernerhin nach den Angaben von Brunck das Oxalat des Calciums sich durch Abdampfen mit Flußsäure in das Fluorid überführen läßt, der Überschuß an Säure sich leichter und bequemer entfernen läßt als etwa der der Schwefelsäure, und da fernerhin das Fluorid keinerlei Neigung zeigt, die Säure in Form eines sauren Salzes zurückzuhalten, so läßt sich für die Wägung als Fluorid folgende ***Arbeitsvorschrift*** aufstellen: Man zersetzt das Oxalat und auch das Carbonat, zunächst durch starkes Glühen so weit, daß nachher beim Säurezusatz kein Aufbrausen mehr eintritt. Man erreicht dies bequem mit der Flamme eines Bunsen-Brenners, und zwar in kurzer Zeit, wenn man zur Steigerung der Flammenwirkung über den Tiegel eine kleine Esse von feuerfestem Ton[1] setzt. Das erhaltene Oxyd wird, wie bei der Überführung in das Sulfat beschrieben, behandelt, nur wird es mit Flußsäure statt mit Schwefelsäure versetzt; nach dem Verdampfen der kleinen Flüssigkeitsmenge wird der Tiegel direkt zum Glühen erhitzt. Es genügt, 5 Min. lang mit der vollen Flamme des Bunsen-Brenners zu glühen. Eine Wiederholung des Glühens nach dem Wägen ist nicht erforderlich.

Genauigkeit der einzelnen gravimetrischen Methoden. Die Wägung als Calciumoxyd wird von der überwiegenden Zahl der Analytiker [z. B. R. Fresenius, Cl. Winkler, Brunck (a)] als die am wenigsten genaue bezeichnet. Daß die bei dieser Wägung erhaltenen Resultate zu hoch sind, würde noch stärker hervortreten, wenn die zu hohen Werte nicht durch die häufig unterlassene Kontrollierung der Gewichtsabnahme des Platintiegels ein wenig ausgeglichen würden. Die Sulfatmethode wird als die genaueste bezeichnet. Die Fluoridmethode stellt die geringsten Anforderungen an Geschicklichkeit und Übung des Analytikers. Im übrigen liefern die drei Wägungsformen (Carbonat, Sulfat, Fluorid) gleich gute und miteinander übereinstimmende Resultate [Brunck (a)]. (S. dazu ferner das in dem Abschnitt über die Eignung der wichtigsten Verfahren, S. 216f., Gesagte.)

B. Maßanalytische Bestimmung.

Die hier gebrachten Methoden betreffen die direkte titrimetrische Bestimmung als Oxalat, sowie die titrimetrische Bestimmung des gefällten Oxalats.

1. Titration nach der Filtrationsmethode von Bucherer und Meier.

a) Bestimmung bei Anwesenheit von Calcium allein. Die für die Fällung notwendige Reagensmenge wird durch Vorversuche ermittelt, indem ein Unter- bzw.

[1] Tonwarenfabrik *Muldenhütte* bei *Freiberg* in *Sachsen*.

Überschuß an Fällungsmittel am Auftreten von Trübungen in filtrierten Anteilen der Gesamtfällung beobachtet wird. Zu der zur Fällung vorbereiteten Lösung läßt man so lange von der eingestellten Reagenslösung zulaufen, bis das Auftreten weiteren Niederschlags nicht mehr mit Sicherheit erkannt werden kann. Man filtriert eine kleine Probe von etwa 1 bis 2 cm³ durch ein Filterchen (SCHLEICHER & SCHÜLL, Nr. 597) ab und prüft im Filtrat, das man in zwei Teile teilt durch Zusatz von je 1 Tropfen Reagenslösung oder Substanzlösung, ob im Filtrat noch überschüssige Substanz oder schon überschüssiges Reagens vorhanden ist. Ist nach dem Ergebnis der Prüfung die Fällung noch unvollständig, so setzt man vorsichtig, je nach der Stärke der in der Probe entstandenen Trübung, noch Fällungsmittel zu und wiederholt die Filtrationsprobe. Auf diese Weise kann man leicht die Mindestmenge der zur vollkommenen Fällung erforderlichen Maßflüssigkeit ermitteln. Man wiederholt die Titration mit einer neuen Probe der zu untersuchenden Flüssigkeit und geht diesmal bis dicht an den bei der vorläufigen Bestimmung gefundenen Wert heran, der infolge der häufigeren Probeentnahme etwas zu niedrig ist. Hierauf führt man durch Entnahme weniger Filtrationsproben die Analyse zu Ende. Prüft man die Reagensröhrchen mit den Proben gegen einen mattschwarzen Hintergrund und läßt zugleich aus einer verhüllten Lichtquelle (Tageslichtlampe) Licht austreten, so ist bei einiger Übung die kleinste Trübung erkennbar.

Arbeitsvorschrift. In 100 cm³ Gesamtvolumen wird das Calcium (etwa 0,1 g) unter Zusatz des 1,25 bis 1,5fachen der äquivalenten Menge Natriumacetat (1 n oder 0,1 n Natriumacetatlösung) mit 0,1 n Oxalsäurelösung unter lebhaftem Schütteln der Lösung bei 70 bis 80° unter tropfenweiser Zugabe gefällt und der Äquivalenzpunkt durch Eingrenzen mittels der Filtrationsmethode bestimmt. Es hat sich als zweckmäßig erwiesen, jeweils zwei Parallelbestimmungen auszuführen. Bei der einen Probe ermittelt man den Äquivalenzpunkt, wie bereits beschrieben, bei der zweiten Probe wählt man absichtlich einen Überschuß an Fällungsmittel und titriert mit 0,1 n Calciumchloridlösung zurück. Dadurch ist eine doppelte Kontrolle der Resultate gegeben.

Bemerkungen. Für die Calciumbestimmung empfiehlt sich die Verwendung von Oxalsäurelösungen, da diese im Gegensatz zu den sonst verwendeten Lösungen von Oxalaten zumeist mit bekanntem Titer zur Verfügung stehen. Da aber die bei der Fällung entstehende freie Säure (Salzsäure) eine eindeutige Erkennung des Endpunktes nicht gestattet, muß diese durch Zusatz von Natriumacetat gebunden werden. Weiterhin muß zur Vergröberung des entstehenden Niederschlags das Fällungsmittel tropfenweise bei 70 bis 80°, nicht bei Siedehitze, unter ständigem Schütteln zugesetzt werden. Auch soll ein Zusatz von wenig Alkohol (MURMANN) von Vorteil sein.

Der Natriumacetatzusatz darf weder zu groß noch zu klein sein. Als am günstigsten erweist sich ein Überschuß von etwa 30%, bezogen auf die angewendete Oxalsäuremenge. Die zur sofortigen Erkennung der Trübung geeignete Konzentration an Calcium beträgt 0,1 g je 100 cm³. Bei größerer Verdünnung tritt die Trübung erst nachträglich ein, und die Endpunktseinstellung beansprucht Stunden. Bei genauen Titrationen von Lösungen unbekannten Kalkgehaltes darf der Fehler durch die Probenahme nicht mehr vernachlässigt werden; man macht daher zur Bestimmung des ungefähren Gehaltes eine Titration, also ohne Berücksichtigung der Verluste durch die Filtrationsproben. In einer zweiten Bestimmung nähert sich alsdann der Verbrauch rasch dem richtigen Wert, der nach 3 bis 4 Filtrationsproben unter nur geringen Korrekturen — etwa 0,1 cm³ der 0,1 n Oxalsäurelösung — erreicht wird. Bei der Schlußtitration sind die durch die Entnahme verursachten Fehler zu vernachlässigen. — Der Fehler kann auch rechnerisch erfaßt werden.

Die *Genauigkeit* ist bei normalen praktischen Bedürfnissen befriedigend; sie ist durch die Erfassungsgrenze und den methodischen Fehler bedingt. Die Empfindlichkeit ist 1:66000, erkennbar bei einer Verdünnung 1:1500 nach 2 Min. Die Adsorption an Niederschlag und Filter bildet keine Fehlerquelle; *ein* Tropfen Überschuß an Fällungsmittel wird bei der Filtrationsprobe sichtbar, während der vorhergehende Tropfen noch einen Überschuß an zu fällender Substanz angezeigt hat. Ein etwa vorhandener Fehler kann durch Verwendung noch weiter verdünnten Fällungsmittels auch weiter eingeschränkt werden.

b) Bestimmung bei Gegenwart anderer Metalle. 0,05 g Calcium werden in Gegenwart von 0,03 bzw. 0,09 g *Magnesium* mit einer Differenz von $\pm 0{,}2$ mg gefällt. Innerhalb gewisser Grenzen ist also die Gegenwart von Magnesium ohne Einfluß auf die Genauigkeit. Es erwies sich jedoch als zweckmäßig, den Natriumacetatzusatz auf das Doppelte der theoretischen Menge zu erhöhen.

Unter Verwendung der Fällung des Magnesiums mit o-Oxychinolin läßt sich eine Trennung Calcium-Magnesium nach der Filtrationsmethode durchführen, und zwar *ohne* Filtration des Calciumniederschlags vor der Titration (Fällung) des Magnesiums. Es zeigen sich im Bereich von 0,002 bis 0,15 g Calcium und bei einem Verhältnis Ca:Mg = 28:1 bis 1:3 keine Schwierigkeiten der Trennung. Die Differenzen an Calcium bewegen sich zwischen —0,1 und +0,4 mg.

Die Fällung des Calciums und die Bestimmung des Äquivalenzpunktes erfolgen auch hier nach der S. 242 gegebenen Arbeitsvorschrift.

Der Vorteil der Methode gegenüber der gravimetrischen Bestimmung liegt in ihrer großen Zeitersparnis und ihrer bequemen Handhabung. In Gegenwart von *Eisen, Aluminium* und *Kieselsäure* läßt sie sich nicht anwenden.

Bemerkungen. Eine Titration des Calciums mit Natriumoxalat gegen einen Farbstoffindicator ist nicht möglich (JELLINEK und KÜHN). Seit der Einführung der sogenannten Fixanalsubstanzen läßt sich an Stelle der oben empfohlenen Oxalsäure auch mit Vorteil das Natriumsalz verwenden, zumal alsdann der Zusatz von Natriumacetat in Fortfall kommt. Weiterhin läßt sich die Methode durch Verwendung einer besonderen Apparatur zur Beobachtung der Trübung, eines Nepheloskops nach MEIER (vgl. die Fußnote) verbessern. Endlich machen BUCHERER und MEIER (b) über die durch den Alkoholzusatz gesteigerte Tropfenempfindlichkeit Angaben, die in der folgenden Tabelle 3 zusammengestellt sind.

Tabelle 3.

Fällungsbedingungen	Tropfenempfindlichkeit
1. 0,1 n Oxalsäurelösung + Natriumacetat	1: 50000
2. 0,1 n Oxalsäurelösung + Natriumacetat + Alkohol	1:125000
3. 0,1 n Natriumoxalatlösung + Alkohol	1:125000
4. 0,1 n Natriumoxalatlösung + Alkohol	1:300000*

Somit ergibt sich nunmehr folgende Arbeitsvorschrift.

100 cm³ der schwach ammoniakalischen Lösung werden auf etwa 80° erhitzt; darauf fällt man das Calcium nach Zugabe von 5 cm³ Alkohol unter lebhaftem Schütteln mit 0,1 n Natriumoxalatlösung und bestimmt den Äquivalenzpunkt in üblicher Weise mittels der Filtrationsmethode. Die Äquivalenz der 0,1 n Natriumoxalatlösung wurde durch den Verbrauch an 0,1 n Calciumchloridlösung nachgeprüft. Es ist jedoch zweckmäßig, jeweils den Faktor der Maßlösung genau zu ermitteln. Besonders sei noch auf den störenden Einfluß von Kieselsäure, Eisen und Aluminium hingewiesen, der eine vollkommene Abscheidung dieser Elemente vor der Bestimmung des Calciums erforderlich macht.

* Die unter 4. angegebene Tropfenempfindlichkeit ist bei Verwendung eines Nepheloskops erhalten worden, wie es LAUTENSCHLÄGER, *München*, Lindwurmstr. 29—31, unter der Bezeichnung „Nepheloskop nach Dr. F. W. MEIER" liefert.

Diese auf eine maßanalytische Fällung zielende Methode ist von BUCHERER und von BUCHERER und MEIER besonders für die Calciumoxalatfällung bei der Portlandzementanalyse entwickelt worden.

2. Konduktometrische Titration.

a) Bestimmung bei Anwesenheit von Calcium allein. Nachdem DUTOIT und MOJOÏU gezeigt hatten, daß Calcium mit Kalium- oder besser mit Lithiumoxalat konduktometrisch bestimmt werden kann, hat KOLTHOFF (a) diese Bestimmungsweise eingehender untersucht. Bei der Verwendung von Lithiumoxalat nimmt die Leitfähigkeit bis zum Knickpunkt ab, um dann ziemlich stark zuzunehmen. Die Leitfähigkeit des gelösten Calciumoxalats macht sich in der Nähe des Knickpunktes deutlich bemerkbar. Verwendet wurden 25 cm^3 einer 0,1 n Calciumchloridlösung und 25 cm^3 Wasser. Auch in ammoniakalischer Lösung liefert die Bestimmung befriedigende Resultate, wenn das benutzte Ammoniak carbonatfrei ist. Verwendet wurden 25 cm^3 0,1 n Calciumchloridlösung und 5 cm^3 10%iges Ammoniak. Auch eine 0,01 n Lösung ist noch gut bestimmbar, doch stellt sich die Leitfähigkeit in der Nähe des Knickpunktes nicht direkt auf den konstanten Wert ein; man muß wenigstens 5 Min. warten. Verdünntere Calciumchloridlösungen sind auf diese Weise nur angenähert zu bestimmen. Bei Zusatz von Alkohol nimmt die Schnelligkeit der Endpunktseinstellung und die Genauigkeit der Bestimmung zu. Verwendet wurden 40 cm^3 0,0025 n Calciumchloridlösung und 15 cm^3 Weingeist sowie 70 cm^3 0,00143 n Calciumchloridlösung und 25 cm^3 Weingeist.

b) Einfluß von Fremdstoffen. *Magnesium* stört stark. In sehr verdünnten Lösungen, wenn *wenig Magnesium neben viel Calcium* vorliegt, titriert man konduktometrisch bei Anwesenheit von Weingeist mit Lithiumoxalat fast alles Magnesium mit [KOLTHOFF (a)].

Die Störung durch Magnesium legt den Gedanken nahe, die konduktometrische Titration mit Lithiumoxalat zur Härtebestimmung in Wasser zu verwenden. Man findet gegenüber den Werten der Methode von BLACHER und Mitarbeitern[1] zu niedrige Resultate, die jedoch praktisch noch brauchbar sind. Im allgemeinen ist zu empfehlen, das Wasser vor der Titration mit Salzsäure gegen Dimethylgelb zu neutralisieren, weil sonst bei harten Wässern das Calciumcarbonat beim Zusatz von Weingeist gefällt werden könnte.

In den Fällen, in denen *viel Magnesium neben Calcium* vorhanden ist, wird das Resultat zu niedrig, der Knickpunkt ist sehr unscharf [KOLTHOFF (a)]. Die *Metalle der Kupfer- und Eisengruppe* stören auch in ammoniakalischer Lösung bei der Calciumbestimmung. *Sulfat* stört fast nicht.

3. Direkte oxydimetrische Titration des abgeschiedenen Calciumoxalats.

Sie setzt die Abscheidung des neutralen Salzes $CaC_2O_4 \cdot 1\, H_2O$ sowie seine Freiheit von anhängendem überschüssigen Fällungsmittel, seine geringstmögliche Löslichkeit in der verwendeten Waschlösung, seine Löslichkeit in einer die Titration nicht störenden Säure oder die Umgehbarkeit dieser Störung sowie eine möglichst grobkörnige Fällung, bzw. ein genügend dichtes und doch schnell filtrierendes Filter voraus (s. auch § 1, S. 224).

Da das nach den obigen Vorschriften erhaltene Calciumoxalat gegebenenfalls auch direkt als Wägungsform verwendet werden kann, ist die erste der oben genannten Bedingungen zumeist erfüllt. Zur Einhaltung der übrigen Bedingungen kann man, wie folgt, verfahren.

a) Titration mit Kaliumpermanganat. Arbeitsvorschrift. Den nach S. 219ff. gefällten und gesammelten Niederschlag bringt man in einen Filtertiegel, der, wie folgt, vorbereitet ist. Auf den Boden desselben kommt nicht, wie bei der

[1] BLACHER, C. u. J. JACOBY: Ch. Z. **32**, 744 (1908). — BLACHER, C., U. KOERTER u. J. JACOBY: Angew. Ch. **22**, 971 (1909).

ursprünglichen Zubereitung nach GOOCH, eine Asbestschicht, sondern ein Filterscheibchen, das den Boden gerade bedeckt, auf dieses wird ein zweites, etwa 2 mm größeres gelegt, das an der Tiegelwandung ein wenig heraufreicht. Die Filter werden aus größeren mit Korkbohrern ausgestanzt (weiche Unterlage) und mit Wasser befeuchtet in den Tiegel gedrückt. Heiß gefälltes Calciumoxalat läßt sich hiermit meist schon beim ersten Male klar filtrieren; nötigenfalls gießt man das zuerst durchgelaufene, noch trübe Filtrat ein zweites Mal durch den Filtertiegel[1]. Man wäscht mit möglichst wenig kaltem Wasser aus, bis das Filtrat ammoniak- bzw. chlorfrei ist, bringt die Filterscheibchen mit einer Pinzette in das Fällungsgefäß, spült mit heißem Wasser und etwas Schwefelsäure nach und titriert. Die kleinen in der Titrierflüssigkeit schwimmenden Papierfilter werden dabei vom Permanganat nicht angegriffen.

Bei der Berechnung berücksichtigt man, daß nach der Gleichung

$$CaC_2O_4 + O = CaO + 2\,CO_2$$

1 l 0,1 n $KMnO_4$-Lösung äquivalent $^1/_{20}$ Grammatom Ca ist.

Für die Titration sind die Fehlerquellen der Reaktion von Permanganat auf Oxalsäure zu berücksichtigen.

Soweit hierzu nicht schon an anderer Stelle Ausführliches gegeben ist, sei hier kurz auf folgendes hingewiesen.

Das Oxydationspotential des Vorganges wird durch die Wasserstoff-Ionen-Konzentration bedingt. In saurer Lösung können wir uns — nach KOLTHOFF (c) — die Oxydationsreaktion in folgender Weise vorstellen:

$$MnO_4' + 8\,H^{\cdot} + 5\,e \rightleftharpoons Mn^{\cdot\cdot} + 4\,H_2O\,.$$

e stellt hier ein negatives Elektron dar.

Nach diesem Vorgang läßt sich das Oxydationspotential des Permanganats durch folgende Beziehung wiedergeben:

$$E = \varepsilon_0 + \frac{0{,}058}{5}\cdot\log\left\{\frac{[MnO_4']}{[Mn^{\cdot\cdot}]}\cdot[H^{\cdot}]^8\right\} \text{ bei } 18°.$$

Die Oxydationswirkung des Permanganats nimmt also mit der Wasserstoff-Ionen-Konzentration stark zu, was experimentell auch bestätigt worden ist. Der Einfluß der ManganII-Ionen-Konzentration auf das Potential kommt nicht genau in der Gleichung zum Ausdruck. ManganII-Ionen an sich vermögen Permanganat zu reduzieren unter Bildung von ManganIII-Ionen und von Braunstein. In saurer Lösung erfolgt diese Reaktion langsam, doch muß ihr das allmähliche Verblassen der Permanganatfarbe nach Beendigung einer Titration zugeschrieben werden. Übrigens ist der Mechanismus der Permanganatoxydation nach HOLLUTA sehr verwickelt. Soweit möglich, wird man Titrationen mit Permanganat immer in saurer Lösung vornehmen, weil man dann gewöhnlich direkt auf den Endpunkt zukommen kann.

Der Mechanismus der Oxydationsreaktion organischer Substanzen, wie der Oxalsäure, ist im einzelnen sehr undurchsichtig und größtenteils noch unbekannt. Die Kinetik der Reaktion zwischen Oxalsäure und Permanganat ist von SKRABAL als eine sehr verwickelte erkannt worden.

Wegen der Selbstzersetzung des Permanganats, die nur in der Kälte ganz zurücktritt, ist die Titration in der Siedehitze grundsätzlich zu verwerfen.

Nach SCHROEDER ist während der Oxalsäureoxydation mit Permanganat der Luftsauerstoff induziert beteiligt, wodurch ein Teil der Oxalsäure zu Kohlensäure oxydiert wird. Bei Zusatz von ManganII-sulfat und besonders Titandioxyd kann dieser Fehler merklichen Umfang annehmen und zu einem Minderverbrauch von Oxalsäure führen. Nach KOLTHOFF (b) tritt eine Zersetzung der Oxalsäure in Kohlenmonoxyd, Kohlendioxyd und Wasser auf, besonders bei hoher Temperatur

[1] Da an der Pumpe gearbeitet wird, kann man dichte Filter (SCHLEICHER & SCHÜLL, Weißband Nr. 589) verwenden.

und in Gegenwart von ManganII-sulfat. Auch ChromIII-Ion beschleunigt diese Zersetzung stark. Bei richtiger Arbeitsweise ist sie aber zu vernachlässigen.

Die erwähnte Selbstzersetzung der Oxalsäure spielt oft störend in Bestimmungen hinein, bei denen man irgendwelche Stoffe in saurer Lösung einige Zeit mit überschüssiger Oxalsäure erhitzt, ehe man zurücktitriert.

Bei zu schneller Titration und ungenügendem Schütteln, bei hoher Säurekonzentration und großer Verdünnung der Oxalsäurelösung tritt leicht Verlust durch Sauerstoffentwicklung ein.

Nach DEISS bildet die Oxalsäure bei der Oxydation zunächst eine Persäure, die in Wasserstoffperoxyd und Kohlendioxyd zerfällt. Da aber 1 Mol Oxalsäure 1 Mol Peroxyd liefert und das letztere ebenso viel Permanganat verbraucht, ist diese Nebenreaktion absolut unschädlich.

Für die *Titerstellung* wie auch für die *eigentliche Titration* gilt daher folgende Arbeitsvorschrift.

Die genau abgewogene Menge Urtitersubstanz (Natriumoxalat) wird in so viel Wasser gelöst, daß die Konzentration der Urtiterlösung etwa 0,1 n ist. Dann werden auf je 50 cm^3 Lösung 15 cm^3 4 n Schwefelsäure zugefügt. Nach dem Erwärmen auf 75 bis 85° wird titriert. Besonders im Anfang läßt man die Titerlösung langsam zutropfen und wartet stets ab, bis die Flüssigkeit wieder farblos geworden ist; dann kann man rascher unter fortwährendem Umschütteln bis zum Endpunkt titrieren. Bei der Einstellung von 0,01 n Permanganatlösung auf Oxalsäure findet man etwa 0,3% zu wenig Verbrauch. Der Titrierfehler ist hier schon merklich, er kann nach dem Abkühlen empirisch bestimmt werden, indem man Kaliumjodid und Stärke zusetzt und das Jod mit 0,01 n Thiosulfatlösung titriert.

Weitere Arbeitsweisen. Um den durch das Waschen mit heißem Wasser bedingten Fehler zu umgehen, kann man nach WALLAND eine Titerkorrektur anbringen. Man bereitet zunächst einen Oxalatniederschlag von bekanntem Calciumgehalt, wäscht ihn in der gleichen Weise wie bei der eigentlichen Bestimmung aus und stellt mit ihm den Titer der zu verwendenden Permanganatlösung ein.

Das gefällte Oxalat wird auf einem Papierfilter gesammelt und mit heißem Wasser vollständig ausgewaschen; der noch feuchte Niederschlag wird mit Wasser in ein Becherglas gespült. Durch das verwendete Filter läßt man mehrmals warme verdünnte Schwefelsäure in das Becherglas laufen, um noch anhaftende Spuren von Oxalat zu zersetzen. Alsdann fügt man noch 20 cm^3 Schwefelsäure (1:1) zu der trüben Lösung zu, verdünnt mit heißem Wasser auf etwa 300 bis 400 cm^3 und titriert mit 0,1 n $KMnO_4$-Lösung (TREADWELL).

PETERS verwendet Salzsäure zum Lösen des Oxalatniederschlags. Er läßt 12 Std. stehen, dekantiert durch ein Asbestfilter, wäscht durch Dekantieren 2 bis 3mal mit je 50 bis 100 cm^3 kaltem Wasser und bringt dann den Niederschlag auf das Filter. Hierauf wird der Tiegel mit Inhalt in das zur Fällung benutzte Becherglas gebracht, mit 100 bis 200 cm^3 Wasser und 5 bis 10 cm^3 konzentrierter Salzsäure übergossen und die Oxalsäure in der erhaltenen Lösung nach Zusatz von 0,5 bis 1 g ManganII-chlorid bei 35 bis 45° titriert. BAXTER und ZANETTI stießen bei einer Anfangstemperatur von mehr als 70° in salzsaurer Lösung auf keine Unregelmäßigkeiten; unter 70° wird aber mehr als die theoretische Permanganatmenge aufgenommen, und die Lösungen riechen deutlich nach unterchloriger Säure. KOLTHOFF (b) konnte diese Angaben vollständig bestätigen und fand außerdem, daß bei gleicher Temperatur und Säurekonzentration die anfängliche Farbe des Permanganats in salzsaurer Lösung viel schneller verschwindet als in schwefelsaurer.

Für die Bestimmung des Calciums nach Fällung als Oxalat empfiehlt auch KOLTHOFF den Niederschlag in Salzsäure statt in Schwefelsäure zu lösen, um Rücksicht auf die geringere Löslichkeit der Sulfate zu nehmen. Dies dürfte aber doch nur dann in Betracht kommen, wenn Strontium in größeren Mengen zugegen ist oder gleichzeitig mitbestimmt werden soll. Für die Titration schreibt er ausdrücklich eine Temperatur von 80° vor. Aus der Vorschrift von H. BILTZ und W. BILTZ geht nur mittelbar hervor, daß diese Temperatur einzuhalten ist.

BOWSER verfährt zur *Bestimmung kleiner Mengen Calcium* wie folgt: 5 bis 10 cm³ einer Lösung mit wenigstens 0,3 mg Calcium werden mit einigen Tropfen Ammoniak und 0,4 g Ammoniumchlorid gekocht und nach Zusatz von 0,2 g Ammoniumoxalat nochmals aufgekocht. Dann gibt man ein gleiches Volumen 3%iges Ammoniak hinzu, filtriert nach 3stündigem Stehen durch ein kleines Asbestfilterrohr und wäscht mit 3%igem Ammoniak aus. Der Niederschlag wird mit 1 cm³ 1 n Schwefelsäure zersetzt, die heiße Flüssigkeit mit 5 bis 10 cm³ 0,005 n Permanganatlösung versetzt und mit 0,005 n Oxalsäurelösung zurücktitriert. Die Pipetten und Büretten sollen so feine Spitzen haben, daß 10 Tropfen gleich 0,15 cm³ sind. Vom Resultat ist der in einem Blindversuch ermittelte Permanganatverbrauch durch Asbest, Wasser und Schwefelsäure abzuziehen.

b) Titration mit Bromat. Die bromatometrische Bestimmung des Calciums durch Ermittlung der Oxalsäure ist von SZEBELLÉDY und MADIS gezeigt worden. Sie beruht auf der indirekten Bestimmung der Oxalsäure nach FEIT und KUBIERSCHKY. Dieses Verfahren benutzt die Oxydation von ManganII-salz zu ManganIII-salz durch Kaliumbromat in einer Lösung mit 50% Schwefelsäure und 5% Phosphorsäure nach HIRANO. Der Vorgang verläuft aber nach den Versuchen von SZEBELLÉDY und MADIS nur dann glatt, wenn intermediär auftretendes Brom gebunden wird, die Oxydation also nur durch den Bromatsauerstoff erfolgt. Zur Bindung des Broms wird QuecksilberII-oxyd verwendet. Versetzt man eine solchermaßen vorbereitete Oxalsäurelösung tropfenweise mit Kaliumbromat, so entsteht ein intensiv violett gefärbtes Oxydationsprodukt (nach SZEBELLÉDY und MADIS ein ManganIII-salz), das mit der Oxalsäure augenblicklich in Reaktion tritt, so daß sich die Lösung wieder entfärbt. Der Äquivalenzpunkt der Reaktion wird von dem vom Kaliumbromat erzeugten, bereits in geringem Überschuß vorhandenen, hellrosa gefärbten ManganIII-salz angezeigt. Der Farbumschlag ist intensiver und leichter zu beobachten, wenn der Untersuchungslösung Phosphorsäure zugesetzt wird. Nach Ermittlung der für die Oxalsäuretitration notwendigen Bedingungen wird für die Calciumbestimmung folgende Arbeitsvorschrift gegeben.

Fällung. Sie erfolgt nach L. W. WINKLER in folgender Weise: 100 cm³ einer neutralen, höchstens 0,1 g Calcium enthaltenden Lösung werden mit 3 g Ammoniumchlorid und mit 10 cm³ 1 n Essigsäure versetzt. Die Neutralisation wird mit Ammoniak oder mit Salzsäure in Gegenwart von Methylorange als Indicator vorgenommen. In die so vorbereitete Lösung wird eine dünne Cadmiumplatte eingelegt, um das Sieden der Lösung gleichmäßig zu gestalten; die Lösung wird dann zum Sieden erhitzt. Während des Siedens werden tropfenweise 10 cm³ einer 10%igen Kaliumoxalatlösung oder 20 cm³ einer 25%igen Ammoniumoxalatlösung hinzugegeben (letztere wird dann angewendet, wenn im Filtrat Magnesium bestimmt werden soll). Nach Zusatz des letzten Tropfens Kaliumoxalatlösung wird die Lösung noch 3 Min. im Sieden erhalten. Schon nach einigen Minuten hat sich der Niederschlag abgesetzt. Wenn in der Lösung Calcium nur in Spuren vorhanden ist, fällt es erst nach dem Abkühlen der Lösung aus, so daß es zweckmäßig ist, die Lösung einen Tag stehen zu lassen. Der gefällte Niederschlag wird abfiltriert und mit 50 cm³ Wasser gewaschen.

Titration. Weitere Versuche ließen es als zweckmäßig erscheinen, den auf oben beschriebene Weise erhaltenen und gewaschenen Niederschlag, der in einem Glasfiltertiegel gesammelt werden kann, mit 30 cm³ 2 n Schwefelsäure quantitativ in einen Titrierbecher überzuführen. Die Bestimmung entspricht in ihren weiteren Einzelheiten der Oxalatbestimmung. Der Lösung, die das Calcium enthält, werden 0,5 g pulverisiertes ManganII-sulfat und 0,5 g QuecksilberII-oxyd zugesetzt; dann werden langsam 20 cm³ konzentrierte Schwefelsäure und 5 cm³ konzentrierte

Phosphorsäure zugegeben. Die so vorbereitete Lösung wird so lange mit 0,1 n Kaliumbromatlösung versetzt, bis die Lösung durch den letzten Tropfen der Maßlösung eine beständig hellrosa Farbe annimmt.

Bei der Bestimmung muß beachtet werden, daß der Titrierbecher farblos ist. Es ist angebracht, bei der Titration eine Vergleichslösung zu gebrauchen, die auf folgende Weise hergestellt wird: In 30 cm³ Wasser werden 0,5 g ManganII-sulfat und 0,5 g QuecksilberII-oxyd gelöst; dann setzt man 20 cm³ konzentrierte Schwefelsäure und 5 cm³ konzentrierte Phosphorsäure langsam hinzu und hierauf 0,10 cm³ einer 0,1 n Kaliumbromatlösung. Die Untersuchungslösung wird auf den Farbton der vom ManganIII-salz hellrosa gefärbten Lösung titriert. Von der zur Titration verbrauchten Menge 0,1 n Kaliumbromatlösung bringt man die zur Vergleichslösung hinzugefügte Menge (0,1 cm³) in Abzug.

Vergleiche der nach diesen Verfahren erhaltenen Werte mit den nach der Permanganatmethode bzw. auf jodometrischem Weg gefundenen zeigten gute Übereinstimmung.

c) Titration mit CerIV-sulfat. Ein weiteres oxydimetrisches Verfahren von RAPPAPORT, das auf der Verwendung von CerIV-sulfat beruht, findet im Anhang „Die Calciumbestimmung in biologischem Material" (S. 335f.) Erwähnung.

4. Rücktitration des zur Fällung von Calciumoxalat nicht verbrauchten Überschusses an Oxalat-Ion.

Die S. 244ff. beschriebene direkte Titration des Calciumoxalats ist, wie in den meisten Fällen, einer Restmethode vorzuziehen. Will man aus irgendeinem Grund diese doch ausführen, so fällt man die ammoniakalische Calciumlösung mit einer gemessenen Menge Ammoniumoxalatlösung im Überschuß, füllt zu einem bestimmten Volumen, etwa 1 l, auf und filtriert nach 6stündigem Stehen einen aliquoten Teil der klaren Lösung ab. In dieser mit Schwefelsäure versetzten, erwärmten Lösung, titriert man den Überschuß des Ammoniumoxalats mit Permanganat zurück. Bestimmt man durch Titration den Oxalsäuregehalt der zugesetzten Ammoniumoxalatlösung, so ergibt sich aus den beiden Titrationen die Menge Oxalsäure, die als Calciumoxalat ausgefallen ist und hieraus die Menge Calcium. Bei dieser Methode fällt das Auswaschen des Niederschlags fort (CLASSEN und CLOEREN). Dieses Verfahren ist seiner Einfachheit wegen zunächst bestechend, doch hat DÖRING an einer großen Zahl von Versuchen gezeigt, daß es zu hohe Werte liefert, und hat die Vermutung ausgesprochen, daß der Grund hierfür in einer Adsorption des überschüssigen Ammoniumoxalats zu suchen ist. Wie er weiterhin zeigen konnte und wie auch spätere Versuche von GEILMANN und HÖLTJE lehren, ist diese Adsorption nur eine sehr lockere, da sie sich durch Waschen mit Wasser wieder beseitigen läßt. Will man also bei der Restmethode zu genauen Werten kommen, so muß man auch hier auswaschen, womit aber der scheinbare Vorteil des Verfahrens wieder verschwindet.

Nach HAHN und WEILER läßt man die Fällung über Nacht stehen oder aber man läßt, wenn in extremer Verdünnung gefällt worden ist (s. S. 221), abkühlen, filtriert und titriert sofort.

Daß man zu der oben beschriebenen Arbeitsweise an Stelle von Ammoniumoxalat auch Oxalsäure, z. B. eine 0,1 n Lösung verwenden kann, versteht sich von selbst. Für die Fällung wird dann die Lösung ammoniakalisch gemacht.

Arbeitsvorschrift. RUPP und BERGDOLT geben zur Lösung der Calciumsalze 1 bis 2 g Ammoniumchlorid, Ammoniak in geringem Überschuß und eine abgemessene Menge einer 3,5%igen Lösung von krystallisiertem Ammoniumoxalat oder einer 1 n Oxalsäurelösung. Die Fällung nehmen sie in der kochenden Lösung vor. Nach dem Abkühlen bringen sie das Ganze auf ein bestimmtes Volumen, filtrieren und bestimmen in 50 oder 100 cm³ des Filtrats die überschüssige Oxalsäure in Gegenwart von etwa 2 g gepulvertem ManganII-sulfat.

Wie die eben genannten Autoren, so verwendet auch GROSSFELD (a) einen aliquoten Teil des Filtrats und nicht der klaren Lösung über dem Niederschlag, wie CLASSEN und CLOEREN, zur Titration. Als Filter empfiehlt er feinporiges Kieselgurfiltrierpapier [GROSSFELD (b)]. Zum Unterschied von anderen Fällungsverfahren gibt er aber noch Phosphorsäure zu und verfährt nach folgender

Arbeitsvorschrift. **Reagenzien.** (1) *Konzentrierte Phosphorsäure:* 250 g im Liter. — (2) *Natronlauge:* 100 g Natriumhydroxyd im Liter. — (3) *Ammoniumoxalatlösung:* 40 g Ammoniumoxalat im Liter. — (4) *0,1 n Permanganatlösung.* — (5) *Verdünnte Schwefelsäure:* 250 cm³ Schwefelsäure im Liter.

Bestimmung. Man versetzt die zu untersuchende Substanz oder die ganz schwach saure Lösung, enthaltend bis zu etwa 0,2 g CaO in einem 100 cm³ fassenden Kölbchen mit 10 cm³ Phosphorsäure und genau 15 cm³ Ammoniumoxalatlösung und stumpft den Säureüberschuß mit 10 cm³ Natronlauge ab, wobei die Lösung blaues Lackmuspapier noch deutlich rot färben, rotes Kongopapier aber nicht mehr verändern soll. Dann wird bis zur Marke aufgefüllt, umgeschüttelt, durch ein trockenes Kieselgurfilter filtriert und ein Teil des Filtrats, z. B. 50 cm³, nach Zusatz von 10 bis 15 cm³ verdünnter Schwefelsäure in der Wärme mit 0,1 n Permanganatlösung titriert. Hierbei ergibt sich der Oxalatüberschuß; die gesamte Oxalatmenge ermittelt man durch einen Blindversuch mit den genannten Reagenzien. Eine größere Menge Salzsäure darf bei der Bestimmung nicht zugegen sein. Geringe Mengen Chloride üben keinen merklichen Einfluß aus. Erst wenn mehr als 1,25 g Salzsäure vorhanden sind, wird die Versuchsfehlergrenze überschritten. Aus viel Salzsäure enthaltenden Lösungen scheidet man daher das Calcium zweckmäßig als Carbonat ab, löst den Niederschlag in Phosphorsäure und verfährt wie angegeben. Organische Substanzen werden vorher verascht. Bei Trinkwasser wird am besten der geglühte Abdampfrückstand benutzt.

Bemerkungen. Die Genauigkeit des Verfahrens ist befriedigend; es wurden bei Anwendung von Calciumchlorid 99,91% der für die Bestimmung verwendeten Calciummenge wieder gefunden, während man von einem Carbonat, das in Phosphorsäure gelöst wurde, nur 99,62% des vorhandenen Calciums wieder erhielt.

Für technische Untersuchungen scheint das Verfahren allgemeiner Anwendung fähig zu sein, zumal in Verbindung mit der zeitsparenden Titration. Bei der Untersuchung von Calciumphosphaten macht es die Abscheidung der Phosphorsäure nach dem Acetatverfahren überflüssig.

Zur Calciumbestimmung in Trink- und Gebrauchswasser verfährt GROSSFELD (c) wie folgt:

Arbeitsvorschrift. 100 cm³ des Wassers werden in einem ERLENMEYER-Kolben von 250 cm³ Inhalt mit genau 20 cm³ Ammoniumoxalatlösung (20 g des krystallisierten Salzes im Liter) versetzt und 10 bis 15 Min. beiseite gestellt. Dann filtriert man durch ein glattes, trockenes Filter (15 cm ⌀), versetzt 100 cm³ des klaren Filtrates mit 20 cm³ Schwefelsäure (1 : 3), erwärmt und titriert mit 0,1 n Permanganatlösung. Der Reduktionswert der Oxalatlösung ist durch einen in gleicher Weise ausgeführten Blindversuch festzustellen.

Die erzielten Ergebnisse stehen den gewichtsanalytischen an Genauigkeit nicht nach.

Zur Calciumbestimmung in Gebäck gibt GROSSFELD (d) folgende ***Arbeitsvorschrift:***

Man läßt 50 g der lufttrockenen, gemahlenen Substanz in einer Platinschale verbrennen; die Kohle muß man möglichst vollständig veraschen und jedenfalls so gründlich durchglühen, daß keine löslichen organischen Stoffe mehr vorhanden sind. Der Glührückstand wird dann mit 20 cm³ Phosphorsäure (25 g auf 100 cm³) unter Zusatz von etwas Wasser auf dem Wasserbad gelöst, und schließlich wird der ganze Schaleninhalt mit Wasser in einen 200 cm³-Meßkolben übergeführt und zur Zersetzung etwa vorhandener Sulfide einige Minuten gekocht. Dann werden

25 cm³ 2%ige Ammoniumoxalatlösung, deren Wirkungswert gegen 0,1 n Permanganatlösung bekannt ist, zugegeben, worauf der Säureüberschuß mit etwa 20 cm³ 10%iger Natronlauge abgestumpft wird, bis blaues Lackmuspapier sich wohl noch rötet, aber Kongorotpapier nicht mehr verändert wird. Man füllt zur Marke auf, filtriert nach gehörigem Umschütteln durch ein glattes, trockenes Kieselgurfilter (15 cm ⌀) und titriert vom Filtrat 150 cm³ warm mit Permanganat zurück, nachdem man zuvor 20 bis 25 cm³ der verdünnten Schwefelsäure zugesetzt hat.

Nach den Angaben von VÜRTHEIM und VAN BERS (a) hat die Temperatur bei der Titration des Oxalats innerhalb 40 bis 90° keinen Einfluß; bei 70° stören auch verschiedene Beimischungen, wie Filtrierpapier, noch nicht. Der Titer einer Ammoniumoxalatlösung erwies sich als nicht konstant, was aber bei der Anstellung von Blindversuchen bei jeder Reihe ohne Bedeutung ist. Durch die Versuche von GROSSFELD (s. oben) hat sich gezeigt, daß Phosphorsäure bei der kalten Fällung des Calciumoxalats nicht stört, wobei aber nur durch Kieselgurfilter zu filtrieren ist.

Arbeitsvorschrift. VÜRTHEIM und VAN BERS (a) verfahren in der Weise, daß sie zu der salzsauren Lösung kalte Ammoniumoxalatlösung hinzufügen und mit Ammoniak neutralisieren. Sie gehen folgendermaßen vor: Man löst 12,5 g Substanz in 200 cm³ 10%iger Salzsäure, fügt weitere 100 cm³ Wasser hinzu und kocht die Lösung 1/2 Std. in einem 500 cm³-Kolben. Nach dem Abkühlen wird auf 500 cm³ aufgefüllt und filtriert. 50 cm³ des Filtrats werden in einen 250 cm³-Kolben gegeben, mit Ammoniumchlorid und mindestens der doppelten Menge des dem vorhandenen Calciumoxyd entsprechenden Ammoniumoxalats versetzt, sodann mit 20%igem Ammoniak alkalisch gemacht, 2 Std. in siedendem Wasser erhitzt, hierauf abgekühlt und auf 250 cm³ aufgefüllt. Dann wird mit 0,3567 n Permanganatlösung titriert (11,275 g $KMnO_4$/l), wobei sich der Verbrauch A ergibt. Den Verbrauch B findet man in gleicher Weise in einem Blindversuch mit Wasser. Die Differenz von B und A entspricht dem Gehalt an Calciumoxyd.

GROSSFELD (e) gibt folgende ***Arbeitsvorschrift.*** Man löst die Substanz (mit weniger als 0,140 g CaO) in 20 cm³ 4 n Phosphorsäurelösung, verrührt die Lösung mit 20 cm³ Ammoniumoxalatlösung (20 g/l), fügt dann 20 cm³ 2,5 n Natronlauge unter Umrühren hinzu, filtriert in der Kälte und titriert 50 cm³ des Filtrats mit 0,1 n Permanganatlösung, wobei sich der Wert A ergibt. Den Wert B erhält man durch einen Blindversuch ohne Substanz. CaO = (B — A) · 3,364 mg. — Auch Calciumsulfat löst sich hierbei hinreichend in Phosphorsäure. Das Verfahren läßt sich auf Düngemittel, Nahrungsmittel, besonders auf Milchasche, die Bestimmung des Milchgehaltes, auf Bindemittel in Fleischwaren, pharmazeutische Zubereitungen und Trinkwasser anwenden. Bei letzterem ergibt sich aus der Differenz zwischen der Gesamthärte und dem Calciumoxyd auch das Magnesiumoxyd. VÜRTHEIM und VAN BERS (b) machen anschließend noch auf die Möglichkeit des Auftretens von Verdampfungsverlusten aufmerksam, wenn in offenen Bechergläsern gearbeitet wird. Diese Verluste betragen jedoch nach Versuchen von GROSSFELD (f) bei einer Temperatursteigerung von 11,8° nur 0,14% der Ergebnisse.

Bei einem Vergleich der direkten maßanalytischen Bestimmung mit der indirekten geben GEILMANN und HÖLTJE beim Vorliegen kleiner Calciummengen der direkten Methode den Vorzug. Aus einer Lösung, die 1,0 mg Calcium/cm³ enthielt und von der bis zu 5 cm³ zur Verwendung kamen, wurde das Calcium heiß mit Natriumoxalatlösung (3,344 g/l) in geringem Überschuß gefällt; danach wurde die Lösung schwach ammoniakalisch gemacht und 2 Std. stehen gelassen. Alsdann wurde zentrifugiert und die Lösung über dem Niederschlag möglichst vollständig abgehebert. Der Niederschlag wurde 6mal mit 1 bis 3 cm³ Wasser gewaschen (je nach der Menge des Niederschlags) und darauf in 2 bis 4 cm³ 5%iger Schwefelsäure gelöst. Der Niederschlag löste sich besonders beim Erwärmen schnell auf. Das Oxalat wurde durch Titrieren mit 0,02 n Permanganatlösung und Zurücktitrieren des Überschusses mit 0,02 n Thiosulfatlösung bestimmt.

Die Werte sind durchaus befriedigend und besser als die nach dem indirekten Verfahren erhaltenen; sie liegen *für Calciummengen unter 5 mg* ziemlich gleichmäßig bis zu 0,015 mg über oder unter dem Sollwert.

Versuche, die GEILMANN und HÖLTJE nach dem Verfahren von HAHN und WEILER (s. S. 248) mit den gleichen Mengen Calcium ausführten, ergaben Überwerte bis zu 0,03 mg Calcium. Offenbar hat der Niederschlag die Neigung, überschüssiges Oxalat aufzunehmen, und die Menge dieses Überschusses steigt mit der Absolutmenge des Niederschlags. Die Versuche wurden folgendermaßen durchgeführt: die Calciumlösung wurde aus einer Pipette in ein Zentrifugenglas gegeben, im Wasserbad erhitzt und mit einer gemessenen Menge Natriumoxalatlösung (3,344 g/l) gefällt (Mikrobürette). Nach Fällung des Calciums wurde schwach ammoniakalisch gemacht. Der Gehalt der Lösung an überschüssigem Natriumoxalat betrug 0,05 bis 0,1%. Man ließ die Lösung etwa 2 Std. stehen und zentrifugierte alsdann. Danach wurde das Zentrifugenglas mit der Lösung gewogen, der größte Teil der klaren Flüssigkeit abgehebert, das Gefäß wieder gewogen und die abgeheberte Lösung nach Zusatz von Schwefelsäure mit 0,02 n Permanganatlösung titriert. Der geringe Überschuß an Permanganat wurde mit 0,02 n Thiosulfatlösung zurücktitriert. Das Leergewicht des Gefäßes war vorher ermittelt worden. Beträgt das Gewicht des Niederschlags mehr als 0,1% vom Gewicht der Gesamtlösung, so wird die Menge des Niederschlags zunächst durch eine Überschlagsrechnung auf 1 bis 2 mg genau ermittelt und alsdann bei der Berechnung des Calciums vom Gewicht der Gesamtlösung abgezogen. Das Calcium wird nach der Formel berechnet:

$$\text{mg Ca} = v - \frac{g}{p} \cdot a \cdot F.$$

Hierin ist g das Gewicht der Gesamtlösung, p das Gewicht des abgeheberten Teiles, v die angewendete Anzahl Kubikzentimeter Oxalatlösung, a die verbrauchte Menge Permanganatlösung in Kubikzentimetern, F der Umrechnungsfaktor der Permanganatlösung $\left(= \frac{\text{cm}^3 \text{ Oxalatlösung}}{\text{cm}^3 \text{ Permanganatlösung}}\right)$.

Das Verfahren dient auch zur Calciumbestimmung nach Abscheidung des Bariums als Chromat. Über die Abscheidung des Bariums s. S. 306. Zur nachfolgenden Calciumbestimmung wird die abgeheberte Lösung, die das meiste Calcium enthält, falls die Calciummenge sehr klein ist, im Wasserbad etwas konzentriert, wobei man zweckmäßig den Wasserdampf über der Lösung mit der Wasserstrahlpumpe schwach absaugt. Dann wird in der Siedehitze Ammoniumoxalat in geringem Überschuß zugegeben und schwach ammoniakalisch gemacht. Nach 2stündigem Stehen wird zentrifugiert, abgehebert und der Niederschlag mindestens 6mal, bei größeren Mengen besser 7mal, mit je 1 bis 2 cm³ Wasser gewaschen. Nach dem Auswaschen gibt man 1 bis 2 cm³ verdünnte Schwefelsäure hinzu und erwärmt im Wasserbad. Man spült die Lösung in einen kleinen ERLENMEYER-Kolben über und titriert bei 50 bis 70° mit 0,02 n Permanganatlösung bis zur deutlichen Rotfärbung. Dann kühlt man sogleich mit Wasser, gibt wenig Kaliumjodid und Stärke hinzu und titriert mit 0,02 n Thiosulfatlösung. Der Verbrauch an Thiosulfatlösung wird von dem Verbrauch an Permanganatlösung abgezogen. Die Thiosulfatlösung stellt man mit der Permanganatlösung ein und diese wiederum mit einer Natriumoxalatlösung, die 3,344 g $Na_2C_2O_4$/l enthält (1 cm³ entspricht 1 mg Ca), wobei man ebenso verfährt wie beim Titrieren des Calciumoxalats. Die gefundene Calciummenge ist gegebenenfalls mit g/p zu multiplizieren.

5. Elektrometrische Titration.

Diese Bestimmungsmöglichkeit hat noch keine Ausführungsform gefunden. Es fehlt offenbar an einer richtig ansprechenden Elektrode. Nach LE BLANC und

HARNAPP braucht die von CORTEN und ESTERMANN angegebene Elektrode Zn/Zn-oxalat/Ca-oxalat/$Ca^{··}$ zur Messung der Ionenkonzentration im Blut zur Einstellung des Gleichgewichts eine viel zu lange Zeit; auch fällt ein Teil der zu bestimmenden Metalle aus.

C. Colorimetrische Bestimmung.

Kleine Calciummengen in Höhe von 0,1 mg können dadurch ermittelt werden, daß man nach SINGLETON das Calcium zuerst aus einer konzentrierten Lösung als Oxalat und dann als Alizarinat fällt. Der Alizaringehalt wird dann colorimetrisch bestimmt.

D. Nephelometrische Bestimmung.

Auch für die nephelometrische Messung ist der Oxalatniederschlag verwendet worden. Nach GRANT erhält man bei der Oxalatfällung eine für nephelometrische Zwecke ausgezeichnet brauchbare Trübung, wenn man sie unter bestimmten experimentellen Bedingungen in warmer Lösung hervorruft und eine bestimmte Zeit nach ihrer Bildung beobachtet.

Diese Beobachtung findet eine Bestätigung in den Arbeiten von CHÉNEVEAU und BOUSSU. Es wird festgestellt, daß die Oxalatfällung erst nach 24 Std. vollständig ist, was sich aus der Beobachtung der Teilchengröße ergibt. Trübe Oxalatlösungen gehorchen den allgemeinen optischen Gesetzen trüber Lösungen, die nephelometrische Bestimmung ist stets möglich, erfordert aber für jeden Fall genaue Vorarbeiten.

Demgegenüber bezeichnet POLINKOWSKAJA diese Methode als nicht genau, da Ammoniumsalze und Ammoniak usw. den Charakter des Niederschlags beeinflussen; auch sind die Niederschläge unbeständig und zeigen sehr bald Anzeichen der Umkrystallisierung.

Als Stabilisator für die Ammoniumoxalatfällung empfiehlt GARMASCH eine Lösung, die 10% Ammoniak, 0,1% Gelatine und 1% Stärke enthält. Die Fällung erfolgt mit einer gesättigten Ammoniumoxalatlösung unter ständigem Umrühren, um gleichmäßige Krystallgröße zu erhalten. Die optimale Konzentration liegt bei 0,016 mg Calcium/cm^3, die Bestimmung dauert 15 bis 20 Min.

E. Gasvolumetrische Bestimmung.

BODLÄNDER zersetzt das gefällte Oxalat mit Schwefelsäure und Permanganat und ermittelt das Volumen des freigemachten Kohlendioxyds mit Hilfe des Gasbaroskops.

Arbeitsvorschrift. Der auf dem üblichen Wege erhaltene Niederschlag von Calciumoxalat wird mit Wasser in das Entwicklungskölbchen gegeben, das von LUNGE für gasvolumetrische Bestimmungen vorgeschlagen wurde. In diesem wird das Calciumoxalat mit überschüssiger Permanganatlösung und Schwefelsäure in bekannter Weise zersetzt. Für die Gasmessung selbst empfiehlt BODLÄNDER das Baroskop. Die notwendigen Korrekturen und die verwendbaren Apparate sind in der Originalarbeit angegeben. Es entspricht 1 Mol Kohlensäure $^1/_2$ Mol Calciumoxyd, die abgelesene Druckdifferenz ist also mit 0,28 zu multiplizieren.

F. Radiometrische Bestimmung.

Bei der radiometrischen Bestimmung werden zu der zu untersuchenden Salzlösung radioaktive Indicatoren zugesetzt; die Lösung wird „indiziert" und nach erfolgter Verteilung der radioaktiven und inaktiven Atome die zugesetzte Menge wieder ausgefällt. Hierbei sind zwei Reaktionsarten möglich, und zwar kann man entweder das radioaktive Isotop zusammen mit einem inaktiven Isotop des gleichen Elementes ausfällen oder umsetzen (Indicatorreaktion I. Ordnung), oder aber man kann das radioaktive Isotop durch Mitfällen oder durch Adsorption an einen Niederschlag entfernen (Indicatorreaktion II. Ordnung). Es liegen also die Isomorphie- und Adsorptionsregeln von PANETH-FAJANS und von HAHN zugrunde. Die eigentliche Messung erfolgt aus dem Verhältnis Aktivität : Gewicht, das, wenn es nicht bekannt ist, empirisch ermittelt wird.

Die Bestimmung des Calciums geschieht nach EHRENBERG als Oxalat, und zwar sowohl mit der Indicatorreaktion I als auch mit der Reaktion II. Die letztere ist vorzuziehen, da die Fällung von isomorphem Bleioxalat, in dem Blei den radioaktiven Indicator bildet, Anomalien zeigt, die von dem gegenseitigen Konzentrationsverhältnis abhängig zu sein scheinen. Fällt man nämlich das Calcium mit Oxalat, das überschüssige Oxalat mit Blei, so steigt, wie zu erwarten, mit wachsender Calciummenge die restierende Aktivität zunächst an. Von einer gewissen Calciummenge an aber sinkt die Aktivität bei weiterer Zunahme des Calciums wieder ab, und zwar verlaufen Anstieg und Abfall der Aktivität auf einer längeren Strecke direkt proportional den Mengendifferenzen des anwesenden Calciums. Die Beziehung „Aktivität : Calciummenge" kann also innerhalb zweier Meßbereiche mit verschiedenem Vorzeichen verwendet werden. Beim Arbeiten mit 0,01 n Ammoniumoxalatlösung, 0,02 n Bleinitratlösung und 1 cm^3 Gesamtvolumen ergaben sich für Differenzen von 10^{-4} mg Calcium Aktivitätsunterschiede von etwa 10% der Kontrolle.

Für die Indicatorreaktion II erwiesen sich die Voraussetzungen im Falle des Calciumoxalats als zutreffend, d. h. es konnte die grundlegende Beziehung Aktivität : Substanzmenge empirisch ermittelt werden. Indiziert wird entweder die gesättigte Ammoniumoxalatlösung nach Zusatz von ein paar Tropfen Eisessig, der durch Ammoniakzusatz zu der Analysenlösung neutralisiert wird. Oder man setzt erst indizierte (saure) 10^{-6} n Bleinitratlösung zu der zu bestimmenden Lösung und dann ammoniakalische gesättigte Ammoniumoxalatlösung hinzu.

Beispiele:

Zu I: Man versetzt 1 cm^3 Analysenlösung mit 0,5 cm^3 indizierter gesättigter Ammoniumoxalatlösung, zentrifugiert nach 3stündigem Stehen und dampft 1 cm^3 ein:

Ca-Werte (mg):	4,0	7,0	10,0	13,0	16,0 · 10^{-3}	Kontrolle:
Aktivität:	6530	4816	3697	2930	2905	10000.

Zu II: Man versetzt 1 cm^3 Analysenlösung mit 1 cm^3 indizierter 10^{-6} n Bleinitratlösung und 0,5 cm^3 gesättigter Ammoniumoxalatlösung und dampft 1 cm^3 ein: geradliniger Aktivitätsabfall über 6 Calciumwerte zwischen 240 und $270 \cdot 10^{-5}$ mg.

Es wird empfohlen, sich nicht stets auf die einmal aufgestellte Eichkurve zu beziehen, sondern einzelne Werte der Kurve zur Prüfung bei jeder Bestimmung neu zu ermitteln.

Bei Material biologischer Herkunft wird die nasse Veraschung mit Salpetersäure allein durchgeführt, um Störungen durch das Sulfat-Ion auszuschließen.

Literatur.

ASTRUC, A. u. M. MOUSSERON: C. r. **190**, 1558 (1930).

BACH, H.: Ch. Z. **49**, 581 (1925). — BASSETT, H.: Soc. **1934**, 1270. — BAXTER, G. P. u. J. E. ZANETTI: Am. Chem. J. **33**, 500 (1905); durch C. **76 I**, 1741 (1905). — BENEDETTI-PICHLER, A. A.: Fr. **64**, 409 (1924). — BILTZ, H. u. W. BILTZ: Ausführung quantitativer Analysen, 2. Aufl. Leipzig 1937. — BLASDALE, W. C.: Am. Soc. **31**, 917 (1909). — BOBTELSKY, M., MALKOWA-JANOWSKAJA u. J. JACOBY: Angew. Ch. **40**, 1434 (1927). — BODLÄNDER, G.: Angew. Ch. **7**, 430 (1894). — BOWSER, L. T.: Ind. eng. Chem. **3**, 82 (1911). — BRUNCK, O.: (a) Fr. **45**, 77 (1906); (b) Ch. Z. **33**, 649 (1909); (c) Fr. **94**, 81 (1933). — BUCHERER, H. TH.: Fr. **59**, 297 (1920). — BUCHERER, H. TH. u. F. W. MEIER: (a) Fr. **82**, 1 (1930); (b) **89**, 171 (1932).

CANALS, E.: C. r. **171**, 516 (1920). — CHAPMAN, H. D.: Soil Sci. **26**, 479 (1928); durch C. **100 I**, 1982 (1929). — CHÉNEVEAU, C. u. R. BOUSSU: C. r. **177**, 1296 (1923). — CLASSEN, A.: Handbuch der quantitativen chemischen Analyse, 6. Aufl. Stuttgart 1912. — CLASSEN, A. u. A. CLOEREN: Theorie und Praxis der Maßanalyse, S. 365. Leipzig 1912. — CORTEN, M. H. u.

I. ESTERMANN: Ph. Ch. **136**, 228 (1928). — COSSA, A.: Fr. **8**, 141 (1869). — COX, G. J. u. M. L. DODDS: Ind. eng. Chem. Anal. Edit. **4**, 361 (1932).

DEDE, L.: Ch. Z. **36**, 414 (1912). — DEISS, E.: Ch. Z. **50**, 399 (1926). — DICK, J.: Fr. **77**, 358 (1929). — DOBBINS, J. T. u. W. M. MEBANE: Am. Soc. **52**, 1469 (1930). — DÖRING, TH.: Angew. Ch. **26 II**, 478 (1913). — DUTOIT, P. u. P. MOJOÏU: J. Chim. phys. **8**, 27 (1910); durch C. **81 I**, 1639 (1910).

EHRENBERG, R.: Radiometrische Methoden, in: Physikalische Methoden der analytischen Chemie, herausgegeben von W. BÖTTGER. 1. Teil, S. 333f. Leipzig 1933. — EMICH, F.: Mikrochemisches Praktikum, S.63ff. München 1924. — ERDHEIM, E.: Roczniki Chem. **13**, 64 (1933); durch C. **105 I**, 2625 (1934). — EVERS, N.: Analyst **56**, 293 (1931); durch Fr. **95**, 191 (1933).

FEIT, W. u. K. KUBIERSCHKY: Ch. Z. **15**, 351 (1891). — FISCHER, W. M.: Z. anorg. Ch. **153**, 66 (1926). — FOOTE, H. W. u. W. M. BRADLEY: Am. Soc. **48**, 676 (1926). — FRANKE, A. u. R. DWORZAK: Fr. **72**, 129 (1927). — FRESENIUS, R.: Anleitung zur quantitativen chemischen Analyse, 6. Aufl., Bd. 1. Braunschweig 1875.

GARMASCH, E. P.: Betriebslab. **2**, 13 (1933); durch C. **106 II**, 887 (1935). — GEILMANN, W. u. R. HÖLTJE: Z. anorg. Ch. **167**, 128 (1927). — GOY, S.: Ch. Z. **37**, 1337 (1913). — GRANT, J.: Met. Ind. London **44**, 459 (1934). — GROOT, G. P. DE: Chem. Weekbl. **23**, 456 (1927); durch C. **98 I**, 2853 (1927). — GROSS, J.: Chemist-Analyst **15**, 8 (1926); durch C. **97 II**, 1670 (1926). — GROSSFELD, J.: (a) Z. Lebensm. **29**, 67 (1915); (b) Ch. Z. **41**, 842 (1917); (c) Z. Lebensm. **34**, 325 (1917); (d) **35**, 457 (1918); (e) Chem. Weekbl. **20**, 39 (1923); durch C. **94 IV**, 488 (1923); (f) Chem. Weekbl. **20**, 209 (1923); durch C. **94 IV**, 866 (1923); (g) Z. Pflanzenernähr. Düng. Bodenkunde A **5**, 93 (1925). — GUYARD, A.: Bl. Soc. chim. Paris [N.S.] **41**, 339 (1884).

HÄUSLER, H.: Fr. **64**, 361 (1924). — HAHN, FR. L.: Ch. Z. **46**, 862 (1922); B. **55**, 3436 (1922). — HAHN, FR. L. u. G. WEILER: Fr. **70**, 1 (1927). — HASLAM, J.: Analyst **60**, 668 (1935). — HEILINGÖTTER, R.: Ch. Z. **56**, 582 (1932). — HEMPEL, W.: Gasanalytische Methoden, 3. Aufl. Braunschweig 1900. — HERRMANN, Z.: Z. anorg. Ch. **182**, 395 (1929). — HIRANO, S.: J. Soc. chem. Ind. Japan **40**, 412 B (1937); durch Fr. **114**, 347 (1938). — HOLLUTA, J.: I. M. KOLTHOFF, Die Maßanalyse, 2. Aufl., Bd. 2, S. 291. Berlin 1931.

IEVINŠ, A.: Acta Univ. Latviensis Chem. Ser. **2**, 465 (1935); durch C. **106 II**, 3802 (1935).

JÄRVINEN, K. K.: Fr. **43**, 559 (1904). — JAKÓB, W. F.: Roczniki Chem. **3**, 308 (1924); durch C. **95 II**, 2190 (1924). — JANDER, G.: Fr. **61**, 145, 150 (1922). — JELLINEK, K. u. W. KÜHN: Z. anorg. Ch. **138**, 109 (1924).

KAMIŃSKI, F.: Przemysl Chem. **13**, 505 (1929); durch C. **101 I**, 866 (1930). — KARAOGLANOV, Z. u. B. SAGORTSCHEV: Z. anorg. Ch. **198**, 352 (1931). — KIRK, P. L.: Mikrochemie **14**, 1 (1933/34). KOLTHOFF, I. M.: (a) Fr. **62**, 1, 97, 161 (1923); (b) **64**, 185 (1924); (c) Die Maßanalyse, 2. Aufl., Bd. 2. Berlin 1931.

LE BLANC, M. u. O. HARNAPP: Z. El. Ch. **36**, 116 (1930). — LEMARCHAND: C. r. **180**, 745 (1925). — LETURC, E.: Ann. Falsific. **21**, 534 (1928). — LIESSE, CH.: Ann. Chim. anal. **16**, 7 (1911); durch Fr. **52**, 684 (1913). — LUFF, G.: Fr. **65**, 439 (1924/25). — LUNGE, G.: BERL-LUNGE, Bd. 1, S. 633. Berlin 1931.

MALJAROFF, K. L. u. A. J. GLUSCHAKOFF: Fr. **93**, 265 (1933). — MEIER, F. W.: Ch. Z. **55**, 146 (1931). — MELLET, R. u. E. JUNKER: Schweiz. Apoth. Z. **62**, 629, 647 (1924); durch C. **96 I**, 726 (1925). — MOLES, E. u. C. D. VILLAMIL: An. Españ. **22**, 264 (1924); durch C. **95 II**, 2190 (1924). — MOSER, L. u. F. LIST:: M. **51**, 181 (1929); durch Fr. **93**, 303 (1933). — MOSER, L. u. W. MAXYMOWICZ: B. **60**, 648 (1927). — MOSER, L. u. L. v. ZOMBORY: Fr. **81**, 95 (1930). — MUCK, F.: Fr. **9**, 451 (1870). — MURMANN, E.: Fr. **49**, 688, 694, 697 (1910).

NOLL, H.: Ch. Z. **49**, 1071 (1925).

PAGUIREFF, V.: J. Russ. phys.-chem. Ges. **34**, 195; durch Fr. **46**, 175 (1907). — PASSON, M.: Angew. Ch. **14**, 285 (1901). — PEIL, H.: Ch. Z. **54**, 704 (1930). — PELLET, H.: Fr. **46**, 176 (1907). — PETERS, Ch. A.: Z. anorg. Ch. **29**, 145 (1902). — POLINKOWSKAJA, A. I.: Trans. Inst. Test. Build. Mat. and Glass Nr. 27, 11 (1930); durch C. **102 I**, 2644 (1931).

QUARTAROLI, A.: G. **44 I**, 418 (1914); durch C. **85 II**, 864 (1914).

REYNOSO, A.: C. r. **29**, 527 (1849). — RICHARDS, TH. W., CH. F. MCCAFFREY u. H. BISBEE: Z. anorg. Ch. **28**, 71 (1901). — RIEGLER, E.: (a) Fr. **41**, 678 (1902); (b) **43**, 205 (1904). — RODT, V. u. E. KINDSCHER: (a) Ch. Z. **48**, 953, 964 (1924); (b) **49**, 581 (1925). — RØER, O.: Tidskr. Kemi Bergvaesen **9**, 27 (1929); durch C. **100 I**, 2210 (1929). — ROSANOW, S. N. u. A. G. FILIPPOWA: Fr. **90**, 340 (1932). — RUFF, O. u. W. PLATO: (a) B. **35**, 3616 (1902). — RUPP, E. u. A. BERGDOLT: Ar. **242**, 450 (1904); durch Fr. **46**, 180 (1907).

SCHEERER, TH.: A. **110**, 236 (1859). — SCHROEDER, K.: Z. öffentl. Ch. **16**, 274, 290 (1910). — SHOHL, A. T.: J. biol. Chem. **50**, 527 (1922); durch C. **93 II**, 976 (1922). — SINGLETON, W.: Ind. Chemist **5**, 71 (1929); durch C. **100 I**, 2449 (1929). — SKRABAL, A.: Z. anorg. Ch. **42**, 1 (1904). — STILLER, M.: Ch. Z. **54**, 422 (1930). — SZEBELLÉDY, L.: Fr. **70**, 39 (1927). — SZEBELLÉDY, L. u. W. MADIS: Fr. **114**, 347, 350 (1938).

TANANAJEW, N. A. u. CH. N. POTSCHINOK: Betriebslab. **1**, Nr. 4, 12 (1932); durch C. **105 II**, 3012 (1934). — TERESCHTSCHENKO, A. u. M. NEKRITSCH: Ukrain. chem. J. **2** (Wissensch. Teil), 163 (1926); durch C. **97 II**, 2464 (1926). — TRAPP, H.: J. pr. [N.F.] **144**, 93 (1936). — TREADWELL, F. P.: Kurzes Lehrbuch der analytischen Chemie, 11. Aufl., Bd. 2, S. 61, 488, 552. Leipzig u. Wien 1923. — TREADWELL, F. P. u. A. A. KOCH: Fr. **43**, 469 (1904).

VÜRTHEIM, A. u. G. H. C. VAN BERS: (a) Chem. Weekbl. **19**, 450 (1922); durch C. **94 II**, 605 (1923); (b) Chem. Weekbl. **20**, 68 (1923); durch C. **94 IV**, 866 (1923).

WALLAND, H.: Ch. Z. **27**, 922 (1903). — WASSILJEW, A. M. u. L. A. WASSILJEWA: Trans. Kirov Inst. chem. Technol. Kazan **3**, 67 (1935); durch C. **107 I**, 2781 (1936). — WILEY, R. C. u. A. YEDINAK: Ind. eng. Chem. Anal. Edit. **10**, 322 (1938). — WILLARD, H. H. u. A. W. BOLDYREFF: Am. Soc. **52**, 1888 (1930). — WINKLER, CL.: Vgl. BRUNCK, Fr. **45**, 78 (1906). — WINKLER, L. W.: (a) Angew. Ch. **30 I**, 251 (1917); (b) **31 I**, 187 (1918); (c) **31 I**, 187, 203 (1918); (d) **32 I**, 24 (1919).

ZSIGMONDY, R. u. W. BACHMANN: Z. anorg. Ch. **103**, 119 (1918).

§ 2. Abscheidung und Bestimmung als Calciumsulfat.

$CaSO_4$, Molekulargewicht 136,14.

Allgemeines.

Das Verfahren beruht auf der Fällung des Calciumsulfats und der Wägung als solches. Man kann aber auch das Calcium aus der Sulfatlösung als Oxalat fällen und in dieser Bindungsform oder nach Überführung in das Oxyd als solches ermitteln. Die konduktometrische Bestimmung des Calciums als Sulfat ist nach den Untersuchungen KOLTHOFFs *nicht zu empfehlen.*

Eigenschaften des Calciumsulfats. Die Löslichkeit in *Wasser* weist zwischen 30 und 40° ein Maximum auf und beträgt dann etwa 0,016 Mol/l. Sie ist abhängig von der Teilchengröße. Bei einer Teilchengröße von 0,2 μ beträgt die Löslichkeit bei 25° 0,01869 Mol/l. Salzsäure, Salpetersäure, Ammoniumchlorid, Natriumchlorid, Ammoniumnitrat und Ammoniumacetat steigern die Löslichkeit; sie wird verringert durch die Gegenwart gleichioniger Salze, wenn diese nicht in hoher Konzentration vorhanden sind. In 90%igem *Alkohol* ist Calciumsulfat fast unlöslich. Das Verhalten des Sulfats bei höheren Temperaturen wurde bei der „Wägung als Sulfat" (§ 1, S. 240) bereits behandelt.

Bestimmungsverfahren.

Arbeitsvorschrift. Man versetzt die Lösung mit überschüssiger verdünnter Schwefelsäure und hierauf mit 4 Raumteilen Alkohol, läßt 12 Std. stehen, filtriert und wäscht mit 70%igem Alkohol vollständig aus, trocknet, bringt soviel wie möglich von dem Niederschlag in einen Platintiegel, verascht das Filter in der Platinspirale, fügt die Asche zu der Hauptmasse hinzu, glüht schwach und wägt (TREADWELL).

Arbeitsvorschriften in besonderen Fällen.

A. Bestimmung bei Gegenwart von Magnesium (Fall des Dolomits).

Das vorhandene Calcium wird ganz, das Magnesium ganz oder zum Teil in Sulfat übergeführt und der Abdampfrückstand mit Alkohol ausgezogen, wobei Magnesiumsalze in Lösung gehen. Wirksamer als Äthylalkohol ist ein Gemisch von 90% Methyl- und 10% Äthylalkohol (STOLBERG; KALLAUNER und PRELLER; RODT und KINDSCHER).

Arbeitsvorschrift. Aus einer Einwage von etwa 1 g Magnesit bzw. seiner salzsauren Lösung wird nach Entfernen des Lösungsrückstandes und nach Abscheiden des Eisens und Aluminiums das ammoniakalische Filtrat in einer kleinen Kasserole zur Beseitigung des Ammoniaks etwas eingeengt. Alsdann gibt man 2 cm^3 halbkonzentrierte Schwefelsäure zu und dampft auf dem Sandbad oder auf einem Asbestdrahtnetz und einem Tiegeldreieck ein, bis die freie Schwefelsäure fast ganz entfernt ist; es ist nicht nötig, sie völlig zu verjagen. Der abgekühlte Rückstand wird mit wenig Wasser aufgenommen und die Lösung auf dem Wasserbad zum dicken Sirup eingedampft (STOLBERG).

Soll das Magnesium nicht vollständig in Sulfat übergeführt werden, so wird die durch Einengen von freiem Ammoniak befreite Lösung mit einer geringen

Menge Schwefelsäure versetzt. (Auf 10 mg CaO kommen 0,36 cm^3 1 n Schwefelsäure). Es genügen somit 3 bis 7 cm^3. Die Mischung wird auf dem Sandbad eingedampft, der Rückstand mit etwa 3 cm^3 Wasser aufgenommen, die Lösung einige Zeit warm gehalten und auf dem Wasserbad eingedampft (Rodt und Kindscher).

Der auf die eine oder andere Art erhaltene Abdampfrückstand ist ein Sirup, in dem Krystalle von Calciumsulfat erkennbar sein können. Unter Umrühren werden nach und nach 50 cm^3 eines Gemisches von Methyl- und Äthylalkohol (9 : 1) hinzugegeben. Bald darauf wird filtriert (Papierfilter) und mit dem Alkoholgemisch nachgewaschen. Zulässig und bequem ist hier die Verwendung einer Saugpumpe (Papierfilter mit Platinkonus, Saugflasche), weil das Filtrieren alkoholischer Lösungen damit schneller geht. Das Filter wird in einem Porzellantiegel verbrannt und der Tiegelinhalt mit heißer Salzsäure gelöst. Aus dieser Lösung wird das Calcium als Oxalat gefällt und als Calciumoxyd zur Wägung gebracht (H. Biltz und W. Biltz).

Man kann aber auch das Calciumsulfat nach dem Lösen in Salzsäure in das Oxalat überführen und das Calcium durch Titration der gebundenen Oxalsäure ermitteln (Rodt und Kindscher).

B. Bestimmung in Magnesiumsalzen und in Magnesiumoxyd.

Arbeitsvorschrift. Durch Fällung mit 25 cm^3 Schwefelsäure von 20 Gewichts-% unter Zusatz von 50 cm^3 95%igem Methylalkohol läßt sich noch 0,1 mg Calcium in Gegenwart von 2 g Magnesiumsulfat (entsprechend 0,2 g Magnesium) erkennen, also bei einem Verhältnis Ca : Mg = 1 : 2000. Erscheint innerhalb $^1/_2$ Std. keine Trübung, so ist weniger als 1 mg Calcium anwesend (Evers).

Für genauere Bestimmungen schlägt derselbe Autor vor, das Calciumsulfat zu wägen. Zur Verwendung kommt 25%ige Schwefelsäure. Das in einen Gooch-Tiegel nach 24 Std. abfiltrierte Calciumsulfat wäscht man mit 200 cm^3 alkoholischer Schwefelsäure (2 Teile Alkohol und 1 Teil 25%ige Schwefelsäure) aus, glüht und wägt es. Die erhaltenen Werte sind etwas zu niedrig, Chloride üben nur einen geringen Einfluß aus.

Für kleine Mengen, also für die mikrochemische Bestimmung empfiehlt Rogozinski folgenden Weg: ***Arbeitsvorschrift.*** Das Calcium wird aus 2 cm^3 Lösung mit 1 cm^3 Schwefelsäure gefällt und die Lösung mit 12 cm^3 Alkohol versetzt. Nimmt man weniger Alkohol, so bleibt immer etwas Calciumsulfat in Lösung. Der Niederschlag bleibt 12 bis 24 Std. stehen, wird dann in ein Filterröhrchen abfiltriert und mit Alkohol gewaschen. Das Filterröhrchen wird in einem staubfreien Luftstrom bei 100° getrocknet und der Niederschlag ($CaSO_4 \cdot 2\,H_2O$) gewogen. Ein mäßiger Überschuß an Salzsäure und Magnesiumsalzen ist nicht schädlich. Ein starker Überschuß an letzteren beeinflußt die Ergebnisse wenig.

Singleton verfährt nach folgender ***Arbeitsvorschrift.*** Beträgt der Calciumgehalt nur 1 mg in Gegenwart von etwa 1 g Magnesium, so wird die verschiedene Löslichkeit der beiden Sulfate in verdünntem Alkohol zur Trennung benutzt. Die trockenen Sulfate werden mit 3 cm^3 Wasser aufgenommen; dann wird die Lösung auf dem Wasserbad so lange erwärmt, bis sie beim Abkühlen dick wird. Unter starkem Rühren wird eine Mischung von 10 Raumteilen Äther und 90 Raumteilen Methylalkohol zugesetzt, bis ein Gesamtvolumen von 50 cm^3 erreicht ist. Nach kurzer Zeit wird die Lösung filtriert und der Rückstand mit einer Mischung von 5 Teilen Äther und 90 Teilen Methylalkohol gut gewaschen. Das fast reine Calciumsulfat wird dann in verdünnter Salzsäure gelöst und das Calcium mit Ammoniumoxalat gefällt.

Caley und Elving verwenden die Fällung des Calciums als Sulfat in der Analyse des Magnesits und der technischen Magnesia. Die Fällung wird in einer Lösung vorgenommen, in der das Calcium als Chlorid, Nitrat oder Perchlorat vorliegt und die frei ist von Ammonium, Strontium, Barium und Blei, aber geringe Mengen Aluminium, Eisen und Mangan sowie sehr geringe Mengen von Alkalimetall enthält. Die beiden Autoren geben *zwei Fällungsmethoden* an, *deren Wahl für den Einzelfall von der Menge des vorhandenen Calciums abhängt.* Arbeitsvorschrift 1 wird bei Calciummengen bis zu 5 mg (Endvolumen 50 cm³) oder bei solchen von mehr als 5, aber weniger als bis zu 100 mg (Endvolumen 100 cm³) angewendet. Nach dieser Fällungsvorschrift wird auch vorgegangen, wenn etwa 100 mg Calcium vorliegen und fremde Ionen nur in geringer Menge zugegen sind. Das Endvolumen soll in solchen Fällen 100 oder 200 cm³ betragen. Arbeitsvorschrift 2 eignet sich für Calciummengen von etwa 100 mg in Gegenwart fremder Ionen in größerer Menge oder für 100 mg wesentlich übersteigende Calciummengen. Das Verfahren gestattet die exakte Trennung von erheblichen Mengen Magnesium und von kleinen Mengen von Aluminium und Eisen; zur Calciumbestimmung in hochprozentigen Kalksteinen ist es weniger geeignet.

Arbeitsvorschrift 1. Die Lösung wird auf 4, 5, 9 oder 18 cm³ eingeengt oder zur Trockne verdampft; im letzteren Fall wird der Rückstand mit 4, 5, 9 oder 18 cm³ Wasser in Lösung gebracht, die Lösung mit 0,5 oder 1 cm³ 9 n Schwefelsäure (1 Raumteil konzentrierte Säure und 3 Raumteile Wasser) angesäuert und durch langsamen Zusatz von 45, 90 oder 180 cm³ Methylalkohol unter Rühren gefällt, so daß das Endvolumen 90% Methylalkohol enthält.

Arbeitsvorschrift 2. Die Lösung wird mit 1 oder 2 cm³ 9 n Schwefelsäure angesäuert, auf 5 cm³ eingeengt, mit 15 cm³ Wasser verdünnt und das Calciumsulfat mit 180 cm³ Methylalkohol unter Rühren gefällt.

Der Niederschlag wird in beiden Fällen in Porzellanfiltertiegeln gesammelt, mit 90%igem Methylalkohol gewaschen, bei 110° getrocknet, bei 400 bis 450° geglüht und als wasserfreies Calciumsulfat ausgewogen.

C. Bestimmung in Magnesiumlegierungen.

Die Abscheidung des Calciums und seine Bestimmung als Sulfat unter Verwendung der Schwerlöslichkeit des Calciumsulfats zur Trennung von dem in Alkohol leicht löslichen Magnesiumsulfat läßt sich vorteilhaft für die Calciumbestimmung in calciumhaltigem, sonst aber reinem Magnesium, wie auch in komplizierten Magnesiumlegierungen verwenden. WITHEY hat die für die Abscheidung günstigsten Bedingungen ermittelt und festgestellt, daß die dem Calciumgehalt entsprechende Menge Schwefelsäure zur Abscheidung des Sulfats genügt, daß man aber noch besser die doppelte Menge verwendet. Ein größerer Anteil würde mehr Magnesiumsulfat bilden, als sich in den angegebenen Alkoholmengen zu lösen vermag. Man verfährt wie folgt:

Arbeitsvorschrift. Für die Bestimmung des Calciums in calciumhaltigem, sonst aber reinem Magnesium löst man 1 bis 2 g der Probe in Salzsäure auf, versetzt mit dem Doppelten der für das Calcium erforderlichen Menge 1 n Schwefelsäure und dampft auf dem Wasserbad ein. Den Trockenrückstand verreibt man mit 50 bis 70 cm³ Alkohol, filtriert den unlöslichen Teil ab und wäscht ihn mit Alkohol aus. In dem Rückstand bestimmt man das Calcium, das man als Oxalat fällt und als Oxyd zur Wägung bringt.

In komplizierten Magnesiumlegierungen, die außer Calcium noch andere Metalle wie *Kobalt, Mangan, Eisen, Aluminium* und *Metalle der seltenen Erden* enthalten können, wird nach denselben Gesichtspunkten verfahren, da die Sulfate dieser Legierungsbestandteile mit Ausnahme der Metalle der seltenen Erden ebenfalls alkohollöslich sind. Bei Anwesenheit von *Metallen der seltenen Erden* ist daher noch deren gesonderte *Trennung von Calcium* erforderlich.

Arbeitsvorschrift. Zur Ausführung der Analyse löst man 1 bis 1,5 g der Legierung in Salzsäure, versetzt mit dem Doppelten der Menge 1 n Schwefelsäure, die nötig ist, um sämtliche Legierungsbestandteile außer Magnesium als Sulfate zu binden, und dampft in einem Becherglas breiter Form zuletzt auf dem Wasserbad ein, bis alle Salzsäure entwichen ist. Der Trockenrückstand wird unter gelindem Erwärmen mit 50 bis 70 cm³ Alkohol verrieben, bis vollständige Lösung aller löslichen Sulfate erreicht ist, dann filtriert man und wäscht das Unlösliche mit Alkohol aus. Die unlöslichen Sulfate werden schwach geglüht und mit etwa 5 cm³ Salzsäure und einigen Tropfen Wasserstoffperoxydlösung gelöst. Die Lösung wird mit Ammoniak neutralisiert und durch Zusatz von je 3 cm³ konzentrierter Salzsäure für je 100 cm³ Flüssigkeit auf eine Acidität von etwa $^1/_3$ n gebracht; die Metalle der seltenen Erden werden durch Zusatz einer genügenden Menge Oxalsäure, von der auf je 100 g Flüssigkeit 3 g im Überschuß zugegeben werden sollen, unter kräftigem Rühren zur Fällung gebracht. Nach mehrstündigem Erwärmen auf 70 bis 80° läßt man über Nacht stehen, filtriert die Oxalatfällung ab, wäscht sie mit verdünnter Salzsäure aus und verglüht sie. Das Filtrat wird mit Ammoniak neutralisiert und das darin vorhandene Calcium in üblicher Weise bestimmt.

Das alkoholische Filtrat von den unlöslichen Sulfaten dampft man zur Trockne ein. Nach Zerstörung der organischen Substanz mit Kaliumchlorat und Salzsäure löst man den Rückstand und gibt eine genügende Menge Ammoniumchlorid zu, um eine Fällung des Magnesiums mit Ammoniak zu verhindern, scheidet zunächst Eisen und Aluminium mit Ammoniak ab, fällt dann sowohl das Kobalt (Nickel) als auch das Mangan als Sulfid und bestimmt die verschiedenen Metalle in üblicher Weise.

D. Bestimmung bei Gegenwart von Eisen und Phosphorsäure.

Zur Calciumbestimmung in Gegenwart von Eisen und Phosphorsäure, wie dies z. B. die Analyse chemischer Nährpräparate verlangt, empfiehlt EVERS das S. 256 angeführte Verfahren.

Literatur.

BILTZ, H. u. W. BILTZ: Ausführung quantitativer Analysen, 2. Aufl. Leipzig 1937.
CALEY, E. R. u. P. J. ELVING: Ind. eng. Chem. Anal. Edit. **10**, 264 (1938).
EVERS, N.: Analyst **56**, 293 (1931).
KALLAUNER, O. u. I. PRELLER: Ch. Z. **36**, 449, 462 (1912). — KOLTHOFF, I. M.: Fr. **62**, 1 (1923).
RODT, V. u. E. KINDSCHER: Ch. Z. **48**, 953, 964 (1924). — ROGOZINSKI, F.: Bl. [4] **43**, 464 (1928).
SINGLETON, W.: Ind. Chemist **5**, 71 (1929); durch C. **100 I**, 2449 (1929). — STOLBERG, C.: Angew. Ch. **17**, 741, 769 (1904).
TREADWELL, F. P.: Kurzes Lehrbuch der analytischen Chemie, 11. Aufl., Bd. 2. Leipzig u. Wien 1923.
WITHEY, W. H.: J. Soc. chem. Ind. **55**, 357 T (1936).

§ 3. Abscheidung als Calciumcarbonat und Bestimmung als Carbonat, Oxyd oder Hydroxyd.

$CaCO_3$, Molekulargewicht 100,09.

A. Gravimetrische Bestimmung.

Allgemeines.

Das Verfahren beruht auf der Fällung und Wägung des Calciumcarbonats. Die Abscheidung des Calciums als Carbonat kommt fast nur für reine Calciumsalzlösungen in Frage.

Eigenschaften des Calciumcarbonats. Die Löslichkeit in *Wasser* beträgt bei gewöhnlicher Temperatur 9,4 mg/l und bei 100° 11,3 mg/l. In ammoniakalischem und ammoniumcarbonathaltigem Wasser beträgt die Löslichkeit 1,5 mg/l (R. FRESENIUS). Das Verhalten von Calciumcarbonat beim Glühen ist bereits in § 1, S. 238f. im Abschnitt „Wägung als Calciumcarbonat“ besprochen.

Bestimmungsverfahren.

Arbeitsvorschrift. Man fällt das Calcium mit Ammoniak und Ammoniumcarbonat[1] und bringt nach dem Abfiltrieren und Trocknen den geglühten Niederschlag zur Wägung. Man erhitzt den Tiegel am Anfang gelinde, später stärker, bis sein Boden ganz schwach rot glüht. Auf dieser Temperatur erhält man ihn 5 bis 10 Min. Dabei nimmt man den Deckel von Zeit zu Zeit ab und bewegt den Brenner von Hand, um lokale Überhitzung zu vermeiden. Um die beim Veraschen des Filters entstandenen geringen Mengen Calciumoxyd in Carbonat überzuführen, versetzt man den Niederschlag mit Ammoniumcarbonatlösung, dampft im Wasserbad zur Trockne ein, glüht abermals schwach und wägt wieder. Hat das Gewicht zugenommen, so wiederholt man die angeführte Operation bis zur Gewichtskonstanz. Man kann sich mittels eines kleinen Streifchens Curcumapapier, das man an die befeuchtete Substanz bringt, davon überzeugen, daß keine freie Base vorhanden ist. Das geglühte Carbonat muß rein weiß aussehen und darf kaum einen Stich ins Graue zeigen.

Souchay erhielt auf diese Weise im Laboratorium Fresenius fast absolut genaue Resultate (99,99%).

Anstatt mit fächelnder Flamme zu erhitzen, kann man auch nach Brunck mit einem Brenner mit breiterer Basis arbeiten, als sie die Flamme des Bunsen-Brenners besitzt (z. B. einem Maste-Brenner). Der genannte Autor verfährt wie folgt:

Arbeitsvorschrift von **Brunck.** Da sich die Bildung von Calciumoxyd beim Veraschen eines Filters kaum vermeiden läßt, bringt man die Hauptmenge des Niederschlags zunächst auf ein Uhrgläschen und verascht das Filter über dem offenen Platintiegel möglichst vollständig. Alsdann durchfeuchtet man die Asche im Tiegel mit 1 bis 2 Tropfen konzentrierter Ammoniumcarbonatlösung, dampft die geringe Wassermenge vorsichtig ab und bringt die Hauptmenge des Niederschlags hinzu. Man erhitzt zunächst zur Austreibung des Wassers über der reduzierenden Flamme des Brenners etwa 10 Min. lang. Dann steigert man die Temperatur durch Senken des Tiegels, bis beim Hineinsehen von oben der Boden ganz schwach zu glühen beginnt. Nach $^1/_4$stündigem Glühen (bei größeren Mengen glüht man länger) läßt man erkalten und wägt. Bei Wiederholung der Operation und auch dann, wenn diese noch 1 Std. lang fortgesetzt wird, ändert sich das Gewicht des Tiegelinhalts nicht im geringsten. Er zeigt auch gegen Curcuma keine alkalische Reaktion, und zwar auch dann nicht, wenn man zuvor nochmals mit Ammoniumcarbonat behandelt hat.

Die erhaltenen Resultate stimmen immer vorzüglich mit denen überein, die nach der Sulfatmethode gefunden werden.

B. Maßanalytische Bestimmung.

1. Unmittelbare Verfahren.

Sie kommen in Betracht, wenn das Calcium in einer Bestimmungsform, also als Carbonat (Bicarbonat), Hydroxyd oder Oxyd vorliegt. Für die acidimetrische Bestimmung kommt sowohl unmittelbare Titration als auch Rücktitration in Frage (Bestimmungen in Kalk, Wasser und Silicaten).

Kleine Mengen des Oxyds, wie sie z. B. beim Glühen geringer Mengen Oxalat gebildet werden, lösen Fiske und Adams in 0,02 n oder 0,1 n Salzsäure und messen den nicht verbrauchten Überschuß gegen Methylrot als Indicator zurück. Bestimmungen von 0,2 mg Calcium ergaben Resultate mit $\pm$ 1% Fehler, Bestimmungen von 1,0 und 1,99 mg solche mit 0 bis $\pm$0,2%.

Bestimmung von Calciumhydroxyd. Von der klaren Lösung, die also als carbonatfrei angesehen werden kann[2], versetzt man eine abgemessene Menge mit

[1] Bei Gegenwart von viel Ammoniumchlorid ist die Fällung unvollständig.
[2] Reinitzer fand in klarem Kalkwasser mit einem Gehalt von etwa 1,2 g CaO/l 9 mg CO_2.

Phenolphthalein und titriert mit 0,1 n Salzsäure bis zur Entfärbung der roten Lösung. 1 cm³ 0,1 n Salzsäure entspricht 0,00371 g $Ca(OH)_2$.

Von festem Oxyd bzw. Hydroxyd übergießt man etwa 1 g mit ungefähr 100 cm³ Wasser. Es löst sich ein Teil der Substanz auf[1], wie die alkalische Reaktion des zugesetzten Indicators anzeigt. Läßt man 1 n Salzsäure zufließen, so verschwindet die alkalische Reaktion auf kurze Zeit, kommt aber beim Schütteln wieder zum Vorschein. Gegen Ende der Titration muß man die Säure längere Zeit auf das noch nicht Gelöste einwirken lassen. Daß hierbei eine geringe Menge Carbonat mit als Oxyd berechnet wird, ist für viele Analysen ohne Bedeutung. Über die genaue Bestimmung beider Verbindungen nebeneinander s. unten. 1 cm³ 1 n Salzsäure entspricht 0,02805 g CaO.

Bestimmung von Calciumcarbonat. Man löst das Carbonat in einem Überschuß eingestellter Säure auf. Hierzu übergießt man die Einwage mit Wasser und verwendet zum Lösen 1 n Salzsäure. Den Auflösungsvorgang beschleunigt man durch Erwärmen, vermeidet aber, daß die freiwerdende Kohlensäure Verspritzen verursacht. Nach dem Abkühlen titriert man nach Zusatz von Methylorange den Säureüberschuß mit 1 n Natronlauge zurück. Hierbei wird natürlich etwa vorhandenes Oxyd mit als Carbonat bestimmt.

Bestimmung von Calciumoxyd neben Calciumcarbonat. α) Bestimmung des Gesamtcalciums. Man zerschlägt eine größere Menge des gebrannten Kalkes zu erbsengroßen Stücken und wägt hiervon genau 14 g ab, löscht mit ausgekochtem Wasser, spült den Brei in einen 500 cm³-Kolben und füllt bis zur Marke auf, und zwar mit kohlensäurefreiem Wasser, mischt gehörig durch, bringt 50 cm³ der trüben Flüssigkeit in einen zweiten 500 cm³-Kolben und füllt mit ausgekochtem Wasser bis zur Marke auf.

50 cm³ der frisch geschüttelten, trüben Lösung (entsprechend 0,14 g Substanz) versetzt man mit einem Überschuß (z. B. 60 cm³) 0,1 n Salzsäure und erhitzt, bis keine Kohlendioxydentwicklung mehr zu beobachten ist, fügt einige Tropfen Methylorange zu der erkalteten Lösung und titriert den Überschuß mit 0,1 n Natronlauge zurück. Hat man hierzu a cm³ gebraucht, so sind (60 — a) cm³ Säure für das Gesamtcalcium in 50 cm³ Lösung verbraucht worden, woraus sich dieses errechnet. 1 cm³ 0,1 n Salzsäure entspricht 0,00281 g CaO.

β) Bestimmung des freien Calciumoxyds. Eine zweite Probe von 50 cm³ der frisch geschüttelten, trüben Lösung versetzt man mit einigen Tropfen Phenolphthalein und titriert mit 0,1 n Salzsäure, indem man diese tropfenweise unter beständigem Umrühren bis zur Entfärbung zufließen läßt. Die nunmehr verbrauchten Kubikzentimeter Säure entsprechen dem freien Oxyd in 50 cm³ der Probe.

Die Schwierigkeit des Verfahrens besteht weniger in der Erzielung einer gleichmäßigen Trübe als vielmehr in dem außerordentlich langsamen Inlösunggehen des freien Oxyds. Die Titration dauert unter Umständen tagelang.

Der Grund für die Undurchführbarkeit der direkten Titration der freien Base liegt in der Schwerlöslichkeit des Oxyds. Verfährt man etwa in der Weise, wie es bei Alkalihydroxyd neben -carbonat möglich ist, so beobachtet man ein dauerndes Nachröten der Lösung durch den zugesetzten Indicator (Phenolphthalein).

Arbeitsvorschrift. BÜRSTENBINDER benutzt diese Erscheinung, um die Gegenwart von Erdalkalimetallen neben Alkalimetallen festzustellen. Nach seinen Angaben filtriert man am besten nach dem Lösen vom Bodensatz ab, wäscht den Niederschlag aus und titriert die Filtrate mit Salzsäure gegen Methylorange. Im Niederschlag bestimmt man durch indirekte Titration den Gehalt an Erdalkalimetallen.

Arbeitsvorschrift des BUREAU OF STANDARDS. 1,4 g fein gemahlenen Branntkalk erhitzt man vorsichtig mit 200 cm³ Wasser, kocht 3 Min., kühlt, setzt 2 Tropfen Phenolphthalein zu und titriert mit 1 n Salzsäure unter heftigem Rühren

[1] Das Löslichkeitsprodukt beträgt nach KILDE $5{,}47 \cdot 10^{-6}$.

möglichst schnell, zuletzt langsamer, bis die Farbe in 1 bis 2 Sek. nicht wiederkehrt. Dieser Vorversuch wird in einem Litermeßkolben, dessen Stopfen ein kurzes, ausgezogenes Glasrohr trägt, mit 5 cm³ Salzsäure weniger wiederholt und die gemessene Anzahl Kubikzentimeter mit A bezeichnet. Man zerdrückt dann etwaige Klümpchen, füllt mit frisch ausgekochtem Wasser zur Marke auf, schüttelt 4 bis 5 Min., läßt $^1/_2$ Std. absitzen und titriert 200 cm³ langsam mit 0,5 n Salzsäure, bis die Lösung 1 Min. farblos bleibt. Wird die Anzahl der jetzt verbrauchten Kubikzentimeter mit B bezeichnet, so ist der Gehalt an nutzbarem Calciumoxyd aus dem Verbrauch an 1 n Salzsäure (2 A + 5 B) zu berechnen.

Arbeitsvorschrift von Berl. Nach Berl kann man die Bestimmung des freien Calciumoxyds auch so vornehmen, daß man von dem sorgfältig gezogenen Durchschnittsmuster des gebrannten Kalkes 100 g abwägt, diese, wie oben beschrieben, mit Wasser behandelt und die Lösung auf 500 cm³ auffüllt. Hiervon werden 100 cm³ entnommen und auf 500 cm³ verdünnt. 25 cm³ dieser verdünnten Lösung (entsprechend 1 g gebranntem Kalk) werden mit 1 n Salzsäure langsam und unter gutem Umschütteln titriert. Nur in diesem Falle gibt die Methode gute Resultate!

Die Berechnung des Carbonatgehalts erfolgt aus der Differenz der bei den beiden beschriebenen Verfahren erhaltenen Zahlen, wenn man nicht das genauere *gasvolumetrische* Verfahren bevorzugt (s. S. 268).

Zawadski und Łukaszewicz verwenden die Löslichkeit des freien Oxyds in Phenol-Alkohol zu seiner Abtrennung vom Carbonat.

Arbeitsvorschrift. Man erhitzt 0,1 bis 0,5 g Substanz mit 25 cm³ einer Mischung (1 : 1) von chemisch reinem Phenol und absolutem Alkohol in einem mit Kühler und Natronkalkrohr versehenen Kolben 3 bis 5 Std. bis zum Siedepunkt des Alkohols. Darauf wird schnell durch ein Schott-Filter abgesaugt, 3mal mit absolutem Alkohol nachgewaschen, der Alkohol vom Filtrat abdestilliert und letzteres mit 0,15 n Salzsäure (eingestellt gegen Calciumoxyd) titriert.

Anstatt an Phenol kann man den freien Kalk auch an Zucker binden und ihn alsdann nach der Saccharatmethode von Tananajew titrieren.

Arbeitsvorschrift. Die abgewogene Menge des gepulverten Branntkalkes (0,5 bis 1,0 g) wird in einem 200 bis 300 cm³ fassenden Kolben, auf dessen Boden sich Glasperlen befinden, mit 20 bis 40 cm³ kohlensäurefreiem Wasser versetzt; der Kolben wird mit einem Gummistopfen fest verschlossen und 3 bis 5 Min. lang geschüttelt. Darauf gibt man 5 g Zucker zu, schüttelt erneut 10 bis 15 Min. und versetzt danach mit 5 bis 8 Tropfen Phenolphthalein. Nun wird das Gemisch mit 0,5 n Salzsäure bis zur Entfärbung titriert. Die Titration erfolgt mittels einer in einem doppelt durchbohrten Gummistopfen eingelassenen Capillare, die an die Bürette angeschlossen ist. Eine weitere Öffnung des Stopfens ist mit einem mit Natronkalk gefüllten Röhrchen versehen. Die Genauigkeit der Bestimmung beträgt 0,2 bis 0,3%.

Die Quecksilberchloridmethode von Tananajew basiert auf der Umsetzung von Calciumoxyd mit QuecksilberII-chlorid zu Calciumchlorid und QuecksilberII-oxyd. Dieses setzt sich weiterhin mit Kaliumjodid um zu QuecksilberII-jodid und Kaliumhydroxyd. Die Menge des letzteren läßt sich mit Salzsäure titrimetrisch erfassen.

Arbeitsvorschrift. 0,15 bis 0,2 g des gewogenen, fein gepulverten Branntkalkes werden mit 10 bis 15 cm³ kohlensäurefreiem Wasser in einen mit Glasperlen versehenen Erlenmeyer-Kolben von 200 bis 250 cm³ Fassungsvermögen eingeführt. Dieser wird fest verschlossen und 1 Min. lang kräftig geschüttelt. Darauf gibt man 20 cm³ einer QuecksilberII-chloridlösung (enthaltend 1 bis 1,5 g des festen Salzes) und — bei calciumoxydarmem Kalk — noch 1 bis 2 cm³ Calciumchloridlösung hinzu. Letztere sollen die Calciummenge erhöhen. Man schüttelt den Kolben 15 Min. lang, fügt darauf 3 g Kaliumjodid hinzu und schüttelt bis zur

Auflösung des Quecksilberjodids weiter. Das Gemisch wird dann mit 0,1 bis 0,2 n Salzsäure titriert.

Die Genauigkeit des Verfahrens ist dieselbe wie bei der oben geschilderten Saccharatmethode.

Weitere Methoden beruhen auf der Umsetzung des freien Oxyds mit Jod (BALLAR) oder mit Zinkchlorid. Im ersteren Falle kommt auf 1 Mol J_2 1 Mol CaO, im letzteren entspricht 1 g $ZnCl_2$ 0,4 g CaO.

Ohne Erfolg waren Versuche zur Umsetzung mit Kaliumfluorid, Natriumcarbonat und Natriumacetat.

Zur Bestimmung des *Brenngrades* eines Kalkes bedient man sich mit Vorteil der *gasvolumetrischen* Methoden, die darauf beruhen, daß man den fein gepulverten Kalk mit Salzsäure zersetzt und die freiwerdende Kohlensäure in geeigneten Apparaten mißt (s. S. 268.)

Zur Calciumbestimmung im Magnesit empfiehlt MICHAILOW eine Schnellmethode, die er folgendermaßen durchführt: Die Einwage von 0,07 bis 0,08 g wird stark geglüht, der rasch abgekühlte Rückstand mit heißem, kohlensäurefreiem Wasser abgespült und füllt auf 90 bis 100 cm³ auf. Dann wird 1 bis 2 Min. gekocht, die Lösung durch ein kleines Filter filtriert und mit 30 bis 40 cm³ heißem Wasser nachgespült. Man titriert das Filtrat nach dem Abkühlen mit Salzsäure oder Schwefelsäure und rechnet auf Calciumoxyd um. Die Bestimmung dauert etwa 1 Std. und ihre Genauigkeit beträgt $\pm 5\%$.

Bestimmung von Erdalkalibicarbonat. Ermittlung der Härte eines Wassers. Die Härte eines Wassers wird in Teilen Calciumoxyd in 100000 Teilen Wasser ausgedrückt (Deutsche Härtegrade) bzw. in Teilen Calciumcarbonat in 100000 Teilen Wasser (Französische Härtegrade). Der Gehalt an Magnesiumsalzen wird auf Magnesiumoxyd bzw. Magnesiumcarbonat und dann auf Calciumoxyd bzw. Calciumcarbonat umgerechnet; der dabei erhaltene Wert wird dem Calciumoxyd bzw. Calciumcarbonat zugezählt.

Arbeitsvorschrift. 200 cm³ Wasser werden in einem Jenaer Becherglas von 500 cm³ Fassungsvermögen oder in einer großen Porzellanschale unter Zugabe von 3 Tropfen Methylorangelösung (1 : 1000) mit 0,1 n Salzsäure bis zum beginnenden Umschlag von Gelb in Orange titriert. Multiplikation der verbrauchten Kubikzentimeter mit 1,4 ergibt die Carbonathärte (H. BILTZ und W. BILTZ).

Bestimmung der Gesamthärte. Die austitrierte Wasserprobe wird zum Austreiben von Kohlensäure 10 Min. gekocht, dann mittels einer geprüften Normalpipette mit 50 cm³ eines Gemisches annähernd gleicher Teile 0,1 n Natronlauge und 0,1 n Natriumcarbonatlösung versetzt und nochmals 10 Min. gekocht. Nach dem Abkühlen auf Zimmertemperatur wird die Lösung mit dem Niederschlag in einen 500 cm³-Meßkolben gespült, aufgefüllt, sorgfältig gemischt und durch ein trockenes Faltenfilter unter Verwerfung des zuerst durchlaufenden Anteils filtriert. Auf dem Filter bleiben die Carbonate von Calcium und Magnesium. Ihre in laugehaltigem Wasser nicht unbeträchtliche Löslichkeit wird durch den Carbonatgehalt der Lösung genügend herabgedrückt. Aus diesem Grund darf es in der Lösung, zumal bei magnesiumreichen Wässern, an Carbonat nicht mangeln. 200 cm³ des Filtrats werden unter erneutem Zusatz von 3 Tropfen Methylorangelösung mit 0,1 n Salzsäure bis zur beginnenden Orangefärbung titriert. Der 2,5fache Wert dieser Anzahl Kubikzentimeter wird von 50,0 abgezogen; die Differenz ergibt durch Multiplikation mit 1,40 die Gesamthärte.

Übersteigen die Grade der Gesamthärte des Wassers die Zahl 50, so verwendet man 100 cm³ Laugengemisch; oder man geht für die Bestimmung der beiden Härten von 100 cm³ Wasser aus, wobei dann der verdoppelte Faktor 2,80 in Rechnung zu setzen ist. Man füllt auf 200 cm³ auf und titriert 100 cm³ des Filtrats. Das Doppelte des Salzsäureverbrauchs wird von 50,0 abgezogen.

Bestimmung der Nichtcarbonathärte. In einer Porzellanschale werden 100 cm³ Wasser mit 10 bis 25 cm³ 0,1 n Natriumcarbonatlösung — je nach der Härte mehr oder weniger — auf einem Asbestdrahtnetz und Tiegeldreieck, zuletzt auf dem Wasserbad zur Trockne eingedampft. Der Rückstand wird mit frisch gekochtem, destilliertem Wasser aufgekocht. Das Filtrat wird mit 0,1 n Salzsäure unter Zusatz von 3 Tropfen Methylorangelösung bis zur eben beginnenden Rötung titriert. Der Unterschied zwischen der Anzahl der hierbei verbrauchten Kubikzentimeter Salzsäure und der der zuerst zugesetzten Kubikzentimeter Carbonatlösung gibt nach Multiplikation mit 2,8 die Nichtcarbonat- oder bleibende Härte. Minusfehler treten bei magnesiumreichen Wässern auf, weil Magnesiumcarbonat in Wasser recht wesentlich löslich ist (H. Biltz und W. Biltz).

Zur **Bestimmung der Gesamthärte** nach Wartha-Pfeiffer gibt Kolthoff folgende Arbeitsvorschrift:

Man ermittelt zunächst die Bicarbonatalkalität des Wassers in 100 bis 200 cm³ mit 0,1 n Salzsäure gegen Dimethylgelb. Darauf wird die titrierte Flüssigkeit in einem hohen Meßzylinder mit mindestens dem Doppelten der theoretisch erforderlichen Menge einer Lösung von gleichen Teilen 0,1 n Natriumcarbonatlösung und 0,1 n Natronlauge (etwa 7,5 g krystallisiertes Natriumcarbonat und 2,5 g Natriumhydroxyd im Liter) versetzt. Man läßt den Niederschlag absitzen und titriert am nächsten Tage einen aliquoten Teil der klaren Flüssigkeit mit 0,1 n Salzsäure gegen Dimethylgelb zurück. Auf je 100 cm³ der titrierten Lösung bringt man eine Korrektur von 0,3 cm³ 0,1 n Lösung für die Löslichkeit des Calciumcarbonats und des Magnesiumhydroxyds an.

Ein anderes Verfahren zur **Härtebestimmung in Wasser,** das auf der titrimetrischen *Bestimmung von Calcium und Magnesium nebeneinander* beruht, hat v. Migray angegeben. Die schwach saure Lösung, die außer Calcium und Magnesium nur Alkali- und Ammoniumsalze enthalten darf, wird in der Siedehitze mit 1 n Ammoniumoxalatlösung versetzt und mit Ammoniak alkalisch gemacht. Nach einige Minuten langem Kochen wird mit 2 n Essigsäure angesäuert, mit 1 n Dinatriumphosphatlösung versetzt, mit Ammoniak alkalisch gemacht und 5 Min. weiter gekocht. Nach dem Abkühlen wird filtriert und der Niederschlag im Gooch-Tiegel unter Saugen 4- bis 5mal mit insgesamt etwa 20 cm³ Wasser gewaschen. Der Niederschlag wird in eine Porzellanschale übergespült, die Flüssigkeit auf 80 bis 90° erwärmt und nach Versetzen mit Methylrot mit 0,1 n Salzsäure auf schwach Rosa titriert (Mg). Das Calciumoxalat wird mit Schwefelsäure (1 : 4) gelöst und die freiwerdende Oxalsäure mit 0,1 n Permanganatlösung titriert (Ca).

Weitere Verfahren zur Härtebestimmung in Wasser s. unter anderem § 1, S. 244, § 3, S. 262, § 5, S. 271 ff. und § 10, S. 281 ff.

Bestimmung von Calciumoxyd und seinen Umsetzungsprodukten mit Kieselsäure in Calciumsilicaten nach W. Jander und Hoffmann. Die Bestimmung von Calciumoxyd und den Produkten seiner Umsetzung mit Kieselsäure, also von $3\,CaO \cdot SiO_2$, $2\,CaO \cdot SiO_2$, $3\,CaO \cdot 2\,SiO_2$, $CaO \cdot SiO_2$ und schließlich von SiO_2 allein, hat nicht nur technisches, sondern auch wissenschaftliches Interesse. Es erwies sich als notwendig, für diese Bestimmung an die Stelle des bisher zumeist verwendeten mikroskopischen Verfahrens ein quantitativ analytisches zu setzen.

Für die Bestimmung von ungebundenem Calciumoxyd wird nach einem Verfahren von Emley das zu untersuchende Pulver mit wasserfreiem Glycerin verrieben, dann mit Alkohol verdünnt, auf dem Wasserbad erhitzt und so lange mit einer alkoholischen Weinsäurelösung titriert, Phenolphthalein als Indicator, bis bei weiterem Erhitzen keine Rotfärbung mehr auftritt. Das Verfahren beruht darauf, daß nur das ungebundene Calciumoxyd in ein Glycerat verwandelt wird. Die Bestimmung dauert etwa 8 Std.

Nach einem neueren Verfahren von Konarzewski und Łukaszewicz tritt an die Stelle des Glycerins Phenol. Nach Tananajew und Kulberg führt man das

Calciumoxyd durch Behandeln mit einer alkoholischen QuecksilberII-chloridlösung in Calciumchlorid über, löst das entstandene Quecksilberoxyd durch alkoholische Kaliumjodidlösung heraus, wobei Kalilauge gebildet wird, die dann nach dem Filtrieren titriert werden kann (s. § 3, S. 261f.).

Da für die Bestimmung der verschiedenen Silicate nebeneinander reines Wasser, aber auch saure und alkalische wäßrige Lösungen als Zersetzungsmittel nicht zum Ziel führten, wurden organische Flüssigkeiten herangezogen, die mit Calciumoxyd eine in Alkohol oder einem anderen organischen Lösungsmittel einigermaßen lösliche Verbindung bilden. Neben dem bereits erwähnten Glycerin kommen für die Zersetzung der Silicate nur etwas stärker „saure" Verbindungen in Betracht, und es konnte durch eine Reihe von Vorversuchen festgestellt werden, daß hierzu vor allem das o-Nitrophenol geeignet ist.

Für die Durchführung der Trennungen war eine weitere Beobachtung von Bedeutung. Es konnte gezeigt werden, daß die bei der Zersetzung von Silicaten durch wäßrige Lösungen sich bildende kolloidale Kieselsäure durch Filtration vollständig von freier, von wäßriger Salzsäurelösung nicht angreifbarer Kieselsäure getrennt werden kann, wenn man mit genügend stark verdünnten Lösungen arbeitet. Man findet die gesamte kolloidale Kieselsäure im Filtrat.

Bestimmung von freiem Calciumoxyd neben Calciumsilicat. Die oben angeführte Titration des Glycerats dauert deshalb so lange, weil das Calciumsalz schwer löslich ist und leicht auskrystallisiert. Verhindert man, worauf schon SCHINDLER hingewiesen hat, diese Ausscheidung, so kann man nach dem Abfiltrieren vom unzersetzten Silicat mit wäßriger Salzsäure titrieren. Man arbeitet nach folgender Arbeitsvorschrift. Man verreibt die Substanz mit einigen Tropfen wasserfreiem Glycerin in einer glatten Reibschale, führt die Mischung in einen ERLENMEYER-Kolben über, spült mit weiterem Glycerin nach, wobei man im ganzen etwa 10 cm^3 verbraucht, setzt 0,3 cm^3 Wasser hinzu und taucht den Kolben, der zum Schutz vor den Wasserdämpfen ein BUNSEN-Ventil enthält, in ein Bad mit siedendem Wasser. Unter *dauerndem* Umschütteln erhitzt man etwa 15 Min. und setzt dann 25 cm^3 wasserfreien Methylalkohol hinzu. Man erhitzt nochmals bis zum Sieden des Alkohols, filtriert durch ein Glasfilter und wäscht mit Alkohol. Das Filtrat wird mit etwa 50 cm^3 kohlensäurefreiem Wasser verdünnt und mit 0,1 n Salzsäure gegen Phenolphthalein titriert.

Auf diesem Wege kann die ganze Bestimmung in $^1/_2$ Std. beendet sein.

Wie aus den zahlreichen Belegen für die Genauigkeit des Verfahrens hervorgeht, besteht eine ausgezeichnete Übereinstimmung zwischen den eingewogenen und den gefundenen Mengen, und zwar nicht nur in denjenigen Fällen, wo es sich lediglich um freien Kalk, sondern auch da, wo es sich um Gemische eines solchen mit Calciumsilicat handelt. Die Einwagen an Calciumoxyd bewegen sich zwischen 6,8 und 102,1 mg, die Verhältniszahlen der Gemische zwischen 1 : 5 und 1 : 8 und die Fehler schwanken zwischen +0,2 und —0,3 mg.

Bestimmung von $3CaO \cdot SiO_2$, $2CaO \cdot SiO_2$ und $CaO \cdot SiO_2$ nebeneinander. 1. Arbeiten in wäßriger Lösung. Da das letzte der drei genannten Silicate, der Wollastonit, in reinem Wasser nicht löslich ist, während die beiden ersteren teilweise angegriffen werden, besteht die Möglichkeit ihrer Bestimmung auf titrimetrischem Wege, und zwar in wäßriger Lösung, wenn man dafür sorgt, daß bei der Titration mit Säure die Lösung stets schwach alkalisch bleibt, was man ja durch dauerndes starkes Rühren während der Titration unterstützen kann. Daraus ergibt sich die

Arbeitsvorschrift. Man übergießt die zu untersuchende Substanz in einem PHILIPPS-Becher mit etwa 200 cm^3 heißem, kohlensäurefreiem Wasser, leitet kohlensäurefreie Luft hindurch und erwärmt unter dauerndem, starkem Rühren auf etwa 80°. Die Titration erfolgt tropfenweise mit 0,1 n Salzsäure gegen Phenolphthalein, wobei man dafür sorgt, daß die Lösung stets schwach alkalisch reagiert.

Während der größere Teil der Tri- und Disilicate schnell umgesetzt wird, gebraucht man zur vollständigen Zersetzung meist 2 bis 3 Std. Zum Schluß der Reaktion, wenn die schwache Rotfärbung des Indicators sich nicht mehr verstärkt, wird auf volle Neutralität titriert, wozu höchstens 2 bis 3 Tropfen Salzsäure notwendig sein dürften.

Bemerkungen. *Genauigkeit.* Die Versuchsergebnisse lassen erkennen, daß das Verfahren einwandfrei durchgeführt werden kann und sich die Fehler fast stets unter 0,2 mg halten. Sie sind nur beim Trisilicat allein etwas höher, was aber dadurch zu erklären ist, daß dieses ein mehliges Pulver bildet, leicht zusammenbackt und dann nur langsam angegriffen wird.

Im Filtrat kann man die Kieselsäure der beiden Silicate und im Rückstand — nach Lösen in 2%iger Salzsäure — auch den Wollastonit bestimmen.

Nach den so gefundenen Werten für CaO und SiO_2 kann man den Prozentgehalt an Di- und Trisilicat nach folgenden Formeln berechnen:

$$\% \, 2\,CaO \cdot SiO_2 = \frac{\% \, SiO_2 - 0{,}2631\,(\% \, CaO + \% \, SiO_2)}{0{,}0857}$$

$$\% \, 3\,CaO \cdot SiO_2 = (\% \, CaO + \% \, SiO_2) - \% \, 2\,CaO \cdot SiO_2.$$

Die Fehlergrenze liegt bei 3%; denn macht man bei der Bestimmung des Calciumoxyds nur einen Fehler von 0,2% und bei der Bestimmung der Kieselsäure den gleichen, aber in der umgekehrten Richtung, so ist der gefundene Wert vom theoretischen um etwa 2,5% verschieden. Diese Genauigkeit wurde aber stets erreicht.

2. Titration unter Verwendung von o-Nitrophenol. Dieses Verfahren kommt in Betracht, wenn neben dem Tri- und Disilicat noch das Silicat $3\,CaO \cdot 2\,SiO_2$ vorhanden ist, da bei dessen Gegenwart in wäßriger Lösung Komplikationen auftreten. o-Nitrophenol löst die beiden ersteren nicht, wohl aber das letztere; es kommt in alkoholischer Lösung zu Verwendung. Leider ist das Calcium-o-nitrophenolat in Alkohol ziemlich schwer löslich, man kann daher nicht von den unzersetzten Silicaten abfiltrieren, sondern muß die Titration mit alkoholischer Chlorwasserstofflösung mit großer Vorsicht in Gegenwart der unzersetzten Silicate durchführen.

Arbeitsvorschrift. Man reinigt das käufliche o-Nitrophenol durch Wasserdampfdestillation und Umkrystallisieren aus Methylalkohol und bereitet eine $^1/_2$%ige Lösung in wasserfreiem Methylalkohol. Die Lösung soll nicht konzentrierter sein, da sie sonst auch Wollastonit und das Silicat $3\,CaO \cdot 2\,SiO_2$ angreift.

Die abgewogene Substanz wird in einem ERLENMEYER-Kolben mit BUNSEN-Ventil mit 25 cm³ der Nitrophenollösung übergossen und unter öfterem Umschütteln bis gerade zum Siedepunkt des Alkohols erwärmt. Bei Anwesenheit von freiem Calciumoxyd, von Tri- oder Disilicat schlägt die Farbe schnell von Gelb nach Tieforange um. Man titriert dann vorsichtig mit einer eingestellten wasserfreien Lösung von Chlorwasserstoff in Methylalkohol, bis die Farbe von Orange in Gelb umschlägt. Bei einiger Übung ist der Umschlag scharf zu erkennen. Dann wird abwechselnd erhitzt und titriert, bis die Farbe beim Schütteln und Erhitzen nicht mehr in Orange übergeht.

Den Titer der Salzsäurelösung ermittelt man in genau der gleichen Weise mit reinstem Calciumoxyd. Vorratsflasche und Bürette bleiben zweckmäßig fest verbunden bzw. beim Nichtgebrauch verschlossen.

Bemerkungen. *Genauigkeit.* Sie ist sowohl für die einzelnen Silicate als auch für ihre Gemische durchaus befriedigend. Die Einwagen betragen 20 bis 50 mg, das Mischungsverhältnis der drei Komponenten bewegt sich zwischen 2 : 2 : 3 und 8 : 3 : 2 für das Disilicat, Trisilicat und das Tricalciumdisilicat. Der Fehler beträgt nicht mehr als 0,2 mg.

Das Tricalciumdisilicat wird durch heißes Wasser angegriffen; die Zersetzungsgeschwindigkeit ist nach kurzer Zeit äußerst gering. Bei der Zersetzung wird aber das Molverhältnis 3 : 2 durchaus gewahrt.

Bestimmung aller Calciumsilicate neben freiem Calciumoxyd und freiem Siliciumdioxyd. Man geht folgendermaßen vor:

1. In einer abgewogenen Probe wird nach der Arbeitsvorschrift S. 264 das *freie Calciumoxyd* titriert. Die Menge sei A%.

2. Eine weitere Probe wird zur Titration des Calciumoxyds, das frei und als $3\,CaO \cdot SiO_2$ und $2\,CaO \cdot SiO_2$ gebunden vorliegt, nach der Arbeitsvorschrift S. 265 benutzt. Gefunden seien B%; dann ist B — A das aus dem Tri- und Disilicat stammende Calciumoxyd.

3. Eine dritte Einwage wird nach der Arbeitsvorschrift S. 264f. analysiert. Dabei erhält man:

a) durch die Salzsäuretitration die Menge Calciumoxyd, die aus dem freien, dem an Tri- und Disilicat gebundenen und dem zersetzten Teil des Silicats $3\,CaO \cdot 2\,SiO_2$ kommt; beträgt sie C%, dann ist C — B der Prozentgehalt an Calciumoxyd, der aus dem zersetzten Silicat $3\,CaO \cdot 2\,SiO_2$ stammt;

b) im Filtrat der Salzsäuretitration die entsprechende Menge SiO_2; sie sei D%. Da $(C - B)\frac{2\,SiO_2}{3\,CaO}$ die Menge SiO_2 ist, die an den umgesetzten Teil von $3\,CaO \cdot 2\,SiO_2$ gebunden ist, muß $D - (C - B)\frac{2\,SiO_2}{3\,CaO} = E$ die SiO_2-Menge sein, die an Tri- und Disilicat gebunden ist. Aus B — A und E läßt sich nach $\frac{E - 0{,}2631\,(B - A + E)}{0{,}0857}$ der *Prozentgehalt an* $2\,CaO \cdot SiO_2$ und nach Abzug dieses Zahlenwertes von B—A+E das *Silicat* $3\,CaO \cdot SiO_2$ berechnen.

c) Durch die Zersetzung mit 2%iger Salzsäure erhält man die Menge Calciumoxyd, die aus dem Wollastonit und dem bei der Salzsäuretitration unzersetzt gebliebenen Silicat $3\,CaO \cdot 2\,SiO_2$ stammt (F%) und die entsprechende Menge SiO_2 (G%). Aus F und G ist in gleicher Weise wie oben, nur unter Benutzung anderer Faktoren nach der Formel

$$\frac{G - 0{,}4166\,(F + G)}{0{,}1006}$$

der *Prozentgehalt* $CaO \cdot SiO_2$ zu berechnen. Subtraktion dieses Zahlenwertes von $F + G$ und Addition von $(C - B)\,\frac{3\,CaO \cdot 2\,SiO_2}{3\,CaO}$ liefern den *Gesamtgehalt an* $3\,CaO \cdot 2\,SiO_2$.

d) Der Rückstand der Zersetzung mit 2%iger Salzsäure ist die *ungebundene Kieselsäure* (H%).

4. Zur *Kontrolle* wird eine vierte Probe mit verdünnter Salzsäure direkt zersetzt und filtriert; im Filtrat werden das gesamte Calciumoxyd und die gebundene Kieselsäure und im Rückstand die freie Kieselsäure ermittelt. Letztere muß mit H, das gesamte Calciumoxyd mit C + F, die gebundene Kieselsäure mit D + G identisch sein.

Bemerkungen. *Genauigkeit.* Die nach den gemachten Angaben durchgeführten Analysen entsprachen den Erwartungen. Der Fehler ist, wie auch sonst bei indirekten Analysen, größer als bei direkten Bestimmungen; er betrug für die vier Silicate 3%, während er für das freie Calciumoxyd und die freie Kieselsäure natürlich geringer war.

2. Mittelbare Verfahren.

Diese Verfahren kommen in Frage, wenn die Calciumsalze starker Säuren vorliegen. Es wird alsdann durch einen Überschuß an Alkalihydroxyd Calciumhydroxyd gebildet und der Überschuß an ersterem acidimetrisch zurückgemessen.

***Arbeitsvorschrift von* WILLSTÄTTER *und* WALDSCHMIDT-LEITZ.** Man fügt zur Calciumsalzlösung tropfenweise einen Überschuß an 0,1 bzw. 1,0 n Alkalihydroxydlösung und dann so viel Aceton, daß die Konzentration an letzterem etwa 85 bis 90% beträgt. Hierdurch wird die Löslichkeit des Calciumhydroxyds herabgesetzt. Nach 15 Min. langem Stehen titriert man gegen Thymolphthalein (10 Tropfen auf 200 cm³) zurück bis zum dauernden Verschwinden der Blaufärbung. Der Umschlag ist nicht scharf, die Bestimmungsmethode mithin nicht sehr genau (KOLTHOFF).

Bemerkungen. In Gegenwart von Magnesium läßt sich nach WILLSTÄTTER und WALDSCHMIDT-LEITZ die Bestimmung ebenfalls durchführen, da sich Magnesium alkalimetrisch in wäßrig-alkoholischer Lösung ermitteln läßt. Man bestimmt zunächst die Summe der beiden Basen in 90%igem Aceton wie beim alleinigen Vorliegen eines Calciumsalzes und darauf das Magnesium durch Titration in Äthyl- oder Methylalkohol von 66%.

Ein zweites indirektes Verfahren haben PIERCE, SETZER und PETER ausgearbeitet. Im Prinzip wird, wie folgt, verfahren: Die die beiden Carbonate enthaltende Probe wird in einem gemessenen Überschuß von Salzsäure gelöst und dieser alkalimetrisch zurückgenommen. In der so neutralisierten Lösung wird das schwerer lösliche Magnesiumhydroxyd fällungstitrimetrisch abgeschieden; aus der Differenz ergibt sich das Calcium.

***Arbeitsvorschrift von* PIERCE, SETZER *und* PETER.** 0,5 g der trockenen, fein gepulverten Probe werden in einem mit Uhrglas bedeckten ERLENMEYER-Kolben (125 cm³) mit 50 cm³ 0,25 n Salzsäure in Lösung gebracht. Nach einigem Stehen führt man die Reaktion auf dem Wasserbad bei 70 bis 80° zu Ende und läßt die Lösung dann 1 Min. aufkochen. Nach Zusatz von 1 cm³ 0,04%iger Bromthymolblaulösung wird mit 0,25 n Natronlauge auf Blau titriert (Neutralpunkt) (B_1 cm³). Nun fügt man für je 10 cm³ Lösung 1 cm³ einer gesättigten alkoholischen Lösung von Trinitrobenzol zu und titriert mit obiger Natronlauge weiter bis zum Eintritt einer dunkelziegelroten Färbung (B_2 cm³). In der Nähe des Endpunktes muß besonders gut gerührt werden. Unter völlig gleichen Bedingungen wird eine gleiche Menge destilliertes Wasser titriert bis zur analogen Rotfärbung mit Trinitrobenzol (B_3 cm³).

$$\text{Berechnung: g MgO} = (B_2 - B_3) \cdot 0{,}25 \cdot 0{,}02016,$$
$$\text{g CaO} = (50 - B_1 - B_2 + B_3) \cdot 0{,}25 \cdot 0{,}02804.$$

Bemerkungen. Zur Prüfung der Methode wurden Mischungen von Lösungen chemisch reiner Calcium- und Magnesiumverbindungen (isländischer Doppelspat und Magnesiumoxyd) in derselben Weise analysiert. Es ergab sich gute Übereinstimmung. Größere Mengen von Eisen sind durch Filtration zu entfernen, ebenso unter allen Umständen Aluminiumhydroxyd wegen seiner Löslichkeit in Alkalien.

Man kann aber auch an Stelle des Hydroxyds das Carbonat verwenden und in diesem Fall die Calciumsalze mit einem Überschuß von Natriumcarbonat fällen. Man kann dann den gebildeten Niederschlag abfiltrieren, zuerst 3mal mit Wasser, dann noch einige Male mit 50%igem Weingeist auswaschen, daraufhin in einem Überschuß an Säure lösen und letzteren gegen Dimethylgelb zurücktitrieren. Man kann aber auch mit einer gemessenen Menge Natriumcarbonatlösung fällen und in einem aliquoten Teil des Filtrats den Überschuß mit Säure zurücktitrieren (KOLTHOFF).

***Arbeitsvorschrift von* BERRAZ *und* CHRISTEN.** Eine Methode zur gleichzeitigen Bestimmung von Calcium und Magnesium, hauptsächlich für die Wasseranalyse gedacht, beschreiben BERRAZ und CHRISTEN. Sie kochen 100 cm³ der Lösung in einem ERLENMEYER-Kolben, gegebenenfalls unter Durchleiten kohlensäurefreier Luft, längere Zeit, kühlen dann ab und setzen 15 cm³ 0,1 n Natriumcarbonatlösung zu. Nach 10 Min. langem Stehen gibt man 15 cm³ 0,1 n Natronlauge zu, beläßt 10 Min. auf einem Wasserbad, filtriert unter Saugen und titriert 100 cm³ des Filtrats potentiometrisch mit 0,1 n Salzsäure.

C. Gasvolumetrische Bestimmung.

Liegt das Calcium ausschließlich als Carbonat vor und sind andere Carbonate nicht zugegen, so kann man das Carbonat mit starken Säuren zersetzen und das Volumen der entwickelten Kohlensäure ermitteln. Aus ihm läßt sich alsdann die vorhandene Calciummenge errechnen. Bezüglich der Kohlensäurebestimmung sei auf das Kapitel Kohlenstoff verwiesen; die Berechnung aus dem gefundenen, auf 0° C und 760 mm Druck reduzierten Volumen der Kohlensäure erfolgt nach der Beziehung: 1 cm^3 des Gases entspricht 2,5 mg Calciumoxyd.

Will man nicht, wie dies bei den neueren gasvolumetrischen Verfahren üblich ist, die in der Flüssigkeit gelöste Kohlensäure durch Wasserstoff verdrängen, so kann man auch nach einem Vorschlag von MEINEKE durch eine Proportionalitätsbeziehung den unbekannten Gehalt bestimmen. Man verwendet ein Vergleichsverfahren, indem man die zu analysierende Substanz und ein bekanntes, ihr annähernd äquivalentes Gewicht p von reinem Calciumcarbonat (isländischem Doppelspat) in gleicher Weise behandelt. Da die Bedingungen bei beiden Versuchen dieselben sind, so sind die Gewichte des Calciumcarbonats den beobachteten Raummengen Kohlensäure proportional und das zu ermittelnde Gewicht ist $x = \frac{p \cdot v'}{v}$, wenn v das Volumen des aus dem Doppelspat entwickelten Gases und v' das Volumen des von der zu analysierenden Substanz gelieferten Gases ist.

D. Refraktometrische Bestimmung.

Anstatt das auf die eine oder andere Weise erhaltene Oxyd oder Carbonat zu wägen oder titrimetrisch zu bestimmen, kann man es auch in einer anderen Säure, z. B. in Essigsäure lösen, die überschüssige Säure verdampfen und in der verbleibenden Acetatlösung durch eine refraktometrische Messung den Calciumgehalt ermitteln.

Die Refraktionswerte calciumhaltiger, essigsaurer Acetatlösungen sind bekannt. Die 1%ige Essigsäure hat den Wert 16,95; 0,2 mg CaO in 1%iger Essigsäure zeigen einen solchen von 17,0 und 603,2 mg CaO einen solchen von 79. Es fallen also 62 Skalenteile auf etwa 500 mg CaO, so daß durchschnittlich auf 0,8 mg CaO $^1/_{10}$ Skalenteil, auf 0,4 mg CaO $^1/_{20}$ Skalenteil entfällt. Letzterer läßt sich noch bequem ablesen; somit kann man die Calciumbestimmung bis auf 0,0004 g genau ausführen.

Arbeitsvorschrift. Das Calcium wird in üblicher Weise als Carbonat oder Oxalat gefällt, der Niederschlag in einen NEUBAUER-Tiegel mit doppeltem Boden und Ansatzrohr abgesaugt und mit heißem, ammoniumoxalathaltigem Wasser ausgewaschen. Dieser Niederschlag muß, wenn es sich um das Oxalat handelt, zunächst in das Carbonat übergeführt werden. Zu diesem Zweck wird der Tiegel mit dem feuchten Niederschlag getrocknet und kurze Zeit geglüht; es ist dabei ohne Belang, wenn ein Teil des Carbonats in Oxyd übergeht. Das Trocknen und Glühen kann in 5 Min. erledigt werden, wenn man vorsichtig über freier Flamme trocknet. Der Tiegel mit dem Niederschlag wird auf eine Absaugevorrichtung gesetzt und der Niederschlag in etwa 5 cm^3 30%iger Essigsäure gelöst, wobei man darauf achten muß, daß nicht durch zu schnelles Aufgießen der Inhalt des Tiegels infolge von Kohlensäureentwicklung überschäumt oder verspritzt. Die Lösung läuft teilweise schon von selbst durch das Ansatzrohr in eine etwa 100 cm^3 fassende Platinschale oder wird hineingesaugt. Durch 3- bis 4maliges Übergießen mit heißem Wasser wäscht man den Tiegel quantitativ aus, wozu etwa 10 bis 15 cm^3 Wasser nötig sind, und dampft die 20 bis 25 cm^3 Flüssigkeit auf einem Wasserbad in der Platinschale zur Trockne. Ein geringer Geruch nach Essigsäure bleibt noch zurück, schadet aber nichts. Der Rückstand wird in 5 cm^3 2%iger Essigsäure gelöst; die Lösung wird mit Wasser in einem geeichten Kölbchen auf

10 cm³ aufgefüllt und refraktometrisch untersucht. Das Verfahren wurde von WAGNER und SCHULTZE mit dem Eintauchrefraktometer von ZEISS erprobt.

Literatur.

BALLAR, J. C.: Ind. eng. Chem. **18**, 389 (1926). — BERL, E.: Berl-Lunge, Bd. 2, 1. Teil, S. 791. Berlin 1932. — BERRAZ, G. u. C. CHRISTEN: An. Soc. ci. Santa Fé **7**, 33 (1935); durch C. **109 II**, 127 (1938). — BILTZ, H. u. W. BILTZ: Ausführung quantitativer Analysen, 2. Aufl. Leipzig 1937. — BRUNCK, O.: Fr. **45**, 77 (1906). — BÜRSTENBINDER, R.: Ch. Z. **50**, 516 (1926). — BUREAU OF STANDARDS: Chem. met. Eng. **25**, 740 (1923); durch Berl-Lunge, Bd. 2, 1. Teil, S. 791. Berlin 1932.

EMLEY, W. E.: Trans. Am. Ceram. Soc. **1915**, 720.

FISKE, C. H. u. E. T. ADAMS: Am. Soc. **53**, 2498 (1931). — FRESENIUS, R.: Anleitung zur quantitativen chemischen Analyse, 6. Aufl., Bd. 1. Braunschweig 1875.

JANDER, W. u. E. HOFFMANN: Angew. Ch. **46**, 76 (1933).

KILDE, K.: Z. anorg. Ch. **218**, 113 (1934). — KOLTHOFF, I. M.: Die Maßanalyse, 2. Aufl., Bd. 2. Berlin 1931. — KONARZEWSKI, J. u. W. ŁUKASZEWICZ: Zement **21**, 533 (1932).

MEINEKE, C.: Vgl. L. L. DE KONINCK, Lehrbuch der qualitativen und quantitativen Mineralanalyse. Deutsche Ausgabe von C. MEINEKE, Bd. 1. Berlin 1899. — MICHAILOW, N. N.: Betriebslab. **1**, Nr. 5/6, 32 (1932); durch C. **105 II**, 3410 (1934). — MIGRAY, E. v.: Ch. Z. **56**, 924 (1932).

PIERCE, J. S., W. C. SETZER u. A. M. PETER: Ind. eng. Chem. **20**, 436 (1928).

REINITZER, B.: Angew. Ch. **7**, 547 (1894).

SCHINDLER, K.: Zement **20**, 389 (1931). — SOUCHAY, A.: Fr. **10**, 323 (1871).

TANANAJEW, I.: Chem. J. Ser. B **5**, 660 (1932); durch C. **104 I**, 3472 (1933). — TANANAJEW, N. A. u. B. M. KULBERG: Fr. **88**, 179 (1932).

WAGNER, B. u. F. SCHULTZE: Fr. **46**, 502 (1907). — WARTHA, V. u. J. PFEIFFER: Angew. Ch. **15**, 198 (1902) (s. auch KOLTHOFF). — WILLSTÄTTER, R. u. E. WALDSCHMIDT-LEITZ: B. **56**, 488 (1923).

ZAWADSKI, J. u. W. ŁUKASZEWICZ: Roczniki Chem. **11**, 154 (1931); durch C. **102 I**, 2788 (1931).

§ 4. Abscheidung und Bestimmung als Calciummolybdat.

$CaMoO_4$, Molekulargewicht 200,03.

Allgemeines.

Das Verfahren beruht auf der Fällung des Calciummolybdats und der Wägung als solches.

Nach SMITH und BRADBURY erzeugt Calciumchlorid in einer kalten, verdünnten Lösung von Natriummolybdat keinen Niederschlag. Dagegen entsteht bei Zusatz von Alkohol oder beim Erhitzen der Lösung zum Sieden sofort ein weißer, körniger Niederschlag, der in Wasser teilweise, in Alkohol aber nicht löslich ist. Die Zugabe von $^1/_3$ des Volumens an Essigsäure verhindert die Fällung.

Eigenschaften des Calciummolybdats. Nach WILEY ist Calciummolybdat in nahezu neutralen Lösungen fast unlöslich und kann als solches genau bestimmt werden. Ammoniumsalze stören hierbei nicht. In den molybdathaltigen Filtraten kann Magnesium als Phosphat gefällt werden. Die Bestimmung beider Metalle erfordert weniger Zeit als nach der Oxalatmethode. Das Calciummolybdat bildet weiße, harte und dichte Krystalle, die sich als Niederschlag leicht absetzen. Sie können leicht abfiltriert und gewaschen werden. Der nicht sofort auftretende Niederschlag besitzt eine größere Löslichkeit, wird aber nach 10 bis 15 Min. langem Kochen unlöslich. Lösungsversuche mit dem Niederschlag führen zu einer in bezug auf das Molybdat-Ion $5 \cdot 10^{-5}$ n wäßrigen Lösung. Richtig gefällt, erscheinen die Krystalle nach 1 bis 2 Min., sie sind löslich in starken Mineralsäuren und Basen. Calciummolybdat ist nicht schmelzbar.

Der entstehende Niederschlag ist nicht immer reines Calciummolybdat, geht aber durch Glühen in solches über; er ist dann nicht stärker löslich und auch nicht hygroskopisch. Durch Glühen — in einem GOOCH-Tiegel — kann er in 10 bis 15 Min. zu konstantem Gewicht gebracht werden. Bei Verwendung von

Papierfiltern findet hierbei eine Reduktion statt, die man an einer Blaufärbung erkennt. Aus dem gleichen Grund sind reduzierende Gase auszuschließen. Ein großer Überschuß an Molybdat ist bei der Fällung zu vermeiden.

Bestimmungsverfahren.

Aus den Angaben von WILEY, der eine Magnesiumfällung unmittelbar anschließt, oder aus denen von BRINTZINGER und JAHN, die außerdem eine Phosphorsäurefällung vorausschicken, läßt sich folgende ***Arbeitsvorschrift*** ableiten, mit welcher *Calciummengen bis zu 0,2 g* sicher erfaßt werden können; für größere Mengen liegen keine Angaben vor.

Man erhitzt die neutrale, etwa 0,1 n Calciumchloridlösung zum Sieden, setzt 1 oder 2 Tropfen konzentriertes Ammoniak zu und gibt die schwach ammoniakalische, etwa 0,4 n Ammoniummolybdatlösung, und zwar 1 Tropfen/Sek., so lange zu, bis ein Überschuß davon vorhanden ist. Zur Prüfung wird 1 Tropfen der überstehenden Lösung mit einer gesättigten Lösung von Pyrogallol in Chloroform versetzt. Eine braune Färbung zeigt den Überschuß an Molybdatlösung an. Hierzu muß aber die Lösung mindestens 10 Min. gekocht haben, da sich der Molybdatniederschlag nur langsam bildet. Ein Glasstab darf bei der Fällung nicht verwendet werden, da ein an der geritzten Glaswandung entstehender Niederschlag mit dem Wischer nur schwer zu entfernen ist. Entsteht bei zu schnellem Zusatz des Molybdats gleichwohl ein Niederschlag an der Becherwandung, so ist er mit einem Hornspatel zu beseitigen oder durch Verreiben mit einigen wenigen Ammoniumchloridkrystallen mittels eines Wischers zu entfernen. Ist nach Zugabe des geringen Molybdatüberschusses die überstehende Lösung durch Kochen klar geworden, so wird sie bis zur Abkühlung stehen gelassen. Man filtriert durch einen tarierten Asbest-GOOCH-Tiegel und wäscht mit je 10 cm³ heißem Wasser 10mal, trocknet bei 130° C während 30 Min., glüht und wägt. Das Volumen des Filtrats beträgt nun etwa 100 bis 125 cm³ und ist zur Fällung von etwa gleichen Mengen Magnesium fertig. Die Calciumfällung ist vollständig; sie schließt auch kein Magnesiumsalz ein. Die Gegenwart von 3 bis 5 g Ammoniumchlorid stört nicht.

Statt in ammoniakalischer kann man auch in schwach essigsaurer Lösung fällen, wobei man die Lösung wie das Fällungsmittel in entsprechender Weise vorbereitet.

Hat man vor der Calciumfällung eine Phosphorsäureabscheidung vorgenommen, so gibt man zu der salpetersauren Lösung Ammoniak bis zur alkalischen Reaktion und versetzt die Lösung, die deutlich nach Ammoniak riechen muß, nach dem Erkalten mit Äthylalkohol bis zum Auftreten einer Trübung in der überstehenden Lösung.

Bei Verwendung eines Papierfilters muß dieses getrennt verascht werden, da der Niederschlag sonst beim Veraschen heftig versprüht und außerdem Reduktion des Molybdats eintreten kann.

Das Glühen erfolgt am besten im elektrischen Ofen bei allmählich gesteigerter Temperatur, da durch vorzeitiges Schmelzen eingeschlossene Molybdänsäure erst spät zur Verflüchtigung gebracht werden kann. Zur Umrechnung des Calciummolybdats auf Calcium dient der Faktor 0,2002. Die Methode vermeidet doppelte Fällung, wie sie bei der Calciumbestimmung nach der Oxalatmethode bei Gegenwart von Magnesium erforderlich ist.

Als Schnellverfahren zur Calciumbestimmung neben Magnesium empfehlen GUREWITSCH und LOCHONOWA folgenden Weg. ***Arbeitsvorschrift.*** Nach Abscheidung der Sesquioxyde, z. B. bei der Untersuchung von Kalksteinen, Dolomiten und Magnesiten, wird die Fällung als Molybdat in ammoniakalischer Lösung vorgenommen, der Niederschlag im GOOCH-Tiegel gesammelt, mit heißem Wasser gewaschen, getrocknet und 40 Min. im Trockenschrank auf 360° erhitzt. Diese Temperatur darf nicht überschritten werden, da sonst Verluste an

MolybdänVI-oxyd eintreten. Der Niederschlag ist dann nach Angabe der genannten Autoren meist blau anstatt weiß gefärbt. Die Arbeitsdauer beträgt einschließlich der Einwage 3 bis $3^1/_2$ Std. Das Magnesium wird im Filtrat mit o-Oxychinolin oder nach der Phosphatmethode bestimmt. Man erhält sehr gute Werte.

Literatur.

BRINTZINGER, H. u. E. JAHN: Fr. **97**, 312 (1934).
GUREWITSCH, A. B. u. N. W. LOCHONOWA: Betriebslab. **3**, 110 (1934); durch C. **106 II**, 3682 (1935).
SMITH, E. F. u. R. H. BRADBURY: B. **24**, 2930 (1891).
WILEY, R. C.: Soil Sci. **29**, 339 (1930); durch C. **101 II**, 588 (1930); Ind. eng. Chem. Anal. Edit. **3**, 127 (1931).

§ 5. Abscheidung und Bestimmung als Calciumphosphat.

$Ca_3(PO_4)_2$, Molekulargewicht 310,20.

A. Gravimetrische Bestimmung.

Die gravimetrische Bestimmung, etwa als tertiäres Phosphat, ist nach TRAVERS und PERRON nicht möglich, da der Niederschlag gelatinös ist und Alkaliphosphat energisch zurückhält.

B. Maßanalytische Bestimmung.

Das Verfahren beruht auf der Eigenschaft des mittels Natriumphosphats gefällten Calciumphosphats, beim Kochen mit Wasser in ein saures und ein basisches Salz zu zerfallen. VENTUROLI gibt dafür folgende Gleichungen:

$$5\,Na_2HPO_4 + 4\,CaCl_2 = 8\,NaCl + Ca_4H(PO_4)_3 + 2\,NaH_2PO_4 \text{ und}$$
$$2\,NaH_2PO_4 + 2\,NaOH = 2\,Na_2HPO_4 + 2\,H_2O.$$

Bei der acidimetrischen Titration entspricht somit 1 Mol Natriumhydroxyd 2 Molen Calciumchlorid.

Bezüglich der Ausführung muß hier auf die entsprechende Bestimmung des Magnesiums verwiesen werden, da VENTUROLI sie an diesem erprobt hat. Für die Calciumbestimmung genügt es, das Verfahren bei gewöhnlicher Temperatur durchzuführen.

C. Colorimetrische Bestimmung.

Das Verfahren beruht auf der Fällung als Phosphat, der Überführung in das Phosphormolybdat und der Colorimetrierung der erhaltenen Lösung nach Reduktion mit einem geeigneten Reduktionsmittel. Es ist ursprünglich von RØE und KAHN für die Bestimmung des Calciums im Blut ausgearbeitet worden und wird S. 341f. beschrieben.

Nach den Angaben der genannten Autoren *stören geringe Mengen Magnesium* bei der Fällung des Calciums als Phosphat *nicht*, wenn vorher ein Überschuß von Natronlauge zugegeben wird, da das Magnesium damit als Hydroxyd ausgefällt wird und so ohne Einfluß auf die Farbreaktion ist. Lösungen mit 30 mg Magnesium auf 10 mg Calcium geben noch gute Resultate.

Stufenphotometrische Methode von URBACH. URBACH hat das von RØE und KAHN entwickelte Verfahren auf die stufenphotometrische Mikroanalyse von Trink- und Nutzwasser angewendet.

Arbeitsvorschrift. **Reagenzien.** Für die Untersuchung von Trink- und Nutzwasser sind folgende Reagenzien erforderlich: *(1) Calciumfreie 25%ige Natronlauge.* — *(2) 5%ige Trinatriumphosphatlösung.* — *(3) Alkoholische Waschflüssigkeit.* In einen 100 cm³ fassenden Meßzylinder bringt man 50 cm³ absoluten Äthylalkohol, fügt 10 cm³ Amylalkohol hinzu und füllt mit destilliertem Wasser auf 100 cm³ auf. Nach Zugabe von 2 Tropfen Phenolphthaleinlösung versetzt man tropfenweise

Tabelle 4. Aufstellung der den Trommelwerten entsprechenden Calciummengen in Milligrammen der vorschriftsmäßig hergestellten Lösung bei einer Schichtdicke von 10 mm unter Vorschaltung des Filters S 61. D Ablesewert an der Trommel, A Calciummenge (in Milligrammen) in 2 cm³ des untersuchten Wassers.

D	A	D	A	D	A	D	A	D	A
2,0	1,669	8,1	1,072	14,2	0,833	20,6	0,675	32,8	0,476
2,1	1,649	8,2	1,068	14,3	0,830	20,8	0,670	33,0	0,473
2,2	1,630	8,3	1,063	14,4	0,827	21,0	0,666	33,2	0,471
2,3	1,610	8,4	1,058	14,5	0,824	21,2	0,662	33,4	0,468
2,4	1,592	8,5	1,053	14,6	0,821	21,4	0,658	33,6	0,466
2,5	1,575	8,6	1,047	14,7	0,819	21,6	0,654	33,8	0,463
2,6	1,558	8,7	1,042	14,8	0,816	21,8	0,650	34,0	0,461
2,7	1,542	8,8	1,038	14,9	0,813	22,0	0,646	34,2	0,458
2,8	1,527	8,9	1,033	15,0	0,810	22,2	0,643	34,4	0,456
2,9	1,512	9,0	1,028	15,1	0,807	22,4	0,639	34,6	0,453
3,0	1,497	9,1	1,023	15,2	0,804	22,6	0,635	34,8	0,451
3,1	1,483	9,2	1,019	15,3	0,802	22,8	0,631	35,0	0,448
3,2	1,470	9,3	1,014	15,4	0,799	23,0	0,627	35,2	0,446
3,3	1,456	9,4	1,009	15,5	0,796	23,2	0,624	35,4	0,444
3,4	1,444	9,5	1,005	15,6	0,793	23,4	0 620	35,6	0,441
3,5	1,431	9,6	1,001	15,7	0,790	23,6	0,616	35,8	0,439
3,6	1,420	9,7	0,996	15,8	0,788	23,8	0,613	36,0	0,437
3,7	1,408	9,8	0,992	15,9	0,785	24,0	0,609	36,2	0,434
3,8	1,396	9,9	0,987	16,0	0,782	24,2	0,606	36,4	0,431
3,9	1,385	10,0	0,983	16,1	0,780	24,4	0,602	36,6	0,429
4,0	1,374	10,1	0,979	16,2	0,777	24,6	0,599	36,8	0,426
4,1	1,363	10,2	0,975	16,3	0,775	24,8	0,595	37,0	0,424
4,2	1,354	10,3	0,971	16,4	0,772	25,0	0,592	37,2	0,422
4,3	1,343	10,4	0,966	16,5	0,769	25,2	0,588	37,4	0,420
4,4	1,333	10,5	0,962	16,6	0,767	25,4	0,585	37,6	0,418
4,5	1,324	10,6	0,958	16,7	0,764	25,6	0,581	37,8	0,415
4,6	1,314	10,7	0,954	16,8	0,761	25,8	0,578	38,0	0,413
4,7	1,305	10,8	0,950	16,9	0,759	26,0	0,575	38,2	0,411
4,8	1,297	10,9	0,946	17,0	0,757	26,2	0,572	38,4	0,409
4,9	1,288	11,0	0,942	17,1	0,754	26,4	0,569	38,6	0,406
5,0	1,279	11,1	0,939	17,2	0,752	26,6	0,565	38,8	0,404
5,1	1,270	11,2	0,935	17,3	0,749	26,8	0,562	39,0	0,402
5,2	1,262	11,3	0,931	17,4	0,747	27,0	0,559	39,2	0,400
5,3	1,254	11,4	0,927	17,5	0,744	27,2	0,556	39,4	0,398
5,4	1,246	11,5	0,923	17,6	0,742	27,4	0,553	39,6	0,395
5,5	1,239	11,6	0,920	17,7	0,739	27,6	0,550	39,8	0,393
5,6	1,231	11,7	0,916	17,8	0,737	27,8	0,547	40,0	0,391
5,7	1,223	11,8	0,912	17,9	0,734	28,0	0,543	40,5	0,386
5,8	1,215	11,9	0,909	18,0	0,732	28,2	0,540	41,0	0,381
5,9	1,208	12,0	0,905	18,1	0,730	28,4	0,537	41,5	0,375
6,0	1,201	12,1	0,902	18,2	0,727	28,6	0,534	42,0	0,370
6,1	1,194	12,2	0,898	18,3	0,725	28,8	0,531	42,5	0,365
6,2	1,187	12,3	0,895	18,4	0,723	29,0	0,528	43,0	0,360
6,3	1,181	12,4	0,891	18,5	0,720	29,2	0,526	43,5	0,355
6,4	1,174	12,5	0,888	18,6	0,718	29,4	0,523	44,0	0,350
6,5	1,167	12,6	0,884	18,7	0,716	29,6	0,520	44,5	0,346
6,6	1,160	12.7	0,881	18,8	0,714	29,8	0,517	45,0	0,341
6,7	1,154	12,8	0,878	18,9	0,711	30,0	0,514	45,5	0,336
6,8	1,147	12,9	0,874	19,0	0,709	30,2	0,511	46,0	0,331
6,9	1,141	13,0	0,871	19,1	0,707	30,4	0,508	46,5	0,327
7,0	1,135	13,1	0,868	19,2	0,705	30,6	0,506	47,0	0,322
7,1	1,130	13,2	0,865	19,3	0,702	30,8	0,503	47,5	0,317
7,2	1,124	13,3	0,861	19,4	0,700	31,0	0,500	48,0	0,313
7,3	1,118	13,4	0,858	19,5	0,698	31,2	0,497	48,5	0,309
7,4	1,112	13,5	0,855	19,6	0,696	31,4	0,495	49,0	0,305
7,5	1,106	13,6	0,852	19,7	0,694	31,6	0,492	49,5	0,300
7,6	1,100	13,7	0,849	19,8	0,691	31,8	0,489	50,0	0,296
7,7	1,094	13,8	0,846	19,9	0,689	32,0	0,486	50,5	0,292
7,8	1,089	13,9	0,843	20,0	0,687	32,2	0,484	51,0	0,287
7,9	1,083	14,0	0,839	20,2	0,683	32,4	0,481	51,5	0,283
8,0	1,078	14,1	0,836	20,4	0,679	32,6	0,479	52,0	0,279

Tabelle 4 (Fortsetzung).

D	A	D	A	D	A	D	A	D	A
52,5	0,275	58,5	0,229	69,0	0,158	81,0	0,090	93,0	0,031
53,0	0,271	59,0	0,225	70,0	0,152	82,0	0,085	94,0	0,026
53,5	0,267	59,5	0,222	71,0	0,146	83,0	0,080	95,0	0,022
54,0	0,263	60,0	0,218	72,0	0,140	84,0	0,074	96,0	0,017
54,5	0,259	61,0	0,211	73,0	0,134	85,0	0,069	97,0	0,013
55,0	0,255	62,0	0,204	74,0	0,129	86,0	0,064	98,0	0,009
55,5	0,251	63,0	0,197	75,0	0,123	87,0	0,059	99,0	0,004
56,0	0,248	64,0	0,191	76,0	0,117	88,0	0,055	100,0	0,000
56,5	0,244	65,0	0,184	77,0	0,112	89,0	0,050		
57,0	0,240	66,0	0,177	78,0	0,106	90,0	0,045		
57,5	0,236	67,0	0,171	79,0	0,101	91,0	0,040		
58,0	0,233	68,0	0,165	80,0	0,095	92,0	0,035		

Tabelle 5. Aufstellung der den Trommelwerten entsprechenden Calciummengen in Milligrammen der vorschriftsmäßig hergestellten Lösung bei einer Schichtdicke von 30 mm unter Vorschaltung des Filter S 61. D Ablesewert an der Trommel. A Calciummenge (in Milligrammen) in 2 cm³ des untersuchten Wassers.

D	A	D	A	D	A	D	A	D	A
2,0	0,556	6,3	0,394	10,6	0,319	14,9	0,271	19,2	0,235
2,1	0,550	6,4	0,391	10,7	0,318	15,0	0,270	19,3	0,234
2,2	0,543	6,5	0,389	10,8	0,317	15,1	0,269	19,4	0,233
2,3	0,537	6,6	0,387	10,9	0,315	15,2	0,268	19,5	0,233
2,4	0,531	6,7	0,385	11,0	0,314	15,3	0,267	19,6	0,232
2,5	0,525	6,8	0,382	11,1	0,313	15,4	0,266	19,7	0,231
2,6	0,519	6,9	0,380	11,2	0,312	15,5	0,265	19,8	0,230
2,7	0,514	7,0	0,378	11,3	0,310	15,6	0,264	19,9	0,230
2,8	0,509	7,1	0,377	11,4	0,309	15,7	0,263	20,0	0,229
2,9	0,504	7,2	0,375	11,5	0,308	15,8	0,263	20,2	0,228
3,0	0,499	7,3	0,373	11,6	0,307	15,9	0,262	20,4	0,226
3,1	0,494	7,4	0,371	11,7	0,305	16,0	0,261	20,6	0,225
3,2	0,490	7,5	0,369	11,8	0,304	16,1	0,260	20,8	0,223
3,3	0,485	7,6	0,367	11,9	0,303	16,2	0,259	21,0	0,222
3,4	0,481	7,7	0,365	12,0	0,302	16,3	0,258	21,2	0,221
3,5	0,477	7,8	0,363	12,1	0,301	16,4	0,257	21,4	0,219
3,6	0,473	7,9	0,361	12,2	0,299	16,5	0,256	21,6	0,218
3,7	0,469	8,0	0,359	12,3	0,298	16,6	0,256	21,8	0,217
3,8	0,465	8,1	0,357	12,4	0,297	16,7	0,255	22,0	0,215
3,9	0,462	8,2	0,356	12,5	0,296	16,8	0,254	22,2	0,214
4,0	0,458	8,3	0,354	12,6	0,295	16,9	0,253	22,4	0,213
4,1	0,454	8,4	0,353	12,7	0,294	17,0	0,252	22,6	0,212
4,2	0,451	8,5	0,351	12,8	0,293	17,1	0,251	22,8	0,210
4,3	0,448	8,6	0,349	12,9	0,291	17,2	0,251	23,0	0,209
4,4	0,444	8,7	0,347	13,0	0,290	17,3	0,250	23,2	0,208
4,5	0,441	8,8	0,346	13,1	0,289	17,4	0,249	23,4	0,207
4,6	0,438	8,9	0,344	13,2	0,288	17,5	0,248	23,6	0,205
4,7	0,435	9,0	0,343	13,3	0,287	17,6	0,247	23,8	0,204
4,8	0,432	9,1	0,341	13,4	0,286	17,7	0,246	24,0	0,203
4,9	0,429	9,2	0,340	13,5	0,285	17,8	0,246	24,2	0,202
5,0	0,426	9,3	0,338	13,6	0,284	17,9	0,245	24,4	0,201
5,1	0,423	9,4	0,336	13,7	0,283	18,0	0,244	24,6	0,200
5,2	0,421	9,5	0,335	13,8	0,282	18,1	0,243	24,8	0,198
5,3	0,418	9,6	0,334	13,9	0,281	18,2	0,242	25,0	0,197
5,4	0,415	9,7	0,332	14,0	0,280	18,3	0,242	25,2	0,196
5,5	0,413	9,8	0,331	14,1	0,279	18,4	0,241	25,4	0,195
5,6	0,410	9,9	0,329	14,2	0,278	18,5	0,240	25,6	0,194
5,7	0,408	10,0	0,328	14,3	0,277	18,6	0,239	25,8	0,193
5,8	0,405	10,1	0,326	14,4	0,276	18,7	0,239	26,0	0,192
5,9	0,403	10,2	0,325	14,5	0,275	18,8	0,238	26,2	0,191
6,0	0,400	10,3	0,324	14,6	0,274	18,9	0,237	26,4	0,190
6,1	0,398	10,4	0,322	14,7	0,273	19,0	0,236	26,6	0,188
6,2	0,396	10,5	0,321	14,8	0,272	19,1	0,236	26,8	0,187

Tabelle 5 (Fortsetzung).

D	A	D	A	D	A	D	A	D	A
27,0	0,186	33,0	0,158	39,0	0,134	52,5	0,092	75,0	0,041
27,2	0,185	33,2	0,157	39,2	0,133	53,0	0,090	76,0	0,039
27,4	0,184	33,4	0,156	39,4	0,133	53,5	0,089	77,0	0,037
27,6	0,183	33,6	0,155	39,6	0,132	54,0	0,088	78,0	0,035
27,8	0,182	33,8	0,154	39,8	0,131	54,5	0,086	79,0	0,034
28,0	0,181	34,0	0,154	40,0	0,130	55,0	0,085	80,0	0,032
28,2	0,180	34,2	0,153	40,5	0,129	55,5	0,084	81,0	0,030
28,4	0,179	34,4	0,152	41,0	0,127	56,0	0,083	82,0	0,028
28,6	0,178	34,6	0,151	41,5	0,125	56,5	0,081	83,0	0,027
28,8	0,177	34,8	0,150	42,0	0,123	57,0	0,080	84,0	0,025
29,0	0,176	35,0	0,149	42,5	0,122	57,5	0,079	85,0	0,023
29,2	0,175	35,2	0,149	43,0	0,120	58,0	0,078	86,0	0,021
29,4	0,174	35,4	0,148	43,5	0,118	58,5	0,076	87,0	0,020
29,6	0,173	35,6	0.147	44,0	0,117	59,0	0,075	88,0	0,018
29,8	0,172	35,8	0,146	44,5	0,115	59,5	0,074	89,0	0,017
30,0	0,171	36,0	0,146	45,0	0,114	60,0	0,073	90,0	0,015
30,2	0,170	36,2	0,145	45,5	0,112	61,0	0,070	91,0	0,013
30,4	0,169	36,4	0,144	46,0	0,110	62,0	0,068	92,0	0,012
30,6	0,169	36,6	0,143	46,5	0,109	63,0	0,066	93,0	0,010
30,8	0,168	36,8	0,142	47,0	0,107	64,0	0,064	94,0	0,009
31,0	0,167	37,0	0,141	47,5	0,106	65,0	0,061	95,0	0,007
31,2	0,166	37,2	0,141	48,0	0,104	66,0	0,059	96,0	0,006
31,4	0,165	37,4	0,140	48,5	0,103	67,0	0,057	97,0	0,004
31,6	0,164	37,6	0,139	49,0	0,102	68,0	0,055	98,0	0,003
31,8	0,163	37,8	0,138	49,5	0,100	69,0	0,053	99,0	0,001
32,0	0,162	38,0	0,138	50,0	0,099	70,0	0,051	100,0	0,000
32,2	0,161	38,2	0,137	50,5	0,097	71,0	0,049		
32,4	0,160	38,4	0,136	51,0	0,096	72,0	0,047		
32,6	0,160	38,6	0,135	51,5	0,094	73,0	0 045		
32,8	0,159	38,8	0,135	52,0	0,093	74,0	0,043		

unter beständigem Umrühren mit einer calciumfreien 5%igen Natriumhydroxydlösung bis zur bleibenden Rotfärbung. 2 bis 3 cm³ der Lauge genügen gewöhnlich, um die neutrale Alkoholmischung alkalisch zu machen. — *(4) 0,1 n Schwefelsäure.* — *(5) Molybdänsäurelösung:* 50 g reines Ammoniummolybdat werden in 1000 cm³ phosphorfreier 1 n Schwefelsäure gelöst, wobei jede Erhitzung zu vermeiden ist. 5 cm³ dieser Lösung versetzt man mit 5 cm³ der Hydrochinonlösung (6) und fügt nach 5 Min. 25 cm³ Carbonat-Sulfit-Mischung (7) hinzu. Die Lösung muß farblos bleiben. Ist dies nicht der Fall, so ist das verwendete Ammoniummolybdat oder die Schwefelsäure verunreinigt, und die Lösung ist unbrauchbar. — *(6) Hydrochinonlösung:* 20 g Hydrochinon löst man unter Zusatz von 1 cm³ konzentrierter Schwefelsäure in 1000 cm³ Wasser. Die Lösung muß gut verschlossen aufbewahrt werden. Dunkel gefärbte Lösungen sind als unbrauchbar zu verwerfen. — *(7) Carbonat-Sulfit-Mischung:* 25 g Natriumsulfit löst man in 500 cm³ Wasser und fügt 2 l einer 20%igen Lösung wasserfreier Soda hinzu. Die Lösung wird filtriert. Die Carbonat-Sulfit-Mischung muß gut verschlossen aufbewahrt werden und ist höchstens 2 Wochen haltbar.

Arbeitsweise. Bei der Bestimmung des Calciums geht man folgendermaßen vor: 2 cm³ des zu untersuchenden Wassers, gegebenenfalls mehr, bringt man in ein sorgfältig gereinigtes, trockenes Zentrifugenröhrchen, versetzt mit 2 cm³ destilliertem Wasser und 1 cm³ 0,1 n Schwefelsäure und stellt für 5 Min. in siedendes Wasser. Darauf fügt man 1 cm³ 25%ige calciumfreie Natronlauge hinzu, läßt 5 Min. stehen und setzt noch 1 cm³ 5%ige Trinatriumphosphatlösung zu. Dann wird mit einem dünnen Glasstab gut umgerührt, verschlossen und 1 Std. stehen gelassen. Nach 3 Min. langem Zentrifugieren wird die überstehende Flüssigkeit vorsichtig abdekantiert und das Röhrchen umgekehrt auf Filtrierpapier gestellt.

Man läßt es etwa 2 Min. so stehen, trocknet dann die Röhrchenöffnung mit einem sauberen Tuch oder mit Filtrierpapier und fügt aus einer dünn ausgezogenen Pipette 5 cm³ der alkoholischen Waschflüssigkeit in der Weise zu, daß der am Boden des Röhrchens liegende Niederschlag aufgerührt wird und die Gefäßwände vom Rande an abgewaschen werden. Wird der Calciumphosphatniederschlag durch diesen Vorgang nicht aufgerührt, so mischt man mit einem Glasstab tüchtig durch und spült mit ein wenig Alkoholmischung den Glasstab nach. Man zentrifugiert 2 Min., dekantiert und trocknet auf die oben geschilderte Weise. Dann löst man den Niederschlag unter Umrühren mit einem Glasstab in 5 cm³ 0,1 n Schwefelsäure, führt die Lösung in einen 100 cm³-Meßkolben über und spült mit etwa 20 cm³ destilliertem Wasser nach. Dann fügt man 5 cm³ Molybdänsäurelösung, 5 cm³ Hydrochinonlösung und nach 5 Min. 32 cm³ Carbonat-Sulfit-Lösung zu, füllt bis zur Marke auf und mischt gut durch. Es wird bei einer Schichtdicke von 10 bzw. 30 mm unter Vorschaltung des Filters S 61 gegen Wasser photometriert, wobei die Ablesung erst nach 10 Min. langem Beleuchten der mit der Farblösung gefüllten Küvette durch die Stupholampe erfolgt.

Die dem Ablesewert (D) entsprechende Calciummenge (A) in Milligrammen wird den beigegebenen Tabellen 4 bzw. 5 entnommen und ergibt den Gehalt an Calcium in 2 cm³ des untersuchten Wassers.

Die Vergleichstabelle 6 enthält die Resultate einiger Calcium- und Magnesiumanalysen im Wasser, die sowohl gravimetrisch als auch stufenphotometrisch durchgeführt worden sind.

Tabelle 6.

Nr.	Art der Probe	mg in 1000 cm³ Wasser			
		gravimetrisch		stufenphotometrisch	
		Ca	Mg	Ca	Mg
1	Brunnenwasser	227,3	97,4	227,4	93,9
2	Leitungswasser	69,6	—	72,0	8,0
3	Brunnenwasser	143,3	31,7	144,2	32,8
4	Brunnenwasser	276,5	73,2	273,6	71,8
5	Brunnenwasser	224,2	95,6	221,1	94,7
6	Brunnenwasser	198,1	86,0	199,2	87,1

Indirekte Methode von Emmert. Es ist auch eine indirekte colorimetrische Bestimmung des Calciums als *Phosphat* möglich, die auf folgenden Tatsachen beruht. Gibt man zu einer Lösung von Eisen, Magnesium, Calcium und Phosphat in Abwesenheit von Ammoniumsalzen einen Überschuß von Natronlauge, so fällt man Eisen und Magnesium als Hydroxyde, Calcium aber als Tricalciumphosphat. Die Phosphate des Eisens und Magnesiums werden nicht gefällt, weil sie leichter löslich sind als die betreffenden Hydroxyde. Dagegen ist das Calciumhydroxyd leichter löslich als das Phosphat, weshalb nur durch die Fällung des Calciums Phosphat aus der Lösung entfernt wird. Die Phosphatverminderung kann mit empfindlicher Methodik colorimetrisch bestimmt und daraus die Menge des gefällten Calciums berechnet werden.

Literatur.

Emmert, E. M.: Plant Physiol **8**, 469 (1933); durch C. **104 II**, 3318 (1933).

Røe, J. H. u. B. S. Kahn: J. biol. Chem. **67**, 585 (1926) u. **81**, 1 (1929); durch Mikrochemie **13**, 218 (1933).

Travers u. Perron: A. Ch. [10] **2**, 43 (1924).

Urbach, C.: Mikrochemie **13**, 217 (1933).

Venturoli, G.: G. **24 I**, 213 (1894); durch Jbr. **1894**, 2499.

§ 6. Abscheidung und Bestimmung als Calciumwolframat.

$CaWO_4$, Molekulargewicht 288,00.

Das Verfahren beruht auf der Fällung des Calciumwolframats und der Wägung als solches. Man kann aber auch die gebundene Wolframsäure auf colorimetrischem Wege bestimmen.

A. Gravimetrische Bestimmung.

Nach SMITH und BRADBURY ist zwar das Calciumwolframat dem Calciummolybdat in mancher Beziehung ähnlich, kann aber für quantitative Zwecke nicht verwendet werden; die erhaltenen Resultate variieren stark und sind daher unzuverlässig. KATAKOUSINOS fand, daß ein bedeutender Zusatz von Natriumwolframat nötig ist, um die Reaktion quantitativ zu gestalten, und daß ein solcher Überschuß beim entstandenen Wolframat keine Störung erzeugt, wenn die Lösung Ammoniumchlorid enthält, heiß und ammoniakalisch ist. Er fand ferner, daß der weiße Niederschlag genau der Zusammensetzung $CaWO_4$ entspricht und seine Löslichkeit in Wasser verschiedener Temperatur letzterer indirekt proportional ist. Die Differenz von zwei oder mehr Untersuchungen beträgt $\pm$ 0,004g $CaWO_4$ bzw. $\pm$ 0,0005 g Ca.

***Arbeitsvorschrift von* SAINT-SERNIN.** Man fällt eine siedende, ammoniakalische Lösung von Calciumchlorid mit einer 20%igen wäßrigen Lösung von neutralem Natriumwolframat im Überschuß. Es bildet sich ein krystallinischer Niederschlag von Calciumwolframat, der sich rasch absetzt, in Wasser unlöslich ist und sofort filtriert werden kann. Der Niederschlag wird durch wiederholtes Dekantieren ausgewaschen, auf ein tariertes Filter gebracht, mit warmem Wasser weiter gewaschen und bei 100° C bis zu konstantem Gewicht getrocknet. Das erhaltene Gewicht, multipliziert mit 0,1947, gibt das Gewicht des vorhandenen Calciumoxyds.

Ein vorsichtiges Veraschen und Erhitzen des Niederschlags auf dunkle Rotglut führt zu niedrigeren Resultaten. Magnesium fällt nicht mit aus und kann im Filtrat als Phosphat gefällt werden.

B. Colorimetrische Bestimmung.

1. Methode von ASTRUC, MOUSSERON und BOUISSOU.

Von ASTRUC, MOUSSERON und BOUISSOU stammt eine Methode, bei der das Calcium durch colorimetrische Messung der von ihm gebundenen Wolframsäure bestimmt wird, und zwar werden die blauen Lösungen der durch TitanIII-chlorid reduzierten Säure colorimetriert.

***Arbeitsvorschrift.* Reagenzien.** Die *TitanIII-chloridlösung* erhält man durch Verdünnen der etwa 12%igen, stark gefärbten Handelsware auf etwa das Hundertfache. Man stellt sie gegen eine EisenIII-chloridlösung ein, die 1 mg Fe je cm^3 enthält. Die Titration erfolgt in Gegenwart von Rhodankalium und Natriumbicarbonat. Man verdünnt die Titansalzlösung dann so weit, daß 1 cm^3 derselben ungefähr 2 mg Eisen entspricht.

Arbeitsweise. Die etwa 0,32 mg Ca/cm^3 enthaltende Calciumchloridlösung verdünnt man in einem Zentrifugierröhrchen mit Wasser auf 7 cm^3, setzt 1 cm^3 5%ige Natriumwolframatlösung zu, schüttelt ohne die Gefäßwände abzukratzen und beläßt 1 Std. bei 70 bis 80° im Wasserbad. Nach kurzer Zeit beobachtet man eine Trübung, dann wird der Calciumwolframatniederschlag krystallin und setzt sich am Boden des Gefäßes ab. Nach dem Zentrifugieren wäscht man den Niederschlag 2- oder 3mal mit 5 cm^3 destilliertem Wasser, bis dieses mit TitanIII-chlorid keine Blaufärbung mehr gibt, ein Zeichen für hinreichendes Auswaschen und für die Unlöslichkeit des Calciumwolframats. Durch Aufgeben von

3 Tropfen konzentrierter Salzsäure wird das Wolframat in Wolframsäure übergeführt. Nach Zugabe von 0,5 cm^3 destilliertem Wasser wird das Röhrchen für 15 Min. in ein kochendes Wasserbad gehalten, wodurch das weiße Hydrat in gelbes Anhydrid übergeht, während das Calcium in das Chlorid übergeführt wird. Die erhaltene Wolframsäure wird durch Zentrifugieren mit 2 cm^3 1 n Salzsäure von den letzten Spuren des Calciums befreit und der Rückstand in der Wärme mit 2 cm^3 5%iger Pottaschelösung aufgelöst. Diese Lösung wird mit Salzsäure genau neutralisiert, mit 0,3 cm^3 1 n Salzsäure versetzt und mit destilliertem Wasser auf 10 cm^3 aufgefüllt. Nach Zugabe von 0,3 cm^3 der TitanIII-chloridlösung wird die Bestimmung im DUBOSCQ-Colorimeter vorgenommen.

Bemerkungen. Der Fehler der Methode beträgt im Bereich von 0,16 bis 1,28 mg Ca nur wenige Hundertstelmilligramme.

Hinsichtlich der Verwendung dieser Methode zur Untersuchung von biologischen Materialien s. S. 343.

2. Methode von BEUTELSPACHER.

Bei Versuchen zur Anwendung der unter 1. beschriebenen Methode von ASTRUC, MOUSSERON und BOUISSOU auf die Untersuchung von Bodenlösungen stieß BEUTELSPACHER auf Schwierigkeiten bei der Colorimetrierung durch das Auftreten zu frühzeitiger Trübung der Lösungen. Er entwickelte daher folgende

Arbeitsvorschrift. **Reagenzien.** *(1) Natriumwolframat-Stammlösung.* Man trocknet $Na_2WO_4 \cdot 2\,H_2O$ pro analysi (MERCK) bei 110° bis zur Gewichtskonstanz und löst 5,2435 g des getrockneten Salzes in 1 l destilliertem Wasser auf; 1 cm^3 dieser Lösung soll 1,0 mg CaO entsprechen. Zur Kontrolle wird eine gravimetrische Wolframatbestimmung, entweder nach BERZELIUS mit QuecksilberI-lösung oder nach v. KNORRE mit Benzidin ausgeführt. — *(2) Fällungsreagens.* Ein Teil von Lösung (1) wird mit destilliertem Wasser so verdünnt, daß 1 cm^3 genau 0,200 mg CaO äquivalent ist. — *(3) Colorimetrische Vergleichslösungen.* Aus dem Fällungsreagens (2) stellt man sich am zweckmäßigsten Vergleichslösungen her, die genau 0,02, 0,04, 0,06, 0,08 und 0,10 mg CaO im Kubikzentimeter entsprechen. Die Natriumwolframatlösungen sind unbegrenzt haltbar, wenn sie in gut verschlossenen Geräten aus Jenaer Glas aufbewahrt werden. — *(4) 0,1 n Salzsäure.* — *(5) EisenIII-chloridlösung.* Die Flüssigkeit soll 2 mg Eisen im Kubikzentimeter enthalten und wird folgendermaßen hergestellt: man wägt von blankem Klavierdraht (MERCK) mit genau bekanntem Eisengehalt eine 2 g Eisen entsprechende Menge ab. Diese wird unter Erwärmen in 100 cm^3 konzentrierter Salzsäure aufgelöst. Zur klaren Lösung fügt man nach und nach 2 g Kaliumchlorat zu und vertreibt das überschüssige Chlor durch Erhitzen. Die Eisenchloridlösung wird mit destilliertem Wasser auf 1 l aufgefüllt. — *(6) 10%ige Kaliumrhodanidlösung.* — *(7) TitanIII-chloridlösung.* Die käufliche TitanIII-chloridlösung wird mit ausgekochtem destillierten Wasser so verdünnt, daß 1 cm^3 etwa 2 mg Eisen entspricht. Zur genauen Feststellung der Konzentration wird 1 Teil der konzentrierten TitanIII-chloridlösung mit 10 Teilen Wasser verdünnt. Genau 5 cm^3 der Lösung (5) werden in ein ERLENMEYER-Kölbchen abpipettiert. Man leitet durch das Kölbchen ständig luftfreies Kohlendioxyd und läßt die einzustellende TitanIII-chloridlösung aus der Bürette so lange unter Umschwenken zutropfen, bis beinahe Entfärbung eintritt. Dann fügt man 2 Tropfen Kaliumrhodanidlösung (6) zu und titriert weiter, bis die Rotfärbung verschwunden ist. Hat man so die Konzentration ermittelt, dann kann man sich leicht eine TitanIII-chloridlösung herstellen, die 2 mg Eisen im Kubikzentimeter entspricht. Da die Titanlösung leicht an der Luft (oder photochemisch) oxydiert wird, bewahrt man sie in einer Atmosphäre von Kohlensäure im Dunkeln auf. Die Vorratsflasche muß einerseits mit der Mikrobürette, andererseits mit einem Kohlendioxyd liefernden KIPPschen Apparat verbunden sein. Werden diese Vorsichtsmaßregeln bei der Aufbewahrung nicht beachtet, so muß man die TitanIII-chloridlösung kurz vor jeder Serienuntersuchung frisch herstellen.

Arbeitsweise. Von den frisch hergestellten, zentrifugierten verdünnten Calciumlösungen, Bodensäften oder Bodenextrakten, die nicht mehr als 0,16 mg Calciumoxyd im Kubikzentimeter enthalten sollen, wird genau je 1 cm³ in kleine Platin-, Glas- oder Porzellanschälchen pipettiert. Zu der zu untersuchenden Lösung fügt man mittels einer Präzisionspipette genau 1 cm³ Natriumwolframatlösung (2) hinzu und dampft auf dem Wasserbad bis zur Trockne ein. Hat man es mit Lösungen zu tun, deren Konzentration mehr als 0,16 mg Ca/cm³ beträgt, so muß man diese vorher verdünnen, bzw. die Menge des Fällungsreagenses erhöhen. Zu den Eindampfungsrückständen der Analysenproben werden nach dem Erkalten mit genau geeichter Vollpipette je 2 cm³ destilliertes Wasser als Lösungsmittel hinzugefügt. Die Niederschläge werden mit einem Glasstäbchen zerrieben, das mit einer Gummikappe versehen ist, und in spitz zulaufende Zentrifugengläschen übergeführt. Die Gläschen werden mit Gummi- oder Korkstopfen verschlossen und bei 3000 Umdrehungen je Min. 5 bis 10 Min. zentrifugiert. Nach dem Zentrifugieren wird mit einer Präzisionspipette genau 1 cm³ der klaren Lösung, ohne den Niederschlag aufzuwirbeln, entnommen und in ein kurzes Reagensglas gebracht. Gleichzeitig bereitet man auch die Vergleichslösungen für die colorimetrische Bestimmung, indem man von den betreffenden Lösungen (3) je 1 cm³ abmißt. Zur gesamten Analysenserie gibt man zuerst je 0,2 cm³ Salzsäure (4), dann 1 cm³ TitanIII-chloridlösung (7) hinzu. Das Farbmaximum ist nach Zugabe von TitanIII-chlorid sofort erreicht, und es kann anschließend colorimetriert werden. Diese Methode ermöglicht es, gleichzeitig etwa 50 Bestimmungen auszuführen, da die Farbe des WolframV-oxydes bei genauer Einhaltung der Arbeitsvorschrift 2 bis 3 Std. konstant ist. Die Vergleichslösungen sollen von der zu bestimmenden Lösung um nicht mehr als 30% abweichen, wenn auch Proportionalität zwischen Schichthöhe und Farbintensität herrscht.

Berechnung. Die gesuchte Calciummenge errechnet sich allgemein nach folgender Formel

$$x = C - 2 \cdot C_1 \cdot \frac{h_1}{h_2},$$

in der x die gesuchte Calciumkonzentration, C_1 die Konzentration der angewendeten Vergleichslösung, C die Konzentration der Fällungslösung, h_1 die Schichthöhe der bekannten und h_2 die der unbekannten Lösung bedeutet. Der Ausdruck $C_1 \cdot \frac{h_1}{h_2}$ muß mit 2 multipliziert werden, weil nur die Hälfte der Ausgangslösung analysiert wird. Um sich die zu jeder Messung erforderlichen Rechnungen zu ersparen, kann man die zu erwartenden Werte in die Form einer Tabelle bringen, aus der die gesuchten Werte abgelesen werden können.

***Bemerkungen.* I. Genauigkeit und Anwendungsbereich.** Die Genauigkeit des Verfahrens ergibt sich einmal aus dem prozentualen Fehler, der im Maximum $\pm 3\%$ kaum übersteigt, und aus der genügenden Übereinstimmung der erhaltenen Zahlen mit den bei Anwendung der Oxalatmethode gefundenen Werten. Die Methode ist in einem Konzentrationsbereich von 10 bis 150 mg Calciumoxyd im Liter (entsprechend 10 bis 150 γ CaO/cm³) mit hinreichender Genauigkeit anwendbar. Das Verfahren gestattet, 24 bis 48 Calciumbestimmungen innerhalb von $1^1/_2$ bis 2 Std. auszuführen.

II. Fehlermöglichkeiten und Apparatur. Als schädlich bei der Bestimmung geringer Calciummengen erwies sich das Arbeiten in Geräten aus gewöhnlichem Glas. Darum dürfen nur Jenaer Gläser verwendet werden, da diese erfahrungsgemäß kein Calcium abgeben. Sämtliche Glasgeräte, insbesondere die kleinen Zentrifugengläschen, müssen vor jedesmaligem Gebrauch mit frisch bereiteter Chromschwefelsäure gereinigt, mit destilliertem Wasser gut ausgespült und dann getrocknet werden. Hält man diese Maßnahmen nicht ein, so kann Calciumwolframat an den Wänden anhaften, beim Abpipettieren mitgerissen werden und das Colorimetrieren erschweren.

Der Calciumwolframatniederschlag in den Zentrifugengläschen wird mit Hilfe einer Bürste oder durch Behandeln mit Salzsäure und dann mit Sodalösung entfernt, und zwar wird er zuerst mit 2 cm³ 10%iger Salzsäure auf dem kochenden Wasserbad etwa 15 Min. erhitzt und die Wolframsäure nach vorherigem Auswaschen mit destilliertem Wasser in heißer 10%iger Sodalösung gelöst.

Beim Colorimetrieren müssen die für diese Untersuchungsmethodik geltenden Maßnahmen genau beachtet werden, wie Abwesenheit von Luftblasen an den Tauchzylindern, Reinheit der Gefäße, mehrmalige Ablesungen, das Arbeiten in der Dunkelkammer usw. Die Bodenlösungen müssen durch Zentrifugieren von den suspendierten Teilchen befreit werden. Verwendet wurde eine „Ecco-Superior"-Zentrifuge, die auch zum Zentrifugieren des Calciumwolframatniederschlags benutzt werden kann, indem man Reduzierhülsen einsetzt, die es gestatten, gleichzeitig mit 12 Gläschen zu zentrifugieren.

Beim Zentrifugieren der Wolframatlösungen müssen die Gläschen unbedingt mit Gummi- oder Korkstopfen verschlossen werden, da sonst durch das Verdunsten der Fehler zu groß wird. Die colorimetrischen Bestimmungen wurden mit einem Mikrocolorimeter von F. HELLIGE, *Freiburg* ausgeführt. Das Fassungsvermögen der Eintauchgläschen betrug 1 cm³.

Literatur.

ASTRUC, A., M. MOUSSERON u. N. BOUISSOU: C. r. **190**, 376 (1930); durch Fr. **96**, 161 (1934).

BEUTELSPACHER, H.: Fr. **96**, 161 (1934).

KATAKOUSINOS, D.: Praktika **4**, 400 (1931); durch C. **103 I**, 844 (1932). — KNORRE, G. VON: Fr. **47**, 37 (1908).

SAINT-SERNIN, A.: C. r. **156**, 1019 (1913). — SMITH, E. F. u. R. H. BRADBURY: B. **24**, 2930 (1891).

§ 7. Bestimmung unter Abscheidung als Calciumjodat.

$Ca(JO_3)_2$, Molekulargewicht 389,92.

Gasvolumetrische Bestimmung.

Allgemeines.

Die Methode beruht auf der Messung der Raummenge des Stickstoffs, der durch Umsetzung von Calciumjodat und Hydrazinsulfat in Freiheit gesetzt wird. Lösliche Calciumsalze bilden mit Jodsäure Calciumjodat, das in Wasser wenig löslich und in verdünntem Alkohol unlöslich ist. Dieses setzt sich mit einer Hydrazinsulfatlösung um zu Stickstoff, Jodwasserstoff, Calciumsulfat, Schwefelsäure und Wasser. Man kann also aus dem Volumen des in einer Meßröhre aufgefangenen Stickstoffs das entsprechende Gewicht Calciumoxyd berechnen.

Die Umsetzung folgt höchstwahrscheinlich folgenden Gleichungen:

1. $CaCl_2 + 2HJO_3 = Ca(JO_3)_2 + 2HCl$.
2. $Ca(JO_3)_2 + 3N_2H_4 \cdot H_2SO_4 = CaSO_4 + 2H_2SO_4 + 2HJ + 6H_2O + 3N_2$.

1 mg Stickstoff entspricht gemäß den stöchiometrischen Verhältnissen der chemischen Vorgänge 0,667 mg Calciumoxyd.

Bestimmungsverfahren.

***Arbeitsvorschrift von* RIEGLER.** Man bringt in ein 50 cm³ fassendes ERLENMEYER-Kölbchen 10 cm³ der das Calciumsalz (entsprechend 0,07 bis 0,075 g CaO) enthaltenden Lösung, gibt 1 g reine Jodsäure zu und erhitzt über freier Flamme unter häufigem Schwenken des Kölbchens bis zum Kochen. Dann stellt man das Kölbchen in kaltes Wasser, verschließt nach dem Erkalten mit einem Korkstopfen luftdicht, schüttelt 1 bis 2 Min. lang kräftig durch und läßt etwa $^1/_2$ Std. stehen. Hierauf wird der krystallinische, aus Calciumjodat bestehende

Niederschlag auf einem Filterchen gesammelt und mit einer Mischung aus gleichen Teilen 95%igem Alkohol und Wasser ausgewaschen, bis man davon etwa 50 bis 60 cm³ verbraucht hat. Nun wird das Filterchen mit dem Niederschlag vorsichtig aus dem Trichter genommen, etwas zusammengerollt, zwischen Filtrierpapier gepreßt und in das innere Zylinderchen des Entwicklungsgefäßes eines Azotometers gegeben; in die äußere Abteilung gießt man vorsichtig 50 cm³ 2%ige Hydrazinsulfatlösung (Auflösen von 20 g des Salzes in 200 cm³ Wasser durch Kochen und Verdünnen mit Wasser zum Liter). Man entfernt den Glashahn von seiner Stelle, verschließt das Entwicklungsgefäß mit einem Stopfen luftdicht (ein Glasstopfen wird mit Vaseline eingefettet) und senkt es in das Kühlgefäß, in dem sich genug Wasser befindet, um den Stopfen eben zu erreichen. Die Niveaukugel wird so eingestellt, daß das Wasserniveau in ihr und in der Gasmeßröhre sich in gleicher Ebene mit dem Teilstrich 0 befindet. Nach etwa 5 Min. wird der Glashahn an seine Stelle fest eingesetzt, und zwar so, daß das Entwicklungsgefäß mit der Gasmeßröhre kommuniziert. Nun hebt man das Entwicklungsgefäß aus dem Kühlgefäß heraus, schüttelt es $^1/_2$ Min. lang kräftig, wartet einige Minuten ab, schüttelt wieder $^1/_2$ Min. und wiederholt diese Operation, bis der Inhalt des Entwicklungsgefäßes fast farblos ist. In dem Maße, in dem Stickstoff frei wird, sinkt natürlich der Wasserspiegel in der Gasmeßröhre; durch Senken der Niveaukugel soll der Wasserspiegel von Zeit zu Zeit, während sich das Gas entwickelt, ebenso hoch gestellt werden wie in der Meßröhre.

Nachdem der Inhalt des Entwicklungsgefäßes fast farblos geworden ist, stellt man dieses wieder in das Kühlgefäß. Nach etwa 10 Min. stellt man die Wasserspiegel auf gleiche Höhe ein und liest das Gasvolumen, die Temperatur und den Barometerstand ab. Das abgelesene Volumen Stickstoff wird auf das Gewicht umgerechnet, indem man es mit dem entsprechenden Faktor multipliziert (s. die Tabelle zur Berechnung der Milligramme Stickstoff aus dem auf 0° C und 760 mm Druck reduzierten Stickstoffvolumen in der Originalabhandlung). Das Produkt wird mit dem Faktor 0,667 multipliziert und ergibt so die Menge Calciumoxyd in Milligrammen.

Bemerkungen. **Genauigkeit.** 14 Bestimmungen an einem Kalkspat, von dem 1 bis 67 mg CaO entsprechende Mengen verwendet wurden, ergaben Differenzen gegen den theoretischen Wert, die zumeist nur Hundertstelmilligramme betrugen. Dabei kann keinerlei Gang zwischen den aufgewendeten Calciumoxyd- und den Differenzmengen festgestellt werden. — In der das Calcium enthaltenden Lösung dürfen *keine Barium-, Strontium- und Mangansalze* vorhanden sein. Über die *Trennung von Magnesium* s. S. 319.

Literatur.

RIEGLER, E.: Fr. **43**, 205 (1904).

§ 8. Abscheidung als Calciumammoniumarsenat und Bestimmung als Calciumpyroarsenat.

$Ca_2As_2O_7$, Molekulargewicht 341,98.

A. Gravimetrische Bestimmung.

Das Verfahren beruht auf der Fällung als Calciumammoniumarsenat und der Wägung als Pyroarsenat.

Arbeitsvorschrift. Man gibt zu einer ammoniakalischen Lösung von Calciumsulfat eine schwache Lösung von Arsensäure. Der beim Reiben mit dem Glasstab entstehende krystalline Niederschlag ist fast so unlöslich wie Calciumoxalat. Er wird auf dem Filter mit ammoniakalischem Wasser ausgewaschen, getrocknet und nach dem Glühen als Pyroarsenat gewogen (BLOXAM). Nach RUSSMANN ist die Methode nicht zu empfehlen, auch dann nicht, wenn man das Calciumammoniumarsenat bei 100° C trocknet und zur Wägung bringt.

B. Maßanalytische Bestimmung.

Das Verfahren beruht auf der Fällung des Calciumammoniumarsenats mit einem Überschuß jodometrisch eingestellter Arsensäure, der nach dem Abfiltrieren des schwerlöslichen Niederschlags zurückgemessen wird (VALENTIN).

Arbeitsvorschrift. In einem 100 cm^3-Kolben fügt man zu 50 cm^3 1%iger Arsenatlösung, enthaltend 10 cm^3 10%iger Ammoniaklösung, die säurefreie Calciumsalzlösung mit bis zu 0,06 g Ca langsam unter Umschwenken des Kolbens hinzu und füllt bis zur Marke auf. Nach etwa 24 Std. filtriert man ab, versetzt in einer Glasstopfenflasche 50 cm^3 Filtrat mit 40 cm^3 25%iger Salzsäure sowie mit 1 g Kaliumjodid und titriert nach 15 Min. Enthält die Calciumsalzlösung freie Säure, so muß man diese durch Abdampfen verjagen. 1 cm^3 0,1 n Thiosulfatlösung entspricht 0,002005 g Calcium.

Die Fällungstitration des Calciums als tertiäres Arsenat gegen Methylrot als Indicator ist nach JELLINEK und KÜHN nicht möglich.

Literatur.

BLOXAM, C. H.: Chem. N. **54**, 168, 193 (1886).
JELLINEK, K. u. W. KÜHN: Z. anorg. Ch. **138**, 109 (1924).
RUSSMANN, A.: Diss. Berlin 1887; durch Fr. **29**, 452 (1890).
VALENTIN, J.: Fr. **54**, 78 (1915).

§ 9. Bestimmung unter Abscheidung als Calciumsulfit[1].

$CaSO_3$, Molekulargewicht 120,14.

Die Methode beruht auf der Fällung des Calciums als Sulfit und der titrimetrischen (jodometrischen) Bestimmung des Sulfitrestes.

Das Verfahren ist von MAZZA und ROSSI zur Bestimmung des Calciums im Blut vorgeschlagen worden (s. S. 343).

Literatur.

MAZZA, F. P. u. A. ROSSI: Boll. Soc. Italiana Biol. Sperim. **4**, 1217 (1929); durch C. **101 II**, 2926 (1930).

§ 10. Bestimmung unter Abscheidung als Calciumfluorid.

CaF_2, Molekulargewicht 78,08.

Maßanalytische Bestimmung.

Das Verfahren beruht auf der Umsetzung der Calciumsalzlösung mit Kaliumfluorid und EisenIII-chlorid. Letzteres setzt sich mit dem gebildeten Calciumfluorid zu unlöslichem EisenIII-fluorid um. Der Überschuß an EisenIII-chlorid wird jodometrisch erfaßt. Der Vorgang vollzieht sich nach den Gleichungen:

$$CaCl_2 + 2\,KF = CaF_2 + 2\,KCl$$
$$3\,CaF_2 + 2\,FeCl_3 = 2\,FeF_3 + 3\,CaCl_2.$$

***Arbeitsvorschrift von* KNOBLOCH.** Die mit Salzsäure angesäuerte Lösung wird mit überschüssiger 0,1 n Kaliumfluoridlösung, ebensoviel n/60 EisenIII-chloridlösung und genügend Zinkjodid versetzt. Man läßt $^1/_2$ Std. bei 35 bis 40° stehen und titriert das Jod mit einer n/30 Thiosulfatlösung. 1 cm^3 derselben entspricht 2 mg Calcium. *Störend wirken* bei der Bestimmung *EisenIII-*, *Blei-*, *Strontium-* und *Aluminiumsalze*, die entweder ausgefällt werden oder, wie EisenIII-salze, besonders bestimmt und auf Eisenchlorid umgerechnet werden müssen.

Zur Bestimmung des Kalkes in Trinkwasser versetzt man 50 cm^3 desselben mit gleichen Mengen überschüssiger Kaliumfluorid-EisenIII-chloridlösung,

---

[1] S. auch § 24, S. 319.

fügt Zinkjodid hinzu und titriert nach $^1/_2$ Std. mit Thiosulfatlösung zurück. Den bleibenden Kalkgehalt bestimmt man in derselben Weise, nachdem man das Wasser längere Zeit ausgekocht hat.

Literatur.

KNOBLOCH, J.: Pharm. Ztg. **39**, 558 (1894).

§ 11. Bestimmung unter Abscheidung als Calcium-Ammonium-EisenII-cyanid.

$Ca(NH_4)_2Fe(CN)_6$, Molekulargewicht 288,12.

Nephelometrische Bestimmung.

Die Methode beruht auf der Schwerlöslichkeit des weißen Calcium-Ammonium-EisenII-cyanids. FEIGL und PAVELKA geben eine Methode zur quantitativen *Bestimmung kleinster Mengen von Calciumsalzen* an. Die Fällung erfolgt in wäßrig-alkoholischer Lösung mit Ammonium-EisenII-cyanid bei 40 bis 50°. Man verwendet die ammoniakalische, neutrale oder essigsaure Lösung des Calciumsalzes. Strontiumsalze zeigen die Reaktion nicht, Bariumsalze nur in konzentrierten Lösungen. Da auch Magnesium ein dem Calcium ähnliches Verhalten zeigt, kann die Fällung zur Härtebestimmung in Wasser verwendet werden.

Arbeitsvorschrift. 5 cm³ des zu untersuchenden Wassers füllt man in einem 10 cm³-Meßkolben mit Alkohol auf und setzt bei genau einzuhaltender Temperatur einen geringen Überschuß von festem Ammonium-EisenII-cyanid zu. Nach dem Abkühlen wird im AUTENRIETH-Colorimeter nephelometriert. Als Vergleichslösung dient eine entsprechend verdünnte 0,1 n Calciumchloridlösung.

Bemerkungen. Die Methode liefert sehr genaue Werte. — Nach TANANAJEW ist bei der Fällung mit Kalium-EisenII-cyanid die Zusammensetzung des Salzes unabhängig davon, ob das Calcium- oder das Kaliumsalz im Überschuß vorhanden ist. Nach SINGLETON lassen sich Calciumsalze aus einer 0,02 mg Calcium im Kubikzentimeter enthaltenden, neutralen oder schwach ammoniakalischen Lösung mit 50% Alkohol durch Kalium-EisenII-cyanid fällen.

Literatur.

FEIGL, F. u. F. PAVELKA: Mikrochemie **2**, 85 (1924).
SINGLETON, W.: Ind. Chemist **5**, 71 (1929); durch C. **100 I**, 2449 (1929).
TANANAJEW, I.: Z. anorg. Ch. **172**, 403 (1928).

§ 12. Bestimmung unter Abscheidung als Calciumkaliumnickelhexanitrit.

$CaK_2[Ni(NO_2)_6]$, Molekulargewicht 453,01.

Auf das Verfahren, das ASTRUC und MOUSSERON ausgearbeitet haben und das sich vor allem für die Calciumbestimmung in biologischem Material und in manchen Nahrungsmitteln eignet, wird S. 344 näher eingegangen.

Literatur.

ASTRUC, A. u. M. MOUSSERON: C. r. **190**, 1558 (1930).

§ 13. Abscheidung und Bestimmung als Calcium-o-oxychinolat.

$Ca(C_9H_6ON)_2$, Molekulargewicht 328,37.

Allgemeines.

Das Verfahren beruht auf der Abscheidung des Calciums als Calcium-o-oxychinolat (Calciumoxinat) und auf der Wägung als solches. Am zweckmäßigsten ist jedoch die maßanalytische bromometrische Bestimmung (BERG). Auf diese Weise gelingt es, noch 10 mg Ca/l (entsprechend 10 γ/cm³) in ammoniakalischer Lösung nachzuweisen. Die Löslichkeit der Niederschläge wechselt mit dem p_H-Wert der Lösung. So sind die Oxychinolate der Erdalkalimetalle in ammoniumsalzhaltiger, ammoniakalischer Lösung löslich, während das Magnesiumoxychinolat darin unlöslich ist.

Nach den Erfahrungen von KOLTHOFF kann Calcium aus nicht zu verdünnter Lösung auch quantitativ mit Oxin niedergeschlagen werden. Entgegen den Angaben KOLTHOFFs dürfen Ammoniumsalze nur in geringer Menge anwesend sein (BERG).

Nach neueren Angaben von BERG bietet aber die *Oxinfällung gegenüber der Oxalatmethode keine wesentlichen Vorteile.* Ammoniumsalze wirken in der Hitze lösend, dürfen also nur, wie schon erwähnt, in kleinen Mengen zugegen sein. Strontium wird zum Teil mitgefällt und kann erst durch Umfällen entfernt werden. *Barium kann zugegen sein, und dies ist der einzige Vorteil gegenüber der Oxalatmethode.*

Bestimmungsverfahren.

Arbeitsvorschrift. Die neutrale oder schwach saure, ammoniumsalzfreie oder höchstens geringe Mengen von Ammoniumsalzen (bis 0,3% Ammonium) enthaltende Calciumlösung wird auf etwa 60° erwärmt, mit 5 cm³ 2 n Ammoniaklösung und unmittelbar darauf mit der alkoholischen Reagenslösung in geringem Überschuß versetzt. Nach weiterem Erhitzen — der Niederschlag ist inzwischen krystallin geworden — und nach dem Abkühlen auf 40 bis 50°, wird abfiltriert. Das Waschen des Niederschlags erfolgt 1mal mit möglichst wenig warmem Wasser und dann mit kaltem Wasser, bis das Filtrat eine schwach hellgelbe und nicht mehr eine orangegelbe Farbe zeigt. Am zweckmäßigsten ist die maßanalytische bromometrische Bestimmung (1 cm³ 0,1 n Bromat-Bromid-Lösung entspricht 0,000501 g Ca).

Es lassen sich so 50 bis 2 mg Calcium in 100 cm³ Gesamtvolumen mit einem negativen Fehler von 0,5 bis 1% bestimmen. Die Anwesenheit von 50 mg Strontium bedingt bereits eine doppelte Umfällung des in 2 n Salzsäure gelösten Niederschlags. Gleiche Mengen an Barium stören nicht, falls nicht ein zu großer Überschuß an Fällungsreagens zur Verwendung kommt.

Zur maßanalytischen Bestimmung spült man das Fällungsgefäß 5- bis 6mal mit Wasser nach und wäscht den Niederschlag aus. Während BERG sowie HAHN und VIEWEG zur Filtration einen Jenaer Glasfiltertiegel von der Porenweite G 4 verwenden, kann man nach KOLTHOFF auch den poröseren Tiegel G 3, für die titrimetrische Bestimmung sogar ein Stückchen Watte in einem gewöhnlichen Trichter benutzen. Alsdann bringt man den Trichter über dem Fällungsgefäß an und gibt 10 bis 15 cm³ kochende 4 n Salzsäure durch denselben, so daß der ganze Niederschlag aufgelöst wird. Das Filter wird mit Wasser quantitativ ausgewaschen und kann dann wieder für eine weitere Probe gebraucht werden. Die Lösung wird abgekühlt, mit Methylrot und etwa 0,5 g Alkalibromid versetzt und mit Bromat titriert. 1 cm³ 0,1 n Bromatlösung entspricht 3,63 mg o-Oxychinolin. Die 8 bis 10% Salzsäure enthaltende Lösung wird nach BERG mit einigen Tropfen 1%iger Indigocarminlösung versetzt und mit Bromat-Bromid-Lösung bis zum Farbübergang von Blau über Grün in Gelb titriert. Darauf setzt man noch einige Kubikzentimeter Bromatlösung im Überschuß zu, ferner Kaliumjodid und titriert schließlich mit Thiosulfat zurück. Nach Zugabe des Jodids entsteht ein schokoladenbrauner Niederschlag eines Jodadditionsproduktes, das aber beim Titrieren mit Thiosulfat sofort zerfällt. Ist von vornherein viel o-Oxychinolin vorhanden, so scheidet sich die bromsubstituierte Verbindung krystallinisch ab. Nach den Erfahrungen von KOLTHOFF sind die Resultate gut, wenn man nicht zu spät nach dem Bromatzusatz zurücktitriert (jedenfalls innerhalb 10 Min.). Gegenüber der Indigocarminsäure gibt er dem Methylrot den Vorzug. Auch bei diesem Indicator ist eine direkte

Titration schwer angängig, weil der Umschlag von Rot nach Gelb nur unscharf ist; doch erkennt man mit ihm leichter den ersten Bromüberschuß. Jedenfalls ist es ratsam, das Bromat langsam zu der mit 0,5 g Kaliumbromid und 1 bis 2 Tropfen 0,2 %iger Methylrotlösung versetzten Lösung zufließen zu lassen, bis die Flüssigkeit rein gelb geworden ist.

Literatur.

BERG, R.: Fr. **70**, 341 (1927) u. **71**, 23 (1927); „Die chemische Analyse", Bd. 34: Die analytische Verwendung von o-Oxychinolin und seiner Derivate, S. 40. Stuttgart 1938.
HAHN, FR. L. u. K. VIEWEG: Fr. **71**, 122 (1927).
KOLTHOFF, I. M.: Die Maßanalyse, Bd. 2. Berlin 1928.

§ 14. Abscheidung und Bestimmung als Calciumpikrolonat.

$Ca(C_{10}H_7N_4O_5)_2 \cdot 8\,H_2O$, Molekulargewicht 710,58.

Allgemeines.

Das Verfahren beruht auf der Fällung des Calciumpikrolonats und der Wägung als solches. Das Calciumpikrolonat verdient wegen seines hohen Molekulargewichts und seiner derben Krystallform wohl Beachtung, es bietet jedoch als Bestimmungsform gegenüber dem Oxalat keine bemerkenswerten Vorteile (ROBINSON und SCOTT). *Die Bestimmung ist aber auch maßanalytisch und colorimetrisch möglich.*

Eigenschaften des Calciumpikrolonats. Nach KISSER bildet Pikrolonsäure mit Calciumsalzen ein in kaltem Wasser sehr schwer lösliches Pikrolonat, das neben regelmäßig ausgebildeten Krystallen auch Nadelbüschel oder nur eine amorphe gelbe Fällung liefert. Die Erfassungsgrenze der Reaktion beträgt $1 \cdot 10^{-5}$ g Ca.

Die Löslichkeit in Milligrammen Calcium (als Pikrolonat) wird nach DWORZAK und REICH-ROHRWIG für 100 cm³ Lösungsmittel durch die folgende Tabelle wiedergegeben:

Tabelle 7.

Lösungsmittel	21°	11°	0°
Wasser	0,9	0,9	0,4
0,0025n Pikrolonsäurelösung	nicht untersucht	0,6	nicht untersucht
0,005n Pikrolonsäurelösung	,, ,,	keine Fällung	,, ,,
0,01n Pikrolonsäurelösung (gesättigt)	,, ,,	0,1	,, ,,

Die Angaben von KISSER bezüglich der Krystallform des Calciumsalzes sowie bezüglich der Empfindlichkeitsgrenze bedürfen einer Korrektur.

Infolge der Möglichkeit einer Übersättigung, zusammen mit der durch die Hydrolyse auftretenden unsicheren Zusammensetzung, ist diese Fällungsart von einer idealen, für genaue quantitative Arbeit brauchbaren Methode weit entfernt. Die Hydrolyse macht sich durch die basische Reaktion und durch einen auffallenden Zerfall der Krystalle bemerkbar, wenn sie mit Wasser in Berührung kommen. Eine Änderung der Acidität konnte nach dem Erhitzen der wäßrigen Lösungen nicht mit Sicherheit festgestellt werden, obwohl Phenolphthalein, Methylorange und Lackmus als Indicatoren verwendet wurden. Das Erhitzen verzögerte aber immer die Ausscheidung beim Abkühlen, obwohl der normale Sättigungsgrad erreicht war.

Mineralsalze, die für den Aufbau der Pflanzen in Betracht kommen, *wie Ammonium-, Natrium-, Kalium- und Magnesiumsalze* beeinträchtigen die Reaktion nicht. Zur Erzielung einer schnellen Fällung muß das Fällungsmittel im Überschuß vorhanden sein, namentlich, wenn es sich um kleine Mengen handelt. *Alkohol* und *Essigsäure* hemmen die Reaktion. Sie gelingt nur bei löslichen Calciumsalzen, doch werden Calciumcarbonat und Calciumsulfat binnen wenigen Minuten in das Pikrolonat übergeführt. Calciumoxalat bleibt auch nach mehrstündiger Einwirkung unverändert.

Die Eignung dieser Reaktion für die Fällung und Bestimmung des Calciums haben DWORZAK und REICH-ROHRWIG geprüft. Danach hat das Calciumpikrolonat die oben angegebene Zusammensetzung, krystallisiert mit 8 Molekülen H_2O und enthält 5,641% Ca.

ROBINSON und SCOTT erstrecken die Untersuchungen über die Zusammensetzung, das Aussehen (Krystallform) und die Löslichkeit der Pikrolonate auch auf die übrigen Erdalkalimetalle, einschließlich Magnesium. Aus der Besprechung ihrer Versuchsergebnisse sei folgendes hervorgehoben: Es hat sich ergeben, daß sich die Pikrolonate der Erdalkalimetalle aus wäßriger Lösung als krystallinische Produkte abscheiden, die der Zusammensetzung $Mg\overline{P}_2 \cdot 2\,H_2O$*, $Ba\overline{P}_2 \cdot 4\,H_2O$, $Ca\overline{P}_2 \cdot 7\,H_2O$, $Sr\overline{P}_2 \cdot 7\,H_2O$ entsprechen. Diese Verbindungen lassen sich ausnahmsweise gut aus Äthylalkohol umkrystallisieren; die so erhaltenen Alkoholate sind infolge ihres hohen Dampfdrucks nur in der Mutterlauge beständig, wodurch eine genaue Bestimmung der Molekularformel sehr erschwert sein dürfte. Die krystallwasserhaltigen Salze des Calciums und des Strontiums sind in der Krystallform einander ähnlich, verschieden jedoch von der des Bariumsalzes. Dagegen sind merkwürdigerweise unter den alkoholhaltigen Produkten die Strontium- und Bariumsalze einander ähnlich, aber vom Calciumsalz deutlich verschieden.

Die genannten Autoren haben die Löslichkeitsverhältnisse des Calciumpikrolonats in Wasser bei verschiedenen Temperaturen und bei Gegenwart verschieden großer Mengen von Natriumpikrolonat bestimmt, ferner die Löslichkeit des Barium-, Strontium- und Magnesiumsalzes bei 25° in Wasser allein. Schon die qualitative Prüfung hat eine geringere Löslichkeit der Calcium- und Bariumsalze als der Strontiumsalze ergeben, während das Magnesium ein Salz von relativ hoher Löslichkeit liefert. Der Wert solcher Beobachtungen wird aber dadurch beeinträchtigt, daß die Lösungen stets eine Neigung zu Übersättigungen zeigen, die beim Magnesium besonders groß wird. So ist eine viel größere Löslichkeit in jenen Lösungen des Magnesiumsalzes festzustellen, die erhitzt worden sind. Selbst nach 24 Std. ist noch kein Gleichgewichtszustand erreicht.

Bei 18° beträgt die Löslichkeit des Calciumpikrolonats 0,0005 g Ca in 100 cm^3 gesättigter Lösung, während die des Oxalats in ähnlicher Lösung 0,00015 g Ca ist. Die entsprechenden Werte (bei 25°) sind für Magnesium, Strontium und Barium 0,0003, 0,0014 bzw. 0,0025 g. Die molaren Löslichkeiten je Liter bei 25° sind: 0,000138 Mg, 0,000160 Ca, 0,000156 Sr und 0,000184 Ba. Diese Werte lassen sich in der Regel, ähnlich wie beim Calciumsalz, durch die Zuführung eines geeigneten Überschusses des gelösten Pikrolonats um ungefähr 60% reduzieren.

Die Beobachtungen von ROBINSON und SCOTT stimmen im wesentlichen mit denen von DWORZAK und REICH-ROHRWIG überein (s. oben).

Bestimmungsverfahren.

A. Gravimetrische Bestimmung.

***Arbeitsvorschrift von* DWORZAK *und* REICH-ROHRWIG. Fällungsmittel.** Man erwärmt 2,64 g ($^1/_{100}$ Mol) Pikrolonsäure (KAHLBAUM bzw. MERCK „für wissenschaftliche Zwecke“) in 1 l destilliertem Wasser unter häufigem Umrühren auf dem Wasserbad, läßt über Nacht stehen und filtriert vom Ungelösten ab. Die auf diese Weise erhaltene 0,01 n Lösung (Prüfung durch Titration mit eingestellter Lauge gegen Phenolphthalein) ist als bei Zimmertemperatur gesättigt zu betrachten und auch lange Zeit klar haltbar.

---

* $\overline{P}$ ist eine Abkürzung für den Pikrolonatkomplex ($C_{10}H_7N_4O_5$).

Arbeitsweise. Die nicht mehr als ungefähr 0,1 g Calcium enthaltende Lösung wird gegen Lackmus neutralisiert. Eine geringe Alkalität wird durch das Reagens aufgehoben. *Magnesium-*, *Alkali-* und *Ammoniumsalze* sollen in nicht mehr als 10facher Menge zugegen sein. Die kein unverhältnismäßig großes Flüssigkeitsvolumen aufweisende Salzlösung wird in einem Becherglas auf etwa 50° erwärmt und unter Umschwenken tropfenweise (am besten aus einer Bürette) mit dem Reagens versetzt, bis ein Niederschlag ausfällt. Ist derselbe flockig, so unterbricht man den weiteren Zusatz, bis nach Erwärmen und Umschwenken die Umwandlung in die grobkrystalline Form erfolgt ist. Die Geschwindigkeit des weiteren Zusatzes ergibt sich aus dem Bestreben, die neue Fällung möglichst gleich von Anfang an in Form der schweren, stark lichtbrechenden Krystalle zu erzielen. Zeigt sich beim Erkalten oder bei zu schnellem Zusatz von Reagens wieder das Auftreten einer flockigen Fällung, so erfolgt nach Unterbrechung weiteren Zusatzes zunächst die Umwandlung in der oben beschriebenen Weise. Ist die Fällung beendet, d. h. erfolgt auch in der Kälte bei neuerlichem Pikrolonsäurezusatz keine weitere Abscheidung mehr, so setzt man einen größeren Überschuß, mindestens die Hälfte des jetzt vorhandenen Volumens an Pikrolonsäure zu.

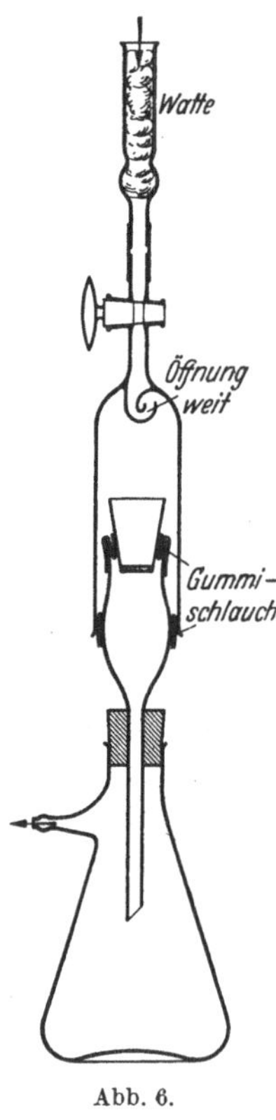

Abb. 6.

Nach mehrstündigem Stehen in einem kühlen Raum filtriert man durch einen Sintertiegel, der ebenso vorbereitet worden ist, wie bei der gleich zu beschreibenden Trocknung des Niederschlags verfahren wird. Der Niederschlag wird mit dem Filtrat quantitativ in den Tiegel gespült und vollständig abgesaugt. Wegen der grobkrystallinen Beschaffenheit genügt es, ihn 2mal mit einer dem halben Tiegelinhalt entsprechenden Menge Wasser unter Absaugen auszuwaschen. Die Wägung erfolgt in lufttrockener Form, und zwar am einfachsten unter Verwendung der in Abb. 6 skizzierten kleinen Apparatur. Sie wird auf der konisch ausgebauchten Tulpe einer normalen Filtriervorrichtung angebracht und dient zur Trocknung mit einem staubfreien Luftstrom ohne eine merkliche Minderung des Luftdruckes über der Substanz. Mengen bis 1 g sind mit Hilfe dieser Vorrichtung fast ausnahmslos in 2 Std., oft in wesentlich kürzerer Zeit, trocken und damit wägefertig. Beim Stehen an der Luft in offenem Tiegel ist der Niederschlag vollkommen gewichtskonstant.

Der *Umrechnungsfaktor für Calcium* aus $Ca(C_{10}H_7N_4O_5)_2 \cdot 8\,H_2O$ ist 0,05640 (log f 75131).

Bemerkungen. Der Fehler der Bestimmung[1] beträgt gegenüber der Bestimmung des Calciums als $CaC_2O_4 \cdot 1\,H_2O$ bei 0,1 g Ca etwa $-2 \cdot 10^{-3}$, bei 0,03 g Ca etwa $+4 \cdot 10^{-2}$%. Die relative Genauigkeit ist also bis zu den kleinsten Mengen von 2 mg herab sehr groß.

Dworzak und Reich-Rohrwig haben auch eine Mikromethode ausgearbeitet, die sich eng an das Makroverfahren anlehnt.

B. Maßanalytische Bestimmung.

Mikrovolumetrische Methode von Bolliger. Eine mikrovolumetrische Calciumbestimmung durch Fällung mit einer bestimmten Menge von Lithiumpikrolonat und Rücktitration des Überschusses mit Methylenblau beschreibt Bolliger. Es ist dies möglich, da Pikrolonsäure mit Methylenblau eine Verbindung bildet, von

[1] Aus einer größeren Anzahl Beleganalysen berechnet.

der sich in Wasser weniger als 0,001% löst. Die Titrationstechnik ist zuerst an der Pikrinsäure-Methylenblau-Titration studiert worden. Sie erfolgt in einem Schütteltrichter bzw. in einem zylindrischen Scheidetrichter, in dem sich genügend Chloroform befindet, um das gebildete Pikrat bzw. Pikrolonat zu lösen. Den Endpunkt zeigt die erste unextrahierbare Bläuung der wäßrigen Schicht an. In Chloroform ist das Methylenblaupikrolonat zu 0,16% löslich. Man gibt noch eine kleine Menge Calciumcarbonat in den Schütteltrichter und verwendet eine 0,001 n Methylenblaulösung. Das Magnesium läßt sich nach demselben Prinzip bestimmen; es kann sowohl mit dem Calcium zusammen als auch für sich allein nach der Ausfällung des Calciums ermittelt werden.

In letzterem Fall wird 0,05 n Lithiumpikrolonatlösung in deutlichem, aber im Verhältnis zum vorhandenen Calcium geringem Überschuß zugesetzt. Nachdem das Gemisch wenigstens 5 Std. im Eiskasten gestanden hat, wird die entstandene Fällung von Calciumpikrolonat abfiltriert. Sofort danach wird ein aliquoter Teil des Filtrats mit Chloroform ausgeschüttelt und titriert. Der Rest des Filtrats wird zur Magnesiumbestimmung benutzt, nachdem man ihn mit weiterer 0,05 n Lithiumpikrolonatlösung versetzt hat. Das Calciumpikrolonat wird mit möglichst wenig Wasser gewaschen und das Waschwasser mit dem Filtrat vereinigt. Dann löst man die Fällung auf dem Filter mit kleinen Anteilen von heißer Pyridinlösung und titriert diese mit Wasser verdünnte Lösung mit 0,01 n Methylenblaulösung.

C. Colorimetrische Bestimmung.

Methode von ALTEN, WEILAND und KNIPPENBERG. ALTEN, WEILAND und KNIPPENBERG fällen das Calcium als Pikrolonat, behandeln aber alsdann den in heißem Wasser gelösten Niederschlag in alkalischer Lösung mit Bromwasser und erreichen dadurch eine Anfärbung zu einer dunkelroten, colorimetrierbaren Lösung, die bis zu 48 Std. haltbar ist. Es können 20 bis 150 γ Calcium in 1 cm³ Lösung bei Gegenwart von *Eisen, Aluminium, Natrium, Kalium, Ammonium* und *Phosphorsäure* quantitativ bestimmt werden.

Arbeitsvorschrift. **Reagenzien.** (1) *2 n Natronlauge.* (2) Zur Herstellung der *Pikrolonsäurelösung* erwärmt man 2,64 g ($^1/_{100}$ Mol) Pikrolonsäure (KAHLBAUM „für wissenschaftliche Zwecke") mit 1 l Wasser auf dem Wasserbad, läßt über Nacht abkühlen und filtriert. Die Lösung ist etwa 0,01 n. (3) *Gesättigtes Bromwasser.*

Arbeitsweise. Man neutralisiert 5 cm³ der zu untersuchenden Lösung, die nur ganz schwach sauer sein darf — überschüssige Säure ist nötigenfalls durch Abdampfen zu entfernen — in einem 10 cm³-Meßkolben mit Natronlauge gegen Methylorange, fügt einige Tropfen 10%ige Sulfosalicylsäurelösung[1] hinzu und füllt auf 10 cm³ auf. Hierauf pipettiert man 1 bis 2 cm³ der filtrierten Lösung in ein Zentrifugengläschen von 12 mm lichter Weite, versetzt mit der 3fachen Menge eisgekühlter Pikrolonsäurelösung und läßt unter stündlichem Umschütteln 4 Std. in eisgekühltem Wasser stehen. Dann filtriert man mit einem Mikroporzellanfilterstäbchen B II die Flüssigkeit ab; ist der Niederschlag von schleimiger Beschaffenheit, so führt man das Filterstäbchen schräg ein, so daß nur die halbe Filterfläche benetzt und ein Verstopfen des Filters vermieden wird. Anhaftende Reste der Fällungslösung entfernt man durch 3maliges Waschen mit wasserfreiem Äther und übergießt hierauf den Niederschlag, um ihn zu lösen, mit so viel heißem Wasser, daß das Filterstäbchen noch bedeckt ist. Die Calciumpikrolonatlösung saugt man in ein 50 cm³-Kölbchen — Fällungsgefäß und Filterstäbchen spült man noch 1mal mit heißem Wasser ab — und erwärmt sie mit 1 cm³ gesättigtem Bromwasser auf dem Wasserbad. Nach Zugabe von 10 cm³ Alkohol und langsamem

[1] Hierdurch sollen etwa vorhandene geringe Mengen EisenIII- und Aluminium-Ion in Lösung gehalten werden; denn 3wertiges Eisen und Aluminium stören und müssen daher entweder entfernt oder in Lösung gehalten werden.

Abkühlen setzt man 2 cm³ 2 n Natronlauge zu und vergleicht die Färbung, die vor Helligkeit geschützt werden muß, am folgenden Tage mit auf gleichem Wege erhaltenen Färbungen von Lösungen bekannten Calciumgehalts.

Literatur.

ALTEN, F., H. WEILAND u. E. KNIPPENBERG: Bio. Z. **265**, 85 (1933).
BOLLIGER, A.: Pr. Roy. Soc. New South Wales **67**, 240 (1933); **68**, 51 (1935); **68**, 197 (1935); **69**, 68 (1935); durch Fr. **111**, 430 (1938).
DWORZAK, R. u. W. REICH-ROHRWIG: Fr. **86**, 98 (1931).
KISSER, J.: Mikrochemie **1**, 25 (1923).
ROBINSON, P. L. u. W. E. SCOTT: Fr. 88, 417 (1932).

§ 15. Bestimmung unter Abscheidung als Calciumtartrat.

$CaC_4H_4O_6 \cdot 4\,H_2O$, Molekulargewicht 260,22.

Allgemeines.

Das Verfahren beruht auf der Fällung als Tartrat und der Wägung als Oxyd bzw. der Titration mit Permanganat.

Nach BRÖNSTED fällt Traubensäure das Calcium vollständig aus einer essigsauren Lösung. Der Tartratniederschlag ist fast ebenso unlöslich wie die Oxalatfällung und läßt sich sogar leichter filtrieren und auswaschen als diese.

Bestimmungsverfahren.

Arbeitsvorschrift. Zu einer Lösung von etwa 0,2 bis 0,3 g Calcium in etwa 100 cm³ Wasser gibt man eine 10% Essigsäure und 10% Natriumacetat enthaltende Lösung und 10 bis 20 cm³ einer 10%igen Traubensäurelösung hinzu. Nach $^1/_2$ Std. ist die Fällung vollständig. Man filtriert und wäscht mit kaltem Wasser. Den Niederschlag führt man durch Glühen in Calciumoxyd über und wägt, oder man löst ihn in heißer verdünnter Schwefelsäure und titriert die kochende Lösung mit Permanganat. Der Titer wird mit einer bekannten Menge Traubensäure ermittelt.

Diese Fällung als Tartrat ist nach KLING auch in den Fällen möglich, wo sonst störende Substanzen wie *Aluminium, Eisen, Magnesium, Phosphorsäure* und *Citronensäure* zugegen sind.

Bei Gegenwart von Aluminium, Eisen, Magnesium, Phosphorsäure und Citronensäure empfiehlt es sich, die Fällung zu wiederholen. Zu diesem Zwecke löst man den Niederschlag in Salzsäure und fällt von neuem in der Siedehitze mit Natriumacetat in Gegenwart einer kleinen Menge freier Traubensäure. Man wählt die Salzsäure- und Acetatmengen so, daß keine freie Salzsäure übrigbleibt. Das Fällen und das Auswaschen erfolgen alsdann in der Kälte (KLING).

Literatur.

BRÖNSTED, J. N.: Fr. **42**, 15 (1903).
KLING, A.: Bl. [4] **9**, 355 (1911).

§ 16. Bestimmung unter Abscheidung als Calciumsaccharat.

Allgemeines.

Nach KILDE ist die Löslichkeit von $Ca(OH)_2$ in Zuckerlösungen bedingt durch die saure Natur des Zuckers und wohl auch die Komplexbildung von Calciumsaccharaten. Durch Messen der Löslichkeit von Calciumjodat (s. § 7, S. 279) in Zuckerkalklösungen konnte festgestellt werden, daß die Calcium-Ionen-Konzentration erheblich geringer ist als die totale Calciumkonzentration (2 bis 8% von dieser).

Bestimmungsverfahren.

Zur Bestimmung des freien Kalkes in gebranntem Kalkstein bedient man sich der Löslichkeit des Calciumoxyds in Zuckerlösungen (s. § 3, S. 261, Methode von TANANAJEW).

SHEAD und HEINRICH benutzen zur Ermittlung des Calciums in dolomitischem Kalkstein die Löslichkeit des Kalkes in Rohrzuckerlösungen. Das nicht lösliche Magnesium kann im Rückstand der Lösungen bestimmt werden.

Arbeitsvorschrift. Etwa 0,5 g Gestein erhitzt man zur Umwandlung in Oxyd auf 900 bis 1000°, bis das Gewicht konstant bleibt, behandelt den Glührückstand dann in einem ERLENMEYER-Kolben mit 25 cm^3 kohlensäurefreiem destillierten Wasser und verschließt den Kolben zur Abhaltung der Luftkohlensäure mit einem Stopfen. Nach vollständiger Abkühlung fügt man 100 cm^3 kohlensäurefreie 30%ige Rohrzuckerlösung auf einmal hinzu, verschließt sofort wieder und schüttelt in Abständen von 5 Min. tüchtig. Wenn weiteres Schütteln keine vermehrte Auflösung hervorruft, läßt man die ungelöste Magnesia sich absetzen und filtriert das Monocalciumsaccharat unter Luftabschluß ab. Die Saccharatlösung wird mit einer bestimmten Menge Salzsäure bekannten Gehaltes versetzt und die überschüssige Säure dann mit kohlensäurefreier Natronlauge zurücktitriert.

Literatur.

KILDE, G.: Z. anorg. Ch. **218**, 113 (1934).
SHEAD, A. C. u. B. J. HEINRICH: Ind. eng. Chem. Anal. Edit. **2**, 388 (1930).

§ 17. Bestimmung unter Abscheidung als Calciumseife (Calciumstearat, -palmitat, -oleat, -sulforicinat).

Stearin- und Palmitinsäure fällen aus Calciumsalzlösungen schwerlösliche Salze[1], während die Alkalisalze dieser Säuren löslich sind. Man kann diese Eigenschaft der genannten Säuren dazu verwenden, um Calcium und Magnesium neben den Alkalien zu bestimmen, was auf gravimetrischem Wege erfolgt, oder aber man führt das bereits isolierte Calciumsalz in das entsprechende Stearat über und bestimmt seine Menge nephelometrisch.

A. Gravimetrische Bestimmung.

MIRKIN und DRUSKIN empfehlen die Abscheidung des Calciums und des Magnesiums als Stearate. Sie benutzen die Fällung der Stearate zur Calciumbestimmung im menschlichen Blut; die Methode hat aber keine Bedeutung erlangt.

B. Nephelometrische Bestimmung.

Nach den Vorschlägen von KOBER fällt man das Calcium zunächst nach McCRUDDEN als Oxalat, löst es wieder auf und fällt mit LYMANs *Reagens* als Calciumseife. Dieses Reagens wird hergestellt, indem man 4 g Stearinsäure und 0,5 cm^3 Ölsäure mit 400 cm^3 95%igem Alkohol kocht, 20 g Ammoniumcarbonat in 100 cm^3 heißem Wasser zufügt, kocht, abkühlt, mit 400 cm^3 95%igem Alkohol, 100 cm^3 Wasser und 2 cm^3 Ammoniak (D 0,9) versetzt und filtriert. Zum Vergleich gibt man 20 cm^3 einer Lösung von Calciumoxalat in Salpetersäure, die 0,4 mg Calcium enthalten, zu 50 cm^3 LYMANs Reagens und schüttelt vorsichtig.

Über die Anwendung der Fällung als Kalkseife bei der Calciumbestimmung in biologischen Flüssigkeiten (GILLE) vgl. S. 345.

Methode von MILOSSLAWSKI und WAWILOWA. Eine nephelometrische Auswertung der Stearat- bzw. Oleatniederschläge empfehlen MILOSSLAWSKI und WAWILOWA.

[1] Auf die Möglichkeit der Verwendung von Alkalipalmitat zur Härtebestimmung in Wasser sei hier nur verwiesen (BLACHER, GRÜNBERG und KISSA; BLACHER, KOERBER und JACOBY).

Sie wenden sie bei der Calciumbestimmung in der Schlackenanalyse an. Nach Abscheidung der störenden Oxyde wird das Calcium als Oxalat gefällt und im Platintiegel leicht geglüht. Der Rückstand wird im Tiegel in einigen Tropfen Salpetersäure gelöst, getrocknet und mit heißem destillierten Wasser gelöst. Die Lösung wird in einen 50 bis 100 cm^3-Meßzylinder gegossen, wobei der Gehalt an Calcium in 50 cm^3 zwischen 0,02 bis 0,06 mg betragen soll. Zur Calciumbestimmung werden einige Kubikzentimeter der Lösung in einen 50 cm^3-Meßzylinder gebracht, mit 10 cm^3 Wasser versetzt und mit dem Reagens bis zur Marke aufgefüllt. Das *Reagens* bereitet man, indem man 4 g Stearinsäure und 0,5 g Oleinsäure mit 425 cm^3 90%igem Alkohol vermischt, auf dem Wasserbad bis zur Lösung der Stearinsäure erwärmt und mit 20 g Ammoniumcarbonat in 100 cm^3 Wasser versetzt. Man erwärmt die Lösung erneut, kühlt darauf ab, gibt 425 cm^3 50%igen Alkohol, 50 cm^3 Wasser und 20 cm^3 Ammoniak (D 0,9) zu und filtriert. Nach Zusatz des Reagenses wird die Lösung durchgeschüttelt, 15 Min. lang in ein Wasserbad von 40° gebracht, darauf auf Zimmertemperatur abgekühlt und nephelometriert.

Methode von Rona und Kleinmann. Nach Rona und Kleinmann gibt Natriumsulforicinat mit Calciumsalzen Trübungen, die sich zur nephelometrischen Bestimmung des Calciums eignen. 10 cm^3 Natrium sulforicinicum werden in 112 cm^3 1 n Natronlauge gelöst und mit destilliertem Wasser auf 125 cm^3 aufgefüllt. Die Lösung gibt ein brauchbares Reagens für Nephelometertrübungen bei 0,16 bis 1,6 mg Calcium. Mikronephelometrisch genügt 0,01 mg Calcium zur Messung. Die Methode ist für die Calciumbestimmung in biologischem Material ausgearbeitet worden (vgl. S. **345**).

C. Colorimetrische Bestimmung.

Nach Grégoire, Carpiaux, Larose und Sola läßt sich Calcium *colorimetrisch* als Oleat bestimmen, da das kolloidale Salz eine schwach gelbliche Färbung besitzt, die immerhin noch $5 \cdot 10^{-6}$ g CaO bei einer Schichthöhe von 20 cm im Colorimeter unterscheiden läßt. Zur Bestimmung dient eine Lösung (1) von 20 g Seignettesalz und 7,5 g Kaliumhydroxyd in 100 cm^3 und eine Lösung (2) von 2 g Ölsäure und 0,5 g Kaliumhydroxyd in 600 cm^3 Alkohol, die mit Wasser auf 1 l verdünnt wird. Zum Vergleich wird eine Lösung von 2 mg Calciumoxyd in 1 l angewendet. Von der zu prüfenden Lösung gibt man so viel, wie 6 bis 90 mg Calciumoxyd (darüber hinaus werden die Färbungen zu stark) entspricht, in ein 50 cm^3-Kölbchen, verdünnt auf 45 cm^3, gibt je 1 cm^3 der Lösungen (1) und (2) zu, füllt auf 50 cm^3 auf und mischt. Nach 1 Std. kann man die Bestimmung vornehmen, wozu man je nachdem 10 oder 25 cm^3 der Vergleichslösung nimmt. Der wahrscheinliche Fehler einer Bestimmung betrug bei drei Versuchsreihen im Mittel $\pm 1{,}51$, $\pm 2{,}09$ und $\pm 2{,}88$%. Das Verfahren ist auch bei Gegenwart von *Magnesiumoxyd* anwendbar, wenn dessen Menge 30 bis 40% des Gehalts an Calciumoxyd nicht übersteigt; bei Anwesenheit größerer Mengen Magnesiumoxyd muß dieses abgeschieden werden, und zwar durch Eindampfen der Lösung der Nitrate beider Basen, schwaches Glühen des Rückstands und Lösen des Calciumoxyds in warmem Wasser.

Singleton verwendet zur Herstellung der Lösung (2) 400 cm^3 Alkohol anstatt 600 und verdünnt im Verhältnis 1 : 1.

Literatur.

Blacher, C., P. Grünberg u. M. Kissa: Ch. Z. **37**, 56 (1913). — Blacher, C., U. Koerber u. J. Jacoby: Angew. Ch. **22**, 971 (1909).

Gille, R.: C. r. Soc. Biol. **110**, 490 (1933); durch C. **105 I**, 2011 (1934). — Grégoire, A., E. Carpiaux, E. Larose u. Th. Sola: Bl. Soc. chim. Belg. **32**, 123 (1923); durch C. **94 IV**, 561 (1923).

Kober, P. A.: J. Soc. chem. Ind. **37**, 75 T (1918).

McCrudden, F. H.: J. biol. Chem. **10**, 187 (1911); durch C. **82 II**, 1965 (1911). — Milosslawski, N. M. u. I. G. Wawilowa: Betriebslab. **6**, 28 (1937); durch C. **109 I**, 667 (1938). — Mirkin, A. u. S. J. Druskin: J. Labor. clin. Med. 8, 334 (1923); durch C. **94 IV**, 634 (1923).
Rona, P. u. H. Kleinmann: Bio. Z. **137**, 157 (1923).
Singleton, W.: Ind. Chemist **5**, 71 (1929); durch C. **100 I**, 2449 (1929).

§ 18. Bestimmung unter Abscheidung als metallisches Calcium.

A. Elektroanalytische Bestimmung.

Allgemeines.

Die Möglichkeit der elektrolytischen Abscheidung der Erdalkalimetalle beruht darauf, daß diese Metalle leicht Amalgame bilden; man kann deren Wiederauflösung durch die abgeschiedenen Anionen der Halogene und Halogenosäuren dadurch verhindern, daß man sie an die Anode bindet. Durch eine besondere, apparativ herbeigeführte Zweiteilung der flüssigen Quecksilberkathode wird das gebildete Amalgam durch Wasser zersetzt und das dadurch entstehende Erdalkalihydroxyd acidimetrisch bestimmbar. Die Verwendung der flüssigen Quecksilberkathode geht auf Smith und die Bindung der Anionen durch eine Silberanode auf Vortmann zurück. Hildebrand hat hierauf eine der bekannten Kellnerschen Schaltung entsprechende Zelle konstruiert, mit der er durch eine schwache Rotation der Anode einen doppelten Vorteil erreicht. Einmal ist die vollständige Abscheidung des Amalgams infolge der Flüssigkeitsbewegung in sehr kurzer Zeit beendet, zum anderen wird die auf dem Quecksilber in dünnem Häutchen schwimmende Legierung durch die Zentrifugalkraft der kreisenden Lösung in den Außenraum der Zelle getrieben, wo sie unter Mitwirkung von Nickel und Natriumchlorid in Hydroxyd verwandelt wird. Letzteres wird nach Beendigung der Elektrolyse mit eingestellter Säure titriert.

In bezug auf ihr Verhalten in der Hildebrand-Zelle kann man sämtliche Metalle in zwei Gruppen einteilen. Entweder gelangen sie als beständige Quecksilberlegierungen in den Außenraum der Zelle, oder aber sie bilden nur sehr unbeständige Amalgame und treten daher schon im Innenraum der Zelle wieder als Hydroxyde auf. Zu der ersten Gruppe gehören die Alkalimetalle sowie Barium und Strontium, zu der zweiten die Metalle der seltenen Erden und die Mehrzahl der übrigen Metalle. Calcium und Magnesium stehen nach ihrem Verhalten zwischen beiden Gruppen, gehen also zum Teil in den Außen-, zum Teil in den Innenraum der Zelle. Ist Magnesium zugegen, so bleibt Calcium, das sonst ein beständiges Amalgam bildet, gemeinsam mit dem Magnesium im Innenraum und bildet mit ihm zusammen ein schwerlösliches Hydroxyd, so daß eine Trennung nicht möglich ist. Doch lassen sich die Alkalimetalle und namentlich Strontium und Barium auf diese Weise von Calcium trennen.

Bestimmungsverfahren.

Arbeitsvorschrift. Für die Bestimmung von Calcium allein verwendet McCutcheon eine Spannung von 8 Volt und gibt in den Außenraum der Zelle eingestellte Salzsäure in geringem Überschuß. Angewendet werden 0,03 g Calcium als Chlorid in 50 cm³ Wasser. Elektrolysiert wird bei gewöhnlicher Temperatur mit 0,1 bis 0,02 Ampere (am Ende der Fällung) während etwa 120 Min.

Bemerkungen. **I. Genauigkeit.** McCutcheon findet bei 0,03 g angewendetem Calcium bei Anwesenheit von Calcium allein Differenzen von —0,6 und + 0,2 mg.

II. Anwendung des elektroanalytischen Verfahrens zu Trennungen. Da nach den Untersuchungen von Coehn und Kettembeil die Zersetzungsspannungen von Barium, Strontium und Calcium an Quecksilberkathoden sich um je 0,2 Volt voneinander unterscheiden, ist die fraktionierte Fällung prinzipiell möglich. Die

Trennung gelang zwar GOLDBAUM und SMITH nicht, jedoch konnte die Trennung Barium-Calcium, schwieriger diejenige Strontium-Calcium, durchgeführt werden. Da ferner nach LUKENS und SMITH Magnesium quantitativ als Hydroxyd abgeschieden wird, Calcium jedoch nur bei Gegenwart von Magnesium, kann Barium entweder nur von Magnesium allein oder von Calcium und Magnesium, nicht jedoch von Calcium allein nach dem HILDEBRANDschen Prinzip getrennt werden.

Arbeitsvorschrift. Die Trennung von etwa gleichen Mengen Calcium und Magnesium, je 0,02 g, von der doppelten bis vierfachen Menge Barium erfolgt bei einer Tourenzahl von 300 Umdrehungen/Min. in 50 cm³ Wasser, bei gewöhnlicher Temperatur, 3,5 bis 4 Volt Spannung und 0,3 Ampere Stromstärke. Liegt also Calcium allein vor, so gibt man etwa die gleiche Menge Magnesium hinzu und verfährt wie beschrieben (FISCHER-SCHLEICHER).

Bemerkungen. Da die Differenzen des angewendeten und des gefundenen Bariums nur —0,1 und +0,2 mg betragen, dürfte die unter Umständen mitabgeschiedene Menge Calcium nur sehr klein sein.

Literatur.

COEHN, A. u. W. KETTEMBEIL: Z. anorg. Ch. **38**, 198 (1903).
FISCHER, A. u. A. SCHLEICHER: Elektroanalytische Schnellmethoden, 2. Aufl. Stuttgart 1926.
GOLDBAUM, J. S. u. E. F. SMITH: Am. Soc. **30**, 1705 (1908) u. **31**, 900 (1909).
HILDEBRAND, J. H.: Vgl. H. S. LUKENS u. E. F. SMITH a. a. O.
LUKENS, H. S. u. E. F. SMITH: Am. Soc. **29**, 1455 (1907).
MCCUTCHEON jun., T. P.: Am. Soc. **29**, 1450 (1907).
SMITH, E. F.: Am. Soc. **25**, 890 (1903).
VORTMANN, G.: M. **15**, 280 (1894).

B. Polarographische Bestimmung.

Die bisher noch unlösbar erscheinende Aufgabe, Calcium und Magnesium polarographisch zu bestimmen, hat KIMURA erneut in Angriff genommen, nachdem MAJER gezeigt hatte, daß eine Calcium-Ionen-Konzentration, wie sie neben einem Oxalatniederschlag noch besteht, durch Bildung eines Adsorptionsstromes störend wirkt und nachdem ILKOVIČ bei Gegenwart von Bariumhydroxyd eine für Calcium kennzeichnende Potentialwelle beobachtet hatte. Die Höhe dieser Welle nimmt nach KIMURA entsprechend dem Anwachsen des Calciumgehalts zu, solange die Konzentrationen klein sind. Bei größeren Mengen macht sich Wasserstoffabscheidung störend bemerkbar. Fügt man zur alkalischen Calciumlösung das Salz einer quaternären Ammoniumbase, so geht die Proportionalität bis zu höheren Calciumgehalten weiter, gleichgültig, ob man unter Luft oder unter Wasserstoff elektrolysiert. Die zugefügten Basen haben in verdünnter Lösung eine sehr hohe Zersetzungsspannung (2,8 Volt). So kann sich die Calciumwelle, die bei 2,2 Volt beginnt, gut ausbilden. Es dürfen jedoch keine flüchtigen Amine zugegen sein, sonst fallen deren Abscheidungspotentiale mit dem Abscheidungspotential des Calciums zusammen. Leider zeigt sich vor der Calciumwelle stets ein ausgeprägtes Maximum der Kurve, das bisher auf keine Weise hat unterdrückt werden können. Dadurch leidet die Genauigkeit der Bestimmung. Es sind nur 10^{-5} Grammäquivalente Calcium im Liter faßbar. Am besten arbeitet man unter Wasserstoff und mit sehr engen Capillaren. Andere *Metalle*, die in *mehr als 15fachem Überschuß* gegenüber dem Calcium vorhanden sind, *stören*, insbesondere die Metalle der *alkalischen Erden* und der *Alkalien*, darunter *am stärksten das Lithium*. In seiner Gegenwart ist nur die Summe von Calcium und Lithium zu ermitteln. Lithium allein gibt das erwähnte Maximum nicht, wohl aber im Gemisch mit Calcium. Bei nicht zu ungünstigen Konzentrationsverhältnissen lassen sich Calcium, Strontium und Barium auf diese Weise nebeneinander bestimmen (HEYROVSKÝ und BEREZICKÝ). Dabei darf Barium nicht in größerem als 20fachen Überschuß über eines der anderen Erdalkalimetalle vorhanden sein. 0,001 n $Ca(OH)_2$-, $Sr(OH)_2$- und $Ba(OH)_2$-Lösung in Gegenwart von 0,01 n $N(CH_3)_4Cl$-Lösung geben gut reproduzierbare Kurven (HEYROVSKÝ).

Um Calcium neben Magnesium zu ermitteln, tropft man die zu untersuchende Lösung in eine solche einer freien quaternären Ammoniumbase ein. Das Magnesium fällt dann aus und beeinträchtigt die Calciumbestimmung nicht mehr.

Literatur.

HEYROVSKÝ, J.: Polarographie, in: Physikalische Methoden der analytischen Chemie, herausgegeben von W. BÖTTGER, 2. Teil, S. 260 ff. Leipzig 1936. — HEYROVSKÝ, J. u. S. BEREZICKÝ: Coll. Trav. chim. Tchécosl. **1**, 19 (1929); durch J. HEYROVSKÝ a. a. O.

ILKOVIČ, D.: Diss. Prag 1932.

KIMURA, G.: Coll. Trav. chim. Tchécosl. **4**, 492 (1932); durch Fr. **96**, 206 (1934).

MAJER, V.: Fr. **92**, 342 (1933).

§ 19. Spektralanalytische Bestimmung des Calciums.

Vorbemerkung. Von den spektralanalytischen Methoden kann man je nach der Form, in der die zu untersuchende Substanz vorliegt, verschiedene verwenden. Ist das Calcium in Metallen, also als Bestandteil einer Legierung zu bestimmen, so kann man das Metall selbst im kondensierten Funken verdampfen; liegt das Calcium in fester mineralischer Form vor, so besteht die Möglichkeit, entweder die feste Substanz direkt im Dauer- oder Abreißbogen zu verdampfen oder aber die Probe in Lösung zu bringen und die Lösung im Funken zu verdampfen[1]. Biologische Präparate endlich kann man direkt im Hochfrequenzfunken veraschen und schließlich verdampfen.

A. Bestimmung in der Flamme.

Da Calcium und Strontium[2] zu denjenigen Elementen gehören, die sich in der Flamme leicht nachweisen lassen, weil die aufzuwendende Ionisationsarbeit gering und die Flüchtigkeit groß ist und da fernerhin namentlich das Calcium in der Agrikulturchemie und Bodenkunde eine große Rolle spielt, hat auch ihre quantitative spektralanalytische Bestimmung schon recht eingehende Bearbeitung erfahren. Wichtige Hinweise finden sich vor allem in den Veröffentlichungen von LUNDEGÅRDH. Die Empfindlichkeit der Linien der drei Erdalkalimetalle nimmt in der Reihe Ca-Sr-Ba ab. Die wichtigsten Linien für den Flammennachweis sind für Calcium **4225,4**, **4226,7**, 5588,7 und 5590,1 Å, für Strontium **4607,3** 4077,7 und 4215,5 Å. Von diesen sind die empfindlichsten fett gedruckt.

Zur Steigerung der Nachweisempfindlichkeit und zur quantitativen Bestimmung verwendet LUNDEGÅRDH die heiße Luftacetylenflamme sowie Brenner und Zerstäuber besonderer Konstruktion. Die Photometrierung erfolgt thermoelektrisch mit zu diesem Zweck konstruierten Apparaten. Die absolute Nachweisempfindlichkeit beträgt für Calcium und Strontium 0,15 γ; das Minimum an Metall, das nötig ist, um die genannte Menge in der Flamme zu erkennen — wenigstens 3 cm^3 Flüssigkeit müssen vorhanden sein —, beträgt für Calcium 0,012 mg und für Strontium 0,013 mg. Die Grenze liegt für beide zwischen einer $^1/_{4000}$ und einer $^1/_{10000}$ molaren Lösung.

Das Prinzip der quantitativen Bestimmung ist das der Interpolation zwischen Standardlösungen; die Intensitätsmessung erfolgt auf der Photoplatte, also nicht durch direkte Photometrierung der auftretenden Linie (L). Dabei wird nicht nur

[1] Das gleiche gilt unter Umständen auch für calciumhaltige Legierungen.

[2] Das häufig gleichzeitige Auftreten von Strontium, Barium und den anderen Erdalkalimetallen zusammen mit Calcium sowie die Eigenart der spektralanalytischen Verfahren machen eine formale Trennung der Verfahren für das Calcium und das Strontium schwer. Es muß daher hier ganz ausdrücklich auf die Ausführungen im Kapitel Strontium verwiesen werden.

ihre Intensität, sondern auch diejenige der leichten Hintergrundschwärzung (H) „neben ihr" gemessen; es wird also die Beziehung beider zueinander (L/H-Werte) mit den Konzentrationswerten verglichen. Die Interpolation erfolgt am sichersten im geradlinigen Teil der reziproken Schwärzungskurve, also dem graphischen Ausdruck für die Beziehung der Galvanometerausschläge zu den Konzentrationen der Standardlösungen.

Die Reproduzierbarkeit bzw. Genauigkeit des Verfahrens, die aus 66 Calciumanalysen ermittelt wurde, ergab einen Standardfehler von $\pm 4{,}32\%$. Die absoluten Mengen bewegten sich hierbei zwischen 0,1 und 0,4 mg in 10 cm³ Lösung.

Im allgemeinen empfiehlt es sich, von den Chloriden auszugehen, da sich die Nitrate, Sulfate und Phosphate störend bemerkbar machen, wenn neben den Calcium- und Strontiumsalzen noch Sulfate und Phosphate anderer Metalle zugegen sind. In solchen Fällen kocht man die Lösung der Erdalkalimetallsalze mit überschüssiger Sodalösung, filtriert die gefällten Carbonate in einen Jenaer Glasfiltertiegel unter Benutzung der Wasserstrahlpumpe und löst den Niederschlag in 1 n Salzsäure. Sind Phosphate vorhanden, so wählt man den Weg über das Calciumoxalat, das nach Ausfällung in essigsaurer Lösung in einem GOOCH-Tiegel gesammelt wird. Nach dem Glühen wird das erhaltene Calciumoxyd in Salzsäure gelöst.

Von Böden bereitet man sich salzsaure Extrakte; die Gehaltsangabe bezieht man auf 1 cm³ der Bodenlösung.

Zur Bestimmung von Calcium in Lösungen, die neben Calciumchlorid noch Kaliumphosphat, Magnesiumsulfat, Kaliumnitrat und EisenIII-chlorid enthalten, z. B. zur Bestimmung des Calciums in Nährlösungen, erhitzt man 25 cm³ mit 5 cm³ einer 0,1 n Natriumcarbonatlösung im Wasserbad. Nach 2 Std. wird der Niederschlag in einen Jenaer Filtertiegel abfiltriert, nach dem Waschen in 2 cm³ 1 n Salzsäure gelöst und die Lösung im Meßkolben auf 150 cm³ verdünnt. Als Standardlösungen werden reine Calciumchloridlösungen verwendet, die mit der gleichen Menge Salzsäure versetzt sind. Die Galvanometerausschläge betrugen bei der reinen $^1/_{400}$ mol $CaCl_2$-Lösung 135,0, entsprechend 0,0501 mg Ca/cm³, bei der mit Nährsalz versetzten 135,9, entsprechend 0,04997 mg/cm³ und bei der mit den genannten Salzen versetzten 137,0, entsprechend 0,04922 mg Ca/cm³.

Auch in Meer- und Leitungswässern sowie in natürlichen und künstlichen Mineralwässern kann Calcium auf diese Weise bestimmt werden, ferner in Weizensamen und in ähnlichen Materialien.

Mit den neueren Apparaten erhält LUNDEGÅRDH (1934) eine Empfindlichkeit für Calcium von 10^{-5} mol/l und für Strontium eine solche von $2 \cdot 10^{-6}$ mol/l. Die Genauigkeit für Calcium wird zu 1 bis 2% angegeben.

JANSEN und HEYES übertragen die LUNDEGÅRDHsche Flammenmethode auf die Mineralanalyse biologischer Lösungen. Sie verwenden einen Zerstäuber und einen Brenner eigener Konstruktion. Die Übereinstimmung mit den durch chemische Analyse gefundenen Werten wird als befriedigend bezeichnet. Zusammen mit RICHTER beschreiben sie eine neue Zerstäubervorrichtung, die es gestattet, mit etwa 5 cm³ einer entsprechend verdünnten Analysenflüssigkeit auszukommen. Bei Calciumsalzen verwenden die Verfasser die Linie 4227 Å. Da in diesem Falle die Schwärzung des Untergrundes mitgemessen wird, ist die Ungenauigkeit größer als z. B. beim Kalium und der Fehler beträgt bis zu 10%.

MITCHELL und ROBERTSON schildern die *Wirkung von Aluminium auf die Flammenspektren der Erdalkalimetalle*. Sie bestätigen eine Beobachtung von LUNDEGÅRDH, wonach namentlich Aluminium von großem Einfluß auf die Calciumemission ist, und zwar in der Weise, daß diese an Stärke abnimmt. Noch größer ist der Einfluß des Aluminiums auf das *Strontium*. Liegen also nennenswerte Mengen von Aluminium vor, so müssen diese zunächst beseitigt werden. Ist deren Menge bekannt, so kann man auch so verfahren, daß man die gleiche Menge an

Aluminium den zu verwendenden Standardlösungen zusetzt. Nach MITCHELL und ROBERTSON ist die Intensitätsbeeinflussung aber auch vom Mengenverhältnis Calcium und Strontium abhängig, und zwar so, daß sie um so geringer für das eine von beiden ist, je mehr vom anderen vorliegt. Man muß also zur quantitativen Calciumbestimmung stets genügende Mengen Strontium zusetzen, während das bei der *Strontiumbestimmung* nicht nötig ist, da ja in den meisten Fällen sowieso das Calcium überwiegt.

Der Einfluß des Aluminiums auf Calcium und Strontium ist derart, daß bei Zugabe einer $^1/_{500}$ mol Aluminiumsalzlösung zu einer $^1/_{16000}$ mol Calciumlösung 94% unterdrückt werden, während eine $^1/_{40000}$ mol Strontiumlösung nicht mehr zur Strontiumemission gelangt. Im einzelnen verfolgt, zeigt sich, daß der Einfluß einer Aluminiumsalzlösung, deren Konzentration stufenweise von $^1/_{50000}$ mol auf $^1/_{1000}$ mol gesteigert wurde, gemessen an den nur noch scheinbar verbleibenden Gehalten von $^1/_{8000}$ mol bzw. $^1/_{16000}$ mol an Ca und von $^1/_{20000}$ mol bzw. $^1/_{40000}$ mol an Sr in etwa einen logarithmischen Verlauf hat. Von den ursprünglich 100% Calcium und Strontium kommen nach Zusatz der größten Aluminiummenge nur noch 18 bzw. 12 und 23 bzw. 6% zur Geltung.

Zur Ausschaltung des gegenseitigen Einflusses von Calcium und Strontium genügt es, wenn man die salzsaure, auf Calcium zu untersuchende Lösung $^1/_{40}$ mol an Strontium macht. Zur Bestimmung des Calciums neben Aluminium kann man unter Umständen auch ohne dessen Beseitigung so vorgehen, daß man die Lösung soweit verdünnt, daß die obengenannte Konzentration von $^1/_{50000}$ mol für Aluminium erreicht wird. In mit 0,5 n Essigsäure hergestellten Extrakten — es handelt sich hier fast nur um Bodenextrakte — empfiehlt sich ein Zusatz von Strontium ($^1/_{1000}$ mol) für die Calciumbestimmung.

Der Einfluß des Aluminiums auf die Intensität des Flammenspektrums der Erdalkalimetalle wurde neuerdings auch von TÖRÖK beobachtet.

Eine *visuelle* quantitative Spektralanalyse von Lösungen verschiedener Metalle, so des Lithiums, Natriums, Kaliums, Calciums, Strontiums, Bariums und Thalliums beschreibt RUSSANOW. Die Bestimmung beruht auf der Beobachtung des Augenblicks, in dem die in der Flamme des Acetylenbrenners beobachtete Linie oder Bande beim Verschieben einer keilförmigen Küvette, die eine lichtabsorbierende Lösung enthält, vor dem Kollimatorspalt verschwindet. Genauer gesagt, wird die Dicke der absorbierenden Lösung gemessen und mit der Konzentration der verdampfenden Flüssigkeit in Beziehung gesetzt. Brenner und Zerstäuber sind dem von LUNDEGÅRDH beschriebenen nachgebildet.

In Anwendung dieses Verfahrens beschreiben RUSSANOW und BODUNKOW ein Verfahren zur quantitativen spektralanalytischen B e s t i m m u n g v o n A l k a l i - u n d E r d a l k a l i m e t a l l e n i n A l u m i n i u m s o w i e i n B l e i. Sie lösen zu diesem Zweck das zu untersuchende Metall in Salz- bzw. Salpetersäure und blasen die Lösung mit Hilfe des von LUNDEGÅRDH vorgeschlagenen Injektorzerstäubers gleichmäßig in eine Acetylenflamme. Die Konzentration der gefundenen Fremdmetalle wird durch Photometrierung der im Spektrum der Flamme anwesenden Spektrallinien bestimmt, und zwar durch Ausmessung der Intensität und Vergleich mit einer Reihe von Standardlösungen mit stufenweise wachsender Konzentration. Als Maß der Intensität der beobachteten Linie wird die „kritische Dicke" der das Licht absorbierenden Keilschicht, die der „Löschung" der Spektrallinie entspricht, angenommen.

Die erhaltenen Resultate der Photometrierung von Standardlösungen werden graphisch dargestellt; zu diesem Zweck wird auf der Ordinatenachse die „kritische Dicke" (d), in Millimetern ausgedrückt, und auf der Abszissenachse der Logarithmus der Konzentration des Elementes in der Lösung (C) abgetragen. Für kleine Konzentrationen stellt sich die gefundene Abhängigkeit durch eine gerade Linie dar. Mit Hilfe der auf Grund der erhaltenen photometrischen Resultate konstruierten Kurven wird die Konzentration der Elemente in den zu analysierenden Lösungen bestimmt.

Die Photometrierungskurven wurden an Standardlösungen z. B. des Calciums, die einen bestimmten Aluminium- bzw. Bleigehalt aufwiesen, gewonnen. Es wurde aber auch die Hauptmenge des Bleis durch Zuführung von Chlor-Ionen entfernt und gezeigt, daß die Anwesenheit einer gesättigten Bleichloridlösung keinen Einfluß auf die Photometrierungswerte ausübt.

Von den in der Originalarbeit angegebenen Werten seien hier folgende wiedergegeben: Verwendet wird für Calcium der Streifen bei 5537 Å und für Strontium die Linie 4607 Å, die Spaltbreite beträgt in beiden Fällen 0,12 mm, die verwendeten Lösungen sind $4 \cdot 10^{-1}$ bis $4 \cdot 10^{-4}$%ig an Calcium und $3 \cdot 10^{-3}$ bis $3 \cdot 10^{-1}$%ig an Strontium. Die Konzentrationen an Aluminium bzw. Blei betragen bei Calcium 0,02 bis 20 bzw. 0,002 bis 2,0% und für Strontium 0,15 bis 15 bzw. 0,015 bis 1,5%. Es zeigte sich, daß Blei in gesättigter Lösung keinen Einfluß auf die Photometerwerte ausübt, während 2% Aluminium eine Intensitätsminderung hervorrufen.

Die Dauer der Bestimmung beträgt 40 bis 45 Min., wovon 30 bis 35 Min. zum Lösen der Legierung und zur Vorbereitung der Lösung zur Spektralanalyse benötigt werden. Die Bestimmung von Calcium und Strontium und selbstverständlich auch der anderen obengenannten Metalle erfolgt gleichzeitig.

Als lichtabsorbierende Lösung wurde für das Calcium eine 0,04%ige Permanganatlösung und für das Strontium eine 0,15%ige benutzt.

Für die Untersuchung des Aluminiums wird 1 g Feile in 20 cm³ Salzsäure (D 1,11) in der Wärme gelöst, Ungelöstes durch Filtration abgetrennt und das Filtrat mit Wasser soweit verdünnt, daß sein Gehalt an Aluminium 2% beträgt.

Zum Lösen des Bleis wird 1 g mit 20 cm³ Salpetersäure (D 1,38) in der Wärme behandelt. Nachdem durch Eindampfen auf dem Wasserbad der Überschuß an Salpetersäure entfernt und der Rückstand in Wasser gelöst worden ist, wird zu der Lösung 5%ige Salzsäure zugesetzt, bis kein Niederschlag von Bleichlorid mehr ausfällt. Das Filtrat wird zur Bestimmung des Calciumgehaltes verwendet.

B. Bestimmung im Bogen.

Von dieser Verdampfungsart kommt diejenige im *Lichtbogen* und die im sogenannten *Abreißbogen* mehr für qualitative als für quantitative Aussagen in Betracht.

Die dritte Bogenart, den *Flammenbogen*, hat HUKUDA zur halbquantitativen Analyse von gelösten Salzen des Calciums, Strontiums und Bariums sowie des Lithiums verwendet. Die benutzte Apparatur besteht aus einer Induktionsspule mit 35 mm maximaler Funkenöffnung; die Spule ist an einen Fulgurator angeschlossen, dessen positiver Pol vom Boden des mit der zu untersuchenden Lösung gefüllten Gefäßes ausgeht und dessen Platinspitze kurz oberhalb der Flüssigkeitsoberfläche austritt. Der Polabstand beträgt 1 bis 2 mm. Die Beobachtung erfolgt direkt durch ein Spektroskop mit Glasoptik und geringer Dispersion (die Natriumlinien D_1 und D_2 sind gerade getrennt sichtbar) und die Angabe der Resultate in gewohnter Weise aus dem Auftreten oder Verschwinden bzw. der nach Stufen unterschiedenen Intensität bestimmter Linien oder Banden je nach der vorhandenen Anzahl Milligramme Metall. Die Aufstellung solcher — zumeist tabellarisch geordneter — Werte erfordert für jede einzelne Apparatur und Anordnung Vorarbeiten, die wie immer mit der genauen Festlegung der zu verwertenden Linien nach Wellenlänge, bzw. der Ausscheidung von Luft-, Wasserstoff- und Platinlinien beginnen. Für die graphisch durchgeführte Orientierung über die Wellenlänge bedient sich der Verfasser der Neon-, Helium- und Wasserstofflinien oder für den roten bis gelben Bereich einer Neonglimmlampe. Lithium, Barium,

Strontium und Calcium lassen sich aus einer Lösung der Chloride noch beobachten, wenn 0,025, 0,05 usw. bis 1mal $^{1}/_{750}$ Mol der Metalle vorliegen.

Ein Vergleich der Grenzkonzentrationswerte (in mg/cm³) der Methode von HUKUDA mit der der Methode von BUNSEN (Flammenspektrum) und der des Verfahrens von RIESENFELD und PFÜTZER (Bogenspektrum) spricht zugunsten der ersteren. Die Grenzkonzentration beträgt für Ca 0,013, für Sr 0,029, für Ba 0,018 und für Li 0,0009 mg/cm³.

WAY und ARTHUR nehmen die Calciumbestimmung in Pflanzenaschen im Bogen mit 4 bis 6 Ampere und 125 Volt unter Benutzung von Graphitelektroden vor, auf denen sie die zu untersuchende Lösungsmenge (0,05 cm³) eintrocknen lassen. Zu den salpetersauren, sulfat- und chloridfreien Lösungen der Pflanzenaschen wurde als Leitsubstanz Strontium zugesetzt, und zwar soviel, daß die Lösungen daran 1,75%ig waren. Zur quantitativen Auswertung wurden die Schwärzungsunterschiede der Calciumlinie $\lambda = 5350$ Å und der Strontiumlinie $\lambda = 5330$ Å benutzt. Die Abhängigkeit der Schwärzungsunterschiede von der Calciumkonzentration war vorher mikrophotometrisch an den Spektren von Lösungen mit bekannten Calciumgehalten von 0,266 bis 0,533% ermittelt worden. Der Analysenfehler betrug etwa 5%.

Eine spektralanalytische Methode der Calciumbestimmung, wie auch der Ermittlung von Magnesium, Kalium, Mangan, Eisen und Phosphor mittels *Kohleelektroden im Bogen* beschreiben EWING, WILSON und HIBBARD. Sie verwenden als Anode einen Achesongraphitstab von 8 mm Dicke, mit einer 7 mm tiefen Bohrung zur Aufnahme von 0,1 cm³ Analysenlösung, die bei 105° eingetrocknet wird, und einen zweiten Graphitstab als Kathode. Die Zündspannung des Bogens beträgt 300 Volt. Das Licht des Bogens fällt, durch einen rotierenden Sektor geschwächt, auf den Spektrographenspalt. Zur Eichung verwendet man Lösungen mit 0,5% Natriumchlorid, 4,5% Ammoniumchlorid, 0,45% Salzsäure und den Chloriden der genannten Metalle in solcher Menge, daß sie zu 10^{-1} bis $2 \cdot 10^{-4}$% in ihnen enthalten sind. Für die Calciumbestimmung werden die Linien $\lambda = 3158{,}87$ und 3179,33 Å verwendet. Das Verhältnis der Differenzen zwischen Linienschwärzung und absoluter Schwärzung sowie zwischen Untergrundschwärzung und absoluter Schwärzung ergibt, gegen den Logarithmus der Konzentration abgetragen, Eichkurven für die einzelnen Elemente. Die Analysenlösungen (Pflanzenaschen) sind ebenso wie die Eichlösungen zusammengesetzt. Die Bestimmung der genannten Elemente weist einen Fehler von maximal 6% auf.

C. Bestimmung im Funken.

Diese Verdampfungs- und Anregungsart ist für quantitative Aussagen am geeignetsten, da sie leichter reproduzierbare Anregungsbedingungen besitzt. Demnach vollzieht sich die Mehrzahl der quantitativen spektrographischen Bestimmungen im sogenannten kondensierten Funken.

a) Die Bestimmung von Calcium in Blei als Lösungsanalyse[1] auf Grund des Prinzips der homologen Linienpaare haben SEITH und HOFER durchgeführt. Die benutzten Linienpaare und Konzentrationen sind in der folgenden Tabelle 8 zusammengestellt.

Die verwendeten Lösungen wurden unter einer Glashaube verdampft, die auf der von GERLACH und SCHWEITZER beschriebenen Elektrode für Lösungen ruhte. Diese ist ein aus dickem Goldblech getriebener, auf einer Messingscheibe ruhender Teller derselben Ausmaße. In die Glashaube von 5 cm Höhe ragt ein Golddraht samt einem gläsernen Isolationsschirm hinein. Als Fenster für das ultraviolette Licht dient eine Öffnung von 4 mm Breite und 1 cm Höhe. Durch diese wird mit

[1] Die direkte Bestimmung im Funken am Metall selbst unterliegt Störungen infolge der Inhomogenität der Legierung [SCHLEICHER, A.: Spectrochim. A. 1, 4. Heft, 319 (1940)].

Hilfe eines diametral gegenüber angebrachten Stutzens dauernd ein kräftiger Luftstrom eingesaugt, der das Austreten von Spritzern verhindert und aus dem Innern der Haube den entstehenden Nebel und Dampf entfernt. Die Goldelektrode ist fest in das Glas eingekittet, und zwar so, daß die Funkenlänge 3 mm beträgt, wenn sich 3 cm³ Lösung auf dem Goldteller befinden. Die Salzkonzentration der Lösungen belief sich auf 15 g/100 cm³; ein Gehalt an freier Säure wurde vermieden. Der Abstand der Gegenelektrode von der Lösungsoberfläche betrug 3 mm, die Zahl der Funkenübergänge je Sekunde 10, die Belichtungszeit 2,5 Min., die Primärstromstärke 4 Ampere, die Kapazität im Sekundärkreis 0,014 mF und die Selbstinduktion 150 Windungen bei einer Spule von 8 cm Durchmesser und 18 cm Länge/100 Windungen.

Zum Vergleich wurde nicht ein Fixierungspaar aus den Aufnahmen der Lösungen selbst, sondern ein mit festen Zinnelektroden aufgenommenes Spektrum herangezogen. Bei einem Elektrodenabstand von 7 mm sollen das Linienpaar Sn 3283,5 und Sn 3218,7 Å intensitätsgleich sein, bevor die Lösungsspektra mittels der Goldelektrode bei einer mittleren Funkenlänge von 4 mm aufgenommen werden.

Tabelle 8. Nachweis von Calcium in Blei (Lösungen von 15 g/100 cm³ Gesamtsalzgehalt).

Atom-% Ca	Wellenlänge der Linien	
4,0	Pb 2873,32 Ca II 3158,87	Nur bei strengem Einhalten der Fixierung zu verwenden
2,0	Pb 3683,472 Ca II 3968,475	
1,0	Pb 3683,472 Ca II 3933,670	Die Absolutschwärzung der Linien soll 1,2 nicht überschreiten
0,8	Pb 3639,584 Ca II 3933,670	
0,5	Pb 3739,950 Ca II 3968,475	Die Absolutschwärzung soll nicht unter 0,4 bleiben
0,27	Pb 3572,739 Ca II 3933,670	
0,10	Pb 3739,950 Ca II 3933,670	

b) TRICHÉ verwendet zur Calciumbestimmung in Leichtmetall-Legierungen folgende Elektrodenform und -anordnung: Als eine Elektrode dient die auf Calcium zu untersuchende Legierung selbst und als Gegenelektrode eine Lösungselektrode, deren Teller mit einer Bariumchloridlösung von bekanntem Gehalt beschickt ist. Auf diese Art kommen beide Erdalkalimetalle im Funken zur Verdampfung, und es kann die Intensität ihrer Linien miteinander verglichen werden. In vorhergehenden Untersuchungen konnte an Lösungsgemischen von Calcium- und Bariumsalzen — also ohne die Leichtmetallelektrode — festgestellt werden, bei welchem Konzentrationsverhältnis beider Metalle die zu beobachtenden Linienintensitäten gleich sind. Dies ist für die Calciumlinie 3933,67 Å und die Bariumlinie 3891,78 Å bei dem Gewichtsverhältnis Ba : Ca = 130 der Fall.

Bei einer früheren Anwendung dieses Prinzips ist die zu untersuchende Legierung aufgelöst und die Lösung mit Bariumchloridlösung in verschiedenen Mengen versetzt worden derart, daß die Konzentration an Legierung in der Lösung stets die gleiche war. Als der kürzere Weg erwies sich dann der der direkten Verwendung der Legierung als Gegenelektrode. Der Einfluß der veränderlichen Versuchsbedingungen wurde eingehend studiert, so derjenige der Temperatur, der Salzsäurekonzentration der Lösung, des Primärstroms im Transformator, der Leitfähigkeit auch des Gasraumes zwischen den Elektroden, der Oberflächenspannung und gewisser die Leitfähigkeit der Lösung beeinflussender Zusätze wie Saponin und Isoamylalkohol. Bei streng konstant gehaltenen Versuchsbedingungen betrug die Analysengenauigkeit 15%.

Literatur.

EWING, D. T., M. F. WILSON u. R. P. HIBBARD: Ind. eng. Chem. Anal. Edit. 9, 410 (1937).
GERLACH, W. u. E. SCHWEITZER: Die chemische Emissionsspektralanalyse, S. 34. Leipzig 1930.

HUKUDA, K.: Bl. chem. Soc. Japan 2, 115 (1927); durch Fr. **91**, 273 (1933).

JANSEN, W. H. u. J. HEYES: H. **211**, 75 (1932); durch C. **104 I**, 269 (1933). — JANSEN, W. H., J. HEYES u. C. RICHTER: Ph. Ch. A **171**, 268 (1934).

LUNDEGÅRDH, H.: Die quantitative Spektralanalyse der Elemente. Jena 1929; 2. Teil. Jena 1934; Lantbruks-Högskol. Ann. **3**, 49 (1936); durch C. **118 I**, 3833 (1937).

MITCHELL, R. L. u. I. M. ROBERTSON: J. Soc. chem. Ind. **55**, 269 T (1936).

RIESENFELD, E. H. u. G. PFÜTZER: B. **46**, 3140 (1913). — RUSSANOW, A. K.: Fr. **98**, 335 (1934); RUSSANOW, A. K. u. B. I. BODUNKOW: Fr. **106**, 419 (1936).

SEITH, W. u. E. HOFER: Z. El. Ch. **40**, 313 (1934).

TÖRÖK, T.: Fr. **116**, 29 (1939). — TRICHÉ, H.: C. r. **200**, 1665 (1935); durch C. **106 II**, 725 (1935).

WAY, K. u. J. M. ARTHUR: Bl. Am. phys. Soc. **9**, Nr. 5, 6 (1934); durch C **106 II**, 2095 (1935).

Trennungsmethoden.

Allgemeines.

Die Trennungsmethoden des Calciums sind bei den — vorwiegend in wäßrigen bzw. alkoholischen Lösungen durchgeführten — Bestimmungsmethoden zumeist durch die Löslichkeitsunterschiede seiner Salze und derjenigen der anderen Metalle gegeben.

Wie aus den Ausführungen im § 1 hervorgeht, läßt sich Calcium als Oxalat auch bei Gegenwart von Alkalimetallen und von Magnesium, ferner von Eisen und Aluminium ohne besondere Trennungsoperationen bestimmen. Nach den Angaben von REYNOSO (S. 237) löst sich Calciumoxalat in Gegenwart von Silber-, Kupfer-, Blei-, Cadmium-, Zink-, Nickel-, Kobalt-, Strontium- und Bariumsalzen auf, während diese Metalle als Oxalate ausfallen. Dagegen kann man bei Gegenwart von Citronensäure nach den Angaben von ERDHEIM (s. S. 236f.) Calcium als Oxalat auch neben einer ganzen Reihe weiterer Metalle bestimmen. Auch Phosphorsäure, Arsensäure und Borsäure wirken nach den Untersuchungen von WINKLER (S. 237) in diesem Sinne günstig.

Diese Angaben sind noch nicht wieder bestätigt worden, geschweige, daß sie für die Trennungsmöglichkeiten des Calciums von den anderen Metallen in Anwendung gekommen sind.

Die anderen Fällungsverfahren bieten nur eine beschränkte Möglichkeit der Calciumfällung in Gegenwart anderer Metalle (s. bei diesen).

Somit ist der allgemein übliche systematische Trennungsgang, also die Fällung der anderen Metalle mit Hilfe des S''-Ions in saurer und ammoniakalischer Lösung und die Abscheidung des Calciums zugleich mit den anderen Erdalkalimetallen der gegebene Weg (s. Ba, § 8 A, B und C). Auch die elektrolytische Fällung läßt sich vielfach mit Erfolg verwenden.

Der Hauptgegenstand der folgenden Ausführungen ist somit die Trennung des Calciums von Strontium und Barium und die Bestimmung dieser drei Erdalkalimetalle. § 24, S. 313ff. ist der *Trennung von Magnesium* bzw. der *Bestimmung von Calcium und Magnesium nebeneinander* gewidmet, und zwar deshalb, weil dieses Element fast stets in bestimmbaren Mengen neben dem Calcium vorkommt, und weil die Oxalatfällung des Calciums nicht ohne weiteres auch eine Trennung von ihm gewährleistet.

Einen nur geringen Umfang nehmen die Verfahren ein, die sich auf die Unterschiede der Dissoziationsdrucke (namentlich der Carbonate) bei bestimmten Temperaturen und diejenigen der aufzuwendenden bzw. freiwerdenden Energien aufbauen lassen.

Soweit wie möglich wurden im folgenden Wiederholungen vermieden; es muß also darauf verwiesen werden, daß weitere Trennungsmöglichkeiten in den Kapiteln Strontium, Barium und Magnesium zu suchen sind.

§ 20. Trennung des Calciums von Strontium.

1. Trennung auf Grund des Löslichkeitsunterschieds der Sulfate in Ammoniumsulfat.

Das Verfahren beruht auf der Tatsache, daß in einer Lösung von Ammoniumsulfat, die auf 1 Teil des Salzes 4 Teile Wasser enthält, Strontiumsulfat unlöslich, Calciumsulfat aber ziemlich leicht löslich ist. Versuche von OESTEN bzw. ROSE haben indessen ergeben, daß das Verfahren nur annähernde Resultate ergibt. Auch nach den Angaben von R. FRESENIUS ist die Trennung durch Ammoniumsulfat nur unvollständig. Der Fehler beträgt 10%.

2. Trennung durch Fällung mit einem Gemisch von Ammoniumsulfat und Ammoniumoxalat.

Die Methode von SIDERSKY beruht auf der Annahme, daß sich auf Zusatz eines Gemisches von Ammoniumsulfat und -oxalat zu einer neutralen, Calcium und Strontium enthaltenden Lösung alles Calcium als Oxalat, alles Strontium als Sulfat abscheidet und daß diese Salze sich durch Behandlung mit Salzsäure trennen lassen.

Arbeitsvorschrift a). Man fällt die Calcium und Strontium enthaltende Lösung in der Wärme mit einer Lösung, die 200 g Ammoniumsulfat und 30 g Ammoniumoxalat in 1 l Wasser enthält, unter Vermeidung eines großen Überschusses des Fällungsmittels. Der Niederschlag wird abfiltriert und zunächst mit warmem Wasser, dann mit verdünnter Salzsäure ausgewaschen; das zurückbleibende Strontiumsulfat wird durch Auswaschen mit Wasser von der Salzsäure befreit, getrocknet, geglüht und gewogen. Aus der salzsauren Lösung aber fällt man das Calcium mit Ammoniumoxalat im Überschuß aus, führt den Niederschlag in Calciumoxyd über und wägt dieses.

Bemerkungen. Diese Arbeitsweise liefert nach den Angaben von RUSSMANN und von R. FRESENIUS keine brauchbaren Resultate. Der Fehler beträgt etwa 10%.

Arbeitsvorschrift b). Man versetzt die beide Metalle enthaltende Lösung vor dem Zusatz des obengenannten Reagenses mit etwas Salzsäure, filtriert dann ab und verfährt mit dem Niederschlag und der Lösung wie in Arbeitsvorschrift a).

Bemerkungen. Auch dieses Verfahren gestattet in keiner Weise eine genaue Trennung. Die scheinbar befriedigenden Resultate sind die Folge zweier sich mehr oder weniger ausgleichenden Fehler. Dies ist darauf zurückzuführen, daß sich einerseits mit dem Strontiumsulfat etwas Calcium als Sulfat ausscheidet, während andererseits in der salzsauren Flüssigkeit sich etwas Strontiumsulfat löst, und daß das ihm entsprechende Strontium dann zugleich mit dem Calcium gefällt und gewogen wird. Der Fehler beträgt in jedem Falle etwa 10%.

Nach den Angaben von BOGOMOLETZ soll man die Fällung mit einer Lösung von 200 g Ammoniumsulfat und 30 g Ammoniumoxalat in 1 l Wasser bei Siedehitze vornehmen. Aber auch hier hat der Fehler obige Größe.

3. Trennung auf Grund des Löslichkeitsunterschieds der Nitrate in absolutem Alkohol bzw. in einer Mischung (1:1) mit wasserfreiem Äther.

Die Tatsache, daß sich wasserfreies Calciumnitrat in absolutem Alkohol leicht, wasserfreies Strontiumnitrat aber nur wenig löst, benutzte zuerst STROMEYER zur quantitativen Trennung der beiden Metalle. ROSE verbesserte diese Methode wesentlich, indem er den absoluten Alkohol durch eine Mischung gleicher Raumteile absoluten Alkohols und wasserfreien Äthers ersetzte, in der das Strontiumnitrat viel schwerer löslich ist als in absolutem Alkohol. Er empfiehlt die Methode namentlich dann, wenn kleine Mengen Strontium von viel Calcium zu trennen sind. Sie liefert nach den Angaben von R. FRESENIUS befriedigende Resultate, namentlich wenn man folgende Arbeitsweise einhält.

Arbeitsvorschrift. Man führt die Carbonate in Nitrate über — die direkte Überführung der Chloride in die Nitrate durch Abrauchen mit viel starker Salpetersäure ist nach JANNASCH nicht vollständig — dampft die Lösung in einer kleinen Porzellanschale ein, trocknet den Rückstand im Trockenschrank bei 130° C, zerreibt die Nitrate äußerst fein und behandelt sie 5mal mit je 5 cm³ eines Gemisches aus gleichen Teilen wasserfreien Äthers und absoluten Alkohols unter raschem Zusammenreiben. Die erhaltenen Lösungen gießt man in ein Kölbchen, löst den im Schälchen zurückgebliebenen Rückstand nach dem Verdunsten des noch anhaftenden Äther-Alkohols in Wasser, dampft die Lösung ein und trocknet den Rückstand bei 130°. Dann wird derselbe zerrieben, so vollständig wie möglich in das die Äther-Alkohol-Lösung enthaltende Kölbchen gebracht und das Schälchen 3mal mit je 5 cm³ Äther-Alkohol nachgespült. Nun bleibt das Kölbchen unter öfterem Umschütteln 24 Std. stehen. Dann wird die Calciumnitratlösung von dem ungelöst gebliebenen Strontiumnitrat durch ein kleines Filter abfiltriert und, im wesentlichen durch Dekantieren, wiederholt mit 5 cm³ Äther-Alkohol (im ganzen mit 60 cm³) ausgewaschen. Aus der ätherisch-alkoholischen Lösung fällt man das Calcium mit Schwefelsäure, während man das im Kölbchen, auf dem Filter und in dem Schälchen befindliche Strontiumnitrat in Wasser löst und das Strontium unter Zusatz von Alkohol mit Schwefelsäure abscheidet. Der Fehler beträgt +0,23% Sr und −0,54% Ca. Dieses Verfahren ist nach den Angaben von MOSER und MACHIEDO sehr zu empfehlen.

4. Trennung auf Grund des Löslichkeitsunterschieds der Nitrate in Amylalkohol.

Während Calciumnitrat in Amylalkohol gelöst wird, bleibt Strontiumnitrat ungelöst.

Arbeitsvorschrift. Die Lösung der beiden Nitrate wird in einem etwa 100 cm³ fassenden Becherglas zur Trockne verdampft und der Rückstand in möglichst wenig Wasser wieder gelöst. Dann gibt man 30 cm³ Amylalkohol hinzu und kocht einige Minuten, bis das Wasser vollständig entfernt ist und der Alkohol seinen normalen Siedepunkt erreicht hat. — Nach Versuchen von BROWNING läßt sich die Alkoholmenge auf 10 cm³ verringern. — Das Kochen nimmt man zweckmäßig auf einer größeren Asbestplatte vor, damit sich die Alkoholdämpfe nicht entzünden. Man dekantiert nun durch einen mit Asbestfilter versehenen GOOCH-Tiegel und wäscht das ungelöst bleibende Strontiumnitrat mit kleinen Mengen ausgekochtem Amylalkohol aus. Der Amylalkohol befindet sich in einer Spritzflasche, deren Mundstück ein kleines Calciumchloridrohr trägt, das am unteren Ende mit einem Wattebausch beschickt ist, damit kein Calciumchlorid in den Alkohol gelangen kann. Der abfiltrierte Rückstand wird bei gelinder Wärme getrocknet, bis aller Alkohol verjagt ist. Dann löst man ihn in einigen Tropfen Wasser, fügt 1 Tropfen Salpetersäure hinzu und verdampft wieder zur Trockne. Nachdem man hierauf den Rückstand in einigen Tropfen Wasser gelöst hat, gibt man neuerdings 30 cm³ Amylalkohol hinzu und kocht wie bei der früheren Behandlung. Der Niederschlag wird wieder auf dem ersten Filter gesammelt, mit Amylalkohol ausgewaschen, bei 150° im Luftbad getrocknet und hierauf gewogen. Für je 30 cm³ angewendeten Amylalkohol hat man 0,001 g dem gefundenen Strontium hinzuzurechnen und bei wiederholter Behandlung 0,0035 g vom gewogenen Calciumsulfat abzuziehen.

Zur Bestimmung in den beiden Filtraten kann man das Calcium entweder in bekannter Weise mit Schwefelsäure und Äthylalkohol abscheiden, oder man dampft die Filtrate auf ein kleines Volumen ein und bringt die Lösung in einer gewogenen Platinschale zur Trockne. Der Rückstand wird geglüht, mit Schwefelsäure behandelt, wieder geglüht und gewogen. Diese letztere Methode gibt die genaueren Resultate.

Bemerkungen. In der angegebenen Weise ausgeführt, liefert die Methode gute Resultate. Bei nur 1maliger Fällung des Strontiumnitrats mit Amylalkohol ergeben sich für den Strontiumgehalt etwas zu hohe Resultate, indem kleine Mengen von Calciumnitrat bei der ersten Fällung mit niedergerissen werden. Nach 2maliger Abscheidung finden sich dagegen nur unbedeutende Spuren von Calcium im erhaltenen Niederschlag.

5. Trennung auf Grund des Löslichkeitsunterschieds der Nitrate in Isobutylalkohol.

Arbeitsvorschrift. Nach SZEBELLÉDY erhitzt man die beim Eindampfen erhaltene Menge der Nitrate, die nicht mehr als 0,5 g betragen soll, zunächst bei 135 bis 140°, dann bei 180° je $^1/_2$ Std., laugt den in einem Exsiccator erkalteten Trockenrückstand mit 5 cm³ absolutem Alkohol, dann mit 5 cm³ wasserfreiem Isobutylalkohol unter Zerreiben der Salzmasse mit einem Glaspistill aus, wobei das Calciumnitrat in Lösung geht, das Strontiumnitrat dagegen zurückbleibt. Den ungelösten

Rückstand spült man mit 25 cm³ Wasser vom Filter in die Digerierschale zurück, verdampft zur Trockne und wiederholt das ganze Verfahren, wobei man aber keinen absoluten Alkohol, sondern nur 10 cm³ Isobutylalkohol verwendet. Die Filtrate werden in einem gewogenen Tiegel von 15 cm³ aufgefangen und bei 100 bis 110° eingedampft. Der Abdampfrückstand wird in Calciumsulfat übergeführt und so gewogen. Wenn das Gewicht des letzteren mehr als 5 mg beträgt, so wird das Auslaugen des Strontiumnitrats zum dritten Male wiederholt. Das Strontiumnitrat wird als solches gewogen, nachdem es gelöst und die Lösung in einem Wägeglas abgedampft worden ist. Beträgt die Menge des gefundenen Strontiums nicht mehr als $^1/_{50}$ des Calciums, so wird vom Gewicht des gefundenen Calciumsulfats 1 mg abgezogen. Sonst wird für jede vorgenommene Auslaugung das Gewicht des Calciumsulfats um 0,2 mg verringert. Zu dem Gewicht des Strontiumnitrats zählt man, außer 0,2 mg (Verlust), die vom Calciumsulfat in Abzug gebrachte Gewichtsmenge zu.

Bemerkungen. Die beschriebene Methode zur *Trennung des Calciums von Strontium* eignet sich auch zur *Trennung des Calciums von Barium*. Calcium wird auch hier als Sulfat, Barium als Nitrat gewogen.

In anderer Ausführungsweise wird das bei 180° getrocknete Gemisch der Metallnitrate zuerst mit absolutem Alkohol, nachher wiederholt mit Isobutylalkohol ausgelaugt. Dies wird solange fortgesetzt, bis nicht mehr als 5 mg Salz gelöst werden. Das in Lösung gegangene Calcium führt man durch Eindampfen mit Schwefelsäure in Sulfat über und bringt es als solches zur Wägung.

6. Trennung auf Grund des Löslichkeitsunterschieds der Nitrate in Salpetersäure.

Dieses von Fileti vorgeschlagene Verfahren basiert auf der von Rawson gemachten Beobachtung der Löslichkeit von Calciumnitrat und der Unlöslichkeit von Strontiumnitrat in Salpetersäuren von den spezifischen Gewichten 1,42 bis 1,46. Moser und Machiedo halten das Verfahren für unbrauchbar. Die Einzelfällung von Strontium gibt Fehler von 3 bis 8%, die Trennung für das Calcium solche von 1,75 bis 2,5%.

7. Trennung auf Grund des Löslichkeitsunterschieds der Oxalate in Äther-Alkohol.

Die Oxalatfällung des Strontiums zusammen mit Calcium und die Trennung beider mit Äther-Alkohol ist von Noll bearbeitet worden. Sie ist bei kleinen Strontiummengen, wenn keine besonderen Vorsichtsmaßregeln eingehalten werden, mit Fehlern behaftet, durch welche die Analyse in einem untersuchten Fall (Sr : Ca = 1 : 100) nur zu etwa 60% des vorhandenen Strontiums führte. Der Fehler verteilte sich auf die Oxalatfällung (bei 1maliger Fällung etwa 5%) und auf die Äther-Alkohol-Trennung (30 bis 35%). Das der Oxalatfällung entgehende Strontium kann durch 1malige bzw. wiederholte Mitfällung mit Calciumoxalat annähernd bzw. quantitativ gewonnen werden. Die Äther-Alkohol-Methode führt zu besseren Werten bei Verwendung von völlig wasserfreiem Äther und Alkohol, sowie bei rascher Filtration unter möglichster Fernhaltung von Feuchtigkeit.

8. Trennung durch Kochen der Oxalate mit gesättigter Kaliumsulfatlösung.

Dieses von Fleischer empfohlene Verfahren beruht auf der Voraussetzung, daß Calciumoxalat beim Kochen mit einer gesättigten Lösung von Kaliumsulfat unverändert bleibt, während Strontiumoxalat in Strontiumsulfat übergeht, das in der Kaliumsulfatlösung unlöslich ist. Es entspricht alsdann die im Rückstand gefundene Oxalsäuremenge dem vorhandenen Calcium, die im Filtrat gefundene dem Strontium.

Wie Fresenius gezeigt hat, gibt das Verfahren aber keine zuverlässigen Werte. Statt 0,2484 g CaO wurden 0,2606 g gefunden, statt 0,2258 g CaO nur 0,2094 g. An Strontiumoxyd wurden 0,3222 g bzw. 0,3889 g angewendet und 0,2972 bzw. 0,4160 g gefunden.

9. Trennung bei Gegenwart von Phosphorsäure und von geringen Mengen Eisen.

Zur Bestimmung von Calcium und Strontium bei Gegenwart von Phosphorsäure und wenig Eisen verfährt man wie folgt:

Arbeitsvorschrift. Die Lösung, in der Calcium und Strontium bestimmt werden sollen, wird auf 200 cm³ verdünnt, mit einigen Tropfen Alizarinlösung versetzt, mit

Ammoniak alkalisch gemacht, mit verdünnter Säure schwach angesäuert und nach Zusatz von 10 cm^3 0,2 n Salzsäure und 10 cm^3 2,5 %iger Oxalsäurelösung gekocht, bis der Niederschlag sich körnig absetzt. Dann gibt man unter beständigem Umrühren gesättigte Ammoniumoxalatlösung zu, läßt abkühlen, fügt unter weiterem Umrühren 8 cm^3 20 %ige Natriumacetatlösung und 15 cm^3 95 %igen Alkohol hinzu und läßt 4 bis 18 Std. stehen. Den abfiltrierten Niederschlag wäscht man mit 1 %iger Ammoniumoxalatlösung, die 20 Vol.-% Alkohol enthält, dann mit 20 %igem Alkohol aus, glüht, behandelt den erkalteten Rückstand mit Salpetersäure, trocknet, löst das Calciumnitrat durch absoluten Alkohol und Äther heraus und bestimmt Calcium und Strontium in üblicher Weise (WINTER).

10. Bestimmung von Calcium und Strontium auf indirektem Weg.

Man fällt beide Metalle entweder als Carbonate oder als Sulfate und ermittelt das Gewicht des Niederschlagsgemisches. Dann bestimmt man in dem Niederschlag entweder die Kohlensäure oder die Schwefelsäure, die im Gemisch vorhanden ist, und berechnet aus diesem Gewicht das Calcium und das Strontium.

Hat man die beiden Metalle als Carbonate gefällt und deren Gewicht festgestellt, so kann man alkalimetrisch die zu ihrer Zersetzung nötige Menge Säure ermitteln und hieraus die einzelnen Gewichte berechnen (MEINEKE).

Literatur.

BOGOMOLETZ, I.: J. Russ. phys.-chem. Ges. **16**, 426 (1884); durch Fr. **24**, 86 (1885). — BROWNING, PH. E.: Am. J. Sci. [3] **43**, 50 (1892); [3] **44**, 462 (1892); durch Fr. **32**, 468 (1893).

FILETI, M.: G. **21**, 365 (1891); durch Fr. **37**, 326 (1898). — FLEISCHER, F.: Die Titriermethode, 3. Aufl., S. 178. Leipzig 1884. — FRESENIUS, R.: Fr. **32**, 194, 199 (1893).

JANNASCH, P.: Praktischer Leitfaden der Gewichtsanalyse, S. 187. Leipzig 1897.

MEINEKE, C.: Vgl. L. L. DE KONINCK, Lehrbuch der qualitativen und quantitativen Mineralanalyse. Deutsche Ausgabe von C. MEINEKE, Bd. 1. Berlin 1899. — MOSER, L. u. L. MACHIEDO: Ch. Z. **35**, 337 (1911).

NOLL, W.: Z. anorg. Ch. **199**, 193 (1931).

OESTEN, G.: Vgl. H. ROSE, Pogg. Ann. **110**, 296, 298 (1860); durch C. **64 I**, 133 (1893).

RAWSON, S. G.: J. Soc. chem. Ind. **16**, 113 (1897); durch C. **68 I**, 772 (1897). — ROSE, H.: Pogg. Ann. **110**, 296 (1860). — RUSSMANN, A.: Fr. **29**, 450 (1890).

SIDERSKY, D.: Fr. **22**, 10 (1883). — STROMEYER, F.: Vgl. C. H. PFAFF, Handbuch der analytischen Chemie, Bd. 1, S. 412. Altona 1821. — SZEBELLÉDY, L.: Fr. **70**, 45 (1927); Magyar chem. Folyóirat **35**, 59, 63 (1929); durch C. **101 II**, 274 (1930).

WINTER, O. B.: Ind. eng. Chem. **8**, 603 (1916).

§ 21. Trennung des Calciums von Barium.

1. Trennung durch Fällung mit einem Gemisch von Ammoniumsulfat und Ammoniumoxalat.

Das Verfahren ist der von SIDERSKY (s. S. 300) zur Trennung des Calciums von Strontium empfohlenen Methode analog.

Arbeitsvorschrift. Man fällt die neutrale oder ammoniakalische Lösung mit dem S. 300 angegebenen Reagens, wobei das Barium als Sulfat, das Calcium als Oxalat ausfällt. Der Niederschlag wird auf dem Filter gesammelt, gut ausgewaschen, bis alles Ammoniumoxalat entfernt ist, und dann mit verdünnter Salzsäure oder Salpetersäure behandelt, wobei das Bariumsulfat ungelöst zurückbleibt. In der Lösung kann das Calcium gewichtsanalytisch oder titrimetrisch bestimmt werden.

Bemerkungen. **I. Genauigkeit.** RUSSMANN erhielt mit dieser Methode gute Resultate. Nach den Angaben von R. FRESENIUS [(b), S. 592] fällt die Calciumbestimmung etwas zu niedrig aus, besonders bei Gegenwart größerer Mengen von Barium.

II. Abänderungen des Verfahrens. a) Das Verfahren ist von BARTSCH wieder aufgegriffen worden. Dieser führt die Fällung in essigsaurer Lösung aus und verfährt im übrigen wie oben. Die angegebenen Beleganalysen erstrecken sich sowohl auf Proben, in denen viel Barium neben wenig Calcium vorhanden war, als auch auf solche, in denen das Gewichtsverhältnis gerade umgekehrt war; die Werte für die „gefundenen“ und die „berechneten“ Mengen differieren in der dritten Dezimale, eine vierte Dezimale wird nicht angegeben.

b) In einer etwas anderen Form wird die Fällung mit Sulfat- und Oxalat-Ion von RUPP und BERGDOLT empfohlen. Sie gründet sich auf die verschiedene Löslichkeit der Sulfate und deren unterschiedliches Verhalten gegen Oxalsäure. RUPP und BERGDOLT geben dafür folgende Arbeitsvorschrift: Die Salzlösung wird mit Natriumsulfatlösung gefällt, zum Sieden erhitzt und tropfenweise mit einer abgemessenen Menge der Oxalsäurelösung versetzt. Nach weiterem $^1/_2$stündigen Erwärmen auf dem Wasserbad läßt man 1 Std. erkalten, bringt auf ein bestimmtes Volumen, filtriert und titriert den Überschuß an Oxalat in einem aliquoten Teil des Filtrats nach dem Ansäuern mit verdünnter Schwefelsäure mittels Permanganatlösung. Durch diese Bestimmung findet man den Gehalt an Calcium. Zur Bestimmung der Summe von Calcium und Barium erhitzt man eine bestimmte Menge der zu untersuchenden Lösung nach Zugabe von Ammoniumchlorid zum Sieden, fügt etwas Ammoniak zu und fällt mit Oxalatlösung. Nach 24 Std. wird filtriert und der Oxalatüberschuß in der üblichen Weise mit Permanganat gemessen. Vor der Titration gibt man ungefähr 2 g gepulvertes Mangan II-sulfat zu, um den störenden Einfluß etwa vorhandener Chlor-Ionen auszuschalten. Dieser Zusatz erfolgt auch, wenn das Calcium allein bestimmt werden soll. Aus der Differenz der beiden Bestimmungen ergibt sich der Gehalt an Barium.

2. Trennung auf Grund des Löslichkeitsunterschieds der Chloride bzw. Nitrate in absolutem Alkohol.

Calciumnitrat und Calciumchlorid sind in absolutem Alkohol löslich, die entsprechenden Bariumsalze nicht. Man verfährt in der bei der Trennung des Calciums vom Strontium angegebenen Weise (s. S. 300).

3. Trennung auf Grund des Löslichkeitsunterschieds der Nitrate in Amylalkohol.

Da das Bariumnitrat bei der Behandlung mit Amylalkohol dasselbe Verhalten zeigt wie das Strontiumnitrat, kann man in derselben Weise verfahren, wie bei der Trennung Strontium-Calcium (s. S. 301).

Arbeitsvorschrift. Man verdampft die Lösung von Barium- und Calciumnitrat zur Trockne, nimmt den Rückstand mit möglichst wenig Wasser auf und kocht mit 30 cm³ Amylalkohol, wie S. 301 angegeben. Das abgeschiedene Bariumnitrat wird auf einem Asbestfilter im GOOCH-Tiegel gesammelt, ausgewaschen, bei 150° getrocknet und hierauf gewogen. Das Calcium bestimmt man im Filtrat als Sulfat.

Bemerkungen. Die Trennung des Calciums von Barium ist insofern einfacher als die von Strontium, als hier durch eine 1malige Abscheidung mit Amylalkohol bereits eine vollständige Trennung erreicht wird und auch keine Korrektur nötig ist (BROWNING).

4. Trennung auf Grund des Löslichkeitsunterschieds der Nitrate in Isobutylalkohol.

Vgl. die entsprechende Trennung von Calcium und Strontium S. 301.

5. Trennung auf Grund des Löslichkeitsunterschieds der Sulfate in Ammoniumsulfat.

Die Methode der Fällung und Digestion mit einer konzentrierten Ammoniumsulfatlösung (s. S. 300) liefert nach R. FRESENIUS keine brauchbaren Resultate.

6. Trennung auf Grund des Löslichkeitsunterschieds der Nitrate in Salpetersäure.

Das Verfahren ist analog demjenigen der Trennung des Calciums von Strontium (s. S. 302).

7. Trennung auf Grund des Löslichkeitsunterschieds der Chloride in einem Gemisch von Salzsäure und Äther.

Diese Methode beruht darauf, daß Bariumchlorid in einem Gemisch beider Reagenzien unlöslich, Calciumchlorid dagegen löslich ist (MAR).

8. Trennung durch Fällung des Bariums mit Schwefelsäure.

Arbeitsvorschrift. Die stark verdünnte, ziemlich viel freie Salzsäure enthaltende Lösung wird mit verdünnter Schwefelsäure (1:300) in nicht zu großem Überschuß versetzt. In dem durch Abdampfen konzentrierten Filtrat bestimmt man das Calcium.

Bemerkungen. Diese Methode ist nach den Angaben von R. Fresenius (a) namentlich dann zu empfehlen, wenn *kleine Mengen Barium von viel Calcium* zu trennen sind. Russmann erhielt mit derselben gute Resultate. Diese sind jedoch, wie R. Fresenius [(b), S. 452ff.] fand, auf Kompensation zweier Fehler zurückzuführen, indem ein Teil des Bariums gelöst bleibt, während der Niederschlag etwas Calciumsulfat mitreißt.

Skrabal und Artmann empfehlen für diese Methode folgende ***Arbeitsvorschrift.*** Die Lösung der Chloride wird zunächst mit Soda neutralisiert und mit Wasser derart verdünnt, daß auf etwa 0,1 g Calciumoxalat mindestens 30 cm³ Flüssigkeit kommen. Dann wird gekocht und das Barium mit 0,5 n Schwefelsäure gefällt. Den Niederschlag läßt man absitzen, dekantiert, filtriert und verascht den Niederschlag nach dem Auswaschen in noch feuchtem Zustand im Platintiegel. Den Rückstand schmelzt man mit wenig Soda über dem Bunsen-Brenner, laugt die Schmelze mit Wasser aus, erhitzt die Lösung in einem Becherglas und säuert sie unter tropfenweisem Zusatz von Essigsäure an. Das sich nun bildende Bariumsulfat ist frei von Calcium- und Natriumsalzen. Man läßt nun absitzen, dekantiert, filtriert und wäscht den Niederschlag säure- und alkalifrei. Das erhaltene Bariumsulfat wird wie üblich geglüht und gewogen. Die beiden Filtrate werden vereinigt, wenn nötig eingedampft, und darin Calcium und die übrigen Bestandteile bestimmt.

9. Trennung durch Fällung mit Kaliumsulfat und Kaliumcarbonat.

Arbeitsvorschrift. Man versetzt die heiße Lösung der Chloride mit einer konzentrierten Lösung von 3 g Kaliumsulfat, gibt nach 1 Std. 3 g Kaliumcarbonat in 30 cm³ Wasser hinzu und kocht unter Ersatz des verdampfenden Wassers 1 Std. lang gelinde. Dann wird filtriert, mit Wasser vollständig ausgewaschen, der Rückstand mit 5%iger Salzsäure behandelt, mit schwach salzsäurehaltigem, dann mit reinem Wasser ausgewaschen, getrocknet, geglüht und gewogen.

Nach dieser Arbeitsweise werden nach R. Fresenius für mäßige Anforderungen genügend genaue Resultate erhalten.

Auf demselben Prinzip beruht auch die Methode von Fleischer, mit der Russmann sowie R. Fresenius [(b), S. 588f.] gute Resultate erhielten. Sie unterscheidet sich von der vorher angegebenen nur durch die Art der Ausführung. Kaliumsulfat und -carbonat werden nicht nacheinander getrennt, sondern als Mischung zugegeben.

Arbeitsvorschrift von Fleischer. Man fällt die Lösung mit einer Mischung aus 3 Teilen Kaliumsulfat und 1 Teil Kaliumcarbonat, digeriert etwa 12 Std., filtriert den aus Bariumsulfat und Calciumcarbonat bestehenden Niederschlag ab und wäscht ihn mit Ammoniumcarbonat enthaltendem Wasser aus. Nach dem Trocknen trennt man den Niederschlag vom Filter, verascht dieses, befeuchtet die Asche mit Ammoniumcarbonat, dampft damit ab, vereinigt die Asche mit dem Niederschlag, wägt diesen nach ganz gelindem Glühen und bestimmt darin das Calciumcarbonat durch Behandeln mit 1 n oder 0,5 n Salzsäure und Rücktitration mit Kali- oder Natronlauge von entsprechendem Gehalt. Ungünstig beeinflußt wird das Verfahren dadurch, daß das Bariumsulfat aus einer viel Alkalisalze enthaltenden Flüssigkeit niederfällt, daher Anteile derselben mitreißt, von denen es durch Auswaschen nicht vollständig befreit werden kann. Bei der Ausführung der Methode ist zu beachten, daß der gelind geglühte, aus Bariumsulfat und Calciumcarbonat bestehende Niederschlag harte Klümpchen bildet, aus denen das Calciumcarbonat nur dann vollständig gelöst wird, wenn dieselben zerteilt werden und die zur Titration dienende verdünnte Säure andauernd einwirkt. Am besten bringt man den schwach geglühten Niederschlag in einem Platintiegel in ein Becherglas, setzt etwas Wasser, dann einen entsprechenden Überschuß von 1 n oder 0,5 n Salzsäure hinzu, läßt unter häufigem, vorsichtigem Bewegen, wobei die Klümpchen zerteilt werden, 12 Std. stehen und titriert dann ohne zu filtrieren unter Anwendung von Methylorange zurück. Bei dieser Ausführung liefert das Verfahren befriedigende Resultate (R. FRESENIUS).

10. Trennung durch Behandlung der Sulfate mit Natriumthiosulfat.

Arbeitsvorschrift. Man fällt die Lösung der beiden Metalle durch verdünnte Schwefelsäure, wäscht den Niederschlag säurefrei und behandelt ihn mit einer konzentrierten Lösung von Natriumthiosulfat (200 g/l) und erwärmt wiederholt gelinde, wobei das Calciumsulfat gelöst wird, während das Bariumsulfat ungelöst zurückbleibt und als solches bestimmt werden kann. Das Calcium wird aus den vereinigten Filtraten durch Ammoniumoxalat niedergeschlagen (DIEHL).

Bemerkungen. Während DIEHL mit dieser Methode ziemlich genaue Resultate erhielt, haben RUSSMANNs Versuche zu unbefriedigenden Ergebnissen geführt, weil es ihm nicht gelang, mit Natriumthiosulfat alles Calciumsulfat zu lösen. Versuche von R. FRESENIUS haben ergeben, daß das Calciumsulfat sich zwar dann durch eine konzentrierte Lösung von Natriumthiosulfat vollständig ausziehen und von Bariumsulfat trennen läßt, wenn die Sulfate einzeln gefällt und hierauf gemischt werden, daß aber eine Trennung auf diesem Wege nicht gelingt, wenn die Sulfate zusammen gefällt werden, wie dies RUSSMANN vorschlägt. Die Methode ist aber nach den Angaben von R. FRESENIUS [(b), S. 460] auch dann nicht sehr genau, wenn man in der von DIEHL empfohlenen Weise verfährt. Auch Calciumoxalat ist in einer konzentrierten Lösung von Natriumthiosulfat etwas löslich, weshalb man aus einer Calciumsulfat enthaltenden Lösung von Natriumthiosulfat das Calcium durch Ammoniumoxalat nicht ganz vollständig ausfällen kann.

11. Trennung durch Fällung des Bariums mit Ammoniumchromat.

Man verfährt wie bei der Trennung von Strontium und Barium (s. S. 309). Die beiden das Calcium enthaltenden Filtrate der doppelten Bariumchromatfällung werden vereinigt, mit Ammoniak übersättigt und mit Ammoniumoxalat gefällt. Versuche von SKRABAL und NEUSTADTL haben ergeben, daß bei 1maliger Fällung des Bariums mit Ammoniumdichromat in schwach essigsaurer Lösung bei Gegenwart von Ammoniumacetat und beim Arbeiten in der Kälte annähernd richtige Resultate erhalten werden (vgl. auch FRERICHS sowie MESCHEZERSKI).

Die *Mikrotrennung* von Calcium und Barium führt STREBINGER in Abänderung der Arbeitsweise von SKRABAL und NEUSTADTL folgendermaßen durch: Die heiße, mit Ammoniumacetat im Überschuß versetzte Lösung des Bariumsalzes wird mit Ammoniumdichromat gefällt, der Niederschlag abfiltriert und in möglichst geringem Überschuß von heißer Salpetersäure (1:1) gelöst. Die freie Chromsäure wird mit 1 Tropfen Alkohol zum ChromIII-salz reduziert, das Barium als Sulfat gefällt und das Calcium in den vereinigten Filtraten mit Ammoniumoxalat ausgefällt. Eine 1malige Fällung genügt.

12. Trennung durch Fällung des Bariums mit Kieselfluorwasserstoffsäure.

Das Verfahren ist dasselbe wie das der Trennung des Strontiums vom Barium (s. Sr, § 13, S. 358f.). Ein Aufschließen des geringen Sulfatniederschlags, den man im ersten Filtrat durch Schwefelsäure erhält, ist bei Anwendung der „kombinierten Methode“ [FRESENIUS (b), S. 23] nicht nötig; man kann ihn als reines Bariumsulfat betrachten (MEINEKE).

13. Mikrochemische Trennungsmethode.

Näheres über die mikrochemische Trennungs- und maßanalytische Bestimmungsmethode von GEILMANN und HÖLTJE s. im Kapitel Barium, § 8.

14. Bestimmung von Calcium und Barium auf indirektem Weg.

Bei der großen Differenz zwischen den Atomgewichten des Calciums und Bariums ist die indirekte Methode bei der Bestimmung beider Metalle in einem Gemisch sehr wohl anwendbar.

a) Man wägt beide Metalle zusammen, z. B. als Carbonate und bestimmt die Menge der Kohlensäure, die im Gemisch enthalten ist (s. die Bestimmung der Carbonate) oder die zur Neutralisation erforderliche Säuremenge, oder man führt die Carbonate in neutrale Chloride über und bestimmt das in diesem Gemisch enthaltene Chlor.

b) Man wägt einmal die Summe von Calcium und Barium als Carbonate und zum anderen als Oxyde. Die Überführung der Carbonate in die Oxyde erfolgt in einer Boraxschmelze (KNOBLOCH).

Arbeitsvorschrift. Die möglichst neutrale salzsaure Lösung der Basen, die etwa 0,5 bis 0,8 g des Oxydgemisches entspricht und auch Alkalichloride enthalten darf, wird mit Ammoniak und Ammoniumcarbonat versetzt und unter öfterem Umrühren stehen gelassen, bis der Niederschlag dicht und krystallinisch geworden ist. Dann wird dieser auf einem aschefreien Filter gesammelt, mit schwach ammoniakalischem Wasser ausgewaschen und alsdann getrocknet. Hierauf bringt man ihn möglichst vollständig vom Filter auf ein Uhrglas, verbrennt das Filter in der Platinspirale, bringt die Asche in einen gewogenen Porzellantiegel mit unverletzter Glasur, gibt 0,2 g reines, bei 100° vollständig flüchtiges Ammoniumcarbonat hinzu, bedeckt den Tiegel und verdampft das Ammoniumcarbonat durch gelindes Erwärmen des Tiegels, wobei die Flamme den Tiegel nicht berühren darf. Nun gibt man den Niederschlag hinzu und erhitzt den Tiegel noch $^1/_2$ Std. in der Weise über der BUNSEN-Flamme, daß er sich noch etwa 2 cm über der Spitze der Flamme befindet. Nach dem Erkalten im Exsiccator wird gewogen. Gewicht p (in Grammen).

Die Überführung der Carbonate in Oxyde kann in der Boraxschmelze oder in einer Schmelze von Natriummetaphosphat (dargestellt durch Erhitzen von Phosphorsalz bis zur Gewichtskonstanz) erfolgen. Auf beiden Wegen erhält man genaue Resultate, doch ist die Phosphatschmelze deshalb nicht zu empfehlen, weil sie die Platintiegel allmählich brüchig macht. Bei Anwendung der Boraxschmelze muß chemisch reiner Borax benutzt werden.

Man trägt in einen glühenden Platintiegel allmählich 8 g chemisch reinen Borax ein und erhitzt den Tiegel 2 Std. lang in einem Tonzylinder in der stärksten Hitze der BUNSEN-Flamme, läßt im Exsiccator erkalten und wägt. Dann bringt man die Carbonate aus dem Porzellantiegel auf die Schmelze, erhitzt zunächst vorsichtig bis zum beginnenden Schmelzen bei bedecktem Tiegel, bis die Kohlensäureentwicklung fast vorüber ist, und dann noch 1 Std. möglichst stark in einem Tonzylinder über der BUNSEN-Flamme. Nach dem Erkalten im Exsiccator wird wieder gewogen; die Gewichtszunahme ergibt nach Abzug der Filterasche die Menge der vorhandenen Oxyde. Gewicht n (in Grammen).

Es ist dann:

$$\text{CaO (in Grammen)} = \frac{\dfrac{\text{BaO}}{\text{BaCO}_3}\cdot p - n}{\dfrac{\text{CaCO}_3\cdot\text{BaO}}{\text{CaO}\cdot\text{BaCO}_3} - 1}\,;\quad \text{g BaO} = n - \text{CaO (in Grammen)}.$$

c) Nach KETTLE erreicht man eine schnelle Trennung des Bariums von Calcium in folgender Weise: Arbeitsvorschrift. Man löst 1 g des Salzgemisches in kaltem Wasser, filtriert wenn nötig, glüht und wägt das Unlösliche. Das Filtrat verdünnt man auf 200 cm³, gibt zu 50 cm³ davon eine gemessene Menge 1 n Natriumcarbonatlösung im Überschuß, filtriert ab und titriert im Filtrat den Überschuß an Carbonat zurück. Die gemischten Carbonate löst man in 1 n Salzsäure, titriert den Überschuß daran zurück und fällt Barium mit Schwefelsäure wie üblich. Calcium berechnet man aus der Differenz.

Literatur.

Bartsch, K.: Fr. **111**, 342 (1937/38). — Browning, Ph. E.: Am. J. Sci. [3] **43**, 314 (1892); durch C. **63 I**, 828 (1892).

Diehl, C.: J. pr. **79**, 430 (1860).

Fleischer, E.: Chem. N. **19**, 290 (1869); durch Fr. **9**, 97 (1870) u. **30**, 588 (1891). — Frerichs, Fr.: B. **7**, 800 (1874). — Fresenius, R.: (a) Anleitung zur quantitativen chemischen Analyse, 6. Aufl., Bd. 1, S. 553. Braunschweig 1875; (b) Fr. **30**, 18, 23, 452, 583, 588 (1891).

Geilmann, W. u. R. Höltje: Z. anorg. Ch. **167**, 134 (1927).

Kettle, S.: Chemist-Analyst **17**, Nr. 1, 3 (1927); durch C. **99 I**, 1981 (1928). — Knobloch, J.: Fr. **37**, 735 (1898).

Mar, F. W.: Am. J. Sci. [3] **43**, 521 (1892); durch C. **63 II**, 186 (1892). — Meineke, C.: Vgl. L. L. de Koninck, Lehrbuch der qualitativen und quantitativen Mineralanalyse. Deutsche Ausgabe von C. Meineke, Bd. 1. Berlin 1899. — Meschezerski, J.: B. **15**, 1593 (1882); Fr. **21**, 399 (1882).

Rupp, E. u. A. Bergdolt: Ar. **242**, 450 (1904). — Russmann, A.: Diss. Berlin 1887; durch Fr. **29**, 450 (1890).

Skrabal, A. u. P. Artmann: Fr. **45**, 584 (1906). — Skrabal, A. u. L. Neustadtl: Fr. **44**, 751 (1905). — Strebinger, R.: Mikrochemie **7**, 100 (1929).

§ 22. Trennung des Calciums von Strontium und Barium.

Die Trennung des Calciums von Strontium und Barium gelingt nach dem Verfahren von Browning (s. S. 304), wenn eine 2malige Behandlung mit Amylalkohol vorgenommen wird oder elektrolytisch in der Hildebrand-Zelle (Lukens und Smith, s. S. 291f.).

§ 23. Trennung von Calcium, Strontium und Barium.

1. Trennung auf Grund des Löslichkeitsunterschieds der Nitrate in Äther-Alkohol und der Chromate in Wasser.

Arbeitsvorschrift. Man löst die Carbonate in einem kleinen Rundkolben in möglichst wenig Salpetersäure, dampft die Lösung zur Trockne ein und trocknet den Rückstand unter Absaugen der Luft auf dem Sandbad vollständig aus. Die trockenen Nitrate digeriert man unter häufigem Umschütteln im verschlossenen Kolben 12 Std. lang mit 15 cm³ einer Mischung aus gleichen Raumteilen Äther und Alkohol, filtriert dann und wäscht mit der gleichen Mischung vorsichtig aus, bis die zuletzt ablaufende Flüssigkeit beim Verdampfen keinen Rückstand mehr hinterläßt. Aus der Lösung fällt man das Calcium nach Zusatz von weiterem Alkohol mit verdünnter Schwefelsäure und bestimmt das erhaltene Calciumsulfat. Den in Äther-Alkohol unlöslichen Rückstand von Barium- und Strontiumnitrat löst man in Wasser und trennt beide Metalle durch doppelte Fällung mit Ammoniumchromat in der auf S. 306 angegebenen Weise. Die Filtrate konzentriert man unter Zusatz von etwas Salpetersäure, fällt und bestimmt dann das Strontium als Carbonat. Die Resultate sind befriedigend (R. Fresenius).

2. Trennung auf Grund des Löslichkeitsunterschieds der Nitrate in konzentrierter Salpetersäure.

Arbeitsvorschrift. Man löst die Carbonate in Salpetersäure, dampft die Lösung auf dem Wasserbad zur Trockne ein und übergießt den Rückstand mit Salpetersäure (D 1,42 bis 1,46). Nach gutem Umrühren wird die klare Lösung durch ein doppeltes, mit konzentrierter Salpetersäure angefeuchtetes Filter gegossen, der Rückstand mit konzentrierter Salpetersäure ausgewaschen, das Filtrat entweder zur Trockne gedampft, der Rückstand mit Salzsäure aufgenommen und das Calcium als Oxalat abgeschieden, oder es wird mit Schwefelsäure verdampft und das Calcium als Sulfat gewogen.

Zur Trennung von Barium und Strontium löst man die im Rückstand vorhandenen Nitrate in Wasser, gibt Ammoniak und Essigsäure hinzu und scheidet das Barium als Chromat ab. Im Filtrat reduziert man die Chromsäure durch Erwärmen mit Alkohol und Salzsäure, fällt das ChromIII-oxyd mit Ammoniak und verdampft das Filtrat mit etwas Schwefelsäure. Der Rückstand wird mit verdünntem Alkohol aufgenommen, ausgewaschen und als Strontiumsulfat gewogen (Rawson).

3. Trennung durch Fällung des Bariums als Chromat und Behandlung der Nitrate von Calcium und Strontium mit Äther-Alkohol.

Arbeitsvorschrift. Man führt die Carbonate in neutrale Chloride über, löst diese in 300 cm³ Wasser und scheidet das Barium wie oben durch doppelte Fällung mit Ammoniumchromat ab. Die Filtrate und Waschwässer konzentriert man unter Zusatz einer geringen Menge Salpetersäure, fällt dann mit Ammoniak und Ammoniumcarbonat, führt die Carbonate in trockene Nitrate über, trennt diese wie oben durch Äther-Alkohol und bestimmt das Calcium als Sulfat. Das Strontium wird in der mit Alkohol versetzten wäßrigen Lösung durch verdünnte Schwefelsäure niedergeschlagen und ebenfalls als Sulfat gewogen. Auch hier sind die Resultate befriedigend (R. Fresenius).

4. Trennung durch Fällung des Bariums als Chromat, des Strontiums als Sulfat und des Calciums als Oxalat.

Arbeitsvorschrift. Die Erdalkalimetalle müssen in der Lösung als Chloride oder Nitrate vorhanden sein. Ist die Lösung sauer, so wird sie schwach ammoniakalisch gemacht, mit etwa 2% Ammoniumsalz versetzt, mit Essigsäure schwach angesäuert und in der Siedehitze mit Kaliumdichromatlösung gefällt, bis die Lösung eine rötliche Färbung zeigt. Dann setzt man das Kochen noch 5 Min. fort, kühlt durch kaltes Wasser ab, sammelt das Bariumchromat auf einem gewogenen Filter, wäscht es zunächst mit warmer, durch Ammoniak schwach alkalisch gemachter 0,5%iger Ammoniumacetatlösung, hierauf mit verdünntem, 10%igem Alkohol aus und wägt den bei 100 bis 110° getrockneten Niederschlag. Das von Barium freie Filtrat macht man ammoniakalisch, versetzt es in der Siedehitze mit 3 bis 4% Ammoniumsulfat, erwärmt die durch Ammoniak stets schwach alkalisch zu haltende Flüssigkeit weitere 15 Min. auf 100°, kühlt ab und sammelt das Strontiumsulfat, das mit einer schwach ammoniakalischen, 0,5- bis 1%igen Ammoniumsulfatlösung, dann mit verdünntem, 10%igem Alkohol ausgewaschen, getrocknet, verascht und gewogen wird. Das nur noch Calcium enthaltende Filtrat versetzt man bei 80° mit Ammoniumoxalat, filtriert das Calciumoxalat nach ¹/₂ Std. ab, wäscht es mit heißem, ammoniakalischem Wasser aus und führt es in Carbonat oder Sulfat über. Das Verfahren liefert gute Resultate (Robin).

5. Trennung durch Fällung von Barium und Strontium als Chromaten und von Calcium als Oxalat.

Arbeitsvorschrift von Kolthoff. Man löst die Carbonate der Erdalkalimetalle in Essigsäure, verjagt die Kohlensäure durch Kochen, stumpft mit Natriumacetat ab und schlägt mit einem geringen Überschuß von Kaliumdichromat das Barium nieder. Nach 5 Min. wird filtriert, das Filtrat mit Ammoniak alkalisch gemacht und mit dem gleichen Volumen 96%igem Alkohol versetzt. Nach ¹/₂ Std. filtriert man ab und bestimmt im Filtrat das Calcium mit Ammoniumoxalat. Der Strontiumniederschlag muß auf Barium untersucht werden. War die erste Lösung zu stark sauer, so fällt auf Zusatz von Ammoniak auch etwas Barium mit aus. Enthält das Ammoniak Carbonat, so wird auch Calciumcarbonat mit niedergeschlagen. Die Grenze der Bestimmbarkeit liegt bei 1 mg Barium, bzw. 1 mg Strontium oder 0,1 mg Calcium neben je 100 mg der anderen Erdalkalimetalle. Wird die saure Ursprungslösung zur Trockne eingedampft und der Rückstand in Wasser gelöst, so kann man nach diesem Verfahren noch 0,1 mg Barium neben 100 mg Strontium und 100 mg Calcium bestimmen.

***Arbeitsvorschrift von* VAN DER HORN VAN DEN BOS (a).** Die verdünnte Lösung wird in der Siedehitze zunächst mit 10 bis 15 Tropfen Eisessig, dann tropfenweise unter fortwährendem Umrühren mit Ammoniumchromat in geringem Überschuß versetzt. Nach dem Abkühlen gießt man die helle Flüssigkeit durch einen GOOCH-Tiegel ab und wäscht den zurückbleibenden Niederschlag 3- bis 4mal mit warmem, essigsäure- und ammoniumchromathaltigem Wasser nach. Dann erst spült man das Bariumchromat in den Tiegel und wäscht den Ammoniumchromatüberschuß mit warmem Wasser weg, bis das Filtrat mit Silbernitrat nur noch eine schwache Färbung gibt; das Bariumchromat wird im Tiegel schwach geglüht, ehe man es zur Wägung bringt.

Zur Bestimmung des Strontiums dampft man das Filtrat von der Bariumchromatfällung zur Trockne, setzt eine kleine Menge Wasser zu, macht die Lösung mit Ammoniak neutral oder schwach alkalisch und dampft nach Zusatz von Ammoniumchromat wieder fast bis zur Trockne ein. Nach dem Abkühlen verreibt man die Masse innig mit 50%igem Alkohol, dekantiert wiederholt, bis der Alkohol farblos durch den GOOCH-Tiegel läuft, spült dann das Strontiumchromat in den Tiegel und wäscht es schließlich noch mit 96%igem Alkohol nach. Der Tiegel wird bei 80 bis 90° getrocknet und nach dem Abkühlen gewogen. Im Filtrat vom Strontiumchromat kann das Calcium bestimmt werden.

Maßanalytisch gestaltet sich die Bestimmung von Strontium und Barium folgendermaßen: Die Lösung enthalte z. B. 157 mg Ba und 131,7 mg Sr. Man verdünnt auf 300 cm³, kocht, säuert mit 10 bis 15 Tropfen Eisessig an, fügt tropfenweise 50 cm³ 0,2088 n Kaliumdichromatlösung hinzu, die vorher durch Zusatz von Ammoniak gelb gefärbt worden ist. Nach dem Abkühlen verdünnt man auf 500 cm³, läßt die Flüssigkeit sich klären, filtriert und titriert 100 cm³ des Filtrats nach Zusatz von Kaliumjodid und Salzsäure mit 0,0259 n Thiosulfatlösung. Davon sind 54,1 cm³ nötig; es werden also verbraucht: $50 \times 0{,}2088 - 54{,}1 \times 5 \times 0{,}0259 =$ 3,434 cm³ 1 n Kaliumdichromatlösung, entsprechend $3{,}434 \times 0{,}04581$ g $= 0{,}1573$ g Barium.

Zur Bestimmung des Strontiums verwendet man 350 cm³ des Filtrats, dampft fast zur Trockne ein, fügt 10 cm³ 0,2088 n Kaliumdichromatlösung hinzu, neutralisiert und dampft nochmals fast zur Trockne ein. Nun verreibt man den Rückstand mit 50%igem Alkohol und füllt damit auf 250 cm³ auf. Unter zeitweiligem Umschütteln läßt man den Alkohol etwa $1^1/_2$ Std. lang einwirken, filtriert dann 100 cm³ ab und gibt sie zu einer mit Salzsäure angesäuerten Kaliumjodidlösung. Nach 2 bis 3 Min. verdünnt man mit Wasser und titriert. Nötig sind 59,3 cm³ 0,0259 n Thiosulfatlösung. In 100 cm³ des Filtrats der Chromatfällung sind 54,1 cm³ 0,0259 n Kaliumdichromatlösung, also in 350 cm³ $3{,}5 \times 54{,}1 \times 0{,}0259 = 4{,}905$ cm³ 1 n Kaliumdichromatlösung enthalten. Zugefügt wurden noch 10 cm³ 0,2088 n Kaliumdichromatlösung, also im ganzen in den 350 cm³ Lösung 6,993 cm³ 1 n Kaliumdichromatlösung, demnach verbraucht: $6{,}993 - 59{,}3 \times 2{,}5 \times 0{,}0259 = 3{,}153$ cm³ 1 n Kaliumdichromatlösung, entsprechend $3{,}153 \times 0{,}0292$ g Strontium in 350 cm³ der ursprünglichen Lösung, im ganzen aber $10/7 \times 3{,}153 \times 0{,}0292 = 0{,}1315$ g Strontium.

Aus dem Filtrat des Strontiumchromats fällt man zuletzt das Calcium in der Siedehitze mit Ammoniumoxalat aus. Den Niederschlag dekantiert man mit oxalathaltigem Wasser und wäscht ihn dann mit reinem, warmem Wasser aus. Schließlich wird er in verdünnter Schwefelsäure gelöst und die Lösung mit Permanganat titriert.

In einer späteren Abhandlung empfiehlt VAN DER HORN VAN DEN BOS (b) folgende ***Arbeitsvorschrift*.** Man löst einen Teil des mit Ammoniumcarbonat erhaltenen Niederschlags in Essigsäure, gibt Ammoniumacetatlösung hinzu, filtriert gegebenenfalls ab und fällt das Barium durch Ammoniumdichromatlösung in der Siedehitze. Man filtriert, läßt das Filtrat erkalten, macht schwach ammoniakalisch und versetzt es mit 96%igem Alkohol, wodurch Strontiumchromat niedergeschlagen wird. Dieses wird abfiltriert. Das Filtrat verdünnt man mit Wasser und fällt das in ihm enthaltene Calcium durch Zusatz von Ammoniumoxalat.

6. Konduktometrische Trennungsmethode.

Die Vorzüge dieses Verfahrens treten besonders hervor, wenn man nur wenig Substanz zur Verfügung hat (4 bis 5 mg genügen). Bei Gegenwart großer Mengen Alkali fällt man mit Ammoniumcarbonat und löst den Niederschlag in wenig überschüssiger Salzsäure. Calcium bestimmt man als Oxalat durch Fällung mit Kalium- oder besser mit Lithiumoxalat oder als Sulfat bei Gegenwart von Alkohol durch Fällung mit Lithiumsulfat. Strontium schlägt man als Chromat aus wäßrig-alkoholischer Lösung mit Lithiumchromat nieder, oder — bei Gegenwart von Alkohol — als Sulfat, oder auch — bei Gegenwart von Essigsäure und etwas Alkohol — als Oxalat. Barium ermittelt man durch Fällen mit Lithiumsulfat als Sulfat in schwachsaurer Lösung, der man, wenn sie verdünnter als 0,01 n ist, etwas Alkohol zusetzt. Noch besser ist die Fällung mit Lithiumchromat bei Gegenwart von Alkohol. Sind nicht zu große Mengen fremder Salze zugegen, so kann man das Barium auch mit Kupfersiliciumfluorid bei Gegenwart von Alkohol als Bariumsiliciumfluorid fällen. Als Carbonat läßt es sich besser bestimmen als Strontium oder Calcium, doch sind die anderen Methoden vorzuziehen. Den Titer der Fällungslösungen bestimmt man mit analysierten Lösungen von Bariumchlorid. Zwei bis drei Bestimmungen geben einen bis auf etwa 0,1% genauen Titer.

Zur Trennung der drei Erdalkalimetalle verfährt man nach folgender ***Arbeitsvorschrift.*** In einer Probe (30 bis 35 cm^3 der an jedem der drei Erdalkalimetalle etwa 0,01 n Lösung) bestimmt man deren Summe nach Zusatz von 2 Raumteilen Alkohol mit 1 n Lithiumsulfatlösung; Calcium und Strontium ermittelt man ebenso, und zwar in essigsaurer Lösung jedoch nur, wenn wenig Barium vorhanden ist. Besser schlägt man Barium und Strontium bei Gegenwart von 1 Raumteil Alkohol mit 1 n Lithiumchromatlösung nieder. Man erhält dabei einen schwach markierten Knickpunkt, der das Ende der Bariumchromatfällung anzeigt, der zweite Punkt, welcher der Summe entspricht, ist scharf. In einer dritten Probe bestimmt man nach Zusatz von 1 Raumteil Alkohol das Barium mit 1 n Kupfersiliciumfluoridlösung, wenn nicht zu wenig Barium vorhanden ist. Im Filtrat des Barium- und Strontiumchromats bestimmt man das Calcium als Oxalat.

Bemerkungen. Die Genauigkeit beträgt 0,5 bis 1%. Mit größeren Leitfähigkeitsgefäßen und Büretten läßt sich leicht eine wesentlich größere Genauigkeit erzielen. Sind von einem Metall nur Spuren vorhanden, so versagt die Methode (Dutoit und Mojoïu).

7. Bestimmung von Calcium, Strontium und Barium auf indirektem Weg.

a) Methode von Fleischer. Nach Fleischer fällt man die Metalle als Carbonate, wägt sie und löst sie in einer abgemessenen Menge eingestellter Salzsäure. Dann wird der Überschuß an Säure zurücktitriert, aus der neutralisierten Lösung das Barium mit Chromat gefällt und das Bariumchromat maßanalytisch mit EisenII-sulfat bestimmt. Nach Russmann gibt diese Bestimmungsart keine guten Resultate. Aus der gefundenen Menge Barium und der zum Lösen der gewogenen Carbonate verbrauchten Menge Salzsäure, nach Abzug des auf das Barium kommenden Anteils, berechnet man den Gehalt an Calcium und Strontium.

b) Methode von Robin. Nach den Angaben von Robin geht bei der Einwirkung von Alkalitartraten und bei Gegenwart von löslichen Sulfaten das Calcium in das Tartrat über, während Strontium- und Bariumsulfat nicht verändert werden. Das Calciumtartrat kann man dann mit verdünnter Salzsäure in Lösung bringen und so von den ungelöst bleibenden Sulfaten des Strontiums und Bariums trennen.

Kennt man die Menge zugesetztes Sulfat — man verwendet zweckmäßig Ammoniumsulfat — und bestimmt man im Filtrat der ungelöst gebliebenen Sulfate die überschüssige Schwefelsäure, so kann man aus deren Menge und dem Gewicht der beiden Sulfate die Menge des Strontiums und Bariums berechnen. Diese indirekte Methode ist nicht anwendbar, wenn eines der Metalle in verhältnismäßig geringer Menge vorhanden ist.

c) Methode von KNOBLOCH. Nach KNOBLOCH kann man die drei Metalle in gleicher Weise bestimmen, wie dies von ihm für die Trennung Calcium-Barium gezeigt worden ist (s. S. 307), also ohne eine eigentliche Scheidung auszuführen.

Arbeitsvorschrift. Man führt das Gemisch der Salze in eine Lösung der neutralen Chloride über, die übrigens auch noch Alkalichloride enthalten darf, bringt die Lösung auf ein Gewicht von etwa 100 g und stellt ihr Gewicht auf Milligramme genau fest. Davon nimmt man etwa 50 g, die wieder auf Milligramme genau abgewogen werden und bestimmt darin die vorhandenen Erdalkalimetalle als Carbonate und als Oxyde in der oben angegebenen Weise. Die so für das Carbonat- und das Oxydgemisch gefundenen Werte, die nur einem aliquoten Teil der Lösung entsprechen, rechnet man auf die ganze Flüssigkeitsmenge um und erhält so die Werte, die den unten mit p und n bezeichneten entsprechen.

Den verbleibenden Rest der Lösung, dessen Gewicht man aus der Differenz der beiden Wägungen auf Milligramme genau kennt, bringt man in ein $^1/_2$ l fassendes Becherglas. Durch Zusatz von Wasser verdünnt man auf 300 cm^3, fügt alsdann 6 Tropfen 95%ige Essigsäure hinzu, versetzt mit einem Überschuß einer 10%igen Lösung von reinem neutralen Ammoniumchromat, läßt 1 Std. absitzen, wäscht den Niederschlag auf einem Filter mit 1%iger Ammoniumchromatlösung solange aus, bis das Waschwasser mit Ammoniak und Ammoniumcarbonatlösung keine Trübung mehr gibt und setzt dann das Auswaschen mit reinem warmen Wasser so lange fort, bis das Waschwasser sich beim Versetzen mit Silbernitrat nur noch ganz schwach rötlichbraun färbt. Der auf dem Filter befindliche Niederschlag wird dann vorsichtig in das Becherglas zurückgespritzt, das Filter mit 2 cm^3 Salpetersäure (D 1,2) nachgespült und mit Wasser noch vollständig ausgewaschen. Dann bringt man den gesamten Niederschlag durch gelindes Erwärmen in Lösung, verdünnt auf 200 cm^3, erhitzt, fügt ganz allmählich 5 cm^3 33%ige Ammoniumacetatlösung und hierauf noch 10 cm^3 10%ige Ammoniumchromatlösung zu und läßt 1 Std. stehen. Nun gießt man die überstehende Flüssigkeit durch ein Filter, dekantiert nochmals mit heißem Wasser, sammelt den Niederschlag nach dem Absitzen auf dem Filter und wäscht ihn mit kaltem Wasser solange aus, bis das Waschwasser mit Silbernitratlösung kaum mehr reagiert. Dann trocknet man das Filter mit dem Niederschlag, bringt diesen nach Möglichkeit auf ein Uhrglas und läßt das Filter durch schwaches Erhitzen in einem Platintiegel zunächst vollständig verbrennen, wodurch ein Teil des Bariumchromats in Bariumcarbonat und ChromIII-oxyd verwandelt wird. Wenn man aber dann den Tiegel stärker erhitzt, so geht dieses Gemisch wieder vollständig in Bariumchromat über. Sobald dieses erreicht ist, was man an der rein gelben Farbe des erkalteten Rückstandes erkennen kann, gibt man das noch übrige, auf dem Uhrglas befindliche Bariumchromat zu, glüht noch einige Zeit gelinde und wägt den Tiegel nach dem Erkalten. Die Gewichtszunahme des Tiegels ergibt nach Abzug der Filterasche die Menge des erhaltenen Bariumchromats, das aber nur dem angewendeten aliquoten Teil der Lösung entspricht. Man rechnet es auf die ganze Menge um und setzt den so gefundenen Wert r in die folgenden Formeln ein. Es ist bei dieser Methode am vorteilhaftesten, wenn man soviel Substanz anwendet, daß dieselbe im ganzen etwa 1 bis 1,2 g der Oxyde enthält.

Bei Analysen, bei denen es nicht auf große Genauigkeit ankommt, kann man die Flüssigkeitsmengen auch messen, statt sie zu wägen. In der folgenden Formel bedeutet p das Gewicht (in Grammen) des gefundenen Carbonatgemisches, n das des gefundenen Oxydgemisches und r das des gefundenen Bariumchromats in der ganzen zur Verwendung gelangten Flüssigkeitsmenge.

$$\mathrm{g\,CaO} = \frac{\frac{\mathrm{SrO}}{\mathrm{SrCO_3}} \cdot p - r \cdot \frac{\mathrm{SrO \cdot BaCO_3}}{\mathrm{SrCO_3 \cdot BaCrO_4}} - n + \frac{\mathrm{BaO}}{\mathrm{BaCrO_4}} \cdot r}{\frac{\mathrm{CaCO_3 \cdot SrO}}{\mathrm{CaO \cdot SrCO_3}} - 1}$$

d) Methode von Wolf. Eine dem bei der Trennung von Calcium und Magnesium (s. S. 324) erwähnten Verfahren von Somiya und Hirano ähnliche Methode gibt Wolf an. Er verwendet einen von Hackspill und Kieffer empfohlenen Ofen, der es gestattet, den Glühvorgang im Vakuum bei bis zu 1200° durchzuführen. Die Zersetzung des Calciumcarbonats erfolgt dann bereits bei 630°, die des Strontiumcarbonats bei 840° und die des Bariumcarbonats erst bei 1200°.

Literatur.

Dutoit, P. u. P. Mojoïu: J. Chim. phys. 8, 27 (1910); durch C. **81 I**, 1639 (1910).
Fleischer, E.: Chem. N. **19**, 290 (1869). — Fresenius, R.: Fr. **32**, 312 (1893).
Hackspill, L. u. A. P. Kieffer: A. Ch. [10] **14**, 227 (1930). — Horn van den Bos, J. L. M. van der: (a) Chem. Weekbl. 8, 5 (1911); durch C. **82 I**, 1379 (1911); (b) **9**, 1002 (1912); durch C. **84 I**, 463 (1913).
Knobloch, J.: Fr, **37**, 737 (1898). — Kolthoff, I. M.: Pharm. Weekbl. **57**, 1080 (1920).
Rawson, S. G.: J. Soc. chem. Ind. **16**, 113 (1897). — Robin, L.: C. r. **137**, 258 (1903). — Russmann, A.: Diss. Berlin 1887; durch Fr. **29**, 453 (1890).
Wolf, G.: C. r. **206**, 435 (1938).

§ 24. Trennung des Calciums von Magnesium.

Ein Teil der hier in Frage kommenden Trennungsmethoden ist schon bei der Einzelfällung des Calciums besprochen worden; hier folgen nur noch einige weitere Vorschläge.

1. Trennung durch Fällung des Calciums mit Schwefelsäure in alkoholischer Lösung.

Die Methode beruht nach Chiżyński auf der Unlöslichkeit von Calciumsulfat in verdünntem Alkohol, in dem Magnesiumsulfat löslich ist.

Arbeitsvorschrift. Man bringt die salzsaure Lösung in ein Becherglas, dampft das Wasser ab, versetzt den Rückstand mit starkem Alkohol, bis er sich löst, digeriert die Lösung in der Kälte mit wenig überschüssiger, konzentrierter Schwefelsäure und läßt nun einige Stunden stehen. Dann bringt man den aus Calcium- und Magnesiumsulfat bestehenden Niederschlag auf das Filter, spült die an demselben haftende saure Flüssigkeit mit fast absolutem Alkohol ab und wäscht den Niederschlag erst nach dem vollständigen Auswaschen der Säure mit 35- bis 40%igem Alkohol aus, bis die löslichen Anteile des Niederschlags in Lösung gegangen sind. Das Calciumsulfat bleibt auf dem Filter, das Magnesiumsulfat geht vollständig in Lösung. In dem vom Alkohol befreiten Filtrat bestimmt man das Magnesium durch Fällung mit Ammoniumphosphat.

Die Methode ist auch bei *Gegenwart von Phosphorsäure* anwendbar. Nach Versuchen von Kallauner und Preller soll die Methode jedoch unbrauchbar sein.

Hundeshagen gibt folgende ***Arbeitsvorschrift*** für die Analyse des Magnesits: 1 g Magnesitpulver (etwa der Rückstand von der Bestimmung des Glühverlustes) wird mit etwa 80 cm³ 5- bis 6%iger Salzsäure 10 bis 15 Min. lang gekocht; die salzsaure Lösung wird vom unlöslichen Rückstand abfiltriert und zur Trockne eingedampft. Den Verdampfungsrückstand löst man unter Zusatz von 4 g Glaubersalz in 30 cm³ warmem Wasser oder gleich in etwa 30 cm³ einer Natriumsulfatlösung, die im Liter etwa 135 g Glaubersalz enthält, und vermischt die Flüssigkeit unter fortwährendem Umrühren allmählich mit 40 cm³ 90%igem Alkohol. Die Fällung läßt man bei 17,5 bis 20° C bedeckt stehen, sie ist im wesentlichen nach 4 bis 5 Std. beendet, besonders wenn man während dieser Zeit einige Male umgerührt hat; am besten jedoch bleibt der Niederschlag über Nacht stehen, wobei aber zur Vermeidung der Mitabscheidung von Magnesiumsulfat eine zu weitgehende Abkühlung der Flüssigkeit zu verhindern ist. Bei vorschriftsmäßigem Arbeiten setzt sich das Calciumsulfat hierbei völlig frei von Magnesiumsulfat, meistens allerdings durch Spuren von Eisenoxyd, Tonerde und Kieselsäure verunreinigt, ab. Nach beendigter Abscheidung wird der Niederschlag abfiltriert, mit etwa

50%igem Alkohol ausgewaschen, bis alles Magnesiumsulfat entfernt ist, und in heißer verdünnter Salzsäure gelöst. Das Filtrat neutralisiert man mit Ammoniak und filtriert einen etwaigen Sesquioxydniederschlag ab, worauf man das Calcium aus der heißen Lösung mit Ammoniumoxalat fällt und in gewohnter Weise bestimmt. Das Calciumsulfat wird nur ausnahmsweise gleich in so reiner Form erhalten, daß es ohne weiteres geglüht und als Calciumsulfat gewogen werden kann.

Das alkoholisch-wäßrige Filtrat läßt sich, vereinigt mit dem noch Spuren von Magnesium enthaltenden Filtrat der Calciumoxalatfällung, für die Bestimmung des Magnesiums benutzen, nur ist aus dem zuerst genannten Filtrat zunächst ein etwaiger Rest von Sesquioxyden abzuscheiden und mit der zuerst erhaltenen Sesquioxydfällung zu vereinigen. Zudem ist eine Reinigung der Sesquioxyde von etwa mitgefällten kleinen Mengen von Calcium und Magnesium zu empfehlen. Wegen der zu großen Magnesiummenge empfiehlt es sich, die Lösung entsprechend zu teilen. Die Fällung des Magnesiums muß so erfolgen, daß man ein normales Magnesiumammoniumphosphat und mithin ein reines Pyrophosphat erhält.

Bei der technischen Magnesitanalyse kann man auch in einer Probe den Kalkgehalt wie angegeben ermitteln und in einer zweiten Probe beide Basen zusammen als Phosphate, nämlich Magnesiumammoniumphosphat gemischt mit Tricalciumphosphat, fällen. Zieht man dann vom Gewicht des Glührückstandes diejenige Menge Tricalciumphosphat ab, die dem gefundenen Kalkgehalt entspricht, so ergibt der Rest die vorhandene Magnesia als Magnesiumpyrophosphat. Zur Analyse löst man 0,5 g Magnesit in verdünnter Salzsäure, scheidet in der vom unlöslichen Rückstand abfiltrierten Lösung Eisenoxyd und Tonerde durch wiederholte Fällung mit Ammoniak ab und fällt dann Calcium und Magnesium als Phosphate. Die angeführte *Methode eignet sich nur für gebrannte Naturmagnesite, nicht* aber *für chloridhaltige Magnesiaprodukte des Handels.*

Nach den Angaben von KALLAUNER und PRELLER erhält man auch bei dieser Arbeitsweise keine brauchbaren Resultate.

***Arbeitsvorschrift von* STOLBERG.** Die Calcium- und Magnesiumsalz enthaltende Lösung dampft man in einer Platinschale mit überschüssiger reiner Schwefelsäure auf dem Wasserbad ein, erhitzt dann auf dem Sandbad vorsichtig so lange, bis keine Schwefelsäuredämpfe mehr entweichen, und verjagt die letzte Spur des Säureüberschusses schließlich vollständig durch direktes Erhitzen über einer kleinen BUNSEN-Flamme. Der neutrale und chlorfreie Rückstand wird nun mit wenig Wasser übergossen und 1 Min. lang unter beständigem Umrühren auf dem Wasserbad digeriert, so daß eine konzentrierte Lösung von Magnesiumsulfat entsteht. Ein geringer Überschuß von Wasser schadet nichts. Dann gibt man Methylalkohol hinzu, den man mit 10 Vol.-% absolutem Äthylalkohol versetzt hat; von diesem Gemisch wird das Magnesiumsulfat vollständig aufgenommen, während das Calciumsulfat zurückbleibt. Nach wenigen Minuten bringt man das Calciumsulfat auf ein Filter und wäscht es mit einer Lösung von 5 Raumteilen absolutem Äthylalkohol in 95 Raumteilen Methylalkohol gut aus. Bei dieser Art des Filtrierens und Auswaschens wird kein Magnesiumsulfat ausgeschieden und nicht die geringste Spur Calciumsulfat gelöst. Man trocknet das Calciumsulfat bei 105°, trennt es vom Filter, verascht dieses für sich und durchfeuchtet den Niederschlag mit 2 bis 3 Tropfen Schwefelsäure; hierauf raucht man die Schwefelsäure ab und glüht den Rückstand bis zur Gewichtskonstanz. Das magnesiumhaltige, alkoholische Filtrat wird direkt mit Wasser verdünnt, bis zur Verjagung des Alkohols auf dem Wasserbad erhitzt und die Magnesia alsdann in üblicher Weise abgeschieden. Man kann auch die im Filtrat vorhandene Schwefelsäure bestimmen und aus dem erhaltenen Bariumsulfat den Gehalt an Magnesia berechnen.

Bemerkungen. Bei dieser Methode kann man das lästige Abdampfen der Schwefelsäure dadurch umgehen, daß man die Schwefelsäure durch Lithiumsulfat ersetzt, das in dem von STOLBERG verwendeten Gemisch aus Äthyl- und Methylalkohol löslich ist. Befriedigende Resultate werden aber auch nach diesem Verfahren nur dann erhalten, wenn man das abgeschiedene Calciumsulfat in Salzsäure gelöst und wiederholt mit Ammoniumoxalat gefällt hat.

***Arbeitsvorschrift von* MURMANN (a).** Man versetzt die Lösung, in der die beiden Metalle als Chloride oder Nitrate enthalten sind, mit soviel eingestellter Schwefelsäure oder eingestellter Kalium- oder Natriumsulfatlösung, daß sicher alles Calcium und noch ein ganz kleiner Teil des Magnesiums nach dem vollständigen Abdampfen an Schwefelsäure gebunden bleiben. Dazu muß man allerdings die Menge des Calciums annähernd kennen. Den Abdampfungsrückstand behandelt man mit 90%igem Alkohol, filtriert das zurückgebliebene Calciumsulfat ab, wäscht es mit 90%igem Alkohol aus und trennt es gegebenenfalls (nämlich bei Anwendung von bedeutend mehr Schwefelsäure als nötig) vom mitgefällten Magnesiumsulfat zuerst in saurer, dann in alkalischer Lösung durch Oxalatfällung. Etwas Magnesiumsulfat bleibt auch bei Anwesenheit von Ammoniumsalzen gelöst. Die Fehlergrenze bei wenig Calcium und viel Magnesium liegt zwischen $-0{,}15$ und $+0{,}1$%.

Ackermann gibt folgende ***Arbeitsvorschriften*** für die Bestimmung des Calciumgehalts von Magnesiumchlorid und -sulfat, die sowohl in Lösung als auch als feste Salze vorliegen können, sowie von Magnesiumoxyd und -carbonat.

Man schüttelt 10 g Magnesiumchlorid mit 80 bis 100 cm³ 96%igem Alkohol unter Zusatz von 1 cm³ etwa 2 n Natriumsulfatlösung 10 Min. lang, saugt die Lösung mittels einer kleinen Nutsche durch ein gehärtetes Filter ab, löst den Rückstand, filtriert gegebenenfalls und fällt das Calcium als Oxalat nach Zusatz von Ammoniumchlorid. Der Sulfatüberschuß darf nicht zu groß sein. — Zur Analyse von Magnesiumchloridlaugen dampft man diese ein, bis sie beim Erkalten erstarren, schüttelt mit 50 bis 100 cm³ Alkohol aus und verfährt wie zuvor. (Die Gegenwart von Magnesiumsulfat macht den Zusatz von Natriumsulfat überflüssig.) — Zur Analyse von Magnesiumsulfat fällt man die Lösung von 2 bis 5 g Salz oder eine entsprechende Menge Lauge mit überschüssiger Sodalösung, saugt den Niederschlag ab (kleine Nutsche), schabt ihn möglichst vom Filter ab, spült den Rest mit heißem Wasser in ein 200 cm³ fassendes Becherglas, neutralisiert annähernd mit Salzsäure, setzt nicht zuviel Natriumsulfatlösung zu, dampft ein und verfährt weiter, wie oben angegeben. In das Filtrat der Sodafällung geht nur etwas Magnesium-, aber kein Calciumcarbonat. Die Niederschläge sind schon nach kurzer Zeit grob krystallin und gut filtrierbar. — Magnesiumoxyd und -carbonat löst man in Mengen von 2 bis 5 g in wenig Salzsäure, dampft die Lösung nach Zusatz von Schwefelsäure bis zur Erstarrung ein, nimmt kalt mit Alkohol auf und schüttelt, wie oben angegeben. Sollen neben Calciumoxyd auch Eisen- und Aluminiumoxyd im Rückstand bestimmt werden, dann ist schwach alkalische Reaktion erforderlich. — Es empfiehlt sich, das Ergebnis der Oxalatfällung durch eine maßanalytische Bestimmung mit Permanganatlösung zu kontrollieren.

2. Trennung durch Oxalatfällung.

Methode von Hager bei Anwesenheit von Glycerin. Behandelt man 1 g Magnesia mit 80 cm³ kalter 5%iger Oxalsäurelösung, so erhält man eine klare Lösung, die sich aber beim Stehen allmählich trübt und aus der sich beim Kochen alles Magnesium als Oxalat abscheidet; beim Erkalten geht nur wenig Magnesiumoxalat wieder in Lösung. Wird die Magnesia, mit der 10fachen Menge Glycerin vermischt, in Oxalsäure gelöst, so schlägt sich beim Stehen in der Kälte kein Magnesiumoxalat nieder; die Gegenwart des Glycerins beeinträchtigt jedoch die Fällbarkeit des Magnesiumoxalats durch Kochen nicht. Genau das gleiche Verhalten wie die unter Zusatz von Glycerin in Oxalsäure gelöste Magnesia zeigt auch eine mit Glycerin, Ammoniumoxalat und Oxalsäure versetzte Lösung eines Magnesiumsalzes.

Arbeitsvorschrift. Liegen Calcium und Magnesium als Carbonate vor, so mischt man die fein gepulverte Substanz mit etwa der 10fachen Menge Glycerin und etwas Wasser, dann mit der 40- bis 50fachen Menge 5%iger Oxalsäurelösung, wodurch Calcium- und Magnesiumcarbonat in die Oxalate übergeführt werden; dabei bleibt das Calciumoxalat ungelöst zurück, während das Magnesiumoxalat in Lösung geht. Nach $^1/_2$stündigem Stehen wird das Calciumoxalat auf einem Filter gesammelt, mit Wasser ausgewaschen und in gewohnter Weise bestimmt. Das Filtrat kocht man in einem Kolben 5 bis 8 Min. lang, filtriert das gefällte Magnesiumoxalat heiß ab, trocknet es und führt es in Magnesiumoxyd über.

In einer Calcium- und Magnesiumsalze enthaltenden Lösung führt man die Trennung so aus, daß man die Flüssigkeit zunächst mit Glycerin versetzt, nach erfolgtem Mischen eine genügende Menge Ammoniumoxalat hinzufügt, mit Oxalsäure stark ansäuert und im übrigen wie angegeben verfährt.

Die Oxalatfällung wird sehr häufig in der Mineralanalyse benutzt und nach CLASSEN nach folgender ***Arbeitsvorschrift*** ausgeführt: Man versetzt die nicht zu konzentrierte Lösung mit genügend Ammoniumchlorid, dann mit Ammoniak in geringem Überschuß und hierauf solange mit Ammoniumoxalat, wie noch ein Niederschlag entsteht. Schließlich fügt man noch einen Überschuß von Ammoniumoxalat hinzu. Nach 12stündigem Stehen in der Kälte dekantiert man durch ein Filter, wäscht den Niederschlag oberflächlich aus, löst ihn in Salzsäure, verdünnt die Lösung und gibt zur ammoniakalisch gemachten Lösung noch etwas Ammoniumoxalat. Nachdem das Calciumoxalat sich abgesetzt hat, sammelt man es auf dem schon benutzten Filter und verfährt, wie oben angegeben. Eine 1malige Fällung des Calciumoxalats gibt nur bei Gegenwart von relativ geringen Mengen von Magnesium richtige Resultate. Es ist diese Frage lange strittig gewesen, was aus der umfangreichen Literatur hervorgeht. Es sei hier nur auf die Ausführungen und Arbeitsvorschriften für die Oxalatfällung des Calciums in Gegenwart von Magnesium verwiesen (s. S. 226ff.). Das zweite magnesiumhaltige Filtrat wird nach Zusatz von Salzsäure konzentriert, mit dem ersten vereinigt und das Magnesium nach doppelter Fällung als Pyrophosphat bestimmt.

Sollte dagegen *bei genauen Analysen die Entfernung der Ammoniumsalze nötig* sein, so empfiehlt R. FRESENIUS die folgende ***Arbeitsvorschrift.*** Man dampft die Filtrate zur Trockne ein, glüht den Rückstand anteilweise in einer kleinen Platinschale und löst den Rückstand in der Wärme in Salzsäure und Wasser. Auf Zusatz von Ammoniak scheidet sich bei Gegenwart einer genügenden Menge Salzsäure bzw. Ammoniumchlorid meistens etwas Kieselsäure oder Tonerde ab, die man abfiltriert. Ist dieser Niederschlag erheblich, so daß man einen Gehalt an Magnesium voraussetzen kann, so muß man den Niederschlag mit Salzsäure zur Trockne eindampfen und den Rückstand mit Salzsäure und Wasser ausziehen. Schließlich fällt man die alles Magnesium enthaltende Lösung, gegebenenfalls nach Entfernung der Tonerde mit Ammoniak, mit Natriumammoniumphosphat.

Enthält die Lösung der beiden Metalle *Phosphorsäure,* so verfährt man nach MEINEKE folgendermaßen:

Arbeitsvorschrift. Die Lösung darf dann vor der Oxalatfällung nicht ammoniakalisch gemacht werden, denn Ammoniak würde die Fällung von Calciumphosphat und von Magnesiumammoniumphosphat veranlassen. Man fällt deshalb in diesem Falle das Calciumoxalat aus essigsaurer Lösung.

Die, wenn nötig, durch Abdampfen von der überschüssigen Säure befreite Lösung wird in der Kälte mit Ammoniak versetzt und, nachdem sie sich durch Ansäuern mit Essigsäure wieder geklärt hat, mit Ammoniumoxalat gefällt. Man muß diese Operation in der Kälte vornehmen. Nach dem Zusatz von Ammoniumoxalat kann die zur Erreichung eines gut filtrierbaren Calciumoxalatniederschlags notwendige Erwärmung der Flüssigkeit ohne Bedenken vorgenommen werden.

Nach den Angaben von RICHARDS, MCCAFFREY und BISBEE sind beim Oxalatverfahren folgende Bedingungen einzuhalten: Das Magnesium soll in der zu fällenden Lösung nicht in größerer Konzentration als 0,02 n vorhanden sein.

Arbeitsvorschrift. Man gibt zum Lösungsgemisch etwa das Zehnfache der äquivalenten Menge Ammoniumchlorid, ferner fügt man eine genügende Menge Oxalsäure hinzu, um alles Calcium zu binden. Die Dissoziation der Oxalsäure ist vorher durch Zusatz des Drei- bis Vierfachen der äquivalenten Menge Salzsäure herabzusetzen. Zur kochenden, durch 1 Tropfen Methylorangelösung gefärbten Lösung wird unter fortwährendem Umrühren langsam und in Pausen sehr verdünntes Ammoniak gegeben; das Ende der Neutralisation soll erst in $^1/_2$ Std.

erreicht werden. Nach dieser Zeit wird ein großer Überschuß von Ammoniumoxalat zur Lösung hinzugefügt, der Niederschlag etwa 4 Std. stehen gelassen und dann sorgfältig mit ammoniumoxalathaltigem Wasser ausgewaschen. Das Filtrat enthält das gesamte Magnesium bis auf 0,1 bis 0,2%, und im Niederschlag befindet sich das gesamte Calcium bis auf den gleichen Fehlbetrag. Durch Kompensation der beiden, an sich sehr kleinen Fehler werden ziemlich befriedigende Resultate erhalten. Eine doppelte Fällung des Calciums, durch die die Magnesia aus dem Niederschlag entfernt wird, bedingt auch einen Verlust an Calcium.

Versuche von Blasdale haben ergeben, daß aus Gemischen von Calcium- und Magnesiumcarbonat, in denen *die Menge des vorhandenen Magnesiums die Menge des anwesenden Calciums nicht allzusehr übersteigt*, letzteres durch eine einzige Fällung in befriedigender Weise abgeschieden werden kann, wenn man, wie folgt, verfährt:

Arbeitsvorschrift. Man löst 0,6 g der Probe, versetzt die Lösung mit 3,5 g Ammoniumchlorid, verdünnt auf 300 cm³, kocht und fällt mit 1 g Oxalsäure, neutralisiert innerhalb 5 Min. mit 1 %igem Ammoniak und filtriert nach 1stündigem Stehen ab. Ist die relative Menge des vorhandenen Magnesiums größer, so muß die Methode dadurch modifiziert werden, daß die Fällung in 2 Abschnitten ausgeführt wird, indem man zuerst nur so viel vom Fällungsmittel zusetzt, wie nötig ist, um alles Calcium niederzuschlagen. Ist die Menge des vorhandenen Magnesiums 10mal so groß wie die des Calciums, so ist es schwierig, durch eine einzige Fällung eine vollständige Trennung zu erzielen. Der grobkrystalline Charakter des Niederschlags bei der Fällung des Calciumoxalats aus saurer Lösung macht die Anwendung dieser Methode besonders empfehlenswert.

Hall hat diese auf Bergmann zurückgehende Trennung und ihre zahlreichen Modifikationen studiert und gefunden, daß man bei Ausführung der doppelten Fällung, wie von R. Fresenius vorgeschlagen oder bei der einfachen Fällung nach Richards und Mitarbeitern bzw. Blasdale gute Resultate erhält, wenn man bei der letzteren Methode genügend Ammoniumoxalat hinzugibt. Dies ist namentlich dann wichtig, wenn sehr viel Magnesium neben wenig Calcium vorhanden ist. So braucht man z. B. 75 cm³ 0,5 n Oxalatlösung zur Fällung von 0,3 g Calcium in 500 cm³ Lösung oder von 0,02 g Calcium bei Gegenwart von 0,12 g Magnesium. So große Oxalatmengen zu nehmen, wie Bobtelsky und Malkowa-Janowskaja angeben, empfiehlt sich nicht, weil man dann bei der Phosphatfällung zu wenig Magnesium findet; auch die o-Oxychinolinmethode versagt dann.

Im gebrannten Magnesit wird die Trennung des Calciums vom Magnesium in der von Dede angegebenen Weise durchgeführt (s. auch Michailow, S. 262). Zur Trennung von *wenig Calcium von viel Magnesium* eignet sich nach den Angaben von Kallauner und Preller besonders die Abscheidung des Calciums nach A. W. B.

Arbeitsvorschrift. Man versetzt die neutralisierte Lösung, die in 100 cm³ nicht mehr als 0,15 g Magnesia enthalten darf, mit mindestens 10 g Ammoniumchlorid, dann mit 2 bis 3 Vol.-% Essigsäure und schließlich mit Ammoniumoxalat. Die Menge des letzteren muß das 4fache Gewicht der vorhandenen Magnesia betragen und außerdem zur Fällung des Kalkes ausreichen. Größere Mengen von Ammoniumoxalat oder Ammoniumchlorid stören nicht. Die Lösung wird gut umgerührt, jedoch nicht erwärmt und kann nach 1stündigem oder längerem Stehen filtriert werden. Auf diesem Wege ergaben sich bei der Bestimmung von 13 bis 66 mg Kalk neben 0,625 g Magnesia sehr zufriedenstellende Resultate.

Weniger gut eignet sich nach den Angaben von Kallauner und Preller die Methode von Hefelmann.

Arbeitsvorschrift. Hefelmann löst 1 g gebrannten Magnesit in Salzsäure, scheidet die Kieselsäure ab, entfernt das Eisen durch wiederholte Fällung mit Ammoniak und fällt das mit Salzsäure bis zur schwach sauren Reaktion versetzte

Filtrat auf 500 cm³ auf. 250 cm³ dieser Lösung werden hierauf mit 3 g Ammoniumchlorid versetzt, mit Ammoniak alkalisch gemacht, auf 500 cm³ verdünnt und in der Siedehitze mit 100 cm³ einer 2%igen Ammoniumoxalatlösung gefällt.

HALLA empfiehlt für denselben Zweck folgende ***Arbeitsvorschrift.*** Die neutrale Lösung der Chloride wird in der Siedehitze solange mit festem Ammoniumoxalat versetzt, bis der anfangs entstandene Niederschlag von Magnesiumoxalat bis auf einen unverändert bleibenden Rest von Calciumoxalat gelöst ist. Dann läßt man einige Stunden stehen, filtriert ab, bringt etwa ausgeschiedenes Ammoniumoxalat durch Erwärmen mit kleinen Mengen Wasser in Lösung und wäscht anfangs mit heißem, später mit kaltem Wasser aus. Das in Lösung befindliche Magnesiumdoppelsalz kann dann im Filtrat mit Essigsäure gefällt werden. Nach dem Veraschen des Calciumoxalats bedeckt man den Niederschlag mit Alkohol, um ein Verspritzen zu vermeiden, fügt einige Tropfen Schwefelsäure hinzu, brennt den Alkohol ab, raucht ab, gibt noch einige Tropfen Schwefelsäure hinzu, raucht wieder ab und wägt.

Diese Methode kommt nach den Angaben von KALLAUNER und PRELLER anderen Oxalatmethoden hinsichtlich Genauigkeit und Schnelligkeit nicht gleich.

Während man nach den Angaben von STOLBERG sowie HUNDESHAGEN mit der Oxalatmethode genügend genaue Resultate erhält, ist sie nach MURMANN unvollkommen, namentlich wenn die Menge des Kalkes verhältnismäßig klein ist.

MURMANN (b) verwendet an Stelle von Ammoniumoxalat nur wenig ionisierte Salze *(Anilin-, Pyridin-* und *Chinolinsalze).*

Arbeitsvorschrift. Die Fällung des Calciumoxalats durch Anilin aus Salzsäure und Oxalsäure enthaltender Lösung bei Gegenwart von Anilinchlorhydrat, besser noch Ammoniumchlorid, ergibt beim Fällen sowohl in der Kälte als auch in der Hitze, wenigstens in verdünnter Lösung, gute Resultate. Beim Fällen in der Hitze muß innerhalb 1 Std. filtriert werden, wogegen beim Fällen in der Kälte die Filtration erst nach 20 Std. vorgenommen werden darf. Gute Resultate liefert auch die Fällung durch verdünntes Pyridin, vorausgesetzt, daß dieses nur bis zur noch ganz schwach sauren Reaktion zugegeben, daß ferner Ammoniumchlorid zugesetzt und die Flüssigkeit genügend verdünnt wird. Letzteres ist besonders bei der Abscheidung in der Hitze nötig. Beim Fällen in der Kälte ergeben sich noch etwas genauere Resultate, selbst bei höherer Konzentration der Lösung.

Bei relativ kleinen Mengen Kalk (unter 2%) neben viel Magnesia (98%) versagt die Methode der Fällung mit Anilin, Pyridin und Chinolin ebenso wie die mit Ammoniak. Alkalien dürfen in größerer Menge weder bei der Verwendung von Anilin noch bei der Verwendung von Pyridin vorhanden sein, sonst muß die Fällung zur Erzielung genauer Resultate wiederholt werden. Bei der Fällung durch Pyridin in der Hitze kann man sofort filtrieren, muß es sogar, wenn bei der Neutralisation bereits dieselbe Farbe von Methylorange erreicht wurde. Bei der Fällung in der Kälte darf die Filtration erst nach 12 bis 20 Std. vorgenommen werden, wobei man noch etwas genauere Resultate erhält. Es empfiehlt sich, 10 bis 30 Min. vor der Filtration noch 5 bis 10 cm³ Ammoniumoxalatlösung hinzuzusetzen und kräftig umzuschütteln, um die Fällung zu vervollständigen.

Die Fällung mit Chinolin in geringem Überschuß (bis zur gelblichroten Färbung von Methylorange) kann ohne besondere Vorsichtsmaßnahmen in der mit Ammoniumchlorid und Oxalsäure versetzten, kalten oder heißen, schwach salzsauren Lösung erfolgen. Bei der Fällung in der Hitze kann nach 10 Min. filtriert werden. Die Resultate sind gut, selbst bei größerer Konzentration der Magnesialösung (0,2 g Mg auf 100 cm³). Diese Methode dürfte sich daher für technische Zwecke am meisten empfehlen, wenn Magnesium nicht in derselben Probe bestimmt werden soll. Anderenfalls ist es vorzuziehen mit Pyridin zu fällen, dieses durch Ammoniak zu verdrängen und auf dem Wasserbad zu verflüchtigen. Größere Mengen von Alkalien dürfen nicht zugegen sein, wenn man genaue Resultate erhalten will.

Von den zur **Vermeidung des Auskrystallisierens von Magnesiumoxalat** bei der Trennung von Calcium und Magnesium vorgeschlagenen Maßnahmen kommen nach BLOMBERG folgende in Frage: a) Verdünnen (HEFELMANN; RICHARDS und Mitarbeiter). Nachteil: Große Korrektur für die Löslichkeit von Calciumoxalat; b) Fällung in der Kälte (FRESENIUS); c) ein Überschuß an Oxalat, in dem Magnesiumoxalat löslich ist. Nachteil: Auch Calciumsalz geht in Lösung; d) doppelte Fällung (FRESENIUS). WITTSTEIN empfiehlt das Oxalatverfahren besonders dann, wenn Magnesium in bedeutendem Überschuß zugegen ist.

3. Trennung unter Fällung mit o-Oxychinolin.

Über diese Trennungsmethode vgl. Mg, § 11. Zur Trennung von Calcium und Magnesium verfahren LEHRMAN, MANES und KRAMER so, daß sie zunächst beide Metalle aus ammoniakalischer Lösung mit o-Oxychinolin fällen, und zwar in Gegenwart von Ammoniumsalzen, den Niederschlag in Essigsäure lösen und aus der essigsauren Lösung das Calcium als Oxalat abscheiden. Das Filtrat braucht alsdann zur Wiederfällung des Magnesiums nur mit Ammoniak alkalisch gemacht zu werden. *Barium* und *Strontium* werden nicht mitgefällt; sie können im Filtrat nach einem der bekannten Verfahren ermittelt werden.

4. Trennung durch Fällung des Calciums mit Natriumwolframat.

Nach SAINT-SERNIN fällt man das Calcium, wie bei der Einzelfällung (S. 276) beschrieben, als Wolframat; das Magnesium bleibt in Lösung.

Auf die *Trennung durch Fällung als Molybdat,* S. 270f., sei verwiesen.

5. Trennung durch Fällung des Calciums mit Zuckerlösung.

BERNARD und EHRMANN benutzen zur Trennung das Verhalten der beiden Metalle gegen Zuckerlösung, die das Calcium fällt, nicht aber das Magnesium.

6. Trennung durch Fällung des Calciums als Sulfit.

Das Verfahren beruht auf der Bildung von neutralem, in ammoniakalischer Lösung unlöslichem Calciumsulfit, das in Calciumsulfat übergeführt wird.

Arbeitsvorschrift. Die Lösung von Calcium- und Magnesiumchlorid, die eine gewisse Menge von Ammoniumchlorid und Ammoniak enthalten kann, konzentriert man bis auf 60 bis 80 cm³, fügt gegebenenfalls einige Tropfen verdünnte Salzsäure hinzu (die Reaktion muß schwach alkalisch bleiben), gibt 20 cm³ reine Ammoniumbisulfit- oder eisen- und calciumfreie Natriumbisulfitlösung hinzu und erhitzt auf 90°. Nach kurzer Zeit entsteht ein krystallinischer Niederschlag. Nun setzt man 20 cm³ Ammoniak (D 0,87) zu und läßt $^1/_2$ Std. stehen. Dann filtriert man den Niederschlag ab, wäscht ihn mit heißem, schwach ammoniakalischem Wasser aus und trocknet ihn bei 100°; das Filter benetzt man mit einer gesättigten, schwefelsauren Ammoniumsulfatlösung, trocknet und verascht es. Die Methode ist *bei Gegenwart von Zink, Nickel und Kobalt anwendbar.* Das Magnesium kann in dem von der schwefligen Säure befreiten Filtrat in üblicher Weise bestimmt werden (CARRON).

7. Trennung durch Fällung des Calciums als Jodat[1].

Nach SONSTADT ist Calciumjodat in einer konzentrierten Kaliumjodatlösung nicht merklich löslich, während die Magnesiumsalze unter diesen Umständen nicht gefällt werden.

8. Trennung der Sulfate mit Gipslösung.

SCHWARZ trennt Calcium und Magnesium durch Behandeln der gewogenen Sulfate mit einer kalt gesättigten Lösung von reinem Gips und Wägung des mit derselben Lösung ausgewaschenen, ungelöst bleibenden Calciumsulfats.

9. Trennungsmethode von OEFFINGER.

Die Trennungsmethode von OEFFINGER beruht darauf, daß Magnesiumchlorid, im trockenen Sauerstoffstrom erhitzt, das Chlor bis auf eine ganz geringe, auch

[1] S. auch § 7, S. 279f..

beim Glühen nicht wegzubringende Spur verliert, während Calciumchlorid, wenigstens bei der Temperatur, bei der die Magnesiumverbindung zersetzt wird, keine Veränderung erleidet.

Arbeitsvorschrift. Die salzsaure Lösung wird in eine an ihren Enden aufwärts gebogene Verbrennungsröhre gebracht und letztere durch den einen, nochmals nach außen umgebogenen und dünner ausgezogenen Schenkel zunächst mit einem Chlorcalciumrohr und dann mit einem LIEBIGschen Kaliapparat verbunden. Am anderen Ende des Apparates ist eine Waschflasche und daran ein Wasser enthaltender Aspirator angebracht, von denen erstere nur die Aufgabe hat, die Beobachtung der Geschwindigkeit des durch die Glasröhre gesaugten Luftstromes zu ermöglichen. Diese Röhre selbst wird nun so in ein Ölbad gesenkt, daß über ihrem Inhalt ein kleiner freier Raum für den Durchgang der Luft bleibt und nichts von ihr mit in die Waschflasche fortgeführt werden kann. Das Ölbad erhitzt man anfangs auf 100°, später auf 200° und läßt langsam Luft (statt reinen Sauerstoff) über den Inhalt des Glasrohres streichen, die anfangs Wasserdampf und Salzsäure, später freies Chlor aufnimmt. Nach einigen Stunden ersetzt man das Ölbad durch die Gasflamme. Ist auf diese Weise nach andauerndem Erhitzen die Zersetzung des Magnesiumchlorids beendigt, so wird der Inhalt der Röhre wiederholt mit heißem Wasser ausgelaugt, das Filtrat eingedampft, mit Ammoniumchlorid versetzt und der Kalk mit Ammoniumcarbonat niedergeschlagen. Der Niederschlag wird wieder in Salzsäure gelöst, die Fällung wiederholt und die in der Röhre verbleibende Magnesia nach dem Lösen in Salzsäure in gewohnter Weise als Pyrophosphat bestimmt.

Nach OEFFINGER ist das angegebene Verfahren demjenigen der Trennung der Sulfate durch Zusatz von Alkohol zu ihrer Lösung vorzuziehen, und zwar aus folgendem Grund: Da der Gips nur in starkem Alkohol unlöslich ist, in dem sich auch das Magnesiumsulfat ziemlich schwer löst, muß man bei genauem Arbeiten mit ziemlich großen Flüssigkeitsmengen operieren, das Filtrat nach der Abscheidung des Gipses eindampfen und den Rückstand mit starkem Alkohol ausziehen, um etwa noch in Lösung gebliebenen Gips im Rückstand zu behalten. Auch die Abscheidung des Kalks durch überschüssiges Ammoniumoxalat bei Gegenwart von Ammoniumchlorid hält OEFFINGER für nicht so zweckmäßig, weil nach seinen Erfahrungen ein nur 1maliges Wiederauflösen des ersten Niederschlags mit darauffolgender zweiter Fällung zur exakten Trennung oft nicht genügt, diese Operation vielmehr häufig 2- bis 3mal wiederholt werden muß, um jede Spur von Magnesia vom Niederschlag fernzuhalten.

10. Bestimmung von Calcium und Magnesium auf indirektem Weg.

Methode von CHRISTOMANOS. a) Analyse des Magnesits. Hat man in einer besonderen Probe eines Magnesits dessen Gehalt an Kieselsäure, Eisenoxyd, Tonerde und Wasser bestimmt, so kennt man auch das Gewicht der Carbonate. Nach $^1/_2$stündigem Glühen des gut getrockneten Magnesitpulvers im Platintiegel vor dem Gebläse findet man beim Wägen das Gewicht der Oxyde des Calciums und Magnesiums und kann das des entwichenen Kohlendioxyds berechnen. Nach Behandlung dieses Rückstandes oder des ursprünglichen, scharf getrockneten Magnesitpulvers in demselben Tiegel mit Schwefelsäure erhält man nach Abzug des früher gefundenen Betrages an Kieselsäure, Eisenoxyd und der nur unbedeutend veränderten Tonerde das Gewicht der entsprechenden Sulfate.

α) Indirekte Bestimmung von Calciumoxyd aus dem Gewicht der Carbonate und Sulfate. Unter der Voraussetzung, daß die beiden Carbonate und Sulfate in Gewichtsmengen vorhanden sind, die den Molekulargewichten der beiden Salze entsprechen, hat man $CaCO_3 + MgCO_3 = a$ Gewichtsteile und $CaSO_4 + MgSO_4 = b$ Gewichtsteile. In beiden Niederschlägen sind dieselben Mengen CaO und MgO vorhanden; wir nennen die Menge CaO x und die Menge MgO z. Bezeichnen diese Zahlen x und z nicht die Molekulargewichte, sondern beliebige Mengen von CaO und MgO, so ändern sich auch die Werte a und b, sind aber stets in obigem Sinne von x und z abhängig und man erhält allgemein die Gleichungen: (1) $fx+hz=a$ und (2) $f_1x+h_1z=b$. Unter obiger Voraussetzung muß die Multiplikation der Koeffizienten f, f_1, h und h_1 mit x und z die angenommenen Gewichtsmengen von $CaCO_3$, $MgCO_3$, $CaSO_4$ und $MgSO_4$ ergeben: $f\cdot x=CaCO_3$, $f_1\cdot x=CaSO_4$, $h\cdot z=MgCO_3$ und $h_1\cdot z=MgSO_4$.

Durch Auflösung nach den Koeffizienten findet man:

$$f=\frac{CaCO_3}{CaO},\qquad f_1=\frac{CaSO_4}{CaO},\qquad h=\frac{MgCO_3}{MgO},\qquad h_1=\frac{MgSO_4}{MgO}.$$

Aus Gleichung (1) ergibt sich $x=\frac{a-hz}{f}$. Setzt man diesen Wert für x in die Gleichung (2) ein, so erhält man die Gleichung: $f_1\left(\frac{a-hz}{f}\right)+h_1z=b$, und daraus $z=\frac{fb-f_1a}{fh_1-f_1h}$. Führt man diesen Ausdruck für z in die nach x aufgelöste Gleichung (1) ein, so findet man $x=\frac{h_1a-hb}{fh_1-f_1h}$. Hat man die Koeffizienten f, f_1, h, h_1, a und b bestimmt, so kann man aus den angegebenen Gleichungen x und z berechnen.

β) Indirekte Bestimmung aus dem Gewicht der Carbonate und dem Gewicht der daraus durch Glühen gebildeten Oxyde.

(1) $CaCO_3+MgCO_3=a$, folglich $fx+hz=a$.

(2) $CaO+MgO=c$, folglich $x+z=c$.

$$x=\frac{hc-a}{h-f},\qquad z=\frac{a-fc}{h-f}.$$

γ) Indirekte Bestimmung des Calciumcarbonats und des Magnesiumcarbonats in einem Gemenge derselben oder im Magnesit durch die bloße Feststellung des Kohlendioxydgehaltes oder durch Ermittlung des Glühverlustes. Man wägt die gepulverten Carbonate (a) im Platintiegel und bestimmt den Glühverlust, bringt sie dann in einen kleinen Kohlensäurebestimmungsapparat[1] und bestimmt so das Kohlendioxyd (d). Bei der alleinigen Bestimmung des Kohlendioxyds aus dem Glühverlust erhält man nur annähernde Resultate, da dasselbe nur schwer vollständig aus dem Magnesiumcarbonat auszutreiben ist. $CaCO_3+MgCO_3=a$. Bezeichnet man $CaCO_3$ mit x_1 und $MgCO_3$ mit z_1, so ergibt sich (1) $x_1+z_1=a$ und (2) $mx_1+nz_1=d$, wobei m und n Koeffizienten sind, und zwar ist $m=CO_2/CaCO_3$ und $n=CO_2/MgCO_3$. Daraus errechnen sich $x_1=w\cdot a-u\cdot d$ und $z_1=u\cdot d-w_1\cdot a$. Für die Faktoren w, u und w_1 werden die Zahlen 6,3474952, 12,1627874 und 5,3474952 angewendet.

b) Mineralwasseranalyse. In der Mineralwasseranalyse bewirkt man die Trennung nach folgender Arbeitsvorschrift. Hat man entweder aus dem bei 180° bis zur Gewichtskonstanz erhitzten Verdampfungsrückstand oder, nach dem Ausziehen desselben durch Wasser, aus dem unlöslichen Teil oder aus dessen gelöstem Teil, die Kohlensäure bestimmt, die Kieselsäure, das Eisenoxyd und die Tonerde abgeschieden, so bleiben im Filtrat nur noch die Salze des Calciums, des Magnesiums und der Alkalimetalle. Das Filtrat verdampft man in einem gewogenen Porzellanschälchen unter Zusatz von Sodalösung zur Trockne, verjagt die Ammoniumsalze durch Glühen, nimmt den Rückstand mit Sodalösung auf und zieht alles Lösliche mit heißem Wasser aus, worauf in der Schale nur die Carbonate des Magnesiums und Calciums zurückbleiben, die man bei 200° bis zur Gewichtskonstanz trocknet. Man erhält so das Gewicht a der beiden Carbonate. Nun mengt man im Schälchen oder in einem etwas geräumigen Porzellantiegel die Carbonate mit einigen Tropfen

[1] CHRISTOMANOS, A. C.: B. 27, 2748 (1894).

Wasser und vorsichtig mit einer hinreichenden Menge konzentrierter Schwefelsäure, erhitzt bei aufgelegtem Deckel zunächst auf dem Sandbad und dann mit kleiner freier Flamme bis zum Abrauchen der Schwefelsäure, wiederholt dies noch mit einigen Tropfen dieser Säure, gibt etwas Ammoniumcarbonat hinzu und glüht wieder bis zur Gewichtskonstanz. Das erhaltene Gewicht stellt das Gewicht *b* der Summe von Calcium- und Magnesiumsulfat dar.

Methode von Forte. Forte fällt Calcium und Magnesium bei Abwesenheit anderer Metalle mit einer ammoniakalischen Lösung von Ammoniumcarbonat, glüht die Carbonate, wägt die Oxyde, führt sie in die Sulfate über und wägt auch diese.

11. Bestimmung von Calcium und Magnesium nebeneinander.

a) Bestimmung unter Fällung von Calcium als Oxalat und von Magnesium als Arsenat in derselben Lösung. Arbeitsvorschrift. Nach Fox fällt man in der von Eisen und Aluminium befreiten Lösung pas Calcium in der Hitze mit überschüssiger Oxalsäure und aus der heißen, schwach ammoniakalischen Lösung das Magnesium unter Umrühren als Arsenat. Läßt sich die Krystallisation des Arsenats nicht sicher erkennen, so gibt man noch 10 cm³ konzentriertes Ammoniak hinzu. Der Niederschlag wird über Nacht stehen gelassen, abfiltriert, mit verdünntem Ammoniak ausgewaschen, mit heißem Wasser in einen Kolben gespült, mit 10 cm³ Schwefelsäure (1:1) zersetzt und die erhaltene Lösung nach dem Verdünnen auf 75 bis 80 cm³ heiß mit Permanganatlösung titriert. Aus der verbrauchten Permanganatmenge ergibt sich der Gehalt des Niederschlags an Oxalsäure und daraus der Kalkgehalt. Zur erkalteten Lösung gibt man 25 cm³ Schwefelsäure (1:1) und 5 g Kaliumjodid und titriert das durch die vorhandene Arsensäure freigewordene Jod mit 0,1 n Thiosulfatlösung, von der 1 cm³ 0,002016 g Magnesiumoxyd entspricht.

Bemerkungen. Hierzu schlagen Pročke und Michal einige Abänderungen vor, so daß empirische Faktoren für die Titration nicht benutzt zu werden brauchen. Es darf der Überschuß an Oxalsäure 0,2 g nicht überschreiten, da sonst Komplexbildung eintritt. Die Ammoniumchloridmenge soll auf 150 cm³ Lösung 0,3 bis 1 g betragen. Oxalsäure und Ammoniumarsenat sollen gleichzeitig zugefügt werden. Das Verfahren wurde an Hand einiger Mineralanalysen mit befriedigendem Ergebnis durchgeführt.

b) Bestimmung unter Fällung von Calcium als Oxalat und von Magnesium als Phosphat in derselben Lösung. Das Verfahren ist, wie auch das unter a) beschriebene, dadurch gekennzeichnet, daß man den Calciumoxalatniederschlag nicht abfiltriert, sondern in der Fällungsflüssigkeit beläßt und in ihr auch das Magnesium als Phosphat niederschlägt.

Arbeitsvorschrift. Der Gesamtniederschlag wird in einem Glasfiltertiegel gesammelt, mit Ammoniak gewaschen und dann mit heißer Salpetersäure gelöst. Die salpetersaure Lösung wird mit Permanganat titriert und damit das Calcium erfaßt. Die titrierte Lösung wird eingedampft und mit Ammoniak bis zur Trübung neutralisiert. Diese wird durch wenig Salpetersäure wieder aufgehoben und nach Zusatz von Ammoniumnitrat die vorhandene Phosphorsäure mit Molybdat gefällt und titrimetrisch ermittelt. Daraus findet man durch eine einfache Berechnung den Magnesiumgehalt.

Bemerkungen. Für die Durchführung des Verfahrens gibt Grigorjew genaue Vorschriften, doch macht er keine Angaben über Genauigkeit und Anwendungsbereich der Methode, insbesondere nicht über die Mengenverhältnisse, in denen Calcium und Magnesium vorliegen dürfen.

c) Bestimmung unter Fällung von Calcium als Oxalat und von Magnesium als Hydroxyd in derselben Lösung. Ein titrimetrisches Mikroverfahren zur Bestimmung von Calcium und Magnesium in ein und derselben Lösung hat Maljarow (a) angegeben.

Arbeitsvorschrift. Unter der Voraussetzung, daß keine Ammoniumsalze vorhanden sind und von Magnesium nicht viel mehr als 0,01 g zugegen ist, schlägt man Calcium als Oxalat und darauf Magnesium, ohne vorher zu filtrieren, als Hydroxyd mit Kalilauge nieder und filtriert den Niederschlag ab. Darauf fügt man 0,1 n Schwefelsäure zu, um das Magnesiumhydroxyd in Lösung zu bringen, und titriert den Überschuß mit Kalilauge zurück. Aus dem Säureverbrauch wird die Magnesiummenge berechnet. Nach Zusatz 10%iger Schwefelsäure, die nun das Calciumoxalat löst, wird die Oxalsäure mit Permanganatlösung titriert und das Calcium berechnet.

MALJAROW (b) gibt noch eine weitere *Mikromethode zur Bestimmung von Calcium und Magnesium nebeneinander* an, wenn diese nur als Carbonate, Oxyde oder Hydroxyde vorliegen und keine Alkalicarbonate oder doch nur geringe Mengen davon anwesend sind.

Die Methode eignet sich also besonders für die Magnesit- und Dolomitanalyse sowie für die Untersuchung von technischen Calcium- und Magnesiumcarbonaten und -oxyden. Das Verfahren beruht auf der Schwerlöslichkeit der Magnesia in Wasser bei Anwesenheit von Kalk. Auch hier soll das Oxydgemisch beider Metalle 10 mg nicht wesentlich übersteigen.

Arbeitsvorschrift. Eine Probe des zu analysierenden Materials wird im Platintiegel 20 bis 30 Min. geglüht. Nach dem Erkalten des Tiegels im Exsiccator über Natronkalk oder Kalilauge spült man den Inhalt mit heißem, kohlensäurefreiem Wasser in einen ERLENMEYER-Kolben, verdünnt auf 60 bis 80 cm³, um alles Calciumoxyd zu lösen, und erhitzt schnell zum Kochen. Danach filtriert man und wäscht mit sehr kleinen Mengen Wasser aus. Im Filtrat wird das Calciumoxyd, im Rückstand das Magnesiumoxyd acidimetrisch bestimmt.

Bemerkungen. Die Ergebnisse stimmen mit den nach makrochemischen Verfahren (Calcium als Oxalat, Magnesium als Pyrophosphat) erhaltenen Werten auf durchschnittlich 0,06% überein.

d) Gleichzeitige Bestimmung von Calcium und Magnesium nach KORSHENIOWSKI. Eine volumetrische Methode zur gleichzeitigen Bestimmung von Calcium und Magnesium beschreibt KORSHENIOWSKI.

Arbeitsvorschrift. Beide Metalle werden durch ein Mischreagens (4 g Ammoniumoxalat, 10 g Dinatriumphosphat und 10 cm³ Eisessig werden in 100 cm³ Wasser kalt gelöst; die Lösung wird filtriert) gefällt und bis zur Klärung der Lösung $^1/_2$ Std. auf dem Wasserbad gehalten; die heiße Lösung wird darauf langsam und unter Umrühren zur Fällung des Magnesiums mit 20 bis 25 cm³ 10%igem Ammoniak versetzt und über Nacht stehen gelassen. Den abfiltrierten Niederschlag wäscht man zuerst mit 2%igem Ammoniak, dann 3- bis 4mal mit Alkohol und läßt ihn an der Luft trocknen. Man versetzt den in ein Becherglas übergespülten Niederschlag zunächst mit 2 Tropfen Methylorangelösung, dann mit einem Überschuß 0,1 n Säure und titriert den Säureüberschuß nach 5 Min. mit 0,1 n Lauge zurück. Danach gibt man in dasselbe Glas 25 cm³ 10%ige Schwefelsäure, erwärmt die Lösung auf 80° und bestimmt das Calcium durch Titration mit 0,1 n Kaliumpermanganatlösung.

Bemerkungen. MAIOROW erhielt nach dieser Methode widersprechende Resultate, und zwar stets zu viel Calcium und zu wenig Magnesium.

e) Schnellmethode zur Bestimmung von Calcium und Magnesium. Verfahren zur Bestimmung des Calciums wie auch des Magnesiums, die Filtrationen vermeiden, kann man als Schnellmethoden verwenden. Eine solche beschreibt FRESE. *Voraussetzung ist die Abwesenheit von Ammoniumsalzen*, wie sie bei vorheriger Fällung der Sesquioxyde nicht ohne weiteres gegeben ist. Bei Einhaltung dieser Bedingung aber läßt sich das Calcium mit eingestellter Kaliumoxalatlösung aus neutraler Lösung fällen und anschließend das Magnesium mit einem Überschuß eingestellter Kalilauge. Nach Auffüllen auf ein bestimmtes Volumen kann in einem aliquoten Teil des Filtrats der Alkaliüberschuß mit 0,1 n Schwefelsäure und in einem anderen

Teil das Oxalat mit 0,1 n Permanganatlösung gemessen werden. Ersteres gibt den Magnesium-, letzteres den Calciumgehalt.

f) Methode von SOMIYA und HIRANO. Mit Hilfe einer besonderen chemischen *Waage für hohe Temperaturen*[1] läßt sich, wie SOMIYA und HIRANO zeigen, eine Bestimmung von Calcium neben Magnesium unter Einhaltung bestimmter Temperaturen durchführen, durch die der Übergang der Carbonate in die Oxyde, wie auch der der Nitrate in die Carbonate und Oxyde gekennzeichnet ist. Die Zersetzungsvorgänge spielen sich in einer Kohlensäureatmosphäre ab. Nach den Untersuchungen der genannten Autoren geht ein Gemisch von $MgCO_3$ und $MgCO_3 \cdot (NH_4)_2CO_3 \cdot 4\,H_2O$ unterhalb 200° in $MgCO_3$ über und dieses bei 240 bis 850° in MgO. Bei 915 bis 925° geht $CaCO_3$ in CaO über. Weiterhin geht $Mg(NO_3)_2 \cdot 1\,H_2O$ bei 210 bis 430° in MgO und $Ca(NO_3)_2$ bei 450 bis 560° in $CaCO_3$ über. Erhitzt man also das Gemisch der Carbonate auf 240°, so geht nur das Magnesiumammoniumcarbonat in das Magnesiumcarbonat über, erhitzt man weiter auf 850°, so geht das Carbonat in das Oxyd über und erhitzt man endlich auf 925°, so findet nur der Übergang des Calciumcarbonats in das Calciumoxyd statt. Entsprechendes gilt für die Nitrate beider Metalle bei 210 und 550°.

Literatur.

ACKERMANN, P.: Ch. Z. **57**, 39 (1933). — A. W. B.: Ch. N. **90**, 248 (1904); durch Fr. **46**, 172 (1907).

BERNARD, C. u. L. EHRMANN: C. r. **83**, 1239 (1876). — BLASDALE, W. C.: Am. Soc. **31**, 917 (1909). — BLOMBERG, C.: Chem. Weekbl. **11**, 1002 (1914); durch C. **86 I**, 126 (1915). — BOBTELSKY, M. u. MALKOWA-JANOWSKAJA: Angew. Ch. **40**, 1434 (1927).

CARRON, E. C.: Ann. chim. anal. **17**, 127 (1912). — CHIŹYŃSKI, A.: Fr. **4**, 349 (1865). — CHRISTOMANOS, A. C.: Fr. **42**, 607, 610 (1903). — CLASSEN, A.: Ausgewählte Methoden der analytischen Chemie, Bd. 1. Braunschweig 1901.

DEDE, L.: Ch. Z. **36**, 414 (1912).

FORTE, O.: G. **24 I**, 207 (1894). — FOX, P. J.: Ind. eng. Chem. **5**, 910 (1913). — FRESE, N. A.: Betriebslab. **6**, 756 (1937); durch C. **109 II**, 2626 (1938). — FRESENIUS, R.: Anleitung zur quantitativen chemischen Analyse, 6. Aufl., Bd. 1. Braunschweig 1875.

GRIGORJEW, P. N.: Betriebslab. **6**, 238 (1937); durch C. **109 I**, 2411 (1938).

HAGER, H.: P. C. H. **22**, 224 (1881); durch Fr. **21**, 561 (1882). — HALL, W. T.: Am. Soc. **50**, 2704 (1928). — HALLA, F.: Ch. Z. **38**, 100, 249 (1914). — HEFELMANN, R.: Z. öffentl. Ch. **3**, 193 (1897). — HUNDESHAGEN, F.: Z. öffentl. Ch. **15**, 85 (1909).

KALLAUNER, O. u. I. PRELLER: Ch. Z. **36**, 449, 462 (1912). — KORSHENIOWSKI, G. A.: Betriebslab. **5**, 24 (1936); durch C. **107 II**, 658 (1936).

LEHRMAN, L., M. MANES u. J. KRAMER: Am. Soc. **59**, 941 (1937).

MAIOROW: Betriebslab. **5**, 1021 (1936); durch C. **108 I**, 4269 (1937). — MALJAROW, K. L.: (a) J. Russ. phys.-chem. Ges. **62**, 1529 (1930); durch C. **102 I**, 320 (1931); (b) Mikrochemie **9**, 132 (1931). — MEINEKE, C.: Vgl. L. L. DE KONINCK, Lehrbuch der qualitativen und quantitativen Mineralanalyse. Deutsche Ausgabe von C. MEINEKE, Bd. 1. Berlin 1899. — MURMANN, E.: (a) Fr. **49**, 694, 697 (1910); (b) M. **32**, 105 (1911).

OEFFINGER, H.: Schweiz. Wchschr. Pharm. **1868**, 265; durch Fr. **8**, 456 (1869).

PROČKE, O. u. J. MICHAL: Coll. Trav. chim. Tchécosl. **10**, 20 (1938); durch C. **109 I**, 3805 (1938).

RICHARDS, T. W., C. F. MCCAFFREY u. H. BISBEE: Z. anorg. Ch. **28**, 71 (1901).

SAINT-SERNIN, A.: C. r. **156**, 1019 (1913). — SCHWARZ, H.: Dingl. J. **186**, 24 (1867). — SOMIYA, T. u. S. HIRANO: J. Soc. chem. Ind. Japan (Suppl.) **34**, 381 B (1931); durch C. **103 I**, 1692 (1932). — SONSTADT: Fr. **4**, 97 (1865). — STOLBERG, C.: Angew. Ch. **17**, 741, 769 (1904).

WITTSTEIN, G. C.: Fr. **2**, 328 (1863).

§ 25. Trennung des Calciums von den Alkalimetallen.

1. Trennung durch Fällung des Calciums als Oxalat.

Man fällt das Calcium durch Ammoniumoxalat aus ammoniakalischer Lösung, wie S. 231 beschrieben, dampft das die Alkalien enthaltende Filtrat zur Trockne ein, zerstört das Ammoniumoxalat und verjagt die übrigen Ammoniumsalze durch Glühen (MEINEKE).

---

[1] SOMIYA, T. u. S. HIRANO: J. Soc. chem. Ind. Japan (Suppl.) **33**, 252 B (1930); durch C. **102 I**, 2562 (1931).

2. Trennung durch elektrolytische Abscheidung des Calciums als Amalgam.

In der HILDEBRAND-Zelle werden die Erdalkalimetalle, wie S. 291 ausführlich beschrieben, abgeschieden, und die Alkalimetalle bleiben in der Lösung. Die Beseitigung irgendwelcher Fällungsmittel erübrigt sich.

Literatur.

MEINEKE, C.: Vgl. L. L. DE KONINCK, Lehrbuch der qualitativen und quantitativen Mineralanalyse. Deutsche Ausgabe von C. MEINEKE, Bd. 1. Berlin 1899.

§ 26. Trennung des Calciums von den Elementen der Schwefelwasserstoff- und der Schwefelammoniumgruppe.

Die Trennung des Calciums von den Elementen der Schwefelwasserstoff- und der Schwefelammoniumgruppe erfolgt im allgemeinen in der Weise, daß man die Sulfidfällungen nach dem üblichen Analysengang vornimmt. Über dabei zu beachtende Vorsichtsmaßregeln vgl. Ba, § 8. Ein Teil der Elemente dieser Gruppen kann auch durch elektrolytische Abscheidung von Calcium getrennt werden, so z. B. Uran (aus essigsaurer oder auch aus salpetersaurer oder schwefelsaurer Lösung), Kupfer, Zinn (aus schwach saurer Lösung), Quecksilber, Blei (aus salpetersaurer Lösung als Dioxyd) und Cadmium (aus schwefelsaurer Lösung).

Das Verfahren von ERDMANN und MAKOWKA, Kupfer von den Erdalkalimetallen durch Fällung als Acetylenkupfer abzuscheiden, hat nur untergeordnete Bedeutung.

Von den zahlreichen Trennungsvorschlägen, die im Laufe der Zeit gemacht worden sind, von denen aber nur wenige Eingang in die Praxis des Analytikers gefunden haben, sollen einige im folgenden wiedergegeben werden.

A. Besondere Trennungen des Calciums von Elementen der Schwefelwasserstoffgruppe.

1. Trennung von 1wertigem Quecksilber.

Man fällt das 1wertige Quecksilber durch *Salzsäure* oder *Natriumchlorid*, wobei ein zu großer Überschuß zu vermeiden ist.

2. Trennung von Blei.

Die *Fällbarkeit des Calciums als Oxalat neben Blei in Gegenwart von Ammoniumacetat* verwendet SCHREIBER zur Calciumbestimmung in gerösteten Blenden.

Arbeitsvorschrift. Nach Abscheidung und Bindung von Arsen, Antimon, Zinn, Wismut und Blei an eine genügende Menge von EisenIII-hydroxyd werden zu der ammoniakalischen Lösung, die Kupfer, Zink, Calcium und Magnesium enthält, bei Gegenwart von Blei, das nicht an das Eisenhydroxyd gebunden worden ist, einige Kubikzentimeter neutrale oder essigsaure 25%ige Ammoniumacetatlösung gegeben. Die auf 60 bis 80° erhitzte Lösung wird mit gesättigter Ammoniumoxalatlösung bis zur vollständigen Ausfällung des Calciumoxalats versetzt, unter Rühren einige Zeit erhitzt und dann langsam abgekühlt; der Niederschlag wird abfiltriert und mit ammoniakalischem, Ammoniumoxalat enthaltendem Wasser gewaschen. Im Niederschlag wird, wie üblich, Calcium durch Wägung als Oxyd oder Carbonat bestimmt.

Bei der Bestimmung von Calcium in Blei-Calcium-Legierungen mit geringem Calciumgehalt verfahren SHAW, WHITTEMORE und WESTBY folgendermaßen: ***Arbeitsvorschrift:*** 20 g des Untersuchungsmaterials bringt man in ein 400 cm^3-Becherglas und fügt 25 cm^3 rauchende Salpetersäure, hierauf 95 bis 100 cm^3 siedendes Wasser hinzu und erwärmt. Da die Reaktion ziemlich heftig verläuft, ist es ratsam, durch Zugabe von einigen Kubikzentimetern kaltem Wasser einem Verlust durch Schaumbildung vorzubeugen. Wenn die Probe vollständig gelöst ist (in 4 bis 5 Min.) fügt man 25 cm³ Schwefelsäure (1:1) hinzu, rührt um, filtriert durch einen Asbestbausch, wäscht 2- bis 3mal mit heißem Wasser und verwirft den Niederschlag. Das Filtrat neutralisiert man mit Ammoniak gegen Lackmuspapier und gibt weitere 15 cm³ Ammoniak und 30 cm³ 95%igen Alkohol hinzu. Nach gutem Umschütteln wird mit 2 g Ammoniumoxalat versetzt und etwa 2 Min. lang gekocht. Der Niederschlag wird abfiltriert, mit heißem Wasser ausgewaschen und durch Zugabe von 30 cm³ Schwefelsäure (1:1) und 250 cm³ siedendem Wasser gelöst. Die Lösung wird, noch heiß, mit 0,05 n Kaliumpermanganatlösung titriert.

***Arbeitsvorschrift von* CLARKE *und* WOOTEN.** Man löst ebenfalls 20 g der Probe in Salpetersäure, fällt die Hauptmenge des Bleis mit Schwefelsäure, wäscht den Niederschlag auf dem Asbestfilter mit heißem Wasser, neutralisiert das Filtrat mit Ammoniak und setzt noch weitere 15 cm³ hinzu. Die erhaltenen Hydroxyde filtriert man wieder auf ein Asbestfilter ab und versetzt das Filtrat mit 10 cm³ Ammoniak, 30 cm³ Alkohol und 2 g reinstem Ammoniumoxalat. Man kocht 3 Min., läßt 5 Min. auf Eis abkühlen, filtriert durch einen Glasfiltertiegel, wäscht 6mal mit kaltem 1%igen Ammoniak aus und bestimmt alsdann das Calcium oxydimetrisch.

3. Trennung von Arsen.

Die Scheidung des Calciums von Arsen erfolgt wie die des letzteren von Antimon und Zinn, indem man das *Arsen als Arsentrichlorid abdestilliert.*

B. Besondere Trennungen des Calciums von Elementen der Schwefelammoniumgruppe.

1. Trennung von Aluminium.

a) Fällung des Aluminiums durch Ammoniak. Die Scheidung dieser beiden Elemente kann in der Weise erfolgen, daß man das Aluminium durch reines Ammoniak niederschlägt; das Calcium bleibt dabei in Lösung. Es empfiehlt sich, die Fällung zu wiederholen (MEINEKE).

b) Fällung des Aluminiums durch Ammoniumphosphat. Zur Trennung von Calcium und Aluminium kann man auch letzteres bei Gegenwart von genügend Essigsäure durch Ammoniumphosphat fällen; Erwärmen ist hierbei zu vermeiden.

2. Trennung von Eisen.

a) Fällung des Eisens durch Ammoniak. Die genügend saure Lösung, die das Eisen als EisenIII-salz enthält, wird in der Wärme mit wenig überschüssigem Ammoniak behandelt, der Überschuß des letzteren durch Kochen entfernt, der Niederschlag abfiltriert, mit heißem Wasser gut ausgewaschen, wieder gelöst und die Fällung wiederholt (MEINEKE).

b) Fällung des Eisens durch Ammoniumsulfid. Die mit Ammoniak neutralisierte und mit Ammoniumchlorid versetzte Lösung behandelt man mit einem geringen Überschuß von Schwefelammonium, erwärmt sie, läßt sie gegen Luftzutritt möglichst geschützt stehen, filtriert den Niederschlag ab und wäscht ihn mit Wasser, das eine Spur Schwefelammonium enthält, aus. Bei Gegenwart von viel Calcium empfiehlt es sich, die Fällung zu wiederholen. Das mit Salzsäure angesäuerte Filtrat wird gekocht und wieder filtriert; im zweiten Filtrat wird das Calcium bestimmt.

3. Trennung von Aluminium und Eisen.

Die Trennung des Calciums von Aluminium und Eisen entspricht derjenigen des Magnesiums von den gleichen Metallen. Während aber zur Magnesiumbestimmung die völlige Abscheidung des Aluminiums notwendig ist, kann man sich diese bei der Calciumbestimmung ersparen. Wie die Ausführungen des § 1 zeigen, ist die *Oxalatfällung des Calciums auch in Gegenwart von Aluminium und Eisen vollständig*, wenn man eine auch zur Bindung dieser Metalle hinreichende Menge Oxalat zusetzt.

Für die Calciumbestimmung in Aluminiummetall hat STEINHÄUSER dies bestätigt. Die Fällung erfolgt in schwach essigsaurer Lösung. Es hat sich gezeigt, daß die Trennung bis zu Mengen von 10 mg von jedem der beiden Elemente bei 300 cm³ Analysenflüssigkeit bei der Fällung in essigsaurer Lösung schon beim ersten Male quantitativ verläuft.

Arbeitsvorschrift. Man löst 10 g Aluminiumspäne in 90 cm³ Natronlauge (1:3), filtriert durch Asbest, der durch Erhitzen mit konzentrierter Schwefelsäure bis zum Entweichen von SO_3-Dämpfen und nachfolgendes Waschen mit heißem destillierten Wasser gereinigt worden ist, löst den Rückstand in Bromsalzsäure, filtriert wieder durch Asbest, übersättigt mit Natronlauge, gibt das Ganze, d. h. die alkalisch gemachte Flüssigkeit, zum Filtrat und erhitzt zum Sieden (Siedeverzugsgefahr!). In die noch heiße Lösung leitet man nach Zusatz von 30 mg Kupfer (Katalysator) in Form eines Salzes 5 Min. lang einen *kräftigen* Strom von Bromdampf zur Überführung etwa vorhandenen Mangans in Mangandioxyd. Etwa gebildetes Permanganat wird durch Zugabe von 1 bis 2 cm³ Alkohol und 5 Min. langes Erhitzen zum Sieden reduziert; gleichzeitig wird überschüssiges Brom unschädlich gemacht. Man filtriert (vorsichtig abgießend) durch einen mit Asbest präparierten GOOCH-Tiegel oder einen Glasfiltertiegel und wäscht gut aus mit natronlaugehaltigem (*aluminiumfreie* Natronlauge) Wasser zur Entfernung des Natriumaluminats. Im Filtrat können Zink und Blei bestimmt werden. Asbest und Niederschlag bzw. Glasfiltertiegel digeriert man 2 Std. auf dem offenen Dampfbad mit verdünnter Salpetersäure (100 cm³ Wasser und 4 cm³ konzentrierte Salpetersäure) und filtriert; im Filtrat bestimmt man Calcium und Magnesium, im Rückstand gegebenenfalls das Mangan. Zur Abscheidung der Kieselsäure raucht man das Filtrat mit 20 cm³ Schwefelsäure (1:1) ab, nimmt mit wenig verdünnter Salzsäure auf, filtriert, macht essigsauer, erhitzt auf etwa 70°, fällt Calcium als Calciumoxalat durch Zugabe von siedender Ammoniumoxalatlösung und kocht auf. Nach 12 Std. filtriert man ab, wiederholt, falls Eisen als basisches Acetat mit ausgefallen ist, die Fällung wie zuvor und bringt das Calciumoxalat nach weiterem 12stündigen Stehen und nach dem Trocknen bei 110° im GOOCH-Tiegel als Monohydrat zur Wägung.

Das Filtrat von der ersten Calciumfällung wird zur Zerstörung der Oxalsäure mit etwa 5 cm³ konzentrierter Schwefelsäure bis zur Entwicklung von SO_3-Dämpfen abgeraucht. Zur Fällung von Eisen löst man den Rückstand in 100 cm³ Wasser und 20 cm³ verdünnter Salzsäure, macht mit Ammoniumacetat essigsauer (Rotfärbung von Kongopapier), erhitzt nach Zugabe von Ammoniumphosphat im Überschuß zum Sieden und kann gleich filtrieren. Zum Filtrat gibt man Ammoniak im Überschuß ($^1/_4$ des Volumens), kocht nochmals auf und läßt über Nacht stehen Falls geringe Mengen Eisen nicht als Acetat ausgefallen sind, löst man den Niederschlag von Magnesiumammoniumphosphat in Salzsäure und wiederholt die Abscheidung des Eisens und die Fällung des Magnesiums in der angegebenen Weise. Den Niederschlag filtriert man ab, wäscht ihn mit ammoniakhaltigem Wasser, verascht, glüht und wägt das erhaltene Magnesiumpyrophosphat $Mg_2P_2O_7$.

Zur Trennung der 2wertigen Metalle Mangan, Eisen, Calcium und Magnesium von *Aluminium* und *Phosphorsäure* schlägt SOLAJA QuecksilberII-diamminchlorid vor, das die beiden letzteren beim Molarverhältnis $Al_2O_3:P_2O_5 = (2-3):1$ und mehr quantitativ fällt, und zwar bei genügend niedriger Wasserstoff-Ionen-Konzentration. Für die Abtrennung von Calcium muß der p_H-Wert etwa 5,0 bis 6,5 betragen.

4. Trennung von Titan.

***Arbeitsvorschrift von* MOSER, NEUMAYER *und* WINTER.** Man versetzt die mit Salzsäure schwach angesäuerte Lösung mit 1 g Kaliumsulfat und 2,5 g Kaliumbromat und verdünnt mit Wasser, so daß auf 0,05 g Calcium je 100 cm^3 Lösung kommen. Man kocht mäßig während $^1/_2$ Std. im bedeckten Becherglas unter Ersatz des verdampfenden Wassers, filtriert heiß und wäscht mit heißem Wasser. Reste von Titandioxyd, die an der Gefäßwand haften, löst man in ein paar Tropfen konzentrierter, siedender Salzsäure, verdünnt die Lösung, fällt den Rest des Titans mit Ammoniak, filtriert durch dasselbe Filter und wäscht den Niederschlag aus. Das Calcium wird im Filtrat mit Ammoniumoxalat gefällt und durch Abrauchen mit 2 Teilen Ammoniumchlorid und 1 Teil Ammoniumsulfat in Calciumsulfat übergeführt.

5. Trennung von als Chromat vorhandenem Chrom.

a) Fällung des Chromats durch QuecksilberII-nitrat. Man fällt das Chromat durch QuecksilberII-nitrat, filtriert den Niederschlag ab, entfernt aus dem Filtrat das überschüssige Quecksilber durch Schwefelwasserstoff, filtriert und bestimmt im Filtrat das Calcium (MEINEKE).

b) Fällung des Chromats durch Bleisalze. Das Chrom wird durch Bleinitrat oder -acetat niedergeschlagen und der Niederschlag abfiltriert; aus dem Filtrat wird das überschüssige Blei durch Schwefelwasserstoff ausgefällt und in dem Filtrat vom Bleisulfidniederschlag das Calcium bestimmt (MEINEKE).

c) Erhitzen der Substanz mit Ammoniumchlorid und Behandlung des Produktes mit Wasser. Die Substanz wird mit etwa dem 5fachen Gewicht Ammoniumchlorid erhitzt, bis letzteres vertrieben ist. Durch Behandlung des Produktes mit Wasser wird das Calciumchlorid gelöst, während Chromoxyd zurückbleibt (MEINEKE).

d) Schmelzen der Substanz mit Alkalicarbonat. Die Substanz wird mit dem Drei- bis Vierfachen ihres Gewichtes an Alkalicarbonat im Platintiegel geschmolzen. Durch Aufnehmen der Schmelze mit Wasser geht das Chrom als Alkalichromat in Lösung, das Calcium dagegen bleibt im Rückstand (MEINEKE).

e) Fällung des Calciums durch Sodalösung. Man kocht die Substanz mit Sodalösung und filtriert das Calciumcarbonat ab; im Filtrat findet sich das Alkalichromat (MEINEKE).

6. Trennung von Mangan.

a) Fällung durch Brom bzw. Wasserstoffsuperoxyd und Ammoniak. Man gibt zur Lösung Bromwasser oder besser Wasserstoffsuperoxyd, dann Ammoniak in mäßigem Überschuß und erwärmt, bis sich der entstandene Niederschlag zusammengeballt hat und die Flüssigkeit vollständig klar erscheint. Bei Anwendung von Brom muß man sich vergewissern, daß auf weiteren Zusatz keine Fällung mehr eintritt. Nach WOLFF leitet man in die eine genügende Menge von Ammoniumsalzen enthaltende, ammoniakalische Lösung einen bromierten Luftstrom. Nun spritzt man den Niederschlag in das Fällungsgefäß zurück und behandelt ihn mit einer sauren Lösung von Wasserstoffsuperoxyd, die man zum Lösen der zurückgebliebenen Reste durch das Filter gießt. Das Calcium wird dann durch Zusatz eines Sulfats gefällt (MEINEKE).

b) Fällung durch Natriumcarbonat und titrimetrische Bestimmung des Mangans. Dieses Verfahren beruht auf der Tatsache, daß die Oxyde und das Carbonat des Mangans durch Glühen bei genügend hoher Temperatur in Gegenwart von viel Calcium mit diesem Verbindungen bilden, die der Formel $CaMn_2O_4$ entsprechen. War die Temperatur, der das Produkt ausgesetzt wurde, hoch genug, um das Carbonat, das dem Mangan beigemischt ist, zu zersetzen, so ist das Calciumcarbonat in dem Produkt als Oxyd vorhanden. Nachdem man das Gewicht des Produktes $CaMn_2O_4 + x CaO$ festgestellt hat, bestimmt man den disponiblen Sauerstoff in diesem Gemisch. Aus ihm läßt sich der Gehalt an Mn_2O_3 berechnen. Durch Bildung der Differenz zwischen dem Gewicht des Gemisches $CaMn_2O_4 + x CaO$ und dem des ManganIII-oxyds findet man das Gewicht des begleitenden Calciumoxyds (KRIEGER).

Diese Methode ist nur dann anwendbar, wenn die Substanz mehr als 1 Atom Calcium auf 2 Atome Mangan enthält. Ist dies nicht der Fall, so setzt man die Lösung einer gewogenen Menge von Zink oder Zinkoxyd bzw. ein abgemessenes Volumen einer eingestellten Zinklösung hinzu (MEINEKE).

c) Fällung des Mangans durch Persulfat in saurer Lösung. Man versetzt die auf 400 cm^3 verdünnte Flüssigkeit mit 3 cm^3 konzentrierter Salpetersäure (D 1,38) und 20 cm^3 10%iger Ammoniumpersulfatlösung, erwärmt, läßt den Niederschlag vollständig absitzen, filtriert, wäscht mit 2%iger Salpetersäure, dann mit heißem Wasser aus, verascht, glüht und wägt den Niederschlag als ManganII, III-oxyd. Dann fällt man aus dem eingedampften Filtrat das Calcium mit Ammoniak und Ammoniumoxalat (DITTRICH und HASSEL).

Literatur.

CLARKE, B. L. u. L. A. WOOTEN: Ind. eng. Chem. Anal. Edit. **5**, 313 (1933).
DITTRICH, M. u. C. HASSEL: B. **36**, 286 (1903).
ERDMANN, H. u. O. MAKOWKA: Fr. **46**, 132, 141 (1907).
KRIEGER, G.: A. **87**, 271 (1853).
MEINEKE, C.: Vgl. L. L. DE KONINCK, Lehrbuch der qualitativen und quantitativen Mineralanalyse. Deutsche Ausgabe von C. MEINEKE, Bd. 1. Berlin 1899. — MOSER, L., K. NEUMAYER u. K. WINTER: M. 55, 85 (1930).
SCHREIBER, L.: Ind. chim. Belg. [2] **2**, 155 (1931); durch C. **102 II**, 91 (1931). — SAHW, L. I., CH. F. WHITTEMORE u. TH. H. WESTBY: Ind. eng. Chem. Anal. Edit. **2**, 401 (1930). — SOLAJA, B.: Fr. **80**, 334 (1930). — STEINHÄUSER, K.: Fr. **78**, 181 (1929).
WOLFF, N.: Fr. **22**, 520 (1883).

Anhang.

Die Bestimmung des Calciums in biologischem Material.

Von K. LANG, Berlin.

Inhaltsübersicht.

Seite
Allgemeines . . . 330
a) Blut, seröse Flüssigkeiten, Organe . . . 330
b) Milch . . . 332
c) Harn . . . 332
Literatur . . . 332
§ 1. Bestimmung des Calciums unter Fällung als Oxalat . . . 332
A. Maßanalytische Bestimmung . . . 333
1. Permanganattitration . . . 333
2. Jodometrische Titration . . . 335
3. Titration mit CerIV-sulfat . . . 335
4. Acidimetrische Titration als Carbonat oder Oxyd . . . 337
B. Gasometrische Bestimmung . . . 339
C. Colorimetrische Bestimmung . . . 340
D. Gravimetrische Bestimmung . . . 340
E. Sedimetrische Bestimmung . . . 341
Literatur . . . 341
§ 2. Bestimmung unter Fällung als Calciumphosphat . . . 341
Literatur . . . 342
§ 3. Fällung und Bestimmung als Calciumsulfat . . . 342
Literatur . . . 343
§ 4. Bestimmung unter Fällung als Calciumsulfit . . . 343
Literatur . . . 343
§ 5. Bestimmung unter Fällung als Calciumwolframat . . . 343
Literatur . . . 344
§ 6. Bestimmung unter Fällung als Calciumkaliumnickelhexanitrit . . . 344
Literatur . . . 344
§ 7. Bestimmung unter Fällung als Calciumpikrolonat . . . 345
Literatur . . . 345

Seite
§ 8. Bestimmung unter Fällung als Calciumoxychinolat 345
Literatur 345
§ 9. Bestimmung unter Fällung als Kalkseife 345
Literatur 345

Allgemeines.

Die Bestimmung des Calciums im Blut oder in anderem biologischen Material gehört zu den am häufigsten ausgeführten biochemischen Untersuchungen. So ist es verständlich, daß allein in den letzten 10 Jahren rund 50 Methoden zur Bestimmung des Calciums in biologischem Material mitgeteilt worden sind, die sich allerdings zum Teil kaum voneinander unterscheiden.

Das Calcium kommt im Blut und in den menschlichen und tierischen Organen (mit Ausnahme des Skelettsystems) in einer nur verhältnismäßig geringen Menge, größenordnungsmäßig etwa 10 mg pro 100 g Frischgewicht, vor. Die roten Blutzellen sind praktisch calciumfrei. Im allgemeinen stehen zur Analyse von biologischem Material nur sehr geringe Substanzmengen zur Verfügung. Aus diesem Grunde werden schon seit längerer Zeit *ausschließlich Mikromethoden* angewendet. Die älteren *Makroverfahren*, die zu einer Analyse 100 cm^3 Blut oder noch mehr verlangten, *haben nur noch historischen Wert* und werden daher im folgenden unberücksichtigt gelassen.

Blut, seröse Flüssigkeiten, Organe. Die Calciumbestimmung störende, *anorganische Stoffe* kommen normalerweise mit Ausnahme des Eisens in nur so unbedeutender Menge vor, daß sie vernachlässigt werden können. Aber auch der *Eisengehalt* braucht nur bei Analysen von Vollblut und anderen stark blut- bzw. eisenhaltigen Organen wie Leber, Milz, Niere, Knochenmark berücksichtigt zu werden. Hinsichtlich der Abtrennung des Eisens s. die Vorschriften von HIRTH, CAHANE sowie WOLFF. Auch der Magnesiumgehalt des Blutes und der Organe ist so gering, daß er nicht stört. SCHOLTIS stellte zwar fest, daß ein aus biologischem Material ausgefällter Calciumoxalatniederschlag zunächst immer durch Spuren von Magnesiumoxalat verunreinigt ist, daß aber das Magnesiumoxalat durch gutes Auswaschen des Niederschlags entfernt wird. Praktisch alle Autoren, die sich mit der Bestimmung des Calciums in biologischem Material befaßt haben, stimmen darin überein, daß das *Magnesium* bei Calciumbestimmungen vernachlässigt werden kann. Das gleiche gilt auch für das stets anwesende *Phosphat.*

Wichtiger ist die *Störung der Calciumbestimmungen durch organische Substanzen.* Bei Analysen von Organen spielen dieselben keine Rolle, da in diesem Falle stets verascht werden muß. Wesentlich ist diese Frage aber für die Bestimmung des Calciums im Blut oder, richtiger ausgedrückt, im Serum oder Plasma, da Calciumbestimmungen im Vollblut nur in den seltensten Fällen ausgeführt werden bzw. von Bedeutung sind. Die *direkte Fällung* des Calciums als Calciumoxalat aus dem Serum bedingt zwei Fehler. Erstens werden organische Substanzen mit in den Niederschlag gerissen, die bei nachfolgender Titration mit Permanganat oder CerIV-sulfat einen zu hohen Verbrauch der Titrationslösung verursachen, so daß zu hohe Calciumwerte vorgetäuscht werden. Zweitens ist die Ausfällung des Calciums unvollständig, da nicht alles Calcium im Serum ionisiert vorkommt. Meistens pflegen sich diese beiden Fehler zu kompensieren. Für viele Fragestellungen, insbesondere klinischer Art, ist die direkte Fällung des Calciums hinreichend genau und hat sich auch insbesondere für diagnostische Zwecke bewährt. *Werden aber höhere Ansprüche an die Genauigkeit gestellt, so muß das Serum entweder verascht oder enteiweißt werden.* Für diesen Zweck hat sich als Enteiweißungsmittel am besten die Trichloressigsäure bewährt. Bei dieser Art der Eiweißfällung wird auch alles Calcium in den ionisierten Zustand übergeführt. Die Enteiweißung ist einfach auszuführen, besitzt aber den Nachteil, daß die Untersuchungsflüssigkeit stark verdünnt wird.

Demgegenüber weist die Veraschung den Nachteil auf, umständlicher zu sein, was sich besonders bei größeren Reihenversuchen unangenehm bemerkbar macht. *Kommt es auf ein Höchstmaß an Genauigkeit an, so ist die Veraschung unbedingt erforderlich.*

Wenn das Calcium im Serum oder Plasma durch direkte Fällung bestimmt werden soll, müssen folgende Punkte beachtet werden: Das Blut ist möglichst frühzeitig zu zentrifugieren. Das Serum oder Plasma darf nicht zu alt sein. BRULL gibt als äußerste Grenze 3tägiges Stehen im Eisschrank an. Das Blut darf nicht durch Zusatz von Oxalat, Fluorid und Citrat ungerinnbar gemacht worden sein. Nach HEIDUSCHKA und SCHMIDT-HEBBEL sind Hirudin, Liquoid und Germanin als gerinnungshemmende Mittel geeignet. Auch Heparin (Vetren) ist brauchbar. Das Serum soll nicht hämolytisch sein. Bei stärkerer Hämolyse muß enteiweißt oder verascht werden.

Die *Veraschung* kann *auf trockenem oder nassem Wege* erfolgen. Vorzuziehen ist die trockene Veraschung im Platintiegel, wenn möglich in einem elektrisch geheizten, regulierbaren Muffelofen. Von den nassen Veraschungsarten ist die mit Schwefelsäure-Salpetersäure am gebräuchlichsten. Veraschung durch Kochen mit Salpetersäure-Überchlorsäure wird in Frankreich viel geübt. Auch die Zerstörung des organischen Materials durch Salpetersäure-Perhydrol ist brauchbar. Da jedoch bei diesem letzteren Verfahren die Fette nur unvollkommen oxydiert werden, ist es für fettreiche Organe und Milch nicht zu empfehlen. WAELSCH und DIMTER schlagen die Veraschung mit Brom-Salpetersäure vor.

Die Frage nach dem *Zustand des Calciums im Blut* und anderen Körperflüssigkeiten ist von großem, praktischem und theoretischem Interesse. Denn man darf mit Sicherheit annehmen, daß nur das ionisierte Calcium biologische Wirkungen entfaltet. Infolge der gleichzeitigen Gegenwart von Calcium, Bicarbonat und Phosphat in dem schwach alkalischen Milieu des Blutes ist von vornherein zu vermuten, daß nicht alles vorhandene Calcium ionisiert sein kann. Zahlreiche Autoren haben zu dieser Frage nach dem Zustand des Calciums im Blut schon Stellung genommen, ohne daß jedoch bis jetzt eine Einigung erzielt werden konnte. Teilweise wird die Meinung vertreten, das Calcium sei zum größten Teil in ionisierter, übersättigter Lösung vorhanden, teilweise wird der ionisierte Anteil für nur sehr geringfügig erachtet und die Hauptmenge des Calciums in komplexer, kolloidaler oder an Eiweiß gebundener Form angenommen. Die endgültige Lösung dieser Frage erfordert eine Methode, welche eine direkte Bestimmung der Calcium-Ionen-Konzentration gestattet.

Eine *Bestimmung der Calcium-Ionen-Konzentration* wurde schon auf verschiedenen Wegen versucht. TRENDELENBURG und GOEBEL beschrieben ein biologisches Verfahren. BRINKMAN und VAN DAM stellten die Oxalatmenge fest, die, zu einer calciumhaltigen Lösung zugesetzt, die erste wahrnehmbare Trübung gibt. Der Punkt, an dem dies geschieht, entspricht dem Löslichkeitsprodukt des Calciumoxalats, das seinerseits eine Konstante ist. Aus dieser und der verbrauchten Oxalatmenge kann dann die Calcium-Ionen-Konzentration berechnet werden. Von NEUHAUSEN und MARSHALL, ferner CORTEN und ESTERMANN sowie TENDELOO wurden elektrometrische Verfahren angegeben. Alle genannten Bestimmungsarten verfielen jedoch einer ablehnenden Kritik. In neuerer Zeit haben HARNAPP sowie NORDBÖ Methoden angegeben, die beide auf dem gleichen Prinzip beruhen. Die zu untersuchende Flüssigkeit wird mit Calciumpikrolonat gesättigt und das in Lösung gegangene Calciumpikrolonat entweder photometrisch (HARNAPP) oder titrimetrisch (NORDBÖ) ermittelt. Größere Erfahrungen mit diesen letztgenannten Methoden liegen noch nicht vor.

Bei der Berechnung aller Calciumbestimmungen ist zu beachten, daß man in der neueren Zeit den Calciumgehalt als Ca und nicht als CaO anzugeben pflegt.

Milch. Die *Milch muß zur Analyse entweder verascht oder enteiweißt werden.* Das beste Enteiweißungsmittel ist auch hier die Trichloressigsäure. SANDERS enteiweißt in der Kälte. Er pipettiert 20 cm³ Milch in einen 100 cm³ fassenden Meßkolben und füllt langsam unter Schwenken mit 10%iger Trichloressigsäure bis zur Marke auf. RAUSCHNING u. a. arbeiten in der Hitze, wobei auch weniger Trichloressigsäure benötigt wird. Zu 20 cm³ Milch werden 40 cm³ Wasser und 5 cm³ 25%ige Trichloressigsäure gegeben. Man erhitzt bis zum beginnenden Sieden, kühlt unter der Wasserleitung ab und füllt mit Wasser auf 100 cm³ auf.

Harn. Die direkte Fällung des Calciums aus dem Harn ist nur in den seltensten Fällen möglich. Zur *Entfernung störender Substanzen, unter Vermeidung einer Veraschung,* sind eine Reihe von Verfahren angegeben worden, von denen einige im folgenden angeführt seien.

WANG verdünnt den Harn je nach dem Calciumgehalt auf das Doppelte bis Vierfache mit Wasser, setzt etwas Trichloressigsäure zu und gibt zu je 25 cm³ dieser Mischung 0,4 g mit Säure gewaschene und getrocknete Tierkohle. Man läßt 20 Min. unter gelegentlichem Schütteln stehen und filtriert dann. Zur Analyse dienen 5 cm³ Filtrat. TRUTZKOWSKI und Mitarbeiter versetzen 25 cm³ Harn mit 10 cm³ 20%iger Trichloressigsäure und zentrifugieren nach ½stündigem Stehen. HOFFMAN entfernt Eiweiß und Phosphate, indem er 15 cm³ Harn durch Zugabe von entweder 10%iger Essigsäure oder 10%igem Ammoniak gerade eben sauer gegen Methylrot einstellt. Dann setzt er 2 cm³ 10%ige EisenIII-chloridlösung in 0,2 n Salzsäure tropfenweise und darauf 4 cm³ 5%ige Ammoniumacetatlösung zu. Nach Auffüllen mit Wasser auf 25 cm³ wird unter ständigem Bewegen über freier Flamme bis eben zum Sieden erhitzt, wobei ein voluminöser Niederschlag ausfällt, der sofort abfiltriert wird. Zur Calciumbestimmung nimmt man dann 10 cm³ Filtrat, entsprechend 6 cm³ Harn.

Die *Veraschung des Harns kann auf trockenem oder nassem Wege erfolgen.* Die nasse Veraschung wird meistens mit Schwefelsäure-Salpetersäure durchgeführt. Die Aschenlösung wird dann mit Ammoniak neutralisiert. Soll das Calcium als Oxalat ausgefällt werden, so muß die Schwefelsäuremenge möglichst gering gehalten werden, da Ammoniumsulfat in höherer Konzentration die Fällung des Calciumoxalats stark verzögert. Zur nassen Veraschung calciumarmer Harne empfehlen FISKE und LOGAN Salpetersäure-Perhydrol.

Literatur.

BRINKMAN, R. u. E. VAN DAM: Pr. of the Section of Science of the Royal Academy of Amsterdam **22**, 762 (1919/20). — BRULL, L.: Bl. Soc. Chim. biol. **13**, 466 (1931).

CAHANE, M.: C. r. Soc. Biol. **106**, 743 (1931). — CORTEN, M. H. u. I. ESTERMANN: Ph. Ch. **136**, 228 (1928).

FISKE, C. H. u. M. A. LOGAN: J. biol. Chem. **93**, 211 (1931).

HARNAPP, G. O.: Klin. Wchschr. **17**, 1731 (1938). — HEIDUSCHKA, A. u. H. SCHMIDT-HEBBEL: Bio. Z. **253**, 336 (1932). — HIRTH, H.: C. r. Soc. Biol. 88, 458 (1923). — HOFFMAN, W. S.: J. biol. Chem. **93**, 787 (1931).

NEUHAUSEN, B. S. u. E. K. MARSHALL jun.: J. biol. Chem. **53**, 365 (1922). — NORDBÖ, R.: Bio. Z. **301**, 58 (1939).

RAUSCHNING, S.: Milchw. Forsch. **12**, 482 (1932).

SANDERS, G. P.: J. biol. Chem. **90**, 747 (1931). — SCHOLTIS, K.: Mikrochemie **26**, 150 (1939).

TENDELOO, H. J. C.: J. biol. Chem. **113**, 333 (1936). — TRENDELENBURG, P. u. W. GÖBEL: Arch. exp. Pathol. **89**, 171 (1921). — TRUTZKOWSKI R., J. BLAUTH-OPIEŃSKA, Z. DOBROWOLSKA u. J. IWANOWSKA: Biochem. J. **32**, 1293 (1938).

WAELSCH, H. u. A. DIMTER: Mikrochim. A. **3**, 201 (1938). — WANG, C. C.: J. biol. Chem. **111**, 443 (1935). — WOLFF, R.: Bl. Soc. Chim. biol. **15**, 814 (1933).

§ 1. Bestimmung unter Fällung als Calciumoxalat.

Eine größere Anwendung zur Bestimmung des Calciums in biologischem Material haben nur die Methoden gefunden, bei denen das Calcium als Oxalat gefällt wird. Die Bestimmung des ausgefällten Calciumoxalats kann dann auf verschiedene Weisen erfolgen.

A. Maßanalytische Bestimmung.

1. Permanganattitration.

a) Direkte Fällung aus dem Serum. Methode von KRAMER und TISDALL. In ein 10 bis 15 cm^3 fassendes, am unteren Ende spitz ausgezogenes Zentrifugenglas gibt man 2 cm^3 *Serum*, fügt 2 cm^3 1%ige Ammoniumchloridlösung, 1 cm^3 gesättigte Ammoniumoxalatlösung und 2 cm^3 gesättigte Natriumacetatlösung zu, mischt gut durch und läßt mindestens $^1/_2$ Std. stehen. Längeres Stehen ist empfehlenswert. Dann wird scharf zentrifugiert, die Flüssigkeit abgesaugt und der Niederschlag auf der Zentrifuge 2- bis 3mal mit je 3 cm^3 2%igem Ammoniak ausgewaschen. Nun löst man den Niederschlag in 2 cm^3 1 n Schwefelsäure, setzt das Glas etwa 1 Min. in ein siedendes Wasserbad und titriert dann aus einer Mikrobürette mit 0,01 n Permanganatlösung, bis die Rosafärbung mindestens 1 Min. lang bestehen bleibt. Während der Titration soll die Flüssigkeit etwa 70° warm sein. 1 cm^3 0,01 n Permanganatlösung entspricht 0,2 mg Calcium. Es ist empfehlenswert, einen Blindversuch anzustellen, dessen Permanganatverbrauch vom Titrationsergebnis der Hauptbestimmung abzuziehen ist.

Bemerkungen. Diese Arbeitsvorschrift von KRAMER und TISDALL ist eine der am häufigsten zur Calciumbestimmung angewendeten Methoden. Sie läßt sich ohne weiteres auch zur Calciumbestimmung in anderen Körperflüssigkeiten wie Liquor cerebrospinalis, Exsudaten und Transsudaten übertragen. Ähnliche Methoden wurden beschrieben von CLARK, von CLARK und COLLIP, von TWEEDY und KOCH sowie von DE WAARD. Der letztgenannte Autor wäscht den Calciumoxalatniederschlag mit Wasser aus, wodurch Verluste entstehen können.

Wie schon einleitend erwähnt wurde, wird bei der direkten Ausfällung des Calciums als Calciumoxalat organische Substanz in den Niederschlag mitgerissen. Den dadurch bedingten Fehler schalten einige Autoren durch Absaugen des Niederschlags auf ein Filter und Herauslösen des Calciumoxalats mit Schwefelsäure aus.

Methode von BIGWOOD und ROOST. 2 cm^3 *Serum* werden in einem Zentrifugenglas wie bei KRAMER und TISDALL mit 3 cm^3 Wasser und 3 cm^3 3%iger Ammoniumoxalatlösung gemischt. Nach 12stündigem Stehen zentrifugiert man, saugt die Flüssigkeit ab, rührt den Niederschlag mit 3 cm^3 Ammoniumoxalatlösung auf, zentrifugiert wieder, suspendiert nochmals in 3 cm^3 Ammoniumoxalatlösung und saugt dann durch ein Asbestfilter. Filter und Zentrifugenglas wäscht man 2mal mit je 2 cm^3 Wasser und dann nach Auflockern des Filters nochmals mit 0,5 cm^3 Wasser aus. Nun wird das Filter wieder auf das Zentrifugenglas aufgesetzt und 1 cm^3 60° warme 1 n Schwefelsäure daraufgegossen. Nach 5 Min. saugt man 3 Tropfen derselben durch, gießt nach weiteren 5 Min. nochmals 1 cm^3 auf und saugt dann die Säure langsam durch. Man wäscht noch 2mal mit je 0,5 cm^3 Säure nach, erwärmt auf 75° und titriert mit 0,01 n Permanganatlösung. Das Filter kann nach Reinigung mit 2%igem Ammoniak und Wasser wieder verwendet werden.

In ähnlicher Weise gehen auch KIRK und SCHMIDT vor. SCHOLTIS saugt den Niederschlag auf ein Ton-Mikrofilterstäbchen ab. Außerdem sei auf die weiteren von ihm beschriebenen apparativen Hilfsmittel hingewiesen.

b) Fällung nach Enteiweißung. Methode von WANG. 1 Teil *Serum* wird mit 3 Teilen Wasser und 1 Teil 20%iger Trichloressigsäure versetzt. Nach einigem Stehen wird zentrifugiert oder durch ein calciumfreies Filter filtriert. 5 cm^3 Filtrat werden dann in einem Zentrifugenglas mit 1 cm^3 20%iger Natriumacetatlösung, 1 cm^3 0,1 mol Ammoniumoxalatlösung und 6 Tropfen Bromkresolgrün als Indicator versetzt. Durch Zugabe von zunächst 1:1, später 1:3 verdünntem Ammoniak wird auf den p_H-Wert 5 eingestellt. Nach längerem Stehen zentrifugiert man das ausgefallene Calciumoxalat ab und wäscht es 2mal mit je 3 cm^3 einer 2%igen Lösung von Ammoniak in einer Mischung aus gleichen Teilen Wasser, Alkohol und Äther aus. Nach dem Auswaschen trocknet man bei 100° und titriert in üblicher Weise mit Permanganat.

Nicht wesentlich verschieden davon ist das Vorgehen von Leiboff. Baudoin und Lewin enteiweißen das Serum mit Jod.

c) Fällung in Aschenlösungen. Wie schon einleitend erwähnt wurde, muß unter Umständen auf den *Eisengehalt* Rücksicht genommen werden.

Abtrennung des Eisens und der Phosphorsäure nach Hirth. Man verascht das *Serum* oder die *Organe* im Platintiegel, löst die Asche in 2 cm^3 7%iger Salzsäure und führt die Flüssigkeit quantitativ in ein kleines Becherglas über. Nun setzt man 4 Tropfen 4%ige EisenIII-chloridlösung und 1 Tropfen Bromwasser zu, erhitzt zum Sieden und läßt wieder abkühlen. Dann verdünnt man mit Wasser auf 15 cm^3, setzt 1 Tropfen Phenolphthalein und Ammoniak bis zur Rotfärbung zu, entfärbt wieder mit Essigsäure, gibt noch 5 Tropfen 50%ige Essigsäure im Überschuß zu und bringt wieder zum Kochen. Jetzt wird filtriert und 6mal mit ammoniumacetat- und essigsäurehaltigem Wasser ausgewaschen. Das Filtrat wird dann auf ein passendes Volumen eingeengt. Über den weiteren Gang der Bestimmung nach Hirth und die acidimetrische Bestimmung des Calciumoxalats s. S. 337.

Abtrennung des Eisens nach Cahane. 3 bis 4 g frisch entnommenes *Organ* werden in einer Platinschale zunächst bis zur Gewichtskonstanz bei 105° getrocknet. Dann verascht man über dem Bunsen-Brenner und dampft die Asche 4mal mit je 5 cm^3 konzentrierter Salzsäure auf dem Wasserbad ab. Nun wird die unlösliche Kieselsäure abfiltriert und das Filtrat auf etwa 15 cm^3 eingeengt. Man versetzt tropfenweise mit Ammoniak und fügt dann 1 cm^3 gesättigte Ammoniumacetatlösung zu. Wenn der Niederschlag sich abzusetzen beginnt, wird filtriert. Das Filtrat wird hierauf auf ein passendes Volumen gebracht, so daß in 5 cm^3 etwa 0,2 mg Calcium enthalten sind. Man versetzt 5 cm^3 Filtrat in einem Zentrifugenglas mit 3 Tropfen Essigsäure und 1 cm^3 gesättigter Ammoniumoxalatlösung und verfährt weiter wie bei einer der oben beschriebenen Methoden zur Calciumbestimmung.

Grigaut und Ornstein veraschen im Platintiegel, lösen die Asche in 3 cm^3 0,1 n Salzsäure und fällen nach Zusatz von 1,5 cm^3 gesättigter Natriumacetatlösung mit 1 cm^3 gesättigter Ammoniumoxalatlösung. Auch Wenger, Cimerman und Borgeaud veraschen im Platintiegel, lösen die Asche in Salzsäure und stellen die Aschenlösung durch Zusatz von Ammoniak gegen Methylrot auf den p_H-Wert 5 ein. Das ausgefallene Calciumoxalat wird dann auf ein Filterstäbchen abgesaugt und nach dem Lösen in 20%iger Schwefelsäure mit Permanganat in üblicher Weise titriert. Auch Scotti geht ähnlich vor. Nach dem Veraschen im Platintiegel wird die Asche in Salzsäure aufgenommen und durch Zusatz von Ammoniak und Milchsäure zur Fällung mit Ammoniumoxalat auf einen bestimmten p_H-Wert eingestellt. Im Gegensatz dazu halten Waelsch und Kittel das Einstellen auf einen bestimmten p_H-Wert für überflüssig. Sie behandeln die Asche von 1 cm^3 Serum mit 0,5 cm^3 2 n Salzsäure, dampfen die Salzsäure vorsichtig auf dem Sandbad ab, lösen den Rückstand in Wasser und fällen dann ohne jeden weiteren Zusatz mit Ammoniumoxalat. Etwas umständlicher ist die Methode von Widmark und Vahlquist, die auf nassem Wege veraschen:

Arbeitsvorschrift. Eine etwa 0,2 mg Calcium enthaltende Materialmenge wird in einem kleinen Kjeldahl-Kolben mit 0,5 bis 0,75 cm^3 konzentrierter Schwefelsäure bis zur Schwarzfärbung erhitzt. Dann setzt man 5 bis 10 Tropfen konzentrierte Salpetersäure zu und erhitzt so lange, bis keine nitrosen Dämpfe mehr entweichen. Der Zusatz von Salpetersäure wird so oft wiederholt, bis die Flüssigkeit farblos geworden ist. Man führt nun unter Nachwaschen mit Wasser in eine Platinschale über, trocknet auf dem Wasserbad ein und raucht die Schwefelsäure über freier Flamme ab. Jetzt gibt man 0,3 cm^3 5 n Salzsäure zu, erwärmt, verdünnt mit 5 cm^3 Wasser und führt unter Nachspülen mit 5 cm^3 Wasser in ein kleines Becherglas über. Nach Zusatz von 1 Tropfen Methylrot wird zunächst mit konzentriertem Ammoniak bis zur deutlich alkalischen Reaktion versetzt und dann

Eisessig bis zum Umschlag des Indicators zugegeben. Dann wird mit 1 cm³ gesättigter Ammoniumoxalatlösung gefällt und der Niederschlag nach mindestens 1stündigem Stehen mittels eines Filterstäbchens abgesaugt. Nach 2maligem Auswaschen mit je 2 cm³ Wasser wird trocken gesaugt, worauf der Niederschlag in 0,5 cm³ nitritfreier, verdünnter (1:1) Salpetersäure gelöst wird. Die Lösung wird dann bei 60° mit 0,01 n Permanganatlösung titriert.

BRUMMER verascht mit konzentrierter Salpetersäure, Perhydrol und Ammoniumcarbonat. Fette werden damit nicht zerstört.

2. Jodometrische Titration.

Die direkte Permanganattitration sehr kleiner Oxalatmengen besitzt einige Nachteile. Vor allem muß mit stark verdünnten Permanganatlösungen titriert werden, so daß der Endpunkt der Titration nicht sonderlich scharf ist. Ferner ist auch auf eine Selbstzersetzung des Permanganats in der heißen Titrationsflüssigkeit hingewiesen worden. Diese Fehlermöglichkeiten haben einige Autoren dadurch zu umgehen versucht, daß sie zunächst überschüssiges Permanganat zusetzen und den Überschuß dann jodometrisch zurücktitrieren.

***Arbeitsvorschrift von* GROÁK.** 0,1 cm³ *Serum* wird in ein Zentrifugenglas pipettiert, worauf man die Pipette mit 0,1 cm³ Wasser nachspült. Man versetzt nun mit 0,3 cm³ gesättigter Ammoniumoxalatlösung und läßt 2 oder mehr Stunden stehen. Nach dem Zentrifugieren und nach 3maligem Auswaschen des Niederschlags mit je 0,5 cm³ 2%iger Ammoniaklösung löst man in 0,2 cm³ 20%iger Schwefelsäure, stellt das Glas 3 bis 5 Min. in ein kochendes Wasserbad und gibt zu der heißen Lösung 1 cm³ 0,002 n Permanganatlösung. Nach 2 bis 3 Min. langem Stehen wird abgekühlt, mit 0,1 cm³ 10%iger Kaliumjodidlösung versetzt und mit 0,001 n Thiosulfatlösung titriert.

***Arbeitsvorschrift von* VELLUZ *und* DESCHASEAUX.** Das *Blut* wird im Platintiegel über dem BUNSEN-Brenner verascht. Den Rückstand digeriert man mit 2 cm³ 5%iger Salzsäure, verdampft zur Trockne, löst in 5 cm³ 0,5%iger Essigsäure und fällt mit 0,5 cm³ 0,1 n Ammoniumoxalatlösung. Nach $^1/_2$stündigem Stehen wird zentrifugiert, mit 4 cm³ einer Mischung von Alkohol, Äther und Wasser (18:18:15), ein zweites Mal mit Alkohol-Äther (1:1) und ein drittes Mal mit reinem Äther ausgewaschen. Nach Verjagen der letzten Ätherspuren durch Eintauchen in heißes Wasser setzt man 5 Tropfen 5%ige Schwefelsäure und 2 cm³ n/150 Permanganatlösung zu, läßt 5 Min. in der Kälte stehen und titriert dann nach Zusatz von einem Krystall Kaliumjodid mit 0,005 n Thiosulfatlösung zurück.

SIEWE, der Verfahren zur *Bestimmung des Calciums in nur 0,05 cm³ Serum* mitgeteilt hat, benützt das gleiche Titrationsprinzip. MAUGERI filtriert den Calciumoxalatniederschlag zunächst ab.

***Arbeitsvorschrift von* MAUGERI.** 1 cm³ *Serum* wird mit 1 cm³ Wasser, 1 cm³ 0,5%iger Salzsäure (um alles Calcium in den ionisierten Zustand überzuführen), 1 cm³ gesättigter Ammoniumoxalatlösung und 1 cm³ 3%iger Ammoniaklösung versetzt. Nach 2stündigem Stehen wird durch ein kleines, mit Salzsäure, Ammoniak und Wasser ausgewaschenes Filterchen filtriert und mit je 3 cm³ 3%iger Ammoniaklösung und Wasser nachgewaschen. Nun löst man das Calciumoxalat durch 3maliges Durchfiltrieren von je 1 cm³ 20%iger Schwefelsäure, setzt zum Filtrat 0,5 cm³ 1%ige MnganII-sulfatlösung, 2 cm³ 0,01 n Kaliumpermanganatlösung und nach 3 Min. 2 bis 3 Tropfen 10%ige Kaliumjodidlösung zu und titriert mit 0,01 n Thiosulfatlösung zurück. Als Blindbestimmung werden 3 cm³ der 20%igen Schwefelsäure ebenso titriert.

3. Titration mit CerIV-sulfat.

Die Titration des Calciumoxalats mit CerIV-sulfat wurde zuerst von RAPPAPORT für die Bestimmung des Calciums in biologischem Material beschrieben. Der genannte Autor versetzt mit einem CerIV-sulfatüberschuß, der dann jodometrisch zurücktitriert wird.

***Arbeitsvorschrift von* Rappaport.** Der aus 2 cm³ *Serum* erhaltene Calciumoxalatniederschlag wird mit 0,5 cm³ 2 n Schwefelsäure versetzt und durch Eintauchen in ein siedendes Wasserbad in Lösung gebracht. Dann gibt man, solange das Glas noch heiß ist, 2 cm³ 0,01 n CerIV-sulfatlösung zu. Nach Abkühlen auf Zimmertemperatur versetzt man mit etwas Kaliumjodid und titriert mit Thiosulfatlösung. Als Blindprobe werden 2 cm³ der CerIV-sulfatlösung titriert. 1 cm³ 0,01 n CerIV-sulfatlösung entspricht 0,2 mg Calcium. Über die Reinigung des CerIV-sulfats s. Rappaport und Engelberg.

Später wurde von F. Rappaport und D. Rappaport eine Vorschrift mitgeteilt, nach der sich das *Calcium in nur 0,2 cm³ Serum* bestimmen läßt.

***Arbeitsvorschrift von* F. Rappaport *und* D. Rappaport.** 0,2 cm³ *Serum* werden in ein Zentrifugenglas, das mit 0,5 cm³ gesättigter Ammoniumoxalatlösung beschickt ist, ausgeblasen. Nach Stehen über Nacht spült man die Wände des Glases mit 1 cm³ Wasser ab, zentrifugiert und wäscht den Niederschlag 3mal mit je 3 cm³ 2%iger Ammoniaklösung aus. Dann löst man den Niederschlag in 0,5 cm³ 4 n Schwefelsäure und stellt das Glas zur Beschleunigung des Lösens für kurze Zeit in ein siedendes Wasserbad. Nach Abkühlen auf Zimmertemperatur gibt man 2 cm³ 0,001 n CerIV-sulfatlösung zu, läßt mindestens 3 Min. stehen, versetzt mit einigen Tropfen 1%iger Kaliumjodidlösung und titriert mit 0,001 n Thiosulfatlösung.

Spätere Autoren führen eine direkte Titration mit CerIV-sulfatlösung gegen Phenanthrolin-Ferrosulfat als Indicator durch. Lindner und Kirk haben ein Verfahren zur Bestimmung von 0,5 bis 12 γ Calcium ausgearbeitet.

***Arbeitsvorschrift von* Katzman *und* Jacobi. Reagenzien.** *Jodmonochloridkatalysator:* Man löst 10 g Kaliumjodid und 6,74 g Kaliumjodat in 90 cm³ Wasser. Dabei darf kein freies Jod entstehen. Dann versetzt man unter gutem Umrühren mit 90 cm³ konzentrierter Salzsäure, führt in einen Scheidetrichter über und gibt 5 cm³ Chloroform zu. Ist Kaliumjodid im Überschuß, so färbt sich das Chloroform rot. In diesem Falle setzt man einige Tropfen 0,005 mol Kaliumjodatlösung (1,07 g KJO_3 im Liter) zu, bis das Chloroform farblos geworden ist. Ein Überschuß an Kaliumjodat wird durch tropfenweisen Zusatz von 0,01 mol Kaliumjodidlösung (1,66 g KJ im Liter) beseitigt. Wenn durch wiederholten Zusatz der Balancierlösungen das Reagens genau eingestellt ist, wird es in eine dunkle Flasche übergeführt. Zum Gebrauch bei der Calciumbestimmung wird 0,1 cm³ davon mit Wasser auf 10 cm³ verdünnt. — *0,01 n CerIV-sulfatlösung:* 66 bis 67 g wasserfreies CerIV-sulfat werden mit 28 cm³ konzentrierter Schwefelsäure übergossen. Dann setzt man 28 cm³ Wasser zu, rührt und gibt unter Erwärmen in kleinen Anteilen noch mehr Wasser zu, bis alles in Lösung gegangen ist. Nun wird mit Wasser auf 1 l aufgefüllt. Diese 0,1 n Lösung wird derart verdünnt, daß man zu 400 cm³ Wasser 28 cm³ konzentrierte Schwefelsäure und 100 cm³ 0,1 n CerIV-sulfatlösung zusetzt und dann mit Wasser auf 1 l auffüllt. Die genaue Titerstellung erfolgt gegen eine 0,01 n Natriumoxalatlösung. — *Phenanthrolinindicator:* 14,85 g o-Phenanthrolinmonohydrat werden in 1000 cm³ 0,025 mol EisenII-sulfatlösung (6,95 g $FeSO_4 \cdot 7\,H_2O$ im Liter) gelöst. Die tiefrote Lösung ist 1 Jahr haltbar. Zum Gebrauch wird sie mit Wasser im Verhältnis 1 : 100 verdünnt.

Arbeitsweise. Der aus 2 cm³ *Serum* erhaltene Calciumoxalatniederschlag wird in 0,9 cm³ 4 n Salzsäure gelöst. Dann setzt man 0,1 cm³ Jodmonochloridkatalysator zu und titriert mit 0,01 n CerIV-sulfatlösung unter Zugabe 1 Tropfens des verdünnten Phenanthrolinindicators.

Ähnlich, aber einfacher, ist die ***Arbeitsvorschrift von* Larson *und* Greenberg.**

Reagenzien. Die *0,01 n CerIV-sulfatlösung* wird, wie bei Katzman und Jacobi beschrieben, hergestellt. — *0,005 n EisenII-sulfatlösung:* 1,96 g Mohrsches Salz werden unter Zusatz von 9 cm³ konzentrierter Salzsäure zu 1 l gelöst. — *Phenan-*

throlinindicator: Man löst 0,695 g $FeSO_4 \cdot 7\ H_2O$ in einem 100 cm³ fassenden Meßkolben in Wasser, gibt 1,458 g o-Phenanthrolinmonohydrat zu und füllt mit Wasser zur Marke auf. Vor Gebrauch wird 1 cm³ dieser Lösung mit der 0,01 n CerIV-sulfatlösung bis zur Purpurrotfärbung titriert.

Arbeitsweise. Zu 2 cm³ *Serum* oder *einer anderen 0,1 bis 0,4 mg Calcium enthaltenden Flüssigkeit* gibt man 2 cm³ Wasser und 1 cm³ gesättigte Ammoniumoxalatlösung. Will man die Bestimmung in Trichloressigsäurefiltraten oder sauren Aschenlösungen durchführen, so stellt man durch Zufügen von Ammoniak auf den p_H-Wert 5 ein (blaugrüne Färbung von Bromkresolgrün). Nachdem die Fällung 1 Std. gestanden hat, wird der Niederschlag auf ein Mikrofilter abgesaugt und 2mal mit je 3 cm³ 2%iger Ammoniaklösung ausgewaschen. Nun löst man das Calciumoxalat, indem man durch das Filter 3mal je 1 cm³ heiße 2 n Schwefelsäure durchsaugt und mit 2 Portionen von je 3 cm³ Wasser nachwäscht. Zum Filtrat gibt man 2 cm³ 0,01 n CerIV-sulfatlösung und läßt 1/2 Std. stehen. Dann werden 2 Tropfen des oxydierten Phenanthrolinindicators zugesetzt, worauf die Titration mit Ferroammoniumsulfat erfolgt. Die dabei auftretenden Farbänderungen sind rot → blaugrün → blau → lachsfarben. Der Endpunkt der Titration, Umschlag von Blau nach Lachsfarben, ist sehr scharf.

4. Acidimetrische Bestimmung nach Überführung in das Carbonat oder Oxyd.

Der Hauptvorteil dieser Bestimmungsart besteht darin, daß das ausgefällte Calciumoxalat nicht mit irgendeiner Flüssigkeit ausgewaschen zu werden braucht, in der es eine meßbare Löslichkeit besitzt. *Man kann hier das Fällungsreagens selbst zum Auswaschen benützen.*

***Arbeitsvorschrift von* Hirth.** Die zur Abtrennung des Eisens und der Phosphorsäure, wie auf S. 334 beschrieben, vorbehandelte Aschenlösung wird neutralisiert und auf 4 cm³ eingeengt. Man versetzt mit 1 cm³ einer 0,1 n Lösung von Oxalsäure in 0,05 n Salzsäure, fügt nach 1/2 Std. 3 cm³ gesättigte Ammoniumoxalatlösung zu, neutralisiert 1/4 Std. später genau mit Ammoniak und filtriert nach 5stündigem Stehen den Niederschlag auf ein quantitatives Filterchen ab. Zum Nachspülen und Auswaschen dient heiße 1%ige Ammoniumoxalatlösung. Dann wird das Filter samt dem Niederschlag verascht, die Asche in der Wärme in 2 cm³ 0,025 n Salzsäure gelöst und mit 0,01 n Natronlauge gegen Methylrot zurücktitriert.

Vielfache Anwendung hat auch die **Methode von Trevan und Bainbridge** gefunden.

Arbeitsvorschrift. 1 cm³ *Serum* wird in einem Zentrifugenglas (Jenaer Glas oder Duranglas) mit 2 cm³ gesättigter Ammoniumoxalatlösung versetzt. Nach mehrstündigem Stehen wird zentrifugiert und der Niederschlag 2- bis 3mal mit je 2 cm³ der Ammoniumoxalatlösung ausgewaschen. Nun wird das Zentrifugenglas für 1 Min. in der Flamme erhitzt, wobei das Oxalat in das Carbonat übergeführt wird. Überhitzen ist zu vermeiden, da der Niederschlag sich sonst nur sehr schwer löst. Das richtige Maß des Erhitzens ist daran zu erkennen, daß die Natriumflammenfärbung rund um das Glas gerade eben beginnt. Es ist ferner darauf zu achten, daß das beigemengte Ammoniumoxalat, das durch das Erhitzen in Ammoniumcarbonat übergeführt wird, durch Erhitzen des ganzen Glases entfernt wird. Nach Abkühlen löst man das Calciumcarbonat in 1 cm³ 0,01 n Säure, fügt 1 Tropfen 0,04%ige Bromphenolblaulösung zu und titriert mit 0,02 n Natronlauge entweder aus einer Spezialbürette (Trevan) oder aus einer Rehberg-Bürette[1], bis die Flüssigkeit einen Farbton hat, der zwischen dem zweier Pufferlösungen vom p_H-Wert 4,0 und vom p_H-Wert 4,2 liegt, die mit der gleichen Indicatormenge versetzt worden sind.

[1] Rehberg, P. B.: Biochem. J. 19, 270 (1925).

Bemerkungen. Ähnlich ist die Methode von HAMILTON. Etwas umständlicher ist das Vorgehen von FISKE und LOGAN, die den Calciumoxalatniederschlag zunächst auf ein Papierfilter absaugen, ihn dann in Salpetersäure lösen, das Nitrat wieder in das Oxalat zurückverwandeln und letzteres dann durch Erhitzen im Platintiegel in das Carbonat überführen. Die Titration erfolgt unter Anwendung von Methylrot als Indicator.

***Arbeitsvorschrift von* NORDBÖ.** Mit Hilfe einer besonders konstruierten Capillarpipette gibt man in ein kleines Zentrifugenglas 0,1 cm³ *Serum,* spült die Pipette mit 0,1 cm³ Wasser nach und versetzt mit 2 Tropfen gesättigter Ammoniumoxalatlösung. Nach mindestens 2stündigem Stehen wird zentrifugiert, worauf man den Niederschlag mit 1 cm³ 0,1%iger Ammoniumoxalatlösung auswäscht. Dann trocknet man das Glas im Trockenschrank. Das trockene Glas setzt man in ein Sandbad, dessen Temperatur langsam auf 200 bis 250° gesteigert wird. Nach etwa $^1/_2$ Std. wird auf 400 bis 450° erhitzt und nach weiteren 10 Min. das Glas herausgenommen. Nun löst man den Niederschlag in 0,1 cm³ 0,01 n Salzsäure, erhitzt 5 Min. im kochenden Wasserbad und titriert aus einer REHBERG- oder WIDMARK-Bürette[1] mit 0,01 n Natronlauge mit Bromkresolgrün als Indicator, bis die Flüssigkeit den gleichen Farbton hat wie 0,2 cm³ einer Pufferlösung vom p_H-Wert 4,6 mit 0,001% Bromkresolgrün. Diese Vergleichslösung befindet sich in einem kleinen Zentrifugenröhrchen, das neben der zu titrierenden Probe befestigt ist. Eine Milchglasscheibe bildet den Hintergrund. 1 mm³ 0,01 n Natronlauge entspricht 0,2 γ Calcium.

Bemerkungen. SAVIANO modifizierte die Methode von NORDBÖ dahingehend, daß er an Stelle der Säuren-Basen-Titration die jodometrische Bestimmung des Calciumcarbonats vornimmt. SIEWE benötigt zur Bestimmung nur 0,05 cm³ Serum. Die Umwandlung in das Carbonat nimmt er bei 550 bis 600° vor. Die Titration erfolgt mit Hilfe eines Mikrotitrationsapparates nach LINDERSTRØM-LANG und HOLTER[2] mit 0,01 n Natronlauge und Phenolphthalein als Indicator. GUILLAUMIN wäscht das ausgefallene Calciumoxalat mit kochender 1%iger Ammoniumoxalatlösung aus. Der Niederschlag wird dann in einem Platinschiffchen auf 950 bis 1000° erhitzt, in 0,025 n Säure gelöst und mit Lauge zurücktitriert. SOBEL und SKLERSKY vermeiden die Titration mit verdünnter Lauge, deren Titer unbeständig ist, indem sie das Calciumcarbonat in Borsäure lösen und dann mit Säure bis zum p_H-Wert der reinen Borsäure titrieren.

***Arbeitsvorschrift von* SOBEL *und* SKLERSKY.** 2 cm³ der *0,1 bis 0,4 mg Calcium* enthaltenden, zu analysierenden Lösung werden in einem Zentrifugenglas mit 1 cm³ gesättigter Ammoniumoxalatlösung und mit 1 Tropfen 0,04%iger Bromkresolpurpurlösung versetzt. Dann wird mit 2 cm³ Wasser nachgewaschen und durch Zugabe von Ammoniak auf den p_H-Wert 5,5 bis 6,0 (Indicatorfarbe zwischen Gelb und Rot) eingestellt. Nach mindestens 1stündigem Stehen zentrifugiert man und wäscht den Niederschlag mit 3 cm³ 0,5%iger Ammoniumoxalatlösung aus. Nach dem Trocknen des Glases bei 100 bis 110° wird in einem Sandbad oder Muffelofen 20 bis 30 Min. lang auf eine Temperatur von 475 bis 525° erhitzt. Nach dem Abkühlen stellt man in ein kochendes Wasserbad ein und versetzt mit 0,5 cm³ heißer, 10%iger Borsäurelösung. Nach 1 bis 2 Min. ist der Niederschlag vollkommen gelöst. Nun verdünnt man mit 3 cm³ Wasser, fügt 1 bis 2 Tropfen des PATTERSON*schen Indicators*[3] zu und titriert mit 0,01 n Säure bis zum p_H-Wert einer Vergleichslösung folgender Zusammensetzung: 0,5 cm³ 10%ige Borsäurelösung mit Wasser auf 4 cm³ verdünnt und mit 1 bis 2 Tropfen Indicator versetzt.

---

[1] S. bei E. M. P. WIDMARK u. S. L. ÖRSKOV: Bio. Z. **201**, 15 (1928).

[2] LINDERSTRØM-LANG, K. u. H. HOLTER: H. **201**, 9 (1931).

[3] Der PATTERSONsche Indicator wird folgendermaßen hergestellt: 100 cm³ 0,02%ige Methylrotlösung werden mit 30 cm³ 0,1%iger Methylenblaulösung gemischt und mit Wasser auf 500 cm³ verdünnt.

Dieses Verfahren wurde später von A. E. SOBEL und B. A. SOBEL zur *Bestimmung noch kleinerer Calciummengen ausgebaut, so daß 0,1 cm³ Serum zur Analyse genügt.*

B. Gasometrische Bestimmung.

Das Prinzip dieser Bestimmungsart besteht darin, daß das Calciumoxalat mit einem Permanganatüberschuß oxydiert und daß der Druck des dabei entwickelten Kohlendioxyds gemessen wird.

***Arbeitsvorschrift von* VAN SLYKE *und* SENDROY.** 1 Raumteil *Serum* wird mit 3 Raumteilen Wasser verdünnt und durch Zusatz von 1 Raumteil frisch hergestellter 20%iger Trichloressigsäure enteiweißt. Nach $^1/_2$stündigem Stehen wird zentrifugiert und das Zentrifugat durch ein aschefreies Filter filtriert. 5 bis 10 cm³ des Filtrats werden dann in einem Zentrifugenglas mit 1 cm³ 20%iger Natriumacetatlösung, 6 bis 8 Tropfen 0,16%iger Bromkresolgrünlösung und 1 cm³ gesättigter Ammoniumoxalatlösung versetzt. Dann gibt man tropfenweise verdünntes Ammoniak (1 : 1) zu, bis die Lösung den gleichen Farbton hat wie eine Phosphatpuffer-

Tabelle 1. Faktoren zur Berechnung der Oxalsäure oder des Calciums aus dem gefundenen Druck P_{CO_2} (in mm).
In allen Fällen ist angenommen worden, daß das Volumen S der in der VAN SLYKE-NEILL-Kammer reagierenden Lösungen 7,0 cm³ und das Volumen der Kammer 50 cm³ beträgt.

Temperatur	Faktoren zur Berechnung der Milligramme Calcium der untersuchten Probe		Faktoren zur Berechnung der Milligramme Calcium in 100 cm³ Untersuchungslösung für eine Analysenprobe von 1 cm³		Faktoren zur Berechnung der Millivale Calcium oder Oxalsäure im Liter für eine Analysenprobe von 1 cm³		Faktoren zur Berechnung der Millimole Calcium oder Oxalsäure im Liter für eine Analysenprobe von 1 cm³	
°C	a* = 0,5 cm³	a = 2,0 cm³	a = 0,5 cm³	a = 2,0 cm³	a = 0,5 cm³	a = 2,0 cm³	a = 0,5 cm³	a = 2,0 cm³
10	0,000715	0,002804	0,0716	0,2804	0,0357	0,1399	0,01785	0,0700
11	09	0,002780	09	0,2779	54	87	70	0,0694
12	03	56	03	55	51	75	55	88
13	0,000697	34	0,0697	35	48	65	40	83
14	92	13	91	13	45	54	25	77
15	86	0,002693	86	0,2691	43	43	13	72
16	81	71	81	71	40	33	00	67
17	76	51	76	50	37	23	0,01688	62
18	71	31	71	32	35	14	76	57
19	66	13	66	14	33	05	64	53
20	62	0,002595	61	0,2596	30	0,1296	52	48
21	57	78	57	78	28	87	40	44
22	53	61	53	60	26	78	28	39
23	48	43	49	43	24	70	18	35
24	44	26	44	26	21	61	07	31
25	40	10	39	09	19	52	0,01597	26
26	36	0,002493	35	0,2493	17	44	87	22
27	32	77	31	77	15	36	77	18
28	28	63	27	63	13	29	67	15
29	24	48	24	49	12	22	58	11
30	20	34	21	35	10	15	50	08
31	17	21	18	21	08	08	40	04
32	14	08	15	07	07	02	33	01
33	10	0,002394	11	0,2394	05	0,1195	25	0,0598
34	07	81	07	82	03	89	15	95

Beträgt das Volumen der Probe nicht 1 cm³, so sind die Faktoren der letzten sechs Spalten durch das Volumen der Probe (in cm³) zu dividieren.

Sind die Werte für a von 0,500 bzw. von 2,000 cm³ verschieden, so müssen die Faktoren dieser Tabelle mit $\frac{a}{0{,}500}$ bzw. mit $\frac{a}{2{,}000}$ multipliziert werden.

* a = Volumen des Gases in der Kammer bei der Ablesung des Manometers (Marken in dem oberen, verengten Teil der Kammer).

lösung vom p_H-Wert 5,0, welche die gleiche Menge Indicator enthält. Nach mehrstündigem Stehen wird zentrifugiert und der Niederschlag 2mal mit je 3 cm³ 2%iger Ammoniaklösung ausgewaschen. Nun löst man den Niederschlag unter Erwärmen in 2 cm³ 1 n Schwefelsäure und führt die Lösung in die Kammer des von VAN SLYKE und NEILL zur manometrischen Gasbestimmung beschriebenen Apparates über. Man wäscht in 3 Portionen mit insgesamt 4 cm³ Wasser nach, so daß die Kammer insgesamt 6 cm³ Flüssigkeit enthält. Die in der Flüssigkeit gelösten Spuren Kohlendioxyd und Luft werden durch Evakuieren und 1 bis 2 Min. langes Schütteln extrahiert und in der bei der VAN SLYKE-Technik üblichen Art entfernt. Nun saugt man 1 cm³ Permanganatlösung (etwa 0,15 n und mit 0,05 Raumteilen 1 n Schwefelsäure versetzt) in die Kammer, evakuiert und schüttelt 3 Min. Dann wird in üblicher Weise der Druck p_1 abgelesen. Das Kohlendioxyd wird in 1 cm³ 5 n Natronlauge absorbiert und hierauf der Druck p_2 abgelesen. Der Druck P_{CO_2} des aus der Oxalsäure stammenden Kohlendioxyds berechnet sich nach der Beziehung

$$P_{CO_2} = p_1 - p_2 - c.$$

c ist ein Korrektionsfaktor, der folgendermaßen bestimmt wird: Man führt eine Blindbestimmung durch, indem man 2 cm³ 1 n Schwefelsäure und 4 cm³ Wasser in die Kammer des Apparates einführt und dann die ganze Analyse, wie oben beschrieben, vornimmt. Die bei dieser Blindbestimmung erhaltene Druckdifferenz $p_1 - p_2$ ist der Korrektionsfaktor c.

Zur Berechnung der Calciummenge aus dem gefundenen Druck P_{CO_2} dient die vorstehende Tabelle 1 (S. 339).

C. Colorimetrische Bestimmung.

Methode von JENDRASSIK und TAKÁCS. *Das Calciumoxalat wird in salzsaurer Ferrichloridlösung gelöst. Die auf Zusatz von Sulfosalicylsäure entstehende Färbung ist um so schwächer, je mehr Calcium bzw. Oxalsäure anwesend ist.*

Arbeitsvorschrift. Das Calcium wird in einem Zentrifugenglas nach irgendeiner der beschriebenen Methoden ausgefällt und der Niederschlag ausgewaschen. Das Calciumoxalat wird dann mit 2 cm³ Ferrichloridlösung (zu 10 cm³ 1% Eisen enthaltender $FeCl_3$-Lösung gibt man 10 cm³ konzentrierte Salzsäure und füllt mit Wasser auf 500 cm³ auf) versetzt. Dies muß bei Lampenlicht geschehen. Bei Tag ist das Glas mit schwarzem Papier zu umwickeln. Durch Rühren mit einem Glasstab wird das Calciumoxalat gelöst. Nach Zusatz von 2 Tropfen 0,5 n Kaliumbijodatlösung sowie 1 cm³ 2%iger Sulfosalicylsäurelösung füllt man mit Wasser auf 10 cm³ auf. Dann wird im Stufenphotometer unter Benützung des Filters S 53 photometriert. Die Färbung ist beständig. Der Calciumgehalt der Analysenprobe kann aus der vorstehenden Tabelle 2 entnommen werden.

Tabelle 2. Calciumgehalt der Untersuchungsflüssigkeit in Milligrammen pro 100 cm³, wenn zu der Analyse 2 cm³ Untersuchungsflüssigkeit verwendet worden sind.

Ca in mg-%	Extinktion	Ca in mg-%	Extinktion
20,0	0,227	7,5	0,730
17,5	0,295	5,0	0,882
15,0	0,376	2,5	1,050
12,5	0,473	0,0	1,23
10,0	0,595		

Ein anderes colorimetrisches Verfahren stammt von LAIDLAW und PAYNE. Die beiden Autoren benützen die Farblackbildung des Calciums mit Alizarin.

D. Gravimetrische Bestimmung.

Sie wird nur bei *Bestimmung verhältnismäßig großer Calciummengen* angewendet.

Arbeitsvorschrift von McCRUDDEN zur Calciumbestimmung im Harn. Eiweißfreier Harn wird gegen Lackmus schwach sauer gemacht und filtriert. Zu

200 cm³ des in einer Flasche befindlichen Filtrats gibt man 10 Tropfen konzentrierte Salzsäure, 10 cm³ 2,5%ige Oxalsäurelösung und 8 cm³ 20%ige Natriumacetatlösung. Die Flasche wird dann verschlossen und 10 Min. anhaltend geschüttelt. Das ausgefallene Calciumoxalat wird auf ein kleines quantitatives Filter abfiltriert und so lange mit 0,5%iger Ammoniumoxalatlösung ausgewaschen, bis das Filtrat chloridfrei ist. Nach dem Trocknen wird das Filter in einem gewogenen Platintiegel verbrannt und der Tiegel im Gebläse bis zur Gewichtskonstanz geglüht. Das Calcium gelangt auf diese Weise als Calciumoxyd zur Wägung.

E. Sedimetrische Bestimmung.

Fairhall und Howard erzeugen den Calciumoxalatniederschlag in einer oben etwas erweiterten, 6 bis 7 cm langen Capillare von 0,2 bis 0,3 mm lichter Weite. Nach Waschen des Niederschlags mit Saponinlösung und Äther wird scharf zentrifugiert und die Höhe des Niederschlags unter dem Mikroskop gemessen.

Literatur.

Baudouin, A. u. J. Lewin: C. r. Soc. Biol. **109**, 636 (1932). — Bigwood, E. J. u. G. Roost: Bl. Soc. Chim. biol. **13**, 1214 (1931). — Brummer, P.: Acta Soc. Med. fenn. Duodecim A **16**, Heft 3, 1 (1934).

Cahane, M.: C. r. Soc. Biol. **106**, 743 (1931). — Clark, G. W.: J. biol. Chem. **49**, 487 (1921). — Clark, E. P. u. J. B. Collip: J. biol. Chem. **63**, 461 (1925).

Fairhall, L. T. u. R. G. Howard: J. mikrosc. Soc. **53**, 129 (1933). — Fiske, C. H. u. M. A. Logan: J. biol. Chem. **93**, 211 (1931).

Grigaut, A. u. I. Ornstein: C. r. Soc. Biol. **104**, 747 (1930). — Groák, B.: Bio. Z. **212**, 47 (1929). — Guillaumin, C. O.: Bl. Soc. Chim. biol. **12**, 1269 (1930).

Hamilton, B.: J. biol. Chem. **65**, 101 (1925). — Hirth, H.: C. r. Soc. Biol. 88, 458 (1923).

Jendrassik, L. u. F. Takács: Bio. Z. **274**, 200 (1934).

Katzman, E. u. M. Jacobi: J. biol. Chem. **118**, 539 (1937). — Kirk, P. L. u. Carl L. A. Schmidt: J. biol. Chem. 83, 311 (1929). — Kramer, B. u. F. F. Tisdall: J. biol. Chem. **47**, 475 (1921); **56**, 439 (1923).

Laidlaw, P. P. u. W. W. Payne: Biochem. J. **16**, 494 (1922). — Larson, C. E. u. D. M. Greenberg: J. biol. Chem. **123**, 199 (1938). — Leiboff, S. L.: J. biol. Chem. **85**, 759 (1930). — Lindner, R. u. P. L. Kirk: Mikrochemie **22**, 291 (1937).

Maugeri, S.: Giorn. Chim. Med. **13**, 473 (1932). — McCrudden, F. H.: J. biol. Chem. **7**, 83 (1909/10); **10**, 187 (1911/12).

Nordbö, R.: Bio. Z. **246**, 460 (1932).

Rappaport, F.: Klin. Wchschr. **12**, 1774 (1933). — Rappaport, F. u. H. Engelberg: Klin. Wchschr. **11**, 2080 (1932). — Rappaport, F. u. D. Rappaport: Mikrochemie **15**, 107 (1934).

Saviano, M.: Diagnostica e Tecnica Labor. **5**, 460 (1934). — Scholtis, K.: Mikrochemie **26**, 150 (1939). — Scotti, D. R.: Diagnostica e Tecnica Labor. **3**, 657 (1932). — Siewe, S. A.: Bio. Z. **278**, 442 (1935). – Slyke, D. D. van u. J. M. Neill: J. biol. Chem. **61**, 523 (1924). — Slyke, D. D. van u. J. Sendroy jun.: J. biol. Chem. 84, 217 (1929). — Sobel, A. E. u. S. Sklersky: J. biol. Chem. **122**, 665 (1937). — Sobel, A. E. u. B. A. Sobel: J. biol. Chem. **129**, 721 (1939).

Trevan, J. W.: Biochem. J. **19**, 1111 (1925). — Trevan, J. W. u. H. W. Bainbridge: Biochem. J. **20**, 423. (1926) — Tweedy, W. R. u. F. C. Koch: J. Labor. clin. Med. **14**, 347 (1929).

Velluz, L. u. R. Deschaseaux: C. r. Soc. Biol. **104**, 977 (1930); Bl. Soc. Chim. biol. **13**, 797 (1931).

Waard, D. J. de: Bio. Z. **97**, 176, 186 (1919). — Waelsch, H. u. S. Kittel: Mikrochim. A. **2**, 97 (1937). — Wang, C. C.: J. biol. Chem **111**, 443 (1935). — Wenger, P., Ch. Cimerman u. P. Borgeaud: Mikrochemie **14**, 141 (1933/34). — Widmark, G. u. B. Vahlquist: Bio. Z. **230**, 246 (1931).

§ 2. Bestimmung unter Fällung als Calciumphosphat.

Bei diesen Methoden wird nach Ausfällung des Calciums als tertiäres Calciumphosphat die im Niederschlag enthaltene Phosphorsäure colorimetrisch bestimmt.

***Arbeitsvorschrift von* Røe *und* Kahn.** **Reagenzien.** *Alkoholische Waschflüssigkeit:* 58 cm³ Alkohol werden mit 10 cm³ Amylalkohol versetzt und mit Wasser auf 100 cm³ aufgefüllt. Man setzt dann 2 Tropfen Phenolphthalein zu und gibt tropfenweise Natronlauge bis zur deutlichen Rotfärbung zu. — *Molybdatlösung:* 12,5 g Ammoniummolybdat werden in 400 cm³ Wasser gelöst, mit 100 cm³ konzentrierter Schwefelsäure versetzt und mit Wasser auf 500,0 cm³ aufgefüllt. — *Aminonaphtholsulfosäurelösung:* 30 g Natriumbisulfit und 1 g Natriumsulfit werden in 200 cm³ Wasser gelöst. Dann setzt man 0,5 g gereinigte 1,2,4-Aminonaphtholsulfosäure („Eikonogen") zu und löst unter vorsichtigem Rühren. Die Lösung ist nur begrenzt haltbar und muß in einer dunklen Flasche aufbewahrt werden. — *Phosphatstandardlösung:* 2,265 g trockenes KH_2PO_4 werden zu 1 l gelöst. 1 cm³ dieser Lösung enthält 0,5162 mg P, was 1 mg $Ca_3(PO_4)_2$ entspricht. Diese Stammlösung wird zum Gebrauch im Verhältnis 1 : 100 verdünnt.

Arbeitsweise. 1 Teil *Serum* wird mit 4 Teilen 10%iger Trichloressigsäure versetzt. Nach einigem Stehen filtriert man durch ein calciumfreies Filter, gibt 5 cm³ des Filtrats in ein 15 cm³ fassendes, graduiertes Zentrifugenglas und setzt 1 cm³ 25%ige Natronlauge zu. 5 Min. später fügt man 1 cm³ 5%ige Trinatriumphosphatlösung zu, mischt und läßt mindestens 1 Std. stehen. Dann wird zentrifugiert, die Flüssigkeit abgesaugt und das Glas für 2 Min. mit der Öffnung nach unten auf Filtrierpapier gestellt. Nach Auswischen des oberen Teiles des Glases mit einem trockenen Lappen setzt man 5 cm³ alkoholische Waschflüssigkeit zu, wirbelt den Niederschlag gut auf und zentrifugiert wieder. Dann wird wieder abgesaugt, auf Filtrierpapier gestellt und ausgewischt, wie oben beschrieben. Nun löst man den Niederschlag in 1 cm³ Molybdatlösung, verdünnt mit 10 cm³ Wasser und versetzt mit 0,5 cm³ Aminonaphtholsulfosäurelösung. Gleichzeitig wird eine Vergleichslösung hergestellt, indem man 10 cm³ Phosphatstandardlösung mit 1 cm³ Molybdatlösung und 1 cm³ Aminonaphtholsulfosäurelösung versetzt. Beide Gläser werden dann mit Wasser auf 15 cm³ aufgefüllt und nach 10 Min. langem Stehen gegeneinander colorimetriert. Ist die zu untersuchende Flüssigkeit besonders calciumarm, so füllt man auf ein kleineres Volumen auf.

Bemerkungen. Das gleichzeitig im Serum vorhandene *Magnesium stört* die beschriebene Calciumbestimmung *nicht.* Da nämlich das Trichloressigsäurefiltrat zuerst alkalisiert wird, fällt das Magnesium als schwerlösliches Hydroxyd aus. Außerdem beträgt die Löslichkeit des Magnesiumphosphats 20,5 mg-%, ist also so groß, daß die im Serum vorhandene Magnesiummenge überhaupt nicht als Phosphat ausgefällt werden kann.

Zur colorimetrischen Phosphatbestimmung ist auch die Methode von LOHMANN und JENDRASSIK zu empfehlen, die auf dem gleichen Prinzip beruht. Da das Eikonogen zur Zeit schwer im Handel erhältlich ist, kann man als Reduktionsmittel auch das von MÜLLER vorgeschlagene 2,4-Diaminophenolchlorhydrat („Amidol") benützen.

Der geschilderten Methode von RØE und KAHN ist das Verfahren von KUTTNER und COHEN ähnlich. Von URBACH wurde die Methode zur stufenphotometrischen Bestimmung des Calciums im Trinkwasser (a) (s. S. 271ff.) und im Harn (b) modifiziert. BRIGGS fällt das Calcium zuerst als Oxalat aus und führt dieses dann in das Phosphat über.

Literatur.

BRIGGS, A. P.: J. biol. Chem. **59**, 255 (1924).
KUTTNER, T. u. H. R. COHEN: J. biol. Chem. **75**, 517 (1927).
LOHMANN, K. u. L. JENDRASSIK: Bio. Z. **178**, 419 (1926).
MÜLLER, ERNST: H. **237**, 35 (1935).
RØE, J. H. u. B. S. KAHN: J. biol. Chem. **67**, 585 (1926); **81**, 1 (1929).
URBACH, C.: (a) Mikrochemie **13**, 217 (1933); (b) Bio. Z. **241**, 226 (1931).

§ 3. Fällung und Bestimmung als Calciumsulfat.

Diese Art der Fällung eignet sich nur zur *Bestimmung größerer Calciummengen (über 50 mg).* Die von ARON zur Bestimmung des Calciums im Harn ausgearbeitete Methode wurde in der neueren Zeit von HAMMARSTEN verbessert. *Voraussetzung für ihre Anwendbarkeit ist die Abwesenheit von Siliciumdioxyd.*

***Arbeitsvorschrift von* HAMMARSTEN. a) Bestimmung im Harn.** 10 cm³ Harn (bei konzentrierten Harnen genügen 5 cm³) werden in einem KJELDAHL-Kolben mit 5 cm³ konzentrierter Schwefelsäure und 10 cm³ konzentrierter Salpetersäure versetzt. Der Kolben wird wiederholt geschüttelt, bis der Inhalt nicht mehr schäumt. Dann wird erhitzt. Wenn der Kolbeninhalt schwärzlich geworden ist, setzt man in kleinen Anteilen so lange konzentrierte Salpetersäure zu, bis die Flüssigkeit hell bleibt. Zur Zerstörung der gebildeten Nitrosylschwefelsäure wird dann etwas Wasser zugesetzt und kurze Zeit gekocht. Nach dem Erkalten führt man quantitativ in einen schmalen, hohen Jenaer Becher mit Marken bei 12,5 und 50 cm³ über. Nun füllt man mit Wasser bis zur Marke 12,5 und mit Alkohol bis zur Marke 50 auf. Den mit einem Uhrglas bedeckten Becher läßt man bis zum nächsten Tage stehen. Dann filtriert man auf ein quantitatives Filter ab, wäscht den Niederschlag so lange mit 75%igem Alkohol aus, bis im Filtrat kein Sulfat mehr nachweisbar ist, und verascht das Filter in einem gewogenen Porzellantiegel im elektrischen Ofen. Man glüht, bis das Calciumsulfat rein weiß ist. Nach dem Abkühlen wird gewogen.

b) Bestimmung in den Faeces. In einen KJELDAHL-Kolben wird eine bestimmte Menge eingewogen, worauf man 20 bis 30 cm³ Wasser, 20 cm³ konzentrierte Schwefelsäure und 10 bis 15 cm³ konzentrierte Salpetersäure zugibt. Man läßt etwa 10 Std. stehen, wodurch das sonst bei der Veraschung lästig werdende Schäumen vermieden wird. Die Veraschung wird dann, wie bei der Calciumbestimmung im Harn beschrieben, vorgenommen. Die Aschenlösung wird in ein 300 bis 400 cm³ fassendes Jenaer Becherglas mit Marken bei 50 und 200 cm³ übergeführt. Man füllt mit Wasser bis zur Marke 50 und mit Alkohol bis zur Marke 200 auf. Nach Stehen über Nacht wird, wie beim Harn beschrieben, weiterverfahren.

Literatur.

ARON, H.: Bio. Z. **4**, 268 (1907).
HAMMARSTEN, G.: Skand. Arch. Physiol. **75**, 189 (1936).

§ 4. Bestimmung unter Fällung als Calciumsulfit.

Von der Fällung als Sulfit haben MAZZA und ROSSI als einzige Gebrauch gemacht.

Arbeitsvorschrift. Das Untersuchungsmaterial wird im Platintiegel verascht, die Asche mit konzentrierter Salzsäure behandelt, eingedampft, in Wasser aufgenommen und mit Ammoniak neutralisiert. 1 cm³ dieser Lösung mit einem Calciumgehalt von 0,1 bis 0,4 mg wird im Zentrifugenglas mit je 1 cm³ carbonatfreier 20%iger Natriumsulfitlösung und Alkohol versetzt, 4 Min. in ein siedendes Wasserbad gestellt und sofort zentrifugiert. Den Niederschlag wäscht man 2mal mit je 2 cm³ siedend heißem 50%igen Alkohol aus. Dann wird er in Wasser gelöst und die Lösung in eine genau abgemessene, mit etwas Salzsäure angesäuerte 0,01 n Jodlösung gegossen, worauf man mit wenig mit Salzsäure angesäuertem Wasser nachspült. Das überschüssige Jod wird mit 0,01 n Thiosulfatlösung zurücktitriert. 1 cm³ Jodlösung entspricht 0,2 mg Calcium.

Literatur.

MAZZA, F. P. u. A. ROSSI: Arch. di Sci. biol. **16**, 136 (1931).

§ 5. Bestimmung unter Fällung als Calciumwolframat.

ASTRUC, MOUSSERON und BOUISSOU sowie MOUSSERON und BOUISSOU fällen das Calcium als Wolframat aus und bestimmen die im Niederschlag enthaltene Wolframsäure *colorimetrisch* nach Reduktion mit TitanIII-chlorid. Da diese Methode später von ASTRUC und MOUSSERON selbst als für das biologische Material viel zu unspezifisch bezeichnet wurde, soll auf sie nicht näher eingegangen werden.

Literatur.

ASTRUC, A. u. M. MOUSSERON: C. r. **190**, 1558 (1930). – ASTRUC, A., M. MOUSSERON u. N. BOUISSOU: C. r. **190**, 376 (1930).
MOUSSERON, M. u. N. BOUISSOU: Bl. Soc. Chim. biol. **12**, 482 (1930).

§ 6. Bestimmung unter Fällung als Calciumkaliumnickelhexanitrit.

Diese Art der Calciumfällung wurde von ASTRUC und MOUSSERON und von MOUSSERON beschrieben. *Das ausgefällte Calciumkaliumnickelhexanitrit* [$CaK_2Ni(NO_2)_6$] *kann auf verschiedene Weisen bestimmt werden: 1. durch Reduktion des Nitrits zu Ammoniak und acidimetrische Titration des letzteren, 2. durch oxydimetrische Titration des Nitrits mit Permanganat und 3. durch colorimetrische Bestimmung.*

Arbeitsvorschrift. **Fällungsreagens.** 100 cm³ 30%ige Nickelnitratlösung werden mit 10 g Kaliumnitrit und 10 cm³ Eisessig versetzt. Etwa ausgefallenes Kobaltnitrit wird abfiltriert. Man engt die Lösung im Vakuum bis zur Sirupkonsistenz ein, versetzt mit 50 cm³ Wasser, engt wieder ein und wiederholt diese Operation noch 2mal. Zum Schluß füllt man mit Wasser auf 100 cm³ auf und versetzt mit 45 g Kaliumnitrit. Nach 24 Std. wird filtriert, worauf das Reagens gebrauchsfertig ist.

Fällung. *Serum oder anderes biologisches Material* wird trocken im Platintiegel verascht. Von der neutralisierten Lösung der Asche gibt man eine etwa 0,5 mg Calcium enthaltende Menge in ein Zentrifugenglas, setzt 5 cm³ des Fällungsreagenses zu und läßt 5 Std. stehen. Dann wird der gelbe, krystallisierte Niederschlag abzentrifugiert, 2mal mit je 1 cm³ 20%igem Aceton und zuletzt mit 2 cm³ Alkohol-Äther (1 : 1) ausgewaschen.

Bestimmung. a) Maßanalytische Bestimmung. *α) Acidimetrische Titration.* Man löst den Niederschlag in 5 cm³ Wasser, setzt 1 cm³ 15%ige Natronlauge zu, führt in den Destillationsapparat von PARNAS und WAGNER über und fügt 100 mg Aluminiumstaub und etwas Zinkstaub zu. Unter allmählichem Steigern der Temperatur läßt man die Wasserstoffentwicklung $^1/_2$ Std. vor sich gehen und destilliert dann das entstandene Ammoniak mit Wasserdampf in eine mit 0,01 n Schwefelsäure beschickte Vorlage ab. Die überschüssige Schwefelsäure wird mit 0,01 n Natronlauge zurücktitriert. 1 cm³ 0,01 n Schwefelsäure entspricht 0,0666 mg Calcium.

β) Permanganattitration. Der Calciumkaliumnickelhexanitritniederschlag wird in 50 cm³ Wasser gelöst. Man titriert bei 40° mit 0,05 n Permanganatlösung (100 cm³ 0,1 n Permanganatlösung werden mit 3 cm³ konzentrierter Schwefelsäure versetzt und mit Wasser auf 200 cm³ aufgefüllt). 1 cm³ 0,05 n Permanganatlösung entspricht 0,166 mg Calcium (MOUSSERON).

b) Colorimetrische Bestimmung. Sie ist nach MOUSSERON zur Bestimmung des Calciums in biologischem Material den beiden erstgenannten Verfahren vorzuziehen. Man löst den Niederschlag in 7 cm³ Wasser und setzt 3 cm³ 5%ige Antipyrinlösung und 1 Tropfen konzentrierte Schwefelsäure zu. Die entstandene Grünfärbung wird dann gegen eine gleichbehandelte Standardnitritlösung colorimetriert.

Standardnitritlösung: 0,231 g Silbernitrit werden in 100 cm³ Wasser gelöst und mit 0,150 g Natriumchlorid versetzt. Nach Abfiltrieren des Silberchlorids hat man eine Lösung, die in 1 cm³ 0,69 mg NO_2 entsprechend 0,1 mg Ca enthält (MOUSSERON).

Literatur.

ASTRUC, A. u. M. MOUSSERON: C. r. **190**, 1558 (1930).
MOUSSERON, M.: Bl. Soc. Chim. biol. **12**, 1014 (1930); **13**, 831 (1931).
PARNAS, J. K. u. R. WAGNER: Bio. Z. **125**, 253 (1921).

§ 7. Bestimmung unter Fällung als Calciumpikrolonat.

In der biochemischen Analyse hat dieses Fällungsverfahren noch kaum Anwendung gefunden. Die eigentliche Bestimmung des gefällten Calciumpikrolonats kann *gravimetrisch* (Dworzak und Reich-Rohrwig, s. S. 285f.), *titrimetrisch* (Bolliger, s. S. 286f.) oder *colorimetrisch* (Alten, Weiland und Knippenberg, s. S. 287) erfolgen. Die Verwendung des Calciumpikrolonats zur Bestimmung der Calcium-Ionen-Konzentration nach Harnapp sowie nach Nordbö wurde schon im allgemeinen Teil (s. S. 331) erwähnt.

Literatur.

Alten, F., H. Weiland u. E. Knippenberg: Bio. Z. **265**, 85 (1933).
Bolliger, A.: Austr. J. exp. Biol. med. Sci. **13**, 75 (1935).
Dworzak, R. u. W. Reich-Rohrwig: Fr. **86**, 98 (1931).
Harnapp, G. O.: Klin. Wchschr. **17**, 1731 (1938).
Nordbö, R.: Bio. Z. **301**, 58 (1939).

§ 8. Bestimmung unter Fällung als Calcium-o-oxychinolat.

Yoshimatsu fällt zunächst das *Calcium gemeinsam mit dem Magnesium* als o-Oxychinolate. Die Trennung der beiden Elemente erfolgt hierauf auf Grund der Löslichkeit des Calciumoxychinolats in heißer Ammoniumchloridlösung. Die eigentliche Bestimmung wird dann *colorimetrisch* durch Reduktion des Phenolreagenses von Folin und Denis[1] ausgeführt. Die Methode von Yoshimatsu wurde von Takai zur *Bestimmung des Calciums in der Milch* modifiziert.

Literatur.

Takai, S.: Tôhoku J. exp. Med. **31**, 426 (1937).
Yoshimatsu, S.: Tôhoku J. exp. Med. **15**, 355 (1930); **19**, 155 (1932).

§ 9. Bestimmung unter Fällung als Kalkseife.

Die bei der Fällung von Seifenlösungen mit Calciumsalzen entstehende Trübung wird bei diesen Verfahren *nephelometrisch* gemessen. Rona und Kleinmann (s. S. 290) messen die Trübung, die in einer neutralisierten Calciumlösung von bestimmtem Salzgehalt durch Zusatz einer alkalischen Lösung von Natriumsulforizinat erzeugt wird. Bei Verwendung eines Mikronephelometers genügen zu der Bestimmung 0,02 cm^3 Blut oder Serum. Gille bestimmt das Calcium nephelometrisch als gemischtes Calcium-Stearat-Oleat.

Literatur.

Gille, R.: C. r. Soc. Biol. **110**, 490 (1932).
Rona, P. u. H. Kleinmann: Bio. Z. **137**, 157 (1923).

[1] Folin, O. u. W. Denis: J. biol. Chem. **12**, 239 (1912).

Strontium.

Sr, Atomgewicht 87,63, Ordnungszahl 38.

Von A. SCHLEICHER, Aachen.

Inhaltsübersicht.

Seite
Bestimmungsmöglichkeiten . . . 348
Eignung der wichtigsten Verfahren . . . 348
Literatur . . . 348
Bestimmungsmethoden . . . 348
§ 1. Abscheidung und Bestimmung als Strontiumsulfat . . . 348
Allgemeines . . . 348
Bestimmungsverfahren . . . 349
1. Makrobestimmung . . . 349
Gravimetrische Methode von R. FRESENIUS . . . 349
Überführung der Strontiumsalze flüchtiger Säuren in Strontiumsulfat . 349
Gravimetrische Methode von WINKLER . . . 349
Maßanalytische Methode . . . 349
2. Mikrobestimmung . . . 349
Arbeitsvorschrift von STREBINGER und MANDL . . . 349
Literatur . . . 349
§ 2. Abscheidung als Strontiumcarbonat und Bestimmung als Carbonat, Oxyd oder Hydroxyd . . . 350
Allgemeines . . . 350
Abscheidungsverfahren . . . 350
Arbeitsvorschrift . . . 350
Bestimmungsverfahren . . . 350
A. Gravimetrische Bestimmung . . . 350
B. Maßanalytische Bestimmung . . . 350
a) Direkte Titration . . . 350
b) Indirekte Titration . . . 351
C. Gasvolumetrische Bestimmung . . . 351
Literatur . . . 351
§ 3. Abscheidung und Bestimmung als Strontiumoxalat . . . 351
Allgemeines . . . 351
A. Gravimetrische Bestimmung . . . 351
Arbeitsvorschrift . . . 351
B. Maßanalytische Bestimmung . . . 352
Abscheidung vor der maßanalytischen Bestimmung . . . 352
Arbeitsvorschrift . . . 352
a) Fällung aus alkoholischer Lösung . . . 352
b) Fällung aus wäßriger Lösung . . . 352
Bestimmungsverfahren . . . 352
1. Oxydimetrische Titration . . . 352
Arbeitsvorschrift von PETERS . . . 352
Arbeitsvorschrift von GOODALE . . . 352
Arbeitsvorschrift von RUPP und BERGDOLT . . . 352
Arbeitsvorschrift 1 von POTSCHINOK . . . 353
Arbeitsvorschrift 2 von POTSCHINOK . . . 353
2. Konduktometrische Titration . . . 353
Literatur . . . 353
§ 4. Abscheidung und Bestimmung als Strontiumchromat . . . 353
Arbeitsvorschrift . . . 353
Literatur . . . 353

Seite

§ 5. Bestimmung unter Abscheidung als Strontiumtartrat 354
Arbeitsvorschrift 354
Literatur 354

§ 6. Abscheidung und Bestimmung als Strontiumphosphat 354
Literatur 354

§ 7. Bestimmung unter Abscheidung als Strontiumammoniumarsenat . 354
Maßanalytische Bestimmung 354
Arbeitsvorschrift 354
Literatur 354

§ 8. Bestimmung unter Abscheidung als Strontiumfluorid 354
Arbeitsvorschrift 355
Literatur 355

§ 9. Bestimmung unter Abscheidung als Strontiumjodat 355
Literatur 355

§ 10. Bestimmung unter Abscheidung als metallisches Strontium 355
Literatur 355

§ 11. Spektralanalytische Bestimmung des Strontiums 355
Vorbemerkung 355
A. Bestimmung in der Flamme 356
Arbeitsvorschrift von MEUNIER 356
Arbeitsvorschrift von DEGREZ und MEUNIER für die Bestimmung von Strontium in Meerwasser 356
B. Bestimmung im Funken 357
Literatur 358

Trennungsmethoden 358
Allgemeines 358

§ 12. Trennung des Strontiums von Calcium 358

§ 13. Trennung des Strontiums von Barium 358
1. Trennung durch Fällung des Bariums mit Kieselfluorwasserstoffsäure . . 358
Arbeitsvorschrift 358
Arbeitsvorschrift („kombinierte Methode“) von R. FRESENIUS 358
2. Trennung durch Behandlung der Sulfate mit Alkalicarbonat und Alkalisulfat 359
Arbeitsvorschrift 359
3. Trennung durch Fällung mit Natriumpyrophosphat und Behandlung des Niederschlags mit Dinitro-p-benzoyl-Benzoesäure 360
Arbeitsvorschrift 360
4. Trennung auf Grund des Löslichkeitsunterschieds der Chloride in absolutem Alkohol 360
5. Trennung auf Grund des Löslichkeitsunterschieds der Chloride in einem Gemisch von Salzsäure und Äther 360
Arbeitsvorschrift 360
6. Trennung auf Grund des Löslichkeitsunterschieds der Bromide in Amylalkohol 360
Arbeitsvorschrift 360
7. Trennung auf Grund des Löslichkeitsunterschieds der Bromide in Isobutylalkohol 361
Arbeitsvorschrift 361
8. Trennung durch Fällung des Bariums als Chromat 361
Arbeitsvorschrift von R. FRESENIUS 361
Arbeitsvorschrift von SKRABAL und NEUSTADTL 362
Arbeitsvorschrift von KAHAN 363
Arbeitsvorschrift von SZEBELLÉDY 363
9. Trennung durch Fällung des Bariums mit Ammoniumvanadat 363
Literatur 363

§ 14. Trennung des Strontiums von Magnesium und von den Alkalimetallen 364
Literatur 364

§ 15. Trennung des Strontiums von den Metallen der Schwefelwasserstoff- und der Schwefelammoniumgruppe 364
Arbeitsvorschrift 364
Literatur 364

Bestimmungsmöglichkeiten.

Von den möglichen **Verfahren** kommen zur Bestimmung des Strontiums in Betracht:

I. die gravimetrischen Verfahren,
II. die titrimetrischen Verfahren,
III. die gasvolumetrischen Verfahren und
IV. die spektralanalytischen Verfahren.

Abscheidungsformen des Strontiums sind:

1. Strontiumsulfat
2. Strontiumcarbonat
3. Strontiumoxalat
4. Strontiumchromat
5. Strontiumtartrat
6. Strontiumphosphat
7. Strontiumarsenat
8. Strontiumfluorid
9. Strontiumamalgam
10. Strontiumjodat.

Eignung der wichtigsten Verfahren.

Ein kritischer Vergleich selbst der wichtigsten Verfahren fehlt. WINKLER bezeichnet die Abscheidung als *Oxalat* als die genaueste. Die *spektralanalytische* Methode hat sich den chemischen Verfahren überlegen gezeigt. Für geringe Mengen einer zu untersuchenden Calciumsalzlösung, deren Strontiumgehalt mittels der chemischen Analyse nicht einmal qualitativ erwiesen werden konnte, lieferte die Spektralanalyse ein einwandfreies quantitatives Ergebnis (RUTHARDT).

Literatur.

RUTHARDT, K.: Z. anorg. Ch. **195**, 15 (1931).
WINKLER, L. W.: Angew. Ch. **31 I**, 80 (1918).

Bestimmungsmethoden.

§ 1. Abscheidung und Bestimmung als Strontiumsulfat.

$SrSO_4$, Molekulargewicht 183,69.

Allgemeines.

Eigenschaften des Strontiumsulfats. Entstehung und Beständigkeit. Außer in wäßrigen Lösungen entsteht Strontiumsulfat auch beim Schmelzen von Kaliumsulfat und Strontiumchlorid. Strontiumsulfat ist isomorph mit Bariumsulfat. Bei starkem Erhitzen dissoziiert es in Strontiumoxyd und Schwefeltrioxyd. Daher wird es beim Glühen basisch und durch andere Säuren in die entsprechenden Strontiumsalze umgewandelt. Kohle, feuchtes Kohlenoxyd, Wasserstoff, Eisen und Zink reduzieren das Strontiumsulfat zu Strontiumsulfid. Bei Weißglut schmilzt es, jedoch nicht unzersetzt.

Löslichkeit. Strontiumsulfat ist in *Wasser* nur schwer löslich. Es ist schwerer löslich als Calciumsulfat und leichter löslich als Bariumsulfat. Bestimmungen seiner Löslichkeit sind von WOLFMANN ausgeführt worden. Danach lösen sich in 1000 g Wasser bei:

0 bis 5°	10 bis 12°	20°	30°	50°	80°	90°	95 bis 98° C
0,0983	0,0994	0,1479	0,1600	0,1629	0,1688	0,1727	0,1789 g

KOHLRAUSCH bestimmte die Löslichkeit zu 0,114 g/l bei 18° C.

Sicherlich ist ebenso wie beim Gips die Löslichkeit von der Korngröße des zur Sättigung benutzten Bodenkörpers abhängig. Die Löslichkeit ist in *Lösungen von Alkalinitraten und -chloriden* größer als in reinem Wasser. Strontiumnitrat und Strontiumchlorid erhöhen die Löslichkeit. Auch in *Säuren* ist diese größer als in Wasser.

Vermindert wird die Löslichkeit durch Natriumsulfat, verdünnte Schwefelsäure und Alkohol. In *absolutem Alkohol* ist Strontiumsulfat fast unlöslich.

Bestimmungsverfahren.

Die Fällung erfolgt am besten durch Schwefelsäure bei Gegenwart von Alkohol.

1. Makrobestimmung.

Gravimetrische Methode von R. Fresenius. ***Arbeitsvorschrift.*** Man versetzt die in einem Becherglas befindliche Strontiumsalzlösung, die nicht zu verdünnt sein darf, auch nicht viel freie Salzsäure oder Salpetersäure enthalten soll, mit verdünnter Schwefelsäure im Überschuß, fügt alsdann eine der vorhandenen Flüssigkeit wenigstens gleiche Menge Alkohol hinzu, läßt 12 Std. absitzen, filtriert, wäscht mit schwachem Weingeist aus, trocknet und glüht. H. Biltz und W. Biltz filtrieren bereits nach einigen Stunden, waschen mit halbkonzentriertem Alkohol und glühen wie bei Bariumsulfat, d. h. erhitzen bis auf mäßige Rotglut.

Überführung der Strontiumsalze flüchtiger Säuren in Strontiumsulfat. Liegen Strontiumsalze flüchtiger Säuren vor und sind keine nichtflüchtigen Substanzen vorhanden, so kann man auch die Strontiumsalze flüchtiger Säuren durch Abrauchen mit Schwefelsäure in das Sulfat überführen: Man dampft in einer gewogenen Platinschale die ganze Flüssigkeit nach Zusatz eines sehr geringen Überschusses reiner Schwefelsäure auf dem Wasserbad ein, verjagt den Überschuß der Säure durch vorsichtiges Erhitzen und glüht den Rückstand.

Sowohl bei der Fällung als Strontiumsulfat als auch bei der Überführung anderer Strontiumsalze in Strontiumsulfat erhält man nach R. Fresenius bei sorgfältigem Arbeiten fast absolut genaue Resultate.

Gravimetrische Methode von Winkler. Soweit im Filtrat keine weiteren Bestimmungen vorgenommen werden, bei denen die Beseitigung des Strontiums vorausgesetzt wird, kann man auch folgendermaßen verfahren:

Arbeitsvorschrift. 100 cm³ der höchstens 0,5 g Strontiumsalz enthaltenden neutralen Lösung werden mit 1 cm³ 1 n Essigsäure angesäuert und bis zum beginnenden Sieden erhitzt. Dann werden 10 cm³ einer 10%igen Lösung von Glaubersalz ($Na_2SO_4 \cdot 10\,H_2O$) hinzugeträufelt. Man erhitzt mit kleiner Flamme weiter, bis der Niederschlag pulverförmig geworden ist. Tags darauf wird er im „Kelchtrichter“[1] oder im Gooch-Tiegel gesammelt, mit 50 cm³ wäßriger gesättigter Strontiumsulfatlösung ausgewaschen und nach dem Trocknen bei 132° oder nach gelindem Glühen gewogen.

Maßanalytische Methode. Als Sulfat läßt sich Strontium ebensowenig wie Calcium konduktometrisch bestimmen (Kolthoff).

2. Mikrobestimmung.

Arbeitsvorschrift von Strebinger und Mandl. Nach Strebinger und Mandl erfolgt die mikrochemische Bestimmung als Sulfat durch Zusatz von verdünnter Schwefelsäure unter Beigabe eines der gesamten Flüssigkeitsmenge gleichen Volumens 96%igen Alkohols bei einer Temperatur von 50 bis 60°. Darauf wird 1 Std. auf 50 bis 60° erwärmt, der Niederschlag in ein Preglsches Halogenfilterröhrchen abgesaugt und zunächst mit 50%igem Alkohol, der 1 Tropfen Schwefelsäure enthält, dann 2- bis 3mal mit reinem Alkohol gewaschen und bei 170 bis 180° getrocknet. Nach 30 Min. wird in üblicher Weise gewogen. Die unterste Grenze der noch bestimmbaren Strontiummenge ist 0,3 bis 0,4 mg.

Literatur.

Biltz, H. u. W. Biltz: Ausführung quantitativer Analysen, 2. Aufl. Leipzig 1937.

Fresenius, R.: Anleitung zur quantitativen chemischen Analyse, 6. Aufl., Bd. 1. Braunschweig 1875.

Kohlrausch, F.: Ph. Ch. **50**, 356 (1904). — Kolthoff, I. M.: Fr. **62**, 4 (1923).

Strebinger, R. u. J. Mandl: Mikrochemie **4**, 168 (1926).

[1] S. Ca, § 1, S. 225.

WINKLER, L. W.: Angew. Ch. **31 I**, 80 (1918). — WOLFMANN, J.: Österr.-Ung. Z. Zuckerind. **25**, 986 (1897); durch ABEGGS Handbuch der anorganischen Chemie, Bd. 2, Abt. 2, S. 224. Leipzig 1905.

§ 2. Abscheidung als Strontiumcarbonat und Bestimmung als Carbonat, Oxyd oder Hydroxyd.

$SrCO_3$, Molekulargewicht 147,64.

Kann die zu untersuchende Lösung nicht ohne Nachteil mit Alkohol versetzt werden bzw. kann die Bestimmung nicht unter Abrauchen mit Schwefelsäure erfolgen und ist die Wahl freigelassen, so ist die Bestimmung als Carbonat vorzuziehen. Sie kommt in Betracht für alle in Wasser löslichen Strontiumverbindungen sowie für die Strontiumsalze organischer Säuren (R. FRESENIUS).

Allgemeines.

Eigenschaften des Strontiumcarbonats. Entstehung und Beständigkeit. Infolge seiner Schwerlöslichkeit entsteht Strontiumcarbonat aus allen Lösungen von Strontiumsalzen beim Zusatz von Ammoniumcarbonat. Strontiumcarbonat krystallisiert rhombisch, isomorph mit Aragonit. Durch Hitze wird es in das Oxyd und in Kohlendioxyd zersetzt, und zwar ist der Dissoziationsdruck des Kohlendioxyds geringer als beim Calciumcarbonat, jedoch ist die Zersetzung bei 1100° C vollständig, d. h. der Dissoziationsdruck übersteigt 1 Atmosphäre (s. Ca, § 23, S. 313).

Löslichkeit. In *Wasser* ist Strontiumcarbonat nur sehr wenig löslich; es lösen sich nach KOHLRAUSCH und ROSE bei 18° C 11 mg/l.

Die gesättigte Lösung reagiert infolge von Hydrolyse alkalisch. Sie enthält also freie Hydroxyl-Ionen; dementsprechend ist die Löslichkeit in *Ammoniaklösungen* geringer, in *Ammoniumsalzlösungen* (wegen Bildung von undissoziiertem Ammoniumhydroxyd) jedoch größer als in reinem Wasser.

In *kohlesäurehaltigem* Wasser ist die Löslichkeit ebenfalls größer, weil in diesem mit wachsendem Partialdruck des Kohlendioxyds eine Vermehrung der Ionen HCO_3' und eine Verminderung der Ionen CO_3'' eintritt. Das Löslichkeitsprodukt des Strontiumcarbonats ist aber nur durch die Konzentration der letzteren bestimmt.

Abscheidungsverfahren.

Arbeitsvorschrift. Man versetzt die in einem Becherglas befindliche, mäßig verdünnte Lösung des Salzes mit Ammoniak, fügt Ammoniumcarbonat in geringem Überschuß hinzu, stellt das Ganze einige Stunden an einen warmen Ort, filtriert alsdann, wäscht den Niederschlag mit Wasser aus, dem man etwas Ammoniak zugesetzt hat, trocknet und glüht.

Im Gange einer Analyse wird diese Fällungsweise gern zu Trennungszwecken angewendet; der Niederschlag wird abfiltriert und in Salzsäure gelöst; in der Lösung wird das Strontium als Sulfat erneut gefällt und bestimmt.

Bestimmungsverfahren.

A. Gravimetrische Bestimmung.

Die Auswägung des Strontiums als Carbonat oder Oxyd wird in der Literatur kaum erwogen. WINKLER bezeichnet die Bestimmung in der Oxydform als unzweckmäßig.

B. Maßanalytische Bestimmung.

Diese Bestimmungsweise schließt sich derjenigen für die entsprechenden Salze des Calciums und Bariums an.

a) Direkte Titration. Diese hat VIZERN empfohlen. Er titriert die absolut neutrale Lösung bei Siedehitze mit Natriumcarbonatlösung von bekanntem Gehalt gegen Phenolphthalein.

b) Indirekte Titration. KNÖFLER fällt die gegen Methylorange eben saure, heiße Lösung mit 0,2 n Natriumcarbonatlösung und gibt von dieser noch 1 cm³ mehr hinzu, sobald die im übrigen auch mit Phenolphthalein versetzte Lösung eine bleibende schwache Rosafärbung zeigt. Alsdann wird durch ein Faltenfilter filtriert und 1mal mit Wasser ausgewaschen. Das Filtrat wird sofort mit 0,2 n Säure gegen Methylorange zurücktitriert. Das Volumen der angewendeten Sodalösung, nach Abzug der gebrauchten Kubikzentimeter an Säure, entspricht der Menge des ursprünglich vorhandenen Erdalkalimetalls.

KOLTHOFF wäscht den Niederschlag 3mal mit Wasser und dann noch einige Male mit 50%igem Weingeist. Alsdann löst er ihn in einem Überschuß eingestellter Säure und titriert diese gegen Dimethylgelb zurück.

C. Gasvolumetrische Bestimmung.

Für die gasvolumetrische Bestimmung des Strontiums aus dem Carbonat gilt dasselbe wie für die des Calciums; es darf ausschließlich nur als Carbonat vorliegen und muß frei sein von anderen Carbonaten. Man zersetzt das Carbonat mit starken Säuren (Salzsäure) und mißt das Volumen des entwickelten Kohlendioxyds. Bezüglich der Durchführung des Verfahrens und der dazu verwendbaren Apparate sei hier auf das Kapitel Kohlenstoff verwiesen. 1 cm³ des auf 0° und 760 mm reduzierten Gases entspricht 4,65 mg Strontiumoxyd.

Literatur.

FRESENIUS, R.: Anleitung zur quantitativen chemischen Analyse, 6. Aufl., Bd. 1. Braunschweig 1875.

KNÖFLER, O.: A. **230**, 345 (1885). — KOHLRAUSCH, F. u. F. ROSE: Ph. Ch. **12**, 234 (1893). — KOLTHOFF, I. M.: Die Maßanalyse, 2. Aufl., Bd. 2, S. 160. Berlin 1931.

VIZERN: J. Pharm. Chim. [5] **28**, 442 (1893); durch Fr. **46**, 183 (1907).

WINKLER, L. W.: Angew. Ch. **31 I**, 84 (1918).

§ 3. Abscheidung und Bestimmung als Strontiumoxalat.

$SrC_2O_4 \cdot 1\,H_2O$, Molekulargewicht 193,67.

Allgemeines.

Eigenschaften des Strontiumoxalats. Nach SOUCHAY und LENSSEN beträgt die Löslichkeit von Strontiumoxalat 1 Teil in 12000 Teilen *Wasser.* KOHLRAUSCH bestimmte die Löslichkeit aus der elektrischen Leitfähigkeit zu 0,046 g/l bei 18° C. Durch Zusatz von Alkohol wird die Löslichkeit herabgesetzt, ebenso durch Zusatz von Ammoniumoxalat.

A. Gravimetrische Bestimmung.

Arbeitsvorschrift. 100 cm³ der höchstens 0,5 g Strontiumsalz enthaltenden neutralen Lösung werden mit 1 cm³ 1 n Essigsäure angesäuert, bis zum Aufkochen erhitzt und tropfenweise mit 10 cm³ „10%iger" Kaliumoxalatlösung versetzt. Am anderen Tag wird der aus kleinen glitzernden Krystallen bestehende Niederschlag im „Kelchtrichter" oder im GOOCH-Tiegel gesammelt. Zum Auswaschen werden 50 cm³ mit Strontiumoxalat gesättigtes Wasser genommen. Mit dem Filtrieren und Auswaschen ist man in der kürzesten Zeit fertig, besonders, wenn man mit einer auf schwaches Saugen eingestellten Wasserstrahlpumpe arbeitet. Hat man den letzten Anteil des Waschwassers durch Absaugen entfernt, so genügen zum Trocknen bei 100° etwa 2 Std.; wird bei 132° getrocknet, so sind etwa 6 Std. nötig, bis der Niederschlag wasserfrei geworden ist. Durch Trocknen bei 100° C erhält man einen Niederschlag von der Zusammensetzung $SrC_2O_4 \cdot 1\,H_2O$, bei 132° C entspricht der Niederschlag der Formel SrC_2O_4 (WINKLER).

Bei diesem Verfahren beträgt nach SZEBELLÉDY der individuelle Versuchsfehler nicht mehr als 0,1 bis 0,2 mg, und zwar für den Bereich von 0,01 bis 0,55 g Niederschlagsmenge. Die Versuche des genannten Autors zeigen fernerhin, daß das Oxalat aus essigsaurer Lösung als Monohydrat gefällt wird und nicht, wie bisher angenommen worden ist, als 2,5-Hydrat, das erst beim Trocknen in das Monohydrat übergehen soll.

B. Maßanalytische Bestimmung.

Abscheidung vor der maßanalytischen Bestimmung.

Arbeitsvorschrift. Da sowohl Alkohol als auch Ammoniumoxalat die Löslichkeit des Strontiumoxalats verringert, kann die Abscheidung auf zwei verschiedene Arten erfolgen:

a) Fällung aus alkoholischer Lösung. Die heiße Lösung wird mit Ammoniumoxalat gefällt — es genügt ein mäßiger Überschuß — sodann wird etwa $^1/_5$ bis $^1/_3$ des Gesamtvolumens an 85%igem Alkohol zugefügt. Das Gemisch bleibt über Nacht stehen; die klare Flüssigkeit wird dann über ein Asbestfilter dekantiert. Das Auswaschen geschieht durch Dekantieren mit einer Mischung gleicher Raummengen Wasser und 85%igem Alkohol. Der Niederschlag wird auf dem Filter zur Entfernung des Alkohols getrocknet und hierauf in das vorher getrocknete Becherglas zurückgebracht (PETERS).

b) Fällung aus wäßriger Lösung. Bei der Fällung aus wäßriger, alkoholfreier Lösung muß das Mehrfache der theoretisch erforderlichen Menge Ammoniumoxalat verwendet werden. Die Flüssigkeitsmenge darf dabei je 0,1 g Salz, als Oxyd berechnet, 250 cm³ nicht übersteigen, auch wird die Menge des Waschwassers zweckmäßig auf 30 bis 40 cm³ beschränkt, die zur Beseitigung der Ammoniumsalze genügen (PETERS).

Bestimmungsverfahren.

1. Oxydimetrische Titration.

***Arbeitsvorschrift von* PETERS.** Der in dem Becherglas befindliche Niederschlag wird mit Schwefelsäure oder mit 5 bis 10 cm³ Salzsäure behandelt. Im letzteren Fall fügt man 0,5 bis 1 g ManganII-salz hinzu. Die freigemachte Oxalsäure wird mit Permanganat titriert. Die nach dieser Methode erhaltenen Resultate sind genau.

Ist die Fällung aus rein wäßriger Lösung erfolgt, so erübrigt sich das Trocknen, da kein die Titration störender Alkohol zu beseitigen ist.

***Arbeitsvorschrift von* GOODALE.** Die etwa 3 bis 4% freie Säure enthaltende Lösung versetzt man mit 30 cm³ 10%iger Oxalsäurelösung und mit Ammoniak im Überschuß, filtriert den Niederschlag nach einigen Minuten ab, wäscht ihn 12mal mit heißem Wasser, löst ihn in heißer 10%iger Schwefelsäure und titriert die überschüssige Oxalsäure wie gewöhnlich mit Permanganat. Die Genauigkeit des Verfahrens beträgt $\pm$ 0,1%.

Anstatt das gefällte Oxalat zur Titration zu verwenden, kann man auch die Fällung mit einem gemessenen Überschuß an Ammoniumoxalat vornehmen und diesen mit Permanganat zurückmessen. Dieses Prinzip verwenden RUPP und BERGDOLT folgendermaßen:

Arbeitsvorschrift. Man versetzt die Lösung des Strontiumsalzes mit 1 bis 2 g Ammoniumchlorid, gibt Ammoniak in geringem Überschuß und eine abgemessene, reichliche Menge einer 3,5%igen Lösung von krystallisiertem Ammoniumoxalat hinzu, die auf eine etwa 0,1 n Permanganatlösung eingestellt ist, worauf man noch etwa 3 Min. im Sieden erhält. Alsdann kühlt man ab, läßt mindestens 1 Std. in kaltem Wasser stehen und füllt alsdann zur Marke auf. Man filtriert und bestimmt in 50 oder 100 cm³ des Filtrats die überschüssige Oxalsäure nach vorherigem Zusatz von 10 bis 20 cm³ 20%iger Schwefelsäure heiß mit der Permanganatlösung.

POTSCHINOK empfiehlt die folgenden beiden Verfahren und gibt ihre Genauigkeiten an.

Arbeitsvorschrift 1. Man gibt zu 25 cm³ 0,1 n Strontiumchloridlösung 50 cm³ 0,1 n Ammoniumoxalatlösung, filtriert, verwirft die ersten 5 bis 10 cm³ und titriert 25 cm³ des Filtrats mit Permanganat. Die Löslichkeit des Strontiumoxalats in n/30 Ammoniumchloridlösung beträgt bei 20° 0,01052 g/100 cm³.

Arbeitsvorschrift 2. In einem Meßkolben gibt man zu 25 cm³ Strontiumchloridlösung 0,1 n Ammoniumoxalatlösung bis zur Marke, filtriert und titriert 25 cm³ des Filtrats mit Permanganat.

Der Fehler beträgt beim ersten Verfahren 0,21%, beim zweiten 0,06%.

2. Konduktometrische Titration.

Als Oxalat läßt sich Strontium in wäßriger Lösung konduktometrisch bestimmen. In der Nähe des Knickpunktes macht sich die Löslichkeit des Oxalats bemerkbar. 50 cm³ 0,025 mol Strontiumchloridlösung verbrauchen 2,48 cm³ Reagens (1 n $Li_2C_2O_4$-Lösung) statt 2,50 cm³ (KOLTHOFF).

Literatur.

GOODALE, B.: J. Soc. chem. Ind. **55**, 896 (1936).
KOHLRAUSCH, F.: Ph. Ch. **50**, 356 (1904). — KOLTHOFF, I. M.: Fr. **62**, 167 (1923).
PETERS, C. A.: Z. anorg. Ch. **29**, 145 (1901). — POTSCHINOK, C. N.: Chem. J. Ser. B **5**, 1078 (1932); durch C. **104 II**, 1557 (1933).
RUPP, E. u. A. BERGDOLT: Ar. **242**, 450 (1904).
SOUCHAY, A. u. E. LENSSEN: A. **102**, 35 (1857). — SZEBELLÉDY, L.: Fr. **70**, 40 (1927).
WINKLER, L. W.: Angew. Ch. **31 I**, 80 (1918).

§ 4. Abscheidung und Bestimmung als Strontiumchromat.

$SrCrO_4$, Molekulargewicht 203,64.

Die Fällung des Strontiums erfolgt in 50%igem Alkohol. Kleine Mengen Calcium stören nicht, größere Mengen, ebenso Barium, werden leicht mitgerissen. *Die Chromatmethode bietet eine Möglichkeit der Trennung von Barium, Strontium und Calcium:*

Arbeitsvorschrift. Die Erdalkalicarbonate werden in Essigsäure gelöst; die Lösung wird zur Entfernung des Kohlendioxyds gekocht. Alsdann wird mit Natriumacetat abgestumpft und das Barium mit einem geringen Überschuß an Kaliumdichromat bei Zimmertemperatur gefällt. Nach 5 Min. wird filtriert und das Filtrat mit Ammoniak alkalisch gemacht. Sodann wird ein gleiches Volumen 96%igen Alkohols zugesetzt. Nach $^1/_2$ Std. wird das nunmehr gefällte Strontiumsalz abfiltriert und das Calcium im Filtrat mit Ammoniumoxalat bestimmt. War die Lösung für die Bariumfällung zu stark sauer, so fällt durch den Ammoniakzusatz mit dem Strontium auch noch Barium aus. Carbonathaltiges Ammoniak scheidet auch Calcium mit ab. Die Empfindlichkeit liegt bei 1 mg Ba, 1 mg Sr bzw. 0,1 mg Ca neben je 100 mg der anderen Erdalkalimetalle. — Wird die ursprüngliche, saure Lösung zur Trockne verdampft und der Rückstand mit Wasser aufgenommen, so kann nach diesem Verfahren noch 0,1 mg Ba neben 100 mg Sr und 100 mg Ca bestimmt werden [KOLTHOFF (a)].

Die *Bestimmung des Strontiums als Chromat durch Leitfähigkeitstitration* ist nur bei Zusatz von Weingeist hinreichend genau. In einer Mischung von 25 cm³ 0,1 n Strontiumchloridlösung und 25 cm³ Weingeist ist die Leitfähigkeit sofort nach Zusatz des Reagenses (Natriumchromat) konstant. Der Fehler beträgt ungefähr 1% [KOLTHOFF (b)].

Literatur.

KOLTHOFF, I. M.: (a) Pharm. Weekbl. **57**, 972, 1080 (1920); durch C. **91 IV**, 497 (1920); (b) Fr. **62**, 98 (1923).

§ 5. Bestimmung unter Abscheidung als Strontiumtartrat.

$SrC_4H_4O_6 \cdot 4\,H_2O$, Molekulargewicht 307,77.

Nach KLING ist die Bestimmung des Strontiums mit Hilfe von Traubensäure wie beim Calcium möglich, und zwar nur bei Abwesenheit von *Eisen* und *Aluminium*. Sie ist jedoch weniger genau als die des Calciums. Die Störung durch die genannten 3wertigen Metalle wird auch durch den Zusatz von Alkalitartrat nicht behoben.

Die Überführung des gefällten Tartrats in das Oxyd erfolgt im Gegensatz zur Behandlung des Calciumtartrats in der Weise, daß die Fällung verascht, der Rückstand mit Salpetersäure aufgenommen und durch Glühen in das Oxyd übergeführt wird.

Arbeitsvorschrift. Zu der Lösung von etwa 0,2 bis 0,3 g Strontium in etwa 100 cm³ Wasser gibt man eine Lösung, die 10% Essigsäure und 10% Natriumacetat enthält sowie 10 bis 20 cm³ einer 10%igen Traubensäurelösung. Man filtriert nach $^1/_2$ Std. und wäscht mit kaltem Wasser. Der Niederschlag wird, wie oben angegeben, in das Oxyd übergeführt und gewogen.

Literatur.

KLING, A.: Bl. [4] **9**, 355 (1911).

§ 6. Abscheidung und Bestimmung als Strontiumphosphat.

$Sr_3(PO_4)_2$, Molekulargewicht 452,85.

VENTUROLI nimmt an, daß das von ihm für das Magnesium und das Calcium entwickelte Verfahren der Fällung als Phosphat mit anschließender Titration sich auch auf das Strontium anwenden läßt. Der Nachweis, daß dies tatsächlich der Fall ist, fehlt aber noch.

Literatur.

VENTUROLI, G.: G. **24 I**, 213 (1894); durch Jbr. **1894**, 2499.

§ 7. Bestimmung unter Abscheidung als Strontiumammoniumarsenat.

Maßanalytische Bestimmung.

Die beim Calcium beschriebene Methode der Fällung als Arsenat und der Rücktitration des überschüssigen Fällungsmittels auf jodometrischem Weg läßt sich auch beim Strontium anwenden. VALENTIN weist für diesen Fall darauf hin, daß es nicht nötig ist, den Säureüberschuß saurer Metallsalzlösungen durch Verdampfen zu beseitigen, daß vielmehr eine Neutralisation der Lösung mit Ammoniak genügt.

Arbeitsvorschrift. In einem 100 cm³-Kolben setzt man zu 50 cm³ 1%iger Arsenatlösung 10 cm³ 10%iges Ammoniak und die Salzlösung, die bis zu 0,2 g Strontium enthalten darf, unter Umschwenken hinzu, füllt bis zur Marke auf und schüttelt gut durch. Nach etwa 12 Std. filtriert man ab und versetzt in einer Glasstopfenflasche 50 cm³ Filtrat mit 40 cm³ 25%iger Salzsäure sowie mit 1 g Kaliumjodid und titriert nach 15 Min. Enthält die Salzlösung freie Säure, so ist diese mit Ammoniak zu neutralisieren. 1 cm³ 0,1 n Thiosulfatlösung entspricht 4,382 mg Strontium.

Literatur.

VALENTIN, J.: Fr. **54**, 81 (1915).

§ 8. Bestimmung unter Abscheidung als Strontiumfluorid.

SrF_2, Molekulargewicht 125,63.

Dieses Verfahren beruht auf der Fällung von Strontiumfluorid und dessen Umsetzung mit EisenIII-chlorid zu unlöslichem EisenIII-fluorid. Der Überschuß an EisenIII-salz wird jodometrisch erfaßt.

Die Vorgänge sind also die folgenden:

1. $SrCl_2 + 2\,KF = SrF_2 + 2\,KCl$,
2. $3\,SrF_2 + 2\,FeCl_3 = 2\,FeF_3 + 3\,SrCl_2$.

Arbeitsvorschrift. Die mit Salzsäure angesäuerte Lösung wird mit überschüssiger 0,1 n Kaliumfluoridlösung, ebensoviel n/60 EisenIII-chloridlösung und genügend Zinkjodid versetzt. Man läßt $^1/_2$ Std. bei 35 bis 40° stehen und titriert das Jod mit einer n/30 Thiosulfatlösung. 1 cm³ entspricht 4,382 mg Strontium (KNOBLOCH).

Störend wirken bei der Bestimmung: *EisenIII-*, *Blei-*, *Calcium-* und *Aluminiumsalze*, die entweder ausgefällt oder besonders berechnet werden müssen.

Literatur.

KNOBLOCH, J.: Pharm. Z. **39**, 558 (1894).

§ 9. Bestimmung unter Abscheidung als Strontiumjodat.

Das Prinzip der Abscheidung und auch der Bestimmung ist das gleiche wie bei dem entsprechenden Calciumsalz. Die Vorschrift für die Strontiumbestimmung stammt ebenso wie die Vorschrift für die Calciumbestimmung von RIEGLER. Die Methode beruht auf der Abscheidung von Strontiumjodat, dessen Umsetzung mit Hydrazin und der Messung des dabei gemäß den folgenden Gleichungen freiwerdenden Stickstoffs:

1. $SrCl_2 + 2\,HJO_3 = Sr(JO_3)_2 + 2\,HCl$,
2. $Sr(JO_3)_2 + 3\,N_2H_4 \cdot H_2SO_4 = SrSO_4 + 2\,H_2SO_4 + 2\,HJ + 6\,H_2O + 3\,N_2$.

Die Arbeitsvorschrift ist die gleiche wie bei der Bestimmung des Calciums, s. Ca, § 7, S. 279f.

Das abgelesene Volumen Stickstoff wird in das ihm entsprechende Gewicht umgerechnet, nachdem es zuvor auf 0° C und 760 mm Druck reduziert worden ist. Es entspricht 1 mg Stickstoff 1,23 mg Strontiumoxyd. Die zu bestimmende Menge Strontiumoxyd soll nicht mehr als 0,120 g betragen.

Die zu untersuchenden Lösungen dürfen keine *Calcium-* und *Mangansalze* enthalten.

Die Resultate sind sehr gut.

Literatur.

RIEGLER, E.: Fr. **43**, 210 (1904).

§ 10. Bestimmung unter Abscheidung als metallisches Strontium.

Da das Strontium in der HILDEBRAND-Zelle, also bei elektrolytischer Abscheidung an Quecksilber, ein beständiges Amalgam bildet, bietet seine Fällung als solches und die anschließende titrimetrische Bestimmung keine besonderen Schwierigkeiten.

Nach LUKENS und SMITH erfolgt die Fällung von 0,07 g Strontium aus der Lösung des Chlorids in 50 cm³ Wasser bei gewöhnlicher Temperatur unter Rühren (300 Umdrehungen/Min.) in 40 bis 60 Min. bei einer Spannung von 3,5 bis 4 Volt und einer Stromstärke von 0,3 Ampere.

Von 0,0727 g angewendetem Strontium wurden 0,0725 bzw. 0,0727 g wiedergefunden.

Literatur.

LUKENS, H. S. u. E. F. SMITH: Am. Soc. **29**, 1455 (1907).

§ 11. Spektralanalytische Bestimmung des Strontiums.

Vorbemerkung. Die spektralanalytischen Methoden gestatten häufig, mehrere Elemente nebeneinander gleichzeitig zu erfassen. So kann man auch gerade bei den Erdalkalimetallen die spektralanalytische Bestimmung der einzelnen Erdalkalimetalle mit Vorteil anwenden. Die drei bei der Spektralanalyse anwendbaren Möglichkeiten zur Verdampfung des Untersuchungsmaterials, die

Flamme, der Bogen und der Funken, versetzen sowohl das Strontium als auch das Calcium und Barium in den angeregten bzw. ionisierten Zustand. Da nun gerade diese drei Elemente sehr häufig zusammen auftreten, besteht ein durchaus berechtigtes Interesse dafür, sie alle drei gleichzeitig zu bestimmen. Ja, es wird das Studium dieser Möglichkeit dadurch geradezu erforderlich, da sich, wenigstens für die Bestimmung in der Flamme, bis jetzt gezeigt hat, daß sich die drei Elemente durch die Mengen, in denen sie auftreten, gegenseitig beeinflussen. Es muß daher in der vorliegenden Darstellung für die Bestimmung des Strontiums auf den entsprechenden Abschnitt beim Calcium, S. 293ff., verwiesen werden.

Weiterhin ist bei der Darstellung dieser Methoden im allgemeinen nicht mit der Angabe von Arbeitsvorschriften zu rechnen. Der Verdampfungs- und Anregungsvorgang und somit auch derjenige der Emission, der sich an den ersteren unmittelbar anschließt, ist ganz wesentlich von der verwendeten Apparatur abhängig, er ist somit auch durch deren Beschreibung gegeben. Nur für ganz wenige praktische Fälle und bei der Verwendung ganz bestimmter Apparate ist es möglich, die — elektrischen — Anregungsbedingungen vorschriftsmäßig festzulegen.

Die Arbeitsvorschriften also, die hier gegeben werden können, beschränken sich fast ausnahmslos auf vorbereitende Maßnahmen, wie etwa das In-Lösung-bringen von Substanzen und etwaige Zusätze. Dagegen können hier die Ergebnisse der Vorstudien mitgeteilt werden, nämlich die zu verwendenden Linien und ihre Empfindlichkeit.

A. Bestimmung in der Flamme.

Den Nachweis und die Bestimmung von Strontium auf spektrographischem Weg in der *Wasserstoff-Flamme* führt MEUNIER nach dem von ihm beschriebenen Verfahren dadurch aus, daß er das trockene Pulver der Substanz in die Flamme einbläst. Das Strontium ist durch die blaue Linie 4607,342 Å charakterisiert; seine Verteilung in der Natur ist ebensogroß wie die des Calciums. Jedenfalls hat MEUNIER es in zahlreichen Calciumsalzen nachweisen können, so in Kreide, Gips, Calciumchlorid, Calciumcarbid, technischem Aluminium, Holzasche und in Pflanzenböden. Es ist nachweisbar als Oxyd, Chlorid, Carbonat, Sulfat usw., nicht aber als Phosphat. Dieses muß in Sulfat übergeführt werden.

Arbeitsvorschrift. Zur quantitativen Bestimmung mischt der Verfasser zur Herstellung einer Reihe von Standardproben Strontiumacetat mit Eisenoxyd, und zwar benutzt er das Acetat, da dieses frei von Calcium zu erhalten ist. Das Intensitätsverhältnis der Strontiumlinie zu benachbarten Eisenlinien, und zwar die bei bestimmten Konzentrationen auftretende Intensitätsgleichheit, wird zur quantitativen Bestimmung herangezogen (Methode der homologen Linienpaare).

Eisen Å	Strontium Å	Intensitätsgleich bei Gew.-% Sr
4063,6	4607,34	0,001
4271,77/16	4607,34	0,002
4461,66	4607,34	0,003
4383,55	4607,34	0,004
3719,94	4607,34	0,01
3886,29	4607,34	0,02
3859,91	4607,34	0,05

Die nebenstehende Tabelle gibt die Wellenlängen dieser Linienpaare an.

Zusammen mit DEGREZ hat MEUNIER sein Verfahren auf den Nachweis und die Bestimmung von Strontium in Meerwasser angewendet.

Arbeitsvorschrift. Man dampft das Meerwasser vorsichtig ein, wobei sich Nadeln von Calciumsulfat und darauf Würfel von Natriumchlorid abscheiden. Das letztere wird durch Behandeln mit Alkohol herausgelöst und der zurückbleibende Krystallbrei getrocknet. Das schwerer lösliche Strontiumsulfat befindet sich vollständig im Rückstand. Man wäscht mit 33%igem Alkohol, um störende Spuren von Alkalisulfaten zu beseitigen. Das erhaltene Pulver vermischt man im Mörser mit Eisenoxyd und verfährt, wie oben beschrieben.

Auf diese Weise wurden in 2,118 g Calcium- und Strontiumsulfat aus 1 l Meerwasser 0,0135 g $SrSO_4$ gefunden.

B. Bestimmung im Funken.

Ruthardt hat die quantitative Bestimmung von Strontium in Calciumsalzen in dem Konzentrationsbereich von 0,4 bis 0,01 At.-% spektralanalytisch-photometrisch mit größter Genauigkeit durchgeführt. Die Bestimmung geringer Strontiummengen in Calciumsalzen auf spektralanalytischem Wege wurde notwendig bei einer *Revision des Atomgewichts* des Calciums durch Hönigschmid und Kempter, bei der zu große Werte für dieses gefunden wurden. Da eine Verunreinigung des Materials durch Strontium vermutet wurde, die zur Verfügung stehende Menge aber nur sehr gering war, kam nur der Weg der Spektralanalyse in Betracht. Es wurde das Funkenspektrum der Salzlösungen verwendet. Als Elektrode für die 15%ige Lösung der Nitrate diente die große Flüssigkeitselektrode nach Gerlach und Schweitzer mit reinem Gold als Gegenelektrode. Der Funke (meist etwa 4 mm lang) wurde erzeugt mittels eines Funkenerregers[1] bestehend aus einem Transformator (110/15000 Volt, 50 Perioden), einer veränderlichen Selbstinduktion und einer Serien- oder Parallelschaltung ermöglichenden Kapazität von maximal etwa 12000 cm. In dem vorliegenden Fall erwies sich zur Erzielung günstiger Entladungsbedingungen die Maximalkapazität und eine zusätzliche Selbstinduktion, bestehend aus einer Spule von 10 cm Durchmesser, 16 cm Länge und etwa 70 Windungen in 2 Lagen als erforderlich. Ferner wurde in den Funkenkreis ein elektrolytischer Widerstand von etwa 800 Ohm eingeschaltet. Alsdann trat die Intensität der von der Gegenelektrode stammenden Goldlinien zugunsten der Calcium- und Strontiumlinien zurück.

Zur Füllung der Elektrode wurden für jede Aufnahme etwa 4 cm^3 Untersuchungslösung benötigt. Als Spektrograph diente ein Glasspektrograph von Fuess, *Berlin*, dessen Dispersion 15 Å/mm für die Wellenlänge 4100 Å betrug. Verwendet wurden Perutz „Grünsiegel"-Platten. Photometriert wurden die Aufnahmen mit einem registrierenden, lichtelektrischen Photometer.

Für die Durchführung der Analyse wurde die Vergleichsmethode gewählt und die Interpolation photometrisch ausgeführt. Zum Strontiumnachweis wurden die Grundlinien 4077,1 und 4215,5 benutzt, als Vergleichslinien dienten Ca 4283,1, 4289,4 und 4298,99 Å. Es war gesondert festgestellt worden, daß die relative Intensität der Calciumlinien von Veränderungen der Entladungsbedingungen, von dem Absolutwert der Schwärzung in dem benutzten Schwärzungsbereich und von der Strontiumkonzentration genügend unabhängig war.

Durch Bildung der Schwärzungsverhältnisse ergaben sich 6 Kurven für die Beziehung von Atomkonzentration Sr:Ca zu der Linienschwärzung Sr:Ca. In diese wurden die Schwärzungsverhältnisse der beiden unbekannten Calciumpräparate eingetragen und sodann deren Konzentrationsverhältnisse Sr:Ca ermittelt. Die eine der beiden Proben enthielt 0,24 At.-% Sr, bezogen auf Ca. Der maximal mögliche Fehler der Bestimmung betrug $\pm 0{,}025$ At.-% $= \pm 10\%$ und die größte Abweichung der Mittelwerte $\pm 0{,}013$ At.-% $= \pm 5{,}4\%$. Die andere Probe enthielt 0,289 At.-% Sr, bezogen auf Ca. Der maximal mögliche Fehler betrug $\pm 0{,}029$ At.-% $= \pm 10\%$. Die größte Abweichung der Mittelwerte betrug $\pm 0{,}010$ At.-% $= \pm 3{,}5\%$. Die erreichte Genauigkeit der Mittelwerte für die Analyse entspricht durchaus den früheren Erfahrungen. Die Brauchbarkeit der Methode ging klar aus der inneren Übereinstimmung der 6 Werte für jede der beiden Proben hervor. Die Untersuchung hat schließlich ergeben, daß in beiden Proben kein schweres Calciumisotop anzunehmen ist.

Die *fortschreitende Reinigung* von Calciumnitrat durch Umkrystallisieren läßt sich nach dieser Methode verfolgen. Nach 15maliger Krystallisation konnte man

[1] Von Magnus, *Nürnberg.*

Strontium und Barium nicht mehr, nach 10maliger Umkrystallisation dagegen Barium noch deutlich nachweisen.

Der quantitative Nachweis von sehr geringen Strontiumkonzentrationen ist möglich durch Verwendung von Farbfiltern, da die vergleichenden Wellenlängen soweit auseinander liegen, daß sie sich verwenden lassen. Auch konnte an Stelle des schweren Flintglasprismas ein anderes benutzt werden, das bei 4077 Å sehr viel weniger absorbiert (WA. GERLACH). Nach Beseitigung des Strontiums durch Fällung als Oxalat konnten noch 0,0146 ± 0,001 und 0,0144 ± 0,001 At.-% Strontium gefunden werden.

Literatur.

DEGREZ, A. u. J. MEUNIER: C. r. **183**, 689 (1926).

GERLACH, WA.: Vgl. WA. GERLACH u. WE. GERLACH: Die chemische Emissions-Spektralanalyse, II. Teil. Leipzig 1933. — GERLACH, WA. u. E. SCHWEITZER: Die chemische Emissions-Spektralanalyse. Leipzig 1930.

HÖNIGSCHMID, O. u. K. KEMPTER: Z. anorg. Ch. **195**, 1 (1931).

MEUNIER, J.: Bl. [4] **25**, 58 (1919); C. r. **172**, 678 (1921); **182**, 1160 (1926).

RUTHARDT, K.: Z. anorg. Ch. **195**, 15 (1931).

Trennungsmethoden.

Allgemeines.

Wie die Ausführungen über die Bestimmungsmethoden zeigen, steht die Löslichkeit der Salze des Strontiums im allgemeinen zwischen derjenigen der entsprechenden Salze des Calciums und des Bariums. So ist das Sulfat des Strontiums leichter löslich als das des Bariums, aber schwerer löslich als das des Calciums; umgekehrt ist das Oxalat des Strontiums schwerer löslich als das des Bariums und leichter löslich als das des Calciums. Es beruhen also die Trennungsmöglichkeiten einmal auf der Einhaltung bestimmter Konzentrationen, auch der alkoholischen Lösungen, und zum anderen auf der Auswahl bestimmter Salze (Sulfate, Oxalate und Chromate). Im übrigen sei hier insbesondere auf die Nitrate und ihre unterschiedliche Löslichkeit in starker Salpetersäure hingewiesen. WILLARD und GOODSPEED lenken die Aufmerksamkeit auf die Möglichkeit der Trennung des Strontiums von einer ganzen Reihe anderer Metalle auf diesem Weg (s. S. 364).

Im übrigen kann auf die Ausführungen über die Möglichkeiten der Trennung des Calciums von anderen Metallen verwiesen werden.

§ 12. Trennung des Strontiums von Calcium.

S. die Trennung des Calciums von Strontium, Ca, § 20, S. 300ff.

§ 13. Trennung des Strontiums von Barium.

1. Trennung durch Fällung des Bariums mit Kieselfluorwasserstoffsäure.

Arbeitsvorschrift. Man versetzt die neutrale Lösung beider Metalle mit überschüssiger Kieselfluorwasserstoffsäure und gibt nach $^1/_2$- oder 1stündiger Einwirkung etwa $^1/_3$ des Volumens Alkohol hinzu. Nachdem der Niederschlag sich vollständig abgesetzt hat, wäscht man ihn durch Dekantieren mit verdünntem Alkohol (1:1) aus. Die Waschwasser fängt man getrennt auf und engt sie durch Abdampfen stark ein. Zum Rückstand gibt man einige Tropfen Kieselfluorwasserstoffsäure und Alkohol, sammelt den geringen Niederschlag auf einem besonderen Filter, behandelt ihn aber weiter mit dem Hauptniederschlag. Das Bariumsiliciumfluorid wird in Sulfat übergeführt und dieses gewogen. In den vereinigten Filtraten bestimmt man das Strontium durch Schwefelsäure (MEINEKE).

Die „kombinierte Methode“ von R. FRESENIUS verfährt in folgender Weise:

Arbeitsvorschrift. Man fällt die Barium- und Strontiumchlorid enthaltende wäßrige Lösung ohne Zusatz von Alkohol mit Kieselfluorwasserstoffsäure in mäßigem

Überschuß — freie Säuren müssen vor dem Zusatz entfernt werden — und wäscht den Niederschlag mit kaltem Wasser aus. Man erhält auf diese Weise ein Bariumsiliciumfluorid, das frei ist von Strontiumsiliciumfluorid oder höchstens Spuren von solchem enthält. Filtrat und Waschwasser werden gemessen und mit etwa der 5- bis 6fachen Menge 0,5 n Schwefelsäure versetzt, die dem gelöst gebliebenen Bariumsiliciumfluorid entspricht. Nachdem der Niederschlag sich abgesetzt hat, filtriert man und erhält nun ein von Barium vollständig freies, die Hauptmenge des Strontiums enthaltendes Filtrat und einen geringen Niederschlag, der den Rest des Bariums neben etwas Strontium enthält. Man schmelzt den Niederschlag mit Natriumcarbonat, wäscht die Carbonate des Strontiums und Bariums mit ammoniakhaltigem Wasser aus, führt sie in Chloride über und trennt diese in der unten angegebenen Weise. Man erhält dann allerdings ein etwas Strontium enthaltendes Bariumsiliciumfluorid und ein etwas bariumhaltiges Filtrat, wobei die mitgerissenen Mengen sich nicht immer vollständig ausgleichen. Da aber die so entstehende Unsicherheit sich nicht auf die Hauptmenge der Metalle, sondern nur auf geringe Teile derselben bezieht, so übt der mögliche Fehler auf das Gesamtresultat nur einen kaum merklichen Einfluß aus.

Zur Bestimmung des Strontiums vereinigt man das bei der Filtration der Sulfate gewonnene Hauptfiltrat mit dem zuletzt erhaltenen, fügt weiteren Alkohol und auf je 100 cm^3 Flüssigkeit 2,5 bis 3 cm^3 0,5 n Schwefelsäure zu.

Die Konzentration der Lösung soll derart sein, daß die Gesamtflüssigkeit für 1 g Strontium bei Fällungen unter Zusatz von $^1/_3$ bis $^1/_4$ ihres Volumens an Alkohol 200 bis 250 cm^3, bei Fällungen aus wäßriger Lösung etwa 150 cm^3 beträgt.

Die Löslichkeit des Bariumsalzes wird nach Leo *durch Anwendung von Ammoniumsiliciumfluorid herabgesetzt.* Fällt man aber das Barium in Gegenwart von Strontium mit dem Ammoniumsalz in neutraler oder essigsaurer Lösung, so tritt ein Mitfallen von Strontium ein, dem man durch Zusatz von Salzsäure entgegenwirken kann. Heiß gefälltes Bariumsiliciumfluorid enthält mehr Strontium als in der Kälte gefälltes und kann durch Auswaschen mit kaltem Wasser oder verdünnter Essigsäure nicht rein erhalten werden. Die Umwandlung der Siliciumfluoride von Barium und Strontium in die entsprechenden Carbonate mit einem Überschuß von Ammoniumcarbonat und Ammoniak geht beim Erwärmen in 10 Min. vollständig vor sich und kann vorteilhaft zur doppelten Trennung benutzt werden. Die Bestimmung des Strontiums kann wegen der Gegenwart von Ammoniumsiliciumfluorid nicht als Carbonat erfolgen, vielmehr muß man das Strontiumcarbonat in das Sulfat überführen und dieses bestimmen.

2. Trennung durch Behandlung der Sulfate mit Alkalicarbonat und Alkalisulfat.

Das Verfahren von Rose beruht auf dem verschiedenen Verhalten des Bariumsulfats einerseits und des Strontiumsulfats andererseits gegen Alkalicarbonate und -sulfate.

Arbeitsvorschrift. Man digeriert die Sulfate, am besten die durch Fällung erhaltenen, bei 15 bis 20° unter häufigem Umrühren mit einer nicht zu verdünnten Lösung von Ammoniumcarbonat 12 Std. lang, gießt die Flüssigkeit durch ein Filter ab, behandelt den Rückstand noch mehrmals mit Ammoniumcarbonat, wäscht mit Wasser aus und trennt in dem noch feuchten Niederschlag das unzersetzt gebliebene Bariumsulfat durch kalte verdünnte Salzsäure vom entstandenen Strontiumcarbonat.

Will man die Trennung rasch durchführen, so kann man die Sulfate mit einer Lösung von Kaliumcarbonat, der man ein Drittel oder mehr Kaliumsulfat zugesetzt hat, einige Zeit kochen. Auch dadurch wird nur Strontiumsulfat zersetzt. Hat man beide Erdalkalimetalle in Lösung, so kocht man die Lösung mit einem Überschuß der genannten Auflösung von Kaliumcarbonat und -sulfat. Der abfiltrierte Niederschlag besteht dann aus Bariumsulfat und Strontiumcarbonat, die, wie angegeben, durch kalte verdünnte Salzsäure zu trennen sind.

Die Trennung mit Hilfe einer Lösung von Kaliumcarbonat und -sulfat gelingt nach den Angaben von Kouklin am besten, wenn die Lösung auf 1 Teil Kaliumcarbonat 5 Teile Kaliumsulfat enthält. In diesem Falle geht die kleine Menge Strontiumsulfat, die etwa unzersetzt geblieben ist, in Lösung und wird so vom ungelöst bleibenden Bariumsulfat getrennt.

Diese Methode ist nach den Angaben von Schweitzer und von R. Fresenius unbrauchbar.

3. Trennung durch Fällung mit Natriumpyrophosphat und Behandlung des Niederschlags mit Dinitro-p-benzoyl-Benzoesäure.

Arbeitsvorschrift. Man löst die Chloride in möglichst wenig Wasser und fällt die Lösung mit einem großen Überschuß einer konzentrierten Lösung von Natriumpyrophosphat. Der erhaltene Niederschlag wird auf einem Filter gesammelt, mit Methylalkohol alkalifrei gewaschen und dann mit Dinitro-p-benzoyl-Benzoesäure 3 Std. lang auf dem Wasserbad bei 70 bis 80° digeriert. Nach dieser Zeit ist das Strontiumsalz vollständig in Lösung gegangen, während das ungelöste Bariumpyrophosphat nach dem Auswaschen, Trocknen und Glühen bestimmt werden kann (RINÉ).

4. Trennung auf Grund des Löslichkeitsunterschieds der Chloride in absolutem Alkohol.

Die Methode beruht darauf, daß Bariumchlorid in absolutem Alkohol unlöslich, Strontiumchlorid aber darin löslich ist. Man verfährt ähnlich wie bei der Trennung der Nitrate von Calcium und Strontium durch Äther-Alkohol (s. Ca, § 20, S. 300f.).

5. Trennung auf Grund des Löslichkeitsunterschieds der Chloride in einem Gemisch von Salzsäure und Äther.

Arbeitsvorschrift. Man gibt zum Gemisch der trockenen Chloride in einem Becherglas unter Erwärmen und Abkühlen so viel Wasser, wie zum Lösen notwendig ist. Dann fügt man zu der kalt gesättigten Lösung tropfenweise und unter Umrühren ein Gemisch (4:1) von 33%iger Salzsäure und Äther. Nach Zusatz von 2 bis 3 cm^3 wird die Hauptmenge rasch hinzugegeben. Bei bis zu 0,5 g Salzgemisch und bis zu 0,3 g Strontiumchlorid sind 50 bis 75 cm^3 Salzsäure-Äther nötig. Die Flüssigkeit wird dann durch Asbest filtriert, der Niederschlag mit Salzsäure-Äther-Gemisch ausgewaschen, abfiltriert, bei 150° getrocknet und als Bariumchlorid gewogen. Bei 0,5 g Bariumchlorid tritt ein Verlust bis zu 0,0004 g ein (GOOCH und SODERMANN).

6. Trennung auf Grund des Löslichkeitsunterschieds der Bromide in Amylalkohol.

Das Verfahren beruht darauf, daß Bariumbromid in Amylalkohol fast unlöslich ist, Strontiumbromid aber sich darin leicht löst. Die Löslichkeit dieser Bromide in 10 cm^3 Amylalkohol, auf die entsprechenden Oxyde berechnet, beträgt etwa 0,0013 g BaO und 0,2 g SrO.

Arbeitsvorschrift. Man löst die Carbonate der beiden Erdalkalimetalle zunächst in Bromwasserstoffsäure, dampft die Lösung der Bromide zur Trockne ein, löst den Rückstand in einigen Tropfen Wasser und kocht solange mit 10 cm^3 Amylalkohol, bis der Siedepunkt des Alkohols erreicht ist. Das abgeschiedene Bariumbromid, das auf einem Asbestfilter in einem GOOCH-Tiegel gesammelt wird, läßt sich nicht als solches wägen, da es beim Trocknen kein konstantes Gewicht annimmt. Man löst daher das Bariumbromid in Wasser und fällt das Barium mit überschüssiger Schwefelsäure bei Gegenwart von Salzsäure. Das Bariumsulfat kann dann auf demselben Filter gesammelt und bestimmt werden. Zur Abscheidung des Strontiums im alkoholischen Filtrat fällt man mit Schwefelsäure unter Zusatz von Äthylalkohol und bestimmt das Strontiumsulfat unter Anwendung eines GOOCH-Tiegels.

Bei nur 1maliger Behandlung mit Amylalkohol wird meistens auch eine sehr geringe Menge der Strontiumverbindung mit ausgeschieden, wodurch der durch die Löslichkeit des Bariumbromids bedingte Fehler annähernd ausgeglichen wird, sofern Strontium in größerer Menge zugegen ist. Bei Gegenwart kleinerer Mengen von Strontium ist aber die gefundene Bariummenge der Löslichkeit des Bariumbromids entsprechend zu niedrig.

Löst man das abgeschiedene Bariumbromid in einigen Tropfen Wasser und einem Tropfen Bromwasserstoffsäure und wiederholt die Behandlung mit der gleichen Menge Amylalkohol wie oben, so scheidet sich das Bariumbromid fast vollständig rein ab. Die Resultate bedürfen aber in diesem Falle einer Korrektur, indem die gefundene Bariummenge um 0,0025 g zu vergrößern ist, während die entsprechende Menge Sulfat, 0,004 g, vom gewogenen Strontiumsulfat abzuziehen ist (Browning).

7. Trennung auf Grund des Löslichkeitsunterschieds der Bromide in Isobutylalkohol.

Szebellédy (b) gründet die Trennung auf die verschiedene Löslichkeit der beiden Bromide in Isobutylalkohol. ***Arbeitsvorschrift.*** Das Salzgemisch der Nitrate (0,5 g) wird mittels sulfatfreier Bromwasserstoffsäure in Bromid übergeführt, dieses bei 100° getrocknet und unter Zusatz von 10 cm^3 heißem Isobutylalkohol fein zerrieben. Man filtriert ab, verdunstet den Alkohol, raucht das zurückgebliebene Strontiumbromid mittels Ammoniumsulfats ab und bringt das Strontiumsulfat zur Wägung. Der Rest des Salzgemenges wird in Wasser gelöst, eine 1 g Bromwasserstoffsäure entsprechende Menge Bromwasserstoff zugefügt, verdunstet und das Ausziehen in ähnlicher Weise so oft wiederholt, daß zuletzt nicht mehr als 5 mg Strontiumsulfat zur Wägung gelangen (2- bis 3mal). Das zurückgebliebene, bei 180° getrocknete Bariumbromid wird als solches gewogen. Das Gewicht des gefundenen Strontiumsulfats wird so oft um 0,5 mg verkleinert, wie Auslaugungen ausgeführt worden sind, zu dem Gewicht des Bariumbromids aber wird ebensoviel zugezählt.

Zu dieser Methode wird von Dórza eine Reihe von Beleganalysen mitgeteilt, die das Trennungsverfahren nach der Winklerschen Methodik zeigen. In dieser Form hat es den Hauptvorteil, daß das beim Auslaugen zurückgebliebene Bariumbromid krystallin ist und auch auf Watte abfiltriert werden kann [Szebellédy (c)].

8. Trennung durch Fällung des Bariums als Chromat.

Die Trennung des Strontiums von Barium durch Fällen des letzteren als Chromat ist zuerst von Smith angewendet worden. Kämmerer empfiehlt diese Methode nur für qualitative Zwecke. Frerichs wendet das Verfahren zur quantitativen Trennung an, indem er das Barium in schwach essigsaurer Lösung mit Kaliumchromat fällt und auf dem Filter mit verdünnter Essigsäure auswäscht. Der bei 110° getrocknete Niederschlag wird als wasserfrei angenommen und gewogen — nach R. Fresenius jedoch enthält er noch 0,5% Wasser. — Schweitzer hat gefunden, daß bei der Fällung Alkalisalze mitgerissen werden, die sich nur schwer auswaschen lassen; er empfiehlt daher Ammoniumchromat als Fällungsmittel. Der bei 95° getrocknete Niederschlag ist nach seinen Untersuchungen wasserhaltig, weshalb er ihn im Platintiegel glüht. Eine Zersetzung soll hierbei nicht eintreten (R. Fresenius). Morse erhielt mit dem Verfahren von Frerichs keine befriedigenden Resultate, da sich Bariumchromat in verdünnter Essigsäure löst. Die Löslichkeit kann aber nach seinen Angaben durch Zusatz von Kaliumchromat vermindert werden. Auch Meschezerski hält die Methode von Frerichs als für quantitative Zwecke nicht geeignet, während Russmann mit ihr günstige Resultate erzielt hat; er hat aber gefunden, daß das Bariumchromat nur dann frei von Strontiumchromat ausfällt, wenn auf 50 Teile Barium nicht mehr als 15 Teile Strontium vorhanden sind. Die Niederschläge sind bei 110° zu trocknen.

Das Verdienst, diese Methode zu einer brauchbaren gemacht zu haben, gebührt R. Fresenius. Sein Verfahren beruht auf der Fällung des Bariums in essigsaurer Lösung durch Ammoniumchromat, wobei dieses in solchem Überschuß vorhanden sein muß, daß der Geruch nach Essigsäure vollständig verschwindet und die Flüssigkeit nur Dichromat, aber keine freie Essigsäure mehr enthält.

Eine Trennung des Strontiums von Barium ist nur durch doppelte Fällung möglich. R. Fresenius empfiehlt folgende ***Arbeitsvorschrift.*** Man versetzt die

Lösung der Chloride in der Hitze mit Ammoniumchromat im Überschuß, läßt während 1 Std. absitzen und erkalten, wäscht den Niederschlag im wesentlichen durch Dekantieren mit Ammoniumchromat enthaltendem Wasser aus, bis das Filtrat mit Ammoniak und Ammoniumcarbonat keine Fällung mehr gibt; dann wäscht man mit reinem Wasser aus, bis das letzte Waschwasser mit neutraler Silberlösung nur noch eine ganz geringe rötlichbraune Färbung annimmt. Der auf dem Filter befindliche Niederschlag wird vorsichtig in die Schale zurückgespritzt, der noch am Filter haftende Teil in wenig warmer verdünnter Salpetersäure gelöst, das Filter in die Schale ausgewaschen, in der sich die Hauptmenge des Bariumchromats befindet, und noch mehr Salpetersäure hinzugegeben, um den Niederschlag unter Erwärmen vollständig zu lösen. Nun verdünnt man auf 200 cm³, erhitzt und setzt ganz allmählich 5 cm³ Ammoniumacetatlösung, dann noch Ammoniumchromat zu, bis der Geruch nach Essigsäure vollkommen verschwunden ist. Nach 1 Std. wird die überstehende Flüssigkeit durch ein Filter gegossen, der Niederschlag mit heißem Wasser digeriert, erkalten gelassen, die Flüssigkeit durch das Filter gegossen und mit kaltem Wasser ausgewaschen, bis das zuletzt ablaufende Waschwasser mit neutraler Silberlösung kaum mehr reagiert. Die strontiumhaltigen Filtrate werden unter Zusatz von 1 cm³ Salpetersäure konzentriert und dann heiß mit Ammoniak und Ammoniumcarbonat gefällt. Hierauf löst man den Niederschlag in Salzsäure und fällt das Strontium aus der erhaltenen Lösung unter Zusatz von Alkohol durch Schwefelsäure.

Aber auch diese Methode ist nach den Angaben von Skrabal und Neustadtl nicht vollkommen einwandfrei.

Robin fällt das Barium mit Kaliumdichromat in schwach essigsaurer Lösung, wobei er das Bariumchromat auf dem Filter bei 100 bis 110° trocknet. Er nennt die Resultate genau und zufriedenstellend. — Immerhin schwanken seine Fehler beim Calcium zwischen +4 und —4%; beim Barium liegen seine Werte durchschnittlich um 2 bis 3% zu hoch und beim Strontium um 4% zu niedrig.

de Koninck hat vorgeschlagen, den bei der ersten Fällung erhaltenen Niederschlag von strontiumhaltigem Bariumchromat in Salpetersäure zu lösen, die Lösung ammoniakalisch zu machen und das Bariumchromat abzufiltrieren. Er fällt also das Barium in ammoniakalischer Lösung mit einer solchen Menge Chromsäure, daß diese die zur quantitativen Fällung gerade notwendige Menge nur um weniges überschreitet. Nach den Angaben von Skrabal und Neustadtl ist dieses Verfahren der doppelten Fällung in der Art der Ausführung von de Koninck nicht brauchbar, weil das Strontium auch bei geringer Chromatkonzentration in ammoniakalischer Lösung teilweise fällbar ist.

Skrabal und Neustadtl haben eine Arbeitsweise festgelegt, die in sich die Vorteile aller angegebenen Methoden vereint.

Arbeitsvorschrift. Die neutrale oder schwach saure Lösung der Salze wird mit Ammoniumacetat im Überschuß versetzt, aufgekocht und unter Umschwenken tropfenweise mit Ammoniumdichromatlösung gefällt. Dann läßt man absitzen und erkalten und dekantiert den Niederschlag mit einer kalten, verdünnten Lösung von Ammoniumacetat solange durch ein Filter, bis das ablaufende Filtrat nicht mehr gelb gefärbt ist. Der am Filter haftende geringe Teil des Niederschlags wird nun in warmer, verdünnter Salpetersäure gelöst und in das darunterstehende Becherglas, das die Hauptmenge des Niederschlags enthält, nachgewaschen. Man setzt noch so lange verdünnte Salpetersäure hinzu, bis alles gelöst ist, und bringt zu der klaren Lösung tropfenweise so viel Ammoniak, daß gerade ein bleibender Niederschlag entsteht. Hierauf setzt man Ammoniumacetat im Überschuß zu, kocht unter Umschwenken des Becherglases auf, läßt langsam erkalten und absitzen, dekantiert mit kalter, verdünnter Ammoniumacetatlösung, filtriert den Niederschlag ab, wäscht ihn aus, trocknet ihn, glüht ihn im Platintiegel und bringt ihn zur Wägung. Die vereinigten Filtrate untersucht man wie gewöhnlich auf Strontium.

Nach den Angaben von KAHAN ist diese Methode die beste, obwohl sie nicht immer gleich gute Resultate liefert. Unter der Annahme, daß die Löslichkeit des Bariumchromats abhängig ist von der Zahl der vorhandenen Wasserstoff-Ionen und daß das Ammoniumacetat nur den Zweck hat, die Säure zu vermindern, empfiehlt KAHAN das Verfahren von SKRABAL und NEUSTADTL in folgender Weise:

Arbeitsvorschrift. Zu 150 bis 200 cm³ einer wäßrigen Lösung von Barium- und Strontiumsalzen gibt man in der Kälte tropfenweise unter Umrühren neutrale Ammoniumdichromatlösung, bis die Fällung fast vollständig ist. Dann fügt man Ammoniumacetat hinzu, bis wieder Farblosigkeit eingetreten ist, und setzt hierauf noch einige Tropfen Chromatlösung hinzu, bis die Flüssigkeit eine blaßgelbe Farbe angenommen hat. Nach einigem Stehen, auch über Nacht, wird der Niederschlag in einem GOOCH-Tiegel gesammelt, zunächst 4- bis 5mal mit verdünnter Ammoniumacetatlösung dekantiert und schließlich solange damit ausgewaschen, bis das Filtrat mit Silbernitrat nur noch eine geringe Färbung gibt. Der Tiegel wird bei 180° oder auch bei höherer Temperatur — bei 260° — bis zur Gewichtskonstanz getrocknet und nach 1stündigem Stehen in der Waage gewogen.

Das Verfahren von SINGLETON bedeutet gegenüber der Methode von SKRABAL und NEUSTADTL keine Verbesserung und sei deshalb nur erwähnt.

Nach SZEBELLÉDY (a) kann die Trennung nach folgender ***Arbeitsvorschrift*** erfolgen: Man versetzt die etwa 0,30 g Salz enthaltenden 100 cm³ Lösung mit 15 cm³ 1 n Essigsäure und 5 g Ammoniumchlorid, gibt ein Stückchen Nickelblech zur Behebung des Siedeverzugs in die Flüssigkeit, erhitzt bis zum beginnenden Sieden, läßt 10 cm³ 10%ige Kaliumchromatlösung zutropfen und dann noch einige Minuten sieden. Nach Stehenlassen über Nacht wird der abfiltrierte Niederschlag mit 50 cm³ kaltem Wasser ausgewaschen und nach 2stündigem Trocknen bei 132° gewogen. Das Filtrat vereinigt man mit dem Waschwasser, fügt 10 cm³ 1 n Ammoniaklösung hinzu, dampft im Wasserbad auf 100 cm³ ein und fällt das Strontium als Oxalat. Durch Spuren von Bariumchromat ist das Strontiumoxalat gelblich gefärbt. SZEBELLÉDY führt bei dieser Bestimmung Verbesserungswerte ein.

Wie dieser feststellen konnte, gibt die Trennung des Strontiums von Barium nach der Chromatmethode schon nach 1maliger Fällung von Strontium gut übereinstimmende Trennungsresultate.

9. Trennung durch Fällung des Bariums mit Ammoniumvanadat.

Man scheidet nach CARNOT das Barium mit Ammoniumvanadatlösung ab. Das Strontium befindet sich im Filtrat.

Literatur.

BROWNING, PH. E.: Am. J. Sci. [3] **44**, 459 (1892); durch C. **64 I**, 133 (1893).

CARNOT, A.: C. r. **104**, 1803 (1887).

DÓRZA, A.: Vgl. SZEBELLÉDY (c).

FRERICHS, F.: B. **7**, 800, 956 (1874); durch Fr. **13**, 315 (1874). — FRESENIUS, R.: Fr. **29**, 20, 143, 413 (1890).

GOOCH, F. A. u. M. A. SODERMANN: Am. J. Sci. [4] **46**, 538 (1918); durch C. **90 II**, 543 (1919).

KÄMMERER, H.: Fr. **12**, 375 (1873). — KAHAN, Z.: Analyst **33**, 12 (1908). — KONINCK, L. L. DE: Lehrbuch der qualitativen und quantitativen Mineralanalyse. Deutsche Ausgabe von C. MEINEKE, Bd. 1. Berlin 1899. — KOUKLIN, E.: J. Russ. chem. Ges. **22**, 322 (1892); durch Fr. **37**, 328 (1898).

LEO, R.: M. **43**, 567 (1922).

MEINEKE, C.: Vgl. DE KONINCK. — MESCHEZERSKI, J.: Fr. **21**, 399 (1882). — MORSE, H. N.: Am. Chem. J. **2**, 176 (1880); durch C. **12**, 10 (1881).

RINÉ, M. V.: Répert. de Pharm. **50**, 307; durch Fr. **37**, 332 (1898). — ROBIN, L.: C. r. **137**, 258 (1903). — ROSE, H.: Pogg. Ann. **95**, 286, 299, 427 (1855). — RUSSMANN, A.: Diss. Berlin 1887.

SCHWEITZER, P.: Catalogue Univ. Missouri **1876**; durch Jbr. **1876**, 995. — SINGLETON, W.: Ind. Chemist **5**, 71 (1929); durch C. **100 I**, 2449 (1929). — SKRABAL, A. u.

L. Neustadtl: Fr. **44**, 744 (1905). — Smith: H. Roses Handbuch der analytischen Chemie, 6. Aufl., Bd. 2, S. 32. Leipzig 1871. — Szebellédy, L.: (a) Magyar chem. Folyóirat **35**, 77 (1928); durch C. **100 II**, 770 (1929); (b) Magyar chem. Folyóirat **35**, 100 (1929); durch C. **101 II**, 274 (1930); (c) Magyar chem. Folyóirat **38**, 81 (1932); durch C. **103 II**, 1480 (1932).

Winkler, L. W.: „Die Chemische Analyse", Bd. 29: Ausgewählte Untersuchungsverfahren für das chemische Laboratorium, S. 91. Stuttgart 1931.

§ 14. Trennung des Strontiums von Magnesium und von den Alkalimetallen.

Man fällt das Strontium durch verdünnte Schwefelsäure und Alkohol unter Vermeidung einer zu großen Menge an letzterem.

In dem durch Kochen vom größten Teil des Alkohols befreiten Filtrat bestimmt man das Magnesium und die Alkalimetalle.

Elektrolytisch gelingt die Trennung des Strontiums von Magnesium in der Hildebrand-Zelle (Lukens und Smith).

Literatur.

Lukens, H. S. u. E. F. Smith: Am. Soc. **29**, 1455 (1907).

§ 15. Trennung des Strontiums von den Metallen der Schwefelwasserstoff- und der Schwefelammoniumgruppe.

Die Methoden der Trennung des Strontiums von den übrigen Metallen entsprechen vielfach denjenigen des Calciums, so daß hier auf diese verwiesen werden kann.

Eine Methode zur Trennung des Strontiums von einer ganzen Reihe von Metallen durch Abscheiden des Strontiums als Nitrat ist von Willard und Goodspeed angegeben worden. Man erhält das Strontiumnitrat in dichter krystallinischer Form aus wäßriger Lösung durch sehr langsame Zugabe von 100%iger Salpetersäure, bis die Endkonzentration der Säure nicht weniger als 79% beträgt. Auf diese Weise läßt sich Strontium trennen von Al, NH_4, Sb, As, Be, Bi, Ca, Cd, Ce, Cr, Co, Cu, Fe, La, Li, Mg, Mn, Hg, Ni, K, Se, Ag, Na, Te, Tl, Sn, U und Zn.

Arbeitsvorschrift. Die Metallchloride, -perchlorate oder -nitrate dampft man zur Trockne, löst den Rückstand dann in 10 cm³ Wasser und fällt das Strontiumnitrat unter dauerndem Umrühren (am besten mechanisch) durch tropfenweise Zugabe von 26 cm³ konzentrierter (100%iger) Salpetersäure. Nach $^1/_2$stündigem Stehen wird der Niederschlag in einen Gooch-Tiegel abfiltriert, 10mal mit je 1 cm³ 80%iger Salpetersäure gewaschen, 2 Std. bei 130 bis 140° getrocknet und dann gewogen. Bei den angeführten Versuchen wurden jeweils 61,8 mg Strontium und meist 500 mg des abzutrennenden Metalles verwendet. Die Fehler lagen zwischen —0,1 und +0,5 mg. Temperaturen bis herauf zu 70° vergrößern die Löslichkeit von Strontiumnitrat nicht wesentlich. Die Löslichkeit von Calciumnitrat nimmt rasch mit zunehmender Säurekonzentration ab. Deshalb wird für die Trennung ein Maximum von 80% Salpetersäure empfohlen.

Literatur.

Willard, H. H. u. E. W. Goodspeed: Ind. eng. Chem. Anal. Edit. 8, 414 (1936).

Barium.

Ba, Atomgewicht 137,36, Ordnungszahl 56.

Von F. STRASSMANN und M. STRASSMANN-HECKTER, Berlin.

Inhaltsübersicht.

Seite
Bestimmungsmöglichkeiten . . . 368
Eignung der wichtigsten Verfahren . . . 369
Auflösung des Untersuchungsmaterials . . . 369
Bestimmungsmethoden . . . 369
§ 1. Bestimmung des Bariums nach der Ausfällung als Sulfat . . . 369
Allgemeines . . . 369
A. Gewichtsanalytische Bestimmung als Bariumsulfat . . . 370
I. Gebräuchlichste Fällungsmethode . . . 370
a) Arbeitsvorschrift . . . 370
b) Bemerkungen . . . 370
c) Reinigung des Bariumsulfats . . . 371
1. Aufschluß mit Soda . . . 371
2. Auflösung in konzentrierter Schwefelsäure . . . 371
II. Verfahren nach HAHN . . . 371
a) Arbeitsvorschrift . . . 371
b) Bemerkungen . . . 372
III. Arbeitsweise in besonderen Fällen . . . 372
a) Barium in Silicaten . . . 372
1. Allgemeine Arbeitsweise . . . 372
2. Bestimmung kleiner Mengen von Barium . . . 372
b) Technische Schnellmethode nach DICK . . . 372
c) Bestimmung des Bariums in organischen Substanzen nach BURGER (Schnellmethode) . . . 373
IV. Mikrobestimmung nach MCLAUGHLIN . . . 373
B. Maßanalytische Methoden . . . 373
I. Elektrometrische Bestimmungsmethoden . . . 373
a) Konduktometrische Bestimmung nach DUTOIT und MOJOÏU . 373
1. Allgemeines . . . 373
2. Arbeitsvorschrift . . . 374
b) Potentiometrische Bestimmung nach MÜLLER und WERTHEIM . 374
1. Allgemeines . . . 374
2. Arbeitsvorschrift . . . 374
c) Polarometrische Bestimmung nach MAJER . . . 375
II. Acidimetrische Bestimmungen . . . 375
a) Indirekte Bestimmung mit Schwefelsäure und Benzidin nach KING (Mikromethode) . . . 375
b) Direkte Titration mit Schwefelsäure und Natriumrhodizonat 376
III. Fällungsanalytische Bestimmungen . . . 376
a) Tüpfelmethode nach SKWORZOW . . . 376
b) Zentrifugovolumetrische Bestimmung nach LE GUYON . . . 377
c) Verfahren nach TARUGI und BIANCHI . . . 377
C. Nephelometrische Bestimmung . . . 377
D. Sedimetrische Bestimmung nach GREENE . . . 377
Literatur . . . 377

Seite
§ 2. Bestimmung des Bariums nach der Ausfällung als Chromat 378
Allgemeines 378
A. Gewichtsanalytische Bestimmung als Bariumchromat 379
I. Fällung nach SKRABAL und NEUSTADL 379
a) Arbeitsvorschrift 379
b) Bemerkungen 379
II. Sonstige Fällungsvorschriften 380
a) Vorschrift von R. FRESENIUS 380
b) Vorschrift von KAHAN 380
c) Weitere Vorschläge 380
B. Maßanalytische Bestimmung 380
I. Jodometrische Bestimmung nach Fällung als Chromat 380
a) Makrochemische Bestimmung 380
Allgemeines 381
1. Vorschrift von WADDELL 381
2. Vorschrift von VAN DER HORN VAN DEN BOS . . . 381
b) Mikrochemische Bestimmung 382
Allgemeines 382
1. Indirekte Bestimmung nach GEILMANN und HÖLTJE 383
2. Direkte Bestimmung nach GEILMANN und HÖLTJE . . 383
II. Elektrometrische Bestimmungsverfahren 384
a) Konduktometrische Bestimmung nach DUTOIT und MOJOÏU . 384
b) Potentiometrische Bestimmung nach BRINTZINGER und JAHN 384
1. Arbeitsvorschrift 384
2. Bemerkungen 384
III. Zentrifugovolumetrische Bestimmung nach LE GUYON 385
a) Arbeitsvorschrift 385
b) Bemerkungen 385
IV. Acidimetrische Bestimmung mit Kaliumchromat und Indicator . 385
a) Bestimmung nach JELLINEK und CZERWINSKI 385
b) Bestimmung nach BALACHOWSKI und nach KOCZIS 385
c) Bestimmung nach WINOGRADOW und SSOLOWJEWA und nach NASARENKO 385
Literatur 386

§ 3. Bestimmung des Bariums nach Abscheidung als Jodat 386
A. Maßanalytische jodometrische Bestimmung 386
Allgemeines 386
a) Direkte Bestimmung nach HILL und ZINK 386
b) Indirekte Bestimmung nach RUPP 387
B. Gasvolumetrische Bestimmung nach RIEGLER 388
Literatur 388

§ 4. Bestimmung des Bariums nach Abscheidung als Oxalat 388
Gravimetrische und titrimetrische Bestimmung 388
Allgemeines 388
a) Gravimetrische Bestimmungen nach PETERS, ANGELESCU, DIAZ-VILLAMIL, sowie WINKLER 388
b) Titrimetrische Bestimmungen nach RUPP und BERGDOLT, TANANAEFF und POTSCHINOK 389
c) Technisch-gravimetrische Bestimmung in Saccharinaten nach KILIANI . . . 389
Literatur 389

§ 5. Bestimmung des Bariums nach Abscheidung als Carbonat 389
Allgemeines 389
a) Titrimetrische Bestimmung nach TSCHIRKOW und GONIBESSOWA 390
b) Indirekte Bestimmung 390
Literatur 390

§ 6. Sonstige Methoden 390
a) Spektralanalytische Schnellmethode 390
b) Elektrolytische Bestimmungsmethoden 390
c) Jodometrische Bestimmung nach Fällung als Arsenat 391
d) Titrimetrische Bestimmung nach Fällung als Bariumferrocyanid 391
e) Acidimetrische Bestimmung nach Fällung als Bariummetaborat 391
f) Fällungsanalytische Bestimmung mit Hexametaphosphat 391
Literatur 391

Seite
§ 7. Sonderfälle der Bariumbestimmung 391
A. Bestimmung von Bariumsuperoxyd 391
I. Jodometrische und gasvolumetrische Bestimmungen 391
a) Verfahren nach RUPP 391
b) Verfahren nach CHWALA 391
Arbeitsvorschrift 391
Bemerkungen 392
c) Gasvolumetrische Bestimmung nach QUINCKE 392
II. Manganometrische Bestimmungen 392
a) Vorschrift nach TREADWELL 392
b) Arbeitsweise von LOEB 392
c) Technische Abänderung der Vorschrift von LOEB 393
B. Bestimmung von Bariumsulfid und anderen technischen Bariumverbindungen 393
I. Wertbestimmung von Bariumsulfidlaugen nach SACHER 393
a) Arbeitsvorschrift 393
b) Bemerkungen 393
II. Wertbestimmung von Bariumsulfidlaugen für Lithoponefabriken nach SACHER 394
III. Wertbestimmung von Bariumsulfid- und Bariumhydroxyd- bzw. Bariumaluminatlaugen 394
Argentometrische Bestimmung nach TANANAEFF und CHALAT . . 394
a) Arbeitsvorschrift 394
b) Bemerkungen 394
Literatur 394

Trennungsmethoden 395
§ 8. Trennung des Bariums von den übrigen Elementen 395
A. Die Abtrennung des Bariums von den Elementen der Schwefelwasserstoffgruppe 395
B. Die Abtrennung des Bariums von den Elementen der Ammoniakgruppe . 395
C. Trennung des Bariums von den Elementen der Schwefelammoniumgruppe 396
D. Trennung des Bariums von Magnesium und den Alkalien 396
1. Barium allein neben Magnesium und den Alkalien 396
2. Barium, Strontium und Calcium neben Magnesium und den Alkalien 397
3. Trennung ohne spätere Bestimmung von Magnesium und Alkalien . 397
4. Kleine Mengen Barium neben Strontium, Calcium, Magnesium und den Alkalien 397
E. Trennung der Erdalkalien voneinander 397
I. Trennung und Bestimmung des Bariums als Chromat 397
a) Trennung und gravimetrische Bestimmung nach SKRABAL und NEUSTADTL 397
b) Trennung und gravimetrische Mikrobestimmung nach STREBINGER 397
c) Titrimetrische mikrochemische Trennung und Bestimmung von Barium und Calcium nach GEILMANN und HÖLTJE 398
1. Arbeitsvorschrift 398
2. Berechnung 398
3. Bemerkungen 398
d) Konduktometrische Trennung und Bestimmung der Erdalkalien nach DUTOIT und MOJOÏU 398
II. Trennung der Erdalkalien nach ROSE-STROHMAYER-FRESENIUS mit Äther-Alkohol 399
1. Arbeitsvorschrift 399
2. Bemerkungen 399
III. Trennung der Erdalkalien nach RAWSON-NOLL mit Salpetersäure . . . 400
IV. Trennung nach GOOCH und SODERMANN mit Salzsäure und Äther . 400
1. Arbeitsvorschrift 400
2. Bemerkungen 401
V. Trennung des Bariums von Strontium nach SZEBELLÉDY mit Isobutylalkohol 401
VI. Trennung von Barium und Strontium mit Ammoniumsiliciumfluorid 401
1. Arbeitsvorschrift 401
2. Bemerkungen 402
F. Abtrennung des Bariums von nichtflüchtigen Säuren 402
Literatur 402

Bestimmungsmöglichkeiten.

I. Für die **gewichtsanalytische Bestimmung** kommen in erster Linie folgende Abscheidungs- (und Bestimmungs-) Formen in Betracht:

1. Bariumsulfat § 1, S. 369.
2. Bariumchromat § 2, S. 378.

Außerdem wurden vorgeschlagen:

3. Bariumoxalat § 4, S. 388.
4. Bariumcarbonat § 5, S. 389.
5. Indirekte Bestimmung (elektrolytisch) § 6, S. 390.

II. Für die **maßanalytische Bestimmung** kommen in erster Linie in Betracht:

1. *Jodometrische* Bestimmung nach Fällung als Chromat, direkt und indirekt § 2, S. 380.
2. Jodometrische mikrochemische Bestimmung nach Fällung als Chromat, indirekte Methode § 2, S. 382.

Ferner können empfohlen werden:

3. *Acidimetrische* Bestimmung mit Schwefelsäure und Benzidin, indirekte Bestimmung (Mikromethode) § 1, S. 375.
4. Konduktometrische Bestimmung mit Lithiumsulfat § 1, S. 373.
5. Konduktometrische Bestimmung mit Lithiumchromat § 2, S. 384.
6. Potentiometrische Bestimmung
   a) mit Natriumchromat § 2, S. 384,
   b) mit Natriummolybdat § 2, S. 384,
   c) mit Natriumwolframat § 2, S. 384.

Außerdem wurden vorgeschlagen:

7. Acidimetrische oder alkalimetrische Bestimmung
   a) nach Fällung als Sulfat mit Rhodizonat als Indicator § 1, S. 376,
   b) nach Fällung als Chromat mit verschiedenen Indicatoren § 2, S. 385,
   c) nach Fällung als Carbonat, direkt und indirekt § 5, S. 390,
   d) nach Fällung als Metaborat § 6, S. 391,
   e) nach Elektrolyse § 6, S. 390.
8. Jodometrische Bestimmung, direkt und indirekt
   a) nach Fällung als Jodat § 3, S. 386,
   b) nach Fällung als Arsenat § 6, S. 391.
9. Manganometrische Bestimmung
   a) nach Fällung als Oxalat § 4, S. 389,
   b) nach Fällung als Bariumferrocyanid § 6, S. 391.
10. Fällungsanalytische Bestimmung
    a) Tüpfelmethoden:
       α) nach Fällung als Sulfat § 1, S. 376,
       β) nach Fällung als Bariumferrocyanid § 6, S. 391.
    b) Endpunktbestimmung ohne Indicator:
       α) Zentrifugovolumetrische Bestimmung als Sulfat § 1, S. 377 oder Chromat § 2, S. 385.
       β) Durch Klären unter Druck nach Fällung als Sulfat § 1, S. 377.
       γ) Durch Bildung eines löslichen Phosphatkomplexes § 6, S. 391.
11. Elektrometrische Bestimmung
    a) Konduktometrisch durch Fällung mit Lithiumferrocyanid § 6, S. 391.
    b) Potentiometrisch mit Bleinitrat und Kaliumferrocyanid § 1, S. 374.

Außerdem sind zu erwähnen:

III. Spektralanalytische Bestimmung § 6, S. 390.

IV. Sedimetrische Bestimmung als Sulfat § 1, S. 377.

V. Nephelometrische Bestimmung als Sulfat § 1, S. 377.
VI. Gasvolumetrische Bestimmung von Stickstoff nach Fällung des Bariums als Jodat und darauffolgender Oxydation von Hydrazinsulfat § 3, S. 388.
VII. Bestimmung in Sonderfällen:
1. Bestimmung von Bariumsuperoxyd
a) Jodometrisch indirekt § 7, S. 391.
b) Jodometrisch direkt § 7, S. 391.
c) Manganometrisch § 7, S. 392.
d) Gasvolumetrisch durch Bestimmung von Sauerstoff § 7, S. 392.
2. Bestimmung von Bariumsulfid.
a) Tüpfelmethode mit Bleinitrat, Molybdat und Tannin als Indicator § 7, S. 393.
b) Acidimetrische Bestimmung mit Zinksulfat § 7, S. 394.
c) Argentometrische Bestimmung § 7, S. 394.

Eignung der wichtigsten Verfahren.

Für *Makrobestimmungen* (> 5 mg Ba) eignen sich am besten die Fällungen als Sulfat oder Chromat, wenn andere Ionen, die schwerlösliche Sulfate oder Chromate bilden, nicht anwesend sind. Mit Ausnahme der übrigen Erdalkalien, des Magnesiums und der Alkalien sollen bei gewichtsanalytischen Bariumbestimmungen alle übrigen Kationen und außerdem nicht flüchtige Anionen (Silicat-, Phosphat-, Arsenat-, Borat-Ionen usw.) im Gange der Analyse vorher abgetrennt werden. Ist im Verlauf der Analyse die dritte Gruppe mehrfach mit Ammoniak umgefällt worden, so müssen auch die Ammoniumsalze vor der Fällung des Bariums entfernt werden. Nur in Sonderfällen, z. B. in der Silicatanalyse, wird man gelegentlich das Barium als Sulfat durch Abrauchen mit Schwefelsäure und Flußsäure direkt abscheiden; eine sorgfältige Reinigung ist dann unerläßlich (vgl. § 1, S. 371).

Bei *Serienbestimmungen* wendet man vorteilhaft die jodometrische Bestimmung des Bariums nach Fällung als Chromat an.

Auch *kleine Mengen Barium* werden am besten maßanalytisch jodometrisch bestimmt.

Auflösung des Untersuchungsmaterials.

Sofern es sich nicht um wasser- oder säurelösliche Substanzen handelt, kommen zum Aufschluß in erster Linie die Sodaschmelze (z. B. für Sulfate und Silicate) und der Berzelius-Aufschluß mit Schwefelsäure und Flußsäure (für Silicate) in Frage.

Bestimmungsmethoden.

§ 1. Bestimmung als Bariumsulfat.

$BaSO_4$, Molekulargewicht 233,42.

Allgemeines.

Die Methode beruht auf der Schwerlöslichkeit des Bariumsulfates in wäßrigen und mineralsauren Lösungen. Die abgeschiedene Menge Bariumsulfat wird in der Regel durch Wägung ermittelt. Von geringerer Bedeutung sind die maßanalytischen Verfahren. Da das Bariumsulfat nur bei Anwendung besonderer Vorsichtsmaßregeln rein zu erhalten ist, ist im Laufe der Zeit eine große Zahl praktischer und theoretischer Arbeiten über die Eigenschaften des Bariumsulfates und die Bedingungen seiner Fällung veröffentlicht worden (vgl. unter Literatur A, S. 377).

Eigenschaften des Bariumsulfates. Bariumsulfat ist gekennzeichnet durch ein für Krystalle ungewöhnlich großes *Adsorptionsvermögen* für Lösungspartner, auch für Bariumsalze. Durch Fällung aus verdünnter Lösung wird die Adsorption herabgesetzt.

Die **Löslichkeit** von Bariumsulfat in Wasser beträgt bei 20° 0,25 mg in 100 g Wasser, bei 100° 3,9 mg. Bariumsulfat fällt *aus neutraler oder aus kalter* Lösung sehr feinkörnig. Die Korngröße wird erhöht, wenn man in der Siedehitze bei Anwesenheit von Mineralsäure fällt und dem Niederschlag durch längeres Verweilen in der heißen Lösung Gelegenheit gibt, umzukrystallisieren. Größere Mengen von Mineralsäure sollen jedoch vermieden werden, da sie die Löslichkeit von Bariumsulfat beträchtlich erhöhen: z. B. lösen 100 g 1,82%ige Salzsäure bei Zimmertemperatur 6,7 mg, 100 g 7,29%ige Salzsäure 10,1 mg Bariumsulfat. Salpetersäure wirkt noch störender. Ein geringer Überschuß an Schwefelsäure setzt dagegen als gleichioniger Zusatz die Löslichkeit des Bariumsulfates stark herab. Eine Fällung des Bariumsulfates aus alkalischer Lösung ist um so mehr zu vermeiden, als bei Gegenwart gewisser organischer Substanzen wie Citrat die Fällung des Bariumsulfates durch Bildung kolloider Lösungen verhindert werden kann (vgl. NICHOLS und THIES). Relativ leicht löslich ist es in heißer konzentrierter Schwefelsäure; durch Verdünnen der Lösung mit Wasser läßt es sich leicht wieder ausfällen und unter Umständen auch reinigen (s. S. 371).

Frisch gefälltes Bariumsulfat schließt hartnäckig kleine Mengen von Wasser ein, die erst durch Glühen mit voller Bunsenflamme entfernt werden können. Bei Gegenwart organischer Substanzen z. B. von Filterpapier kann Bariumsulfat beim Glühen reduziert werden, doch läßt es sich leicht wieder in Bariumsulfat überführen. Das bei der Reduktion entstehende Bariumsulfid greift Platintiegel an, was bei einer nachträglichen Bestimmung des Leergewichtes des Tiegels beachtet werden muß. Geglühtes reines Bariumsulfat ist nicht hygroskopisch.

A. Gewichtsanalytische Bestimmung des Bariums als Bariumsulfat.

I. Gebräuchlichste Fällungsmethode.

a) Arbeitsvorschrift. Die Lösung, die etwa 200 mg Barium enthält, wird in einem Jenaer Becherglas von 500 cm^3 Inhalt auf etwa 200 cm^3 verdünnt, mit 5 cm^3 2 n Salzsäure angesäuert und in der Siedehitze tropfenweise mit siedend heißer etwa 0,05 n Schwefelsäure unter kräftigem Rühren gefällt. Man läßt den Niederschlag von Zeit zu Zeit absitzen, um sich von der Vollständigkeit der Fällung überzeugen zu können und um die Zugabe eines größeren Überschusses an Fällungsmittel zu vermeiden. Nach beendeter Fällung spritzt man die Wandungen des Glases mit Wasser ab und läßt das mit einem Uhrglas bedeckte Becherglas mehrere Stunden auf dem Wasserbad stehen. Man rührt gelegentlich um. Dann läßt man erkalten und gießt die überstehende Lösung durch ein Filter ab, reinigt den Niederschlag zunächst durch Dekantieren mit schwach schwefelsäurehaltigem Wasser, bringt ihn schließlich auf das Filter und wäscht mit reinem Wasser völlig aus bis zum Verschwinden der Schwefelsäurereaktion. Das Filtrat wird aufgehoben. Wenn sich über Nacht noch wägbare Mengen Bariumsulfat abgeschieden haben, müssen sie bei genauen Analysen berücksichtigt werden. Ist die Fällung vorschriftsmäßig ausgeführt worden, so läßt sich der Niederschlag durch ein Weißbandfilter filtrieren. Das Filter kann man noch feucht mit dem Niederschlag in einem Tiegel aus Porzellan, Quarzgut oder auch Platin bei möglichst niedriger Temperatur veraschen. Dann erhitzt man noch kurze Zeit im offenen Tiegel mit schwacher Flamme, um etwa reduziertes Bariumsulfat wieder zu oxydieren. Zum Schluß glüht man noch kurze Zeit bei bedecktem Tiegel mit voller Bunsenflamme. Die Anwendung des Gebläses ist unzulässig, da leicht SO_3-Verluste eintreten können. Da, wie schon vorher erwähnt, Bariumsulfat auch Bariumsalze selbst mitreißt, ist stets mit der Anwesenheit von Bariumchlorid im Niederschlage zu rechnen. Man wandelt diese geringen Mengen von Bariumchlorid durch Abrauchen des Tiegelinhaltes mit einigen Tropfen Schwefelsäure in Bariumsulfat um.

b) Bemerkungen. Beachtet man die oben angegebene Vorschrift, so genügen die Ergebnisse den Anforderungen einer guten Analyse, wenn andere Lösungspartner nicht vorhanden sind. Meistens werden aber Fremd-Ionen anwesend sein, die den Niederschlag verunreinigen, wenn sie in größeren Mengen vorliegen. Die Auswage wird zu niedrig, wenn bei der Fällung Bariumsalze anderer Säuren mitgerissen werden, die in geglühtem Zustand ein kleineres Molekulargewicht haben als Bariumsulfat. Die Auswage wird zu hoch, wenn z. B. fremde Kationen von Bariumsulfat eingeschlossen werden. Man wird also dafür Sorge tragen, Salpetersäure, Phosphorsäure und andere störende Säuren fernzuhalten. Größere Mengen Ammoniumsalze, wie sie sich z. B. aus der mehrfachen Fällung der Ammoniakgruppe ergeben, sind vorher abzurauchen. Muß man während der Analyse einen Alkaliaufschluß durchführen, so wählt man als Aufschlußmittel möglichst Natriumsalze, da Kaliumsalze besonders leicht und sehr viel stärker als Natriumsalze mitgerissen werden und zu große Auswagen bedingen. Liegt Kalium neben Barium vor, so muß der Bariumsulfatniederschlag gereinigt werden, wenn größere Genauigkeit verlangt wird. Magnesium wird nicht in störendem Maße, Calcium dagegen sehr leicht von Bariumsulfat mitgerissen. Ist wenig Calcium anwesend, so kann der Bariumsulfatniederschlag nach S. 371 gereinigt werden. In Gegenwart größerer Mengen von Calcium wird man Barium in der Regel nicht als Bariumsulfat bestimmen. Man wird vielmehr das Barium als Chromat nach § 2, S. 378 abscheiden.

c) Reinigung des Bariumsulfates. 1. Aufschluß mit Soda. Man erhitzt den Niederschlag mit der 4- bis 5fachen Menge Soda im Platintiegel, steigert die Temperatur langsam bis zur Rotglut und hält den Tiegel unter gelegentlichem Drehen etwa $^1/_2$ Std. lang bei dieser Temperatur. Nach dem Auflösen der Schmelze filtriert man den Rückstand ab, wäscht mit sodahaltigem Wasser bis zum Verschwinden der Sulfatreaktion, löst den Rückstand in wenig verdünnter Salzsäure und bestimmt das Barium als Sulfat, wenn nötig, nach vorheriger Abtrennung der mit Schwefelwasserstoff und Ammoniak fällbaren Elemente.

2. Auflösung des Bariumsulfates in konzentrierter Schwefelsäure. Diese bequeme Reinigungsmethode wird gelegentlich angewendet, um das Bariumsulfat von kleinen Calcium- oder Alkaliverunreinigungen zu befreien. Man löst das Bariumsulfat in wenig heißer konzentrierter Schwefelsäure, läßt erkalten, gießt den Tiegelinhalt in kaltes Wasser und spült den Tiegel sorgfältig aus, gegebenenfalls unter Zuhilfenahme eines Wischers. Das ausgefallene Bariumsulfat wird wie vorher unter A, I, a, S. 370 angegeben, weiterverarbeitet.

II. Verfahren nach Hahn.

Nach Hahn soll man die schädliche Einwirkung der Lösungspartner vermeiden können, wenn man Bariumsulfat in „extremer Verdünnung" fällt.

a) Arbeitsvorschrift. Ein Becherglas von 300 cm³ Inhalt wird mit einem durchbohrten Uhrglas bedeckt. Durch die Bohrung ragt die Spitze eines senkrecht eingeklemmten, fein ausgezogenen Reagensglases von etwa 30 cm³ Fassungsraum. Durch den Ausguß wird unter dem Uhrglas die Auslaufröhre einer schräg eingespannten Bürette eingeführt, die die Bariumlösung aufnimmt. Die Lösungen sollen 0,05 mol in bezug auf Barium- und Sulfat-Ionen sein. In dem Becherglas werden 10 cm³ 1 n Salzsäure zum Sieden erhitzt. Dann läßt man die Bariumlösung aus der Bürette und gleichzeitig die Schwefelsäurelösung langsam zutropfen. Die Tropfgeschwindigkeit wird so geregelt, daß etwa $^1/_{10}$ mehr Bariumlösung zufließt als Schwefelsäure. Bei unbekanntem Bariumgehalt erkennt man das Vorwalten des Bariums daran, daß der neu entstehende Niederschlag fest am Boden liegt und eine feine Haut auf der Lösung schwimmt. Bei Sulfatüberschuß trübt sich die ganze Lösung. Zum Schluß werden 5 cm³ überschüssige Schwefelsäure hinzugefügt. Während des Fällens hält man die Lösung in gelindem Sieden. Nach dem Abkühlen kann sofort filtriert werden. Der Niederschlag wird in der üblichen Weise weiterverarbeitet.

b) Bemerkungen. Nach HAHN sollen Alkalichloride und mittlere Konzentrationen von Nitraten und Calciumsalzen nicht stören. Über die störende Wirkung des Calciums ist KOLTHOFF allerdings anderer Ansicht. Ebenso erscheint ihm die hier angewandte Säurekonzentration zu groß.

III. Arbeitsweise in besonderen Fällen.

a) Barium in Silicaten. 1. Allgemeine Arbeitsweise. In Gesteinen findet man selten mehr als 1%, meist weniger als 0,2% Bariumoxyd. Spezialgläser enthalten bis zu 30% Bariumoxyd. Bei hohen Ansprüchen an die Genauigkeit ist zu beachten, daß Barium sich im Gange der Silicatanalyse leicht verzettelt. Den Hauptanteil wird man stets bei den Erdalkalien finden und trennt hier nach einer der Methoden § 8, E, S. 397. Nach dem Sodaaufschluß findet sich bei nicht sehr kleinen Bariummengen und gleichzeitiger Anwesenheit von Sulfat ein Teil des Bariums als Bariumsulfat beim Rückstand nach dem Abrauchen der Kieselsäure mit Flußsäure und Schwefelsäure, unter Umständen neben vielen anderen Verunreinigungen. Diesen Anteil wird man stets bei der Wiedergewinnung der Kieselsäurereste aus dem Niederschlag der Ammoniakgruppe finden. Nach dem Abrauchen dieser Kieselsäurereste mit Flußsäure und Schwefelsäure wird der Rückstand mit Pyrosulfat aufgeschlossen. Die erkaltete Schmelze löst man in verdünnter Schwefelsäure, das abgeschiedene Bariumsulfat filtriert man ab und vereinigt es mit der Hauptmenge. Übrigens bietet sich bei der Alkalibestimmung nach BERZELIUS Gelegenheit zu einer Kontrollbestimmung des Bariums. Das Bariumsulfat bleibt nach dem Abrauchen der Kieselsäure mit Flußsäure und Schwefelsäure mit anderen unlöslichen Sulfaten zurück und muß dementsprechend nach einer der beiden unter A, I, c, S. 371 genannten Methoden gereinigt werden.

Bei den in Gesteinen vorkommenden kleinen Mengen bestimmt man es am besten in einer Sonderprobe.

2. Bestimmung kleiner Mengen Barium in Gesteinen nach HILLEBRAND. Man schließt 2 g Gestein mit Soda auf, zersetzt die Schmelze durch Wasser, reduziert etwa vorhandenes Manganat mit Alkohol, filtriert und wäscht den Rückstand mit sehr verdünnter bicarbonatfreier Sodalösung. Ohne das Filter aus dem Trichter zu entfernen, spült man den Rückstand in ein Bechergläschen und erwärmt mit verdünnter Schwefelsäure. Zur Lösung des Manganniederschlages gibt man etwas schweflige Säure hinzu. Das Erwärmen darf nicht fortgesetzt werden, bis die Kieselsäure gelatiniert. Man filtriert durch das erste Filter, wäscht aus und verbrennt das Filter, raucht den Rückstand mit Flußsäure und Schwefelsäure ab und nimmt mit wenig heißer verdünnter Schwefelsäure auf. Alles Barium bleibt ungelöst, daneben möglicherweise etwas Strontium und ziemlich viel Calcium. Man gibt durch ein kleines Filter, glüht und wiederholt den Sodaaufschluß. Die Schmelze laugt man mit Wasser aus, filtriert und löst den Rückstand mit etwas Salzsäure vom Filter. Aus dieser Lösung scheidet man das Barium durch ziemlich viel überschüssige Schwefelsäure aus. Dieses Bariumsulfat reinigt man nach A, I, c, 2, S. 371. Strontium pflegt hier selten in irgendwie besorgniserregender Menge als Verunreinigung aufzutreten. Bei strontiumreichen Gesteinen trennt man nach § 8, E, S. 397.

b) Technische Schnellmethode nach DICK. Das nach der klassischen Methode gefällte Bariumsulfat wird durch einen Porzellanfiltertiegel filtriert, zuerst wie üblich, dann mit 95%-igem Alkohol und schließlich mit Äther ausgewaschen. Getrocknet wird 5 bis 10 Min. lang im Vakuum bei Zimmertemperatur. Die Brauchbarkeit der Methode wird von WASSILJEW und SINKOWSKAJA bestätigt, von MOSER und ZOMBORY bestritten.

Es ist selbstverständlich, daß der Äther wasserfrei sein muß und keinen nichtflüchtigen Rückstand enthalten darf. Das bei der Fällung des Bariumsulfates eingeschlossene Wasser läßt sich nicht entfernen.

c) Bestimmung des Bariums in organischen Substanzen nach Burger *(Schnellmethode).* **Prinzip.** Die organische Substanz wird bei Gegenwart von Schwefelsäure im Luftstrom verbrannt.

Arbeitsweise. Mindestens 15 mg Substanz werden in einem gewogenen Platinschiffchen zusammen mit konzentrierter Schwefelsäure in ein 30 cm langes Pyrexrohr eingeführt. An dieses Rohr ist ein rechtwinklig nach unten gebogenes Glasrohr mittels Asbestpackung angesetzt. Der untere Teil dieses Schenkels ist mit einem Drahtnetzmantel umgeben, der durch einen Brenner erhitzt wird, um die Verbrennungsluft vorzuwärmen. Das Pyrexrohr selbst ist ebenfalls mit einem kurzen verschiebbaren Drahtnetzmantel umgeben, der sich zu Anfang in einiger Entfernung vom Schiffchen befindet, mit dem Brenner erwärmt wird und dann im Laufe von 15 Min. auf das Schiffchen zugeführt wird. Über dem Schiffchen wird das Drahtnetz noch 5 Min. lang erhitzt. Gegen Ende des Erhitzens muß die Schwefelsäure entfernt sein. Das Schiffchen mit dem Bariumsulfat läßt man vor dem Wägen im Exsiccator erkalten.

IV. Mikrobestimmung nach McLaughlin.

Die Methode wurde für Bariumbestimmungen bei biochemischen Untersuchungen angewendet. Der Verfasser legt besonderen Wert auf genaues Einhalten seiner Arbeitsvorschrift.

Arbeitsvorschrift. Die zu analysierende Substanz wird so bemessen, daß etwa 20 mg Bariumsulfat zu erwarten sind. Die schwach salzsaure Lösung wird in einem 150 cm^3 fassenden Becherglas auf 100 cm^3 verdünnt und zum Sieden erhitzt. Aus einem Reagensglas, das in eine feine Capillare ausgezogen ist, läßt man ein Gemisch von 10 cm^3 Wasser und einem Tropfen 2 n Schwefelsäure langsam zur siedenden Lösung zutropfen. Darauf läßt man ein Gemisch aus 10 cm^3 Wasser und 1 cm^3 2 n Schwefelsäure in gleicher Weise zutropfen und fügt schließlich noch 1 cm^3 2 n Schwefelsäure direkt zur Lösung hinzu. Dann läßt man das Glas bedeckt 6 bis 8 Std. bei 90° stehen, wobei die Lösung auf 20 cm^3 eindampft. Hierauf läßt man abkühlen und über Nacht bei 0° stehen und filtriert dann durch ein Filter (4 bis 5 cm ⌀), indem man den Niederschlag mit der Flüssigkeit auf das Filter bringt. Das Filtrat wird nochmals durch das Filter gegossen. Dabei werden weitere Teile des Niederschlages auf das Filter gebracht; die letzten Reste spült man mit kleinen Filtratanteilen auf das Filter und wäscht Becherglas und Filter mit reinem destillierten Wasser. Man trocknet das Filter bei 100° und verkohlt es über kleiner Flamme im Platintiegel, ohne es zur Bildung einer Flamme kommen zu lassen. Dann steigert man die Temperatur langsam, bis das Filter völlig verascht ist, läßt abkühlen, feuchtet den Tiegelinhalt mit 2 Tropfen Wasser und einem Tropfen 2 n Salzsäure an und fügt nach einigen Augenblicken 3 bis 4 weitere Tropfen 2 n Salzsäure hinzu, bedeckt den Tiegel und gibt nach wenigen Minuten 4 bis 5 Tropfen 2 n Schwefelsäure zu der Mischung. Nun erwärmt man den Tiegel gelinde, so daß Salzsäure und Wasser vertrieben werden, ohne daß der Tiegelinhalt ins Sieden gerät, und nach beendeter Entfernung von Salzsäure und Wasser erwärmt man 20 bis 25 Min. lang stärker, um die Schwefelsäure zu vertreiben. Dieses Erhitzen geschieht am besten elektrisch. Dabei muß der Deckel vom Tiegel entfernt und gesondert erhitzt werden. Dann stellt man den Tiegel in einen Kupferblock nach Pregl und bringt ihn nach 10 Min. an die Mikrowaage, wo er nach weiteren 15 Min. gewogen wird. Der leere Tiegel ist nach gleicher Vorbehandlung zu wägen. Das Abrauchen mit Salzsäure und Schwefelsäure wird wiederholt Die zweite Wägung soll nur eine Differenz von höchstens 0,03 mg ergeben.

B. Maßanalytische Methoden.

Exakte Bestimmungsmethoden, bei denen es sich um eine Abscheidung als Sulfat handelt, sind nicht bekannt und bei den Eigenschaften des Bariumsulfates auch nicht zu erwarten. Bei mikrochemischen Bestimmungen sollen die Bestimmung mit Schwefelsäure und Benzidin und die konduktometrische Methode gute Werte geben. Die übrigen hier beschriebenen Methoden können höchstens für technische Zwecke und Reihenbestimmungen, bei denen große Genauigkeit nicht verlangt wird, angewendet werden.

I. Elektrometrische Bestimmungsmethoden.

a) Konduktometrische Bestimmung nach Dutoit und Mojoïu.

1. Allgemeines. Der Verlauf der Reaktion wird an der Änderung des Leitvermögens infolge des Verschwindens einer Ionenart bzw. des Auftretens einer neuen Ionenart beobachtet. Da die Änderung in der Nähe des Endpunktes gering sein kann, empfiehlt sich stets graphische Darstellung der Ergebnisse und Extrapolation durch geradlinige Verlängerung der beiden Kurvenäste bis zum Schnittpunkt. Eine solche Extrapolation muß z. B. stets durchgeführt werden, wenn der Niederschlag etwas löslich ist. Der Knickpunkt tritt um so schärfer auf, je größer die Beweglichkeit des verschwindenden Ions und je kleiner die des bleibenden Ions ist. So titriert man z. B. Bariumsalze vorteilhaft mit Lithiumsalzen. Die zu untersuchende Lösung soll sehr verdünnt (0,01 bis 0,005 n), das Fällungsmittel dagegen, von dem nur etwa 1 cm^3 verbraucht werden darf, möglichst konzentriert (1 n) sein. Adsorbiert der Niederschlag gelöste Salze, so soll man nach Zugabe von Fällungsmittel stets einige Minuten warten, bevor man mißt. Ist sehr viel Alkali zugegen, so fällt man besser das Barium zuerst mit Ammoniumcarbonat und löst den Niederschlag in wenig Salzsäure. Das in Lösung verbleibende Säureradikal des Bariumsalzes soll die Bestimmung nicht beeinflussen. Ein Zusatz von 30% Alkohol oder Aceton soll den Endpunkt schärfer hervortreten lassen, die Gegenwart organischer Säuren dagegen Fehler bis zu 10% hervorrufen (Kling und Lassieur). Die Methode wird mit Vorteil für Reihenuntersuchungen an reinen Bariumsalzen anzuwenden sein (Kolthoff), auch dann, wenn nur wenig Substanz zur Untersuchung zur Verfügung steht.

2. Arbeitsvorschrift. Man füllt die zu analysierende schwach saure Lösung, die 30 Vol.-% Alkohol enthält und 0,01 bis 0,005 n in bezug auf Barium sein soll, in das Leitfähigkeitsgefäß ein und titriert mit 1 n Lithiumsulfatlösung aus einer Mikrobürette bei sorgfältig konstant gehaltener Temperatur. Die Ablesung ist erst einige Minuten nach jedem Zusatz auszuführen. 6 bis 7 Einzelzusätze von Lithiumsulfatlösung genügen meistens zur Bestimmung des Bariums. Die Lithiumsulfatlösung wird gegen eine Bariumchloridlösung eingestellt, deren Gehalt gravimetrisch bestimmt wird. Die Genauigkeit beträgt nach Dutoit 0,5%, auch dann, wenn das Leitvermögen fremder, nicht zu bestimmender Substanzen 6mal so groß ist wie das zu bestimmende. Geringe Mengen Alkalien und wenig freie Säure stören nicht, dagegen stört die Anwesenheit von Calcium, Strontium und anderen Sulfat verbrauchenden Ionen (Kolthoff). Zur Erzielung guter Ergebnisse ist eine große Anzahl von Vorsichtsmaßnahmen zu beachten, wie Konstanz der Temperatur, der Viscosität, d. h. des Wasser-Alkohol-Gemisches; ferner ist auf Reinheit des Wassers zu achten usw. (Hinsichtlich Einzelheiten über die Methodik und die Fehlermöglichkeiten vgl. W. Böttger: Physikalische Methoden der analytischen Chemie, 2. Teil. Leipzig 1936.

b) Potentiometrische indirekte Bestimmung nach Müller und Wertheim.

1. Allgemeines. Das Ende der beobachteten Umsetzung wird durch die sprunghafte Änderung der elektromotorischen Kraft eines galvanischen Elementes angezeigt, das man aus der zu analysierenden Lösung mit Indicatorelektrode und einer Vergleichselektrode bildet. Die Vergleichselektrode kann eine Normalcalomelelektrode oder auch einfach eine austitrierte Analysenlösung mit einem Platindraht sein. Zusatz von Alkohol ist wie bei den konduktometrischen Bestimmungen häufig günstig, desgleichen ist wie dort auf Temperaturkonstanz zu achten. Selbstverständlich müssen alle Substanzen, die Nebenreaktionen bewirken können, abwesend sein. Die zu analysierende Bariumlösung wird mit überschüssiger bekannter Kaliumsulfatlösung, der Überschuß an Sulfat mit überschüssiger bekannter Bleilösung gefällt; das überschüssige Blei wird mit Kaliumferrocyanid potentiometrisch zurücktitriert.

2. Arbeitsvorschrift. **Lösungen.** α) Bleinitratlösung, die etwas stärker als 0,1 mol sein soll. Ihr Gehalt wird gravimetrisch bestimmt.

β) 0,1 mol Kaliumferrocyanidlösung; der Titer wird durch Titration von 50 cm^3 Bleilösung bestimmt.

γ) 0,1 mol Kaliumsulfatlösung; den Titer bestimmt man, indem man 50 cm³ der Bleilösung mit 50 cm³ 0,1 mol Kaliumsulfatlösung fällt und das überschüssige Blei wie bei der Bariumbestimmung titriert.

Ausführung. Das Barium der zu untersuchenden Lösung wird mit überschüssiger Kaliumsulfatlösung (x cm³) gefällt. Man rührt und setzt nach einigen Minuten das gleiche Volumen (x cm³) Bleilösung und nach einigen weiteren Minuten einige Kubikzentimeter Alkohol hinzu. Nach kurzem Stehen wird filtriert und mit Alkohol gewaschen. Dann wird der Überschuß an Blei elektrometrisch mit Kaliumferrocyanidlösung zurücktitriert.

Berechnung des Bariumgehaltes. 1 cm³ der Bleilösung enthalte a Mole Blei.

50 cm³ der Bleilösung entsprechen b cm³ der Kaliumferrocyanidlösung.

1 cm³ der Kaliumferrocyanidlösung entspricht also $50 \cdot \frac{a}{b}$ Molen Blei. Bei der Titerbestimmung der Kaliumsulfatlösung (s. Lösungen γ) seien nach der Fällung von 50 cm³ der Bleilösung mit 50 cm³ der Kaliumsulfatlösung zur Rücktitration des überschüssigen Bleis c cm³ der Kaliumferrocyanidlösung verbraucht.

War x die bei der Bariumbestimmung zugesetzte Anzahl Kubikzentimeter Kaliumsulfat- und Bleilösung und m die Anzahl der zur Rücktitration des überschüssigen Bleis angewendeten Kubikzentimeter Kaliumferrocyanid, so berechnet man den Bariumgehalt folgendermaßen:

Zur Rücktitration von Blei bei Verwendung von x cm³ Bleinitrat + x cm³ Kaliumsulfat (ohne Bariumzusatz) würden $\frac{c\,x}{50}$ cm³ Kaliumferrocyanid verbraucht werden.

In den bei der Bariumbestimmung verbrauchten m cm³ Kaliumferrocyanid ist außer diesen $\frac{c\,x}{50}$ cm³ die Menge Kaliumferrocyanid enthalten, die der durch Bariumsulfatbildung frei werdenden Bleimenge entspricht. Diese ist also $m - \frac{c\,x}{50}$ cm³ Kaliumferrocyanid.

$m - \frac{c\,x}{50}$ cm³ Kaliumferrocyanidlösung entsprechen aber $\left(m - \frac{c\,x}{50}\right)\frac{a}{b}\,50 = (50\,m - c\,x)\,\frac{a}{b}$ Molen Blei.

Die gleiche Anzahl Mole Barium war in der untersuchten Lösung vorhanden.

Bemerkungen. Strontium und Calcium lassen sich nicht auf gleiche Weise bestimmen, doch stört die Gegenwart von Strontium sehr. Desgleichen stören natürlich alle Ionen, die Sulfat, Blei oder Ferrocyanid durch Fällung, Adsorption oder Oxydation verbrauchen.

c) Polarometrische Bariumbestimmung nach MAJER.

Diese Methode scheint auch für die Bestimmung sehr kleiner Bariummengen sehr aussichtsreich zu sein und kann auch bei gleichzeitiger Anwesenheit einer großen Zahl anderer Kationen durch Titration des Barium-Ions mit Lithiumsulfat durchgeführt werden. Die Untersuchungen wurden mit der üblichen Anordnung (Quecksilbertropfelektrode, große, unpolarisierbare, ruhende Quecksilberanode, Messung mit Spiegelgalvanometer usw.) ausgeführt. Leider fehlen alle näheren rein analytisch wichtigen Einzelangaben.

II. Acidimetrische Bestimmungsmethoden.

a) Indirekte Bestimmung mit Schwefelsäure und Benzidin nach KING.

Prinzip der Methode. Das Barium wird aus seiner Lösung mit überschüssiger bekannter Schwefelsäure gefällt; die überschüssige Schwefelsäure bildet mit salzsaurem Benzidin ein schwer lösliches Sulfat, das mit Natronlauge und Phenolphthalein titriert wird.

Lösungen. 1. Benzidinlösung. 4 g Benzidin werden mit 150 cm^3 Wasser und 50 cm^3 1 n Salzsäure versetzt; die entstehende Lösung wird auf 250 cm^3 aufgefüllt.

2. 0,05%ige wäßrige Phenolphthaleinlösung,

3. 0,01 n Schwefelsäurelösung,

4. 0,01 n Natronlauge.

Arbeitsvorschrift. Die Analysenlösung soll 2 bis 3 cm^3 betragen und 0,5 bis 2 mg Ba enthalten. Sie wird in ein konisches, 15 cm^3 fassendes Zentrifugenglas, das in einem Becherglas mit siedendem Wasser steht, gegeben und mit genau 4 cm^3 0,01 n Schwefelsäure versetzt. Nach gründlichem Durchmischen läßt man abkühlen und fügt 2 cm^3 der salzsauren Benzidinlösung hinzu, um die überschüssige Schwefelsäure zu fällen. Man spritzt dann aus einer fein ausgezogenen Pipette durch Ausblasen 3 cm^3 95%iges Aceton so zu der Mischung, daß der Niederschlag gründlich aufgewirbelt wird. Nach 10 Min. spült man die Wände mit wenig Aceton ab und zentrifugiert 5 Min. lang. Die überstehende Lösung wird mit dem Capillarheber entfernt und der Niederschlag im Röhrchen mit 3 cm^3 95%igem Aceton wie vorher unter Aufwirbeln gewaschen. Die Wände werden mit 1 cm^3 Aceton abgespült; dann wird 5 Min. lang zentrifugiert und die Lösung wieder abgehebert. Das Rohr wird über einem Stück Filtrierpapier umgedreht, um die geringen Reste von Flüssigkeit, die noch über dem fest zusammengedrückten Bodenkörper stehen, ablaufen zu lassen, was ohne Verlust an Niederschlag gelingen soll. Nach 2 Min. wird Waschen, Zentrifugieren und Trennen von der Waschlösung auf die gleiche Weise wiederholt. Dann gibt man 3 cm^3 Wasser zum Niederschlag, stellt das Röhrchen in einen Becher mit heißem Wasser, gibt einen Tropfen Phenolphthalein hinzu und titriert in der Hitze mit 0,01 n Natronlauge auf einen bleibenden rosa Farbton.

Der Verfasser gibt folgende Analysenwerte für die Bestimmung von Bariumchloridlösungen, deren Gehalt gravimetrisch bestimmt war:

gefunden Milligramm Ba:	1,36,	1,31,	1,30,	1,99,	2,02,	0,42,	1,24,	2,04,	2,02,
berechnet „ „		1,37,			2,06,	0,42,	1,26,		1,95.

Ähnlich gute Übereinstimmung erhält der Verfasser für Bariumsalze alkylierter Phosphorsäuren.

b) Titration des Bariums mit Sulfat und Natriumrhodizonat.

Die Methode beruht auf der Umsetzung von rotem Bariumrhodizonat mit Sulfat-Ionen zu Bariumsulfat und farbloser Rhodizonsäure oder gelbem Alkalirhodizonat. Die von STREBINGER und ZOMBORY empfohlene Fällung des Bariums mit Sulfat-Ionen bei gleichzeitiger Anwesenheit von Indicator ist nach den Arbeiten von KOLTHOFF sowie MUTSCHIN und POLLAK u. a. zu verwerfen. Besser werden die Resultate, wenn der Endpunkt durch Tüpfeln festgestellt wird. Man titriert direkt mit Sulfatlösung oder Schwefelsäure in siedender, schwach salzsaurer Lösung. Dabei würde etwa in der Lösung enthaltener Indicator zerstört werden. Ammoniumsalze und eine große Zahl von Kationen stören, so z. B. Strontium, Magnesium, Nickel, Kobalt, Eisen, Mangan, Zink, Aluminium, Chrom, Uran, Kupfer, Wismut, Blei, Quecksilber, Antimon, Zinn, Silber, Cadmium u. a. Auch bei genau eingehaltenen Titrationsbedingungen sind die Werte nicht immer reproduzierbar.

III. Fällungsanalytische Bestimmungen.

a) Tüpfelmethode nach SKWORZOW.

Die salzsaure Bariumchloridlösung wird in der Wärme mit überschüssiger 0,5 n Schwefelsäure versetzt, die mit 0,5 n Bariumchloridlösung zurücktitriert wird. Gegen Ende der Titration bringt man einen Tropfen der Lösung auf eine Tüpfelplatte oder ein Uhrglas mit einer entsprechend kleinen Menge Ammoniumpyrochromat- und Natriumacetatlösung. Auftreten einer Trübung durch Bildung von Bariumchromat zeigt das Ende der Titration an. Fremde Kationen, die gleichfalls Sulfat-Ionen verbrauchen, müssen vorher abgetrennt werden. Die Hauptfehlerquelle liegt bei den titrimetrischen Bestimmungen von Bariumsulfat in der Neigung des Niederschlages, Bariumsalze mitzureißen.

b) Zentrifugovolumetrische Bestimmung nach LE GUYON.

Bei der Ausarbeitung der Methode wurden nur reine Bariumlösungen verwendet. Ein Einfluß von Lösungspartnern auf die Ergebnisse wird nicht diskutiert, doch muß er nach den Erfahrungen bei der gravimetrischen Bariumsulfatbestimmung unter Umständen beträchtlich sein. Die in bezug auf Barium etwa 0,1 n Lösung wird direkt mit einer 0,1 n Sulfat- oder Schwefelsäurelösung titriert. Die Lösung wird durch Zentrifugieren geklärt, so daß man leicht beobachten kann, ob auf Zusatz von einem Tropfen Fällungslösung noch weiteres Bariumsulfat ausfällt. Es ist klar, daß bei zu großem Volumen und zu verdünnter Lösung der Endpunkt nicht mehr zu erkennen ist. Daher arbeitet man am besten mit höchstens je 10 cm^3 Lösung und in dementsprechend kleinen Gefäßen. Die Dauer der Bestimmung beträgt nach LE GUYON 8 bis 10 Min.

c) Verfahren nach TARUGI und BIANCHI.

Auch bei dieser Methode wird der Endpunkt der Titration an dem Ausbleiben einer Bariumsulfatfällung durch den ersten Tropfen überschüssiger Sulfatlösung festgestellt. Die dazu erforderliche Klärung der Lösung wird durch einen gelinden Überdruck bewirkt, der sich beim Erhitzen des Reaktionsgemisches auf 60 bis 70° in dem mit Steigrohr versehenen Kolben einstellt. Gegen Ende der Reaktion erfolgt die Klärung im Steigrohr über eine Strecke von 2 bis 3 cm ziemlich schnell, so daß eine durch zufließende 0,1 n Schwefelsäure entstehende Trübung leicht festgestellt werden kann. Die Fällung wird in mineralsaurer Lösung vorgenommen. Für die Rolle der Lösungspartner und die Konzentration der Lösungen gilt das oben Gesagte (vgl. III, b, S. 377). Bei einer Dauer der Einzelbestimmung von etwa 15 Min. kann die Methode bei technischen Bestimmungen angewendet werden.

C. Nephelometrische Bestimmung.

Bei den nach dem Prinzip der Colorimetrie durchzuführenden nephelometrischen Bariumsulfatbestimmungen sind alle Umstände zu vermeiden, die zu verschiedenen Brechungsexponenten der suspendierenden Flüssigkeit oder zu verschiedener Korngröße und Krystallform führen können. Vgl. auch OWE. Da vor allem die Forderung der Gleichheit von Korngröße und Krystallform schwer zu erfüllen ist, hat die nephelometrische Methode für Bariumbestimmungen keinen großen Wert. Will man sie trotzdem anwenden, so muß man genau auf Konstanz der Fällungsbedingungen für Analysenlösung und Vergleichslösung achten. Es sind Zusätze zu empfehlen, die zur Bildung kolloider Bariumsulfatniederschläge führen. KŘEPELKA und KALINA schlagen z. B. Glycerinzusatz vor; sie vergleichen die Trübungen visuell und erhalten bei Konzentrationen von 0,3 bis 1 mg Barium im Liter einen Maximalfehler von $\pm$ 0,5%. DEL CAMPO, BURRIEL und GARCIA ESCOLAR bestimmen das Trübungsmaximum photometrisch. Sie stabilisieren die Suspension mit Agar-Agar.

D. Sedimetrische Bariumbestimmung nach GREENE.

Das Prinzip der Methode besteht darin, den Niederschlag in eine graduierte geeichte Capillare zu zentrifugieren und den Bariumgehalt aus dem Niederschlagsvolumen abzulesen. Die im Prinzip sehr schöne Methode verliert für die Bariumbestimmung erheblich an Wert, da die Anwendung geeichter graduierter Capillaren nur dann Sinn hat, wenn es gelingt, alle das Niederschlagsvolumen beeinflussenden Faktoren konstant zu halten. Es handelt sich dabei nicht nur um Bedingungen, die die Korngröße und Krystallform beeinflussen, wie z. B. Konzentration, Säuregehalt und Temperatur der Lösungen, Konzentration und Art der Lösungspartner, Überschuß des Fällungsmittels und Art seiner Zugabe, sondern auch um Absitzzeit vor dem Zentrifugieren, Art und Dauer des Zentrifugierens, die dabei herrschende Temperatur usw. Im Gang einer normalen Analyse wird man kaum eine bariumhaltige Lösung erhalten, die diesen Anforderungen genügt. Will man die Methode für Serienbestimmungen bei reinen Bariumsalzen anwenden, so ist bei der praktischen Ausführung die Zugabe von Äthylacetat zur Lösung unerläßlich, um die Bildung einer Haut von Bariumsulfat an der Flüssigkeitsoberfläche zu verhindern. Bei genauer Beobachtung aller Vorsichtsmaßregeln gibt GREENE die Genauigkeit mit 5% Fehler für kleine Mengen, mit 1% für größere Mengen Barium an. (Untersucht wurden Niederschläge bis zu 50 mg Bariumsulfat.) Nach ARRHENIUS und RIEHM soll die zu analysierende Bariumlösung 0,1 bis 0,05 n sein.

Literatur.

A.

ALLAN, E. T. u. J. JOHNSTON: Am. Soc. **32**, 588 (1910).

BALAREW, D.: Z. anorg. Ch. **123**, 69 (1923); Z. anorg. Ch. **168**, 154, 292 (1928); Fr. **72**, 303 (1927); Fr. **101**, 161 (1935).

FISCHER, A.: Z. anorg. Ch. **42**, 408 (1904). — FRESENIUS, R.: Fr. **9**, 52 (1870); Fr. **30**, 452 (1891). — FRESENIUS, R. u. E. HINTZ: Fr. **35**, 170 (1896).

GOOCH, F. A. u. D. V. HILL: Fr. **79**, 403 (1929/30).

HUYBRECHTS, M.: Bl. Soc. chim. Belg. **24**, 281 (1910); durch C. **81 II**, 1165 (1910); Bl. Soc. chim. Belg. **24**, 177 (1910); durch C. **81 I**, 2137 (1910).

KARAOGLANOV, Z.: Fr. **56**, 225, 487 (1917); Fr. **57**, 77, 113 (1918); Fr. **106**, 129 (1936). — KARAOGLANOV, Z. u. B. SAGORTSCHEV: Fr. **98**, 12 (1934); Z. anorg. Ch. **221**, 374 (1935). — KOLTHOFF, I. M. u. E. H. VOGELENZANG: Fr. **58**, 49 (1919). — KONINCK, L. L. DE: Bl. Soc. chim. Belg. **21**, 116 (1907); durch C. **87 I**, 1458 (1907). — KRAUSS, F.: Ch. Z. **50**, 33 (1926). — KRUYS, M. J. VAN'T: Fr. **49**, 393 (1910).

MAR, F. W.: Am. J. Sci. [3] **41**, 288 (1893) u. Fr. **32**, 466 (1893).

PELLET, H.: Ann. Chim. anal. **12**, 186 (1907); durch C. **87 II**, 183 (1907).

RUSSMANN, A.: Fr. **29**, 447 (1890).

SILBERBERGER, R.: M. **25**, 220 (1904). — SKRABAL, A. u. P. ARTMANN: Fr. **45**, 584 (1906).

TRUCHOT, P.: Ann. Chim. anal. **12**, 318 (1907); durch C **87 II**, 634 (1907).

B.

ARRHENIUS, O. u. H. RIEHM: Medd. Nobelinst. **6**, Nr. 14, 1 (1926); durch C. **97 II**, 469 (1926).

BURGER, M.: Chemist-Analyst **21**, Nr. 5, 8 (1932); durch C. **103 II**, 3921 (1932); Chemist-Analyst **23**, Nr. 1, 7 (1934); durch C. **105 I**, 2949 (1934).

CAMPO, A. DEL, F. BURRIEL u. L. GARCIA ESCOLAR: An. Españ. **34**, 829 (1936); durch C **108 II**, 1049 (1937).

DICK, J.: Fr. **77**, 352 (1929). — DUTOIT, P. u. P. MOJOÏU: J. Chim. phys. 8, 27 (1910).

GREENE, H. S.: Am. Soc. **53**, 3275 (1931). — GUYON, R. F. LE: C. r. **183**, 361 (1926); C. r. **184**, 945 (1927).

HAHN, F. L.: Z. anorg. Ch. **126**, 257 (1922/23). — HAHN, F. L. u. R. KEIM: Z. anorg. Ch. **206**, 398 (1932). — HILLEBRAND, W. F.: Analyse der Silicat- und Carbonatgesteine, S. 141. Leipzig 1910.

KING, E. J.: Biochem. J. **26**, 586 (1932). — KLING, A. u. A. LASSIEUR: C. r. **158**, 487 (1914). — KOLTHOFF, I. M.: Fr. **62**, 1 (1923); Die Maßanalyse 2. Aufl., 2. Teil. Berlin 1931. — KOLTHOFF, J. M. u. M. J. VAN CITTERT: Fr. **63**, 392 (1923). — KŘEPELKA, J. u. A. KALINA: Chem. Listy **22**, 545 (1928); durch C. **100 II**, 74 (1929).

MAJER, VL.: Z. El. Ch. **42**, 123 (1936). — MCLAUGHLIN, R. R.: Biochem. J. **25**, 307 (1931). — MOSER, L. u. L. v. ZOMBORY: Fr. **81**, 95 (1930). — MÜLLER, E. u. R. WERTHEIM: Z. anorg. Ch. **135**, 269 (1924). — MUTSCHIN, A. u. R. POLLAK: Fr. **106**, 385 (1936); Fr. **107**, 18 (1936); Fr. **108**, 8, 309 (1937).

NICHOLS, M. L. u. O. J. THIES jun.: Am. Soc. **48**, 302 (1926).

OWE, A. W.: Z. Chem. Ind. Kolloide **32**, 73 (1923).

SKWORZOW, W. N.: Trans. BUTLEROWS Inst. chem. Technol. Kazan **1**, 164 (1934); durch C. **107 II**, 2949 (1936). — STREBINGER, R. u. L. v. ZOMBORY: Fr. **79**, 1 (1929/30); Fr. **105**, 346 (1936).

TARUGI, N. u. G. BIANCHI: G. **36 I**, 347 (1906).

WASSILJEW, A. A. u. A. K. SINKOWSKAJA: Fr. **89**, 262 (1932).

§ 2. Bestimmung als Bariumchromat.

$BaCrO_4$, Molekulargewicht 253,37.

Allgemeines.

Die Methode beruht auf der Schwerlöslichkeit des Bariumchromates in wäßriger oder schwach essigsaurer Lösung. Die Menge des ausgeschiedenen Niederschlages kann durch Wägung oder durch Titration nach verschiedenen Verfahren ermittelt werden. Die Methode wurde zuerst in brauchbarer Form von R. FRESENIUS angegeben und wird heute in der von SKRABAL und NEUSTADTL verbesserten Form für Bestimmungen und Trennungen angewendet.

Eigenschaften des Bariumchromates. Die für die Fällung des Bariumchromates wichtigste Eigenschaft ist die Beeinflussung seiner Löslichkeit durch verschiedene Lösungspartner. Nach den Angaben von SCHWEITZER sowie von R. FRESENIUS lösen z. B.:

100 g	Wasser		bei 15°	1,162 mg	Bariumchromat
100 g	„		100°	4,35 „	„
100 g	Ammoniumacetat	0,75%ig	15°	2,02 „	„
100 g	„	1,5 „	15°	4,25 „	„
100 g	Ammoniumnitrat	0,5 „	14°	2,22 „	„
100 g	Ammoniumchlorid	0,5 „	—	4,35 „	„
100 g	Essigsäure	1,0 „		27,26 „	„
100 g	„	5,0 „		38,22 „	„
100 g	„	10,0 „		50,43 „	„
100 g	Chromsäure	10,0 „		52,78 „	„

Zusätze von neutralem Ammoniumchromat setzen die Löslichkeit außerordentlich stark herab. Alkalisalze werden bei der Fällung leicht mitgerissen. Bei Gegenwart von Strontium muß der Niederschlag stets umgefällt werden, wenn größere Genauigkeit verlangt wird. Gefälltes Bariumchromat enthält nach dem Trocknen bei 110° noch etwa 0,5% Wasser; daher muß der Niederschlag vor der Wägung auf schwache Rotglut erhitzt werden. Höhere Temperaturen sind zu vermeiden, da sonst Zersetzung eintritt. Beim Erhitzen sind reduzierende Flammengase fernzuhalten. Der reine Niederschlag sieht nach dem Glühen gleichmäßig hellgelb aus.

A. Gewichtsanalytische Bestimmung.

I. Fällung nach Skrabal *und* Neustadtl.

Lösungen. 1. Ammoniumacetatlösung. Aus handelsüblichem Ammoniumacetat wird eine 30%ige Lösung hergestellt; dann wird nach Zugabe von Methylorange als Indicator mit Ammoniak genau neutralisiert.

2. Eine 10%ige wäßrige Ammoniumpyrochromatlösung.

3. Waschlösung. Eine 0,5%ige wäßrige Ammoniumacetatlösung.

a) Arbeitsvorschrift. Die bariumhaltige Lösung soll neutral oder ganz schwach sauer sein. Wenn nötig, wird sie mit Ammoniak (Methylorange als Indicator) neutralisiert und dann mit einem Tropfen Essigsäure angesäuert. Dann fügt man auf je 0,1 bis 0,2 g Bariumoxyd etwa 10 cm^3 Ammoniumacetatlösung hinzu, erhitzt zum Sieden und fällt tropfenweise mit Ammoniumpyrochromatlösung in geringem Überschuß. Man läßt absitzen, erkalten, gießt die überstehende Lösung nach etwa 1 Std. durch ein Weißbandfilter und wäscht den Niederschlag durch Dekantieren mit der kalten Ammoniumacetatlösung solange, bis die ablaufende Waschflüssigkeit gerade nicht mehr gelb gefärbt ist. Der auf das Filter gelangte geringe Teil des Niederschlages wird mit möglichst wenig warmer verdünnter Salpetersäure gelöst und in das Becherglas mit dem Hauptniederschlag gespült. Wenn nötig, gibt man noch einige Tropfen Salpetersäure zum Hauptniederschlag, so daß sich das Chromat beim Erwärmen vollständig löst. Die klare Lösung wird auf etwa 200 cm^3 verdünnt und tropfenweise mit soviel Ammoniak versetzt, daß sich die Lösung eben trübt. Dann fügt man 10 cm^3 Ammoniumacetatlösung hinzu, kocht ohne weiteren Zusatz von Ammoniumbichromat auf und läßt erkalten. Gegenüber der älteren Vorschrift von Fresenius bietet diese Arbeitsweise die Möglichkeit, mit gut definierter Säurekonzentration zu arbeiten und gewährt größere Sicherheit für die völlige Trennung des Bariums von den übrigen Erdalkalien. Außerdem gelangen in das Filtrat des Bariumchromates erheblich geringere Mengen von Ammoniumsalzen. Nach 1 bis 2 Std. filtriert man durch einen gewogenen Porzellanfiltertiegel, wäscht wie vorher aus, trocknet bei 110° und erhitzt auf mäßige Rotglut im elektrischen Ofen. Man kann auch im Schutztiegel auf der Bunsenflamme bei Zutritt von Luft erhitzen. Ist ein Filtertiegel nicht vorhanden, so sammelt man den Niederschlag auf einem Weißbandfilter. Man kann das Filter langsam bei niedriger Temperatur direkt veraschen; eine Trennung vom Filter ist aber stets vorzuziehen. Die vereinigten Filtrate erhitzt man 20 Min. lang zum Sieden, um zu prüfen, ob die Abscheidung des Bariums vollständig war.

b) Bemerkungen. Beachtet man die oben angegebene Vorschrift, so genügen die Ergebnisse auch einer *anspruchsvollen Analyse.* Es ist gleichzeitig die beste Methode zur Trennung des Bariums von den übrigen Erdalkalien (vgl. § 8, E, S. 397). Will man den Gehalt einer reinen Bariumlösung nach der Chromatmethode bestimmen, so genügt eine einmalige Fällung. Für technische Zwecke genügt eine einmalige Fällung auch bei Anwesenheit von Strontium und Calcium. Enthält die Lösung große Mengen von Ammoniumsalzen, so müssen sie vorher entfernt werden, da sonst die Auswage zu niedrig wird, wie aus den Angaben auf S. 378 hervorgeht.

In gleichem Sinne wirkt ein zu großer Säuregehalt der Lösung. Da das Bariumchromat bei der Fällung auch Alkalisalze mitreißt, wodurch eine zu große Auswage bedingt wird, ist mit Ammoniumpyrochromatlösung zu fällen.

II. Sonstige Fällungsvorschriften.

a) Vorschrift von **Fresenius.** Nach der älteren, von R. Fresenius empfohlenen Methode, wird mit einem großen Überschuß von Ammoniumchromatlösung gefällt, so daß die freie Essigsäure in der Lösung verschwindet und Ammoniumpyrochromat gebildet wird. Bei der Umfällung wird der Überschuß an Salpetersäure in entsprechender Weise durch einen großen Überschuß an Ammoniumacetatlösung und weitere Ammoniumchromatlösung abgestumpft.

b) Fällung des Bariumchromates nach **Kahan.** Abänderung der Arbeitsvorschrift von Skrabal und Neustadtl. In dem Bestreben, die zur Fällung notwendigen Ammoniumsalzmengen gegenüber der Vorschrift von Skrabal und Neustadtl noch weiter zu verringern, schlägt Kahan folgende Änderung vor, die besonders für die Trennung von Barium und Strontium in Betracht kommt.

Die neutrale Lösung der Erdalkalien wird in der Kälte tropfenweise unter Umrühren mit Ammoniumbichromatlösung versetzt, bis die Fällung beinahe vollständig ist. Dann wird Ammoniumacetat zugefügt, bis die überstehende Lösung wieder farblos geworden ist. Darauf fällt man den in Lösung verbliebenen geringen Rest des Bariums mit einem kleinen Überschuß an Ammoniumbichromat vollständig aus, so daß die überstehende Lösung eine blaßgelbe Farbe angenommen hat. Man läßt den Niederschlag über Nacht stehen, filtriert durch einen Gooch-Tiegel, wäscht mit verdünnter Ammoniumacetatlösung, bis die Waschlösung mit Silbernitratlösung nur noch eine schwache Opalescenz zeigt, und trocknet 1 bis 2 Std. lang bei mindestens 180°. Kahan gibt an, daß diese Arbeitsweise eine größere Sicherheit der Versuchsergebnisse verbürge, doch scheint die Fällung in der Kälte anfechtbar zu sein.

c) Eine Reihe *weiterer Vorschläge* stammt von Winkler, von Szebellédy, von van der Horn van den Bos, von Kolthoff, sowie von Singleton. Da sie indessen keine Verbesserung gegenüber der Methode von Skrabal und Neustadl bedeuten, sollen sie nur in der Literaturzusammenstellung erwähnt werden.

B. Maßanalytische Bestimmung.

Bei der maßanalytischen Bestimmung des Bariums mit Hilfe von Chromat unterscheidet man im wesentlichen zwei Bestimmungsgruppen. Die jodometrische Bestimmung und die direkte Fällung des Bariums mit Chromat und Indicator. Die direkte Methode mit Chromat und Indicator ist wegen zahlreicher Fehlerquellen nur bei technischen Bestimmungen brauchbar; die Bestimmung mit Kaliumjodid und Natriumthiosulfat liefert gute Werte und kann besonders bei Serienbestimmungen angewendet werden. Ausgezeichnete Ergebnisse erzielen die maßanalytische Mikromethode mit Chromat (S. 382) und die elektrometrischen Methoden.

I. Jodometrische Bestimmung des Bariums nach Fällung als Chromat.

a) Makrochemische Bestimmung. Die Methode beruht auf der Reduktion von Chromat-Ion in der Kälte zu Chromisalz durch Jodkalium in saurer Lösung, wobei die äquivalente Menge Jod frei wird.

Lösungen. 1. 0,1 n Natriumthiosulfatlösung. Es ist zu beachten, daß kohlendioxydhaltiges Wasser den Titer einer Natriumthiosulfatlösung vergrößert, da die durch Kohlensäure aus dem Natriumthiosulfat frei gewordene schweflige Säure mehr Jod verbraucht, als die Menge Natriumthiosulfat, aus der sie entstanden ist. Selbst wenn man also das Wasser durch Auskochen von Kohlensäure weitgehend befreit hat, ist es nötig, die Lösung, die man durch Auflösen von etwa 25 g krystallisiertem Salz in 1 l herstellt, vor dem Gebrauch erst 8 bis 10 Tage stehen zu lassen. Dann stellt man sie mit reinem gewogenen Kaliumbichromat ein, das bei 130° getrocknet wurde.

2. Stärkelösung. 0,5 g Stärke verreibt man mit sehr wenig kaltem Wasser sorgfältig zu einem gleichmäßigen Brei und gießt ihn langsam in 100 cm³ kochendes Wasser, läßt noch 1 bis 2 Min. kochen bis eine fast klare Lösung entsteht und filtriert nach dem Abkühlen. Bequemer ist die Benutzung löslicher Stärke.

3. Kaliumjodidlösung. Man stellt sich eine 10%ige wäßrige Lösung von jodatfreiem Kaliumjodid her. Zur Prüfung auf etwa anwesendes Jodat säuert man eine Probe der Lösung mit Salzsäure oder Schwefelsäure an und setzt Stärkelösung hinzu. Es darf keine Blaufärbung auftreten.

Allgemeines. Es ist selbstverständlich, daß bei dem großen Dampfdruck von Jod in Lösungen nur in der Kälte titriert werden darf. Die Stärkelösung soll erst gegen Ende der Titration zur Lösung gegeben werden. Da der Indicator von blau nach hellgrün umschlägt, ist der Endpunkt nur bei großer Verdünnung hinreichend scharf zu erkennen, so daß die Lösung für etwa 0,5 bis 0,7 g Chromat-Ion nach Zugabe der Kaliumjodidlösung am besten auf 500 bis 600 cm³ verdünnt wird. Der Säure- und Jodkaliumzusatz darf nicht zu gering sein, denn einmal wird Chromsäure in sehr verdünnter schwefelsaurer Jodkaliumlösung nur unvollständig oder gar nicht reduziert, und außerdem hängt erfahrungsgemäß die Empfindlichkeit der Jodstärkereaktion von der Anwesenheit genügender Mengen von Jod-Ionen ab. Bei direkten Bestimmungen des Bariums aus dem Bariumchromatniederschlag darf Schwefelsäure zum Ansäuern selbstverständlich nicht angewendet werden; es ist vielmehr 2 n Salzsäure zu verwenden, und zwar wird man meistens für die oben angegebene Menge Chromat-Ionen etwa 10 bis 20 cm³ 2 n Salzsäure zusetzen. Die Salzsäure muß natürlich frei von oxydierenden oder reduzierenden Stoffen sein. Die Titration soll langsam und unter Rühren oder Umschwenken erfolgen, um eine örtliche Verarmung an Jod und damit eine Entstehung von Schwefeldioxyd aus Natriumthiosulfat zu vermeiden.

1. Vorschrift nach Waddell. Die Fällung des Bariums wird nach der Vorschrift von Skrabal und Neustadtl (S. 379) durchgeführt. Der Niederschlag wird im Filtertiegel gesammelt und mit Wasser gewaschen, wobei die Löslichkeit des Bariumchromates zu beachten ist. Waddell gibt an, daß 100 cm³ Wasser beim Auswaschen 0,78 mg Bariumchromat lösen. Steel schlägt zur Verbesserung vor, mit Wasser zu waschen, das an Bariumchromat gesättigt ist, wodurch eine Korrektur überflüssig wird. Der Niederschlag wird dann in kalter 2 n Salzsäure gelöst und in einen genügend großen Erlenmeyer-Kolben oder in ein Becherglas gespült. Dann fügt man 10 bis 20 cm³ 10%ige Kaliumjodidlösung hinzu, wartet 2 bis 3 Min., verdünnt auf 500 bis 600 cm³ und titriert unter dauerndem Rühren oder Umschwenken des Gefäßes mit 0,1 n Natriumthiosulfatlösung. Gegen Ende der Titration fügt man 2 bis 3 cm³ Stärkelösung hinzu und titriert vorsichtig zu Ende.

2. Vorschrift nach van der Horn van den Bos. Die Lösung soll etwa 100 bis 200 mg Barium enthalten. Sie wird auf etwa 300 cm³ verdünnt, zum Sieden erhitzt, mit 10 bis 15 Tropfen Essigsäure angesäuert und dann tropfenweise mit 50 cm³ 0,2 n Kaliumbichromatlösung gefällt, die vorher durch Ammoniak neutralisiert worden ist. Dann läßt man abkühlen, verdünnt auf 500 cm³ und filtriert nach 1 bis 2 Std. Man titriert je 100 cm³ des Filtrates nach dem Ansäuern und nach Zusatz von Kaliumjodid mit 0,025 n Natriumthiosulfatlösung. Das nicht berücksichtigte Volumen des Niederschlages verursacht nur vernachlässigbare Fehler. Dagegen können durch Lösungspartner fehlerhafte Ergebnisse erhalten werden, wie aus der Besprechung der Fehlermöglichkeiten bei der Bariumchromatfällung (S. 379) hervorgeht.

Bei Barium-Strontium-Calcium-Trennungen müßte daher der Niederschlag umgefällt werden. Der Vorschlag des Verfassers, aus einem größeren Teil des Filtrates durch Eindampfen, Neutralisieren und Digerieren des Rückstandes mit Alkohol eine Strontiumbestimmung bzw. eine Strontium-Calcium-Trennung durchzuführen, kann nicht empfohlen werden.

b) Mikrochemische Bestimmung. Allgemeines. Die Mikrobestimmung des Bariums wird wie bei den oben beschriebenen makrochemischen Bestimmungen nach der Fällung des Bariums als Bariumchromat jodometrisch durchgeführt. Bei mikrochemisch-jodometrischen Bestimmungen sind nach GEILMANN sowie GEILMANN und HÖLTJE eine Reihe besonderer Vorsichtsmaßregeln zu beachten.

Der erhebliche Dampfdruck des Jods in Lösungen kann zu Verlusten und damit zu entsprechenden Fehlern führen. Einen Überblick über die Größe der möglichen Fehler gibt eine von GEILMANN durchgeführte Bestimmung des Jodverlustes bei längerem Stehen in offenen Gefäßen. Es wurden je 3 cm³ 0,05 n Jodlösung in offenen ERLENMEYER-Kölbchen zu verschiedenen Zeiten nach dem Einfüllen titriert. Die Tabelle gibt die Zeit und den Verbrauch von 0,05 n Natriumthiosulfatlösung:

Sofort titriert:	2,946	2,948		cm³ 0,05 n Natriumthiosulfatlösung
Nach 5 Min.:	2,945	2,940	2,946	„ 0,05 „ „
„ 10 „ :	2,928	2,930		„ 0,05 „ „
„ 30 „ :	2,902	2,910		„ 0,05 „ „
„ 60 „ :	2,872	2,860		„ 0,05 „ „

Titration in Kölbchen mit Schliffstöpseln ergab dagegen:

Sofort titriert: 2,946, 2,947 cm³ 0,05 n Natriumthiosulfatlösung.
Nach 60 Min. titriert: 2,946, 2,947, 2,949 cm³ 0,05 n Natriumthiosulfatlösung.

Es soll daher stets in Kölbchen mit Schliffstöpseln gearbeitet werden. Außerdem soll die Lösung des Jods stets eine beträchtliche Konzentration an Jodkalium haben, da hierdurch einmal der Dampfdruck des Jods herabgesetzt wird und außerdem die Schärfe der Jodstärkereaktion bekanntlich erhöht wird.

Eine weitere Fehlerquelle liegt in der Zersetzlichkeit des Jodkaliums in sauren Lösungen bei Gegenwart von Luft. Auch hier gibt GEILMANN Zahlen über die Größe des Fehlers. Wechselnde Mengen von 2 n Salzsäure wurden zu 10 cm³ aufgefüllt, mit 0,2 g Jodkalium versetzt und nach wechselnden Zeiten mit 3 Tropfen Stärkelösung versetzt und mit 0,05 n Natriumthiosulfatlösung titriert.

Verbrauch an 0,05 n Thiosulfatlösung.

	Nach 10 Min.	Nach 30 Min.	Nach 3,5 Std.
1 cm³ 2 n Salzsäure	0,000—0,000	0,009—0,011	0,050—0,040
2 „ 2 n Salzsäure	0,010—0,009	0,020—0,020	0,040—0,080
5 „ 2 n Salzsäure	0,015—0,020	0,080—0,070	0,320—0,375
7 „ 2 n Salzsäure	0,032—0,032	0,075—0,090	0,340—0,280
10 „ 2 n Salzsäure	0,045—0,047	0,150—0,135	0,370—0,420

Wie man sieht, erfolgt die Ausscheidung von Jod in Abhängigkeit von Säurekonzentration und Zeit. Die Fehler fallen um so mehr ins Gewicht, je kleiner die zu bestimmenden Chromatmengen sind.

Für das Arbeiten mit 0,01 n Maßlösungen ist besonders zu beachten: Die Salzsäurekonzentration soll 0,3 Mol/l nicht übersteigen. Der Kaliumjodidgehalt soll mindestens 2% betragen. Lösungen mit weniger als 0,5 mg Kaliumbichromat/10 cm³ müssen mindestens 10 Min. lang stehen, nachdem Kaliumjodid hinzugefügt wurde, da sonst die Reduktion des Chromat-Ions unvollständig ist. Die Titration soll unter starkem Umschwenken langsam erfolgen, da sonst an der Eintropfstelle die Lösung an Jod verarmt und dementsprechend Natriumthiosulfat durch Salzsäure zersetzt wird. Bei der Einstellung von 0,01 n Natriumthiosulfatlösung mit Kaliumbichromat hängt der Faktor von der titrierten Menge ab, wenn diese sehr klein ist. Bei einem Verbrauch von 2 cm^3 oder mehr ist eine solche Änderung nicht mehr zu beobachten. Ist man daher gezwungen, weniger als 2 cm^3 0,01 n Lösung zu verbrauchen, dann muß unter allen Umständen die Einstellung des Faktors unter Verbrauch der gleichen Menge Thiosulfat wie bei der Analyse erfolgen, wenn auf gute Ergebnisse Wert gelegt wird.

1. Indirekte Bestimmung des Bariums nach Geilmann und Höltje. Arbeitsvorschrift. Die bariumhaltige Lösung wird mit Ammoniak neutralisiert und in der Hitze mit einem gemessenen Überschuß von Kaliumpyrochromatlösung versetzt, die etwa im Liter 1,071 g Kaliumpyrochromat enthält (1 cm^3 entspricht 1 mg Ba). Dann wird durch überschüssiges Natriumacetat gefällt. Nach 1 Std. wird zentrifugiert und die überstehende Lösung mit dem Capillarheber abgehebert. Man bestimmt die Menge der abgeheberten Lösung volumetrisch oder durch Restwägung nach dem Abhebern; die Wägung liefert wesentlich bessere Werte. Die abgeheberte Lösung wird mit 0,01 n Thiosulfatlösung titriert. Die Ergebnisse sind bei Beobachtung der notwendigen Vorsichtsmaßregeln gut. Bariummengen unter 5 mg lassen sich danach auf $\pm$ 0,01 mg genau bestimmen.

Der Überschuß an Chromat soll nicht zu groß sein, da sonst leicht zu hohe Bariumwerte gefunden werden. Die besten Ergebnisse werden erzielt, wenn die Lösung nach der Fällung einen Gehalt von 0,02 bis 0,03% Kaliumbichromat hat.

Freie Essigsäure wirkt merklich lösend, wenn ihr Gehalt in der Lösung 0,01% überschreitet. Wird der Essigsäuregehalt durch die bei der Fällung des Bariums mit Kaliumbichromat frei werdende Mineralsäure größer, so muß die Hauptmenge der Mineralsäure vor der Fällung mit Natriumacetat durch Ammoniak weitgehend abgestumpft werden.

Das Abhebern der zu titrierenden Lösung geschieht am besten mit dem Capillarheber: Zwei Capillaren, die durch einen feinen Gummischlauch verbunden sind, werden von zwei Stativklammern gehalten und sind am Stativ bei Verwendung leicht schraubbarer Klemmschrauben bequem vertikal gegeneinander verschiebbar. Das Zentrifugenglas wird durch eine dritte Stativklammer gehalten. Der Heber wird mit Wasser gefüllt und in die abzuhebernde Lösung getaucht. Die Ablaufgeschwindigkeit wird durch entsprechende Tieferstellung der zweiten Capillare geregelt. Man kann bei dieser Anordnung die Capillare auf etwa 2 mm dem Niederschlage nähern, ohne ihn aufzuwirbeln und feste Teilchen mitzureißen. Zum Schluß wird die im Heber befindliche Flüssigkeit durch Ansaugen von wenig Wasser herausgespült.

Bestimmt man die Menge der zu titrierenden Flüssigkeit durch Restwägung, so ist bei der Berechnung das Gewicht des Niederschlages zu berücksichtigen, wenn es mehr als 0,1% vom Gewicht der Gesamtlösung beträgt. Man ermittelt es durch Überschlagsrechnung auf 1 bis 2 mg genau und zieht es vom Gesamtgewicht ab.

Ist g das Gewicht der Gesamtlösung, gegebenenfalls nach Abzug des Niederschlages, p das Gewicht des abgeheberten Teiles, v die angewendete Menge Kaliumbichromatlösung in Kubikzentimetern, a die Anzahl der verbrauchten Kubikzentimeter Natriumthiosulfatlösung und F der Umrechnungsfaktor der Lösungen $\left(\frac{cm^3\,K_2Cr_2O_7}{cm^3\,Na_2S_2O_3}\right)$, so gilt die Gleichung: $\text{mg Ba} = v - \frac{g}{p}\,a\,F$.

Die indirekte Bestimmungsmethode ist nur auf Lösungen anwendbar, in denen andere Bestandteile nicht bestimmt werden sollen.

2. Direkte Bestimmung des Bariums nach Geilmann und Höltje. Arbeitsvorschrift. Die Bariumlösung wird mit Kaliumbichromatlösung in geringem Überschuß versetzt, erhitzt und durch Natriumacetat gefällt. Der Niederschlag wird nach 1 Std. zentrifugiert, durch Abhebern von der überstehenden

Flüssigkeit befreit und 6mal mit 1 bis 2 cm³ kaltem Wasser gewaschen. Dann wird das Bariumchromat in der Kälte in verdünnter Salzsäure gelöst — in der Kälte, da in der Wärme HCl oxydiert wird — und nach Zusatz von Kaliumjodid titriert. Die Löslichkeit des Bariumchromates in Wasser ist merklich; die Werte werden zu niedrig. Die Methode kann nur dort zur Anwendung empfohlen werden, wo es nicht auf große Genauigkeit ankommt.

Eine Kombination des direkten und indirekten Verfahrens, die wieder genaue Werte liefert, wird bei den Trennungsmethoden für Barium und Calcium (S. 398) besprochen.

II. Elektrometrische Bestimmungsverfahren.

a) Konduktometrische Bariumbestimmung mit Lithiumchromat nach Dutoit und Mojoïu.

Die Bestimmung kann unter den gleichen Bedingungen ausgeführt werden wie die Bariumbestimmung mit Lithiumsulfat (S. 373). Die sehr schwach essigsaure Lösung, die etwa 60 bis 70 cm³ beträgt, 0,01 bis 0,005 n an Barium-Ionen ist, und etwa 30% Alkohol enthält, wird bei konstanter Temperatur mit 1 n Lithiumchromatlösung titriert. Der Endpunkt ist scharf. Der Fehler beträgt nach Dutoit und Mojoïu weniger als $\pm$ 0,5%, ohne daß man die zu einer Präzisionsbestimmung notwendigen Vorsichtsmaßregeln beachtet. Gegenwart von Strontium stört.

b) Potentiometrische Bariumbestimmung als Bariumchromat nach Brintzinger und Jahn.

1. Arbeitsvorschrift. Brintzinger und Jahn führen die Titration in einem Kochkolben aus, der mit einem 5fach durchbohrten Gummistopfen verschlossen ist. Durch die Bohrungen führen ein Rührstab, ein Thermometer (bis 120°), eine Bürette, ein verchromter V2A-Stahldraht als Indicatorelektrode und eine Strombrücke, die als Verbindung mit einer als Vergleichselektrode benutzten Normal-Calomelelektrode dient. Die Temperatur wird durch einen elektrischen Ofen auf 95° gebracht, damit die Potentialeinstellung rasch genug erfolgt. Dann wird die schwach essigsaure Lösung für je 60 bis 100 mg vorhandenes Barium auf ungefähr 100 cm³ verdünnt und mit 0,1 n Natriumchromatlösung titriert. Als Nullinstrument benutzen Brintzinger und Jahn ein Galvanometer mit einer Empfindlichkeit von $2{,}4 \cdot 10^{-7}$ Ampere/Skalenteil. Ihr Meßdraht ist ein V2A-Stahldraht von 47 Ohm Widerstand auf einer Walzenbrücke mit einer Unterteilung in 1000 Teile.

Brintzinger und Jahn geben für die Methode folgende Belegzahlen:

Ba gefunden:	49,17	49,17	49,17	98,35	98,35 mg
Ba berechnet:	49,20	49,20	49,20	98,40	98,40 „

2. Bemerkungen. Es sei hier gleich bemerkt, daß nach der gleichen Methode unter Verwendung von Molybdän- bzw. Wolframdraht als Indicatorelektrode die Titration auch mit Natriummolybdat- und Natriumwolframatlösung durchgeführt werden kann.

Belegzahlen:

$BaMoO_4$	gefunden:	9,88	9,88	9,88	19,63	19,76 mg
„	berechnet:	9,84	9,84	9,84	19,68	19,68 „
$BaWO_4$	gefunden:	49,17	49,17	49,17	98,35	98,35 „
„	berechnet:	49,20	49,20	49,20	98,40	98,40 „

Müller und Mehlhorn bestätigen im allgemeinen die Angaben von Brintzinger und Jahn, geben aber an, daß die Genauigkeit der Bestimmung keine Einschränkung erfährt, wenn als Indicatorelektrode Platin oder Gold benutzt wird.

Atanasiu empfiehlt die Fällung bei 65° in schwach essigsaurer an Alkohol 30%iger Lösung. Alkalien und Erdalkalien sollen dabei nicht stören, doch kann diese Angabe nur für sehr geringe Strontiummengen zutreffen.

Atanasiu und Velculescu untersuchen die Wirkung organischer Zusätze bei der potentiometrischen Bariumbestimmung mit Kaliumchromat und geben an, daß Wasser-Alkohol-Gemische die besten Ergebnisse liefern. Sie verdünnen etwa 5 cm³ einer 0,1 mol Bariumlösung auf 100 cm^3 und titrieren die an Alkohol 30%ige Lösung, die mit 0,1% Eisessig angesäuert ist, mit 0,1 mol Kaliumchromatlösung unter Verwendung eines Platindrahtes als Indicatorelektrode. Als Nullinstrument benutzen sie ein Capillarelektrometer.

III. Zentrifugovolumetrische Bestimmung nach LE GUYON.

Die Methode beruht auf der durch den ersten Tropfen überschüssiger Chromatlösung verursachten Gelbfärbung der über dem Niederschlag stehenden Flüssigkeit.

a) Arbeitsvorschrift. Die neutrale bariumhaltige Lösung wird in ein kalibriertes Zentrifugenglas gefüllt und mit Kaliumchromatlösung bis nahe zum Endpunkt titriert; dann wird zentrifugiert und darauf bis zum Endpunkt, d. h. bis zur ersten bleibenden Gelbfärbung titriert.

b) Bemerkungen. Die Empfindlichkeit der Methode soll groß sein. Dementsprechend sind Büretten zu verwenden, die die Zugabe kleiner Mengen Fällungsmittel ermöglichen wie Büretten nach MOHR und bei kleinen Bariummengen Mikrobüretten. Die Durchmesser der Zentrifugengläser richten sich nach der Konzentration der zu untersuchenden Lösung. Um Zeit zu ersparen, setzt man am besten 4 bis 6 Proben gleichzeitig an und benutzt einige davon, um die Lage des Endpunktes angenähert zu bestimmen. Die Methode soll für Mikrobestimmungen brauchbar sein. Man benutzt dann natürlich kleine Zentrifugengläser von etwa 5 cm^3 Inhalt und 0,02 bis 0,01 n Fällungslösungen. Aus den früher besprochenen Eigenschaften des Bariumchromates und aus seinem Verhalten neben Lösungspartnern ergibt sich, daß diese Methode nur für reine Bariumlösungen oder für technische Bestimmungen brauchbar sein kann.

IV. Acidimetrische Bestimmung mit Kaliumchromat und Indicator.

Prinzip. Man versetzt die neutrale Bariumlösung mit Indicator und titriert mit neutraler Kaliumchromatlösung. Es ist eine Reihe von Indicatoren vorgeschlagen worden (Bromthymolblau, Methylrot, Rosolsäure, Phenolphthalein usw.), je nach der individuellen Fähigkeit des Beobachters, den betreffenden Farbumschlag scharf zu erkennen. Kaliumchromatlösungen reagieren gegen diese Indicatoren alkalisch, doch tritt die Reaktion erst nach beendeter Bariumfällung ein, da die Umsetzung von Bariumchlorid mit Kaliumchromat nur Niederschlag und Neutralsalz liefert.

***a) Bestimmung des Bariums nach* JELLINEK *und* CZERWINSKI.** Die schwach saure bariumhaltige Lösung wird in einer Porzellankasserolle mit 2 Tropfen einer 2%igen alkoholischen Methylrotlösung versetzt und mit 0,1 n Natronlauge soweit neutralisiert, daß sie noch eben deutlich rot erscheint. Dann titriert man mit 0,1 n Kaliumchromatlösung, bis der erste überschüssige Tropfen Chromatlösung die überstehende farblose Lösung gelb färbt.

Belegzahlen:

Vorgelegt cm^3 0,1 n $BaCl_2$-Lösung:	25,62	30,74	35,86	46,10.
Verbraucht cm^3 0,1 n K_2CrO_4-Lösung:	25,65	30,80	35,80	46,20.

Die Methode lieferte ähnlich gute Werte, wenn der Lösung 6 cm^3 2 n Calciumchloridlösung zugesetzt wurden.

***b) Bestimmung nach* BALACHOWSKI *sowie nach* KOCZIS.** Die zu untersuchende Bariumlösung wird mit 0,1 n Lauge oder 0,1 n Säure gegen Bromthymolblau oder Methylrot genau neutralisiert. Sie soll nicht mehr als 100 bis 120 mg Bariumoxyd enthalten. Große Mengen von Ammoniumsalzen und Neutralsalzen stören und müssen vorher entfernt werden. Calciumsalze sollen selbst bei 4fachem Überschuß nicht stören. Da man hier selbstverständlich auf den Überschuß an Chromat-Ion verzichtet, der die Löslichkeit des Bariumchromates praktisch auf Null herabsetzt, ist das Arbeiten in zu großer Verdünnung zu vermeiden. Arbeitet man in der Wärme, wodurch der Niederschlag grobkörniger wird und sich besser absetzt, so ist die erhebliche Löslichkeit des Bariumchromates mit steigender Temperatur zu beachten. Am besten führt man die Titration in der Kälte zu Ende. Bei Gegenwart von Strontium ist die jodometrische Bestimmung unter allen Umständen vorzuziehen.

***c) Bestimmung nach* WINOGRADOW *und* SSOLOWJEWA *sowie nach* NASARENKO.** Die im letzten Abschnitt angegebene Arbeitsvorschrift gilt auch hier. Der Umschlag des Indicators (Rosolsäure oder Phenolphthalein) soll schärfer werden, wenn man auf je 10 cm^3 Titrierflüssigkeit 5 cm^3 Alkohol zusetzt. Unter diesen Bedingungen soll der Fehler der Methode $\pm$ 0,5% betragen. Gegenwart von Strontium und von größeren Mengen Calcium macht die Methode unbrauchbar.

Literatur.

ATANASIU, I. A.: J. Chim. phys. **23**, 501 (1926); durch C. **97 II**, 1446 (1926). — ATANASIU, I. A. u. A. I. VELCULESCU: Bl. Acad. Roum. **19**, 37 (1937); durch C. **109 I**, 945 (1938).

BALACHOWSKI, S.: Fr. **82**, 206 (1930/31). — BRINTZINGER, H. u. E. JAHN: Fr. **94**, 396 (1933).

DUTOIT, P. u. P. MOJOÏU: J. Chim. phys. **8**, 27 (1910); durch C. **81 I**, 1639 (1910).

FRESENIUS, R.: Fr. **29**, 413 (1890).

GEILMANN, W.: Z. anorg. Ch. **146**, 324 (1925). — GEILMANN, W. u. R. HÖLTJE: Z. anorg. Ch. **167**, 113, 128 (1927). — GUYON, R. F. LE: C. r. **183**, 361 (1926); C. r. **184**, 945 (1927).

HORN VAN DEN BOS, J. L. M. VAN DER: Chem. Weekbl. **8**, 5 (1911); durch C **82 I**, 1379 (1911).

JELLINEK, K. u. I. CZERWINSKI: Z. anorg. Ch. **130**, 253 (1923).

KAHAN, Z.: Analyst **33**, 12 (1908); durch C. **79 I**, 765 (1908). — KOCZIS, E. A.: Acta chem. min. phys. Univ. Szeged. **5**, 149 (1936); durch C. **108 I**, 1202 (1937). — KOLTHOFF, J. M.: Pharm. Weekbl. **57**, 972, 1080 (1920); durch C. **91 IV**, 497 (1920).

MÜLLER, E. u. K. MEHLHORN: Fr. **96**, 173 (1934).

NASARENKO, W. A.: Betriebslab. **4**, 515 (1935); durch C. **107 I**, 2782 (1936).

SCHWEITZER, P.: vgl. Fr. **29**, 413 (1890). — SINGLETON, W.: Ind. Chemist **5**, 71 (1929); durch C. **100 I**, 2449 (1929). — SKRABAL, A. u. L. NEUSTADTL: Fr. **44**, 742 (1905). — STEEL, TH.: Analyst **44**, 29 (1919); durch C. **90 II**, 890 (1919). — SZEBELLÉDY, L.: Magyar chem. Folyóirat **35**, 77 (1929); durch C. **100 II**, 770 (1929); Fr. **70**, 39 (1927).

WADDELL, J.: Analyst. **43**, 287 (1918); durch C. **90 II**, 721 (1919). — WINKLER, L. W.: Angew. Ch. **30**, 302 (1917). — WINOGRADOW, A. W. u. A. E. SSOLOWJEWA: Betriebslab. **2**, Nr. 10, 17 (1933); durch C. **106 I**, 2221 (1935).

§ 3. Bestimmung des Bariums nach Abscheidung als Bariumjodat.

A. Maßanalytische jodometrische Bestimmung.

Allgemeines. Die Eigenschaft des Bariumjodates, aus schwach essigsauren, neutralen oder schwach ammoniakalischen Lösungen schnell in gut krystallisierter Form auszufallen, legt nahe, die Verbindung zur analytischen Bestimmung des Bariums zu benutzen. Die Methode bietet indessen gegenüber den bisher besprochenen keine besonderen Vorteile und kann für Bestimmungen des Bariums neben Strontium oder Calcium nicht angewendet werden. Besonders störend ist die beträchtliche Löslichkeit des Bariumjodates in Wasser und in Salzlösungen. Nach TRAUTZ und ANSCHÜTZ beträgt sie 0,028 g in 100 g Wasser bei 25°. Durch einen Gehalt der gefällten Lösung von etwa 0,5% Jodat kann die Löslichkeit sehr stark zurückgedrängt werden, doch arbeitet man nach HILL und ZINK am besten mit dem doppelten Gehalt der Lösungen an Jodat, da die Löslichkeit des Bariumjodates durch eine Anzahl von Lösungspartnern stark erhöht wird. Die Gefahr, daß Fremdsalze mitgerissen werden, läßt sich durch Fällung in der Hitze stark vermindern. Natriumsalze sollen erst in Konzentrationen von mehr als 2 bis 3 g in 100 cm^3 Lösung stören, Kaliumsalze dagegen schon, wenn mehr als 0,5 g anwesend sind; die Ergebnisse werden zu hoch. Ammoniumsalze bis zu 0,5 g in 100 cm^3 Lösung stören nicht merklich, größere Mengen erhöhen die Löslichkeit. Magnesium wirkt wie Kalium; hier ist darauf zu achten, daß die Lösung genügend Ammoniumchlorid enthält, damit nicht Magnesiumhydroxyd ausfällt. Strontium und Calcium dürfen nicht anwesend sein. Das heiß gefällte Bariumjodat löst sich infolge seiner dichteren Beschaffenheit erheblich schwerer in Wasser und Salzsäure als der bei gewöhnlicher Temperatur gefällte Niederschlag. Die Bestimmung ist anwendbar für Barium als Hydroxyd, Chlorid, Bromid, Jodid, Nitrat, Acetat und für lösliche Bariumsalze organischer Säuren.

Für mikrochemische Bestimmungen kann nach GEILMANN und HÖLTJE die Jodatmethode wegen der zu großen Löslichkeit des Bariumjodates nicht angewendet werden.

a) Direkte Bestimmung nach HILL und ZINK. Die bariumhaltige Lösung wird mit Ammoniak neutralisiert oder schwach alkalisch gemacht und für je 100 mg

Barium auf etwa 60 bis 70 cm^3 verdünnt. Dann erhitzt man und läßt in sehr dünnem Strahle langsam einen Überschuß von etwa 25 cm^3 0,167 mol Kaliumjodatlösung über die annähernd berechnete Menge hinaus unter ständigem Rühren in die Lösung fließen, setzt das Rühren noch 1 Min. lang fort, läßt weitere 5 Min. unter häufigem Rühren stehen und hierauf abkühlen. Dann filtriert man durch ein trockenes Filter (7 cm ⌀) und bringt den Niederschlag mit kleinen Anteilen des bereits erhaltenen Filtrates auf das Filter, wäscht 3mal mit Ammoniak (D 0,90) und 3- bis 4mal mit 95%igem Alkohol aus, indem man das Filter bis zum oberen Rande mit der Waschflüssigkeit füllt. Dann wird der Niederschlag in einen 500 cm^3 fassenden ERLENMEYER-Kolben mit Schliffstöpsel gespült und das Filter dazugegeben. Man fügt 50 cm^3 jodatfreie 10%ige Kaliumjodidlösung und 10 cm^3 konzentrierte Salzsäure hinzu, verschließt den Kolben und läßt unter gelegentlichem Umschütteln mindestens 5 Min. lang stehen; dann titriert man das ausgeschiedene Jod mit einer 0,1 n Natriumthiosulfatlösung fast zu Ende, fügt 2 bis 3 cm^3 Stärkelösung hinzu und titriert vorsichtig bis zum Umschlag.

Über die Löslichkeit des Bariumjodates beim Auswaschen machen HILL und ZINK folgende Angaben:

100 cm^3 Wasser	lösen 8,0 mg	Bariumjodat
100 cm^3 Ammoniak (D 0,90)	„ 5,6 „	„
100 cm^3 Alkohol (95%ig)	„ 3,1 „	„

Trotz der geringeren Löslichkeit des Bariumjodates in Alkohol kann man nicht mit Alkohol allein auswaschen, weil dann die wasserlöslichen Jodate ausfallen und das Filter verstopfen. Die besten Ergebnisse erhielten HILL und ZINK, wenn sie den Niederschlag in der beschriebenen Weise 2- bis 4mal mit Ammoniak und dann 3- bis 6mal mit Alkohol auswuschen.

Die von HILL und ZINK erhaltenen Ergebnisse bei der Bestimmung reiner und salzhaltiger Bariumlösungen gibt die folgende Tabelle:

Reine Bariumlösungen		Bei Gegenwart von Fremdsalzen		
mg Ba berechnet	mg Ba gefunden	Salzzusatz	mg Ba berechnet	mg Ba gefunden
34,24	34,22	0,5 g $NaNO_3$	85,84	85,96
34,24	34,20	0,5 g CH_3COONa	85,84	86,41
61,14	61,20	0,5 g KCl	85,84	85,95
85,84	85,83	3,0 g KCl	85,84	85,92
85,84	85,72	2,0 g NaCl	85,84	85,88
120,08	120,25	3,0 g NaCl	85,84	86,06
		0,5 g NH_4Cl	85,84	85,44
		2,0 g NH_4Cl	85,84	85,49
		0,5 g $MgCl_2$	85,84	85,96
		2,0 g $MgCl_2$	85,84	85,40

b) Indirekte Bestimmung nach RUPP. RUPP vermeidet das Auswaschen, das leicht zu Verlusten führt, indem er mit einem gemessenen genügend großen Überschuß an Kaliumjodat (25 bis 30 cm^3 einer 2%igen Lösung) fällt, wobei er im Gegensatz zu HILL und ZINK in essigsaurer Lösung arbeitet. Nach der Fällung, bei der im übrigen die gleichen Vorsichtsmaßregeln zu beachten sind wie in der Vorschrift von HILL und ZINK, füllt man auf 100 cm^3 auf, läßt mindestens 5 Min. lang stehen und filtriert. Die ersten Anteile des Filtrates werden verworfen, um Fehler durch Konzentrationsänderungen zu vermeiden. Dann werden 50 cm^3 des Filtrates mit etwa 5 cm^3 verdünnter Schwefelsäure und ungefähr 1,5 g Kaliumjodid versetzt und mit 0,1 n Natriumthiosulfatlösung titriert.

Den Einfluß des Jodatüberschusses, der Art des Säurezusatzes und der Zeitdauer des Wartens gibt RUPP in folgender Tabelle wieder:

Jodatlösung	Säurezusatz	Zeit zwischen Fällung und Filtration	Ergebnisse in %
25 cm^3	Kein Zusatz	5 Min.	98,87 bis 98,91
25 „	„ „	3 Std.	98,17
25 „	5 cm^3 HNO_3	5 Min.	87,16
25 „	10 „ verdünnte CH_3COOH	5 „	99,08
25 „	10 „ „ „	3 Std.	98,39
30 „	Kein Zusatz	3 „	99,78
30 „	10 cm^3 verdünnte CH_3COOH	3 „	100,04
30 „	10 „ „ „	5 Min.	100,02

B. Gasvolumetrische Bestimmung des Bariums nach RIEGLER.

Die Methode beruht auf der Zersetzung von Bariumjodat mit Hydrazinsulfat unter Entwicklung von Stickstoff, dessen Volumen gemessen wird. Zu den schon auf S. 386 besprochenen Fehlermöglichkeiten tritt die erhöhte Löslichkeit des Bariumjodates durch die anwesende freie Mineralsäure, die bei der Fällung des Bariums mit Jodsäure entsteht. Irgendwelche Vorteile gegenüber den bisher beschriebenen weniger umständlichen Verfahren bietet die Methode nicht. Sie ist praktisch ohne Bedeutung.

Literatur.

GEILMANN, W. u. R. HÖLTJE: Z. anorg. Ch. **167**, 128 (1927).
HILL, A. E. u. W. A. H. ZINK: Fr. **48**, 448 (1909).
RIEGLER, E.: Fr. **43**, 205 (1904). — RUPP, E.: Ar. **241**, 435 (1903); durch C. **74 II**, 1024 (1903).
TRAUTZ, M. u. A. ANSCHÜTZ: Ph. Ch. **56**, 238 (1906).

§ 4. Bestimmung des Bariums nach Abscheidung als Oxalat.

Gravimetrische und titrimetrische Bestimmung.

Allgemeines. Die Abscheidung und Bestimmung des Bariums als Oxalat hat höchstens für Spezialuntersuchungen in technischen Bestimmungen Bedeutung. Der Umstand, daß eine Fällung nur bei einem Gehalt der Lösung von etwa 30 Vol.-% Alkohol annähernd vollständig wird, schränkt die Anwendungsmöglichkeit sehr stark ein. Erschwerend wirkt ferner, daß die Fällungsform nicht zugleich Wägungsform ist, und daß die weitere Verarbeitung des Niederschlages unter nicht genau definierten Bedingungen zu Produkten verschiedener Zusammensetzung führt. Außer Strontium und Calcium muß Magnesiumchlorid abwesend sein, da es die Löslichkeit des Bariumoxalates in störender Weise erhöht. Die Fällungen werden von den verschiedenen Autoren mit Ammoniumoxalat, Kaliumoxalat oder Oxalsäure durchgeführt, mit und ohne Zusatz von Alkohol, in neutraler oder sogar essigsaurer Lösung. Der Wert von Angaben über erzielte große Genauigkeit dürfte gering sein, da gute Ergebnisse vermutlich auf Fehlerkompensation beruhen. Die einzelnen Arbeitsweisen werden im folgenden kurz angegeben.

a) Gravimetrische Bestimmung. PETERS fällt Bariumsalze durch annähernd gesättigte Ammoniumoxalatlösung in der Hitze aus neutralen Lösungen, die zu etwa $^1/_3$ aus 85%igem Alkohol bestehen. Der Niederschlag wird kurz mit oxalat- und alkoholhaltigem Wasser gewaschen und durch Glühen in Carbonat übergeführt. Die Ergebnisse sind nach PETERS „befriedigend".

ANGELESCU fällt mit Ammoniumoxalat aus 75%iger alkoholischer Lösung in der Hitze und läßt die Fällung etwa 15 Min. lang auf dem Wasserbad stehen. Nach dem Erkalten wird durch ein gewogenes Filter filtriert, bei 70° getrocknet und als $(COO)_2Ba \cdot H_2O$ berechnet. Korrektur: + 2 mg auf 200 mg Bariumsalz.

DIAZ-VILLAMIL fällt die neutrale Bariumlösung in der Siedehitze mit 0,1 mol Ammoniumoxalatlösung. Nach dem Erkalten wird der Niederschlag im GOOCH-Tiegel gesammelt, mit dem Filtrat gewaschen, dann im trockenen Luftstrom 1 Std. lang auf 250° erhitzt und als wasserfreies Oxalat gewogen, die Bestimmung dauert 2,5 Std. „Die Methode ist ebenso genau wie die Chromatmethode (?) und genauer als die Titration mit Kaliumpermanganat." Anwendung von Alkohol ist nicht nötig.

WINKLER versetzt die bariumhaltige Lösung, deren Volumen 100 cm³ beträgt, mit 1 cm³ Essigsäure, erhitzt zum Sieden und fällt tropfenweise mit 10 cm³ einer 10%igen Kaliumoxalatlösung. Nach 24 Std. wird durch einen GOOCH-Tiegel filtriert und mit 50 cm³ Wasser, das mit Bariumoxalat gesättigt ist, ausgewaschen. Der Niederschlag wird 6 Std. lang bei 132° getrocknet oder zu Carbonat verglüht.

Korrekturen: + 2 mg bei etwa 300 mg, + 3 mg bei 150 mg, + 4 mg bei 75 mg Auswage.

b) Titrimetrische Bestimmung. RUPP und BERGDOLT fällen die neutrale bzw. ammoniakalische Lösung mit reichlichem, gemessenem Überschuß einer etwa 3,5%igen Ammoniumoxalatlösung oder mit 1 n Oxalsäure in der Siedehitze. Ein mäßiger Ammoniumchloridzusatz ist dienlich, da er Bariumcarbonatbildung aus vorhandenem Ammoniumcarbonat verhindert. Nach dem Erkalten wird auf ein bekanntes Volumen aufgefüllt. Nach 24 Std. wird filtriert; die ersten Filtratanteile werden verworfen; ein gemessener Anteil wird nach dem Ansäuern mit Schwefelsäure mit 0,1 n Permanganatlösung titriert. „Tritt beim Ansäuern des klaren Filtrates mit Schwefelsäure keine sofortige Trübung auf, so ist ein befriedigendes Resultat zu erwarten.“

TANANAEFF und POTSCHINOK füllen 25 cm³ einer reinen Bariumchloridlösung in einem 100 cm³ Meßkolben mit 0,1 n Ammoniumoxalatlösung bis zur Marke auf. Dann wird umgeschüttelt und nach dem Absitzen des Niederschlages durch ein trockenes Filter filtriert. 5 bis 10 cm³ des ersten Filtrates werden verworfen. Vom restlichen Filtrat werden je 25 cm³ mit 0,1 n Permanganatlösung titriert. „Dauer 30 bis 35 Min., Genauigkeit ± 0,2%.“

Die mikrochemische Bestimmung des Bariums als Oxalat ist wegen der zu großen Löslichkeit des Bariumoxalates nach GEILMANN und HÖLTJE zu verwerfen.

c) Technische gravimetrische Bestimmung in Saccharinaten nach KILIANI.

Allgemeines. Bariumsulfatfällungen geben leicht mit Saccharinaten und Polyoxysäuren der Zuckergruppe kolloide Mischungen. Es ist zwar unter besonderen Vorsichtsmaßregeln eine Fällung möglich, doch läßt sich der Niederschlag nur schlecht filtrieren und auswaschen. KILIANI schlägt daher eine Fällung als Oxalat vor.

Arbeitsvorschrift. Die bariumhaltige Lösung wird in der Hitze mit dem Doppelten der berechneten Menge einer Oxalsäurelösung 1 : 12 gefällt nach Zusatz von soviel 95%igem Alkohol, daß die Lösung etwa 50% Alkohol enthält. Nach 4 Std. sammelt man den Niederschlag auf einem im Exsiccator getrockneten, gewogenen Filter, wäscht mit 50%igem Alkohol und trocknet bei 100°.

Ergebnisse:					
z. B. d-glykonsaures	Barium:	berechnet	23,62%,	gefunden	23,70% Barium
metasaccharinsaures	„	„	24,21%,	„	24,06% „
l-glykonsaures	„	„	22,25%,	„	22,44% „

Huminartige Stoffe färben den Niederschlag dunkel und lassen sich nicht auswaschen. In solchen Fällen wird ein gewogener Teil des Niederschlages zu Carbonat verglüht.

Literatur.

ANGELESCU, B. N.: Bl. Soc. România **5**, 12 (1923); durch C **95 I**, 809 (1924).
DIAZ-VILLAMIL, C.: An. Españ. **34**, 580 (1936); durch C. **107 II**, 1978 (1936).
GEILMANN, W. u. R. HÖLTJE: Z. anorg. Ch. **167**, 128 (1927).
KILIANI, H.: B. **61**, 1155 (1928).
PETERS, CH. A.: Am. J. Sci. [4] **12**, 216 (1901); durch C. **72 II**, 869 (1901).
RUPP, E. u. A. BERGDOLT: Ar. **242**, 450 (1904).
TANANAEFF, N. A. u. CH. N. POTSCHINOK: Betriebslab. **1**, Nr. 2, 17 (1932); durch C. **105 II**, 2558 (1934).
WINKLER, L. W.: Angew. Ch. **30**, 302 (1917).

§ 5. Bestimmung des Bariums nach Abscheidung als Carbonat.

Allgemeines. Die Bestimmung als Bariumcarbonat hat noch geringere Bedeutung als die Fällung als Oxalat. Ein Gehalt der Lösung an Alkalisalzen begünstigt das Absetzen, Filtrieren und Auswaschen des Niederschlages. Größere Mengen Alkalisalze und besonders Ammoniumsalze erhöhen die Löslichkeit des Bariumcarbonates in äußerst störender Weise. Dagegen läßt sich die Abscheidung als Carbonat zur gemeinsamen Abtrennung der Erdalkalien von Magnesium und den Alkalien gut benutzen, wenn man vor der Fällung etwa vorhandene größere Mengen von Ammoniumsalzen entfernt.

a) Titrimetrische Bestimmung nach TSCHIRKOW und GONIBESSOWA. Man titriert die Bariumchloridlösung in der Wärme unter Zusatz von Alkohol und Phenolphthalein mit 0,1 n Natriumcarbonatlösung. Die Methode wird empfohlen. Es ist selbstverständlich, daß Ammoniumsalze und alle durch Natriumcarbonat fällbaren Metalle stören.

b) Indirekte Bestimmung des Bariums. Die saure Bariumlösung wird mit Methylorange als Indicator durch Natronlauge genau neutralisiert und dann mit einem bekannten Überschuß von 0,1 n Sodalösung gefällt. Man erwärmt, bis der Niederschlag dicht krystallinisch geworden ist, läßt erkalten, filtriert in einen Meßkolben und füllt bis zur Marke auf. In einem bekannten Teile des Filtrates wird die überschüssige Sodalösung mit 0,1 n Säure zurücktitriert. Ammoniumsalze müssen natürlich abwesend sein.

Es mag an dieser Stelle gleich darauf hingewiesen werden, daß in Sonderfällen natürlich auch der Gehalt von Bariumcarbonat oder Bariumhydroxyd in ähnlicher Weise indirekt oder auch direkt acidimetrisch bestimmt werden kann.

Bei Mikrobestimmungen von Bariumhydroxyd verwendet man nach KAGAN am besten 0,01 bis 0,02 n Analysen- und Maßlösungen.

Literatur.

KAGAN, S. L.: Chem. J. Ser. A **5**, 179 (1935); durch C. **107 II**, 3337 (1936).
TSCHIRKOW, S. K. u. J. GONIBESSOWA: Betriebslab. **3**, 420 (1934); durch C. **107 I**, 1270 (1936).

§ 6. Sonstige Methoden.

a) Spektralanalytische Schnellmethode. RUSSANOW schlägt zur Bestimmung des Bariums eine spektralanalytische Schnellmethode mit visueller Beobachtung vor. Man bestimmt den Augenblick des Verschwindens einer in der Flamme eines Acetylenbrenners beobachteten Linie beim Verschieben eines lichtabsorbierenden Keiles vor dem Kollimatorspalt und vergleicht mit 2 Lösungen bekannter Bariumkonzentration. Die Bestimmungsfehler sind meistens kleiner als 10 bis 15%, selten größer als 25%. Fremde Elemente können stören; der Vergleich soll daher mit ähnlichen Lösungen erfolgen. Die Flamme, der die Lösung durch einen Zerstäuber zugeführt wurde, war 22 cm hoch und 1,5 cm breit. Der lichtabsorbierende Keil bestand aus einer Cuvette aus planparallelen Platten; er war 20 cm lang und 2 cm breit und wurde durch eine diagonale Trennungswand in 2 Abteilungen geteilt, die mit Wasser bzw. mit 0,04%iger Permanganatlösung gefüllt wurden. Die Cuvette trug außen eine Skala, die die Dicke des Keiles abzulesen gestattete. Die Spaltbreite des benutzten HILGERschen Spektrometers betrug 0,12 mm; beobachtet wurde die Linie 5535 Å. An Analysenlösung benötigt man etwa 4 cm³.

Für die Auswertung der Ergebnisse gilt: $c_x = c_1 - \frac{c_1 - c_2}{k_1 - k_2}(k_1 - k_x)$. Dabei gelte für die Konzentrationen der Vergleichslösungen und der Analysenlösung: $c_1 > c_x > c_2$; k_1, k_2 und k_x sind die „kritischen" Lichtfilterstärken, d. h. die Lichtfilterstärken im Augenblick des Verschwindens der Bariumlinie.

b) Elektrolytische Bariumbestimmung. McCUTCHEON schlägt zur Bariumbestimmung und -trennung die elektrolytische Abscheidung aus Bariumchloridlösungen an einer Quecksilberkathode vor. Die Elektrolyse wird mit der HILDEBRAND-Zelle ausgeführt. Das frei werdende Chlor wird an einer Silberanode gebunden. Im Kathodenraum wird Barium mit Wasser zu Bariumhydroxyd umgesetzt und mit Salzsäure titriert. LUKENS und SMITH schlagen die gleiche Bestimmung vor. Man soll mit 0,3 Ampere bei 3,5 bis 4 Volt Klemmenspannung bei einem Volumen von 30 cm³ in 40 bis 60 Min. mehr als 0,2 g Bariumchlorid vollständig zersetzen können. Von Strontium läßt sich Barium nach den Angaben von LUKENS und SMITH nicht trennen.

COEHN und KETTEMBEIL behaupten, daß die Trennung von Barium und Strontium bei der elektrolytischen Abscheidung des Bariums möglich sei, heben aber hervor, daß der Endpunkt schwer zu erkennen sei.

GOLDBAUM und SMITH dagegen betonen, daß eine genaue Bariumbestimmung nur indirekt möglich sei durch Bestimmung des am Silber abgeschiedenen Chlors. Voraussetzung für das Gelingen überhaupt sind reine Bariumchloridlösungen.

c) Valentin schlägt die **jodometrische Bestimmung** des Bariums nach vorheriger Fällung als Bariumammoniumarsenat vor: Die Bariumlösung (bis 0,2 g Barium) wird mit Ammoniak neutralisiert und mit einem bekannten Überschuß (50 cm^3) einer 1%igen primären Kaliumarsenatlösung und 10 cm^3 10%igem Ammoniak versetzt. Dann wird auf 100 cm^3 aufgefüllt. Nach 12 Std. wird filtriert. In einer Glasstöpselflasche werden 50 cm^3 des Filtrates mit 40 cm^3 25%iger Salzsäure und 1 g Kaliumjodid versetzt und nach 15 Min. ohne Stärkezusatz titriert.

Nach Rosenthaler läßt sich Barium in Gegenwart von Ammoniak mit Arsensäure nicht quantitativ fällen.

d) de Rada benutzt die Schwerlöslichkeit von Bariumferrocyanid zur Bariumbestimmung. Er titriert in neutraler oder essigsaurer Lösung, die 82 bis 85% Alkohol enthält, mit Lithiumferrocyanid und bestimmt den Endpunkt entweder durch Tüpfeln auf Kobaltnitratpapier (blaugrün) oder konduktometrisch oder durch Titration mit Kaliumpermanganat. Strontium, Calcium, Magnesium und Natrium verhalten sich ähnlich wie Barium. Auch Gegenwart von Kalium stört.

e) Angelescu versucht, Barium indirekt **acidimetrisch** zu bestimmen. Die neutrale Bariumlösung wird mit überschüssiger 0,1 n Boraxlösung, die gegen Salzsäure eingestellt worden ist, versetzt. Dann fügt man soviel Alkohol hinzu, daß die Lösung nach dem Auffüllen im Meßkolben 40% Alkohol enthält, und erwärmt. Das entstehende Bariummetaborat hydrolysiert, und Bariumhydroxyd fällt aus. In einem bekannten Teile des Filtrates wird der Boraxüberschuß zurücktitriert. Der Verfasser gibt als Fehlergrenze 0,4% an.

f) Terem schlägt zur Gehaltsbestimmung von Bariumsalzen für technische Zwecke die Titration mit Natriumhexametaphosphat vor. Als Endpunkt wird das Verschwinden des anfänglich auftretenden Niederschlages benutzt. Der Bariumgehalt wird durch Vergleich mit einer bekannten Bariumlösung errechnet.

Literatur.

Angelescu, B. N.: Bl. Soc. România **5**, 72 (1923); durch C. **95 I**, 1695 (1924).

Coehn, A. u. W. Kettembeil: Z. anorg. Ch. **38**, 198 (1904).

Goldbaum, J. S. u. E. F. Smith: Am. Soc. **31**, 900 (1909).

Lukens, H. S. u. E. F. Smith: Am. Soc. **29**, 1445 (1907).

McCutcheon jun., Th. P.: Am. Soc. **29**, 1455 (1907).

Rada, F. D. de: An. Españ. **27**, 390 (1929); durch C. **100 II**, 1435 (1929). — Rosenthaler, L.: Apoth. Z. **22**, 982 (1907); durch C. **78 II**, 2078 (1907). — Russanow, A. K.: Chem. J. Ser. A **6**, 1057 (1936); durch C. **108 II**, 817 (1937).

Terem, H. N.: Bl. [5] **4**, 259 (1937).

Valentin, J.: Fr. **54**, 76 (1915).

§ 7. Sonderfälle der Bariumbestimmung.

Im folgenden werden kurz die Verfahren angegeben, die in der Technik zur Wertbestimmung von Bariumsuperoxyd, Bariumsulfid usw. angewendet werden.

A. Bestimmung von Bariumsuperoxyd.

I. Jodometrische und gasvolumetrische Bestimmungen.

a) Verfahren nach Rupp. 0,2 bis 0,5 g Substanz werden in einer Stöpselflasche mit einer Lösung von 1 bis 2 g Kaliumjodid in 50 cm^3 Wasser und mit 5 cm^3 25%iger Salzsäure übergossen. Nach $^1/_2$ Std. wird das ausgeschiedene Jod mit 0,1 n Thiosulfatlösung titriert. Einzelheiten über Ausführung der Titration s. S. 387.

Chwala gibt an, daß die Methode schwankende Werte liefert; desgleichen gelingt es nach Chwala nicht, nach der Destillationsmethode von Bunsen mit Salzsäure das Bariumsuperoxyd jodometrisch zu bestimmen.

b) Verfahren nach Chwala. Prinzip der Methode. Man läßt eine Bariumsuperoxydaufschlämmung auf überschüssige bekannte Kaliumferricyanidlösung einwirken und bestimmt den Überschuß an Kaliumferricyanid jodometrisch nach Mohr.

Arbeitsvorschrift. 0,1 g der zu untersuchenden Probe, die sehr homogen sein muß (sonst größere Einwage an BaO_2), wird in einem Erlenmeyer-Kolben mit eingeschliffenem Stöpsel mit 200 cm^3 Wasser gut aufgerührt und mit 100 bis 150 cm^3 einer genau titrierten 0,2 n Kaliumferricyanidlösung versetzt (65,9 g $K_3Fe(CN)_6$/1 l). Wenn die Reaktion nachläßt, erwärmt man unter häufigem Schütteln langsam auf dem Wasserbad, und schließlich erhitzt man bis zum Sieden und kocht 1 bis 2 Min. Nach dem Abkühlen wird die meist trübe Lösung mit etwa 5 cm³ 30%iger Salzsäure angesäuert und mit einer gesättigten Lösung von 1,3 bis 1,5 g eisenfreiem, krystallisiertem Zinksulfat versetzt. Dann gibt man 2 bis 3 g Kaliumjodid in den Kolben, verschließt und läßt 90 Min. lang bei 40 bis höchstens 45° stehen. Dann läßt man abkühlen. Der Zusatz von Zinksulfat ist nötig, um das entstehende Ferrocyanid als Zinkverbindung auszufällen. Die Umsetzung von Kaliumferricyanid mit Kaliumjodid ist umkehrbar. Das ausgeschiedene Jod kann dann auf zwei Wegen bestimmt werden:

1. Man stumpft die Säure weitgehend ab, fügt überschüssige 0,1 n Thiosulfatlösung und 20 cm³ Stärkelösung hinzu und titriert mit 0,1 n Jodlösung.

2. Man macht mit Natriumbicarbonatlösung schwach alkalisch, reduziert das ausgeschiedene Jod mit überschüssiger 0,1 n Lösung von arseniger Säure, setzt 20 cm³ Stärkelösung hinzu und titriert mit 0,1 n Jodlösung zurück.

Bemerkung. Die Methode liefert nach CHWALA sehr exakte Resultate. Eine direkte Titration des ausgeschiedenen Jods ist nicht zu empfehlen, da auftretende Mischfarben die Erkennung des Endpunktes erschweren. Betrug die Einwage a Gramm, wurden b Kubikzentimeter 0,2 n $K_3Fe(CN)_6$-Lösung und c Kubikzentimeter 0,1 n Thiosulfatlösung zugesetzt und zur Rücktitration d Kubikzentimeter 0,1 n Jodlösung verbraucht, so enthielt die untersuchte Substanz:

$$x = \frac{[2b - (c - d)] \cdot 0{,}00847 \cdot 100}{a} \text{ \% Bariumsuperoxyd.}$$

Als Belegzahlen gibt CHWALA an: gegeben: 87,5% BaO_2; gefunden: 87,54, 87,41, 87,30, 87,62, 87,28, 87,55, 87,49% BaO_2.

c) Verfahren nach QUINCKE. Ähnlich gute Ergebnisse liefert nach CHWALA auch die von QUINCKE vorgeschlagene gasvolumetrische Bestimmung des Sauerstoffes, der bei der Umsetzung des Bariumsuperoxydes mit überschüssiger Kaliumferricyanidlösung frei wird. In einer „Anhängeflasche" nach LUNGE, wie sie zu gasvolumetrischen Bestimmungen benutzt wird, wird Bariumsuperoxyd in die äußere Abteilung eingewogen, Kaliumferricyanidlösung in die innere eingefüllt. Außerdem trägt der Stöpsel der Flasche ein mit Salzsäure gefülltes heberähnliches Rohr mit Quetschhahn. Nachdem die Flasche und ihre Verbindung mit der Gasbürette geschlossen worden ist, öffnet man den Quetschhahn des mit Salzsäure gefüllten Heberrohres, wodurch ohne Änderung des Gesamtdruckes die Salzsäure zu dem Bariumsuperoxyd fließt und die Einwage in Lösung bringt. Erst nach vollständiger Lösung schüttelt man die Flasche, so daß die Reaktion zwischen Wasserstoffsuperoxyd und Kaliumferricyanid stattfinden kann.

II. Manganometrische Bestimmung.

a) Vorschrift nach TREADWELL. 0,2 g Bariumsuperoxyd werden in 300 cm³ kaltem Wasser aufgeschlämmt, unter dauerndem Rühren mit 20 bis 30 cm³ einer verdünnten Salzsäure (1 : 5) versetzt und nach Zusatz einiger Tropfen Manganochloridlösung mit 0,1 n Kaliumpermanganatlösung titriert.

b) Arbeitsweise von LOEB. 1. LOEB arbeitet wie TREADWELL, setzt aber Manganosulfat zur Lösung an Stelle von Manganochlorid. Das entstehende Bariumsulfat erschwert aber höchstens die Erkennung des Endpunktes.

2. Die Aufschlämmung des Bariumsuperoxydes wird mit Schwefelsäure angesäuert, doch kann das Verfahren nicht empfohlen werden, da das ausfallende Bariumsulfat Teilchen von Bariumsuperoxyd umhüllt und der Bestimmung entzieht.

3. 1 g Bariumsuperoxyd wird im Mörser zerrieben, mit 50 cm³ Wasser und 50 cm³ Salzsäure (D 1,01 bis 1,05) unter dauerndem Rühren und Kühlen gelöst und sofort mit 0,1 n Permanganatlösung titriert. Dabei kann es geschehen, daß die ersten Tropfen Permanganatlösung nur sehr langsam entfärbt werden.

Bemerkungen. Zu 1: CHWALA erhielt bei einer Nachprüfung dieser Arbeitsweise Werte von 86,69 bis 86,98% statt 87,5% BaO_2, während LOEB sehr gute Werte erhielt.

Zu 3: Das Arbeiten mit derartig konzentrierten Lösungen muß bedenklich erscheinen, doch gibt CHWALA in seiner Kritik der verschiedenen Methoden an, daß man auch nach dieser Vorschrift „gut angenäherte technisch brauchbare Werte“ erhält.

c) **Technische Arbeitsvorschrift.** Für technische Zwecke erzielt man gut übereinstimmende, etwas zu niedrige Werte auch nach der in der Technik beliebten abgeänderten Methode, nach der man das Bariumsuperoxyd in der gerade notwendigen Menge stark verdünnter Salzsäure löst, dann Schwefelsäure (1 : 6) im Überschuß zufügt und mit 0,1 n Permanganatlösung titriert.

Ergebnisse: 86,82 bis 87,08% statt 87,5% BaO_2.

B. Bestimmung von Bariumsulfid und anderen technischen Bariumverbindungen.

I. Wertbestimmung von Bariumsulfidlaugen nach SACHER.

Prinzip der Methode. Bariumsulfidlösung wird mit überschüssiger bekannter Bleinitratlösung gefällt; der Überschuß an Blei wird mit Ammoniummolybdat zurücktitriert.

Lösungen. 1. Bleinitratlösung. 16,000 g reines, bei 140°getrocknetes Bleinitrat werden im Meßkolben in Wasser gelöst und auf 1 l aufgefüllt. 1 cm^3 enthält 0,0100 g Blei und entspricht 0,00818 g BaS.

2. Ammoniummolybdatlösung. 8,580 g reines käufliches $(NH_4)_6Mo_7O_{24} \cdot 4\,H_2O$ (MERCK oder SCHERING) werden in Wasser zu 1 l gelöst. 1 cm^3 entspricht ungefähr 0,010 g Blei, doch muß der genaue Titer mit der Bleilösung bestimmt werden.

3. Indicatorlösung. Man stellt eine 0,3%ige Tanninlösung her, die zur Haltbarmachung einen Zusatz von 2% Essigsäure erhält. Ohne diesen Zusatz muß sie stets frisch bereitet werden. Die Lösung gibt mit Molybdatlösung eine braune oder gelbe Färbung.

Titerbestimmung der Molybdatlösung nach ALEXANDER. Man verdünnt etwa 20 cm^3 der Bleinitratlösung in einem ERLENMEYER-Kolben mit heißem Wasser auf ungefähr 200 cm^3, versetzt mit 5 cm^3 Ammoniak (D 0,91), läßt 2 bis 3 Min. auf dem Wasserbad stehen und fügt dann 5 cm^3 80%ige Essigsäure hinzu, so daß die Lösung deutlich sauer ist. Dann gießt man etwa $^2/_3$ der Lösung in ein Becherglas und titriert mit Molybdatlösung, bis ein Tropfen der Lösung auf einer Tüpfelplatte mit dem Indicator eine gelbe Färbung gibt. Dann gibt man weitere Bleilösung hinzu und wiederholt die Operation, bis nur noch wenige Kubikzentimeter Bleilösung im Kolben bleiben. Schließlich gießt man den Inhalt des Becherglases in den Kolben zurück, mischt, gießt in das Becherglas zurück, spült kurz nach und titriert zu Ende, indem man je 2 Tropfen Molybdatlösung zusetzt, bis ein Tropfen der Analysenlösung mit der Tanninlösung eine gelbe Färbung gibt.

a) **Arbeitsvorschrift für eine etwa 2%ige Bariumsulfidlauge.** Etwa 3 g der Lauge werden abgewogen, mit kaltem Wasser in ein Becherglas gespült und auf 100 bis 150 cm^3 verdünnt. Dann läßt man unter ständigem Rühren in der Kälte einen Überschuß (etwa 30 bis 40 cm^3) an Bleinitratlösung hinzufließen und setzt schließlich noch Essigsäure bis zur schwach sauren Reaktion hinzu. Man rührt noch einige Minuten, läßt absitzen, filtriert den Niederschlag ab und wäscht das Bleisulfid einige Male mit verdünntem Alkohol aus. Im Filtrat titriert man das überschüssige Bleinitrat wie bei der Titerbestimmung zurück.

b) **Bemerkungen.** Das Bleisulfid muß in der Kälte gefällt werden, weil sonst eine Oxydation oder eine hydrolytische Spaltung des Bariumsulfides zu fehlerhaften Ergebnissen führt. Außerdem ist Bleisulfid in heißer Bleinitratlösung in störender Weise löslich. Essigsäure ist zuzusetzen, damit etwa in der Lauge vorhandenes Bariumhydroxyd nicht zu Bleiverlusten führt. SACHER vergleicht die Ergebnisse mit den bei der direkten Bestimmung als Bariumsulfat erhaltenen und findet:

Bei der Titration: 2,25 und 2,25% BaS; bei der gravimetrischen Bariumsulfatbestimmung: 2,31 und 2,24% BaS.

II. Wertbestimmung von Bariumsulfidlauge für Lithoponefabriken nach SACHER.

Prinzip. Man titriert die verdünnte Bariumsulfidlösung direkt in der Kälte mit bekannter Zinksulfatlösung und Methylorange als Indicator.

Lösung. Zinksulfatlösung. Man löst 85 g des käuflichen reinen Zinksulfates ($ZnSO_4 \cdot 7\, H_2O$) in Wasser und füllt zu 1 l Lösung auf. Der Titer ist sehr konstant. Er wird gravimetrisch durch eine Zink- oder Sulfatbestimmung ermittelt.

Arbeitsvorschrift. Man bringt die zu untersuchende Substanz, die einer Menge von etwa 1 bis 2 g Bariumsulfid entspricht, in einen ERLENMEYER-Kolben, verdünnt auf 150 bis 200 cm³ und titriert in der Kälte mit der Zinksulfatlösung unter Zusatz von Methylorange unter dauerndem Umschwenken.

Nach SACHER sollen die Abweichungen der Ergebnisse nicht mehr als 0,05% BaS betragen.

III. Wertbestimmung von Bariumsulfid- und Bariumhydroxyd- bzw. Bariumaluminatlaugen.

Argentometrische Bestimmung nach TANANAEFF und CHALAT.

Prinzip. Man fällt die vorhandenen oder durch Hydrolyse von Aluminat entstandenen Hydroxyl-Ionen und die Sulfid-Ionen gemeinsam mit überschüssiger Silberlösung und titriert den Überschuß zurück. Dann wiederholt man die Bestimmung in saurer Lösung und bestimmt dadurch nur die Sulfid-Ionen.

Lösungen. 1. 0,1 n Silbernitratlösung. Den Titer bestimmt man gravimetrisch.

2. 0,1 n Ammoniumrhodanidlösung, die mit der Silberlösung eingestellt wird.

3. Kalt gesättigte Lösung von Ferriammoniumsulfat, die soviel Salpetersäure enthält, daß die braune Farbe der Lösung verschwindet.

a) Arbeitsvorschrift. 50 cm³ der zu untersuchenden Lauge, die etwa 0,2 bis 0,3% Barium enthalten soll, werden im 100 cm³ Meßkolben mit 0,1 n Silberlösung zur Marke aufgefüllt. Dann wird gut umgeschüttelt und durch ein trockenes Filter filtriert. Die ersten Filtratanteile verwirft man. 50 cm³ des Filtrates werden zur Bestimmung der Summe von Bariumhydroxyd und Bariumsulfid im ERLENMEYER-Kolben mit 2 cm³ einer kalt gesättigten, chlorfreien Ferriammoniumsulfatlösung und soviel Salpetersäure versetzt, daß die braune Färbung des Eisensalzes verschwindet. Dann wird unter ständigem Umschwenken mit Ammoniumrhodanidlösung titriert, bis eine ganz schwache Rosafärbung auftritt. Nun verschließt man den Kolben und schüttelt kräftig. Meistens verschwindet dabei die Rosafarbe. Man fügt weiteres Ammoniumrhodanid hinzu, bis nach kräftigem Schütteln die rötliche Färbung nicht mehr verschwindet.

50 cm³ einer zweiten Probe werden nach dem Fällen durch Silbernitratlösung mit Essigsäure angesäuert, so daß der Niederschlag nur aus Silbersulfid besteht. Nach dem Filtrieren wird der Überschuß an Silber wie oben mit Rhodanidlösung bestimmt.

b) Bemerkungen. Die Werte sind meistens 0,3 bis 0,5% zu niedrig, da der Verbrauch an Ammoniumrhodanid höher ist als der anwesenden Menge überschüssiger Silber-Ionen entspricht.

Sofern es sich nur um die Wertbestimmung des Bariumsulfides handelt, sind auch alle Methoden anwendbar, die sich zu einer exakten Bestimmung des Sulfidschwefels eignen.

Literatur.

ALEXANDER: Engin. and Min. J. **55**, No 13; Berg- u. Hüttenmänn. Z. **52**, 201 (1893); durch Fr. **42**, 630 (1903).

CHWALA, A.: Angew. Ch. **21**, 589 (1908).

LOEB, A. Ch. Z. **30**, 1275 (1906).

QUINCKE, J.: Fr. **31**, 28 (1892).

RUPP, E.: Ar. **240**, 437 (1902).

SACHER, J. F.: Farbenz. **18**, 2059 (1913); durch C. **84 II**, 540 (1913) und Fr. **52**, 28 (1913); Ch. Z. **33**, 1257 (1909).

TANANAEFF, N. A. u. K. D. CHALAT: Fr. **100**, 276 (1935). — TREADWELL, F. P.: Kurzes Lehrbuch der analytischen Chemie, 11. Aufl., Bd. 2, S. 538. Leipzig und Wien 1923.

Trennungsmethoden.

§ 8. Trennung des Bariums von den übrigen Elementen.

A. Die Abtrennung des Bariums von den Elementen der Schwefelwasserstoffgruppe.

Man fällt diese Elemente mit Schwefelwasserstoff aus salzsaurer Lösung. Die Arbeitsweise richtet sich nach den im Einzelfall gegebenen Bedingungen. Mußte die zu analysierende Substanz unter Verwendung von Oxydationsmitteln aufgeschlossen werden, so entfernt man das Oxydationsmittel durch Abrauchen mit Salzsäure, um eine Bildung von Sulfat aus dem Schwefelwasserstoff zu verhindern. So ist z. B. zu verfahren bei Bariumgläsern, die Blei oder Arsen enthalten und darum mit Soda und Salpeter aufgeschlossen werden, und Legierungen (Lagermetallen usw.), die in Salpetersäure gelöst werden. Auch beim fehlerhaften Auswaschen von Sulfidniederschlägen besteht die Gefahr, daß Sulfide durch den Luftsauerstoff zu Sulfaten oxydiert werden. Man wäscht Sulfidniederschläge mit schwefelwasserstoffhaltigem Wasser aus, das mit etwas Salzsäure angesäuert wird, unterbricht das Auswaschen nicht und hält den Trichter mit einem Uhrglase bedeckt. Man kann auch bis zur Beendigung des Auswaschens den Niederschlag mit der Waschflüssigkeit bedeckt halten. Bei der Analyse der Blei-Barium-Legierungen, die meistens neben viel Blei wenig Barium enthalten, ist das Barium vorteilhaft in einer größeren Sondereinwage zu bestimmen. Nach dem Abrauchen der Nitrate mit Salzsäure kann dabei bereits ein Teil des Bleis als Bleichlorid abfiltriert werden, da Bariumchlorid unter diesen Umständen nicht vom Blei zurückgehalten wird. Es soll hier darauf hingewiesen werden, daß es bei gleichzeitiger Anwesenheit von Blei und Barium in einer Lösung nicht statthaft ist, nach einer gemeinsamen Abscheidung dieser Elemente mit Schwefelsäure die Trennung der Sulfate mit Ammoniumacetat vorzunehmen, da sie nicht vollständig ist. Liegen aber Blei und Barium nebeneinander als Sulfate vor, wie das z. B. stets nach dem Aufschluß von blei-, barium- und sulfathaltigen Gläsern der Fall sein wird, so müssen die unlöslichen Sulfate mit Soda aufgeschlossen werden. Die sulfatfrei gewaschenen Carbonate sind in Salzsäure zu lösen, und das Blei ist als Sulfid abzuscheiden.

Ähnlich liegt der Fall bei der Analyse von schwefel- und bleihaltigen Schlacken und Erzen, die Barium als Gangart enthalten. Werden große Ansprüche an die Genauigkeit der Ergebnisse gestellt, so wird man den Löserückstand, wie beschrieben, mit Soda aufschließen. Im allgemeinen wird es genügen, den Löserückstand mit Salpetersäure auszukochen und diese Lösung dann getrennt für sich weiter zu behandeln. Bei Gegenwart von sehr wenig Blei genügt es auch, nach dem Filtrieren der kochend heißen, salzsauren Lösung den Filterinhalt mit heißer, sehr verdünnter Salzsäure bleifrei zu waschen. In jedem Fall aber ist dann für eine Bestimmung des Bariums der Löserückstand nach dem Abrauchen der Kieselsäure aufzuschließen.

Das Barium wird aus der Aufschlußlösung nach dem normalen Gang der Analyse abgeschieden.

B. Trennung des Bariums von den Elementen der Ammoniakgruppe.

Wird Barium nicht in einer Sonderprobe bestimmt (s. S. 372), so trennt man vor der Abscheidung des Bariums die Metalle der III. Gruppe mit carbonatfreiem Ammoniak oder nach der Acetatmethode ab. Auf alle Fälle aber muß der Niederschlag der Oxydhydrate gelöst und umgefällt werden; gegebenenfalls ist diese Umfällung sogar zu wiederholen.

Arbeitsvorschriften. 1. Fällung mit Ammoniak. Die von den Metallen der II. Gruppe befreite Lösung wird eingedampft, bis der Schwefelwasserstoff vollständig vertrieben ist. Bei Gegenwart von Eisen oxydiert man mit wenig Perhydrol, Salpetersäure oder Bromwasser. Einen Überschuß an Perhydrol oder Bromwasser entfernt man durch Kochen der Lösung. Bilden die Metalle der III. Gruppe einen wesentlichen Bestandteil der zu untersuchenden Substanz, so müssen sie selbstverständlich aus genügend großem Volumen gefällt werden. Um das Mitfällen von Magnesium zu verhindern, muß man für Anwesenheit ausreichender Mengen von Ammoniumsalzen in der Lösung sorgen. Man erhitzt zum Sieden, entfernt die Flamme und fällt tropfenweise mit carbonatfreier Ammoniaklösung, bis die Lösung eben ammoniakalisch wird. Man läßt die Fällung einige Minuten lang auf dem Wasserbad stehen, filtriert durch ein genügend großes Schwarzbandfilter und wäscht den Niederschlag mit heißem, ammoniumnitrathaltigem Wasser. Da der Niederschlag umgefällt wird, wäscht man ihn selbstverständlich nicht vollständig aus. Man spritzt ihn mit heißer halbkonzentrierter Salzsäure vom Filter und wiederholt die Fällung. Bei Anwesenheit größerer Niederschlagsmengen gibt man direkt das Filter mit dem Niederschlage in das Becherglas zurück und kocht solange, bis das Filter nach der Auflösung des Niederschlages zu Filterbrei wird, dessen Anwesenheit die Filtration und das spätere Verglühen des Niederschlages erleichtert. Zu langes Kochen und zu hohe Säurekonzentration müssen dabei vermieden werden, da etwaige Hydrolyseprodukte der Cellulose eine quantitative Fällung der III. Gruppe verhindern.

2. Fällung mit Acetat. Will man im Verlaufe der Analyse eine Abtrennung der Metalle der III. Gruppe von Mangan, Zink, Nickel und Kobalt durchführen, oder liegen neben Eisen größere Mengen Phosphorsäure vor, so wendet man die Acetatmethode an. Die Lösung, die Eisen in der 3wertigen Form enthält, wird am besten von der Hauptmenge der freien Säure durch Abdampfen befreit, um eine Anhäufung von Fremdsalzen zu verhindern. Die kalte, etwa 100 cm^3 betragende Lösung wird in einem Jenaer Becherglase tropfenweise mit Soda- oder besser mit reiner Ammoniaklösung genau neutralisiert. Dann gibt man das Doppelte der annähernd berechneten Menge Natriumacetat oder besser Ammoniumacetat in wenig Wasser gelöst hinzu und verdünnt mit kochendem Wasser auf 400—500 cm^3. Man erhitzt zum Sieden und filtriert die kochend heiße Mischung sofort, nachdem der Niederschlag sich abgesetzt hat. Man wäscht mit kochend heißem, ammoniumacetathaltigem Wasser aus. Der Niederschlag wird nach 1. mit Ammoniak umgefällt.

C. Trennung des Bariums von den Elementen der Schwefelammoniumgruppe.

Auch bei dieser Trennung soll wie bei der Trennung von der Ammoniakgruppe die Fällung wiederholt werden. Ist Mangan anwesend, so fällt man die Sulfide durch Einleiten von Schwefelwasserstoff in die mit carbonatfreiem Ammoniak versetzte Lösung. Nach dem Sättigen mit Schwefelwasserstoff fügt man nochmals das gleiche Volumen carbonatfreien Ammoniaks hinzu. Den Sulfidniederschlag bringt man in Lösung und wiederholt die Fällung. Bei Abwesenheit von Mangan wird man die Fällung der Sulfide aus essigsaurer Lösung vorziehen.

D. Trennung des Bariums von Magnesium und den Alkalien.

1. Sind außer Barium nur noch Magnesium und die Alkalien oder höchstens noch geringe Mengen von Calcium vorhanden, so wird man stets das Barium unter den auf S. 370 angegebenen Vorsichtsmaßregeln als Bariumsulfat fällen und so von den übrigen Elementen trennen. Gegebenenfalls wird man das Barium dann nach einer der auf S. 371 beschriebenen Methoden reinigen.

2. Sind neben Barium, Magnesium und den Alkalien noch Strontium und Calcium oder auch nur größere Mengen Calcium anwesend, so ist die Fällung des Bariums mit Schwefelsäure als Trennungsmethode unbrauchbar. Man befreit dann die Lösung von etwa vorhandenen größeren Mengen von Ammoniumsalzen (aus der doppelten Fällung der Ammoniakgruppe) und fällt die Erdalkalien bei 80° mit wenig Ammoniak und einem geringen Überschuß an Ammoniumcarbonat aus einer Lösung von 80 bis 100 cm³ aus. Man läßt die Fällung einige Stunden warm stehen, filtriert und wäscht mit ammoniakhaltigem Wasser. Es ist zu beachten, daß die Lösung vor der Fällung der Carbonate genügend Ammoniumsalze enthalten muß, um eine Mitfällung von Magnesium zu verhindern. Für sehr genaue Bestimmungen kann das Filtrat noch mit Schwefelsäure auf kleine Mengen von Barium geprüft werden, die vor der Bestimmung des Magnesiums oder der Alkalien zu entfernen sind. Über die Trennung der Erdalkalien voneinander s. S. 397.

3. Sind Magnesium und die Alkalien nicht zu bestimmen, oder sollen sie in einem bekannten Teil des Filtrates der Ammoniak- oder Schwefelammoniumgruppe bestimmt werden, so wird man zur Abtrennung und Bestimmung das Barium meistens als Chromat nach SKRABAL und NEUSTADL (s. S. 379) fällen und einmal umfällen. Auch dabei ist für Abwesenheit größerer Mengen von Ammoniumsalzen Sorge zu tragen.

4. Sind nur kleine Mengen von Barium neben Strontium, Calcium, Magnesium und den Alkalien vorhanden, so trennt man die Hauptmenge des Strontiums und das Calcium durch doppelte Fällung als Oxalat aus ammoniakalischer Lösung vom Barium, Magnesium und den Alkalien ab (s. Trennung Ca-Mg), dampft die Filtrate ein, vertreibt die Ammoniumsalze, befeuchtet mit Salzsäure, erhitzt nochmals bis zum schwachen Glühen und fällt im Rückstand aus schwach angesäuerter Lösung Barium und kleine Reste von Strontium mit Schwefelsäure. Den geringen Niederschlag wäscht man mit Alkohol, verascht das Filter, glüht, wägt und raucht, wenn es sich um eine Silicatanalyse handelt, mit einem Tropfen Schwefelsäure und einigen Tropfen Flußsäure ab, da kleine Mengen von Kieselsäure der Bestimmung entgangen sein können, die an dieser Stelle beim Bariumsulfat gefunden werden. Die Oxalate von Strontium und Calcium müssen auf Barium geprüft werden, doch pflegt Barium nur dann in mehr als spektroskopischen Mengen im Oxalatniederschlag zu sein, wenn mehr als 3 bis 4 mg Barium in 1 g Analysensubstanz vorhanden waren. Man trennt dann nach einem der im folgenden beschriebenen Verfahren.

E. Trennung der Erdalkalien voneinander.

I. Trennung und Bestimmung des Bariums als Chromat.

a) Trennung und gravimetrische Bestimmung nach SKRABAL und NEUSTADTL. Enthält die Lösung außer den Erdalkalien keine Bestandteile, die bestimmt werden sollen, so wird man das Barium stets durch doppelte Fällung als Bariumchromat nach SKRABAL und NEUSTADTL (s. § 2, S. 379) von seinen Begleitern trennen und bestimmen. Das gleiche gilt auch für den Fall, daß neben Barium nur Strontium oder nur Calcium vorliegt.

b) Trennung und gravimetrische Mikrobestimmung nach STREBINGER. Nach den Angaben STREBINGERS fallen bei mikrochemischen Barium-Calcium-Trennungen mit Chromat nach SKRABAL und NEUSTADTL und gravimetrischer Bestimmung des Bariums die Bariumwerte zu hoch aus, wenn viel Barium neben wenig Calcium vorliegt; z. B.: gefunden 6,288 mg und 6,278 mg Ba statt 6,225 mg. STREBINGER schlägt daher vor, nach der Abtrennung des Bariums als Chromat den Niederschlag in möglichst wenig Salpetersäure (1 : 1) aufzulösen, das Chromat mit einem Tropfen Alkohol zu reduzieren und Barium dann als Sulfat zu fällen und zu bestimmen. In den vereinigten Filtraten wird Calcium als Oxalat gefällt. Ergebnisse nach STREBINGER: 6,229 mg und 6,224 mg statt 6,225 mg Barium.

Bemerkungen. Aus den Ergebnissen der Bestimmung des Bariums nach GEILMANN und HÖLTJE ersieht man, daß die Trennung des Bariums vom Calcium mit

Pyrochromat in der unter E, I, c, S. 398 angeführten Form gut gelingt. Es ist daher anzunehmen, daß die zu hohen Werte STREBINGERs auf ungenügendes Auswaschen zurückzuführen sind. Da aber vollständiges Auswaschen nach GEILMANN und HÖLTJE zu Bariumverlusten führt, ist für genaue Mikrobestimmungen die direkte gravimetrische oder titrimetrische Bariumbestimmung nicht zu empfehlen.

c) Titrimetrische mikrochemische Trennung und Bestimmung von Barium und Calcium nach GEILMANN und HÖLTJE. Über die zu benutzenden Lösungen und die zu beobachtenden Vorsichtsmaßregeln vgl. § 2, S. 382.

1. Arbeitsvorschrift. Man bringt die zu analysierende Lösung in ein gewogenes Zentrifugenglas und setzt soviel Kaliumpyrochromatlösung (1,071 g/l) zu, daß die Lösung 0,02 bis 0,03% überschüssiges Chromat enthält. Dann wird im Wasserbad bis fast zum Sieden erhitzt und mit Natriumacetat im Überschuß gefällt. Man läßt etwa 1 Std. lang stehen, zentrifugiert und wägt dann das Glas mit Niederschlag und Lösung. Die klare Flüssigkeit wird nun möglichst weitgehend in ein zweites Zentrifugenglas abgehebert. Das Glas mit dem Niederschlag und der restlichen Flüssigkeit wird zurückgewogen. Dann spült man Reste von Bariumchromat, die etwa außen am Heber sitzen mit sehr wenig Wasser zum Hauptniederschlag und spült den Inhalt des Hebers durch Ansaugen von Wasser zu der abgeheberten Flüssigkeit. Den Bariumniederschlag löst man in 1 bis 3 cm^3 10%iger Salzsäure, spült die Lösung in ein ERLENMEYER-Kölbchen mit Schliffstöpsel, verdünnt auf 10 bis 15 cm^3, setzt soviel Kaliumjodid hinzu, daß die Lösung etwa 2% KJ enthält und titriert mit 0,02 bis 0,01 n Thiosulfatlösung.

2. Berechnung. Wurden v cm^3 $K_2Cr_2O_7$-Lösung angewendet, war das Gewicht der Gesamtlösung g, das des abgeheberten Teiles p, wurden a cm^3 Thiosulfatlösung verbraucht, und war F der Faktor der Thiosulfatlösung $\left(\frac{cm^3\ K_2Cr_2O_7}{cm^3\ Na_2S_2O_3}\right)$, so ist die gesuchte Menge Barium in Milligramm gegeben durch:

$$x = v - \frac{g}{p}(v - a \cdot F).$$

Die abgeheberte Menge enthält das meiste Calcium und wird auf dem Wasserbad etwas eingedampft, vor allem dann, wenn die zu erwartenden Calciummengen nur klein sind. Dann wird in der Siedehitze Ammoniumoxalat in geringem Überschuß zugegeben, schwach ammoniakalisch gemacht und schließlich nach 2 Std. zentrifugiert; die Lösung wird abgehebert und der Niederschlag 7mal mit 1 bis 2 cm^3 Wasser gewaschen. Nach dem Auswaschen erwärmt man den Inhalt des Glases mit 1 bis 2 cm^3 verdünnter Schwefelsäure im Wasserbad und spült ihn nach vollständiger Lösung in einen kleinen ERLENMEYER-Kolben, erwärmt auf 50 bis 70° und titriert mit 0,02 n Permanganatlösung bis zur deutlichen Rotfärbung. Dann kühlt man sofort ab (unter fließendem Wasser), setzt Kaliumjodid und Stärkelösung hinzu und titriert mit 0,02 n Thiosulfatlösung zurück. Den Verbrauch an Thiosulfatlösung (in Kubikzentimetern) zieht man von dem an Permanganatlösung ab. Die Thiosulfatlösung soll gegen die Permanganatlösung eingestellt sein, diese ihrerseits gegen eine Natriumoxalatlösung, die 3,344 g Natriumoxalat/l enthält (1 cm^3 entspricht 1 mg Ca). Die gefundene Calciummenge ist natürlich mit g/p zu multiplizieren.

3. Bemerkungen. Bei vorschriftsmäßiger Ausführung gelingt die Trennung für 5 mg Barium und Calcium bei wechselndem Mengenverhältnis auf $\pm$ 0,02 mg Ba bzw. Ca genau. Verzichtet man auf ein Einengen der Lösung nach der Abscheidung des Bariums, so fallen die Calciumwerte meistens etwas zu niedrig aus.

d) Konduktometrische Trennung und Bestimmung der Erdalkalien nach DUTOIT und MOJOÏU. Nach den unter § 1, S. 373 bzw. § 2, S. 384 beschriebenen Verfahren wird ein bekannter Teil der sehr schwach essigsauren Lösung, die an Barium, Strontium und Calcium etwa 0,01 n ist, auf 30 bis 35 cm^3 verdünnt und mit 30 bis 35 cm^3 Alkohol versetzt. Dann wird bei konstanter Temperatur die Summe von Barium und Strontium mit 1 n Lithiumchromatlösung konduktometrisch bestimmt. Die Lithiumchromatlösung wird gegen ein entsprechendes Gemisch von Barium- und Strontiumlösung eingestellt, deren Gehalt man gravimetrisch ermittelt. Im Filtrat des Chromatniederschlages von Barium und Strontium wird Calcium als Oxalat bestimmt. In einer zweiten Probe der zu untersuchenden Lösung, die in gleicher Weise vorbereitet ist, wird Barium allein bei Gegenwart von 50% Alkohol durch Titration mit 1 n Kupfersiliciumfluoridlösung gefällt und bestimmt.

Bemerkungen. Bei der Titration mit Lithiumchromatlösung erhält man einen schwachen Inflexionspunkt, wenn alles Barium ausgefällt ist. Der Endpunkt bei vollständiger Ausfällung von Barium und Strontium ist scharf. Die Genauigkeit der Methode beträgt nach den Angaben der Verfasser 0,5 bis 1%, ohne daß etwa die zur Ausführung von Präzisionsbestimmungen erforderliche Anordnung benutzt wurde. Sind nur sehr geringe Mengen von Barium vorhanden, so werden die Resultate unbrauchbar, da dann die notwendige Bestimmung des Bariums mit $CuSiF_6$ versagt.

II. Trennung der Erdalkalien nach ROSE-STROHMAYER-FRESENIUS.

Prinzip. Man führt die Erdalkalien in die Nitrate über und löst aus dem Gemisch der trockenen Nitrate das Calciumnitrat mit einem Äther-Alkohol-Gemisch heraus. Vom barium- und strontiumhaltigen Rückstand trennt man Barium als Chromat ab und bestimmt es auch als solches. Aus dem Filtrat des Bariums fällt man Strontium als Sulfat. Die alkoholische Lösung des Calciums wird verdampft, der Rückstand wird in Wasser gelöst und als Oxalat gefällt.

1. Arbeitsvorschrift. Man bringt die Lösung der Nitrate in einen kleinen ERLENMEYER-Kolben mit Schliffstöpsel und verdampft zur Trockne unter ständigem, langsamem Durchleiten von trockener, warmer Luft. Dann steigert man die Temperatur auf 140° und erhitzt noch 2 Std. bei dieser Temperatur. Nach dem Erkalten fügt man zu den trocknen Nitraten etwa die 10fache Gewichtsmenge absoluten Alkohols, verreibt die Nitrate sorgfältig mit einem Glasstab und läßt den verschlossenen Kolben 2 Std. lang stehen. Dann setzt man das gleiche Volumen absoluten Äthers hinzu, schüttelt um und läßt über Nacht stehen. Hierauf filtriert man durch ein mit einem Äther-Alkohol-Gemisch (1 : 1) benetztes Filter und wäscht mit dem Äther-Alkohol-Gemisch aus, bis einige Tropfen der Waschflüssigkeit beim Verdampfen auf einem Platinblech keinen Rückstand mehr hinterlassen. Den im Äther-Alkohol-Gemisch unlöslichen Rückstand löst man noch einmal in wenig Wasser auf und wiederholt die Auslaugung. Aus den vereinigten Filtraten fällt man nach dem Verdampfen von Äther und Alkohol das Calcium als Oxalat. Den im Äther-Alkohol-Gemisch unlöslichen Rückstand löst man in warmem Wasser und trennt und bestimmt Barium nach der Methode von SKRABAL und NEUSTADTL. In den vereinigten Filtraten aus der Bariumbestimmung fällt und bestimmt man Strontium als Sulfat.

SZEBELLÉDY schlägt vor, die Nitrate bei 180° zu trocknen und zum Auslösen des Calciumnitrates zuerst absoluten Alkohol und dann Isobutylalkohol zu benutzen. Die Auslaugung wird so oft wiederholt, daß beim letzten Auszug noch höchstens 5 mg Salz in Lösung gehen. Ist Barium neben Calcium allein vorhanden, so soll das Bariumnitrat bei 140° getrocknet und dann gewogen werden. Die durch das wiederholte Auslaugen entstehenden Verluste an Barium und Strontium sollen durch Korrekturwerte berücksichtigt werden. Die Methode ist nicht zu empfehlen.

2. Bemerkungen. In einer sehr eingehenden Untersuchung über die Bestimmung des Strontiums neben Barium und Calcium hat NOLL die einzelnen bisher vorgeschlagenen Trennungsmethoden geprüft und kommt zu dem Ergebnis, daß nur unter sorgfältiger Einhaltung bestimmter Vorsichtsmaßregeln die Methode von ROSE-STROHMAYER-FRESENIUS gute Ergebnisse liefert, wenn man sorgfältig alle

Feuchtigkeit von den Lösungen fernhält, und demgemäß z. B. die störende Wirkung der Luftfeuchtigkeit auf die Nitrate während des Filtrierens durch Überleiten eines trocknen Gasstromes zurückdrängt.

NOLL schlägt daher die von ihm modifizierte, in der Handhabung weit bequemere, in den Ergebnissen mindestens ebenso genaue Trennungsmethode nach RAWSON mit Salpetersäure vor. Auch WILLARD und GOODSPEED empfehlen dieses Trennungsverfahren.

III. Trennung der Erdalkalien mit Salpetersäure nach RAWSON-NOLL.

Prinzip. Man führt die Erdalkalien in Nitrate über, trocknet und verreibt mit etwa 80%iger Salpetersäure bei Zimmertemperatur. Calciumnitrat geht in Lösung und wird im Filtrat bestimmt. Barium und Strontium werden im Rückstand mit Chromat getrennt.

Lösung. Durch Mischen 65%iger Salpetersäure mit rauchender Salpetersäure stellt man sich eine Säure von der Dichte 1,455 her.

Arbeitsvorschrift. Man dampft die Lösung der Nitrate in einem Kölbchen oder einem Bechergläschen zur Trockne und erhitzt die Nitrate 1 Std. lang auf 160°. Dann verreibt man die Salze mit Hilfe eines Glasstabes sorgfältig mit 30 cm^3 Salpetersäure für je 0,5 g Salzgemisch und filtriert durch einen Porzellanfiltertiegel. Man wäscht den Tiegelinhalt 2mal mit je 10 cm^3, 5mal mit je 5 cm^3 HNO_3 und weiter mit Portionen von je 5 cm^3 HNO_3, bis sich das Tiegelgewicht nach dem Trocknen bei 160° nicht mehr ändert. Barium- und Strontiumnitrat sind nicht hygroskopisch. Ist Gewichtskonstanz erreicht, so löst man die Nitrate mit warmem Wasser aus dem Tiegel und wägt den Tiegel nach dem Trocknen zurück. Barium und Strontium trennt und bestimmt man dann nach einer der vorstehenden Methoden. Ist Barium oder Strontium allein zugegen, so bestimmt man es aus der Wägung als Nitrat. Die salpetersauren calciumhaltigen Auszüge verdampft man zur Trockne, nimmt mit Wasser auf und fällt Calcium als Oxalat.

Die Methode liefert auch bei Anwesenheit großer Calciummengen gute Ergebnisse: z. B. gegeben: 5,2 mg Sr und 500 mg Ca.

Behandeln der Nitrate mit 30 cm^3 HNO_3 (D = 1,455) bei Zimmertemperatur

1. Waschen mit	2 · 10 cm^3 und	5 · 5 cm^3 HNO_3,	Rückstand berechnet auf Sr:	17 mg
2. „ „		6 · 5 „ „	„ „ „ „	7,9 „
3. „ „		4 · 5 „ „	„ „ „ „	6,0 „
4. „ „		4 · 5 „ „	„ „ „ „	5,1 „
5. „ „		4 · 5 „ „	„ „ „ „	5,0 „
6. „ „		4 · 5 „ „	„ „ „ „	5,1 „

Gesamtverbrauch 185 cm^3 HNO_3.

Die Trennung ergibt für Barium gleich gute Werte.

IV. Trennung der Erdalkalien nach GOOCH *und* SODERMANN.

Prinzip. Die Erdalkalien werden in Chloride übergeführt. Aus der kalt gesättigten Lösung wird Bariumchlorid mit einem Gemisch von Salzsäure und Äther gefällt.

1. Arbeitsvorschrift. Die Lösung der Chloride wird in einem Kölbchen mit Schliffstöpsel bis zur beginnenden Krystallisation eingedampft und während des Abkühlens tropfenweise mit soviel Wasser versetzt, daß eine kalt gesättigte Lösung der Chloride entsteht. Nun versetzt man unter ständigem Rühren tropfenweise mit 2 bis 3 cm^3 eines Gemisches von 33%iger Salzsäure und Äther (4 : 1) und fügt dann die Hauptmenge des Gemisches schnell hinzu. Bei 0,5 g Salzgemisch mit etwa 0,3 g Strontiumchlorid sind insgesamt etwa 50 bis 75 cm^3 des Salzsäure-Äther-Gemisches erforderlich. Man schließt den Kolben, schüttelt vorsichtig um, filtriert nach 2 bis 3 Std. durch Asbest, wäscht mit der Salzsäure-Äther-Mischung und trocknet 2 bis 3 Std. lang bei 150°. Das Filtrat dient zur Trennung und Bestimmung von Strontium und Calcium nach RAWSON-NOLL.

Beleganalysen zeigten bei 0,5 g Bariumchlorid Verluste bis zu 0,4 mg.

2. Bemerkungen. Die Wägung des Tiegels geschieht am besten im verschlossenen Wägeglas, da entwässertes Bariumchlorid an der Luft wieder Wasser aufnimmt. Über den Anwendungsbereich bemerkt HILLEBRAND: „Das Verfahren ist wahrscheinlich für die Abtrennung der in Gesteinen vorkommenden kleinen Mengen Barium von Strontium und Calcium nicht brauchbar."

V. Trennung des Bariums von Strontium nach SZEBELLÉDY.

Prinzip. Die Erdalkalien werden in Bromide übergeführt. Aus dem trocknen Gemisch wird das Strontium durch Isobutylalkohol herausgelöst.

Arbeitsvorschrift. Das Gemisch der Erdalkalinitrate wird durch mehrfaches Abrauchen mit sulfatfreier 33%iger Bromwasserstoffsäure in Bromide übergeführt, die zunächst auf dem Wasserbad, dann 1 Std. lang bei 100° getrocknet werden. Während dieser Zeit verreibt man die Salze sorgfältig mit 2 bis 3 cm^3 wasserfreiem Isobutylalkohol. Dann fügt man unter fortgesetztem Verreiben allmählich weitere 10 cm^3 Isobutylalkohol hinzu. Man bringt nun das Gefäß mit den Bromiden 10 Min. lang in einen auf 110° geheizten Bleiblock, rührt gelegentlich um und gießt die Mischung durch ein mit Isobutylalkohol benetztes Filter. Ist der erste Anteil des Filtrates trübe, so gibt man ihn nochmals durch das Filter. Das Filtrat wird in einem Tiegel von 25 cm^3 Inhalt aufgefangen und bei 100 bis 110° eingedampft. Der Eindampfrückstand wird in einigen Tropfen Wasser gelöst, mit Ammoniumsulfat oder Schwefelsäure abgeraucht und als Strontiumsulfat gewogen. Der in Isobutylalkohol unlösliche Rückstand wird erneut gelöst und die konzentrierte Lösung mit der 1 g HBr entsprechenden Menge Bromwasserstoffsäure versetzt; dann dampft man zur Trockne ein und wiederholt das Auslaugen, bis die letzte ausgelaugte Salzmenge nach ihrer Überführung in Sulfate weniger als 5 mg beträgt. Den in Isobutylalkohol unlöslichen Rückstand von Bariumbromid führt man dann ebenfalls in Sulfat über und wägt. Das Gewicht des Strontiumsulfates wird für jede ausgeführte Auslaugung um 0,5 mg verkleinert, dem Bariumsulfat wird die entsprechende Menge zugezählt.

Ergebnisse:

$SrSO_4$	berechnet:	0,3364 g;	gefunden:	0,3354 g, 0,3384 g, 0,3358 g.
$BaSO_4$	„	0,0091 g;	„	0,0088 g, 0,0088 g, 0,0086 g.
$SrSO_4$	„	0,0065 g;	„	0,0078 g, 0,0078 g, 0,0073 g.
$BaSO_4$	„	0,4594 g;	„	0,4586 g, 0,4570 g, 0,4582 g.
$SrSO_4$	„	0,1630 g;	„	0,1639 g, 0,1643 g, 0,1658 g.
$BaSO_4$	„	0,2297 g;	„	0,2284 g, 0,2282 g, 0,2284 g.

VI. Trennung des Bariums vom Strontium mit Ammoniumsiliciumfluorid.

Prinzip. Nach der von FRESENIUS abgeänderten, von LEO verbesserten Methode wird Barium aus neutraler oder schwach saurer Lösung mit $(NH_4)_2SiF_6$ gefällt und zur Wägung in Bariumsulfat übergeführt. Im Filtrat wird Strontium als Strontiumsulfat gefällt und bestimmt.

1. Arbeitsvorschrift. Die Lösung der Chloride wird für 0,3 bis 0,5 g (Ba + Sr) auf etwa 50 bis 70 cm^3 verdünnt, mit 3 bis 5 cm^3 1 n Salzsäure und dann mit einem geringen Überschuß einer 10%igen $(NH_4)_2SiF_6$-Lösung in der Kälte unter Umrühren versetzt. Der Überschuß an $(NH_4)_2SiF_6$ wird mit 10 bis 50% der berechneten Menge so bemessen, als ob die gesamten Chloride nur Barium enthielten. Nach 30 Min. wird $^1/_3$ des Volumens an Alkohol hinzugefügt. Nach 2 bis 3 Std. wird der Niederschlag filtriert, 2 bis 3mal mit 50%igem Alkohol, der mit $(NH_4)_2SiF_6$ gesättigt ist, dekantiert und dann in eine Platinschale gespült und mit Ammoniak und Ammoniumcarbonat 10 Min. lang auf dem Wasserbad erwärmt. Dann läßt man erkalten, filtriert, wäscht mit ammoniakhaltigem Wasser und spült den Niederschlag in das Becherglas zurück. Die am Filter haftenden Reste werden mit etwas Salzsäure zur Hauptmenge gelöst. Die Fällung wird unter den angegebenen Bedingungen wiederholt, der Niederschlag wird auf das erste Filter gebracht und wie vorher gewaschen. Dann trocknet man bei 100 bis 110°, trennt vom Filter, verascht, raucht mit Flußsäure und Schwefelsäure ab und wägt als Bariumsulfat. Aus den vereinigten Filtraten wird der Alkohol durch Verdampfen entfernt und Strontium durch Abrauchen mit Schwefelsäure und schließlich mit Flußsäure und Schwefelsäure bestimmt.

2. Bemerkungen. Infolge der immerhin merklichen Löslichkeit von Bariumsiliciumfluorid zeigen die Strontiumsulfatniederschläge bei spektroskopischer Prüfung einen geringen Bariumgehalt. Nach Angaben von LEO sind bei guter Ausführung die Bariumwerte um 0,2 bis 0,5% zu niedrig, die Strontiumwerte um 0,2 bis 0,9% zu hoch.

F. Abtrennung des Bariums von nicht flüchtigen Säuren.

Trennung von Kieselsäure. Die Abtrennung und Bestimmung des Bariums bei Gegenwart von Kieselsäure ist bereits in § 1, S. 372 besprochen worden.

Trennung von Phosphorsäure. Bereits in § 1, S. 371 wurde auf die Notwendigkeit hingewiesen, etwa anwesende Phosphorsäure vor der Bestimmung der Erdalkalien zu entfernen. Man benutzt dazu die Fällung mit Zinnsäure-Gel, mit Ferriacetat oder mit Molybdat in salpetersaurer Lösung. Sind in der zu untersuchenden Substanz genügend große Mengen an Eisen und Aluminium vorhanden, so wird die Phosphorsäure bei der Fällung der Metalle der III. Gruppe vollständig entfernt. Ist ein Überschuß an Phosphorsäure vorhanden und sollen die Metalle der III. Gruppe nicht oder gesondert bestimmt werden, so kann man eine bekannte überschüssige Menge Eisen vor der Fällung zusetzen.

Trennung von Borsäure. Die Abtrennung des Bariums von etwa vorhandener Borsäure wird in der Regel gleich während des Aufschlusses oder unmittelbar nachher vorgenommen. Man schließt mit Schwefelsäure und Flußsäure auf und verflüchtigt die Borsäure als Borfluorid; oder man schließt mit Soda auf, zersetzt den Aufschluß gegebenenfalls in einem Destillierkolben, der sich zur Bestimmung von Borsäure eignet, und destilliert die Borsäure als Methylester ab.

Eine besondere Abtrennung des Bariums von den übrigen nicht flüchtigen Säuren wird nur äußerst selten im Gange der normalen Analyse erforderlich sein; sie wird vielmehr meistens schon durch die Bestimmung des betreffenden säurebildenden Elementes erfolgen und ist daher am besten in den Abschnitten, die diese Säurebildner behandeln, nachzulesen.

Literatur.

DUTOIT, P. u. P. MOJOÏU: J. Chim. phys. 8, 27 (1910).

FRESENIUS, R.: Fr. **29**, 151 (1890).

GEILMANN, W. u. R. HÖLTJE: Z. anorg. Ch. **167**, 128 (1927). — GOOCH, F. A. u. M. A. SODERMANN: Am. J. Sci. [4] **46**, 538 (1918); durch C. **90 II**, 543 (1919).

HILLEBRAND, F. W.: Analyse des Silicat- und Carbonatgesteine S. 142. Leipzig 1910.

LEO, R.: M. **43**, 567 (1922).

NOLL, W.: Z. anorg. Ch. **199**, 193 (1931).

RAWSON, S. G.: J. Soc. chem. Ind. **16**, 113 (1897). — ROSE, STROHMAYER u. FRESENIUS: s. F. P. TREADWELL, Kurzes Lehrbuch der analytischen Chemie, 11. Aufl., Bd. 2, S. 68. Leipzig u. Wien 1923.

SKRABAL, A. u. L. NEUSTATDL: Fr. **44**, 742 (1905). — STREBINGER, R.: Mikrochemie **7**, 100 (1929). — SZEBELLÉDY, L.: (a) Magyar chem. Folyóirat **35**, 63 (1929); durch C. **101 II**, 274 (1930); (b) Fr. **78**, 198 (1929/30).

WILLARD, H. H. u. E. W. GOODSPEED: Ind. eng. Chem. Anal. Edit. 8, 414 (1936); durch C. **108 I**, 3838 (1937).

Radium und Isotope.

Von O. ERBACHER, Berlin.

Mit 2 Abbildungen.

Inhaltsübersicht.

Radium.

Seite

A. Nachweismethoden 407

§ 1. Radiometrischer Nachweis 407

1. Aus der Nachbildung der Folgeprodukte des Radiums 408
2. Aus dem Zerfall der Folgeprodukte des Radiums 408
   a) Aus dem Zerfall des Radons 408
   b) Aus dem Zerfall des kurzlebigen aktiven Niederschlags 408

Literatur 408

§ 2. Spektralanalytischer Nachweis 408

1. Flammenfärbung 408
2. Flammenspektrum 408
3. Funkenspektrum 408
4. Bogenspektrum 409
5. Röntgenspektrum 409

Literatur 410

§ 3. Chemischer Nachweis durch Fällung 410

Literatur 410

B. Bestimmungsmethoden 411

§ 1. Bestimmung der Radiummenge 411

I. Radiometrische Methoden 411
   1. γ-Methode 411
   2. Emanationsmethode 411

II. Spektralanalyse 413

Literatur 413

§ 2. Bestimmung der Reinheit des Radiumsalzes 413

I. Bestimmung des Gehaltes an anderen Salzen, insbesondere an Bariumsalzen 413
   1. Kombination der gewichtsanalytischen und der radiometrischen Bestimmung 413
      a) Gewichtsanalytische Bestimmung 413
         α) Bestimmung als Radiumsulfat 413
         β) Bestimmung als Radiumchlorid 414
         γ) Bestimmung als Radiumbromid 414
         δ) Bestimmung als Radiumnitrat 415
      b) Radiometrische Bestimmung 415
   2. Atomgewichtsbestimmung 416
      a) Bestimmung durch gravimetrische Analyse 416
      b) Bestimmung durch gravimetrische Titration 416
      c) Bestimmung durch Umwandlung von Radiumbromid in Radiumchlorid 417
   3. Spektralanalyse 417

II. Bestimmung des Gehaltes an Mesothor 418

Literatur 419

Seite

C. Trennungsmethoden 419

§ 1. Trennung des Radiums von anderen Elementen (außer Barium) . 419
I. Bei großen Substanzmengen 419
II. Bei kleineren Substanzmengen 420
Literatur 420

§ 2. Trennung des Radiums vom Barium 420
Abscheidungsgesetze 420
I. Anreicherungsmethoden 423
Fraktionierte Krystallisation 423
1. Trennung der Chloride in wäßriger Lösung 424
a) Durch Abkühlen 424
b) Durch Zugabe von Salzsäure 424
c) Durch Zugabe von Calciumchlorid 424
d) Durch Zugabe von Alkohol 424
2. Trennung der Bromide in wäßriger Lösung 424
a) Durch Abkühlen 424
b) Durch Abdampfen 425
c) Durch Zugabe von Bromwasserstoffsäure 425
3. Trennung der Nitrate in wäßriger Lösung 425
a) Durch Abkühlen 425
b) Durch Zugabe von Salpetersäure 425
4. Trennung der Chromate 425
a) In wäßriger Lösung durch Zugabe von Kaliumchromat 425
b) In saurer Lösung durch Zugabe von Lauge 425
5. Trennung der Sulfate in wäßriger Lösung 426
a) Durch Zugabe von Schwefelsäure zur Chloridlösung . . 426
b) Durch Kochen der Chloridlösung mit Bariumsulfat . . 426
6. Sonstige Anreicherungsverfahren zur Trennung des Radiums vom Barium 426
a) Fraktionierte Krystallisation der Pikrate, Bromate, EisenII-cyanide und Silicofluoride 426
b) Adsorptions- und Desorptionsmethoden 426
c) Austauschmethoden 426
d) Weitere Verfahren 427
II. Abreicherungsmethoden 427
1. Trennung der Hydroxyde in wäßriger Lösung 427
a) Durch Zugabe von Lauge 427
b) Durch Abkühlen 427
2. Trennung der Carbonate in wäßriger Lösung 427
3. Trennung der Oxalate 427
Literatur 428

§ 3. Trennung des Radiums von seinen Zerfallsprodukten 428
I. Trennung des Radiums vom Radon 428
a) Durch Erhitzen 428
b) Durch einen Luftstrom 429
c) Durch Abpumpen 429
d) Durch aktive Kohle 430
II. Trennung des Radiums vom kurzlebigen aktiven Niederschlag, nämlich Radium A, Radium B, Radium C 430
a) Durch fortgesetzte Abtrennung des Radons 430
b) Durch kräftiges Erhitzen 430
c) Durch Fällen von gewissen Sulfiden 430
III. Trennung des Radiums vom langlebigen aktiven Niederschlag, nämlich Radium D, Radium E, Polonium 430
1. Durch Fällung des Radiums mit gewissen Säuren 430
α) Fällung mit Bromwasserstoffsäure 430
β) Fällung mit Salzsäure 430
γ) Fällung mit Schwefelsäure 431

Seite
2. Durch Abscheidung des aktiven Niederschlags 431
a) Bei wenig Radium 431
α) Abscheidung auf Silber 431
β) Abscheidung auf Nickel 431
γ) Anodische Abscheidung 431
b) Bei viel Radium 431
α) Anodische Abscheidung 431
β) Fällung mit Blei- bzw. Quecksilbersulfid 432
γ) Fällung mit Kupfersulfid 432
Literatur 432

Isotope Atomarten des Radiums.

Mesothor 1.

A. Nachweismethoden 432
Radiometrische Methoden 432
1. Messung der Aktivität in größeren Zeitabständen 433
2. Aus der Nachbildung der Folgeprodukte 433
a) Mesothor 1 im Gleichgewicht mit Mesothor 2 433
α) Aus der Nachbildung des Mesothor 2 433
β) Aus der Nachbildung des Radiothors 434
b) Mesothor 1 im Gleichgewicht mit Radiothor 434
B. Bestimmungsmethoden 434
I. Bestimmung der Mesothor 1-menge 434
Radiometrische Methoden 434
Herstellung von radiumfreiem Mesothor 1 434
II. Bestimmung der Reinheit des Mesothor 1-salzes 435
1. Bestimmung des Gehaltes an anderen Salzen, insbesondere an Bariumsalzen 435
a) Kombination der gewichtsanalytischen Bestimmung und der radiometrischen Bestimmung 435
b) Spektralanalytische Bestimmung 435
2. Bestimmung des Gehaltes an Radium 435
C. Trennungsmethoden 436
I. Trennung des Mesothor 1 von anderen Elementen (außer Barium) 436
II. Trennung des Mesothor 1 vom Barium 436
III. Trennung des Mesothor 1 von seinen Zerfallsprodukten 436
a) Durch Fällen der Folgeprodukte mit Eisen-, Aluminium- oder Zirkonhydroxyd 436
b) Durch Fällen der Folgeprodukte mit Bleisulfid 437
c) Durch Fällen des Mesothor 1 mit konzentrierter Salzsäure 437
d) Durch Fällen des Mesothor 1 mit konzentrierter Bromwasserstoffsäure . 437
e) Durch Herauslösen der Folgeprodukte mit Alkohol 437
Literatur 437

Thorium X.

A. Nachweismethoden 437
Radiometrische Methoden 438
1. Aus der Nachbildung der Folgeprodukte 438
2. Aus dem Zerfall der Folgeprodukte 438
a) Aus dem Zerfall des Thorons 438
b) Aus dem Zerfall des aktiven Niederschlags 438
3. Durch Aufnahme einer Absorptionskurve 438
B. Bestimmungsmethoden 438
I. Bestimmung der Thor X-menge 438
Radiometrische Methoden 438
II. Bestimmung der Reinheit des Thor X-salzes 439
C. Fällung und Adsorption durch andere Salze 439
1. Fällung durch einen Niederschlag 439
2. Adsorption an einem Niederschlag 439

Seite

D. Trennungsmethoden 439

I. Trennung des Thor X von anderen Salzen 439
II. Trennung des Thor X vom Barium 440
III. Trennung des Thor X von seinen Muttersubstanzen 440
1. Aus Thoriumsalzen 440
a) Durch Ausfällen des Thoriums 440
b) Durch Ausfällen des Thor X mit einer Trägersubstanz 440
2. Aus Radiothor 441
a) Technisches Verfahren 441
b) Durch Fällen des Radiothors mit Eisen- bzw. Thoriumhydroxyd . 441
c) Durch Fällen des Radiothors mit anderen Hydroxyden 441
d) Durch Rückstoß 441
IV. Trennung des Thor X von seinen Zerfallsprodukten 442
1. Trennung des Thor X vom Thoron 442
2. Trennung des Thor X vom aktiven Niederschlag, nämlich Thorium B und Thorium C 442
a) Durch fortgesetzte Abtrennung des Thorons 442
b) Durch kräftiges Erhitzen 442
c) Durch Fällen von Eisenhydroxyd 442
d) Durch Fällen von gewissen Sulfiden 442
Literatur 442

Aktinium X.

A. Nachweismethoden 443

Radiometrische Methoden 443
1. Aus der Nachbildung der Folgeprodukte 443
2. Aus dem Zerfall der Folgeprodukte 443
a) Aus dem Zerfall des Aktinons 443
b) Aus dem Zerfall des aktiven Niederschlags 443
3. Durch Aufnahme einer Absorptionskurve 443

B. Bestimmungsmethoden 443

I. Bestimmung der Aktinium X-menge 443
II. Bestimmung der Reinheit des Aktinium X-salzes 444

C. Fällung und Adsorption durch andere Salze 444

D. Trennungsmethoden 444

I. Trennung des Aktinium X von anderen Elementen außer Barium 444
II. Trennung des Aktinium X vom Barium 444
III. Trennung des Aktinium X von seinen Muttersubstanzen 444
1. Aus Aktinium 444
a) Durch Ausfällen des Aktiniums und Radioaktiniums 444
b) Durch Ausfällen des Aktinium X mit einer Trägersubstanz . . . 445
2. Aus Radioaktinium 445
a) Durch Fällen des Radioaktiniums mit Zirkonhydroxyd 445
b) Durch Fällen des Radioaktiniums mit Thoriumhydroxyd 445
c) Durch Fällen des Radioaktiniums mit Aluminiumhydroxyd . . . 445
d) Durch Rückstoß 445
IV. Trennung des Aktinium X von seinen Zerfallsprodukten 445
1. Trennung des Aktinium X vom Aktinon 445
2. Trennung des Aktinium X vom aktiven Niederschlag, nämlich Aktinium B und Aktinium C 446
a) Durch fortgesetzte Abtrennung des Aktinons 446
b) Durch kräftiges Erhitzen 446
c) Durch Fällen von Eisenhydroxyd 446
d) Durch Fällen von Quecksilbersulfid 446
Literatur 446

Radium.

Ra, Atomgewicht 226,05, Ordnungszahl 88, Halbwertszeit 1600 Jahre.

A. Nachweismethoden.

Zum qualitativen Nachweis von Radium können dreierlei Arbeitsmethoden verwendet werden, nämlich die Radiometrie, die Spektroskopie und die chemische Fällung. In der Praxis bedient man sich zum Nachweis des Radiums fast ausschließlich der radiometrischen Methode.

§ 1. Radiometrischer Nachweis.

Der radiometrische Nachweis beruht allgemein auf folgendem Prinzip. Die von einem radioaktiven Präparat ausgesandten Strahlen bilden in der Luft Gas-Ionen und die Stärke dieser Ionisierung der Luft ist ein Maß für die vorliegende Menge des radioaktiven Strahlers. Die gebräuchlichsten Instrumente zur Messung der Ionisation sind die sogenannten Elektroskope. Ein Elektroskop besteht aus einem Metallgehäuse (Ionisationsraum) mit zwei eine Durchsicht gestattenden Fenstern, in dem ein Metallstab isoliert angebracht ist, an dem ein dünnes Metallblättchen mit dem oberen Ende befestigt ist. Der Metallstab wird nun aufgeladen, was auf dem Wege einer Berührung mit einem zweiten im Metallzylinder drehbaren Metallstab geschieht. Dies hat ein Spreizen des Metallblättchens gegen den Metallstab zur Folge. Wird nun die Luft in dem Ionisationsraum, der geerdet ist, durch irgendeine Strahlenquelle ionisiert, so kehrt das gespreizte Blättchen in seine Ruhelage zurück, das Elektroskop wird entladen. Die Geschwindigkeit, mit der die Entladung erfolgt, ist ein Maß für den Ionisationsgrad des Gases, wofern nur die Spannung zur Erzielung des Sättigungsstromes ausreicht. Ob dies der Fall ist, läßt sich im Einzelfall leicht daran erkennen, daß die Entladungsgeschwindigkeit mit wachsender Spannung keine Zunahme erfährt. Man mißt nun mit einer Stoppuhr unter Verwendung eines Mikroskops mit Okularskala die Zeit, die das Metallblättchen braucht, um eine geeignete Anzahl von Teilstrichen zu durchlaufen. Zu berücksichtigen ist, daß das gespreizte Metallblättchen auch in Abwesenheit radioaktiver Präparate langsam abfällt („natürlicher Abfall" oder „Isolation"), was durch den Gehalt der Luft und der Erdoberfläche an radioaktiver Emanation bzw. anderen radioaktiven Atomarten, sowie durch die durchdringende Höhenstrahlung bedingt ist. Man bildet von der bei der Messung beobachteten Zeitdauer, die für den Abfall des Blättchens zwischen bestimmten Teilstrichen der Skala gefunden wird, in jedem Falle den reziproken Wert und multipliziert diesen Wert zweckmäßig mit 10000, um handliche Zahlen für die Aktivitätswerte zu erhalten. Der so erhaltene Wert wird noch vermindert um den reziproken Wert ($\times$ 10000) der Zeitdauer, die für den natürlichen Abfall des Blättchens zwischen denselben Teilstrichen der Skala gefunden wird. Dieser Endwert ist dann direkt proportional dem Strahlungsvermögen der radioaktiven Substanz, er stellt die „Aktivität" des Präparats dar. Je nach der Strahlenart, die dabei zur Messung gelangen soll, unterscheidet man α- bzw. Emanations-Elektroskope, β- und γ-Elektroskope. Beim gewöhnlichen α-Elektroskop ragt der das Blättchen tragende Metallstab isoliert durch den Boden der Ionisationskammer und trägt am Ende eine Metallplatte, der eine ebensolche geerdete gegenübersteht, worauf das zu messende, α-Strahlen aussendende Präparat zu liegen kommt. Beim Emanationselektroskop wird die Emanation direkt in den Ionisationsraum eingeführt. Beim β-Elektroskop wird das Präparat unter den Ionisationsraum gestellt, der am Boden mit einer Aluminiumfolie von 0,05 mm Dicke verschlossen ist. Diese Dicke genügt zur Absorption aller α-Strahlen, so daß nur β-Strahlen in den Ionisationsraum gelangen. Beim γ-Elektroskop ist die Ionisationskammer allseitig aus 5 mm dickem Blei gefertigt, wodurch alle α- und β-Strahlen unwirksam gemacht werden.

Der radiometrische Nachweis speziell des Radiums kann auf verschiedene Weise erfolgen.

1. Aus der Nachbildung der Folgeprodukte des Radiums.

Man trennt von dem Radiumsalz das Radon und den kurzlebigen aktiven Niederschlag nach einer der unter C, § 3, I und II angegebenen Methoden ab, schließt das Präparat luftdicht ein und mißt in Zeitabständen die γ-Strahlen des Präparats. Man erhält dann einen Anstieg der γ-Aktivität — gleich am Anfang ist keine γ-Strahlung vorhanden —, der für die Nachbildung von Radium C + Radium C'' (über Radon) aus Radium charakteristisch ist, und nach 5 Wochen dauernd konstante γ-Aktivität.

2. Aus dem Zerfall der Folgeprodukte des Radiums.

a) Aus dem Zerfall des Radons. Das Radon wird von dem Radium nach einer der unter C, § 3, I angegebenen Methoden abgetrennt und die Abnahme der Aktivität mit der Zeit bestimmt. Das Radon hat eine Halbwertszeit von T = 3,83 Tagen.

b) Aus dem Zerfall des kurzlebigen aktiven Niederschlags. α) Der kurzlebige aktive Niederschlag wird nach C, § 3, II, b) oder c) vom Radium abgetrennt und seine Abklingungskurve bestimmt.

β) Liegt ein oberflächenreiches und damit emanierendes Präparat vor, so erhält man den kurzlebigen aktiven Niederschlag auf sehr einfache Weise, wenn das zu untersuchende Präparat in einem geschlossenen Gefäß aufbewahrt wird, in das ein negativ geladenes Blech oder ein negativ geladener Draht eingeführt ist. Der aktive Niederschlag sammelt sich in hochkonzentrierter Form auf dem Blech bzw. Draht an und sein Abfall kann dann in einfacher Weise gemessen werden (Erbacher, Philipp und Donat).

Literatur.

Erbacher, O., K. Philipp u. K. Donat: Phys. Z. **30**, 917 (1929).

§ 2. Spektralanalytischer Nachweis.

Über die Ausführung der chemischen Emissions-Spektralanalyse vgl. Gerlach und Schweitzer.

1. Flammenfärbung.

Radiumsalz färbt die nichtleuchtende Bunsenflamme schön carminrot (Giesel). Die rote Flamme des Radiums überdeckt wie die rote Strontiumflamme leicht die grüne Bariumflamme.

2. Flammenspektrum.

Zum Nachweis des Radiums kann auch das Flammenspektrum dienen, das dem der Erdalkalien entspricht und sich aus starken Absorptionslinien und verwaschenen Banden zusammensetzt (Giesel; Runge und Precht).

Linienangabe in Ångström-Einheiten (Å):

4826, 6130 bis 6330, 6329, 6349, 6530 bis 6700, 6653.

3. Funkenspektrum.

Zum Nachweis des Radiums kann auch sein Funkenspektrum aufgenommen werden. In der folgenden Tabelle sind alle RaII-linien mit den geschätzten Intensitäten wiedergegeben, wie sie von Rasmussen (a), (b) gefunden worden sind, indem nach Einbringen von einigen Milligrammen Radiumchlorid in eine Hohlkathode aus Kohle in einer Heliumatmosphäre von 4 bis 5 mm Druck bei einer Stromstärke von 800 bis 1200 Milliampere das Spektrum photographiert wurde. Das Ionisierungspotential wurde zu 10,099 Volt bestimmt.

Tabelle 1.

λ in Å	Intensität	λ in Å	Intensität	λ in Å	Intensität	λ in Å	Intensität
9453,57		4997,26	3	3649,55	100	2377,10	3
9281,27		4927,53	10	3550,2	2	2369,73	8
8019,70	50	4859,41	10	3514,8	2	2223,3	3
7078,02	5	4682,28	100	3456,2	2	2197,8	2
6920,11	1	4663,52	3	3423,1	2	2181,1	1
6719,32	10	4533,11	30	3033,44	10	2177,3	4
6593,34	10	4436,27	20	2836,46	6	2169,9	10
6298,56	1	4340,64	100	2813,76	30	2131,0	5
6247,16	4	4244,72	8	2795,21	10	2107,6	4
6158,73	1	4220,24	1	2708,96	20	2070,6	2
5813,63	20	4195,56	2	2643,73	10	2012,75	3
5728,83	4	4194,09	8	2595,15	2	2006,4	2
5661,73	6	3894,55	5	2586,61	8	1976,0	2
5623,43	3	3851,90	5	2480,11	4	1972,6	4
5323,09	1	3814,42	200	2475,50	10	1908,7	8
5066,57	3	3686,16	3	2460,55	8	1888,7	5

4. Bogenspektrum.

Der Nachweis des Radiums kann auch durch Aufnahme des Bogenspektrums erfolgen. In der nachstehenden Tabelle sind alle RaI-linien mit den geschätzten Intensitäten angeführt, wie sie von Rasmussen (c) durch Gitteraufnahmen festgestellt worden sind, die mit 8 bis 12 Std. Belichtungszeit bei 2 mg Radiumchlorid in der Hohlkathode bei 1000 bis 1500 Milliampere Stromstärke gemacht wurden.

Als Ionisierungspotential wurden 5,252 Volt gefunden (Russell).

Tabelle 2.

λ in Å	Intensität	λ in Å	Intensität	λ in Å	Intensität	λ in Å	Intensität
9932,21	5	6599,47	3	5601,5	5	4862,27	2
9094,80	2	6585,41	4	5591,15	2	4856,07	10
8693,94	4	6545,93	3	5555,85	20	4837,27	3
8335,07	5	6532,08	3	5553,57	10	4825,91	100
8269,03	3	6528,92	2	5544,25	3	4803,11	3
8248,70	3	6487,32	20	5505,50	4	4740,07	2
8177,31	6	6474,47	2	5501,98	10	4701,97	2
8019 25	2	6446,20	20	5497,83	2	4699,28	8
8005,13	3	6438,9	3	5488,32	4	4672,19	1
7896,43	3	6336,90	10	5482,13	8	4641,29	8
7877,08	2	6200,30	30	5406,81	20	4444,47	1
7838,12	20	6167,03	5	5400,23	20	4426,35	2
7836,09	1	6151,19	3	5399,80	10	4366,30	2
7565,49	2	5957,67	5	5320,29	10	4305,00	4
7499,87	2	5957,17	2	5283,28	10	4265,12	3
7468,21	1	5907,2	2	5277,91	2	4177,98	4
7310,27	10	5823,49	3	5263,96	4	4054,07	1
7225,16	20	5811,58	5	5205,93	10	4010,30	1
7141,21	50	5795,78	5	5097,56	10	3941,02	1
7118,50	20	5778,28	5	5081,03	6	3916,74	1
6980,22	20	5755,45	4	5041,56	5	3812,0	1
6903,1	3	5690,16	3	4982,03	4	3772,0	1
6758,2	4	5660,81	50	4971,77	5	3771,57	3
6653,33	2	5620,47	3	4903,24	4	3101,80	5
6645,95	2	5616,66	10	4882,28	3		

5. Röntgenspektrum.

Zum Nachweis des Radiums kann auch die Aufnahme des Röntgenemissionsspektrums dienen. Über die Linien des Röntgenspektrums von Radium (L-Gebiet) liegen folgende Angaben von Hulubei (a), (b), (c) vor.

Tabelle 3.

Übergang nach	Übergang von	λ in Å	Übergang nach	Übergang von	λ in Å	Übergang nach	Übergang von	λ in Å
L_I	M_{II}	0,83897	L_I	$P_{II,\,III}$	0,64379	L_{III}	M_{IV}	1,01445
	M_{III}	0,80107	L_{II}	M_I	0,90554		M_V	1,00265
	M_{IV}	0,77385		M_{IV}	0,81206		N_I	0,86908
	M_V	0,76698		N_I	0,71625		N_{IV}	0,83549
	N_{II}	0,68058		N_{IV}	0,69319		N_V	0,83364
	N_{III}	0,67398		O_I	0,6787		$N_{IV,\,VII}$	0,8169
	O_{II}	0,64996		O_{IV}	0,67189		O_I	0,8145
	O_{III}	0,64830	L_{III}	M_I	1,16477		$O_{IV,\,V}$	0,80460

Über das Röntgenemissionsspektrum (K-Gebiet) siehe VALADARES. Von den Absorptionskanten des Radiums sind gemessen L_{III} mit der Wellenlänge $\lambda = 0{,}80109$ Å, L_{II} mit $\lambda \doteq 0{,}66934$ Å und L_I mit $\lambda = 0{,}64328$ Å [HULUBEI (b)].

Literatur.

GERLACH, W. u. E. SCHWEITZER: Die chemische Emissions-Spektralanalyse. Leipzig 1930. — GIESEL, F.: Phys. Z. **3**, 578 (1902); B. **35**, 3608 (1902).

HULUBEI, H.: (a) C. r. **203**, 399 (1936); (b) **203**, 542 (1936); (c) **203**, 665 (1936).

RASMUSSEN, E.: (a) Phys. Z. **86**, 24 (1933); (b) **87**, 615 (1934); (c) **87**, 607 (1934). — RUNGE, C. u. J. PRECHT: Ann. Phys. [4] **10**, 655 (1903). — RUSSELL, H. N.: Phys. Rev. [2] **46**, 989 (1935).

VALADARES, M. I. N.: Ann. Phys. [11] **2**, 161 (1934).

§ 3. Chemischer Nachweis durch Fällung.

Da alle bisher bekannten Radiumsalze mit den entsprechenden Bariumsalzen isomorph sind, werden stets beide Salze zusammen ausgefällt. Jedoch gibt es unter bestimmten Bedingungen einen chemischen Weg, der die Unterscheidung gestattet, ob das vorliegende Salz Barium oder Radium enthält. Der Nachweis beruht darauf, daß in einer Lösung von Bariumsalz bestimmter Konzentration und von Trichloressigsäure bestimmter Konzentration bei Zugabe von Kaliumchromat kein Niederschlag von Bariumchromat entsteht, während bei derselben Beschaffenheit der Lösung und derselben Konzentration an Radium das Radiumchromat ausfällt.

Nachweismethode. Das als Chlorid vorliegende Salz, entsprechend 0,01 g Metall (Radium oder Barium) wird in 10 cm³ Wasser gelöst, so daß die Lösung an Radium bzw. Barium 0,1%ig ist. Zu der bis zum Sieden erhitzten Lösung werden 0,3 cm³ 50%ige Trichloressigsäure und 0,5 cm³ 10%ige Kaliumchromatlösung gegeben. Handelt es sich um das Radiumsalz, so entsteht in der heißen Lösung eine leichte Trübung, und beim Abkühlen bis auf 0° fällt ein kompakter krystallinischer Niederschlag aus, in der Lösung bleiben etwa 10 bis 15% des Radiums. Ist jedoch das Salz des Bariums vorhanden, so fällt unter denselben Bedingungen kein Niederschlag aus. Liegt eine Mischung von Radium und Barium vor, so wird eine isomorphe Fällung der beiden Elemente auftreten, der prozentuale Anteil des gelöst bleibenden Radiums wird dadurch entsprechend größer.

Die Gültigkeitsgrenzen dieser Reaktion auf Radium sind jedoch eng: sie ist nur für Radiumkonzentrationen in Lösungen von 0,02 bis 0,1% (auf Metall berechnet) anwendbar. In schwächeren Lösungen fällt kein Niederschlag aus, und bei Konzentrationen über 0,1% hinaus zeigt das Barium dieselbe Reaktion (NIKITIN).

Literatur.

NIKITIN, B.: C. r. Acad. Sci. URSS **1**, 19 (1934).

B. Bestimmungsmethoden.

§ 1. Bestimmung der Radiummenge.

I. Radiometrische Methoden.

Die Bestimmung der Radiummenge in einem vorliegenden Präparat erfolgt in der Regel auf radiometrischem Wege, vgl. unter A, § 1. Je nach der vorliegenden Radiummenge wird man dabei die γ-Methode oder die Emanationsmethode verwenden.

1. γ-Methode.

Diese Methode ist anwendbar bei stark konzentrierten Präparaten mit einem Gehalt von mindestens 0,1 mg Radiumelement. Die Bestimmung, die zuerst von RUTHERFORD angegeben wurde, beruht auf einem Vergleich der γ-Strahlung des zu untersuchenden Präparats mit der einer (mindestens 5 Wochen vorher luftdicht verschlossenen) Radiumnormalen (Standard) von genau bekanntem Gehalt an Radiumelement. Der Vergleich wird in der Weise ausgeführt, daß man erst das zu messende, luftdicht verschlossene Präparat in einen geeigneten Abstand von dem γ-Strahlenelektroskop (allseitig 5 mm Blei) bringt und die dadurch erzeugte Ionisation mißt. Dies geschieht dadurch, daß man die Zeitdauer des Abfalles des Metallblättchens zwischen bestimmten Teilstrichen der Skala feststellt. Hierauf bringt man die Radiumnormale an dieselbe Stelle und verfährt in der gleichen Weise. Schließlich bestimmt man noch den natürlichen Abfall zwischen den gleichen Skalenteilen ohne Präparat. Darauf werden die reziproken Werte ($\times$ 10000) der drei gefundenen Abfallszeiten gebildet und die so für die beiden Präparate errechneten Werte um den Wert für den natürlichen Abfall vermindert. Die auf diese Weise erhaltenen Aktivitätswerte stehen im gleichen Verhältnis wie die beiden Radiumelementmengen, von denen ja die der Radiumnormalen bekannt ist.

War das Radiumpräparat weniger als 5 Wochen luftdicht eingeschlossen, so kann man aus der aus 2 Messungen festgestellten γ-Aktivitätszunahme innerhalb eines gewissen Zeitabstandes die Gleichgewichtsaktivität berechnen bzw. aus der theoretischen Aktivitätsanstiegskurve von reinem Radium ablesen (PARSONS, MOORE, LIND und SCHAEFER).

Da die Bestimmungsmethode also auf einem Vergleich der durch die γ-Strahlung zweier Präparate erzeugten Ionisierungen beruht, ist zur Erzielung genauer Bestimmungen noch zu beachten, daß die beiden Vergleichspräparate sich möglichst in einem Zustand befinden, der für die Absorption der γ-Strahlen in den Präparaten selbst bzw. in ihren Behältern identische Bedingungen bietet. So z. B. soll das zu messende Präparat in ein Glasröhrchen eingeschmolzen sein, das Zusammensetzung, Wandstärke und inneren Durchmesser mit dem Röhrchen der Radiumnormalen gemeinsam hat. Dadurch ist dann bei beiden Präparaten auch die gleiche Dicke der Substanzschicht gegeben. Es ist jedoch nicht notwendig, daß die beiden Präparate auch in der gleichen Verbindungsform vorliegen. Schließlich ist beim Vorhandensein verschieden hoch mit Radiumsalz gefüllter Röhrchen auch noch zu beachten, daß sich bei der Vergleichsmessung stets der Mittelpunkt der beiden Substanzsäulen an derselben Stelle befindet.

Alle diese zur Erzielung einer genauen Bestimmung erforderlichen Bedingungen können jedoch vernachlässigt werden, wenn der Bestimmung ein Fehler bis zu ein paar Prozent anhaften darf.

2. Emanationsmethode.

Die Methode ist bei geringen Mengen von Radium (weniger als 0,1 mg bis weniger als 10^{-9} mg Radium) anwendbar. Die Bestimmung beruht auf einem Vergleich der α-Strahlung des Radons, das von dem zu messenden Radium gebildet wurde, mit derjenigen der Radonmenge, die sich im Gleichgewicht mit einer bekannten

Radiummenge befindet (MARIE CURIE; SCHMIDT und NICK). Über die Gewinnung einer solchen „Radiumnormallösung“ von der Größenordnung 10^{-6} mg Radium s. weiter unten! Der Vergleich wird auf folgende Weise ausgeführt. Das Radon wird aus der in einer Waschflasche befindlichen Lösung — vgl. unter C, § 3, Ib, α — des zu untersuchenden Präparats vermittels Durchströmens von Luft in den Ionisationsraum eines vorher evakuierten Emanationselektroskops übergeführt und wird sich in diesem durch Diffusion gleichmäßig verteilen. Die ionisierende Wirkung der Strahlung wird also lediglich von der Menge des eingeführten Radons abhängen. Dabei ist zu berücksichtigen, daß zwar im Augenblick der Einführung die Strahlung von den Radonatomen allein ausgeht, daß aber auch alsbald deren Zerfallsprodukte entstehen, die zum Teil ihrerseits α-Strahlen aussenden. Die Ionisation der Luft in der Kammer wird also mit der Zeit ansteigen, und zwar solange, bis sich das Radon mit seinen kurzlebigen Zerfallsprodukten ins Gleichgewicht gesetzt hat, was in 3 bis 4 Std. der Fall ist. Ist dieser Punkt erreicht, so bleibt die Strahlung merklich konstant. Es empfiehlt sich daher, um umständliche Korrekturen zu vermeiden, diesen Zeitpunkt zur Ausführung der Messung abzuwarten. Sofort nach Beendigung der Messung entfernt man durch Durchleiten von Luft und Auspumpen alles Radon aus der Ionisierungskammer und wartet, bis der aktive Niederschlag soweit abgefallen ist, daß seine Aktivität sicher kleiner ist als die der folgenden Radiumbestimmung. Darauf bringt man das Radon einer Radiumnormallösung auf dieselbe Weise in die Ionisierungskammer und führt nach 3 bis 4 Std. die Messung durch. Hat diese Normallösung sowie auch die zu untersuchende Lösung mindestens 4 bis 5 Wochen luftdicht verschlossen gestanden, wodurch sich das Radon bis zum Gleichgewichtsbetrag hat ansammeln können, so gibt das gefundene Verhältnis der Aktivitäten (vgl. oben unter 1) auch das Verhältnis der beiden Radiummengen wieder, von denen die in der Normalen enthaltene bekannt ist.

Eine „Radiumnormallösung“ kann man sich leicht herstellen, indem man eine gewogene Menge reiner Pechblende, deren Urangehalt durch Analysen genau festgestellt ist, in verdünnter Salpetersäure löst und die Lösung in geeigneter Verdünnung aufbewahrt. Da das Verhältnis von Uran zu Radium in den Pechblenden genau feststeht (je Gramm Uran $3{,}4 \cdot 10^{-4}$ mg Radium), so kennt man auch den Radiumgehalt der Lösung. Zur Messung füllt man Waschflaschen mit einer abgemessenen Menge der Lösung und schmelzt die beiden Enden der Flasche zu. Nach einem Monat sind sie zur Messung reif. Man führt dann das Radon in das Emanationselektroskop über und verfährt im übrigen wie oben angegeben.

An Stelle des Vergleichs mit einer Radiumnormallösung kann man die Menge des vorhandenen Radons und damit des Radiums auch direkt durch den Sättigungsstrom messen, den es ohne Zerfallsprodukte in Luft zu unterhalten vermag und der, in genügend großem Meßgefäß bestimmt, an sich ein absolutes, von Temperatur und Druck unabhängiges Maß des Radons ist. Dieses Verfahren ist in Deutschland besonders bei den Untersuchungen von Quellwässern auf ihren Radongehalt sehr verbreitet. Als Einheit dient hier die Radonmenge, die (ohne Zerfallsprodukte) bei vollständiger Ausnutzung ihrer Strahlung einen Sättigungsstrom von $^1/_{1000}$ der elektrostatischen Einheit zu unterhalten vermag. Diese Einheit (MACHE-Einheit) wird in der Bäderpraxis als Konzentrationseinheit gebraucht und stets auf 1 Liter bezogen. 1 MACHE-Einheit beträgt 3,64 Eman oder, da das Eman als Einheit für 10^{-10} Curie im Liter Wasser gebraucht wird, $3{,}64 \times 10^{-10}$ Curie. Eine Curie ist diejenige Radonmenge, die mit 1 g Radium im Gleichgewicht steht. 1 Mikrocurie $= 10^{-6}$ Curie.

Nach der Emanationsmethode erfolgt auch die Bestimmung des Radiums, das in Mineralien enthalten ist. Zu diesem Zweck ist es nötig, die Radiumverbindung vorher vollständig in Lösung zu bringen.

II. Spektralanalyse.

Die Bestimmung der Radiummenge kann auch auf spektralanalytischem Wege erfolgen. Man macht eine photographische Aufnahme eines Spektrums nach A, § 2, 2 bis 5, und zwar sowohl von einer bekannten Radiumsalzmenge als auch von einem bestimmten Bruchteil der unbekannten Radiumsalzmenge. Letztere wird dann durch Photometrie bestimmt.

Literatur.

CURIE, MARIE: Radium 7, 65 (1910).
PARSONS, CH. L., R. B. MOORE, S. C. LIND u. O. C. SCHAEFER: Bl. Bur. Mines Washington Nr. 104, 88 (1915); Ind. eng. Chem. 8, 48 (1916).
SCHMIDT, H. W. u. H. NICK: Phys. Z. 13, 199 (1912).

§ 2. Bestimmung der Reinheit des Radiumsalzes.

I. Bestimmung des Gehaltes an anderen Salzen, insbesondere an Bariumsalzen.

Da sich das Radium, wie aus Abschnitt C ersichtlich, von allen Elementen mit Ausnahme des Bariums, unschwer abtrennen läßt, handelt es sich bei der Bestimmung eines etwaigen Gehaltes eines Radiumsalzes an anderen Salzen fast stets um die Feststellung einer Beimengung von Barium. Denn alle bisher bekannten Radium-Bariumsalze sind miteinander isomorph, bilden also miteinander Mischkrystalle.

Den einfachsten Weg zur Bestimmung eines Gehaltes des Radiumsalzes an anderen Salzen stellt dar

1. die Kombination der gewichtsanalytischen Bestimmung und der radiometrischen Bestimmung.

Bestimmt man nämlich das Gewicht eines Salzes von bekanntem Anion und Wassergehalt und hierauf auf radiometrischem Wege den Gehalt dieser Salzmenge an Radiumelement, so kann man daraus den Anteil des Radiumsalzes an dem Gesamtgewicht des Salzes berechnen. Eine Gewichtsdifferenz gibt dann den Gehalt an anderen Salzen wieder. Selbstverständlich führt diese kombinierte Bestimmungsmethode nur dann zu richtigen Werten, wenn in dem Radium kein Mesothor enthalten ist, da letzteres die radiometrische Bestimmung des Radiums durch Messung der γ-Strahlenaktivität unmöglich machen würde.

a) Gewichtsanalytische Bestimmungen.

α) Bestimmung als Radiumsulfat.

$RaSO_4$, Molekulargewicht 322,11.

Eigenschaften des Radiumsulfats. Radiumsulfat sieht aus wie Bariumsulfat und ist mit diesem isomorph.

Löslichkeit. In 100 g Wasser lösen sich bei 20° $2{,}1 \cdot 10^{-4}$ g oder $6{,}5 \cdot 10^{-6}$ Mol $RaSO_4$. Mit ansteigendem Gehalt der Lösung an SO_4-Ionen bis zu 0,1 n Lösung nimmt die Löslichkeit des Radiumsulfats entsprechend dem Massenwirkungsgesetz ab (ERBACHER und NIKITIN; NIKITIN und ERBACHER; NIKITIN und TOLMATSCHEFF).

Bestimmungsverfahren. Die gewichtsanalytische Bestimmung von Radiumsulfat erfolgt wie die von Bariumsulfat. Zu der verdünnten, schwach salzsauren Lösung des Radiumsalzes wird in der Wärme verdünnte Schwefelsäure oder eine Sulfatlösung in geringem Überschuß zugefügt und die Lösung bis zur Bildung eines grobkörnigen Niederschlages auf dem Wasserbad erwärmt. Dann wird der Niederschlag auf ein aschefreies Filter abfiltriert, gewaschen und nach dem Trocknen im Trockenschrank in einem Platintiegel mit einem gewöhnlichen Bunsenbrenner verascht und bis zum Eintreten der Gewichtskonstanz geglüht. Hierauf erfolgt die quantitative Überführung des Radiumsulfats in einen geeigneten Glasbehälter, in dem die radiometrische Analyse ausgeführt werden soll (s. B, § 1, I, 1).

β) Bestimmung als Radiumchlorid.

$RaCl_2$ (wasserfrei), Molekulargewicht 296,96.

Radiumchlorid krystallisiert aus Lösungen mit 2 Mol Wasser. Es kann erhalten werden aus Radiumcarbonat durch Einengen der salzsauren Lösung, aus Radiumbromid oder -nitrat durch mehrmaliges Abdampfen mit Salzsäure oder aus Radiumsulfat auf dem Umweg über das Carbonat.

Die gewichtsanalytische Bestimmung erfolgt aus dem entwässerten Salz. Sowohl bei dem Dihydrat als auch bei dem entwässerten Radiumchlorid tritt unter dem Einfluß der Strahlung mit der Zeit eine Zersetzung des Salzes ein, die eine Abgabe von Chlor und Aufnahme von Sauerstoff bzw. Kohlendioxyd zur Folge hat, wobei allmählich eine Gelbfärbung des Salzes eintritt. Deshalb ist es notwendig, vor jeder gewichtsanalytischen Bestimmung von Radiumchlorid dafür zu sorgen, daß auch wirklich das reine Salz vorliegt. Dies geschieht am einfachsten auf folgende Weise: Man fügt zu dem Salz etwas reine Salzsäure und dampft auf dem Wasserbad zur Trockne ein. Um Spuren von eingeschlossener Säure zu entfernen, wird das Salz in wenig Wasser gelöst und die Lösung nochmals zur Trockne eingedampft.

Eigenschaften des Radiumchlorids (wasserfrei). Weißes Salz, Schmelzpunkt bei etwa 900°, Dichte 4,91.

Löslichkeit. In 100 g Wasser lösen sich bei 20° 24,5 g oder 0,0825 Mol $RaCl_2$; in 100 g gesättigter Lösung sind 19,7 g $RaCl_2$ enthalten (Erbacher).

Bestimmungsverfahren. 1. Durch Erhitzen des Dihydrates $RaCl_2 \cdot 2\,H_2O$ im trocknen Luftstrom bei 150 bis 200° erzielt man praktisch vollständige Entwässerung, ohne daß das Radiumchlorid eine merkliche Zersetzung erleidet [Marie Curie (a); Hönigschmid (a)].

2. Man kann das wasserfreie Radiumchlorid auch aus getrocknetem Radiumbromid durch 2stündiges Erhitzen in einem trocknen HCl-Strom erhalten [Whytlaw-Gray und Ramsay (a); Hönigschmid (b)].

3. Ebenso wird aus Radiumsulfat, das im trockenen Luftstrom bei etwa 300° getrocknet wurde, beim Erhitzen in einem Quarzrohr auf hohe Rotglut in einem Strom von Chlorwasserstoff, der mit Tetrachlorkohlenstoff beladen ist, wasserfreies Radiumchlorid gebildet [Whytlaw-Gray und Ramsay (a); Hönigschmid (b)].

4. Schließlich kann man das Radiumchlorid durch einfaches Erhitzen in einer Glasschale auf dem Wasserbad entwässern und trocknen. Dabei ist Voraussetzung, daß das Radiumchlorid nicht bereits teilweise zersetzt ist, sondern als reines Salz vorliegt. Dies läßt sich nach dem oben Gesagten in einfacher Weise bewerkstelligen [Hönigschmid (a)].

In allen genannten Fällen wird das Trocknungs- bzw. Umwandlungsverfahren bis zum Eintritt der Gewichtskonstanz fortgesetzt. Kommt es bei der Bestimmung nicht auf große Genauigkeit an, so wird hierauf das das Radiumchlorid enthaltende Gefäß in ein passendes Wägeglas gestellt und dieses zum Zwecke der radiometrischen Analyse luftdicht verschlossen. Falls eine größere Genauigkeit der Bestimmung erforderlich ist, muß das Salz für die radiometrische Analyse in einen geeigneten Glasbehälter — s. B, § 1, I, 1 — gebracht und die etwa nicht übergeführte Substanz zurückgewogen werden.

γ) Bestimmung als Radiumbromid.

$RaBr_2$ (wasserfrei), Molekulargewicht 385,88.

Radiumbromid krystallisiert aus Lösungen mit 2 Mol Wasser. Man kann es erhalten aus Radiumcarbonat durch Einengen der bromwasserstoffsauren Lösung, aus Radiumchlorid durch mehrmaliges Abdampfen mit Bromwasserstoffsäure, aus

Radiumnitrat durch 3 bis 4maliges Abdampfen mit konzentrierter Bromwasserstoffsäure oder aus Radiumsulfat auf dem Umweg über das Carbonat.

Die gewichtsanalytische Bestimmung erfolgt mit dem entwässerten Salz. Das Dihydrat und das entwässerte Salz erleiden mit der Zeit unter der Einwirkung der Strahlung eine Zersetzung, indem sie Brom abgeben und Sauerstoff und Kohlensäure aufnehmen, wobei sich das Salz gelblich färbt. Aus diesem Grunde muß vor jeder gewichtsanalytischen Bestimmung von Radiumbromid dafür gesorgt werden, daß auch wirklich das reine Salz vorliegt. Das geschieht am einfachsten dadurch, daß das Salz mit etwas reiner Bromwasserstoffsäure auf dem Wasserbad zur Trockne eingedampft wird. Zur Entfernung der dabei eingeschlossenen Säurespuren wird das Salz in wenig Wasser gelöst und neuerdings zur Trockne eingedampft.

Eigenschaften des Radiumbromids (wasserfrei). Weißes Salz, Dichte 5,78.

Löslichkeit. In 100 g Wasser lösen sich bei 20° 70,6 g oder 0,183 Mol $RaBr_2$; in 100 g gesättigter Lösung sind 41,4 g $RaBr_2$ enthalten (ERBACHER).

Bestimmungsverfahren. 1. Durch Erhitzen des Dihydrates $RaBr_2 \cdot 2\,H_2O$ im trocknen Luftstrom bei 150 bis 200° wird praktisch vollständige Entwässerung bewirkt, ohne daß das Radiumbromid eine merkliche Zersetzung erleidet [HÖNIGSCHMID (b)].

2. Das wasserfreie Radiumbromid kann auch aus getrocknetem Radiumchlorid durch mehrstündiges Erhitzen auf Rotglut in einem trocknen Bromwasserstoffstrom erhalten werden [WHYTLAW-GRAY und RAMSAY (a)].

3. Ebenso kann man das Radiumbromid durch einfaches Erhitzen in einer Glasschale auf dem Wasserbad entwässern und trocknen. Dabei ist zu beachten, daß das Radiumbromid als reines Salz vorliegt und nicht bereits teilweise zersetzt ist. Dies läßt sich nach dem oben Gesagten in einfacher Weise erreichen.

Jedes dieser genannten Trocknungs- bzw. Umwandlungsverfahren wird solange durchgeführt, bis Gewichtskonstanz eingetreten ist. Für die Art des Einschließens des Radiumbromids zum Zwecke der radiometrischen Messung ist, wie beim Radiumchlorid im Abschnitt β) beschrieben, die gewünschte Genauigkeit der Bestimmung maßgebend.

δ) Bestimmung als Radiumnitrat.

$Ra(NO_3)_2$, Molekulargewicht 350,07.

Radiumnitrat wird aus Radiumcarbonat durch Einengen der salpetersauren Lösung gewonnen.

Eigenschaften des Radiumnitrats. $Ra(NO_3)_2$ sieht aus wie $Ba(NO_3)_2$.

Löslichkeit. In 100 g Wasser lösen sich bei 20° 13,9 g bzw. 0,040 Mol $Ra(NO_3)_2$; in 100 g gesättigter Lösung sind 12,2 g $Ra(NO_3)_2$ enthalten (ERBACHER).

Bestimmungsverfahren. Das Radiumnitrat wird durch einfaches Erhitzen in einer Glasschale auf dem Wasserbad bis zur Gewichtskonstanz getrocknet. Um sicher zu sein, daß bei der gewichtsanalytischen Bestimmung das Radiumnitrat als reines Salz vorliegt, empfiehlt es sich, das Salz vorher mit etwas reiner Salpetersäure auf dem Wasserbad zur Trockne einzudampfen. Um dabei eingeschlossene Säurespuren zu entfernen, wird das Salz in wenig Wasser gelöst und die Lösung nochmals zur Trockne eingedampft. Die Art des Einschließens des Radiumnitrats zum Zwecke der radiometrischen Analyse ist, wie beim Radiumchlorid im Abschnitt β) beschrieben, entsprechend der gewünschten Genauigkeit der Bestimmung zu wählen.

b) Radiometrische Bestimmung. Nachdem man auf eine der unter a) angeführten Methoden das Gewicht des vorliegenden Salzes bestimmt hat, ist es zur Bestimmung der Reinheit des Radiumsalzes noch notwendig, durch die radiometrische Bestimmung den Gehalt des Salzes an Radiumelement festzustellen. Da diese Bestimmungsmethode der Reinheit eines Radiumsalzes die gewichtsanalytische Bestimmung zur Voraussetzung hat, kommt sie also nur für wägbare Mengen in Frage.

Die radiometrische Bestimmung des Gehaltes an Radiumelement erfolgt deshalb ausschließlich mittels γ-Strahlenmessung (s. B, § 1, I, 1).

2. Atomgewichtsbestimmung.

Die Reinheit eines Radiumsalzes bzw. sein Gehalt an anderen Salzen, insbesondere an Bariumsalz, kann auch durch eine Bestimmung des Atomgewichts festgestellt werden. Dafür können folgende Verfahren in Frage kommen.

a) Bestimmung durch gravimetrische Analyse. *α) Einfaches Verfahren.* Die salzsaure Lösung von Radiumchlorid wird in einer Porzellanschale auf dem Wasserbad zur Trockne eingedampft, das Salz in einen Platintiegel übergeführt, $^1/_2$ Std. lang im Trockenschrank bei 150° getrocknet und hierauf gewogen. Dann wird das Salz in Wasser gelöst und die Lösung heiß [besser kalt, HÖNIGSCHMID (c)] mit Silbernitratlösung gefällt, das Silberchlorid abfiltriert und heiß [besser kalt, HÖNIGSCHMID (c)] mit Wasser gewaschen. Darauf wird das Filter mit dem Silberchlorid verascht und dann das ganze Silberchlorid im Platintiegel geschmolzen. Nun wird der Tiegel mit einem Platindeckel verschlossen und wegen der Hygroskopizität des Salzes so rasch als möglich gewogen [MARIE CURIE (b)].

Dieses Verfahren stellt zwar keine Präzisionsbestimmung dar, genügt aber z. B. völlig zur Kontrolle über das Fortschreiten der Anreicherung bei der fraktionierten Krystallisation eines Radium-Bariumsalzes.

β) Genaues Verfahren. Reines trocknes Radiumchlorid wird auf einem Platinschiffchen, am besten im trocknen Chlorwasserstoffstrom, bei 900° geschmolzen und hierauf (ab 300° im Stickstoffstrom) abgekühlt. Das Schiffchen wird darauf in einem Wägeglas verschlossen und, nach 2stündigem Stehen im Exsiccator, gewogen. Nun wird das Salz in Wasser gelöst (in der Dunkelkammer bei rotem Licht), mit überschüssigem Silbernitrat Silberchlorid gefällt, filtriert und aus dem Niederschlag alles Radiumnitrat und Silbernitrat mit eisgekühltem Wasser ausgewaschen und das Silberchlorid nach dem Trocknen (bei 200°) gewogen [HÖNIGSCHMID (c)]. Die Atomgewichtsbestimmung erfolgt hierbei demnach durch Ermittlung des Verhältnisses $RaCl_2 : AgCl$.

Die Bestimmung des Atomgewichts von Radium durch gravimetrische Analyse kann in ganz analoger Weise auch mit Radiumbromid erfolgen [HÖNIGSCHMID (d)].

b) Bestimmung durch gravimetrische Titration. Zur Kontrolle der Ergebnisse, die durch die gravimetrische Analyse gewonnen werden, kann man zur Bestimmung des Atomgewichts des Radiums auch das Verhältnis $RaCl_2 : Ag$ durch gravimetrische Titration bestimmen. Wie unter 2, a, β angegeben, wird das Radiumchlorid geschmolzen, gewogen und in Wasser gelöst. Die der gelösten Salzmenge gemäß der nach a, β) erfolgten Bestimmung entsprechende Silbermenge wird genau abgewogen, aufgelöst und dann diese Silberlösung restlos der Radiumchloridlösung zugefügt und das Gemisch während 2 Std. in Abständen geschüttelt. Das Silberchlorid hat sich dann gut zusammengeballt und setzt sich rasch ab. Nach dem Abkühlen der Lösung in Eis, das ein Herabsetzen der Löslichkeit des Silberchlorids in Wasser bezweckt, wird nochmals gut durchgeschüttelt und die Lösung 1 Std. in Eis stehen gelassen. Schließlich prüft man Proben von je 10 cm³ der klaren Lösung unter Zufügen von 1 cm³ einer verdünnten Silberlösung (1:1000) bzw. der gleichen Menge einer äquivalenten Salzsäurelösung nach Umrühren mit einem Glasrührer im Nephelometer und stellt den Endpunkt der Reaktion (Umschlagspunkt) fest [HÖNIGSCHMID (c)].

Zur Atomgewichtsbestimmung des Radiums durch gravimetrische Titration kann in genau analoger Weise auch das Radiumbromid verwendet werden [HÖNIGSCHMID (d)].

Ein Nachteil bei diesen Fällungsmethoden ist der, daß durch das längere Verweilen und nachträgliche Eindampfen der Lösung in den Analysenkolben lösliche Bestandteile des Glases wie Kieselsäure, Alkali- und Erdalkalisalze in Spuren aufgelöst und wegen ihrer Schwerlöslichkeit in Halogenwasserstoffsäure beim Reinigen des Radiumhalogenids mittels Fällung durch eine konzentrierte Halogenwasserstoffsäure wenigstens teilweise ebenfalls mitgefällt werden. Durch eine solche Verunreinigung des Radiumsalzes wird dann ein zu niedriger Wert des Atomgewichts erhalten. Auch aus anderen Gründen ist es besser, wenn die Überführung der Analysensubstanz aus einem Gefäß in ein anderes, Auflösung, Fällung und Filtration vermieden werden können. Dies ist bei der folgenden Methode unter c) der Fall (HÖNIGSCHMID und SACHTLEBEN).

c) Bestimmung durch Umwandlung von Radiumbromid in Radiumchlorid. Bei dieser Bestimmungsmethode erfolgt die Bestimmung des Atomgewichtes durch die Ermittlung des Verhältnisses $RaBr_2 : RaCl_2$.

Radiumchlorid wird durch 3- bis 4maliges Abdampfen mit einem großen Überschuß reinster Bromwasserstoffsäure vollständig in Bromid verwandelt, dann das Radiumbromid in ein Quarzschiffchen von bekanntem Leergewicht übergeführt und das Schiffchen in einem Quarzrohr in den Trockenapparat gebracht. Darauf wird zunächst im Stickstoffstrom bei 100° getrocknet und dann unter Beimengung von Bromwasserstoffgas die Temperatur bis 750° gesteigert und 30 Min. auf dieser Temperatur gelassen. Nach Abkühlen im Stickstoffstrom wird das Schiffchen in ein Wägeglas gebracht, verschlossen und nach 1stündigem Stehen gewogen. Dann wird das Schiffchen in dem Quarzrohr wieder in den Trockenapparat übergeführt. Unter Darüberleiten von trocknem Chlor- und Chlorwasserstoffgas steigert man die Temperatur allmählich auf 750° (Hauptreaktion bei 300°), behält diese Temperatur 1 Std. bei und läßt dann (ab 300° im Stickstoffstrom) abkühlen. Nach Überführung in das Wägegläschen und mindestens 1stündigem Stehen wird gewogen. Alle Operationen erfolgen unter völligem Ausschluß von Feuchtigkeit. Aus der Gewichtsdifferenz, die bei der Umwandlung von Radiumbromid in Radiumchlorid eintritt, läßt sich dann das Atomgewicht des Radiums berechnen [WHYTLAW-GRAY und RAMSAY (b); HÖNIGSCHMID (d); HÖNIGSCHMID und SACHTLEBEN].

3. Spektralanalyse.

Die Bestimmung der Reinheit eines Radiumsalzes, insbesondere in bezug auf einen Gehalt an Bariumsalz, kann auch durch Aufnahme eines Emissionsspektrums von Radiumsalz und wechselnden Mengen der gesuchten Verunreinigung nach einer der unter A, § 2, 2 bis 5 angegebenen Methoden geschehen. Im folgenden wird ein Verfahren geschildert, das gestattet, bei Mengen von 0,5 bis 1 mg Radiumsalz mit 1 bis $5 \cdot 10^{-9}$ g Barium 5 Aufnahmen zu machen, auf denen die Bariumlinie 4554 Å mit einer zum quantitativen Vergleich ausreichenden Intensität erscheint.

Arbeitsvorschrift. Ein Stück Rundkupfer von 5 bis 7 mm Durchmesser wird an seiner Endfläche etwas konkav gedreht und in den unteren Elektrodenhalter des GERLACHschen Abreißbogenstativs eingesetzt. In den oberen Elektrodenhalter wird ein auf etwa 5 mm zugespitztes Stück desselben Kupfers als Gegenelektrode eingeklemmt. Dann bringt man auf die untere Elektrode einen Tropfen der zu analysierenden Salzlösung und erwärmt sie von unten mit größter Vorsicht mit einem Bunsenbrenner (am besten mit einem Porzellanbrenner der Berliner Porzellanmanufaktur), so daß nach Verdampfung des Lösungsmittels ein feiner Salzbelag übrigbleibt. Dieser Belag wird nun mit dem Abreißbogen verdampft und zum Leuchten angeregt. Der Bogen wird mit einer Spannung von 80 Volt, unter Einschalten einer großen Drosselspule und von soviel Vorschaltwiderstand betrieben, daß eine Kurzschlußstromstärke von etwa 4 Ampere entsteht. Die untere Elektrode muß Kathode sein. Außer diesem Abreißbogen kann auch der kondensierte Funke mit Selbstinduktion verwendet werden. Zur quantitativen Bestimmung des Bariumgehaltes ist Chrom als Hilfssubstanz geeignet (GERLACH und RIEDL).

II. Bestimmung des Gehaltes an Mesothor.

Als radioaktive Verunreinigung des Radiums kann das mit ihm isotope Mesothor(ium) 1 in Frage kommen. Zur Bestimmung eines Gehaltes an Mesothor 1 können folgende Wege eingeschlagen werden.

1. Das wenigstens 5 Wochen vorher luftdicht verschlossene Radiumpräparat wird in größeren Zeitabständen (von mindestens mehreren Monaten) mit dem γ-Elektroskop gemessen. Wird dabei eine Änderung der Aktivität festgestellt, so zeigt das die Anwesenheit von Mesothor 1 an. Eine Zunahme der γ-Aktivität zeigt die Nachbildung von Radiothor und dessen Folgeprodukten (gemessen wird davon das γ-Strahlen aussendende Thorium C″) aus dem Mesothor an, das infolge dieser Nachbildung eintretende Maximum der γ-Aktivität tritt (durch 5 mm Blei gemessen) etwa 3 Jahre nach der erfolgten Abtrennung des Radiothors ein. Die Aktivitätszunahme beträgt (durch 5 mm Blei gemessen) insgesamt etwas über 30%, verglichen mit der Anfangsaktivität des Mesothors (gemessen wird das γ-strahlende Mesothor 2).

Eine Abnahme der γ-Strahlenaktivität zeigt an, daß die Aktivitätszunahme infolge der Radiothornachbildung bereits nicht mehr ausreicht, den dauernden Zerfall von Mesothor 1 (Halbwertszeit $T = 6{,}7$ Jahre) auszugleichen. Die Methode hat den Vorteil, daß das Präparat keinerlei Verarbeitung unterworfen werden muß, demgegenüber steht jedoch die Notwendigkeit einer langen Zeitdauer der Untersuchung.

2. Eine sofortige Bestimmung eines Gehaltes an Mesothor 1 kann auf folgende Weise ausgeführt werden: Das Präparat wird in Wasser oder verdünnter Säure gelöst; die Lösung wird hierauf eingedampft oder auf dem Wasserbad unter zeitweiligem Umschütteln erhitzt oder gekocht. Dadurch wird das Radon ausgetrieben und die Nachbildung des aktiven Niederschlags in der Lösung verhindert. Nach 5 Std. langem Erhitzen ist der ursprünglich vorhandene aktive Niederschlag ganz zerfallen, und ein reines Radiumpräparat sendet dann keine durchdringende γ-Strahlung mehr aus. Enthält das Präparat Mesothor 1, so zeigt sich dies durch die γ-Strahlung von nicht flüchtigem Mesothor 2 an. Die unmittelbar nach Beendigung des Erhitzens noch vorhandene γ-Strahlung gibt daher ein direktes Maß für den Gehalt des Präparats an Mesothor 1 (Marckwald).

3. Man löst das als Chlorid vorliegende Radium in möglichst wenig Wasser in der Wärme auf und fällt durch Zugabe von reiner konzentrierter Salzsäure fast das gesamte Radium wieder aus. Nach dem Erkalten wird die Säure von den Krystallen abdekantiert, letztere werden nochmals mit konzentrierter Salzsäure gewaschen und dekantiert. In den vereinigten Salzsäure-Dekantaten befindet sich neben sehr wenig Radium das gesamte aus dem Mesothor entstandene Radiothor ($T = 1{,}9$ Jahre). Nach dem Einengen der Salzsäurelösung und Verdünnen mit Wasser läßt sich das Radiothor nach Zugabe von etwas Eisenlösung mit kohlensäurefreiem Ammoniak zusammen mit dem Eisenhydroxyd ausfällen und dann als Radiothor leicht identifizieren.

4. Die Verschiedenheit der Absorptionskoeffizienten der γ-Strahlen von Radium C + Radium C″, von Mesothor 2 und von Thorium C″ ermöglicht es, durch Absorptionsmessungen mit variierender Dicke der absorbierenden Schicht Schlüsse auf den Mesothor 1-gehalt eines Radiumpräparats zu ziehen (Hahn; Meyer und Hess; Meyer; Bothe; Hahn und Meitner; Laurence und Friend).

5. Da Mesothor weniger Wärme entwickelt als Radium, läßt sich auch die Bestimmung der γ-Strahlung und der Wärmeentwicklung als Analysenmethode für Radium-Mesothor-Gemische verwenden [Marie Curie (c)].

Literatur.

Bothe, W.: Z. Phys. **24**, 10 (1924).

Curie, Marie: (a) Die Radioaktivität, Bd. 1, S. 165. Leipzig 1912; (b) C. r. **145**, 422 (1907); Radium **4**, 349 (1907); Die Radioaktivität, Bd. 1, S. 160. Leipzig 1912. (c) C. r. **172**, 1022 (1921).

Erbacher, O.: B. **63**, 141 (1930). — Erbacher, O. u. B. Nikitin: Ph. Ch. A **158**, 216 (1931).

Gerlach, W. u. E. Riedl: Z. anorg. Ch. **221**, 103 (1934).

Hahn, O.: Strahlentherapie **4**, 154 (1914); Radium **11**, 71 (1914). — Hahn, O. u. L. Meitner: s. O. Hahn: Die radioaktiven Substanzen und ihre Eigenschaften, in: H. Meyer: Lehrbuch der Strahlentherapie, Bd. 1, S. 459. Berlin-Wien 1925. — Hönigschmid, O.: (a) Ber. Wien. Akad. **120 IIa**, 1619, 1650 (1911); (b) **121 IIa**, 1982 (1912); (c) **120 IIa**, 1649 (1911); M. **33**, 253 (1912); (d) Ber. Wien. Akad. **121 IIa**, 1973 (1912); M. **34**, 283 (1913). — Hönigschmid, O. u. R. Sachtleben: Z. anorg. Ch. **221**, 65 (1934).

Laurence, G. C. u. F. B. Friend: Canadian J. Res. **10**, 332 (1934); durch C. **105 II**, 2727 (1934).

Marckwald, W.: B. **43**, 3422 (1910). — Meyer, St.: Jb. Radioakt. **11**, 442 (1914). — Meyer, St. u. V. F. Hess: Ber. Wien. Akad. **123 IIa**, 1443 (1914).

Nikitin, B. u. O. Erbacher: Ph. Ch. A **158**, 231 (1931). — Nikitin, B. u. P. Tolmatscheff: Ph. Ch. A **167**, 260 (1933).

Whytlaw-Gray, R. u. W. Ramsay: (a) Pr. Roy. Soc. London Ser. A **86**, 270 (1912); Ph. Ch. **80**, 261 (1912); Jb. Radioakt. **9**, 494 (1912); (b) Pr. Roy. Soc. London Ser. A **86**, 270 (1912); Ph. Ch. **80**, 257 (1912); Jb. Radioakt. **9**, 488 (1912).

C. Trennungsmethoden.

Über die Abtrennung des Radiums aus den verschiedenen Uranmineralien s. Erbacher.

§ 1. Trennung des Radiums von anderen Elementen (außer Barium).

I. Große Substanzmengen.

Liegt das Radium mit einer großen Substanzmenge vermischt vor, so kann es von allen anderen Elementen (mit Ausnahme des Bariums) mit Hilfe folgender Reaktionen abgetrennt werden, die je nach dem vorliegenden Salzgemisch ausgeführt und im Bedarfsfalle abwechselnd wiederholt werden.

1. Durch Zugabe von Schwefelsäure in geringem Überschuß wird Radium als schwerstlösliches Sulfat zusammen mit Barium gefällt, während die in der Säure löslichen Substanzen wie Uran, Kupfer, Eisen, Phosphorsäure u. a. gelöst werden (Paweck; Ulrich; Maurice Curie).

2. Durch Kochen der das Radium enthaltenden Sulfate mit konzentrierter Natronlauge werden die alkalilöslichen Substanzen wie Kieselsäure, Tonerde, Bleisulfat und Calciumsulfat gelöst; aus dem gewaschenen, das Radiumsulfat enthaltenden Rückstand werden dann mit Salzsäure die salzsäurelöslichen Substanzen entfernt [Debierne; Marie Curie (a); Ebler und Bender (a); Ulrich; Haitinger und Ulrich].

3. Die das Radium enthaltenden Sulfate werden (wegen der Unvollständigkeit des Umsatzes wiederholt) durch Kochen mit konzentrierter Sodalösung in Carbonate umgewandelt und die gewaschenen, das Radium enthaltenden Carbonate in Salzsäure gelöst; aus der filtrierten Lösung werden Radium und Barium mit Schwefelsäure wieder gefällt [Debierne; Marie Curie; Ebler und Bender (a); Ulrich; Haitinger und Ulrich; Maurice Curie].

4. Die das Radium enthaltenden Sulfate werden bei hoher Temperatur durch Holzkohle oder Calciumcarbid oder Calciumhydrid oder eine Mischung der beiden letzteren zu Sulfid reduziert und damit in eine salzsäurelösliche Form umgewandelt [Ebler und Bender (b); Parsons, Moore, Lind und Schaefer; Ulrich].

5. Die das Radium enthaltenden Carbonate werden in Salzsäure gelöst und durch Einleiten von Schwefelwasserstoff die säureunlöslichen Sulfide gefällt. Nach Zerstörung des Schwefelwasserstoffs werden aus dem das Radium enthaltenden Filtrat

durch Ammoniak die unlöslichen Hydroxyde des Eisens und der Metalle der seltenen Erden abgeschieden [DEBIERNE; MARIE CURIE (b); EBLER und BENDER (a)].

II. Kleinere Substanzmengen.

Die Salze werden in heißer konzentrierter Schwefelsäure gelöst und durch Eingießen dieser Lösung in viel destilliertes Wasser Radium- und Bariumsulfat gefällt (LANDIN). Der gewaschene Niederschlag wird nach dem Veraschen des Filters in einem Platintiegel geglüht, mit der mehrfachen Menge Kalium-Natriumcarbonat zusammengeschmolzen, der Tiegel noch warm in destilliertes Wasser gegeben und bis zum völligen Zerfallen des Schmelzkuchens erwärmt; die ungelösten Carbonate von Radium und Barium werden schließlich abfiltriert, gewaschen und in Salzsäure bzw. Bromwasserstoffsäure oder einer anderen Säure gelöst. Etwa vorhandene Kieselsäure entfernt man am besten durch Abrauchen des Radiumsulfats mit Flußsäure und etwas verdünnter Schwefelsäure im Platintiegel.

Literatur.

CURIE, MARIE: (a) Untersuchungen über die radioaktiven Substanzen, S. 24. Braunschweig 1904. (b) Die Radioaktivität, Bd. 1, S. 151. Leipzig 1912. — CURIE, MAURICE: Le Radium et les Radio-Eléments, S. 199. Paris 1925.

DEBIERNE, A.: Chem. N. 88, 136 (1903).

EBLER, E. u. W. BENDER: (a) Angew. Ch. **28 I**, 33 (1915); (b) Z. anorg. Ch. **83**, 149 (1913); 88, 256 (1914); Angew. Ch. **28 I**, 35 (1915). — ERBACHER, O.: GM., System-Nummer 31: Radium und Isotope.

HAITINGER, L. u. C. ULRICH: Ber. Wien. Akad. **117 IIa**, 619 (1908); M. **29**, 485 (1908).

LANDIN, F.: Ch. Z. Repert. **37**, 366 (1913).

PARSONS, CH. L., R. B. MOORE, S. C. LIND u. O. C. SCHAEFER: Bl. Bur. Mines Washington Nr. 104, 70 (1915); Ch. Z. Repert. **40**, 89 (1916). — PAWECK, H.: Z. El. Ch. **14**, 619 (1908).

ULRICH, C.: Angew. Ch. **36**, 41, 50 (1923).

§ 2. Trennung des Radiums vom Barium.

Sämtliche bisher bekannten Radiumsalze sind mit den entsprechenden Bariumsalzen isomorph, d. h. alle Radium-Bariumsalze bilden beim Auskrystallisieren aus einer Lösung Mischkrystalle. Eine Abtrennung des Radiums vom Barium ist ausschließlich durch Ausnutzung des Umstandes möglich, daß bei teilweiser Fällung der Radium-Bariumsalze das Radium in den Mischkrystallen entweder, was die Regel ist, angereichert, oder, was nur bei wenigen Salzen wie beim Hydroxyd und Carbonat eintritt, abgereichert wird. Dabei kann man je nach den Versuchsbedingungen entweder zu inhomogenen oder zu homogenen Mischkrystallen gelangen.

Abscheidungsgesetze.

Zu **inhomogenen Mischkrystallen** gelangt man nach DOERNER und HOSKINS dann, wenn sich während des Krystallisationsvorganges jede neubildende Bariumschicht durch Austauschreaktion mit einer ihr zukommenden Menge Radium belädt. Das Verhältnis, in dem sich Barium und Radium in der Elementarschicht abscheiden, ist proportional dem Konzentrationsverhältnis der beiden Komponenten in der Lösung zur Zeit der Abscheidung. Sind die Anfangsmengen von Radium und Barium in der Lösung A und B, die Mengen zur Zeit der Abscheidung x und y, so gilt also die Differentialgleichung $\frac{dx}{dy} = \lambda \cdot \frac{x}{y}$. Integriert man diese Gleichung von den Anfangskonzentrationen A und B bis zu den Endkonzentrationen a und b, so erhält man nach DOERNER und HOSKINS (1925) die Gleichung $\ln \frac{A}{a} = \lambda \ln \frac{B}{b}$ (λ = konst.). Die Voraussetzungen zur Erfüllung dieser Gleichung sind nach RIEHL und KÄDING gegeben (1) bei der langsamen Krystallisation aus gesättigter Lösung durch langsames Eindunsten. MUMBRAUER fand obige Gleichung auch bestätigt (2) bei der schnellen Krystallisation aus übersättigter Lösung — die Konstante λ hat hier einen anderen numerischen Wert als bei (1) — wenn nämlich durch energisches Rühren einer durch schnelles Abkühlen hergestellten übersättigten Lösung ein sehr schnelles Ausfällen eines feinkrystallinen Niederschlages bewirkt wird. RIEHL gibt hierzu folgende Erklärung: Durch das Rühren wird eine sehr große Zahl von Krystallisationskeimen mit sehr kleinen linearen Dimensionen erzeugt; die daraus entstehenden kleinen Kryställchen haben infolge ihrer Kleinheit zumindest am Anfang der Krystallisation eine viel höhere Löslichkeit gegenüber der normalen gesättigten Lösung, sie stehen also im Gleichgewicht mit der gerade vorliegenden übersättigten Lösung oder, mit anderen Worten, die Lösung ist in bezug auf diese kleinen Kryställchen gar nicht übersättigt. Bei einer kleinen Vergrößerung der Kryställchen nimmt deren Löslichkeit ab, das Gleichgewicht wird dadurch immer wieder gestört und so ist bei der gesamten Krystallisation die Übersättigung in bezug auf die jeweils vorliegenden Kryställchen nur ganz gering. Die Gleichung von DOERNER und HOSKINS ist also bei der schnellen Krystallisation aus übersättigter Lösung deswegen gültig, weil dabei niemals ein Zustand besteht, der um ein Endliches vom Gleichgewichtszustand entfernt wäre. MARQUES (a) und ebenso ZIMENS haben schließlich die Gültigkeit der Gleichung von DOERNER und HOSKINS auch (3) bei der Fällung eines schwerlöslichen Salzes wie z. B. Bariumcarbonat-Radiumcarbonat festgestellt. Wie im vorausgehenden Falle das Rühren hat hier die Schwerlöslichkeit zur Folge, daß es zur Bildung einer großen Zahl von Krystallisationskeimen kommt. Dieser Umstand bewirkt wieder, daß während der ganzen Krystallisation die Übersättigung in bezug auf die jeweils vorliegenden Kryställchen stets nur gering ist.

Zu **homogenen Mischkrystallen,** in denen also die Mikrokomponente vollkommen gleichmäßig verteilt ist, gelangt man hiergegen unter den im folgenden beschriebenen Bedingungen. Wir haben weiter oben gesehen, daß bei (2), nämlich bei der schnellen Krystallisation aus übersättigter Lösung die Gleichung von DOERNER und HOSKINS gültig ist, man also inhomogene Krystalle erhält. (4) Bei der langsamen Krystallisation aus übersättigter Lösung, die beim Stehenlassen der schnell abgekühlten Lösung eintritt, gilt aber nach MUMBRAUER ein anderes Verteilungsgesetz. Die Krystallabscheidung erfolgt nämlich in diesem Fall, allerdings nur, wenn die Übersättigung vollständig aufgehoben ist, also alles ausfällbare Bariumsalz auch tatsächlich ausgefällt ist, nach der Gleichung von HENDERSON und KRACEK (1927): $\frac{A-a}{B-b} = \lambda \cdot \frac{a}{b}$. Diese Gleichung ist formell analog dem Verteilungssatz von NERNST-BERTHELOT, nur treten hier an Stelle der räumlichen Konzentrationen die Konzentrationen des Radiums im Barium. Aus der Gleichung geht hervor, daß der Krystall in bezug auf seinen Radiumgehalt völlig homogen ist. Das Experiment zeigt, daß eine Umkrystallisation dabei nicht stattfindet. Es ist somit zunächst völlig unverständlich, daß die Konzentration des Radiums im Barium auch im Innern des Krystalls proportional dem Verhältnis Ra : Ba in der Lösung am Schluß des Krystallisationsvorganges ist. Die Erklärung hierfür ist nach RIEHL folgende: In einer gesättigten Lösung wird die Anzahl der Atome, die auf die Oberfläche auftreffen und an ihr eine bestimmte Zeit sitzenbleiben, innerhalb einer bestimmten Zeit immer die gleiche sein, wie die Zahl der Atome, die wieder in Lösung gehen. In einer übersättigten Lösung jedoch ist die Zahl der wieder in Lösung gehenden Atome kleiner als die Zahl der Atome, die auf die Oberfläche auftreffen und an ihr sitzenbleiben. Die Differenz bilden somit die Atome, die einen Teil der Oberfläche unwiderruflich besetzt halten. Der andere Teil der Oberfläche wird von Atomen gebildet, die wieder in Lösung gehen und dadurch einen Austausch ermöglichen. Nehmen wir an, die übersättigte Lösung enthält die Bariummenge y, die gesättigte (nahe dem Endzustand entsprechende) Lösung die Bariummenge b.

Dann wird der Bruchteil b/y der an der Oberfläche liegenden Atome sich am Austausch beteiligen, der Bruchteil $y - b/y$ aber nicht. In dem Teil b/y findet somit nach der Differentialgleichung von DOERNER und HOSKINS eine Anreicherung des Radiums in dem Barium statt, d. h. das Verhältnis Ba : Ra ist $\frac{1}{\lambda} \cdot \frac{y}{x}$, in dem Teil $y - b/y$ aber scheiden sich die Radium- und Bariumatome in demselben Verhältnis ab, in dem sie in der Lösung vorliegen, d. h. Ba : Ra $= y/x$. Die Konzentration dy/dx (Ba : Ra) in der gesamten Oberflächenschicht ist also nach der Mischungsregel gleich

$$\frac{dy}{dx} = \left(\frac{1}{\lambda} \cdot \frac{y}{x}\right) \cdot \frac{b}{y} + \left(\frac{y}{x}\right) \cdot \frac{y-b}{y} \quad \text{oder} \quad \frac{dy}{dx} = \frac{1}{\lambda} \cdot \frac{b}{x} + \frac{y-b}{x}.$$

Durch Integration dieser Gleichung in den Grenzen B bis b und A bis a erhalten wir

$$\ln \frac{A}{a} = \ln \frac{b + \lambda (B - b)}{b}, \quad \text{also ist} \quad \frac{A}{a} = \frac{b + \lambda (B - b)}{b} \quad \text{oder}$$

$$A = \frac{ab + (B - b)\lambda a}{b} \quad \text{oder} \quad \frac{A - a}{B - b} = \lambda \cdot \frac{a}{b}.$$

Und dies ist, wie wir oben gesehen haben, das Verteilungsgesetz, das bei der langsamen Krystallisation aus übersättigter Lösung experimentell gefunden wird.

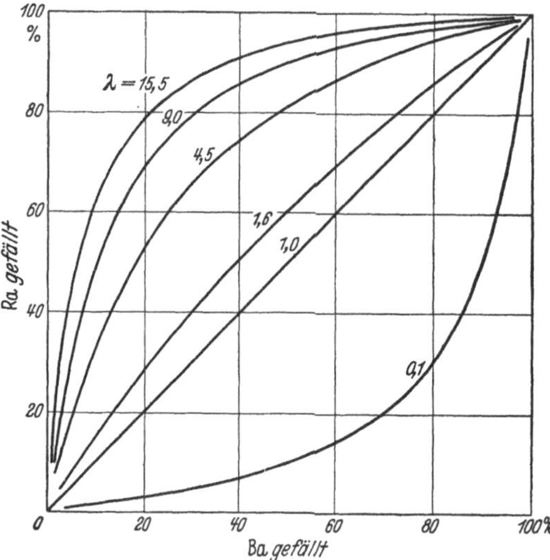

Abb. 1. Abhängigkeit des Fraktionierungskoeffizienten von der gefällten Salzart, sowie der Anreicherung von dem gefällten Prozentsatz des Salzes.

Weiterhin werden praktisch homogene Mischkrystalle erzielt, wenn das Radium (5) durch nachträgliche Umkrystallisation des ausgefällten Bariumsalzes Gelegenheit erhält. sich analog dem Verteilungssatz von NERNST-BERTHELOT in dem Niederschlag zu verteilen. So z. B. erhält man nach MUMBRAUER, wenn man nach erfolgter schneller Krystallisation aus übersättigter Lösung (2) [CHLOPIN (a); CHLOPIN, POLESSITSKY und TOLMATSCHEFF] noch anschließend 5 Std. schnell rührt, Krystalle, in denen das Radium infolge Umkrystallisation nach der Gleichung von HENDERSON und KRACEK homogen eingebaut wurde, während es gleich nach der Fällung entsprechend (2) inhomogen nach der Gleichung von DOERNER und HOSKINS in den Krystallen verteilt war. Verständlicherweise tritt auch eine Umkrystallisation und damit eine Homogenisierung des Radiums in den Krystallen nach HENDERSON und KRACEK dann ein, wenn radiumhaltige Bariumsalzkrystalle zu Krystallmehl gepulvert werden und das Krystallmehl dann mit der gesättigten Lösung geschüttelt wird [CHLOPIN, POLESSITZKY und TOLMATSCHEFF; RIEHL und KÄDING; KÄDING (a)].

In der Praxis wird in der Technik und im Laboratorium die Trennung von Radium und Barium fast ausschließlich durch langsame Krystallisation aus übersättigter Lösung (4) bzw. unter Bedingungen ausgeführt, unter denen eine nachträgliche Umkrystallisation (5) stattfindet. Es gilt somit stets die Abscheidungsgleichung von HENDERSON und KRACEK, das Radium wird also homogen in den Mischkrystall eingebaut. Die Konstante λ, auch Fraktionierungskoeffizient oder Teilungsfaktor genannt, hat dabei eine für jede Salzart charakteristische Größe, die das Ausmaß des Fraktionierungseffektes anzeigt, der bei Verwendung der einzelnen Salze zu erwarten ist.

λ ist der Faktor des Verhältnisses Ra/Ba in den Krystallen zu dem Verhältnis Ra/Ba in der Restlauge je Gewichtseinheit. Die den einzelnen λ-Werten zukommende Abhängigkeit der Anreicherung (bzw. Abreicherung) des Radiums in den Krystallen von der relativen Menge des auskrystallisierten Bariums ist aus umstehender Abb. 1 ersichtlich.

I. Anreicherungsmethoden.

Da eine einmalige partielle Krystallisation nur zu einer von der verwendeten Salzart abhängigen Anreicherung des Radiums in dem Bariumsalz führt, ist es zur Erreichung einer weitgehenden Trennung von Radium und Barium notwendig, eine große Reihe von Krystallisationen auszuführen. Der zweckmäßige Gang bei dieser „Fraktionierte Krystallisation" genannten Arbeitsweise ist im folgenden beschrieben.

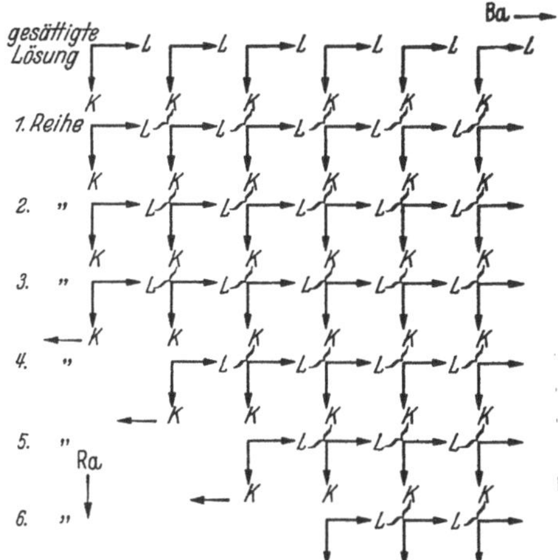

Abb. 2. Krystallisationsschema.

Fraktionierte Krystallisation. Nach Überführung in die gewünschte Salzform wird das Radium-Bariumsalz in reinem, destilliertem Wasser bis zur Sättigung bei Siedetemperatur gelöst und in eine Schale filtriert. Nach dem Erkalten wird die Mutterlauge von den Krystallen in eine zweite Schale abgegossen, bis zum Beginn einer Krystallisation eingedampft und wieder abgekühlt. Von den ausgeschiedenen Krystallen wird wieder abgegossen, die Mutterlauge bis zur beginnenden Krystallisation eingedampft und erkalten gelassen usw. Dieser Prozeß wird fortgeführt, bis die schließlich erhaltene Mutterlauge nur noch schwach aktiv ist. Man erhält so eine 1. Reihe von Krystallisationen, bei denen Schwerlöslichkeit und Aktivität in der Reihenfolge der Herstellung abnehmen. Es wird nun eine neue 2. Reihe von Krystallisationen begonnen, indem die bei der 1. Krystallisation der 1. Reihe abgeschiedenen Krystalle in reinem Wasser bis zur Sättigung bei Siedetemperatur gelöst werden. Von den beim Erkalten ausgeschiedenen Krystallen wird die Mutterlauge zur 2. Krystallisation der 1. Reihe gegeben und nach Lösung zur Krystallisation gebracht. Die Mutterlauge hiervon wird zur 3. Krystallisation der 1. Reihe zugefügt und so fortgefahren, bis die Aktivität der schließlich entstehenden Krystalle und Laugen so gering ist, daß sie beseitigt werden können. Auf gleiche Weise wird eine 3. Krystallisationsreihe ausgeführt usw.; vgl. hierzu das Krystallisationsschema Abb. 2. Nach einer entsprechenden Anzahl von Fraktionierungen wird die am schwersten lösliche, radiumreichste Fraktion vorerst beiseite gestellt, was in der 4., 5. und 6. Krystallisationsreihe in Abb. 2 durch horizontal nach links gerichtete Pfeile angedeutet wird. Die Anreicherung wird größer, wenn man die Lösung mit den sich ausscheidenden Krystallen nicht bis auf Zimmertemperatur abkühlen läßt, sondern schon bei etwas erhöhter Temperatur Krystalle und Mutterlauge trennt, weil dann die ausgeschiedene Menge des Bariumsalzes relativ geringer ist.

Im Verlaufe der Fraktionierung vermindert sich fortschreitend die Gesamtmenge der Substanz, denn je aktiver die Fraktionen werden, desto kleiner werden sie. Wenn die 1. Fraktion nur noch 1 bis 2% vom Gesamtgewicht aller Fraktionen ausmacht, ist es zweckmäßig, sie solange abzustellen, bis die 2. Fraktion annähernd gleichwertig geworden ist, und sie dann mit dieser zu vereinigen. Auf diese Weise kann die 1. Fraktion immer möglichst groß gehalten werden.

Wenn nun bei der fraktionierten Krystallisation die Substanzmengen der einzelnen Fraktionen sehr klein geworden sind, müßte man bei den weiteren Krystallisationen wegen der nicht unbeträchtlichen Löslichkeit der Barium-Radiumsalze in Wasser mit sehr kleinen Flüssigkeitsmengen arbeiten. Man verwendet deshalb zweckmäßig von einem bestimmten Punkt ab anstatt reinen Wassers solches, das die dem Salz entsprechende Säure enthält, in der das Salz schwerer löslich ist. Je näher man dem Ende des Fraktionierungsprozesses kommt, desto konzentriertere Säure wird angewendet, wodurch man sich immer Flüssigkeitsmengen passender Größe schaffen kann.

1. Trennung der Chloride in wäßriger Lösung.

a) Durch Abkühlen. Für die Chloride gilt der Fraktionierungskoeffizient $\lambda = 4{,}5$ (s. Abb. 1). Wird die Krystallisation, wie im Abschnitt „Fraktionierte Krystallisation" beschrieben, aus wäßriger Lösung durchgeführt (Debierne; Marie Curie; Haitinger und Ulrich), so krystallisieren aus der zwischen 90 bis 100° gesättigten Lösung des radiumhaltigen Bariumchlorids beim Abkühlen auf etwa 20° stets etwa 35 bis 36% des Bariumchlorids aus. Entsprechend dem für die Chloride geltenden Wert $\lambda = 4{,}5$ hat daher die Anreicherung, d. h. das Verhältnis Ra/Ba in den Krystallen stets den Wert 2 [Chlopin (b); Marques (b)].

b) Durch Zugabe von Salzsäure. Das Chlorid wird in Wasser gelöst und dann zur Lösung bei gewöhnlicher Temperatur unter Umrühren ein der gewünschten Konzentration entsprechendes Volumen konzentrierter Salzsäure zugefügt. Nach 3- bis 6stündigem Stehen werden dann die ausgeschiedenen Krystalle abgesaugt. Entsprechend dem Wert $\lambda = 4{,}5$ ist die Anreicherung durch die jeweilige relative Menge des ausgefällten Bariumchlorids gegeben (s. Abb. 1). Der gewünschte Prozentsatz des gelösten Bariumchlorids kann durch Regulierung des Säuregrades der Lösung entsprechend der bekannten Löslichkeit des Bariumchlorids in wäßriger Chlorwasserstoffsäure verschiedener Konzentration [bei 0° (Engel), bei 30° (Masson)] ausgefällt werden. Das Verfahren hat gegenüber dem vorausgehenden den Vorteil, daß es bei gewöhnlicher Temperatur ausgeführt wird [Soddy; Ebler und Bender (a); Chlopin (c), (b)].

c) Durch Zugabe von Calciumchlorid. Die fraktionierte Fällung von Barium und Radium kann statt mit konzentrierter Salzsäure auch mit einer konzentrierten Lösung von Calciumchlorid ausgeführt werden. Ein Vorteil dieser Methode ist die Vermeidung der lästigen Salzsäuredämpfe. Für die Endfraktionierung ist jedoch diese Methode wegen des verwendeten Calciumchlorids ungeeignet (Baschiloff und Wilniansky).

d) Durch Zugabe von Alkohol. Man kann auch die Barium-Radiumchloride aus der wäßrigen Lösung bei gewöhnlicher Temperatur durch Zugabe von Alkohol fraktioniert fällen und dadurch das Radium in den Krystallen anreichern. Das Verfahren kann insbesondere dazu dienen, Radiumchlorid, das wenig Bariumchlorid beigemengt enthält, zu reinigen [Marie Curie; Hönigschmid (a); Ebler und Bender (b)].

2. Trennung der Bromide in wäßriger Lösung.

a) Durch Abkühlen. Bei den Bromiden ist der Fraktionierungskoeffizient λ etwa 9 bis 10. Wie die Chloride kann man auch die Bromide von Radium und Barium der fraktionierten Krystallisation unterwerfen. Zu diesem Zweck fällt man Radium und Barium als Carbonate, löst diese in Bromwasserstoffsäure und dampft ein. Wie bei den Chloriden ist es auch bei den Bromiden zweckmäßig, die Krystallisation zuerst aus destilliertem Wasser und später aus Bromwasserstoffsäure auszuführen. Da der Wert λ bei den Bromiden größer ist als bei den Chloriden, so vermindert sich die Zahl der notwendigen fraktionierten Krystallisationen bei Verwendung der Bromide erheblich [Giesel; Haitinger und Ulrich; Hönigschmid (b); Scholl; Strong].

Solange es sich um größere Mengen von Substanz handelt, ist wegen des hohen Preises der Bromwasserstoffsäure die fraktionierte Krystallisation der Chloride empfehlenswert. Im weiteren Verlaufe führt man aber wegen des größeren Wertes von λ zweckmäßiger die fraktionierte Krystallisation der Bromide durch. Gegen Ende der Fraktionierung ist dann eine neuerliche Umwandlung in die Chloride notwendig, da beim Vorliegen von sehr wenig Substanz sich mit den viel schwerer löslichen Chloriden leichter arbeiten läßt (PAWECK).

b) Durch Abdampfen. Dampft man die gesättigte Lösung der Bromide von Radium und Barium langsam ein, so erhält man nach HAHN sowie nach MARQUES (c) beim Auskrystallisieren von 60% des Bariums 99,5% des Radiums in den Krystallen. Man löst letztere wieder auf und wiederholt den Vorgang. Nach 17 Krystallisationen erhält man ein Präparat, das 0,9% des Bariums und 83% des Radiums enthält.

c) Durch Zugabe von Bromwasserstoffsäure. Das Verfahren ist ganz analog der Methode, die bei der Trennung der Chloride angegeben ist. Die dabei erzielte Anreicherung des Radiums ist wieder entsprechend dem Wert $\lambda = 9$ bis 10 durch die jeweilige relative Menge des ausgefällten Radiums gegeben (s. Abb. 1). Die Regulierung des Säuregrades erfolgt durch Zugabe von wäßriger Bromwasserstoffsäure (D 1,5) entsprechend der bekannten Löslichkeit von Bariumbromid in wäßriger Bromwasserstoffsäure verschiedener Konzentration. Bei 18°: CHLOPIN (b); bei 0° und 25°: CHLOPIN und NIKITIN [CHLOPIN (b); CHLOPIN und NIKITIN].

3. Trennung der Nitrate in wäßriger Lösung.

a) Durch Abkühlen. Läßt man die bei 85° gesättigte Lösung der Nitrate bis auf 20° abkühlen, so erhält man in den Krystallen eine Anreicherung des Radiums entsprechend dem Fraktionierungskoeffizienten $\lambda = 1{,}6$ (s. Abb. 1) [KÄDING (b)].

b) Durch Zugabe von Salpetersäure. In gleicher Weise führt auch die fraktionierte Fällung mit Salpetersäure zu einer Anreicherung des Radiums gegenüber dem Barium. Durch Regulierung des Säuregrades der Lösung kann entsprechend der Löslichkeit von Bariumnitrat in wäßriger Salpetersäure verschiedener Konzentration [bei 15° CHLOPIN (b)] der gewünschte Prozentsatz des in Lösung befindlichen Bariumnitrats ausgefällt werden, was durch Zusetzen des entsprechenden Volumens Salpetersäure (D 1,4) zur gesättigten wäßrigen Lösung der Nitrate geschieht. Der Fraktionierungskoeffizient λ bei den Nitraten ist kleiner als im Falle der Chloride und Bromide, die Methode bietet also keine Vorteile [CHLOPIN (b)].

4. Trennung der Chromate.

a) In wäßriger Lösung durch Zugabe von Kaliumchromat. Zu der 70 bis 90° warmen Barium-Radiumchlorid-Lösung wird in neutraler Lösung soviel Kaliumchromat zugefügt, wie zur Fällung eines gewünschten Prozentsatzes der vorhandenen Bariummenge notwendig ist, dann wird 2 Std. erwärmt, absitzen gelassen und nach 2 Tage langem Stehen abgegossen. Die bei dieser fraktionierten Chromatfällung erzielte Anreicherung ist wieder durch die relative Menge des jeweilig ausgefällten Bariums gegeben, entsprechend einem Wert von $\lambda =$ etwa 11 (s. Abb. 1) (HENDERSON und KRACEK).

b) In saurer Lösung durch Zugabe von Lauge. Eine noch höhere Anreicherung wird bewirkt bei folgendem Verfahren: Der mit der äquivalenten Menge Kaliumchromat gefällte Niederschlag wird mit Salzsäure oder Salpetersäure in der Wärme gelöst, wobei die Säurekonzentration der Lösung bis auf 0,3 n steigen darf. Der Überschuß der Säure wird mit Natron- oder Kalilauge bis zum Auftreten einer Trübung neutralisiert; durch weitere langsame Zugabe von Lauge bei 70 bis 90° wird die gewünschte Niederschlagsmenge ausgefällt. Hierauf wird einige Stunden auf 70° erhitzt, einige Male umgerührt, absitzen gelassen und nach 1 bis 2 Tage langem Stehen abgegossen. Bei dieser fraktionierten Fällung der Chromate aus mineralsaurer Lösung ist der Wert von λ = etwa 15,5 (s. Abb. 1), also etwa gleichwertig der Anreicherung bei den Bromiden. Da die Löslichkeit der Chromate gering ist, läßt sich das Chromatverfahren mit Vorteil beim Vorliegen kleiner Substanzmengen anwenden (HENDERSON und KRACEK).

5. Trennung der Sulfate in wäßriger Lösung.

a) Durch Zugabe von Schwefelsäure zur Chloridlösung. Die fraktionierte Fällung der Sulfate des Radiums und Bariums führt nur zu einer geringen Anreicherung des Radiums. Wird die Sulfatfällung einfach durch Zugabe einer zur Gesamtfällung nicht genügenden Menge von Schwefelsäure zu einer Radium-Bariumchlorid-Lösung ausgeführt und filtriert, so ist die Anreicherung an Radium im Niederschlag entsprechend einem Wert von $\lambda = 1{,}7$ und darunter (RUSSELL; EBLER und VAN RHYN; DOERNER und HOSKINS).

Die Anreicherung steigt bei folgender Arbeitsweise: Fällung durch Zugabe von verdünnter Schwefelsäure in kleinen Portionen unter Rühren in der Hitze und Digerieren nach jeder neuen Zugabe, oder Zufügen von verdünnter Schwefelsäure zu einer so verdünnten Radium-Bariumchlorid-Lösung, daß auch anfangs kein Bariumsulfat ausfällt und darauffolgendes Eindampfen. In diesen beiden Fällen ist der Wert von λ = etwa 2,4 (Mittelwert) [DOERNER und HOSKINS; MARQUES (d)].

b) Durch Kochen der Chloridlösung mit Bariumsulfat. Durch 20stündiges Kochen einer Radium-Bariumchlorid-Lösung mit einer gewissen Menge Bariumsulfat (an dem Rückflußkühler) wird infolge Austausches eine Anreicherung von Radium an Bariumsulfat bewirkt, wobei sich allmählich ein Gleichgewicht einstellt. Der Austausch erfolgt hierbei nicht nur an der Oberfläche, sondern ein Teil der Radium-Ionen wandert infolge Umkrystallisation auch in das Innere der Bariumsulfatkrystalle (GERMANN; DOERNER und HOSKINS).

6. Sonstige Anreicherungsverfahren zur Trennung des Radiums vom Barium.

a) Fraktionierte Krystallisation der Pikrate, Bromate, EisenII-cyanide und Silicofluoride. Von einem gewissen Konzentrationsgrad ab soll sich durch fraktionierte Krystallisation der schwerlöslichen Pikrate, Bromate, EisenII-cyanide (KUNHEIM & Co.), oder der Silicofluoride (LANDIN) infolge der geringeren Löslichkeit der Radiumverbindungen eine erhebliche Anreicherung des Radiums bewirken lassen [EBLER und BENDER (b)]. Die Verteilung von Radium zwischen Krystallen und Lösung von Bariumjodat haben POLESSITSKY und KARATAEWA, sowie von GOLDSCHMIDT studiert.

b) Adsorptions- und Desorptionsmethoden. Durch Schütteln einer wäßrigen Lösung von Radium-Bariumchlorid mit Mangandioxydhydrat-Gel bei gewöhnlicher Temperatur erhält man im adsorbierten Teil eine Anreicherung des Radiums gegenüber dem Barium. Die Methode bildet wegen der Notwendigkeit einer oftmaligen Wiederholung des Verfahrens sicherlich keine Vereinfachung gegenüber der fraktionierten Krystallisation bzw. Fällung [EBLER und FELLNER (a); EBLER und BENDER (a)]. Die Radiumanreicherung durch Adsorption an Kieselsäure-Gel, wobei die Desorption durch Verflüchtigung der Kieselsäure als Fluorid bewirkt wird, hat noch andere Nachteile [EBLER und FELLNER (b); HOROVITZ und PANETH; EBLER und BENDER (a); EBLER und VAN RHYN].

c) Austauschmethoden. Mit Zeolithen und Permutiten. Beim Filtrieren einer radiumhaltigen Lösung durch Zeolithe oder Permutite wird Radium zurückgehalten; besonders günstig sind Alkalizeolithe. Durch Behandlung mit Salzsäure oder konzentrierter Natriumchloridlösung geht unter Regeneration des Zeoliths das Radium in Lösung (STERN, vgl. auch 5, b).

d) Weitere Verfahren. Beim Vorhandensein geringerer Mengen von Substanz kann zur Trennung von Radium und Barium die schnellere Wanderungsgeschwindigkeit der Radium-Ionen benutzt werden, was durch Elektrolyse der Lösung unter Zusatz von Agar-Agar und einem Elektrolyten geschieht (KENDALL, JETTE und WEST; KENDALL).

Durch Schütteln der konzentrierten Radium-Bariumchlorid-Lösung mit 1%igem Natriumamalgam (etwa $^1/_5$ des Gewichts der Radium-Bariumchlorid-Lösung) bildet sich unter Anreicherung des Radiums ein bariumhaltiges Radiumamalgam. Wiederholung des Prozesses mit der zweckmäßig stets zuvor neutralisierten Lösung führt zu immer größerer Anreicherung des Radiums (MARCKWALD). — Radiumamalgam entsteht durch Elektrolyse methylalkoholischer Lösungen von Radium-Bariumsalz; Kathode: amalgamiertes Zink, Anode: Silber (COEHN).

Weiterhin kann eine Anreicherung des Radiums gegenüber dem Barium erzielt werden:

durch Benutzung der verschiedenen Einstellung des Gleichgewichtes,

Sulfat + Natriumcarbonat $\rightleftharpoons$ Carbonat + Natriumsulfat,

indem nach Entfernung des Alkalisulfats das gebildete Erdalkalicarbonat mit verdünnter Säure herausgelöst wird (BRAUNER),

durch Ausnutzung der verschiedenen Zersetzungstemperaturen der Carbonate (THIEL) und

durch fraktionierte Sublimation der Bromide, da Radiumbromid schwerer flüchtig ist als Bariumbromid (820°) (STOCK und HEYNEMANN).

II. Abreicherungsmethoden.

Wie schon oben erwähnt, tritt bei teilweiser Fällung bestimmter Radium-Bariumsalze eine Abreicherung, also Verarmung der Krystalle an Radium ein. Die Trennungsmöglichkeit von Radium und Barium beruht in diesen Fällen auf der größeren Löslichkeit des Radiumsalzes gegenüber der des Bariumsalzes. Bei der Durchführung der fraktionierten Krystallisation (s. S. 423) von derartigen Salzpaaren muß also der Tatsache Rechnung getragen werden, daß die Anreicherung des Radiums in der Krystallisationslauge erfolgt.

1. Trennung der Hydroxyde in wäßriger Lösung.

a) Durch Zugabe von Lauge. Die Lösung wird mit Lauge fraktioniert gefällt, wodurch eine Anreicherung des Radiums in der Lösung erfolgt (McCOY).

b) Durch Abkühlen. Das an Radium angereicherte Filtrat der Bariumhydroxydfällung wird dann der fraktionierten Krystallisation unterworfen, wobei mit dem Bariumhydroxyd nur geringe Mengen Radium ausgeschieden werden. Die hierbei erzielte Abreicherung entspricht einem λ-Wert von etwa 0,1 (vgl. Abb. 1) (McCOY; STRONG; HENDERSON und KRACEK).

2. Trennung der Carbonate in wäßriger Lösung.

Durch Zugabe von Ammoniumcarbonat. Werden aus einer Radium-Bariumsalz-Lösung durch Zugabe von Ammoniumcarbonat die Carbonate fraktioniert gefällt, so erfolgt eine Abreicherung des Radiums in den Krystallen. Die Verteilung des Radiums ist dabei inhomogen — Fall (3), S. 421 — seine Konzentration in den Krystallen nimmt von innen nach außen zu. Die Abreicherung erfolgt nach dem logarithmischen Verteilungssatz von DOERNER und HOSKINS mit einem λ-Wert von etwa 0,5 bzw. 0,3 [MARQUES (a); ZIMENS].

3. Trennung der Oxalate.

Auch die Möglichkeit der Anreicherung des Radiums gegenüber dem Barium durch Herauslösen des Radiums aus Radium-Bariumsalzen mit Oxalsäure wird angegeben (FLECK).

Literatur.

BASCHILOFF, I. J. u. J. WITNIANSKY: Angew. Ch. **41**, 57 (1928). — BRAUNER, B.: Z. El. Ch. **13**, 374 (1907).

CHLOPIN, V.: (a) B. **64**, 2653 (1931); (b) Z. anorg. Ch. **143**, 97 (1925); (c) Bl. [4] **33**, 1547 (1923); Z. anorg. Ch. **143**, 99 (1925). — CHLOPIN, V. u. B. NIKITIN: Z. anorg. Ch. **166**, 311 (1927). — CHLOPIN, V., A. POLESSITSKY u. P. TOLMATSCHEFF: Ph. Ch. A **145**, 57 (1929). — COEHN, A.: B. **37**, 811 (1904). — CURIE, MARIE: Die Radioaktivität, Bd. 1, S. 152. Leipzig 1912.

DEBIERNE, A.: Chem. N. **88**, 136 (1903). — DOERNER, H. A. u. M. HOSKINS: Am. Soc. **47**, 662 (1925).

EBLER, E. u. W. BENDER: (a) B. **46**, 1571 (1913); Z. anorg. Ch. **84**, 77 (1913); Angew. Ch. **28 I**, 39 (1915); (b) Angew. Ch. **28 I**, 41 (1915). — EBLER, E. u. A. J. VAN RHYN: B. **54**, 2899 (1921). — EBLER, E. u. M. FELLNER: (a) Z. anorg. Ch. **73**, 8 (1911); (b) B. **44**, 2332 (1911); Z. anorg. Ch. **73**, 3 (1911). — ENGEL, R.: Bl. [2] **45**, 653 (1886).

FLECK, H.: C. **97 II**, 1173 (1926).

GERMANN, F. E. E.: Am. Soc. **43**, 1615 (1921). — GIESEL, F.: Wied. Ann. **69**, 92 (1899); Phys. Z. **3**, 578 (1902); B. **35**, 3609 (1902). — GOLDSCHMIDT, B.: J. Chim. phys. **35**, 407 (1938).

HAHN, O.: Applied Radiochemistry, S. 82. Ithaca, New York 1936. — HAITINGER, L. u. K. ULRICH: Ber. Wien. Akad. **117 IIa**, 619 (1908); M. **29**, 490 (1908). — HENDERSON, L. M. u. F. C. KRACEK: Am. Soc. **49**, 738 (1927) — HÖNIGSCHMID, O.: (a) Ber. Wien. Akad. **120 IIa**, 1632 (1911); (b) Ber. Wien. Akad. **121 IIa**, 1979 (1912); M. **29**, 494 (1908). — HOROVITZ, K. u. F. PANETH: Ber. Wien. Akad. **123 IIa**, 1837 (1914).

KÄDING, H.: (a) Diss. S. 21, Berlin 1931; (b) Diss. S. 32, Berlin 1931. — KENDALL, J.: Pr. Roy. Soc. Edinburgh **57**, 182 (1937). — KENDALL, J., E. R. JETTE u. W. WEST: Am. Soc. **48**, 3114 (1926). — KUNHEIM & Co.: O. KAUSCH: Edel-Erden und -Erze **1**, 53 (1919).

LANDIN, J.: Svensk. Tekn. Tidskr. **41**, 117 (1911); Ch. Z. Repert. **35**, 605 (1911).

MARCKWALD, W.: B. **37**, 88 (1904). — MARQUES, B. E.: (a) J. Chim. phys. **33**, 1 (1936); (b) **33**, 219 (1936); (c) **33**, 306 (1936); (d) C. r. **198**, 1765 (1934). — MASSON, J. I. O.: Soc. **99**, 1132 (1911). — McCOY, H. N.: Ch. Z. Repert. **39**, 134 (1915). — MUMBRAUER, R.: Ph. Ch. A **156**, 113 (1931). — KÄDING, H., R. MUMBRAUER u. N. RIEHL: Ph. Ch. A **161**, 362 (1932).

PAWECK, H.: Z. El. Ch. **14**, 619 (1908). — POLESSITSKY, A. u. A. KARATAEWA: Acta physicochim. URSS. **8**, 251 (1938); C. **109 II**, 4017 (1938).

RIEHL, N.: Ph. Ch. A **177**, 224 (1936). — RIEHL, N. u. H. KÄDING: Ph. Ch. A **149**, 180 (1930). — RUSSELL, A. S.: An Introduction to the Chemistry of radioactive Substances, S. 93. London 1922.

SCHOLL, C. E.: Am. Soc. **42**, 889 (1920). — SODDY, F.: Die Chemie der Radioelemente, Teil 1, S. 91. Leipzig 1912. — STERN, H.: s. O. KAUSCH: Edel-Erden und -Erze **1**, 66 (1919). — STOCK, A. u. H. HEYNEMANN: B. **42**, 4088 (1909). — STRONG, R. K.: Am. Soc. **43**, 440 (1921).

THIEL, A.: Z. El. Ch. **13**, 375 (1907).

ZIMENS, K. E.: Ph. Ch. B **37**, 244 (1937).

§ 3. Trennung des Radiums von seinen Zerfallsprodukten.

Da keines der Zerfallsprodukte des Radiums mit diesem isotop ist, lassen sich alle seine Folgeprodukte von ihm abtrennen.

I. Trennung des Radiums vom Radon.

Das direkte Folgeprodukt des Radiums, das radioaktive Edelgas (Emanation) Radon kann von dem Radium abgetrennt werden

a) durch Erhitzen der festen Substanz bzw. der Lösung, in der das Radium enthalten ist.

α) Erhitzen auf die Schmelztemperatur des Salzes. Liegt das Radium allein als Salz bzw. vermischt mit einem anderen Salz vor, so kann man durch Erhitzen auf die Schmelztemperatur das gesamte Radon abtrennen. So z. B. wird reines Radiumchlorid bzw. reines Radiumbromid durch Schmelzen in reinem Chlorwasserstoff- bzw. Bromwasserstoffstrom von Radon (und Wasser) befreit (HÖNIGSCHMID).

Radiumsulfat kann man durch Schmelzen mit der mehrfachen Menge Kalium-Natriumcarbonat im Platintiegel völlig von Radon befreien [ERBACHER und KÄDING (a)].

β) Längeres Erhitzen auf eine Temperatur, die über dem halben absoluten Schmelzpunkt der das Radiumsalz enthaltenden Verbindung liegt. Ist das Radium in eine schwer schmelzbare Verbindung z. B. in ein Oxyd eines 3wertigen Metalls eingebaut, so erfolgt beim Erhitzen dieser Verbindung auf Temperaturen, die über ihrem halben absoluten Schmelzpunkt liegen, eine gesteigerte Molekularbewegung dieser Verbindung. Dadurch wird den Radonatomen der Austritt aus dem Gitter der Verbindung ermöglicht, und ein über die Verbindung geleiteter Strom eines indifferenten Gases sorgt für ihre Entfernung (FLÜGGE und ZIMENS; COOK).

γ) Längeres Erhitzen auf die Siedetemperatur der wäßrigen Lösung. Radon kann von Radium auch dadurch vollständig abgetrennt werden, daß man das Radiumsalz in Lösung bringt und die Lösung auskocht (MARIE CURIE; SCHMIDT und NICK). Um eine Carbonatbildung durch die Kohlensäure der Luft zu verhindern, erfolgt die Herstellung der Lösung zweckmäßig durch verdünnte Salpetersäure. Eine Zugabe von Bariumsalz zur Lösung verhindert, insbesondere bei Radiumsulfatlösungen, jegliches Absetzen von geringen Radiummengen an die Glaswand, was besonders bei gewöhnlichem Glas durch längeres Stehen eintreten kann und dann verhindert, daß alles Radon beim Erhitzen der Lösung entfernt wird (ERBACHER und NIKITIN).

Das Radon kann außerdem von dem Radium entfernt werden

b) durch einen Luftstrom, der genügend rasch durch die Radiumlösung bzw. über das als hochemanierendes Präparat vorhandene Radium geleitet wird.

α) Liegt das Radium in Lösung vor, so wird beim Durchleiten eines genügend kräftigen Luftstroms das gesamte radioaktive Edelgas Radon mit der Luft mitgerissen und so aus der Lösung völlig entfernt. Beim Vorliegen einer wäßrigen Lösung ist es dabei wieder ratsam, verdünnte Mineralsäure (außer Schwefelsäure) zur Verhinderung der Carbonatbildung zu verwenden, sowie ein Bariumsalz zuzusetzen zur Vermeidung des Absetzens des Radiums an die Glaswand.

Derselbe Erfolg wird erzielt durch die Herstellung einer Lösung des Radiums in konzentrierter Schwefelsäure (ERBACHER und NIKITIN). Die Schwefelsäure soll jedoch dabei einen Gehalt von mindestens 2% Wasser besitzen, um eine etwaige Bildung von SO_3-Dämpfen bei längerem Stehen zu verhindern.

β) Liegt das Radium zusammen mit einer äußerst oberflächenreichen Substanz, wie z. B. Eisenhydroxyd, gefällt *als* hochemanierendes sogenanntes „*HAHNsches Trockenpräparat*" *vor*, so wird durch Darüberleiten von Luft, ja schon durch das Stehen an der Luft, praktisch das gesamte Radon von dem Radium entfernt. Betont sei, daß bei der Herstellung, Trocknung und bei der Aufbewahrung des Präparats sowie bei dem die Entfernung des Radons bewirkenden Luftstrom eine gewisse Feuchtigkeit der Luft vorliegen muß. Andernfalls würde durch den Wasserentzug das vorher in Wirklichkeit luftfeuchte Präparat allmählich ganz austrocknen. Dieses Austrocknen hätte zwei Vorgänge zur Folge, die eine praktisch vollständige Entfernung des Radons vom Radium verhindern. Einmal wird nämlich an wirklich trocknen Präparaten das Radon so kräftig sorbiert, daß es auch der Luftstrom nur mehr teilweise entfernen kann. Weiterhin wird das Präparat durch das Austreten des Wassers teilweise krystallisieren. Dadurch wird das bisher an der Oberfläche befindliche Radium eingeschlossen und das daraus entstehende Radon kann großenteils nicht mehr ins Freie entweichen, ebensowenig wie die Radonatome, die in die krystallisierten Anteile des Präparats durch Rückstoß hineingehämmert worden sind (HAHN und BILTZ).

Das Radon kann schließlich vom Radium entfernt werden

c) durch Abpumpen aus der wäßrigen Radiumsalzlösung oder aus einem hochemanierenden Präparat. Beide Wege werden zur Herstellung hochkonzentrierter Radonpräparate beschritten (vgl. MEYER und SCHWEIDLER; WERNER). Da das Abpumpen bei einem luftfeuchten Präparat ebenfalls das oben besprochene, die völlige Radonabgabe verhindernde Austrocknen des Präparats zur Folge hat, wird hierzu das hochemanierende Präparat bereits bei der Herstellung durch wiederholtes Waschen mit Alkohol und anschließend mit Äther von allem eingeschlossenen und adsorbierten Wasser befreit und unter völligem Wasserausschluß aufbewahrt [ERBACHER und KÄDING (b)].

d) Durch aktive Kohle wird das aus einem hochemanierenden Radiumpräparat entweichende Radon bis zu 90% aufgenommen, wenn die Verhältnisse hinsichtlich der Raumerfüllung durch Präparat und Kohle günstig gewählt werden (Wolf und Riehl).

II. Trennung des Radiums vom kurzlebigen aktiven Niederschlag, nämlich Radium A, Radium B, Radium C.

a) Durch fortgesetzte Abtrennung des Radons. Der kurzlebige aktive Niederschlag wird dadurch in einfacher Weise vom Radium abgetrennt, daß man die Abtrennung des Radons vom Radium nach einer der unter I. aufgeführten Methoden solange fortsetzt, bis der aktive Niederschlag praktisch vollständig zerfallen ist. Dies ist nach etwa 5 Std. eingetreten. Da das in dieser Zeit gebildete Radon dauernd entfernt wird, kann es beim Radium zu keinerlei Neubildung des aktiven Niederschlags kommen [Erbacher und Käding (a)].

b) Durch kräftiges Erhitzen des Radiumpräparats (z. B. durch Glühen von Radiumsulfat) verdampft (neben Radon) der kurzlebige aktive Niederschlag und kann auf einer kalten Oberfläche kondensiert werden (Ramsauer).

c) Durch Fällen von gewissen Sulfiden. Gibt man zu einer schwach salzsauren Radiumsalzlösung ein in saurer Lösung als Sulfid fällbares Metall, wie z. B. Blei, Quecksilber oder Zink, und fällt durch Einleiten von Schwefelwasserstoff das Sulfid aus, so trennt man mit dem Sulfid das gesamte Radium B und Radium C (sowie auch das Radium D, Radium E und Polonium) ab (vgl. Moore und Schlundt). In der Lösung kann es dabei infolge Oxydation des Schwefelwasserstoffs zur Bildung geringer Mengen von Schwefelsäure kommen, die dann das Ausfallen geringer Mengen von Radiumsulfat bewirken.

III. Trennung des Radiums vom langlebigen aktiven Niederschlag, nämlich Radium D, Radium E, Polonium.

Die Trennung des Radiums von allen bzw. einzelnen Gliedern des langlebigen aktiven Niederschlags kann erfolgen durch

1. Fällung des Radiums mit gewissen Säuren.

α) Fällung mit Bromwasserstoffsäure. Abtrennung des Radium D, Radium E und Poloniums von Radium.

Man löst das als Bromid vorliegende Radium in wenig Wasser in der Wärme auf und fällt durch Zugabe von konzentrierter Bromwasserstoffsäure und Erkaltenlassen der Lösung Radiumbromid aus. Man gießt die Lösung von den Krystallen ab, versetzt diese zwecks Waschens nochmals mit konzentrierter Bromwasserstoffsäure und gießt davon wieder ab. Die Säurelösungen enthalten dann das gesamte Radium D, Radium E und Polonium, aber nur sehr wenig Radium. Die Abtrennung wird noch vollständiger, wenn die mit Bromwasserstoffsäure gefällten Radiumbromidkrystalle nach dem Waschen mit konzentrierter Bromwasserstoffsäure nochmals in wenig Wasser gelöst und neuerdings mit konzentrierter Bromwasserstoffsäure gefällt werden. In diesem Fall scheidet sich beim Einengen der vereinigten Bromwasserstoffsäurelösungen von neuem etwas Radiumbromid aus, von dem ebenfalls abgegossen wird [Erbacher (a)].

β) Fällung mit Salzsäure. Abtrennung des Radium E und Poloniums von Radium und Radium D.

Man löst das als Bromid vorliegende Radium in wenig Wasser in der Wärme auf und fällt durch Zugabe von konzentrierter Salzsäure und Erkaltenlassen der Lösung Radiumchlorid aus. Die mit konzentrierter Salzsäure gewaschenen Krystalle enthalten das Radium und das Radium D, während in die Salzsäurelösungen das gesamte Radium E und Polonium gegangen sind (Hahn, vgl. Danysz).

γ) Fällung mit Schwefelsäure. Abtrennung des Radium E und Poloniums von Radium und Radium D.

Fügt man zu einer wäßrigen Radiumsalzlösung Schwefelsäure, so fällt alles Radium zusammen mit dem Radium D aus, Radium E und Polonium bleiben in Lösung (vgl. ANTONOFF).

2. Abscheidung des aktiven Niederschlags.

a) Bei wenig Radium, wie es nach den unter III, 1 angeführten Krystallisationen vorliegt, kann man Radium D, Radium E und Polonium durch folgende elektrochemische bzw. elektrolytische Abscheidungsverfahren abtrennen.

α) Abscheidung auf Silber. Abtrennung des Poloniums: Die Lösung wird zur Trockne eingedampft, der Rückstand durch wiederholtes Abdampfen mit Salzsäure in Chlorid verwandelt und in mindestens 0,1 n Salzsäure aufgenommen. Dann wird in der Lösung ein Silberblech — das Blech muß dem Volumen der Lösung entsprechend groß, frisch ausgeglüht und darauf geschmirgelt sein — etwa 2 Std. lang bei gewöhnlicher Temperatur oder in der Wärme gedreht. Das Polonium wird in dem sich an der Silberoberfläche infolge der α-Strahlung bildenden Silberperoxyd vollständig abgeschieden. Das Blech wird darauf mit destilliertem Wasser abgespritzt. In der Lösung bleiben Radium, Radium D und Radium E (MARCKWALD; IRENE CURIE; ESCHER-DESRIVIÈRES; ERBACHER und PHILIPP). Bei großen Poloniummengen empfiehlt es sich, die Abscheidung in der Wärme vorzunehmen, da dabei die Silberperoxydbildung viel langsamer erfolgt und dadurch verhindert wird, daß sich die gesamte Silberoberfläche bereits in Silberperoxyd umgewandelt hat, ehe das ganze Polonium Gelegenheit zum Einbau gehabt hat [ERBACHER (b)].

β) Abscheidung auf Nickel. Abtrennung des Radium E und Poloniums: Das zur Trockne eingedampfte Chlorid wird mit 0,1 n Salzsäure aufgenommen; man erhitzt die Lösung und dreht in der heißen Lösung etwa 2 Std. lang ein frisch geschmirgeltes Nickelblech von einer dem Volumen der Lösung entsprechenden Größe. Das Radium E und natürlich auch das edlere Polonium werden dabei durch elektrochemischen Austausch auf dem Nickelblech abgeschieden, das durch Abspritzen mit destilliertem Wasser gewaschen wird. In der Lösung bleiben das Radium und Radium D (v. LERCH; ERBACHER und PHILIPP).

γ) Anodische Abscheidung. Abtrennung des Radium D: Die Bromid- bzw. Chloridlösung wird zur Trockne eingedampft, das Bromid bzw. Chlorid durch wiederholtes Abdampfen mit konzentrierter Salpetersäure in das Nitrat verwandelt, in 7%iger Salpetersäure aufgenommen (gewöhnlich 1,5 cm^3) und zwischen zwei frisch geschmirgelten Platinelektroden ($8 \cdot 8$ mm) elektrolysiert (4 Volt, $3 \cdot 10^{-4}$ Ampere), bis sich alles Radium D als dunkler Radium D-dioxydniederschlag an der Anode abgeschieden hat, was nach einigen Stunden der Fall ist. Drehen des Gefäßes mit der Lösung während der Elektrolyse beschleunigt die Abscheidung (ERBACHER und PHILIPP).

b) Bei viel Radium führen folgende Methoden zur Abscheidung des langlebigen aktiven Niederschlags. *α) Anodische Abscheidung.* Für die Abtrennung des Radium D von viel Radium wurde folgende Arbeitsvorschrift angegeben. Jedoch ist zu diesem Zweck eine Fällung des Radiums mit Bromwasserstoffsäure — III, 1, α — und gegebenenfalls eine anodische Abscheidung aus dem Dekantat — III, 2, a, γ — vorzuziehen.

Arbeitsvorschrift. Das Radiumpräparat wird in verdünnter Salpetersäure gelöst und die Lösung zur Vertreibung vorhandener Halogene mehrmals mit Salpetersäure zur Trockne abgedampft. Die zur Elektrolyse verwendete Lösung enthalte 5 cm^3 konzentrierte Salpetersäure und 40 cm^3 Wasser. Als Kathode diene ein Platinblech $3 \cdot 1{,}5$ cm groß, das man nur 2 cm tief eintaucht; die Anode wird aus 0,6 mm dickem Platindraht gebildet. Bei einer Stromstärke von $3 \cdot 10^{-4}$ Ampere wird im Laufe einiger Tage die Hauptmenge des Radium D als gelber Beschlag oder braunschwarze Kruste an der Anode abgesetzt. Erwärmen und Rühren der Lösung werden empfohlen. Zur vollständigen Extraktion des Radium D aus der Lösung wiederhole man den Vorgang mit frischen Elektroden. Das Radium D-dioxyd wird von der Anode durch verdünnte salpetrige Säure abgelöst. Etwa mitgerissene Spuren von Radium entfernt man durch Wiederholung der Elektrolyse (PANETH und BOTHE).

β) Fällung mit Blei- bzw. Quecksilbersulfid. Die Abtrennung des Radiums von Radium D, Radium E und Polonium gelingt ferner durch Zugabe eines in saurer Lösung als Sulfid fällbaren Metalls, wie z. B. Blei oder Quecksilber und Einleiten von Schwefelwasserstoff in die schwach salzsaure Lösung. In der Lösung bleibt allein das Radium (RUSSELL und CHADWICK; RONA). Vgl. auch II, c.

γ) Fällung mit Kupfersulfid. Aus einer Radiumsalzlösung werden Polonium und Radium E durch eine Kupfersulfidfällung abgetrennt, Radium und Radium D bleiben in Lösung. Das Radium D kann dann nach β) abgetrennt werden (RONA).

Literatur.

ANTONOFF, G. N.: Phil. Mag. [6] **19**, 825 (1910).

COOK, L. G.: Ph. Ch. B **42**, 221 (1939). — CURIE, IRENE: J. Chim. phys. **22**, 471 (1925). — CURIE, MARIE: Radium **7**, 65 (1910).

DANYSZ, I.: C. r. **143**, 232 (1906).

ERBACHER, O.: (a) s. O. HAHN: Applied Radiochemistry, S. 102. Ithaka, New York 1936. (b) Ph. Ch. A **165**, 421 (1933). — ERBACHER, O. u. H. KÄDING: (a) Ph. Ch. B **6**, 368 (1930). (b) Ph. Ch. A **149**, 439 (1930). — ERBACHER, O. u. B. NIKITIN: Ph. Ch. A **158**, 216 (1931). — ERBACHER, O. u. K. PHILIPP: Z. Phys. **51**, 309 (1928); Ph. Ch. A **150**, 214 (1930). — ESCHER-DESRIVIÈRES, J.: A. Ch. [10] **5**, 251 (1926).

FLÜGGE, S. u. K. E. ZIMENS: Ph. Ch. B **42**, 179 (1939).

HAHN, O.: Applied Radiochemistry, S. 102. Ithaka, New York 1936. — HAHN, O. u. M. BILTZ: Ph. Ch. **126**, 323 (1927). — HÖNIGSCHMID, O.: Ber. Wien. Akad. **120 IIa**, 1622 (1911); **121 IIa**, 1979 (1912), M. **33**, 258 (1912); **34**, 289 (1913).

LERCH, F. v.: Ber. Wien. Akad. **115 IIa**, 197 (1906); Ann. Phys. [4] **20**, 345 (1906).

MARCKWALD, W.: B. **38 I**, 593 (1905). — MEYER, ST. u. E. SCHWEIDLER: Radioaktivität, 2. Aufl., S. 407. Leipzig-Berlin 1927. — MOORE, R. B. u. H. SCHLUNDT: Trans. Am. electrochem. Soc. **8**, 269 (1905).

PANETH, F. u. W. BOTHE: s. E. TIEDE und F. RICHTER: Handbuch der Arbeitsmethoden in der anorganischen Chemie, Bd. 2, 2. Hälfte, S. 1027.

RAMSAUER, C.: Radium **11**, 103 (1914). — RONA, E.: Ber. Wien. Akad. **137 IIa**, 227 (1928). — RUSSELL, A. S. u. I. CHADWICK: Phil. Mag. [6] **27**, 114 (1914).

SCHMIDT, H. W. u. H. NICK: Phys. Z. **13**, 199 (1912).

WERNER, O.: Ph. Ch. A **165**, 391 (1933); Strahlentherapie **55**, 185 (1936).

WOLF, P. M. u. N. RIEHL: Naturwiss. **17**, 566 (1929); Strahlentherapie **40**, 1 (1931).

Isotope Atomarten des Radiums.

Mesothor(ium) 1.

MsTh$_1$, Atomgewicht 228, Ordnungszahl 88, Halbwertszeit 6,7 Jahre.

A. Nachweismethoden.

Radiometrische Methoden.

Zum Nachweis von Mesothor 1 kommen ausschließlich radiometrische Methoden in Frage. Da das Mesothor 1 selbst keine nachweisbare Strahlung besitzt, kann es nur an seinen Umwandlungsprodukten erkannt werden. Dabei ist noch zu unterscheiden, ob dem Mesothor 1, wie es praktisch fast immer der Fall ist, Radium beigemengt ist, oder ob es sich um ein radiumfreies Mesothor handelt. Zum Nachweis des Mesothor 1 sowie auch eines etwaigen Gehaltes an Radium können folgende Wege eingeschlagen werden.

1. Messung der Aktivität in größeren Zeitabständen.

Radiumfreies Mesothor I sendet einige Tage, nachdem es frisch mit konzentrierter Salzsäure zum Auskrystallisieren gebracht worden ist — in dieser Zeit ist das Mesothor 2 (T = 6,13 Std.) nachgebildet und das bei der Krystallisation in das Mesothor 1-chlorid gehende Thorium B (T = 10,6 Std.) abgefallen — die durchdringenden β- und γ-Strahlen des Mesothor 2 aus, jedoch keine α-Strahlen. Durch Nachbildung von Radiothor und dessen Zerfallsprodukten nimmt die Aktivität erst mehrere Jahre zu, erreicht ein Maximum, nimmt dann anfangs langsamer und schließlich nach Verlauf von 10 Jahren, wenn sich das Mesothor 1 im Gleichgewicht mit seinen Zerfallsprodukten befindet, mit der Halbwertszeit des Mesothor 1 von 6,7 Jahren ab. Das Maximum der α-Strahlenaktivität wird nach 4,8 Jahren erreicht, das Maximum der β- und γ-Strahlenaktivität früher, weil die bereits von Anfang an vorhandene β- und γ-Strahlenaktivität von Mesothor 2 mit Mesothor 1 ständig abnimmt. Der zeitliche Eintritt des Maximums sowie auch die absolute Aktivitätszunahme hängen in letzterem Falle von den Meßbedingungen bei der Untersuchung ab, da die Absorptionskoeffizienten der Strahlen der hier vorliegenden radioaktiven Atomarten nicht unwesentlich verschieden sind. Bei der wie beim Radium jetzt üblichen Messung durch 5 mm Blei wird das Maximum nach etwa 3 Jahren erreicht mit einer Aktivitätszunahme während dieser Zeit von etwas über 30%.

Ist dem Mesothor 1 auch Radium beigemengt, wie es im „technischen Mesothor" immer der Fall ist, so wird der oben geschilderte zeitliche Aktivitätsverlauf von Mesothor 1 entsprechend der Menge des darin enthaltenen Radiums beeinflußt. Und zwar ist die absolute Aktivitätszunahme um so geringer, und die Abnahme nach Eintritt des Maximums verläuft um so langsamer, je mehr Radium und damit dessen konstante Aktivität vorhanden ist. Der Eintritt des Maximums bleibt unverändert. Bei den frisch aus brasilianischem Monazit bereiteten Mesothorpräparaten beträgt bei den obengenannten Meßbedingungen die Aktivitätszunahme etwa 25%, nach 10 Jahren ist die Aktivität noch etwas größer als zur Zeit der Herstellung, nach 20 Jahren halb so stark, und nach Zerfall des ganzen Mesothor + Radiothor bleibt das ursprünglich in dem Mesothor enthaltene Radium zurück [Hahn (a)].

2. Nachbildung der Folgeprodukte.

a) Liegt das **Mesothor 1 im Gleichgewicht mit Mesothor 2 vor,** was nach etwa 2,5 Tagen nach dem Auskrystallisieren mit konzentrierter Salzsäure der Fall ist, so kann der Nachweis von Mesothor 1 auf folgende Weise geführt werden.

α) Aus der Nachbildung des Mesothor 2. Das Aktiniumisotop Mesothor 2 wird vorher vom Mesothor 1 abgetrennt durch Reaktionen, die eine Trennung der Erdalkalien von den Erden bewirken, gewöhnlich durch eine Ammoniakfällung, z. B. von Aluminium. Bei Anwesenheit einer genügenden Menge von Barium oder, wenn das verwendete Ammoniak völlig kohlensäurefrei ist, bleibt hierbei das Mesothor 1 im Filtrat — vgl. C. III. — und seine Anwesenheit ergibt sich aus der charakteristischen, raschen Aktivitätszunahme infolge der Nachbildung von Mesothor 2.

Ist das Mesothor 1 mit Radium verunreinigt, wie es praktisch fast immer der Fall ist, so addiert sich zu der schnellen Zunahme von Mesothor 2 aus dem Mesothor 1 die langsamere Zunahme des Radons und des aktiven Niederschlags aus dem Radium. Da von Mesothor 2 nur β-Strahlen, von den Zerfallsprodukten des Radiums α- und β-Strahlen ausgesandt werden, nimmt man solche Untersuchungen zweckmäßig in einem β-Elektroskop, beim Vorliegen sehr starker Präparate in einem γ-Elektroskop vor. Der Nachweis sehr geringer Radiummengen als Verunreinigung ist dagegen zweckmäßig in einem α-Strahlenelektroskop auszuführen. Sehr einfach geschieht der qualitative Nachweis des Radiums durch das Radon.

β) Aus der Nachbildung des Radiothors. Liegt das Mesothor 1 bereits im Gleichgewicht mit Mesothor 2 vor, so läßt sich das Mesothor 1 an der charakteristischen, allmählich erfolgenden Nachbildung des Radiothors (T = 1,9 Jahre) erkennen.

b) Liegt das **Mesothor 1 im Gleichgewicht mit Radiothor** und allen Zerfallsprodukten vor, so kann man nach gleichzeitiger Abtrennung von Mesothor 2 und Radiothor, sowie des aktiven Niederschlags, die nach a, α) erfolgen kann — vgl. auch C. III. — aus der schnellen Zunahme von Mesothor 1 (infolge der Nachbildung von Mesothor 2) im Filtrat auf die Anwesenheit von Mesothor 1 schließen. Dabei ist jedoch zu berücksichtigen, daß hierbei mit Mesothor 1 das mit ihm isotope Thorium X vorliegt, dessen Aktivitätskurve von der Zunahme von Mesothor 1 abzuziehen ist.

B. Bestimmungsmethoden.

I. Bestimmung der Mesothor 1-menge.

Radiometrische Methoden.

Die Aktivität des Mesothors wird gewöhnlich in Radiumeinheiten angegeben. „1 mg Mesothor" besitzt unter bestimmten Messungsbedingungen eine gleichgroße γ-Aktivität wie 1 mg Radiumelement (sogenanntes „γ-Äquivalent"). Infolge der komplizierten Verhältnisse hinsichtlich des zeitlichen Aktivitätsverlaufes von Mesothorpräparaten — vgl. unter A) — und der Verschiedenheit der Absorptionskoeffizienten der γ-Strahlen von Mesothor 2 und Thorium C″ einerseits und von Radium C + Radium C″ andererseits ist der Wert des γ-Äquivalents sowohl von dem Alter des Mesothorpräparats als auch von den Meßbedingungen abhängig. Betreffs der Meßbedingungen bei Mesothorpräparaten hat man sich in Deutschland auf eine absorbierende Bleischicht von 5 mm Dicke geeinigt. Zur genauen Angabe des γ-Äquivalents ist danach nur noch die Angabe des Alters des Mesothorpräparats erforderlich [Meyer und v. Schweidler (a)]. Die Bestimmung wird ausgeführt durch Vergleichsmessung der γ-Strahlung mit der einer Radiumnormalen wie die des Radiums (vgl. beim Radium unter B, § 1, I, 1).

Hinsichtlich der Gewichtsmenge Mesothor 1 (+ Mesothor 2), die 1 mg Radium strahlenäquivalent ist, hat man zwischen einem „α-Strahlenäquivalent" und einem „γ-Strahlenäquivalent" zu unterscheiden. Da jedoch die Ionisierungen durch die α-Strahlen und die Absorptionskoeffizienten der γ-Strahlen der in einem Mesothorpräparat vorliegenden bzw. sich nachbildenden radioaktiven Atomarten verschieden sind, hängt das auf gleiche Strahlenwirkung bezogene Gewichtsverhältnis vom Alter des Präparats ab, im Falle der γ-Strahlenmessung auch von den Versuchsbedingungen. Jedenfalls entspricht dem Mesothor bei gleicher Strahlenwirkung gewichtsmäßig einige hundert Male soviel Radium, weshalb in einem Mesothorpräparat gewichtsmäßig bereits mehr Radium enthalten ist als Mesothor, wenn auch nur einige Prozente der Strahlenwirkung von Radium herrühren [Hahn (a); Meyer und v. Schweidler (b)].

Herstellung von radiumfreiem Mesothor 1.

Radiumfreies Mesothor 1 kann man erhalten, wenn man von Thorium das Mesothor 1 und das ganze Radium zusammen mit Barium abscheidet und dann nach einigen Jahren das inzwischen nachgebildete Mesothor 1 frei von Radium neuerdings zur Abscheidung bringt (Radium kann nur in verschwindend kleiner Menge sich nachbilden, wenn das mit Thorium isotope Jonium nicht in sehr großer Menge vorhanden war). Auch alte Glühkörperrückstände sind daher ein dafür geeignetes Material [Hahn (b).]

II. Bestimmung der Reinheit des Mesothor 1-salzes.

1. Bestimmung des Gehaltes an anderen Salzen, insbesondere an Bariumsalzen.

Die Bestimmung des Gehaltes der Mesothor 1-salze an anderen Salzen, insbesondere an Bariumsalzen, wird in der Regel ausgeführt nach dem schon beim Radium unter B, § 2, I, 1 beschriebenen Verfahren.

a) Kombination der gewichtsanalytischen Bestimmung und der radiometrischen Bestimmung. Die Bestimmung wird auf genau die gleiche Weise durchgeführt, wie dies beim Radium angegeben ist. Das Ergebnis dieser Bestimmung kann aber zunächst nur als eine orientierende Angabe über den etwaigen Bariumgehalt des Mesothor 1-salzes angesehen werden. Denn nach dem oben Gesagten hängt der Wert des γ-Äquivalents nicht nur von der Dicke der absorbierenden Bleischicht ab, sondern, infolge der langsamen Nachbildung von Thorium C″ (über Radiothor) und — im Falle der fast immer vorliegenden Beimengung von Radium mit der konstanten γ-Strahlung von Radium C + Radium C″ — wegen des langsamen Abfalls von Mesothor 1 selbst, auch vom Alter des Präparats (vgl. A, 1). Wenn jedoch bei dem Mesothor 1 der Gehalt an Radium bekannt ist (vgl. auch unter 2), so bleibt doch noch eine Abhängigkeit des γ-Äquivalents vom Alter des Präparats bestehen, die durch die nachgebildete Thorium C″-menge verursacht wird.

Da bei gleicher Strahlungsintensität die Gewichtsmenge von Mesothor 1 gegenüber der des Radiums hunderte Male kleiner ist, enthält das Mesothor 1, wenn auch nur einige Prozente der γ-Aktivität von Radium herrühren, gewichtsmäßig bereits mehr Radium als Mesothor 1. Und wenn die γ-Aktivität zu etwa 25% von Radium kommt, wie das bei den technischen Mesothorpräparaten der Fall ist, dann liegen praktisch bereits 100 Gew.-% Radium vor, d. h. derartige Präparate lassen sich bezüglich ihrer Aktivität durch Abtrennen des Bariums höchstens etwa 4fach stärker anreichern als reines Radium [Hahn (b)].

b) Spektralanalytische Bestimmung. Ein etwaiger Gehalt von Mesothor 1-salzen an anderen Salzen, insbesondere Bariumsalzen, kann auch auf spektralanalytischem Wege bestimmt werden (vgl. unter Radium, B, § 2, I, 3).

2. Bestimmung des Gehaltes an Radium.

a) Da die γ-Strahlen von Mesothor 2, Thorium C″ und Radium C + Radium C″ verschiedene Absorptionskoeffizienten besitzen, kann man durch Absorptionsmessungen mit verschiedener Dicke der absorbierenden Schicht Aufklärung über den Radiumgehalt eines Mesothorpräparats sowie über sein Alter (Prozentverhältnis von vorhandenem Mesothor 2 und Thorium C″) erhalten [Hahn (c); Meyer und Hess; Meyer; Bothe; Hahn und Meitner]. Bei schwachen Präparaten kann die Bestimmung des Gehaltes an Radium, Mesothor und Radiothor nach sekundären β-Strahlen mittels der auf Koinzidenz arbeitenden Geiger-Müller-Zählrohre erfolgen (Gorschkow).

b) Auch γ-Strahlung und Wärmeentwicklung zusammen lassen sich als Analysenmethode für Mesothor-Radiumgemische verwenden, da Mesothor weniger Wärme entwickelt als Radium (Marie Curie).

c) Wenn man Mesothor 1-chlorid, das in wenig Wasser gelöst ist, durch Zugabe von konzentrierter Salzsäure ausfällt, so gehen Radium und Thorium X, sowie Thorium B, Radium B und Radium D mit dem Mesothor 1 in den Niederschlag, während Mesothor 2, Radiothor und die übrigen Folgeprodukte in Lösung bleiben. Wiederholt man nun dieses Auskrystallisieren mit konzentrierter Salzsäure und damit die Abtrennung des Radiothors ein paarmal im Laufe eines Monats, so können sich Thorium X und Thorium B (und aus diesem Thorium C und Thorium C″) im Niederschlag nicht nachbilden; diese in den Niederschlag gegangenen Folgeprodukte sind also in einem Monat vollständig abgefallen. Nun wird die Fällung mit konzentrierter Salzsäure nochmals wiederholt und die Säure von den Krystallen abgegossen. Die Zeit der Fällung gilt als Nullzeit für die Nachbildung von Mesothor 2 aus Mesothor 1. Man löst die Krystalle sofort in Wasser und erhitzt die Lösung eine gewisse Zeit, um das sich stets nachbildende Radon zu vertreiben. Dann wird die Lösung luftdicht verschlossen und sogleich die γ-Strahlung gemessen. Diese erste Messung ergibt die seit dem Ausfällen von Mesothor 1 nachgebildete Mesothor 2-menge (z. B. nach 6,13 Std. 50%) und stellt zugleich die Nullzeit für die Nachbildung des Radons und seines aktiven Niederschlags aus dem vorhandenen Radium dar. Die weiterhin gemessene γ-Anstiegskurve gibt somit die Nachbildung von Radium C + Radium C″ aus Radium (über Radon) wieder, die von der vorher bereits bestimmten Nachbildung von Mesothor 2 aus Mesothor 1 überlagert wird. Die experimentell gefundene γ-Anstiegskurve ergibt nach Abzug der Anstiegskurve des Mesothor 2 durch Vergleich mit einer Radiumnormalen die in dem Mesothor enthaltene Radiummenge.

d) Man kann in Mesothor 1 enthaltenes Radium auf die gleiche Art, wie unter c) beschrieben, bestimmen, indem man aus der Mesothor 1-lösung Eisen oder Aluminium mit carbonatfreiem Ammoniak fällt und diese Fällung ein paarmal im Laufe eines Monats wiederholt. Bei dieser Fällung werden nämlich Mesothor 2, Radiothor, Thorium B und Thorium C, sowie Radium B, Radium C und Radium D mit dem Hydroxyd mitgerissen, während das Mesothor 1, das Radium und das Thorium X, besonders bei Anwesenheit von Barium, in Lösung bleiben. Der weitere Gang der Bestimmung ist derselbe wie unter c) angegeben.

C. Trennungsmethoden.

Über die Abtrennung von Mesothor 1 aus den verschiedenen Thoriummineralien s. ERBACHER.

I. Trennung des Mesothor 1 von anderen Elementen (außer Barium).

Wegen der Isotopie von Mesothor 1 mit Radium gelten die beim Radium unter C, § 1 angeführten Trennungsmethoden in gleicher Weise auch für Mesothor 1.

II. Trennung des Mesothor 1 vom Barium.

Die Abtrennung von Mesothor 1 vom Barium erfolgt nach den gleichen Trennungsmethoden, wie sie beim isotopen Radium unter C, § 2 zusammengestellt sind.

III. Trennung des Mesothor 1 von seinen Zerfallsprodukten.

Eine direkte Abtrennung des Zerfallsproduktes Thorium X ist wegen der Isotopie mit Mesothor 1 natürlich nicht möglich. Das Mesothor 1 kann aber dadurch frei von Thorium X erhalten werden, daß man nach den unten angegebenen Methoden die Abtrennung von Mesothor 2 und Radiothor alle 2 Tage (Mesothor 2 wieder mit Mesothor 1 im Gleichgewicht) während eines Monats wiederholt; denn das beim Mesothor 1 befindliche Thorium X ist in dieser Zeit völlig abgefallen und kann sich darin infolge der wiederholten Abtrennung des Radiothors nicht mehr nachbilden.

a) Durch Fällen der Folgeprodukte mit Eisen-, Aluminium- oder Zirkonhydroxyd. Wird aus der Mesothor 1-lösung Eisen oder Aluminium oder Zirkon mit carbonatfreiem Ammoniak gefällt, so werden Mesothor 2, Radiothor, Thorium B und Thorium C sowie, bei einem Gehalt des Mesothor 1 an Radium, Radium B, Radium C, Radium D und Polonium von dem Hydroxyd mitgerissen, während Mesothor 1, Thorium X (und Radium) in Lösung bleiben, insbesondere bei Anwesenheit von Barium. In Gegenwart von Carbonat befinden sich auch die Atomarten des Radiums im Niederschlag [HAHN (d); MARCKWALD; McCOY und VIOL; vgl. B, II, 2, d].

Die durch diese Methode bedingte Verunreinigung des Mesothor 1-präparates mit Ammoniumsalzen wird, von ganz kleinen Mesothor 1-mengen abgesehen, vermieden, wenn vor der Fällung eines der genannten Hydroxyde mit Ammoniak das Mesothor 1 mit konzentrierter Salzsäure oder konzentrierter Bromwasserstoffsäure frisch zum Auskrystallisieren gebracht wird — s. c) und d) — da dabei die Folgeprodukte in die Säurelösung gehen.

b) Durch Fällen der Folgeprodukte mit Bleisulfid. Bleisulfid in saurer Lösung mit Schwefelwasserstoff gefällt, nimmt kein Mesothor 1 mit [McCoy und Viol; vgl. Radium C, § 3, II, c und C, § 3, III, 2, b, β.

c) Durch Fällen des Mesothor 1 mit konzentrierter Salzsäure. Das als Chlorid vorliegende Mesothor 1-präparat wird in wenig Wasser auf dem Wasserbad gelöst und durch Zugabe von reiner konzentrierter Salzsäure ausgefällt. Nach Erkalten der Lösung gießt man von den Krystallen ab, versetzt die Krystalle nochmals mit konzentrierter Salzsäure und gießt wieder ab. Nach Wiederholung dieses Prozesses sind das gesamte Mesothor 2 und Radiothor, sowie der aktive Niederschlag des Thoriums (und Radiums) in den Säurelösungen geblieben, während sich in den Krystallen fast die gesamte Menge von Mesothor 1, Thorium X und Radium (Yovanovitch), sowie infolge mischkrystallartigen Einbaus in Barium- bzw. Radiumchlorid das Thorium B (Radium B und Radium D) befinden [Hahn (e); vgl. B II, 2, c]. Die Abtrennung der Folgeprodukte von der geringen in der konzentrierten Säure in Lösung gebliebenen Mesothor 1-menge erfolgt dann zweckmäßig nach a).

d) Durch Fällen des Mesothor 1 mit konzentrierter Bromwasserstoffsäure. Wird die Fällung von Mesothor 1 statt mit Salzsäure mit reiner konzentrierter Bromwasserstoffsäure durchgeführt, so wird neben den unter c) aufgeführten Folgeprodukten auch noch das Thorium B (Radium B und Radium D) in der Lösung gehalten, so daß sich in den Krystallen ausschließlich Mesothor 1 und Thorium X (und Radium) befinden (vgl. beim Radium unter C, § 3, III, 1, α).

e) Durch Herauslösen der Folgeprodukte mit Alkohol. Zum Mesothor 1 mit Folgeprodukten wird eine Lösung von Lanthannitrat gegeben, zur Trockne eingedampft und der Rückstand mit absolutem Alkohol behandelt und filtriert: im Rückstand befinden sich Mesothor 1, Thorium X und Barium, während Mesothor 2 und Radiothor in Lösung gegangen sind (Haissinsky).

Literatur.

Bothe, W.: Z. Phys. **24**, 10 (1924).
Curie, Marie: C. r. **172**, 1022 (1921).
Erbacher, O.: Gm., System-Nummer 31: Radium und Isotope.
Gorschkow, G. W.: Trav. Inst. Etat Radium **4**, 83 (1938); Phys. Ber. **21**, 582 (1940).
Hahn, O.: (a) Ch. Z. **35**, 845 (1911); (b) Die radioaktiven Substanzen und ihre Eigenschaften, in H. Meyer: Lehrbuch der Strahlentherapie, Bd. 1, S. 455. Berlin-Wien 1925; (c) Strahlentherapie **4**, 154 (1914); Radium **11**, 71 (1914); (d) Phys. Z. **9**, 246, 392 (1908); (e) Applied Radiochemistry, S. 102. Ithaka, New York 1936. — Hahn, O. u. L. Meitner: s. O. Hahn: Die radioaktiven Substanzen und ihre Eigenschaften, in H. Meyer: Lehrbuch der Strahlentherapie, Bd. 1, S. 459. Berlin-Wien 1925. — Haissinsky, M.: C. r. **196**, 1788 (1933).
Marckwald, W.: B. **43**, 3420 (1910). — McCoy, H. N. u. C. H. Viol: Phil. Mag. [6] **25**, 333 (1913). — Meyer, St.: Jb. Radioakt. **11**, 442 (1914). — Meyer, St. u. V. F. Hess: Ber. Wien. Akad. **123 IIa**, 1443 (1914). — Meyer, St. u. v. Schweidler: (a) Radioaktivität, 2. Aufl., S. 496. Leipzig-Berlin 1927. (b) Radioaktivität, 2. Aufl., S. 497, 514. Leipzig-Berlin 1927.
Yovanovitch, D. K.: J. Chim. phys. **23**, 1 (1926).

Thor(ium) X.

ThX, Atomgewicht 224, Ordnungszahl 88, Halbwertszeit 3,64 Tage.

A. Nachweismethoden.

Da mit 1 mg Mesothor, dem ja mit gleicher Strahlenwirkung gewichtsmäßig bereits einige hundert Male mehr Radium entspricht, eine Gewichtsmenge von nur

1,46 · 10^{-3} mg Thorium X im Gleichgewicht steht, ist das Thorium X ausschließlich in gewichtsloser Menge zu gewinnen. Der Nachweis von Thorium X kann aus diesem Grund allein durch radiometrische Methoden erbracht werden.

Radiometrische Methoden.

Der radiometrische Nachweis von Thor X erfolgt hauptsächlich aus der Nachbildung seiner Folgeprodukte oder aus dem Zerfall dieser Folgeprodukte selbst.

1. Aus der Nachbildung der Folgeprodukte.

Der Nachweis des Thor X kann erfolgen durch den charakteristischen Anstieg der β- oder γ-Strahlenaktivität nach der Isolierung des Thor X durch Abtrennung des aktiven Niederschlags, die nach einer der unter D, IV, 2 angegebenen Methoden geschehen kann. Der Aktivitätsanstieg rührt von der Nachbildung des aktiven Niederschlags her, das Maximum der Aktivität wird hierbei nach etwa 40 Std. erreicht.

2. Aus dem Zerfall der Folgeprodukte.

a) Aus dem Zerfall des Thorons. Der Nachweis von Thor X, auch in irgendeinem Gemisch radioaktiver Stoffe, geschieht zweckmäßig durch das charakteristische, kurzlebige Thoron (T = 54,5 Sek.). Das Thoron wird von dem Thor X nach einer der unter D, IV, 1 angegebenen Methoden abgetrennt und entweder sein Aktivitätsverlauf oder der des daraus entstehenden aktiven Niederschlags gemessen.

b) Aus dem Zerfall des aktiven Niederschlags. Zum Nachweis von Thor X kann auch die Ermittlung der Abfallskurve des aktiven Niederschlags dienen.

α) Der aktive Niederschlag wird zu diesem Zweck nach einer der unter D, IV, 2 angeführten Methoden vom Thorium X abgetrennt.

β) Liegen oberflächenreiche (emanierende) Präparate vor, so erhält man den aktiven Niederschlag auf sehr einfache Weise, wenn das zu untersuchende Präparat in einem geschlossenen Gefäß aufbewahrt wird, in das ein negativ geladenes Blech oder ein negativ geladener Draht eingeführt ist. Der aktive Niederschlag sammelt sich darauf in hochkonzentrierter Form an.

3. Durch Aufnahme einer Absorptionskurve.

Bei stärkeren Präparaten gibt auch die Absorptionskurve der β- oder γ-Strahlen des aktiven Niederschlags Aufklärung über die Anwesenheit von Thorium X.

B. Bestimmungsmethoden.

I. Bestimmung der Thor X-menge.

Da das Thor X nur in gewichtsloser Menge herstellbar ist, kann es auch nur auf radiometrischem Wege bestimmt werden.

Radiometrische Methoden.

Bei starken Thor X-präparaten kann die γ-Strahlenaktivität durch Vergleichsmessung einer Radiumnormalen unter denselben Bedingungen mit der Wirkung der γ-Strahlen des Radiums verglichen werden. Man erhält so eine Angabe über die Menge Radiumelement, die hinsichtlich der γ-Strahlenaktivität bei gleichen, bestimmten Meßbedingungen (gewöhnlich durch 5 mm Blei) der Thor X-menge äquivalent ist, unter Voraussetzung des Gleichgewichtszustandes mit den Folgeprodukten.

Bei schwachen Thor X-präparaten kann die Bestimmung durch Messung der β- oder α-Strahlen in den entsprechenden Elektroskopen ausgeführt werden. Der

Aktivitätsverlauf der β-Strahlung ist, wenn Störungen infolge Thoronabgabe durch entsprechendes luftdichtes Abschließen vermieden werden, der gleiche wie der der γ-Strahlung.

Bei der α-Strahlenmessung ist von vornherein eine gewisse Aktivität vorhanden, die auf ein Mehrfaches ihres Anfangswertes ansteigt. Nach einigen Tagen erfolgt in allen Fällen die Aktivitätsabnahme entsprechend der Halbwertszeit von Thor X.

II. Bestimmung der Reinheit des Thor X-salzes.

Da das Thor X stets in gewichtsloser Menge vorliegt, kann es sich bei der Frage der Reinheit nur um die radioaktive Reinheit handeln, also um eine etwaige Beimengung von Mesothor und Radiothor. Der Nachweis dieser Reinheit des Thor X geschieht durch Aufnahme der Abfallskurve über längere Zeit. Eine reine Exponentialkurve mit der Halbwertszeit von 3,64 Tagen zeigt an, daß das Thor X frei von Mesothor und Radiothor ist. Tritt jedoch mit der Zeit eine immer stärker werdende Verlangsamung des Abfalls ein, so erhält man durch Differenzbildung mit der theoretischen Abfallskurve den Anteil von Mesothor bzw. Radiothor an der Gesamtaktivität.

C. Fällung und Adsorption durch andere Salze.

Da man das Thor X niemals in sichtbarer und wägbarer Menge erhalten kann, ist es von Interesse, mit welchen Niederschlägen das Thor X durch Mitfällen bzw. Adsorption mitgefällt wird und bei welchen es im Filtrat bleibt.

1. Fällung durch einen Niederschlag.

Wegen der Isomorphie aller bisher bekannten Radium- und Bariumsalze wird das Thor X beim quantitativen Ausfällen irgend eines Bariumsalzes vollständig mitgefällt. Das Thor X bleibt dagegen fast völlig in Lösung bei der Fällung der Hydroxyde von Eisen (Erbacher), Nickel [Hahn (a)], von Aluminium, Zirkon, Cer, Lanthan, Yttrium, Neodym und Praseodym (McCoy und Viol) mit reinem Ammoniak, ebenso bei der Fällung von Quecksilber-, Zinn-, Zink-, Eisensulfid (McCoy und Viol) und von Bleisulfid mit Schwefelwasserstoff (Strömholm und The Svedberg; McCoy und Viol), sowie von BleiII-jodid (Strömholm und The Svedberg). Ebenso bleibt das Thor X in Lösung bei der Krystallisation von Gips oder Kupferfumarat [Hahn (b)].

2. Adsorption an einem Niederschlag.

Das Thor X wird mit dem Niederschlag mitgerissen bei der Fällung von EisenIII-carbonat (aus Eisenchlorid mit überschüssigem Natriumcarbonat), Calciumcarbonat (aus Calciumchlorid mit Ammoniumcarbonat) und EisenIII-phosphat (aus Eisenchlorid mit Dinatriumphosphat) (McCoy und Viol). Ebenso wird alles Thor X mitgerissen bei der Fällung von EisenIII-hydroxyd mit gewöhnlichem, carbonathaltigem Ammoniak [v. Lerch (a)], sowie bei der schnellen Fällung von oberflächenreichem Gips durch Alkohol bei überschüssigem Anion, während bei überschüssigem Kation das Thor X in Lösung bleibt [Hahn (b)].

D. Trennungsmethoden.

Eine Abtrennung des Thor X aus den Thormineralien ist wegen seiner kurzen Halbwertszeit von 3,64 Tagen nicht zweckmäßig.

I. Trennung des Thor X von anderen Elementen (außer Barium).

Da das Thor X mit Radium isotop ist, gelten für die Abtrennung des Thor X von anderen Salzen an sich die beim Radium unter C, § 1 angeführten Trennungsmethoden. Da jedoch das Thor X stets nur in gewichtsloser Menge vorliegt, ist man gezwungen, zur Abtrennung des Thor X aus einem Gemenge mit anderen Salzen (mit Ausnahme von Bariumsalzen, s. unter II) sich einer kleinen Menge eines Bariumsalzes als wägbaren Substanzträgers zu bedienen. Als Beispiel sei die Abtrennung von Thor X aus einer größeren Menge von Calciumchlorid angeführt.

Abtrennung des Thor X von einem Calciumsalz. Die das Thor X enthaltende Calciumchloridlösung wird nach Zufügen von höchstens 1 mg Bariumchlorid durch Zugabe von Salzsäure bzw. Ammoniak auf schwach saure Reaktion gebracht, dann mit etwa 5 mg Kaliumchromat und schließlich etwas Natriumacetat versetzt und stehen gelassen. Hierauf filtriert man den entstandenen kleinen Niederschlag von Bariumchromat auf ein sehr kleines Filter, wäscht mit Wasser, löst in wenig heißer, höchstens 5%iger Salzsäure vom Filter in ein Reagensglas, reduziert das Chromat durch Zugabe von etwas Alkohol (Lösung wird grün!), fällt durch Zugabe von Ammoniak in schwachem Überschuß Chromihydroxyd und filtriert ab. Das das Thor X enthaltende Filtrat dampft man zur Trockne ein, nimmt nach Abrauchen der Ammoniumsalze den Rückstand mit heißem Wasser auf und filtriert von den ausgeschiedenen Kohlespuren ab [Hahn (c)].

II. Trennung des Thor X vom Barium.

Die Abtrennung des Thor X vom Barium erfolgt nach denselben Trennungsmethoden, wie sie für das isotope Radium unter C, § 2 zusammengestellt sind.

III. Trennung des Thor X von seinen Muttersubstanzen.

Die Isolierung von Thor X geschieht entweder durch Abtrennung aus Thoriumsalzen oder besser aus Radiothor.

1. Aus Thoriumsalzen.

Das aus Thoriumsalzen abgetrennte Thorium X ist wegen der Isotopie mit Mesothor 1 nie frei von letzterem, auch wenn einige Tage vorher bereits Mesothor 1 und Thor X abgetrennt worden sind (McCoy und Viol).

a) Durch Ausfällen des Thoriums. α) Aus einer erhitzten verdünnten Thoriumnitratlösung wird mit Ammoniak [Rutherford und Soddy; v. Lerch (b); Boltwood], mit Pyridin, Fumarsäure, m-Nitrobenzoesäure (Schlundt und Moore), mit Natriumthiosulfat, Kaliumchromat oder Wasserstoffperoxyd (McCoy und Viol) alles Thorium ausgefällt, während Thor X im Filtrat bleibt. Zur vollständigen Trennung ist eine mehrmalige Fällung notwendig.

Bei den Fällungen nach Schlundt und Moore wird Thorium C vom aktiven Niederschlag mitgerissen, während Thorium B im Filtrat bleibt. Eine Fällung des Thoriums mit Oxalsäure gibt keine vollständige Trennung (Schlundt und Moore).

β) Thorium X kann auch durch Dialyse einer kolloidalen Thoriumhydroxydlösung gewonnen werden (Lorenzen).

b) Durch Ausfällen des Thor X mit einer Trägersubstanz. α) Wird aus einer Thoriumsalzlösung mit Schwefelsäure im Überschuß Bariumsulfat gefällt, so enthält dieses praktisch alles Thor X (Boltwood; Soddy; McCoy und Viol).

β) Bleisulfat, in einer Thoriumsalzlösung mit Schwefelsäure gefällt, nimmt ebenfalls das Thor X mit. Das Blei kann durch eine Schwefelwasserstoffällung abgeschieden werden, im Filtrat bleibt das Thor X zurück (Glaser).

γ) Aus einer Lösung von Thoriumnitrat in einer Lösung von $Na_2CO_3 + NaHCO_3$ fällt nach Zusatz von Eisenchlorid beim Erwärmen auf 70 bis 80° basisches Carbonat aus, das alles Thor X enthält (McCoy und Viol).

2. Aus Radiothor.

Bei der Abtrennung des Thor X von Radiothor wird reines Thorium X erzielt.

a) Technisches Verfahren. Radiothorhaltige, wasserunlösliche Oxyde werden mit destilliertem Wasser oder besser, um eine etwaige kolloide Auflösung der radiothorhaltigen Oxyde zu verhindern, mit kohlensäurefreier, verdünnter Natriumchloridlösung übergossen. Hat sich dann eine genügende Menge Thor X gebildet, so erhält man durch Schütteln das Thor X in Lösung (die zu therapeutischen Zwecken gleich verwendet werden kann). Die rationellste Ausbeute erhält man bei 1- bis 2tägigem Stehen der Lösung über dem Radiothor [Deutsche Gasglühlicht-A.-G. (Auergesellschaft) in Berlin. KEETMAN; GLASER].

Die Thor X-gewinnung kann auch aus einem Radiothorniederschlag, der bei Gegenwart von geringen Mengen seltener Erden durch Wasserstoffperoxyd gefällt worden ist, durch Auslaugen von jeweils gebildetem Thor X mit verdünnter Kochsalzlösung erfolgen (KUNHEIM & Co).

b) Durch Fällen des Radiothors mit Eisen- bzw. Thoriumhydroxyd. Am reinsten und mit der größten Ausbeute kann das Thor X von Radiothor auf folgende Weise abgetrennt werden. Über eine schwach saure Eisen-(Thorium-)Radiothor-Lösung wird in der Wärme vorsichtig unter Umschütteln gasförmiges Ammoniak geleitet, bis eben alles Eisen (Thorium) gefällt ist; ein größerer Überschuß von Ammoniak ist dabei streng zu vermeiden. Auf diese Weise bleibt das Thor X in Lösung, während Eisen (Thorium) und Radiothor zusammen mit dem aktiven Niederschlag gefällt werden. Aus der filtrierten Lösung werden die Ammoniumsalze durch Abrauchen entfernt, das Thor X wird in Wasser gelöst und die Lösung von ausgeschiedenen Kohlespuren abfiltriert. Die Ausbeute an Thor X beträgt etwa 90% (ERBACHER).

c) Durch Fällen des Radiothors mit anderen Hydroxyden. Radiothor und Hydroxyde als Trägersubstanzen werden, nachdem ersteres durch die Hydroxydfällung von Mesothor 1 abgetrennt worden ist, in Säure gelöst und darauf mit reinem Ammoniak (PANETH und ULRICH) oder Wasserstoffperoxyd wieder gefällt; das Thorium X befindet sich bei 1maliger Fällung zu 50%, bei 4- bis 5maliger Fällung bis zu 90% im Filtrat; bei der Fällung mit Wasserstoffperoxyd bleibt auch der aktive Niederschlag im Filtrat (GAZZONI). Als Trägersubstanzen des Radiothors kommen in Betracht die Hydroxyde von Aluminium (McCOY und VIOL), von Thorium, Aluminium, Cer und anderen Metallen. Eine Zurückdrängung der Absorption des Thor X wird hierbei durch Zusatz eines löslichen Bariumsalzes bewirkt, mit dessen Hilfe das Thor X im Filtrat gegebenenfalls durch Carbonat- oder Sulfatfällung von den gleichzeitig vorhandenen Ammoniumsalzen getrennt werden kann. Ein anderer Weg zur Entfernung der Ammoniumsalze besteht im vorsichtigen Abrauchen, wobei das nicht flüchtige Thor X zurückbleibt (PANETH und ULRICH). Bei obigen Hydroxydfällungen etwa noch im Filtrat verbleibende Restmengen von Radiothor können durch Zugabe von einigen Milligrammen Thoriumsalz und neuerliche Hydroxydfällung mittels Ammoniaks entfernt werden (McCOY und VIOL).

d) Durch Rückstoß. Wird einer Platte, auf der Radiothor niedergeschlagen ist, eine negativ bis zu 1200 Volt geladene Platte in geringem Abstand gegenübergestellt, so sammelt sich auf dieser Thorium X an. Bei der Aussendung der α-Strahlen von Radiothor erfahren nämlich die Restatome (Thor X) einen Rückstoß, wobei die an der Oberfläche aus dem Molekülverband gelösten Restatome in die Luft geschleudert werden und sich positiv aufladen. Die der Ansammlung auf der gegenübergestellten Platte hinderliche starke Bremswirkung der Luftmoleküle wird durch das negative Aufladen der Sammelplatte unschädlich gemacht. Das aus dem Thor X entstehende Thoron kann gegebenenfalls durch einen Gasstrom entfernt werden (BRIGGS).

IV. Trennung des Thor X von seinen Zerfallsprodukten.

Sämtliche Zerfallsprodukte von Thor X sind mit diesem nicht isotop, sie lassen sich deshalb alle von ihm abtrennen.

1. Trennung des Thor X vom Thoron.

Eine vollständige Abtrennung des Thorons von seiner Muttersubstanz Thor X erfolgt durch Erhitzen bzw. Glühen des in gewichtsloser Menge vorliegenden Thor X auf seiner (unschmelzbaren) Unterlage, wobei das Thor X nicht flüchtig ist [Hahn (d)]. Im übrigen gelten sämtliche bei Radium unter C, § 3, 1 angeführten Abtrennungsmethoden des Radons in gleicher Weise auch für das Thoron. Jedoch hat die kurze Halbwertszeit des Thorons (T = 54,5 Sek.) zur Folge, daß der Zerfall des Thorons, das aus dem an ein Salz oder eine Verbindung gebundenen bzw. in Lösung befindlichen Thor X gebildet wird, so rasch erfolgt, daß ein gewisser Prozentsatz des Thorons keine Gelegenheit mehr hat, aus der Substanz bzw. aus der Lösung herauszudiffundieren, sondern noch innerhalb der Trägersubstanz bzw. Lösung zerfällt.

2. Trennung des Thor X vom aktiven Niederschlag, nämlich Thorium B und Thorium C.

a) Durch fortgesetzte Abtrennung des Thorons. Der aktive Niederschlag kann dadurch in einfacher, aber etwas langwieriger Weise vom Thorium X abgetrennt werden, daß man die Abtrennung des Thorons von Thorium X nach obiger Methode oder nach einer bei Radium unter C, § 3, 1 angeführten Methode solange fortsetzt, bis der aktive Niederschlag zerfallen ist. Dies ist wegen der Halbwertszeit von Thorium B (T = 10,6 Std.) nach ein paar Tagen der Fall. Aus den unter 1. angeführten Gründen führt jedoch nur die zuerst angegebene Methode zu einer vollständigen Abtrennung des aktiven Niederschlags.

b) Durch kräftiges Erhitzen. Durch kräftiges Erhitzen des Thorium X-präparates verdampft der aktive Niederschlag (Levin) und kann auf einer kalten Oberfläche kondensiert werden (Ramsauer).

c) Durch Fällen von Eisenhydroxyd. Der aktive Niederschlag kann auch durch eine mit carbonatfreiem Ammoniak durchgeführte Eisenhydroxydfällung von dem Thorium X abgetrennt werden (vgl. III, 2, b).

d) Durch Fällen von gewissen Sulfiden. Aus einer sauren Thorium X-lösung können Thorium B, Thorium C und Thorium C″ nach Zugabe von etwas Quecksilber-, Blei- oder Zinksalz durch Schwefelwasserstoff gefällt werden, das Thorium X bleibt in Lösung (McCoy und Viol).

Literatur.

Boltwood, B. B.: Am. J. Sci. [4] **24**, 93 (1907); Phys. Z. **8**, 559 (1907). — Briggs, G. H.: Phil. Mag. [6] **50**, 600 (1925); Pr. Soc. Cambridge **23**, 73 (1926).

Deutsche Gasglühlicht-Akt.-Ges. (Auergesellschaft): D. P. 296692 (1912).

Erbacher, O.: H. Käding: Diss. Berlin 1931, S. 19.

Gazzoni, F.: C. r. **179**, 963 (1924). — Glaser, F.: Ch. Z. **37**, 1105 (1913).

Hahn, O.: (a) B. **59**, 2019 (1926); (b) B. **59**, 2017 (1926); Naturwiss. **14**, 1197 (1926); (c) Unveröffentlicht; (d) Jb. Radioakt. **2**, 256 (1905).

Keetman, B.: Chem. Abstr. **1915**, 2736. — Kunheim & Co.: D. P. 279956 (1913); durch C. **85 II**, 1213 (1914).

Lerch, F. v.: (a) M. **26**, 906 (1905). (b) M. **26**, 901 (1905). — Levin, M.: Phil. Mag. [6] **12**, 178 (1906); Phys. Z. **7**, 514 (1906). — Lorenzen, J.: O. Kausch: Edel-Erden und -Erze **1**, 67 (1919).

McCoy, H. N. u. C. H. Viol: Phil. Mag. [6] **25**, 333 (1913).

Paneth, F. u. C. Ulrich: C. Doelter: Handbuch der Mineralchemie, Bd. 3, 2. Hälfte, S. 324. Dresden u. Leipzig 1926.

Ramsauer, C.: Radium **11**, 107 (1914). — Rutherford, E. u. F. Soddy: Pr. chem. Soc. **18**, 120 (1902); Chem. N. **86**, 97, 132, 169 (1902); Phil. Mag. [6] **4**, 376 (1902).

SCHLUNDT, H. u. R. B. MOORE: Chem. N. **91**, 259 (1905); J. phys. Chem. **9**, 682 (1905). — SODDY, F.: Soc. **99**, 72 (1911). — STRÖMHOLM, D. u. THE SVEDBERG: Z. anorg. Ch. **61**, 341 (1909).

Aktinium X.

AcX, Atomgewicht 223, Ordnungszahl 88, Halbwertszeit 11,2 Tage.

A. Nachweismethoden.

Da die im Gleichgewicht zu 1 mg Radium vorhandene Gewichtsmenge an Aktinium X $8{,}8 \cdot 10^{-7}$ mg beträgt, kommt das Aktinium X stets nur in gewichtsloser Menge vor. Zum Nachweis von Aktinium X kommen deshalb ausschließlich radiometrische Methoden in Frage.

Radiometrische Methoden.

Das Aktinium X wird nachgewiesen entweder durch die Nachbildung seiner Folgeprodukte oder aus dem Zerfall dieser Produkte.

1. Aus der Nachbildung der Folgeprodukte.

Der Nachweis von Aktinium X kann durch den charakteristischen Anstieg der Aktivität kurz nach der Isolierung von Aktinium X erfolgen bzw. nach der Abtrennung des aktiven Niederschlags, die nach einer der unter D, IV, 2 angegebenen Methoden stattfinden kann.

2. Aus dem Zerfall der Folgeprodukte.

a) Aus dem Zerfall des Aktinons. Der Nachweis der Anwesenheit von Aktinium X in irgendeinem Gemisch radioaktiver Stoffe geschieht zweckmäßig durch das charakteristische, kurzlebige Aktinon (T = 3,92 Sek.). Das Aktinon wird nach D, IV, 1 vom Aktinium X abgetrennt und entweder sein Aktivitätsverlauf oder der des daraus entstehenden aktiven Niederschlags gemessen.

b) Aus dem Zerfall des aktiven Niederschlags. Das Aktinium X kann auch durch die Ermittlung der Abfallskurve des aktiven Niederschlags nachgewiesen werden.

α) Zu diesem Zweck kann der aktive Niederschlag nach einer der unter D, IV, 2 angeführten Methoden vom Aktinium X abgetrennt werden.

β) Liegen oberflächenreiche (emanierende) Präparate vor, so kann man den aktiven Niederschlag auf sehr einfache Weise erhalten, wenn man das zu untersuchende Präparat in einem geschlossenen Gefäß aufbewahrt, in das ein negativ geladenes Blech oder ein negativ geladener Draht eingeführt ist. Der aktive Niederschlag sammelt sich darauf in hochkonzentrierter Form an.

3. Durch Aufnahme einer Absorptionskurve.

Bei stärkeren Präparaten kann man durch Aufnahme der Absorptionskurve der β-Strahlen des aktiven Niederschlags Aufschluß über die Anwesenheit von Aktinium X erhalten (HAHN und MEITNER).

B. Bestimmungsmethoden.

I. Bestimmung der Aktinium X-menge.

Ein direkter Vergleich der γ-Strahlung starker Aktinium X-präparate mit der von Radiumnormalen unter den üblichen Bedingungen ist nicht möglich, da die γ-Strahlen aller Aktiniumprodukte wesentlich absorbierbarer sind als die der Radiumprodukte.

II. Bestimmung der Reinheit des Aktinium X-salzes.

Wegen des Vorliegens in gewichtsloser Menge handelt es sich bei der Frage der Reinheit auch beim Aktinium X nur um die radioaktive Reinheit, also um eine etwaige Beimengung von Aktinium und Radioaktinium. Der Nachweis dieser Reinheit für Aktinium X erfolgt durch Aufnahme der Abfallskurve über längere Zeit. Eine reine Exponentialkurve mit der Halbwertszeit von 11,2 Tagen ergibt, daß das Aktinium X frei von Aktinium und Radioaktinium ist. Wird eine mit der Zeit immer stärker werdende Verlangsamung des Abfalls festgestellt, so erhält man durch Differenzbildung mit der theoretischen Abfallskurve den Anteil von Aktinium bzw. Radioaktinium an der Gesamtaktivität.

C. *Fällung und Adsorption durch andere Salze.*

Da auch das Aktinium X niemals in sichtbarer und wägbarer Menge erhalten werden kann, ist es von Interesse, mit welchen Niederschlägen das Aktinium X durch Mitfällen bzw. Adsorption mit ausgeschieden wird und bei welchen es im Filtrat bleibt. Wegen der Isotopie mit Thor X gelten die dort angeführten Reaktionen (s. bei Thorium X unter C, 1 und 2) in gleicher Weise auch für das Aktinium X.

Wegen der Isomorphie aller bisher bekannten Radium- und Bariumsalze wird das Aktinium X beim quantitativen Ausfällen irgendeines Bariumsalzes vollständig mitgefällt; weiterhin wird es durch Calciumcarbonat mit abgeschieden (Hahn). Das Aktinium X bleibt dagegen in Lösung bei der Fällung von Quecksilbersulfid (Meyer und Paneth), von Bleisulfid und Bleijodid (Strömholm und Svedberg).

D. *Trennungsmethoden.*

Da das Aktinium X mit dem Thor X isotop ist und wie dieses ebenfalls nur in unwägbarer Menge vorkommt, gilt hinsichtlich der beiden Punkte

I. Trennung des Aktinium X von anderen Salzen,

II. Trennung des Aktinium X vom Barium,

das gleiche, wie bei Thor X unter D, I und II bereits beschrieben.

III. Trennung des Aktinium X von seinen Muttersubstanzen.

Die Isolierung von Aktinium X erfolgt entweder durch Abtrennung aus Aktinium und Radioaktinium oder besser aus Radioaktinium allein.

1. Aus Aktinium.

a) Durch Ausfällen des Aktiniums und Radioaktiniums. α) Zur Gewinnung von Aktinium X fällt man am einfachsten aus einer radiumfreien Aktiniumlösung Aktinium und Radioaktinium mit Ammoniak aus und filtriert nach 2stündigem Stehen auf dem Wasserbad, wobei Aktinium X im Filtrat bleibt (Levin; Hahn und Rothenbach; Meyer und Paneth). Da aber die Fällung des Aktiniums mit Ammoniak nicht vollständig ist, erhält man auf diesem Wege keine reinen Lösungen von Aktinium X. Zur Gewinnung einer reinen Aktinium X-lösung gibt man zu dem das Aktinium X enthaltenden Filtrat der Ammoniakfällung nach dem Ansäuern beispielsweise Eisen- oder Aluminiumlösung und fällt neuerdings mit Ammoniak (Hahn und Rothenbach; Paneth und Ulrich).

β) Reste von Aktinium und Radioaktinium können aus einer Aktinium X-lösung auch durch 2malige HgS-Fällung mit Schwefelwasserstoff in ammoniakalischer Lösung entfernt werden, da hierdurch Aktinium, Radioaktinium und der aktive Niederschlag vollständig ausgefällt werden (Meyer und Paneth).

b) Durch Ausfällen des Aktinium X mit einer Trägersubstanz. α) Das Aktinium X kann auch mit Kaliumchromat aus einer schwach salzsauren Lösung, z. B. Aktiniumlösung nach Abtrennung von Radioaktinium, nach Zugabe von Bariumchlorid- und Natriumacetatlösung ausgefällt werden (HAHN und ROTHENBACH).

β) Das Aktinium X wird ebenso aus seiner Lösung bei der Fällung von Bariumsulfat mit Schwefelsäure abgeschieden. Diese Fällung wird oft zur letzten Reinigung benutzt (HAHN und ROTHENBACH; McCOY und LEMAN; MEYER und PANETH).

2. Aus Radioaktinium.

Bei der Abtrennung von Aktinium X aus Radioaktinium wird reines Aktinium X erhalten.

a) Durch Fällen des Radioaktiniums mit Zirkonhydroxyd. Zur Gewinnung von reinem Aktinium X trennt man zunächst aus der sehr schwach salzsauren Aktiniumlösung aktiniumfreies Radioaktinium durch Fällung mit Natriumthiosulfat nach Zugabe von etwas Zirkon und nochmalige Umfällung ab und gewinnt aus dem Radioaktinium dann durch eine Ammoniak- oder Wasserstoffperoxydfällung das nachgebildete Aktinium X im Filtrat (HAHN und ROTHENBACH; PANETH und ULRICH).

b) Durch Fällen des Radioaktiniums mit Thoriumhydroxyd. Die Abtrennung von aktiniumfreiem Radioaktinium kann auch durch Fällung mit Wasserstoffperoxyd nach Zugabe von etwas Thorium zu der sehr schwach sauren Aktiniumlösung und wiederholte Umfällung erfolgen. Bei erneuter Fällung der sehr schwach salzsauren Lösung des Niederschlags mit Wasserstoffperoxyd nach einige Tage langem Stehen bleibt das inzwischen nachgebildete Aktinium X im Filtrat, das durch neuerliche Zugabe von Thorium und Fällung mit Wasserstoffperoxyd völlig von Radioaktinium befreit werden kann. In dieser Lösung befinden sich jedoch auch Spuren von Thor X, die von dem zugegebenen Thorium herrühren (McCOY und LEMAN).

c) Durch Fällen des Radioaktiniums mit Aluminiumhydroxyd. Wird Radioaktinium mit Aluminium als Träger durch Ammoniak gefällt, so bleibt das Aktinium X im Filtrat, wenn durch wiederholte Zugabe von Aluminiumlösung zu dem Filtrat und darauffolgende neuerliche Ammoniakfällung das Radioaktinium völlig aus der Aktinium X-lösung entfernt wird (MEYER und PANETH).

d) Durch Rückstoß. Wird einer positiv geladenen Platte, auf der sich Radioaktinium befindet, eine negativ geladene Platte in geringem Abstand gegenübergestellt, so sammelt sich auf dieser Aktinium X an. Bei der Aussendung der α-Strahlen erfahren die Restatome (Aktinium X) einen Rückstoß, wobei die an der Oberfläche der Trägerplatte aus dem Molekülverband gelösten Restatome in die Luft geschleudert werden und sich positiv aufladen. Die der Ansammlung auf der gegenübergestellten Platte hinderliche starke Bremswirkung der Luftmoleküle wird durch das negative Aufladen der Ansammlungsplatte unschädlich gemacht (HAHN; HAHN und MEITNER).

IV. Trennung des Aktinium X von seinen Zerfallsprodukten.

Sämtliche Zerfallsprodukte von Aktinium X lassen sich, da sie mit ihm nicht isotop sind, von diesem abtrennen.

1. Trennung des Aktinium X vom Aktinon.

Eine vollständige Abtrennung des Aktinons von seiner Muttersubstanz Aktinium X erfolgt durch Erhitzen des in gewichtsloser Menge vorliegenden Aktinium X auf seiner (unschmelzbaren) Unterlage, wobei das Aktinium X nicht flüchtig ist (HAHN).

2. Trennung des Aktinium X vom aktiven Niederschlag, nämlich Aktinium B und Aktinium C.

a) Durch fortgesetzte Abtrennung des Aktinons. Der aktive Niederschlag kann dadurch in einfacher Weise vom Aktinium X abgetrennt werden, daß man die Abtrennung des Aktinons vom Aktinium X nach obiger Methode solange fortsetzt, bis der aktive Niederschlag zerfallen ist.

b) Durch kräftiges Erhitzen. Der aktive Niederschlag verdampft durch kräftiges Erhitzen des Aktinium X-präparates (LEVIN) und kann auf einer kalten Oberfläche kondensiert werden (RAMSAUER).

c) Durch Fällen von Eisenhydroxyd. Der aktive Niederschlag kann auch durch eine mit carbonatfreiem Ammoniak durchgeführte Eisenhydroxydfällung von dem Aktinium X abgetrennt werden. Vgl. Thorium X, D, IV, 2, c.

d) Durch Fällen von Quecksilbersulfid. Aus einer Aktinium X-lösung kann der aktive Niederschlag nach Zugabe von QuecksilberII-chlorid durch eine Schwefelwasserstoffällung entfernt werden (MEYER und PANETH).

Literatur.

HAHN, O.: Phys. Z. **10**, 81 (1909). — HAHN, O. u. L. MEITNER: Verh. phys. Ges. [2] **11**, 55 (1909). — HAHN, O. u. M. ROTHENBACH: Phys. Z. **14**, 409 (1913).

LEVIN, M.: Phil. Mag. [6] **12**, 182 (1906); Phys. Z. **7**, 516 (1906).

MCCOY, H. N. u. E. D. LEMAN: Phys. Z. **14**, 1281 (1913); Phys. Rev. [2] **4**, 409 (1914). — MEYER, ST. u. F. PANETH: Ber. Wien. Akad. **127 IIa**, 153 (1918).

PANETH, F. u. C. ULRICH: C. DOELTER: Handbuch der Mineralchemie, Bd. 3, 2. Hälfte, S. 324. Dresden u. Leipzig 1926.

RAMSAUER, C.: Radium **11**, 107 (1914).

STRÖMHOLM, D. u. THE SVEDBERG: Z. anorg. Ch. **63**, 197 (1909).

Druck der Universitätsdruckerei H. Stürtz A.G., Würzburg.

Chemisch-technische Untersuchungsmethoden. Achte, vollständig umgearbeitete und vermehrte Auflage.

Hauptwerk. In 5 Bänden.

Erster Band. Mit 583 in den Text gedruckten Abbildungen und 2 Tafeln. L, 1260 Seiten. 1931. Gebunden RM 88.20

Zweiter Band, I. Teil. Mit 215 in den Text gedruckten Abbildungen und 3 Tafeln. LX, 878 Seiten. 1932. Gebunden RM 69.—

II. Teil. Mit 86 in den Text gedruckten Abbildungen. IV, 917 Seiten. 1932. *(Beide Teile sind nur zusammen käuflich.)* Gebunden RM 69.—

Dritter Band. Mit 184 in den Text gedruckten Abbildungen. XLVIII, 1380 Seiten. 1932. Gebunden RM 98.—

Vierter Band. Mit 263 in den Text gedruckten Abbildungen. XXXIV, 1123 Seiten. 1933. Gebunden RM 84.—

Fünfter Band. Mit 242 in den Text gedruckten Abbildungen. XLVII, 1640 Seiten. 1934. Gebunden RM 136.—

Ergänzungswerk zur achten Auflage. Herausgegeben von Dr.-Ing. **Jean D'Ans.** Drei Teile. *(Jeder Teil ist einzeln käuflich)*

Erster Teil: **Allgemeine Untersuchungsmethoden.** Mit 190 Abbildungen im Text. X, 424 Seiten. 1939. Gebunden RM 39.—

Zweiter Teil: **Untersuchungsmethoden der allgemeinen und anorganisch-chemischen Technologie und der Metallurgie.** Mit 114 Abbildungen im Text. XXII, 879 Seiten. 1939. Gebunden RM 84.—
(Der zweite Teil bringt Ergänzungen zum zweiten, dritten und vierten Band des Hauptwerkes.)

Dritter (Schluß-) Teil: **Untersuchungsmethoden der organisch-chemischen Technologie.** Mit 198 Abbildungen im Text. XXII, 972 Seiten. 1940. Gebunden RM 96.—

Chemische Analysen mit dem Polarographen. Von Dr. **Hans Hohn,** Duisburger Kupferhütte, Abt. Forschung. („Anleitungen für die chemische Laboratoriumspraxis", herausgegeben von Professor Dr. E. Zintl, Darmstadt, Band III.) Mit 42 Abbildungen im Text und 3 Tafeln. VII, 102 Seiten. 1937. RM 7.50

Chemische Spektralanalyse. Eine Anleitung zur Erlernung und Ausführung von Spektralanalysen im chemischen Laboratorium. Von Professor Dr. **W. Seith,** Münster i. W., und Dr. **K. Ruthardt,** Hanau. („Anleitungen für die chemische Laboratoriumspraxis", herausgegeben von Prof. Dr. E. Zintl, Darmstadt, Band I.) Mit 60 Abbildungen im Text und einer Tafel. VII, 103 Seiten. 1938. RM 7.50

Die quantitative organische Mikroanalyse. Von **Fritz Pregl.** Vierte, neubearbeitete und erweiterte Auflage von Dr. H. Roth, Assistent am Kaiser-Wilhelm-Institut für medizinische Forschung in Heidelberg. Mit 72 Abbildungen. XIII, 328 Seiten. 1935. RM 24.—; gebunden RM 26.—

Quantitative Analyse durch Elektrolyse. Begründet von **Alexander Classen.** Siebente Auflage, umgearbeitet von Alexander Classen, Aachen, und Heinrich Danneel, Münster i. W. Mit 78 Textabbildungen (2 Tafeln) und zahlreichen Tabellen. IX, 399 Seiten. 1927. RM 20.25

Zu beziehen durch jede Buchhandlung.